HANDBUCH DER PFLANZENERNÄHRUNG UND DÜNGUNG

BEGRÜNDET VON
KARL SCHARRER UND HANS LINSER

HERAUSGEGEBEN VON
DR. PHIL. HANS LINSER

O. UNIVERSITÄTSPROFESSOR FÜR PFLANZENERNÄHRUNG
DIREKTOR DES INSTITUTS FÜR PFLANZENERNÄHRUNG
DER JUSTUS-LIEBIG-UNIVERSITÄT IN GIESSEN

IN DREI BÄNDEN

DRITTER BAND
DÜNGUNG DER KULTURPFLANZEN
ZWEITE HÄLFTE

1965

SPRINGER-VERLAG WIEN GMBH

DÜNGUNG DER KULTURPFLANZEN

BEARBEITET VON

N. ATANASIU · W. BADEN · F. BALTIN · L. D. BAVER · A. BLAMAUER
E. v. BOGUSLAWSKI · K. BRÄUNLICH · D. BRÜNING · Y. COÏC
L. FORCHTHAMMER · W. FROHNER · A. FRUHSTORFER · L. GISIGER
M. GÖKGÖL · W. GRUPPE · C. HEINEMANN · W. JAHN-DEESBACH · J. JUNG
E. KLAPP · L. M. KOPETZ · H. KRAUT · P. W. KÜRTEN · H. LINSER
H. LÖCKER · H. LÜDECKE · F. MAPPES · A. v. MÜLLER · W. MÜLLER
K. NEHRING · K.-H. NEUMANN · F. PENNINGSFELD · E. PRIMOST
H. RÜTHER · K. SCHMID · H. SCHRÖDER · W. SCHUSTER · O. SIEGEL
O. STEINECK · R. STEINER · V. TAYŞI · H. WILL · W. WIRTHS · F. ZATTLER

ZWEITE HÄLFTE

MIT 176 ZUM TEIL FARBIGEN ABBILDUNGEN

1965

SPRINGER-VERLAG WIEN GMBH

ISBN 978-3-7091-8124-9   ISBN 978-3-7091-8123-2 (eBook)
DOI 10.1007/978-3-7091-8123-2

Titel-Nr. 8349

Inhaltsverzeichnis der zweiten Hälfte

Mitarbeiter von Band III

ATANASIU, Professor Dr. N., Leiter der Abteilung Pflanzenbau und Pflanzenzüchtung des Instituts für Landwirtschaft, Veterinärmedizin und Ernährung in den Tropen und Subtropen der Justus-Liebig-Universität, Schottstraße 2—4, *Gießen*, Bundesrepublik Deutschland.

BADEN, Professor Dr. W., Direktor der Staatlichen Moor-Versuchsstation, Friedrich-Mißler-Straße 46—48, *Bremen-Horn*, Bundesrepublik Deutschland.

BALTIN, Professor Dr.-Ing. Dr. agr. habil. F., Leo-Sachse-Straße 25, *Jena*, DDR.

BAVER, Dr. L. D., Director of the Experiment Station of the Hawaiian Sugar Planters' Association, *Honolulu* 14, Hawaii, U. S. A.

BLAMAUER †, Dipl.-Ing. A., Österreichische Stickstoffwerke A. G., St. Peter 224, *Linz*, Österreich.

BOGUSLAWSKI, Professor Dr. E. v., Direktor des Instituts für Pflanzenbau und Pflanzenzüchtung der Justus-Liebig-Universität, Ludwigstraße 23, *Gießen*, Bundesrepublik Deutschland.

BRÄUNLICH, Diplomlandwirt Dr. K., Baslerstraße 31, *Binningen-Basel*, Schweiz.

BRÜNING, Diplomlandwirt Dr. D., Seestraße 8, *Stendal*, DDR.

COÏC, Professeur Dr. Y., Directeur de la Station Centrale de Physiologie Végétale, Etoile de Choisy, Route de Saint-Cyr, *Versailles* (Seine-et-Oise), France.

FORCHTHAMMER, Diplomgärtnerin LISELOTTE, Institut für Bodenkunde und Pflanzenernährung, Staatliche Lehr- und Forschungsanstalt für Gartenbau, *Weihenstephan*, Post Freising bei München, Bundesrepublik Deutschland.

FROHNER, Ing. W., Langholzfeld 123, *Pasching*, O. Ö., Österreich.

FRUHSTORFER, Professor Dr. A., *Weißensee-Oberried* über Füssen/Allgäu, Bundesrepublik Deutschland.

GISIGER, Direktor Dr. L., Eidgenössische Agrikulturchemische Versuchsanstalt, *Liebefeld-Bern*, Schweiz.

GÖKGÖL, Dr. M., Kabataş, Gence Apartmani 2, *Istanbul*, Türkei.

GRUPPE, Professor Dr. W., Direktor des Instituts für Obstbau der Justus-Liebig-Universität, Ludwigstraße 37 II, *Gießen*, Bundesrepublik Deutschland.

HEINEMANN, Dr. C., Ruhr-Stickstoff A. G., Ruperti-Haus, Königsallee 21, *Bochum*, Bundesrepublik Deutschland.

JAHN-DEESBACH, Dozent Dr. W., Institut für Pflanzenbau und Pflanzenzüchtung der Justus-Liebig-Universität, Ludwigstraße 23, *Gießen*, Bundesrepublik Deutschland.

JUNG, Dr. J., Parkstraße 10, *Limburgerhof/Pfalz*, Bundesrepublik Deutschland.

KLAPP, Professor Dr. Dr. h. c. E., em. Direktor des Instituts für Pflanzenbau der Rheinischen Friedrich-Wilhelms-Universität, Kiefernweg 16, *Bonn*, Bundesrepublik Deutschland.

KOFETZ, Professor Dr. L. M., Vorstand des Instituts für Pflanzenbau und Pflanzenzüchtung der Hochschule für Bodenkultur, Gregor-Mendel-Straße 33, *Wien* XVIII, Österreich.

KRAUT, Professor Dr. H., Max-Planck-Institut für Ernährungsphysiologie, Rheinlanddamm 201, *Dortmund*, Bundesrepublik Deutschland.

KÜRTEN, Dr. P. W., Ruhr-Stickstoff A. G., Landwirtschaftliche Forschung „Hanninghof", Hanninghof 35, *Dülmen in Westfalen*, Bundesrepublik Deutschland.

LINSER, Professor Dr. H., Direktor des Instituts für Pflanzenernährung der Justus-Liebig-Universität, Braugasse 7, *Gießen*, Bundesrepublik Deutschland.

LÖCKER, Dr.-Ing. H., Carl-Bosch-Weg 3, *Linz*, Österreich.

LÜDECKE, Professor Dr. H., Direktor des Instituts für Zuckerrübenforschung, Holtenser Landstraße 77, *Göttingen*, Bundesrepublik Deutschland.

MAPPES, Direktor F., Staatliche Lehr- und Forschungsanstalt für Gartenbau, *Weihenstephan*, Post Freising bei München, Bundesrepublik Deutschland.

MÜLLER, Dr. A. v., Institut für Zuckerrübenforschung, Holtenser Landstraße 77, *Göttingen*, Bundesrepublik Deutschland.

MÜLLER, Dr. W., Leiter der Zweigstelle für Karpfenteichwirtschaft Königswartha des Instituts für Binnenfischerei der Deutschen Akademie der Landwirtschaftswissenschaften zu Berlin, *Königswartha* (Kreis Bautzen), DDR.

NEHRING, Professor Dr. Dr. h. c. K., Direktor des Instituts für landwirtschaftliches Versuchs- und Untersuchungswesen, Graf-Lippe-Straße 1, *Rostock*, DDR.

NEUMANN, Dr. K.-H., Institut für Pflanzenernährung der Justus-Liebig-Universität, Braugasse 7, *Gießen*, Bundesrepublik Deutschland.

PENNINGSFELD, Dr. F., Leiter des Instituts für Bodenkunde und Pflanzenernährung, Staatliche Lehr- und Forschungsanstalt für Gartenbau, *Weihenstephan*, Post Freising bei München, Bundesrepublik Deutschland.

PRIMOST, Dozent Dipl.-Ing. Dr. EDITH, Österreichische Stickstoffwerke A. G., Biologische Forschungsabteilung, Haag 19, *Linz*, Österreich.

RÜTHER, Professor Dr. habil. H., Direktor des Instituts für Saatgut und Ackerbau Halle-Lauchstädt, *Bad Lauchstädt* (Kreis Merseburg), DDR.

SCHMID, Professor Dr. K., Bundesanstalt für Tabakforschung, *Forchheim über Karlsruhe*, Baden, Bundesrepublik Deutschland.

SCHRÖDER, Dr. H., Institut für Gartenbau der Hochschule für Landwirtschaft, Mitschurinstraße, *Bernburg/Saale*, DDR.

SCHUSTER, Priv.-Doz. Dr. W., Institut für Pflanzenbau und Pflanzenzüchtung der Justus-Liebig-Universität, Ludwigstraße 23, *Gießen*, Bundesrepublik Deutschland.

SIEGEL, Direktor Professor Dr. habil. O., Leiter der Pfälzischen Landwirtschaftlichen Untersuchungs- und Forschungsanstalt, Obere Langgasse 40, *Speyer am Rhein*, Bundesrepublik Deutschland.

STEINECK, Professor Dipl.-Ing. Dr. O., Institut für Pflanzenbau und Pflanzenzüchtung der Hochschule für Bodenkultur, Gregor-Mendel-Straße 33, *Wien XVIII*, Österreich.

STEINER, Dipl.-Ing. R., Österreichische Stickstoffwerke A. G., Landwirtschaftliche Abteilung, St. Peter 224, *Linz*, Österreich.

TAYSI, Professor Dr. V., Abteilung Pflanzenbau und Pflanzenzüchtung des Instituts für Landwirtschaft, Veterinärmedizin und Ernährung in den Tropen und Subtropen der Justus-Liebig-Universität, Schottstraße 2—4, *Gießen*, Bundesrepublik Deutschland.

WILL, Dr. HANNELORE, Badische Anilin- & Soda-Fabrik A. G., Landwirtschaftliche Abteilung, Postfach 22, *Limburgerhof/Pfalz*, Bundesrepublik Deutschland.

WIRTHS, Priv.-Doz. Dr. W., Max-Planck-Institut für Ernährungsphysiologie, Rheinlanddamm 201, *Dortmund*, Bundesrepublik Deutschland.

ZATTLER, Professor Dr. F., Bayerische Landesanstalt für Bodenkultur, Pflanzenbau und Pflanzenschutz, Menzingerstraße 54, *München*, Bundesrepublik Deutschland.

IX. Die Düngung im Obstbau

Von

W. Gruppe

A. Allgemeine physiologische Grundlagen

In diesem Abschnitt werden laubabwerfende Obstgehölze berücksichtigt, die vorwiegend in den gemäßigten Klimagebieten der nördlichen und südlichen Halbkugel kultiviert werden. Bei diesen Obstarten handelt es sich um Bäume, Sträucher und Halbsträucher; die Erdbeere ist eine Staude. Folgende wichtige Arten werden angebaut:

Baumobst

Kernobst:	Apfel (*Pirus malus*)
	Birne (*Pirus communis*)
	Quitte (*Cydonia oblonga*)
Steinobst:	Pfirsich (*Prunus persica*)
	Pflaume (*Prunus domestica*)
	Aprikose (*Prunus armeniaca*)
	Süßkirsche (*Prunus avium*)
	Sauerkirsche (*Prunus cerasus*)
Schalenobst:	Walnuß (Juglans-Arten)
	Haselnuß (*Corylus avellana*) (= Strauch)
	Mandel (*Prunus amygdalus*)[1]

Beerenobst[2]

Rubus-Arten:	Himbeeren, Brombeeren, Logan-, Boysen-Beeren und andere Hybriden
Ribes-Arten:	Rot- und weißfrüchtige Stachel- und Johannisbeeren, schwarze Johannisbeeren
Vaccinium-Arten:	Verschiedene Kulturheidelbeeren, Cranbeeren u. a.
Fragaria-Arten:	Verschiedene Gartenerdbeeren

Entsprechend der wirtschaftlichen Bedeutung wurden Fragen der Pflanzenernährung und Düngung besonders intensiv beim Apfel und Pfirsich untersucht. In der von CHILDERS (1954) herausgegebenen Monographie „Mineral nutrition of fruit trees" werden von verschiedenen Autoren die einzelnen Obstarten erschöpfend behandelt. Einen neueren Überblick geben REUTHER, EMBLETON und JONES (1958). Die sehr zahlreichen Einzelveröffentlichungen auf diesem Gebiet werden in den „Horticultural Abstracts" mit großer Genauigkeit und

---

[1] Mandeln zählen botanisch zu den Steinobstarten, ihrer Nutzung nach werden sie obstbaulich zum Schalenobst gerechnet.

[2] Die Vitis-Arten werden im Abschnitt X behandelt.

Schnelligkeit besprochen, so daß ganz besonders auf dieses vierteljährlich erscheinende Referatenorgan verwiesen werden soll.

Die hier gegebene Darstellung erhebt bei der Fülle der erschienenen Untersuchungs- und Versuchsergebnisse nicht den Anspruch auf Vollzähligkeit, sondern kann nur einen Überblick über die zum Teil sehr verwickelten und in den einzelnen Anbaugebieten unterschiedlichen Probleme der Pflanzenernährung und Düngung bei Obstgehölzen geben.

Die *Ansprüche* der Obstarten an *Klima, Boden, Wasser* und *Nährstoffversorgung* sind außerordentlich verschieden. In Gebieten, in denen die klimatischen Bedingungen für den Anbau einer Art günstig sind, wird häufig die Düngung als wichtigster Faktor angesehen, um Wachstum und Ertrag zu steigern. In sehr vielen Fällen begrenzt jedoch die Wasserversorgung einen wirtschaftlichen Anbau. Durch Bewässerung relativ trockener Gebiete konnten sich hochproduktive Obstindustrien entwickeln, z. B. im Westen der USA, in Australien, Argentinien und in verschiedenen Mittelmeerländern. Daneben sind die physikalischen Bodenbedingungen von außerordentlicher Bedeutung für die Langlebigkeit und Ertragsleistung der Bäume über längere Zeiträume hinweg.

Die Größe, der perennierende Charakter, das physiologische Verhalten, die Individualität und Variabilität der Einzelpflanzen, die erheblichen Arten- und Sortenunterschiede und die kumulativen Wirkungen der verschiedenen Kulturmaßnahmen verlangen speziell angepaßte Untersuchungsmethoden und Versuchsanstellungen. Die gewonnenen Ergebnisse sind sehr stark von Witterungsbedingungen und Baumzustand abhängig, so daß nur langjährige Werte als sicher zu bezeichnen sind.

a) Unterlagen

Die Kultursorten der *Baumobstarten* sind auf Wurzelunterlagen veredelt, die aus Samen bestimmter Sorten (*Sämlings*-Unterlagen) oder als Abrisse oder Steckholz von Mutterpflanzen (*Klon*-Unterlagen) gewonnen werden. Zwischen Unterlage und Edelsorte (zum Teil unter Einschaltung einer „Zwischenveredlung") bestehen zahlreiche Wechselwirkungen (Rogers und Beakbane 1957). Die

Tabelle 373. *Wachstum und Ertrag der Sorte Lane's Prince Albert auf verschiedenen Malling-Klon-Unterlagen in 35 Jahren*
(auszugsweise und umgerechnet nach Preston 1958)

Unterlage	Stammquerschnittsfläche cm²	Gesamt-Ertrag kg	Ertrag pro Jahr kg	Verhältnis kg/cm²
M IX	84	594	17,0	7,07
M VII	202	1080	30,9	5,35
M IV	291	1710	48,9	5,88
M II	370	1656	47,4	4,48
M I	402	1818	52,0	4,52
M XII	566	1728	49,4	3,05

Unterlage beeinflußt die Wuchsstärke, Baumgröße, Lebensdauer, Beginn und Höhe des Fruchtertrages und Fruchtqualität der Edelsorte (s. Tab. 373). Darüber hinaus wird auch die Versorgung der Edelsorte mit bestimmten Elementen beeinflußt, z. B. die Boraufnahme bei Pflaumen auf verschiedenen Unterlagen

(HANSEN 1948), das Auftreten von K- und Mg-Mangel in Abhängigkeit von verschiedenen M-Unterlagen beim Apfel (BORGMAN 1954, HOBLYN 1941). Die *Beerenobstarten* werden ohne Veredlung vegetativ vermehrt.

b) Wachstums- und Ertragsverlauf

Im Gegensatz zu den ein- oder zweijährigen Kulturpflanzen besitzen die Bäume ein nahezu unbegrenztes Wachstum. Dieses tritt als *Längenwachstum* (terminale Meristeme) und *Dickenwachstum* (Cambium) auf. Die Bäume zeigen zunächst eine vorwiegend vegetative Entwicklung (*Jugendstadium, ertragslose Zeit*). Mit Einsetzen der *Blühreife* werden die reproduktiven Organe ausgebildet, Kronengröße und Ertragsleistung steigen an (Stadium der *ansteigenden Erträge*). Ist das maximale Kronenvolumen erreicht und der Standraum voll eingenommen, spricht man von Bäumen im *Vollertrag*. Mit zunehmendem Alter und bei unzureichender Erneuerung der fruchttragenden Kronenteile läßt die Leistungsfähigkeit immer mehr nach (*Alters- oder Abgangsstadium*), s. Tab. 374. In den verschiedenen Stadien zeigen die Bäume unterschiedliche Reaktionen auf Kulturmaßnahmen.

Tabelle 374. *Durchschnittliche Lebens- und Ertragsverhältnisse der Obstgehölze* (auszugsweise aus KEMMER und REINHOLD 1941, S. 56)

Obstart und Unterlage	Lebens-dauer	ertragslose Zeit	ansteigender Ertrag	Voll-Ertrag	abnehmender Ertrag
		(Dauer in Jahren)			
Apfel/Sämling	45—60	7—12	10—15	15—25	10—12
Apfel/Doucin[1]	35—45	5—7	6—10	12—16	8—12
Apfel/Paradies[2]	25—35	2—3	4—5	15—20	4—8
Birne/Sämling	55—70	6—10	15—20	20—25	12—15
Birne/Quitte	25—35	3—5	6—8	10—15	10—12
Quitte	40—55	3—4	6—8	25—35	8—12
Pfirsich[3]	15—18	3—4	4—6	5—7	2—4
Aprikose[3]	22—30	3—5	5—7	8—10	6—10
Pflaume und Zwetsche	30—40	4—6	6—8	12—16	6—10
Süßkirsche	45—60	5—7	12—16	20—25	8—12
Sauerkirsche/Mahaleb	20—25	4—5	5—7	7—10	4—6
Walnuß	80—100	12—16	18—22	30—40	18—22
Haselnuß	35—45	4—5	8—12	15—20	8—12
Ribes-Arten	15—20	2—3	3—5	6—10	4—5
Rubus-Arten	14—16	1—2	1—4	8—10	2—5

[1] Doucin = starkwachsende Klonunterlagen.
[2] Paradies = schwach bis mittel wachsende Klonunterlagen.
[3] Die angegebenen Verhältnisse gelten für deutsche Anbaubedingungen. In wärmeren Gebieten haben diese beiden Arten eine längere Lebensdauer; die Periode des Vollertrages beträgt ein Vielfaches der angegebenen Werte.

Der Übergang von der vegetativen Jugendentwicklung zum reproduktiven Stadium, der weitgehend von Ernährungsfaktoren — besonders den *Stickstoff/Kohlenhydratbedingungen* in der Pflanze — bestimmt wird, hat zu zahlreichen Untersuchungen Anlaß gegeben (s. z. B. KOBEL 1954).

c) Jährlicher Entwicklungszyklus

In jeder Vegetationsperiode erfolgt ein bestimmter Ablauf der Entwicklung. Die einzelnen Phasen sind je nach Klima und Witterungsbedingungen zeitlich verschieden. Da Düngungs- und Bewässerungsmaßnahmen, die bestimmte Prozesse steuern sollen, nur dann die gewünschte Reaktion der Bäume erwarten lassen, wenn sie zeitlich richtig wirken können, ist die Kenntnis der einzelnen Abschnitte wichtig. Als Beispiel soll der Entwicklungsverlauf beim Apfel für mitteleuropäische Bedingungen aufgezeigt werden (Abb. 192).

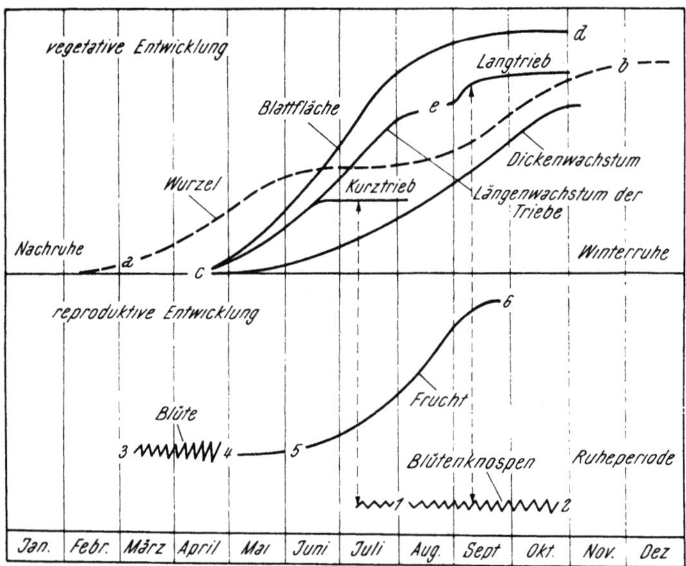

Abb. 192. Schema des jährlichen Entwicklungsablaufes beim Apfel in Mitteleuropa

Vegetative Entwicklung: *a* Beginn der Wurzeltätigkeit
    b Ende der Wurzeltätigkeit
    c Beginn der Blatt- und Triebentfaltung
    d Blattfall
    e „Johannistrieb" (zweite Wuchsrate)

Reproduktive Entwicklung: *1* Beginn der Blütenknospendifferenzierung
    2 Ende der Blütenknospendifferenzierung, Ruhe
    3 Weiterentwicklung der Blüten
    4 Aufblühen, Blüte, Befruchtung
    5 „Junifall"
    6 Fruchternte

d) Kältebedürfnis und verlängerte Ruheperiode

Die im Sommer gebildeten Knospen treiben im nächsten Jahr nur dann aus, wenn sie nach dem Blattfall Perioden mit tieferen Temperaturen ausgesetzt gewesen sind, sogenanntes *Kältebedürfnis (chilling requirement)*. Wird dieses Bedürfnis, das auf die oberirdischen Teile beschränkt ist und nicht die Wurzeln betrifft, hinsichtlich Temperatur und Dauer nicht erfüllt, bleiben die Knospen im Zustand der *Ruhe* oder *teilweisen Ruhe (verlängerte Ruheperiode, prolonged rest)*. Die Folgen sind ungleichmäßiges Aufblühen und Abwurf der Blüten, so daß große Ertragsausfälle auftreten (Black 1952, Staehlin und Wurgler 1953, Samish 1954, Nesterow 1956, Breviglieri 1958 u. a.). Hierdurch ergibt sich eine Begrenzung des Anbaus der laubabwerfenden Obstgehölze in Gebieten mit relativ warmen Wintern.

e) Photoperiodizität

Die Tageslänge übt einen gewissen Einfluß auf die vegetative und auch generative Entwicklung verschiedener Obstgehölze aus. Nur beim Anbau der Kulturerdbeeren, düfte die Photoperiodizität eine praktische Bedeutung besitzen, z. B. bei der Treiberei während der Wintermonate oder für die Züchtung speziell angepaßter Sorten (LALATTA 1955, GORTER 1955, PIRINGER und DOWNS 1959).

f) Blütenknospenbildung

Die Blüten bilden sich an verschiedenen Positionen aus. Deshalb kann bei den einzelnen Arten von einem bestimmten Habitus des Fruchtens gesprochen werden. *Kernobstarten* bilden die meisten Blütenknospen terminal an Kurztrieben von zwei- bis vierjährigen Ästen. Dagegen ist die Zahl der Blüten, die lateral an Langtrieben gebildet werden, gering. Die fruchttragenden Kurztriebe haben nur einen geringen jährlichen Zuwachs, können jedoch viele Jahre fruchtbar bleiben. Einige Apfelsorten — weniger Birnen — zeigen eine ausgeprägte Neigung zur *Alternanz*. Im Jahr mit einer Vollernte werden nur wenige Blütenknospen gebildet, so daß das darauffolgende Jahr ein Ausfalljahr ist.

Bei *Steinobst* werden die Blüten dagegen lateral gebildet, die Knospen enthalten im Gegensatz zum Kernobst keine Blätter. Pfirsich bildet die Knospen am einjährigen Langtrieb, Süßkirsche und europäische Pflaume an Kurztrieben, die anderen Steinobstarten sowohl an Lang- als auch an Kurztrieben.

g) Befruchtung

Mit Ausnahme einiger Birnensorten, die in warmen Gebieten *Parthenokarpie* zeigen, ist für den Fruchtansatz eine vorhergehende *Befruchtung* erforderlich, wobei sich zum Teil sehr verwickelte Befruchtungsverhältnisse ergeben (RUDLOFF und SCHANDERL 1950, KOBEL 1954). Spätfröste, die die Blüte abtöten, oder kühle, nasse Witterung, die bei den Fremdbefruchtern einen Insektenflug verhindert, können dehalb zu Fehlernten führen und geben häufig Anlaß zur Alternanz.

h) Fruchtentwicklung

Auf die Periode der Zellteilung und Zellvermehrung folgt die der Zellvergrößerung. Die *Fruchtgröße* wird bei ausreichender Wasser- und Nährstoffversorgung weitgehend von der Zahl der Früchte pro Baum bestimmt. Bei reichtragenden Sorten von Apfel, Birne, Pfirsich und Pflaume ist ein *Ausdünnen* der Früchte notwendig. Da die für die Fruchtausbildung notwendigen organischen Stoffe aus den Blättern stammen, ist ein bestimmtes *Blatt/Fruchtverhältnis* erforderlich, um genügend große Früchte zu erhalten und um gleichzeitig die Differenzierung der Blütenorgane für das nächste Jahr zu sichern.

i) Erträge

Die Flächenerträge sind abhängig vom Alter und von der Bestandsdichte der Pflanzungen. Die einzelnen Sorten und auch Gebiete weisen außerordentlich große *Ertragsunterschiede* auf, daneben spielen Witterungsverhältnisse und Alternanz eine bedeutende Rolle, so daß die in Tab. 375 enthaltenen Gegenüberstellungen nur als allgemeine Anhaltswerte bezeichnet werden können.

Tabelle 375. *Obsterträge in dz/ha*

Obstart	Holland[1]		USA[2]	
	gut gel. Betriebe	Landesmittel 1951/59	Durchschnitt	Spitzen-Erträge
Apfel	150—240	84	150	500
Birne	150—270	99	200	600
Pfirsich	—	—	175	400
Aprikose	—	—	125	300
Pflaume	60—140	56	(75—150[3])	
Kirsche	70—120	36	62	225
Himbeeren	100—110	55	—	—
Brombeeren	170	—	—	—
Stachelbeeren	130—140	72	—	—
Rote Johannisbeeren	110—140	57	—	—
Schwarze Johannisbeeren	65	28	—	—
Heidelbeeren	70	—	—	—
Erdbeeren	90—120	71	—	—

[1] Nach Tuinbouwguids 1961, S. 418—9.
[2] Nach De Haas u. a. 1954.
[3] Nach Auchter und Knapp 1941.

k) Wurzelentwicklung

Das von den Wurzeln durchdrungene Bodenvolumen ist sehr groß. Flächenmäßig gehen sie weit über die Kronentraufe hinaus. Die Wurzelsysteme dichtstehender Bäume durchdringen sich gegenseitig. Die *Durchwurzelungstiefe* ist abhängig vom Bodenprofil und dem Bodenkultursystem (Rogers 1952, Butijn 1958, Coker 1958, 1959). Die Masse der Wurzeln befindet sich in einer Tiefe von 10 bis 50 cm, hier wurden auch 90% aller feinen Wurzeln (Durchmesser kleiner als 1 mm) gefunden (Butijn 1961). Wird die Krume durch Bearbeitung nicht gestört, finden sich in dieser meist besser durchlüfteten und mit Nährstoffen angereicherten Schicht sehr viele Faserwurzeln.

Baumwurzeln sind außerordentlich empfindlich gegen unzureichenden *Gasaustausch* und *Sauerstoffmangel* (Boynton und Reuther 1938, Boynton 1939, Boynton und Compton 1943, Morita und Mitarbeiter 1951, 1952, Rajappan und Boynton 1960). Stauende Nässe während der Vegetationsperiode führt zu einem Absterben der Bäume, während eine hohe Wassersättigung des Bodens in entlaubtem Zustand vertragen wird (Heinicke 1933, Hulshof und Zegers 1951).

Die *Aktivität* der absorbierenden Wurzeln beginnt zeitig im Frühjahr, ehe ein Austrieb der oberirdischen Baumteile erfolgt, bei Bodentemperaturen um 4° C (Rogers 1940) und wurde bei Apfel und Haselnuß in günstigen Gebieten auch während des Winters beobachtet (z. B. Harries 1926).

Während das *Wurzel/Kronenverhältnis* beim Apfel auf verschiedenen Unterlagen aber gleichem Standort nicht verändert ist (Rogers 1952), wird die Krone (und damit die Ertragspotenz der Bäume) auf leichten, nährstoff- und wasserarmen Böden im Verhältnis zur Wurzel immer geringer, so daß sich eine starke Abhängigkeit der Baumgröße von den Bodenverhältnissen ergibt (Visser 1946, 1947, Knoppien und Struik 1951, Edelman 1952).

l) Mykorrhiza

Über die Bedeutung der Mykorrhiza für das Wachstum und die Ernährung der Obstgehölze ist wenig bekannt. Nach LINDNER u. a. (1954) sollen sowohl endo- als auch ectotrophe Typen normalerweise mit den Wurzeln der Obstbäume vergesellschaftet sein. DOMINIK (1950) fand ectotrophe Formen an Wildbirnen, MOSSE (1953, 1954, 1957) konnte einen endotrophen Typ an Erdbeeren zur Fruktifikation bringen und das Verhalten von Apfel-Blattknospen-Stecklingen über drei Jahre verfolgen, wobei die infizierten Stecklinge insgesamt eine höhere Trockenmasse erzeugten.

m) Bodenmüdigkeit

Ein besonderes Problem im Zusammenhang mit den Wurzeln ergibt sich aus der Bodenmüdigkeit (replant disease), die besonders beim Apfel und beim Pfirsich ausgeprägt ist (s. SCHANDER 1956, BÖRNER 1960).

Literatur

BLACK, M. W.: The problem of prolonged rest in deciduous fruit trees. Rep. 13th Int. Hort. Congr. London, Vol. II, 1122–1131 (1952). — BORGMAN, H. H.: Kali/Magnesiumverhoudingen in grond en blad en de invloed van enkele appelonderstammen op het optreden van K- en Mg-gebrek. Meded. Dir. Tuinb. 17, 108–16 (1954). — BÖRNER, H.: Neuere Ergebnisse über die Ursachen der Bodenmüdigkeit beim Apfel. Erwerbsobstbau 2 (10), 191–195 (1960). — BOYTON, D., und W. REUTHER: Seasonal variation of oxygen and carbon dioxide in three different orchard soils during 1938 and its possible significance. Proc. Amer. Soc. Hort. Sci. 36, 1–6 (1938). — BOYNTON, D.: Soil atmosphere and the production of new root lets by apple tree root systems. Proc. Amer. Soc. Hort. Sci. 37, 19–26 (1939). — BREVIGLIERI, N.: L'ambiete climatico meridionale e il fabbisogno di freddo delle specie da frutta. Frutticoltura 20, 433–55 (1958). — BUTIJN, J.: De betekenis van bewortelingsopnamen in de fruitteelt. Meded. Dir. Tuinb. 21, 622–31 (1958).

CHILDERS, N. F.: Mineral nutrition of fruit crops. Hort. Publ., Rutgers University, New Jersey, 907 pp. (1954). — COKER, E. G.: The root development of black currants under straw mulch and clean cultivation. J. Hort. Sci. 33, 21–28 (1958). — Root development of apple trees in grass and clean cultivation. J. Hort. Sci. 34, 111–121 (1959).

DOMINIK, T.: Studies in the mycorrhiza of wild pear trees in their various biocenoses in Poland. Acta Soc. Bot. Polon. 20, 255–303 (1950).

EDELMAN, C. H.: Suitability of soils for horticultural crops and some related soil problems in the Netherlands. Rep. 13th Int. Hort. Congr, London, Vol. I, 80–95 (1952).

GORTER, C. J.: Photoperiodiciteit van de kloei van appelbomen. Meded. Dir. Tuinb. 18. 152–8 (1955).

HAAS, P. G. DE, u. a.: Obsterzeugung und Absatz in den USA. Frankfurt/M.: AID, Verlag Kommentator. 1955. — HANSEN, C. J,: Influence of the rootstocks on injury from excess boron in French (Agen) prune and president plum. Proc. Amer. Soc. Hort. Sci. 51, 239–244 (1948). — HARRIES, G. H.: An investigation of root activity of apple and filberts, especially during the winter months. Sci. Agric. 7, 92–99 (1926). — HEINICKE, A. J.: The effect of submerging the roots of apple trees at different seasons of the year. Proc. Amer. Soc. Hort. Sci. 29, 205–207 (1933). — HOBLYN, T. N.: Manurial trials with apple trees at East Malling 1920–1939. J. Pomol. Hort. Sci. 18, 325–343 (1941). — Horticultural Abstracts: hrsg. vom Commonwealth Bureau of Horticulture and Plantation Crops, East Malling, Kent, England. — HULSHOF, H. J., und H. J. M. ZEGERS: Wortelsterve en slechte bladstand bij peren. Fruitteelt 41, 758–759 (1951).

KEMMER, E., und J. REINHOLD: Die Wertabschätzung im Obstbau, 2. Aufl. Stuttgart: Ulmer. 1941. — KNAPP, H. B., und E. C. AUCHTER: Growing tree and small fruits. New York: Wiley. 1941. — KNOPPIEN, P., und W. STRUYK: De invloed van het bodemprofiel op de groei van enkele appelrassen. Meded. Dir. Tuinb. 14, 739–743 (1951). — KOBEL, F.: Lehrbuch des Obstbaus auf physiologischer Grundlage. Berlin-Göttingen-Heidelberg: Springer. 1954.

Lalatta, F.: Trattamenti fotoperiodici e sviluppo delle piantini da seme. Ann. sper. agrar. 9, 221–224 (1955); Ref. Hort. Abstr. 25, 1314.—Lindner, R. C., N. R. Benson und R. M. Bullock: Plum, prune, apricot. In: Childers, N. F.: Fruit nutrition, Kap. XII, S. 666–683 (1954).

Morita, Y., und K. Yoneyama: Studies on physical properties of soils in relation to fruit tree growth, III, Soil atmosphere and tree growth. 3. Growth of pear, persimmon and apple seedlings as influenced by various concentrations of oxygen in the soil atmosphere. J. Hort. Ass. Jap. 20, 73–76 (1951); Ref. Hort. Abstr. 23, 199. — Mosse, B.: Fructification associated with mycorrhizal strawberry roots. Nature 171, 974 (1953). — Studies on the endotrophic mycorrhiza of some fruit plants. Ph. D. Thesis, London University, 120 pp. (1954). — Growth and chemical composition of mycorrhizal and non-mycorrhizal apples. Nature 179, 922–924 (1957).

Nesterov, J. S.: Dormancy in fruit trees. Dokl. Akad. Nauk S.S.S.R. 108, 738–741 (1956); Ref. Hort. Abstr. 7, 109.

Piringer, A. A., und R. J. Downs: Responses of apple and pear trees to various photoperiods. Proc. Amer. Soc. Hort. Sci. 73, 9–15 (1959). — Preston, A. P.: Apple rootstock studies. Thirty-five years' result with Lane's Prince Albert on clonal rootstocks. J. Hort. Sci. 33, 29–38 (1958).

Rajappan, P. V., und D. Boynton: Responses of black and red raspberry root systems to different oxygen and carbon dioxyd pressures at two temperatures. Proc. Amer. Soc. Hort. Sci. 75, 402–406 (1960). — Reuther, W., T. W. Embleton und W. W. Jones: Mineral nutrition of tree crops. Ann. Rev. Plant Physiol. 9, 175–206 (1958). — Rogers, W. S.: Root studies, VIII, Apple root growth in relation to rootstock, soil, seasonal and climatic factors. J. Pomol. Hort. Sci. 17, 99–130 (1939). — Fruit plant root and their environment. Rep. 13th Int. Hort. Congr. London, Vol. I, 288–292 (1952). — Rogers, W. S., und A. B. Beakbane: Stock and scion relations. Ann. Rev. Plant Physiol. 8, 217–236 (1957). — Rudloff, C. F., und H. Schanderl: Die Befruchtungsbiologie der Obstgewächse. Stuttgart: Ulmer. 1950.

Samish, R. M.: Dormancy in woody plants. Ann. Rev. Plant Physiol. 5, 183–204 (1954). — Schander, H.: Die Bodenmüdigkeit bei Obstgehölzen. Bonn-München-Wien: Bayer. Landwirtschaftsverlag. 1956. — Staehelin, M., und W. Wurgler: Considérations sur le repos hivernal des arbres et son interruption. Landw. Jahrb. Schweiz 2, 959–969 (1953).

Tuinbouwgids 1961: hrsg. von Directie van de Tuinbouw, Den Haag, Nederland.

Visser, W. C.: De groei van kersen in verband met het bodemprofiel. Meded. Dir. Tuinb. 9, 644–650 (1946). — Bodemeigenschappen en de groei van pruimen. Meded. Dir. Tuinb. 10, 31–41 (1947).

B. Der Wasserbedarf der Obstgehölze

Entsprechend den natürlichen Niederschlagsverhältnissen lassen sich nach Kemmer und Schulz (1936) Obstanbaugebiete unterscheiden, in denen a) eine *Zwangsbewässerung* notwendig ist, b) eine *Zusatz-* oder *Mehrungsbewässerung* Ertragssteigerungen bringt und c) im allgemeinen eine ausreichende natürliche Wasserversorgung gegeben ist. Fragen des Wasserbedarfs und der Bewässerung wurden am intensivsten in den ariden und semiariden Gebieten mit Zwangsbewässerung untersucht. Über die verschiedenen Aspekte der Wasserversorgung und Bewässerung sei auf folgende zusammenfassende Darstellungen verwiesen: Gardner, Bradford und Hooker (1952,), Veihmeyer und Hendrickson (1952), Israelsen (1952), Magness (1952), Penman (1952), Wilcox und Mason (1952), Rebour (1954), Hagan (1955), Stolp (1955), Reinken (1960), Butijn (1961).

a) Bedürftigkeit der Arten

Die einzelnen Arten und auch Sorten — Unterlagen — Kombinationen zeigen Unterschiede in der *Anpassung* an trockene Wachstumsbedingungen. Diese ergeben sich aus ihrer Fähigkeit, a) unterschiedlich große Bodenvolumina zu durchwurzeln und mit den Wurzeln in größere Tiefen zu gehen, b) das im Boden verfügbare Wasser aufzunehmen und c) ihre Transpiration den gegebenen

Bedingungen anzupassen (Tab. 376). Andererseits können gleiche Arten und Sorten entsprechend dem Wasserangebot für die gleiche Produktion sehr unterschiedliche Wassermengen verbrauchen (HENDRICKSON und VEIHMEYER 1946).

Tabelle 376. *Ansprüche der Obstarten an die Bodenfeuchtigkeit*

Ansprüche	Kalifornien (LOUGHBRIDGE 1897/98)[1]	Deutschland (KEMMER und SCHULZ 1936)	Türkei (BREMER 1955)
relativ gering relativ groß	Aprikose Pfirsich Mandel Zwetsche Walnuß Weinrebe Apfel Pflaume	Sauerkirsche Pfirsich Aprikose Walnuß Süßkirsche Birne Edelpflaume Apfel Zwetsche	Aprikose Pfirsich Sauerkirsche Birne Apfel Süßkirsche Pflaume

[1] Aus GARDNER, BRADFORD und HOOKER 1952.

b) Wirkung herabgesetzter Wasserversorgung

Während der *Winterruhe* werden die Wasservorräte im Boden in natürlicher Weise oder durch Bewässerung aufgefüllt, Wasserverluste durch Evapotranspiration sind in winterfeuchten Gebieten relativ gering. Während der *Vegetationszeit* ist meist der Wasserverbrauch größer als die natürliche Nachlieferung. An heißen, sonnigen Tagen sind die Transpirationsverluste größer als die Aufnahme durch die Wurzeln. Die Reaktion der Bäume auf *Wassermangel* zeigt sich zuerst im *stomatären Verhalten*. Die Zahl der geöffneten Stomata verringert sich, die Öffnungszeiten sind verkürzt. Dieses Verhalten wurde schon 1921 bei verschiedenen Obstarten (HENDRICKSON 1921) und auch später an Apfel- und Birnenbäumen (SCHNEIDER und CHILDERS 1941, ALDRICH und WORK 1932) u. a. übereinstimmend beobachtet.

Mit zunehmender Wasserverarmung in der Pflanze wird die *Assimilation* herabgesetzt (SCHNEIDER und CHILDERS 1941, KENWORTHY 1949).

Tabelle 377. *Wirkung unterschiedlicher Wasserversorgung auf junge Apfelbäume in Gefäßen* (KENWORTHY 1949)

Prozent des aufnehmbaren Wassers verbraucht[1]	Saugdruck in cm Hg[2]	Zuwachs Tr. M. pro Jahr g	Zuwachs Trieblänge cm	Zuwachs Stammdurchmesser cm	Blattfläche dm²/Baum	Chlorophyll mg/Baum
20	3,5	82,6	193	0,36	27,5	253
40	7,3	92,6	208	0,36	28,2	272
60	18,0	82,9	194	0,34	25,6	248
80	40,0	49,3	142	0,18	18,1	169
100	Welken	26,0	92	0,10	15,6	95

[1] Prozent des aufnehmbaren Wassers (available water, d. h. die Wassermenge zwischen Feldkapazität und Permanentem Welkepunkt des Bodens), die vor jeder Wiederbewässerung von den Pflanzen verbraucht werden konnte.
[2] Saugdruck der eingebauten Tensiometer.

In Rinde und Holz wurde mehr *Zucker* und weniger *Stärke* gefunden
(MAGNESS 1953). Die *Gefäßlumen* sind kleiner, das *Dickenwachstum* der Stämme
und Äste ist herabgesetzt, die *Wurzeln* sind relativ lang und unverzweigt, *Trieb*
und *Blattwachstum* sind reduziert (s. Tab. 377), die älteren *Blätter* vergilben und
fallen ab. Die Ausbildung von *Blütenknospen* kann durch Trockenheit, die zeitlich
richtig liegt, erhöht sein (DEGMAN, FURR und MAGNESS 1932, ALDRICH, LEWIS
und WORK 1940). Fortgesetzte Trockenheit von Juli bis September setzte jedoch

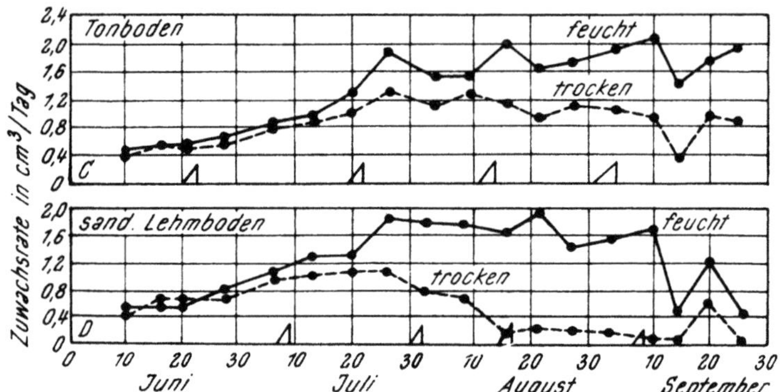

Abb. 193. Einfluß der Bodenfeuchtigkeit auf die Zuwachsrate von Birnen auf Ton- und sandigem
Lehmboden. Die Dreiecke auf der Abszisse geben die Bewässerungen an (nach RYALL und ALDRICH 1944)

bei Aprikosen (BROWN 1952, 1953) nicht nur die Zahl der ausgebildeten Blütenknospen herab, sondern verzögerte den Zeitpunkt der Differenzierung und
verlangsamte die Entwicklung differenzierter Knospen.

   Zur Zeit der *Blüte* und des *Junifalls* sind die Wasservorräte im Boden meist
noch relativ hoch, doch kann Austrocknung des Bodens zu dieser kritischen
Zeit mit einem erheblichen Fruchtfall verbunden sein (BOWMAN und DAVIDSON
1950, GORIN 1955).

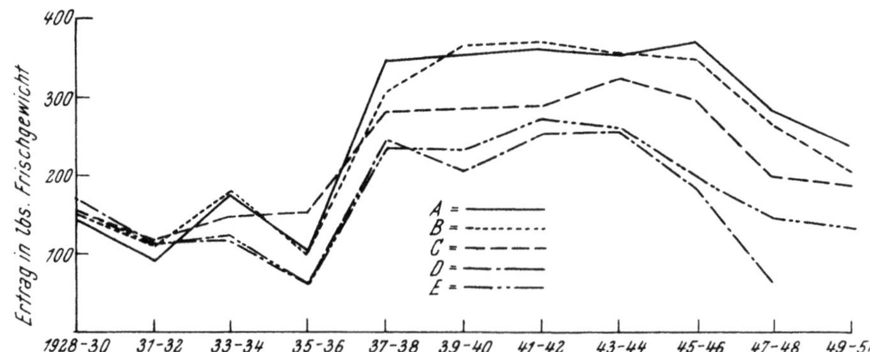

Abb. 194. Durchschnittliche Zweijahreserträge von Pflaumenbäumen bei unterschiedlicher Wasser-
versorgung (VEIHMEYER und HENDRICKSON 1952)
A 4 bis 5 Bewässerungen pro Jahr, Boden während des gesamten Jahres relativ feucht
B 3 Bewässerungen, Bodenwasser mit Ausnahme zur Erntezeit gut aufnehmbar
C 2 Bewässerungen, Bodenwasser im Spätsommer nicht aufnehmbar
D ohne Bewässerung, während der längsten Zeit Bodenwasser um permanenten Welkepunkt
E 1 Bewässerung nach der Ernte (1 lbs = 0.453 kg)

Bei allen Baumobstarten konnte übereinstimmend eine Parallelität zwischen
Bodenfeuchte und Zuwachsrate bzw. *Größe der Früchte* festgestellt werden
(Abb. 193). Die Früchte der Steinobstarten sind besonders klein, wenn die Wasser-

versorgung während des Monats vor der Ernte gering war. Durch unzureichende Wasserversorgung werden die *Gesamterträge* stark reduziert, wie am Beispiel der langjährigen Untersuchungen an Pflaumen (Abb. 194) gezeigt werden konnte. Auch in Gebieten mit ausreichenden Niederschlägen kann durch Zusatzbewässerung eine erhebliche Ertragssteigerung erzielt werden (HERMANN 1951, BUTIJN und LEVEN 1956).

Durch mangelnde Wasserzufuhr werden einige Merkmale der *Fruchtqualität* (z. B. Fruchtfleischfestigkeit, lösliche Trockensubstanz) verbessert. Die Qualitäts-

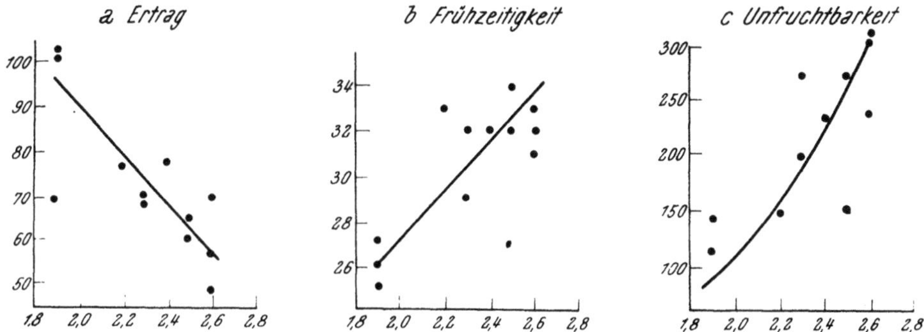

Abb. 195. Beziehungen zwischen dem Bodenwasser (pF-Werte) und a) dem Ertrag, b) der Frühzeitigkeit sowie c) der Unfruchtbarkeit (Zahl der nicht wachsenden Ovarien) bei Erdbeeren (nach STOLP 1955).

und Ertragsverbesserung durch reichlichere Wassergaben ist jedoch entscheidender (HALLER und HARDING 1938, RYALL und ALDRICH 1944, PATRON und SWINZOW 1957, VEIHMEYER und HENDRICKSON 1957).

Wegen der im Vergleich mit dem Baumobst nur geringen Durchwurzelungstiefe sind die *Beerenobstarten* besonders empfindlich gegenüber trockenen Bodenbedingungen (s. Abb. 195).

c) Der Wasserverbrauch der Obstanlagen

Die durch *Transpiration* der Blätter der Bäume und Deckpflanzen und *Evaporation* des Bodens verbrauchten Wassermengen sind weitgehend abhängig von den Klima- und Witterungsbedingungen sowie der Art und Größe der wasserabgebenden Oberflächen (Höhe und Form der Bäume, Abstände, Hecken oder Einzelbäume, Bodenoberfläche mit Mulch, Deckpflanzen oder offengehaltener Boden).

Durch Berechnung der Unterschiede im Wassergehalt des Bodens bei Berücksichtigung der durchwurzelten Schichten ergeben sich brauchbare Anhaltswerte über den Wasserverbrauch.

Eine genaue Bestimmung des Bodenwassergehaltes stößt auf erhebliche Schwierigkeiten, da die Durchwurzelungstiefe der Bäume sehr groß ist, je nach Durchwurzelungsdichte die verschiedenen Bodenareale unterschiedlich erschöpft werden und die Bodenart für die Nachlieferung von Wasser wesentlich ist. Die Erschöpfung der Wasservorräte bis zum Permanenten Welkepunkt des Bodens in einem Bodenareal führt so lange nicht zu wesentlichen Funktionseinbußen der Pflanze, wie in anderen Bereichen aufnehmbares Wasser zur Verfügung steht. Allgemein ist die Wasserversorgung des Gesamtbaumes jedoch reduziert, wenn sich ein beträchtlicher Teil der Wurzeln in Bodenzonen befindet, die wenig Wasser haben. Besonders die an der Peripherie wachsenden Wurzeln müssen immer noch nicht erschöpfte Bodenzonen finden, da im Freiland die Bäume noch relativ lange ihr Leben erhalten können, nachdem ihre Funktionen durch Wassermangel herabgesetzt sind, und es nicht zu einem plötzlichen Kollaps oder Absterben während Trockenperioden kommt. Untersuchungen in Apfelanlagen zeigen (Wilcox und Mason 1953), daß zunächst die obere Bodenschicht und fortlaufend tiefere Schichten bis etwa 1,80 m in älteren Beständen wasserärmer werden; in den meisten Fällen war der Verbrauch aus mehr als 1,20 m Tiefe jedoch zu vernachlässigen.

Butijn (1961) konnte in Obstanlagen *Hollands* während der Jahre 1950 bis 1954 die in Tab. 378 enthaltenen mittleren Werte für die *Evapotranspiration*

Tabelle 378.
Mittlere Evaporation von Obstanlagen in Holland während der Periode 1950 bis 1954
(Butijn 1961)

Zeitraum	Evaporation mm	Zahl der Messungen
15. Februar — 15. März	44,3	36
15. März — 15. April	66,3	49
15. April — 15. Mai	64,3	59
15. Mai — 15. Juni	96,4	55
15. Juni — 15. Juli	81,8	55
15. Juli — 15. August	98,0	49
15. August — 15. September	95,8	43
15. September — 15. Oktober	66,9	15

feststellen. Während der Vegetationszeit (15. April bis 15. Oktober) wurden 436,3 mm, während der Periode des Triebwachstums (15. April bis 15. Juli) 242,5 mm Wasser im Mittel verbraucht.

Im Vergleich hierzu sollen der Wasserverbrauch von *Pfirsichbäumen* in Weißklee-Einsaat und in Strohmulch in Victoria (*Australien*) angeführt (Abb. 196),

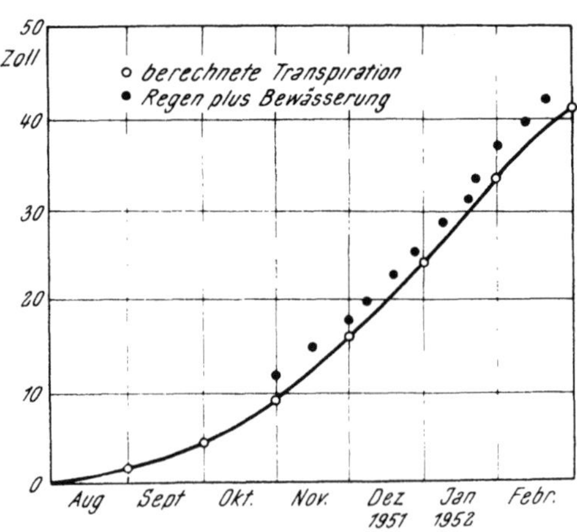

Abb. 196. Jahreszeitliche Trende des Wasserverbrauches von Pfirsichbäumen in Weißklee in Tatura, Victoria (Penman 1952) (1 Zoll = 25,4 mm)

und die dort während vier Vegetationsperioden beobachteten und nach Penman berechneten Werte (Tab. 379) gegeben werden.

Die Berechnung des Wasserverbrauchs von Obstgehölzen mit Hilfe *klimatologischer Daten* nach der Formel von Penman oder Blaney und Criddle verdient besondere Beachtung (s. Penman 1952, Rogers und Goode 1953, Achtnich 1957).

Tabelle 379. *Berechneter und beobachteter Wasserverbrauch von Pfirsichbäumen in Weißklee-Einsaat und in Strohmulch in Tatura, Victoria, Australien (Vegetationsperiode August bis Februar)*
(PENMAN 1952)
(umgerechnet in mm)

Vegetationsperiode	in Weißklee				in Strohmulch
	Bewässerung	Regen	gesamt	berechnete Transpiration	Bewässerung plus Regen
1948—49	701	244	945	1018	737
1949—50	681	340	1021	914	864
1950—51	757	292	1049	1123	813
1951—52	970	150	1120	1034	660

Der Einfluß der Höhe des *Grundwasserstandes* ist für die Entwicklung der Obstgehölze von großer Wichtigkeit, wie Untersuchungen z. B. in Holland zeigen (PIJLS 1952).

Literatur

ACHTNICH, W.: Eine Methode zur Berechnung des Wasserverbrauchs der Pflanzen mit Hilfe klimatologischer Daten. Z. Pflanzenernähr., Düng., Bodenkde. **79**, 97–101 (1957). — ALDRICH, W. W., und A. WORK: Preliminary report of pear tree response to variations in available soil moisture in clay Adobe soil. Proc. Amer. Soc. Hort. Sci. **29**, 181–187 (1932). — ALDRICH, W. W., W. R. LEWIS und R. A. WORK: Anjou pears responses to irrigation in a clay Adobe soil. Oreg. Agric. Exper. Sta. Bull. **374** (1940).

BOWMAN, F. T., und J. R. DAVIDSON: Preharvest drops of d'Agen prunes on the Murrumbidgee irrigation areas. Agric. Gaz. N.S.W. **61**, 23–25 (1950). — BREMER, H.: Pathologische Beobachtungen an Obstbäumen im Trockenklima. Z. Pflanzenkrankh., Pflanzensch. **62**, 500–514 (1955). — BROWN, D. S.: Relation of irrigation to the differentiation and development of apricot flower buds. Bot. Gaz. **114**, 95–102 (1952). — The effects of irrigation on flower bud development and fruiting in the apricot. Proc. Amer. Soc. Hort. Sci. **61**, 119–125 (1953). — BUTIJN, J., und J. A. VAN'T LEVEN: Een beregningsproef in de fruitteelt op zeeklei. Meded. Dir. Tuinb. **19**, 356–368 (1956). — BUTIJN, J.: Bodembehandling in de fruitteelt. Verslagen van landbouwkundige onderzoekingen **667** (1961).

DEGMAN, E. S., J. R. FURR und J. R. MAGNESS: Relation of soil moisture to fruit bud formation in apples. Proc. Amer. Soc. Hort. Sci. **29**, 199–201 (1932).

GARDNER, V. R., F. C. BRADFORD und H. D. HOOKER: The fundamentals of fruit production, 3. Aufl. New York-London: McGraw Hill. 1952. — GAYNER, F. C. M.: Studies on the nonsetting of pears, IV. The effect of irrigation and injection on the June drop of Conference pears, Ann. Rep. East Malling Res. Sta. **1939**, 36 (1940). — GORIN, T. J.: Irrigation of fruit trees in relation to phases of their growth and development. Sad i. Ogorod. **1955**, Nr. 8, 42–46; Ref. Hort. Abstr. **26**, 221.

HAGAN, R. M.: Factors affecting soil moisture—plant growth relations. Rep. 14th Int. Hort. Congr., Scheveningen, Vol. I, 82–102 (1955). — HALLER, M. H., und P. L. HARDING: Relation of soil moisture to firmness and storage quality of apples. Proc. Amer. Soc. Hort. Sci. **35**, 205–211 (1938). — HENDRICKSON, A. H.: Transpiration rate of deciduous fruit trees as influenced by irrigation and other factors. Proc. Amer. Soc. Hort. Sci. **18**, 145 (1921). — HENDRICKSON, A. H., und F. J. VEIHMEYER: Unnecessary irrigation as an added expense in the production of prunes. Proc. Amer. Soc. Hort. Sci. **48**, 43–47 (1946). — HERRMANN, F. J.: Untersuchungen über den Einfluß der künstlichen Bewässerung auf den Wasserhaushalt des Bodens und auf das vegetative und generative Wachstum von Kernobst. Diss. Bonn (1951).

ISRAELSEN, O. W.: The irrigation of orchards. Requirements, methods and efficiencies. Rep. 13th Int. Hort. Congr., London. Vol. II, 854–867 (1952).

Kemmer, E., und F. Schulz: Grundlagen der Bodenpflege im Obstbau. Berlin: Parey. 1938. — Kenworthy, A. L.: Soil moisture and growth of apple trees. Proc. Amer. Soc. Hort. Sci. 54, 29–39 (1949).

Magness, J. R.: Soil moisture in relation to fruit tree functioning. Rep. 13th Int. Hort. Congr., London, Vol. I, 230–239 (1952).

Patron, A., und H. Swinzow: Influence de l'irrigation dans la maturation des abricots Canino. Fruits d'Outre Mer 12, 314–316 (1957). — Influence de l'irrigation sur la composition chimique et l'appertisation des abricots Canino. Fruits d'Outre Mer 11, 387–394 (1956). — Penman, H. L.: The physical bases of irrigation control. Rep. 13th Int. Hort. Congr., London, Vol. II, 913–924 (1952). — Pijls, F. W. G.: Irrigation investigations in Dutch fruitgrowing. Rep. 13th Int. Hort. Congr., London, Vol. II, 925–934 (1952).

Rebour, H.: La conduite de l'irrigation dans les cultures fruitières en Algérie. Bull. Dir. Agric. Alger. 72 (1954). — Reinken, G.: Der Einfluß der Phosphatversorgung auf das Wachstum von Apfelbäumen unter Berücksichtigung von Assimilation und Transpiration. Habil.-Schrift Bonn 1960. — Rogers, W. S., und J. E. Goode: Irrigation requirements of fruit orchards. Ann. Rep. East Malling Res. Sta. 1952, 171–173 (1953). — Ryall, A. L., und W. W. Aldrich: The effects of water deficits in the tree upon maturity, composition and storage quality of Bosc pear. J. Agric. Res. 68, 121–133 (1944).

Schneider, G. W., und N. F. Childers: Influence of soil moisture on photosynthesis, respiration and transpiration of apple leaves. Plant Physiol. 16, 565–585 (1941). — Stolp, D. W.: Introduction to the discussion on the symposium papers. Rep. 14th Int. Hort. Congr., Scheveningen, Vol. I, 118–129 (1955).

Veihmeyer, F. J., und A. H. Hendrickson: Soil moisture relation to plant growth. Ann. Rev. Plant Physiol. 1, 285–304 (1950). — The effects of soil moisture on deciduous fruit trees. Rep. 13th Int. Hort. Congr., London, Vol. I, 306–319 (1952). — Grapes and deciduous fruits (irrigation). Calif. Agric. 11, Nr. 4, 13–14, 18 (1957).

Wilcox, J. C., und J. L. Mason: The determination of an irrigation schedule for deciduous orchards. Rep. 13th Int. Hort. Congr., London, Vol. II, 990–998 (1952). — Consumptive use of water in orchard soils. I, Effects of soil depth. Canad. J. Agric. Sci. 33, 101–115 (1953).

C. Nährstoffaufnahme und Nährstoffentzug bei Obstgehölzen

a) Die aufnehmenden Pflanzenteile

Die Versorgung der Bäume mit Nährstoffen erfolgt natürlicherweise über die *Wurzeln* aus dem Boden. Wichtigste Voraussetzung dafür ist eine rege Wurzeltätigkeit, die nur bei guter Durchlüftung und ungestörtem Gasaustausch vor sich geht. Die Tatsache, daß die Durchwurzelungsintensität relativ gering ist, die absorbierenden Wurzeln wellenartig immer neue Bodenpartikel erfassen und die Periode der Wurzelaktivität länger als bei kurzlebigen Kulturpflanzen anhält, kann teilweise als Erklärung dafür dienen, daß bei relativ geringen Nährstoffvorräten im Boden die Produktivität der Obstbäume hoch sein kann. Die einzelnen Wurzeln scheinen korrespondierende Astpartien zu versorgen (Knowlton 1921, Watanabe 1956). Diese Tendenz war bei unveredelten Sämlingsbäumen deutlich, bei veredelten Bäumen nicht ausgeprägt (Belavin 1956).

Eine Aufnahme von Nährsalzen durch die *Rinde*, auch während der Vegetationsruhe, konnte nachgewiesen werden (Tukey 1952) doch fanden Harley, Regeimbal und Moon (1956) nur dann eine nennenswerte Aufnahme, wenn Rinde oder Lentizellen gerissen waren. „Rindenernährung" mit Makronährstoffen ist nach ihrer Ansicht nur von akademischem Interesse und auch die Aufnahme von Mikronährstoffen, z. B. bei Zn-Mangel, dürfte nur dann ausreichend sein, wenn die Spritzung nach dem Schnitt erfolgt, da die Schnittwunden eine viel leichtere Aufnahme ermöglichen. Auch die Untersuchungen von LECRENIER (1956) mit markierten Elementen zeigen die geringste Aufnahme durch die Stammteile. Dagegen werden durch die *Blätter* nennenswerte Mengen aufgenommen (BOYNTON 1954). Eine ausreichende Versorgung über das Laub dürfte jedoch nur für die Mikronährstoffe möglich sein, wie zahlreiche Versuche bei starkem Mangel an Mn, Zn, B und Cu zeigen. Stickstoffzufuhr durch Harnstoffspritzungen ist vorwiegend als Maßnahme anzusehen, um die N-Versorgung zu regulieren, wenn die Bodenversorgung z. B. infolge Trockenheit und anderer ungünstiger Umstände (Stamm- und Wurzelschäden durch Frost) vorübergehend zu kritischen Zeiten unzureichend ist. Schon bei starkem Mg-Mangel sind bis zu neun Spritzungen erforderlich, um die während einer Vegetationsperiode benötigten Mengen den Bäumen zuzuführen (FORD 1958). (Weitere Einzelheiten s. Teil F, S. 882.) Es konnte andererseits auch nachgewiesen werden, daß erhebliche Nährstoffmengen durch Regen aus den Blättern ausgewaschen (DALBRO 1955, TUKEY JR. u. a. 1958a, b) oder durch die Wurzeln abgegeben wurden (YAMAZAKI und MORI 1956, MASON 1960).

b) Die zeitliche Aufnahme und Verteilung der Nährstoffe in der Pflanze

In den Untersuchungen von MASON (1960) in England an sechsjährigen Apfelbäumen im Freiland begann die Aufnahme der meisten Elemente Ende April bis Mai, sie erreichte das Maximum Ende Juli bis August. Die Aufnahme von Stickstoff erfolgte etwa einen Monat früher. MORI und YAMAZAKI (1955, 1957) konnten unter anderen klimatischen Bedingungen in Japan bei nichttragenden und tragenden Apfelbäumen in Wasserkultur einen Anstieg der N-Aufnahme bis Anfang Juli feststellen, die K-Aufnahme, die parallel zum Triebwachstum verlief, erreichte ihren Höhepunkt im Juli zur Zeit der Einstellung des Triebwachstums und des schnellen Wachstums der Früchte und nahm zur Erntezeit ab. Die P-Aufnahme ähnelte derjenigen von N und zeigte ihr Maximum bei tragenden Bäumen etwas später. Ca verhielt sich ähnlich wie Kalium, wobei die Trende bei tragenden und nichttragenden Bäumen gleich waren, ähnlich verhielt sich Magnesium.

Der Austrieb von Blüten, Blättern und Trieben im zeitigen Frühjahr findet hauptsächlich auf Kosten der in den perennierenden Teilen gespeicherten Reserven statt. Aus den Untersuchungen von HARLEY, MOON und REGEIMBAL (1949, 1958), BOLLARD (1953) und OLAND (1954, 1959) kann entnommen werden, daß Bäume, die im Vorjahr eine gute N-Versorgung hatten, im Frühjahr stärker und zeitlich länger austreiben. MOCHIZUKI und HANADA (1956, 1958) teilen das Wachstum junger Apfelbäume in drei Perioden ein: a) die erste, in der die Reserven verbraucht werden, bis etwa Ende Juni (Rückgang des Längenwachstums der Triebe), b) die zweite, wenn die neu aufgenommenen Nährstoffe verbraucht werden und c) die dritte, in der die Reserven in den perennierenden Teilen eingelagert werden. Der Übergang von der ersten zur zweiten Periode ist gekennzeichnet durch besonders kleine Blätter (gewöhnlich das 11. oder 13. Blatt von der Basis) am einjährigen Langtrieb.

Eine reichliche Kaliumversorgung im Vorjahr läßt im Folgenden eine normale Baumentwicklung zu, auch wenn dann eine geringe K-Versorgung vorliegt; Mangelsymptome traten erst im zweiten Jahr bei den Pflanzen auf, die während beider Vegetationsperioden mangelhaft versorgt wurden (ENDERTON 1948). Auch das zeitweise Aussetzen der N-Versorgung in Wasserkulturen führte nur dann zu einer reduzierten Blütenknospenbildung, wenn frühzeitig für zwei

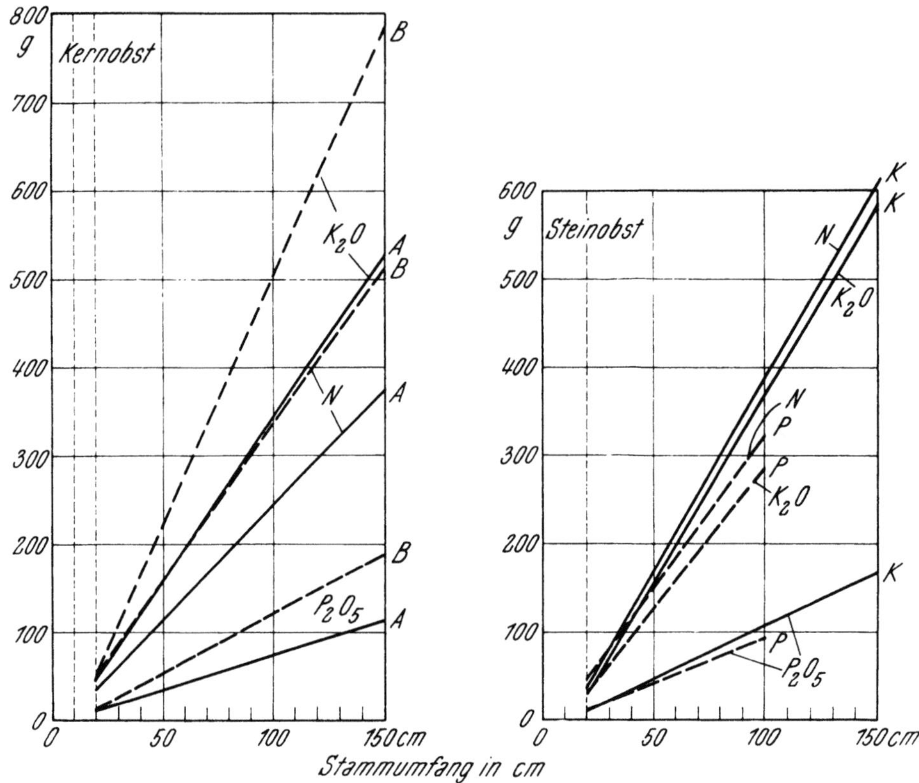

Abb. 197. Stickstoff-, Kalium- und Phosphorentzug von Apfel-, Birnen-, Kirsch- und Pflaumenbäumen in Abhängigkeit von ihrem Stammumfang (Werte aus VOGEL 1950 nach STEGLICH 1907)

A ——— Apfelbäume
B —·—·— Birnenbäume
K ——— Kirschbäume
P —·—·— Pflaumenbäume

Monate zu wenig Stickstoff gegeben wurde. Bei einer Reduzierung der N-Versorgung im Mai/Juni waren Fruchtfarbe und Fruchtqualität besser als bei einer späteren geringen Versorgung. Mit Aussetzen der N-Versorgung wurde auch die Aufnahme von K, Ca und Mg verringert; trat die Reduzierung bis Mitte der Vegetationszeit auf, wurde später mehr aufgenommen, so daß sich Ende der

Tabelle 380. *Jährlicher Nährstoffentzug je ha tragfähiger Obstpflanzung in kg* (nach VAN SLYKE 1905 aus KEMMER und SCHULZ 1938)

Obstart	Zahl der Bäume/ha	Stickstoff	Phosphorsäure	Kali	Kalk
Apfel	86	57,8	15,7	61,7	63,9
Birne	296	33,1	7,8	37,0	42,6
Quitte	593	51,0	17,4	63,9	73,5
Pfirsich ...	296	83,5	20,2	80,7	127,8
Pflaume ...	296	33,1	9,5	42,6	46,0

Tabelle 381. *Berechneter jährlicher Verbrauch eines 30jährigen Apfelbaumes an Makronährstoffen*
(auszugsweise und umgerechnet aus BATJER und ROGERS 1952)

Gruppe und Pflanzenteil	Trocken-M. kg	Stickstoff %[1]	Stickstoff g[2]	Phosphor %	Phosphor g	Kalium %	Kalium g	Calcium %	Calcium g	Magnesium %	Magnesium g
Gruppe 1[3]											
Abfallende Blüten	1,05	2,70	28,4	0,36	3,8	2,10	22,1	1,15	12,1	0,25	2,6
Erster Fruchtfall	0,75	1,43	10,7	0,18	1,4	2,00	15,0	0,80	6,0	0,20	1,5
Junifall	0,90	1,30	11,7	0,18	1,6	1,90	17,1	0,40	3,6	0,14	1,3
Ausgedünnte Früchte	4,00	1,13	45,2	0,18	7,2	1,63	65,2	0,20	8,0	0,08	3,2
Blätter	38,50	1,00	385,0	0,07	27,0	1,10	423,5	1,80	693,0	0,38	146,3
Schnittholz	22,65	0,42	95,1	0,08	18,1	0,13	29,4	1,00	226,5	0,06	13,6
Gruppe 2[4]											
Reife Früchte	54,27	0,27	146,5	0,09	48,8	0,84	455,9	0,06	32,6	0,03	16,3
Samen	0,42	5,50	23,1	0,58	2,4	0,49	2,1	0,64	2,7	0,38	1,6
Oberirdische Teile											
Holz	18,12	0,13	23,6	0,04	7,2	0,10	18,1	0,17	30,8	0,02	3,6
Rinde	3,62	0,70	25,3	0,13	4,7	0,50	18,1	4,50	162,9	0,12	4,3
Wurzeln											
Holz	22,65	0,30	68,0	0,07	15,9	0,22	49,8	0,14	31,7	0,02	4,5
Rinde	4,53	0,70	31,7	0,13	5,9	0,65	29,4	3,20	145,0	0,14	6,3
Gruppe 1[3]			576,1		59,1		572,3		949,2		168,5
Gruppe 2[4]			318,2		84,9		573,4		405,7		36,6
Gesamt			894,3		144,0		1145,7		1354,9		205,1

[1] % = prozentualer Gehalt in der Trockenmasse.
[2] g = Gesamtmenge in g in dem betreffenden Teil.
[3] Gruppe 1 = Mengen, die jährlich entzogen werden, aber wieder in den Boden zurückkommen.
[4] Gruppe 2 = Mengen, die jährlich entzogen werden, aus der Anlage entfernt oder in den Bäumen festgelegt werden.

Periode keine Mengenunterschiede nachweisen ließen (Yamazaki und Mori 1957, Mori und Yamazaki 1958).

In Gefäßversuchen mit jungen Apfelbäumen wurde vom Ende des Längenwachstums der Triebe bis zum Blattfall eine erhebliche Trockenmassenzunahme besonders der Rinde und Wurzeln festgestellt. Stickstoff und Phosphor wurden zu 34 bzw. 24% aus den Blättern besonders in die Rinde translokiert, während bei Kalium nur dann ein Rücktransport zu verzeichnen war, wenn eine geringe K-Versorgung der Bäume vorlag. Auch Mg reicherte sich mengenmäßig stark in der Rinde an, was im prozentualen Mg-Gehalt nicht zum Ausdruck kam (Gruppe 1961).

Neben den erwähnten Untersuchungen liegen noch weitere Arbeiten über die zeitlichen Veränderungen der Nährstoffgehalte in den verschiedenen Pflanzengeweben vor (z. B. Vaidaya 1938, Rogers und Batjer 1954, Stolle 1956, Batjer und Westwood 1958 u. a.).

c) Der Nährstoffentzug

Die Ermittlung des Nährstoffentzugs erfolgte früher vornehmlich mit dem Ziel, Anhaltswerte für die Düngung zu erhalten. Die dem Boden entzogenen Mengen sollten — unter Berücksichtigung unterschiedlicher „Festlegung" — wieder zugeführt werden. Diese „statischen" Vorstellungen, die auch besonders die Verhältnisse der Nährstoffe zueinander betonen, sind in neuerer Zeit durch „dynamische" Vorstellungen ersetzt worden, wobei der Ernährungszustand der Pflanze an Hand von Pflanzenanalysen ermittelt wird und angepaßte, flexible Düngungsmaßnahmen durchgeführt werden. Hierdurch ist es wohl zu erklären, daß sehr wenig neuere Untersuchungen über den Nährstoffentzug vorliegen.

Der Entzug ist abhängig von der Obstart, der Größe und dem Alter der Bäume und von ihrem Ertrag. In Abb. 197 sind die von Steglich (1907) ermittelten Werte für Apfel, Birne, Kirsche und Pflaume in Abhängigkeit von der Größe der Bäume (als Maß diente der Stammumfang) zusammengefaßt. Eine neuere Untersuchung (Gericke, Kurmies und Bärmann 1954) an jungen Buschobstbäumen vom ersten bis vierten Standjahr zeigte gute Übereinstimmung mit den Steglichschen Werten.

In Tab. 380 sind die bekannten Entzugswerte je ha tragfähige Obstanlage nach van Slyke und Mitarbeitern (1907) angeführt.

Einen sehr interessanten neueren Beitrag zur Ermittlung des jährlichen Entzugs geben die Untersuchungen von Magness und Regeimbal (1939) für Stickstoff und die von Batjer und Rogers (1952) für die Hauptnährstoffe beim Apfel (Tab. 381). Letztere schätzen die in einem 30jährigen Apfelbaum beweglichen, translokierbaren Nährstoffmengen auf 172 g N, 27 g P, 18 g K und 9 g Mg. Während die mit den Früchten entfernten Mengen an N, P, Ca und Mg relativ gering sind, ist der Kali-Entzug mit rund 40% der jährlich aufgenommen Menge beachtlich (s. auch S. 865). Auch für Pfirsiche liegen entsprechende Berechnungen vor (Rogers, Batjer und Billingsley 1955).

Literatur

Batjer, L. P., und B. L. Rogers: Fertilizer applications as related to N, P, K, Ca and Mg utilization by apple trees. Proc. Amer. Soc. Hort. Sci. **60**, 1–6 (1952). — Batjer, L. P., und M. N. Westwood: Seasonal trend of several nutrient elements in leaves and fruits of Elberta peach. Proc. Amer. Soc. Hort. Sci. **71**, 116–126 (1958). — Belavin, Ju. A.: Translocation of phosphorus from a lateral root to the branches of grafted apple trees and of those grown on their own roots. Dokl. Akad. Nauk S.S.S.R. 108, 955–957 (1956); Ref. Hort. Abstr. 27, 133. — BOLLARD, E. G.: Nitrogen metabolism of apple trees. Nature 171, 571–572 (1953). — BOYNTON, D.: Nutrition by foliar application. Ann. Rev. Plant Physiol. 5, 31–54 (1954).

DALBRO, S.: Leaching of apple foliage by rain. Rep. 14th Int. Hort. Congr., Scheveningen, Vol. I, 770–778 (1955).

EDGERTON, L. P.: The effect of varying amounts of potassium on the growth and potassium accumulation of young apple trees. Plant Physiol. 23, 112–122 (1948).

FORD, E. M.: The control of magnesium deficiency in apple rootstock stoolbeds: progress report. Ann. Rep. East Malling Res. Sta. 1957, 106–112 (1958).

GERICKE, S., B. KURMIES und C. BÄRMANN: Untersuchungen über die Nährstoffverhältnisse in Obstbäumen. Phosphorsäure 14, 363–385 (1954). — GRUPPE, W.: Untersuchungen zur Kalium-, Kalzium- und Magnesiumernährung junger Apfelbäume I. Gartenbauwiss. 26, 288–320 (1961).

HARLEY, C. P., H. H. MOON und L. A. REGEIMBAL: A study of correlation between growth and certain nutrient reserves in young apple trees. Proc. Amer. Hort. Sci. 53, 1–5 (1949). — HARLEY, C. P., L. O. REGEIMBAL und H. H. MOON: Absorption of nutrient salts by bark and woody tissues of apple and subsequent translocation. Proc. Amer. Soc. Hort. Sci. 67, 47–57 (1956). — The role of N-reserves in new growth of apple and the transport of P^{32} from roots to leaves during early spring growth. Proc. Amer. Soc. Hort. Sci. 72, 57–63 (1958).

KNOWLTON, H. E.: A preliminary experiment on half tree fertilization. Proc. Amer. Soc. Hort. Sci. 18, 148–149 (1921).

LECRENIER, A.: Etude de la nutrition minérale des arbres fruitiers au moyen des isotopes radioactifs. Rapp. Comité Appl. Méth. isotop. Rech. agron. 1955/1956, 3–83 (1956).

MAGNESS, J. R., und L. O. REGEIMBAL: The nitrogen requirement of the apple. Proc. Amer. Soc. Hort. Sci. 36, 51–55 (1939). — MASON, A. C.: Seasonal changes in the uptake and distribution of mineral elements in apple trees. J. Hort. Sci. 35, 34–55 (1960). — MOCHIZUKI, T., und S. HANADA: Seasonal changes in the constituents of young apple trees, II, Nitrogen, phosphorus, and potassium. Bull. Fac. Agric. Hirosaki Univ. 1956, 25–39 (1956); Ref. Hort. Abstr. 27, 2126. — The effect of nitrogen on the formation of the anisophylli on the terminal shoots of apple trees. Soil, Plant, Food 4, 68–74 (1958). — MORI, H., und T. YAMAZAKI: Absorption of essential nutrient elements by apple trees in water culture, 1, Seasonal absorption of N, P, and K by nonbearing apple trees. J. Hort. Assoc. Japan 23, 205–213 (1955). — Absorption of essential nutrient elements by apple trees in water culture, II, Seasonal absorption of N, P, K, Ca and Mg by bearing apple trees. Rep. Tohoku Nat. Agric. Exper. Stat. 1957, Nr. 11, 1–20 (1957). — Studies on the nitrogen nutrition of apple trees in water culture, 2. The effects of restricted nitrogen supplies at various stages of growth on tree growth, fruit quality, and nutrient absorption of bearing apple trees. Bull. Tohoku Nat. Agric. Exper. Stat. 1958, Nr. 13, 80–92 (1958).

OLAND, K.: Nitrogenous constituents of apple maidens grown under different nitrogen treatments. Physiol. Plant. 7, 463–474 (1954). — Nitrogenous reserves of apple trees. Physiol. Plant. 12, 594–648 (1959).

ROGERS, B. L., und L. P. BATJER: Seasonal trends of six nutrient elements in the flesh of Winesap and Delicious apple fruits. Proc. Amer. Soc. Hort. Sci. 63, 67–73 (1954). — ROGERS, B. L., L. P. BATJER und H. D. BILLINGSLEY: Fertilizer applications as related to nitrogen, phosphorus, potassium, calcium, and magnesium utilization by peach trees. Proc. Amer. Soc. Hort. Sci. 66, 7–12 (1955).

SLYKE, L. L., VAN, O. M. TAYLOR und W. H. ANDREWS: Plant food constituents used by bearing fruit trees. New York Agric. Exper. Stat. Bull. 265 (1905). — STEGLICH: Statik des Obstbaues. Arb. DLG Nr. 132, Berlin 1907. — STOLLE, G.: Jahreszeitliche Veränderungen im Nährstoffgehalt verschiedener Organe von Schattenmorellen auf Prunus mahaleb. Z. Pflanzenernähr., Düng., Bodenkde. 73, 193–202 (1956).

TUKEY, H. B. JR., und H. J. AMLING: Leaching of foliage by rain and dew as an explanation of differences in the nutrient composition of greenhouse- and field grown plants. Quart. Bull. Mich. Agric. Exper. Sta. 40, 876–881 (1958). — TUKEY, H. B. JR., H. B. TUKEY und S. H. WITTWER: Loss of nutrients by foliar leaching as determined by radioisotopes. Proc. Amer. Soc. Hort. Sci. 71, 496–506 (1958). — TUKEY, H. B.: The uptake of nutrients by leaves and bark of fruit trees. Rep. 13th Int. Hort. Congr., London, Vol. I, 297–306 (1952).

VAIDYA, C. G.: The seasonal cycles of ash, carbohydrate and nitrogenous constituents in the terminal shoots of apple trees and the effects of five vegetatively propagated rootstocks on them, I, Total ash and ash constituents. J. Pomol. Hort. Sci. **16**, 101–126 (1938).

Watanabe, R.: Studies on absorption of nutrient solution by fruit trees. J. Hort. Ass. Japan **25**, 125–132 (1956).

Yamazaki, T., und H. Mori: The absorption of essential nutrient elements by apple trees in water culture, III, Absorption of N, P, K, Ca and Mg during the dormant period. J. Hort. Ass. Japan **27**, 271–275 (1956). — Studies in the nitrogen nutrition of apple trees in water culture, I, The influence of nitrogen intermission treatment on the growth and nutrient absorption of non bearing apple trees. Rep. Tohoku Nat. Agric. Exper. Stat. 1957, Nr. 11, 21–28 (1957).

D. Der Ernährungszustand der Obstgehölze

Unter Ernährungszustand (nutritional status) soll das Ausmaß der Versorgung der Obstgehölze mit den verschiedenen Nährstoffen verstanden werden. Als Maßstab dient der Gehalt in bestimmten, auf unterschiedliche Versorgung besonders sensibel reagierenden Pflanzenteilen. Bei Obstgehölzen werden meist standardisierte, zu definierbaren Zeiten entnommene Blätter verwendet. Es bestehen enge Beziehungen zwischen Blattgehalten bestimmter Elemente und dem Auftreten von Mangelsymptomen, dem Wachstum, dem Ertrag und verschiedenen Fruchteigenschaften, so daß heute die Blattanalyse — vor allem bei den perennierenden, verholzten Kulturpflanzen — als diagnostisches Hilfsmittel für verschiedene Zwecke in großem Umfange zur Anwendung gelangt.

a) Blattanalyse

Zusammenfassende Darstellungen über die physiologischen Grundlagen, Anwendungsprinzipien und Techniken sind u. a. folgenden Arbeiten zu entnehmen: Goodall und Gregory (1947), Ulrich (1952), Reuther und Smith (1954), Bould, Bradfield und Clarke (1960), Gruppe (1960).

Allgemein lassen sich fünf Bereiche der Versorgung unterscheiden: a) der *Mangelbereich*, der mit sehr niedrigen Gehalten des entsprechenden Elementes in den Blättern verbunden ist und bei dem die typischen Mangelerscheinungen mit stark herabgesetztem Wachstum und Ertrag in Erscheinung treten; b) der Bereich des *latenten Mangels* (Anpassungsbereich), in dem zwar keine typischen Mangelsymptome gefunden werden, mit Erhöhung der Versorgung jedoch Produktivitätssteigerungen verbunden sind; c) der *optimale Bereich*, in dem sich die günstigsten Wuchs- und Ertragsleistungen ergeben; d) der Bereich *überhöhter Versorgung*, der allgemein keine Vorteile bringt, häufig das Gleichgewicht der Versorgung in der Pflanze stört; im Falle von Stickstoff mit Qualitätseinbußen der Früchte verbunden ist und beim Kalium zur Ausbildung induzierter Magnesiummangelerscheinungen führen kann; und e) der *Exzeßbereich*, in dem es zu Rückgängen in der Leistungsfähigkeit kommt.

Macy (1936) unterschied nur drei Konzentrationsbereiche in der Pflanze: Mangel (deficiency), Anpassung (poverty adjustment) und Luxus (luxus consumption). Den Übergang vom Anpassungsbereich zur Luxus-Konsumption bezeichnete er als „critical concentration". Diese kritische Konzentration läßt sich zwar in Gefäßversuchen ermitteln, doch scheint die Verwendung eines optimalen Bereichs (der sich vom kritischen Spiegelwert bis in den ersten Teil der Luxuskonsumption erstreckt) für die Bedingungen auf dem Felde angemessener zu sein.

Bei dieser Konzeption vom Optimal-Bereich der Nährstoffversorgung müssen alle Elemente einbezogen werden. Shear, Crane und Myers (1948) betonen in diesem Zusammenhang die Bedeutung des *Nährstoffgleichgewichtes* in der Pflanze (nutrient element balance). Kenworthy (1949) bringt zur Demonstration dieses

Gleichgewichtes eine Darstellung mit fünf konzentrischen Ringen (Mangel, latenter Mangel, Optimum, beginnender Exzeß und Exzeß).

Zahlreiche methodologische Einzeluntersuchungen befassen sich mit der *Art*, dem *Alter*, der *Position* der Blätter und dem *Zeitpunkt* der Sammlung (z. B. FREAR und ANTHONY 1943, GOODALL 1943, BOYNTON, CAIN und COMPTON 1944, PROEBSTING 1953, EMMERT 1954, MASON 1958, GRUPPE 1959), mit der Wahl der *Bezugsgröße* (ROGERS, BATJER und THOMPSON 1953, BUSSMANN und GERBER 1959), dem Einfluß des *Fruchtbehangs* (z. B. MASON 1955, McCLUNG und LOTT 1956, BIELINSKA und WLODEK 1958, LAMB, GOLDEN und POWER 1959), mit dem Vergleich von *löslichen* und *Gesamt-Nährstoffen* in den Blättern (z. B. EMMERT 1954, RITTER 1954, EMMERT 1957), dem Einfluß der *Strahlung* (PROEBSTING und KENWORTHY 1954), dem der *Wasserversorgung* (MASON 1958, HIBBARD und MOHSEN NOUR 1959, NAUMANN 1961) oder der *Genauigkeit* der Bestimmung der Blattnährstoffe durch verschiedene Laboratorien (KENWORTHY, MILLER und MATHIS 1956).

Zusammenfassend läßt sich folgendes feststellen:

a) die einzelnen Arten und Sorten haben zum Teil große *Unterschiede* in den optimalen Blattwerten, so daß die Proben nach Sorten- bzw. Unterlagen-Kombinationen getrennt gesammelt werden müssen.

b) Für Routineuntersuchungen eignen sich bei den Baumobstarten *Mittelblätter* von einjährigen Langtrieben, die im Juli/August entnommen werden, bei den Beerenobststräuchern Blätter von gleicher Position zwischen Blüte und Fruchtreife besonders gut. Bei Erdbeeren ist die genaue Erfassung dieser Blätter wegen des gestauchten Sprosses schwieriger, hier werden gerade ausgewachsene, also die jüngsten vollentwickelten Blätter, bevorzugt. Spätere Blattsammlungen sind z. B. zur Feststellung des Mg-Versorgungszustandes vorteilhafter; wie es überhaupt zweckmäßig erscheint, für eingehende Untersuchungen *mehrere Sammeltermine* zu verwenden.

c) Als Bezugsgröße wird die *Trockenmasse* bevorzugt, bei Gewebetesten (tissue tests) das *Frischgewicht*. Die Angabe erfolgt in % (für Makroelemente) und p.p.m. (für Mikroelemente) der Trockenmasse bzw. in p.p.m. des Frischgewichtes (bei tissue tests).

b) Die einzelnen Nährstoffe

1. Stickstoff

Bei Stickstoff-*Mangel* ist ein sehr schwaches Wachstum vorhanden, die Blätter sind klein, hell gefärbt (Chlorophyll-Mangel). Die Terminaltriebe sind kurz und dünn. Der Triebabschluß erfolgt frühzeitig. Der Gesamtbaum bleibt klein, wobei sich besonders das Kronen/Wurzelverhältnis verengt. Die Zahl der Blüten ist gering und der Fruchtfall erhöht. Die Früchte zeichnen sich durch große Festigkeit des Fruchtfleisches und intensive Färbung aus. Allgemein kommt es zu einer Verfrühung der Ernte.

Mit *zunehmender N-Versorgung* erhöht sich die Gesamt-Blattfläche und der Chlorophyll-Gehalt der Blätter, es ergibt sich stärkeres Wachstum der Lang- und Kurztriebe, älteres Kurzholz wird wieder produktiv. Das Dickenwachstum der Stämme ist größer, doch steht es in Abhängigkeit zum Behang, d. h. bei starkem Fruchtbehang ist die Zunahme geringer als bei schwachem Behang. Der N-Gehalt der Blätter steigt an, ebenso die Ca- und Mg-Gehalte, dagegen erniedrigen sich die K- und P-Gehalte in den Blattproben.

Bei *sehr hoher N-Versorgung* — und ausreichendem Wasser — zeigen sich besonders große Blätter, die tief-dunkelgrün gefärbt sind, das Triebwachstum ist sehr stark. Besonders bei jungen, noch nicht im Ertrag stehenden Bäumen kann hierdurch das Einsetzen der *Blühreife* verzögert werden, während bei Bäumen, die sich im Ertragsstadium befinden, keine Veränderungen in der Ertragstendenz zu erwarten sind. Die Ausfärbung der Früchte ist schlecht, die Pflückreife verzögert. Die Früchte sind sehr groß, besitzen eine weiche Textur und geringe Haltbarkeit und sind im Lager leicht physiologischen Verfallserscheinungen ausgesetzt.

Der späte Triebabschluß macht die Bäume empfindlicher gegen tiefe Wintertemperaturen. Das lockere Rindengewebe ist anfällig gegenüber Infektionen.

Von den zahlreichen neueren Arbeiten über die Wirkungen der N-Düngung sollen folgende angeführt werden, die sich vornehmlich mit der Wirkung auf *Wachstum und Ertrag* (Boynton und Cain 1942, Boynton und Burrell 1944, Boynton und Compton 1944, Shear 1947, Cain und Boynton 1948, Southwick 1956, Butijn 1956, Boon und Pouwer 1960 und Pouwer 1960), auf die Intensität der *Blattfarbe* (Boynton, Compton und Fisher 1948, Shear und Horsfall 1948), auf *Fruchtfarbe* und andere *Fruchteigenschaften* (Wander 1946, Wittwer und Hibbard 1947, Ford und Judkins 1951, Hill 1952, Shear und Horsfall 1952, Beattle 1954, Oland 1955, Proebsting u. a. 1957, Eggert, Murphy und Johnson 1959), auf *Frosthärte* (Burrell und Boynton 1945, Edgerton 1957) oder den *N-Gehalt* der *Früchte* (Hulme 1956) befassen.

Es läßt sich feststellen, daß N-Düngergaben, die einen sehr hohen N-Versorgungszustand besonders beim Apfel und bei Pfirsichen hervorbringen, zwar mit sehr hohen Erträgen verbunden sein können, daß jedoch zur Erzeugung guter Qualitäten ein mittlerer N-Versorgungszustand günstiger ist, da dieser bessere Fruchtfarbe, härteres Fruchtfleisch, bessere Haltbarkeit bei Lagersorten und bessere Transportfähigkeit bei Weichobstarten mit sich bringt. Das *Optimum* stellt also einen *Kompromiß* dar zwischen *Ertragshöhe* und *Qualität*, wobei jedoch auch der Versorgungszustand mit anderen Nährstoffen, insbesondere mit Kalium (s. S. 865), beachtet werden muß.

2. Phosphor

Phosphor-*Mangelerscheinungen* sind aus *Gefäßversuchen* bekannt (Davidson und Blake 1936, Batjer, Baynes und Regeimbal 1940, Waugh, Cullinan und Scott, Davis und Hill 1941, Cullinan und Batjer 1943, Kobel, Fritzsche, Gerber und Bussmann 1952, Knickmann 1955, Reinken 1956). Das Wachstum ist herabgesetzt, die Triebe sind dünn, die Blätter besitzen eine aufrechte Stellung am Trieb, sind kleiner und von dunkelgrüner Farbe mit roten Tönungen, zum Teil mit Nekrosen an den Blatträndern. Im *Freiland* wurde nur sehr vereinzelt P-Mangel an Obstbäumen angetroffen, wie auch die Reaktion auf P-Düngung in den zahlreichen Versuchen wenig in Erscheinung trat (Lilleland 1932, 1936, Scott 1939, Lilleland und Brown 1940, Bryant und Gardner 1943, Veerhoff 1947, Stanberry und Clore 1950).

Ein Einfluß unterschiedlicher P-Versorgung der Bäume auf die *Fruchtqualität*, soweit nicht Mangel vorliegt, wurde nicht gefunden. Mit Steigerung der N-Versorgung ergibt sich eine ausgeprägte Abnahme der P-Gehalte in den Blättern.

Obgleich in neuerer Zeit zahlreiche Untersuchungen mit ^{32}P bei Obstbäumen durchgeführt wurden, die eine sehr schnelle Aufnahme der zugegebenen markierten Verbindungen erkennen ließen (z. B. Reinken 1956), konnte für Freilandbedingungen beim Baumobst eine *Reaktion auf P-Düngung* nur vereinzelt nachgewiesen werden. Reinken (1960) konnte zeigen, daß die Aufnahme durch Apfelbäume aus Monocalcium-Phosphat im Vergleich mit Di-Magnesiumphosphat äußerst gering ist. Die in Tab. 381 angegebenen Werte über den jährlichen P-Bedarf lassen vermuten, daß bei den Bäumen in dieser Hinsicht andere Bedingungen herrschen als bei einjährigen Pflanzen, wie z. B. Getreide, zumal gewisse Mengen in den Bäumen beweglich sind.

3. Kalium

Das Auftreten von Kalium-*Mangel* ist aus vielen Obstanbaugebieten bekannt (z. B. BARBIER, QUIDET und TROCME, BOLLARD 1953, HELIAS 1954, CRADDOCK und COOK 1955, GRUPPE 1955, DELMAS und BATS 1957). Als *Symptome* zeigen sich ab Mitte der Vegetationsperiode besonders an den unteren Blättern einjähriger Langtriebe Spitzen- und Randnekrosen, Wachstum und Ertrag gehen stark zurück, und es kann zum Absterben von Astpartien und ganzen Bäumen kommen, wenn der Mangel nicht beseitigt wird.

WALLACE (1925, 1925/26, 1930) konnte als erster die Zusammenhänge zwischen dem Auftreten der Blattsymptome (leaf scorch) und einer unzureichenden K-Versorgung klären.

Da die größer werdenden *Früchte* große Kalium-Mengen entziehen, treten die Symptome besonders bei Bäumen mit starkem Behang in Erscheinung. Durch partielle Ausdünnung konnten sehr unterschiedliche K-Gehalte in den Blättern erzeugt werden (LILLELAND 1932).

Zahlreiche Untersuchungen über die Beziehungen zwischen dem verfügbaren *Kalium* im *Boden* und dem K-Gehalt in den *Blättern* zeigen zum Teil sehr deutliche Beziehungen, wenn einheitliche Böden und Bäume mit gleichem Behang berücksichtigt werden (LILLELAND und BROWN 1937, 1939, 1941, WALLACE und PROEBSTING 1933, PROEBSTING 1933, MEYER 1940, ZUBRISKI und SWINGLE 1950, TITUS und BOYNTON 1953, GRUPPE 1955, 1957, BÜNEMANN 1960).

Die Höhe der Kalium-Versorgung übt einen starken Einfluß auf die *Qualität* der Früchte aus. So besitzen die Äpfel von Kalimangelbäumen einen sehr geringen Säuregehalt und mangelhaftes Aroma (WALLACE 1930). Mit zunehmender Kaliversorgung steigt nicht nur der Säuregehalt der Früchte an, sondern der Säureabbau während der Lagerung ist bei Äpfeln verringert (EAVES und LEEFE 1955). Auch die Fruchtfleischfestigkeit ist bei hoher Kaliumversorgung größer, die Haltbarkeit im Lager verbessert, das Auftreten von physiologischem Verfall herabgesetzt (BEAUMONT und CHANDLER 1933, CAIN 1953, WEEKS 1958, WILKINSON 1958, BÜNEMANN 1959). Für die Ausbildung einer guten Rotfärbung beim Apfel bei hoher N-Versorgung ist das Vorhandensein einer hohen K-Versorgung notwendig, wie besonders die Untersuchungen von CAIN (1953) und WEEKS und Mitarbeitern (1958) zeigten. DALBRO (1956) fand eine Parallelität zwischen hoher K-Versorgung und dem Auftreten von *Cox-Flecken* an den Blättern, während ROOTSI und FERNQUIST (1956, 1957) eine Reduzierung der Ascorbinsäure mit zunehmender K-Versorgung feststellen konnten.

Da Kalium von den Bäumen sehr leicht aufgenommen wird und im Laufe der Zeit eine kumulative Anreicherung stattfinden kann, wenn eine hohe Bodenversorgung vorliegt, kommt es häufig zu einer *Kalium-Luxuskonsumption* und sehr hohen Blattwerten. Diese sind mit einem herabgesetzten Magnesiumgehalt in den Blättern verbunden und induzieren leicht Magnesium-Mangelerscheinungen.

4. Magnesium

Magnesium-*Mangelerscheinungen* wurden bei vielen Obstarten festgestellt. Der Apfel reagiert besonders empfindlich gegenüber unzureichender Mg-Versorgung. Die Symptome wurden zuerst von WALLACE (1925) beschrieben, der sie in Mangelkulturen erzeugte. Ab Ende der dreißiger Jahre wurden sie dann in vielen Apfelanbaugebieten beobachtet (Boynton 1947, De Haas und Gruppe 1959).

Als *Symptome* zeigen sich interkostale Nekrosen, d. h. zwischen den Blattadern bilden sich zunächst chlorotische, flächig-ovale Flecken aus, die nach wenigen Stunden braun-nekrotisch werden. Bei starkem Mangel treten als Frühsymptome Vergilbungen, Nekrosen und Abfall der primären Blätter an Kurztrieben, die Früchte tragen, auf. Die affizierten Blätter rollen sich ein und fallen von der Basis der Triebe spitzenwärts fortschreitend ab. Je nach der Schwere des Mangels können die Triebe bis auf wenige Blätter an den Spitzen ab Juli vollkommen verkahlen. Der Ausfall an Assimilationsfläche beschränkt besonders das Dickenwachstum der Triebe und wirkt sich auf die Ausbildung der Früchte aus, die klein bleiben, nicht ausreifen und eine schlechte Qualität aufweisen. (Wallace 1939, 1940a, 1940b, Kidson, Askew und Chititenden 1940, Boynton, Cain und Geluwe 1943, Southwick 1943, Chucka, Waring und Wyman 1945, Moon, Harley, Regeimbal 1952, Trocme 1952, McClung 1953, Blanchet 1954, Woodbridge 1955, Johansson 1958, Ward 1958, Ystaas 1959).

Für die Ausbildung des Mangels sind besonders die *Kalium/Magnesium*- und zum Teil auch Kalzium-Bedingungen im Boden und in der Pflanze von Bedeutung (Boynton und Burrell 1944, Cain 1948, Butijn 1950, 1961, Borgman 1954, Gruppe 1955a, 1955b, 1958, 1961).

Zwischen dem Auftreten der Mangelerscheinungen und den *Mg-Gehalten* in den *Blättern* konnten übereinstimmend enge Beziehungen festgestellt werden. Beim Apfel z. B. sind Mg-Gehalte von unter 0,15 % fast immer mit Mg-Mangel verbunden, im Bereich zwischen 0,15 und 0,25 % Mg können je nach den anderen Kationenbedingungen in den Blättern, besonders bei hohen K-Gehalten, Symptome auftreten, während bei Werten über 0,25 % Mg in der Trockenmasse Symptome selten gefunden wurden. Das *K/Mg-Verhältnis* der *Böden* ist meist ein besserer Index für die Mg-Versorgung, wie negative Korrelationen dieser Werte mit dem Blatt-Magnesium zeigten, als der Mg-Gehalt selbst. Böden mit geringer Sorptionskraft in humiden Gebieten zeichnen sich häufig durch Mg-Mangel aus.

5. Calcium

Obgleich in den Blättern sehr unterschiedliche Ca-Spiegel vorhanden sind, die auf große Verschiedenheiten in der Ca-Ernährung der Bäume deuten, sind Ca-Mangelsymptome — soweit Verfasser bekannt — bisher unter Freilandbedingungen noch nicht beobachtet worden. Zwischen den Ca-Sättigungsgraden der Böden und dem Ca-Gehalt der Blätter von Apfelbäumen konnten in Erhebungsuntersuchungen signifikante Korrelationen nachgewiesen werden (Gruppe 1957). Die Ca-Versorgung spielt auch im Zusammenhang mit dem Auftreten von Mg-Mangelerscheinungen eine Rolle (Butijn 1961, Gruppe 1961), da zwischen den drei Kationen Ca, K und Mg zahlreiche Wechselwirkungen auftreten (Davidson und Blake 1938, Cain 1948). Da der *pH-Wert des Bodens* in erster Linie von seinem Kalkzustand abhängig ist, ergeben sich sehr zahlreiche Zusammenhänge mit der Ernährung der Bäume. Auf extrem sauren Böden treten häufig Mg-Mangelerscheinungen auf, außerdem wurden hier wiederholt Mn-Exzeßwirkungen beobachtet. Auf kalkreichen Böden kommt dagegen dem Auftreten von kalkinduzierten Eisenchlorosen sowie dem Mangel an Mangan, Bor und anderen Mikronährstoffen bei den Obstgehölzen eine große Bedeutung zu (s. die einzelnen Elemente) (Meyer 1938, 1940).

Besondere Beachtung verdienen die in letzter Zeit gefundenen Zusammenhänge zwischen der Ca-Ernährung der Apfelfrüchte und dem Auftreten von *Stippigkeit* (bitter pit). Durch Spritzungen mit Calcium-Salzen konnte das Auftreten der Fruchtschäden reduziert oder verhindert werden. Die Untersuchungen der Früchte und der Stippen ergaben eine wahrscheinliche Störung der Gleichgewichte zwischen Kalium, Magnesium und Calcium (BÜNEMANN 1959, ASKEW u. a. 1959, 1960a, 1960b, HILKENBÄUMER, BUCHLOH und ZACHARIAE 1960). Auch das Auftreten von „*Baldwin spot*", das bei der Apfelsorte „Baldwin" beobachtet wird und mit abnormal hohen Mg/Ca-Verhältnissen im Fruchtfleisch gekoppelt ist, läßt vermuten, daß hierbei Calcium das kritische Element sein dürfte (GARMAN und MATHIS 1956).

6. Eisen

Von den verschiedenen Arten der „Eisen-Mangelchlorosen" ist die *kalkinduzierte Chlorose* (Calciose) im Obstbau weit verbreitet, und zwar auf kalkreichen Böden mit hohen pH-Werten. Die typischen Blattsymptome treten an den Triebspitzen zuerst in Erscheinung. Im Anfangsstadium hellt sich die Blattfläche zwischen den Adern auf, die selbst grün bleiben. Mit zunehmender Schwere des Schadens werden die Interkostalfelder immer heller, so daß schließlich die Blätter gelblich/weiß sind. Stark chlorotische Bäume und Sträucher haben im Vergleich mit gesunden eine geringe Blüte, spärlichen Fruchtbehang und schlecht ausgefärbte Früchte. Es kann zu einem Zurücksterben der Äste und ganzer Bäume kommen. Trotz zahlreicher Untersuchungen konnten bisher noch keine ausreichenden Erklärungen für die ursächlichen Zusammenhänge gefunden werden (BROWN 1956, THORNE, WANN und ROBINSON 1950).

Es steht jedoch fest, daß durch Zufuhr von Eisen in geeigneter Form (z. B. als Chelate oder als andere Eisenverbindungen) die Mangelerscheinungen behoben werden können. Bei den in letzter Zeit angewendeten Chelaten war ein Erfolg auf kalkreichen Böden jedoch nicht immer vorhanden. Außerdem sind auf diesen Böden sehr große Mengen erforderlich — im Gegensatz zu den sauren Böden z. B. im Citrus-Anbau von Florida, wo geringe Mengen eine gute Wirkung zeigten —, so daß eine wirtschaftliche Bekämpfung schwierig ist (HAGIN 1952, BOULD 1955, TROCME und CHABANNES 1956, HIGDON 1957, WALLACE und LUNT 1960).

Blattanalysen von gesunden und chlorotischen Blättern zeigten keine Unterschiede im *Eisengehalt* (ILJIN 1947). OSERKOWSKI (1933) konnte im Gesamt-Eisen ebenfalls nur geringe Unterschiede feststellen, doch ergaben sich deutliche im HCl-Extrakt (sogenanntes aktives Eisen). Nach den neueren Untersuchungen von SMITH, REUTHER und SPECHT (1950) und WALLIHAN (1955) sind jedoch Zweifel berechtigt, wie weit bei den älteren Untersuchungen der wirkliche Eisengehalt in den Blättern erfaßt ist, da relativ große Eisenmengen als Verunreinigungen auf den Blättern gefunden wurden.

7. Mangan

In Abhängigkeit vom Mn-Gehalt der Blätter wurden sowohl Manganmangelerscheinungen (z. B. BOYNTON, KROCHMAL und KONECNY 1951, WOODBRIDGE und MCLARTHY 1951, ATKINSON und BOLLARD 1953) als auch Schädigungen durch zu hohe Mn-Versorgung gefunden (SHANNON 1954, BOULD und BRADFIELD 1955, GRASMANIS 1958).

Beim *Mangel* zeigen sich Aufhellungen in den Interkostalfeldern der älteren Blätter, die Erscheinungen treten besonders im Zusammenhang mit hohen pH-Werten auf.

Mangan-Exzeß zeigt sich dagegen in Absterbeerscheinungen besonders der Rinde (internal bark necrosis, measles), begleitet von geringem Wachstum mit Absterbeerscheinungen im Winter. Diese Symptome werden auf extrem sauren Böden beobachtet, wo es zu einer exzessiven Mn-Aufnahme kommt.

8. Bor

Bor-*Mangel*erscheinungen sind besonders beim Apfel von großer wirtschaftlicher Bedeutung, da sie nicht nur zu Ertragsrückgängen führen, sondern auch die vorhandenen Früchte durch Deformation und „Korkbildung" unverkäuflich machen. Askew (1934/35) konnte die primären Zusammenhänge zwischen dem Auftreten der Symptome und der Bor-Ernährung als erster in Neuseeland klären, wo diese Erkrankung seit 1898 gemeldet wurde. Bormangelerscheinungen sind heute in vielen Ländern und an vielen Obstarten bekannt.

Am *Apfel* erscheinen die ersten *Symptome* bei starkem Mangel schon zwei bis drei Wochen nach Blütenabfall als wässerige Stellen, die dann verkorken. Zum Teil fallen die Früchte frühzeitig ab, bleiben sie am Baum, kommt es zu starken Mißbildungen. Im Inneren lassen sich Korkbildungen unterschiedlicher Formen erkennen. Bei beginnender Erkrankung ist die Fruchtgröße wenig beeinflußt, es treten jedoch unter der Schale Korkflecken auf, die äußerlich zu Vertiefungen führen. Neben diesem „Außenkork" ist „Innenkork" und „diffuser Kork" bekannt. Fruchtsymptome können schon vor den Blattsymptomen vorhanden sein. Diese äußern sich in einer Krümmung der Blätter und Rosettenbildung, die Triebe sterben ab. Im Frühjahr treiben viele kleine Triebe unterhalb der abgestorbenen Partien aus. Ähnliche Erscheinungen findet man auch bei *Birnen*. Beim Steinobst (*Pflaumen*) kommt es zur Ausbildung von Harzflecken (gum spots, gum pocket disease) in den Früchten, bei *Kirschen* zur Ausbildung dunkler, korkiger Leisten unter der Fruchthaut (pithy cherry) (Askew 1935, Atkinson 1935, Woodbridge 1937, Burrell 1940, Meier 1940, Maier 1941, Bullock und Benson 1941, Hansen und Proebsting 1949, Kessler 1950, Batjer und Rogers 1953).

Neben den Mangelerscheinungen treten auch Bor-*Exzeßerscheinungen* auf. Diese sind entweder auf zu hohe Borgaben zurückzuführen, die zur Heilung von B-Mangel angewendet wurden, oder sie treten in ariden Gebieten auf, wo im Boden oder im Bewässerungswasser toxische B-Konzentrationen vorkommen. (Eaton, Mccallum und Mayhugh 1941, Wilcox und Woodbridge 1943, Mclarthy und Woodbridge 1950, Woodbridge 1955, Cibes, Hernandez und Childers 1955, Hernandez und Childers 1956).

Zwischen dem *Borgehalt* der verschiedenen Pflanzenteile (wie Blätter, Früchte, Triebe) und dem Auftreten von Bormangel und -exzeß bestehen enge Beziehungen, so daß in vielen Fällen die Pflanzenanalyse zur ursächlichen Klärung herangezogen werden kann.

Charakteristisch für das Auftreten der Mangelerscheinungen ist, daß diese besonders in *Trockenjahren* zu finden sind, daher auch die ursprüngliche Bezeichnung „Trockenfleck" (drought spot).

9. Zink

Zink-*Mangel* ist aus verschiedenen Obstbaugebieten bekannt, z. B. den Westgebieten der USA und Kanadas, Südafrika, Neuseeland, Australien und auch europäischen Ländern. Die Symptome zeigen sich sehr charakteristisch als „*Kleinblättrigkeit*" (little leaf) und *Rosettenbildung*, d. h. kurze Sprosse mit dicht beieinander stehenden kleinen Blättern, die chlorotisch sind. Zwischen dem

Zn-Gehalt der Blätter und dem Auftreten der Mangelsymptome bestehen deutliche Beziehungen (CHANDLER 1931, 1937, MALHERBE 1934, WARD 1944, KASTENDIEK 1950, BRYNER und KUNDERT 1953, BOULD, NICHOLAS und TOLHURST 1953, MCCLUNG 1954, WOODBRIDGE 1954, KENWORTHY, BELL und LARSEN 1955, GAYFORD 1959, CHAPMAN 1960).

10. Kupfer

Kupfer-*Mangel* zeigt sich an den Terminalblättern der wachsenden Triebe des Sommers als größere, unregelmäßige nekrotische Flecken. Die Blätter drehen sich, etwas später erfolgt Blattfall von der Spitze abwärts, dem im Herbst Vertrocknen und Zurücksterben der Triebe folgt. Die Erscheinungen sind bei vielen Obstarten und aus verschiedenen Obstbaugebieten beschrieben worden. Zum Teil wurden die Symptome erst nach der Einführung organischer Fungizide beobachtet. Die bis dahin übliche Verwendung von Kupferkalkbrühe hatte den Bäumen in Cu-Mangelgebieten meist ausreichende Versorgung zukommen lassen (ANDERSSEN 1932, OSERKOWSKI und THOMAS 1933, 1938, PITTMAN 1936, DUNNE 1938, JONES 1950, HARRIS 1951, BOULD, NICHOLAS und TOLHURST 1953, KESTER, BROWN und ALDRICH 1956, WARD 1959).

11. Molybdän

Molybdän-*Mangel*erscheinungen sind bisher nur vereinzelt festgestellt worden (HOAGLAND 1941, CHITTENDEN 1956, FERNANDEZ 1960).

12. Andere schädliche Elemente

Neben *Fluor*-Schäden (s. BREDEMANN 1956) sind *Arsen*-Schäden bei Obstbäumen bekannt. Infolge jahrzehntelanger Anwendung arsenhaltiger Pflanzenschutzmittel ist es auf manchen Obstböden zu Anreicherungen gekommen, wodurch besonders das Wachstum junger Bäume geschädigt wurde (LINDNER 1943, THOMPSON und BATJER 1950, BATJER und BENSON 1958).

Besondere Probleme ergeben sich in *ariden Gebieten* durch sehr hohe *Natrium-, Chlorid-* und *Bor*-Konzentrationen im Boden (HAYWARD und LONG 1942, LUCHETTI 1949, LUCHETTI und TALLACHINI 1950, WADLEIGH, HAYWARD und AYERS 1951, HOUSTON und MEYER 1958, HALSEY, MCFARLANE und SCHUT 1958, MARTIN, JONES und ERVIN 1959).

Einige *Beerenobstarten*, z. B. Stachelbeeren, rote Johannisbeeren und auch Erdbeeren, sind empfindlich gegen *Chlorid* (s. S. 891). Bei den meisten *Baumobstarten* treten dagegen Chloridschäden erst bei relativ hohen Konzentrationen im Substrat in Erscheinung (PARUPS u. a. 1958, DILLEY u. a. 1958).

Eine Zusammenstellung der Mineralstoffbereiche in den Geweben ist in den Tabellenwerken von GOODALL und GREGORY (1947, Tab. I und II, S. 22 bis 40) und SHANNON (1954, S. 835 bis 867) gegeben, so daß hier auf eine Wiederholung verzichtet werden kann.

Literatur

Blattanalyse

BIELINSKA, M., und L. WODEK: Contents of P, K and Ca in leaves and shoots of biennial bearing apple trees. Prace Inst. Sadown. Skierniewice 3, 5–29 (1958); Ref. Hort. Abstr. 29, 2138. — BOULD, C., E. G. BRADFIELD und G. M. CLARKE: Leaf analysis as a guide to the nutrition of fruit crops, I, General principles, sampling techniques and analytical methods. J. Sci. Food Agric. 11, 229–42 (1960). — BOYNTON, D., J. CAIN und O. C. COMPTON: Soil and seasonal influence in the chemical composition of McIntosh apple leaves in New York. Proc. Amer. Soc. Hort. Sci. **44**, 15–24 (1944). — BUSSMANN, A., und H. GERBER: Untersuchungen über die Wahl der Bezugsgröße bei der Pflanzenanalyse, insbesondere bei der Bestimmung der jahreszeitlichen Nährstoffschwankungen in Apfel- und Birnblättern. Landw. Jahrb. Schweiz **8**, 21–33 (1959).

EMMERT, F. H.: The soluble and total P, K, Ca and Mg of apple leaves as affected by time and place of sampling. Proc. Amer. Soc. Hort. Sci. **64**, 1–8 (1954). — The influence of variety, tree age, and mulch on the nutritional composition of apple leaves. Ebenda **64**, 9–14 (1954). — A comparison of different leaf samples and the total and soluble tests as indicators of apple tree N, K and Mg nutrition. Ebenda **69**, 1–12 (1957).

FREAR, D. E. H., und R. D. ANTHONY: The influence of date of sampling on the value of leaf weight and chemical analysis in nutrition experiments with apple trees. Ebenda **42**, 115–122 (1943).

GOODALL, D. W.: Studies in the diagnosis of mineral deficiency, I, The distribution of certain cations in apple foliage in early autumn. J. Pomol. Hort. Sci. **20**, 136–43 (1943). — GOODALL, D. W., und F. G. GREGORY: Chemical composition of plants as an index of their nutritional status. Imp. Bur. Hort. Plant. Crops, Techn. Commun. Nr. 17 (1947). — GRUPPE, W.: Zeitliche Veränderungen im Gehalt an Makroelementen in Einzelblättern einjähriger Langtriebe bei unterschiedlicher N-Düngung. Gartenbauwiss. **24**, 430–45 (1959). — Die Bedeutung der Blattanalyse für die Düngung im Obstbau. Erwerbsobstbau **2**, 198–201, 218–222 (1960).

HIBBARD, A. D., und MOHSEN NOUR: Leaf content of P and K under water stress. Proc. Amer. Soc. Hort. Sci. **73**, 33–9 (1959).

KENWORTHY, A. L.: Wheels of nutrition—a method of demonstrating nutrient-element-balance. Ebenda **54**, 47–52 (1949). — KENWORTHY, A. L., E. J. MILLER und W. T. MATHIS: Nutrient-element analysis of fruit tree leaf samples by several laboratories. Ebenda **67**, 16–21 (1956).

LAMB, J. G. D., J. D. GOLDEN und M. POWER: Chemical composition of the shoot leaves of the apple Laxton's Superb, as affected by biennial bearing. J. Hort. Sci. **34**, 193–8 (1959).

MACY, P.: The quantitative mineral nutrient requirements of plants. Plant Physiol. **11**, 749–64 (1936). — MASON, A. C.: A note on differences in mineral content of apple leaves associated with fruiting and non-fruiting of biennial bearing trees. A. Rep. East Malling Res. Stat. 1954, A 38, 122–5 (1955). — The concentrations of certain nutrient elements in apple leaves taken from different positions on the shoot and at different dates through the growing season. J. Hort. Sci. **33**, 128–38 (1958a). — The effect of soil moisture on the mineral composition of apple plants grown in pots. Ebenda **33**, 202–11 (1958b). — McCLUNG, A. C., und W. L. LOTT: Mineral nutrient composition of peach leaves as affected by leaf age and position and the presence of fruit crop. Proc. Amer. Soc. Hort. Sci. **67**, 113–20 (1956).

NAUMANN, W. D.: Die Wirkung zeitlich begrenzter Wassergabe auf Wuchs- und Ertragsleistung von Erdbeeren. Gartenbauwiss. **26**, H. 4 (1961).

PROEBSTING, E. L.: Certain factors affecting the concentration of N, P, K, Ca and Mg in pear leaves. Proc. Amer. Soc. Hort. Sci. **61**, 27–30 (1953). — PROEBSTING, E. L. JR., und A. L. KENWORTHY:Growth and leaf analysis of Montmorency cherry trees as influenced by solar radiation and intensity of nutrition. Ebenda **63**, 41–48 (1954).

REUTHER, W., und P. F. SMITH: Leaf analysis of Citrus. In: CHILDERS (Hrsg.): Fruit nutrition. Somerville, N. J.: Somerset Press. 1954. — RITTER, C. M.: The use of soluble tissue tests in determining the mineral element status of apple trees. Proc. Amer. Soc. Hort. Sci. **63**, 37–40 (1954). — ROGERS, B. L., L. P. BATJER und A. H. THOMPSON: Seasonal trend of several nutrient elements in Delicious apple leaves expressed on a per cent and unit area basis. Ebenda **61**, 1–5 (1953).

SHEAR, G., H. L. CRANE und A. T. MYERS: Nutrient element balance: application of the concept to the interpretation of foliar analysis. Ebenda **51**, 319–26 (1948).

ULRICH, A.: Physiological bases for assessing the nutritional requirements of plants. Ann. Rev. Plant Physiol. **3**, 207–228 (1952).

Stickstoff

BEATTIE, J. M.: The effect of differential nitrogen fertilization on some of the physical and chemical factors affecting quality of Baldwin apples. Proc. Amer. Soc. Hort. Sci. **63**, 1–9 (1954). — BOON, J. VAN DER, und A. POUWER: The effect of nitrogen fertilisation and certain other factors on the chemical composition of apple leaf.

Netherl. J. Agric. Sci. 8, 317–27 (1960). — BOYNTON, D., und J. C. CAIN: A survey of the relationship between leaf nitrogen, fruit color and percent of full crop in some New York McIntosh apple Orchards 1941. Proc. Amer. Soc. Hort. Sci. 40, 19–22 (1942). — BOYNTON, D., und A. B. BURRELL: Effects of nitrogen fertilizer on leaf nitrogen, fruit color, and yield in two New York McIntosh apple orchards. Ebenda 44, 25–30 (1944). — BOYNTON, D., und O. C. COMPTON: Influence of differential fertilization with ammonium sulfate on the chemical composition of McIntosh apple leaves. Ebenda 45, 9–17 (1944). — BOYNTON, D., O. C. COMPTON und E. FISHER: Further work on leaf nitrogen and leaf color as measures of the N-status of fruit trees. Ebenda 52, 40–6 (1948). — BURRELL, A. B., und D. BOYNTON: Effect of N-level on freezing injury to growing blossom buds of McIntosh apple. Ebenda 46, 32–4 (1945). — BUTIJN, J.: Stikstofvoeding van fruitgewassen in de volle grond. Meded. Dir. Tuinbouw 19, 696–705 (1956).

CAIN, J. C., und D. BOYNTON: Some effects of season, fruit crop and N fertilization on the mineral composition of McIntosh apple leaves. Proc. Amer. Soc. Hort. Sci. 51, 13–21 (1948).

EDGERTON, L. J.: Effect of N fertilization on cold hardiness of apple trees. Ebenda 70, 40–5 (1957). — EGGERT, F. P., E. F. MURPHY und R. A. JOHNSON: The effect of level of foliage N on the eating quality of McIntosh apples. Ebenda 73, 46–51 (1959).

FORD, H. W., und W. P. JUDKINS: The effect of cultural and nitrogen treatments on the rate of respiration and certain indices of maturity of Halehaven peaches. Ebenda 57, 73–80 (1951).

HILL, H.: Foliage analysis as a means of determinating orchard fertilizer requirements. 13th Int. Hort. Congr., London, Vol. I, 199–214 (1952). — HULME, A. C.: The nitrogen content of Cox's Orange Pippin apples in relation to manurial treatments. J. Hort. Sci. 31, 1–7 (1956).

OLAND, K.: To markforsök med ulike kvelstoffgjödslinger til Gravenstein. Forskn. Landbruk 6, 161–172 (1955).

POUWER, A.: De stikstoffbemesting in grasboomgaarden. Meded. Dir. Tuinbouw 23, 376–83 (1960). — PROEBSTING, E. L. JR., u. a.: Relationship between leaf nitrogen and canning quality of Elberta peaches. Proc. Amer. Soc. Hort. Sci. 69, 131–40 (1957).

SHANNON, L. M.: Mineral contents of fruit plants, in: Mineral nutrition of fruit crops (N. F. CHILDERS, Hrsg.), S. 835–867. New Brunswick, N. J.: Hort. Publ., Rutgers Univ. 1954. — SHEAR, G. M.: The effect of nutrition on the chemical composition of Winesap apple foliage. Tech. Bull. Va. Agric. Exper. Stat. 106 (1947). — SHEAR, G. M., und F. HORSFALL JR.: Color as an index of N-content of leaves of York and Stayman apples. Proc. Amer. Soc. Hort. Sci. 52, 57–60 (1948). — Leaf N and color responses to nitrogen fertilization. Ebenda 59, 65–8 (1952).

WANDER, J. W.: The relation of total leaf N to the yield and color of Stayman Winesap apples at different rates of N fertilizers on sod. Ebenda 47, 1–6 (1946). — WEEKS, W. D., und F. W. SOUTHWICK: The relation of nitrogen fertilization to annual production of McIntosh apples. Ebenda 68, 27–31 (1956). — WITTWER, S. H., und A. D. HIBBARD: Vitamin-C-nitrogen relations in peaches as influenced by fertilizer treatment. Ebenda 49, 116–120 (1947).

Phosphor

BATJER, L. P., W. C. BAYNES und L. O. REGEIMBAL: The interaction of N, K and P on growth of young apple trees in Sand culture. Proc. Amer. Soc. Hort. Sci. 37, 43 (1940). — BRYANT, L. R., und R. GARDNER: Phosphorus deficiency in pears. Ebenda 42, 101–3 (1943).

CULLINAN, F. P., und L. P. BATJER: Nitrogen, phosphorus and potassium interrelationships in young peach and apple trees. Soil Sci. 55, 49–60 (1943).

DAVIDSON, O. W., und M. A. BLAKE: Responses of young peach trees to nutrient deficiencies. Proc. Amer. Soc. Hort. Sci. 34, 247–248 (1936). — DAVIS, M. B., und H. HILL: Apple nutrition. Dom. Canada Dept. Agric. Publ. 714, Techn. Bull. 32 (1941).

KNICKMANN, E.: Die Phosphatversorgung der Obstbäume. Essen: Tellus. 1955. — KOBEL, F., R. FRITZSCHE, H. GERBER und A. BUSSMANN: Kurze Betrachtungen zu den chemischen Untersuchungen an Holz- und Blattmaterial. Bad. Obst- u. Gartenbau 5, 127–8 (1952).

LILLELAND, O.: Experiments in K and P-deficiencies with fruit trees in the field. Proc. Amer. Soc. Hort. Sci. 29, 272–76 (1932). — Phosphate response with closely planted one-year-old fruit trees. Ebenda 33, 114–9 (1936). — LILLELAND, O., und J. G. BROWN: The phosphate nutrition of fruit trees II, Continued response to phosphate applied at the time of planting. Ebenda 37, 53–7 (1940).

Reinken, G.: Untersuchungen über die Aufnahme verschiedener Phosphatverbindungen und die Phosphorverteilung bei Apfelbäumen. Gartenbauwiss. 21, 3–58 (1956). — Über die Aufnehmbarkeit von Monocalcium- und Dimagnesiumphosphat für Apfelbäume. Ebenda 25, 46–52 (1960).

Scott, L. E.: Response of peach trees to K and P fertilizers in the sandfield area of the Southeast. Proc. Amer. Soc. Hort. Sci. 36, 56–60 (1939). — Stanberry, C. O., und W. J. Clore: The effect of N- and P-fertilizers on the composition and keeping quality of Bing cherries. Ebenda 56, 40–5 (1950).

Veerhoff, O.: Phosphorus deficiency of peach trees in the sandhills area of North Carolina. Ebenda 50, 209–18 (1947).

Waugh, J. G., F. P. Cullinan und D. H. Scott: Response of young peach trees in sand culture to varying amounts of N, P, K. Ebenda 37, 95–6 (1940).

Kalium

Barbier, G., P. Quidet und S. Trocmé: Observation sur la carence en potasse du pommier et du groseiller. C. R. Acad. Agric. France 36, 270–3 (1950). — Beaumont, H. J., und R. J. Chandler, Jr.: A statistical study of the effect of potassium fertilizers upon firmness and keeping quality of fruits. Proc. Amer. Soc. Hort. Sci. 30, 37–44 (1933). — Bollard, E. G.: Severe potash deficiency in young peach trees. New Zealand J. Sci. Techn. Sect. A 35, 39–44 (1953). — Bünemann, O.: Über Beziehungen zwischen Qualität und Haltbarkeit von Äpfeln in Abhängigkeit vom Mineralstoffgehalt des Bodens und der Blätter, II, Gartenbauwiss. 24, 457–471 (1959). — Wie oben, III. Ebenda 25, 53–66 (1960).

Cain, J. C.: The effect of nitrogen and potassium fertilizers on the performance and mineral composition of apple trees. Proc. Amer. Soc. Hort. Sci. 62, 46–52 (1953). — Craddock, F. W., und A. J. Cook: Potash deficiency on the Murrumbidgee irrigation areas. Agric. Gaz. New South Wales 66, 593–4 (1955).

Dalbro, K.: Cox's Orangeplet. Erhvervsfrugtavl. 22, 386–8 (1856). — Delmas, J., und J. Bats: La carence en potasse des vergers. Ann. Agron. 8, 724 (1957).

Eaves, C. A., und J. S. Leefe: The influence of orchard nutrition upon the acidity relationships in Cortland apples. J. Hort. Sci. 30, 86–96 (1955).

Gruppe, W.: Vergleichende Blatt- und Bodenuntersuchungen in Apfelplantagen und -baumschulen unter besonderer Berücksichtigung von K und Mg, III. Gartenbauwiss. 20, 3–29 (1955).

Hélias, M.: Carence en potasse chez des pommiers a cidre. Ann. Agron. 5, 834–5 (1954).

Lilleland, O.: Experiments in K and P deficiencies with fruit trees in the field. Proc. Amer. Soc. Hort. Sci. 29, 272–76 (1932). — Lilleland, O., und J. G. Brown: The potassium nutrition of fruit trees I, Soil analyses. Ebenda 35, 327–34 (1937). — The potassium nutrition of fruit trees II, Leaf analyses. Ebenda 36, 91–98 (1939). — The potassium nutrition of fruit trees III, A survey of the K-content of peach leaves from 130 orchards in California. Ebenda 38, 37–48 (1941).

Meyer, K.: Düngungsversuche mit Obstbäumen, 6, Über Kalimangelerscheinungen und die Wirkung der Kalidüngung auf kalibedürftigen Böden. Landw. Jb. Schweiz 54, 944–72 (1940).

Proebsting, E. L.: Absorption of potassium by plants as affected by decreased exchangeable potassium in the soil. J. Pom. Hort. Sci. 11, 199–204 (1933).

Rootsi, N., und J. Fernqvist: Gödlingens inverkan på askorbinsyrehalten hos Cox orange. Sver. pomol. Fören. Arsskr. 1955, 69–76 (1956). — Fortsatta undersökningar över gödslingens inverkan på askorbinsyrehalten hos Cox's Orange. Ebenda 1956, 51–9 (1957).

Titus, J. S., und D. Boynton: The relationship between soil analysis and leaf analysis in 80 New York McIntosh apple orchards. Proc. Amer. Soc. Hort. Sci. 61, 6–26 (1953).

Wallace, T.: Experiments on the manuring of fruit trees, I. J. Pom. Hort. Sci. 4, 117–140 (1925). — Leaf scorch on fruit trees, IV, The control of leaf scorch in the field. Ebenda 7, 1–31 (1928/29). — Some effects of deficiencies of essential elements on fruit trees. Ann. Appl. Biol. 17, 649–57 (1930). — Chemical investigations relating potassium deficiency of fruit trees. J. Pom. Hort. Sci. 9, 111–21 (1931). — Wallace, T., und E. L. Proebsting: The potassium status of soils and fruit plants in some cases of potassium deficiency. Ebenda 11, 120–148 (1933). — Weeks, W. D., u. a.: The effect of varying rates of nitrogen and potassium on the mineral composition on McIntosh foliage and fruit color. Proc. Amer. Soc. Hort. Sci. 71, 11–19 (1958). — Wilkinson, B. G.: The effect of orchard factors on the chemical composition of apples, II, The relationship between K and titrateable acidity, and between K and Mg, in the fruit. J. Hort. Sci. **33**, 49–57 (1958).

ZUBRISKI, J. C., und C. F. SWINGLE: Potassium content of Montmorency cherry leaves in relation to leaf-curl and to exchangeable soil potassium. Proc. Amer. Soc. Hort. Sci. **56**, 34–9 (1950).

Magnesium

BLANCHET, R.: Observations sur la carence magnésienne du pommier. Ann. Agron. Ser. A **5**, 119–128 (1954). — BORGMAN, H. H.: Kali-magnesiumverhoudingen. Meded. Dir. Tuinbouw **17**, 108–116 (1954). — BOYNTON, D.: Mg-nutrition of apple trees. Soil Sci. **63**, 53–8 (1947). — BOYNTON, D., und A. B. BURRELL: Potassium-induced magnesium deficiency in McIntosh apple trees. Ebenda **58**, 441–454 (1944). — BOYNTON, D., J. C. CAIN und J. VAN GELUWE: Incipient magnesium deficiency in some New York apple orchards. Proc. Amer. Soc. Hort. Sci. **42**, 95–100 (1943). — BUTIJN, J.: Magnesium- en kaliumgebrek in de fruitteelt. Meded. Dir. Tuinbouw **13**, 813–16 (1950). — Bodembehandeling in de fruitteelt, 2. Verslagen v. Landbouwk. Onderziekingen **66**, 7, Wageningen 1961.

CAIN, J. C.: Some interrelationships between Ca, Mg and K in one-year-old McIntosh apple trees grown in sand culture. Proc. Amer. Soc. Hort. Sci. **51**, 1–12 (1948). — CHUCKA, J. A., J. H. WARING und O. L. WYMAN: Magnesium deficiency in Maine apple orchards. Ebenda **46**, 13–14 (1945).

DE HAAS, P. G., und W. GRUPPE: Die Bedeutung des Magnesiums für die Ernährung der Obstgehölze. Landw. Forsch. **13**. Sonderh. 37–44 (1959).

GRUPPE, W.: Vergleichende Blatt- und Bodenuntersuchungen (2), Düngungsversuche. Gartenbauwiss. **19**, 419–39 (1955a). — Vergleichende Blatt- und Bodenuntersuchungen (3), Das Auftreten von Kalium- und Magnesiummangel bei Apfelbäumen in Nordwest-Deutschland. Ebenda **20**, 3–29 (1955b). — Untersuchungen über das Wachstum junger Apfelbäume bei verschiedenen K/Mg-Verhältnissen und über die zeitliche Aufnahme und Verteilung der Makronährstoffe. Ebenda **23**, 363–85 (1958). — Untersuchungen zur Kalium-, Kalzium- und Magnesiumernährung junger Apfelbäume I. Ebenda **26**, 288–320 (1961).

JOHANSSON, E.: Magnesiumbrist vid fruktodling. Fruktodlaren **29**, 80–1 (1958).

KIDSON, E. B., H. O. ASKEW und E. CHITTENDEN: Magnesium deficiency of apples in the Nelson District of New Zealand. J. Pom. Hort. Sci. **18**, 119–34 (1940).

McCLUNG, A. C.: Magnesium deficiency in North Carolina peach orchards. Proc. Amer. Soc. Hort. Sci. **62**, 123–30 (1953). — MOON, H. H., C. P. HARLEY und L. O. REGEIMBAL: Early-season symptoms of Mg deficiency in apple. Ebenda **59**, 61–4 (1952).

SOUTHWICK, L.: Magnesium deficiency in Massachusetts apple orchard. Ebenda **42**, 85–94 (1943).

TROCMÉ, S.: Observations sur la carence en Magnésium du pommier. C. R. Acad. Agric. Fr. **38**, 49–52 (1952).

WALLACE, T.: Magnesium-deficiency of fruit trees. J. Pom. Hort. Sci. **17**, 150–66 (1939). — Chemical investigations relating magnesium deficiency of fruit trees. Ebenda **18**, 155–60 (1940a). — Magnesium deficiency of fruit trees. The comparative base status of the leaves of apple trees and of gooseberry and black currant bushes receiving various fertilizer treatments under conditions of magnesium deficiency. Ebenda **18**, 261–74 (1940b). — WARD, I. R.: Magnesium deficiency in apples in the Huon valley of Tasmania. Tasmania J. Agric. **29**, 238–46 (1958). — WOODBRIDGE, C. G.: Magnesium deficiency in apple in British Columbia. Canad. J. Agric. Sci. **35**, 350–7 (1955).

YSTAAS, J.: Magnesiummangel hja epletre tidlij i veksttida. Frukt og Baer **12**, 32–4 (1959).

Calcium

ASKEW, H. O., u. a.: Chemical investigations on bitter pit of apples, I, Physical and chemical changes in leaves and fruit of Cox's Orange variety during the season. New Zealand Agric. Res. **2**, 1167–86 (1959). — II, The effect of supplementary mineral sprays on incidence of pitting and on chemical composition of Cox' Orange fruit and leaves. Ebenda **3**, 141–68 (1960a). — III, Chemical composition of affected and neighbouring healthy trees. Ebenda **3**, 169–78 (1960b).

BÜNEMANN, G.: Zusammenhänge zwischen N- und Kationengehalt und Auftreten von Stippigkeit bei Äpfeln verschiedener Sorten und Herkünfte. Gartenbauwiss. **24**, 330–3 (1959). — BUTIJN, J. (1961): s. unter Magnesium.

CAIN, J. C. (1948): s. unter Magnesium.

DAVIDSON, O. W., und M. A. BLAKE: Nutrient deficiency and nutrient balance with the peach. Proc. Amer. Soc. Hort. Sci. **35**, 339–46 (1938).

GARMAN, P., und W. T. MATHIS: Studies of mineral balance as related to occurrence of Baldwin spot in Connecticut. Bull. Conn. Agric. Exper. Sta. **601** (1956). — GRUPPE, W.: Über die Kalium-, Magnesium- und Calciumernährung von Apfelbäumen. C. R. 14. Int. Congr. Hort. Nizza 1957 (im Druck). — (1961): s. unter Magnesium.

HILKENBÄUMER, F., G. BUCHLOH und A. ZACHARIAE: Zur Ätiologie der Stippigkeit von Apfelfrüchten. Angew. Bot. **24**, 38–45 (1960).

MEIER, K.: Düngungsversuche mit Obstbäumen, 1. Mitt. Landw. Jahrb. Schweiz **52**, 312–38 (1938). — Düngeversuche mit Obstbäumen, 2. bis 5. Mitt. Ebenda **54**, 864–900 (1940).

Eisen

BOULD, C.: Chelated iron compounds for the correction of lime induced chlorosis in fruit. Nature **175**, 90–1 (1955). — BROWN, I. C.: Iron chlorosis. Ann. Rev. Plant Physiol. **7**, 171–190 (1956).

HAGIN, I.: The active lime content of soil as a factor in the development of chlorosis. Bull. Res. Council Israel **2**, 138–46 (1952). — HIGDON, R. J.: Pear tree chlorosis with special reference to its correction with chelated metals. Proc. Amer. Soc. Hort. Sci. **69**, 101–9 (1957).

ILJIN, W. S.: Kalziose (Kalkchlorose) und Stoffwechsel beim Apfel- und Kirschbaum. Sitz. Ber. Math. Naturwiss. Kl. Wien **156**, 87–152 (1947).

OSERKOWSKI, I.: Quantitative relation between chlorophyll and iron in green and chlorotic pear leaves. Plant Physiol. **8**, 449–468 (1933).

SMITH, P. F., W. REUTHER und A. W. SPECHT: Mineral composition of chlorotic orange leaves and some observations on the relation of sample preparation technique to the interpretation of results. Plant Physiol. **25**, 496–506 (1950).

THORNE, D. W., F. B. WANN und W. ROBINSON: Hypothesis concerning lime-induced chlorosis. Proc. Soil Sci. Amer. **15**, 254–58 (1950). — TROCMÉ, S., und J. CHABANNES: Chlorose des arbres fruitiers. Ann. Agron. **7**, 1098–1100 (1956).

WALLACE, A., und O. R. LUNT: Iron chlorosis in horticultural plants, a review. Proc. Amer. Soc. Hort. Sci. **75**, 819–41 (1960). — WALLIHAN, E. F.: Relation of chlorosis to concentration of iron in citrus leaves. Amer. J. Bot. **42**, 101–104 (1955).

Mangan

ATKINSON, J. D., und E. G. BOLLARD: Note on manganese deficiency in apple, plum and quince. New Zealand J. Sci. Technol. Sect. A **35**, 19–21 (1953).

BOULD, C., und E. G. BRADFIELD: A failure in apple trees on a strongly acid soil. Ann. Rep. Long Ashton Res. Stat. 1954, 69–73 (1955). — BOYNTON, D., A. KROCHMAL, und I. KONECNY: Leaf and soil analysis for Mn in relation to interveinal leaf chlorosis in some sour cherry, peach, and apple trees in New York. Proc. Amer. Soc. Hort. Sci. **57**, 1–8 (1951).

GRASMANIS, V. O.: Manganese excess and bark necrosis in pears. Manganese und bark necrosis in apples. J. Austr. Inst. Agric. Sci. **24**, 347–7, 350–1 (1958).

SHANNON, L. M.: Internal bark necrosis of Delicious apple. Proc. Amer. Soc. Hort. Sci. **64**, 165–74 (1954).

WOODBRIDGE, C. G., und H. R. McLARTHY: Manganese deficiency in peach and apple in British Columbia. Sci. Agric. **31**, 435–8 (1951).

Bor

ASKEW, H. O.: The boron status of fruits and leaves in relation to internal cork of apple in the Nelson district. New Zealand J. Sci. Tech. **17**, 388–91 (1935). — ATKINSON, J. D.: Progress report on the investigation of corky-pit of apples. New Zealand J. Sci. Tech. **16**, 316–319 (1935).

BATJER, L. P., und B. L. ROGERS: "Blossom blast" of pears: An incipient boro. deficiency. Proc. Amer. Soc. Hort. Sci. **62**, 119–122 (1953). — BULLOCK, R. M., unn N. R. BENSON: Boron deficiency in apricots. Ebenda **51**, 199–204 (1948). — BURD RELL, A. B.: The boron deficiency disease of apples. Ext. Bull. Cornell Agric. Exper. Stat. **428** (1940).

CIBES, H. R., E. HERNANDEZ und N. F. CHILDERS: Boron toxicity induced in a New Jersey peach orchard. Proc. Amer. Hort. Sci. **66**, 13–20 (1955).

EATON, F. M., R. D. McCALLUM und M. S. MAYHUGH: Quality of irrigation waters of the Hollister area of California. Tech. Bull. Dep. Agric. U.S. 746 (1941).

HANSEN, C. J., und E. L. PROEBSTING: Boron requirements of plums. Proc. Amer. Soc. Hort. Sci. 53, 13–20 (1949). — HERNANDEZ, E., und N. F. CHILDERS: Boron toxicity induced in a New Jersey peach orchard, II. Ebenda 67, 121–9 (1956).

KESSLER, H.: Die Niederschlagsarmut während der Vegetationsperiode im Zusammenhang mit der Korkkrankheit des Glockenapfels. Schweiz. Z. Obst- u. Weinbau 59, 8–12 (1950).

MAIER, W.: Über das Vorkommen einer Bormangelkrankheit beim Apfel. Gartenbauwiss. 15, 427–52 (1941). — McLARTHY, H. R., und C. G. WOODBRIDGE: Boron in relation to the culture of the peach tree. Sci. Agric. 30, 392–5 (1950). — MEIER, K.: Über stippige und krüppelige Früchte sowie andere krankhafte Veränderungen an solchen und an Trieben von Obstbäumen und ihre Ursachen. Schweiz. Z. Obst- u. Weinbau 49, 79–92 (1940).

WILCOX, J. C., und C. G. WOODBRIDGE: Some effects of excess boron on the storage quality of apples. Sci. Agric. 23, 332–41 (1943). — WOODBRIDGE, C. G.: The boron content of apple tissues as related to drought spot and corky core. Sci. Agric. 8, 41–8 (1937). — The boron requirements of stone fruit trees. Canad. J. Agric. Sci. 35, 282–6 (1955).

Zink

BOULD, C., D. J. D. NICHOLAS und J. A. H. TOLHURST: Zinc deficiency of fruit trees in Great Britain. J. Hort. Sci. 28, 260–67 (1953). — BRYNER, W., und J. KUNDERT: Spritzversuche zur Bekämpfung der Zinkmangelkrankheit im Obstbau. Landw. Jahrb. Schweiz 2, 87–100 (1953).

CHANDLER, W. H., u. a.: Little leaf or rosette in fruit trees. Proc. Amer. Soc. Hort. Sci. 28, 556–60 (1931). — CHANDLER, W. H.: Zinc as a nutrient for plants. Bot. Gaz. 98, 625–46 (1937). — CHAPMAN, H. D.: The diagnosis and control of zinc deficiency and excess. Bull. Res. Council Israel, Sect. D 8 D, 105–130 (1960).

GAYFORD, G. W.: Zinc deficiency in deciduous trees. J. Agric. Victoria 57, 380 (1959).

KENWORTHY, A. L., H. K. BELL und R. P. LARSEN: Zinc deficiency found in Michigan peach orchard. Quarterly Bull. Mich. Agric. Exper. Stat. 38, 70–2 (1955). — KASTENDIECK, M.: Rosettenkrankheit und Boden. Phytopathol. Z. 16, 511–12 (1950).

MALHERBE, J. DE V.: Little leaf or rosette of fruit trees. Farming South Africa 9, 312–3, 315 (1934). — McCLUNG, A. C.: The occurrence and correction of zinc deficiency in North Carolina peach orchards. Proc. Amer. Soc. Hort. Sci. 64, 75–80 (1954).

WARD, K. M.: The treatment of little leaf of deciduous fruit trees. Queensland J. Agric. Sci. 1, 59–76 (1944). — WOODBRIDGE, C. G.: Zinc deficiency in fruit trees in the Okanagan valley in British Columbia. Canad. J. Agric. Sci. 34, 545–51 (1954).

Kupfer

ANDERSSEN, F. G.: Chlorosis of deciduous fruit trees due to copper deficiency. J. Pom. Hort. Sci. 10, 130–46 (1932).

BOULD, C., D. J. D. NICHOLAS und J. A. H. TOLHURST: Copper deficiency of fruit trees in Great Britain. J. Hort. Sci. 28, 268–77 (1953).

DUNNE, T. C.: Wither tip or summer die back, a copper deficiency of apple trees. J. Dept. Agric. W. Australia 15, 120–6 (1938).

HARRIS, W. B.: Copper deficiency of fruit trees. J. Dept. Agric. S. Australia 54, 277–9 (1951).

JONES, J. O.: Copper deficiency disease of pear trees. Nature 165, 192 (1950).

KESTER, D. E., J. G. BROWN und T. ALDRICH: Copper deficiency of almonds. Calif. Agric. 10, 13, 16 (1956).

OSERKOWSKI, J., und H. E. THOMAS: Exanthema in pears and its relation to copper deficiency. Science 78, 315 (1933). — Exanthema in pear and copper deficiency. Plant Physiol. 13, 451–67 (1938).

PITTMAN, H. A.: Exanthema of citrus, Japanese plums and apple trees in Western Australia. J. Dept. Agric. W. Australia 13, 187–193 (1936).

WARD, I. R.: Copper deficiency in young apple trees in Tasmania. Tasmania J. Agric. 30, 329–32 (1959).

Molybdän

Chittenden, E.: Use of molybdenum in Nelson orchards. Orchard New Zealand **29**, 2 (1956).

Fernandez, C. E., und N. F. Childers: Molybdenum deficiency in apple. Proc. Amer. Soc. Hort. Sci. **75**, 32–8 (1960).

Hoagland, D. R.: Water culture experiments on molybdenum and copper deficiency of fruit trees. Ebenda **38**, 8–12 (1941).

Andere schädliche Elemente]

Batjer, L. P., und N. R. Benson: Effect of metal chelates in overcoming arsenic toxicity to peach trees. Proc. Amer. Soc. Hort. Sci. **72**, 74–8 (1958). — Bredemann, G.: Biochemie und Physiologie des Fluors, 2. Aufl. Berlin: Akademieverlag. 1956.

Dilley, D. R., u. a.: Growth and nutrient absorption of apple, cherry, peach and grape plants as influenced by various levels of chloride and sulfate. Proc. Amer. Soc. Hort. Sci. **72**, 64–73 (1958).

Halsey, D. D., N. L. McFarlane und R. J. Schut: Sodium leaf scorch of apricot. Calif. Agric. **12**, 4–5 (1958). — Hayward, H. E., und E. M. Long: Vegetative responses of Elberta peach on Lovell and Shalil rootstocks to high chloride and sulfate solutions. Proc. Amer. Soc. Hort. Sci. **41**, 149–55 (1942). — Houston, C. E., und I. L. Meyers: Apricot irrigation studies. Calif. Agric. **12**, 6 (1958).

Lindner, R. C.: Arsenic injury of peach trees. Proc. Amer. Soc. Hort. Sci. **42**, 275–9 (1943). — Luchetti, G.: Su alcuni casi di defogliazione di alberi causata da salsedine naturale del terreno nel Farrarese. Not. Mal. Piante, 1949, No. 7, 13–20 (1949). — Luchetti, G., und M. E. Tallachini: Anomalie di colorazione delle mele e rapporto potassio/sodio. Not. Male Piante, 1950, No. 12, 30–5 (1950).

Martin, J. P., W. W. Jones und J. O. Ervin: Influence of exchangeable K and Na in the soil on growth and chemical composition of Lovell peach seedlings and other crops. Agron. J. **51**, 418–21 (1959).

Parups, E., u. a.: Growth and composition of leaves and roots of Montmorency cherry trees in relation to the sulfate and chloride supply in nutrient solution. Proc. Amer. Soc. Hort. Sci. **71**, 135–44 (1958).

Thompson, A. H., und L. P. Batjer: Effect of various soil treatments for correcting arsenic injury of peach trees. Soil Sci. **69**, 281–90 (1950).

Wadleigh, C. H., H. E. Hayward und A. D. Ayers: First year growth of stone fruit trees on saline substrates. Proc. Amer. Soc. Hort. Sci. **57**, 31–6 (1951).

E. Die Bedeutung der Bodenkultursysteme bei der Ernährung der Obstgehölze

Die meisten *landwirtschaftlichen Nutzpflanzen* sind kurzlebig und stehen in der Regel nur einige Monate auf der Fläche. Es findet häufig ein ständiger Wechsel der Arten statt durch bestimmte Fruchtfolgen. Nach der Ernte kann gepflügt und zum Teil tief gelockert, dadurch eine gute Struktur erzielt und Bodenverfestigungen beseitigt werden. Die dicht stehenden Pflanzen decken nach kurzer Zeit den Boden und schützen ihn vor Witterungseinflüssen. Organische Masse wird entweder in Form der Wurzelreste, als Gründüngung bzw. als Stallmistdüngung zugeführt.

Im *Obstbau* werden die Flächen von Bäumen bestanden, die Jahre und Jahrzehnte die gleichen Stellen einnehmen. Der größte Teil der *Oberfläche* bleibt unbedeckt und ist sehr stark den Witterungseinflüssen ausgesetzt. Eine *tiefere Bodenbearbeitung* verbietet sich wegen des relativ flachen Wurzelverlaufs und der Gefahr der Wurzelreduzierung. Der Boden wird aber durch den *Bodendruck* relativ schwerer Geräte (Spritzaggregate und Erntewagen), die immer die gleiche

Spur fahren, verfestigt, was sich nachteilig auf die Wurzelausbildung auswirken kann (RODRIGUEZ, ORTIZ und CROSBY 1956, VOLZ 1959). Da Obstpflanzungen häufig in hängigem Gelände angelegt werden, sind Schutzmaßnahmen gegen *Bodenerosion* erforderlich.

Es haben sich besondere *Bodenkultursysteme* entwickelt, die die Boden-oberfläche schützen und günstige Bedingungen für das Wurzelwachstum schaffen sollen mit dem Ziel, eine gute Wasser- und Nährstoffversorgung der Bäume zu gewährleisten. Die Erhaltung und Verbesserung der *Bodenfruchtbarkeit* in Obstanlagen steht in engem Zusammenhang mit der *organischen Substanz*. Diese stellt nicht nur eine langsam fließende Stickstoffquelle dar und gibt bei ihrer Zersetzung Mineralstoffe frei, sondern sie verbessert die physikalischen Bodeneigenschaften, erhöht insbesondere die wasserhaltende Kraft und ist für Bodenflora und -fauna notwendig. Allgemein kann gesagt werden, je frucht-barer ein Boden ist, um so geringer dürfte die Bedeutung der Bodenpflegesysteme sein. Unter Grenzbedingungen hat jedoch die Art des Kultursystems große wirtschaftliche Bedeutung.

Bei der Beurteilung der Bodenpflegesysteme für bestimmte Boden- und Klimaverhältnisse interessieren obstbaulich folgende Wirkungen: a) auf die *Wasserversorgung*, b) *auf die Nährstoff-* insbesondere die *Stickstoffversorgung* der Bäume, c) auf die Erhaltung und Anreicherung des Bodens mit *organischer Substanz*, d) auf *physikalische Bodeneigenschaften* wie Wasser- und Luftführung, Bodenverfestigung, Erosionsschutz u. a., e) auf die *Temperaturverhältnisse* der boden- und baumnahen Luftschicht (RASMUSSEN 1957, ENGEL 1960).

GREENHAM (1952) gibt folgende *Einteilung* unter Berücksichtigung der Ver-sorgung mit organischer Substanz und der Bearbeitung des Bodens (Tab. 382). Zwischen diesen Systemen gibt es Übergänge. So wird z. B. statt einer zeitweisen Einsaat von Gründüngungspflanzen in der zweiten Hälfte der Vegetationszeit bzw. über Winter häufig das *Unkraut* wachsen gelassen. Bei den Dauereinsaaten (permanent swards), die meist aus Gras-Klee-Gemischen, in einigen Gebieten auch Luzerne, Klee-Arten oder dem natürlichen Unkrautbestand bestehen, wird mehrmals während der Vegetationsperiode gemäht und das Schnittgut an Ort und Stelle liegen gelassen oder zusätzlich mit Heu, Stroh oder anderen organischen Abfällen gemulcht (*Gras-Mulch-System*, sodmulch).

Tabelle 382. *Einteilung der Bodenkultursysteme für Obstanlagen*
(GREENHAM 1952)

Versorgung mit organischer Substanz	Bearbeitung des Bodens	
	mit	ohne
ohne	Dauerbearbeitung (Offenhalten des Bodens)	Verwendung von Unkrautvernichtungs-mitteln
Von andersher in die Anlage gebracht	Bearbeitung plus organische Düngung	Mulchen mit organischen Stoffen
An Ort und Stelle gewachsen	Bearbeitung plus zeitweise Einsaat von Gründüngung	Dauer-Einsaaten, die gemäht werden. Schnittgut bleibt liegen

a) Der Einfluß auf die Wasserversorgung

Die Wirkung der verschiedenen Kultursysteme auf die Erhaltung des Bodenwassers werden ausführlich bei GARDNER, BRADFORD und HOOKER (1952, S. 42 bis 59) beschrieben. Im allgemeinen ist das *Offenhalten* des Bodens durch wiederholte, flache Bearbeitung wassersparend. Durch die *zeitweise Einsaat* in der zweiten Vegetationshälfte ist die Wasserkonkurrenz mit den Bäumen zu einer Zeit vorhanden, wo in sommerfeuchten Gebieten diese zum Teil erwünscht ist, um eine bessere Fruchtfarbe und frühzeitigen Triebabschluß bei Kern- und Steinobst zu erzielen. Der *organische Mulch* verhindert weitgehend die Evaporation der Bodenoberfläche, er wirkt nach GREENHAM (1952) wie ein Ventil, das die Sommerniederschläge in den Boden läßt, aber die Verdunstung verhindert. Das schnelle Eindringen des Wassers ist — im Gegensatz zum offen gehaltenen Boden — durch keine Verkrustung der Oberfläche behindert (GOODMANN 1952). Die größten Wasserverluste entstehen durch *Dauereinsaaten*, wobei die verschiedenen Pflanzen unterschiedlich tiefe Schichten erschöpfen (TOENJES, HIGDON und KENWORTHY 1956, GOODE 1956) und auch die Häufigkeit des Schnittes großen Einfluß ausübt (GOODE 1956a, EGGERT 1957). Bei Versuchen in Schweden (JOHANSSON 1959) trocknete z. B. im Sommer zuerst der Boden unter Grasnarbe, dann unter Gründüngungseinsaaten und zuletzt unter bearbeitetem Boden aus; unter Strohmulch blieb der Wassergehalt des Bodens in einer Tiefe von 25 cm während des ganzen Sommers in der Nähe der Feldkapazität. In Gebieten mit ausreichenden *Sommerniederschlägen* hat sich das *Gras-Mulchsystem* wegen günstiger Eigenschaften als sehr vorteilhaft herausgestellt.

b) Der Einfluß auf die Nährstoffversorgung

Die *Stickstoffversorgung* der Bäume wird durch die Art der Bodenpflege nachhaltig beeinflußt. Auf fruchtbaren Böden wird durch *Dauerbearbeitung* des Bodens viel Stickstoff freigesetzt, so daß die Bäume gute Wuchsleistungen zeigen. Im Jahr der Einsaat von *Gras* oder Gras-Klee-Gemischen tritt meist starker N-Mangel bei den Bäumen auf, der sich in kleinen, helleren Blättern und stark herabgesetztem N-Gehalt zeigt (BOULD, TOLHURST und JARRETT 1948) und mehrere Jahre anhalten kann (BOLLARD 1957). Untersuchungen des *Nitrat-Gehaltes* in verschiedenen Bodentiefen zeigen, daß besonders unter Gras sehr niedrige Werte zu finden sind, die eine Erklärung für das geringere Baumwachstum geben (DALBRO und NIELSEN 1958, LJONES 1958). Durch *Heu-Mulch* ergaben sich im Vergleich mit anorganischer N-Düngung keine so großen Stickstoffwirkungen (WEEKS und Mitarbeiter 1952, BOYNTON, SMOCK und ANDERSEN 1952). Daß durch den Mulch eine N-Wirkung bei den Bäumen erreicht wird, die über derjenigen der zugeführten Mengen liegt, findet seine Erklärung in einer besseren *Nitrifizierung* infolge gleichmäßigerer Temperaturen und Bodenfeuchtigkeit während der Sommermonate (STEVENSON und CHASE 1953, 1957).

Stroh- oder Heu-*Mulch* erhöht weiterhin die *K-Versorgung* der Bäume außerordentlich stark (WANDER und GOURLEY 1938, BAKER 1941, 1943, 1948, 1949, REUTHER 1941, WANDER und GOURLEY 1945, TROCMÉ 1957), wobei sich im Boden die austauschbaren Mengen erhöhen.

Das gleiche wurde auch nach Einsaat von *Gras* und bei der Anwendung des *Grasmulchsystems* festgestellt (BOULD, TOLHURST und JARRETT 1953, GOETZ 1956), doch dürfte hierbei der K-Anstieg in den Blättern wenigstens teilweise auf der herabgesetzten N-Wirkung beruhen. Auch die Erhöhung der *Blatt-*

P-Gehalte bei Bäumen in *Gras* dürfte zum Teil auf diesen Effekt zurückzuführen sein. Doch auch im Boden wurden erhöhte P-Mengen (Laktatmethode) gefunden (GOETZ 1956), die eine bessere P-Versorgung ermöglichen.

Im Gegensatz zur Erhöhung der K-Versorgung in *Mulchparzellen* sind hier die *Mg-Gehalte* in den Blättern herabgesetzt und Magnesiummangelerscheinungen treten häufiger auf. Sie waren deutlicher in Strohmulch und bearbeitetem Boden als in den Grasparzellen (BUTIJN und SCHUURMAN 1957).

Eine besonders günstige Wirkung übt die *Graseinsaat* auf die Behebung von *kalkinduzierten Eisenmangelchlorosen* aus (WALLACE 1929).

Die Wuchs- und Ertragsreaktionen der Bäume auf die verschiedenen Bodenkultursysteme sind in erster Linie davon abhängig, wieweit sie gegebenen Klima- und Bodenverhältnissen angepaßt sind. *Langjährige Versuche* (SULLIVAN und BAKER 1937, ÖSTLIND 1949, GRUNNETT und DULLUM 1950, PROEBSTING 1952, HAARLEM 1952, HITZ 1954, HUGHAN und COCKROFF 1955, TOENJES 1955) geben für die verschiedenen Anbaugebiete die eindeutigsten und sichersten Ergebnisse.

Literatur

BAKER, C. E.: The effect of different methods of soil management upon the K-content of apple and peach leaves. Proc. Amer. Soc. Hort. Sci. **39**, 33–7 (1941). — Further results on the effect of different mulching and fertilizer treatments upon the potassium content of apple leaves. Ebenda **42**, 7–10 (1943). — The effectiveness of some organic mulches in correcting potassium deficiency in peach trees on sandy soil. Ebenda **51**, 205–208 (1948). — Further studies of the effectiveness of organic mulches in correcting potassium deficiency of peach trees on a sandy soil. Ebenda **53**, 21–2 (1949). — BOLLARD, E. G.: Effect of a permanent grass cover on apple tree yield in the first years after grassing. New Zealand J. Sci. Tech. Sect. A. **38**, 527–32 (1957). — BOULD, C., J. A. H. TOLHURST und R. M. JARRETT: Cover crops in relation to soil fertility and tree nutrition. Progr. Rep. II. Ann. Rep. Long Ashton Agr. Hort. Res. Stat. 1948, 37–46 (1949). — Cover crops in relation to soil fertility and fruit tree nutrition. Ebenda 1952, 63–71 (1953). — BOYNTON, D., R. M. SMOCK und L. C. ANDERSON: Short term effects of nonleguminous hay mulch and nitrogen fertilizers separately and in varying combinations on the behavior of Mc-Intosh apple trees. Proc. Amer. Soc. Hort. Sci. **59**, 103–10 (1952). — BUTIJN, J., und J. J. SCHUURMAN: Bodembehandeling op het proefveld to Hoofddorp. De invloed van verschillende bodembehandlingen op de eigenschappen von de bodem en op de opbrengst en wortelgroei van appelbomen. Versl. landbouwk. Onderz. **63**, 16 (1957).

DALBRO, S., und G. NIELSEN: Undersogelser over jordens nitratinhold i frugtplantager. Tidsschr. Planteavl. **62**, 1–25 (1958).

EGGERT, R.: The effect of cover crop management on soil moisture in a young apple orchard. Proc. Amer. Soc. Hort. Sci. **70**, 21–6 (1957). — ENGEL, G.: Der Einfluß verschiedener Bodenpflegemaßnahmen auf das Klima im Obstbestand und auf die vegetative und generative Entwicklung der Obstgehölze. Gartenbauwiss. **25**, 67–106 (1960).

GOETZ, J.: Untersuchungen zur Frage der Auswirkungen des Grasmulches auf den N-, P- und K-Haushalt und die pflanzenphysiologischen Verhältnisse. Z. Acker- u. Pflanzenbau **102**, 311–38 (1956). — GOODE, J. E.: Soil moisture deficits developed under long and short grass. Ann. Rep. East Malling Res. Stat. A **39**, 64–8 (1956). — Soil moisture deficits under swards of different grass species in an orchard. Ebenda A **39**, 69–72 (1956a). — GOODMAN, R. N.: Orchard mulches in relation to effectiveness of precipitation. Proc. Amer. Soc. Hort. Sci. **59**, 119–24 (1952). — GREENHAM, D. W. P.: Orchard soil management. Rep. 13th Int. Hort. Congr., London 1952, Vol. I, 181–189 (1952). — GRUNNETT, H., und N. DULLUM: Nogle kulturforsog med frugttraer og frugtbuske. Tidsskr. Planteavl. **53**, 321–35 (1950).

HAARLEM, J. R. VAN: Sod culture for peach trees. Bienn. Rep. Vineland Hort. Exper. Stat. Prod. Lab. 1951–52, 7–10 (1952). — HITZ, C. W.: Effect of soil management practices upon growth and fruitfulness of peach trees. Bull. Del. Agr. Exper. Stat. **300**, (1954). — HUGHAN, D., und B. COCKROFF: Soil management and peach yields. J. Dep. Agr. Victoria **53**, 162–4, 167 (1955).

Johansson, E.: Soil moisture measurements in fruit trials at Alnarp in 1954–1958. Meded. Trädgårdsförs. Alnarp 125 (1959); Ref. Hort. Abstr. 30, 192.
Ljones, B.: Studies on soil management and nitrogen manuring in Orchards 1951–56. Forskn. Landbruk. 9, 453–71 (1958); Ref. Hort. Abstr. 29, 1125.
Östlind, N.: Odlingsförsök med fruktträd vid Alnarp 1938–1948. Medd. Trädgårdsförs. Malmö 54, 153–72 (1949).
Proebsting, E. L.: Some effects of long continued cover-cropping in a California orchard. Proc. Amer. Soc. Hort. Sci. 60, 87–90 (1952).
Rasmussen, P.: Vandbalance, meteorologiske og jordbunds fysike malinger infrugtplantage ved forskellige kulturmetoder. Tidsskr. Planteavl. 61, 49–102 (1957). — Reuther, W.: Effect of certain orchard practices on the K status of a New York fruit soil. Soil Sci. 52, 155–65 (1941). — Rodriguez-Ortiz, S. J., und E. A. Crosby: A survey of the influence of equipment traffic on root concentration and water infiltration in apple orchards. Proc. Amer. Soc. Hort. Sci. 67, 22–5 (1956).
Stevenson, I. L., und F. E. Chase: Nitrification in an orchard soil under three cultural practices. Soil Sci. 76, 107–14 (1953). — Microbiological studies on an orchard soil under three cultural practices. Canad. J. Microbiol. 3, 351–8 (1957). — Sullivan, J. T., und C. E. Baker: Effect of cultural treatments on the growth and nitrogen content of apple shoots and spurs. Proc. Amer. Soc. Hort. Sci. 34, 149–54 (1937).
Toenjes, W.: The response of Bartlett pear trees under sod mulch and clean culture systems of soil managements. Quart. Bull. Mich. Agr. Exper. Stat. 37, 363–74 (1955). — Toenjes, W., R. J. Higdon und A. L. Kenworthy: Soil moisture used by orchard sods. Ebenda 39, 334–52 (1956). — Trocmé, S.: Fumure potassique d'abres fruitiers. Ann. Agron. 8, 722–4 (1957).
Volz, H.: Untersuchungen über das Auftreten von mechanischen Bodenverdichtungen in Obstanlagen und ihre Auswirkungen auf das Wurzelwachstum von Apfelniederstämmen. Diss. Univ. Bonn 1959.
Wander, J. W., und J. H. Gourley: Available potassium in orchard soils as affected by heavy straw mulch. J. Amer. Soc. Agron. 30, 438–46 (1938). — Increasing available K to greater depths in an orchard soil by adding K-fertilizer on mulch. Proc. Amer. Soc. Hort. Sci. 46, 21–4 (1945). — Wallace, T.: Investigations on chlorosis of fruit trees, IV, The control of lime-induced chlorosis in the field. J. Pom. Hort. Sci. 7, 251–69 (1929). — Weeks, W. D., u. a.: The effects of rates and sources of nitrogen, P and K on the mineral composition of McIntosh foliage and fruit color. Proc. Amer. Soc. Hort. Sci. 60, 11–21 (1952).

F. Düngungsmethoden

Die bei der Düngung gegebenen Nährstoffe können nur dann wirken, wenn sie in die Gehölze gelangen. Die Masse der absorbierenden Wurzeln befindet sich jedoch meist in tieferen Bodenschichten. In Abhängigkeit von den Bodeneigenschaften ist die Eindringungsgeschwindigkeit und -tiefe der Nährsalze, die auf den Boden gegeben werden, sehr unterschiedlich. Ein tiefes maschinelles Einarbeiten verbietet sich wegen der damit verbundenen Gefahr der Wurzelschädigung. Keine oder nur geringe Wirkungen wurden auf manchen Böden nach dem Ausstreuen von Mikronährstoffen festgestellt. Aus diesen Gründen müssen von Fall zu Fall bestimmte Methoden der Düngung angewandt werden, um die Nährstoffaufnahme zu sichern (s. auch Kapitel I, Die Ausbringung von Düngemitteln).

a) Oberflächendüngung

Normalerweise erfolgt die Düngung mit *Stickstoff, Kali, Magnesia, Kalk* und *Phosphor* durch Ausstreuen auf die Bodenoberfläche und flaches maschinelles Einarbeiten. Während Stickstoff relativ schnell in die durchwurzelte Bodenschicht gelangt, ist dies beim Kali und Phosphor nicht der Fall. Besonders auf Obstböden in Gras zeigt die obere Schicht bis 10 oder 20 cm eine starke Anreicherung, während tiefere Zonen nur sehr geringe Mengen an pflanzenverfügbarem Kalium oder Phosphor aufweisen (z. B. Liwerant 1957). Oberflächengaben mit diesen Düngesalzen zeigen deshalb nur geringe Wirkungen (z. B. Gouère 1947). Auch bei Düngung mit Magnesia-Kalk ergab sich eine schnellere Wirkung nach tieferer Einarbeitung (Fisher u. a. 1958).

b) Tiefendüngung

Das tiefe Einbringen von *Kali-* und *Phosphor*düngern, besonders in Grasanlagen, kann nach verschiedenen Methoden erfolgen. a) *Lochdüngung* (z. B. Fritzsche 1950), wobei mit Spaten oder Brechstange (crow-bar-Methode Friend 1940) unter und über die Kronentraufe hinausgehend pro m² 2 bis 3 bis zu 30 cm tiefe Löcher gemacht werden, in die eine abgemessene Düngermenge eingebracht wird. b) *Furchendüngung*, bei der längs der Baumreihen im Abstand von 1 bis 1,5 m 20 cm tiefe Furchen aufgepflügt werden. Nach Einbringen des Düngers, zum Teil auch Stallmistes oder Kompostes klappt man die Rasenstreifen wieder zurück. Durch Wandern der Furche in den folgenden Jahren kann mit der Zeit auf der ganzen Fläche eine Tiefendüngung erfolgen (sogenannte *Wanderfurchendüngung*). c) *Lanzendüngung.* Hierbei werden die Nährsalze in gelöster Form mit Hilfe einer Lanze unter Verwendung von Motorpumpen (Baumspritzen) oder durch speziell konstruierte Lanzendüngungsmaschinen in den Boden gespritzt. Bei Anwendung hoher Drucke (50 atü) dringt die Lösung bis 20 cm tief ein, wenn die Lanze mit nach unten gerichteter Öffnung nur auf den Boden aufgesetzt wird (Fritzsche 1953). Tolhurst und Bould (1950) fanden bei Verwendung normaler Lanzen, die in den Boden gestochen werden, bei höheren Drucken wohl eine Verkürzung der Einbringungszeit, aber keine vergrößerte horizontale Ausbreitung der Düngerlösung.

In Versuchen mit ³²P konnte bei Tiefendüngung eine schnellere Aufnahme im Vergleich mit Oberflächengabe festgestellt werden (Kaindl und Frohner 1956, Kolesnikow 1957). Bäume mit Kaliummangel zeigten eine schnellere Heilung nach tiefem Einbringen der Kalisalze (Fritzsche und Bryner 1948, Liwerant 1958). Langjährige Lanzendüngungsversuche in der Schweiz brachten im Vergleich mit nicht gedüngten Parzellen außerordentliche Ertragssteigerungen bei Apfel, Birne und Steinobst (Bryner 1950).

Diesen positiven Ergebnissen stehen Befunde gegenüber, bei denen Tiefendüngung keine Vorteile brachte, z. B. in den fünfjährigen Volldüngerversuchen von Lecrenier und Dermine (1952). Bei Furchendüngung in Grasanlagen ergab sich eine nur geringe horizontale Ausbreitung der Nährstoffe, so daß diese nicht von den Bäumen ausgenutzt werden konnten (Reyntens und Cottenie 1950). Bäume mit starkem K- und Mg-Mangel zeigten nach Lanzendüngung nur vereinzelt eine schnellere Aufnahme (Tolhurst und Bould 1952).

Zusammenfassend läßt sich feststellen, daß das Einbringen von Düngerlösungen in die Zone der absorbierenden Wurzeln zweifellos eine schnellere und bessere Aufnahme zur Folge hat als durch Oberflächendüngung, wenn größere Bodenareale angereichert werden können und nicht nur vereinzelte Infiltrationsquaddeln gesetzt werden. Die Düngerlösung muß im Kontakt mit den Wurzeln stehen.

Das gilt besonders für die Tiefendüngung mit *Mikronährstoffen.* So ist z. B. die Voraussetzung für die Heilung von kalkinduzierten Eisenmangelchlorosen mit Chelaten ein direkter Wurzelkontakt, d. h. es müssen entweder zahlreiche Injektionen durchgeführt oder die in Löcher gegebenen Verbindungen müssen *eingewaschen* werden. Für jeden Boden sind bestimmte Chelatmengen notwendig und die verschiedenen Chelate zeigen auf den einzelnen Böden sehr unterschiedliche Wirkungen (BOULD 1956a, 1956b, CHABANNES, DUPRAT und TROCMÉ 1958, ROSE und DERMOTT 1959). Häufig ist der *Arbeitsaufwand* sehr hoch, so daß Blattspritzungen einfacher durchzuführen sind, auch wenn sie jährlich wiederholt werden müssen.

c) Blattdüngung

In der obstbaulichen Praxis werden von den Makronährstoffen Stickstoff in Form von Harnstoff zur Regulierung der N-Versorgung und Magnesiumsulfat zur Behebung von Mg-Mangel in größerem Umfange zur Blattdüngung eingesetzt.

Harnstoff besitzt wegen seiner Undissoziierbarkeit, seines leichten Eindringungsvermögens und hohen N-Gehaltes gegenüber anderen Verbindungen erhebliche Vorteile (BUCHNER 1955). Seine *Aufnahme* aus wässerigen Lösungen wird durch die Benetzungsfähigkeit der Blätter bestimmt und ist abhängig von der Art der Blattoberflächen und Kutikula, der Oberflächenspannung der Spritzbrühen und anderen Außenfaktoren (BOYNTON 1954). Blattunterseiten nehmen den Harnstoff schneller auf, ebenso jüngere Blätter, die jedoch empfindlicher gegen höhere Konzentrationen sind. Netzmittelzusätze verbessern nicht nur die Aufnahme, sondern brachten beim Apfel eine Verträglichkeit bei höheren Konzentrationen mit sich (COOK und BOYNTON 1952). Zusätze von Zucker (EMMERT und KLINKER 1950, NORTON und CHILDERS 1954) und Kalk (ECKERT und CHILDERS 1954, HAMILTON, PALMITER und ANDERSON 1943) verlangsamen die Aufnahme und verhindern Blattschädigungen.

Beim *Apfel* werden in der Praxis Konzentrationen zwischen 0,5 und 1% angewendet. Bei 2%igen Lösungen traten Blattverbrennungen auf (GRUPPE 1958). Diese wurden auch beobachtet, wenn in kürzeren Abständen mit verträglichen Konzentrationen gespritzt wurde (BOYNTON, MARGOLIS und GROSS 1953). *Birnen* vertrugen 1% (JOHANSSON und ROOTSI 1955) ohne Schäden. Beim *Pfirsich* führten erst Konzentrationen von 1,5% zu Wirkungen (ECKERT und CHILDERS 1954, NORTON und CHILDERS 1954, WEINBERGER, PRINCE und HAVIS 1949), während *Mandeln* bei 0,5% Blattschäden, bei 1% Blattabwurf zeigten (NORTON und CHILDERS 1954). Blattverbrennungen werden auch durch *Biuret*-Verunreinigungen hervorgerufen (z. B. bei den Spritzversuchen zu *Sauerkirschen* von WALKER und FISHER 1955), so daß die Verwendung von reinem, kristallinen Harnstoff angezeigt ist.

Untersuchungen über den günstigsten *Zeitpunkt* gaben keine einheitlichen Ergebnisse. Frühe Spritzungen nach Abfall der Blütenblätter brachten einen günstigen Einfluß auf den Fruchtansatz (HAMILTON, PALMITER und ANDERSON 1943) sowie den Chlorophyll- und Blatt-N-Gehalt (BOULD und TOLHURST 1952). Späte Spritzungen förderten die Blatt- und Triebentwicklung und den Gesamtertrag (FISHER 1952). Die Verbesserung der Blattfarbe (Chlorophyll) und des Blatt-N-Gehaltes sind häufig nur von kurzer Dauer. Neben einer vergrößerten Blattfläche, stärkerem Längen- und Dickenwachstum der Triebe (BLASBERG 1953, ECKERT und CHILDERS 1954, FISHER und COOK 1950, NORTON und FISHER 1954) waren die Ertragssteigerungen auf höhere Einzelfruchtgewichte (FISHER, BOYNTON und SKODVIN 1948), mehr Früchte pro Blütenbüschel (BLASBERG 1953) und verbesserten Fruchtansatz (GRUPPE 1958) zurückzuführen. Fruchtfleischfestigkeit und Rotfärbung sind — wie nach erhöhter Bodendüngung — reduziert (BLASBERG 1953, FISHER, BOYNTON und SKODVIN 1948).

In den Versuchen war allgemein die *Wirkung* auf *Wachstum* und *Ertrag* um so größer, je geringer die ursprüngliche N-Versorgung der Bäume war. Die besten Erfolge der Harnstoffspritzungen zeigten sich deshalb in bisher nicht gedüngten Anlagen (HAMILTON, PALMITER und ANDERSON 1943), bei niedriger oder mittlerer N-Versorgung der Bäume (FISHER und COOK 1950, GRUPPE 1958) sowie bei Trockenheit (BLASBERG 1953).

Blattdüngungen mit *Magnesium* erfolgen in den praktischen Betrieben meist als 2%ige *Magnesiumsulfat*spritzungen. Beim Apfel müssen diese frühzeitig — nach Abfall der Blütenblätter — beginnen und je nach Stärke des Mangels waren bis zu acht Spritzungen notwendig (SOUTHWICK und SMITH 1945, BOULD und TOLHURST 1949, FORD 1958). Untersuchungen von FISHER und WALKER (1955), WALKER und FISHER (1957), OLAND und OPLAND (1956), ALLEN (1959) zeigten zwar die relativ geringe Aufnahmerate beim *Sulfat*, da andere Verbindungen jedoch bei niedrigen Konzentrationen schon Verbrennungen hervorrufen, ist Magnesiumsulfat in den Obstanlagen am sichersten. Bei starkem Mangel konnten durch mehrmalige Blattspritzungen außerordentliche Ertragssteigerungen erzielt werden (GREENHAM und WHITE 1959), die Wirkung bleibt jedoch häufig auf das Jahr der Anwendung beschränkt. Eine mögliche Förderung der Stippigkeit durch Mg-Sulfatspritzungen wird auf S. 889 erwähnt.

Blattspritzungen mit *anorganischen Eisenverbindungen* in Konzentrationen von 0,2 bis 1% können zwar kalkinduzierte Eisenmangelchlorosen mindern, die Wirkungen waren jedoch meist nur kurz. Häufig traten erhebliche Spritzschäden auf und die Früchte wurden in Mitleidenschaft gezogen. Auch ist das Wiederergrünen der Blätter auf die Zonen beschränkt, die von den Spritztropfen getroffen werden (WALLACE 1929, BURKE 1932, BLODGETT 1946).

Von den *organischen Eisenverbindungen* sind die *Eisenchelate* besonders erfolgreich gewesen. BOULD (1956b) konnte durch vier verschiedene Chelate (FeEDTA, FeDTPA, FeHEEDTA und FeCDTA) gute Heilungserfolge erzielen. Dreimalige Spritzung in 14tägigem Abstand brachte bei *Pflaume* eine gute Wirkung, bei *Pfirsichen* genügte eine einmalige Spritzung mit 0,1% FeEDTA. *Birnen* waren empfindlicher als die anderen Obstarten und zeigten nach EDTA-Spritzungen Blattrandverbrennungen. Im allgemeinen war CDTA den anderen Chelaten leicht überlegen. Auch HIGDON (1957) konnte eine besondere Empfindlichkeit von *Birnen* gegenüber EDTA feststellen. Nach BUCHNER (1956) bewährten sich beim *Pfirsich* 0,1%, bei *Pflaume* und *Kirsche* 0,1 bis 0,15%, bei *Birne* 0,15 bis 0,2% und bei *Apfel* 0,2 bis 0,3% des Chlorosemittels FERTILON (BASF) in wässeriger Lösung. Die Spritzungen sollen frühzeitig im Mai beginnen und je nach Stärke der Chlorosen ein bis zweimal im Abstand von sechs bis zehn Tagen wiederholt werden.

Bei *Mangan-Sulfat-Spritzungen* erwiesen sich folgende Konzentrationen und Anwendungstermine als vorteilhaft. *Apfel* und *Pflaume*: einmal 0,3% zur ersten Nachblütenspritzung (WALLACE und JONES 1943), bei stärkerem Mangel drei Spritzungen 0,2%, die erste nach Abfall der Blütenblätter, die folgenden in monatlichen Abständen (BEYERS 1952). *Kirschen:* eine einmalige 5%ige Spritzung im Februar ergab eine Kontrolle für die Vegetationsperiode (THOMPSON und ROBERTS 1945). *Pfirsich:* 0,3% mit Zusatz von Netzmittel während der Vegetationsperiode (CHILDERS 1950) oder 0,5% nach dem Fruchtansatz bzw. 1% sofort nach der Ernte (BAXTER 1959). *Walnuß:* 0,5 bis 1% im Frühsommer (BRAUCHER und SOUTHWICK 1941, VANSELOW 1945).

Borspritzungen mit *Borax* oder *Borsäure* in Konzentrationen von 0,15 bis 0,25% haben bei zahlreichen Obstarten gegen Mangel gewirkt. Die Spritzungen müssen auch hier frühzeitig begonnen und nach Bedarf wiederholt werden (BROWN 1946, BATJER und ROGERS 1953, DEGMAN 1953, FRITZSCHE 1955, BURRELL 1958, YTAAS 1958, HANSEN, PROEBSTING und TORPEN 1958).

Zink-Sulfat-Spritzungen werden entweder in Konzentrationen von 4 bis 5% Ende des Winters auf das Holz oder 0,2% während der Vegetationszeit gegeben (Walsh 1948, Wade 1949, Bould u. a. 1950, Chabannes, Trocmé und Barbier 1950, Woodbridge 1951). Beyers (1952) erzielte an laubabwerfenden Obstgehölzen in Süd-Afrika die besten Ergebnisse mit einer Lösung von 0,8 kg Zinksulfat plus 0,5 kg Calciumhydrat in 100 l Wasser, die kurz nach dem Fruchtansatz und nach einem weiteren Monat auf das Laub gespritzt wurde. Bei *Kirschen* führten zwei bis drei Spritzungen in 14tägigem Abstand vom Aufbrechen der Knospen an zu einer Heilung (Delmas 1955). Auch Spritzungen mit *Zink-Chelaten* (ZnEDTA und ZnHEEDTA) brachten im Vergleich mit Bodengaben Heilungserfolge (Benson, Batjer und Chmelir (1957).

Kupferspritzungen können als *Kupfersulfat* in höheren Konzentrationen (4 bis 5%) Ende der Winterruhe auf das kahle Holz oder 0,075 bis 0,1%ig bei der Laubentfaltung angewandt werden. Auch *Kupfer-Oxychloride* sind brauchbar, ebenso *Kupfer-Kalk-Brühen* (Bordeaux-Brühen) (z. B. Dunne 1946, Jones und Dermott 1952). Blattspritzungen mit *Kupfer-Chelaten* waren ebenfalls erfolgreich (Kester, Brown und Aldrich 1956).

d) Stamminjektionen und andere Methoden

Mikronährstoffmangel kann auch durch Einbringen *trockener Salze* oder durch Injektion von *Salzlösungen* in die *Stämme* bekämpft werden. Bei kalkinduzierten *Eisenmangelchlorosen* fand Bennett (1927, 1935) Eisenzitrat als besonders günstig, was von Wallace (1935) bei Apfel, Birne und Pflaume bestätigt wurde. Wann (1929) erzielte gute Ergebnisse mit Eisenphosphat, Demolon und Bastisse (1944) mit Eisen-Silikat-Komplexen. Auch Eisenchelate wurden mit unterschiedlichem Erfolg getestet (Stewart und Leonard 1954). In gleicher Weise wurden *Mangan-Mangel* (Duggan 1943, Thompson 1945) und *Zink-Mangel* behoben. Bei letzterem wirkte auch das Einschlagen verzinkter Nägel oder kleiner Zinkstücke in den Stamm. Die Wirkungen erstreckten sich häufig über mehrere Jahre, jedoch scheint die Dosierung schwierig zu sein, häufig wurden Verbrennungen an den Blättern beobachtet.

Literatur

Allen, M.: Role of the anion in magnesium uptake from foliar application of its salts on apple. Nature **184**, 995 (1959).

Batjer, L. P., und B. L. Rogers: "Blossom blast" of pears: an incipient boron deficiency. Proc. Amer. Soc. Hort. Sci. **62**, 119–22 (1953). — Baxter, P.: Treatment of manganese deficiency in peach trees. J. Agric. Victoria **57**, 704–5 (1959). — Bennett, J. P.: Treatment of lime induced chlorosis in fruit trees. Phytopathology **17**, 745–6 (1927). — The treatment of lime induced chlorosis with iron salts. Univ. Calif. Agr. Exper. Sta. Circ. **321** (1931). — Benson, N. R., L. P. Batjer und I. C. Chmelir: Response of some deciduous fruit trees to zinc chelates. Soil Sci. **84**, 63–75 (1957). — Beyers, E.: Control of trace element deficiencies. Decid. Fruit Grower **2**, 7–8 (1952). — Blasberg, C. H.: Response of mature McIntosh apple trees to urea foliar sprays in 1950 and 1951. Proc. Amer. Soc. Hort. Sci. **62**, 147–53 (1953). — Blodgett, E. C.: Chlorosis in plants in Idaho. Circ. Idaho Agric. Exper. Sta. **110** (1946). — Bould, C., und J. Tolhurst: Report on the use of foliage sprays for the control of Mg deficiency in apples. Ann. Rep. Long Ashton Res. Stat. **1948**, 51–8 (1949). — Bould, C., u. a.: Zinc and copper deficiency of fruit trees. Ebenda **1949**, 45–9 (1950). — Bould, C., und J. Tolhurst: Nutrient placement in relation to fruit tree nutrition, III, Nitrogen fertilization of apple with foliage sprays of urea. Ebenda **1951**, 49–53 (1952). — Bould, C.: The use of iron chelates for the control of lime-induced chlorosis in fruit. Progress Rep. II. Ebenda **1955** (1956 a). — The control of lime-induced chlorosis in fruit trees by iron chelates. Proc. 6th Soil Sci. Congr., Paris, 201–7 (1956b). — Boynton, D., D. Margolis und C. R. Gross: Exploratory studies on nitrogen metabolism by McIntosh apple leaves sprayed with urea. Proc.

Amer. Soc. Hort. Sci. 62, 135–46 (1953). — BOYNTON, D.: Nutrition by foliar application. Ann. Rev. Plant Physiol. 5, 31–54 (1954). — BRAUCHER, O. L., und R. W. SOUTHWICK: Correction of manganese-deficiency symptoms of walnut trees. Proc. Amer. Soc. Hort. Sci. 39, 133–6 (1941). — BROWN, I. L.: Curing deficiency of boron in fruit trees. New Zealand Agric. J. 73, 456 (1946). — BRYNER, W.: Erfolgreiche Obstbaumdüngung im Betrieb der Eidgen. Versuchsanstalt für Obst-, Wein- und Gartenbau in Wädenswil. Schweiz. Z. Obst- u. Weinbau 59, 99–101 (1950). — BUCHNER, A.: Neuere Erfahrungen über die Blattdüngung mit Stickstoff, Phosphorsäure und Kali. Pflanzenschutz 2 (1955). — Zur Heilung der Kalkchlorosen im Obstbau. Gartenbau Nr. 2, 30, 31 (1956). — BURKE, E.: Chlorosis of trees. Plant Physiol. 7, 329–34 (1932). — BURRELL, A. B.: Boron in apple leaves and fruits as influenced by sodium pentaborate sprays. Proc. Amer. Soc. Hort. Sci. 71, 20–5 (1958).

CHABANNES, J., A. DUPRAT und S. TROCMÉ: Observations sur le traitement de la chlorose des poiriers. Ann. Agron. 9, 413 (1958). — CHABANNES, J., S. TROCMÉ und G. BARBIER: Observations sur la carence zincique du pommier. Ann. Agron. 1, 362–7 (1950). — CHILDERS, N. F.: Manganese deficiency. Amer. Fruit Grower 70, 16, 40–1 (1950). — COOK, J.: Some factors affecting the absorption of urea by McIntosh apple leaves. Proc. Amer. Soc. Hort. Sci. 59, 82–90 (1952).

DEGMAN, E. S.: Effect of boron sprays on fruit set and yield of Anjou pears. Ebenda 62, 167–72 (1953). — DELMAS, H. G.: Le dépérissement des cerisiers de l'arrondissement de Cerét. C. R. Acad. Agric. Fr. 41, 333–5 (1955). — DEMOLON, A., und E. BASTISSE: Observations sur la géochimie du fer, application au traitement de la chlorose. Ebenda 30, 501–3 (1944). — DUGGAN, J. B.: A promising attempt to cure chlorosis due to manganese deficiency in a commercial cherry orchard. J. Pom. Hort. Sci. 20, 69–79 (1943). — DUNNE, T. C.: "Wither tip" of apple trees. J. Agric. West Australia 23, 124–7 (1946).

ECKERT, J. W., und N. F. CHILDERS: Effect of urea sprays on leaf nitrogen and growing of Elberta peach. Proc. Amer. Soc. Hort. Sci. 63, 19–22 (1954).

FISHER, E. G., D. BOYNTON und K. SKODVIN: N-fertilization of the McIntosh apple with leaf sprays of urea. Ebenda 51, 23–32 (1948). — FISHER, E. G., und J. A. COOK: N-Fertilization of Mc-Intosh apple with leaf urea sprays II. Ebenda 55, 35–40 (1950). — FISHER, E. G.: The principles underlying foliage applications of urea for nitrogen fertilization of McIntosh apple. Ebenda 59, 91–98 (1952). — FISHER, E. G., und D. R. WALKER: The apparent absorption of P and Mg from sprays applied to the lower surface of McIntosh apple leaves. Ebenda 65, 17–24 (1955). — FISHER, E. G., u. a.: Studies on the control of magnesium deficiency and its control on apple trees. Ebenda 71, 1–10 (1958). — FORD, E. M.: The control of magnesium deficiency in apple rootstock stoolbeds. Rep. East Malling Res. Stat. 1957, 106–112 (1958). — FRIEND, W. H.: The crow-bar method of applying soil correctives, plant nutrients and disease inhibiting chemicals about the roots of horticultural plants. Proc. Amer. Soc. Hort. Sci. 37, 1080–3 (1940). — FRITZSCHE, R., und W. BRYNER: Vorläufiger Bericht über zwei Düngungsversuche mit Obstbäumen. Schweiz. Z. Obst- u. Weinbau 57, 251–5, 265–7 (1948). — FRITZSCHE, R.: Die Düngung der Obstbäume. Schweiz. Z. Obst- u. Weinbau 59, 93–99 (1950). — Das Düngen der Obstbäume nicht vergessen. Ebenda 62, 119–22 (1953). — Über die Korkkrankheit an Glockenäpfeln. Ebenda 64, 193–8 (1955).

GOUÈRE, A.: Essais du fumure de longue durée sur poirier Passe-Crassance. Ann. Agron. 17, 233–41 (1947). — GREENHAM, D. W. P., und G. C. WHITE: The control of magnesium deficiency in dwarf pyramid apples. J. Hort. Sci. 34, 238–47 (1959). — GRUPPE, W.: Versuche mit Harnstoffspritzungen an Apfelbäumen. Gartenbauwiss. 23, 494–506 (1958).

HAMILTON, J. M., D. H. PALMITER und L. C. ANDERSON: Preliminary tests with uramon in foliage sprays as a means of regulating the nitrogen supply of apple trees. Proc. Amer. Soc. Hort. Sci. 42, 123–6 (1943). — HANSEN, C. J., E. L. PROEBSTING und E. TORPEN: Boron requirements of prunes. Californ. Agric. 12, 8, 13 (1958). — HIGDON, R. S.: Pear tree chlorosis with special reference to its correction with chelated metals. Proc. Amer. Soc. Hort. Sci. 69, 101–109 (1957).

JOHANSSON, E., und N. ROOTSI: Nitrogen manuring of fruit trees by foliar applications of urea. Sver. pomol. Fören. Arsskr. 55, 68–77 (1955). — JONES, J. O., und W. DERMOTT: Copper deficiency in pears. Agriculture (London) 59, 35–7 (1952).

KAINDL, K., und W. FROHNER: Versuche über die Wirksamkeit von Lanzendüngung und Oberflächendüngung mit Hilfe von P^{32}. Mitt. Klosterneuburg B 6, 107–15 (1956). — KESTER, D. E., J. G. BROWN und T. ALDRICH: Copper deficiency of almonds. California Agric. 10, (6), 13, 16 (1956). — KOLESNIKOW, V. A.: Die Aufnahme von markiertem Phosphor aus Superphosphat durch Apfelbäume in

Abhängigkeit von der Methode und Tiefe der Anwendung. Izw. Timiriazew Akad. No. 3, 213–23 (1957).

Lecrenier, A., und E. Dermine: La fertilization du pomier. Rep. 13. Int. Hort. Congr., London, Vol. I, 215–22 (1952). — Liwerant, J.: Influence du mode d'application des engrais sur leur efficacité en culture fruitière. Plant analyses and Fertilizer Problems, J. R. H. O., Paris, 337–50 (1957). — Redressement d'une carence pottassique du prunier d'Ente par la fumure profonde. Ann. Agron. 9, 399–401 (1958).

Norton, R. A., und N. F. Childers: Experiments with urea sprays on the peach. Proc. Amer. Soc. Hort. Sci. 63, 23–31 (1954).

Oland, K., und T. B. Opland: Uptake of magnesium by apple leaves. Physiol. Plant. 9, 401–11 (1956).

Reyntens, H., und A. Cottenie: Recherches sur l'assimilabilité des engrais chimiques appliqués en sillons dans les vergers à haute tiges. Rev. Agric. Bruxelles 3, 1040–6 (1950). — Rose, T. H., und W. Dermott: The control of iron deficiency in fruit trees by chelated iron compounds. Exper. Hort. Nr. 2, 49–53 (1959).

Southwick, L., und C. T. Smith: Further data on correcting magnesium deficiency in apple orchards. Proc. Amer. Soc. Hort. Sci. 46, 6–12 (1945). — Stewart, J., und C. D. Leonard: Chelated metals for growing plants, in: Mineral nutrition of fruit crops (N. F. Childers, Hrsg.), S. 775–809. New Brunswick, N. J.: Hort. Publ., Rutgers· Univ. 1954.

Thompson, S. G.: The cure of deficiency of iron and manganese. Ann. Rep. East Malling Res. Stat. 1944, 119–23 (1945). — Thompson, S. G., und W. O. Roberts: Progress in the diagnosis and cure of mineral deficiencies in cherries. Ebenda 1944, 60–3 (1945). — Tolhurst, J., und C. Bould: Nutrient placement in relation to fruit tree nutrition, II, Experiments on subsoil injection Ann. Rep. Long Ashton Res. Stat. 1949, 40–4 (1950).

Vanselow, A. P.: The minor element content of normal, Mn-deficient and Mn-treated English walnut trees. Proc. Amer. Soc. Hort. Sci. 46, 15–20 (1945).

Wade, G. C.: Little leaf of apples. Tasmania J. Agric. 20, 101–2 (1949). — Walker, D. R., und E. G. Fisher: Foliar sprays of urea on sour cherry trees. Proc. Amer. Soc. Hort. Sci. 66, 21–7 (1955). — The use of chelated Mg and $MgSO_4$ in correcting magnesium deficiency in apple orchards. Ebenda 70, 15–20 (1957). — Wallace, T.: Investigations on chlorosis in fruit trees, IV. The control of lime-induced chlorosis in the field. J. Pom. Hort. Sci. 7, 251–69 (1929). — Chlorosis of fruit trees, V, The control of lime-induced chlorosis by injection of iron salts. Ebenda 13, 54–67 (1935). — Wallace, T., und J. O. Jones: The control of Manganese deficiency in fruit trees. Ann. Rep. Long Ashton Res. Stat. 1942, 18–23 (1943). — Walsh, J. C.: Zinc deficiency in deciduous trees. J. Dep. Agric. Victoria 46, 320 (1948). — Wann, F. B.: Experiments on the treatment of chlorosis in Utah. Amer. J. Bot. 16, 844 (1929). — Weinberger, I. H., V. E. Prince und L. Havis: Tests on foliar fertilization of peach trees with urea. Proc. Amer. Soc. Hort. Sci. 53, 26–8 (1949). — Wooddridge, C. G.: A note on the incidence of zinc deficiency in the Okanagan Valley of British Columbia. Sci. Agric. 31, 40 (1951).

Ytaas, J.: Bormangel hja paere, ei mogleg arsak til misvekst og darleg fruktsetjing. Frukt og Baer 11, 26–31 (1958).

G. Düngeprogramme

Obstbäume und Sträucher werden auf sehr verschiedenen Böden kultiviert. Entsprechend ihrer natürlichen Fruchtbarkeit, die von der organischen Masse und der Stickstoff-Freisetzung sowie den verfügbaren und nachlieferbaren Mineralstoffen abhängig ist, sind sehr *unterschiedliche Düngungsmaßnahmen* notwendig. Diese haben — allgemein gesprochen — das Ziel, in den Bäumen einen Zustand optimaler Nährstoffversorgung herzustellen. Hierzu sind von Fall zu Fall nicht nur verschieden hohe Düngergaben erforderlich, sondern auch die indirekten Einflüsse wie z. B. Bodenkultursystem, Kalkzustand und pH-Wert, Bodenart zu berücksichtigen.

Bei perennierenden Kulturen besteht immer die Gefahr, daß schablonenhafte Düngungsmaßnahmen, die über Jahre und Jahrzehnte in gleicher Weise durchgeführt werden, im Laufe der Zeit zu merklichen Veränderungen des

Nährstoffzustandes im Boden und des Ernährungszustandes der Pflanze führen. Diese Verschiebungen des Nährstoffgleichgewichts infolge kumulativer Wirkungen sind besonders auf extremen Böden und bei sehr hohen Düngergaben zu erwarten. Aus diesen Gründen besitzen *langjährige, regionale Düngungsversuche* im Obstbau besondere Bedeutung. Es erscheint jedoch zweckmäßig, daß in diesen Dauerversuchen viel mehr als bisher mit *Ergänzungsparzellen* gearbeitet wird, die Veränderungen zulassen. Sobald sich zeigt, daß z. B. eine Düngung zu nachteiligen Wirkungen führt, sollte ohne Verlust an Aussagegenauigkeit und Wirksamkeit des Gesamtversuchs eine Umstellung möglich sein. PEARCE (1953) gibt einige Beispiele für die Art der Versuchsplanung solcher Ergänzungsversuche, die für die praktische Düngeberatung den klassischen Dauerdüngungsversuchen gegenüber große Vorteile haben.

a) Der Apfel

Eine ausführliche Analyse der Düngungsfragen beim Apfel ist bei BOYNTON (1954 a) gegeben. In der Zwischenzeit sind Ergebnisse aus langjährigen dänischen, schwedischen, neuseeländischen und australischen Versuchen veröffentlicht worden (DALBRO 1952, DULLUM und RASMUSSEN 1952, JOHANSSEN 1953, DULLUM und DALBRO 1956, Statens Forsgavirksomhed 1957 a, b, BAXTER 1957, TILLER, ROBERTS und BOLLARD 1959, JOHANSSEN und SAHLSTRÖM 1960).

Stickstoff war in fast allen Fällen der Nährstoff, der zuerst Wachstum und Ertrag begrenzt. Auf fruchtbaren Böden ist häufig — besonders wenn der Boden ständig bearbeitet wird — in den ersten Jahren keine Stickstoff-Düngung erforderlich. Bei starkwachsenden Bäumen wird durch hohe N-Versorgung in der *Jugendzeit* der Eintritt der reproduktiven Phase verzögert, so daß Maßnahmen wie Graseinsaat erforderlich sein können, um das vegetative Wachstum zu bremsen. Bei Bäumen im *Ertragsstadium* ist eine zusätzliche N-Düngung notwendig, um ein wenigstens mittleres Wachstum (jährlicher Triebzuwachs von 30 bis 40 cm Länge bei älteren Bäumen) zu sichern.

In den meisten Fällen dürfte es gleichgültig sein, in welcher *Form* der N-Dünger gegeben wird (z. B. MARSH 1937). Auf Sandböden scheint jedoch die jahrzehntelange Verwendung von *Ammoniumsulfat*, besonders in humiden Gebieten, für das Absinken der pH-Werte und die Auswaschung von Magnesium mit verantwortlich zu sein.

Der Vergleich Stallmist gegenüber mineralischen Düngemitteln brachte in den dänischen Versuchen (Statens Forsøgvirksomhed 1957 b) über eine Periode von 24 Jahren praktisch keine Ertragsunterschiede. Der *Düngetermin* kann dagegen von Bedeutung sein. Auch wenn nachgewiesen werden konnte, daß Nitrat- und Ammonium-Stickstoff während der *Winterruhe* bei Temperaturen um 0° C von den Wurzeln aufgenommen wird (BATJER, MAGNESS und REGEIMBAL 1943), ist die Gefahr von Auswaschungsverlusten relativ groß und eine Wirkung nur bei Bäumen mit geringem N-Versorgungszustand zu erwarten. In diesem Zusammenhang sind die Untersuchungen von OLAND (1960) von Interesse, der durch eine 4%ige Harnstoffspritzung nach der Ernte Mitte Oktober (diese Konzentrationen verursachen starke Blattschäden) den Stickstoffgehalt in den Kurz- bzw. Langtrieben um 31 bzw. 16% steigern konnte. Stickstoffdüngung in der *Mitte der Vegetationszeit* (Juli) brachte im Vergleich mit *Märzdüngung* über einen Zeitraum von 18 Jahren geringere Erträge (DULLUM und RASMUSSEN 1952). MAGNESS, BATJER und REGEIMBAL (1948) fanden keine Beeinflussung von Fruchtansatz, Farbe und Erträgen bei *Frühjahrs-* und *Herbstdüngung*.

In den N-Düngungsversuchen in Blangstedgaard und Hornum (Dullum und Dalbro 1956), die sich über 24 Jahre erstreckten, ergaben sich keine gesicherten Unterschiede durch eine in zwei Stufen gesteigerte N-Düngung gegenüber der Null-Parzelle. Obgleich diese Bäume ein helleres Laub besaßen, waren weder Ertrag, Baumgröße noch Fruchtgröße verringert. Durch die N-Düngung war die Rotfärbung der Früchte schlechter und das Auftreten von Stippigkeit und Lentizellenflecken erhöht.

Dieses Ergebnis, wie auch zahlreiche andere *Steigerungsversuche* (z. B. Benson u. a. 1957 mit Stickstoff, Lecrenier und Dermine 1952, Liard 1954 mit Volldüngern) machen deutlich, daß eine *über den kritischen Spiegel* hinausgehende Stickstoffversorgung die Erträge nicht mehr erhöht, besonders bei den Lagersorten ungünstige Wirkungen hervorruft und die Ausfärbung der Früchte verschlechtert. Es muß betont werden, daß sich die Sorten in dieser Hinsicht sehr unterschiedlich verhalten und daß wahrscheinlich auch die klimatischen Bedingungen eine Rolle spielen.

Sehr häufig begrenzt die *Kalium-Versorgung* Wachstum und Erträge, wie z. B. die langjährigen Versuche in East Malling (Grubb 1928/29, Hobiyn 1941), aber auch an anderen Stellen, erkennen lassen. In den australischen Versuchen (Baxter 1957) haben nach 20jähriger Dauer die nicht oder nur mit Stickstoff gedüngten Parzellen nur etwa den halben Ertrag gegenüber einer Volldüngung gebracht. Durch K-Düngung konnten die Erträge erst nach zehn Jahren wieder auf das Niveau der vollversorgten Bäume gebracht werden. Während in den schwedischen (Johanssen 1953, Johanssen und Sahlström 1960) und dänischen Versuchen durch K-Steigerung bei zum Teil guter K-Versorgung teilweise Wuchs- und Ertragssteigerungen erreicht wurden, lassen die amerikanischen Versuche (s. Boynton 1954, S. 31 bis 35) vermuten, daß eine Düngung erst dann auf die Erträge wirkt, wenn Randnekrosen (leaf scorch) sichtbar werden. Möglicherweise spielen hier klimatische Faktoren (Sonnenscheinintensität) eine Rolle. Da die *qualitäts-* und *haltbarkeitsverbessernden Wirkungen* einer hohen K-Versorgung (s. Kalium S. 865) außer Frage stehen, anderseits ein starker Behang einen niedrigen K-Zustand in den Blättern, Früchten und anderen Geweben erzeugt und hohe Düngergaben zur Beseitigung dieses Zustandes auf Dauer meist Mg-Mangelerscheinungen induzieren, erscheint das Ausdünnen des Fruchtbehanges bei mittlerer Kalium-Düngung als Mittel der Wahl.

Die *Form* des Kali-Düngemittels (Sulfat oder Chlorid) dürfte unter Feldbedingungen unwesentlich sein, wie 18jährige Vergleiche (Dalbro 1952) zeigten, auch wenn in Gefäßversuchen durch hohe Cl-Gaben ungünstige Wirkungen erzielt wurden (s. S. 869). Eine besondere Chlorid-Empfindlichkeit liegt beim Apfel nicht vor. Die beste Düngerform ist zweifellos Patent-Kali, weil hierdurch gleichzeitig Magnesium zugeführt wird. In den langjährigen dänischen Versuchen (Dullum und Dalbro 1956) war auf *Tonboden* eine Erhöhung von Baumgröße, Ertrag und Fruchtgröße bis zu einer jährlichen Gabe von 200 kg K_2O/ha festzustellen, während auf dem lehmigen *Sandboden* in Hornum eine solche nur bis 100 kg/ha und Jahr zu beobachten war. Auf tonreichen Böden wurden bei mittleren austauschbaren Kalium-Mengen bei nichttragenden Apfelbäumen im Vergleich mit ähnlichen Werten in sandigen Böden verhältnismäßig niedrige K-Gehalte in vergleichbaren Blättern gefunden (Gruppe 1955, 1960), die diese Befunde bei einer großen Zahl verschiedener Apfelanlagen bestätigen.

Von großer praktischer Bedeutung ist die Beachtung der *Magnesium-Versorgung*, wie sich aus der starken Zunahme von Magnesium-Mangelerscheinungen während der letzten 20 Jahre in fast allen Apfelanbaugebieten ergibt (s. Magnesium, S. 865). Auch wenn beginnende Mangelerscheinungen mit keinen Ertrags- oder Wachstumsausfällen verbunden und häufig das Zeichen einer nicht im Gleichgewicht befindlichen K/Mg-Versorgung sind, erscheint eine Überprüfung des Düngungsprogrammes und die Durchführung von Bodenanalysen notwendig, um die Ursachen der Mg-Verarmung der Bäume festzustellen. Zwar wurde bei starkem Mg-Mangel durch wiederholte *Mg-Spritzungen* auf das Blatt fast eine Verdoppelung der Erträge erzielt (GREENHAM und WHITE 1959), doch können diese Spritzungen die Stippigkeit der Früchte beträchtlich erhöhen (BÜNEMANN, G., 1960, GERRITSEN 1960). Sie besitzen außerdem keine nachhaltige Wirkung. Die *Magnesia-Gaben* über den *Boden* kommen in den Bäumen nur langsam zur Wirkung, deshalb sind frühzeitig Düngungsmaßnahmen erforderlich, ehe sich stärkere Mangelsymptome entwickeln. Die *Form* des Düngungsmittels muß sich nach den Ursachen des Mangels und nach den Bodenbedingungen richten. Auf sauren Böden ist eine Kalkung mit *dolomitischen Kalken* zweckmäßig, auf Böden mit höheren pH-Werten eine Düngung mit *Kieserit*. Bei zu hohen Kalium-Mengen im Boden muß die Düngung mit diesem Nährstoff für einige Zeit eingestellt werden.

Es hat den Anschein, daß auf manchen Böden die Verwendung hoher *Volldüngergaben* bereits nach einigen Jahren zu starken K-Anreicherungen im Boden führt und die Ausbildung von Magnesium-Mangel fördert. Eine *Einzeldüngung* mit Stickstoff und Kalium, die den Baum- und Bodenbedingungen angepaßt ist, erscheint deshalb auf Dauer günstiger, um den Bedürfnissen der Bäume für diese beiden Nährstoffe gerecht zu werden.

Da Apfelbäume keine besonderen Ansprüche an den *pH-Wert des Bodens* stellen und auch bei sauren Bodenbedingungen die Ca-Ernährung der Bäume ausreichend ist, kommt der *Kalkdüngung* vornehmlich eine indirekte Wirkung zu. Diese zeigt sich teilweise nach Aufkalkung saurer Böden in einem verbesserten Wachstum der Gründüngungspflanzen, die wiederum die allgemeine Bodenfruchtbarkeit günstig beeinflussen (z. B. in den Versuchen in Neuseeland, TILLER, ROBERTS und BOLLARD 1959). In den dänischen Versuchen beeinflußte eine Kalkung des Tonbodens von pH 7,5 auf pH 8,0 nicht die Leistungsfähigkeit der vier Sorten, sie erhöhte dagegen die Neigung zur Ausbildung von Mangan-Mangelerscheinungen. Eine zweimalige Schwefeldüngung, die die pH-Werte bis auf etwa 6,2 absinken ließ, brachte eine deutliche und nachhaltige Ertragsverbesserung während der gesamten Versuchszeit (DULLUM und DALBRO 1956).

KEMMER und MARSEILLE (1937) fanden bei Erfassung von 67 Betrieben keine Beziehungen zwischen *pH-Wert* und *Leistungsfähigkeit* der Obstbestände. Die von WILCOX (1945) gefundenen positiven Korrelationen finden ihre Erklärung in der Tatsache, daß die niedrigsten pH-Werte und das schlechteste Wachstum auf armen, sorptionsschwachen Böden vorkamen, während höhere pH-Werte und gutes Wachstum auf den schwersten, tiefgründigsten Böden vorhanden waren, die die größten Vorräte an Bodenfeuchtigkeit und Nährstoffen besaßen.

Sehr ungünstig wirkt sich dagegen ein *hoher Kalkgehalt* verbunden mit hohen pH-Werten im Boden aus, da hierdurch nur schwer zu beseitigende *Eisenmangelchlorosen* induziert werden.

Es ist anzunehmen, daß auch die *Phosphor-Düngung* in erster Linie eine *indirekte Wirkung* über die Deckpflanzen und allgemeine Bodenfruchtbarkeit ausübt. In keinem der oben angeführten langjährigen Düngungsversuche ergab sich durch den Wegfall der P-Düngung eine nachteilige Wirkung auf die Wuchs- und Ertragsleistung oder auf die Qualität der Früchte (s. auch S. 864).

Im allgemeinen dürften spezielle Düngungsmaßnahmen mit *Mikronähr-*

stoffen erst dann mit erkennbaren Ertragsbeeinflussungen verbunden sein, wenn sich beginnende Mangelerscheinungen zeigen, d. h. solange der kritische Wert in den Bäumen nicht unterschritten wird, hat eine zusätzliche Düngung keine Wirkung. Die Bedeutung der Bodenkultursysteme für die Nährstoffversorgung sei nochmals hervorgehoben (s. S. 876).

b) Die Birne

Boynton (1954b) gibt einen Überblick über die Nährstoffansprüche der Birnen und ihre Reaktionen auf Düngung. Da die Anbauflächen im Verhältnis zum Apfel geringer sind, liegen bei dieser Obstart weniger Untersuchungen vor. Allgemein sind für sie die gleichen Düngungsmaßnahmen wie für Äpfel notwendig. Zwei Tatsachen verdienen jedoch Beachtung: a) Die Beziehung zwischen der N-Versorgung und den Schäden durch *Feuerbrand* (Bacillus amylovorus (Burr.) Trev.). Diese Bakterienkrankheit, die in den USA besonders unter feuchten Bedingungen starke Ausfälle an Birnbäumen hervorruft, in Europa bisher seltener in Erscheinung trat, ist besonders verheerend an Bäumen, die starkes Wachstum zeigen, d. h. hohe N-Versorgung besitzen. Deshalb gehört eine Kontrolle der N-Versorgung (entweder über Einsaat von Deckpflanzen oder durch Einschränkung der Düngung) zu den wichtigsten Vorbeugungsmaßnahmen.

b) Die große Empfindlichkeit der Birnen gegenüber *kalkinduzierten Chlorosen*. Nicht nur die einzelnen *Sorten* zeigen eine unterschiedliche Sensibilität, sondern auch die verschiedenen *Unterlagen*. Birnen auf Quitte und Pirus pyrifolia-Unterlagen zeigen stärkere Chlorosen als die gleichen Sorten auf P. communis. Auch P. calleryana-Unterlagen reagieren sehr empfindlich (Ahmed und Tewfik 1956). Fe-Chelat-Anwendung führte zu unterschiedlichen Heilungserfolgen (Gasser und Müller 1956, Chabannes, Duprat und Trocmé 1958).

c) Der Pfirsich

Fragen der Düngung beim Pfirsich werden mit großer Ausführlichkeit bei Bell und Childers (1954) besprochen. Neben dem Apfel liegen von dieser Obstart die meisten Ergebnisse vor. Der Pfirsich ist außerordentlich weit verbreitet. Wegen seiner Kälteempfindlichkeit kommen nur wärmere Gebiete der gemäßigten Zone für einen kommerziellen Anbau in Frage. Häufig werden leichte, nährstoffarme Böden bevorzugt, auf denen sich gute und schnelle Reaktionen auf Düngungsmaßnahmen einstellen. Im Gegensatz zum Apfel bringt die Bildung von Blüten an vorjährigen Langtrieben eine stärkere Abhängigkeit der generativen von der vegetativen Leistung mit sich.

Der folgende zusammenfassende Überblick lehnt sich an die Ausführungen von Bell und Childers (1954) an.

Die meisten Versuche zeigten die Notwendigkeit einer jährlichen *Stickstoffdüngung*. Ihre Wirkung auf den Fruchtertrag bestand in der Erhöhung der Einzelfruchtgewichte und/oder in einem verbesserten Fruchtansatz. Auf sehr leichten Sandböden ergaben mehrere Stickstoffgaben, die sich auf drei Termine der Vegetationszeit verteilten, die besten Ergebnisse. Steigende N-Gaben führten wie beim Apfel zu blasserer Fruchtfärbung und Verzögerung der Reife. Natrium-Nitrat zeigte in einigen Gebieten bessere Wirkungen als Ammonsulfat. Auf Böden mit höheren pH-Werten war Ammonsulfat überlegen.

Wie beim Apfel zeigten sich auch beim Pfirsich nur sehr vereinzelt positive Ergebnisse auf *Phosphordüngung*. Dagegen liegen von leichten Böden sehr gute Ergebnisse mit *Kali-Düngung* vor. Hier war eine Reaktion schon einige Wochen nach der Düngung festzustellen. *Kalkdüngungen* hatten meist nur dann Wirkungen, wenn sehr niedrige pH-Werte vorlagen, zum Teil als Folge jahrzehntelanger Verwendung von Ammonsulfat. *Magnesium-Mangelerscheinungen* haben nach den vorliegenden Veröffentlichungen nicht die gleiche Bedeutung wie beim Apfel. *Überkalkungsschäden* zeigten sich vorwiegend in Mangan-Mangelsymptomen. Kalkinduzierte Eisenmangelchlorosen werden aus vielen Anbaugebieten beschrieben.

d) Aprikose, Pflaume und Zwetsche

Von diesen Arten liegen relativ wenige Untersuchungen vor, die von LINDNER, BENSON und BULLOCK (1954) besprochen werden.

e) Kirsche

Einen zusammenfassenden Überblick über die Reaktionen der Süß- und Sauerkirschen auf Düngungsmaßnahmen und die Bedürfnisse dieser Obstart gibt WANN (1954). Wesentliche neuere Untersuchungen können nicht angeführt werden.

f) Mandel, Wal- und Haselnuß

PROEBSTING und SERR (1954) besprechen die bisher veröffentlichten Versuchs- und Untersuchungsergebnisse, unter Einschluß von Pecan-Nüssen, die besonders in den Golf-Staaten der USA angebaut werden.

g) Ribes-Arten

Einen nennenswerten Anbau dieser Beerenobstarten gibt es nur in Europa. *Rot- und weißfrüchtige Johannisbeeren* sowie *Stachelbeeren* haben ein hohes *Kalium-Bedürfnis*, verbunden mit starker *Chlorid-Empfindlichkeit*. Der *Stickstoff-* und *Phosphor*-Bedarf ist bei beiden nicht hoch. Im Gegensatz hierzu reagieren *schwarze Johannisbeeren* noch auf hohe Stickstoffgaben mit Ertragssteigerungen. Eine besondere Chlorid-Empfindlichkeit liegt bei ihnen nicht vor. Ein zusammenfassender Überblick wird von ECKERT (1954) gegeben. Weitere Ergebnisse langjähriger Düngungsversuche vermitteln die Veröffentlichungen von GRUNERT und VENDELBOE (1952), BAUER und SCHMITT (1957), JOHANSSEN (1957), DALBRO und DULLUM (1957) sowie BOULD (1960).

h) Rubus-Arten

Während in Europa vorwiegend Himbeeren und Brombeeren bekannt sind, werden in den USA noch weitere Formen und Arten kommerziell angebaut. Himbeeren besitzen ein relativ hohes *Kalium-Bedürfnis* und sind *chloridempfindlich*. Düngungsfragen werden ausführlich bei ECKERT (1954) besprochen.

i) Vaccinium-Arten

Die Kulturheidelbeeren werden etwa seit Beginn dieses Jahrhunderts in den USA erwerbsmäßig angebaut. In Europa sind bisher nur wenige größere Pflanzungen vorhanden. Diese Beerenobstart gedeiht nur auf sauren Böden. Ihr *pH-Optimum* liegt nach den Untersuchungen von HARMER (1944) zwischen pH 4,5 und 4,8. Weitere Einzelheiten über Nährstoffansprüche und Düngungsmaßnahmen finden sich bei CAIN und GALETTA (1954).

k) Erdbeere

Diese sehr weit verbreitete Obstart wird in der Regel nur bis zu drei Jahren angebaut, da die Fruchtgröße mit zunehmendem Alter der Pflanzen abnimmt. Die *Stickstoff*bedürfnisse sind relativ gering. Hohe N-Gaben fördern zwar die Blattentwicklung außerordentlich stark, führen aber zu keinen höheren Erträgen (Gruppe und Nurbachsch 1961) und geben Anlaß zu Fruchtfäule. Bould und Catlow (1954, 1957) und Bould (1959) konnten in zahlreichen Düngungsversuchen zeigen, daß über den kritischen Spiegelwerten liegende N-, P- und K-Gehalte in den Blättern mit keinen Ertragserhöhungen verbunden waren. Da Blüte und Ausreife der Früchte sehr früh im Sommer liegen und auf Kosten gespeicherter Reservestoffe erfolgen, ist eine gute Nährstoffversorgung im *Hochsommer* und *Frühherbst* des vorangegangenen Jahres erforderlich. In den meisten Anbaugebieten erfolgt die Düngung deshalb an zwei bis drei *Terminen* (nach der Ernte, eventuell im Frühherbst und im sehr zeitigen Frühjahr).

Erdbeeren zeigen leicht kalkinduzierte Eisenmangelchlorosen. Hohe Gaben von *Kalium-Chlorid* führten zu Schäden (Ljones und Refsdal 1954). Eine zusammenfassende Bepsrechung der Nährstoffansprüche und Ergebnisse von Düngungsversuchen gibt Matlock (1954).

Literatur

Ahmed, M. B., und M. Tewfik: A study on the rootstocks of pear with special reference to the incidence of iron chlorosis. Indian J. Hort. **13**, 47–56 (1956).
Batjer, L. P., J. R. Magness und L. O. Regeimbal: Nitrogen intake of dormant apple trees at lower temperature. Proc. Amer. Soc. Hort. Sci. **42**, 69–73 (1943). — Baxter, P.: Fertilizer trials on apple and pear orchards in South Victoria. J. Agric. Victoria **55**, 351–9, 487–97 (1957). — Bell, H. K., und N. F. Childers: Peach nutrition, in: Mineral nutrition of fruit crops (N. F. Childers, Hrsg.), S. 495–641. New Brunswick, N. J.: Hort. Publ., Rutgers Univ. 1954. — Benson, N. R., u. a.: Effect of level of N and pruning on Starking and Golden Delicious apples. Proc. Amer. Soc. Hort. Sci. **70**, 27–39 (1957). — Bould, C., und E. Catlow: Manurial experiments with fruit, I, The effect of long-term manurial treatments on soil fertility and on the growth, yield and leaf nutrient status of strawberry, var. Climax. J. Hort. Sci. **29**, 203–19 (1954). — Manurial experiments with fruit, I, The effect of treatments on soil fertility and on the growth, yield and leaf nutrient status of strawberry, var. Royal Sovereign. Ann. Rep. Long Ashton Agr. Hort. Res. Stat. **1956**, 84–93 (1957). — Bould, C.: Manurial experiments with fruit, II, A factorial NPK experiment with strawberries, var. Royal Sovereign. Ebenda **1958**, 82–7 (1959). — Manurial experiments with fruit, III, Progress report on NPK experiments with black currants at Efford and Luddington N. A. A. S. Experimental Horticulture Stations. Ebenda **1959**, 84–92 (1960). — Boynton, D.: Apple nutrition, in: Mineral nutrition of fruit crops (N. F. Childers, Hrsg.), S. 1–78. New Brunswick, N. J.: Hort. Publ., Rutgers Univ. 1954a. — Pear nutrition, Ebenda, S. 642–665. (1954 b). — Brauer, A., und L. Schmitt: Über den Einfluß der Stickstoffdüngung auf Ertrag, Güte und Konservierfähigkeit verschiedener Früchte. Landw. Forsch. **10**, 124–33 (1957). — Bünemann, G.: Bitter pit research on the basis of nutrient hypothesis. Bull. Inst. Int. Froid 1961 (im Druck).
Cain, J. C., und G. J. Galetta: Blueberry and cranberry, in: Mineral nutrition of fruit crops (N. F. Childers, Hrsg.), S. 121–152. New Brunswick, N. J.: Hort. Publ., Rutgers Univ. 1954. — Chabannes, I., A. Duprat und S. Trocme: Observation sur le traitement de la chlorose des poiriers. C. R. Acad. Agric. France **44**, 46–50 (1958).
Dalbro, S.: Forsog med klorholdig og klorfri kaliumgogning til abletraeer. Tidsskr. Planteavl. **55**, 578–90 (1952). — Dalbro, K., und N. Dullum: Godningsforsog mid ribs. Ebenda **60**, 721–8 (1957). — Dullum, N.. und P. Rasmussen: Forsøg med forskellig udbringningstid for chilesalpeter til abletraeer 1932–50. Erhvervsfrugtavl. **18**, 178–83 (1952). — Dullum, N., und S. Dalbro: Gødningsforsøg med abletraeer. Tidsskr. Planteavl. **60**, 369–485 (1956).
Eckert, J. W.: Bush fruit nutrition, in: Mineral-nutrition of fruit crops (N. F. Childers, Hrsg.), S. 153–201. New Brunswick, N. J.: Hort. Publ., Rutgers Univ. 1954.

GASSER, R., und G. MÜLLER: Les traitements contre la chlorose des plantes. C. R. Acad. Agric. France 42, 713–17 (1956). — GERRITSEN, J. D.: Stip en bespuiting met meststoffen. Fruitteelt. 50, 467 (1960). — GREENHAM, D. W. P., und G. C. WHITE: The control of magnesium deficiency in dwarf pyramid apples. J. Hort. Sci. 34, 238–47 (1959). — GRUBB, N. H.: An analysis of the effects of potash fertilizers on apple trees at East Malling. J. Pom. Hort. Sci. 7, 32–59 (1928/29). — GRUNERT, H. O., und B. VENDELBOE: Gødningsforsøg med stikkelsbaer og ribs 1937–48. Tidsskr. Planteavl. 55, 591–620 (1952). — GRUPPE, W.: Bodenuntersuchung und Düngung im Obstbau. Erwerbsobstbau 2, 110–113 (1960). — GRUPPE, W., und K. NURBACHSCH: Untersuchungen zur mineralischen Ernährung von Erdbeeren, I. Gartenbauwiss. 26, H. 4 (im Druck).

HARMER, P. M.: The effect of varying the reaction of organic soil on the growth and production of domesticated blueberry. Proc. Soil. Sci. Soc. Amer. 9, 133–141 (1944). — HOBLYN, T. N.: Manurial trials with apple trees at East Malling, 1920–1939. J. Pom. Hort. Sci. 18, 325–43 (1941).

JOHANSSON, E.: Kaligödslingsförsök med äppleträd vid Alnarp 1937–52. Medd. Trädgarsförs. Malmö 82 (1953). — Gödslingsförsök med krusbärsbuskar vid Alnarp 1947–1956. Medd. Trädgardsförs. Alnarp 104 (1957). — JOHANSSON, E., und H. SAHLSTRÖM: Gödlingsförsök med äpple vid Käbbe, Gotland, 1946–1956. Sver. pomol. Fören. Arsskr. 1959, 60, 61–6 (1960).

KEMMER. E., und O. MARSEILLE: Über einige ökologische Ursachen unterschiedlicher Ertragsleistung bei den Apfelsorten Schöner aus Boskoop und Goldparmäne. Gartenbauwiss. 10, 557 (1937).

LECRENIER, A., und E. DERMINE: La fertilisation du pommier. Rep. 13th Int. Hort. Congr., London, Vol. I, 215–22 (1952). — LIARD, O.: A propos de quelques essais dur la fumure des arbres fruitiers. Fruit belge 22, 81–8 (1954). — LINDNER, R. C., N. R. BENSON und R. M. BULLOCK: Plum, prune and apricot, in: Mineral nutrition of fruit crops (N. F. CHILDERS, Hrsg.), S. 666–83. New Brunswick, N. J.: Hort. Publ., Rutgers Univ. 1954. — LJONES, B., und K. REFSDAL: Klorskade pa jordbaer. Frukt og Baer 7, 73–80 (1954).

MAGNESS, I. R., L. P. BATJER und L. O. REGEIMBAL: Apple tree response to N applied at different seasons. J. Agric. Res. 76, 1–25 (1948). — MARSH, R. S.: A summary of some tests with different kinds of commercial nitrogenous fertilizers applied to apple trees. Proc. Amer. Soc. Hort. Sci. 34, 145, 8 (1937). — MATLOCK, D. L.: Strawberry nutrition, in: Mineral nutrition of fruit crops (N. F. CHILDERS, Hrsg.), S. 684–726. New Brunswick, N. J.: Hort. Publ., Rutgers Univ. 1954.

OLAND, K.: Nitrogen feeding of apple trees by post harvest urea sprays. Nature 185, 857 (1960).

PEARCE, S. C.: Field experimentation with fruit trees and other perennial plants. Commonwealth Bur. Hort. Plant. Crops, East Malling, Techn. Comm. No. 23 (1953). — PROEBSTING, E. L., und E. F. SERR: Edible nuts, in: Mineral nutrition of fruit crops (N. F. CHILDERS, Hrsg.), S. 477–94. New Brunswick, N. J.: Hort. Publ., Rutgers Univ. 1954.

Statens Forsøgsvirksomhed: Forsøg med kalium-, fosforsyre- og kvaelstofgøgskning til aeble traeer 1928–52. Tidsskr. Planteavl. 61, 162–6 (1957a). — Forsøg med sammenligning af staldgødning og kunstgødning til aebletraeer 1928–1952. Tidsskr. Planteavl. 61, 167–70 (1957b).

TILLER, L. W., H. S. ROBERTS und E. G. BOLLARD: The Appleby experiments. A series of fertilizer and cool-storage trials with apples in the Nelson district, New Zealand. Bull. New Zealand Dept. Sci. Ind. Res. 129 (1959).

WANN, F. B.: Cherry nutrition, in: Mineral nutrition of fruit crops (N. F. CHILDERS, Hrsg.), S. 202–22. New Brunswick, N. J.: Hort. Publ., Rutgers Univ. 1954. — WILCOX, C. J.: Some factors affecting apple yields in the Okanagan Valley, II, Soil depth, moisture holding capacity and pH. Sci. Agric. 25, 739–59 (1945).

X. Die Düngung im Weinbau

Von

O. Siegel

A. Einleitung

Die Probleme der Düngung im Weinbau sind wissenschaftlich zweifellos noch weit weniger bearbeitet, als dies bei anderen landwirtschaftlichen Kulturen der Fall ist (GEISLER 1958, RITTER und SIEVERS 1958). Dies hängt mit den größeren Schwierigkeiten zusammen, welche sich hier exakten Versuchen entgegenstellen. Schon einfache Düngungsversuche haben einen erheblichen Flächenbedarf, da zur Ausschaltung der Streuung der Einzelpflanzen für jede Versuchsreihe etwa 100 Rebstöcke benötigt werden.

Die Forderungen, die bei einer exakten Versuchsdurchführung an die Gleichartigkeit des Bodens gestellt werden müssen, sind bei diesem hohen Flächenbedarf kaum zu erfüllen. Besonders bei Hanglagen werden oft verschiedene Schichten des Muttergesteins angeschnitten; daneben können auch unterschiedliche Erosionsverhältnisse sich störend auswirken.

Die große Abhängigkeit der Ergebnisse vom Witterungsverlauf verlangt eine langjährige Versuchsdurchführung. Die gleiche Forderung ergibt sich auch aus der oft sehr langsamen Wanderung der Nährstoffe in den Aufnahmebereich, d. h. in die Wurzelzone der Rebe.

Weitere Schwierigkeiten entstehen aus den verschiedenen Ansprüchen der Rebsorten und ihrer Unterlagen an Boden und Düngung. Bekanntlich befindet sich der Weinbau in einem großen Umbruch, welcher seine Ursache in dem steten Vordringen der Reblüuse (*Phylloxera vastatrix* und *Ph. vitifolii*) hat. Diese kamen in den Jahren 1858 bis 1862 von den USA nach Südfrankreich und verbreiteten sich von dort aus unaufhaltsam. Die Wurzeln der europäischen Reben sind empfindlich gegen den Anstich der Reblaus und gehen in kurzer Zeit ein, während amerikanische Reben mit den Läusen leben können. Mit dem Fortschreiten der Verseuchung ist daher eine Umstellung der Reben auf Amerikaner-Unterlage notwendig. In großem Umfang wird dies auch vorbeugend getan; in der Pfalz z. B. ist es bereits (1959) bei etwa 45% der Bestände geschehen.

Die Probleme, welche sich hieraus bezüglich der Verträglichkeit zwischen Edelreis und Unterlage sowie zwischen Unterlage und Boden ergeben, haben die Versuchsmöglichkeiten der Weinbauanstalten weitgehend erschöpft. Die Fragen, welche damit aufgeworfen wurden, sind noch längst nicht alle bearbeitet. Es ist unumgänglich notwendig, die Rebflächen eingehend bodenkundlich zu kartieren (BIRK und ZAKOSEK 1960), um festzustellen, welche Unterlagen zweckmäßigerweise verwendet werden sollen. Die Boden- und Ernährungsansprüche der einzelnen Unterlagssorten sind sehr spezifisch und müssen berücksichtigt werden. Die Chlorose z. B., welche vor der Umstellung auf Pfropfreben nur unbedeutenden Schaden verursachte, wurde in kalkhaltigen und nassen Böden zu einem großen Problem (SEELIGER 1933); wir haben heute noch keine Unterlage, welche allen Ansprüchen genügen würde.

Die Auswertung der Versuche leidet unter einer weiteren Schwierigkeit, welche sich allerdings auch bei anderen landwirtschaftlichen Versuchen, aber in viel geringerem Umfang, einstellt. Bei der Rebe ist nicht so sehr der Ertrag von ausschlaggebender Bedeutung, sondern vielmehr die Qualität; sie kann durch kellertechnische Maßnahmen wesentlich stärker beeinflußt werden, als dies bei anderen Nahrungsmitteln durch deren Verarbeitung der Fall ist. Wenn auch papier- und gaschromatographische Methoden einen großen Fortschritt in der objektiven Untersuchungsmöglichkeit gebracht haben, bleibt doch die organoleptische Prüfung und damit eine subjektive Feststellung in ihrer Bedeutung unerreicht.

Zusammenfassend können wir konstatieren, daß bei den angeführten Schwierigkeiten für eine exakte Versuchsanstellung nur verhältnismäßig wenig Versuche übrig bleiben, bei denen von einer statistischen Sicherung der Ergebnisse gesprochen werden kann. Eine zukünftige varianzanalytische Auswertung einfacher Versuche verspricht wesentliche Fortschritte.

Der Weinbau wird geographisch gesehen in den Grenzen betrieben, welche das Klima für diese Kultur gezogen hat. Der Wachstumsfaktor Wärme kommt in der nördlichen Weinbauzone öfter ins Minimum und beeinträchtigt damit die Zuckerbildung. Da die Witterung die Düngungseinflüsse im Weinbau weit stärker übertreffen kann als dies bei anderen Kulturen der Fall ist, stand die Rebenernährung nie so sehr im Mittelpunkt des Interesses. Hinzu kommt, daß Erfolge oder Mißerfolge in der Schädlingsbekämpfung die Wirtschaftlichkeit des Weinbaues im allgemeinen, d. h. abgesehen von starkem Nährstoffmangel, mehr beeinflussen als die Düngung.

Alle diese Momente haben eine intensive Beschäftigung der Wissenschaft und Praxis mit der Rebendüngung nicht gerade gefördert. Es wurde sogar die Meinung vertreten (GEISLER 1959), daß es sich bei den heute gebräuchlichen Rebsorten um Extensivsorten handle, bei welchen „die Aufwendungen an Düngungs- und sonstigen Kulturmaßnahmen vielfach ohne Nutzen blieben, also zu keiner entsprechenden Ertragserhöhung führten". Eigene fünfjährige Gefäßversuche mit den verschiedensten Böden, Unterlagen und Edelreisern ließen keine derartigen Rückschlüsse zu, sondern zeigten, daß unharmonische Düngung zu geringen Traubenernten mit niedrigem Mostgewicht führt. Die

Tabelle 383. *Durchschnittlicher jährlicher Wein-Most-Ertrag in der Pfalz und seine Qualitätsbewertung*

Jahre	hl/ha	Note[1]
1900—1909	32,6	5,6
1910—1919	27,7	4,5[2]
1920—1929	32,3	6,2
1930—1939	46,5	6,2
1940—1949	35,1	6,1[2]
1950—1959	65,0	5,8

[1] Bewertungsschema   ausgezeichnet 10 Punkte   mittel 4 Punkte
       sehr gut   8 Punkte   gering 2 Punkte
       gut   6 Punkte

[2] Zum Teil Kriegs- und Nachkriegsjahre.

Entwicklung der ha-Erträge seit 1900 bis heute in der Pfalz (Tab. 383) und dem früheren Reichs- bzw. jetzigen Bundesgebiet (Tab. 384) lassen eine ziemlich starke Ertragssteigerung erkennen. Es erhebt sich die Frage, ob die Vordopplung zum größten Teil einer verstärkten Düngung zuzuschreiben ist.

Bedeutsame Faktoren, welche zu einer Ertragssteigerung führen können, sind Erfolge in der Züchtung und der Schädlingsbekämpfung. Dazu ist zu bemerken,

Tabelle 384. *Jährliche Wein-Most-Erträge im gesamtdeutschen Weinbau*

Jahre	hl/ha
1902—1909	24,9
1910—1919	19,0[2]
1920—1927	24,1
1935—1938	42,9
1948—1957	43,7

daß mit Ausnahme der Müller-Thurgau-Rebe, welche in der ersten Dekade des Jahrhunderts noch kaum bekannt war, andere Neuzüchtungen völlig unbedeutend geblieben sind. Aber auch diese Rebe wurde in Rheinland-Pfalz, welches zwei Drittel des deutschen Anbaues umfaßt, im Jahre 1950 erst zu 5,7% angebaut.

Der größeren Wüchsigkeit der Amerikaner-Unterlage und der Klonenauslese dürfte eine gewisse, aber schwer abschätzbare Bedeutung zukommen, während die Schädlingsbekämpfung wohl technisch vereinfacht, aber in ihrer Wirkung nicht grundlegend verbessert werden konnte. Die wichtigsten Krankheiten, nämlich die Peronospora (*Plasmopara viticola*) und der Heu- und Sauerwurm (*Clysia ambiguella Hübn.* und *Polychrosis botrana Schiff.*) können seit der Jahrhundertwende wirksam bekämpft werden. Sonstige ackerbauliche Maßnahmen, wie gute Bodenbearbeitung, reichliche Stallmistanwendung, haben sich seither wesentlich verschlechtert, so daß wir mit Recht der verstärkten Anwendung von Handelsdünger einen großen Anteil an der Ertragssteigerung zuschreiben können.

B. Die Standortansprüche der Rebe

Als wärmeliebende Kulturpflanze beansprucht die Rebe besondere Klimaverhältnisse, die wir unter der Bezeichnung „Weinklima" zusammenfassen. Charakteristisch hierfür sind hohe Temperaturmittel, sowohl im Jahr als auch in den Sommermonaten, wobei dem Juni besondere Bedeutung zukommt, große Zahl von Sommertagen, hohe Sonnenscheindauer, lange Dauer des 10° C Tagesmittels und geringe Niederschlagssumme von kontinentalem Verteilungstyp (May 1957). Zur Erhaltung der Säure sind bei sonst günstigem Witterungsverlauf vermutlich kühle Herbstnächte erforderlich.

Neben diesen allgemeinen Klimabedingungen ist die örtliche Geländegestaltung, insbesondere die Exposition zur Sonne, sehr wesentlich. Die obengenannten Klimafaktoren können dadurch eine entscheidende Verbesserung erfahren. Diese örtlichen Besonderheiten der Geländegestaltung sind die Grundlage für die „berühmten Lagen", welche sich in fast jeder Gemarkung finden.

Die Ansprüche der Reben an den Boden waren verhältnismäßig gering, solange die europäischen Kultursorten (*Viniferasorten*) wurzelecht angebaut werden konnten. Sie besaßen alle eine umfassende Bodenverträglichkeit. Mit der Notwendigkeit des Übergangs auf den Pfropfrebenbau hat sich diese Sachlage grundlegend geändert und wesentlich kompliziert. Schon die Tatsache, daß bis heute durch planmäßige Züchtung ein Sortiment von über 400 Unterlagen geschaffen wurde, zeigt die entstandenen Schwierigkeiten. Mit den entsprechenden Unterlagen können heute die Reben *mehr oder weniger befriedigend* auf allen Bodenarten angebaut werden, und zwar von flachgründigen, skelettreichen Trockenböden angefangen bis zum schwer durchwurzelbaren, skelettarmen, eventuell staunassen, tonigen Boden. Die pH-Zahl schwankt dabei von stark sauer bis alkalisch, und es können Kalkgehaltszahlen bis 50% und darüber auftreten. Die Rebe findet die besten oekologischen Voraussetzungen auf einem tiefgründigen, mittelschweren Boden von guter Struktur, schwach saurer Reaktion und guter Nährstoffversorgung.

Die schwerste Beeinträchtigung erfährt die Rebe zweifellos durch stauende Nässe und schlechte Strukturverhältnisse des Bodens, welche beide weit häufiger vorkommen als allgemein angenommen wird (HANNEMANN 1958). Die stauende Nässe steht zum hohen Wärmebedarf in schroffem Gegensatz und ist deshalb besonders schädlich. — Bei unseren Gefäßversuchen mit den gebräuchlichsten Unterlagen hat sich herausgestellt, daß eine Wasserkapazität von 40% bereits optimal ist, 60% oder gar 80% haben das Rebenwachstum sehr ungünstig beeinflußt.

Die spezifische Eigenart der Weine aus den verschiedensten Lagen und Weinbaugebieten beruht nur zum geringen Teil auf Bodenverschiedenheiten und Düngung. Vielleicht ist es möglich, Weine, welche auf tertiären Kalken oder leichten Sanden gewachsen sind, zu erkennen und zu unterscheiden. Diesbezügliche Untersuchungen an Proben von Rieslingtrauben, welche auf den verschiedensten Böden und an den verschiedensten Orten gewachsen waren, zeigten nach unseren Untersuchungen keine Korrelation zwischen der Aschenzusammensetzung des Mostes und den organoleptisch feststellbaren Merkmalen des Weines. Ein engerer Zusammenhang zwischen Boden und Wein wurde zwar oftmals vermutet. Er beruht auf der irrtümlichen Meinung, daß die verschiedenen Weinbaugebiete in sich ähnliche Bodenverhältnisse besitzen, was keineswegs der Fall ist. Gleichartig dagegen sind die Reben; da die Edelreiser jeweils aus der engsten Nachbarschaft genommen wurden, konnten sich oekologische Typen derselben Sorte, z. B. des Rieslings, entwickeln. Diese sind wahrscheinlich in weit höherem Maße, als der Boden, für die Spezifität des Weines verantwortlich.

Bei den Weinbergsböden von Bodentypen oder Subtypen zu sprechen, ist kaum möglich. Durch das Rigolen, d. h. das tiefe Umarbeiten des Bodens vor seiner Neuanpflanzung (heute 40 bis 60 cm tief, früher bis zu 1,0 m und mehr), sind zumindest die A- und B-Horizonte miteinander vermischt worden. In vielen Fällen wurden auch Teile des C-Horizonts in die Rigolschicht eingearbeitet.

C. Allgemeine Probleme der Weinbergsdüngung

Infolge Fehlens entsprechender Unterlagen, auf deren Ursachen wir hingewiesen haben, ist die Düngung im Weinbau meist noch weit vom Optimum entfernt. Es wird in verschiedenen Gegenden oft noch nach „Faustregeln" verfahren, welche aber dem heutigen Stand der Kenntnisse nicht mehr entsprechen (GÄRTEL 1959a).

Bis etwa 1945, teilweise auch noch später, war die Grundlage der Weinbergsdüngung der *Stallmist.* Dieser wurde regelmäßig alle 3 bis 4 Jahre in Mengen von 600 bis 800 dz/ha und mehr gegeben. Im Anwendungsjahr wurden keine

Mineraldünger verabreicht, und in den Zwischenjahren lag je nach Gegend und „Erfahrung" die Hauptbetonung entweder auf der Phosphorsäure oder dem Kalium, während man Stickstoff nur sehr wenig anwandte. Infolge des Rückgangs der Viehhaltung hat sich ein grundlegender Wandel in der Rebendüngung vollzogen.

Obwohl die Rebe dieselben Nährstoffe benötigt wie andere landwirtschaftliche Kulturpflanzen und in ähnlichen Größenordnungen wie die Hackfrüchte, sind die Ansprüche an die Düngung und die Düngetechnik doch wesentlich andere. Dies ist hauptsächlich darauf zurückzuführen, daß die Rebwurzeln viel tiefer liegen als die Wurzeln einjähriger Kulturpflanzen, auch praktisch keine Wurzelrückstände anfallen und die Rebe teilweise schon viele Jahrhunderte auf demselben Standort in Monokultur angebaut wird (Geisler 1958).

Die Wurzelleistung ist in bezug auf die Nährstoffaufnahme viel geringer zu veranschlagen, da im Verhältnis zur oberirdischen Entwicklung weniger neue Wurzeln und Wurzelhaare gebildet werden. Wenn auch ein Teil des enormen Triebwachstums der Rebe in den Monaten Juni und Juli aus den Reserven sich entwickeln kann, so muß doch die Nährstoffversorgung des Bodens wesentlich höher liegen, um allen Ansprüchen zu genügen.

Die Unterschiede zu den einjährigen landwirtschaftlichen Kulturpflanzen werden mit der Umstellung auf amerikanische Unterlagen immer größer. Wurzelechte Reben treiben von Anfang an viele Tauwurzeln; die Wurzeln verlaufen insgesamt flacher als die Wurzeln der meisten gebräuchlichen Pfropfreben, welche anfänglich nur Fußwurzeln ausbilden.

Die Hauptmasse der Rebenwurzeln befindet sich in 20 bis 60 cm Bodentiefe. Da ein Teil der Nährstoffe im Boden sehr schwer beweglich ist, dies gilt besonders für die Phosphorsäure, ist eine sogenannte *Vorratsdüngung* bei der Neuanlage der Weinberge unerläßlich. Es ist dies zweifellos eine der wichtigsten Kulturmaßnahmen, deren Unterlassung schwerste materielle Einbußen zur Folge hat. Je nach dem Ergebnis der Bodenuntersuchung müssen neben der Phosphorsäure auch Kalk, Magnesium und in bestimmten Lehmböden, Kalium in die Vorratsdüngung miteinbezogen werden. Überhöhte Gaben führen zu Schäden, da eine zu hohe Salzkonzentration die Entwicklung der Jungreben empfindlich stört.

Die *Vorratsdüngung* muß beim Rigolen mit dem Boden vermischt werden. Es hat keinen Zweck, die gesamte Düngermenge vorher oberflächlich auszubringen. Jede Pflugfurche bzw. jeder Pflugbalken muß unten und seitlich mit Dünger bestreut werden. An Hand der Furchenlänge und Balkenbreite ist die für jede Furche notwendige Menge zu berechnen und entweder von Hand oder maschinell auszubringen (Hannemann 1957). Die gute Durchmischung mit der gesamten Bodenschicht sollte oberstes Ziel sein. Wenn eine Vorratsdüngung versäumt wurde, so können die Nährstoffe Phosphor, Kalium und Magnesium durch eine sogenannte Lanzendüngung noch nachträglich eingebracht werden. Das Verfahren ist allerdings sehr arbeitsaufwendig, da pro Rebstock vier Einstiche von etwa 40 cm Tiefe notwendig sind, wobei während der Vegetationszeit 5%ige Salzlösungen und während der Winterruhe 7,5%ige Salzlösungen angewendet und dabei je Einstich etwa 1 Liter Lösung verabreicht werden.

Auch die Salze der jährlich verabfolgten Düngung sind möglichst tief einzubringen. Am zweckmäßigsten wird die P- und K-Düngung bereits im Herbst eingepflügt oder sonstwie tief untergebracht. Im trockenen Klima, insbesondere bei Kontinentaltyp, kann es zweckmäßig sein, dies auch mit dem Stickstoff zu tun.

Weinbergen, welchen in den Jahren vor der Neuanlage nur ungenügende Mengen organischer Stoffe gegeben wurden und bei denen daher der Humus- und Stickstoffgehalt weit abgesunken sind, sind für hohe Gaben gut verrotteten

Kompostes (800 bis 1200 dz/ha), der beim Rigolen in die Hauptwurzelzone eingearbeitet wird, dankbar. Bei sehr schweren und sehr leichten Böden hat sich die Einbringung von Torf gut bewährt. — Stallmist darf niemals tief eingearbeitet werden und kommt daher für diese Zwecke nicht in Frage. — Die Feststellung des Kohlenstoff- und Stickstoffgehaltes des Bodens gibt für die Bemessung der organischen Düngung wertvolle Anhaltspunkte.

Die *Blattdüngung* hat sich im Weinbau schon teilweise eingeführt. Da die Rebe sowieso zum Zwecke der Schädlingsbekämpfung oftmals gespritzt werden muß, bringt die Blattdüngung keine wesentliche zusätzliche Arbeitsbelastung; Schädlingsbekämpfung und Blattdüngung kann in einem Arbeitsgang gemacht werden.

Je geringer die Reben vom Boden her mit Nährstoffen versorgt werden, desto größeren Erfolg verspricht die Blattdüngung. Es ist allerdings, vielleicht mit Ausnahme des Magnesiums, unmöglich, die Kernnährstoffe in ausreichender Menge über das Blatt zu geben. Die Bodendüngung kann daher nicht ersetzt werden. Mangel an Magnesium, Zink, Mangan und Bor kann durch Spritzung völlig beseitigt werden; auch geringere Mängel an Stickstoff, Kalium und Phosphor sind günstig zu beeinflussen. — Die höchsten Ertragssteigerungen werden bei der Blattdüngung im allgemeinen erzielt, wenn Kernnährstoffe zusammen mit Mikroelementen gespritzt werden.

Um Verbrennungen der Blätter zu vermeiden, dürfen die Konzentrationen der Lösung nicht zu hoch sein; besonders empfindlich sind junge Rebenblätter. Die zulässigen Salzkonzentrationen für Kernnährstoffe liegen zwischen 0,5% und 1%. Magnesiumsulfat in Form von Bittersalz kann 2%ig, Harnstoff jedoch höchstens 0,7%ig gespritzt werden. Die Spritzung ist am besten abends durchzuführen, da eine Sonnenbestrahlung die Verbrennungsgefahr fördert. Je jünger die Blätter und je wärmer das Klima ist, desto mehr muß man sich an die untere Grenze der Salzkonzentration halten. — Meist wird es auch notwendig sein, die Spritzungen wenigstens drei- bis fünfmal in Abständen von 8 bis 10 Tagen zu wiederholen.

Für die Blattdüngung kann die Blattanalyse unter Umständen gute Anhaltspunkte geben. Es fehlen allerdings noch die wissenschaftlichen Grundlagen und entsprechende Versuchsergebnisse, um schon heute genauere Angaben machen zu können. Die zukünftige Entwicklung ist noch nicht klar erkenntlich. Zumindest wird jedoch die bereits seit 1868 bekannte Möglichkeit der Blattdüngung uns in die Lage versetzen, aus irgendwelchen Gründen auftretende Nährstoffmängel in Kürze zu heilen oder wenigstens günstig zu beeinflussen und eventuell unharmonische Nährstoffverhältnisse in der Rebe, welche sich z. B. zweifellos schädlich auf den Blühverlauf auswirken (Durchrieseln), zu beseitigen und damit den Ansatz zu verbessern.

D. Die Humusdüngung

Das Gedeihen jeder Kulturpflanze ist von einer guten Bodenstruktur abhängig. Dies gilt in ganz besonderem Maße für die Rebe, da eine gute Struktur die Voraussetzung für eine ausreichende Sauerstoffversorgung der meist tiefliegenden Wurzeln und für eine rasche Erwärmung des Bodens ist. Da die Strukturverhältnisse mit dem Gehalt des Bodens an organischer Substanz untrennbar verbunden sind (SCHEFFER und ULRICH 1960), sind die Ansprüche besonders hoch, aber auch von der Bodenart und der Exposition abhängig. Infolge der hohen Bodentemperaturen und der Hackkultur verläuft der Abbau des Humus rasch, so daß in verhältnismäßig kurzen Abständen neues Material zugeführt werden muß. Auch die Erosion wirkt bei Hanglagen in derselben Richtung und ebenso die eigene geringe Wurzelproduktion. Auf die besonderen Probleme der Humusversorgung können wir hier im einzelnen nicht eingehen (Sauerlandt 1952, Herrschler 1960).

Als durchschnittlicher Humusbedarf ergibt sich bei mittleren Böden in der Ebene und am leichten Hang etwa 40 bis 60 dz Humustrockenmasse, im steinigen Boden am Hang sogar etwa 80 dz. Da der Weinberg bei restloser Gewinnung und Verarbeitung des abgeschnittenen Rebholzes und der Trester nur etwa 15 bis 25 dz Trockenmasse je ha liefert, bleibt das Defizit beträchtlich (Schrader 1960).

Es gibt sehr viele Möglichkeiten, den Humusanspruch des Weinbergs zu befriedigen. Stallmist- bzw. Erdmistzufuhr ist nur eine davon, vom Boden und der Rebe her betrachtet, aber immer noch die einfachste Methode. Die Art der Humuszufuhr ist in erster Linie ein betriebswirtschaftliches Problem.

a) Wirkung der Humusdüngung auf Ertrag und Qualität

Mit Stallmist sind im Laufe der letzten 100 Jahre unzählige „Versuche" gemacht worden, um festzustellen, inwieweit eine zusätzliche Mineraldüngung die Leistungen der Stallmistdüngung noch verbessern kann. Etwa seit der Jahrhundertwende erstrecken sich diese auch auf jegliche Art von organischer Substanz bzw. humushaltigem Material. Die Versuche wurden meist in der Absicht angestellt, brauchbare Ersatzstoffe für den Stallmist zu finden oder organische Abfallstoffe zu verwerten. In diesem Zusammenhang ist interessant, daß bereits Ende des vorigen Jahrhunderts in Geisenheim langjährig durchgeführte Versuche ergaben, daß Torf, welchem entsprechende Mengen Ammoniakwasser, Superphosphat und Kalisalze zugefügt waren, den Stallmist voll ersetzen konnte (Moritz und Seucher 1885).

Die sonstigen Versuche erbrachten im allgemeinen das Ergebnis, daß mit Stallmist bzw. anderen organischen Düngemitteln und Handelsdünger die höchsten Erträge und die besten Qualitäten erzielt wurden, während mit Mineraldünger allein weder die Qualität noch die Quantität gehalten werden konnten. Wenn die einzelnen Versuche mit ganz wenigen Ausnahmen auch keine statistisch gesicherten Ergebnisse gebracht haben, so würde eine varianzanalytische Auswertung der „unzähligen Versuche" zweifellos die Bedeutung des Humus für Quantität und Qualität einwandfrei erkennen lassen. Als ein Beispiel für viele sei das Ergebnis, welches von Schrader 1955 in einem zehnjährigen Düngeversuch erzielt wurde, näher angegeben und kurz besprochen (Tab. 385, 386).

Tabelle 385. *Erträge an Trauben in dz/ha*

Nr:		1933	1934	1935	1936	1937	1938	1939	1940	1941	1942
1	ungedüngt .	56,6	93,4	104,5	72,6	50,2	85,4	54,8	43,1	32,0	39,6
2	Stallmist ..	63,2	102,7	119,6	100,5	64,5	121,8	91,8	118,3	93,4	88,4
3	„ +PK ..	59,3	90,9	106	89,5	67,1	97,2	70	58	58,1	66,1
4	„ +NP ..	68,3	85,0	109,2	114	90,8	106,9	97	82,7	86	88
5	„ +NK ..	75,8	86,7	103,1	112,1	96,8	107,9	94	92,4	92,3	93,1
6	„ +NPK .	86,7	82,5	108,4	104,9	89,1	104,6	93,6	81,2	82,2	93,6
7	„ +N_1PK	76,8	85	109,2	109,2	95,0	114,4	106,6	90,9	92,3	100,8
8	NPK ...	76	83	111	106	89	103	85	71	56	62

Tabelle 386. *Vergleich der Durchschnittserträge in verschiedenen Zeiträumen*

Düngung	10jähriger Durchschnitt	1. Jahrfünft	2. Jahrfünft
1	54,2	75,6	51,0
2	98,8	90,4	102,6
3	76,2	82,4	69,8
4	92,7	93,4	92,0
5	95,3	95,0	95,6
6	92,3	93,6	89,2
7	98,1	95,0	101,2
8	84,2	93,0	75,4

Die Parzellen 2 bis 7 erhielten 1935, 1938 und 1941 je 800 dz/ha Stallmist, die Parzelle 2 auch noch 400 dz im Jahre 1942.

Den Ergebnissen ist zu entnehmen, daß nur mit Hilfe der Stallmistdüngung die Erträge gehalten werden konnten (den niederen Ertrag von Parzelle 3 führt Schrader auf N-Mangel zurück, der durch die zusätzlichen P- und K-Gaben induziert wurde). Der Abfall des Ertrages ist beim Vergleich der fünfjährigen Perioden für die ungedüngte Parzelle 1, aber auch für die reine Mineraldüngerparzelle 8 sehr deutlich und wahrscheinlich zu einem großen Teil auf die ungenügende N-Versorgung zurückzuführen.

Die Weine der Parzellen 1 und 2 wurden von Beginn des Versuchs an schlecht beurteilt und auch der Wein der Parzelle 8 mußte im Laufe der Jahre diesen gleichgestellt werden, während die Weine der Parzellen 6 und 7 mit ganz geringen Ausnahmen immer an der Spitze lagen.

b) Die Quellen der Humusdüngung

1. Stallmist, Erdmist und Kompost

Über die Brauchbarkeit des Stallmistes erübrigen sich weitere Ausführungen. Es wäre nur noch genauer zu untersuchen, ob es nicht besser wäre, ihn als Erdmist oder Kompost anzuwenden (SIEGEL und MEYER 1938, DECKER 1941). Einwandfreie Versuchsergebnisse hierüber konnten im Schrifttum nicht gefunden werden. In diesem Zusammenhang ist aber bemerkenswert, daß nach einer alten Regel die römischen Winzer Stallmist und sonstige organische Stoffe nur über den Weg des Kompostes in den Weinberg brachten; in der Pfalz war dies vor 100 Jahren noch allgemein üblich.

Auch im Weinbau wäre es zweckmäßiger, kleinere Stallmistmengen in geringeren Abständen zu geben und den Stallmist nur leicht und flach einzuarbeiten, da ein tieferes Einbringen zur Vertorfung und sogar zur Chlorose führen kann. Bei größeren Mengen ist es zudem unmöglich, ihn gut mit dem Boden zu vermischen. Es besteht die Gefahr, daß der Stallmist in größeren Paketen im Boden unter dem Einfluß der eigenen Mikroflora weiter verrottet. In diesem Fall käme nur noch seine „Asche" zu einer Wirkung, die wir auch mit Mineraldünger, aber einfacher und billiger erzeugen könnten.

Über die notwendigen Stallmistmengen geben unsere Ausführungen auf S. 900 Anhaltspunkte. 100 dz Stallmist enthalten etwa 20 dz Humus-Trockensubstanz.

Für dringend notwendig erachten wir die Kompostierung der Trester und eventuell des abgeschnittenen Rebholzes nach entsprechender maschineller Zerkleinerung (KRONLECHNER 1954, SCHRADER 1956). Teilweise kann das Rebholz auch direkt zur Bodenbedeckung verwendet werden. Hierdurch wird der Kreislauf der Nährstoffe zwar nur andeutungsweise geschlossen, aber es wäre sicherlich nicht zu einem so weitverbreiteten Auftreten von Bormangel gekommen, wenn wenigstens die Trester kompostiert worden wären; diese enthalten nämlich einen großen Teil des aufgenommenen Bors. Nur in Trockengebieten dürfte die Rebholzzufuhr die Gefahr der Bodenmüdigkeit erhöhen.

Die Kompostmengen, welche verabfolgt werden müssen, liegen zwischen 600 und 1200 dz/ha und sind für besondere Zwecke, z. B. der Erosionsbekämpfung, bis auf 2000 dz zu erhöhen. Die Kompostgabe sollte etwa alle 3 bis 4 Jahre wiederholt werden.

2. Die Strohdüngung

Der starke Rückgang der Viehhaltung hat dazu geführt, daß das Stroh im landwirtschaftlichen Betrieb teilweise überflüssig geworden ist. Nachdem die Strohdüngung sich in der allgemeinen Landwirtschaft einzuführen begann, lag es nahe, sie auch im Weinberg zu probieren. Die ersten Versuche in neuerer Zeit sind von Schrader (1960) an der Mosel durchgeführt worden.

Bekanntlich benötigt man für die Rotte des Strohs genügend Feuchtigkeit. Inwieweit diese im Weinbau zur Verfügung steht, ist natürlich örtlich sehr verschieden und nur bei Vorhandensein einer Beregnungsanlage kein großes Problem. Der durchschnittliche Niederschlag beträgt z. B. an der Mosel mehr als 700 mm jährlich; er ist aber wohl in den meisten Weinbaugebieten bis zu 200 mm geringer.

Bei reiner Strohanwendung wird das Stroh im Spätherbst, am einfachsten mit einem Gebläsehäcksler, in einer Menge von 40 bis 60 dz/ha zwischen die Zeilen geblasen und verteilt. Das Stroh bleibt über Winter oberflächlich liegen und wird im Frühjahr, aber unbedingt vor Eintritt der Spätfröste, mit einer Mineraldüngergabe untergebracht. Die Höhe der Stickstoffgabe richtet sich hierbei nach dem Rottegrad. Je weiter die Verrottung fortgeschritten ist, desto weniger N ist erforderlich, um die Festlegung zu kompensieren; die notwendigen Gaben liegen zwischen 0,5 und 1,0 kg N je dz Stroh.

Eine von Moser (1958) befürchtete ungünstige Wirkung der sogenannten Hemmstoffe des Strohs ist bei den Schraderschen Versuchen nicht aufgetreten. Der Abbau der Koline hängt von der biologischen Aktivität des Bodens ab, welche durch Stickstoffdüngung wesentlich gesteigert werden kann.

Am zweckmäßigsten wird die Strohdüngung mit einer Gründüngung kombiniert, wie dies auch in der übrigen Landwirtschaft der Fall ist. Aus Gründen der Wasserersparnis wird die Gründüngung erst Anfang August ausgesät und dann das zerkleinerte Stroh aufgebracht. Im allgemeinen wächst die Gründüngung mit Strohbedeckung besser, da der Wasserhaushalt günstiger gestaltet wird.

3. Die Gründüngung

Gründüngungsversuche zum Zwecke des Ersatzes von Stallmist wurden bereits bei uns in der Mitte des vorigen Jahrhunderts durch v. Babo und in den 80er Jahren in Südtirol in großem Umfang durchgeführt (Mader und Orsi 1900). Es ist sicherlich anzunehmen, daß dies nicht die ersten wissenschaftlichen Versuche dieser Art in neuerer Zeit waren. Lange vorher hatte bereits der römische Schriftsteller Columella (etwa 60 n. Chr.) die Erfahrungen der alten Völker über die Gründüngung in Dauerkulturen zusammengefaßt.

Die Gründüngung (Decker 1958) ist für den Weinbau deshalb von so großer Bedeutung, weil es durch tiefwurzelnde Pflanzen möglich ist, Humusmaterial auch in die tieferen Schichten zu bringen und durch die Wurzelkanäle teils für eine bessere Durchlüftung des Unterbodens, teils für einen rascheren Wasserabfluß zu sorgen.

Die strukturbildende Wirkung der Pflanzenwurzel ist im Weinbau in diesen Schichten besonders wertvoll. Auch der Regenwurm stellt sich unter diesen Verhältnissen ein.

Alle Gründungungspflanzen dürfen erst ab Ende Juli angebaut werden. Frühere Versuche, die Gründüngung schon im Frühjahr auszusäen oder solche Pflanzen zu verwenden, deren Hauptentwicklung bei Herbstaussaat im Frühjahr lag, schlugen oft fehl, da in beiden Fällen der Wasserverbrauch zu groß und deshalb zu Mindererträgen, teilweise sogar zu Schädigungen der Reben führt.

Für den Gründüngungsanbau haben sich die verschiedensten Pflanzen bewährt. Wichtig ist, daß sie noch eine gute Entwicklung bis in den späten Herbst zeigen, d. h. nicht zu frostempfindlich sind. Raschwüchsige Tiefwurzler verdienen besondere Beachtung. — Für die Auswahl der Pflanzen sind die Bodenverhältnisse maßgebend. Im allgemeinen empfiehlt sich der Anbau von Mischkulturen, da ihre Erträge meist höher liegen und sicherer sind.

Bei engem Abstand der Rebzeilen ist es notwendig, entlang der Reben aufrechtstehende, nicht rankende Pflanzen zu verwenden. Hier ist es auch empfehlenswert, nur jede zweite Zeile anzusäen und jährlich abzuwechseln. Für die Gründüngungsreihen außen kommen alle Arten der Lupine und die kleine Pferdebohne in Frage; für den Zwischenraum eignen sich Wicke, Peluschke, Erbsen, Senf, Lihoraps, Rübsen, Stoppelrüben, Phazelia u. a. Besondere Aufmerksamkeit scheint eine Platterbsen-Neuzüchtung zu verdienen. Sie stellt nur sehr geringe Ansprüche an den Wassergehalt und hat eine besonders starke Wurzelentwicklung; sie ist trittfest und bleibt am Boden.

In den sogenannten Weitraumanlagen ist es in nicht zu trockenen Lagen oder bei Bewässerung bzw. Beregnung möglich, eine Dauerbegrünung anzulegen. Der Abstand zwischen den Rebzeilen und dem Grünstreifen sollte wenigstens 50 cm betragen. Der Grünstreifen kann gemulcht werden. Es ist aber auch möglich, ihn nur einige Male im Jahr abzumähen und das Pflanzenmaterial für die Bedeckung der freien Bodenflächen zu verwenden. — Für die Dauerbegrünung eignen sich Gelb-, Weiß- und Hopfenklee sowie Luzerne und Esparsette, am besten im Gemisch unter Zusatz von Gräsern.

An Saatgut darf nicht gespart werden. Man sollte immer an die obere Grenze der allgemeinen Empfehlungen gehen. — Die Leguminosen erhalten außerdem eine sogenannte Startdüngung mit Stickstoff, die Nichtleguminosen eine mittlere Stickstoffgabe. P und K dürften in den Weinbergsböden in ausreichender Menge vorhanden sein. — Abwechslung in den Pflanzenarten ist dringend zu empfehlen.

Über den Zeitpunkt der Unterbringung der Gründüngung herrschen noch Meinungsverschiedenheiten. Einerseits wird empfohlen, sie bereits im Herbst leicht einzupflügen, von anderer Seite aber vorgeschlagen, sie abfrieren zu lassen und erst im Frühjahr seicht einzubringen. Wahrscheinlich ist letzteres Vorgehen zweckmäßiger, da während des Winters ein gewisser Bodenschutz erzielt wird. Unter Umständen ist es auch möglich, damit mehr Schnee festzuhalten, was zu einer besseren Wasserversorgung in trockenen Lagen führt.

Inwieweit durch die Wurzeln der Gründüngungspflanzen auch die Nährstoffe in tiefere Bodenschichten gebracht werden (MOSER 1958), bedarf noch genauerer Untersuchung. Daß dies der Fall sein kann, steht außer Zweifel. Die Frage ist nur, inwieweit dadurch die Nährstoffansprüche der Rebe befriedigt werden können.

4. Torfmull oder Düngetorf und andere Torfprodukte

Der Düngetorf (hergestellt aus dem Weißtorf der Hochmoore) ist ein vorzüglicher Humuslieferant. Seine Bedeutung als Humusdünger nimmt daher in allen Weinbaugebieten zu. — Der Fasertorf hat sich für die Bedeckung zur Verhinderung der Erosion bewährt. Es sind allerdings erhebliche Mengen (6 bis 10 Ballen pro 100 m²) erforderlich.

Der Düngetorf hat den Vorteil, eine ziemlich beständige organische Substanz zu besitzen, deren Umsetzung im Boden verhältnismäßig langsam erfolgt. Dadurch halten ihre physikalischen und chemischen Wirkungen länger, als dies bei Stallmist oder gar Gründüngung der Fall ist. In neutralen und kalkhaltigen Böden kann der Düngetorf ohne Kompostierung, eventuell nach Anfeuchtung, direkt eingearbeitet werden. Der Gehalt an Humussäuren wirkt hier günstig.

In sauren Böden, welche von Haus aus biologisch sehr inaktiv sind, sollte man den Düngetorf mit Kalkstickstoff und Thomasphosphat (3,5 kg bzw. 5 kg je Ballen mit 0,21 m³ Rauminhalt) kompostieren, d. h. einen sogenannten Schnellkompost herstellen. Die niedermolekularen Humussäuren, denen eine günstige Wirkung auf das Wurzelwachstum zugeschrieben wird, bleiben größtenteils erhalten und beweglich.

Zur Durchführung einer ausreichenden Torfdüngung sind je ha 200 bis 300 Ballen Düngetorf zu 0,21 m³ erforderlich; beim Rigolen wird das Doppelte und mehr eingearbeitet. — Der Düngetorf soll mindestens 40% organische Substanz enthalten.

Aus Düngetorf werden unter Zusatz von Pflanzennährstoffen auch sogenannte Humusdünger hergestellt. Diese enthalten etwa 50% organischer Substanz. Die Hersteller empfehlen die Anwendung von 2 bis 3 Ballen je ar.

5. Stadtmüll und Klärschlamm

Die Zusammensetzung von Stadtmüll, besonders sein Gehalt an organischer Masse, ist je nach Herstellungsart und Jahreszeit sehr verschieden. Es kommt auch wesentlich darauf an, ob Klärschlamm zugefügt wird oder nicht.

Für eine regelmäßig wiederholte Anwendung von Stadtmüll ist die Menge an Schwermetallen von Bedeutung; diese könnten sich allmählich akkumulieren und zu kaum behebbaren Bodenvergiftungen führen. Eine diesbezügliche Kontrolle erscheint daher angebracht.

Für die Anwendung des Stadtmülls selbst ist der Rottezustand von Bedeutung. Es muß vermieden werden unter anaeroben Verhältnissen vergorenes Material sofort einzuarbeiten. Es ist einer weiteren aeroben Kompostierung zuzuführen, oder man muß es während der Vegetationsruhe vor dem Einbringen längere Zeit oberflächlich liegen lassen.

Der ohne Zusatz kompostierte Stadtmüll dürfte im allgemeinen zu wenig organische Substanz enthalten. Von der Düngeseite her wäre es erwünscht, wenn der Zusatz von Klärschlamm so hoch gewählt werden könnte, daß die Müll-Klärschlamm-Komposte etwa 30% nutzbare organische Masse bei einem Wassergehalt von 30% enthielten, d. h. ebensoviel nutzbare organische Substanz wie der Stallmist.

Es empfiehlt sich, den Müll-Klärschlamm-Kompost im Herbst auszubringen. Die Menge hat sich im wesentlichen nach dem Humusgehalt des Materials zu richten, sie liegt zwischen 400 und 800 dz/ha.

Die Krümel der Müll- und Müll-Klärschlamm-Komposte sind meist sehr stabil. Es lassen sich deshalb wesentliche Strukturverbesserungen der Weinbergsböden herbeiführen. Klenk (1956) berichtet, daß nach Anwendung von 2 m³ Kompost je ar in einer Lage mit 40% Neigung ein Starkregen von 70 mm in 20 Minuten keine Erosionsschäden hervorbrachte. An der benachbarten, mit Stallmist gedüngten Parzelle waren tiefe Erosionsrinnen entstanden; die Rebzeilen liefen in Hangrichtung.

Der Klärschlamm, welcher im großen Durchschnitt etwa 15% organische Substanz enthält, kann auch allein angewendet werden. Teilweise wird er nach einer gewissen Standardisierung auch als Düngemittel gehandelt. — Anzuführen wären noch Mischprodukte von Torf mit Faulschlamm, welche ebenfalls für die Humusversorgung der Weinberge herangezogen werden können.

Wir haben leider noch kein Laborverfahren, um die Vielzahl der angebotenen Humusdüngemittel einfach und sicher zu bewerten; die verschiedenen Vorschläge in dieser Richtung (SIEGEL 1953, SPRINGER 1957) bedürfen noch weiterer Nachprüfung. Vorläufig können wir die Humusdüngemittel nur auf der Basis ihres Gehaltes an verwertbarer organischer Substanz vergleichen und soweit möglich in der Anwendung leichter und schwerer zersetzbarer organischer Masse abwechseln. Sicher jedoch ist, daß wir den Humusbedarf des Weinberges auch ohne Stallmist decken können. Sinnvolle Untersuchungen auf den Ct- und N-Gehalt des Bodens, auf extrahierbare Huminsäuren und auf die Strukturverhältnisse werden gute Anhaltspunkte geben.

E. Die Kalkung

Die Rebe gedeiht am besten bei leicht saurer Reaktion. Da im Weinbauklima die Menge der Niederschläge ziemlich begrenzt ist, überwiegen die Böden mit hohem Kalkgehalt oder alkalischer Reaktion bei weitem jene, deren Reaktionsverhältnisse sich zu weit nach der sauren Seite verschoben haben. Auf saurem Urgestein, auf Sanden verschiedenster geologischer Herkunft, sogar auf Löß, haben sich jedoch in der nördlichen Grenze der Anbauregion im Boden teilweise Säuregrade entwickelt, welche die Reben empfindlich schädigen. Es ist vermutlich jedoch nicht so sehr die erhöhte Wasserstoffionenkonzentration, sondern vielmehr die dadurch verursachte Erschwerung der Magnesium- und mitunter auch der Phosphataufnahme. In sauren Böden gehen die Reben deshalb gewöhnlich an Magnesiummangel ein. Wieweit das Auftreten von Al-Ionen ungünstig wirkt, ist unbekannt. Im allgemeinen ist es richtig (eine Bodenuntersuchung auf Magnesium gibt sichere Anhaltspunkte), die Kalkung mit Hilfe von dolomitischem Kalk oder Magnesia-Branntkalk durchzuführen.

Das Rigolen zum Zwecke der Neuanlage ist der geeignetste Zeitpunkt. Wenn die Kalkung in diesem Augenblick versäumt wird, ist sie später kaum mehr nachzuholen; die benötigten, meist sehr hohen Kalkmengen können auf andere Art und Weise nicht in den Boden gebracht werden. Oberflächliches Aufstreuen wirkt nur sehr langsam; je nach Bodenart vergehen viele Jahre, bis der ganze durchwurzelte Raum entsprechend entsäuert ist.

Nach unseren Erfahrungen gibt die Methode Schachtschabel der Kalkbedarfsbestimmung sehr gute Anhaltspunkte, um die optimale Menge zu treffen. Da je nach der Rigoltiefe die Menge für eine 40 cm oder gar 60 cm mächtige Bodenschicht berechnet werden muß, ergeben sich teilweise sehr hohe Zahlen, 100 bis 200 dz CaO je ha. Wenn der Dünger entsprechend unseren allgemeinen Ausführungen über die Vorratsdüngung gleichmäßig mit der ganzen Rigolschicht vermischt wird, werden sich kaum nachteilige Folgen zeigen. Für leichte Böden wird man die Mengenberechnung für ein pH von etwa 5,8 vornehmen, für verlehmte Löß- und andere schwerere Böden ziemlich nahe an pH 7 heranrücken und zwar um so näher, je mehr die Möglichkeit besteht, durch die Kalkung zugleich eine Strukturverbesserung herbeizuführen. Diese wird sich im Laufe der Jahre in Verbindung mit der Erhöhung der biologischen Aktivität und der besseren Wasserführung positiver auswirken als ein eventueller Kalkungsschock. Unter Umständen kann man durch Zufuhr von Bor, Mangan und Zink über das Blatt die momentan ungünstige Kalkwirkung kompensieren.

Eine regelmäßige sogenannte Erhaltungskalkung dürfte im Weinbau im allgemeinen nicht nötig sein, dagegen sind Kalkungen zur Strukturverbesserung immer angebracht.

Auf die Möglichkeit der Anwendung von Hüttenkalk sei hingewiesen. Inwieweit sich der hohe Gehalt an kolloidaler Kieselsäure für die Abwehr pilzlicher Erkrankungen der Rebe günstig auswirkt, bedarf noch weiterer, eingehender Untersuchungen.

F. Die Stickstoffdüngung

Die Stickstoffdüngung im Weinbau ist noch eines der umstrittensten Probleme. Zweifellos wird ihr im allgemeinen noch zu wenig Aufmerksamkeit geschenkt. Eindeutig wird jedoch die Meinung vertreten, daß selbst bei hoher Stallmistdüngung der Stickstoffbedarf der Reben nicht gedeckt werden kann. Durch eine wohlüberlegte Intensivierung dieses Wachstumsfaktors sind noch erhebliche Mehrerträge bei verbesserter Qualität zu erzielen. In bezug auf die Quantität vertrat Wagner (1902) schon 1885 diese Meinung.

Die Mißerfolge, welche bei manchen Versuchen erzielt wurden (verstärktes Durchrieseln, erhöhte Fäulnisanfälligkeit der Trauben, ungenügende Holzreife und Eiweißtrübung im Wein), sind unserer Erfahrung nach meist auf unharmonische Ernährungsverhältnisse zurückzuführen. Es wird immer wieder vergessen, daß der Stickstoff in Nitratform im Boden frei beweglich ist und mit verhältnismäßig wenig Regen schon in den Wurzelbereich der Reben gelangt; auch in anderer Form verabreicht, geht er bei den meist hohen Temperaturen der Weinbergsböden in Kürze in Nitrat über.

Wie die Untersuchungen der Weinberge auf Phosphat und Kalium mit Hilfe chemischer oder biologischer Methoden immer wieder beweisen, sind die genannten Nährstoffe in der obersten Schicht von 0 bis 20 cm oft in größerer Menge (> 50 mg P_2O_5 und > 80 mg K_2O je 100 g Boden nach der Doppellaktatmethode von Egner-Riehm) vorhanden, während man in der Hauptwurzelzone, d.h. in der Schicht zwischen 20 und 60 cm, oft nur noch sehr geringe Mengen < 3 mg P_2O_5 und < 10 mg K_2O) findet. Bei diesen Verhältnissen muß jede Stickstoffdüngung bei ausreichendem Regen zu einem Überangebot an N führen und sich deshalb ungünstig auswirken. Wie wir es auch von anderen Kulturpflanzen wissen, wird dadurch besonders die Qualität beeinträchtigt. Eine Verstärkung der Stickstoffdüngung setzt deshalb voraus, daß der Rebe alle übrigen Nährstoffe in ausreichender und harmonischer Menge zur Verfügung stehen.

Bei unzureichender Stickstoffversorgung bleiben die Blätter klein. Die ganze Blattspreite einschließlich der Adern färbt sich hell. Das Holzwachstum ist sehr unbefriedigend und dem Wein selbst fehlen Bukett und Körper (Nebe 1958, Siegel 1960). Bei nur oberflächlicher Betrachtung kann Stickstoffmangel mit Chlorose verwechselt werden. Bei letzterer bleiben die Blattadern anfänglich grün und später fällt das Blatt ganz ab; die Verrieselungsschäden sind dabei sehr hoch.

Nach Gärtel (1959a) beträgt der gesamte Stickstoffentzug pro 100 hl Ertrag etwa 100 kg, wobei etwa 15 kg auf den Most entfallen. Nach unseren Untersuchungen (Siegel 1960) liegt der Durchschnitt für den Most bei etwa 10 kg, während 15 kg bereits einen ausgesprochenen Höchstwert darstellen. Zwischen den Sorten scheinen kleine Unterschiede zu bestehen; besonders arm an Stickstoff sind meist die Portugiesermoste.

Der Stickstoffentzug ist demnach nicht sehr hoch. Man sollte meinen, daß ein schon mittelmäßig mit Humus und damit mit N versorgter Boden diese Menge ohne weiteres leisten könnte (NIESCHLAG 1959). Man darf jedoch nicht vergessen, daß in den Weinbergen öfters Trockenperioden eintreten und die Umsetzungen damit unterbrochen werden, und daß nach solchen Perioden sich das Nitrat nahe der Bodenoberfläche befindet und unter Umständen bei Regen mit dem von den Hängen abfließenden Wasser mitgenommen wird. In Schieferböden mit hohem Steingehalt und in ähnlich durchlässigen Böden ist zweifellos auch die Auswaschung aus dem Wurzelbereich nach unten von großer Bedeutung. — In diesem Zusammenhang ist interessant, daß selbst die Schwarzerden der Ukraine für eine N-Düngung sehr dankbar sind. Die Stickstoffdünger werden dort meist im Frühjahr zusammen mit Phosphatsalzen eingepflügt.

Bei Überlegung über die Höhe der Stickstoffdüngung müssen der Gehalt des Bodens an Gesamtstickstoff und die Auswaschmöglichkeiten in Betracht gezogen werden. Daneben muß die Verrieselungsgefahr, das Alter des Weinbergs, die Unterlage, die Rebensorte, die Erziehung bzw. die Anzahl der Gescheine Berücksichtigung finden. Die Wüchsigkeit der Rebstöcke gibt sehr gute Anhaltspunkte.

Auf den Schieferböden der Mosel sind nach Untersuchungen von GÄRTEL (1959a) Gaben von 200 bis 300 kg Stickstoff je ha erforderlich, wobei Mehrerträge von durchschnittlich 10% erzielt werden können und die Qualität günstig beeinflußt wird. Nach unseren Untersuchungen (SIEGEL 1960) im Weinbaugebiet der Pfalz auf Löß in ebener Lage erbrachten in einer Junganlage Silvaner auf 5 BB mit 100 kg Stickstoff bereits den Höchstertrag, während eine etwa 50jährige Anlage mit wurzelechten Silvanern erst bei 150 kg N den meisten Most lieferte. Bei einer Kostprobe wurden die Weine mit erhöhter Stickstoffdüngung als bukettreicher und vollmundiger angesprochen.

Die optimalen Stickstoffmengen sind in den Anbaugebieten demnach ziemlich verschieden. Eine Ursache dürfte darin liegen, daß bei unseren Versuchen im Gegensatz zur Mosel mit keinerlei Stickstoffverlusten zu rechnen ist, daß der Boden wahrscheinlich mehr N liefert und die klimatischen Bedingungen andere sind.

Von besonderer Bedeutung für den Erfolg ist der Zeitpunkt der Stickstoffdüngung. Die Rebe nimmt den Stickstoff während der ganzen Vegetationsperiode ziemlich gleichmäßig auf. Beim Weichwerden der Beeren (GÄRTEL 1959a) ist der Bedarf erhöht. Falls zu dieser Zeit nicht genügend Stickstoff aufgenommen werden kann, wird das Eiweiß der Blätter abgebaut; dieser Vorgang beschleunigt den Chlorophyllabbau und vermindert damit Assimilation, Ertrag und Qualität.

Die Stickstoffdüngung muß daher unbedingt in mehreren Gaben erfolgen, um die gleichmäßige Versorgung sicherzustellen. Bei humus- und damit auch stickstoffreichen Böden dürfte es angebracht sein, vor der Blüte nur wenig oder gar keinen Stickstoff zu geben, da unter Umständen die Verrieselung dadurch gefördert wird. Bei normalen Böden gibt man $^1/_3$ bis $^1/_2$ der vorgesehenen Menge etwa im April und $^2/_3$ bis $^1/_2$ nach der Blüte. Bei der ersten Gabe ist die Stickstoffform ohne größere Bedeutung; ihre Wahl wird vom Boden (kalkreichere Böden am besten mit Ammonsulfat düngen) bestimmt. Für die Düngung nach der Blüte, die zeitlich nochmals zu unterteilen ist, und zwar in eine Hälfte gleich danach und die andere Hälfte 4 bis 6 Wochen später, kommt nur Kalksalpeter in Frage. Selbst im August haben hohe Stickstoffgaben noch keine ungünstige Wirkung auf die Holzreife (FELBER 1956, GÄRTEL 1959a, SIEGEL 1960).

Viele Versuchsergebnisse bestätigen eine besondere Wirkung organischer Stickstoffdüngemittel, die zum großen Teil auf die gleichmäßige Versorgung der Rebe mit diesem Nährstoff zurückzuführen ist; der Abbau des Eiweißes der organischen Stickstoffdünger und die Nitrifizierung verlaufen dem Wachstumsrhythmus der Rebe parallel.

Mit Erfolg kann eine Verstärkung der Stickstoffdüngung vorgenommen werden, wenn alle übrigen Nährstoffe in ausreichender Menge vorhanden sind. Bei zweckmäßiger Anwendung dürften die höheren Stickstoffgaben nicht nur die Quantität und Qualität des Weines erhöhen, sondern sich auch sehr günstig auf die biologische Aktivität des Bodens und die Bildung von stickstoffreichem Bodenhumus auswirken.

Durch eine laufende Kontrolle des Stickstoff- und Humusgehaltes des Bodens können gefährliche Entwicklungen in bezug auf die Bodenfruchtbarkeit frühzeitig erkannt werden.

G. Die Phosphatdüngung

Nach allen vorliegenden Untersuchungen ist der Phosphatentzug durch die Reben verhältnismäßig gering (Wagner und Prinz 1880, Gärtel 1959a). Er beträgt etwa 20 bis 40 kg P_2O_5 bei einer Mosternte von 100 hl je ha; es werden aber auch Werte von 10 bis 15 kg angegeben (Buchner 1956).

Über das Auftreten und Aussehen des Phosphatmangels herrschen noch Meinungsverschiedenheiten. Eine ungenügende Phosphatversorgung liegt insbesondere dann vor, wenn infolge der hohen Wasserstoffionenkonzentration das Phosphat als Eisen- bzw. Aluminiumverbindung fast unaufnehmbar für die Reben geworden ist. Das Erscheinungsbild ist als Komplexwirkung einer stark verminderten Anzahl von Ca, PO_4 und meist auch Mg-Ionen und einem Überschuß von H, Al und Mn-Ionen anzusehen. Die tiefgrünen Blätter werden zunächst vom Rand her gelb, später treten Nekrosen auf und das Gewebe stirbt langsam zur Blattmitte hin ab.

Der geringe Entzug darf nicht dazu führen, daß der Phosphatdüngung nicht genügend Aufmerksamkeit geschenkt wird. Die Phosphorsäure ist bekanntlich nur zu einem geringen Prozentsatz ausnutzbar. Dies gilt besonders für die Rebe mit ihrer gegenüber anderen einjährigen Kulturpflanzen geringen Wurzelentwicklung. Da bei den meisten Böden eine gute Struktur auch wesentlich vom Phosphatgehalt her mitbestimmt wird, sollte im Weinbau an Phosphatdünger nicht gespart werden. Die bei sonstigen Kulturpflanzen beobachtete Reifebeschleunigung dürfte insbesondere bei Erhöhung der N-Düngung auch erhebliche Bedeutung besitzen. P ist der einzige Nährstoff, bei welchem eine Überdüngung kaum möglich ist. Eine Zinkfestlegung durch hohe P-Gaben, wie sie in Gefäßversuchen erzielt wurde, dürfte in der Praxis nicht vorkommen. Der beste Beweis dafür sind die Weinbergböden der Mosel, bei welchen bei Gehalten > 200 mg P_2O_5, der dort durchaus häufig ist, noch nirgends Zinkmangelschäden festgestellt wurden.

Da das Phosphat selbst im leichten Boden nicht beweglich ist, ist eine Vorratsdüngung unbedingt notwendig. Im Gegensatz zum Kalium kann man beim Phosphor an die obere Grenze des wirtschaftlich Tragbaren gehen, da keine nachteiligen Folgen für den Boden zu befürchten sind.

Herschler (1955) empfiehlt für das Moselgebiet bei kalk- und phosphatarmen Böden eine Vorratsdüngung von 100 dz/ha Thomasphosphat; Gärtel (1959b) schlägt für die verschiedenen Moselterrassen Mengen zwischen 50 dz und 100 dz Thomasphosphat vor. Gaben in dieser Höhe werden nicht immer erforderlich sein; auch hier gibt die Bodenuntersuchung sehr gute Anhaltspunkte, wenn wir nach unseren Erfahrungen annehmen, daß für leichtere Böden 30 bis 35 mg P_2O_5 und für mittlere und schwerere Böden 25 bis 30 mg P_2O_5 in 100 g Boden im Wurzelbereich anzustreben sind.

Die jährliche Phosphatdüngung wird man bei befriedigender Bodenversorgung auf 90 kg P_2O_5 je ha beschränken können. Größere Mengen oberflächlich zu streuen, ist nur dann angebracht, wenn durch Mulchen oder ähnliche Maßnahmen eine flache Wurzelentwicklung der Reben begünstigt wird. Sind höhere Gaben erforderlich, so muß mit hochprozentigen Phosphatdüngern gelanzt werden.

Die Frage, welche Phosphatform zur Vorratsdüngung verwendet werden soll, ist ziemlich einfach zu beantworten. Aus amerikanischen Untersuchungen über die Umsetzung der Düngerphosphorsäure im Boden (LEHR und Mitarbeiter 1959, LINDSAY und STEPHENSON 1959) wissen wir, daß das in beliebiger Form gegebene Phosphat über kurz oder lang in eine Form übergeht, welche nur von der Dynamik des betreffenden Bodens bestimmt wird. Bei sauren Böden zieht man basisch wirksame P-Düngemittel vor. Die Vorzüge, welche Dünger mit wasserlöslichem P insbesondere in kalkhaltigen Böden für die Jugendentwicklung einjähriger Kulturpflanzen haben können, kommen im Weinbau bei der jährlichen Düngung nur zum Tragen, wenn durch entsprechende Maßnahmen für eine Einbringung in den Wurzelbereich Sorge getragen wird. Gekörnte Düngemittel, bzw. nesterartige Verteilung versprechen größeren Erfolg.

H. Die Kaliumdüngung

Die besondere Bedeutung des Kaliums für die Rebenernährung ist schon lange bekannt. In vielen Versuchen wurde auf die ertrags- und qualitätssteigernde Wirkung hingewiesen sowie auf die Erhöhung der Pilz- und Frostresistenz. Bereits im Jahre 1892 bezeichnete SCHREIBER die Rebe als Kalipflanze. NEUBAUER (1874) stellte 1874 einen jährlichen Entzug von 93,6 kg K_2O je ha fest und WAGNER und PRINZ (1880) 71 kg im Jahre 1880. GÄRTEL (1959a) findet an der Mosel bei 100 hl Ertrag einen Gesamtentzug von 104 kg K_2O, während wir aus Versuchen in der Pfalz 120 bis 150 kg bei derselben Erntehöhe berechneten. Der Entzug ist zweifellos entsprechend der mengenmäßigen Zunahme der Ernten gestiegen. Darüber hinaus scheint aber auch ein gewisser Luxuskonsum an Kalium durch die Reben vorzuliegen, wie ihn ein reichliches Angebot bei allen Kulturpflanzen hervorruft.

Kaliummangelerscheinungen an Reben sind weit verbreitet. Dies ist nicht verwunderlich, nachdem schon BARTH (1893) auf Grund von Versuchen feststellte, daß eine Stallmistdüngung von 400 dz je ha im Abstand von vier Jahren nicht in der Lage war, den Kaliumbedarf zu decken; es blieb ein Fehlbetrag von 80 kg K_2O je ha und Jahr.

Kaliummangel ist an Reben verhältnismäßig leicht zu erkennen. Bei jungen Blättern entsteht ein Lackglanz, das Gewebe stirbt an einzelnen, unregelmäßig über das Blatt verteilten, hauptsächlich jedoch am Blattrand befindlichen Stellen ab, und es bilden sich starke Nekrosen verschiedener Ausdehnung, die zum fast vollständigen Verdorren des Blattes führen können. An älteren Blättern kommt es an der Oberseite zu Flecken mit rotbrauner bis blauvioletter Färbung, und zwar durch Nekrosen in der Epidermis und Palisadenschicht. Diese Färbung kann im Endstadium die ganze Blattfläche erfassen. Die Blätter in der Nähe der Gescheine werden zuerst geschädigt, da zur Entwicklung der Beeren große Kaliummengen erforderlich sind, die der Umgebung entzogen werden. Die Gescheine zeigen wohl vollen Ansatz, aber die Beeren bleiben klein und reifen meist nur unvollständig aus (WILHELM 1950, HERRSCHLER 1955, GÄRTEL 1959b).

Die langsame Wanderung des Kaliums in die Tiefe schon bei mittelschweren
Böden verlangt bei vielen Rodungen eine Vorratsdüngung, insbesondere bei bisher
nicht mit Reben bestandenen Flächen. Eine vorherige Bestimmung des austauschbaren und nachlieferbaren Kaliums sowie der Kaliumfixierung (vgl. Scheffer
und Schachtschabel 1960) gibt hierfür gute Anhaltspunkte.

Die für die Vorratsdüngung vorgesehenen Düngermengen werden beim Rigolen
auf die ganze Wurzeltiefe gleichmäßig verteilt. Bei unzureichender Magnesiumversorgung ist schwefelsaures Kali-Magnesia (Patentkali) dem schwefelsauren
Kali vorzuziehen. In den Chloridsalzen sind mitunter 10 bis 15% NaCl und mehr
enthalten, was sich aus bodenstrukturellen Gründen bei hohen Kaligaben sehr
ungünstig auswirkt.

Für die Vorratsdüngung auf den dilluvialen Terrassen des Moseltales, welche
nur wenige mg austauschbares Kalium enthalten, werden 1400 bis 2000 kg K_2O
je ha empfohlen (Herrschler 1955, Gärtel 1959b). Nach unseren Erfahrungen
(Siegel und Hannemann 1956) treten etwa bei < 10 bis 12 mg austauschbarem
Kalium in 100 g Boden Mangelerscheinungen auf. Da rein theoretisch in einer
Schicht von 60 cm Mächtigkeit für die Erhöhung um 1 mg bereits 90 kg des
Nährstoffes benötigt werden, kommen wir ohne Berücksichtigung einer möglichen
Kaliumfixierung auf rund 1000 kg K_2O.

Die Höhe der jährlichen Kaliumdüngung hängt sehr stark vom Versorgungsgrad des Bodens und von den Erträgen ab. Es ist weiter zu berücksichtigen, daß
die Wirkung des Bodenkaliums auch wesentlich vom Strukturzustand des Bodens
und damit von dessen Wasser- und Lufthaushalt beeinflußt wird. Der Wirkungsgrad des Kaliums wird bei schlechter Durchlüftung stärker beeinträchtigt als
der anderer Nährstoffe (Block 1957). In Lehmböden mit gutem Strukturzustand haben wir bei etwa 40 mg austauschbarem Kali im Wurzelbereich
eine gute Versorgung; wir können uns damit begnügen, den Entzug zu ersetzen.
In strukturell schlechten und schweren Böden sind etwa 50 mg K_2O anzustreben, während in leichten Böden 25 bis 30 mg ausreichend sind.

In illitreichen Böden ist eine Festlegung der optimalen Kaliumdüngung besonders schwierig, da nicht sicher abzuschätzen ist, inwieweit die während des
Sommers meist sehr trockenen Weinbergsböden eine Nachlieferung zulassen.

Bei geringeren als den oben angegebenen Gehalten müßte über den Entzug
hinaus gedüngt werden. Die jährlichen Gaben sollten aber 250 kg K_2O/ha nicht
wesentlich überschreiten. Bei unterlassener Vorratsdüngung können auch größere
Mengen über eine Lanzendüngung zugeführt werden.

Über die Frage der Salzform gehen die Meinungen noch auseinander. Italie-
nische Untersuchungen von Rotondi und Galimberti (1878) kommen zu dem
Schluß, „daß Kalium in Verbindung mit Chlor den Zuckergehalt des Mostes am
stärksten vermehre". Andere Versuchsansteller berichten, daß „die verschiedenen
Kalisalze bis jetzt noch keinen Unterschied gezeigt haben". Vergleichende fran-
zösische Versuche (Vinet 1935) ergaben eine Überlegenheit des Sulfats. Da nach
russischen Arbeiten (Bogdassaraschwili 1953) die Rebe wesentlich höhere
Sulfat- als Chloridkonzentrationen verträgt, erstere haben bis 0,3% (als Na_2SO_4
ausgedrückt) sogar einen günstigen Effekt, ist es zumindest in trockenen Gebieten
angebracht, Kaliumsulfat als Düngemittel zu verwenden. In feuchten Lagen
wird Kaliumchlorid nicht schädlich wirken. Eigene Versuche in Wasserkulturen
und Gefäßen haben die Überlegenheit des Sulfats, besonders unter lichtärmeren
Verhältnissen, bewiesen.

Das Auftreten der Kalkchlorose kann nach Beobachtungen von Wilhelm
(Wilhelm 1954) durch Kaliumdüngung gemindert werden. Es ist nach amerikanischen Untersuchungen (York und Mitarbeiter 1953) allerdings fraglich, ob

es sich hier um eine Auswirkung des EHRENBERGschen Kalk-Kali-Gesetzes handelt; denn diese stellen in Gegenwart von freiem kohlensaurem Kalk einen zunehmenden K-Gehalt der Pflanzen fest. Die Verhältnisse sind zweifellos ziemlich kompliziert. Es hängt von den im Boden vorkommenden Tontypen ab, ob der Kalkgehalt bei Kaliumdüngung Berücksichtigung finden muß oder nicht.

J. Die Magnesiumdüngung

Magnesiummangel ist die in allen europäischen Weinbaugebieten am meisten verbreitete Ernährungsstörung. Sie tritt besonders häufig bei Junganlagen auf. Die weite Verbreitung muß auf die Unterlassung einer regelmäßigen Magnesiumdüngung zurückgeführt werden, da durch den Übergang von dem früher üblichen Kainit zu hochprozentigen Kalisalzen die Mg-Zufuhr wegfiel. Der Mg-Entzug durch die Reben ist ziemlich hoch; er liegt bei 40 bis 50 kg MgO/ha.

Mg-Mangel tritt bei der Rebe in zwei verschiedenen Formen auf (GÄRTEL 1959 d, SIEGEL 1959). Bei jungen, noch nicht ausgewachsenen Blättern entstehen, meist bei naßkaltem Frühjahr, symmetrisch über die Blattspreite verteilte Nekrosen. An älteren Blättern, und zwar zunächst an den unteren, treten keilförmige Vergilbungen zwischen den Blattrippen auf, welche bei Rotgewächsen in eine Rotfärbung übergehen. Längs der Blattnerven bleibt ein grüner Saum.

Mg-Mangel findet man meist auf sauren Böden, aber auch auf Löß kommen die Symptome vor. Er kann auch durch antagonistische Wirkung anderer Ionen induziert werden. Außerordentlich bedeutsam sind in dieser Beziehung in der Reihenfolge abnehmender Wirkung die Ionen des Wasserstoffes, des Kaliums und Ammoniums. Durch Nitrat wird die Mg-Aufnahme stark begünstigt.

Magnesium wandert im Boden nur sehr langsam. Deshalb ist bei sauren Böden eine angemessene Vorratsdüngung mit Mg-haltigen Kalken angebracht. Aber selbst auf Böden mit geringen Kalkgehalten ($< 10\%$ $CaCO_3$) ist die Umsetzbarkeit des Magnesia-Branntkalkes noch so groß, daß dieser Dünger auch hier mit Erfolg angewendet werden kann. Auf kalkhaltigen Böden kann auch Patentkali den Mg-Anspruch befriedigen; auf Böden mit hohem Kaliumgehalt (> 60 mg K_2O) ist seine Anwendung jedoch nicht zu empfehlen. Bei Feldversuchen, welche von uns auf kalkhaltigen Böden durchgeführt wurden, hat sich auch Stickstoff-Magnesia gut bewährt. Selbstverständlich wäre Kiserit auf den neutralen und kalkhaltigen Böden zur Behebung des Mg-Mangels sehr gut brauchbar; leider scheitert seine Anwendung sehr oft an der Bezugsmöglichkeit.

Bei ausreichend mit Mg versorgten Böden kann man sich bei der jährlichen Düngung auf Gaben von 40 bis 50 kg MgO je ha, d.h. auf den Ersatz des Entzuges beschränken. Bei Mg-Mangel sollte man auf 70 bis 90 kg MgO gehen und die Aufnahme durch Nitratdüngung unterstützen.

Es dauert 3 bis 4 Jahre, bis bei Mg-armen Böden der Mangel durch Düngung beseitigt werden kann. Bei schweren Mangelerscheinungen wird man deshalb Mg über das Blatt zuführen. Eine drei- bis fünfmalige Spritzung mit einer 2%igen Lösung von Magnesiumsulfat ($MgSO_4 \cdot 7H_2O$) oder einer 1%igen Aufschwemmung von MgO beseitigt selbst schwerste Mängel. Die Spritzungen können mit der Peronosporabekämpfung, insbesondere mit den kupferfreien organischen Mitteln, gut kombiniert werden. Die Blattspritzung wirkt hauptsächlich nur im Jahr der Anwendung; eine Mg-Zufuhr über den Boden ist daher unbedingt anzuraten.

Das Aufnahmevermögen der verschiedenen Reb- und Unterlagssorten für Mg ist außerordentlich verschieden. Selbst bei 15 bis 18 mg austauschbarem Mg nach SCHACHTSCHABEL und darüber können bei bestimmten Unterlagen noch

Mg-Mangelsymptome auftreten. Es wäre deshalb angebracht, wenn die Züchtung ihre Auslese auch auf das Nährstoff- und Wasseraufnahmevermögen der Reben ausdehnen würde.

Nach unseren derzeitigen Kenntnissen und Erfahrungen dürften in leichten Böden 6 bis 8 mg, in mittleren 8 bis 10 mg und in schweren 12 bis 15 mg austauschbares Mg in der Hauptwurzelzone ausreichend sein, um normal aufnahmefähigen Rebwurzeln auch bei hohen Erträgen genügend Magnesium zur Verfügung zu stellen.

K. Die Bordüngung

Die zweithäufigste Ernährungsstörung der Reben wird durch Bormangel verursacht. Die wirtschaftlichen Auswirkungen sind von allen Mangelerscheinungen die stärksten (Gärtel 1956a, Siegel 1955), deshalb ist dem Mikronährstoff Bor im Weinbau größte Beachtung zu schenken.

Das Vorkommen von Bor in der Rebe wurde schon von Baumert (1888) festgestellt. Daß es sich bei diesem Element um einen unentbehrlichen Nährstoff handelt, dürfte Maier (1937) erstmals sicher nachgewiesen haben.

Die wesentlichsten Merkmale des Bormangels sind Wachstumsstörungen und Unfruchtbarkeit. An den jungen Blättern entstehen unregelmäßig verteilte Aufhellungen, welche sich später zu gelben, sehr unregelmäßig verteilten Flecken entwickeln. Die vergilbten Teile werden immer heller und sterben ab. Die Blattspreite rollt sich meist nach unten ein. Die Blattnerven bekommen häufig braune Flecken und die Gefäßbänder verstopfen sich. Weitere Nekrosen entstehen dann auch zwischen den Blattnerven. — Bei den Trieben bilden sich dunkle Stellen an den jüngsten Internodien, das Längenwachstum ist sehr stark beeinträchtigt. Die Triebe können ganz absterben. Das Holz zeigt verstärktes Dickenwachstum und ist sehr kurzgliedrig; manchmal entstehen im Holz Risse. Die Ausbildung der Gescheine erscheint normal, auch der Blütenansatz. Die Befruchtung ist aber gestört und man findet starkes Durchrieseln und die Bildung kernloser Beeren (Parthenokarpie). Bei sehr großem Mangel ist der Traubenertrag praktisch Null. — Auch an den Wurzeln treten Entwicklungsstörungen auf, wodurch die gesamte Nährstoffaufnahme behindert wird.

Nach Gärtel (1956a) beträgt der jährliche Entzug je ha 80 bis 150 g B. Eine Verstärkung der N-Düngung erhöht Bedarf und Entzug.

Der Bedarf der Reben ist im Frühjahr während des starken Längenwachstums und in der Blüte am höchsten; eine weitere Bedarfsspitze tritt im Herbst auf, wenn die Beeren weich werden.

Die Beweglichkeit des Bors im Boden ist verhältnismäßig groß, so daß eine Bordüngung rasch zur Wirkung kommt. Eine Vorratsdüngung erscheint weder notwendig noch angebracht, da Borüberdüngung zu ähnlich schweren Schäden führt wie eine Unterversorgung. Zwischen dem Gehalt der Böden an organischer Substanz und Bor besteht eine enge positive Korrelation. Die Tonminerale sowie die freien Al- und Fe-Oxyde vermögen Bor zu binden, und zwar die glimmerartigen Minerale am meisten.

Die Pflanzenverfügbarkeit wird durch Kalkung stark vermindert. Wahrscheinlich beruht dies nicht nur auf einem Ca-B-Antagonismus, sondern es findet auch eine verstärkte Sorption statt. Eine erhöhte Festlegung kann man auch bei Austrocknung des Bodens feststellen, daher treten in Trockenjahren die meisten Borschäden auf.

Wie der hohe Gehalt des Meerwassers an Bor beweist, ist trotz der zuvor geschilderten Sorptions- und Bindungsmöglichkeiten die Auswaschung verhältnismäßig groß. Sie kann besonders in sauren Böden bei entsprechenden Niederschlägen sicherlich das Mehrfache des Entzugs betragen.

Da der Wirkungsfaktor des Bors außerordentlich hoch ist, liegen Mangel und Überschuß sehr eng beieinander. Jeder Überschuß verursacht ähnliche Schäden wie der Mangel und es ist deshalb nicht ganz einfach, den engen optimalen Düngungsbereich zu finden; besonders trifft dies für saure Böden zu.

Allgemeine Vorschläge für die Bordüngung sind nur bei großer bodenkundlicher und klimatischer Einheitlichkeit eines Weinbaugebietes möglich. GÄRTEL (1956a) empfiehlt für die Mosel eine laufende Düngung mit 20 bis 30 kg Borax je ha in zwei- bis dreijährigem Turnus. Diese Menge dürfte aber in anderen, trockeneren Gebieten bereits zu einer Anreicherung und damit zu toxischen Wirkungen führen; sie entspricht rund dem zehnfachen Entzug.

Nach unseren Erfahrungen (Methode BERGER-TRUOG) liegt bei leichteren sauren Böden schon bei 0,4 bis 0,6 ppm B eine ausreichende Versorgung vor, während man bei schweren und kalkhaltigen Böden auf 0,6 bis 1,0 ppm Bor gehen kann.

Der Blattanalyse, wie sie von GÄRTEL (1955) für die Beurteilung der Bordüngung vorgeschlagen wurde, können wir in bezug auf die Bodendüngung keine Überlegenheit über die Bodenuntersuchung einräumen. Der Borgehalt im Blatt ist zu sehr vom Verlauf der Witterung abhängig und demnach eine variable Größe. Wie auch bei anderen Nährstoffen, kann die Blattanalyse unseres Erachtens nur neben der Bodenuntersuchung als Ergänzung zur Anwendung kommen. In den Tropen mit ihren langdauernden und genau bekannten Regen- und Trockenperioden hat sich die Blattanalyse für perennierende Gewächse sehr bewährt und ist dort der Bodenuntersuchung vielleicht überlegen.

Schwerer Bormangel ist verhältnismäßig rasch und einfach zu beseitigen. Auf leichteren Böden gibt man als einmalige Gabe 50 bis 100 kg Borax je ha, auf schweren kalkhaltigen bis zu 200 kg, am besten mit irgendwelchen Stoffen oder anderen Düngemitteln vermischt. Ungleichmäßiges Streuen behebt einerseits die Mängel nicht und führt andererseits zu Überdüngungsschäden. Man kann Borax auch noch während der Vegetationszeit ausbringen, man muß nur dafür sorgen, daß es nicht mit den Blättern in Berührung kommt, da es Verbrennungen verursacht.

Wenn es darauf ankommt, das entzogene und ausgewaschene Bor in gewissen Abständen zu ersetzen, wird man zweckmäßig borhaltige Düngemittel anwenden. — Tresterkomposte und Müll- oder Müllklärschlammkomposte enthalten in relativ großer Menge Bor. Im Müllkompost findet man 0,01% bis 0,02% Borax, während Müllklärschlammkompost etwa 0,05% enthält. Die zunehmende Verwendung borhaltiger Verbindungen in der Waschmittelindustrie führt dazu, daß die Gehalte an den zuletztgenannten Komposten steigende Tendenz aufweisen.

L. Die Düngung mit weiteren Mikronährstoffen

Zu den Mikronährstoffen, von welchen im praktischen Anbau bereits Mangelerscheinungen bekannt sind, gehört das *Zink*. Die ersten Angaben darüber stammen von DUFRÉNOY (1934). Er kam zu seiner Ansicht, auf Grund der Ähnlichkeit einiger Reisigkrankheitssymptome mit den von Obstgewächsen her bekannten Zinkmangelerscheinungen. Seine Vermutungen wurden jedoch nicht bestätigt. In gewissen Gegenden von Kalifornien dagegen ist Zinkmangel ein ernstes Problem (HEWITT und Mitarbeiter 1942). Der Entzug pro ha und Jahr liegt bei 100 bis 200 g und ist damit höher als für Bor.

Die Mangelerscheinungen dokumentieren sich in Chlorophylldefekten der

Blätter, verbunden mit Kleinblättrigkeit und gestauchten Internodien (Rosettenkrankheit). Nach neueren Untersuchungen (Schneider und Siegel 1958) ist die Verfügbarkeit des Zinks in kalkhaltigen Böden und damit die Aufnahme durch die Rebe sehr stark herabgesetzt. Wie weitere Untersuchungen gezeigt haben (Siegel und Goerke 1958), sind Reben, welche mit einer Lösung von 50 ppm Zink besprüht wurden, zu einer wesentlich höheren Assimilationsleistung befähigt. Diese Feststellung könnte zu der Vermutung führen, daß ein Teil des besseren Wachstums, welches bei der Anwendung organischer Fungizide beobachtet wird (Thiel 1956), auf den Zinkgehalt derselben zurückgeführt werden kann. Es ist vielleicht angebracht — weitere Untersuchungen sind allerdings noch notwendig —, bei <6 ppm Zink im Boden, mikrobiologisch bestimmt mit Hilfe von *Aspergillus niger*, den Spritzbrühen zur Peronosporabekämpfung Zinksulfat in geringen Mengen zuzusetzen (0,1%). Eine Bodendüngung kommt zumindest bei kalkhaltigen Böden nicht in Frage, da unwirtschaftlich hohe Mengen angewendet werden müßten.

Ein weiteres unentbehrliches Element ist *Mangan*. Mangelerscheinungen zeigen sich in Chlorosen und Störungen der Assimilation. Zwischen den Blattnerven treten Vergilbungen auf, welche mit Magnesiummangelerscheinungen an älteren Blättern eine gewisse Ähnlichkeit haben. Manganmangel soll in Kalifornien und auf bestimmten französischen Böden auftreten (Gärtel 1956b). — Der jährliche Entzug beträgt für die Mosel 80 bis 160 g Mn je ha (Gärtel 1956b). Da diese Böden einen verhältnismäßig hohen Gehalt an Mangan haben, dürfte diese Menge an anderen Orten kaum übertroffen werden. —

Die Beweglichkeit und Pflanzenverfügbarkeit des Mangans hängt vom pH des Bodens ab. In kalkhaltigen Böden ist seine Aufnahme sehr stark herabgesetzt. Es ist aber bisher noch nicht bekannt, ob eine Zufuhr über das Blatt unter diesen Verhältnissen ertragsteigernd wirkt. Für Spritzungen käme eine 0,2%ige Mangansulfatlösung in Frage. Auch Mn-haltige organische Fungizide könnten vielleicht vorteilhaft sein.

Eisenmangel, wie er bei der Chlorose der Rebe vorhanden ist, kann mit Eisenkomplexsalzen (Chelate) wirksam bekämpft werden (Wilhelm 1955, 1956), wenn genügend früh mit der Spritzung begonnen wird. Zweckmäßigerweise verspritzt man die Präparate 0,1%ig zusammen mit organischen Fungiziden. Mit Kupferpräparaten vertragen sich die Eisenkomplexsalze nicht; ihre Wirkung ist auch dann abgeschwächt, wenn von vorangegangenen Spritzungen noch ein Kupferbelag auf den Blättern vorhanden ist. — Man wird jedoch diese Art der Chlorosebekämpfung nur als Notmaßnahme betrachten und andere bekannte Vorbeugungsmaßnahmen nicht vernachlässigen.

Kupfermangel tritt in alten Weinbergen nicht auf, da dort im Laufe der Jahrzehnte durch die Peronosporabekämpfung mit kupferhaltigen Mitteln erhebliche Mengen zugeführt wurden. Diese Präparate sind auch heute noch nicht ganz entbehrlich und daher ist zumindest vorläufig eine Kupferdüngung unnötig. Die Kupfergehalte sind im Gegenteil teilweise so hoch (Gärtel 1957), daß toxische Wirkungen entstehen könnten. — Über Cu-Bedarf und -Entzug liegen bisher keine genaueren Angaben vor.

*Molybdän*mangel, welcher bei Kohl- und Beta-Arten bekannt ist, wurde bisher noch nicht beschrieben. Über Bedarf und Entzug liegen keine Untersuchungen vor. Der Molybdängehalt normaler Weinbergsböden dürfte für die Versorgung ausreichend sein.

Über positive Wirkungen anderer Elemente, wie Chrom, Vanadin, Nickel, Cobalt, Silizium, Chlor u. a. m. wird berichtet. Derartige Angaben bedürfen jedoch einer Nachprüfung.

Frühere Versuche ergaben mitunter ertragsteigernde Wirkungen durch Gipszufuhr, welche zweifellos auf dessen Schwefelgehalt beruhten. Mit den heutigen Dünge- und Schädlingsbekämpfungsmitteln sowie durch die starke Luftverunreinigung kommen sicherlich so große Mengen von Schwefel in den Boden, daß der Bedarf gedeckt werden kann. Eine spezielle Berücksichtigung dieses Elementes erscheint daher kaum notwendig.

Obwohl die Mikronährstoffe im allgemeinen in ausreichender Menge im Boden vorhanden sind, blieb die Frage offen, ob zusätzliche Gaben zusammen mit Mehrnährstoffdüngern die Erträge noch steigern können. Vierjährige Versuche auf verschiedenen Böden im Weinbaugebiet der Mosel (GÄRTEL 1959 c) ergaben statistisch hochgesicherte Ertragssteigerungen von 5,8 bis 8,5%. Inwieweit diese Ergebnisse auf andere Verhältnisse übertragen werden können, bedarf weiterer Untersuchungen. Dasselbe gilt für Blattspritzungen mit kombinierten Kern- und Mikronährstoffen, bei denen ebenfalls über Ertragssteigerungen berichtet wird.

Wuchs- und Wirkstoffe, von denen neuerdings die Gibberellinsäure stark in den Vordergrund getreten ist (MERRITT 1958), haben bisher nur für spezielle Zwecke Bedeutung erlangt.

Literatur

BAUMERT, G.: Zur Frage des normalen Vorkommens der Borsäure im Wein. Ber. dtsch. chem. Ges. 21, 3290–3292 (1888). — BIRK, H., und H. ZAKOSEK: Die bodenangepaßten Unterlagssorten für die hessischen Weinbaugebiete. Weinbau u. Keller 7, 9–15 (1960). — BLOCK, C. A.: Soil-plant relationships. New York: Wiley. 1957. — BOGDASSARASCHWILI, S. G.: Zur Frage der Salzverträglichkeit der Weinrebe. Ref. Chem. Zbl. 2302 (1953). — BORTH, M.: Die Düngung der Reben. Biedermanns Cbl. 24, 655 (1893). — BUCHNER, A.: Grundsätzliches zur Düngung der Weinberge. Weinberg u. Keller 3, 453 (1956).

DECKER, K.: Was erwartet der Winzer von der Forschung? Forschungsdienst 11, 134–141 (1941). — Gründüngung im Weinbau. Rebe u. Wein 11, 123–127 (1958). — DUFRÉNOY, L.: Le Zive et la croissance de la vigne. Potasse 75, 137–139 (1934).

FELBER, G. W.: Stickstoffdüngung und Einfluß der zeitlichen Anwendungen auf Traubenertrag, Mostqualität und Holzreife. Weinberg u. Keller 3, 367–375 (1956).

GÄRTEL, W.: Einige aktuelle Fragen der Rebenernährung und -düngung. Rebe u. Wein 12, 95 (1959 b). — Über das Auftreten der Wachstumsstörungen an Reben auf den Lehmböden der Moselterrassen. Weinberg u. Keller 6, 56–70 (1959 b). — Untersuchungen über den Borhaushalt und die Bordüngung von Weinbergsböden. Ebenda 2, 257–263 (1955). — Untersuchungen über die Bedeutung des Bors für die Rebe unter besonderer Berücksichtigung der Befruchtung. Ebenda 3, 132, 185, 233 (1956 a). — Untersuchungen über den Kupfergehalt von Weinbergs- und Rebschulböden. Ebenda 4, 221–229 (1957). — Ergebnisse eines vierjährigen Düngungsversuches mit Spurenelementen im Weinbau. Ebenda 6, 203–210 (1959 c). — Beitrag zur Kenntnis des Magnesiummangels bei Reben. Landw. Forsch. Sonderheft 13, 45–48 (1959 d). — Untersuchungen über den Mangangehalt von Rebteilen und Most. Weinberg u. Keller 3, 554–560 (1956 b). — GEISLER, G.: Probleme der Versuchsanstellung im Weinbau. Dtsch. Weinbau 13, 714–716 (1958). — Die Bedeutung und die Aufgaben der Klonen- und Sämlingszüchtung für die Intensivierung im Weinbau. Ebenda 14, 617–618 (1959).

HANNEMANN, W.: Vorratsdüngung in Weinbergen. Weinblatt 51, 198 (1957). — Düngung der Weinberge unter Berücksichtigung von Bodenuntersuchungsergebnissen in Rheinhessen. Vorträge anläßlich der 9. rheinhessischen Weinbauwoche, Oppenheim 1958, 5–15. — HERRSCHLER, A.: Beiträge zur Humusfrage im Weinbau. Weinberg u. Keller 7, 35–44 (1960). — Düngungsmaßnahmen zur Beseitigung bzw. Vorbeugung von Mangelschäden. Ebenda 2, 389–392 (1955). — HEWITT, W. B., et al.: Pierce's disease of grapevines. Univ. of Calif. Berkeley, Circular 353, 1–32 (1942).

KLENK, E.: Zehnjährige Erfahrungen mit Müllkompost im Weinbau. Dtsch. Weinbau 11, 355–356 (1956). — KRONLECHNER, H.: Rebholz als Humusquelle. Mitt. Ser. A, Klosterneuburg 4, 247–251 (1954).

LEHR, J. J., W. E. BROWN und E. H. BROWN: Proc. Soil Sci. Soc. Amer. 23, 3 (1959). — LINDSAY, W. L., und H. F. STEPHENSON: Ebenda 23, 12, 18 (1959).

Mader und Orsi: Weinlaube **30** (1900). — Maier, W.: Bormangelerscheinungen an Rebsämlingen in Wasserkulturversuchen. Gartenbauwiss. **11**, 1–16 (1937). — May, H. E.: Einflüsse von Klima und Witterung auf Güte und Erträge im Weinbau. Diss. Mainz, 1957. — Merritt, J. M.: Gibberrellins for agriculture. J. Agr. Food Chem. Washington **6**, 184–187 (1958). — Moritz, J., und P. Seucker: Über Weinbergs-Düngungsversuche. Landw. Jb. **16**, 549–554 (1885). — Moser, L.: Weinbau ohne Stallmist? Dtsch. Weinbau **13**, 245–246 (1958).

Neubauer, C.: Der jährliche Bedarf an Mineralstoffen für 1 ha Riesling-Weinberg. Ann. Oenologie **4**, 471 (1874). — Nebe, F.: Die Qualitätssteigerung des Weines durch mineralische Stickstoffdüngung. Ebenda **13**, 252 (1958). — Nieschlag, F.: Ist die Bodenfruchtbarkeit meßbar? Mitt. Dtsch. Landw.-Ges. **74**, 1336–1337, 1376–1378 (1959).

Ritter, F., und E. Sievers: Zur Versuchsanstellung im Weinbau. Weinberg u. Keller **5**, 260–266 (1958). — Rotondi, E., und A. Galimberti: Untersuchung über die Wirkung verschiedener Düngemittel auf die Zusammensetzung des Mostes. Biedermanns Cbl. **8**, 590 (1878).

Sauerlandt, W.: Humus und Humuswirtschaft. Dtsch. Weinbau. Wiss. Beih. **6**, 196–208 (1952). – Scheffer, F., und B. Ulrich: Lehrbuch der Agrikulturchemie und Bodenkunde, III. Teil: Humus und Humusdüngung, 2. Aufl., S. 204. Stuttgart 1960. — Scheffer, F., und P. Schachtschabel: Ebenda, 1. Teil: Bodenkunde, 5. Aufl. Stuttgart 1960. — Schneider, K. H., und O. Siegel: Untersuchungen über die Aufnahme von Zink ans kalkhaltigen Böden durch Aspergillus niger mit Hilfe von radioaktivem Zink. Landw. Forsch. **11**, 270 (1958). — Schrader, Th.: Ergebnisse eines langjährigen Düngungsversuches, Weinberg u. Keller **2** (1–3) (1955). — Humusbedarf und Humusversorgung der Weinberge unter besonderer Berücksichtigung von Stadtmüll und Klärschlamm. Ebenda **6**, 281–289 (1960). — Ernterückstände und Bodenfruchtbarkeit. Ebenda **3**, 313–318 (1956). — Seeliger, N.: Der neue Weinbau. Berlin 1933. — Siegel, O., und L. Meyer: Wirkung einer Beimischung von Montmorrillonitton auf Rotte und Humifizierung des Stallmistes. Bodenkde. u. Pflanzenernähr. **7**, 190 (1938). — Siegel, O.: Betrachtungen über die Bewertung der organischen Substanz in Humusdüngemitteln. Landw. Forsch., Sonderheft 4, 116–119 (1953). — Siegel, O., und W. Hannemann: Die Auswertung der Bodenuntersuchung. Dtsch. Weinbau **11**, 573–575 (1956). — Siegel, O.: Zur Frage der Stickstoffdüngung im Weinbau. Im Druck, 1960. — Magnesiummangel im Weinbau, Diskussionsbemerkung. Landw. Forsch., Sonderheft **13**, 58–59 (1959). — Nährstoffmangel und Reblausbefall bei Amerikaner-Unterlagen. Dtsch. Weinbau **10**, 349–350 (1955). — Siegel, O., und W. Goerke: The uptake of Zink and Strontium in vitis vinifera. A/Conf. 15/P/980, Genf 1958. —Springer, U.: Die Untersuchung und Beurteilung der Komposte aus Siedlungsabfällen. Arbeitstagung Düsseldorf 1957. Veröffentlichung der Arbeitsgemeinschaft für kommunale Abfallwirtschaft.

Thiel, A.: Vorläufiges Ergebnis eines zweijährigen Spritzversuches mit organischen Fungiziden im Vergleich zu Kupfer. Weinberg u. Keller **3**, 257–259 (1956).

Vinet, E.: Beitrag zur Kenntnis der Mineralernährung der Rebe. Ref. Chem. Cbl. I, 3705 (1935).

Wagner, P.: Zur Frage der Stickstoffdüngung der Weinberge. Hess. Landw. Z. 1901, 382; zit. in Biedermanns Cbl. **31**, 87–88 (1902). — Wagner, P., und H. Prinz: Forschungen auf dem Gebiet der Weinberg-Düngung. Landw. Vers.-Stat. **25**, 247–271 (1880). — Wilhelm, A. F.: Zur Kenntnis von Kaliumerscheinungen bei der Weinrebe Vitis vinifera L. Phythopatholog. Z. **17**, (3) (1950). — Einfluß der Kaliversorgung auf die Chlorose der Weinrebe. Kali-Briefe, Fachgebiet **5**, (3) (1954). — Zur Chlorosebekämpfung mit Eisenkomplexsalzen. Jber. 1955–1956 Staatl. Weinbauinst. Freiburg i. Br.

York, E. T., R. Bradfield und M. Peech: Calcium—potassium interactions in soils and plants. Soil Sci. **76**, 481–491 (1953).

XI. Die Düngung im Blumen- und Zierpflanzenbau

Von

F. Penningsfeld und L. Forchthammer

A. Einführung

Die Zahl der Veröffentlichungen auf dem Gebiet der Zierpflanzenernährung ist in den letzten zwei Jahrzehnten sprungartig angestiegen. Mit zunehmender Bedeutung der Zierpflanzenproduktion für den Erwerbsbetrieb ergab sich immer mehr die Notwendigkeit, durch Verbesserung der Boden- bzw. Erdbeschaffenheit und dem Bedarf entsprechende Nährstoffversorgung gleichmäßige Bestände von raschwüchsigen, gesunden, blühwilligen und haltbaren Pflanzen zu erzeugen, um konkurrenzfähig zu bleiben. Richtige Substratwahl und sachgemäße Düngung sind in dieser Beziehung besonders wirksame Maßnahmen, weil sie bei nur geringem Aufwand entscheidende Erfolge bringen.

Allerdings zeigen die bisher vorliegenden Arbeiten, wie schwierig es ist, allgemeingültige Regeln für die Optimalgestaltung des Wachstumsfaktors Düngung aufzustellen. Eine Vielzahl von Pflanzen aus den verschiedensten Boden- und Klimagebieten muß geprüft werden, selbst wenn nur die erwerbsgärtnerisch wichtigen Arten erfaßt werden sollen. Dies bringt zwangsläufig eine gewisse Zersplitterung mit sich. Die an wissenschaftlichen Instituten des In- und Auslandes durchgeführten Untersuchungen lassen sich wegen unterschiedlicher Beschaffenheit der Anzuchterden, wegen andersgearteter Umweltverhältnisse, verschiedenartiger Sorten und Auswertungsmethoden oft nicht direkt miteinander vergleichen. In vielen Fällen fehlen wissenschaftliche Unterlagen noch vollkommen. Oft mußte deshalb auf in Handbüchern wiedergegebene praktische Erfahrungen zurückgegriffen werden. — Die konsequente Bearbeitung der vordringlichsten Probleme brachte jedoch, insgesamt gesehen, wertvolle grundsätzliche Erkenntnisse, und es ist bei der derzeitigen intensiven Behandlung dieses Spezialgebietes im wesentlichen eine Frage der Zeit, wann wir die Düngung unserer Blumen und Zierpflanzen so beherrschen, daß von hier aus kein größeres Anbaurisiko mehr gegeben ist und eine Steuerung ihrer Entwicklung möglich wird.

Aufgabe der vorliegenden Arbeit soll es sein, die zur Zeit vorhandenen Erkenntnisse zusammenzufassen und einen Überblick hierüber zu vermitteln. Bei den weit in der Weltliteratur verstreuten einzelnen Veröffentlichungen kann dies von einer Stelle aus nur unvollkommen geschehen. In vielen Fällen standen nur Referate zur Verfügung, was im Literaturverzeichnis entsprechend vermerkt ist. Im übrigen ließ sich bei dem knapp bemessenen Umfang des Abschnittes oft nur andeuten, wo über die betreffenden Probleme gearbeitet wurde. Da laufend neue Erkenntnisse gewonnen werden und alles noch im Fluß ist, kann die Arbeit nichts Endgültiges darstellen. Sie erfüllt ihren Zweck, wenn der Interessierte erfährt, was uns bis jetzt an Arbeiten bekannt wurde und wo Einzelheiten hierüber nachgelesen werden können.

Die zur Erläuterung des Textes beigefügten Abbildungen und graphischen Darstellungen stammen aus dem Institut für Bodenkunde und Pflanzenernährung der Staatlichen Lehr- und Forschungsanstalt für Gartenbau in Weihenstephan. Die Photos wurden von Herrn P. Kurzmann angefertigt.

B. Allgemeiner Teil

a) Voraussetzungen richtiger Düngung

Die Vielfalt der natürlichen Standortbedingungen gärtnerischer Kulturpflanzen, die von den feuchten Tropen bis zum wüstenartigen Klima und zum Hochgebirge reicht und die verschiedenartigsten Böden umfaßt, bedingt artspezifische Unterschiede im Verhalten gegenüber der Umwelt. Diese müssen bekannt sein und berücksichtigt werden, wenn auf die Dauer Erfolge erzielt werden sollen. Die Zierpflanzendüngung unterscheidet sich insofern wesentlich von der Düngung in Land- und Forstwirtschaft oder im Obstbau bzw. Freilandgemüsebau, als durch die Wahl geeigneter Kulturerden sowie die sinngemäße Änderung der gegebenen Klimabedingungen mit Hilfe von Gewächshausanlagen, Heizung, Beleuchtung, Schattierung, dem Bedarf angepaßte Bewässerung und Luftbefeuchtung weitgehende Unabhängigkeit von den örtlichen Standortbedingungen erzielt wird. Es sind folglich im Zierpflanzenbetrieb auf engem Raum oft die verschiedenartigsten Boden- und Klimaverhältnisse nebeneinander anzutreffen und bei den Ernährungsmaßnahmen zu berücksichtigen.

Beispielsweise finden wir neben humosen, sandigen und lehmigen Böden reine Humuserden oder gar Sand und Kies als Kultursubstrat, die in ihrer biologischen Aktivität, ihrem Nährstoffgehalt, ihrer adsorptiven Nährstoffspeicherung und in bezug auf Auswaschung sowie Festlegung bedeutende Unterschiede aufweisen. Bei Beetkulturen und Topfpflanzen, bei Wasserkultur, automatischer Bewässerung oder Tröpfchenbewässerung herrschen so andersgeartete Verhältnisse, daß erst nach sinnvoller Berücksichtigung dieser Voraussetzungen richtige Düngungsempfehlungen möglich sind. — Die oft hohen Wassergaben bringen besonders auf durchlässigen Substraten starke Nährstoffauswaschung mit sich, welche durch Nachdüngung ausgeglichen werden muß. Andererseits verursacht z. B. automatische Bewässerung mit konstantem Wasserspiegel eine gegenläufige Wasser- und Nährstoffbewegung in der Kulturerde, die zur Nährstoffanreicherung führt und die Gefahr der Überdüngung mit sich bringt, wenn die Düngungshöhe nicht rechtzeitig reduziert wird. Auch übt die Wasserbeschaffenheit bei den erforderlichen hohen Wassergaben einen beachtlichen Einfluß auf pH-Wert, Salzgehalt und Nährstoffhaushalt der Kulturerde aus (Tepe 1957).

So finden wir infolge von Unterschieden in Bodenart, Klimagestaltung und Bewässerungstechnik bei ungestörter Entwicklung alle Übergänge zwischen Nährstoffverarmung und Bodenversalzung. Wenn für die jeweilige Kulturpflanze von der Ernährung her günstige Bedingungen geschaffen werden sollen, müssen vor der Pflanzung bezüglich Bodenreaktion, Kalk- und Nährstoffversorgung die dem Bedarf angepaßten Optimalbereiche eingestellt und dann im Verlauf der weiteren Entwicklung mit Hilfe von Kontrolluntersuchungen eingehalten werden. Bei Änderungen des Bedarfes während der Anzucht sind durch besondere Maßnahmen unter Umständen auch rechtzeitig Verschiebungen in der Nährstoffversorgung herbeizuführen.

b) Grundlagen sachgemäßer Düngung

Für die richtige Bemessung der Düngungshöhe sind im wesentlichen drei Größen entscheidend, nämlich der Nährstoffgehalt der Kulturerde, das Verhalten der Nährstoffe in der Erde und der Nährstoffbedarf der angebauten Pflanzen. — Unter dem Nährstoffgehalt ist die Menge an Nährstoffen zu verstehen, die bei Kulturbeginn in aufnehmbarer Form verfügbar ist oder aber während der Kulturdauer infolge von Umsetzungen aufnehmbar wird. Sie kann annähernd durch *Bodenuntersuchungen* erfaßt werden. Auf die Methodik dieser Untersuchungen soll an dieser Stelle nicht eingegangen werden. Wesentlich ist jedoch, daß das Analysenergebnis wegen der sehr unterschiedlichen Volumengewichte der verschiedenartigen gärtnerischen Erden auf 1 Liter bzw. 1 m³ Substrat bezogen werden muß, wenn beurteilt werden soll, was den Pflanzen tatsächlich in ihrem Wurzelraum an Nährstoffen zur Verfügung steht. Die vielfach noch je 100 g lufttrockene Substanz ermittelten Gehalte sind hierzu mit Hilfe des Volumengewichtes der Erde auf die Raumeinheit umzurechnen. Als Raumgewichte findet man meist Werte im Bereich von 100 bis 1100 g lufttrockene Substanz je Liter Erde (PENNINGSFELD 1960 a).

Einmalige Untersuchungen vermitteln keinen Einblick in den Nährstoffhaushalt des Bodens. Erst mehrfach wiederholte Analysen, die nach der gleichen Methode durchzuführen sind, ermöglichen eine Beurteilung der durch die Kulturmaßnahmen und durch Nährstoffentzug verursachten Veränderungen. Sie lassen Rückschlüsse darüber zu, ob infolge von Auswaschung, Festlegung, Anreicherung oder Entzug der Nährstoffgehalt der Erde zu- oder abnahm und dementsprechend die getroffenen Düngungsmaßnahmen verstärkt oder vielleicht zeitweilig ganz unterlassen werden müssen, damit der für die Pflanze als richtig erkannte Nährstoffversorgungsbereich erreicht bzw. eingehalten wird. Um solche Einblicke zu gewinnen, sollten bei Gewächshausböden derartige Untersuchungen vierteljährlich, in Topfpflanzenkulturen unter Umständen sogar während der Hauptwachstumszeit alle 14 Tage vorgenommen werden.

Mit Hilfe konsequent durchgeführter Bodenuntersuchungen können wir also, wenn die Ergebnisse auf die Raumeinheit bezogen werden, die verschiedenartigsten Substrate in ihrem Versorgungszustand einigermaßen vergleichen und außerdem die Auswirkung der oft sehr unterschiedlichen Klimagestaltung auf den Nährstoff- und Wasserhaushalt befriedigend überblicken. Es fehlt jedoch für eine Düngungsempfehlung noch die entscheidende Größe, nämlich der Nährstoffbedarf der Pflanze. Die vorliegenden Arbeiten zeigen in dieser Beziehung Unterschiede, wie sie in keiner anderen gärtnerischen Sparte anzutreffen sind. Demzufolge wurden, soweit schon Ergebnisse vorliegen, günstig erscheinende Wertbereiche für die wichtigsten Zierpflanzenarten festgelegt, bei deren Einhaltung gute Kulturerfolge erwartet werden können (s. Tab. 389). Allerdings sind bei der Düngung auch die Umweltbedingungen sowie der Entwicklungs- und Gesundheitszustand der Pflanze zu beachten. Die Richtzahlen dienen somit nur als Anhaltspunkte.

Zur Ergänzung erscheinen noch andere Möglichkeiten für die Beurteilung der Nährstoffversorgung der Pflanze wertvoll, nämlich das Studium von *Nährstoffmangel- und Überdüngungssymptomen* sowie die Pflanzenanalyse. In vielen Fällen bieten rechtzeitig erkannte Nährstoffmangelsymptome die Möglichkeit, Ernährungsstörungen zu beseitigen, ehe größere Schäden angerichtet sind. Zierpflanzen reagieren in dieser Beziehung oft empfindlich und weisen charakteristische Mangelbilder auf, die bei gleicher Ursache je nach Art und Sorte unterschiedlich sein können (MESSING 1954, PENNINGSFELD 1960a). Auch relativer Nährstoffmangel wird auf diese Weise erfaßt. Vorteilhaft ist die schnelle Erkennung des Schadens ohne große Kosten. Jedoch wird die richtige Beurteilung unter Umständen durch komplexen Mangel gestört. Auch können manchmal durch unsachgemäße Pflanzenschutzmittelanwendung ähnliche Erscheinungen verursacht werden. Hier ist es notwendig, zusätzlich Pflanzen- bzw. Blattanalysen und Bodenuntersuchungsergebnisse zu Rate zu ziehen, um Fehlbeurteilungen zu vermeiden. Über Nährstoffmangel- und Überdüngungssymptome sowie Nährstoffgehaltszahlen geben die betreffenden Abschnitte im folgenden Text Auskunft, soweit Veröffentlichungen vorliegen.

Erfahrungsgemäß sind Bodenuntersuchungen zur Erfassung von absolutem Mangel ebenso wie zur Feststellung von Überversorgung gut geeignet, während die *Pflanzenanalyse* auch im nicht deutlich schädigenden Bereich Aussagen über den Nährstoffversorgungszustand erlaubt. Hierbei ist der absolute Gehalt oft weniger aufschlußreich als das Verhältnis der aufgenommenen Nährstoffe zueinander; d. h. es wird u. a. auch relativer Mangel erkennbar. Unabhängig von Boden und Umwelt zeigt das Pflanzenanalysenergebnis, was an Nährstoffen für die Pflanze aufnehmbar ist und welche Wachstumsvoraussetzungen in dieser Beziehung gegeben sind. — Soweit genügend Analysenergebnisse richtig ernährter Pflanzen vorliegen, läßt sich der Nährstoffentzug eines Pflanzenbestandes errechnen. Derartige Zahlen zeigen u. a., welches Nährstoffverhältnis in der Pflanze als harmonisch anzusehen ist (Penningsfeld 1952a, Heeney 1960). Sie sind von besonderem Wert, wenn auf diese Weise der Nährstoffbedarf im Verlauf der Entwicklung festgehalten wurde (Henze 1954). Allerdings muß unter Umständen ein Vielfaches der errechneten Menge mit der Düngung verabreicht werden, weil die Auswaschung in durchlässigen Erden bei starker Bewässerung den Entzug weit überwiegt.

Richtig angesetzte *Substrat-* und *Düngungsversuche* bieten zweifellos die wertvollste Grundlage sachgemäßer Zierpflanzendüngung, weil mit ihrer Hilfe einzelne Faktoren isoliert und in ihrer Bedeutung klar erfaßt werden können. Während Wasser- und Sandkulturversuche nur begrenzt anwendbar sind, weil manche Pflanzen bei dieser Anzuchttechnik nicht gut gedeihen und die Ergebnisse keine unmittelbare Übertragung auf übliche Kulturerden gestatten, erwies sich die Torfkultur in den letzten Jahren für Zierpflanzenernährungsversuche als besonders geeignet. Hochmoortorf ist stark sauer und praktisch frei von aufnehmbaren Nährstoffen. In ihm können durch unterschiedliche Kalkung und Düngung somit die verschiedenartigsten Ernährungsbedingungen geschaffen werden. Hinzu kommt, daß sich bisher praktisch alle in Betracht kommenden Pflanzen in Torf bei entsprechender Ernährung gut entwickelten. Er bietet somit bei Ausschaltung aller physikalischen und biologischen Substratverschiedenheit die Möglichkeit, den Nährstoffbedarf auf einheitlicher Basis vergleichend zu prüfen. Selbst bei extremem Nährstoffmangel bleiben die Versuchspflanzen noch eine Zeitlang am Leben und zeigen in ausgeprägter Weise die betreffenden Symptome. Bei der Anzucht in praxisüblicher Kulturerde läßt die Reproduzierbarkeit der erzielten Ergebnisse wegen der Uneinheitlichkeit der Substrate dagegen oft zu wünschen übrig, ganz abgesehen davon, daß die Erzeugung von extremem Nährstoffmangel meist nicht möglich ist. Aus den angegebenen Gründen wurden in den vergangenen Jahren immer mehr Ernährungsversuche in Torf- oder Sand/Torf-Kultur angelegt.

Die *Auswertung* von Zierpflanzenversuchen ist insofern schwierig, als es nicht wie bei anderen Kulturpflanzen genügt, die Frisch- oder Trockensubstanzproduktion zu erfassen. Neben diesen Größen, die zwar auch hier für die Gesamtleistung der Pflanze charakteristisch sind, interessieren den Erwerbsgärtner andere Eigenschaften, wie Frühzeitigkeit und Nachhaltigkeit der Blüte, sowie deren Größe, Färbung und Haltbarkeit. Der Gesamteindruck als ästhetischer Wert, die Relation von Blatt zu Blüte und von Pflanzenaufbau zur Größe des Anzuchtgefäßes sind zahlenmäßig schwer zu erfassen, spielen aber bei der Bewertung durch den Käufer oft eine maßgebliche Rolle. So kommt der Vegetationsbeobachtung neben der Wägung, Zählung und Messung bei der Auswertung

Abb. 198. *Camellia japonica* läßt sich in Torf bei richtiger Ernährung ohne große Schwierigkeiten kultivieren, wenn gute Sorten und Herkünfte verwandt werden

solcher Versuche eine beachtliche Bedeutung zu. Der subjektive Einfluß kann bei derartigen Bonitierungen nur schwer ausgeschaltet werden, weshalb mindestens fünf geeignete Personen unabhängig voneinander die Bewertung nach klar festgelegten Gesichtspunkten vornehmen sollten. Das Ergebnis wird durch Benotung oder nach einem Punktsystem festgelegt und bildet neben den exakt erfaßbaren Größen eine wertvolle Grundlage zur Erkennung des Nährstoffbedarfs gut versorgter Pflanzen und für die sich hieraus ergebenden Düngungsempfehlungen.

c) Durchführung der Düngung

Derartige Düngungsempfehlungen erstrecken sich auf die Erdherrichtung und Grunddüngung vor der Bepflanzung sowie auf die Nachdüngung während des Wachstums. Zur Regulierung des pH-Wertes werden Zuschläge von sauren Substraten oder Kalkgaben je Raumeinheit empfohlen. Bei Nährstoffmangel kommen Zusätze nährstoffreicher Erden oder aber Düngergaben in Betracht. Die Empfehlungen umfassen Angaben über Art, Menge und Nährstoffverhältnis der zuzusetzenden Dünger. Bei der Nachdüngung, die meist flüssig vorgenommen wird, sind Empfehlungen über Zeitpunkt, Menge und Lösungskonzentration erforderlich. Auch ist die Häufigkeit derartiger Nachdüngungen festzulegen. — Zu nährstoffreiche, überdüngte oder versalzte Erden können durch Zuschläge von nährstoffarmem Material, z. B. von Hochmoortorf, „verdünnt" werden. Sie lassen sich bei ausreichendem Wasserabzug auch durch hohe Wassergaben „auswaschen". Allerdings werden hiervon nicht alle Nährstoffe in gleicher Weise erfaßt, weshalb dann später eine richtig abgestimmte Nachdüngung einsetzen muß, um harmonische Nährstoffversorgung sicherzustellen.

Die Tatsache, daß es sich im Zierpflanzenbau meist um hochwertige Kulturen handelt, verlangt und erlaubt die Verwendung hochwertiger und relativ teurer Düngemittel. Bewährt haben sich insbesondere ballaststoffarme, spurenelementhaltige Volldünger mit geeignetem Nährstoffverhältnis, das auf den spezifischen Bedarf, die Entwicklungsphase und die Umweltbedingungen abgestimmt sein soll. Zur Flüssigdüngung werden in erster Linie voll wasserlösliche Dünger verwandt, während zur Grunddüngung schwer lösliche, eventuell auch organische Dünger besonders geeignet sein können. Die Anwendung organischer Dünger bleibt allerdings auf biologisch tätige Böden beschränkt, die befriedigende Umsetzung gewährleisten. In wenig belebten Substraten wie Torf ist dagegen die Mineraldüngung überlegen, wobei spurenelementhaltige Dünger den Vorzug verdienen, weil Torf in dieser Beziehung zusätzlicher Versorgung bedarf. Über die Beschaffenheit geeigneter Dünger gibt das Düngemittelverzeichnis (Schmitz 1961) Auskunft.

Auf dem Gebiet der Düngungstechnik wurden im Gartenbau teils neue Methoden entwickelt wie Blattdüngung, Tröpfchenbewässerung, Einfütterungs- und Anstaudüngung sowie Hydrokultur. Einzelheiten hierüber sind dem Abschnitt „Hydrokultur und Torfkultur" zu entnehmen.

d) Auswirkung der Dünger

Wie die Beratungspraxis zeigt, läßt sich das Kulturergebnis der meisten Erwerbsbetriebe durch sachgemäße Pflanzenernährung noch wesentlich verbessern. Gute Marktqualität, Kulturzeitverkürzung, Blütezeitverfrühung, erhöhte Blühwilligkeit, vermehrte Widerstandskraft gegen widrige Umweltverhältnisse und Krankheitserreger sowie bessere Haltbarkeit der Topfpflanzen und Schnittblumen beim Käufer sind einige Auswirkungen, die bei richtig gesteuerter Düngung erzielbar sind. Der für Kontrolluntersuchungen und Düngungsmaßnahmen erforderliche finanzielle Aufwand ist gering im Vergleich zu den betrieblichen Vorteilen, die sich hieraus ergeben. In Prozent der Erzeugungsleistung machen nach durchgeführten Erhebungen die Aufwendungen für Erden, Stalldung, Torfmull und Handelsdünger bei Schnittblumen- und Topfpflanzenbetrieben 2,3 bis 4,1% aus (Padberg 1960). Entscheidende Verbesserungen des Kulturergebnisses und Verminderung des Anzuchtrisikos sind bei richtiger

Düngung so bedeutend, daß dieser Aufwand im Vergleich zum erzielbaren Erfolg kaum ins Gewicht fällt.

Über allgemeine Grundlagen der Zierpflanzenernährung und erforderliche Düngungsmaßnahmen berichten u. a. folgende Autoren: BECKER-DILLINGEN (1943), McCALL (1960), McELWEE (1956), DE GROOTE (1954), KELLER (1953), KNICKMANN (1958), LINDEMANN (1957), LORENG (1954), PENNINGSFELD (1957a), RATHSACK (1956), REINHOLD (1939), SEELEY (1957), WEZENBERG (1956c).

C. Spezieller Teil

Im folgenden sind die vorliegenden Erfahrungen über geeignete Substrate und richtige Ernährungsweise für die gärtnerisch wichtigsten Zierpflanzenarten zusammengestellt und Angaben darüber gemacht, von wem speziell auf diesen Gebieten gearbeitet wurde. Die Gliederung der zu beschreibenden zahlreichen Pflanzen in die Gruppen *Topfpflanzen, Schnittblumen, Sommerblumen, Stauden, Laub- und Nadelgehölze* sowie *Rasen* ergab sich in Anlehnung an die gärtnerischen Betriebsformen und nicht zuletzt aus der Tatsache, daß innerhalb dieser Gruppen ähnliche Voraussetzungen in bezug auf Produktionsbedingungen sowie Düngungsmaßnahmen herrschen. Im Rahmen dieser Abteilungen sind die betreffenden Pflanzen alphabetisch aufgeführt.

Um den Text nicht zu sehr auszuweiten, wurden im wesentlichen nur solche Angaben im speziellen Teil wiedergegeben, die sich nicht in Tabellenform zusammenfassen oder in anderer Form besser darstellen ließen. Beispielsweise sind die als günstig erkannten Nährstoffversorgungsbereiche des Bodens somit nicht hier, sondern im dritten Abschnitt, und zwar in Tab. 389 und 390 zu finden. Ähnliches gilt für die Bodenreaktionsansprüche (Tab. 388), für Nährstoffmangel- und Überdüngungssymptome (s. im betreffenden Abschnitt) sowie für Blatt- bzw. Pflanzenanalysenwerte (Tab. 391), während Angaben über die Grunddüngungshöhe bzw. Lösungskonzentration der flüssigen Nachdüngung aus Zweckmäßigkeitsgründen in den Text aufgenommen wurden.

a) Düngung der Topfpflanzen

Adiantum. Für die bisher geprüften Adiantumarten eignet sich Hochmoortorf gut als Kultursubstrat. *Adiantum fragrans* und besonders *Adiantum scutum roseum* sind salzempfindlich (PENNINGSFELD 1960a). MAATSCH (1958a) empfiehlt für die zur Schnittgrüngewinnung kultivierten Arten Einheitserde und warnt vor stickstoffreicher Düngung.

Anthurium. Auch für *Anthurium andreanum* und *Anthurium scherzerianum* ist die Torfkultur empfehlenswert (PENNINGSFELD 1954a, KÜHLE 1960). Als optimalen Säuregrad gibt KÜHLE Werte zwischen pH 4 und 5 an. *Anthurium scherzerianum* gedeiht am besten bei Zugabe von 0,5 bis 1,0 g, *Anthurium andreanum* bei 1 bis 2 g Volldünger je Liter Torf. *Anthurium scherzerianum* brachte besonders gute Kulturergebnisse, wenn während des Blattwachstums das $N:P_2O_5:K_2O$-Verhältnis der Düngung 6:1:2 und zur Zeit des Knospenansatzes 3:1:4 betrug (PENNINGSFELD 1959 und 1960a).

Aphelandra squarrosa. Sie bevorzugt in Torf bei 1 g Grunddüngung ein stickstoffreiches Nährstoffverhältnis und reagiert nur auf extrem disharmonische Ernährung mit erkennbaren Schäden (PENNINGSFELD 1960a). Nach ENCKE (1960a) verhindert zuviel Stickstoff die Blütenbildung. Als Substrat empfiehlt er Einheitserde oder ein Gemisch aus Lauberde, gedüngtem Torf und Lehm.

Asparagus. *Asparagus sprengeri* kann als eine der salzverträglichsten Zierpflanzenarten angesehen werden. Erst bei über 0,9% liegenden Nährlösungskonzentrationen sind Schäden zu erwarten. Unter 0,2% befriedigte das Wachstum nicht. — *Asparagus plumosus* verträgt weniger Salz. Man kultiviert bei einer Grunddüngung von 0,5 bis 1 g/l und flüssiger Nachdüngung von 0,1 bis 0,2%. Das Nährstoffverhältnis $N:P_2O_5:K_2O = 3:1:2$ erwies sich in Torf als günstig (Penningsfeld 1960a).

Azalea indica. Als Kultursubstrate eignen sich Nadelstreu und wenig zersetzte Torfe. Bei entsprechender Düngung erweisen sich letztere als mindestens gleichwertig (Penningsfeld 1953, Bik 1959a). Reiner Schwarztorf ist dagegen nach Versuchsergebnissen von Dänhardt (1958) nicht zu empfehlen, ein 1:1-Gemisch mit Nadelerde aber war dieser etwa gleichwertig. — Der Säuregrad des Substrates soll zwischen pH 4 und 4,5 liegen. Abweichungen nach oben und unten wurden von mehreren Versuchsanstellern als nachteilig erkannt, weil im ersteren Fall leicht Eisenmangelchlorose auftritt (Floret 1948, Nisen 1953, Vogel 1958) und bei zu tiefen Werten infolge von Kalkmangel Blauspitzigkeit hervorgerufen wird (Penningsfeld 1953).

Azaleen sind bei Verwendung von Nadelstreu empfindlich gegen hartes Gießwasser, doch sollte eine Härte von 3 bis 4° erhalten bleiben (Stahn 1959). Bei Torfkultur verliert das Gießwasserproblem an Bedeutung, da stark saure Torfherkünfte die bei Verwendung von hartem Wasser möglichen Schäden verhindern (Penningsfeld 1953).

Die Düngungshöhe läßt sich nicht generell festsetzen. Sie hängt von der Substratwahl, der Sorte, der Pflanzenentwicklung und den Umweltbedingungen ab. Die Grunddüngung soll bei Jungpflanzen 0,5 g betragen und auch bei älteren Pflanzen 1 g Mineraldünger je Liter Substrat nicht überschreiten, insbesondere dann nicht, wenn unter Glas kultiviert wird. Für die Flüssigdüngung wird die Konzentration im allgemeinen mit 0,05 bis 0,2% (unter Glas) bzw. 0,1 bis 0,4% (Freiland) angegeben, doch können bei starker Beregnung oder anhaltenden Niederschlägen noch höhere Konzentrationen erforderlich werden (Penningsfeld 1957b, Bik 1959a, van der Zwaard 1958). Nach Lenz (1958) wurde für die Sorte „Hexe" in Torf nach Verabreichung von 0,6%iger Gießlösung das Optimum noch nicht überschritten. Rathsack (1959) stellte in einem mit Torf als Kultursubstrat zur Sorte „Hexe" durchgeführten Konzentrationsversuch fest, daß die unerwünschte Peitschentriebbildung mit zunehmender Konzentration der Flüssigdüngung (bis 1,2%!) erheblich zurückging. Allerdings erfolgte die Düngung nur während des Sommers (5. Juli bis 3. Oktober). Hinsichtlich der übrigen Merkmale boten Lösungskonzentrationen über 0,4% keinen wesentlichen Vorteil mehr.

Die besondere Bedeutung des Stickstoffs für die Azaleenkultur heben mehrere Versuchsansteller hervor (Shanks 1955, Kiplinger 1955, Schütz 1959, Penningsfeld 1960a). In Weihenstephan und Wädenswil bewährte sich das $N:P_2O_5:K_2O$-Verhältnis 3:1:2. Über die geeignete Stickstofform gehen die Ansichten auseinander, was mit den unterschiedlichen Versuchsbedingungen, besonders mit dem pH-Wert des Substrates und der verwandten Phosphorsäureform zusammenhängen dürfte. Während sich einerseits Ammonsulfat bewährt hat (Kiplinger 1951, Bik 1959a), schnitt Ammonnitrat im stark sauren Bereich teilweise besser ab (Penningsfeld 1957b). Nach Oertli (1960b) eignet sich sowohl Nitrat- wie Ammoniakstickstoff für die Azaleenkultur, jedoch soll die Ammoniumform die Eisenversorgung verbessern. Malzkeime werden gelegentlich als Zusatz zur Mineraldüngung empfohlen (van der Zwaard 1958, Bik 1959a). Stadtmüll fand de Groote (1956) als für die Azaleenkultur ungeeignet. — Zur PK-Düngung kommen Superphosphat, Hyperphos und Thomasphosphat sowie schwefelsaures

Kali und Patentkali in Frage (BIK 1959a, PENNINGSFELD 1954b, 1960a). — Durch Alkrisal, einen speziell für Moorbeetpflanzen entwickelten Volldünger, läßt sich die Düngung vereinfachen. Er erwies sich in entsprechenden Versuchen bewährten Einzelsalzgemischen als gleichwertig (PENNINGSFELD 1961a).

KOFRANEK (1956a) weist auf die Empfindlichkeit der Azaleen gegenüber Chloriden hin. Dies zeigte sich auch bei einem Vergleich verschiedener Eisenformen zur Bekämpfung der Eisenmangelchlorose (PENNINGSFELD 1960a). Am wirksamsten beseitigt man Eisenmangel mit Eisenchelaten (SEELEY 1953). Praktische

Abb. 199. Fortgeschrittener Kupfermangel bei zwei Azaleenjungpflanzen der Sorte „Paul Schäme" (links). Rechts eine durch Kupferbehandlung wieder gesundete Pflanze

Bedeutung können außerdem Kupfer-, Mangan- und Bormangel gewinnen, vor allem wenn spurenelementarme Torfherkünfte und kupferfreie Pflanzenschutzmittel Verwendung finden. Jedoch muß auch vor Überdosierung gewarnt werden. Dies gilt besonders für die Bordüngung (PENNINGSFELD 1957c, 1960a).

Beschreibung der wichtigsten Kern- und Spurenelementmangelsymptome findet man u. a. bei STUART (1947) und PENNINGSFELD (1958a, 1960a). Weitere Arbeiten über Azaleenernährung s. PRESTON (1953), BRADLEY (1960), COLGROVE (1956), HÄRIG (1961), KOHL (1958a), LUNT (1957), SCHNEIDER (1960), TWIGG (1951), WELLS (1953).

Begonia. Für *Begonia tuberhybrida* empfiehlt CORTVRIENDT (1952) 8 bis 10 kg eines Mineraldüngers (12/20/26) je 100 m². Die über Begonien außerdem vorliegenden Angaben beziehen sich fast ausschließlich auf die Torfkultur. Zu deren Gelingen erwies sich die Kalkung mit 0,5 bis 1,5 g CaO je Liter Torf als erforderlich. Die festgestellten Unterschiede im Kalkbedarf mögen teils durch die Torfherkunft, teils durch die unterschiedlichen Ansprüche der Begonienarten bedingt sein. — Die Düngungshöhe wird für *Begonia bertinii* und *Begonia Gloire de Lorraine* mit 2 g Volldünger je Liter Torf, für *Begonia rex* mit 3 g, für Jungpflanzen von *Begonia semperflorens* mit 1,5 g und für ältere Pflanzen bei Weiterkultur im Freien mit 3 g angegeben (REEKER 1957, PENNINGSFELD 1958c, 1960a, b). *Begonia bertinii* und *Begonia Gl. d. Lorraine* erwiesen sich als stickstoffbedürftig, letztere vor allem während der vegetativen Phase (PENNINGSFELD 1960a, VOGELMANN 1951). Beschreibung von Nährstoffmangelsymptomen s. PENNINGSFELD (1960a).

Bromeliaceae. Als günstiger pH-Bereich wird für Bromelien 4 bis 4,5 angegeben (Knickmann 1956). — Arbeiten von Penningsfeld (1960a und unveröffentlicht) ist folgendes zu entnehmen: Torf bewährte sich als Kultursubstrat für alle bisher geprüften Arten. — Hinsichtlich der Salzverträglichkeit bestehen zwischen den einzelnen Arten Unterschiede. Als besonders salzempfindlich erwies sich *Vriesea splendens*. *Aechmea fasciata* gedeiht am besten bei einer Nährlösungs-

Abb. 200. Entwicklung der Lorrainebegoniensorte „Marina" bei gestaffelter Düngungshöhe in Torf-kultur. Die Nummern bedeuten: *1* = ungedüngt, *2* = 1 g. *3* = 2 g, *4* = 3 g und *5* = 5 g Volldünger je Liter Torf

konzentration von 0,2%. Bei *Guzmania tricolor* war mit einer Grunddüngungshöhe von 3 g Salz je Liter Torf das Optimum noch nicht überschritten (s. Abb. 202). — Eine Zugabe von 2 g $CaCO_3$ je Liter verbesserte bei Verwendung eines stark sauren Torfes die Blühwilligkeit von *Guzmania* erheblich. — *Vriesea* braucht viel Kali, vor allem zur Zeit der Blütenbildung. Auch *Aechmea fasciata* gedeiht bei einemNährstoffverhältnis von $N:P_2O_5:K_2O = 1:1,6:3,0$ besonders gut. Es wird jedoch vermutet, daß zur Zeit der Blütenbildung der Stickstoffbedarf ansteigt. — Für die genannten Arten können zur Düngung im Handel befindliche spurenelementhaltige Volldünger Verwendung finden. — Richter (1958a) empfiehlt das Versprühen schwacher Aufgüsse von Rinder- oder Taubendung oder von Lösungen anorganischer Dünger im Verhältnis 1:1000. Während der Ruhezeit sollen Bromelien nicht gedüngt werden.

In bezug auf die Wasser- und Nährstoffaufnahme nehmen Bromelien eine Sonderstellung ein. Sieber (1955) stellte hierüber mit *Nidularium innoc.*, *Aechmea fasc.*, *Guzmania tric.* und *Vriesea spl.* Untersuchungen an und stellte fest: Vom jüngsten Stadium bis zur Blütenbildung findet die Wasser- und Nährstoffaufnahme über Wurzeln und Blätter statt, wobei im jüngsten Stadium die Blattdüngung, später die Wurzeldüngung eine größere Wirkung ausübt. Bei *Nidularium innoc.* wird Stickstoff bevorzugt über die Blätter, P und K besser über die Wurzeln aufgenommen. Einseitige Blatt- bzw. Wurzeldüngung von *Aechmea fasciata* veränderte den Habitus. Ganz junge Pflanzen ausgenommen, erwies sich die Kombination von Wurzel- und Blattdüngung als besonders wirkungsvoll. Weitere Literaturangaben über Bromeliendüngung s. Sieber (1955).

Calceolaria hybrida. Bei einer Prüfung verschiedener Torf/Ton-Gemische erwies sich das Verhältnis von 6 bis 9 Teilen Torf zu 4 bis 1 Teil Lehm als optimal (Dänhardt 1959). Die Anzucht in reinem Torf gelingt gut, wenn je Liter 1,5 g CaO und chloridfreier, spurenelementhaltiger Volldünger zugegeben werden. Die Düngungshöhe soll bei Jungpflanzen 1,5 g, bei älteren Pflanzen 3 g je Liter betragen (Reeker 1957). Auch Penningsfeld (unveröffentlicht) fand nach Kalkung mit 2 g $CaCO_3$ je Liter Torf eine Grunddüngungshöhe von 3 g Volldünger je Liter als optimal. Schwächere Düngung bewirkte etwas frühere Blüte.

Camellia japonica. Die Ansprüche der *Camellia* an den Säuregrad des Bodens scheinen nicht sehr spezifisch zu sein, vielmehr gewährleistet ein ziemlich weiter pH-Bereich gutes Wachstum (KIMBROUGH 1955). HUME (1955) gibt pH 4,5 bis 7 als günstig an, MAATSCH (1960a) allerdings nur den Bereich von 4,5 bis 5,5. — Legt man Wert auf gute Haltbarkeit, so empfiehlt es sich, während des ganzen Jahres für gleichmäßige Bodenfeuchtigkeit zu sorgen, obgleich Trockenhalten zur Zeit der Knospenbildung den Knospenansatz fördert (PENNINGSFELD 1960).

Abb. 201. Wirkung gestaffelter Düngungshöhe auf Wuchs und Blütenbildung von *Calceolaria hybr.* „Dondo Scharlach". Links: ungedüngt, Mitte: 3 g Volldünger je Liter Torf, rechts: 5 g Volldünger je Liter Torf

Die Kamelie zählt zu den mäßig salzempfindlichen Pflanzenarten. Für Jungpflanzen beträgt die optimale Grunddüngungshöhe 0,5 bis 1,0 g, für ein- bis zweijährige Pflanzen 1,0 bis 1,5 g Volldünger je Liter Torf. Flüssige Nachdüngung bleibt auf die Zeit des Triebwachstums beschränkt. Das Nährstoffverhältnis soll während des Triebwachstums stickstoffbetont, zur Unterstützung der Blütenknospenentwicklung PK-reich sein. Hierdurch wird einerseits neuer Durchtrieb gehemmt, und andererseits die Haltbarkeit der Blüten günstig beeinflußt. In spurenelementarmem Torf können Kupfermangelsymptome auftreten, zu deren Vermeidung 10 bis 30 mg Cu je Liter Torf ausreichen. Kupferdüngung fördert außerdem die Gesamtentwicklung (PENNINGSFELD 1960a). HUME (1955) gibt folgendes Düngergemisch als für *Camellia* geeignet an: 4540 g Ammonsulfat, 15890 g Superphosphat, 7718 g Kalisulfat, 12712 g Baumwollsamenmehl, 4540 g Aluminiumsulfat = 45400 g (= 100 pounds). Das Gemisch enthält 4% Stickstoff, 6% Phosphorsäure und 8% Kali. PENNINGSFELD (1960a) beschreibt N-, P-, K- und Cu-Mangelsymptome, FURUTA (1955b) Borüberdüngungsschäden. Weitere Angaben über Kamelienernährung findet man bei GRIFFITHS (1953), HARRIS (1960), NORTH (1959).

Cissus antarctica gedeiht bei einer Grunddüngung von 3 g Volldünger und flüssiger Nachdüngung mit 0,3%igen Lösungen gut in Torf. Wie viele Grünpflanzen bevorzugt Cissus ein stickstoffreiches Nährstoffverhältnis (PENNINGSFELD 1960a und unveröffentlicht).

Clivia miniata gedeiht in Torf als Jungpflanze am besten bei einer Grunddüngungshöhe von 2 g, später bei 3 g Volldünger je Liter (PENNINGSFELD 1960a und unveröffentlicht).

Codiaeum variegatum (Croton pictus). In Torf ist bei einem pH-Wert von 3,2 keine Kalkung erforderlich. Das Optimum der Düngungshöhe wird mit 2 bis 3 g Volldünger je Liter angegeben. Stickstoffreiche Düngung bewirkt zwar kräftigen Wuchs, die gelbe Ausfärbung der Blätter leidet aber etwas darunter (PENNINGSFELD, unveröffentlicht).

Cyclamen persicum. Als für Cyclamen geeignete Substrate sind lehmhaltige Erdmischungen zu nennen, die groben Torf enthalten (Penningsfeld 1952b, Schmitt 1958, Dänhardt 1959.) Hochmoortorf bringt ebenfalls gute Kulturergebnisse, wenn 1,5 g CaO je Liter zugefügt werden (Reeker 1957). Der pH-Wert sollte bei 4,5 bis 5,5 liegen. Zu saure Herkünfte müssen entsprechend gekalkt werden (Penningsfeld 1960a). Für die Keimung der Cyclamen in Einheitserde erwiesen sich Werte unter pH 4,6 als ungünstig (Maatsch 1959). Bik (1959b) gibt für Cyclamen im Jugendstadium als günstigen Wert einer 50% Torf enthaltenden Erde pH 5,5 bis 6,0 an.

Bei Torfkultur liegt die optimale Grunddüngungshöhe bei 1 bis 3 g Volldünger je Liter Substrat, für die Flüssigdüngung sind je nach Entwicklungsstadium und Sorte 0,1 bis 0,4%ige Lösungen angebracht (Reeker 1957, Penningsfeld 1960a). Die Salzkonzentration vermag die Blütezeit zu beeinflussen; d. h. höhere Konzentrationen verzögern die Blüte (Penningsfeld 1952a).

Abb. 202. Bromelien, die bis vor kurzem noch als sehr empfindlich für Mineraldünger galten, sprechen auf richtig dosierte Nährstoffversorgung sehr günstig an. Die Abbildung zeigt links eine ungedüngte *Guzmania tricolor*, rechts eine mit 3 g Volldünger je Liter Torf bzw. Nährlösung gedüngte Pflanze

Über das Nährstoffverhältnis gehen die Angaben auseinander, was bei unterschiedlicher Substratwahl und Düngungshöhe erklärlich ist. Für die Anzucht in reinem Hochmoortorf bewährte sich das $N:P_2O_5:K_2O$-Verhältnis von $2:0,8:1,4$ —2,1. — In Torf kultivierte Cyclamen sprechen gut auf Mangan-, Kupfer-, Bor- und Eisenzusatz an. Neben der Mineraldüngung kommen bei Verwendung tätiger Kulturerde auch organische Dünger als alleinige Nährstoffquellen in Betracht (Penningsfeld 1960a). Über die günstige Wirkung von Stalldünger berichten Schmitt (1954) und Bik (1959b). Auch durch Beimischung von 5 bis 10% des Humusdüngers Cofuna zu bewährten Praxiserden und zu Torfkultursubstrat konnte bei praxisüblicher flüssiger Nachdüngung die Kulturleistung von Cyclamen verbessert werden (Lindemann 1961).

Nährstoffmangel- und Überdüngungsschäden beschreibt PENNINGSFELD (1958a, 1960a). — Weitere Angaben zur Ernährung von Cyclamen s. auch LEBKOWSKY (1954).

Dracaena. Bei *Dracaena sanderiana* konnte Eisenmangelchlorose mit Eisenchelat (12% Fe) beseitigt werden. Spritzen wirkte schneller als Gießen. Eisensulfatspritzung bewährte sich nicht (SAMUELS 1953). Nährstoffmangelsymptome beschreibt CIBES (1960).

Erica gracilis. Für eine erfolgreiche Erikenkultur ist der Säuregrad des Substrates von Bedeutung. STAHN (1960a) gibt den pH-Wert von geeigneter Heideerde mit 4,6 an, PENNINGSFELD (1958c) bezeichnet für Torf den Bereich 3,5 bis 4,5 als günstig. Um zu starke Erhöhung der pH-Zahl im Wurzelballen zu vermeiden und andererseits Kalkmangel zu verhüten, sollte die Härte des Gießwassers bei Kultur in Praxiserden (Gemisch aus Torf, Sand und Nadelerde) zwischen 4 und 8° dH liegen (STAHN 1959). $CaCO_3$-Gaben zum Erikensubstrat beeinflussen jedoch Qualität und Ertrag unter Umständen nachteilig, besonders unter ungünstigen Gießwasserverhältnissen. Auch zwischen Gießwasserbeschaffenheit und Düngung bestehen Zusammenhänge (STAHN 1960c, 1961). Bei Torfkultur bedeutet härteres Gießwasser keine Gefahr, sofern der Torf genügend sauer ist. — *Erica gracilis* ist salzempfindlich. 1- bis $1^1/_2$jährige Pflanzen brauchen aber dennoch relativ viel Nährstoffe, besonders von April bis Juni. Bei Torfkultur bemißt man die Grunddüngung im ersten Kulturjahr auf 0,5 g Salz je Liter, im zweiten Jahr auf 1,0 oder 1,5 g Salz je Liter. Die Konzentration der flüssigen Nachdüngung kann man bei älteren Pflanzen bis 0,3% steigern (PENNINGSFELD 1960a). Für Kultur in Praxiserden empfiehlt MAATSCH (1960d) Volldüngergaben, deren Konzentration für Stecklinge nach der Bewurzelung 0,1 bis 0,15%, für pikierte Pflanzen 0,15 bis 0,2% (im Abstand von 4 Wochen) und für getopfte Pflanzen im Freien 0,1, bis 0,2% (im Abstand von 14 Tagen) oder 0,2 bis 0,4% (im Abstand von 4 Wochen) betragen kann. REEKER (1960a)verabreicht 0,75 g Volldünger je Liter Torf als Grunddüngung und steuert den unterschiedlichen Bedarf im Laufe der Entwicklung mit Hilfe von Bodenuntersuchungen durch flüssige Nachdüngung. — Da *Erica gracilis* sehr eisenbedürftig ist, sollten der Grunddüngung je Liter Torf 250 mg Eisensulfat oder mindestens 15 mg Fetrilon zugefügt werden. Außerdem wird eine Gabe von 2 mg Natriummolybdat je Liter empfohlen (PENNINGSFELD 1960a, REEKER 1960a). Bei der Erikenernährung kommt dem Stickstoff entscheidende Bedeutung zu. Für die Jugendentwicklung erwies sich das $N:P_2O_5:K_2O$-Verhältnis von 6:1:2, für die Weiterentwicklung das von 3:1:2 als günstig (PENNINGSFELD 1960a). STAHN (1960a, 1961) erzielte in Praxiserde mit der Relation 4:2:2 und 4:1:2 beste Ergebnisse. Nach MAATSCH (1957) beeinflussen hohe Kaligaben die Blüte nicht.

Ammonsulfatsalpeter, Ammonnitrat und Harnstoff erwiesen sich als für die Erikendüngung besonders geeignet. Der Kalibindung kommt dagegen keine maßgebliche Bedeutung zu (PENNINGSFELD 1960a). Bei Verwendung von Praxiserden empfiehlt MAATSCH (1960d) für die Düngung im Freien schwefelsaures Ammoniak, Superphosphat und Patentkali ($N:P_2O_5:K_2O = 4:1:2$). Auch Volldünger des Handels sind geeignet, vor allem Spezialdünger für Moorbeetpflanzen (PENNINGSFELD 1961a, HÄRIG 1961). Mit Horndüngern verschiedener Herkunft konnte jedoch in keinem Falle die Wuchsleistung der Mineraldüngungsreihe erreicht werden (PENNINGSFELD 1958b).

Da Eriken zu einem ganz bestimmten Zeitpunkt für den Verkauf fertig sein müssen und die Blütezeit durch termingerechte Düngung etwas gesteuert werden kann, verdient der Zeitpunkt der Düngung gewisse Beachtung. Eine PK-Gabe im Juli kann den Knospenansatz beschleunigen. Volldüngergaben sollten zur

Zeit der Knospenbildung auf alle Fälle unterbleiben (Maatsch 1957, 1960d, Penningsfeld 1960a).

Euphorbia pulcherrima (Poinsettie) s. Schnittblumen.

Ficus. Encke (1958b) erwähnt die Eignung von Einheitserde für die Kultur von *Ficus elastica.* — *Ficus decora* gedeiht auch in Torf gut. pH-Werte zwischen 3 und 4,5 sind günstig. Der Vergleich von ungekalktem mit gekalktem Torf ergab jedoch keine deutlichen Wachstumsunterschiede. 3 bis 5 g Volldünger je Liter Torf werden gut vertragen. Der Kalibedarf liegt relativ hoch. In einem Nährstoffverhältnisversuch schnitten die Reihen, welche als Grunddüngung zum Eintopfen 0,58 bzw. 0,87 g K_2O erhalten hatten, besser ab als die übrigen Reihen mit 0,29 g K_2O (Penningsfeld, unveröffentlicht). Floranid erwies sich als geeignete Stickstoffquelle und garantierte ausreichende Versorgung über 6 Monate Kulturdauer hinweg, auch ohne flüssige Nachdüngung. Man verabreichte 4 g je Liter Torf als Grunddüngung (Penningsfeld 1961b). — De Groote (1956) fand verbesserte Wurzelentwicklung bei Verwendung von Stadtmüll.

Fuchsia hybrida. In Torf kann die Grunddüngungshöhe 5 bis 7 g Volldünger je Liter betragen. Trotz tiefen pH-Werts (3,0) brachte Kalkung keine Vorteile. Bei einer Düngungshöhe von 2 g je Liter Torf erwies sich reichliche Stickstoffversorgung als vorteilhaft (Penningsfeld, unveröffentlicht). Für Stecklingsproduktion und Bewurzelung der Stecklinge bewährte sich Düngung der Mutterpflanzen im $N:P_2O_5:K_2O$-Verhältnis 1:0,77:1,55 (v. Hentig 1959).

Hibiscus. Nach Edson (1955, 1956) fördert reichliche P_2O_5-Versorgung den Blütenansatz. Als günstigstes Nährstoffverhältnis gibt er $N:P_2O_5:K_2O=1:2:2$ oder 1:2:3 an. — Molybdänmangel kann mit Molybdänsäure oder mit Na-Molybdatlösung bekämpft werden (Westgate 1955, 1956).

Hippeastrum (Amaryllis). Hippeastrum braucht nährstoffreiche Erde. Einheitserde hat sich gut bewährt. Die Bodenreaktion sollte schwach sauer sein. Bei Bedarf erfolgt flüssige Nachdüngung, jedoch nur bis Ende Juli (Maatsch 1958e). Für beste Zwiebelbildung nennt Tsukamoto (1956) folgende Gehalte in der Nährlösung: 300 ppm N + 300 ppm P + 300 ppm K oder 225 ppm N + + 150 ppm P + 300 ppm K.

Hydrangea macrophylla. Als Kultursubstrat für Hortensie eignen sich u. a. Torf (Will 1959, Penningsfeld 1960a) und Einheitserde (Maatsch 1958f). Stadtmüllzusatz erwies sich als ungeeignet (De Groote 1956). In allen Substraten kommt dem Säuregrad eine ausschlaggebende Bedeutung zu, denn die Blütenfarbe wird entscheidend vom pH-Wert der Erde bestimmt. Penningsfeld (1960a) gibt für rote Hortensien als besten pH-Bereich 5,5 bis 6,5, für blaue 4 bis 4,5 an. Werte über 6,5 erzeugen Chlorose.

Bei Torfkultur soll die Grunddüngung für Jungpflanzen 1 g, für ältere Pflanzen 2 bis 3 g Volldünger je Liter betragen; die Konzentration der flüssigen Nachdüngung läßt man von 0,1 bis 0,4% ansteigen. — Beimischung von 20 bis 50 mg Eisenchelat oder 150 bis 250 mg Eisensulfat verhütet Chlorose. Zu ihrer Bekämpfung empfiehlt Bik (1958b) Gießen mit 0,5%iger Eisenchelatlösung, 25 ml je Pflanze. Bormangel beugt man mit 2 mg Bor je Liter Torf vor (Will 1959). Marchal (1959) fand, daß Superphosphatgaben zur Erzielung guten Wachstums einer Kalkung vorzuziehen sind, sofern sie nicht zu hoch bemessen werden. Neben dem pH-Wert beeinflußt das Nährstoffverhältnis der Düngung die Blütenfarbe. So führen hohe N- und P-Gaben zu Rotfärbung, da P das zur Blaufärbung erforderliche Aluminium weitgehend unwirksam macht. Kali dagegen fördert die Blaufärbung (Link 1952, Stuart 1951, Asen 1959, 1960). Link (1952) betont die Wichtigkeit ausreichender Stickstoffversorgung während der Wachstums- und Treibperiode.

Alle von ihm als günstig angeführten Nährstoffverhältnisse sind stickstoffbetont, zumindest gegenüber Kali.

Als Färbemittel für blaue Hortensien dient meist Ammoniakalaun. Man gibt es entweder ausschließlich flüssig in einer Konzentration von 0,2 bis 0,4% (PENNINGSFELD 1960a) oder verabreicht 5 bis 8 kg/m³ Erde als Grunddüngung und 4 Wochen vor der Blüte etwa 8 flüssige Gaben in einer Konzentration von 0,1 bis 0,3% (MAATSCH 1958f).

Als Stickstofformen bewährten sich Ammonium und Harnstoff (LINK 1952). Ein Vergleich von Phosphorsäuredüngern ergab, daß Hyperphos, Knochenmehl und Thomasphosphat für die Torfkultur der Hortensie in gleicher Weise geeignet sind, wenn die pH-Ansprüche für rote bzw. blaue Blütenfarbe Berücksichtigung finden (PENNINGSFELD 1954b). Superphosphat fand VOGEL (1933) bei Verwendung stark sauren Rohhumusbodens ungeeignet.

Nährstoffmangelsymptome beschreiben MESSING (1954, 1956) und PENNINGSFELD (1958a, 1960a). Weitere Angaben s. auch Anonym (1954), BEYERS (1955), CORTVRIENDT (1954), KIPLINGER (1956), KROMDIJK (1952), MARCHAL (1954), TROCMÉ (1953, 1956), WILL (1961).

Abb. 203. Entgegen der bisherigen Meinung verträgt *Platycerium* in Torf 3 g Volldünger je Liter (*0* = ungedüngt, *1* = 0,5 g Volldünger je Liter)

Cactaceae. Epiphyten brauchen nährstoffreiche, torfhaltige Erde. Erdkakteen lieben dagegen mehr mineralische Erde, die gut durchlässig sein sollte. Als günstigster pH-Wert wird der Bereich um 6 angegeben. Verwendet man kalkreiches Leitungswasser zum Gießen, so wird dieses mit Salpetersäure auf pH 6,5 angesäuert (BUXBAUM 1955). — Düngergaben sind angeblich im allgemeinen nicht notwendig. Ältere Pflanzen kann man jedoch in der Zeit von Juni bis August ein- bis zweimal wöchentlich mit stickstoffarmem Nährsalz düngen. BUXBAUM empfiehlt nach KRAINZ (1960) die Zusammensetzung 5,6% Stickstoff 16% Phosphor, 38% Kali.

Kalanchoe. Die Erde kann aus Lauberde, Komposterde und Sand (2:1:2) bestehen, oder man verwendet Einheitserde (BÖHMIG 1958). Auch Lehm/Torf-Gemische (PENNINGSFELD, unveröffentlicht) und Kompost/Torf-Gemische, jeweils im Mischungsverhältnis 1:1, haben sich bewährt (PENNINGSFELD 1952b). Nach VOGEL (1939) bevorzugt Kalanchoe den leicht bis mäßig sauren pH-Bereich. Sie ist bei Verwendung von Erdarten mit geringer Pufferwirkung und hohem Anteil an grobdispersem Humus (Heideerde) kalkempfindlich. Zusatz von rohem Torfmull zu Lauberde verzögerte den Blühbeginn. Beimischung anderer Torfhumusarten brachte Erfolg.

Nach BÖHMIG (1958) ist der Nährstoffbedarf der Kalanchoe gering; flüssige Nachdüngung erübrigt sich im allgemeinen. Wird eine solche aber einmal notwendig, so sollte bei Kultur in Einheitserde die Konzentration der Gießlösung 0,1% nicht überschreiten. Hohe Stickstoffgaben verursachten schwere Wachstumsdepressionen, beeinflußten aber die Blütezeit nicht. Bei sehr geringen N-Gaben traten leichte Mangelerscheinungen auf (Chan 1960). Rünger (1961) fand enge Beziehungen zwischen Stickstoffernährung, Temperatur und Tageslänge. Die Blütenbildung wird demnach durch Stickstoffgaben vor der Kurztagperiode gehemmt, während der Kurztagperiode stark und im Anschluß daran nur schwach gefördert. Die Förderung der Blütenbildung durch Stickstoffdüngung während der Kurztagperiode war bei 20 bis 25° C am stärksten.

Monstera deliciosa var. borsigiana. *Monstera deliciosa* ist nährstoffbedürftig und salzverträglich. Bei Verwendung von Torf als Kultursubstrat bemißt man die Grunddüngung für Jungpflanzen auf 1 g, beim Umtopfen auf 3 bis 5 g Volldünger pro Liter Substrat, die Konzentration der flüssigen Nachdüngung auf 0,5%. Die Kultur spricht gut auf reichliche Stickstoffversorgung an. Bei einem Verhältnis von $N:P_2O_5:K_2O = 3:0,8:1,5$ (Grunddüngungshöhe 3 g je Liter) entwickelten sich die Pflanzen am besten (Penningsfeld 1959, 1960a).

Orchidaceae s. Schnittblumen.

Abb. 204. *Monstera deliciosa var. borsigiana* spricht besonders auf betonte Stickstoffversorgung an. Die Nummern bedeuten: *0* = ohne Stickstoff, *1* = Standardreihe ($N:P_2O_5:K_2O = 1:0,8:1,5$), *2* = doppelte Stickstoffgabe (2: 0,8:1,5), *3* = dreifache Stickstoffgabe (3:0,8:1,5)

Pelargonium (Geranie). Torf eignet sich gut zur Geranienkultur (Shanks 1957b, Penningsfeld 1960a). Leichte Kalkung und starke NPK-Düngung (5 g Volldünger je Liter) erscheinen angebracht. Für die Jugendentwicklung erwies sich das $N:P_2O_5:K_2O$-Verhältnis 1:0,9:1 als günstig. Zur Erzielung eines guten Blütenansatzes sollen Phosphorsäure und Kali im Laufe der Entwicklung stärker betont werden (Penningsfeld 1960a). Reichliche N-Versorgung der Mutterpflanzen fördert nach Shanks (1957b) die Bewurzelung der Stecklinge. Für ein gesundes Wachstum kommt der Borversorgung eine gewisse Bedeutung zu (Murray 1958, Kofranek 1958).

Platycerium. Dieser Farn kann als nährstoffbedürftig und relativ salzverträglich gelten (s. Abb. 203).

Primula. Nach Reeker (1957) und Penningsfeld (1960a) läßt sich *Primula obconica* in reinem Torf gut kultivieren. Dänhardt (1959) fand Mischungen von 6 bis 9 Teilen Torf mit 4 bis 1 Teil Lehm besonders geeignet. Auch Einheitserde-P kommt für die Anzucht von *Primula obconica* und *Primula malacoides* in Betracht. In Lehm/Torf-Gemischen 1:1 ergab sich bei *Primula mal.* Chlorose, wenn der Feuchtigkeitsgehalt der Substrate nicht optimal war. Ersatz des Torfes durch Lauberde verursachte bei *Primula obc.* und bei *Primula mal.* kräftigeren Wuchs (Soukup 1961). Das Substrat sollte schwach sauer reagieren (Maatsch 1960e, 1960f).

Primeln sind durchweg salzempfindlich. Zieht man *Primula obc.* in Torf an, so ist eine Grunddüngung mit 1 g Volldünger und 2 bis 3 g $CaCO_3$ je Liter angebracht. Nährstoffarme Erde erhält 1 bis 2 g Volldünger je Liter, nährstoffreiche Erde bleibt dagegen ohne Düngerzusatz. Die Konzentration der flüssigen Nachdüngung kann von 0,05 bis 0,2% gesteigert werden (PENNINGSFELD 1960a). Für Torf nennt REEKER (1957) höhere Düngermengen, nämlich bei Kalkung mit 1,5 g CaO als $CaCO_3$ für Jungpflanzen 1,5 g Volldünger, für ältere Pflanzen 3 g Volldünger je Liter Torf.

In Torfkultur bewährte sich das Nährstoffverhältnis $N:P_2O_5:K_2O:CaO:MgO = 1:0,8:1,5:2,1:0,3$ (PENNINGSFELD 1960a). Die verwandten Mineraldünger sollten chloridfrei sein (PETTERSSON 1956, REEKER 1957). Organische Düngemittel können Verwendung finden (PENNINGSFELD 1960a). Stallmistbeimischung zu Primelerde verschlechtert jedoch unter Umständen die Blattfarbe (Anonym 1957).

Abb. 205. Kaliummangelsymptome an älteren Blättern von *Primula obconica*

Unter den Spurenstoffen kommt den Elementen Bor und Molybdän besondere Bedeutung zu (WILL 1959, PENNINGSFELD 1960a). — Weitere Angaben zur Primeldüngung s. auch KÖSTER (1955) und WILL (1961).

Saintpaulia ionantha (Usambaraveilchen). Für die Torfkultur von *Saintpaulia ionantha* gelten nach PENNINGSFELD (1960a und unveröffentlicht) folgende Richtlinien: Da das Usambaraveilchen sich als salzverträglich und nährstoffbedürftig erwies, sollte die Grunddüngung 3 bis 4 g Volldünger je Liter Torf betragen und die flüssige Nachdüngung mit 0,4%iger Lösung vorgenommen werden. Saintpaulia ionantha bevorzugt ein stickstoffreiches Nährstoffverhältnis. Besonders reichblühende Pflanzen erzielte man mit der Relation $N:P_2O_5:K_2O:CaO:MgO = 2:0,8:1,5:0,7:0,1$. Weitere N-Steigerung verbesserte nur noch das vegetative Wachstum. Das Versuchsergebnis wurde allerdings bei einer Grunddüngungshöhe von nur 2 g je Liter Torf bzw. 0,2%iger Flüssigdüngung gewonnen. Für die Blütenbildung kommt der Manganversorgung eine gewisse Bedeutung zu. STINSON (1958) empfiehlt für bewurzelte Stecklinge flüssige Düngung mit Volldünger im Abstand von 2 Wochen, für Sämlinge eine Gabe bei der Keimung, die zweite 14 Tage später. — Beschreibung der wichtigsten Mangelsymptome bei Penningsfeld (1960a). Weitere Angaben über Düngung von Saintpaulia s. auch Kohl (1956).

Salvia splendens. Zur Anzucht von *Salvia splendens* eignet sich Einheitserde-P. Bei zu reichlicher Düngung oder zu nährstoffreicher Erde leidet die Blütenbildung (Encke 1960b). — Behandlung des Saatgutes mit 0,1%iger Mangansulfat- bzw. 0,02%iger Borsäurelösung bewirkte kräftigere und reicher blühende Pflanzen. Die Borwirkung war in der zweiten Generation noch zu erkennen und verstärkte sich bei erneuter Behandlung (Obraszowa 1952).

Sansevieria. Als Kultursubstrat empfiehlt Böhmig (1958) Cyclamenerde (z. B. 3 Teile brockige Lauberde, 1 Teil Mist-, Kompost- oder Rasenerde, 1 Teil Torf, 1 Teil Sand), der für ältere Pflanzen etwa $^1/_6$ abgelagerter Lehm zugesetzt wird. Die Erde soll nicht zu stickstoffreich sein. Beimischung von $^1/_4$ bis $^1/_3$ Stadtmüllkompost zum Kultursubstrat hat sich bewährt (Meeus 1959). De Groote (1956) berichtet von Verbesserung der Wurzelentwicklung nach Stadtmüllzugabe.

Scindapsus. Nach Maatsch (1958i) ist Kultur in Einheitserde möglich. Bei Verwendung von Torf als Kultursubstrat gedieh *Scindapsus aureus* „Silver Marble" am besten bei einer Grunddüngung von 1 bis 1,5 g NPK-Dünger je Liter (Penningsfeld 1957d). Stickstoffsteigerung bewirkte dunklere Blattfarbe, größere Blattflächen und längere Triebe (Taylor 1960). Dikey (1958) beschreibt Nährstoffmangelsymptome.

Senecio cruentus (Cinerarie). Die über die Düngung der Cinerarien vorliegenden Angaben beziehen sich fast ausschließlich auf die Torfkultur. Während Will (1959) durch Kalkung zu einem negativen Ergebnis kam, empfiehlt Reeker (1957) die Zugabe von 1,5 g CaO je Liter Torf. Einer unveröffentlichten Arbeit von Penningsfeld ist zu entnehmen, daß Wachstum und Blühwilligkeit der Cinerarien bis zur höchsten vorgenommenen Staffelung anstiegen, nämlich bis 5 g Volldünger je Liter Torf bzw. Wasser. Kalkung mit 2 g $CaCO_3$ je Liter Torf (pH/KCl 4,5) verbesserte deutlich die Blütenbildung, verzögerte jedoch bei 5 g NPK-Salz je Liter das Aufblühen. Cinerarien sind nach Pettersson (1956) chlorempfindlich. Beimischung von Stadtmüll zum Kultursubstrat ist möglich (De Groote 1956). Über die Anwendung des langsamwirkenden Stickstoffdüngers Floranid zur Cinerarienkultur berichtet Will (1961). Woycicki (1934) empfiehlt die Düngung entsprechend der Nährstoffaufnahme in zwei Zeitabschnitten zu variieren. Bis November sollen N und K_2O überwiegen (2,5 N : 1 P_2O_5 : 5 K_2O), mit Beginn der Blütenstengelbildung gewinnt P an Bedeutung (2 : 1 : 4).

Sinningia speciosa (Gloxinie). Als Kultursubstrat eignet sich Torf besser als Lehm/Torf-Gemische (Dänhardt 1959). Nach Bik (1958a) ist Zufügen von Lauberde zum Eintopfsubstrat nicht empfehlenswert. Auch Penningsfeld (1952b) berichtet, daß in Praxiserden der Ersatz der Lauberde durch Torf Wuchsleistung und Blühwilligkeit verbesserte. — Die Düngungshöhe beeinflußt den Blühbeginn; d. h. höhere Nährstoffkonzentration bewirkt Verzögerung der Blüte (Penningsfeld 1952a). Für die Torfkultur gilt nach Penningsfeld (1960a) folgendes: Um Überdüngungsschäden zu vermeiden, sollte die Grunddüngungshöhe 2 g Volldünger je Liter nicht wesentlich überschreiten. Bei der flüssigen Nachdüngung läßt man die Lösungskonzentration von 0,2 bis 0,4% ansteigen. Es ist zweckmäßig, das Nährstoffverhältnis der Düngung im Laufe der Entwicklung zu variieren. Bei der Grunddüngung bewährte sich die Relation $N : P_2O_5 : K_2O = 1 : 0,9 : 1$, für die flüssige Nachdüngung im darauffolgenden Kulturabschnitt 1 : 1,8 : 2,6 und gegen Kulturende 1 : 5 : 8. Die Gloxinie ist für reichliche Eisen- und Spurenelementversorgung dankbar. — Ein Vergleich von Hyperphos und Knochenmehl ergab keine gesicherten Unterschiede (Penningsfeld 1954b).

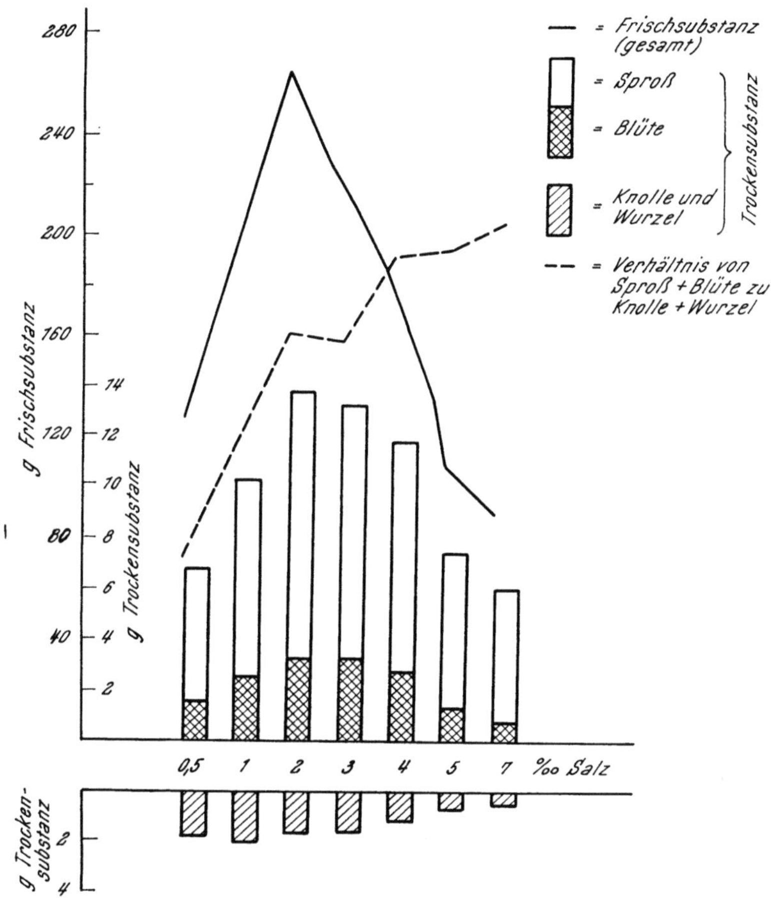

Abb. 206. Sandkulturversuch mit Gloxinie „Wiedenhoff's Rote". Ertragshöhe, Blütenbildung und Wurzelentwicklung bei gestaffelter Düngungshöhe

b) Düngung der Schnittblumen

Anemone coronaria. Anemonen sind empfindlich gegen zu tiefen pH-Wert. Um pH 7 ist gutes Wachstum zu erwarten. Über pH 7,5 liegende Werte ergaben keine Verbesserung mehr. Zur Ernährung erwies sich Dung als besonders geeignet, am besten ohne NPK-Zusatz. Wichtig ist ausreichende Versorgung mit Kalium und ein ausgeglichenes PK-Verhältnis. Kopfdüngung mit Stickstoff, vor allem wenn sie im Herbst gegeben wurde, minderte den Blütenertrag. Mitte August verabreichte stickstoffhaltige Kopfdüngungen dagegen verbesserten die Blattfarbe, die Stiellänge und teilweise auch den Ertrag (JEFF 1957, 1958, 1959, 1960). PENNINGSFELD (1960a) fand in einem Sandkulturversuch eine Salzkonzentration von 0,2 bis 0,3% zur Erzielung hoher Blütenerträge von guter Qualität als optimal. Die beste Knollenproduktion erreichte man bei einer Lösungskonzentration von 0,5%. Das Nährstoffverhältnis der Düngung war kalibetont.

Antirrhinum majus. Verwendung von Torf sowie starke Kalkung können Bormangel hervorrufen. Zu seiner Bekämpfung wird eine Boraxgabe von etwa 3 g/m² empfohlen (MASTALERZ 1958a). Vorbehandlungen von Saat- und Pflanzbeeten mit Jod (Lugolscher Lösung) bewirkte schnelleres Wachstum und hielt die Pflanzen frei von tierischen und pilzlichen Schädlingen (Holman 1954). Ein von Isaak (1957) durchgeführter Versuch ließ erkennen, daß auf stickstoffarmen Böden angezogene Pflanzen für Welke nicht so anfällig sind wie reichlich mit Stickstoff versorgte. Weitere Angaben zur Düngung von *Antirrhinum* finden sich bei Flint (1953) und Mastalerz (1952, 1958c) sowie in Tab. 387.

Blumenzwiebeln (*Tulipa, Hyazinthus, Narcissus, Iris*). Für den Blumenzwiebelanbau kommen vor allem Sandböden in Frage, doch sind auch schwerere Böden geeignet (Maatsch 1958c, 1958d). Als günstiger pH-Bereich wird für Tulpen und Hyazinthen 6 bis 7,5, für Narzissen 6 bis 8 und für Iris 5 bis 7 angegeben (Knickmann 1956).

Im allgemeinen ist Bewässerung notwendig. Wenn das Frühjahr trocken ist, sollte man Tulpen ein- bis zweimal vor und ein- bis zweimal nach der Blüte wässern, jedesmal 15 bis 20 mm (Schouten 1960). Nach Kraayenga (1959) wird von der Woche vor der Blüte bis 5 bis 6 Wochen nach der Blüte gewässert. Begann die Bewässerung im April, so erreichte man den höchsten Ertrag, setzte sie 14 Tage später ein, die früheste Blüte. Reinhold (1941) empfiehlt für Tulpen künstliche Bewässerung im Herbst und Winter, falls die natürliche Bodenfeuchtigkeit nicht ausreicht. Für die großen Pflanztulpensortierungen ist die Bodenfeuchtigkeit wichtiger als für die kleinen.

Tulpen erwiesen sich als empfindlich gegen hohe Salzkonzentration und Chlor. Maatsch (1958d) nennt als Höchstmenge pro ha 6 bis 8 dz Patentkali, 4 bis 5 dz Rhenaniaphosphat, 1,5 bis 2 dz schwefelsaures Ammoniak, einige Wochen vor der Pflanzung verabreicht. Im zeitigen Frühjahr, mit beginnendem Trieb, sollen dann 1,5 bis 2 dz Kalkammonsalpeter als Kopfdüngung gegeben werden. Bei Narzissen brachte N-Kopfdüngung, zu einer vollständigen Grunddüngung verabreicht, keinen Erfolg (Horton 1959, Lees 1960). Iris, Narzissen und Tulpen gediehen, wie Horton (1959) berichtet, bei gutem Kaligehalt des Bodens am besten. Auch Lees (1960) weist auf die Bedeutung des Kaliums für Narzissen und Tulpen hin, während Iris nach seinem Bericht besser auf Phosphorsäure ansprachen. Beste Ergebnisse brachte in allen Fällen Dung in Verbindung mit NPK. Hyazinthen erwiesen sich auf Dünensandböden mit geringem Nährstoffvorrat als sehr stickstoffbedürftig. Wo die Nährstoffe schnell ausgewaschen werden, bietet das Ausbringen in geteilten Gaben Vorteile (Mulder 1956, Anonym 1959b). Amaki (1960a) beobachtete bei Tulpen nach gesteigertem Kali- bzw. Stickstoffangebot Verzögerung der Blüte, während sich Phosphorsäuresteigerung in dieser Hinsicht günstig auswirkte. Gewicht und Zahl der Zwiebeln wurden am stärksten von Stickstoff beeinflußt. In einer späteren Arbeit (1960b) berichtet der gleiche Verfasser über die Nachwirkung unterschiedlicher N-, P- und K-Düngung auf Pflanzenentwicklung, Blütenertrag und Zwiebelproduktion im Feldversuch. Er stellte fest, daß relativ hohe NPK-Gaben, insbesondere aber hohe Stickstoffgaben, das Wachstum, die Qualität der Blüte und deren Frühzeitigkeit begünstigten, den Gesamtertrag aber reduzierten. Auf dem Felde nahm der Zwiebelertrag mit steigenden Düngergaben zu. Besonders deutlich reagierten die größeren Zwiebeln.

Die Eignung organischer Dünger ist von Fall zu Fall verschieden (Mulder 1956). Maatsch (1958c, 1958d) empfiehlt Stallmist zur Vorkultur. Auf kaliarmem Boden brachte Stalldünger bei Tulpen und Iris Erfolg (Horton 1959). Weitere Angaben s. auch Amin (1953).

Callistephus chinensis. Mantrova (1959) empfiehlt für die Herbstdüngung 5 bis 6 kg/m² verrotteten Stalldung und vor der Pflanzung 45 bis 60 g Ammonsulfat. 45 bis 60 g Superphosphat und 15 g KCl. Merlo (1955) erzielte gute Erfolge hinsichtlich Wachstum, Blüten- und Saatgutqualität sowie Widerstandsfähigkeit gegen die Asternwelke mit 34 g Ammonnitrat, 50 g Superphosphat und 18 g Kalisalz/m². Zugabe von Zn, Cu, B und Mn wirkte positiv, jedoch zeigten sich bei 1 g Borsäure je m² bereits Vergiftungserscheinungen. Auch Kohl (1957) weist auf Schädigungen durch übermäßige Borgaben hin. Er stellte außerdem Empfindlichkeit gegenüber hohen Gaben von Ca- und Na-Chlorid fest. Besprühen der Pflanzen mit 0,02%iger $KMnO_4$-Lösung im Abstand von 10 Tagen bewirkte Zunahme der Pflanzenhöhe und der Blütenerträge (Mantrova 1959). Siehe auch Tab. 387 und Gruis (1961).

Chrysanthemum. Für die Chrysanthemenkultur kommt neben den meist üblichen, lehmhaltigen Erdmischungen mit hohem Nährstoffgehalt auch reiner Hochmoortorf in Frage (Penningsfeld 1960a). Sciaroni (1957) verwandte mit Torf kompostierten Klärschlamm in 1:1-Mischung mit Sand. Der pH-Wert des Substrates soll nach Allerton (1957) nicht über 6,0 ansteigen, da sonst unter Umständen Manganmangel auftritt. Dieser kann durch zweimalige Spritzung mit etwa 0,35%iger Mangansulfatlösung bekämpft werden.

Die Chrysantheme gehört zu den salzverträglichen und nährstoffbedürftigen Pflanzenarten. Nährstoffentzugszahlen findet man bei Penningsfeld (1952a). Für die Torfkultur empfiehlt Penningsfeld (1960a) je Liter Substrat 2 g $CaCO_3$, 3 bis 5 g Volldünger und 5 mg Natriummolybdat. Bei Verwendung von künstlichen Ionenaustauschern vertrugen in Töpfen gezogene Chrysanthemen übernormale NPK-Mengen (Handley 1961). Über Zusammenhänge zwischen Salzverträglichkeit und optimaler Wachstumstemperatur berichtet Lunt (1960). Penningsfeld (1952a) beobachtete bei erhöhter Salzkonzentration Blütenverfrühung. Nach Kofranek (1953) verschlechtert sich bei hoher Salzkonzentration die Haltbarkeit der Blüten. Penningsfeld (1960a) hebt dies nur bei betonter Stickstoffdüngung hervor. — In Versuchen mit der Sorte „E. Cavell" fiel der maximale Verbrauch an N, P_2O_5, K_2O und CaO auf die Monate Mai bis Juli (Wóycicki 1934). — Nach Bonnefond (1959) soll man Mutterpflanzen nicht düngen. In einem entsprechend angelegten Versuch zur Sorte „Rayonnante" nahm jedoch der Ertrag an bewurzelten Stecklingen und die Schnelligkeit der Bewurzelung gegenüber „ungedüngt" erheblich zu, wenn die Mutterpflanzen reichlich mit Volldünger (z. B. Crescal) versorgt wurden (Anonym 1958a). Dieses Ergebnis wird durch die Untersuchungen v. Hentigs (1959) bestätigt.

Chrysanthemen haben einen hohen Bedarf an Stickstoff und Kalium (Smith 1960). Besonders wichtig ist die N-Düngung während der ersten sieben Wachstumswochen (Lunt 1958b). Die Ansprüche an das NK-Verhältnis sind jahreszeitlich verschieden (Woltz 1958b). Penningsfeld (1960a) gibt das N:P_2O_5: K_2O-Verhältnis von 1:0,8:1,4 als günstig an (Sand/Torf-Gemisch), hebt jedoch hervor, daß die Chrysantheme auf kleinere Abweichungen nicht empfindlich reagiert. Für Torfkultur ist ein stickstoffreiches Nährstoffverhältnis (2:1:1) empfehlenswert, sofern die Düngungshöhe 6 g Salz je Liter nicht überschreitet. Längere Stiele mit verringertem Gesamtgewicht erzielte man bei einer Düngungshöhe von 6 g Salz je Liter mit der Relation 1:1:2 (Penningsfeld, unveröffentlicht). Gericke (1943) nennt als bestes PN-Verhältnis in der Blüte 1:2,4. Stecher (1941) stellte fest, daß gleichzeitige N- und P_2O_5-Steigerung tiefdunkles Laub, beste Beschaffenheit der Blüte und Vorverlegung des Blühbeginns bewirkt. Verfrühung der Blüte durch ausreichende P_2O_5-Versorgung bestätigt Gericke (1943). Er kam außerdem zu dem Ergebnis, daß sich NH_4-N für Chrysanthemen besser eignet als NO_3-N.

Beimischung von 8 bis 16 kg Biohum je 100 Liter Erde erwies sich als vorteilhaft; selbst der Zusatz höherer Mengen verursachte keine Schäden. Die Chrysanthemen erhielten wöchentlich außerdem stark konzentrierte Volldüngerlösungen (Kallauch 1958). — Nach Untersuchungen von de Groote (1956) eignet sich auch kompostierter Stadtmüll zur Chrysanthemendüngung.

Durch Spritzungen mit Borsäure- und Kaliumpermanganatlösungen erreichte Titarenko (1959) eine Verfrühung der Blüte und Zunahme der Blütenzahl. — Beschreibung von Mangelsymptomen sind u. a. bei Messing (1954), Penningsfeld (1960a) und Vogel (1929) zu finden. Weitere Arbeiten über Chrysanthemenernährung s. Asen (1954), Giesecke (1949), Joiner (1960, 1961), Stinson (1960), Woltz (1958a, 1958b), Ying (1961).

Convallaria majalis (Maiblume). Für den Anbau von Maiblumentreibkeimen kommen die verschiedensten Bodenarten in Frage, am besten aber bewährte sich humoser, lehmiger Sandboden. Die Bodenart beeinflußt Kulturzeit und Treibtermin. Keime von leichten Böden eignen sich für Frühtreiberei und werden in zweijähriger Kulturzeit gewonnen, während Keime auf schweren Böden 3 Jahre kultiviert werden müssen und für die Spättreiberei Verwendung finden (Bünger 1961). Als günstigen pH-Bereich gibt Knickmann (1956) 5 bis 7 an, Maatsch (1958b) fordert annähernd neutrale Bodenreaktion.

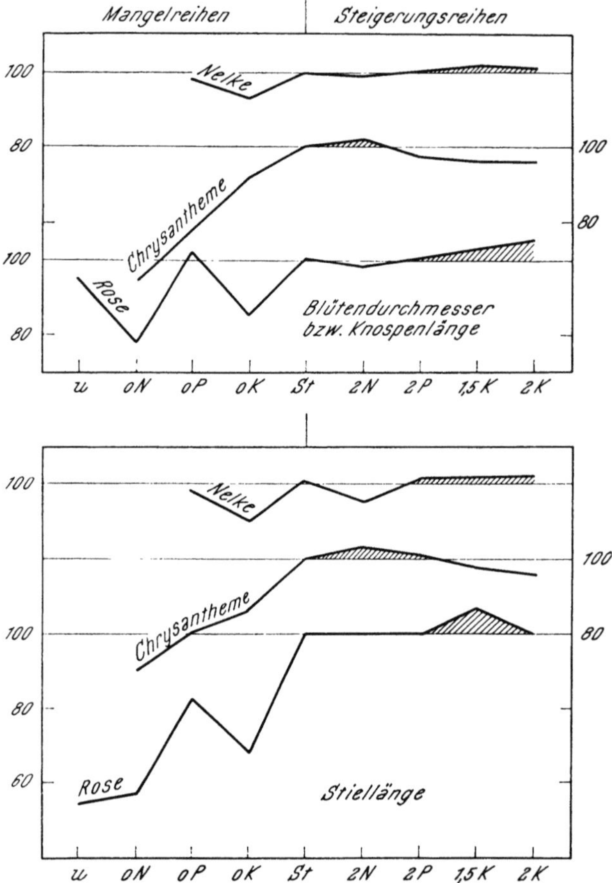

Abb. 207. Beeinflussung von zwei maßgeblichen Qualitätsmerkmalen durch Variation des NPK-Verhältnisses bei Rose, Nelke und Chrysantheme. Bei Verwendung des gleichen Substrates und der gleichen Nährlösung sprach die Chrysantheme auf die N-Steigerung besser an, während die Qualität von Rosen- und Nelkenblüten durch Kalisteigerung verbessert wurde

Kalk fördert die Blütenbildung und die Treibwilligkeit bei Frühtreiberei, benachteiligt aber die vegetative Entwicklung. — Zufuhr von Stalldung vor der Pflanzung und das Abdecken der Pflanzfläche mit Dung oder Torfmull (Steffen 1961) erhöhen den Kulturerfolg. Maatsch empfiehlt 300 dz Stallmist je ha.

Über die Wirkung mineralischer Düngung bestehen Meinungsverschiedenheiten. Maatsch (1958b) schreibt, daß auf gut mit Humus versorgten Böden zusätzliche mineralische Düngung kaum Erfolg bringt, eventuell sogar den Ertrag mindert, und daß ein ausgeglichenes NPK-Verhältnis wichtig sei. Bei einem in Kiel auf sandigem Lehmboden mit Mineraldüngern durchgeführten Düngungsversuch schnitt die Variante am besten ab, welche im ersten Jahr pro m² 30 g schwefelsaures Ammoniak und im Frühjahr des folgenden Jahres Thomasmehl und Kali erhalten hatte. Im Erntejahr soll die Stickstoffdüngung unterbleiben. — Thomasmehl erwies sich für Maiblumen als besonders geeignet, vermutlich wegen seines Kalkgehaltes (STEFFEN 1961).

Dahlia. Die Dahlie stellt keine besonderen Ansprüche an die Beschaffenheit des Bodens. Man sollte sie jedoch nicht auf frisch gedüngten Boden pflanzen (MAATSCH 1960 b). Als günstigen Säuregrad gibt KNICKMANN (1956) den Bereich pH 6 bis 8 an. Nach dem Ergebnis eines Versuches mit Stecklingspflanzen der Sorte „Broder Justinus" haben Dahlien in diesem Stadium geringen PK-Bedarf. Die Stickstoffdüngung richtet sich unter anderem danach, ob zur Knollengewinnung kultiviert wird oder ob man auf gutes oberirdisches Wachstum Wert legt. Im ersten Falle muß die N-Gabe niedriger bemessen werden, da hohe N-Mengen das Knollenwachstum hemmen. Auch geringe Gaben beeinträchtigen die Entwicklung der Knollen, sofern sie zu einem späten Zeitpunkt verabreicht wurden (Anonym 1958 b). VOGEL (1933) fand bei einem Vergleich verschiedener Phosphorsäuredünger Thomasphosphat für Dahlien weniger geeignet. Er empfiehlt auf Böden mit normalem Kalkgehalt Superphosphat, auf kalkhaltigeren Rhenaniaphosphat.

Dianthus. Im Stecklingsstadium lieben Nelken neutrale Bodenreaktion

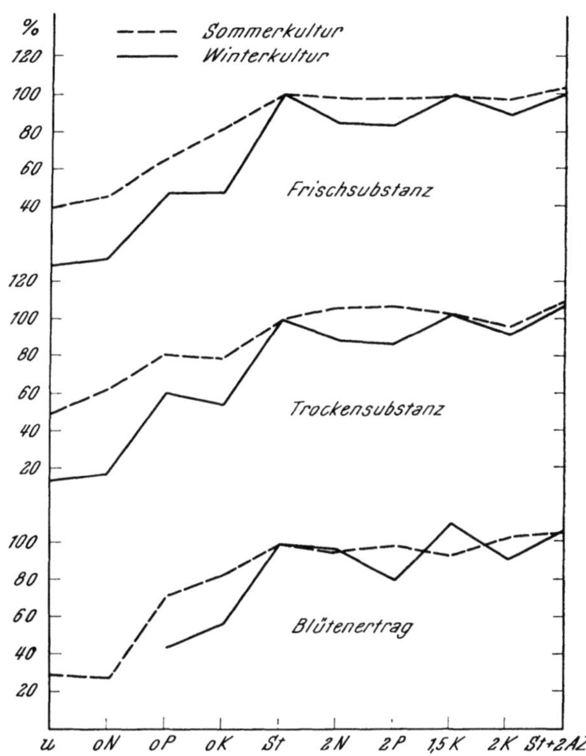

Abb. 208. Entwicklung und Ertrag der Nelkensorte „Petersen Sim" werden in den Sommermonaten weniger durch fehlerhafte Ernährung gestört als während der lichtarmen Jahreszeit. Es bedeuten: St = Standarddüngung mit dem N : P_2O_5 : K_2O-Verhältnis 1 : 0,8 : 1,5 und einfacher Spurenelementgabe (AZ-Lösung nach HOAGLAND). In den Mangelreihen wurde der betreffende Nährstoff weggelassen, in den Steigerungsreihen vermehrt verabreicht. Die Reihe $St + 2AZ$ erhielt die doppelte Spurenelementgabe

(BELGRAVER 1954). Die pH-Wert-Ansprüche ertragsfähiger Bestände dürften ähnlich liegen. — Das Gedeihen der Edelnelken hängt nicht von einer bestimmten Erdart ab. Wichtig ist, daß das Substrat durchlässig und nährstoffreich ist (MÜNZ 1952). Auch reiner Hochmoortorf kommt in Betracht, wenn man ihm 2 bis 3 g kohlensauren Kalk je Liter zusetzt. Bei Torfkultur gibt man 3 g Volldünger je Liter als Grunddüngung, für die Bodenkultur werden als Grenzzahlen für den wasserlöslichen Salzgehalt 0,3 bis 0,6 g je 100 g Boden angegeben (PENNINGSFELD 1960 a). Nach MÜNZ (1952) sollte die mineralische Grunddüngung nicht über 2 kg je m³ Erde betragen. Für Grund- und Kopfdüngung sind in der Regel 500 bis 700 g Dünger pro m² und Jahr erforderlich. Reichliche Stickstoffdüngung der Mutterpflanzen begünstigt die erste Entwicklung der Jungpflanzen (Odom 1953). Im übrigen aber sollte man bei der Nelkendüngung Kalium betonen (Puccini 1954, 1956a, 1956b, Cardus 1957, Münz 1952) oder mindestens mit Stickstoff auf einer Höhe halten (Eck 1960). Bei vermehrter Kalidüngung verringerten sich die Symptome der Fusariumwelke, während diese bei hohen Stickstoffgaben verstärkt auftraten (Gasiorkiewicz 1960). Im Winter sprechen Nelken besser auf ein kalibetontes Nährstoffverhältnis an als in den Sommermonaten. Sie reagieren in der lichtarmen Zeit auch empfindlicher auf Ernährungsfehler als im Sommer (Penningsfeld 1960a). Len (1961) beobachtete, daß die in warmen Sommern auftretende Blattspitzendürre sich infolge zu reichlicher Kaligaben verstärkte. Nach amerikanischen Untersuchungen soll es sich um Kalkmangelsymptome handeln. Während der heißen Jahreszeit ist daher verstärkte Kalksalpeterdüngung angebracht. Nach Puccini (1956b) ist Kaliumsulfat der Chloridbindung vorzuziehen.

Puccini (1957) erzielte durch Lithium in Form von Nitrat oder Chlorid eine Verbesserung der vegetativen Entwicklung, des Ertrages und der Qualität der Blüten. Man verabreichte die Lösungen von Juli bis Oktober fünfmal, und zwar in einer Konzentration von 0,1%. Lithiumsulfat und -karbonat sind nicht zu empfehlen. Auf die Bedeutung von Bor für Ertrag und Qualität der Nelken weisen mehrere Versuchsansteller hin (Oertli 1960a, Mastalerz 1958b, Titarenko 1959, Eck 1960). Eisenmangel vermag die Blütenzahl zu verringern (Messing 1958). Bestagno (1960) beobachtete an Nelken, denen man einen chromhaltigen organischen Dünger verabreicht hatte, Wachstumsdepressionen, Vergilbungserscheinungen und Mißbildungen an Blättern, Blüten und Wurzeln. — Der Bewässerungshöhe kommt ebenfalls Bedeutung zu. Bei Feuchtigkeitsgehalten des Bodens unter 28% ging der Ertrag erheblich zurück, die Qualität dagegen wurde nicht verschlechtert (Holley 1951, Wezenberg 1956a).

Nährstoffmangelsymptome beschreiben: Chan (1949—1953), Messing (1952, 1958), Oertli (1960a), Penningsfeld (1960a). — Weitere Angaben über Nelkendüngung bei Beach (1952), Blake (1960), Chan (1958), van den Ende (1958), Holley (1953), Lunt (1953, 1958a), Parker (1958), Peterson (1960), Sander (1931), Sanderson (1960), Shanks (1951), Trautmann (1952).

Euphorbia fulgens. Bei Torfkultur brachte Düngung mit 2 bis 3 g Volldünger je Liter das beste Ergebnis. Kalkung wirkte bei der verwandten Torfherkunft (pH/KCl 4,1) nachteilig (Penningsfeld, unveröffentlicht).

Euphorbia pulcherrima (Poinsettie). Poinsettien werden in Praxisbetrieben meist in lehmiger Erde mit pH-Werten zwischen 6 und 7 kultiviert. Daß sich auch Torf als Kultursubstrat eignet, erwähnen Will (1959) und Penningsfeld (1960a). Shanks (1954) weist auf die Bedeutung des pH-Wertes für die Bekämpfung der Wurzelfäule hin. Er gibt pH 4,8 als günstigen Wert an. Bateman (1961) fand geringste Anfälligkeit für die Erreger der Wurzelfäule bei pH-Werten zwischen 4,0 und 5,3, wenn die Bodenfeuchtigkeit unter 45% der MHC[1] und die Bodentemperatur unter 65° F lag. Man sollte die Kultur nicht zu naß halten, weil stark mit Wasser durchtränkter Boden zu Laubfall führt (Schnee 1935). Durch niedere Luftfeuchtigkeit kann dieser eingeschränkt werden.

Poinsettien zählen zu den nährstoffbedürftigen Kulturen. Bei Torfkultur verabreicht man 3 bis 5 g Volldünger je Liter als Grunddüngung und düngt mit 0,5%iger Nährlösung nach (Penningsfeld 1960a). Eine ähnliche Düngungshöhe nennt Larson (1960) für Mutterpflanzen. Bewurzelte Stecklinge erhalten etwa die Hälfte. — Als günstigstes Nährstoffverhältnis fand Penningsfeld (1960a)

---

[1] MHC = moisture-holding capacity.

bei Torfkultur und 3 g Grunddüngung je Liter die Relation $N:P_2O_5:K_2O = 1:1,6:1,5$. Reichliche Stickstoffdüngung der Mutterpflanzen bei mittlerer PK-Versorgung wirkt sich günstig auf die Stecklingsproduktion und die Qualität der fertigen Poinsettien aus (SHANKS 1952, LARSON 1960). Nach LINK (1957) stellen die einzelnen Sorten unterschiedliche Ansprüche an die Düngung. — Bei Torfkultur können Bormangelschäden auftreten, die man mit 2 mg Bor je Liter Torf behebt (WILL 1959).

Beschreibung von Nährstoffmangelsymptomen bei PENNINGSFELD (1960a) und WIDMER (1953). — Über Poinsettienernährung s. auch BATEMAN (1959), KOFRANEK (1956b), SHANKS (1957a), STRUCKMEYER (1960).

Abb. 209. Bei zu hoher Mineraldüngung wird die Wurzelbildung von *Euphorbia pulcherrima* stark beeinträchtigt. Die Abbildung zeigt typische Wurzelballen von Düngungsvarianten mit 3 g, 5 g und 7 g Volldünger je Liter Torf bzw. Nährlösung

Freesia. Der pH-Wert des Bodens beeinflußt Ertragshöhe und Blütenqualität der Freesien. Im pH-Bereich von 5,1 bis 7,0 stiegen Ertrag und Stiellänge mit der pH-Zahl an. Bei Überschreiten des Neutralpunktes ging die Blütenproduktion wieder zurück (KRAGTWIJK 1958). Auch SENNELS (1957) gibt als günstigen Reaktionswert pH 7 an. — Die Saatfreesie ist nur mäßig salzverträglich (PENNINGS-FELD 1960a). Nach BOSSE (1959) kann man bei Knollenfreesien durch reichliche Düngung ohne Verzögerung der Blütezeit kräftige Pflanzen erhalten, wenn bei trübem Winterwetter die Temperatur von $+8—11°C$ auf $+4°C$ gesenkt wird. Der Verfasser berichtet von holländischen Betrieben, die je m² bis zu 50 kg verrotteten Kuhmist einarbeiten. Er empfiehlt für deutsche Betriebe wegen der höheren Stallmistpreise als Ersatz Biohum, Torf und Mineraldünger. Nach Friesdorfer Erfahrungen kann man vor dem Pflanzen 80 g und im Dezember und März je 70 g Volldünger pro m² verabreichen und damit lange, kräftige Blütenstiele und große Knollen erzielen. Auch diese Düngungsanweisung setzt niedrige Haustemperaturen im Winter voraus. — In Torfkultur sollte die Düngung ihrer Zusammensetzung nach kalireich sein und genügend Spurenelemente sowie Eisen enthalten (PENNINGSFELD 1960a). Stickstoffüberdüngung bewirkt nach ZUMSTEIN (1961) schwache Blütenbildung. Auch langgestreckte und mißgebildete Blütenstände können infolge von Stickstoffüberschuß entstehen. Dagegen fördert leichte Stickstoffdüngung zur Zeit des Blumenschnittes die Entwicklung der späteren Blumen und verbessert die Blütengröße (SENNELS 1957). Im allgemeinen empfiehlt SENNELS (1957) organische Düngergaben, die für Knollenfreesien etwas reichlicher bemessen sein können als für Saatfreesien. Zahlenangaben fehlen. Bei Anzucht aus Knollen soll kein frischer Stalldung verwendet werden. Eine kurze Beschreibung von Mangelsymptomen ist bei PENNINGSFELD (1960a) nachzulesen. Weitere Angaben über Freesiendüngung s. auch Anonym (1958c).

Gardenia. Als günstige Bodenreaktion nennt HAHN (1954) den pH-Bereich 5,5 bis 6,5. In Torfkultur wurden gute Ergebnisse bei pH 3,5 bis 4,0 erzielt

(Penningsfeld 1960a). Als optimale Düngergaben für die Anzucht in Torf fand man 1,0 g Grunddüngung und 0,1 bis 0,15%ige flüssige Nachdüngung. Der Dünger soll stickstoffbetont sein. Das Nährstoffverhältnis $N:P_2O_5:K_2O:MgO: FeO = 2:0,8:1,5:0,5:0,4$ hat sich bewährt. Ausreichende Eisenversorgung, in Torf 0,25 g Eisensulfat je Liter, trägt wesentlich zum Gelingen der Kultur bei (Penningsfeld 1960a). Zur Bekämpfung von Eisenmangelchlorose eignen sich Eisenchelate (Seeley 1953, Baudendistel 1957, White 1954, 1956). Lunt (1957) weist auf die Chloridempfindlichkeit der Gardenie hin. — Nährstoffmangelsymptome beschreiben: Poesch (1937) und Penningsfeld (1958a, 1960a). Weitere Angaben über Gardeniendüngung sind bei Edson (1961) und Kohl (1958a) zu finden.

Gerbera jamesonii. Gerbera gedeihen gut auf durchlässigen Mineralböden und in richtig gedüngtem Hochmoortorf. Mit Rücksicht auf die Gesunderhaltung der Bestände ist Zusatz von Kompost und Stallmist zu vermeiden. Dagegen können zu dichte Böden ohne Gefahr durch Torfbeimischung gelockert und mit Humus angereichert werden. Die Bodenreaktion sollte in Mineralböden bei pH 5,5 bis 6,5, in Torf bei 5,0 bis 5,5 liegen (Penningsfeld 1961c).

Abb. 210. Phosphorsäure-Mangelsymptome an Blättern von *Gerbera jamesonii* „Carmen"

Der Nährstoffbedarf der Gerbera ist mittelmäßig. Als anzustrebende Gehaltszahlen für Mineralböden nennt Penningsfeld (1961c): 10 bis 30 mg N, 40 bis 60 mg P_2O_5, 60 bis 100 mg K_2O je 100 g lufttrockenen Bodens. Für Torf gelten folgende Richtzahlen: 250 bis 300 mg N, 100 bis 200 mg P_2O_5, 300 bis 500 mg K_2O, wasserlöslicher Salzgehalt 0,2 bis 0,3%. Otto (1961) empfiehlt für die Düngung im Sommer 0,15%ige Lösungen stickstoffreicher Volldünger und für September/Oktober Crescal und Fertisal. Die Flüssigdüngung entspricht etwa einer Gabe von 60 bis 80 g Volldünger/m² und Monat.

Bei Torfkultur sollte die Grunddüngungshöhe 2 g Volldünger je Liter nicht überschreiten, da sonst eventuell die Haltbarkeit der Blüten leidet. Von übermäßiger Kalkung wird ebenfalls abgeraten, da Mangel an Spurenelementen und damit verringerte Erträge und schlechtere Blütenqualität die Folge sein können. Die Spurenelementfrage besitzt vor allem für die Torfkultur große Bedeutung und bedarf noch eingehender Bearbeitung. Aus bisherigen Versuchen und Beobachtungen geht hervor, daß *Gerbera* ziemlich hohen Bedarf an Fe, Cu und Mo aufweist. Bei Torfkultur müssen diese Elemente als Grunddüngung und später meist noch mehrmals flüssig verabreicht werden, auch dann, wenn spurenelementhaltige Volldünger Verwendung finden. Geeignete Verbindungen sind Fetrilon (BASF), $CuSO_4$ und Na_2MoO_4. *Gerbera* benötigt viel Stickstoff bei guter Kaliversorgung. Für den Klon „Carmen" erwiesen sich bei Torfkultur die Relationen $N:P_2O_5:K_2O = 1:1:1$ und $2:1:2$ als günstig (PENNINGSFELD 1960a und unveröffentlicht). — Beschreibung von Nährstoffmangelsymptomen bei PENNINGSFELD (1960a). Weitere Angaben zur Ernährung der Gerbera s. BOWE (1958), GARTHWAITE (1955, 1956, 1959a, 1959b), MAYER (1959), RUPPRECHT (1958), STINSON (1953), WEZENBERG (1956b).

Gladiolus. Gladiolen bringen bei tiefem pH-Wert des Bodens (ab 4,5) niedrigere Erträge als im Bereich von pH 4,8 bis 6,5 (JENKINS 1958). Nach HALEVY (1959) soll man die Bewässerungshöhe in den drei für Gladiolen typischen Entwicklungsstadien verschieden bemessen. Auch ist zu berücksichtigen, ob zur Erzeugung von Blüten oder Knollen kultiviert wird.

Bei Anzucht in Torf empfiehlt PENNINGSFELD (1960a) für die Grunddüngung 2g Volldünger je Liter, für die Nachdüngung 0,3%ige Düngerlösung. KOFRANEK (1957) berichtet, daß Gladiolen wenig Salz brauchen und vertragen. Doch unterscheiden sich die Nährstoffansprüche der einzelnen Sorten voneinander (PENNINGSFELD 1960a, WOLTZ 1955, 1956, 1957b). Nach WOLTZ (1955) benötigen große Knollen mehr Dünger als kleine. Über die Abhängigkeit der Qualität und Blütenhaltbarkeit von der Einbringtiefe für N- und P-Dünger arbeitete MANTROVA (1958). Für N-Dünger erwiesen sich 8 bis 10 cm und für P-Dünger 25 bis 30 cm als günstig.

Die Frage, ob Gladiolen ein bestimmtes Nährstoffverhältnis zur Bildung hoher Erträge von guter Qualität bevorzugen, ist nicht ohne weiteres zu beantworten. GUTTAY (1957) fand beim Vergleich von drei sich in ihrem Kaligehalt stark unterscheidenden Düngern keine wesentlichen Unterschiede. Aus anderen Arbeiten geht hervor, daß die Ansprüche an die einzelnen Nährstoffe von zahlreichen Faktoren, wie z. B. Sorte, Knollengröße, Pflanztermin, beeinflußt werden. — Zusatz von Stadtmüll verbesserte den Knollenertrag (DE GROOTE 1956). Weitere Angaben s. auch HALEVY (1960), KOSUGI (1960), MANTROVA (1956), MEGA (1957), SAROVA (1954), SIEV (1953), STRYDOM (1956), WOLTZ (1954a, 1955, 1956, 1960).

Helleborus niger. *Helleborus* liebt kalkhaltigen Boden (JELITTO 1958), gedeiht aber auch in Torf. Der optimale pH-Wert liegt dort bei 5,9 (EGBERTS 1956).

Lathyrus odoratus liebt gut durchlüfteten Boden mit pH-Werten zwischen 6 und 7,5 (KNICKMANN 1956, MAATSCH 1958 g). Bei der Einteilung in nährstoffbedürftige, verträgliche und empfindliche Pflanzenarten ist *Lathyrus* der mittleren Gruppe zuzurechnen. (PENNINGSFELD 1958c). Eines der Hauptprobleme bei der Edelwickenkultur ist der Knospenfall. Gleichmäßige Bodenfeuchtigkeit und ausreichende Kaliversorgung wirken diesem entgegen. Nach Weihenstephaner Versuchsergebnissen kann für die Düngung die Relation $N:P_2O_5:K_2O = 1:0,8:3,0$ als richtig angesehen werden (PENNINGSFELD 1960a). Neben Schwankungen im Wasserhaushalt werden Kalkmangel und hohe N-Gaben (Anonym 1959a, SMITH 1959) sowie P-Mangel (OZAWA 1958) als Ursachen für Knospenfall genannt. Stark

betonte N-Versorgung hemmt außerdem das Wachstum (Ozawa 1958). Nährstoff-
mangel- und Überdüngungssymptome beschreibt Penningsfeld (1960a).

Lilium. Der günstigste pH-Wert für Lilien liegt im schwach sauren Bereich.
Werte über pH 6,5 führen zu Eisenmangelchlorose (Bik 1958c), während im sauren
bis stark sauren Bereich der „Blattbrand" (leaf scorch) verstärkt auftritt. Er kann

Abb. 211. Typische Überdüngungsschäden an der Gladiolensorte „Acca Laurentia"

in diesem Falle durch Kalkung weitgehend beseitigt werden. Auf weniger sauren
Böden helfen Stickstoffgaben. Auch der Phosphorsäuredüngung kommt in diesem
Zusammenhang eine gewisse Bedeutung zu (Shanks 1959, Stuart 1952). Nach
Seeley (1952) fördern Bor- und Magnesiumgaben das Auftreten des „Blatt-
brandes".

In der Vorkultur verträgt *Lilium longifl.* hohe Borkonzentrationen sowie
Natrium- und Kalziumchlorid ziemlich gut, während der Treibperiode aber reagieren Lilien empfindlich darauf. Borschäden äußerten sich in Spitzennekrosen der
Blätter (Kohl 1960). — Düngung während der Treibperiode hemmt nach Seeley
(1952) das Wachstum. In diese Richtung weisen auch die von Eastwood (1952)

für andere Lilien (Creole lilies) angeführten Bodenuntersuchungsergebnisse. Über Liliendüngung arbeiteten u. a. auch MILES (1952) und UENO (1959).

Orchidaceae. Orchideenpflanzstoffe müssen eine gute Durchlässigkeit besitzen, da die Wurzeln sehr luftbedürftig sind. Die bisher in der Praxis verwandte Mischung, die hauptsächlich aus Sphagnum, Polypodium und Osmunda besteht, wird diesen Ansprüchen gerecht. Als neuen Pflanzstoff empfiehlt ELLE (1960): 40% Kiefernrinde, 40% Sphagnum, 20% hartes Laub (Buche oder Eiche). Die Korngröße der Rinde soll je nach dem Alter der Pflanzen 0,3 bis 0,6 cm, 1 bis 2 cm oder 3 bis 5 cm betragen. Vor der Verarbeitung wird die Kiefernrinde in 0,2%ige Volldüngerlösung getaucht. Das Substrat ist angeblich für alle Orchideenarten geeignet. Bei *Phalaenopsis* und *Cymbidium* hat sich reine Torfkultur bewährt (PENNINGSFELD 1961 d, 1962 a, 1962 b). AHMANN (1961) nennt die Zusammensetzung eines in einem amerikanischen Spezialbetrieb für Cymbidien verwandten Substrates: 25% Redwoodborke, 25% Torfstreu, 20% Kiefernrinde, 15% Perlite, 15% Erde. *Miltonia* soll in einem überwiegend aus roher Tannenrinde bestehenden Pflanzstoff gut gedeihen. Die Töpfe werden oben mit einer Mischung aus feiner Sämlingsrinde, Torf, Bimskies und Kuhdung bedeckt (HOYT 1960). SHEEHAN (1960, 1961) fand bei Verwendung verschiedener Rindenarten zu blühfähigen Cattleyen und Phalaenopsis-Sämlingen Unterschiede im Stickstoffbedarf. Nach DAVIDSON (1960) verlangen in Rinde kultivierte Orchideen allgemein mehr Stickstoff als in Osmunda oder Kieskultur herangezogene.

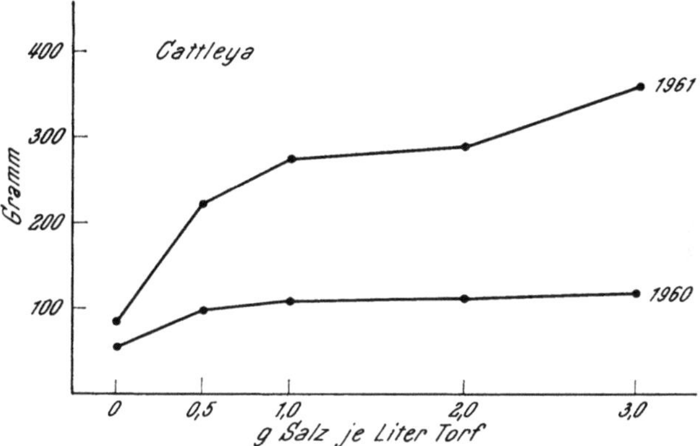

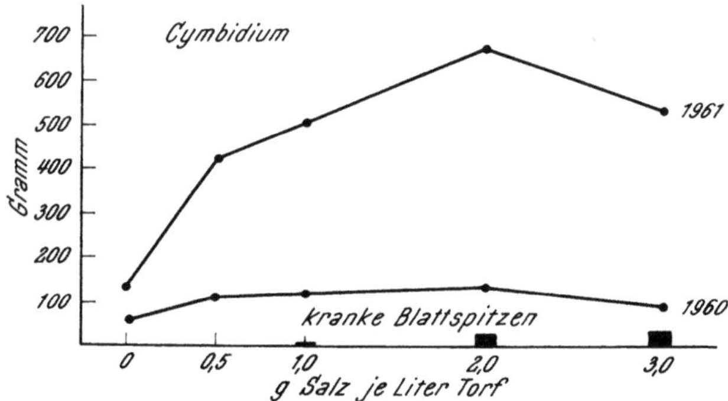

Abb. 212. Reaktion von in Torf angezogenen Orchideenjungpflanzen auf gestaffelte Düngungshöhe (1. und 2. Versuchsjahr)

Als günstigen pH-Wert des Substrates gibt RICHTER (1958 b) für terrestrische Orchideen 4,5, für epiphytische 5 bis 6 an. In Torfsubstrat sollte der pH-Wert zwischen 4 und 5 liegen (PENNINGSFELD 1962 b).

Bei Verwendung von härterem Gießwasser (pH 5 bis 9) gediehen Cattleyen etwas besser, als wenn mit sehr weichem Wasser gegossen wurde. Wasser mit extrem hohem Borgehalt erwies sich als ungeeignet (DAVIDSON 1960). HELTON (1960) fand, daß mit steigender Lichtintensität und Wasserversorgung bei guter Durchlüftung des Substrates die Blühwilligkeit von Cymbidien zunahm.

Die Düngung wird sehr unterschiedlich gehandhabt. Nach Richter (1958b) sind geringe Zusätze von getrocknetem Kuhdünger, Blutmehl oder Knochenmehl zum Pflanzstoff vorteilhaft. Nur wenn die Pflanzen gesund, gut bewurzelt und in vollem Wachstum sind, darf flüssig gedüngt werden. Man verwendet stark verdünnte Aufgüsse von Kuh- bzw. Taubenmist oder schwache Mineraldüngerlösungen. Die Anwendung flüssigen Fischdüngers ist ebenfalls möglich (Dressler 1952). — Über die richtige Düngungshöhe gehen die Meinungen weit auseinander. Richter (1958b) gibt 0,01% an, Ruppert (1954) 0,3 bis 0,5% und Elle (1960) 0,1%. Bei Torfkultur von *Phalaenopsis* und *Dendrobium phalaenopsis* verabreicht man 0,5 g Volldünger als Grunddüngung und 0,1%ige flüssige Nachdüngung. Cymbidien zeigten bei 2 g Volldünger je Liter Torf beste Entwicklung, bei Cattleyen ist mit 3 g je Liter das Optimum noch nicht überschritten (Penningsfeld 1960a, 1961d, 1962a). —Sheehan (1960, 1961) berichtet von einem Nährstoffverhältnisversuch zu blühfähigen Cattleyen und Sämlingen von *Phalaenopsis* in verschiedenen Rindensubstraten. Beide Orchideenarten sprachen gut auf Stickstoffsteigerung an, während sie auf vermehrtes Kaliangebot nicht reagierten. Auch in Torfkultur zeigte sich der hohe Stickstoffbedarf der Cattleyen und geringer Kalibedarf von *Phalaenopsis* während der Jugendentwicklung. Für die Torfkultur von *Dendrobium* erwies sich dagegen das $N:P_2O_5:K_2O$-Verhältnis von $1:0,8:1,5$ bis 3 als günstig. Verstärkte Stickstoffdüngung förderte zwar die vegetative Entwicklung, beeinträchtigte jedoch die Blühwilligkeit (Penningsfeld 1960a, 1962a). In Nährlösungsversuchen zu Cattleyen begrenzten N- und P-Mangel das Wachstum, während schon geringe Mengen an Kalium, Magnesium und Kalzium im Substrat den Pflanzen genügten. Zusätzliche Spurenelementgaben erwiesen sich hierbei als überflüssig (Davidson 1960). Weitere Angaben über Orchideendüngung s. Anonym (1960), Carnets (1953), Mott (1953, 1955).

Ranunculus. Die oberirdische Entwicklung von *Ranunculus* wird durch Staffelung der Nährlösungskonzentration im Bereich von 0,2 bis 0,7% kaum beeinflußt. Dagegen werden zur Knollenanzucht nur 0,1- bis 0,2%ige Lösungen empfohlen (Penningsfeld 1960a).

Rosa. Der pH-Wert des Bodens sollte nicht zu hoch liegen, da sonst Eisenmangel auftritt (Bik 1960, Penningsfeld 1960a). Freilandrosen bevorzugen den pH-Bereich schwach sauer bis leicht alkalisch (Krüssmann 1958a), Gewächshausrosen Werte zwischen pH 6,2 und 6,8 (Maatsch 1958h). Für gutes Wachstum von Treibrosen ist die Tiefgründigkeit des Bodens von Bedeutung. Nach Köster (1961) sollten Mutterboden, Unterboden und strukturell günstiger Untergrund zusammen mindestens eine Mächtigkeit von 80 cm aufweisen.

Die Rose ist zwar nährstoffbedürftig, aber wenig salzverträglich (Penningsfeld 1960a). Besonders auf humusarmen Böden kann es bei starker Hitze leicht zu Überdüngungserscheinungen kommen. Da organische Dünger ihre Nährstoffe nur langsam an den Boden abgeben, bieten sie für die Rosenkultur Vorteile. Krüssmann (1958a) empfiehlt für Freilandrosen vor der Pflanzung eine Stallmistgabe von etwa 3 dz/ar, auf schweren Böden Pferdedung, auf leichten Böden Rinderdung, beide gut verrottet. Im zweiten und dritten Jahr nach der Pflanzung folgt mineralische Düngung, und zwar verabreicht man zu Beginn des Austriebes 2 kg Kalkammonsalpeter, im März 5 kg Thomasmehl und 8 kg Kalimagnesia je ar. Gewächshausrosen erhalten zunächst 15 dz Stallmist je ar. Später wird durch regelmäßige Bodenuntersuchungen der Nährstoffgehalt kontrolliert und durch Verabreichung von kurzem Dung, Hornspänen, Blutmehl und Kalimagnesia oder anorganischen Volldüngern ergänzt, insbesondere zu Beginn des Schnittes. Nach Mitte September sollte nicht mehr gedüngt werden (Maatsch 1958h). Vogel

(1933) fand als Phosphatdünger für Böden mit normalem Kalkgehalt Superphosphat, für solche mit höherem Kalkgehalt Rhenaniaphosphat besonders geeignet.

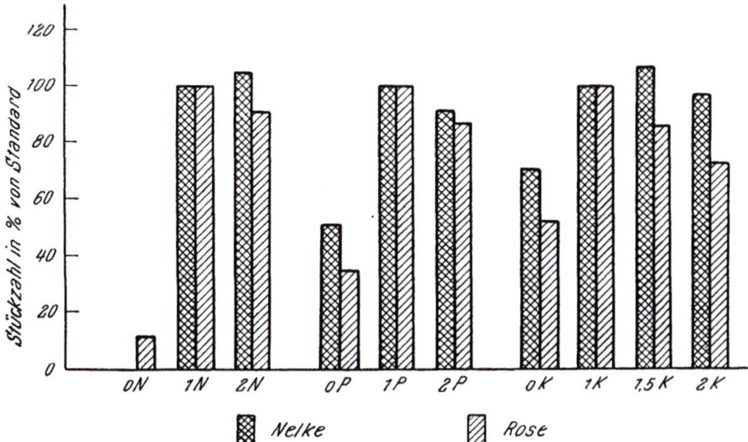

Abb. 213. Ein Vergleich der Wirkung von Nährstoffmangel und -steigerung auf die Blütenproduktion von Rose und Nelke zeigt, daß erstere empfindlicher auf disharmonische Ernährung anspricht

Über das günstigste Nährstoffverhältnis für Rosen findet man nur wenig vergleichbare Angaben. Es dürfte auch je nach Boden- und Umwelteinfluß sehr

Abb. 214. Eisenmangelchlorose an Blättern der Rosensorte „Red Better Times"

variieren. In einem mit Sand/Torf-Gemisch durchgeführten Gefäßversuch zur Sorte „Gloria Dei" schnitt die Reihe mit dem $N:P_2O_5:K_2O$-Verhältnis von 1:0,8:1,4 in der Nährlösung am besten ab (PENNINGSFELD 1960a). DOAK (1953) erzielte bei *Rosa multiflora* gute Erfolge mit einem Volldünger, dessen NPK-

Verhältnis 1:4:4 betrug. Er weist darauf hin, daß hoher Stickstoffgehalt des Düngers die Blattfleckenkrankheit (Mycosphaerella rosigena) verstärkt. Auch die Arbeit von Laurie (1944) läßt eine reichliche Kalidüngung angebracht erscheinen. Andere Versuchsansteller beobachteten keine deutliche Kaliwirkung oder bei hohen Gaben sogar Ertragseinbußen (Kamp 1958, Thayer 1954, Lindstrom 1955). Nach Post (1951) und Kamp (1960b) wirken niedrige Kaligaben ungünstig und können Schadsymptome hervorrufen. — Neben dem Kalium gebührt dem Kalk Beachtung. Einerseits reduzieren nach Asen (1953) hohe Kalkgaben den „Blattbrand" (leaf scorch), andererseits aber wird von Ertragseinbußen (Post 1951) oder Manganmangel als Folge berichtet. Dieser läßt sich durch Zugabe von elementarem Schwefel zum Boden beheben (Massey 1952, Owen 1953). Kamp (1960a) erzielte mit drei verschiedenen Kalkstufen keine Wirkung. Krüssmann (1958a) empfiehlt für Freilandrosen eine Kalkgabe von 15 bis 20 kg/ar in vier- bis fünfjährigem Rhythmus, auf schweren Böden als Branntkalk, auf leichten als kohlensauren Kalk.

Eisenmangel bekämpft man in der Regel mit Eisenchelaten (Thayer 1954, White 1954, 1956). Hierdurch kann jedoch Manganmangel hervorgerufen werden (van Marsbergen 1958). Bik (1960) empfiehlt deswegen vorbeugende Spritzungen mit 0,5 bis 0,75%iger Mangansulfatlösung im Abstand von 6 Wochen. Neben Mangan gilt Bor als wichtigstes Spurenelement für Rosen. Die Bordüngung des Bodens muß jedoch in Zusammenhang mit seiner Kalkversorgung gesehen werden. Asen (1952) gibt 0,25 ppm verfügbares Bor als optimal an.

Nährstoffmangelsymptome beschreiben Laurie (1944) und Penningsfeld (1958a, 1960a). — Über Ernährungsfragen bei Rosen s. auch Abernathie (1960), Anonym (1952, 1961), Durkin (1960), Fahmy (1960), Maroger (1952), Wildon (1957).

Strelitzia reginae. *Strelitzia* verlangt schwere, nahrhafte Erde (Encke 1958c). Bewässerung im Sommer verfrüht die Blüte (Carra 1952).

c) Düngung der Sommerblumen

Exakte Ernährungsversuche liegen bei Sommerblumen kaum vor. Soweit es sich um Schnittblumen oder Topfpflanzen handelt, wurden diese bereits in den betreffenden Abschnitten mitbesprochen. Dies gilt z. B. für *Begonia semperflorens*, *Antirrhinum majus* und *Callistephus chinensis*.

Im folgenden sind Ergebnisse von Jungpflanzenanzuchtversuchen in Torf tabellarisch zusammengefaßt, die insofern einen guten Einblick in die spezifischen Ansprüche der geprüften 30 Sommerblumenarten gewähren, als die Untersuchungen im gleichen Substrat und unter auch sonst gleichgehaltenen Bedingungen stattfanden. Aus Raummangel konnten nur die pH- und Ernährungsbereiche wiedergegeben werden, in denen man beste Entwicklung beobachtete. Weitere Einzelheiten sind unter Penningsfeld (1960/61) nachzulesen. Diese Ergebnisse wurden zum Teil durch unveröffentlichte Resultate ergänzt.

Als Versuchsgefäße dienten Kunststoffschalen, die mit verschieden gekalktem und gedüngtem Torf gefüllt wurden, dessen pH/KCl-Wert vor Versuchsbeginn bei 3,4 bzw. 3,7 lag. Diesem Torf setzte man außer den variierten Kalk- und Volldüngergaben je Liter 25 bzw. 15 mg Fetrilon (BASF), 10 bzw. 5 mg $CuSO_4 \cdot 5H_2O$ und 2 mg $Na_2MoO_4 \cdot 2H_2O$ zu, um Spurenelementmangelerscheinungen vorzubeugen. In die so vorbereiteten Schalen pikierte man Sämlinge der betreffenden Sommerblumen, sobald diese es erlaubten. Die Auswertung erfolgte in pflanzfertigem Stadium durch Zählen und Wiegen im frischen und getrockneten Zustand.

Abb. 215. Junge Zwerg-Königin-Astern entwickelten sich am besten in den Versuchsreihen mit 3 g CaCO₃ und 1 bis 2 g Volldünger je Liter Torf (Nr. 10 und 11). In den schwächer gekalkten Reihen (Mitte) und besonders im ungekalkten Torf (oben) gediehen sie deutlich schlechter, während gleichzeitig die Salzverträglichkeit abnahm

Abb. 216. Beträchtliche Größenunterschiede ergaben sich in der Entwicklung von *Phlox drummondii* bei Staffelung der Düngungshöhe von 0 bis 3 g Volldünger je Liter Torf (Nr. 1 bis 6 bzw. 7 bis 12). Zugabe von 2 g CaCO₃ je Liter Torf (unten) bewirkte im Vergleich zu ungekalkt (oben) besseres Wachstum. Als Bestreihe schnitt Nr. 10 mit 1,5 g Volldünger und Kalkzusatz ab

Tabelle 387. *Kalk- und Nährstoffansprüche im Jungpflanzenstadium (Sommerblumen)*

Pflanzenart	Sorte	g $CaCO_3$ je Liter Torf	pH/KCl nach Kalkung	g Volldünger je Liter Torf	Bemerkungen
Ageratum houst.	Blaue Kugel	0—2,0	3,4—4,5	1,0—1,5	
Althaea rosea	—	1,5	4,7	1,0	
Antirrhinum majus	Forest Fire	3,0	5,5	2,0	
Aquilegia	McKana's Riesen	1,5	4,7	1,0	
Begonia semperfl.	Rote Tausendschön	0	—	0,5	Durch Kalkung Keimergebnis und Wuchsleistung verschlechtert
Calendula off.	Goldfink	3,0	5,5	2,0	
Callistephus chin.	Rosakönigin	3,0	5,5	2,0	
Campanula medium	—	3,0	5,5	2,0	
Cheiranthus all.	—	3,0	5,5	1,0—3,0	Bei 3 g Volldünger je Liter Höchstertrag
Cheiranthus cheiri	—	1,5	4,7	2,0—3,0	
Chrysanthemum parth. (Matricaria)	Goldball	3,0	5,5	2,0	
Clarkia elegans	—	3,0	5,5	2,0	
Cleome spinosa	Rosakönigin	2,0	4,5	1,5	
Dianthus barbatus	—	3,0	5,5	1,0	
Dianthus hedd.	Mischung	1,5—3,0	4,7—5,5	1,0—2,0	
Chabaudnelke	Feuerkönig	1,5—3,0	4,7—5,5	1,0—2,0	1,5 g $CaCO_3$ je Liter Torf optimal, bei 3 g Trockengewicht nur wenig reduziert
Gaillardia picta	Feuerball	3,0	5,5	2,0	
Godetia azaleaefl.	Herzlieb	3,0	5,5	2,0	Auch bei 1 g Volldünger je Liter Torf gute Entwicklung
Lobelia erinus var. comp.	Kristallpalast	2,0	4,5	1,5	In ungekalktem Torf etwas besseres Keimergebnis
Petunia hybr. nana	Himmelsröschen	2,0	4,5	2,0—3,0	Bestes Keimergebnis bei 1 g Volldünger je Liter Torf
Myosotis	Indigo comp.	1,5—3,0	4,7—5,5	1,0	
Pentstemon gent.	Scharlachkönigin	3,0	5,5	2,0	Auch bei 1,5 g $CaCO_3 + 1$ g Volldünger je Liter Torf gutes Ergebnis
Phlox drummondii	Tetra Red	2,0	4,5	1,0—2,0	Sehr kalkbedürftig. Keimung durch höhere Volldüngergaben etwas gestört
Salpiglossis sin. superb.	Mischung	2,0	4,5	2,0—3,0	Bei 3 g Volldünger je Liter Torf Auflaufergebnis verschlechtert
Tagetes patula	Gelber Knirps	2,0	4,5	2,0	
Verbena hybr.	Sparckle	2,0	4,5	1,0—2,0	Kalkbedürftig
Viola cornuta	Gustav Wermig	3,0	5,5	1,0	Kalkung des Torfes nicht von entscheidender Bedeutung
Viola tricolor	Luzern	3,0	5,5	1,0	Kalkung des Torfes nicht von entscheidender Bedeutung
Viola tric. hiem.	Wintersonne	3,0	5,5	1,0	Kalkung des Torfes nicht von entscheidender Bedeutung
Zinnia elegans	Rotkäppchen	2,0	4,5	0 2,	

d) Düngung der Stauden

Über Staudendüngung liegen bisher wenige brauchbare Versuchsergebnisse vor. Die nachfolgend mitgeteilten Unterlagen über den Einfluß der Düngungshöhe auf Wachstum und Blühwilligkeit verschiedener Stauden wurden in einem mehrjährigen Freilandversuch auf Lößlehm erzielt, der bei Versuchsbeginn folgende Eigenschaften aufwies: pH/KCl 6,1, wasserlöslicher Salzgehalt 0,06% und nach der Doppellaktatmethode 19 mg K_2O und 69 mg P_2O_5. Man prüfte die Wirkung gestaffelter Nitrophoskagaben entsprechend 0—5—10—20 und 30 g N/m^2 bei dreifacher Wiederholung (PENNINGSFELD, unveröffentlicht).

Aster novi belgii „Royal Blue". In den ersten beiden Jahren brachte eine jährliche Düngergabe von 30 g N/m^2 ($= 250$ g Nitrophoska blau)

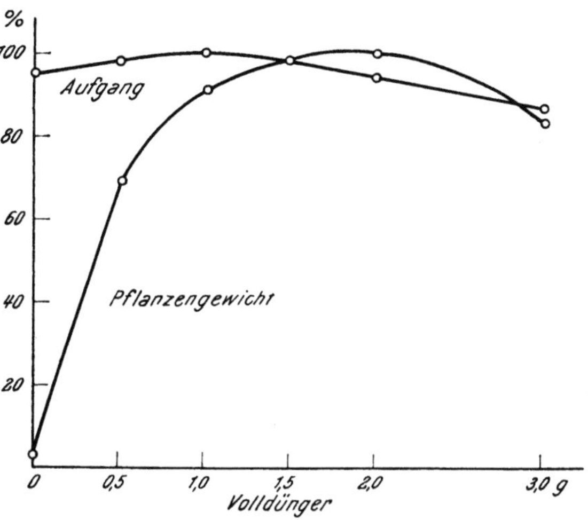

Abb. 217. Keimergebnis und Weiterentwicklung von Sommerblumenjungpflanzen bei gestaffelter Nährstoffversorgung (Mittelwerte von zehn verschiedenen Arten). Man erkennt, daß der Aufgang durch zu reichliche Nährstoffversorgung mehr als durch Nährstoffmangel gehemmt wird. Der wachsende Sämling spricht dagegen stärker auf Nährstoffmangel an

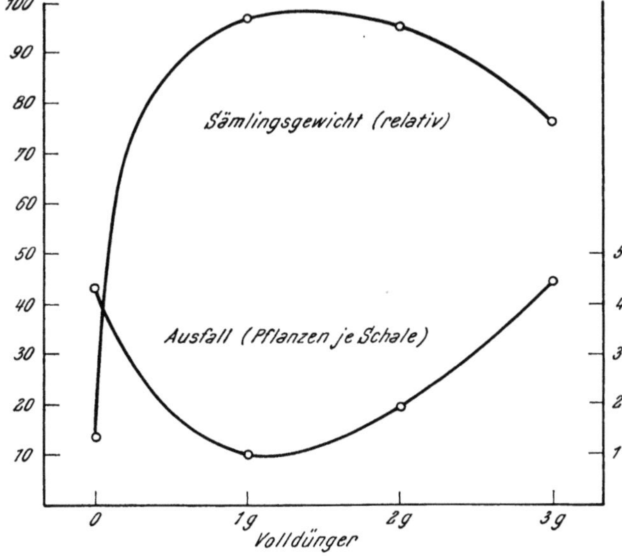

Abb. 218. Einfluß der Düngungshöhe auf Trockensubstanzgewicht einer Pflanze und Ausfall je Schale (Mittelwerte von 20 Sommerblumenarten)

das beste Ergebnis, insbesondere hinsichtlich der Reichblütigkeit. Im dritten Jahr lag das Optimum für Pflanzenhöhe und Frischgewicht bei 10 g N/m^2, während die meisten Triebe weiterhin bei der höchsten Düngergabe gebildet wurden.

Astilbe arendsii „Feuer". *Astilbe* ließ schon im zweiten Jahr bei 20 g N/m² (=167 g/m² Nitrophoska blau) Bestwerte für Wuchs und Blütenbildung erkennen. Das dritte Versuchsjahr bestätigte dieses Ergebnis.

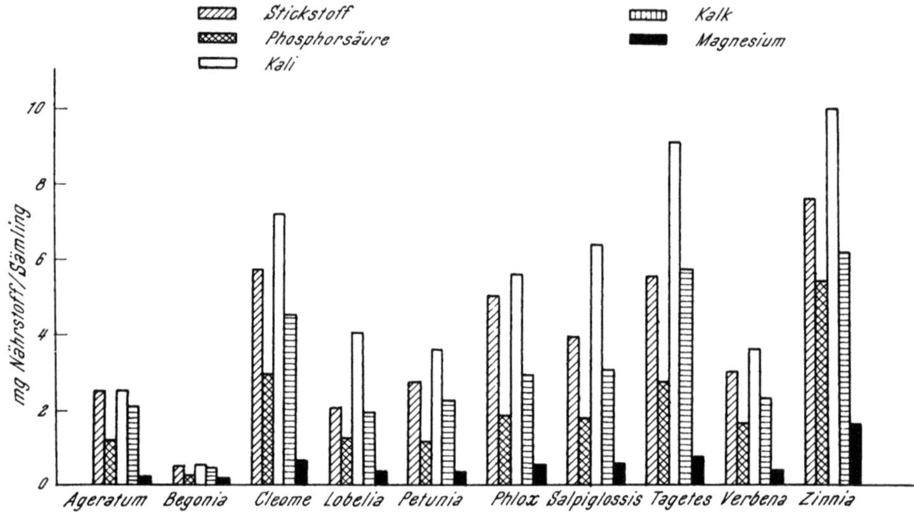

Abb. 219. Nährstoffentzug von pikierten Sommerblumen unter gleichgehaltenen Versuchsbedingungen (mg/Pflanze)

Chrysanthemum max. „Wirral Supreme". In den ersten Jahren wirkte eine Düngung von 10—20 g N/m² am besten, im dritten Jahr schnitten die mit nur 5 g N/m² (=42 g Nitrophoska blau) gedüngten Parzellen günstiger ab.

Delphinium cultorum „Finsteraarhorn". Delphinium sprach in allen drei Jahren gut auf starke Düngung an (30 g N/m²).

Erigeron hybr. „Wuppertal". Aus den Ergebnissen der drei Versuchsjahre geht hervor, daß Erigeron wenig Dünger verträgt, unter den vorliegenden Verhältnissen 5 bis 10 g N/m² und Jahr.

Paeonia lactiflora „Pottsiplena". *Paeonia* reagierte erst im dritten Jahr deutlich auf die vorgenommene Düngerstaffelung: Triebentwicklung und Reichblütigkeit erreichten bei 20 g N/m² (=167 g/m² Nitrophoska blau) Höchstwerte.

Phlox paniculata „Württembergia". Der Versuch lief nur zwei Jahre. Da sich die Phloxkultur in schlechtem Gesundheitszustand befand, fiel das Ergebnis nicht ganz eindeutig aus; man kann jedoch daraus entnehmen, daß *Phlox paniculata* nährstoffbedürftig ist.

Phlox subulata „Maischnee" zeigte vom zweiten Versuchsjahr an hohen Nährstoffbedarf, 30 g N/m² und Jahr brachten Höchstwerte für Polstergröße und Gesamtfrischgewicht.

Rudbeckia newmannii. Nach einjähriger Versuchsdauer zeichnete sich die Düngergabe von 20 g N/m² (=167 g Nitrophoska blau) als optimal ab.

e) Düngung der Ziergehölze

Bei den nachfolgend über die Ernährungsansprüche von Ziergehölzen mitgeteilten Ergebnissen handelt es sich in erster Linie um deren Bedarf zur Zeit der Vermehrung bzw. im Baumschulstadium. — Sofern kein Verfasser angegeben ist, stammen die Ergebnisse aus Weihenstephaner Versuchen (PENNINGSFELD 1961e).

Abies: Für die Jungpflanzenanzucht in Torf scheint der Kalkung kein bedeutender Einfluß zuzukommen. Bei der Samenkeimung ist *Abies* salzempfindlich, für die Weiterentwicklung erwiesen sich 1,5 bis 2,0g Volldünger je Liter als

Abb. 220. Große Unterschiede in der Entwicklung von Bergahornaussaaten bei gestaffelter Düngungshöhe. Die Nummern bedeuten: *1* = ungedüngt, *2* = 0,5 g, *3* = 1,0 g, *4* = 1,5 g, *5* = 2,0 g Volldünger je Liter Torf

optimal. Die Trockensubstanz von Pflanzen der Bestreihe war sehr nährstoffreich, das N/K_2O-Verhältnis mit 1,7 für Nadelhölzer ausnahmsweise weit. —

Abb. 221. Charakteristische Kaliummangelsymptome an *Carpinus betulus*

Acer: Bei der Keimung lag die optimale Düngergabe unter 1,5g je Liter Torf, für die Weiterentwicklung bei 2,0 g. — *Aesculus hipp.*: Bei niedrigem pH-Wert fand man schlechtes Wachstum (Anonym 1953). — *Alnus*: Das Aussaatergebnis wird durch Kalkung (1 g $CaCO_3$ je Liter Torf) deutlich begünstigt, 0,5 g Volldünger je Liter Torf brachte bestes Auflaufen der Saat, 2 g beste Weiterentwicklung.

Berberis: Der geeignete pH-Bereich für Winterstecklinge von *Berberis stenophylla* ist 5,0 bis 5,6 (Dorsman 1952). — *Buxus:* Kriliumzusatz zur Erde bewährte sich (Wright 1961).

Carpinus betulus: pH 5,3 bis 5,4 scheint günstig zu sein (Anonym 1953). Marquart (1958) wies auf die Magnesiumbedürftigkeit hin. — Steigende Volldüngergaben verursachten verringerte Aufgangszahlen. Infolge von Kalkung beobachtete man Wachstumshemmungen. Höchsten Zuwachs (Trockengewicht) ergaben bei Anzuchten 2 g Volldünger je Liter Torf. — *Clematis:* Eine Behandlung mit Borsäure + Indolylbuttersäure fördert die Bewurzelung der Stecklinge (Weiser 1959). — *Cornus alba sib.:* Als günstigen pH-Bereich fand man 4,5 bis 5,0 (Anonym 1953). — *Crataegus monogyna:* Auf sandigen Böden ließ sich keine Beziehung zwischen pH-Wert und Wachstum feststellen (Egberts 1955).

Daphne mezereum gedeiht auf Boskooper Böden am besten bei pH 5,9 (Dorsman 1952) und in Torfkultur bei pH 5,4 (Egberts 1956). Alle Daphnearten lieben kalkfreien Boden (Krüssmann 1960). Manganmangel beschreibt Marquart (1958).

Fagus silvatica: pH 5,7 wird als optimal angegeben (Anonym 1953). Bei Jungpflanzenanzucht in Torf erzielte man bei pH 5,6 und 1,5 g Volldünger je Liter beste Ergebnisse. — *Forsythia:* Die Düngung sollte etwa wie bei Flieder vorgenommen werden (Maatsch 1960 c).

Abb. 222. Absterbeerscheinungen an *Fagus silvatica*-Sämlingen als Folge von Kupfermangel

Ilex gedeiht gut in einer Mischung aus Erde, kompostierten Baumwollabfällen und Sand (Wright 1961). Behandlung mit Borsäure + Indolylbuttersäure fördert die Bewurzelung (Weiser 1959). — *Juniperus chin. var. plum.:* Als günstigsten pH-Bereich fand Egberts (1956) 4,6 bis 5,9.

Larix: Durch Patentkalidüngung wurde die Resistenz gegen Trockenschäden verbessert (Themlitz 1960 a). Zur Jungpflanzenanzucht in Torf ist pH 5,2 günstig.

Mehr als 1 g Volldünger je Liter Torf verursachten geringere Auflaufzahlen, dagegen wirkten sich bis 2 g Volldünger je Liter auf die Weiterentwicklung der Sämlinge vorteilhaft aus. — *Ligustrum ovalifolium* entwickelt sich am besten bei pH 6,1 bis 6,8 (EGBERTS 1955). MARQUART (1958) beobachtete Manganmangel. *Ligustrum japonicum* gedeiht gut in den Erdmischungen Torf/Sand 3:1 oder 1:3 und in Perlite (DICKEY 1961).

Magnolia soulangeana: Als günstigen pH-Wert fand man auf Boskooper Böden 4,4 (DORSMAN 1952). Bei niedrigem Kaligehalt gedeiht *Magnolia* auch auf stark kalkhaltigen Böden gut (ROSSE 1953). Die Bekämpfung von Eisenmangelsymptomen an *Magnolia grandiflora* kann auf kalkreichem Standort mit Sequestrene durchgeführt werden. Nach Bodeninjektionen mit Chelate 330 gesundeten die jungen Durchtriebe, nicht dagegen die reifen Blätter (CRUM 1954, 1956).

Philadelphus verlangt auf Boskooper Böden als pH-Bereich für Winterstecklinge 5,4 bis 5,9 (DORSMAN 1952). — *Picea:* Auf nährstoffarmem Sand wird die Entwicklung der Sämlinge durch Stickstoffdüngung gefördert, nicht dagegen durch P- und K-Gaben (HAHLIN 1959). Für die Jungpflanzenanzucht in Torf können 1 g $CaCO_3$ und 2 g Volldünger je Liter als optimal angesehen werden. — *Pinus:* Die Ursache der Gelbspitzigkeit beruht nach THEMLITZ (1960b) auf Kalimangel, nach BECKER-DILLINGEN (1939) auf Mg-Mangel. Die Bekämpfung kann mit Kalimagnesia vorgenommen werden. Für die Jungpflanzenanzucht von *Pinus silvestris* und *Pinus strobus* in Torf werden 1 g $CaCO_3$ und 2 g Volldünger je Liter empfohlen.

Quercus: Bestes Auflaufergebnis wurde bei Zugabe von 1,5 g Volldünger je Liter Torf erzielt, beste Weiterentwicklung bei 2 g; 2 g Kalk wirkten nachteilig.

Rhododendron: pH 4,5 kann als günstig gelten (KNICKMANN 1956). Der Kalkgehalt des Bodens ist jedoch unter Umständen ausschlaggebender als der pH-Wert (LEISER 1957). Rhododendronblätter enthalten annähernd ebensoviel Kalk wie andere Pflanzen. Rhododendren sind vermutlich besonders befähigt, Kalk aufzunehmen. In kalkreichen Böden werden wahrscheinlich durch übermäßige Ca-Aufnahme Ernährungsstörungen verursacht (TOD 1958). Nach TWIGG (1951) liegt der Ca-, K- und P-Bedarf niedrig. Als Grenzzahlen werden für das Trockengewicht der Blätter folgende Gehalte angegeben: 2% N, 0,29% P, 0,80% K, 0,22% Ca, 0,17% Mg; d. h. bei tieferen Werten ist mit Mangelsymptomen zu rechnen. — Als wirksames Mittel gegen Chlorose bewährte sich Sequestrene (WELLS 1953). Weitere Angaben s. Anonym (1956), BERG (1960), BOWERS (1954), FANNING (1957). Beschreibungen von Nährstoffmangelsymptomen sind bei TWIGG (1951) und FURUTA (1955a) zu finden. — *Rhus:* Manganmangel schildert MARQUART (1958). — *Ribes alpinum:* Für Winterstecklinge auf Boskooper Böden kann der pH-Bereich 5,4 bis 5,9 als günstig gelten (DORSMAN 1952).

Sambucus: MARQUART (1958) stellte Manganmangel fest. — *Syringa vulgaris* (Treibflieder): Nährstoffreicher, lehmiger Boden ist wesentlich für den Treiberfolg. Als Grunddüngung werden starke Stallmistgaben empfohlen, dazu bei Vegetationsbeginn 60 bis 80 g Volldünger je m², als Termindüngung im letzten Sommer vor der Treiberei, etwa Ende Juli bis Anfang August, 50 g eines stickstoffarmen Volldüngers je m². Ausgeglichene Ernährung ist für die Haltbarkeit der geschnittenen Stiele wichtig (MAATSCH 1960g). Über die Stickstoffdüngung schreibt auch WEZENBERG (1956c).

Tamarix pentandra: Auf Boskooper Böden ist der pH-Bereich 5,4 bis 5,9 für Winterstecklinge angebracht (DORSMAN 1952). — *Taxus:* gedeiht gut auf tonigem Lehm oder Mischungen mit solchem (McCALL 1960). Der Salzgehalt darf nicht zu hoch liegen (Davidson 1959). Gute Bewurzelung erfolgt bei pH 7 und Acht-stundentag (van Drunen 1959). — *Thuja occ.:* Als günstig wird auf Boskooper Böden der pH-Bereich 5,0 bis 5,4 bezeichnet (Dorsman 1952).

Viburnum: Infolge von steigenden Stickstoffgaben fand man deutliche Ver-besserungen des vegetativen Wachstums. Eine Kaliwirkung war nur bei reichlicher Stickstoffversorgung erkennbar (Poole 1961).

f) Düngung des Rasens

Die vorliegenden Ergebnisse über Rasendüngung beziehen sich teils auf be-stimmte Grasarten, teils auf Grasmischungen. Sie lassen sich nicht ohne weiteres verallgemeinern.

During (1956) gibt für Golfplätze als günstigen pH-Wert etwa 4,6, für Tennis-plätze 5,0 an. Über die Verwendung von Torfkultursubstrat zur Herstellung von Rasenteppichen berichtet Reeker (1960b). Bei *Poa annua* förderten Kalkgaben die Anfälligkeit für Fusarium nivale (Smith 1958). In stark saurem Hochmoortorf (pH/KCl 3,2) durchgeführte Aussaatversuche mit *Poa pratensis, Agrostis vulgaris, Festuca rubra, Lolium perenne* und *Dactylis glomerata* ergaben eine gewisse Kalk-bedürftigkeit dieser Grasarten. Am stärksten sprach *Poa prat.* auf Kalkung an (2 g $CaCO_3$ je Liter Torf — pH/KCl nach Kalkung etwa 5,5). — Die optimale Düngungshöhe lag in diesen Versuchen in gekalktem Torf bei 1,5 bis 2 g Salz je Liter Torf. Am salzempfindlichsten war *Festuca,* am verträglichsten *Lolium* (Penningsfeld 1958d). — Die richtige Bemessung der Stickstoffgaben ist u. a. von dem Mischungsverhältnis verschiedener Grasarten und der Schnitthöhe abhängig (Juska 1955). Das Wachstum von Raygras konnte durch steigende Stick-stoffgaben verbessert werden, besonders bei Verwendung organischer Dünger. Harnstoff-Formaldehyd bewirkte gleichmäßige Erträge (Goetze 1960). Gut bewährte sich auch der langsamwirkende Stickstoffdünger Floranid (90% Croto-nylidendiharnstoff). In Gefäßversuchen beobachtete man gleichmäßigere Stick-stoffnachlieferung als bei Düngung mit Ammonnitrat. Acht Rasendüngungsver-suche brachten folgendes Ergebnis: Schon bei gleicher N-Basis war Floranid (eine Gabe) der in sechs Gaben verabreichten leichtlöslichen Stickstofform etwas überle-gen. Durch Erhöhung der Floranidgabe von 250 kg N/ha auf 500 und 750 kg wurde der Ertrag an geschnittenem Gras ohne flüssige Nachdüngung beachtlich gestei-gert (Jung 1961). — Nach Duich (1960) brachten lösliche Stickstoffdünger beste Ergebnisse. — Auch Düngerzugabe bei der Bewässerung hat sich bewährt (Dre-witt 1956).

Hansen (1960/61) düngte einen Schnitthäufigkeitsversuch zu verschiedenen Rasenmischungen, von denen fast alle *Lolium perenne, Festuca rubra, Poa pra-tensis* und *Agrostis alba* enthielten, folgendermaßen. 1. Jahr: nach dem ersten Schnitt 30 g/m² Volldünger Hoechst „Blaukorn". 2. Jahr: im Frühjahr 90 g/m² Rhekaphos, im Sommer einmal 15 g/m² Kalkammonsalpeter und einmal 14 g/m² schwefelsaures Ammoniak. 3. Jahr: im Frühjahr 90 g/m² Rhekaphos, im Sommer 2 Gaben von 15 g/m² schwefelsaures Ammoniak. — Ein Versuch zur Prüfung verschiedener Rasenmischungen erhielt im Spätherbst regelmäßig 200 g/m² Humusin, im März und Juni eines jeden Jahres Nitrophoska grau, zusammen 60 g/m². Dazwischen wurden jährlich 15 g/m² Kalkammonsalpeter in 3 Gaben verabreicht. Die Nährstoffmengen entsprechen etwa den bei landwirtschaftlich genutzten Intensivweiden üblichen Düngergaben. Weitere Angaben über Rasen-düngung s. auch Bloom (1960), Couch (1960), Dawson (1952), Elder (1954), Musser (1958, 1960), Roberts (1961).

D. Zusammenfassung (Übersichten)

Um einen Überblick über die im zweiten Teil zum Reaktionsanspruch gemachten Angaben zu vermitteln und außerdem Zahlenwerte zusammenzufassen, die sich bei Boden- und Pflanzenanalysen ergaben, sind nachstehend vier Tabellen wiedergegeben, die einen Vergleich des unterschiedlichen Verhaltens der betreffenden Pflanzen ermöglichen. Wenn die vorhandenen Unterlagen auch noch keineswegs als ausreichend angesehen werden können und durch weitere exakte Versuche untermauert werden müssen, so bieten sie doch Anhaltspunkte zur Beurteilung von ernährungsphysiologischen Zusammenhängen, deren Kenntnis für den praktischen Gartenbaubetrieb wertvoll sein dürfte.

a) Reaktionsansprüche

Die in Tab. 388 zusammengestellten pH-Bereiche wurden nach Angaben von LINDEMANN (1957), KNICKMANN (1958) und PENNINGSFELD (1960a) festgelegt. Bei Beachtung dieser Reaktionsansprüche ist auf Grund der vorliegenden Erfahrungen gutes Wachstum zu erwarten.

Tabelle 388. *Günstige pH-Bereiche*

Pflanzenart	pH-Bereich	Pflanzenart	pH-Bereich
Adiantum	4,5—6	Cyclamen	5—6,5
Ageratum	5—7	Cypripedium	4—5
Aphelandra	5—6	Dahlia	6—8
Antirrhinum	6—7,5	Dianthus (Edelnelke)	7 (6—8)
Anthurium andr.	5—5,5	Erica grac.	3,5—4,5
Anthurium scherz.	5—5,5	Euphorbia pulch.	6—7
Aquilegia	6—7	Freesia	6—7
Aralia	6—7	Fuchsia	5—7
Araucaria	4—5	Gardenia	4,5—7
Asparagus plum.	5,5—6,5		(4,5—5,5)
Asparagus spreng.	6,5 (5,5—7,3)	Gerbera	5,5—6,5
Aster	6—7,5	Gladiolus	7 (6—8)
Azalea ind.	3,5—4,5	Hydrangea macr. blau	3,5—4,5
Begonia elatior	4,5—5,5	Hydrangea macr. rot	5,5—6,5
Begonia Gl. d. Lorraine	5—6	Iris	5—7
Begonia rex	6—7	Kalanchoe	5,5—7
Begonia semp.	6—7	Lathyrus	6,5—7,5
Bellis	5,5—7	Lilium	5—6
Bromeliaceae	4—4,5	Matthiola	6—7,5
Cactaceae	7—8	Orchidaceae	4—5
Calceolaria	5,5—6,5	Paeonia	6—8
Calendula	6—8	Pelargonium	7 (5—7)
Calla	4—5	Primula obc.	6—7
Callistephus sin.	6—8	Pteris	4,5—5,5
Camellia	4—6	Rhododendron	4—5
Canna	6—7,5	Rosa (Treibrosen)	7 (6—7,5)
Cheiranthus	5,5—7,5	Saintpaulia	5,5—6,5
Chrysanthemum x hort.	5,5—7,5	Senecio cruentus	7 (6—7,5)
Clematis	5—6	(Cinerarie)	
Coleus	4,5—5,5	Sinningia (Gloxinie)	5,5—6,5
Convallaria maj.	5—7	Syringa	6—8
Cosmea	5,5—6,5	Viola tricolor	6—7,5
Crocus	6—8	Zinnia	6—8

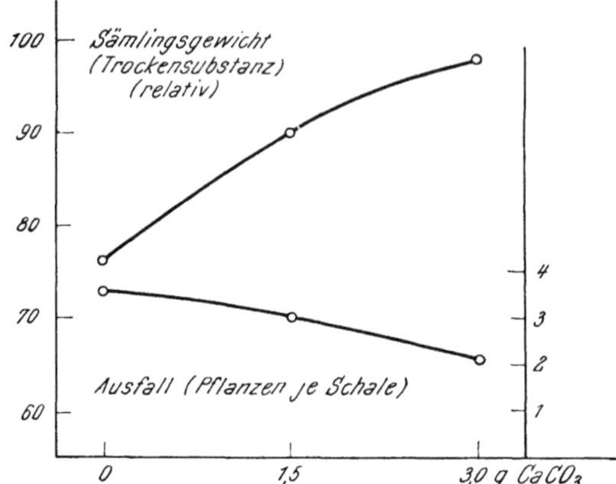

Abb. 223. Bedeutung der Torfkalkung (pH/KCl 3,7—4,7—5,5) für Wuchsleistung und Ausfall von Sommerblumenjungpflanzen — Mittelwerte von 20 Sommerblumenarten

Abb. 224. Bei Kalkung wird die Salzverträglichkeit von *Euphorbia pulcherrima* deutlich erhöht. Links starke Überdüngungsschäden bei Kalkmangel, rechts gesunde Entwicklung mit 2 g CaCO₃ je Liter Torf bei gleich hoher NPK-Versorgung

b) Nährstoffmangelsymptome an Zierpflanzen

Deutlich sichtbare Veränderungen im Habitus der Pflanze oder an einem ihrer Organe lassen bei guter Kenntnis der möglichen Nährstoffmangelsymptome Rückschlüsse auf das in Mangel geratene Element zu, gleichgültig ob es sich um absoluten oder relativen Nährstoffmangel handelt. Eine ganze Reihe von Symptomen haben viele Pflanzenarten miteinander gemeinsam (z. B. Welketracht und Blattrandnekrose bei Kalimangel). Solche allgemeinen Symptome werden für die einzelnen Nährstoffe in nachstehender Übersicht jeweils unter a) beschrieben. Aller-

Abb. 225. Fehlen von Stickstoff (links) und Phosphorsäure (rechts) verursachte charakteristische Mangelsymptome an Fuchsien-Jungpflanzen

dings treten vielfach nicht alle hier für einen Nährstoff aufgeführten Symptome gemeinsam auf. Manche Pflanzenarten weichen außerdem in ihrer Reaktion auf Nährstoffmangel von diesem Schadbild ab. Sie zeigen besondere Veränderungen (z. B. *Ficus dec.*). In anderen Fällen lassen krankhafte anatomische Veränderungen eine Verallgemeinerung nicht zu (z. B. *Euphorbia pulch.*). Solche Ausnahmen findet man unter b) aufgeführt. Zusätzlich beobachtete allgemeine Symptome werden dort nicht mehr eigens erwähnt.

a) Bei vielen Pflanzen in gleicher Weise auftretende Symptome.

b) Nur für bestimmte Pflanzenarten charakteristische Symptome.

Stickstoffmangel (Schädigungen vorwiegend an älteren Blättern)

a) Laubfärbung gelbgrün — Blätter kurz vor Abstoßen teilweise auch orange bis rot (Herbstfärbung) — ältere Blätter vertrocknen und verfärben sich bräunlichgelb. Laubfall an der Triebbasis beginnend. Sproß kurz und schlank; Blätter klein, straff nach aufwärts gerichtet, Adern hervortretend (Starrtracht) — Triebe hart und verholzt — vorzeitiger Triebabschluß — wenig Neigung zur Bestockung — Blütenbildung unbefriedigend — Einzelblüten klein, oft schlecht gefärbt — Haltbarkeit jedoch meist gut — Wurzeln im Verhältnis zum Sproß lang, wenig Seitenwurzeln, Farbe weiß (*Chrysanthemum, Begonia Gl. d. Lorraine, Cissus, Dianthus, Euphorbia pulch., Gardenia, Primula obc., Rosa*).

b) *Azalea ind.:* sparriger Wuchs, verspätete Blüte.

Begonia Gl. d. Lorraine: Blätter werden vom Rand her rot und vertrocknen dann unter hellbrauner Verfärbung.

Chrysanthemum: Blühbeginn verzögert, bei einigen Sorten Intensivierung der Blütenfarbe, bei einer Sorte Verzerrung der Blätter mit anschließendem Absterben des verzerrten Gewebestreifens (Messing 1954).

Erica grac.: frühe Blüte.

Euphorbia pulch.: Blätter gelblichgrün, an der Triebspitze dunkler grün, zur Triebbasis hin gelb; älteres Laub mit abgestorbenen braunen Flecken, rollt stark nach innen, welkt und fällt ab. Blüte verspätet. Brakteen klein und blaßrot gefärbt.

Ficus dec.: junge Blätter rötlich, ältere gelbgrün verfärbt.

Freesia: verspäteter Austrieb.

Monstera del.: Blätter am Gelenk senkrecht nach unten abgebogen.

Saintpaulia ion.: Laub hart, braungelb gefärbt.

Phosphorsäuremangel
(Schädigungen vorwiegend an älteren Blättern)

a) Laub dunkel blaugrün — matt, ledrig — häufig rötlichviolette Verfärbung der Blattränder, der Blattunterseite oder des Stieles (pathologische Anthozyanbildung) — teilweise auch gelblichbraune bis braunschwarze Flecken an Blatträndern (halbmondförmig) oder auf der Blattspreite unregelmäßig verteilt — schließlich Absterben der Blattspitze — Blattfall führt zur Verkahlung der Triebe von unten her — Wuchs schwach,

Abb. 226. Ausgeprägter Kaliummangel an *Ficus decora*

unregelmäßig (sparrig) — Sproß dünn, wenig Seitentriebbildung — Knospenansatz und Blütenbildung stark beeinträchtigt — Blüten klein und schlecht gefärbt — manchmal vorzeitiger Blütenfall — Wurzelentwicklung geschwächt — wenig Faserwurzeln — Farbe rötlichbraun — schlechte Wurzelballen — erhöhte Anfälligkeit für Infektionskrankheiten (*Aphelandra, Azalea, Cissus ant., Euphorbia pulch., Gardenia, Hydrangea, Rosa*).

b) *Chrysanthemum ind.:* Blüte verzögert (Messing 1954).

Cyclamen: Ausbildung relativ großer Knollen; abgestorbene braune Flecken am Blattstielansatz.

Dianthus: Absterbende Blätter rollen sich der Länge nach.

Erica grac.: Blüte verspätet; braunviolette Laubverfärbung.

Euphorbia pulch.: Ältere Blätter weisen zum Teil fleckenartige Aufhellungen auf und fallen so stark ab, daß die Stiele teils bis auf eine Blattrosette an der Spitze verkahlen. Blüte verspätet, Brakteen klein und bläulichrot gefärbt.

Monstera del.: Spreite am Gelenk etwas nach unten gebogen. Vereinzelt vertrocknen ältere Blätter unter braunschwarzer Verfärbung.

Primula obc.: Laub gelblichgrün.

Rosa: manchmal rötliche Flecken auf den Blattspreiten.

Saintpaulia: Blattrosette der Erde flach aufliegend.

Kaliummangel (Schädigungen vorwiegend an älteren Blättern)

a) Laub anfangs dunkelgrün, später manchmal Neigung zu leichter Chlorose.— Blattrollung bzw. -kräuselung — Absterben der Ränder und Spitzen älterer Blätter unter brauner Verfärbung — Interkostalfelder oft nach oben gewölbt — Blattfall von der Triebbasis an beginnend — Wuchs anfangs kräftig — gute Seitentriebbildung — plötzliches Auftreten der Schäden meist zur Zeit des Blütenansatzes — Pflanze welkt schnell (Welketracht) — Knospenansatz schlecht — Blütengröße unbefriedigend, Blütenfarbe blaß — Wurzel lang — wenig Seitenwurzeln — gelbliches, schleimiges Aussehen — Pflanze für pilzliche Infektionen anfällig (*Chrysanthemum, Begonia ,,Gl. d. Loriaine'', Cissus ant., Gardenia, Hydrangea, Primula obc.*).

b) *Aechmea fasc.:* Chlorotische Flecken im Blattinneren, unregelmäßig verteilt, sterben später ab.

Azalea ind. ,,Schäme'': Zur Zeit des Knospenansatzes plötzlich größere und kleinere violette Flecken auf den Blättern, unregelmäßig verteilt (Blauspitzigkeit), führt zu Blattfall.

Camellia jap.: hellbraune Nekrosen auf den Interkostalfeldern.

Cyrysanthemum ind.: erste Schäden an mittleren Blättern,

Abb. 227. Nährstoffmangelsymptome an Blättern der Rosensorte ,,Red Better Times''. Links oben Stickstoffmangel, rechts oben Phosphorsäuremangel, links unten Kaliummangel, rechts unten Volldüngung

Internodien kurz, Blattgröße reduziert. In fortgeschrittenem Stadium jüngste Blätter zwischen Adern chlorotisch, bei einigen Sorten ganz chlorotisch. Blüten öffnen sich früher, bei manchen Sorten Verdrehung der Triebe (MESSING 1954).

Ficus dec: braune, trockene Gewebepartien, durch dunklen Rand begrenzt, meist am Blattstielansatz, nur vereinzelt am Blattrand, Erscheinung greift später auf große Teile der Spreite über. Umgebendes Gewebe wird gelbfleckig, Mittelrippe verfärbt sich gelb.

Monstera del.: Die absterbenden Gewebepartien verfärben sich graubraun.

Rosa: Infolge von Kalimangel treten Eisenmangelchlorosen auf. Geschädigte Blätter am Rande meist rötlich überlaufen.

Magnesiummangel (Schädigung vorwiegend an älteren Blättern)

a) Laub blaßgrün — vielfach mosaikartige Verteilung von chlorotischen Flecken auf der Blattspreite (Tigerung, Marmorierung) — Blattnerv grün — bei fortgeschrittenem Mangel fahlgraue, abgestorbene Zonen innerhalb des chloro-

Abb. 228. Reaktion von *Cissus antarctica* auf Stickstoffmangel (*1*), Phosphorsäuremangel (*2*) und Kaliummangel (*3*). Die gut entwickelte Pflanze (*4*) erhielt je Liter Torf 2 g eines spurenelementhaltigen NPK-Gemisches als Grunddüngung und wurde mit 0,2%igen Lösungen der gleichen Düngerkombination flüssig nachgedüngt

tischen Gewebes (Interkostalnekrose) — Blattspitzen und -ränder aufwärts gewölbt — Stengel dünn — Blühwilligkeit beeinträchtigt — kurze, schleimige Wurzeln. Symptome können auch durch Kaliüberdüngung und bei alleiniger Verwendung von Ammoniak als Stickstofform ausgelöst werden.

b) *Azalea:* zunächst Spitzenchlorose, später braune tote Stellen an den Blattspitzen und -rändern (Stuart 1947).

Chrysanthemum ind.: bei starkem Mangel Internodien verkürzt, Blütenbildung unterbleibt — sonst kleinere, blaßgefärbte Blüten (Messing 1954).

Rosa: Gestauchtes Wachstum, ältere Blätter chlorotisch, später mit ringförmig angeordneten nekrotischen Flecken — Blüten kleiner — Wurzeln verdickt, ohne Seitenwurzeln (Laurie 1944).

Zinkmangel (Schädigungen vorwiegend an alten Blättern)

Chlorophylldefekte (Aufhellung bis zu weißer Farbe) und fleckenartige Absterbeerscheinungen zwischen den Blattadern, zunächst nur an älteren Blättern, dann jedoch über die ganze Pflanze verteilt — Blattfläche verkleinert — Sproß rosettenartig gestaucht (Zwergwuchs) — Blattrollung häufig — Wurzelentwicklung wenig gehemmt.

Molybdänmangel (Schädigungen vorwiegend an älteren Blättern)

Gelbe Flecken und Ränder an älteren Blättern — Adern bleiben normal grün — bei extremem Mangel stirbt der Vegetationspunkt ab — Blattmißbildungen häufig, z. B. Peitschenblättrigkeit oder auch löffelförmige Blätter (*Gerbera*) — Aufblähen von gelben Partien — bei fortgeschrittenem Mangel Absterben von Blatteilen im chlorotischen Bereich — teilweise auch ähnliche Nekrosen ohne vorherige Chlorose — jahresringartiges Fortschreiten der Nekrosen vom Rande her

(*Cyclamen*) — Wuchs und Blüte allgemein geschwächt — Schäden treten in stark sauren Torfen bei schlechter Kalkversorgung anscheinend öfter auf. Sie lassen sich durch schwache Natriummolybdatgaben (2 mg je Liter Torf) verhindern.

Abb. 229. Gerberapflanze mit Kupfermangelsymptomen. Neben den abgebildeten Blattschäden verursacht Kupfermangel erhöhte Anfälligkeit gegenüber Pilzbefall und starke Beeinträchtigung der Blühwilligkeit

Eisenmangel (Schädigungen vorwiegend an jungen Blättern)

Jüngste Blätter chlorotisch (gelblich-weiß) (Rosen, *Gerbera*) — anfangs noch grüne Blattadern, vergilben später ebenfalls — in fortgeschrittenem Stadium Absterbeerscheinungen besonders am Blattrand — Wuchs geschwächt — Blüte klein und blaß — Wurzel kurz, braun gefärbt, mit vielen kurzen Seitenwurzeln (*Hydrangea*).

Manganmangel (Schädigungen vorwiegend an jungen Blättern)

a) Jüngere, manchmal aber auch ältere Blätter zwischen den Blattadern chlorotisch (Tüpfelchlorose) — alle, selbst die feinsten Blattnerven, bleiben grün (netzartig) und sind von einem schmalen, grünen Saum umgeben. Das chlorotische

Gewebe stirbt schließlich fleckenweise ab — häufig bleiben um die Hauptblattadern breite grüne Säume erhalten, so daß diese dunkleren Blattpartien im gelblichgrünen übrigen Blatt „christbaumartig" wirken.

b) *Chrysanthemum ind.:* Schlechte Blütenqualität, Blüten halten schlecht. Mittlere Blätter Randchlorose, darauf folgend Rollen dieser Blätter (Messing 1954).

Schwefelmangel (Schädigungen vorwiegend an jungen Blättern)

Blattwerk fahl und gelblich — an jüngeren Blättern zuerst erkennbar — Blattadern heller als Interkostalgewebe — vereinzelt nekrotische Flecken — Wuchs schwach und zart — viele reich verzweigte weiße Wurzeln.

Kupfermangel (Schädigungen vorwiegend an jungen Blättern)

Junge Blätter zeigen gelbliche Randaufhellungen und vertrocknen an der Spitze — Blattadern vielfach noch grün — teilweise auch Einrollen der Blattränder — Absterben der Vegetationspunkte — dann Bildung vieler schwacher Seitentriebe mit kleinen Blättchen, die ebenfalls erkranken und von der Spitze her vertrocknen — Laubfall von oben her beginnend — starke Beeinträchtigung der Blütenbildung (*Gerbera*) — Steckenbleiben der Blüte (*Clivia*) — Schäden treten besonders bei heißem, sonnigem Wetter nach Schlechtwetterperioden auf — Wurzelwachstum nur mäßig gehemmt. Mangel besonders bei *Azalea, Camellia* und *Gerbera* beobachtet.

Kalkmangel (Schädigungen vorwiegend an jungen Blättern)

a) Pflanzen allgemein geschwächt und wenig widerstandsfähig — jüngste Blätter der Spitzentriebe hakenförmig — Blattspreite beginnt an den Spitzen und

Abb. 230. Starker Ausfall und schlechter Wuchs von *Gaillardia*-Jungpflanzen in ungekalktem Torf (links). Rechts gesunder Bestand bei Zugabe von 3 g $CaCO_3$ je Liter. Die NPK-Düngung lag in beiden Fällen gleich hoch (2 g je Liter)

Rändern einzutrocknen und aufzureißen — Stengel der Terminalknospe stirbt ab — Wurzeln zeigen zuerst Schäden — sie bleiben kurz, sehen struppig und schleimig aus — Farbe dunkelbraun bis schwarz.

b) *Azalea:* Chlorose, untere Blätter sterben ab, einige Sorten werden blauspitzig.

Chrysanthemum ind.: jüngste Blätter chlorotisch; Absterben des Vegetationspunktes, untere Blätter später meist groß, stumpf dunkelgrün, verdreht, steif, spröde. Unter bestimmten Voraussetzungen starke Verkürzung der Internodien der Blütenstiele (Messing 1954).

Rhododendron: Chlorose und Stauchung des jungen Laubes (Twigg 1951).

Bormangel (Schädigungen vorwiegend an jungen Blättern)

a) Aufhellen der Farbe der jüngsten Blätter von der Basis her — Verdrehung und Verkümmerung — dann Braun- bzw. Schwarzfärbung — ältere Blätter häufig verdickt, starr und brüchig — Absterben des kleinbleibenden Sprosses von der Spitze aus unter Bräunung bzw. Schwärzung — schlechter Blütenansatz — viele kurze Wurzeln — Farbe braun.

b) *Chrysanthemum ind.:* Blattadern werden braun und reißen an verschiedenen Stellen auf. Bei einer Sorte braune Höhlungen im Stengel. Wenn Blütenbildung, dann Verdrehung der Strahlenblüten. Entstehen von ballförmigen Blumen, teilweise starke Reduktion der Blütengröße. Petalen verändert (Messing 1954).

Rosa: Blätter gewölbt, starke Verzweigung (Laurie 1944).

Rhododendron: Nekrosen am jungen Laub, nach Absterben der Terminalknospen stärkere Entwicklung der Seitenknospen. Die Blüten zeigen nekrotische braune Flecken auf der inneren Seite der Blumenblätter, und zwar an deren Basis (Twigg 1951).

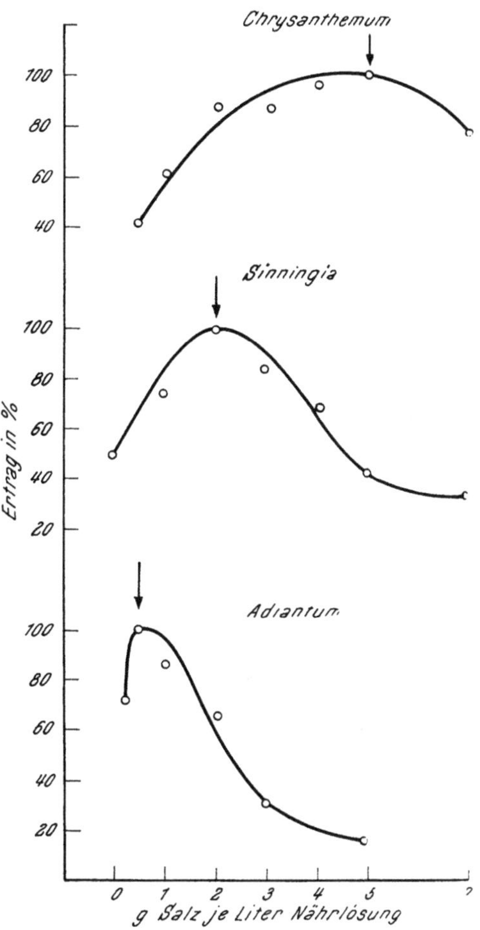

Abb. 231. Einfluß einer Staffelung der Nährsalzkonzentration auf den Ertragskurvenverlauf verschiedener Kulturen.
Oben: hoher Nährstoffbedarf, geringe Salzempfindlichkeit (Beispiel: *Chrysanthemum indicum*).
Mitte: mittlerer Nährstoffbedarf und mäßige Salzempfindlichkeit (Beispiel: *Sinningia speciosa*).
Unten: geringer Nährstoffbedarf, hohe Salzempfindlichkeit (Beispiel: *Adiantum sc. roseum*).
Die in der Bestreihe erzielten Frischsubstanzerträge sind jeweils gleich 100 gesetzt und durch einen Pfeil gekennzeichnet

Allgemeiner Nährstoffmangel

Charakteristisch sind schwache Wuchsleistung bei relativ starker und gesunder Wurzelbildung — vornehmlich ist Stickstoffmangel erkennbar. Bei längeren Hungerperioden können viele Pflanzen absterben. Die Widerstandskraft gegen pilzliche Infektionen wird erhöht. Bei meist verringerter Blütenzahl kann eine Verfrühung eintreten (*Erica gracilis, Calceolaria hybrida, Sinningia speciosa*). Manchmal ist jedoch auch das Gegenteil festzustellen (*Azalea ind., Chrysanthemum*). Die Blüten bleiben klein, ihre Haltbarkeit kann verbessert sein (*Camellia jap.*).

Soweit nichts anderes vermerkt ist, wurden die vorstehenden Angaben Arbeiten von PENNINGSFELD (1958a, 1960a und unveröffentlicht) entnommen.

c) Überdüngungssymptome an Zierpflanzen

Überangebot von einzelnen Kernnährstoffen und Spurenelementen kann zu erheblichen Störungen im Nährstoffhaushalt der Pflanze führen, auf die sie mit charakteristischen Symptomen reagiert und deren Kenntnis wertvolle Hinweise auf die Schadensursache zu liefern vermag. Verhältnismäßig schnell wird die Verträglichkeitsgrenze für Stickstoff und Bor überschritten, bei anderen Nährstoffen, wie bei Phosphorsäure, sind sichtbare Zeichen einer Überdosierung dagegen seltener zu beobachten, was allerdings teilweise auf Festlegungsvorgänge im Boden zurückzuführen sein dürfte. Häufig beruhen Überdüngungsschäden auf Disharmonien im Nährstoffangebot, die infolge von Ionenantagonismen relativen Nährstoffmangel auslösen. Daneben finden wir jedoch auch direkte Vergiftungen bei zu hohem Angebot oder aber durch zu hohe Salzkonzentrationen verursachte Störungen der Wasseraufnahme und des Wasserhaushaltes in der Pflanze. Im folgenden werden einige Überdüngungssymptome kurz beschrieben (PENNINGSFELD 1960a).

Stickstoff: Laubfärbung dunkelgrün, Wuchs mastig und weich (*Aechmea fasc.*) — Blattwerk groß und aufgebläht (*Begonia bert.*) — auf den Blättern oft punktartige Pickel (*Lathyrus od.*) — Blüte verzögert (*Aphelandra squarr., Begonia bert., Dendrobium phal.*) — Blütenqualität durch weiche Stiele, schlechte Färbung und geringe Haltbarkeit beeinträchtigt (*Gerbera*) – Pilzresistenz gering – Wurzelverbrennung möglich. — Verkrüppelungen an jungen Blättern, einseitige rotbraune Verfärbungen (*Camellia jap.*) — Blattrollung (*Chrysanthemum ind.*).

Phosphorsäure: Pflanzen chlorotisch oder gelblich grün (*Asparagus plum., Azalea ind., Camellia jap.*) — An Blatträndern gelbe Verfärbung, später braunrote Flecken, Blattzentrum bleibt grün (*Chrysanthemum ind.*) — absterbende Blattflecken (*Lathyrus od.*). Die Schäden werden meist durch Eisen- oder Spurenelementfestlegung bedingt.

Abb. 232. Durch Borüberdüngung verursachte Schäden an einer Cyclamenjungpflanze

Kalium: Vorzeitiges Vergilben älterer Blätter (*Cattleya moss.*) — kleinere Blüten (*Chrysanthemum ind.*) — blaßgrüne Laubfärbung (*Aechmea fasc.*) — geschwächter Wuchs (*Sinningia spec.*). Durch Kaliumüberdüngung wird die Stickstoff- und Magnesiumaufnahme beeinträchtigt.

Kalk: Bei zu hoher Kalkversorgung werden Eisen und Spurenelemente, z. B. Mangan, Bor, Zink und Kupfer, festgelegt und es treten die entsprechenden Mangelbilder auf.

Magnesium: In Torf wurden des öfteren Ertragsdepressionen infolge von zusätzlicher Magnesiumversorgung beobachtet. Bei Überdüngung werden unter Umständen Eisen- und Kalimangelsymptome ausgelöst.

Schwefel: Blaßgrüne Färbung — bei *Azalea ind.* „Paul Schäme" wurden auf den älteren Blättern rotviolette Flecken beobachtet (Blauspitzigkeit als Folge zu starker Sulfatversorgung).

Chlor: Absterben der Blattspitzen, Blattrandverbrennungen, sowie braune bis rotbraune Verfärbung sind für Chlorüberdüngung typisch (z. B. bei *Azalea ind.*).

Eisen: Bei *Azalea ind.* wurden nach Eisenüberdüngung Wuchsdepressionen, verringerte Blühwilligkeit, Welke- und Absterbeerscheinungen an den Blattspitzen festgestellt. Die Symptome ähneln denen des Phosphormangels. Durch Eisenüberschuß kann unter Umständen auch Manganmangel hervorgerufen werden.

Mangan: Überschuß führt zu Eisenmangelchlorose (*Azalea indica*).

Bor: Einrollen und Absterben der Blattränder, besonders an der Triebbasis, später im Blattinnern nekrotische Flecken (*Primula obc., Azalea ind.*) — das gelb-

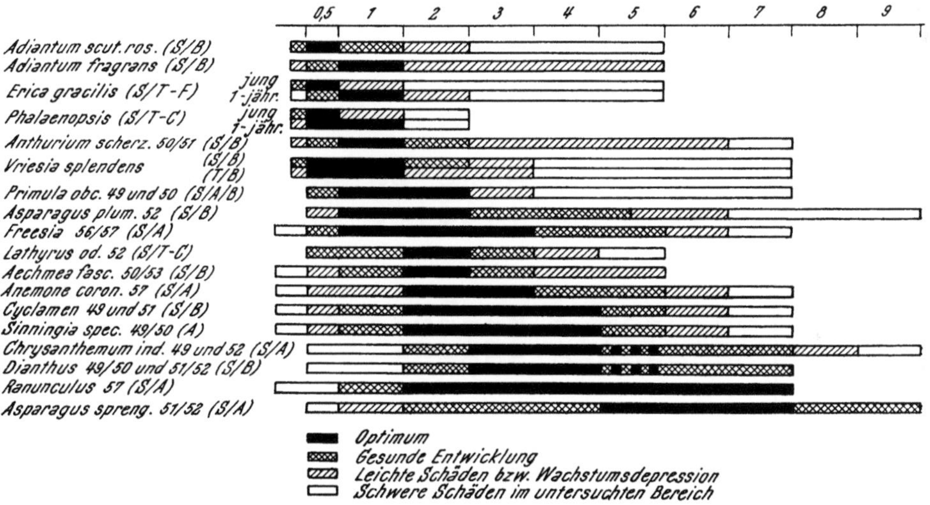

Abb. 233. Optimale Nährlösungskonzentration bei laufender Verabreichung in Sand- bzw. Sand/Torf-Kultur, angegeben in g Nährsalz je Liter Gießlösung (‰). Es bedeuten *S* = Sand, *T* = Torf, *A*, *B*, *C* und *F* = verwandte Nährlösung

lichgrüne Laub wird von unten her abgeworfen (*Azalea ind.*) — junge Blätter sind verkrüppelt und chlorotisch — Pflanze kümmert — Blüte klein und blaß gefärbt.

Kupfer: Überdüngung führt zu Eisenmangelchlorose (*Erica grac.*) — Charakteristisch sind im übrigen hellgrüne Blattfärbung, Chlorose der unteren Blätter, später Auftreten von braunen, abgestorbenen Flecken und Blattfall.

Zink: Zinküberdüngung verursacht schwere Vergiftungen, die Pflanzen werden anfangs chlorotisch und sterben schließlich ab.

Allgemeines Nährstoffüberangebot: Bei zu starker Mineraldüngung geht die Wuchsleistung zunächst ohne sichtbare Schadsymptome zurück, dann treten vielfach Blattrandnekrosen, Chlorosen oder Wurzelverbrennungen auf, die schließlich zum Absterben der Pflanzen führen können. Die Salzschädigungsgrenze ist bei den verschiedenen Zierpflanzen sehr unterschiedlich hoch gelegen (s. Abb. 233). Die Blütenbildung wird in der Regel verzögert und manchmal unterdrückt. Auch kann die Haltbarkeit der Pflanzen bzw. Blüten oft stark verringert sein.

Tabelle. 389. *Richtwerte zur Beurteilung von Bodenuntersuchungsergebnissen*

Pflanzenart	% wasserlösliches Salz		mg N*		mg P_2O_5**		mg K_2O**	
	je 100 g	je 100 ml	je 100 g	je 100 ml	je 100 g	je 100 ml	je 100 g	je 100 ml
Anthurium andr.	0,1 —0,3	0,04—0,12	10—30	4—12	30— 50	12— 20	50— 80	20— 40
Anthurium scherz.	0,05—0,2	0,02—0,08	10—20	4— 8	10— 20	4— 8	20— 40	8— 16
Aphelandra squarr.	0,2 —0,3	0,1 —0,15	10—40	5—20	60— 80	30— 40	80—100	40— 50
Asparagus plum.	0,1 —0,3	0,06—0,18	10—21	6—15	40— 71	24— 50	50—100	30— 70
Asparagus spreng.	0,3 —0,8	0,21—0,56	21—40	15—28	71—100	56— 70	100—180	70—126
Azalea ind.	0,05—0,2	0,01—0,04	10—60	2—18	10— 30	2— 6	30— 60	6— 18
Begonia Gl. d. Lorraine	0,1 —0,3	0,04—0,12	10—30	4—12	40— 60	16— 40	60— 80	24— 75
Begonia rex	—	—	—	—	—	—	—	—
Begonia semp.	0,2 —0,4	0,16—0,32	10—30	8—24	50— 75	40— 56	80—120	64— 80
Calceolaria	—	—	—	—	—	—	—	—
Camellia jap.	0,05—0,2	0,02—0,07	10—30	4—11	20— 50	7— 18	40— 60	14— 21
Chrysanthemum	0,3 —0,7	0,3 —0,6	20—40	15—36	80—100	51— 90	100—150	90—135
Cyclamen	0,2 —0,5	0,12—0,30	20—40	15—24	80—100	45— 60	80—150	48— 75
Dianthus (Edelnelke)	0,3 —0,6	0,3 —0,6	20—50[1]	20—50[1]	60— 90	60— 80	80—160	80—112
Erica grac.	0,05—0,2	0,02—0,07	10—20	4— 9	10— 20	4— 7	10— 25	4— 15
Euphorbia pulch.	0,3 —0,6	0,22—0,45	20—40	15—30	80—100	50— 75	80—100	50— 75
Freesia	0,1 —0,4	0,1 —0,4	10—20	10—20	40— 60	40— 75	50—100	50—100
Fuchsia	—	—	—	—	—	—	—	—
Gardenia	0,1 —0,2	0,06—0,12	10—20	6—12	10— 30	6— 18	20— 40	12— 24
Gerbera jam.	0,2 —0,3	0,17—0,25	10—30	9—25	40— 85	34— 51	60—133	51— 85
Gladiolus (Freiland)	—	—	—	—	—	—	—	—
Hydrangea macr., blau	0,3 —0,6	0,16—0,33	20—30	10—17	40—100	22— 50	80—150	44— 75
Hydrangea macr., rot (Endtopf)	0,3 —0,6	0,16—0,33	20—40	10—22	80—100	44— 55	80—150	44— 75
Lathyrus od.	0,1 —0,3	0,1 —0,3	10—30	10—30	80—100	80—100	100—120	100—120
Pelargonium zon.	0,2 —0,6	0,16—0,48	20—40	16—32	50— 80	33— 64	80—120	54— 96
Primula obc.	0,05—0,2	0,04—0,17	10—20	9—17	40— 71	34— 51	40—105	34— 74
Rosa (Treibrosen)	0,1 —0,4	0,1 —0,4	10—30	10—30	60— 95	50— 80	80—155	80—150
Saintpaulia ion.	0,2 —0,5	0,12—0,30	20—40	12—24	60— 80	36— 48	80—100	48— 60
Senecio cruentus (Cinerarie)	—	—	—	—	—	—	170—180	85— 90
Sinningia (Gloxinie)	0,2 —0,4	0,11—0,22	20—30	11—20	60— 85	33— 50	80—165	44— 90

[1] Im Winter tieferer Wert — * KCl-Auszug — ** Doppellaktatmethode.

Tabelle 390. *Richtwerte für die Bodenuntersuchung nach der Austauschermethode*

(Vorläufige Optimalbereiche)

Pflanzenart	K_2O	Na_2O	CaO	Mg	Mn	P_2O_5	N	SO_4	pH/H_2O	Salz in %
					mg Austauschereinheit					
Anthurium andr.	3— 6	1—2	10—20	2—3	0,05—0,20	0,5—1	2—5	1— 3	5—5,5	0,2
Anthurium scherz.	2— 4	1—2	10—20	1—2	0,05—0,20	0,4—0,8	2—4	1— 3	5—5,5	0,1
Aphelandra squarr.	4— 8	1—2	10—25	4—6	0,03—0,20	0,5—1	2—5	1— 5	5,5—6,5	0,2
Asparagus plum.	3— 6	1—2	10—30	2—3	0,03—0,25	0,5—1	2—4	1— 5	5,5—7	0,2
Asparagus spreng.	10—16	2—4	30—80	3—6	0,05—0,50	1—2	3—6	5—15	6—7,5	0,5
Azalea ind.	3— 5	0,5—3	5—15	2—4	0,05—0,25	0,4—1	2—5	1— 5	4—5	0,3
Begonia Gl. d. Lorraine	5— 8	1—3	20—40	2—3	0,05—0,20	0,5—1	2—5	1— 5	5—6,5	0,3
Camellia jap.	2— 5	1—3	5—15	1—2	0,05—0,25	0,5—1	2—5	1— 5	4—5,5	0,3
Chrysanthemum	10—16	2—4	30—60	3—6	0,05—0,50	1—3	3—6	5—15	6—7,5	0,4
Cyclamen	8—12	1—3	30—50	3—6	0,10—0,30	1—2	2—4	3—10	5,5—7	0,3
Dianthus (Edelnelke)	10—16	1—4	30—60	4—8	0,10—0,50	1—3	3—6	3—10	6—7,5	0,4
Erica grac.	2— 5	0,5—3	5—10	1—3	0,05—0,25	0,5—1	2—4	1— 5	4—4,5	0,2
Euphorbia pulch.	8—12	1—3	30—60	2—4	0,05—0,25	1—2	3—5	5—10	6—7,5	0,4
Freesia	6— 8	1—2	30—60	2—3	0,05—0,20	0,5—1,5	2—4	1— 5	6—7,5	0,2
Gardenia	2— 4	0,5—1	10—20	1—2	0,05—0,20	0,5—0,8	2—3	1— 3	5—5,5	0,1
Gerbera jam.	4— 8	1—2	20—40	3—5	0,05—0,20	0,5—1	2—4	1— 5	5—5,5	0,3
Gladiolus	4— 8	1—3	20—60	2—4	0,05—0,30	0,5—1	1—3	1— 3	5—6,5	0,3
Hydrangea macr., blau	6—10	2—4	10—30	2—4	0,10—0,30	0,3—0,5	2—4	1— 5	4—4,5	0,3
Hydrangea macr., rot	6—10	2—4	30—40	3—5	0,05—0,20	0,5—1	2—5	1— 5	5,5—6	0,3
Lathyrus od.	6—10	1—3	30—60	2—4	0,05—0,30	0,5—2	1—3	1— 3	6,5—7,5	0,3
Pelargonium zon.	8—12	1—3	20—40	2—5	0,06—0,30	0,5—1,5	2—5	1— 5	6—7,5	0,3
Primula obc.	3— 6	0,5—2	20—30	3—5	0,05—0,25	0,5—1	2—4	1— 3	6—7	0,2
Rosa (Treibrosen)	8—14	1—4	20—60	3—6	0,05—0,50	1—3	2—5	3—10	6—7,5	0,4
Saintpaulia ion.	8—12	2—4	20—40	3—5	0,10—0,30	0,5—1,5	2—5	1— 5	5,5—7	0,35
Sinningia (Gloxinie)	8—12	1—3	20—50	3—5	0,05—0,30	0,5—1,5	2—4	1— 5	5,5—7	0,3

Tabelle 391. *Nährstoffgehalte von mangelkranken und gesunden Pflanzen*

Angaben in Gramm je 100 g Trockensubstanz der Gesamtpflanze (ohne Wurzeln), sofern nicht anders vermerkt

Pflanzenart	Düngung	N	P₂O₅	K₂O	CaO	MgO	Na₂O	Cl	Fe mg	Mn mg	B mg	Cu mg	Zn mg	Mo mg
Aechmea fasc.	oN	3,66	0,39	2,04	1,33	0,60	0,29		9,7	2,3				
(ohne Blüten)	oP	8,31	0,08	2,35	1,57	0,72	0,36		15,3	2,3				
	oK	7,66	0,40	0,38	1,20	0,57	0,30		7,3	1,8				
	V¹	4,99	0,24	0,59	0,90	0,46	0,28		8,9	1,2				
Anthurium scherz.	oN	0,93	0,36	2,74	2,25	0,84	0,39							
	oP	2,34	0,15	2,31	2,30	0,84	0,41							
	oK	1,49	0,32	1,28	1,98	0,48	0,64							
	V	1,43	0,31	1,90	2,27	0,86	0,54							
Aphelandra squarr.	oN	1,15	1,34	3,30	2,30	1,73	0,49	1,28	24,3	15,8	2,75	1,05	10,2	0,23
	oP	2,25	0,12	2,77	2,06	1,37	0,31	0,64	20,5	12,8	1,42	1,55	16,4	0,23
	oK	1,94	1,05	1,08	2,13	2,26	0,77	0,83	22,8	8,3	1,97	1,43	9,4	0,17
	V	1,44	0,82	1,93	1,84	2,19	0,40	0,84	24,8	11,9	1,90	1,35	10,5	0,11
Asparagus plum.	oN	1,82	0,34	2,89	1,25	0,20			15,2	11,7	0,74			
	oP	2,11	0,20	2,61	1,31	0,23			12,2	11,1	0,58			
	oK*	2,22	0,30	1,66	1,61	0,38			12,3	8,6	0,61			
	V	2,28	0,32	2,70	1,35	0,27			12,4	12,1	0,56			
Azalea ind. „Schäme"	oN	1,18	0,36	1,47	1,73	0,49			16,4	11,1	0,68			
	oP	1,67	0,20	1,63	1,45	0,46			17,6	9,5	1,06			
	oK	1,57	0,28	0,78	2,14	0,70			19,8	8,1	1,05			
	V	1,35	0,25	1,16	1,64	0,56			14,0	4,9	0,49			
Begonia „Gl. d. Lorraine"	oN	1,06	3,61	2,81	1,23	0,44	0,29		10,3	9,9				
	oP	1,40	0,12	1,85	0,95	0,24	0,09		8,6	5,1				
	oK	2,03	1,28	0,45	1,18	0,71	0,29		7,3	4,6				
	oMg*	1,69	1,18	1,98	0,95	0,41	0,23		8,1	4,1				
	V	1,86	1,28	1,98	0,93	0,39	0,20		7,6	3,8				
Begonia rex	oN	1,06	1,30	2,87			0,34							
	oP	2,60	0,25	2,90			0,10							
	oK	3,76	1,51	0,96			0,15							
	V	3,53	1,22	2,85	1,33	0,93	0,26		16,0	96,7				
Camellia jap.	oN	0,72	0,31	1,32	3,20	0,44	0,24		10,0	16,2				
	oP	1,32	0,10	1,31	2,50	0,32	0,21		10,8	16,9				
	oK	0,68	0,23	0,39	2,60	0,69	0,19		5,4	3,4				
	V	0,72	0,24	0,91	2,75	0,53	0,23		4,8	3,2				

¹ V = Volldüngung — * Ohne Symptome.

Chrysanthemum ind. „E. Cavell"	oN	0,29	1,29	4,29	1,41	0,54			4,9	4,5				
	oP	1,82	0,15	3,71	1,13	0,65			6,6	5,9				
	oK	4,19	2,77	1,40	3,09	2,08			6,0	19,2				
	V	2,60	1,10	4,32	1,42	0,75			10,6	9,4				
Cissus ant.	oN	1,17	1,46	2,90	1,22	0,47			8,5	70,9				
	oP	1,50	0,14	2,22	0,94	0,39			6,0	39,0				
	oK	1,97	1,01	0,67	1,44	0,71			4,7	71,7				
	V	1,20	0,63	2,02	1,04	0,36	0,07		10,9	56,1				
Codiaeum var.	oN	1,01	0,38	2,05	2,95	0,67	0,65		10,1	46,0				
	oP	2,89	0,19	2,20	2,75	0,63	0,63		10,5	34,0				
	oK*	1,67	0,32	1,29	3,00	0,93	0,71		9,4	48,7				
	V	1,55	0,32	2,06	2,95	0,84	0,72		18,8	47,5				
Cyclamen „Dunkellachs"	oN	0,51	0,40	2,22	1,24	0,57	0,73	0,65	15,2	3,9	1,05	0,33	9,7	0,09
	oP	1,50	0,15	2,45	1,44	0,59	0,55	0,54	23,1	4,8	0,90	0,83	11,3	0,10
	oK	1,70	0,58	0,55	1,14	0,72	1,22	0,48	22,3	4,2	1,20	0,85	8,4	0,07
	oCa*	1,49	0,51	2,47	1,19	0,63	0,92	0,45	15,1	5,1	1,17	0,80	9,9	0,08
	oMg*	1,58	0,49	2,50	1,60	0,67	1,00	0,43	27,1	4,4	1,19	0,90	10,0	0,04
	V	1,52	0,46	2,45	1,29	0,56	0,34	0,43	22,8	3,8	0,63	0,75	11,5	0,05
Dianthus „Rosa Sim" (Sommer)	oN	0,76	0,77	3,41	1,57	0,63			12,5	4,5	0,74			
	oP	0,88	0,22	3,81	1,41	0,68			14,8	7,5	1,24			
	oK	2,23	0,75	1,15	2,31	1,16			14,0	4,4	1,70			
	V	1,89	0,77	3,39	1,72	0,82			13,4	7,9	1,46			
Erica gracilis 1953	oN	0,58	0,28	0,59	1,72	0,50								
	oP	0,71	0,15	0,56	1,60	0,43								
	oK*	0,72	0,28	0,55	1,53	0,42								
	V	0,47	0,18	0,51	1,65	0,48								
Erica gracilis 1954	oN	0,51	0,22	0,70	0,90	0,32			43,2	4,1				
	oP	0,94	0,06	0,66	0,75	0,24			29,3	0,6				
	oK*	0,67	0,12	0,42	0,89	0,31			22,6	1,5				
	V	0,65	0,12	0,62	0,73	0,28			17,59	Spu.				
Euphorbia pulch.	oN	0,86	0,96	2,70	1,01	0,39	0,18	0,14	11,1	4,3	1,42	1,08	5,0	0,06
	oP	3,72	0,28	2,60	0,95	0,37	0,12	0,15	11,8	5,5	1,17	0,70	6,2	0,05
	oK	3,35	1,78	0,75	2,13	1,04	0,41	0,31	11,5	4,3	0,98	0,88	5,0	0,07
	V	2,44	1,28	3,13	1,39	0,68	0,19	0,22	11,3	2,4	1,00	0,93	5,2	0,05
Ficus decora	oN	0,47	0,63	2,44	2,71	0,33	0,32		4,5	3,2				
	oP	1,43	0,12	3,03	2,75	0,34	0,32		4,0	3,5				
	oK	1,32	0,64	0,99	2,20	0,36	0,23		4,7	7,6				
	V	1,40	0,60	2,23	2,23	0,33	0,32		5,4	7,9				
Freesia (Blütenstiele)	oN	1,33	0,66	3,02	0,62	0,50								
	oP	1,89	0,26	3,04	0,56	0,41			15,2	1,8				
	oK	1,91	0,92	1,57	0,85	0,41			8,4	1,5	0,51			
	V	1,77	0,78	2,62	0,68	0,43			10,5	1,4				

(Fortsetzung der Tabelle 391)

Pflanzenart	Düngung	N	P_2O_5	K_2O	CaO	MgO	Na_2O	Cl	Fe mg	Mn mg	B mg	Cu mg	Zn mg	Mo mg
Fuchsia	oN	1,06	1,44	2,18	1,85	0,60	0,15		17,4	16,7		0,79		0,43
	oP	2,40	0,16	1,50	1,24	0,43	0,10		13,3	9,8		0,80		0,35
	oK*	1,41	0,70	0,62	1,91	0,85	0,12		10,2	8,8		0,88		0,26
	V	1,21	0,60	2,03	1,53	0,48	0,07		11,5	7,6		7,6		2,4
Gardenia	oN	0,92	0,49	2,09	2,03	0,65	0,32		12,5					
	oP	1,84	0,13	2,01	1,74	0,46	0,25		12,8					
	oK	1,69	0,53	0,48	2,21	1,39	0,45		17,9					
	oMg*	1,53	0,35	1,78	1,73	0,62	0,24		12,5					
	oFe*	2,08	0,49	2,42	2,68	0,99	0,44		12,9					
	V	1,48	0,31	1,64	1,89	0,70	0,31		12,3					
Lathyrus od. „Billy"	oN	2,39	1,78	4,35	1,68	0,79								
(Cuthbertson)	oP	4,94	0,22	4,19	1,52	0,62								
	oK	4,77	3,02	1,89	2,61	1,14								
	V	3,48	2,14	5,04	1,92	1,27								
Monstera del. var. bors.	oN	1,10	0,98	6,25	5,19	0,67			13,2	152,0				
	oP	3,22	0,17	4,28	3,72	0,46			16,1	88,0				
	oK	4,27	1,36	0,56	3,07	1,35			12,6	165,0				
	oCa*	2,03	0,73	2,73	2,83	0,46			12,1	57,0				
	oMg*	2,13	0,76	3,25	3,29	0,43			10,4	128,0				
	V	1,90	0,84	2,53	2,83	0,40	0,06		14,0	92,5				
Phalaenopsis (Blütenstiele)	oN	1,22												
	oP	1,55												
	oK*	1,27	0,42	2,30	1,33	0,43	0,30		13,6	4,9				
	V	1,21	0,44	3,03	1,41	0,44	0,32		9,3	4,4				
Primula obc.	oN	0,72	0,89	4,48	3,90	1,15	0,46							
	oP	1,52	0,14	3,58	3,15	0,88	0,25							
	oK	2,24	1,12	0,98	4,95	2,14	0,97							
	oCa*	1,51	0,76	2,97	3,49	1,31	0,59							
	oMg*	1,54	0,64	2,82	3,54	1,25	0,55							
	V	1,58	0,70	3,25	3,45	1,22	0,57							
Rosa „Gloria Dei"	oN		0,63	3,08	0,91	0,51								
(Blütenstiele)	oP	2,25	0,30	0,80	0,66	0,51			12,1	9,0				
	oK	3,04	0,86	0,93	0,93	0,46			11,2	6,7				
	V	2,18	0,62	2,50	0,92	0,45			11,0	2,5	0,78			
Sinningia spec. (Gloxinie)	oN	0,85	0,54	3,10	1,72	0,50			41,8	4,4	0,86			
	oP	1,98	0,16	3,54	2,73	0,91			34,8	6,0	0,90			
	oK*	2,31	0,72	1,39	3,42	1,62			34,6	6,9	0,99			
	V	1,98	0,60	3,52	2,85	1,02			31,6	4,7	0,99			

d) Richtwerte für die Beurteilung von Bodenuntersuchungsergebnissen

Den Angaben in Tab. 389 liegen Arbeiten von LINDEMANN (1957), KNICKMANN (1958), PENNINGSFELD (1960a) und SCHACHTSCHABEL (1961) zugrunde. Die Werte wurden teilweise mit Hilfe der Volumengewichte auf 100 ml bzw. 100 g lufttrockenen Boden umgerechnet. Die mitgeteilten Richtwertspannen beweisen, daß zur Erzielung guter Wachstumsergebnisse teils engere, teils weitere Nährstoffversorgungsbereiche eingehalten werden müssen. Je nach Bodenbeschaffenheit, Klimabedingungen, Alter, Sorte und Entwicklungszustand können innerhalb dieser Bereiche höhere oder tiefere Nährstoffzahlen günstiger wirken.

Tab. 390 bringt Richtwerte für die Bodenuntersuchung nach TEPE. Diese Methode wurde zwar von verschiedenen Seiten in Frage gestellt (SCHACHTSCHABEL 1961). Sie kann jedoch zur Information des Gartenbauberaters von Wert sein. Es handelt sich allerdings nur um eine Schnellmethode. Für wissenschaftliche Untersuchungen sind weiterhin die bisher üblichen Methoden anzuwenden.

e) Nährstoffgehalte bei variierter Ernährung

Die in Tab. 391 für 25 Zierpflanzenarten aufgeführten Gehaltszahlen bei Nährstoffmangel und harmonischer Versorgung lassen charakteristische Unterschiede erkennen, ohne Rücksicht darauf, ob der Mangel äußerlich erkennbar war oder nicht. So entsprechen dem bei der NPK-Düngung fehlenden Element stets besonders niedrige Prozentgehalte in der Trockensubstanz. Tiefstwerte für Kalk und Magnesium findet man dagegen meist nicht in der zugehörigen Mangelreihe, sondern häufig dort, wo keine Phosphorsäure gegeben wurde.

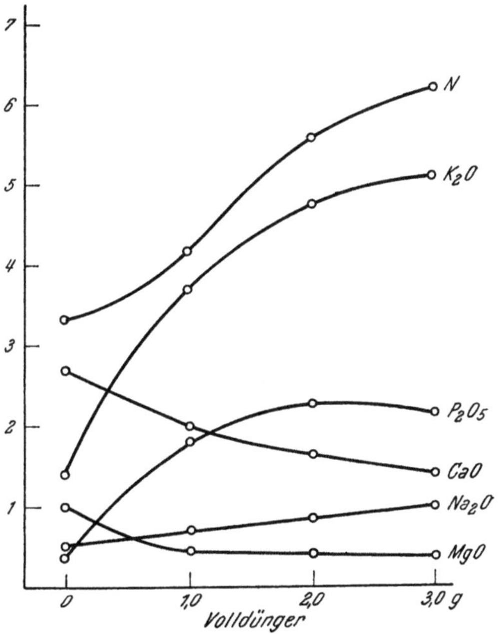

Abb. 234. Veränderungen des Nährstoffgehalts von pikierten Sommerblumen unter dem Einfluß gesteigerter Nährstoffversorgung (Mittelwerte von 10 Sommerblumenarten, Angaben in % der Trockensubstanz)

Bei den verschiedenen Pflanzenarten kommen im übrigen in den Analysendaten deutlich Ionenantagonismen zum Ausdruck, die an anderer Stelle dieses Handbuches eingehend behandelt werden.

Der prozentuale Nährstoffgehalt der Blüte unterscheidet sich in der Regel stark von dem der Grünmasse und der Wurzel, doch nicht bei allen Pflanzenarten gleichsinnig. Im Mittel von 16 verschiedenen Zierpflanzen ergaben sich folgende Gehaltszahlen (PENNINGSFELD 1952a).

Pflanzenteil	N	P₂O₅	K₂O	CaO	MgO
Sproß	2,23	0,71	3,59	1,93	0,69
Blüte	2,69	0,90	3,04	1,17	0,71
Wurzel	1,83	0,73	2,16	1,31	0,71

Man erkennt in der Blüte eine relative Anreicherung von N und P und verringerten Ca-Gehalt. Im Sproß ist K und Ca stärker vertreten, während die Wurzel am wenigsten N und K enthält.

E. Schlußwort

Ein Rückblick auf die zusammengetragenen Unterlagen zeigt, daß, obwohl intensiv auf dem Gebiete der Zierpflanzenernährung gearbeitet wurde, die Kenntnisse vielfach noch sehr lückenhaft sind. Verallgemeinerungen werden oft dadurch erschwert, daß die Untersuchungen nicht unter gleichen Umweltbedingungen durchgeführt wurden und die geprüften Sorten unter Umständen verschieden reagieren.

Versuchsarbeiten mit Zierpflanzen verlangen schon bei der Anzucht geeigneten Pflanzenmaterials und der Schaffung entsprechender Kulturbedingungen einen hohen finanziellen Aufwand, ganz abgesehen von den erforderlichen Fachkenntnissen sowie dem Arbeitsaufwand für sachgemäße Betreuung und Auswertung. — Andererseits bietet die Untersuchung der Boden- und Nährstoffansprüche von so verschiedenartigen Pflanzen, wie sie im Erwerbsgartenbau kultiviert werden, wertvolle Vergleichsmöglichkeiten und Einblicke in ernährungsphysiologische Zusammenhänge, wie sie im übrigen Pflanzenbau in so ausgeprägter Weise nicht erwartet werden können. Auch in bodenkundlicher Hinsicht lassen sich bei der Gegenüberstellung der verschiedenartigen gärtnerischen Erden und Böden oft aufschlußreiche Folgerungen ziehen, da die unterschiedlichen Grundstoffe auf engem Raum unter gleichen Bedingungen geprüft werden können.

Die Möglichkeit zur Gewinnung grundsätzlicher Erkenntnisse schließt nicht aus, daß Versuche über Zierpflanzenernährung in erster Linie auf praktische Belange ausgerichtet bleiben sollten. Ziel der Untersuchungen ist einerseits, die Bedingungen kennenzulernen, unter denen die Pflanze ihre höchste Leistung zu entfalten vermag und andererseits Grundlagen zur Beurteilung des Nährstoffversorgungszustandes von erwerbsmäßig betriebenen Kulturen zu schaffen, die eine sichere Steuerung der Düngung auch unter verschiedenartigen Umweltverhältnissen ermöglicht. Ein wertvolles Hilfsmittel hierbei stellt neben Boden- und Pflanzenanalysen die genaue Kenntnis des Verhaltens der Pflanze bei Fehlernährung dar. In Zukunft werden aus diesem Grunde Studien der Schadsymptome sowie der günstigen Nährstoffversorgungsbereiche in Boden und Pflanze stärker in den Vordergrund treten müssen. Je mehr an vergleichbarem Versuchsmaterial zur Verfügung steht, um so sicherer läßt sich die Beratung des praktischen Anbauers durchführen. Insofern bieten die wissenschaftlich erarbeiteten Erkenntnisse eine entscheidende Grundlage für den wirtschaftlichen Erfolg des Zierpflanzengärtners.

Literatur

(H. A. = Horticultural Abstracts)

Abernathie. J. W.: The effects [of soil calcium, potassium, and phosphorus on pigmentation in Better Times roses. Diss. Abstr.] 20, 2999–3000 (1960); Ref. H. A. 1960, 5900. — Ahmann, C. R.: Flera handelsträdgardar i New York starkt specialiserade pa Cymbidium. Viola 1961, 12. — Allerton, F.: Spraying against manganese deficiency. Gdnrs' Chron. 141, 515 (1957); Ref. H. A. 1957, 3738. — Amaki, W., und K. Hagiya: Studies on fertilizer supply to tulips, I, The effect of varied amounts of three nutrient elements on the growth of plants and the yield of bulbs (jap.). J. Hort. Ass. Japan 29, 157–162 (1960a); Ref. H. A. 1961, 2963. — Studies on fertilizer supply to tulips, II, The differences in the growth of tulip bulbs caused by supplying different amounts of fertilizers in the preceding generation, during forcing and field culture (jap.). J. Hort. Ass. Japan **29**, 239–246 (1960 b); Ref. H. A. **1961**, 5052. — AMIN, F. Y., und D. P. WATSON: The influence of soil nutrients on the growth of Hyacinthus orientalis Lim. Proc. Amer. Soc. Hort. Sci. **61**, 533–537 (1953); Ref. H. A. **1954**, 673. — ASEN, S., und O. W. DAVIDSON: Boron requirement of greenhouse roses. Proc. Amer. Soc. Hort. Sci. **60**, 439–448 (1952); Ref. H. A. **1953**, 3362. — ASEN, S., und H. B. TUKEY: Leaf scorch on the Snow White variety of greenhouse rose as influenced by various concentrations of boron and calcium. Proc. Amer. Soc. Hort. Sci. **61**, 515–522 (1953); Ref. H. A. **1954**, 697. — ASEN, S., S. H. WITTWER und F. G. TEUBNER: Factors affecting the accumulation of foliar applied phosphorus in roots of Chrysanthemum morifolium. Proc. Amer. Soc. Hort. Sci. **64**, 417–422 (1954); Ref. H. A. **1955**, 4194. — ASEN, S., N. W. STUART und H. W. SIEGELMAN: Effect of various concentrations of nitrogen, phosphorus and potassium on sepal color of Hydrangea macrophylla. Proc. Amer. Soc. Hort. Sci. **73**, 495–502 (1959); Ref. H. A. **1959**, 3928. — ASEN, S., N. W. STUART und A. W. SPECHT: Color of Hydrangea macrophylla sepals as influenced by the carry-over effects from summer applications of nitrogen, phosphorus and potassium. Proc. Amer. Soc. Hort. Sci. **76**, 631–636 (1960); Ref. H. A. **1961**, 6825.

BATEMAN, D. F.: The influence of soil moisture on the poinsettia root rots. Phytopathology **49**, 533 (1959); Ref. H. A. **1960**, 5941. — Environment and the poinsettia root rots. Bull. N. Y. St. Flower Grs. **1961**, 1–4; Ref. H. A. **1961**, 6835. — BAUDENDISTEL, R.: Chelated iron corrects chlorosis of gardenias. Bull. N. Y. St. Flower Grs. **1957**, 2–3; Ref. H. A. **1958**, 1767. — BEACH, G.: Effects of ammonium sulphate and potassium chloride on Patrician carnations in soil. Proc. Amer. Soc. Hort. Sci. **59**, 484–486 (1952); Ref. H. A. **1953**, 994. — BECKER-DILLINGEN, J.: Die Ernährung des Waldes, S. 484. Berlin: Verlagsges. f. Ackerbau. 1939. — Handbuch der Ernährung der gärtnerischen Kulturpflanzen, S. 435–468. Hamburg und Berlin: Parey. 1943. — BELGRAVER, W., und Mitarbeiter: Amerikaanse anjers. Jversl. Proefst. Bloem. Aalsmeer **1954**, 16–32; Ref. H. A. **1956**, 2969. — BERG, J.: Kultur der Rhododendron. In: Pareys Blumengärtnerei, 2. Bd., 2. Aufl., S. 261. Berlin und Hamburg: Parey. 1960. — BERGMANN, W.: Schlüssel zur Bestimmung von Nährstoffmangelanzeichen. Mitt. DLG Nr. 39, **1956**, 1002. — BESTAGNO, G.: Danni da cromo contenuto in un concime misto su colture di garofano. Not. Mal. Piante **1960**, 217–226; Ref. H. A. **1961**, 6683. — BEYERS, E.: New treatments for iron deficiency and blue flowers in hydrangeas. Fmg. S. Afr. **30**, 407–408, 416 (1955); Ref. H. A. **1956**, 2047. — BIK, R. A., und W. HELLE: Gloxinia. Jversl. Proefst. Bloem. Aalsmeer **1958 a**, 71–73; Ref. H. A. **1960**, 999. — BIK, R. A.: Hortensia. Ijzerchelaatbehandeling. Jversl. Proefst. Bloem. Aalsmeer **1958 b**, 73–74. — Vergelingsverschijnselen bij Lilium auratum. Vakblad Bloemisterij **13**, 117 (1958 c). — BIK, R. A., und P. VAN DER ZWAARD: Azalea. Substraat- en bemestingsproef. Jversl. Aalsmeer **1959 a**, 39–43. — BIK, R. A.: Cyclamen. pH-trappenproef. Stalmesttrappenproef. Potgrondmengselproef. Gloeirestrappenproef. Jversl. Proefst. Bloem. Aalsmeer **1959 b**, 48–58. — Ijzerchelaatbemesting bij rozen als bestrijding van ijzerchlorose. Vakblad Bloemisterij **15**, 223 (1960). — BING, A.: The use of urea-formaldehyde nitrogen on greenhouse crops. Bull. N. Y. St. Flower Grs. **1956**, 2–4; Ref. H. A. **1956**, 3956. — BLAKE, J., und G. P. HARRIS: Effects of nitrogen nutrition on flowering in carnation. Ann. Bot., Lond. **24**, 247–256 (1960); Ref. H. A. **1961**, 4982. — BLOOM, J. R., und H. B. COUCH: Influence of environment on diseases of turf-grasses, I, Effect of nutrition, pH, and soil moisture on Rhizoctonia brown patch. Phytopathology **50**, 532–535 (1960); Ref. H. A. **1961**, 2973. — BÖHMIG, F.: Topfpflanzen, S. 296 und 416. Radebeul: Neumann. 1958. — BONNEFOND, L.: Méthode de culture pour faire une bonne plant de chrysanthème. Rev. hort. suisse **32**, 324–326 (1959); Ref. H. A. **1960**, 989. — BOSSE, G.: Einige Tips zur Kultur der Knollenfreesien. Taspo **88**, 5 (1959). — BOWE, R.: Zur Züchtung und Kultur der Gerbera jam. Dtsch. Gartenbau **5**, 313–318 (1958). — BOWERS, C. G.: Rhododendron seed germination in agar nutrient solution. Nat. Hort. Mag. **33**, 206–208 (1954); Ref. H. A. **1955**, 877. — BRADLEY, G. A., und R. L. MAYERS: Azalea nutrition. Arkans. Fm. Res. **9** (4), 7 (1960); Ref. H. A. **1961**, 3055. — BUCHNER, A.: Zur Heilung der Kalkchlorose (Gelbsucht) im Obstbau. Gartenbau **1956**, 30–31. — BÜNGER, C. H.: Standorte des Maiblumenanbaus. Gartenwelt **61**, 398–399 (1961). — BUXBAUM, F.: New ways in cactus culture. Nat. Cactus Succ. J. **10**, 38–39 (1955); adapted by C. J. GLEDHILL from paper read at 2nd Congr. I.O.S., Monaco 1953; Ref. H. A. **1955**, 4227.

CARDUS, J., und J. F. AQUILÁ: Fertilizatión del Dianthus caryophyllus en cultivos industriales, 1, Necesidades del potasio en las variedades Ambra, Joly y Duca. An. Edafol. Fisiol. veg. **16**, 637–649 (1957); Ref. H. A. **1958**, 674. — CARNETS, A. E.:

Orchids need fertilizer too. N. J. Agric. **35** (2), 8–9 (1953); Ref. H. A. **1953**, 4461. — Carra, P., und A. Théau: Travaux du jardin d'essai du Hamma sur le Strelitzia reginae. Rev. hort. Algér. **56**, 222–234 (1952); Ref. H. A. **1953**, 1046. — Chan, A. P., und M. MacArthur: Floriculture research. Progr. Rep. Hort. Div. Centr. Exp. Fm., Ottawa 1949–53, 108–119; Ref. H. A. **1956**, 2949. — Chan, A. P., und Mitarbeiter: Mineral nutritional studies on carnation (Dianthus caryophyllus), I, Effects of N, P, K, Ca and temperature on flower production. Proc. Amer. Soc. Hort. Sci. **72**, 473–476 (1958); Ref. H. A. **1959**, 2722. — Chan, A. P.: Floriculture research. Progr. Rep. Hort. Div. Centr. Exp. Fm., Ottawa 1954–58, **1960**, 71–78; Ref. H. A. **1961**, 6670. — Cibes, H., und G. Samuels: Mineral-deficiency symptoms displayed by Dracaena godseffiana and Dracaena sanderiana plants grown under controlled conditions. Tech. Pap. P. R. Agric. Exp. Stat., Rio Piedras **29**, 28 (1960); Ref. H. A. **1961**, 6775. — Colgrove, M. S., Jr., und A. N. Roberts: Growth of the azalea as influenced by ammonium and nitrate nitrogen. Proc. Amer. Soc. Hort. Sci. **68**, 522–536 (1956); Ref. H. A. **1957**, 3811. — Cortvriendt, S. F., und R. de Groote: Essais de fumure sur gloxinia et begonia. Rev. Agric. Brux. **5**, 1311–1318 (1952); Ref. H. A. **1953**, 2096. — Essai de fumure sur Hydrangea hortensia von Siebold var. Altona. Rev. Agric. Brux. **7**, 32–40 (1954); Ref. H. A. **1954**, 1805. — Couch, H. B., und J. R. Bloom: Influence of environment on diseases of Turf-grasses, II, Influence of nutrition, pH and soil moisture on Sclerotinia dollar spot. Phytopathology **50**, 761–763 (1960); Ref. H. A. **1961**, 2974. — Crum, P.: Chelating agents for the control of lime-induced chlorosis in Southern magnolia. Proc. Nat. Shade Tree Conf. **1954**, 267–270; Ref. H. A. **1955**, 3155. — Crum, P. F.: Chelated iron for the control of lime-induced chlorosis. Comb. Proc. Nat. Shade Tree Conf. **1956**, 229–231; Ref. H. A. **1957**, 3792.

Dänhardt, W., und R. Bowe: Zur Verwendung von Schwarztorfen für die Kultur von Azaleen (Rhododendron indicum L.). Arch. Gartenbau **1958**, 311–344. — Dänhardt, W., und G. Kühle: Versuche zur Ermittlung des günstigen Torf/Ton-Verhältnisses bei Verwendung von Torfkulturerde für Topfpflanzen. Arch. Gartenbau **7**, 157–174 (1959). — Davidson, H., und W. McCall: Fertilizer studies on Taxus. Quart. Bull. Mich. Agric. Exp. Stat. **42**, 317–322 (1959); Ref. H. A. **1960**, 4283. — Davidson, O. W.: Principles of orchid nutrition. Proc. 3rd World Orchid Conf., London 1960, **1960**, 224–233; Ref. H. A. **1961**, 6781. — Dawson, R. B.: The winter management of lawns. North. Gdns. **6**, 187–188 (1952); Ref. H. A. **1953**, 1048. — De Groote, R.: L'utilisation du compost de ville en horticolture. Rev. Agric. Brux. **9**, 165–171 (1956); Ref. H. A. **1956**, 2959. — Les substances nuisibles aux plantes dans l'eau d'arrosage. Bull. hort. Liège **9**, 354–357 (1954); Ref. H. A. **1955**, 1892. — Dickey, R. D., und J. N. Joiner: Identifying elemental deficiencies in foliage plants. Ann. Rep. Fla. Agric. Exp. Stats. 1957/58, 130–131; Ref. H. A. **1960**, 4229. — Dickey, R. D.: Some factors affecting growth of three ornamental plant species in containers. Proc. Fla. St. Hort. Soc. **73**, 358–361 (1960, 1961); Ref. H. A. **1961**, 6801. — Doak, K. D.: The fertilization and culture of Rosa multiflora in Northern Indiana. Bett. Crops **37** (4), 19–24, 44 (1953); Ref. H. A. **1953**, 4467. — Dorsman, C.: De invloed van de zuurgrad (pH) van de grond op de ontwikkeling van verschillende gewassen. Jaarb. "De Proeftuin" te Boskoop 1952, 14–17; Ref. H. A. **1954**, 716. — Dressler, H.: Ein Besuch im Orchideenbetrieb Kiesewetter. Gartenwelt **52**, 152 (1952). — Drewitt, C. E., und E. B. James: Liquid feeding of bowling greens. Gdnrs' Chron. **139**, 686 (1956); Ref. H. A. **1956**, 3992. — Duich, J. M., und H. B. Musser: Response of Kentucky bluegrass, creeping red fescue, and bentgrass to nitrogen fertilizers. Progr. Rep. Pa. Agric. Exp. Stat. **214**, 20 (1960); Ref. H. A. **1960**, 5886. — During, C.: Importance of soil acidity in maintenance of fine turf. N. Z. J. Agric. **93**, 355–359 (1956); Ref. H. A. **1957**, 1743. — Durkin, D. J.: Studies of the effect of soil nitrogen on the development of bottom breaks and on the nitrogen fractions of the leaves, buds, and xylem sap in the Better Times rose. Diss. Abstr. **21**, 719 (1960); Ref. H. A. **1961**, 5073.

Eastwood, T.: Forcing Creole lilies at different levels of soil nitrate. Proc. Amer. Soc. Hort. Sci. **59**, 531–541 (1952); Ref. H. A. **1953**, 1038. — Eck, P.: Continuous solution feeding: planned carnation nutrition. Mass. Flower Grs' Ass. Bull., reprinted in Flor. Exch. **135** (11), 17, 19 (1960); Ref. H. A. **1961**, 2893. — Edson, S. N., E. W. McElwee und M. H. Gaskins: Effects of readily available N, P_2O_5 and K_2O levels on growth and numbers of blooms of hibiscus plants. Proc. Fla. St. Hort. Soc. **68**, 338–341 (1955, 1956); Ref. H. A. **1956**, 3031. — Edson, S. N., und J. V. Watkins: Establishing a critical level for available iron for gardenias with the modified Comber soil test. Proc. Fla. St. Hort. Soc. **73**, 344–346 (1960, 1961); Ref. H. A. **1961**, 6823. — Egberts, H.: Onderzoek naar gebreksverschijnselen in boomwekerijgewassen. Jaarb.

Proefst. Boomwk. Boskoop **1955**, 74–75; Ref. H. A. **1956**, 4010. — De invloed van de zuurgraad (pH) van de grond op de ontwikkeling van verschillende boomwekerij-gewassen. Jaarb. Proefst. Boomwk. Boskoop **1956**, 68–69; Ref. H. A. **1958**, 656. — ELDER, W. C.: Turf grasses. Their development and maintenance in Oklahoma. Bull. Okla. Agric. Exp. Stat. B 425, 32 (1954); Ref. H. A. **1955**, 849. — ELLE, A.: Ein neuer brauchbarer Orchideenpflanzstoff. Gartenwelt **60**, 79 (1960). — ENCKE, F. Fam. Araceae, Aronstabgewächse. In: Pareys Blumengärtnerei, 1. Bd., 2. Aufl., S. 173. Berlin und Hamburg: Parey. 1958a. — Ficus L., Feigenbaum. In: Pareys Blumengärtnerei, 1. Bd., 2. Aufl., S. 522–525. Berlin und Hamburg: Parey. 1958b. — Strelitzia Banks, Strelitzie. In: Pareys Blumengärtnerei, 1. Bd., 2. Aufl., S. 396. Berlin und Hamburg: Parey. 1958c. — Aphelandra R. Br., Aphelandre. Kultur. In: Pareys Blumengärtnerei, 2. Bd., 2. Aufl., S. 595. Berlin und Hamburg: Parey. 1960a. — Salvia splendens. In: Pareys Blumengärtnerei, 2. Bd., 2. Aufl., S. 470. Berlin und Hamburg: Parey. 1960b.

FAHMY, M., und S. EL BAKLY: Estimation of yields of different varieties of roses suitable for exportation, subjected to different treatments of fertilization. Agric. Res. Rev., Cairo, 1959, **37**, 415–438 (1960); Ref. H. A. **1961**, 6792. — FANNING, J. P.: Leaf-soil and rhododendrons. Gdnrs' Chron. **141**, 102 (1957); Ref. H. A. **1957**, 2761. — FLINT, H. L., und S. ASEN: The effects of various nutrient intensities on growth and development of snapdragons (Antirrhinum majus L.). Proc. Amer. Soc. Hort. Sci. **62**, 481–486 (1953); Ref. H. A. **1954**, 2948. — FLORET, J., und E. C. VOLZ: Der Einfluß verschiedener Düngemittel und Substrate auf das Wachstum und Blühen von Azaleen. Proc. Amer. Soc. Hort. Sci. **1948**, 633. — FURUTA, T., und C. W. BELL: Azalea fertilization. Bett. Crops **39** (5), 21–24, 48–49 (1955a); Ref. H. A. **1955**, 4266. — FURUTA, T.: Response of the camellia to boron. Proc. Amer. Soc. Hort. Sci. **65**, 439–440 (1955b); Ref. H. A. **1956**, 955.

GARTHWAITE, J. M.: Flower section. Rep. Luddington Exp. Hort. Stat. 1954, **1955**, 55–61; Ref. H. A. **1955**, 4173. — Flower section. Ann. Rep. Luddington Exp. Hort. Stat. 1955, **1956**, 61–68; Ref. H. A. **1956**, 3944. — Observations on gerbera growing. Exp. Hort. **1959a**, 12–15; Ref. H. A. **1959**, 3868. — GARTHWAITE, J. M., und W. C. IBBETT: Gerberas. Agriculture, Lond. **66**, 138–140 (1959b); Ref. H. A. **1960**, 997. — GASIORKIEWICZ, E. C.: Influence of nitrogen and potassium nutrition levels on the development of Fusarium systemic wilt of carnations. From Abstr. in Phytopathology **50**, 636 (1960); Ref. H. A. **1961**, 2894. — GERICKE, S.: Die Wirkung des Nährstoffs Phosphorsäure in der Chrysanthemenkultur. Gartenbauwissenschaft **17**, 310–332 (1943). — GIESECKE, F., und H. STECHER: Qualitätsmerkmale groß-blumiger Chrysanthemen. Dtsch. Garten **1949**, 10. — GOETZE, N. R.: Heavy nitrogen fertilization of cool season turf grasses. Diss. Abstr. 21, 2–3 (1960); Ref. H. A. **1961**, 1143. — GRIFFITHS, A., JR., und N. GAMMON, JR.: Culture and classification of camellia and related genera. Ann. Rep. Fla. Agric. Exp. Stats. 1952/53, 110; Ref. H. A. **1955**, 1968. — GRUIS, J. T., und J. N. JOINER: The effect of periods of long days and levels of fertilization on China aster, Callistephus chinensis "All Saints". Proc. Fla. St. Hort. Soc. **73**, 378–381 (1960, 1961); Ref. H. A. **1961**, 6708. — GUTTAY, J. R., und P. R. KRONE: The effect of rates of different fertilizers on the flowering and corm production of gladiolus over two seasons. Quart. Bull. Mich. Agric. Exp. Stat. **39**, 424–431 (1957); Ref. H. A. **1957**, 2713.

HAHLIN, M.: Pflanzenernährungsversuche in einer Forstbaumschule. Växt-Narings-Nytt 15, 21–26 (1959). — HAHN, E.: Kulturen, die ich in Deutschland vermisse, VIII, Gardenien. Gartenwelt **54**, 9–10 (1954). — HALEVY, A. H.: Chanching the critical moisture in the various stages of gladiolus. From Abstr. in Bull. Res. Coun. Israel, Sect. D **7D**, 111 (1959); Ref. H. A. **1960**, 2616. — The influence of progressive increase in soil moisture tension on growth and water balance of gladiolus leaves and the development of physiological indicators for irrigation. Proc. Amer. Soc. Hort. Sci. **76**, 620–630 (1960); Ref. H. A. **1961**, 6740. — HANDLEY, M. F., und Mitarbeiter: Synthetic ion exchanger fertilization of containergrown plants. Down to Earth 16, 2–8 (1961); Ref. H. A. **1961**, 4675. — HANSEN, R.: Ergebnisse von Rasenversuchen mit grundsätzlichen Erörterungen über die wissenschaftliche Betrachtung von Problemen des Gartenrasens. Jahresbericht 1960/61 der Staatl. Lehr- und Forschungsanstalt für Gartenbau Weihenstephan, S. 29–101. München: Obst- und Gartenbauverlag. — HÄRIG, H.: Vereinfachte Azaleen- und Erikendüngung. Dtsch. Gärtnerbörse **61**, 82–83 (1961). — HARRIS, J. H., F. A. HAASIS und C. F. SMITH: Azaleas and camellias. Ext. Circ. N. C. Agric. Ext. Serv. 246, 29 (1960); Ref. H. A. **1961**, 6837. — HEENEY, H. B., S. R. MILLER und A. P. CHAN: Relationship between plant composition and yield. Progr. Rep. Hort. Div. Centr. Exp. Fm., Ottawa 1954–1958, **1960**, 51–52; Ref. H. A. **1961**, 6669. — HELTON, O. M.: Factors affecting flower productivity of cymbidiums. Proc. 3rd World Orchid Conf., London 1960, **1960**, 254–257 and reprinted in Flor. Exch. **136** (12), 13, 28, 30 (1961); Ref. H. A. **1961**, 6782. — Hentig, W. U. von: Untersuchungen über den Einfluß der Ernährung von Chrysanthemen- und Fuchsienmutterpflanzen auf die Stecklingsproduktion und Bewurzelung. Gartenbauwissenschaft **6**, 334–362 (1959). — Henze, G.: Untersuchungen über den zeitlichen Verlauf der Nährstoffaufnahme bei Zierpflanzen. Diss. Hannover, 1954. — Holley, W. D., D. L. Wagner und R. Farmer: The response of carnation varieties William Sim and White Patrician to various levels of nitrate and soil moisture. Colo. St. Flower Grs' Ass. Bull. **1951**, 1–3 from Abstr. in Bull. N. Y. St. Flower Grs. **1952**, 8; Ref. H. A. **1952**, 4134. — Holley, W. D.: Carnations are tolerant to a wide range of soil moistures. Colo. St. Flower Grs' Ass. Bull. **1953**, 2; from Abstr. in Bull. N. Y. St. Flower Grs. **1953**, 7; Ref. H. A. **1954**, 632. — Holman, J. C. M.: Jodine for earlier and healthier crops. Grower **41**, 533 (1954); Ref. H. A. **1954**, 2182. — Horton, D. E.: Bulbs. Ann. Rep. Rosewarne Exp. Stat. **1958**, **1959**, 28–47; Ref. H. A. **1960**, 1011. — Hoyt, G. M.: The cultivation of miltonias. Proc. 3rd World Orchid Conf., London 1960, **1960**, 391–396; Ref. H. A. **1961**, 6785. — Hume, H. H.: Camellias in America, rev. ed., S. 141–143, 145. Harrisburg, Pa.: J. Horace McFarland Co. 1955.

Isaak, J.: The effects of nitrogen supply upon the Verticillium wilt of Antirrhinum. Ann. Appl. Biol. **45**, 512–515 (1957); Ref. H. A. **1958**, 697.

Jeff, A. E.: Anemones. Ann. Rep. Rosewarne Exp. Hort. Stat. **1952–1955**, 1956, 11–18, Report from Rosewarne—1. Observations on anemones. Comm. Gr. **1957**, 179; Ref. H. A. **1957**, 2703. — Anemones. Ann. Rep. Rosewarne Exp. Hort. Stat. **1957**, **1958**, 4–11; Ref. H. A. **1959**, 715. — Anemones. Ann. Rep. Rosewarne Exp. Hort. Stat. **1958**, **1959**, 6–16; Ref. H. A. **1960**, 1012. — Anemones. Ann. Rep. Rosewarne Exp. Hort. Stat. **1959**, **1960**, 7–17; Ref. H. A. **1961**, 2924. — Jelitto, C. R.: Helleborus L., Nieswurz. In: Pareys Blumengärtnerei, 1. Bd., 2. Aufl., S. 626. Berlin und Hamburg: Parey. 1958. — Jenkins, J. M.: The effects of soil acidity upon the growth of gladiolus. Flor. Exch. **131** (3), 11 (1958); Ref. H. A. **1959**, 720. — Joiner, J. N., und J. L. Taylor: Effect of timing of nitrogen, phosphorus and potassium applications on growth and flowering of pot-grown Chrysanthemum morifolium, variety Humdinger. Proc. Fla. St. Hort. Soc. **72**, 378–380 (1960); Ref. H. A. **1961**, 1074. — Joiner, J. N., und T. C. Smith: Some effects of nitrogen and potassium levels on flowering characteristics of Chrysanthemum morifolium, "Bluechip". Proc. Fla. St. Hort. Soc. **73**, 354–358 (1960, 1961); Ref. H. A. **1961**, 6692. — Jung, J.: Floranid — ein Stickstoffdünger mit langanhaltender Wirkung. Südd. Erwerbsgärtner **15**, 253–254 (1961). — Juska, F. V., I. Tyson und C. M. Harrison: The competitive relationship of Merion bluegrass as influenced by various mixtures, cutting heights and levels of nitrogen. Agron. J. **47**, 513–518 (1955); Ref. H. A. **1956**, 2017.

Kallauch, W.: Biohum-Versuche zu Chrysanthemen. Gartenwelt **58**, 136–137 (1958). — Kamp, J. R., und F. A. Pokorny: The nutrition of greenhouse roses in high boron soils. Ill. St. Flor. Ass. Bull. **184** (1958); Ref. H. A. **1959**, 1735. — Kamp, J. R., und J. C. Shannon: The effects of low soil potassium, high soil calcium, and air cooling on roses grown in a high boron soil. Ill. St. Flor. Ass. Bull. **1960a**, 2–6; Ref. H. A. **1961**, 2987. — Production responses of Better Times roses to decreased spacing distances and various nutrient levels. Ill. St. Flor. Ass. Bull. **1960b**, 1, 3–4; Ref. H. A. **1961**, 1167. — Keller, J., und H. K. Möhring: Die Düngung in der gärtnerischen Praxis. Hamburg und Berlin: Parey. 1953. — Kimbrough, W. D., und R. H. Hanchey: The effect of several materials on soil pH and the growth of small camellia plants. Proc. Amer. Soc. Hort. Sci. **65**, 436–438 (1955); Ref. H. A. **1956**, 954. — Kiplinger, D. C., und H. Bresser: Some factors affecting multiple bud formation on azaleas. Proc. Amer. Soc. Hort. Sci. **57**, 393–395 (1951); Ref. H. A. **1952**, 821. — Kiplinger, D. C.: Azaleas. Flor. Exch. **123** (15), 19 (1954); Ref. H. A. **1955**, 864. — Kiplinger, D. C., und K. S. Nelson: Nitrogen affects multiple flower bud formation in Coral Bells azalea. Ohio Fm. Home Res. **40**, 78 (1955); Ref. H. A. **1956**, 2035. — Fertilizer affects color of hydrangeas. Flor. Exch. **127** (5), 11, 13 (1956); Hydrangea color is affected by fertilizer applications. Ohio Fm. Home Res. **41**, 46–47 (1956); Ref. H. A. **1957**, 737. — Knickmann, E.: Reaktionszahlen (pH-Werte) im Gartenbau. Taspo-Kalender für den deutschen Gärtner **1956**, 3–8. — Bodenpflege und Düngung im Gartenbau, S. 153–177. Stuttgart: Ulmer. 1958. — Kofranek, A. M., O. R. Lunt und S. A. Hart: Tolerance of Chrysanthemum morifolium variety Kramer to saline conditions. Proc. Amer. Soc. Hort. Sci. **61**, 528–532 (1953); Ref. H. A. **1954**, 638. — Kofranek, A. M., O. R. Lunt und H. C. Kohl: The effect of bicarbonate and other constituents of irrigation water on the growth of azaleas. Proc. Amer. Soc. Hort. Sci. **68**, 537–544 (1956a); Ref. H. A. **1957**, 3812. — Tolerance of ponsettias to saline conditions and high boron concentrations. Proc. Amer. Soc. Hort. Sci. 68, 551–555 (1956b); Ref. H. A. 1957, 3808. — KOFRANEK, A. M., O. R. LUNT und H. C. KOHL, JR.: Tolerance of gladioli to salinity and boron. Proc. Amer. Soc. Hort. Sci. 69, 556–560 (1957); Ref. H. A. 1957, 3757. — KOFRANEK, A. M., H. C. KOHL und O. R. LUNT: Effects of excess salinity and boron on geraniums. Proc. Amer. Soc. Hort. Sci. 71, 516–521 (1958); Ref. H. A. 1959, 705. — KOHL, H. C., A. M. KOFRANEK und O. R. LUNT: Effects of various ions and total salt concentrations on Saintpaulia. Proc. Amer. Soc. Hort. Sci. 68, 545–550 (1956); Ref. H. A. 1957, 3747. — Response of China Asters to high salt and boron concentration. Proc. Amer. Soc. Hort. Sci. 70, 437–441 (1957); Ref. H. A. 1958, 1688. — KOHL, H. C., und A. M. KOFRANEK: Konzentrationsversuche zu Azaleen und Gardenien, Boron in Agriculture 1958a, Nr. 93. — KOHL, H. C., JR., O. R. LUNT und A. M. KOFRANEK: Response of Lilium longiflorum var. Croft to high salt and boron concentrations. Proc. Amer. Soc. Hort. Sci. 76, 644–648 (1960); Ref. H. A. 1961, 6753. — KOKIN, A. J. A., und I. V. ČLENOKOWA: Some methods of hastening flowering in ornamental plants (russ.). Uč. Zap. Petrozavodskogo Un-ta 7 (3), 71–82 (1956, 1957), from Ref. Z. (Biol.) 1958, Abstr. 39, 562; Ref. H. A. 1959, 2745. — KÖSTER, P.: Zur Untersuchung gärtnerischer Kulturerden. Gartenbauwissenschaft 2 (20), 92–108 (1955). — Die Bedeutung des Untergrundes für die Kultur von Treibrosen. Gartenwelt 1961, 444–445. — KOSUGI, K., und K. KONDO: Studies on blindness in gladiolus, VII, Effect of fertilizer treatment in the previous year on flowering in the current year (jap.). J. Hort. Ass. Japan 29, 163–168 (1960); Ref. H. A. 1961, 2944. — KRAAYENGA, D. A.: Grond, klimaat en groei bij tulpen. Weekbl. Bloemboll Cult. 70, 461 (1959); Ref. H. A. 1960, 5873. — KRAGTWIJK, C., und R. A. BIK: Freesia. Jversl. Proefst. Bloem. Aalsmeer 1958, 54–67; Ref. H. A. 1960, 1021. — KRAINZ, H.: Über System und Kultur der Kakteen. In: Pareys Blumengärtnerei, 2. Bd., 2. Aufl., S. 155–156. Berlin und Hamburg: Parey. 1960. — KROMDIJK, G.: Het vervroegen van hortensia's. Cult. Hand. 18, 644–646 (1952); Ref. H. A. 1953, 2133, 1. — KRÜSSMANN, G.: Rosa, L., Rose. Pflanzung, Pflege und Vermehrung. In: Pareys Blumengärtnerei, 1. Bd., 2. Aufl., S. 839–841. Berlin und Hamburg: Parey. 1958a. — Kultur der Waldreben. In: Pareys Blumengärtnerei, 1. Bd., 2. Aufl., S. 649. Berlin und Hamburg: Parey. 1958b. — Daphne L., Seidelbast. In: Pareys Blumengärtnerei, 2. Bd., 2. Aufl., S. 159. Berlin und Hamburg: Parey. 1960. — KÜHLE, G.: Der Einfluß des Kultursubstrates auf den Ertrag von Anthurium scherzerianum. Dtsch. Gartenbau 7, 273–276 (1960).

LARSON, R. A., und R. W. LANGHANS: Triple the productivity of poinsettia stock plants. Bull. N. Y. St. Flower Grs. 1960, 4, 6 und Flor. Exch. 134 (24), 14 (1960); Ref. H. A. 1961, 1205. — LAURIE, A., und D. C. KIPPLINGER: Culture of Greenhouse Roses. Bull. 654 (1944), Ohio Agric. Exp. Stat. — LEBKOWSKY, J.: Badania nad zastosowaniem nawozów pomocniczych i wpływem pH pleby przy uprawie gduł, Cyclamen persicum — Mill. Roczn. Nauk rol., Ser. A, 70, 327–342 (1954); Ref. H. A. 1956, 907. — LEES, P. D.: Bulbs. Ann. Rep. Rosewarne Exp. Hort. Stat. 1959, 1960, 18–25; Ref. H. A. 1961, 2919. — LEISER, A. T.: Rhododendron occidentale on alkaline soil. R. H. S. Rhododendron Camellia Yearb. 1957, 47–51; Ref. H. A. 1957, 1777. — LEN: Trockene Blattspitzen bei Nelken können durch Kalziummangel verursacht sein (schwed.). Viola 67, 5 (1961). — LENZ, H.: Azaleendüngungsversuche 1955 und 1956. Gartenwelt 58, 3–5 (1958). — LINDEMANN, A.: Richtige Düngung durch Bodenuntersuchung, S. 56–77. Hamburg und Berlin: Parey. 1957. — LINDEMANN, A., und R. BUHR: Versuche mit Cofuna bei der Cyclamenkultur. Gartenwelt 61, 163–164 (1961). — LINDSTROM, R., und D. C. KIPLINGER: Blind wood of Better Times roses as affected by selection of stock and nitrogen and potassium nutrition. Proc. Amer. Soc. Hort. Sci. 66, 374–377 (1955); Ref. H. A. 1956, 4002. — LINK, C. B., und J. B. SHANKS: Experiments on fertilizer levels for greenhouse hydrangeas. Proc. Amer. Soc. Hort. Sci. 60, 449–458 (1952); Ref. H. A. 1953, 3381. — The mineral nutrition of poinsettia stock plants in the greenhouse. Proc. Amer. Soc. Hort. Sci. 69, 502–512 (1957); Ref. H. A. 1957, 3806. — LORENG, H.: Faustzahlen für Topfpflanzenkulturen. Hannover: Schaper. 1954. — LUNT, O. R., R. H. SCIARONI und E. J. BOWLES: Studies in fertility control of commercially grown carnations. Proc. Amer. Soc. Hort. Sci. 61, 523–527 (1953); Ref. H. A. 1954, 630. — LUNT, O. R., H. C. KOHL JR. und A. M. KOFRANEK: Tolerance of azaleas and gardenias to salinity conditions and boron. Proc. Amer. Soc. Hort. Sci. 69, 543–548 (1957); Ref. H. A. 1957, 3813. — Carnation production reduced by low salt concentrations. Flor. Exch. 130 (8), 15, 48 (1958a); Ref. H. A. 1958, 2865. — LUNT, O. R., und A. M. KOFRANEK: Nitrogen and potassium nutrition of Chrysanthemum. Proc. Amer. Soc. Hort. Sci. 72, 487–497 (1958b); Ref. H. A. 1959, 2725. — LUNT, O. R., J. J. OERTLI und H. C. KOHL JR.:

Influence of certain environmental conditions on the salinity tolerance of Chrysanthemum morifolium. Proc. Amer. Soc. Hort. Sci. 75, 676–687 (1960); Ref. H. A. 1961, 1076. — Maatsch, R., und W. Rünger: Ein orientierender Düngungsversuch mit Erica gracilis. Gartenwelt 57, 221–222 (1957). — Maatsch, R.: Adianthum L., Frauenhaarfarn. Kultur. In: Pareys Blumengärtnerei, 1. Bd., 2. Aufl., S. 32. Berlin und Hamburg: Parey. 1958a. — Convallaria L., Maiglöckchen. Anbau. In: Pareys Blumengärtnerei, 1. Bd., 2. Aufl., S. 318–319. Berlin und Hamburg: Parey. 1958b. — Garten-Hyazinthen. In: Pareys Blumengärtnerei, 1. Bd., 2. Aufl. S. 297–298. Berlin und Hamburg: Parey. 1958c. — Gartentulpen. In: Pareys Blumengärtnerei, 1. Bd., 2. Aufl., S. 284–288. Berlin und Hamburg: Parey. 1958d. — Hippeastrum Herb. Ritterstern „Amaryllis". In: Pareys Blumengärtnerei, 1. Bd., 2. Aufl., S. 345–346. Hamburg und Berlin: Parey. 1958e. — Hydrangea macrophylla. Kultur. In: Pareys Blumengärtnerei, 1. Bd., 2. Aufl., S. 775–777. Berlin und Hamburg: Parey. 1958f. — Lathyrus odoratus L., Wohlriechende „Wicke". In: Pareys Blumengärtnerei, 1. Bd. 2. Aufl., S. 888. Berlin und Hamburg: Parey. 1958g. — Rosenkultur für Schnitt und Töpfe. In: Pareys Blumengärtnerei, 1. Bd., 2. Aufl., S. 841–843. Berlin und Hamburg: Parey. 1958h. — Scindapsus. In: Pareys Blumengärtnerei, 1. Bd., 2. Aufl., S. 172–173. Berlin und Hamburg: Parey. 1958i. — Maatsch, R., und H. Isensee: Keimung von Cyclamen in Substraten mit verschiedenen pH-Werten. Gartenwelt 59, 363 (1959). — Maatsch, R.: Camellia L., Kamelie, Kultur. In: Pareys Blumengärtnerei, 2. Bd., 2. Aufl., S. 47–48. Berlin und Hamburg: Parey. 1960a. — Dahlia Cav., Dahlie, Georgine. In: Pareys Blumengärtnerei, 2. Bd., 2. Aufl., S. 755. Berlin und Hamburg: Parey. 1960b. — Forsythia-Hybriden. Treiberei. In: Pareys Blumengärtnerei, 2. Bd., 2. Aufl., S. 349. Berlin und Hamburg: Parey. 1960c. — Kultur der nicht winterharten Heidekräuter. In: Pareys Blumengärtnerei, 2. Bd., 2. Aufl., S. 288–290. Berlin und Hamburg: Parey. 1960d. — Primula malacoides Franch. Kultur. In: Pareys Blumengärtnerei, 2. Bd., 2. Aufl., S. 312. Berlin und Hamburg: Parey. 1960e. — Primula obconica Hance. Kultur. In: Pareys Blumengärtnerei, 2. Bd., 2. Aufl., S. 315. Berlin und Hamburg: Parey. 1960f. — Syringa vulgaris L. Treiberei. In: Pareys Blumengärtnerei, 2. Bd., 2. Aufl., S. 354–355. Berlin und Hamburg: Parey. 1960g. — Mantrova, E. Z.: Gladiolus nutrition (russ.). Bjul. Gl. bot. Sada AN SSSR 1956, 64–70; Ref. Z. (Biol.) 1957, Abstr. 69, 490; Ref. H. A. 1958, 3943. — Mantrova, E. Z., und V. I. Zdasjuk: The manuring of gladioli (russ.). Bjull. glav. bot. Sada 1958, 46–49; Ref. H. A. 1960, 2615. — Mantrova, E. Z.: Fertilizers for asters (russ.). Cvetovodstvo 2 (3) 29 (1959); Ref. H. A. 1960, 4151. — Marchal, J., und H. J. Wezenberg: Hortensia. Jversl. Proefst. Bloem. Aalsmeer 1954, 81–85; Ref. H. A. 1956, 3033. — Marchal, J.: Hortensia. Groei en bloemkleur i. v. m. bemesting. Jversl. Proefst. Bloem. Aalsmeer 1959, 64. — Maroger, M.: Etude de dépérissemente de rosiers des forceries de la Brie. Ann. agron. Sér. A 3, 548–549 (1952); Ref. H. A. 1953, 3363. — Marquart, W.: Magnesium- und Manganmangel in Baumschulen. Zbl. 1958, 3–4. — Massey, D. M., und O. Owen: Lime-induced manganese deficiency in glasshouse roses. Ann. Rep. Cheshunt Exp. Res. Stat. 1951, 1952, 81–83; Ref. H. A. 1953, 2111. — Mastalerz, J. W.: Nitrate levels, light intensity, growing temperatures and keeping qualities of flowers held at 31⁰ F. Bull. N. J. St. Flower Grs. 1952, 2–3; Ref. H. A. 1953, 2073. — Boron deficient snapdragons noted in Pennsylvania ranges. Flor. Exch. 130 (1), 12, 33 (1958a); Ref. H. A. 1958, 2884. — Mastalerz, E., und F. Campbell: Carnation splitting corrected by boron, Florogram, reprinted in Flor. Exch. 130 (10), 50 (1958b); Ref. H. A. 1958, 2866. — Mastalerz J. W.: Trace elements mixtures—their effect on floral crop growth. Flor. Exch. 130 (10), 30, 50 (1958c); Ref. H. A. 1958, 2861. — Mayer, F.: Stand des holländischen Gerberaanbaus, Gartenwelt 59, 390–391 (1959). — McCall, W. W., und H. Davidson: Soil fertility studies with container plants. Quart. Bull. Mich. Agric. Exp. Stat. 42, 474–481 (1960); Ref. H. A. 1960, 5912. — McElwee, E. W.: Fertilization of ornamental plants. Proc. Fla. St. Hort. Soc. 1956, 68,.376–378, Ref. H. A. 1956, 3042b. — Meeus, M.: Zel stadsvuilkompost de Stalmest vervangen? Tuinbouwber. 23, 171–172 (1959). — Mega, K., und J. Tamura: On the nutrient economy of gladiolus, III, Total nitrogen and phosphorus (jap.). Stud. Inst. Hort. Kyoto 8, 145–150 (1957); Ref. H. A. 1959, 1702. — Merlo, A. S.: The influence of mineral fertilizers on the decorative qualities of asters (russ.). Sad i Ogorod 1955, 69–70; Ref. H. A. 1955, 4180. — Messing, J. H. L., und O. Owen: The effects of some acute mineral deficiencies on perpetual-flowering carnations. Ann. Rep. Cheshunt Exp. Res. Stat. 1951, 1952, 78–81; Ref. H. A. 1953, 2133n. — The visual symptoms of some mineral deficiencies on Chrysanthemums. Plant a. Soil 5, 101–120 (1954). — Messing, J. H. L.: Visual symptoms of mineral deficiencies in hydrangea. Ann. Rep. Cheshunt Exp. Res. Stat. 1954, 1956, 59–63; Ref. H. A.

1956, 4019. — Mineral nutrition of carnations. J. Sci. Food Agric. 9, 228–234 (1958); Ref. H. A. 1958, 2864. — MILES, P.: An investigation into the effects of mineral deficiencies on the Easter lily. R.H.S. Lily Year Book 1953, 1952, 79–83; Ref. H. A. 1958, 2098. — MOTT, R. C.: Water orchids daily. Bull. N. Y. St. Flower Grs. 1953, 3–4; Ref. H. A. 1953, 4459. — Lack of water a cause of cattleya leaf "die-back". Bull. N. Y. St. Flower Grs. 1955, 1; Ref. H. A. 1956, 2021. — MULDER, D. P. J.: Stikstofbemesting in de bloembollenteelt. Meded. Dir. Tuinb. 19, 706–715 (1956); Ref. H. A. 1957, 1724. — MÜNZ, E., JR., und F. SCHUPP: Edelnelken, S. 57–66, 87–92. Berlin und Hamburg: Parey. 1952. — MURRAY und Mitarbeiter: Borwirkung bei Geraniumstecklingen. Boron in Agriculture 1958, Nr. 93. — MUSSER, H. B., und J. M. DUICH: Response of creeping bentgrass putting-green turf to urea-form compounds and other nitrogeneous fertilizers. Agron. J. 50, 381–384 (1958); Ref. H. A. 1958, 3952. — MUSSER, H. B.: Fertilizer use and weed control. Proc. Midw. Reg. Turf Conf. 1960, 15–18; Ref. H. A. 1961, 6766.

NISEN, A.: Quelques aspects speciaux de la culture de l'azalee. Courr. hort. 15, 495–498, 539–541 (1953); Ref. H. A. 1954, 728. — NORTH, C. P., und Mitarbeiter; Amelioration of virus symptoms in Camellia with iron. Virology 8, 131–134 (1959): Ref. H. A. 1959, 3924.

OBRASZOWA, W. J.: Der Einfluß von Bor und Mangan auf Zierpflanzen. In: WINOGRADOW, A. P. (deutsch von M. TRENEL): Spurenelemente in der Landwirtschaft, S. 279. Berlin: Akademie-Verlag. 1958 (russ. Ausgabe Moskau 1952). — ODOM, R. E.: Carnation mother stock must have ample nitrogen. Colo. Flower Grs' Ass. Bull. 1953, 1, 3; from Abstract in Bull. N. Y. St. Flower Grs. 1953, 7; Ref. H. A. 1954, 627. — OERTLI, J. J.: Die Verteilung des Bors in Nelken. Gartenbauwissenschaft 7, 287–292 (1960a). — Die Wirkung von Ammonium- und Nitrationen auf das Wachstum und die Mineralstoffzusammensetzung von Azaleen. Gartenbauwissenschaft 7, 293–302 (1960b). — OTTO, A.: Düngung zu Gerbera. Informationsdienst der Sondergruppe Schnittblumen, Sept. 1961. — OWEN, O., und D. M. MASSEY: Lime-induced manganese deficiency in glasshouse roses. Plant a. Soil 5, 81–86 (1953). — OZAWA, H., und Y. SHIMODA: Experiments on the application of fertilizers to greenhouse sweet peas (jap.). Bull. Kanagawa Agric. Exp. Stat. Hort. Branch 1958, 63–68; Ref. H. A. 1959, 1688.

PADBERG, K., und H. SCHOLZ: Buchführungsergebnisse aus dem Gartenbau. Heft 6. Bonn: Bundesministerium für Ernährung, Landwirtschaft und Forsten. 1960. — PARKER, R. D., und J. R. KAMP: Effect of hydrogen ion concentration on rooting cuttings of coleus, carnations and chrysanthemums. Ill. St. Flor. Ass. Bull. 1958, 1–5; Ref. H. A. 1959, 2715. — PENNINGSFELD, F.: Nährstoffentzug und optimale Düngungshöhe im Zierpflanzenbau. München: Bayerischer Gärtnerei-Verband e.V. 1952a. — PENNINGSFELD, F., G. FAST und C. SCHNEBLE: Verwendbarkeit bayerischer Torfe im Gartenbau, 1. Teil, Mitt. f. Moor- u. Torfwirtsch. 2 (1952b). — PENNINGSFELD, F.: Verwendbarkeit bayerischer Torfe im Gartenbau, 2, Azaleenkultur in Torf. Mitt. f. Moor- u. Torfwirtsch. 1953, 34–81. — Torfkulturversuche in Weihenstephan. Zbl. dtsch. Erwerbsgartenbau 6, 3 (1954a). — PENNINGSFELD, F., G. FAST und C. SCHNEBLE: Knochenmehl oder Hyperphos? Gartenwelt 54, 145–148 (1954b). — PENNINGSFELD, F.: Substrat- und Nährlösungsansprüche von Zierpflanzen in Hydrokultur. Südd. Erwerbsgärtner 10 (1956). — Neuzeitliche Ernährung im Blumen- und Zierpflanzenbau. Gartenwelt 1957a, 17–18 und 38–40. — Azaleenernährung in Torf. Gartenwelt 57, 226–227 (1957b). — Kupfermangel bei Azaleen in Torf. Südd. Erwerbsgärtner 11 (1957c). — Torfkulturversuche mit Gemüse und Zierpflanzen in Weihenstephan. Dtsch. Gartenbauwirtsch. 5, 2–4 (1957d). — Phosphorsäuremangel im Blumen- und Zierpflanzenbau. Phosphorsäure 18, 1–23 (1958a). — Wirkung verschiedener Horndüngemittel auf die Entwicklung von Zierpflanzen und Gemüse. Südd. Erwerbsgärtner 12, 2–6 (1958b). — Richtige Zierpflanzenernährung in Torf. Südd. Erwerbsgärtner 12, 987–989 (1958c). — Rasenaussaaten in Torf bei verschiedener Düngung. Ergebnisse gartenbaulicher Versuche 1958d, hrsg. vom Bundesministerium für Ernährung, Landwirtschaft und Forsten, S. 49. Hiltrup: Landwirtschaftsverlag. — Torf als Hydrokultursubstrat. Taspo 1959, Nr. 9. — Die Ernährung im Blumen- und Zierpflanzenbau. Hamburg und Berlin: Parey. 1960a. — Erde und Düngung im fortschrittlichen Zierpflanzenbetrieb. Dtsch. Gartenbauwirtsch. 6, 1–4 (1960b). — Sommerblumenanzucht in Torf. Jahresbericht 1960/61 der Staatl. Lehr- und Forschungsanstalt für Gartenbau Weihenstephan 1960/61, S. 102–124. München: Obst- und Gartenbauverlag. — Düngemittelprüfung zu Erica gracilis und Azalea indica. Informationsdienst Weihenstephan 1961a, 178. — Die Eignung von Crotonylidendiharnstoff für die Torfkultur von Ficus decora. Informationsdienst Weihenstephan 1961b, 177. — Erfahrungen mit Gerbera jamesonii. Rhein. Mschr.

Gemüse-, Obst- u. Gartenbau **1961c**. — Penningsfeld, F., und G. Fast: Neue Kulturmethoden zu Phalaenopsis. Orchidee 12, 4–9 (1961d). — Penningsfeld, F.: Aussaatversuche mit Laub- und Nadelgehölzen. Dtsch. Baumschule 13, 1–11 (1961e).— Penningsfeld, F., und G. Fast: Düngungsversuche zu Orchideen in Torf. Gartenwelt 62, 5–7 (1962a). — Phalaenopsis — eine wirtschaftlich interessante Schnittblume. Zierpflanzenbau **1962b**. — Peterson, R.: Calcium hunger in carnations. Bull. Colo. Flower Grs' Ass. reprinted in Flor. Exch. 134 (17), 58 (1960); Ref. H. A. 1960, 5809. — Pettersson, F. A. S.: Några exempel på kloratforgiftning i växthus. Växtskyddsnotiser 1956, 8–10; Ref. H. A. 1956, 3957. — Poesch, G. H.: Greenhouse Potted Plants. Bull. 586, Ohio Agr. Exp. Stat. Wooster, Ohio, 1937. — Poole, R. T., und R. D. Dickey: Effect of levels and time of application of nitrogen and potassium on the growth of container grown Viburnum suspensum and Rhododendron indicum "Formosa". Proc. Fla. St. Hort. Soc. 73, 394–397 (1960, 1961); Ref. H. A. 1961, 6839. — Post, K., und C. W. Fischer, Jr.: The potassium-calcium nutrition of greenhouse roses. Proc. Amer. Soc. Hort. Sci. 57, 361–368 (1951); Ref. H. A. 1952, 813. — Preston, W. H., Jr., J. B. Shanks und P. W. Cornell: Influence of mineral nutrition on production, rooting and survival of cuttings of azaleas. Proc. Amer. Soc. Hort. Sci. 61, 499–507 (1953); Ref. H. A. 1954, 729. — Puccini, G.: Ricerche sulla nutrizione del garofano rifiorente della Riviera. Ann. Sper. agrar. 8, 613–627 (1954); Ref. H. A. 1954, 2936. — Ricerche sulla nutrizione del garofano rifiorente della Riviera. Secondo contributo. Ann. Sper. agrar. 10, 1495, 1509 (1956a); Ref. H. A. 1957, 680. — Influenza dei sali di potassio sullo sviluppo del garofano rifiorente della Riviera. Ann. Sper. agrar. 10, 2071–2080 (1956b); Ref. H. A. 1957, 1716. — Azione dei sali di litio sulla produttivita del garofano rifiorente della Riviera. Ann. Sper. agrar. 11, 41–63 (1957); Ref. H. A. 1957, 2687.

Rathsack, K.: Grundsätzliches über mineralische Zierpflanzendünger. Gartenwelt 56, 185–187 (1956). — Rathsack, K., und H. Lenz: Wirkung steigender Düngergaben auf das Wachstum der Azaleensorte Hexe in Torf. Gartenwelt 59, 437–438 (1959). — Reeker, R.: Versuche mit Düngetorf als Kultursubstrat für Zierpflanzen. Arch. Gartenbau 5, 79–103 (1957). — Torfsubstrat, Grund- und Nachdüngung bei Erica gracilis. Gartenwelt 60, 76–78 (1960a). — Rasenteppiche. Torfnachr. 11, 9–10 (1960b); Ref. H. A. 1961, 2968. — Reinhold, J.: Versuche über die Ertragsleistung der Tulpenzwiebeln. Gartenbauwissenschaft 15, 399–417 (1941). — Reinhold, J., Gärtner und Henkel: Azaleendüngungsversuche 1939, Ref. in Bericht über die Gartenbauforschung im Rahmen der Arbeitsgemeinschaft Gartenbau, 1930–1945, erstattet von Prof. Maurer. — Richter, W.: Kultur der Bromeliaceen. In: Pareys Blumengärtnerei, 1. Bd., 2. Aufl., S. 214–215. Berlin und Hamburg: Parey. 1958a. — Kultur der Orchideen. In: Pareys Blumengärtnerei, 1. Bd., 2. Aufl., S. 495–504. Berlin und Hamburg: Parey. 1958b. — Roberts, E. C.: New high nitrogen fertilizer for lawns. Ia. Fm. Sci. 15, 631 (1961); Ref. H. A. 1961, 5055. — Rosse, Earl of: Magnolias on lime. J. Roy. Hort. Soc. 78, 102–104 (1953); Ref. H. A. 1953, 3383. — Rünger, W.: Über den Einfluß der Stickstoffernährung und der Temperatur während Langtag- und Kurztagperioden auf die Blütenbildung von Kalanchoe blossfeldiana. Planta 56, 517–529 (1961). — Ruppert, J.: Orchideenkulturen in USA. Gartenwelt 54, 72 (1954). — Rupprecht, H.: Die heimatlichen Standortfaktoren der Gerbera jam. und ihre Beziehungen zu unseren Kulturmaßnahmen. Dtsch. Gartenbau 5, 312–313 (1958).

Sander, O.: Nelken, S. 117. Berlin: Parey. 1931. — Sanderson, K. C., J. B. Shanks und C. B. Link: The relationship and severity of several soil borne carnation diseases as affected by root medium and fertilization. Proc. Amer. Soc. Hort. Sci. 76, 599–608 (1960); Ref. H. A. 1961, 6686. — Samuels, G., und H. R. Ribes: Iron chlorosis on Dracaena sanderiana. J. Agric. Univ. Puerto Rico 37, 265–272 (1953); Ref. H. A. 1954, 1802. — Sarova, N. L.: An experiment on foliar nutrition of gladiolus (russ.). Doklady Akad. Nauk SSSR 94, 153–156 (1954); Ref. H. A. 1954, 4105. — Schachtschabel, P.: Vergleich zwischen der Austauschermethode nach Tepe und anderen Methoden der Bodenuntersuchung. Landwirtsch. Forsch. 14, 134–145 (1961). — Schmitt, R. J., H. J. Wezenberg und G. Scholten: Cyclamen. Jversl. Proefst. Bloem. Aalsmeer 1954, 42–56; Ref. H. A. 1956, 2986. — Schmitt, R. J., R. A. Bik und G. Scholten: Cyclamen. Jversl. Proefst. Bloem. Aalsmeer 1958, 45–52; Ref. H. A. 1960, 1014. — Schmitz und Linsel: Düngemittelverzeichnis 1961. Hiltrup: Landwirtschaftsverlag. — Schnee, L.: Der Laubfall von Euphorbia pulcherrima bei gesteigerter Bodenfeuchtigkeit. Gartenbauwissenschaft 9, 154–156 (1935). — Schneider, E. F., und W. E. Snyder: Effects of urea sprays on growth and flowering of azaleas. Proc. Amer. Soc. Hort. Sci. 75, 658–662 (1960). — Schouten, A.: Beregening van tulpen op klei — en zavelgronden. Weekbl. Bloembollcult. 70, 823 (1960); Ref.

H. A. **1960**, 5877. — Schropp, W.: Der Vegetationsversuch. Methodenbuch, Bd. VIII, S. 248–295. Radebeul und Berlin: Neumann. 1951. — Schütz, F.: Richtlinien zur Treibkultur der Azaleen. Schweiz. Gartenbaublatt **1959**, 1103. — Sciaroni, R. H., und O. R. Lunt: Sewage sludges for agriculture. Calif. Agric. **11**, 13, 15–16 (1957); Ref. H. A. **1958**, 1681. — Seeley, J. G., und D. de C. Velazquez: The effect of fertilizer applications on leaf burn and growth of Croft lilies. Proc. Amer. Soc. Hort. Sci. **60**, 459–472 (1952); Ref. H. A. **1953**, 3344. — Seeley, J. G.: Chelated iron—what is it ? Pa. Flower Grs' Bull. **351**, 1,4 (1953); from Abstr. in N. Y. St. Flower Grs' Bull. **1954**, 7–8; Ref. H. A. **1954**, 2989. — Fertilizing greenhouse crops. Flor. Exch. **128** (25), 12–13, 15, 40 (1957); Ref. H. A. **1958**, 754i. — Sennels, N. J.: Über die Kultur der Freesien, 2. Aufl., S. 36–39, 46, 56, 58. Berlin und Hamburg: Parey. 1957. — Shanks, J. B., und R. A. Tomczyk: Bacterial wilt of carnations as affected by fertilization. Flor. Exch. **117**, 26, 10 (1951); Ref. H. A. **1952**, 4137. — Shanks, J. B., und C. B. Link: Poinsettia stock plant nutrition in relation to production, rooting, and growth of cutting. Proc. Amer. Soc. Hort. Sci. **59**, 487–495 (1952); Ref. H. A. **1953**, 1084. — Shanks, J. B., und J. R. Keller: Low pH joins sanitation measures in tight on poinsettia root rot. Flor. Exch. **122** (17), 14, 56 (1954); Ref. H. A. **1954**, 3008. — Shanks, J. B., C. B. Link und W. H. Preston Jr.: Some effects of mineral nutrition on the flowering of azaleas in the greenhouse. Proc. Amer. Soc. Hort. Sci. **65**, 441–445 (1955); Ref. H. A. **1956**, 951. — Shanks, J. B., und C. B. Link: The mineral nutrition of poinsettias for greenhouse forcing. Proc. Amer. Soc. Hort. Sci. **69**, 513–522 (1957a); Ref. H. A. **1957**, 3807. — Shanks, J. B., und L. Rerko: Ohio State conducts geranium research. Flor. Exch. **129** (16), 17 (1957b); Ref. H. A. **1958**, 1702. — Shanks, J. B., und C. B. Link: Leaf scorch of the Croft lily. Proc. Amer. Soc. Hort. Sci. **73**, 503–512 (1959); Ref. H. A. **1959**, 3892. — Sheehan, T. J.: Effects of nutrition and potting media on growth and flowering of certain epiphytic orchids. Proc. 3rd World Orchid Conf. London 1960, **1960**, 211–218 and Proc. Fla. St. Hort. Soc. **73**, 352–354 (1960, 1961); Ref. H. A. **1961**, 6780. — Sieber, J.: Untersuchungen über die Wasser- und Nährstoffaufnahme bei epiphytischen trichterbildenden Bromeliaceen. Gartenbauwissenschaft 2, 141–164 (1955). — Siev, D., und Z. Halevy: Iron sulphate to control chlorosis of gladioli (hebr.). Hassadeh **33**, 318 (1953); Ref. H. A. **1954**, 668. — Smith, J. D.: The effect of lime applications on the occurrence of Fusarium patsch disease on a forced Poa annua turf. J. Sports Turf Res. Inst. 9, 467–470 (1958); Ref. H. A. **1959**, 3899. — Smith, N. G.: Stop that bud drop. Grower **50**, 1176–1178 (1958) and **51**, 77, 79 (1959); Ref. H. A. **1959**, 1689. — Smith, T. G., und J. N. Joiner: The effect of varying levels of nitrogen and potassium on growth and yield of Chrysanthemum morifolium, variety "Bluechip". Proc. Fla. St. Hort. Soc. **72**, 430–434 (1959, 1960); Ref. H. A. **1961**, 1075. — Soukup, J., und J. Matouš: Nové směry ve vývoji zahradnických zemin. Véd. Prace výzk. Ust. okrasn. Zahrad. ČSAZV, v Pruhonicích **1961**, 101–128; Ref. H. A. **1961**, 6667. — Stahn, B.: Gießwasserproblem bei Moorbeetkulturen. Dtsch. Gartenbau **1959**, 122–123. — Versuche zur Schaffung eines Einheitssubstrates für Erica gracilis. Dtsch. Gartenbau 7, 136–138 (1960a). — Ein Beitrag zur Steigerung der Qualität von Erica gracilis Salisb. für den Export. Diss., Ref. Dtsch. Gartenbau 7, 166 (1960b). — Neue Erkenntnisse über die Möglichkeiten der Jungpflanzenvermehrung und der Ernährung von Erica gracilis auf Grund der Gießwasserbeschaffenheit, dargestellt am Beispiel der GPG Hartmannsdorf. Dtsch. Gartenbau 7, 296–297 (1960c). — Qualitätssteigerung von Erica gracilis Salisb. für den Export durch Anwendung richtiger Düngungsmaßnahmen zu geeigneten Verpflanzterminen. Dtsch. Gartenbau 8, 40–42 (1961). — Stecher, H.: Über den Einfluß gestaffelter Nährstoffgaben auf Qualität und Nährstoffbilanz von Chrysanthemum indicum. Bodenkde. u. Pflanzenernähr. 24, 65–86 (1941). — Steffen, L.: Die Düngung. Gartenwelt **61**, 402–403 (1961), Maiblumensonderheft. — Stinson, J. J., und J. C. Seeley: Foliar fertilization of Chrysanthemums. Flor. Exch. **135** (17), 12–14 (1960); Ref. H. A. **1961**, 2900. — Stinson, R. F.: Gerbera jamesonii, I, A study of flower production and quality of several pH values. Proc. Amer. Soc. Hort. Sci. **62**, 487–490 (1953); Ref. H. A. **1954**, 2943. — New twists in African violets. Mich. Flor. **1958**, 24; reprinted in Ill. St. Flor. Ass. Bull. **1959**, 8; Ref. H. A. **1960**, 1004. — Gerbera—Flower of the future. Sonderdruck, S. 18–20 (Michigan State University). — Struckmeyer, B. E.: The effect of inadequate supplies of some nutrient elements on foliar symptoms and leaf anatomy of poinsettia. Proc. Amer. Soc. Hort. Sci. **75**, 739–747 (1960); Ref. H. A. **1961**, 1210. — Strydom, J. C.: Gladiolus. Fmg. S. Afr. **32** (5), 23–26 (1956); Ref. H. A. **1957**, 743q. — Stuart, N. W.: Zur Ernährung der Azaleen. Nat. Hort. Mag., 4. J. Amer. Hort. Soc. 1947, 210. — Greenhouse hydrangeas. Flor. Rev. **109**, 37–40 (1951) from Abstr. in Bull. N. Y. St. Flower Grs. **1952**, 8; Ref. H. A. **1952**, 4193. — Stuart, N. W., W. Skou und D. C. Kiplinger: Further studies on causes and control of leaf scorch of Croft Easter lily. Proc. Amer. Soc. Hort. Sci. 60, 434–438 (1952); Ref. H. A. 1953, 3345.

Taylor, J. L., J. N. Joiner und R. D. Dickey: Nitrogen and light intensity requirements of some commercially grown foliage plants. Proc. Fla. St. Hort. Soc. 72, 373–375 (1959, 1960); Ref. H. A. 1961, 1156. — Tepe, W.: Wasserhärte — Salzgehalte — Nährstoffhaushalt. Versuche mit Eriken und Azaleen in Geisenheim. Gartenwelt 1957, S. 224–225. — Vorläufige Richtzahlen. Manuskript. — Thayer, C. L., und Mitarbeiter: Department of floriculture. Ann. Rep. Mass. Agric. Exp. Stat. 1953, 1954, 61–66; Ref. H. A. 1956, 2952. — Themlitz, R., und H. Wandt: Kalidüngung zu Lärchen. Allg. Forstz. 1960a. — Themlitz, R., und H. Baule: Über das Auftreten von Nährstoffmangelsymptomen an jungen Kiefern als Folge unausgeglichener Düngung. Forst- u. Holzwirt 15, 5–6 (1960b). — Titarenko, E. E., und M. N. Kuznekova: Micro-elements improve flowering (russ.). Cvetovodstvo 2 (5), 15 (1959); Ref. H. A. 1960, 4146. — Tod, H.: Rhododendrons and lime. R. H. S. Rhododendron Camellia Yearb. 1959, 1958, 19–24; Ref. H. A. 1959, 1771. — Mineral deficiencies in rhododendron. R. H. S. Rhododendron Camellia Yearb. 1961, 1960, 38–41; Ref. H. A. 1961, 3056. — Trautmann, G.: Die Edelnelke und ihre Kultur, 2. Aufl., S. 16, 20–21. Ludwigsburg: Ulmer. 1952. — Trocmé, S., und M. Picard: Recherches sur les variations du coloris des fleurs d'hortensia. Ann. agron. 4, 959–961 (1953); Ref. H. A. 1957, 736. — Trocmé, S.: Facteurs intervenant dans le coloris des fleurs d'hortensias. Rev. hort. Paris 128, 1511 (1956); Ref. H. A. 1957, 736. — Tsukamoto, Y., und J. Fujioka: Studies on fertilizers for florist crops, I, Fertilizer for amaryllis (jap.). J. Hort. Ass. Japan 25, 208–212 (1956); Ref. H. A. 1957, 1734. — Twigg, M. C., und C. B. Link: Nutrient deficiency symptoms and leaf analysis of azaleas grown in sand culture. Proc. Amer. Soc. Hort. Sci. 57, 369–375 (1951); Ref. H. A. 1952, 825.

Ueno, K., und M. Fukase: The growth of and the influence of nitrogen fertilizer on Lilium speciosum (jap.). Bull. Kanagawa Agric. Exp. Stat. Hort. Branch 1959, 63–68; Ref. H. A. 1959, 3891.

Van den Ende, J., und A. G. A. Van der Nes: Ervaringen met druppelbevloeiing bij anjers. Vakblad Bloemisterij 13, 294–295 (1958). — Van der Zwaard, P., und R. A. Bik: Azalea. Jversl. Proefst. Bloem. Aalsmeer 1958, 34–37; Ref. H. A. 1960, 1100. — Van Drunen, E., und J. R. Kamp: Relation between pH of the rooting medium and photoperiod in the rooting of Hatfield yew. Ill. St. Flor. Ass. Bull. 1959, 5–7; Ref. H. A. 1960, 2676. — Van Marsbergen, W., R. A. Bik und J. Marchal: Rozen. Jversl. Proefst. Bloem. Aalsmeer 1958, 90–99; Ref. H. A. 1960, 1051. — Vogel, F.: Topfvegetationsversuche über Nährstoffmangel- und Wachstumserscheinungen zu gärtnerischen Kulturpflanzen auf drei verschiedenen Böden, IX, Chrysanthemum indicum. Gartenbauwissenschaft 2, 290, 297–299 (1929). — Über Wirkung und Wert der Phosphorsäure im Superphosphat, Rhenaniaphosphat und Thomasmehl bei Gemüse, Sommerblumen, Stauden, Obst- und Ziersträuchern und bei Topfpflanzen. Gartenbauwissenschaft 7, 202–281 (1933). — Bodenansprüche von Kalanchoe Bloßfeldiana (var. selecta). Gartenbauwissenschaft 13, 327–350 (1939). — Vogel, W.: Aktuelle Probleme in der schweizerischen Azaleenkultur. Dtsch. Gärtnerbörse 58, 185–186 (1958). — Vogelmann, A.: Die Begonien und ihre Kultur, S. 78. Ludwigsburg: Ulmer. 1951.

Wells, J. S.: Chlorosis in azaleas. Amer. Nurserym. 97 (7), 12, 74–75 (1953); Ref. H. A. 1953, 3373. — A new treatment for iron chlorosis. R. H. S. Rhododendron and Camellia Year Book 1954, 1953, 107–108; Ref. H. A. 1954, 734. — Westgate, P. J., und H. N. Miller: Molybdenum deficiency of hibiscus. Proc. Fla. St. Hort. Soc. 68, 335–338 (1955, 1956); Ref. H. A. 1956, 3032. — Wezenberg, H. J.: Amerikaanse anjers. Waterbehoefte. Jversl. Aalsmeer 1956a, 26–27. — Wezenberg, H. J., und P. van der Zwaard: Gerbera. De invloed van onderbevloeiing en pH op de uitval door voetrot. Jversl. Aalsmeer 1956b, 68–69. — Wezenberg, H. J.: Stikstofvoeding van bloemisterijgewassen. Meded. Dir. Tuinb. 19, 691–695 (1956c); Ref. H. A. 1957, 1703. — Weiser, C. J.: Effect of boron on the rooting of clematis cuttings. Nature 183, 559–560 (1959); Ref. H. A. 1959, 1746. — White, H. E.: Response of roses and gardenias to treatment with chelated iron and a chelating agent. Proc. Amer. Soc. Hort. Sci. 64, 423–430 (1954); Ref. H. A. 1955, 4238. — Chlorosis of greenhouse roses and gardenias corrected by use of chelated iron and chelating agent. Down to Earth 11 (4), 14–16 (1956); Ref. H. A. 1956, 4003. — Widmer, R. E.: Nutrient studies with the poinsettia. Proc. Amer. Soc. Hort. Sci. 61, 508–514 (1953); Ref. H. A. 1954, 722. — Wildon, C. E.: Growth of rose, alfalfa and tabacco plants as affected by different sources of iron. Quart. Bull. Mich. Agric. Exp. Stat. 39, 628–634 (1957); Ref. H. A. 1958, 722. — Will, H.: Erfahrungen mit Torf als Kultursubstrat. Gartenwelt 1959,

405–406. — Erste Versuchsergebnisse mit Floranid bei Topfpflanzen. Gartenwelt **61**, 258–260 (1961). — Wright, J. A.: Container nursery stock studies. Diss. Abstr. **21**, 2068–2069 (1961); Ref. H. A. **1961**, 6800. — Wolf, B.: Plant response to aluminium sulphate. Proc. Fla. St. Hort. Soc. **1953**, 114–117; Ref. H. A. **1954**, 4074. — Woltz, S. S.: Studies on the nutritional requirements of gladiolus. Proc. Fla. St. Hort. Soc. **1954 a**, 330–334; Ref. H. A. **1955**, 3109. — Gladiolus fertility studies. Ann. Rep. Fla. Agric. Exp. Stats. **1954 b**, 259–260; Ref. H. A. **1956**, 2002. — Effect of differential supplies of nitrogen, potassium and calcium on quality and yield of gladiolus flowers and corms. Proc. Amer. Soc. Hort. Sci. **65**, 427–435 (1955); Ref. H. A. **1956**, 910. — Boron nutrition of gladiolus. Proc. Fla. St. Hort. Soc. **68**, 358–362 (1955, 1956); Ref. H. A. **1956**, 2994. — Studies on the nutritional requirements of chrysanthemums. Proc. Fla. St. Hort. Soc. **69**, 352–356 (1956, 1957 a); Ref. H. A. **1957**, 2682. — Fertilization of Gladiolus. Proc. Fla. St. Hort. Soc. **69**, 347–351 (1956, 1957 b); Ref. H. A. **1957**, 2712. — Nitrogen and potassium fertilization of potted chrysanthemums. Proc. Fla. St. Hort. Soc. **70**, 346–350 (1957, 1958 a); Ref. H. A. **1958**, 2871. — Nitrogen and potassium fertilization of Chrysanthemums. Ann. Rep. Fla. Agric. Exp. Stats. **1957**, **1958 b**, 318–319; Ref. H. A. **1960**, 4159. — Symptoms of nutritional disorders of chrysanthemums and gladiolus. Proc. Fla. St. Hort. Soc. **72**, 383–385 (1959, 1960); Ref. H. A. **1961**, 1073. — Wóycicki, St.: Untersuchungen über den Verlauf der Nahrungsaufnahme bei Zierpflanzen, I, Chrysanthemen und Cinerarien. Gartenbauwissenschaft **8**, 599–606 (1934).

Ying, H. K., und J. N. Joiner: The effect of sources and levels of nitrogen on the growth and flowering of potted chrysanthemums. Proc. Fla. St. Hort. Soc. **73**, 401–404 (1960, 1961); Ref. H. A. **1961**, 6691.

Zumstein, H.: Die Aussaat von Freesien. Schweiz. Gärtnerztg. **64**, 66 (1961).

Anonym: Annual report of Florida Agricultural Experiment Station for the year ending June 30, **1950**, 79. — Bemistingsproef met rozen. Jaarb. "De Proeftuin" te Boskoop **1952**, 17–18; Ref. H. A. **1954**, 696. — De invloed van de zuurgraad (pH) van de grond op de ontwikkeling van verschillende gewassen. Jaarb. Proefst. Boomwk. Boskoop **1953**, 23–27; Ref. H. A. **1955**, 859. — Hvordan oppnar en best rosa og raue blomsterfarger hos stuehortensia (Hydrangea opuloides Koch). Gartneryrket **44**, 35–38 (1954); Ref. H. A. **1954**, 1806. — Rhododendron und immergrüne Laubgehölze. Jahrbuch 1956. Rhododendron-Gesellschaft, Bremen, **1956**, 92; Ref. H. A. **1956**, 4023. — De invloed van het grondmengsel op de geelkleuring van de bladeren van Primula-obconica. Vakblad Bloemisterij **12**, 219 (1957). — Düngungsversuch zu Chrysanthemenmutterpflanzen. In: Bundesministerium für Ernährung, Landwirtschaft und Forsten: Ergebnisse gartenbaulicher Versuche 1958, S. 44. Hiltrup: Landwirtschaftsverlag. **1958 a**. — Mineralische Düngung bei Dahlien. Kurznachrichten der Fakultät für Gartenbau und Landeskultur an der T. H. Hannover **1958 b**, 2; Ref. Informationsdienst Weihenstephan **1959**, 128. — Die Anzahl der Blüten bei Freesien... Tuinbkd. onderz. **1958 c**; Ref. Zbl. **11** (Nr. 48), 5 (1959). — Lathyrus blüht am besten... Grower and Prepacker Nr. 50, 1176–1178; Ref. Zbl. **11** (Nr. 39), 7 (1959 a). — Forsøg med udbringningstid for Kalksalpeter til tulipaner 1955–1957. Foreløbig meddelelse. Tidskr. Planteavl. **68**, 525–527 (1959 b); Ref. H. A. **1960**, 2633. — The American Orchid Society, the British Orchid Grower's Association, and the Royal Horticultural Society. Proc. 3rd World Orchid Conf., London 1960. London: R. H. S. 1960; Ref. H. A. **1961**, 6779. — The rose annual 1961. National Rose Society, 1961; Ref. H. A. **1961**, 6788.

XII. Die Düngung der Forstpflanzen

Von

J. Jung

Als Mittel zur Ertragssteigerung und Bodenverbesserung im Forst findet neuerdings auch die Düngung zunehmende Beachtung. Mit dem Aufkommen der mineralischen Düngung in der Landwirtschaft wurden zwar auch in der Forstwirtschaft diesbezügliche Versuche eingeleitet. Ihre Ergebnisse waren jedoch zu einem erheblichen Teil unbefriedigend, was heute vor allem auf die Tatsache zurückgeführt wird, daß damals die Grundlagen einer erfolgreichen Düngemittelanwendung noch nicht übersehen werden konnten (WITTICH 1958c). Eine Intensivierung der Arbeiten auf diesem Gebiet wurde durch diese ersten Erfahrungen stark benachteiligt, zumal auch die Vertreter der forstlichen Reinertragslehre infolge der früher relativ niedrigen Holzpreise den Aufwand einer Düngung im Wald aus wirtschaftlichen Gründen nicht befürworten konnten. Man versuchte daher in der nachfolgenden Zeit durch rein waldbauliche Maßnahmen, wie starke Durchforstung und Anbau raschwüchsiger Holzarten, durch mechanische Bodenbearbeitung usw. die Ertragsleistung des Waldes zu heben.

Bei der Beurteilung der Nährstoffversorgung des Waldes wurde häufig auch die Ansicht vertreten, daß die durch den Laub- bzw. Nadelfall wieder in den Boden zurückkehrenden Nährstoffe für eine entsprechende Holzproduktion ausreichen würden. Diese Annahme kann jedoch insbesondere für Standorte mit armen oder degradierten Böden, in denen von vornherein unzureichende Nährstoffvorräte vorhanden sind und wo außerdem der Nährstoffkreislauf beispeilsweise durch Rohhumusbildung oder Streunutzung gestört ist, nicht zutreffen (BRÜNING 1959). Wie eine Vielzahl von neueren Versuchen ergeben hat, konnten gerade auf solchen Böden mit Hilfe geeigneter Düngungsmaßnahmen beachtenswerte Erfolge erzielt werden. Dies führte dazu, daß das Interesse der Forstwirtschaft an der Düngung in erheblichem Maße zugenommen hat. In praktischer Hinsicht kommt dabei nach HAUSSER (1957a) vor allem den folgenden Fragen besondere Bedeutung zu:

1. Unter welchen Voraussetzungen, d. h. auf welchen Standorten, bei welchen Holzarten und in welchen Altersstufen ist eine Düngung am aussichtsreichsten?

2. Welche Arten und Mengen an Düngemitteln sind jeweils am zweckmäßigsten anzuwenden?

3. Wie hoch sind die Kosten der Düngung und welche Mehrerträge und sonstige Wirkungen sind zu erwarten?

Eine erschöpfende Beantwortung dieser Fragen ist heute zwar noch nicht möglich; aus den bisher vorliegenden Arbeiten lassen sich aber bereits viele wichtige Hinweise über die Möglichkeiten und Grenzen der Düngemittelanwendung im Forst entnehmen.

A. Der Nährstoffentzug von Forstpflanzen

a) Nährstoffentzug von Jungpflanzen in Erziehungsstätten

Der Nährstoffentzug in forstlichen Pflanzenerziehungsstätten muß im Vergleich zu Waldbeständen als relativ hoch angenommen werden, da hier in kurzen Abständen die Entnahme der gesamten Pflanzen — einschließlich Wurzeln — erfolgt und eine teilweise Rückführung der dem Standort entzogenen Nährstoffe durch den Laub- und Nadelfall kaum gegeben ist.

Die Menge der je Flächeneinheit durch Forstpflanzen entzogenen Nährstoffe unterliegt naturgemäß größeren Schwankungen. Neben dem Alter und der Holzart hängt der Nährstoffentzug auch von der Pflanzendichte ab. Von maßgeblichem Einfluß auf die Höhe des Nährstoffentzuges ist naheliegenderweise auch die jeweilige Nährstoffanlieferung durch den Boden, die sich im großen Spielraum zwischen unzureichender Versorgung und Luxuskonsum bewegen kann.

Von den bisher vorliegenden Angaben über den Nährstoffentzug von Forstjungpflanzen sind die von MANSHARD (1933) für verschiedene Holzarten unter weitgehend gleichen Standortsbedingungen ermittelten Entzugszahlen sehr aufschlußreich. In Tab. 392 sind die für Forstbaumschulen ermittelten Nährstoffentzüge, bezogen pro Hektar und Jahr, angegeben. Wie zu ersehen ist, liegen diese in der gleichen Größenordnung wie bei landwirtschaftlichen Nutzpflanzen.

Was die Unterschiede im Nährstoffentzug bei den verschiedenen Holzarten anbelangt, so lassen sich die im allgemeinen höher liegenden Nährstoffansprüche der Laubholz-Jungpflanzen deutlich erkennen. Dieser Unterschied tritt besonders stark hervor, wenn man die von jeweils 100 gleichaltrigen Pflanzen entzogenen Nährstoffmengen untereinander vergleicht. Der Grund für die höheren Nährstoffansprüche der Laubholzarten hängt hauptsächlich mit ihrer schnelleren Jugendentwicklung und der damit verbundenen höheren Trockensubstanz-Produktion zusammen. Im späteren Verlauf des Wachstums können die Nährstoffentzüge der Nadelhölzer jene der Laubhölzer aber durchaus überflügeln, wie das in Tab. 394 angeführte Beispiel gleichaltriger (20- bis 22jähriger) Bestände zeigt.

b) Nährstoffentzug von Waldbeständen und zeitlicher Verlauf der Nährstoffaufnahme

Eine Beurteilung der Nährstoffaufnahme und des Nährstoffentzuges von Waldbeständen ist zur Zeit nur bedingt möglich. Zwar liegen vereinzelt einschlägige Untersuchungen vor; ihre Zahl ist jedoch zu gering, um Verallgemeinerungen zuzulassen. Insbesondere bestehen noch keine genaueren Anhaltspunkte über die Schwankungsbreite der Nährstoffaufnahme und des Nährstoffentzuges in Abhängigkeit vom jeweiligen Nährstoffzustand des Bodens. Der Nährstoffgehalt des Bodens übt aber auf den Nährstoffentzug — nicht zuletzt über die Beeinflussung der Trockensubstanzbildung — einen entscheidenden Einfluß aus. Dies geht besonders deutlich aus den in Tab. 393 aufgeführten Angaben von WITTICH (1958a) hervor, die den Ergebnissen aus einem Kultur-Düngungsversuch zu Kiefern entnommen sind.

Bei den noch überwiegend aus den letzten Jahrzehnten des vorigen Jahrhunderts stammenden Nährstoffentzugszahlen fehlen meistens Angaben über den *Entzug an Stickstoff*. SÜCHTING (1950) schätzt den Stickstoff-Bedarf eines Waldbestandes bei mittlerer Wuchsleistung (II./III. Ertragsklasse) auf etwa 40 bis 60 kg N/ha und Jahr.

Tabelle 392. *Nährstoffentzug von Jungpflanzen in Forstbaumschulen*
(nach Manshard 1933)

Holzart und Alter	Pflanzen je Hektar	Entzug in kg je Hektar und Jahr					g Trocken-substanz	In 100 Pflanzen sind enthalten:				
		N	P_2O_5	K_2O	MgO	CaO		N	P_2O_5	K_2O	MgO	CaO
Fichte												
im 1. Jahr S.	8 250 000	28	10	13	3	19	18	0,36	0,13	0,16	0,03	0,23
im 2. Jahr S.	7 150 000	99	31	56	9	88	118	1,75	0,56	0,95	0,16	1,46
im 3. Jahr v.	810 000	89	27	37	11	105	867	12,70	3,90	5,50	1,60	14,40
im 4. Jahr v.	765 000	85	34	52	12	81	1994	23,90	8,40	12,40	3,20	24,90
Kiefer												
im 1. Jahr S.	7 150 000	96	27	39	8	27	63	1,37	0,39	0,56	0,12	0,38
im 2. Jahr v.	1 495 000	46	12	20	5	16	269	4,46	1,21	1,88	0,48	1,43
Edeltanne												
im 1. Jahr S.	8 800 000	27	10	13	2	18	17	0,36	0,14	0,18	0,03	0,21
im 2. Jahr S.	8 250 000	77	33	46	8	64	78	1,29	0,54	0,74	0,13	0,99
im 3. Jahr v.	1 620 000	52	18	31	6	38	293	4,48	1,67	2,66	0,50	3,36
im 4. Jahr v.	1 530 000	139	56	92	19	158	1140	13,60	5,40	8,70	1,70	13,70
Rotbuche												
im 1. Jahr S.	2 750 000	54	22	34	12	86	181	2,52	0,90	1,44	0,50	3,22
im 2. Jahr S.	1 210 000	108	38	60	23	156	943	11,44	4,07	6,40	2,40	16,05
im 3. Jahr v.	700 000	63	21	26	13	100	1676	20,46	7,05	10,10	4,29	30,28
im 4. Jahr v.	450 000	232	99	128	51	331	7910	72,00	29,00	38,60	15,60	103,90
Stieleiche												
im 1. Jahr S.	2 200 000	39	18	6	16	110	300	4,16	1,44	3,06	0,96	5,24
im 2. Jahr S.	825 000	102	27	63	22	100	1167	16,46	4,77	10,73	3,59	17,33
im 3. Jahr v.	700 000	96	33	75	25	186	2378	30,31	9,46	21,47	7,23	43,86
im 4. Jahr v.	500 000	237	83	148	48	286	6369	78,00	26,20	51,20	16,90	101,40
Roteiche												
im 1. Jahr S.	2 200 000	33	27	11	17	126	317	4,17	1,92	3,28	1,03	6,11
im 2. Jahr S.	825 000	121	42	100	28	157	1745	18,85	7,02	15,46	4,45	25,11
im 3. Jahr v.	700 000	302	84	180	48	395	4776	61,95	19,00	41,16	11,24	81,50
Esche												
im 1. Jahr S.	2 750 000	171	55	185	39	197	369	6,36	2,02	6,80	1,42	7,21
im 2. Jahr S.	825 000	255	108	319	70	331	3240	37,28	15,16	45,51	9,94	47,30
im 3. Jahr v.	700 000	228	68	218	46	265	5675	69,81	24,82	76,67	16,54	85,16

Bei starker Wuchsleistung ist jedoch anzunehmen, daß die N-Aufnahme weit über 60 kg/ha hinausgeht. Nach WEHRMANN (1959b) ist bei gutwüchsigen Kiefernbeständen im hundertjährigen Durchschnitt allein durch die dem Standort entnommene Holzmenge mit einem Stickstoffentzug von 13 kg N/ha und Jahr zu rechnen.

Tabelle 393. *Der Einfluß des Nährstoffangebotes auf die Nährstoffspeicherung der Kiefer bis zum 7. Vegetationsjahr nach der Pflanzung*
(nach WITTICH 1958 a)

Düngungsschema	Die oberirdischen Teile enthalten in kg/ha						
	Trockenmasse	Asche	N	P_2O_5	K_2O	CaO	MgO
Ungedüngt	6129	107	45,0	10,9	12,9	23,1	7,2
PK Ca	7203	138	53,6	13,7	17,9	35,1	8,9
NK Ca	11820	203	91,6	19,6	29,9	42,1	13,1
NP Ca	11820	195	79,2	20,8	20,3	51,2	13,1
NPK	11528	201	81,3	21,0	27,5	43,5	13,8
NPK Ca	11965	232	86,1	22,6	31,6	45,0	14,0

Wenn heute auch noch keine umfangreichen Angaben über den jährlichen Stickstoffentzug von Waldbeständen gemacht werden können, so vermitteln neuere Untersuchungen doch einen interessanten Einblick über das Mengenverhältnis, in welchem die wichtigsten Nährstoffe von den verschiedenen Holzarten aufgenommen werden. Dabei kommt sehr deutlich zum Ausdruck, daß die Aufnahme von Stickstoff die von Phosphorsäure, Kali, Magnesium, und häufig auch die des Calciums, wesentlich übersteigt (s. Tab. 393 und 394).

Tabelle 394. *Trockensubstanz-Produktion und Nährstoffaufnahme bei verschiedenen 20- bis 22jährigen Holzarten nach Ovington*
(aus LEYTON 1958)

Holzart	Tr.-Gew. 10^3 kg/ha	kg/ha				
		N	P_2O_5	K_2O	CaO	MgO
Picea excelsa (P. abies)	225	870	458	1067	512	139
Pseudotsuga taxifolia	150	352	110	376	280	55
Abies grandis	386	1591	541	2260	2012	300
Quercus rubra	43	175	64	202	166	31
Quercus petraea	42	284	87	246	166	46
Nothofagus obliqua	95	539	170	576	425	66

Für Phosphorsäure, Kali, Magnesium und Kalk sind die von verschiedenen Autoren (insbesondere EBERMEYER, WOLF und SCHRÖDER) ermittelten Entzugszahlen bei BECKER-DILLINGEN (1939) zusammengestellt. Im Rahmen einer ausführlichen Untersuchung hat neuerdings auch RENNIE (1956) alle bisher vorliegenden Analysenergebnisse von Waldbäumen zusammengetragen und daraus unter Verwendung einer bestimmten Berechnungsmethode Durchschnittswerte für drei Gruppen von Holzarten errechnet (Tab. 395).

Die bei BECKER-DILLINGEN (1939) vorliegenden Zahlen sind auszugsweise in Tab. 396 wiedergegeben. Es läßt sich daraus ersehen, daß der Nährstoffentzug durch die Nadeln bzw. Blätter im allgemeinen wesentlich über dem der holzigen Pflanzenteile liegt. Diese Tatsache ist für den Nährstoffhaushalt der Wälder

bestimmend. Im Gegensatz zu den Verhältnissen in den Pflanzenerziehungsstätten und in der Landwirtschaft wird meistens nur der kleinere Teil der im
Umlauf befindlichen Nährstoffe durch die Ernte bzw. Abholzung dem Standort
entzogen, während die Hauptmenge der jährlich aufgenommenen Nährstoffe
dem Boden mit den abfallenden Blattorganen wieder zugeführt wird. Die Annahme, daß infolgedessen der Nährstoffkreislauf im Wald weitgehend geschlossen
sei und nur zu vernachlässigende Nährstoffmengen bei der Abholzung dem
Standort entzogen würden, trifft aber — wie auch die in den Tab. 395 und 396
angeführten Zahlen zeigen — keineswegs zu (s. auch RENNIE 1956).

Tabelle 395. *Nährstoffaufnahme verschiedener Holzarten bei 50- und 100jährigem*
Umtrieb
(Vereinfachte Wiedergabe aus RENNIE 1956)

Gruppe	Nährstoffaufnahme in kg/ha					
	im Zeitraum von 50 Jahren			im Zeitraum von 100 Jahren		
	P_2O_5	K_2O	CaO	P_2O_5	K_2O	CaO
1. Kiefern (*Pinus sylvestris, Pinus strobus*) .	192	429	460	238	542	702
2. Andere Nadelhölzer (*Abies alba, Larix decidua*)	339	829	912	463	1390	1514
3. Laubhölzer (*Betula alba, Fagus sylvatica, Quercus robur*)	330	752	1602	564	1340	3036

Tabelle 396. *Nährstoffentzug von Waldbeständen in kg je Hektar und Jahr bei mittleren*
Erträgen
(aus BECKER-DILLINGEN 1939)

	P_2O_5	K_2O	MgO	CaO
Kiefernbestände bei 100jährigem Umtrieb				
Holzproduktion	1,07	2,60	1,70	10,04
Streuproduktion	4,75	7,44	6,50	28,91
Fichtenbestände bei 100jährigem Umtrieb				
Holzproduktion	1,63	4,08	1,98	10,24
Streuproduktion	6,41	4,82	6,95	60,94
Weißtannenbestände bei 90jährigem Umtrieb				
Holzproduktion	2,53	9,26	2,81	4,12
Streuproduktion	9,18	8,63	8,27	79,64
Rotbuchenbestände bei 120jährigem Umtrieb				
Holzproduktion	2,87	4,65	3,58	14,42
Streuproduktion	10,45	9,87	12,22	81,92

Außer dem Entzug der im Holz gespeicherten Nährstoffe erfolgen häufig
auch noch weitere Eingriffe in den Nährstoffhaushalt des Waldes. Der schwer-
wiegendste Eingriff ist die in verschiedenen Gegenden bis vor kurzem verbreitete
Streunutzung, die meistens zu einer starken Verarmung der betreffenden Standorte geführt hat (EBERMEYER 1894, REBEL 1920, BECKER-DILLINGEN 1939,
WITTICH 1954, MITSCHERLICH 1958).

Zu einer erheblichen Störung in der Nährstoffversorgung des Waldes kann
es auch durch Hemmungen in der Streuzersetzung kommen. In den Rohhumus-

decken, wie sie in mehr oder weniger starker Ausbildung auf zahlreichen Standorten, insbesondere unter Nadelalthölzern, vorliegen, sind stets große Nährstoffmengen unproduktiv festgelegt. Nach einer Schätzung von WITTICH (1957)
enthält eine 10 cm starke Rohhumusschicht etwa 2500 kg N, 300 kg P_2O_5 und
entsprechende Mengen anderer Nährstoffe pro Hektar. Diese starke Nährstoff-
blockierung wird in ihrer nachteiligen Auswirkung noch verstärkt durch die
Förderung der Bodendegradation: Die sauren Produkte der unvollständigen
Streuumwandlung führen häufig zu einer zunehmenden Podsolierung und zu
der damit verbundenen Verarmung der Auswaschungshorizonte an Nährstoffen
(ALTEN und DOEHRING 1952).

Fernerhin ist bezüglich des Nährstoffhaushaltes im Wald zu berücksichtigen,
daß es auf Kahlschlägen öfters zu größeren Nährstoffauswaschungsverlusten
kommen kann. In diesem Zusammenhang ist ein Hinweis von WITTICH (1958b)
zu beachten, wonach Meliorationsmaßnahmen an Rohhumusböden nicht unmittelbar vor der Abholzung durchgeführt werden sollen.

Während weiter oben bereits auf den Zusammenhang zwischen dem Nährstoffentzug der Waldbestände und dem Nährstoffgehalt des Bodens hingewiesen
wurde, soll nunmehr auch die Frage der zwischen einzelnen Holzarten bestehenden Unterschiede hinsichtlich des Nährstoffentzugs bzw. Nährstoffbedarfs kurz
behandelt werden.

Was den Entzug von Phosphorsäure und Kali betrifft, so ist aus der bereits
erwähnten Auswertung zahlreicher Analysen von Waldbäumen durch RENNIE
(1956) zu entnehmen, daß die Laubhölzer innerhalb des gleichen Zeitraumes
von jeweils 50 und 100 Jahren zwar wesentlich höhere P- und K-Mengen als die
Kiefer entzogen haben, daß aber zu den übrigen Nadelhölzern kein nennens-
werter Unterschied besteht. Lediglich der Kalkentzug ist nach den Ergebnissen
von RENNIE bei Laubhölzern allgemein wesentlich höher als bei Nadelhölzern.
Demgegenüber ist aus den in Tab. 394 angegebenen Entzugszahlen von OVINGTON
zu entnehmen, daß insbesondere außereuropäische Nadelholzarten in ihrem
Mineralstoffentzug und ebenso in ihrer Trockensubstanzproduktion höher liegen
können als Laubhölzer.

Im übrigen ist jedoch auf die Tatsache hinzuweisen, daß im Falle der Waldbestände nur unzureichende Angaben über die Nährstoffaufnahme unter gleichen
Alters- und Standortsbedingungen vorliegen, so daß eine genauere Einteilung
der verschiedenen Holzarten nach der Höhe ihres Mineralstoffentzugs zur Zeit
noch nicht möglich erscheint.

Neben der Gesamtmenge an aufgenommenen bzw. entzogenen Nährstoffen
ist auch der *zeitliche Verlauf der Nährstoffaufnahme* sowohl innerhalb der Umtriebszeit als auch innerhalb einer einzelnen Vegetationsperiode von praktischem
Interesse. Zweifellos hängt die Wirkung einer vorgenommenen Düngung entscheidend davon ab, in welchem Maße sie sowohl dem altersmäßigen als auch
dem jahreszeitlichen Entwicklungsstand der Waldbäume angepaßt wird.

Der höchste Nährstoffentzug und Nährstoffbedarf scheint sich offenbar mit
dem Höhepunkt in der Kronenausbildung zu decken, was durchaus naheliegend
ist, nachdem die Hauptmenge der jährlich aufgenommenen Mineralstoffe auf
die Blattorgane und die Zweigholzbildung entfällt (LEYTON 1958). Wie aus den
Beobachtungen über den Laubanfall (MÖLLER 1946, VANSELOW 1951) hervorgeht, scheint die Entwicklung der Baumkronen — bezogen auf die gesamte
Substanzproduktion der Bäume — in einem relativ frühen Alter ihr Maximum
zu erreichen. Nach MOROSOW (1928) hat die Kiefer auf guten Standorten ihren
höchsten Nährstoffbedarf zwischen 20 und 25 Jahren bzw. zwischen 20 und
35 Jahren auf weniger guten Standorten. Bei der Fichte sol l der Höchstbedarf

an Nährstoffen zwischen 30 und 45 Jahren und bei der Buche zwischen 40 und 45 Jahren liegen.

Bezüglich der Nährstoffaufnahme innerhalb der Vegetationsperiode wurde von Ramann (1911) die Ansicht vertreten, daß diese nicht ebenmäßig verläuft, sondern während bestimmter Zeitabschnitte einen Höhepunkt aufweist. Dieses Maximum in der Nährstoffaufnahme soll nicht nur nach Baumart, sondern auch bei jeder Baumart für die einzelnen Nährstoffe zeitlich verschieden sein. Der experimentelle Nachweis für die Richtigkeit dieser Auffassung läßt sich an älteren Baumbeständen aber nur schwer erbringen, da die Totalanalyse einer größeren Zahl ausgewachsener Bäume in entsprechend kurzen Zeitabständen einen sehr großen Aufwand darstellt. Gewisse Rückschlüsse werden jedoch aus einschlägigen Untersuchungen an Jungpflanzen und aus den Beobachtungen über die zeitlichen Schwankungen des Nährstoffgehaltes der Blattorgane älterer Waldbäume abzuleiten versucht.

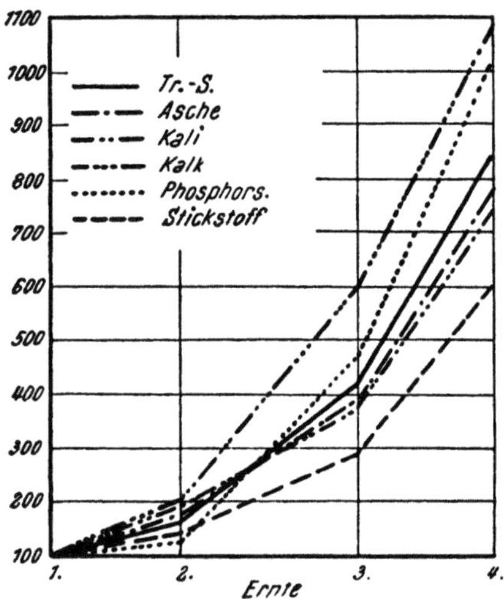

Abb. 235. Nährstoffaufnahme und Substanzproduktion bei der Lärche (Relativwerte) in den Monaten März–September nach Süchting und Mitarbeitern (1937)

Von den Untersuchungen über den zeitlichen Verlauf der Nährstoffaufnahme bei Forstpflanzen sollen insbesondere die Arbeiten von Bauer (1910, 1911) sowie von Süchting und Mitarbeitern (1937) erwähnt werden. Aus ihnen geht hervor, daß die Nährstoffaufnahme — entgegen der Ramannschen Auffassung — im wesentlichen mit der Trockensubstanzbildung korreliert (s. Abb. 235). Dabei ist allerdings zu berücksichtigen, daß für die Trockensubstanzbildung größere Mengen gespeicherter Nährstoffe angeliefert werden, deren Aufnahme zu einem früheren Zeitpunkt erfolgte (Gäumann 1935). Inwieweit die zeitlichen Veränderungen im Nährstoffgehalt der Blätter und Nadeln trotzdem den Verlauf der Nährstoffaufnahme genau widerspiegeln, muß dahingestellt bleiben. Von verschiedenen Seiten wurde übereinstimmend nachgewiesen, daß der Gehalt der Blätter und Nadeln an Stickstoff, Kalium und meistens auch an Phosphorsäure im Herbst absinkt, während der Kalk- und Kieselsäuregehalt bis zum Laubfall steigende Tendenz aufweist (Stenlid 1958).

B. Die Beurteilung der Nährstoffversorgung bei Forstpflanzen

a) Bodenuntersuchung

Der regulierende Eingriff in die Nährstoffversorgung der Forstpflanzen durch Maßnahmen der Düngung wird um so wirksamer und rationeller sein, je besser es vorher gelungen ist, den gegebenen Nährstoffversorgungsgrad des Bodens zu erfassen.

Sofern es sich um Pflanzenerziehungsstätten handelt, kann bei der Bodenuntersuchung weitgehend auf die für landwirtschaftlich genutzte Böden entwickelten agrikulturchemischen Methoden zurückgegriffen werden (s. dieses Handbuch, Bd. II).

Im Wald hingegen stößt man bereits bei der Probenahme auf Schwierigkeiten. Um den Besonderheiten forstlich genutzter Böden und insbesondere dem Tiefgang der Baumwurzeln Rechnung zu tragen, wird empfohlen, die Proben grundsätzlich nach Profilmerkmalen zu entnehmen, und zwar bei Gebirgsböden bis zur Tiefe des anstehenden Gesteins, bei tiefgründigen Böden möglichst bis zu einer Tiefe von 2 bis 3 Metern (THEMLITZ 1955a). Die Untersuchung des Oberbodens allein kann in vielen Fällen kein zutreffendes Bild vermitteln, da für den Nährstoffhaushalt von Waldböden häufig mineralstoffreiche Schichten des Untergrundes entscheidend sind (WITTICH 1958c). Dies trifft allerdings für die Versorgung mit Stickstoff nicht zu, da hier allenfalls aus der Atmosphäre nicht aber aus der Mineralverwitterung mit einer gewissen Anlieferung zu rechnen ist (LAATSCH 1957).

Über die heute bei forstlich genutzten Böden zur Anwendung gelangenden Bodenuntersuchungsmethoden und ihren Aussagewert finden sich bei THEMLITZ (1953, 1955a) und WITTICH (1958a, c) nähere Hinweise.

Zur Beurteilung des Nährstoffhaushaltes von Waldböden wurden bisher verschiedene Analysenmethoden angewandt. Neben der selteneren Bestimmung im HCl-Auszug wird die *Phosphorsäure* durch Extraktion mit 1%iger Citronensäure und das verfügbare *Kalium* nach Behandlung des Bodens mit 1%iger NH_4Cl-Lösung ermittelt. Neuerdings findet auch die Laktatmethode nach EGNÉR-RIEHM Anwendung. In Abwandlung der Keimpflanzenmethode von NEUBAUER hat SÜCHTING ein physiologisch-chemisches Verfahren angegeben, bei dem die verfügbaren Nährstoffe an Hand der Nährstoffaufnahme von Sämlingen beurteilt wird. Die von SÜCHTING (1943) für die chemische (Citronensäure und NH_4Cl) und die physiologisch-chemische Methode vorgeschlagenen Grenzwerte für Phosphorsäure und Kali sind in Tab. 397 angegeben.

Tabelle 397. *Grenzzahlen der P- und K-Versorgung nach Angaben von Süchting (1943)*

	Bezogen auf 100 g Feinboden			
	a) Chemische Methode		b) Physiologisch-chemische Methode	
Versorgungsklasse	in 1% Citronensäure löslich	in 1% NH_4Cl austauschbar	Entzug durch Kiefernsämlinge	
	mg P_2O_5	mg K_2O	mg P_2O_5	mg K_2O
I. genügend bis gut versorgt .	über 20	über 10	3—4	über 10
II. mäßig bis mittel versorgt .	10—20	4—10	1—2	4—10
III. ausgesprochen arm	unter 10	bis 4	bis 1	bis 4

Große Einschränkungen hinsichtlich des Aussagewertes der Methoden zur Bestimmung der löslichen Phosphorsäure und des austauschbaren Kaliums auf bestimmten Böden werden insbesondere von WITTICH (1958a) gemacht. So ist bei silikatreichen Sanden der Gehalt an austauschbaren Basen mangels sorbierend wirkender Tonsubstanzen meistens sehr niedrig. Andererseits haben aber derartige Böden durch die der Hydrolyse leicht zugänglichen Silikate eine relativ hohe „nachschaffende Kraft". Diese bedingt, daß zur Beurteilung des Nährstoffhaushaltes solcher Böden andere Methoden herangezogen werden müssen. Am besten soll sich hierfür die Messung der in der Zeiteinheit durch

Ultrafiltration oder Elektrolyse abgespaltenen Nährstoffe in Verbindung mit der Bauschanalyse bewähren (Wittich 1958a).

Zu erwähnen ist noch, daß zur Beurteilung der Versorgung von Forstkulturen mit Kalium von Leaf (1958) eine vergleichende Überprüfung verschiedener mikrobiologischer und chemischer Verfahren vorgenommen wurde. Die beste Übereinstimmung zwischen den analytisch ermittelten Werten hinsichtlich der Kali-Versorgung und der Reaktion von Kiefern auf eine Kalidüngung ergab sich bei der Extraktion des Bodenkaliums mit kochender 1-normaler Salpetersäure.

Ein Anhaltspunkt für die *Stickstoffversorgung* wird von Wittich (1957, 1958a) im Stickstoffgehalt des Auflagehumus gesehen, wobei berücksichtigt wird, daß vom organisch gebundenen Stickstoff innerhalb eines Jahres ein nur geringer Anteil mineralisiert wird. Bei ausreichendem Humusgehalt werden 2,2% Ges.-N für Fichte und 2,0% für Kiefer als Grenzwerte angegeben.

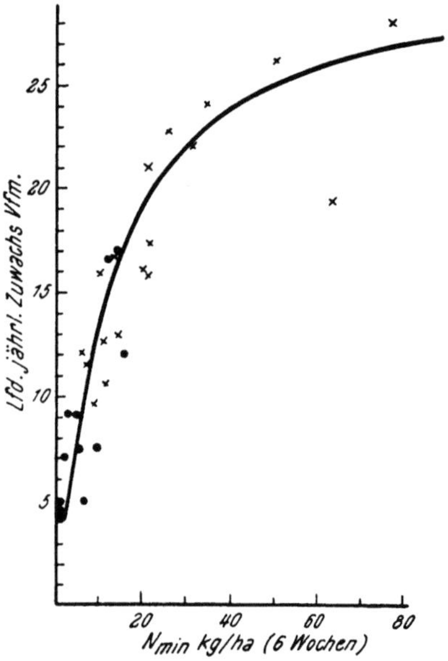

Eine gute Korrelation zwischen der Wuchsleistung von Nadelholzbeständen und der im Brutversuch festgestellten Stickstoffmineralisation hat neuerdings Zöttl (1959) nachweisen können. Aus den in Abb. 236 aufgezeigten Ergebnissen geht deutlich hervor, daß bei den untersuchten Kiefern- und Fichtenbeständen schlechte Wuchsleistung mit geringer Stickstoffmineralisation und gute Wuchsleistung mit hoher Stickstoffanlieferung zusammenfallen.

Bei der Beurteilung der *Kalkversorgung* ist bei forstlich genutzten Standorten von der Tatsache auszugehen, daß das Reaktionsoptimum der meisten Holzarten im sauren bis schwach sauren Bereich liegt. Im Gegensatz zur Beurteilung der pflanzenverfügbaren Nährstoffe ist die exakte Bestimmung des pH-Wertes im allgemeinen mit keinen größeren Schwierigkeiten verbunden. Meistens läßt sich auch die Beeinflussung der Bodenreaktion durch physiologisch sauer bzw. alkalisch wirkende Düngemittel genau erfassen (Jung 1959a).

Abb. 236. Beziehungen zwischen der Wuchsleistung von Nadelholzbeständen (Kiefern ● und Fichten ×) und der im Brutversuch festgestellten Stickstoffmineralisation nach Zöttl (1959)

Für die Bemessung der Kalkgaben an Hand der ermittelten pH-Werte hat Wittich (1950) unter gleichzeitiger Berücksichtigung der Stärke des Auflagehumus und der Bodenart entsprechende Angaben gemacht (Tab. 398).

Tabelle 398. *Bemessung der Kalkdüngung im Wald nach Wittich (1950)*

| Stärke des Auflagehumus in cm | Benötigte Menge CaO in 100 kg/ha | | | | | |
| | Sand und lehmiger Sand | | | Lehm | | |
	pH 3,0	pH 3,5	pH 4,0	pH 3,0	pH 3,5	pH 4,0
5	40	25	15	50	35	25
10	55	33	19	65	43	29
15	70	41	23	80	51	33
20	85	49	27	95	59	37

Für die Bemessung der Kalkdüngung wird von SCHAIRER (1958) die Anlage sogenannter „Kalkquadrate" empfohlen. Hierbei werden an typischen Stellen des Waldes dreimal je 1 Quadratmeter abgemessen und durchgehackt, ohne daß der Auflagehumus entfernt wird. Ein Quadratmeter bleibt ungekalkt, der nächste erhält beispielsweise 200 g ($=20$ dz/ha) und der dritte 400 g ($=40$ dz/ha) kohlensauren Kalk. Dann wird der Boden nochmals gehackt und festgestampft. Nach einigen Wochen oder Monaten wird dann die Bodenreaktion und der austauschbare Kalk bestimmt. Dieses Verfahren läßt sich auch für andere Untersuchungen im Rahmen der Forstdüngung anwenden; insbesondere bei größeren Düngungsvorhaben.

Nach SCHAIRER dürften für die Aufkalkung von Waldböden im allgemeinen 10 bis 20 dz/ha $CaCO_3$ ausreichen. HAUSSER (1958a) empfiehlt, insbesondere für die Fichte, eine vorsichtige Bemessung der Kalkmenge, die je nach den gegebenen Verhältnissen 20 bis 40 dz/ha betragen sollte.

b) Blatt- bzw. Nadelanalyse

Zur Beurteilung der Nährstoffversorgung der Waldbäume findet neben der Bodenuntersuchung die Blatt- bzw. Nadelanalyse zunehmendes Interesse. Die insbesondere von LUNDEGÅRDH (1931, 1945) an landwirtschaftlichen Nutzpflanzen erarbeiteten Grundlagen (— eine kritische Betrachtung hierzu s. bei SCHARRER und LEMME 1953 —) haben auch an Forstpflanzen mehrere Untersuchungen ausgelöst (z. B. MITCHELL und CHANDLER 1939, TAMM 1951, 1956, SCHÖNNAMS-GRUBER 1955, LEYTON 1957, WEHRMANN 1957, 1959a). Gegenüber der chemischen Bodenuntersuchung hat diese Methode einige prinzipielle Vorteile. So schließt z. B. ihr Meßergebnis die Wechselwirkung zwischen den einzelnen Nährstoffen beim Vorgang ihrer Aufnahme durch die Pflanze ein. Der größte Vorteil gegenüber der chemischen Bodenuntersuchung dürfte bei Waldböden vor allem darin gesehen werden, daß die Nährstoffanlieferung aus tiefer gelegenen Schichten und überhaupt die Unterschiede in der Durchwurzelbarkeit besser angezeigt werden (SCHLICHTING 1955, WITTICH 1958c). Es darf jedoch nicht unerwähnt bleiben, daß die Ausdeutung der Blatt- bzw. Nadelanalyse schwierig ist und häufig die Berücksichtigung komplizierter Zusammenhänge auf dem Gebiete der Ionenaufnahme erfordert. Auch bedürfen die bisher vorliegenden Ergebnisse und Erfahrungen mit dieser Methode einer wesentlichen Ergänzung in Ausrichtung auf weitere Holzarten und auf eine größere Anzahl von Standorten (LEYTON 1958).

Für die Durchführung der Blatt- bzw. Nadelanalyse ist der Zeitpunkt und die Art der Probenahme von großer Bedeutung. Wie aus den Arbeiten von WHITE (1954) und TAMM (1955) hervorgeht, sind die Schwankungen im Nährstoffgehalt der Nadeln im Spätherbst und Winter am geringsten, weshalb dieser Zeitpunkt für die Probenahme bei Nadelhölzern (mit Ausnahme der Lärche) empfohlen wird. Bei Laubhölzern und bei der Lärche empfiehlt es sich, die Proben unmittelbar vor der herbstlichen Laubfärbung zu entnehmen (MITCHELL 1936, TAMM 1951).

Bei der Entnahme von Proben für die Nadelanalyse ist weiterhin zu berücksichtigen, daß Nadeln unterschiedlichen Alters im allgemeinen kein vergleichbares Analysenmaterial darstellen, ebenso wie Nadelproben aus verschiedenen Kronenhöhen. WEHRMANN (1957) kommt an Fichten zum Ergebnis, daß die Untersuchung des obersten Wirtels anzustreben sei, da dieser leicht zu erkennen ist. Andernfalls sind genauere Angaben über den Sitz der untersuchten Nadeln in der Krone vorzunehmen.

63*

Eine Zusammenstellung von Angaben verschiedener Autoren über kritische und optimale Nährstoffgehalte der Blätter bzw. Nadeln einiger Holzarten ist unlängst von LEYTON (1958) vorgenommen worden. Weitere Hinweise finden sich bei WITTICH (1958a) und WEHRMANN (1957, 1959a).

Abb. 237. Beginnender Stickstoffmangel bei der Fichte. Rechts ohne N (Gefäßversuch; Phot. JUNG[1])

Abb. 238. Stickstoffmangel bei der Pappel. Links ohne N (Gefäßversuch; Phot. JUNG)

c) Nährstoffmangelsymptome

Zu den verschiedenen diagnostischen Hilfsmitteln bei der Beurteilung der Nährstoffversorgung von Forstpflanzen soll auch die Kenntnis der *Nährstoffmangelerscheinungen* gezählt werden. Nicht selten dürfte es auf diesem Wege

---

[1] Die Abb. 237 bis 241 wurden in der Sondernummer „Forstpflanzenernährung" der Allgemeinen Forstzeitschrift 1959, S. 373 bis 376, veröffentlicht und freundlicherweise vom Verlag der Allgemeinen Forstzeitschrift (München-Bonn-Wien: BLV Verlagsgesellschaft) zur Verfügung gestellt.

Abb. 239. Kalimangel an Erlenblättern. Linkes Blatt gesund (Wasserkulturversuch; Phot. Jung)

Abb. 240. Magnesiummangel an Pappelblättern auf einem stark sauren Boden. Linkes Blatt gesund (Gefäßversuch; Phot. Jung)

Abb. 241. Eisenmangel bei der Pappel. Links gesund (Wasserkulturversuch; Phot. Jung)

möglich sein, den extrem im Minimum liegenden Nährstoff zu ermitteln. Bei den Forstpflanzen bedarf zwar die Symptomatologie der Nährstoffmangel-erscheinungen noch eines weiteren Ausbaues. Für einige Holzarten lassen sich aber schon jetzt nähere Angaben über das Erscheinungsbild machen, das die unzureichende Versorgung mit bestimmten Nährstoffen anzeigt.

Als allgemeines Kennzeichen des *Stickstoffmangels* gilt sowohl bei Laub- als auch bei Nadelhölzern die gelbgrüne Verfärbung der Blätter bzw. Nadeln (s. Abb. 237 und 238). Die Größe der Blattorgane ist verringert und das Trieb-wachstum herabgesetzt (Wittich 1958c, Jung 1959a). Im Gegensatz zu ver-schiedenen anderen Mangelerscheinungen bilden sich keine Nekrosen. Das Er-scheinungsbild des *Phosphorsäuremangels* ist für Nadelholz-Jungpflanzen von Nemec (1936) und Jessen (1938) beschrieben worden. Danach äußert sich der P-Mangel in einer dunkel-graugrünen und rotvioletten Verfärbung der Nadeln.

Graugrüne Verfärbungen der Blätter wurden von Jung (1959a) in P-Mangel-versuchen auch an Laubhölzern festgestellt.

Das Schadbild des *Kalimangels* äußert sich — wie die bisher vorliegenden Befunde zeigen (Tamm 1956, Jung 1959a) — in charakteristisch auftretenden Nekrosen. Diese setzen nach vorhergehender Farbaufhellung meist an der Blatt-spitze ein und bilden später einen zusammenhängenden dürren Blattrand, der sich oft nach innen rollt (Abb. 239). Diese Symptome zeigen sich zuerst an den älteren Blättern. Als Kennzeichen des Kalimangels bei Nadelhölzern werden einerseits Vergilbungserscheinungen (Jessen 1939, Nemec 1940a, Heiberg und White 1951, van Goor 1956, Tamm 1956), andererseits aber auch blaßgrüne bis kupferrote Nadelverfärbungen angegeben (Hobbs 1944, Crowther 1952).

Der *Magnesiummangel* äußert sich bei Laubhölzern (Abb. 240) anfänglich in gelblichen Verfärbungen der Interkostalfelder, wobei entlang der Blattadern grüne Gewebepartien erhalten bleiben. Im weiteren Verlauf werden die gelben Blattflächen nekrotisch. Wie beim Kalimangel werden auch hier die älteren Blätter zuerst befallen (Jung 1959a). Bei den Nadelhölzern ist bisher der Magnesiummangel der Kiefer beschrieben worden (A. Möller 1904, Becker-Dillingen 1939, Themlitz 1958a, Brüning 1959), der sich in gelben Ver-färbungen hauptsächlich der Nadelspitzen („Gelbspitzigkeit") äußert. An Hand der Hinweise von van Goor (1956) und Themlitz (1958b) ist indessen anzunehmen, daß zur sicheren Unterscheidung zwischen Kali- und Magnesiummangel bei Nadelhölzern noch weitere Anhaltspunkte erforderlich sind.

Der *Eisenmangel* tritt hauptsächlich als Folge eines hohen Kalkgehaltes des Bodens auf. Er äußert sich bei Laubhölzern als Vergilbungserscheinung, die meistens in einer gelblich-weißen Ausbleichung der Blätter besteht (Jung 1959a). Lediglich das Adernetz der Blätter bleibt mehr oder weniger grün. Die Symptome treten stets an den jüngsten Blättern zuerst auf (Abb. 241).

Bei Nadelhölzern äußert sich der Eisenmangel ebenfalls in einer weißlichen Aufhellung der Nadeln. In extremen Fällen nehmen die chlorotischen Nadeln braune Farbe an und fallen teilweise ab (Schönhar 1958).

Über *Manganmangelerscheinungen* an Forstpflanzen liegen neuerdings ebenfalls Hinweise vor. Ingestad (1958, 1959) beschreibt die charakteristischen Symptome bei Fichte und Birke, Jung (1959a) beim Tulpenbaum (*Liriodendron tulipiferum*).

In weitgehender Übereinstimmung mit dem Erscheinungsbild des Mangan-mangels bei Obstgehölzen sind auch bei den verschiedenen Laubholzarten weißlich-grüne Verfärbungen der Interkostalflächen zu beobachten, wobei entlang der Hauptadern ein unregelmäßig gezackter grüner Streifen erhalten bleibt. Im Gegensatz zum Eisenmangel treten die Verfärbungen zuerst an den älteren Blättern auf.

Bei der Fichte sind — nach den Angaben von INGESTAD — die einjährigen Nadeln der Mn-mangelkranken Pflanzen bereits vom Austrieb an chlorotisch, werden dann im zweiten Jahr blaßgrün und als dreijährige Nadeln dunkelgrün.

Über das Schadbild des *Kupfermangels* bei einigen Nadelholzarten berichtet RADEMACHER (1940). Die Kiefernnadeln hatten in den Cu-Mangelreihen nicht das übliche frische Grün, verfärbten sich später rotbraun und blieben in diesem Zustand noch lange hängen. Die Fichten waren bei Cu-Mangel hellgrün. Die Nadeln der Zweigspitzen wurden später braun und fielen stellenweise ab. Bei der europäischen Lärche zeigten die Cu-Mangelpflanzen einen merkwürdigen Kriechwuchs der Nebentriebe, offenbar als Folge des gestörten Geotropismus.

Die in England beobachtete Erscheinung des „needle tips burn" (Nadelspitzenbrand) an jungen Sitka-Fichten wurde von BENZIAN und WARREN (1955) und BENZIAN (1957) als Kupfermangel erkannt. Nach den gleichen Autoren zeigt die Pappel bei Kupfermangel dunkle Verfärbungen.

d) Gefäß- und Freilandversuch

Theoretisch gesehen könnte auch der *Gefäßversuch* für die Beurteilung der Düngebedürftigkeit von Waldböden herangezogen werden. Im allgemeinen dürfte diese Methode aber nur bei wissenschaftlichen Untersuchungen auf dem Gebiete der Forstpflanzenernährung zur Anwendung kommen. Wie insbesondere die Arbeiten von E. A. MITSCHERLICH (1957) SCHÖNNAMSGRUBER (1955) und JUNG (1959a) zeigen, lassen sich mit Hilfe des Gefäßversuches auch bei Forstpflanzen wertvolle Anhaltspunkte über die Nährstoffansprüche der verschiedenen Holzarten und über die Wirkung zugeführter Düngemittel auf den gegebenen Böden ermitteln. Im Vergleich zum Freilandversuch bietet der Gefäßversuch die Möglichkeit, zahlreiche auf dem natürlichen Standort wirksam werdende Momente auszuschalten und die zu prüfenden Faktoren unter kontrollierbare Bedingungen zu stellen. Zweifellos hat aber der *Freiland-* bzw. *Standort*versuch in anwendungsmäßiger Hinsicht den größeren Aussagewert. Bewährt hat sich hier vor allem der „Mangelversuch", der bei planmäßiger Anlage und genügender Differenzierung den besten Einblick in die Nährstoffversorgung des Bodens bietet. In den folgenden Abschnitten werden praktische Düngungsversuche mehrfach erwähnt, so daß sich weitere Hinweise an dieser Stelle erübrigen.

C. Die Düngung in Pflanzenerziehungsstätten

Bei der Düngung von Pflanzenerziehungsstätten ist davon auszugehen, daß bei der Anzucht von Forstpflanzen dem Boden zwar unterschiedliche, jedoch durchwegs sehr hohe Nährstoffmengen entzogen werden. Die Auffassung, daß Pflanzgärten nach 10 bis 20 Jahren infolge „Abbau" aufgegeben werden müßten, darf dahingehend widerlegt werden, daß diese Erscheinung meistens auf vorliegenden Nährstoffmangel zurückzuführen ist und durch ausreichende Nährstoffzufuhr beseitigt werden kann. Die Ergänzung der mit den Pflanzen fortgeführten Nährstoffe ist daher in letzterer Zeit zu einer üblichen Maßnahme geworden.

Das schließt allerdings nicht aus, daß mit der Düngung in Pflanzgärten vereinzelt auch weniger gute Erfahrungen gemacht wurden. RAHTE (1959) weist in diesem Zusammenhang darauf hin, daß gewisse Beobachtungen, die scheinbar gegen die Anwendung von Mineraldüngern in der Forstpflanzenanzucht sprechen, in Wirklichkeit Folgen falscher Düngungsmaßnahmen — insbesondere der Überdosierung — sind. Ein derartiger Fall liegt beispielsweise bei der Kalkung vor, die normalerweise eine durchaus nötige Düngungsmaßnahme darstellt. Indessen wurde insbesondere von Schairer (1955) und Themlitz (1958 a) festgestellt, daß viele Pflanzgärten überkalkt sind, woraus sich Störungen in der Verfügbarkeit anderer Nährstoffe ergeben können. Es steht jedoch außer Frage, daß eine sachgemäße Kalkzufuhr, die auf die Erhaltung einer schwachsauren Bodenreaktion ausgerichtet ist, eine wichtige Voraussetzung für eine gute Entwicklung der Forstpflanzen darstellt.

Was die Vorstellung von einer optimalen Entwicklung der Forstpflanzen in den Anzuchtstätten betrifft, so werden von Rahte (1959) folgende Angaben gemacht: Die Pflanzen sollen ein ausgewogenes Verhältnis von oberirdischen zu unterirdischen Pflanzenteilen aufweisen und „stufig" entwickelt sein. Es wird eine gute Verholzung angestrebt und im Zusammenhang damit eine höchstmögliche Widerstandsfähigkeit gegen Frost. Die Nährstoffversorgung und die physikalischen Bodenverhältnisse sollen möglichst so beschaffen sein, daß sich kein weitestreichendes Wurzelsystem entwickelt, sondern die Wurzelausbildung derart in einem Kreis um den Wurzelhals konzentriert ist, daß der von der Wurzel eingenommene Raum — bei starker Ausbildung eines hohen Feinwurzelanteiles — dem Ausmaß des künftigen Pflanzloches entspricht.

Diese Merkmale sind als wichtige Voraussetzungen eines guten Anwachsens und einer guten Weiterentwicklung der Pflanzen im Freiland anzusehen. Nach Wiedemann (1931) sowie Switzer und Nelson (1956) ist die Auffassung, daß für arme Standorte auch dürftige Pflanzen gewählt werden müßten, unbegründet. Vielmehr sind kräftige Pflanzen in ihrer Weiterentwicklung im Freiland allgemein weniger gefährdet. In diesem Sinne liegen auch die Ergebnisse von Nemec (1940 b, 1941), Wilde und Mitarbeiter (1940) und White (1950), wonach sowohl Laubholz- als auch Nadelholzpflanzen nach einer Düngung im Pflanzgarten auch im Freiland eine bessere Entwicklung als ungedüngte Pflanzen zeigten. Daß allerdings eine übermäßig hohe Düngung im Pflanzgarten zu weniger günstigen Ergebnissen führen kann, ist aus Versuchen von Björkmann (1953 a) zu entnehmen. Pflanzen, die während der Anzucht gemäßigte Düngergaben erhielten, waren nach der Auspflanzung auf arme Standorte den Pflanzen mit übermäßig hoher Düngung im Anwuchsergebnis überlegen (s. auch White 1950).

a) Düngung mit organischem Material

Die Düngung mit organischem Material ist in Pflanzschulen schon seit längerer Zeit üblich. Dabei handelt es sich hauptsächlich um die Zufuhr von Waldhumus, Torfmull, Kompost und teilweise auch um Stallmist und verschiedene Humusdünger des Handels. Art und Menge der Humusdüngung soll sich weniger nach dem Nährstoffbedarf der Forstpflanzen als vielmehr nach der Schaffung günstiger physikalischer und biologischer Bodenverhältnisse richten. Als Anhaltspunkt für den wünschenswerten Humusgehalt des Bodens wird von Schairer (1959) der Wert von etwa 6% angegeben. Vom letztgenannten Verfasser wird darauf hingewiesen, daß die Wahl des jeweiligen Humusdüngers im allgemeinen nicht ohne Berücksichtigung der vorliegenden Bodenreaktion erfolgen sollte. Für Pflanzschulböden mit stark saurer Reaktion werden insbesondere basischer Kompost, kalkreiches Laub, Stallmist und Handelsdünger empfohlen. Für kalkreiche bzw. überkalkte Böden eignen sich vorzugsweise saurer Auflagehumus (Rohhumus) aus benachbarten Beständen, Torfmull, Strohhäcksel oder auch Laub von sauren Standorten.

Über den Einfluß der Kompostdüngung auf das Wachstum von Fichtenpflanzen berichtet Nemec (1939 a, b). Die Wirkung auf verschiedenen Bodenarten war insbesondere vom Säuregrad der Böden und ihrem Gehalt an löslichen Mineralsalzen abhängig. Weitere Versuche mit verschiedenen Kompostarten wurden von WILDE und Mitarbeitern (1946) sowie von HOLMES und FAULKNER (1953) durchgeführt. Nähere Angaben über die Kompostbereitung für Pflanzschulen finden sich bei SCHAIRER (1959).

Die Zufuhr von Stallmist ist hauptsächlich in den Großbetrieben der Forstpflanzenanzucht üblich. Sie wird neuerdings — ebenso wie die Kompostdüngung — in verstärktem Maße unter Berücksichtigung arbeitswirtschaftlicher Gesichtspunkte beurteilt. Auf diesen Umstand weist RAHTE (1959) hin und empfiehlt, die Zufuhr von organischen Düngern auf das für die Humusversorgung notwendige Maß zu begrenzen und die Deckung des darüber hinausgehenden Nährstoffbedarfs mit Mineraldüngern vorzunehmen.

Zur Humusanreicherung des Bodens wird auch die Gründüngung empfohlen (RUPF 1952). Dabei ist zu berücksichtigen, daß für ein zufriedenstellendes Wachstum der hierfür in Frage kommenden Leguminosen meistens pH-Werte nicht unter 5 erforderlich sind (SCHAIRER 1959). Auch wird eine Bakterienimpfung des Leguminosensaatgutes empfohlen (ALTEN und DOEHRING 1952).

b) Mineraldüngung

Die Anwendung von Mineraldüngern in Pflanzenerziehungsstätten hat insbesondere in den letzten Jahren stark zugenommen. Wie bereits aus den früheren Arbeiten von VATER und SCHÖPPACH (s. WIEDEMANN 1931) zu entnehmen ist, steigerte eine Düngung mit Phosphat und Kali das Wachstum der Pflanzen in vielen Versuchen um 20 bis 100%. Am meisten erwies sich indessen der Stickstoff im Minimum. Durch die Stickstoffdüngung konnten bei entsprechender Versorgung mit Phosphorsäure und Kali Wachstumssteigerungen zwischen 20 und 400% erzielt werden. Inzwischen liegen zur Frage der Mineraldüngerverwendung in forstlichen Pflanzenerziehungsstätten zahlreiche Beiträge vor, die hier nur zum Teil erwähnt werden können. Es sei daher insbesondere auf die Literaturzusammenstellung bei WHITE und LEAF (1958) hingewiesen.

1. Kalk

Zur Einstellung einer für die Entwicklung der Forstpflanzen geeigneten Bodenreaktion kommt im Rahmen der Mineraldüngung zunächst der Kalkzufuhr große Bedeutung zu. Die bisherigen Erfahrungen lassen den pH-Bereich von 4,5 bis 5,5 für Nadelholzpflanzen am günstigsten erscheinen, während bei Laubhölzern etwas höhere pH-Werte anzustreben sind (RAHTE 1959). In Anlehnung an diesen Unterschied zwischen Nadel- und Laubhölzern läßt man beispielsweise in den großen Forstbaumschulen in Halstenbeck nach der in Abständen von 7 bis 10 Jahren vorgenommenen Kalkung für 2 bis 3 Jahre Laubholzarten folgen (BENZIAN 1951).

Über Wachstumsstörungen an Fichten und Kiefernpflanzen auf sauren Böden berichten neuerdings VOIGT und Mitarbeiter (1958). Neben unzureichender Ca-Versorgung zeigte sich gleichzeitig auch Magnesiummangel und in Verbindung damit ein relativ zu hohes Angebot an Kalium. Unter den Laubholzarten ist es vor allem die Pappel, die gegen höhere Säuregrade des Bodens besonders empfindlich ist. Diese Empfindlichkeit geht soweit, daß auch die verschiedenen Stickstoffdüngemittel, je nachdem, ob sie sich physiologisch sauer, neutral oder alkalisch verhalten, eine sehr unterschiedliche Wirkung auf das Wachstum der Pappel ausüben können (JUNG 1959a). Wie aber an anderer Stelle dieses Abschnittes bereits erwähnt, kann sich eine starke Aufkalkung des Bodens für viele Forstpflanzen auch nachteilig auswirken. Über Schädigungen durch zu reichlich aufgenommenen Kalk und die daraus resultierende ungünstige Verschiebung des Ca:K-Verhältnisses berichten Björkmann (1953b) und Themlitz (1958a). Durch zusätzliche Kalidüngung ließ sich das erwähnte Verhältnis in Versuchen von Themlitz bis zu einem gewissen Grade ausbalancieren. Auch das Auftreten der Eisenchlorose (Gelbsucht) in Pflanzenerziehungsstätten hängt hauptsächlich mit einem überhöhten Kalkgehalt des Bodens zusammen, worauf Schönhar (1958) hinweist. In Versuchen des genannten Autors konnte der Eisenmangel durch Spritzung mit einer Eisenchelat-Lösung (Fe-Dinatriumsalz der Äthylendiamintetraessigsäure) behoben werden.

2. Stickstoff, Phosphorsäure, Kali, Magnesium

Ähnlich wie in der Landwirtschaft ist auch in den Forstpflanzenerziehungsstätten eine einseitige Düngung abzulehnen und die Zufuhr aller Hauptnährstoffe in entsprechendem Verhältnis anzustreben. Dieses Verhältnis kann aber naturgemäß nicht für alle Böden und Holzarten das gleiche sein. Eine sachgemäße Ausrichtung der Düngung auf die Ergebnisse der Bodenuntersuchung ist daher in den Pflanzenerziehungsstätten besonders zu empfehlen.

Im Falle der Stickstoffdüngung wurde in mehreren Versuchen die Frage nach der Wirkung der verschiedenen N-Formen bzw. -Düngemittel untersucht. Eine weitgehende Übereinstimmung ergibt sich dahingehend, daß Ammonsalze auf alkalischen Böden den reinen Nitratdüngern überlegen sind, während auf stark sauren Böden letztere eine bessere Wirkung als Ammondünger zeigen (Addoms 1937, Nemec 1939c, Schairer 1959, Jung 1959a). Entsprechend der vorliegenden Wechselwirkungen in der Nährstoffaufnahme scheint auf stark sauren Böden die Kali-Aufnahme durch die Zufuhr von Ammon-N ungünstig und durch Nitrat-N vorteilhaft beeinflußt zu werden (Nemec 1937). Auf Böden mit optimalen pH-Werten dürfte der Frage nach der besseren N-Form im allgemeinen keine größere Bedeutung zukommen.

Über die optimale Höhe der Stickstoffdüngung lassen sich naturgemäß keine allgemeingültigen Angaben machen, da diese von variablen Bedingungen abhängig sind; insbesondere von der Menge und der Art des Humusanteils im Boden und vom Alter der Jungpflanzen. Die bisherigen Mengenangaben belaufen sich hauptsächlich auf 40 bis 80 kg N/ha. Wesentlich höhere Gaben (160 kg N/ha als Kalkammonsalpeter) wurden neuerdings in schwedischen Versuchen zu verschulten Fichten und Kiefern erfolgreich angewandt (Hahlin 1959). Die Stickstoffmenge ist möglichst auf zwei bis drei Gaben zu verteilen, wobei darauf zu achten ist, daß die letzte Düngung aus Gründen einer guten Holzausreife nicht zu spät erfolgt.

Wie beim Stickstoff ist auch im Falle der Phosphatdüngung die Frage nach eventuellen Wirkungsunterschieden zwischen den verschiedenen Phosphatformen von einigen Autoren bearbeitet worden. Während Nemec (1938) von einer überlegenen Wirkung des Thomasphosphats gegenüber Superphosphat auf stark sauren Böden berichtet, geht aus Untersuchungen von Jessen (1941) hervor, daß Super-, Thomas- und Rohphosphat (Algier-Phosphat) auf zwei ungekalkten Böden die gleiche Wirkung hatten. Bei Zufuhr von Kalk waren die beiden erstgenannten Dünger dem Rohphosphat jedoch überlegen. Eine annähernd gleiche Wirkung von Thomas-, Rhenania- und Hyperphosphat auf einem sauren Boden wurde auch von Themlitz (1957) im Gefäßversuch nachgewiesen.

Über die Höhe der Phosphatgaben, die sich zweckmäßigerweise nach der jeweiligen P-Bedürftigkeit des Bodens richten soll, finden sich allgemeine Hinweise bei RUPF (1952) und SCHAIRER (1959). ALTEN und DOEHRING (1952) empfehlen als Grunddüngung eine Phosphatgabe in Höhe von 75 bis 150 kg P_2O_5/ha, wobei diese Gabe nach zwei bis drei Jahren in halber Höhe wiederholt werden kann.

Für die Kalidüngung in Pflanzenerziehungsstätten werden im allgemeinen chloridfreie Salzformen bevorzugt. Die Verabfolgung chloridhaltiger Kalisalze hat sich häufig, insbesondere bei Koniferen, nicht so günstig ausgewirkt wie eine solche von schwefelsaurem Kali (BAULE 1959). Auch beim Kali sollte die Düngung in Anlehnung an das Ergebnis der Bodenuntersuchung vorgenommen werden. Als allgemeiner Anhaltspunkt bezüglich der Höhe der Kaligaben werden von SCHAIRER (1949) etwa 100 kg/ha K_2O genannt.

In zunehmendem Maße werden zur Versorgung der Forstpflanzen mit den Hauptnährstoffen Stickstoff, Phosphorsäure und Kali auch Volldünger herangezogen. Bei der laufenden Düngung werden sie meistens in Gaben von etwa 300 bis 500 kg/ha zugeführt. Besonders hervorzuheben ist hier der arbeitswirtschaftliche Vorteil der Einbringung mehrerer Nährstoffe in einem Arbeitsgang. Volldünger sollen möglichst drei Wochen vor der Saat bzw. Verschulung gegeben werden.

Öfters dürfte sich bei der Düngung in Pflanzenerziehungsstätten auch die Notwendigkeit einer Magnesiumzufuhr ergeben. Da Magnesiummangel hauptsächlich auf stark sauren Böden auftritt, erscheint es zweckmäßig, Kalk und Magnesium zusammen in Form dolomitischer Kalke zu verabfolgen. Aus Vegetationsversuchen zu Kiefernsämlingen von THEMLITZ (1959) geht hervor, daß magnesiumhaltige Kalke für die Magnesiumversorgung von Nadelholzpflanzen gut geeignet sind, und zwar um so mehr, je magnesiumreicher sie sind.

Das zur Kalidüngung im Pflanzgarten hauptsächlich empfohlene Kalimagnesia (Patentkali) hat ebenfalls den Vorzug, dem Boden gleichzeitig höhere Magnesiummengen zuzuführen. Als Doppelsalz des Magnesiums ist auch Stickstoffmagnesia und als reine Mg-Verbindung das Magnesiumsulfat zu nennen.

Neuerdings werden auch einige der herkömmlichen Einzel- und Volldünger mit Magnesium angereichert, so z. B. der Kalkammonsalpeter. Durch die mit diesen Düngern gleichzeitig zugeführten Mg-Mengen dürfte der laufende Entzug der Forstpflanzen an Magnesium häufig gedeckt werden. Zur Heilung eines bereits vorhandenen Mg-Mangels muß jedoch auf die vorher genannten Düngemittel zurückgegriffen werden.

D. Die Düngung von Waldbeständen

Mit Ausnahme der Kalkung, die in der Praxis bereits häufig durchgeführt wird, erstrecken sich die bisherigen Erfahrungen mit der Düngung von Waldbeständen hauptsächlich auf Freilandversuche. Es darf daher nicht übersehen werden, daß sich die Düngung des Waldes noch immer im Versuchsstadium befindet, woraus sich die Notwendigkeit ergibt, Düngungsempfehlungen möglichst in Anlehnung an die auf dem gleichen oder auf einem ähnlichen Standort ermittelten Versuchsergebnisse auszurichten. Der Aussagewert von bisher durchgeführten Düngungsversuchen wird von WITTICH (1958c) wie folgt beurteilt:

„Die Düngungsversuche, die zu Beginn des Jahrhunderts in größerem Umfang angelegt worden sind und bekanntlich nicht sehr befriedigt haben, litten darunter, daß man — abgesehen von der unzureichenden Kenntnis des Bodens und der An-

wendung von häufig ganz ungenügenden Düngermengen — die Grundlagen einer
Düngung, die Reaktion der Nährstoffe mit der Pflanze untereinander und mit dem
Boden, noch nicht genügend übersah. Wenn man diese Versuche auf Grund des
jetzigen Standes unserer Erkenntnisse kritisch prüft, dann kann man sich nur wundern,
daß trotz aller Fehler, die damals unvermeidlich waren, noch ein beträchtlicher
Prozentsatz positiv ausgefallen ist. Heute kennen wir unsere Böden und haben einen
sehr viel besseren Einblick in die Gesetze der Aufnahme und Verarbeitung der Nährstoffe durch die Pflanze. So ist denn auch von den neueren Düngungsversuchen
ein hoher Prozentsatz erfolgreich gewesen, zum Teil mit erstaunlichen Ertragssteigerungen, die man in dieser Höhe früher kaum für möglich gehalten hätte und deren
Geldwert schon nach kurzer Zeit die Kosten der Düngung weit überschritt. Und
wenn wir prüfen, warum die anderen Versuche versagt haben, so können wir meist
die Gründe angeben, also sagen, warum man hier besser gar nicht oder anders hätte
düngen müssen. Dies ist gegenüber früher ein ungeheurer Fortschritt. Der Schlüssel
für eine erfolgreiche Düngung liegt in der Kenntnis des Nährstoffhaushaltes der Böden.
Wir müssen wissen, wieweit die Versorgung mit den verschiedenen Nährstoffen
unter dem Optimum liegt, damit diese entsprechend dem relativen Mangel und unter
Berücksichtigung schädlicher Disharmonien in der Ionenverteilung zugeführt werden
können."

In einer Reihe von Arbeiten hat auch HAUSSER (1953 — 1958) die bisher
bekannt gewordenen Ergebnisse von Forstdüngungsversuchen kritisch diskutiert
und mit eigenen Versuchen die Erfahrungen bei der Anwendung von Mineraldüngern im Wald erweitert. Er kommt dabei (1958a) zum Schluß, daß es die
Verbesserung der wirtschaftlichen Lage in der Forstwirtschaft heute ermöglicht,
den auf großen Waldflächen erschöpften Nährstoffvorrat durch Zufuhr mineralischer
Düngemittel zu ergänzen und die Holzproduktion mit wirtschaftlich durchaus
gerechtfertigtem Aufwand zu steigern.

Eine grundsätzliche Empfehlung für eine vorzunehmende Düngung läßt sich
zur Zeit dahingehend geben, daß diese vorerst hauptsächlich auf Standorte mit
unbefriedigender Wuchsleistung der Bestände abzielen sollte. Hier ist naturgemäß
mit den größten und sichersten Erfolgen zu rechnen. Dabei kann die Düngung
nach den bisherigen Ergebnissen in allen Altersklassen zu einer Beseitigung der
Wuchsstockungen führen.

a) Die Düngung der Kulturen

Um entsprechende Maßnahmen ausfindig zu machen, die bei Neuanpflanzungen
bzw. Wiederaufforstungen eine Steigerung des Jugendwachstums und in Zusammenhang damit auch eine Verringerung der verschiedenen Jugendgefahren
gestatten, wurden bereits seit längerer Zeit Versuche angelegt, die auf die diesbezügliche Wirkung verschiedener Düngungsmaßnahmen ausgerichtet waren.
Über die Ergebnisse einer Reihe älterer Kultur-Düngungsversuche hat WIEDE-
MANN (1931) bereits einen Überblick gegeben.

1. Düngung mit organischem Material

In einer Anzahl älterer Versuche wurde die Wirkung einer *Reisigdüngung*
geprüft. Nach den bei WIEDEMANN (1931) näher aufgeführten Ergebnissen einiger
Versuchsansteller förderte die Packung der Kiefernkulturen mit hohen Reisigmengen das Wachstum der Pflanzen in den ersten Jahren erheblich, während
bei kleineren Reisigmengen keine nennenswerte Wirkung festzustellen war.
Weitere Ergebnisse liegen bei FABRICIUS (1938) vor.
Eine besonders aufwendige und nur sehr selten vertretbare Maßnahme ist

das Einbringen von *Moorerde*. Diese soll sich jedoch bei Dünenaufforstungen auf die Entwicklung der Kulturen sehr günstig ausgewirkt haben.

Da es in sehr vielen Altbeständen zu einer starken Ansammlung von *Auflagehumus* kommt, wurde bereits seit längerer Zeit zu ermitteln versucht, ob eine Einbringung des Humusmaterials in den Mineralboden für die nachfolgende Kultur von Vorteil sei. In älteren Versuchen war die Wirkung je nach Art der Unterbringung sowie Menge und Zusammensetzung des Humus sehr verschieden. Ohne intensive Zerkleinerung des organischen Materials und dessen gute Durchmischung mit dem Mineralboden hatte die Einbringung großer Mengen nur dann Erfolg, wenn es sich um leichtzersetzliche Humusformen handelte (WIEDEMANN 1931). Eine Weiterführung derartiger Versuche ist von HASSENKAMP (1941, 1955) vorgenommen worden. Nach seinem Meliorationsverfahren der landwirtschaftlichen Zwischennutzung („Syke-Verfahren") wird zwei bis drei Jahre vor dem Abtrieb zunächst das Beerkraut mit Herbiziden vernichtet. Nach Abbrennen der Schlagfläche und Düngung mit 40 dz Mergel, 3 dz 40er Kalisalz und 6 dz Thomasmehl wird 12 bis 15 cm tief gefräst, wobei eine gute Vermischung von Auflagehumus, Mineralboden und Mineraldünger erzielt wird. Dann erfolgt die Aussaat von Winterroggen. Im folgenden Frühjahr werden 2 dz Kalkammonsalpeter gegeben und als Gründüngungspflanzen Serradella oder Weißklee eingesät. Die landwirtschaftliche Zwischennutzung erstreckt sich meist auf zwei Jahre. Zur zweiten Bestellung eignen sich Peluschke oder Kartoffeln.

Während auf eine derartige Vorbehandlung des Bodens alle Laubholzarten positiv reagierten, zeigten die Nadelhölzer ein unterschiedliches Verhalten. So ergab sich bei der Kiefer keine bessere Ertragsleistung. Die Fichte war im Wachstum zwar stark gefördert, gleichzeitig aber auch stark von der Rotfäule (*Fomes annosus*) befallen. Die Entwicklung der Abies-Arten und der europäischen Lärche war indessen sehr befriedigend.

Bei der Düngung mit organischem Material wurden gelegentlich auch Kartoffelkraut, Kiefernrinde, Roggenspreu und Lupinenstroh angewandt. Neuerdings wird die Verwendung von *Müll* bzw. Müllkompost diskutiert. WITTICH (1958d) weist darauf hin, daß der Müllkompost zwar alle Nährstoffe enthält, jedoch in einer sehr einseitigen Verteilung und mit viel unerwünschtem Ballast; angefangen bei den unvermeidlichen Glassplittern bis zu giftig wirkenden Abfallstoffen. Die Kompostwerke sind allerdings bestrebt, den Anteil der störenden Verunreinigungen weiter herabzusetzen und gleichzeitig den Wert des Mülls als Bodenverbesserungsmittel zu erhöhen.

Durch den *Mitanbau von Leguminosen*, insbesondere der Lupine, wird ebenfalls versucht, das Wachstum der Kulturen zu fördern. Über den Wert dieser Maßnahme läßt sich allerdings kein einheitliches Urteil abgeben. Es ist bekannt, daß der Lupinenanbau auf verschiedenen Waldböden von entsprechenden Hilfsmaßnahmen abhängig ist. Vor allem gilt die starke Bodenversauerung als begrenzender Faktor. Positive Ergebnisse verschiedener Versuche mit Lupinenbeisaat zu Fichtenkulturen wurden von WIEDEMANN (1931) erwähnt. Auch in einem Düngungsversuch von NEMEC (1942) auf einem Standort mit kümmernden Kulturen war der Mitanbau der Dauerlupine erfolgreich. HAUSSER (1958a) berichtet hingegen, daß die Beisaat von Dauerlupinen in keinem der im Buntsandsteingebiet des württembergischen Schwarzwaldes durchgeführten Versuche einen nachweisbaren Erfolg auf das Wachstum der Kulturen ergeben hat. Häufig wirkte die Lupine verdämmend auf die Holzpflanzen; eine Tatsache, auf die im Falle von Kiefernkulturen auch WIEDEMANN (1931) hingewiesen hat. Auf vielen Standorten soll fernerhin die Kiefernschütte durch den Mitanbau von Leguminosen stark gesteigert werden (WITTICH 1958b).

2. Mineraldüngung

Eine besondere Art der Mineraldüngung stellt die in einigen Versuchen vorgenommene Zufuhr von *Gesteinsmehl*, insbesondere Basalt-, Gabbro- und Diabasmehl, dar. Obwohl bei derartigen Meliorationsversuchen gute Wachstumserfolge erzielt wurden, dürfte der Düngung mit Gesteinsmehlen keine praktische Bedeutung zukommen, da der erforderliche Aufwand wirtschaftlich untragbar ist. In den von WIEDEMANN (1931) und ALBERT (1936) beschriebenen Versuchen wurden 1500 dz/ha Basaltmehl bzw. 100 cbm/ha Basaltabfall zugeführt.

Bei der Mineraldüngung im eigentlichen Sinne kommt zunächst der *Kalkzufuhr* als Mittel zur Verbesserung des Reaktionszustandes zahlreicher Waldböden große Bedeutung zu. Der Wert der Kalkung zeigt sich in vielseitiger Weise und muß vor allem auch in Zusammenhang mit der Wirkung anderer Nährstoffe bewertet werden. Sofern es sich um Standorte handelt, die noch über einen gewissen Nährstoffvorrat verfügen und lediglich sauer und kalkarm geworden sind, kann bereits die alleinige Zufuhr von Kalk von großem Vorteil sein. Auf stärker verarmten Böden wie auch auf vielen Standorten mit Rohhumusauflagen verspricht die einseitige Zufuhr von Kalk jedoch keine volle Wirkung (ALTEN und DOEHRING 1952, WITTICH 1958b).

Die Bemessung der Kalkgaben soll im allgemeinen nicht auf eine völlige Neutralisation der Bodensäure ausgerichtet sein. Nach erfolgtem Umsatz des zugeführten Kalkes dürften pH-Werte zwischen 4 und 5 (in KCl) für die meisten Holzarten als optimal anzusehen sein. Diese mäßige Säurekonzentration des Oberbodens ermöglicht bei noch ausreichend günstiger Entwicklung der Mikroorganismen eine fortschreitende Verwitterung mit der damit verbundenen Anlieferung von Nährstoffen (LAATSCH 1957).

Hinsichtlich des Zeitpunktes der Kalkung wird empfohlen, diese vorzugsweise mit der Bodenbearbeitung zur Neukultivierung bzw. mit der Einleitung der Naturverjüngung zu verbinden. Für den Abbau größerer Rohhumusmassen wird es als zweckmäßig angesehen, 10 bis 20 Jahre vor Abtrieb des Altholzes zu kalken (ALTEN und DOEHRING 1952).

Zur Frage der Düngung von Kulturen mit *Stickstoff*, *Phosphorsäure* und *Kali* liegen aus neuerer Zeit mehrere Ergebnisse vor. Eine Zusammenfassung der wichtigsten Ergebnisse aus Stickstoff-Düngungsversuchen ist von MAYER-KRAPOLL (1954) vorgenommen worden. Neuere Erfahrungen mit der Phosphatdüngung zu Kulturen sind in einer von GERICKE (1957) herausgegebenen Monographie zusammengestellt. Über Düngungsversuche mit Kali liegen bei BRÜNING (1959) nähere Angaben vor. Außer dem obigen Hinweis sollen einige Untersuchungen aus letzter Zeit noch gesondert erwähnt werden:

WITTICH (1958a) hat unlängst über einen Kultur-Düngungsversuch in Boitzenhagen auf einem Standort „mit für weite Gebiete Deutschlands typischem Nährstoffhaushalt" berichtet. Gemeint sind jene Waldgebiete Deutschlands, in denen durch unpflegliche Behandlung die biologische Tätigkeit im Boden, der Humuszustand und damit insbesondere die Stickstoffversorgung schwer geschädigt sind. Bei einer nach dem Schema des Mangelversuches vorgenommenen Nährstoffkombination wurde die Wirkung von N, P, K und Ca auf das Wachstum von Kiefer, japanischer Lärche, Fichte und Roteiche untersucht. Mit der Düngung wurde bereits bei der Begründung der Kultur im Jahre 1950 begonnen. Die zugeführten Reinnährstoffmengen sind — gleichzeitig als Beispiel einer Düngung im Jugendstadium — in Tab. 399 angegeben.

Aus der zusammenfassenden Übersicht von WITTICH über die Ergebnisse dieses Versuches sollen hier die folgenden Befunde wiedergegeben werden:

Tabelle 399. *Die im Versuch Boitzenhagen vorgenommene Düngung*
(Reinnährstoffe in kg/ha); WITTICH (1958 a)

	1950				1951	1953			1955	im ganzen			
	CaO	N	P_2O_5	K_2O	N	N	P_2O_5	K_2O	N	CaO	N	P_2O_5	K_2O
O-Fläche	—	—	—	—	—	—	—	—	—	—	—	—	—
NPKCa	1500	35	35	80	35	70	70	80	70	1500	210	105	160
-PKCa..	1500	—	35	80	—	—	70	80	—	1500	—	105	160
N-KCa..	1500	35	—	80	35	70	—	80	70	1500	210	—	160
NP-Ca .	1500	35	35	—	35	70	70	—	70	1500	210	105	—
NPK- ..	—	35	35	80	35	70	70	80	70	—	210	105	160

Die Massenleistung der Kiefer betrug nach Abschluß der 8. Vegetationsperiode seit Versuchsbeginn in der NPKCa-Parzelle etwa 260% derjenigen der ungedüngten Parzelle. Noch stärker war der Düngungseffekt bei den anderen Baumarten. Ein gesicherter Unterschied zwischen der Volldüngungsfläche und den anderen mit N gedüngten Parzellen ohne P bzw. K bzw. Ca in der Gesamtleistung war nicht nachzuweisen, wohl aber auf der PKCa-Parzelle eine Wirkung dieser drei Nährstoffe zusammen. Beim laufenden Zuwachs des letzten Jahres konnte jedoch auch eine unmittelbare Wirkung der Phosphorsäure und des Kalis festgestellt werden. Durch die Verbesserung der Stickstoffernährung und der damit verbundenen Erhöhung des Massenzuwachses trat nämlich im fortgeschrittenen Entwicklungsstadium eine unzureichende Versorgung mit P und K auf, die vorher nicht vorhanden war.

Besonders aufschlußreich sind auch die von HAUSSER (1958b) mitgeteilten Ergebnisse aus Düngungsversuchen zu schlechtwüchsigen Nadelholzkulturen im Buntsandsteingebiet des württembergischen Schwarzwaldes. In diesen Versuchen brachte die reine Kalkdüngung mit 25 bis 100 dz kohlensaurem Kalk innerhalb der ersten fünf Beobachtungsjahre keine Förderung des Höhenzuwachses von Fichte und Tanne. Mit der Kombination von Kalk + Phosphat, letzteres in Form von 5 bis 10 dz/ha Thomasphosphat bzw. Hyperphos, wurde bei der Fichte der Zuwachs etwas gefördert. Das stockende Wachstum von Fichten-, Tannen- und Kiefern-Jungwüchsen konnte indessen durch zwei bis drei Jahre nacheinander folgende Stickstoffgaben (2 bis 5 dz/ha Kalkammonsalpeter bzw. Ammonsulfat) zu vorausgegangenen Kalk + Phosphatgaben rasch und kräftig belebt werden. Nach zwei bis drei Jahren erreichten die Höhentriebe die zwei- bis vierfache Länge derjenigen auf den ungedüngten Vergleichsflächen. In allen Versuchen wurde mit der N-Düngung erst im Alter von 5 bis 15 Jahren begonnen.

Über die Wirkung der Mineraldüngung bei der Aufforstung von Hochmooren hat ATTENBERGER (1957) berichtet. Der zu Fichte durchgeführte Düngungsversuch ergab, daß der Phosphorsäuremangel auf dem dortigen Sphagnum-Hochmoor ein entscheidendes Wuchshindernis darstellte. Während die Düngung mit Kalk allein zu keiner Wachstumsförderung führte, hat eine Phosphatgabe in Höhe von 60 kg P_2O_5/ha (als Thomasphosphat) den Höhenwuchs der Fichte in einer Weise gefördert, die ungefähr dem Sprung von der III. zur I. Höhenertragsklasse entspricht. Der Einfluß einer Stickstoffdüngung wurde in diesem Versuch nicht geprüft. Die positive Wirkung einer Kalidüngung war zwar nachzuweisen, lag aber hinter jener der Phosphatdüngung stark zurück.

Ergebnisse aus Düngungsversuchen auf degradierten, humus- und nährstoffarmen Sandböden nördlich von Berlin (Kreis Templin) wurden neuerdings von

Brüning (1959) mitgeteilt. Die Versuche wurden größtenteils vor etwa 30 Jahren angelegt und sollten insbesondere den Einfluß einer Düngung mit Kalimagnesia auf das Jugendwachstum der Kiefer aufzeigen. Im An- und Aufwuchsstadium waren die Ausfälle auf den mit Kalimagnesia (Patentkali) gedüngten Flächen erheblich geringer als auf den ungedüngten Teilstücken, bei denen die Fehlstellen schon innerhalb von zwei Jahren bis zu 40% (Pflanzung) und in extremen Fällen sogar bis zu 90% (Saat) betrugen. Nach 20 bis 25 Jahren lag der Höhenunterschied zwischen ungedüngten und gedüngten Kiefern durchschnittlich bei 1,5 m. Die Berechnung des Einflusses der Kali- und Magnesiumkomponente im Kalimagnesia auf das Triebwachstum der Kiefern ergab, daß die beiden Nährstoffe im Verhältnis 60:40 (K:Mg) an der Wachstumsförderung beteiligt waren.

Weitere Ergebnisse aus Kalidüngungsversuchen finden sich bei van Goor (1956), Krolikowski (1956) und White (1956).

Nach dem positiven Ausgang zahlreicher Kulturdüngungsversuche erhebt sich nunmehr die Frage, in welcher Höhe und zu welcher Zeit eine Mineraldüngung empfohlen werden soll. Mayer-Krapoll (1958) hält eine PK-Grunddüngung in Höhe von 150 kg/ha P_2O_5 und 100 kg/ha K_2O für zweckmäßig. Diese sollte im zweiten Jahr nach der Pflanzung vorgenommen werden. Im Falle der Stickstoffdüngung wird eine jährliche Gabe von 40 kg/ha Reinstickstoff empfohlen. Während die Kali- und Phosphatdüngung im Herbst oder im zeitigen Frühjahr erfolgen kann, ist die Stickstoffdüngung nicht vor Ende Mai vorzunehmen.

Durch die Düngung der Kulturen wird auf vielen Standorten auch der Unkraut- und Graswuchs gefördert. Eine Abhilfe ist hier zum Teil in der Einzelpflanzendüngung gegeben. Inwieweit sich in Zukunft eine erfolgreiche Anwendung von chemischen Unkrautbekämpfungsmitteln zu Kulturen ermöglichen läßt, bleibt abzuwarten.

b) Die Düngung des Stangen- und Baumholzes

Außer den Ergebnissen einiger besonders aufschlußreicher Arbeiten aus jüngster Zeit liegen über die Wirkung der Düngung zu Stangenhölzern und älteren Beständen nur wenige Angaben vor. Von den bei Wiedemann (1932) angeführten zahlreichen Versuchen entfallen nur elf auf mittelalte Bestände, die zudem keinen sicheren Erfolg der Düngung erkennen ließen. In zwei Versuchen zu 25jährigen Kiefernstangenhölzern in der Rheinebene, über die Fabricius (1940) und Mitscherlich (1955) berichtet haben, konnte durch Kalk keine Zuwachssteigerung und durch Stickstoff nur eine vorübergehende Wirkung erzielt werden. In der gleichen Arbeit werden von Mitscherlich drei weitere Versuche mit Kalkgaben von 15 und 30 dz CaO/ha zu 94jährigen Kiefern-Fichte-Mischbeständen bei vorherigem Abzug der Rohhumusdecke erwähnt. Hier reagierte die Fichte in folgender Weise:

Durch die Beseitigung der Humusauflage erniedrigte sich der Massenzuwachs zunächst auf etwa ein Viertel der unbehandelten Flächen. Erst nach sechs Jahren wurde durch eine neu entstandene Humusdecke der alte Zustand wiederhergestellt. Damit setzte aber gleichzeitig auch die Wirkung der Kalkung ein, die schließlich zu einer starken Erhöhung des Grundflächen- und Massenzuwachses führte.

Langfristige Zuwachsmessungen liegen bei einem Kalkdüngungsversuch in Neuenheerse vor, wo nach Zufuhr von 60 dz kohlensaurem Kalk bzw. 30 dz Branntkalk der Derbholzzuwachs bei 79jährigen Fichten im Verlauf von 23 Jahren um 7 bis 32% gesteigert wurde (Wiedemann; s. Hausser 1957a). Bei extrem schlechtwüchsigen 40- bis 50jährigen Fichten-Dickungen in Oberschwaben wurde sowohl durch Reisigdeckung als auch durch starke Kalkung, besonders aber durch eine CaPN-Düngung der Zuwachs innerhalb von 20 Jahren um 20 bis 100% gesteigert (Hausser und Schairer 1953).

In Schweden prüfte Hesselmann die Wirkung einer N-Düngung zu 200jährigen Fichten und Berg in Norwegen zu Stangen- und Baumhölzern. Aus den Ergebnissen dieser Versuche, die bei Mayer-Krapoll (1954) kurz dargestellt sind, geht hervor, daß die Stickstoffdüngung zu einer starken Belebung des Wachstums führte.

Von besonderem Interesse sind auch jene wenigen Versuche, die zu Kulturen durchgeführt, später aber über einen großen Zeitraum hinweg bis in das Stangen- bzw. Baumholzalter exakt weiterverfolgt wurden. Derartige Versuche ermöglichen ein Urteil über die Nachwirkung einer im Jugendstadium verabfolgten Düngung, mit der neuerdings nicht nur eine vorübergehende Hilfe für die junge Kultur, sondern möglichst auch eine nachhaltige Verbesserung des Bodenzustandes bezweckt wird.

Daß eine zu Kulturen vorgenommene Düngung bis in spätere Stadien der Bestandesentwicklung von nachhaltiger Wirkung sein kann, bestätigen einige Düngungsversuche, über die zuletzt Hausser (1957a) berichtet hat. Bei einem Kulturdüngungsversuch in Owingen auf oberem Keuper, für den seit den Jahren 1906/1907 genaue Zuwachsmessungen vorliegen, zeigte sich eine besonders nachhaltige Wirkung der als Thomasphosphat verabfolgten Phosphatdüngung. Die mit 8 dz/ha Thomasphosphat gedüngten Parzellen zeigten in den 17 Jahren von 1932 bis 1949 gegenüber den Vergleichsflächen einen Vorsprung in der Gesamtwuchsleistung (Derbholz) von 96 bis 162 fm/ha = 32 bis 91%.

Ähnliche Ergebnisse liegen auch von einem im Jahre 1905 angelegten Versuch in Obertal-Gruberkopf zu einer mit 22 Jahren erst 2 m hohen Kiefernkultur auf armem, mittlerem Buntsandstein vor. Auch hier hatte die Düngung mit Thomasphosphat eine sehr gute Wirkung.

Zur Erprobung der Mineraldüngung in Stangenhölzern und älteren Beständen wurden in den letzten zwei Jahrzehnten mehrere exakte Versuche nach neueren Gesichtspunkten angelegt, deren erste Ergebnisse zum Teil bereits zugänglich sind.

Von Hausser (1956) wurden in den Forstbezirken Dornstetten, Pfalzgrafenweiler und Freudenstadt Düngungsversuche zu 45- bis 70jährigen, fast reinen Fichten-Baumhölzern angelegt. Die im April 1953 breitwürfig ausgebrachten Düngermengen waren:

a) 10 bzw. 20 dz/ha kohlensaurer Kalk; in den Wiederholungen die entsprechenden Mengen als Hüttenkalk.

b) 10 dz/ha Thomasphosphat.

c) In der Zeit von Ende Mai bis Anfang Juli der Jahre 1953, 1954 und 1955 jeweils 4 dz Kalkammonsalpeter; insgesamt also 240 kg Rein-N je Hektar.

Nach drei Vegetationsjahren wurden der Kreisflächenzuwachs, die Höhe und der Kreisflächenvorrat ermittelt. In allen Versuchen zeigten die mit Stickstoff allein oder mit Stickstoff + Phosphat + Kalk gedüngten Flächen einen gegenüber den O-Flächen bis 25% höheren jährlichen Kreisflächenzuwachs. Bei den mit Kalk + Phosphat gedüngten Teilstücken war ein Mehrzuwachs bis zu 13% festzustellen.

Weitere von Hausser (1957b) angelegte Düngungsversuche zu 63- bis 68jährigen Fichtenbeständen befinden sich in den Forstbezirken Ochsenhausen und Biberach. Zu ihrer Anlage im Jahre 1951 wurden vier Flächenpaare einer großräumig vertretenen Standortseinheit des oberschwäbischen Altmoränen- und Schottergebietes herangezogen, deren Baumbestand seit den Jahren 1887/80 hinsichtlich der waldbaulichen und ertragskundlichen Entwicklung lückenlos erfaßt war. Von jedem Flächenpaar blieb die in Zuwachs und Vorrat überlegene Parzelle unbehandelt; die andere erhielt neben einer schwachen Grunddüngung, bestehend aus 10 dz kohlensaurem Kalk und 2 dz Palatia-Phosphat je Hektar, 18 dz Kalkammonsalpeter innerhalb von vier Jahren. In einem Falle wurde die Stickstoffdüngung in Form von 3 + 5 dz/ha Kalkammonsalpeter (in den ersten beiden Jahren) und 5 + 5 dz/ha schwefelsaurem Ammoniak gegeben. Schließlich wurde einmal das Palatia- durch Thomasphosphat ersetzt.

Bei der nach fünf Jahren durchgeführten Aufnahme der Bestände konnte eine Steigerung des Kreisflächenzuwachses um 24 bis 27 % gegenüber den ungedüngten Vergleichsflächen festgestellt werden. Das entspricht einer Mehrleistung von etwa 2 fm je Hektar und Jahr. Ähnlich wie der Kreisflächenzuwachs liegen die Ergebnisse der Höhentriebmessungen. Hervorzuheben ist auch der vorteilhafte Einfluß der Mineraldüngung auf die wasserhaltende Kraft des Auflagehumus, die um 10 % erhöht wurde. Die oberen 2 bis 4 cm des rotbraunen, faserigen, geschichteten Rohhumus haben sich bei den gedüngten Flächen in schwarzbraunen krümeligen Mull verwandelt. Die Fichtennadeln sind kräftiger und in ihrer Farbe dunkler geworden; die Regenwürmer haben zugenommen.

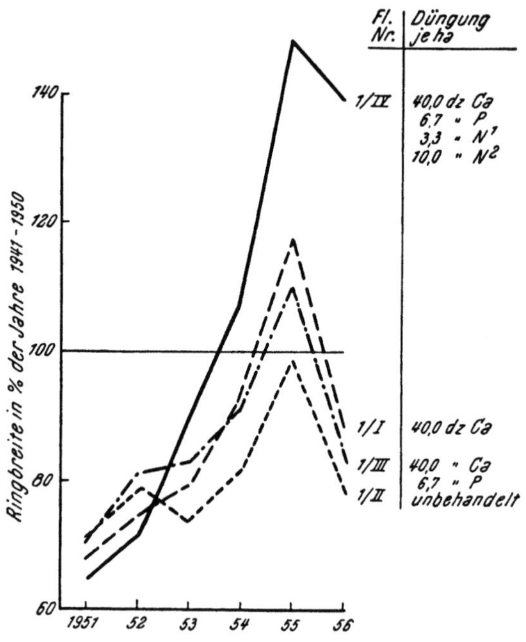

Abb. 242. Jahrringbreiten im Düngungsversuch Neustadt. Mitscherlich (1958)

Ca Branntkalk
P Thomasmehl
N¹ Kalkammonsalpeter
N² schwefelsaures Ammoniak

Aus der von Mitscherlich (1958) sowie Mitscherlich und Wittich (1958) vorgenommenen Auswertung verschiedener Düngungsversuche zu älteren Beständen in Baden sollen nachstehend ebenfalls einige Beispiele angeführt werden. Diese in den Jahren 1950/52 von der Badischen Forstlichen Versuchsanstalt angelegten Versuche befinden sich in Plateaulagen des Hochschwarzwaldes und in der Buntsandsteinhochebene des östlichen Schwarzwaldes. Die Jahresniederschläge betragen in diesen Lagen etwa 1400 bis 1800 mm; die Jahresdurchschnittstemperatur liegt zwischen 4 und 6 Grad oder niedriger.

Ein Versuch in Neustadt in einem 113jährigen Fichtenbestand mit etwas Tanne und Kiefern ergab auf der CaPN-Parzelle eine Zuwachssteigerung von 58%, was praktisch einer Verdoppelung des Grundflächen- und Massenzuwachses entspricht.

Die in Abb. 242 dargestellten Jahrringbreiten liegen auf der mit Stickstoff gedüngten Fläche in den Jahren 1954/56 um 43% über denen der ungedüngten Fläche. Die Steigerung der Jahrringbreiten betrug bei den Ca- und CaP-Parzellen 15 bzw. 10%.

Ebenfalls von Mitscherlich und Wittich wurde ein weiterer Versuch in

Badenweiler zu 105jährigen Fichten ausgewertet. Der Boden ist hier aus einem Hybridgranit mit einem relativ hohen Gehalt an Kalium und Magnesium, aber einem sehr niedrigen Kalkgehalt hervorgegangen. Obwohl keine Rohhumusauflage vorhanden war, führte die Kalkdüngung zu einer nennenswerten Zuwachsbelebung. Die Jahrringbreiten wurden um 20% erhöht. Die Zufuhr von Stickstoff und Phosphat führte zu einer weiteren Steigerung der Ringbreiten (s. Abb. 243).

Schließlich soll aus den Untersuchungen von MITSCHERLICH und WITTICH noch ein letzter Versuch erwähnt werden, der zu einem 89jährigen Fichtenaltbestand in Kaltenbronn auf Buntsandstein durchgeführt wurde. Neben einer reinen Kalkdüngung und einer Düngung mit CaPN wurde auf weiteren Flächen des Versuches noch die Wirkung steigender N-Gaben zu einer Kalk-Grunddüngung geprüft. Wie aus Abb. 244 zu entnehmen ist, trat bei allen Düngungsarten eine Zuwachssteigerung ein. Nach den Klupp-Ergebnissen hat die alleinige Kalkdüngung zu einer Zuwachssteigerung von 5 bis 10% geführt. Die Düngung mit Kalk und Stickstoff (insgesamt 8, 16 und 24,5 dz/ha Kalkammonsalpeter innerhalb von drei Jahren) erbrachte hingegen Zuwachssteigerungen

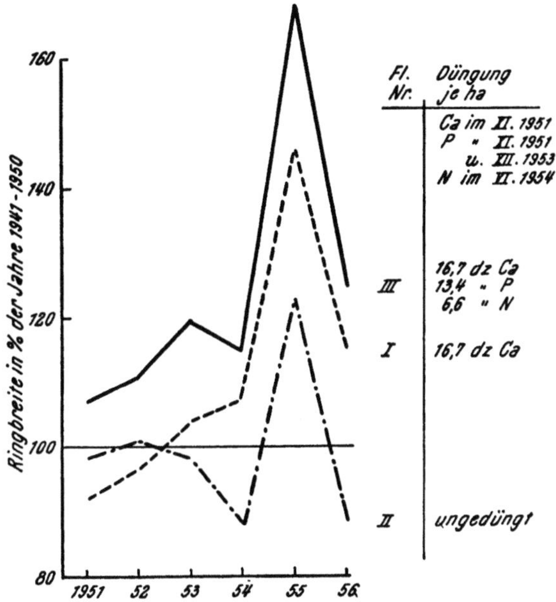

Abb. 243. Jahrringbreiten im Versuch Badenweiler.
MITSCHERLICH (1958)
Ca Branntkalk
P Thomasmehl
N Kalkammonsalpeter

von 20 bis 50%. Dabei ist zu erwähnen, daß die extrem hohe N-Gabe von 24,5 dz/ha im Vergleich zu den beiden anderen N-Gaben weniger günstig wirkte.

Über die Düngung von Waldbeständen kann an Hand der bisher vorliegenden Versuchsergebnisse zusammenfassend gesagt werden, daß diese auf nährstoffarmen Standorten bei allen Altersstufen zu einer Förderung des Wachstums und des Ertragszuwachses führen dürfte. Ob zur Erzielung eines entsprechenden Düngungserfolges unter den jeweils gegebenen Verhältnissen die Zufuhr mehrerer oder auch nur einzelner Nährstoffe angezeigt ist, kann freilich nur von Fall zu Fall entschieden werden. Ähnliches gilt auch für die Höhe der Düngergaben, die sich nicht in Form einer allgemeingültigen Empfehlung festlegen läßt. Aus den besprochenen Arbeiten dürften sich jedoch verschiedene Anhaltspunkte und Hinweise nicht zuletzt auch für die Anlage weiterer Versuche zur Erprobung der Mineraldüngerverwendung im Forst entnehmen lassen.

c) Düngung der Pappel

Im Rahmen der Forstdüngung nimmt die Düngung der Pappel insofern eine Sonderstellung ein, als diese Holzart überaus schnellwüchsig ist und an die Zusammensetzung des Bodens im allgemeinen relativ hohe Ansprüche stellt. Daher ist beim Pappelanbau auch häufig von „Grenzstandorten" die Rede, deren Erschließung durch geeignete Sortenwahl und durch Maßnahmen der Bodenmelioration und Düngung angestrebt wird. Übereinstimmend weisen verschiedene Autoren darauf hin, daß die Pappel einen mineralstoffreichen Boden verlangt und gegen stark saure Reaktion sehr empfindlich ist. Für ein befriedigendes Wachstum sind im allgemeinen pH-Werte von 6 und höher erforderlich. Eine Kalkdüngung ist daher in vielen Fällen die Voraussetzung eines erfolgreichen Pappelanbaues. Häufig wird in diesem Zusammenhang empfohlen, eine Lochkalkung beim Auspflanzen der Pappeln durchzuführen, wobei meistens Gaben zwischen 2 und 5 kg $CaCO_3$/Pflanze als zweckmäßig erachtet werden. Indessen weist Mayer-Krapoll (1954) darauf hin, daß diese Art der Kalkung einer allgemeinen Flächenkalkung unterlegen zu sein scheint. Einerseits kann nämlich die ins Pflanzloch eingebrachte Kalkmenge zu überhöhten pH-Werten führen und einen Reaktionsschock ausüben. Andererseits kann auf sauren Böden, deren Reaktion im Bereich des Pflanzloches stark erhöht wurde, ein plötzlicher Wachstumsrückschlag eintreten, wenn nämlich die Wurzeln in ungekalkte Bodenbereiche vordringen. Günstiger liegen die Verhältnisse im Falle der Pflanzlochkalkung bei Anwendung eines Pflanzlochbohrers. Bei Anwendung dieses Gerätes empfiehlt es sich,

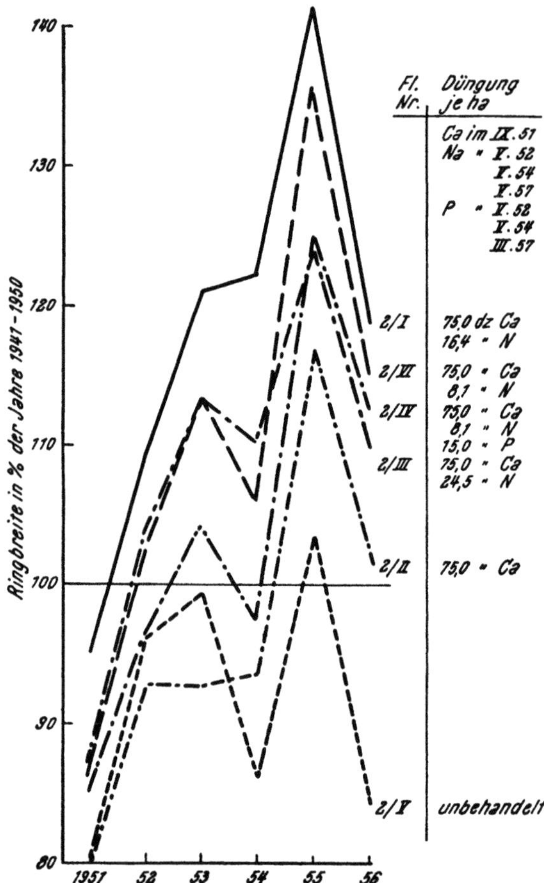

Abb. 244. Jahrringbreiten im Düngungsversuch Kaltenbronn. Mitscherlich (1958)

Ca Kalksteinschlagsand
P Thomasmehl
N Kalkammonsalpeter

Pflanzgruben von der Abmessung 60 × 60 × 60 cm auszuheben. Hier kann vor Ansetzen des Bohrers die auszubringende Kalkmenge auf die Stelle der zu entstehenden Pflanzgrube gestreut werden, wobei eine intensive Durchmischung mit dem Boden erfolgt. Bei der flächenmäßigen Ausbringung des Kalkes empfiehlt sich seine Einarbeitung in den Boden.

Verschiedene Hinweise auf bisherige Erfahrungen mit der Kalkdüngung zu Pappeln finden sich bei Mayer-Krapoll (1954). Über den Einfluß des pH-Wertes und des Ca:Mg-Verhältnisses auf die Entwicklung von Pappelstecklingen wurde von Demortier (1954) berichtet. Jung (1959a) untersuchte im Gefäßversuch den Einfluß verschiedener Stickstoff-Formen auf das Wachstum von Pappelstecklingen bei zwei verschiedenen pH-Stufen. Die in Tab. 400 angegebene Holzproduktion lag auf dem stark sauren Boden (pH = 4) wesentlich niedriger als auf dem aufgekalkten (pH = 6,5). Im niedrigen pH-Bereich hatte das physiologisch sauer wirkende Ammonsulfat infolge weiterer Senkung des bereits schon sehr tief liegenden Reaktionswertes eine nachteilige Wirkung. Die übrigen Stickstoffverbindungen verhielten sich weniger extrem, zeigten aber charakteristische Wirkungsunterschiede, und zwar war der Einfluß der beiden kalkhaltigen N-Dünger Kalkammonsalpeter und Kalksalpeter am günstigsten. Bei schwach saurer bis neutraler Bodenreaktion waren die Wirkungsunterschiede zwischen den verschiedenen N-Verbindungen wesentlich geringer.

Tabelle 400. *Einfluß der Stickstoff-Form auf das Wachstum von Pappelstecklingen bei unterschiedlicher Bodenreaktion (Versuch in Mitscherlich-Gefäßen auf Boden Waldmauer)* JUNG (1959 a)

Stickstoff-Form	Holzgewicht in g/Gefäß als absolut trockene Substanz	
	bei pH = 4 (KCl)	bei pH = 6,5 (KCl)
Ungedüngt	7,48	17,54
PK ohne Stickstoff	8,86	21,66
PK + flüssiges Ammoniak	34,30	55,95
PK + Ammonhumat	36,08	62,36
PK + Ammonnitrat	21,78	59,72
PK + Harnstoff	32,09	65,31
PK + Ammonsulfat	infolge Säureschaden eingegangen	60,21
PK + Kalkammonsalpeter	38,64	66,44
PK + Kalksalpeter	46,39	70,59

Außer der Kalkdüngung wird in der Praxis des Pappelanbaues in zunehmendem Maße auch die Düngung mit Stickstoff, Phosphorsäure und Kali durchgeführt. Bei der Phosphat- und Kalidüngung ist eine Anlehnung an die Ergebnisse der Bodenuntersuchung angebracht.

Als Beispiel einer unter praktischen Verhältnissen durchgeführten Intensivdüngung mit Stickstoff, Phosphorsäure und Kali seien die folgenden Angaben angeführt: Bei einem bestandsweisen Anbau in Nienburg/Weser wurde in den ersten drei Jahren nach der Pflanzung mit jeweils 400 kg Kalkammonsalpeter, 400 kg Thomasphosphat und 600 kg Kalimagnesia gedüngt. Später wurden die gleichen Düngermengen in dreijährigem Turnus zugeführt (TÖNNIES 1959).

BRÜNING (1959) gibt die in einem Versuch in Güsen vorgenommene Düngung je Hektar mit 80 kg N, 120 kg P_2O_5, 240 kg K_2O und 105 kg $MgSO_4$ an.

Öfters werden auch Düngergaben von 300 g eines üblichen Volldüngers je Pflanze genannt.

Über Pappel-Düngungsversuche des Instituts des Deutschen Pappelvereins in Brühl auf Kippenböden und die dabei angewandten Düngermengen macht MAYER-KRAPOLL (1954) nähere Angaben.

U.a. wird ein Versuch auf einem geröllhaltigen, diluvialen Sandboden mit einem pH-Wert von 7,5 und einem Gehalt an Phosphorsäure und Kalium von 1,0 mg P_2O_5 bzw. 3,8 mg K_2O/100 g beschrieben. Bei einer Grunddüngung mit 300 kg/ha 40er Kalidüngesalz und 750 kg/ha Thomasphosphat wurden die Stickstoffgaben auf 300, 600 und 900 kg/ha Kalkammonsalpeter bemessen. Die Flächen wurden im Jahre 1951 bepflanzt. Die N-Düngung wurde jeweils in den Jahren 1951, 1952 und 1953 gegeben; die Kali-Phosphat-Düngung bis 1953. Der Höhenzuwachs betrug in den Jahren 1951 bis 1953 bei den PK-gedüngten Pappeln 65 cm. Die zusätzliche Düngung mit Kalkammonsalpeter führte bei Gaben von 300 kg/ha zu einem Höhenzuwachs von 102 cm und bei Gaben von 600 kg/ha zu einem solchen von 152 cm. Mit 900 kg/ha Kalkammonsalpeter konnte keine weitere Wachstumssteigerung erzielt werden.

Demortier (1950) hält für Pappeljungpflanzen folgendes Nährstoffverhältnis als empfehlenswert: $N:P_2O_5:K_2O = 2:1,5:1$.

Weitere Untersuchungen über die Wirkung der Stickstoffdüngung auf das Wachstum der Pappel liegen von Chapman (1933) und Jobling (1953) vor. Sie bestätigen die große Bedeutung dieses Nährstoffes für eine entsprechende Ertragsbildung.

Schönnamsgruber (1955) führte Untersuchungen über den Phosphathaushalt von Pappeljungpflanzen durch. Die dabei erhaltenen Ergebnisse bestätigen u. a. die Brauchbarkeit der Blattanalyse zur Feststellung der Düngebedürftigkeit, nachdem sich zwischen dem Phosphatgehalt im Boden und in den Blättern eine Korrelation feststellen ließ.

E. Die Rohhumusmelioration

Bei vielen Waldböden ist es im Laufe der Zeit zur Ansammlung von Rohhumusmassen gekommen, die in unterschiedlicher Mächtigkeit den Mineralboden überlagern. Die damit verbundenen Nachteile sind verschiedener Art: Neben einem stark sauren Charakter weist der Rohhumus gleichzeitig einen erheblichen Benetzungswiderstand auf, woraus sich nachteilige Folgen für den Wasserhaushalt der Holzpflanzen ergeben können (Mayer-Krapoll 1954). Vor allem aber führt die Rohhumusbildung zu einer starken Hemmung des Nährstoffkreislaufes im Wald. Durch die weitgehende Speicherung der anfallenden Streu werden naturgemäß auch die in ihr enthaltenen Nährstoffe nicht in Freiheit gesetzt. Bei vollständiger Mineralisation einer 10 cm starken Rohhumusschicht, wie sie auf basenarmen Böden in älteren Fichtenbeständen oft anzutreffen ist, würden nach Angaben von Wittich (1958b) etwa 2500 kg N, 300 kg P_2O_5 und entsprechende Mengen anderer Nährstoffe verfügbar.

Der Hinweis auf die hohen Nährstoffmengen, die bei einer vollkommenen Mineralisation der Rohhumusauflage mobilisiert werden könnten, darf aber nicht zur Vorstellung führen, daß man eines hohen Nährstoffgewinnes wegen die organische Substanz einer radikalen biologischen Oxydation zuführen wollte. Das Ziel der Meliorationsmaßnahme besteht vielmehr in einer Umwandlung des Rohhumus zu wertvolleren Humusformen, wobei neben einer Verbesserung der physikalischen und chemischen Eigenschaften vor allem auch die biologische Aktivierung der obersten Bodenschicht angestrebt wird. Der Nährstoffkreislauf kann nämlich nur durch eine normale biologische Tätigkeit im Waldboden gewährleistet werden.

Zur Sanierung von Rohhumusböden hat neben der Begründung von Mischbeständen bisher vor allem die Kalkung als unmittelbare Meliorationsmaßnahme Eingang gefunden. Wittich (1952) hat die Umwandlungsvorgänge bei der Aufkalkung von Rohhumusböden näher untersucht und festgestellt, daß vor allem die Verengung des C/N-Verhältnisses als charakteristisches chemisches Merkmal anzusehen ist. Während in der organischen Substanz der Rohhumusauflagen meistens 1,4 bis 1,9% N nachzuweisen sind, werden in dem nach einer Kalkung umgewandelten Humus N-Gehalte von 2 bis 2,4% und mehr gefunden. Daraus ergibt sich, daß der Grad der Rohhumusumwandlung bei alleiniger Kalkung auch vom ursprünglichen N-Gehalt des organischen Auflagematerials abhängig ist und durch eine N-Anreicherung des Bodens (N-Düngung, Lupinenanbau) gefördert werden kann (Laatsch 1957).

In letzter Zeit wurden daher mehrere Untersuchungen durchgeführt, die sich mit dem Einfluß der Stickstoffzufuhr bei der Rohhumusumwandlung befassen. Von besonderem Interesse ist dabei, daß einige Stickstoffverbindungen mit dem

Rohhumus eine unmittelbare chemische Reaktion eingehen. Diese chemische Umsetzung wurde zuerst von WITTICH (1952, 1954) bei Behandlung des Rohhumusmaterials mit freiem Ammoniak festgestellt. Das äußere Kennzeichen dieser Reaktion besteht in einer von der jeweils zugeführten N-Menge abhängigen Schwärzung der organischen Bodensubstanz.

Über die praktische Anwendung von freiem, d. h. gasförmigem Ammoniak zur Melioration von Rohhumus und die hierfür erforderlichen Arbeitsgeräte hat MAYER-KRAPOLL (1954) ausführlich berichtet. Außer der starken Veränderung in der äußerlichen Beschaffenheit des Rohhumusmaterials weist der genannte Autor auch auf die erhöhte Wasserkapazität der behandelten Auflageschicht hin. Ein mit Ammoniak behandelter Rohhumus soll danach etwa 125% mehr Wasser speichern als das unbehandelte Vergleichsmaterial.

Außer mit freiem Ammoniak läßt sich der aufgezeigte Umwandlungseffekt des Rohhumusmaterials auch mit Kalkstickstoff, Harnstoff, Ammonbicarbonat und Formamid erreichen.

Die Zersetzungsgeschwindigkeit von Kalkstickstoff und seine Umsetzung mit Rohhumus hat THEMLITZ (1954, 1956) näher untersucht und dabei festgestellt, daß Fichtenrohhumus aus dieser Verbindung sogar höhere N-Mengen als aus freiem Ammoniak zu fixieren vermag.

JUNG (1958, 1959b) berichtet neuerdings über die Rohhumusmelioration mit Harnstoff und über eine vergleichende Prüfung verschiedener N-Verbindungen auf ihre chemische Reaktion mit Rohhumus. Aus diesen Versuchen geht hervor, daß die Behandlung mit Harnstoff, Ammonbicarbonat und Formamid praktisch in gleichem Maße wie die mit freiem Ammoniak zu einer Ammonifizierung des sauren Rohhumusmaterials führt. Diese Reaktion unterbleibt hingegen bei den Ammonsalzen starker Säuren, wie z. B. Ammonsulfat und Ammonnitrat.

Bei der chemischen Umsetzung des Rohhumus mit den erwähnten reaktionsfähigen N-Verbindungen wird der zugeführte Stickstoff teils fest, teils locker gebunden. Es muß somit angenommen werden, daß die Abwanderung des Stickstoffs in tiefere Horizonte und ebenso auch die Anlieferung an die Pflanzen im Vergleich zu normalen N-Salzen langsamer erfolgt. In diesem Sinne liegen die Resultate aus Versuchen von ZÖTTL (1958). Beim Vergleich zwischen der Zufuhr von gasförmigem Ammoniak einerseits und der Düngung mit Ammonsalzen (Ammonsulfat und Ammonsulfatsalpeter) andererseits, wurde in Kiefern- und Fichtenbeständen festgestellt, daß der N-Gehalt der Nadeln durch N-Salzdüngung im ersten Jahr wesentlich stärker erhöht wurde als durch Zufuhr von Ammoniakgas.

Die im Reaktionsverlauf beim Harnstoff eintretende N-Bindung durch den Rohhumus geht aus Tab. 401 hervor.

Tabelle 401. *Wasserlöslicher Stickstoff im Rohhumus nach Behandlung mit Harnstoff, Ammonsulfat, Kalkammonsalpeter und Kalksalpeter*
(JUNG 1958)

Stickstoff-Form	Wasserlöslicher Stickstoff in % der zugeführten Menge
Harnstoff	34
Ammonsulfat	77
Kalkammonsalpeter	69
Kalksalpeter	69

Wie zu ersehen ist, weist die mit Harnstoff behandelte Probe einen wesentlich geringeren Anteil an wasserlöslichem, d. h. auswaschbarem Stickstoff auf als die mit Ammonsulfat, Kalkammonsalpeter oder Kalksalpeter behandelten Proben. Die bei der Rohhumusmelioration erwünschte nachhaltige N-Anreicherung der organischen Auflageschicht dürfte demnach mit „reaktionsfähigen" N-Formen eher zu erreichen sein.

Zur endgültigen Beurteilung der Rohhumusmelioration mit Stickstoff müssen indessen aber noch weitere Ergebnisse von Versuchen unter verschiedenen Standortsbedingungen abgewartet werden. Zum jetzigen Zeitpunkt dürfte vor allem der Hinweis von Wittich (1958b) zu beachten sein, daß die Melioration nach Möglichkeit im Bestand vorgenommen werden soll. Die Freisetzung hoher Nährstoffmengen aus Rohhumusauflagen nach einem Kahlschlag kommt nämlich in starkem Maße der Unkrautflora zugute. Wittich weist ferner darauf hin, daß gelegentlich auch der Phosphorsäuregehalt des Rohhumus sehr niedrig ist. In solchen Fällen dürfte sich die Ergänzung der Kalk- und Stickstoffgaben durch Phosphat empfehlen

F. Die Technik der Düngerausbringung im Wald

Die praktische Düngung im Wald stößt nicht selten auf technische Schwierigkeiten, zumal im Falle der Kalkung, bei der es sich im allgemeinen um die Ausbringung großer Mengen je Flächeneinheit handelt. Bei Wiederaufforstungen bzw. Neuanlagen in nicht zu steilem Gelände ist die Möglichkeit gegeben, die Düngemittel beliebig zu verteilen und gegebenenfalls auch einzuarbeiten. In Dickungen und jüngeren Stangenholzbeständen, in starken Hanglagen und häufig auch in Altholzbeständen ist jedoch das Durchfahren mit üblichen Düngerstreuern verständlicherweise nicht möglich.

Für bestimmte Düngemittel dürfte häufig das Ausbringen von Hand eine arbeitswirtschaftlich vertretbare Maßnahme sein (Hausser 1958a). Bei der Kalkung finden indessen seit einiger Zeit pneumatische Motorgeräte (Gebläse) zunehmende Anwendung, wobei neuerdings auch Mischungen von Kalk mit anderen Düngemitteln (z. B. Phosphaten) in einem Arbeitsgang ausgebracht werden. Das Verblasen des Kalkes bzw. der Düngermischung erfolgt bei einer Wurfweite der Geräte bis zu maximal 60 bis 70 m von Wegen und Schneisen aus. Soweit möglich, wird auch im Bestand gefahren.

Gericke und Bärmann (1958) haben die Möglichkeit der gemeinsamen Ausbringung von kohlensaurem Kalk und Thomasphosphat mit Hilfe eines Blasgerätes untersucht. Es wurde geprüft, ob das unterschiedliche spezifische Gewicht und die verschiedene Mahlfeinheit dieser beiden Düngemittel eine gleichmäßige Mischung und Verteilung zulassen. Bei Versuchen in verschiedenen Waldbeständen wurde eine Düngermischung verwendet, die etwa 20% Thomasphosphat enthielt. Da ein gleichmäßiges Verblasen von den Windverhältnissen stark abhängig ist, wurde in der Windrichtung gearbeitet. Unter diesen Bedingungen trat keine ins Gewicht fallende Entmischung auf. Die festgestellten Schwankungen spielen nach Angabe der genannten Autoren bei der verhältnismäßig groben Arbeit des Verblasens und den technischen Schwierigkeiten beim Durchfahren der Bestände keine nennenswerte Rolle.

Verschiedentlich wurde in der letzten Zeit der Versuch unternommen, die Düngung mit Hilfe von Flugzeugen durchzuführen. White (1956) berichtet über die Ausbringung von Kali-Dünger zu dichtgeschlossenen Beständen vom Flugzeug aus. Bei einer Flughöhe von 8 bis 16 m, einer Geschwindigkeit von 150 km/Std. und einer Düngergabe von 225 kg KCl/ha betrug der Gesamtzeitaufwand je Hektar 12 Minuten.

Ähnliche Resultate werden auch von Mayer-Krapoll (1959a) angeführt.

Bei der Ausbringung von 300 kg Ammonsulfatsalpeter/ha lag die Tagesleistung bei 50 ha. Letztere ist in entscheidendem Maße von der Zeit abhängig, die das Starten und Landen sowie Beladen und Anfliegen erfordert. Auf den eigentlichen Ausbringungsvorgang entfielen bei einer Streubreite von 12 m lediglich etwa 25 sek/ha.

Es darf angenommen werden, daß die Ausbringung bestimmter Düngemittel mit dem Flugzeug in größeren, zusammenhängenden Waldgebieten stärker Eingang finden wird, zumal das gleiche Verfahren bei der Schädlingsbekämpfung bereits häufig angewendet wird. Beim gegenwärtigen Stand der Technik hält es CARPENTIER (1958) für zweckmäßig, Kalk, Phosphat und Kali vor dem Pflanzen einzupflügen oder als Pflanzlochdüngung zusammen mit etwas Stickstoff zuzuführen, während die eigentliche Düngung mit Stickstoff später vom Flugzeug aus erfolgen soll.

G. Einfluß der Düngung auf die Fruktifikation der Waldbäume

Aus verschiedenen neueren Untersuchungen kann entnommen werden, daß die Blühwilligkeit und Samenbildung der Waldbäume durch die Düngung positiv beeinflußt wird. Ein derartiger Einfluß wurde erstmals von GEMMER (1932) in Versuchen bei Kiefern festgestellt. Durch eine Volldüngung konnte der Zapfenbesatz von durchschnittlich 2 Stück je Baum auf 62 erhöht werden. Ebenfalls bei Kiefern konnte ALLEN (1953) durch die Anwendung eines Volldüngers die Zapfenproduktion um das 12fache steigern.

HUCHLER (1956, 1958) untersuchte den Einfluß der Stickstoffdüngung auf die Fruktifikation von Tannen-Althölzern. Das Zapfengewicht wurde durch eine Düngung mit 125 kg N/ha um 21% und durch eine Düngung mit 250 kg N/ha um 48% gesteigert. Die Samenausbeute stieg um 33%, die Keimfähigkeit um 16% und das Tausend-Korngewicht ebenfalls um 16%. Das Saatgut der gedüngten Bäume zeigte eine deutlich höhere Keimfähigkeit; auch war die Ausbeute an zweijährigen Sämlingen höher.

KLEINSCHMIT (1958) berichtet über die Förderung der Blühwilligkeit von Lärchen in einer Samenplantage. Sieht man von dem unterschiedlichen Verhalten der geprüften 14 verschiedenen Klone ab, so betrug die Anzahl der weiblichen Blüten bei den ungedüngten Lärchen durchschnittlich 9 und die der männlichen Blüten 88. Eine Düngung mit Phosphorsäure und Kali brachte keine nennenswerte Veränderung. Eine Stickstoffgabe von 40 kg N/ha erhöhte die Zahl der weiblichen Blüten auf 23 und die der männlichen auf 222. Durch eine Steigerung der Stickstoffgabe auf 60 kg N/ha konnte eine weitere Steigerung auf 32 weibliche und auf 290 männliche Blüten erreicht werden. Die Düngung mit 80 kg N/ha führte gegenüber den vorhergehenden N-Gaben zu einem leichten Abfall der Blühwilligkeit, und zwar auf 29 weibliche und 219 männliche Blüten. KLEINSCHMIT gelangt auf Grund seiner Versuche zur Feststellung, daß die allgemeine Blühwilligkeit der Lärche, wie auch anderer Holzarten, in den verschiedenen Jahren zwar in erster Linie klimatisch bedingt sein dürfte, daß sich jedoch die Quantität des Blütenansatzes durch Stickstoffdüngung erheblich steigern läßt.

Auch MAYER-KRAPOLL (1959b) unterstreicht die Bedeutung der Düngung für die Samenproduktion der Waldbäume. Bei 160jährigen Kiefern führte eine Düngung mit 200 kg N/ha bei entsprechender P- und K-Düngung zu einer Erhöhung der Zapfenzahl um 56% und des Zapfengewichtes um 115%.

(Abgeschlossen Ende 1959.)

Literatur

Addoms, R. M.: Nutritional studies on loblolly pine. Plant Physiol. 12, 199–205 (1937). — Albert, R.: Ein nachhaltig wirksamer Forstdüngungsversuch. Forstarch. 12, 158–162 (1936). — Allen, R. M.: Release and fertilization stimulate longleaf pine cone crop. J. For. 51, 827 (1953). — Alten, F., und W. Doehring: Die Düngung in der Forstwirtschaft. Z. Pflanzenernähr., Düng., Bodenkde. 59, 145–157 (1952). — Attenberger, J.: Düngerwirkung an Fichten auf Hochmoor. Düngung in der Forstwirtschaft. Essen: Tellus. 1957.

Bauer, H.: Stoffbildung und Stoffwanderung in jungen Nadelhölzern. Naturw. Z. Forst- u. Landw., Stuttgart 8, 457–498 (1910). — Stoffbildung und Stoffaufnahme in jungen Laubhölzern. Naturw. Z. Forst- u. Landw., Stuttgart 9, 409–419 (1911). — Baule, H.: Die Forstdüngung. Kalibriefe 6, 3 (1959). — Becker-Dillingen, J.: Die Ernährung des Waldes. Berlin: Verlagsges. f. Ackerbau. 1939. — Benzian, B.: Copper deficiency in poplar. Rep. For. Res. 1957, 98. — A century old forest nursery in Germany. Forestry 24, 36–38 (1959). — Benzian, B., und R. G. Warren: Nutrition problems in forest nurseries. Rep. Rothamst. Exper. Sta. 1955. — Björkman, E.: Om orsakerna till granens tillvätsvårigheter efter plantering i nordsvensk skogmark. Norrlands Skogs-Förb. Tidskr. (Stockholm) 1953 a, 283–316. — Om „granens gulspetssjuka". Svenska Skogs-Fören. Tidskr. 3, 211–229 (1953 b). — Brüning, D.: „Forstdüngung", Ergebnisse älterer und jüngerer Versuche. Melsungen: Neumann-Neudamm. 1959.

Carpentier, L. S.: La fertilisation des arbres de forêt. Bull. Documentation 23, 29 (1958). — Chapman, A. G.: Some effects of varying amounts of nitrogen on the growth of tulip poplar seedlings. Ohio J. Sci. 33, 164–181 (1933). — Crowther, E. M.: Nutrition problems in forest nurseries. Rep. Rothamsted Exper. Sta. 1952.

Demortier, G.: Contribution à l'étude de l'alimentation azotée, phosphatée et potessique du peuplier. Rapp. Congr. Inst. Industr. Agric. 2, 242–247 (1950). — Le développment des boutures de Populus robusta Schneid, en fonction du pH et du rapport Ca/Mg. Bull. Inst. agron. Gembloux 22, 10–17 (1954).

Ebermayer, E.: Die Waldstreufrage. München: Rieger. 1894.

Fabricius, L.: Bodendeckung mit Pflanzenstoffen. Forstwiss. Cbl. 60, 1–15 (1938). — Ein 10jähriger N-Düngungsversuch. Forstwiss. Cbl. 62, 76–89 (1940).

Gäumann, E.: Der Stoffhaushalt der Buche (Fagus sylvatica L.) im Laufe eines Jahres. Ber. schweiz. bot. Ges. 44, 157–334 (1955). — Gemmer, E. W.: Well-fed pines produce more cones. For. Worker 8, 15 (1932). — Gericke, S.: Düngung in der Forstwirtschaft. Essen: Tellus. 1957. — Gericke, S., und C. Bärmann: Gemeinsame Kalk- und Phosphatdüngung im Forst. Phosphorsäure 18, 227–231 (1958). — Goor, C. P. van: Kaligebrek als vorzaak van gelepuntziekte van grovenden (pin. sylv.) en Corsicaanse den (pin. nigra var. corsicana). Ned Boschb. Tijdschr. 28, 21–31 (1956).

Hahlin, M.: Växtnäringstillförsel vid uppdragning av barrträdsplantor. Växtnärings-Nytt 15, 21–26 (1959). — Hassenkamp, W.: Die Umwandlung von Rohhumusboden in Mullboden durch Waldfeldbau und Leguminosenanbau. Forstarch. 17, 41–57 (1941). — Die Verbesserung von Rohhumusböden durch eine landwirtschaftliche Zwischennutzung. Kalibriefe 6, 1 (1955). — Hausser, K.: Ergebnisse von neueren Forstdüngungsversuchen im württembergischen Schwarzwald. Allg. Forstz. 11, 261–264 (1956). — Ertragssteigerung in der Forstwirtschaft durch mineralische Düngung. Düngung in der Forstwirtschaft. Essen: Tellus. 1957 a. — Ergebnisse von neueren Forstdüngungsversuchen auf Altmoräne und Deckenschotter im württembergischen Oberschwaben. Allg. Forstz. 12, 131–136 (1957 b). — Waldbauliche und betriebswirtschaftliche Erfolge der Forstdüngung, erläutert an Beispielen aus dem Buntsandsteingebiet des württembergischen Schwarzwaldes. Allg. Forstz. 13, 125–130 (1958 a). — Ergebnisse von Düngungsversuchen zu schlechtwüchsigen Nadelholzkulturen auf Buntsandstein des württembergischen Schwarzwaldes. Auswertung von Düngungs- und Meliorationsversuchen in der Forstwirtschaft. Bochum: Ruhrstickstoff AG. 1958 b. — Hausser, K., und E. Schairer: Ergebnisse von Forstdüngungs- und Meliorationsversuchen in Süd-Württemberg. Mitt. württ. forstl. Vers.-Anst. 10, 1–100 (1953). — Heiberg, S. O., und D. P. White: Potassium deficiency of reforested pine and spruce stands in northern New York. Proc. Soil Sci. Soc. Amer. 15, 369–376 (1951). — Hobbs, C. H.: Studies on mineral deficiency in pine. Plant Physiol. 19, 590–602 (1944). — Holmes, G. D., und R. Faulkner: Experimental work in nurseries. Rep. For. Res., Lond. 1951/52, 15–27 (1953). — Huchler, H.: Stickstoff-Düngungsversuche in Tannen-Althölzern. Allg.

Forstz. **11**, 157 (1956). — Stickstoff-Düngungsversuche in Tannen-Althölzern. Forst- u. Holzwirt **13**, 312–313 (1958). — INGESTAD, T.: Studies on manganese deficiency in a forest stand. Medd. Skogsforskninst. 48/4, 1–20 (1958). — Manganbrist hos skogsträd. Växt-närings-Nytt **15**, 22–25 (1959).

. JESSEN, W.: Phosphorsäuremangelerscheinungen bei verschiedenen Holzarten. Phosphorsäure **7**, 263–270 (1938). — Kalium- und Magnesiummangelerscheinungen und Wirkung einer Düngung mit Kaliumchlorid und Kalimagnesia auf das Wachstum verschiedener Holzarten. Ernähr. Pfl. **35**, 228–230 (1939). — Die Wirkung von Rohphosphat auf das Wachstum der Holzarten in sauren Waldböden. Bodenkde. u. Pflanzenernähr. **25**, 31–34 (1941). — JOBLING, J.: Establishment of poplars. Rep. For. Res. Lond. **1951/52**, 72–75 (1953). — JUNG, J.: Rohhumusmelioration mit Harnstoff. Allg. Forstz. **13**, 764–765 (1958). — Agrikulturchemie und Forstpflanzen-Ernährung. Allg. Forstz. **14**, 365–369 und 373–376 (1959a). — Vergleichende Überprüfung verschiedener Stickstoffverbindungen auf ihre chemische Reaktion mit Rohhumus und die photometrische Erfassung dieses Reaktionseffektes. Z. Pflanzenernähr., Düng., Bodenkde. **85**, 104–112 (1959b).

KLEINSCHMIT, R.: Stickstoffdüngungsversuch in einer Samenplantage. Forst- u. Holzwirt **13**, 313–315 (1958). — KROLIKOWSKI, L.: Influence of a single application of mineral fertilizer in the cultivation of pine trees in the chief forest districts: Bartel Wielki, Wanda. Sixième Congr. Science d. Sol, Vol. D, 291–304 (1956).

LAATSCH, W.: Die wissenschaftlichen Grundlagen der Waldbodenmelioration. Mitt. St. Forstverw. Bayerns **29** (1957). — LEAF, A. L.: Determination of available potassium in soils of forest plantations. Soil Sci. Soc. Proc. **22**, 458–459 (1958). — LEYTON, L.: The relationship between the growth and mineral composition of the foliage of Japanese larch. Plant a. Soil **9**, 31–48 (1957). — The mineral requirements of forest plants. Handbuch der Pflanzenphysiologie, Bd. IV. Berlin-Göttingen-Heidelberg: Springer. 1958. — LUNDEGÅRDH, H.: Stråsädens näringsupptagande. Medd. Centr. Anst. 1931. — Die Blattanalyse. Jena: Fischer. 1945.

MANSHARD, E.: Untersuchungen über den Nährstoffgehalt der Asche forstlicher Kulturpflanzen aus den Halstenbecker Forstbaumschulen. Tharandt. forstl. Jb. **84**, 105–158 (1933). — MAYER-KRAPOLL, H.: Die Anwendung von Handelsdüngemitteln, insbesondere von Stickstoff, in der Forstwirtschaft. Bochum: Ruhr-Stickstoff AG. 1954. — Nährstoffversorgung und Normaldüngung bei landwirtschaftlichen und forstlichen Böden. Allg. Forstz. **13**, 137–138 (1958). — Die Düngung von Waldbeständen unter Einsatz von Flugzeugen. Forst- u. Holzwirt **14**, 258–260 (1959a). — Der Einfluß einer Düngung, insbesondere mit Stickstoff, auf die Blühwilligkeit forstlich genutzter Baumarten. Forst- u. Holzwirt **14**, 177–178 (1959b). — MITSCHERLICH, E. A.: Gefäßversuche mit Erlen- und Fichtenpflanzen. Düngung in der Forstwirtschaft. Essen: Tellus. 1957. — MITSCHERLICH, G.: Untersuchungen über das Wachstum der Kiefer in Baden. 2. Teil: Die Streunutzungs- und Düngungsversuche. Allg. Forst- u. Jagdztg. **126**, 193 (1955). — Bodenverschlechterung und Düngung in ertragskundlicher Sicht. Forst- u. Holzwirt **13**, 415–421 (1958). — MITSCHERLICH, G., und W. WITTICH: Düngungsversuche in älteren Beständen Badens, 1. Bericht. Allg. Forst- u. Jagdztg. **129**, 169–190 (1958). — MITCHELL, H. L.: Trends in the nitrogen, phosphorus potassium and calcium content of the leaves of some forest trees during the growing season. Black Rock. For. Pap. 1, 30–44 (1936). — MITCHELL, H. L., und R. F. CHANDLER: The nitrogen nutrition and growth of certain deciduous trees of North Eastern United States. Black Rock. For. Bull. **1939**, No. 11. — MÖLLER, A.: Karenzerscheinungen bei der Kiefer. Z. Forst- u. Jagdwesen **36**, 745–756 (1904). — MÖLLER, C. M.: Untersuchungen über Laubmenge, Stoffverlust und Stoffproduktion des Waldes. Forst. Forsøgsv. Danm. **17**, 1–287 (1946). — MOROSOW, G. F.: Die Lehre vom Walde. Neudamm: Neumann. 1928.

NEMEC, A.: Studies on the deficiency symptoms in pine in the forest nursery Revnice. Ann. Acad. tchécosl. Agric. **11**, 531–534 (1936). — The effect of a one-sidet N-fertilization on the nutrition of spruce plants in forest nurseries. Ann. Acad. tchécosl. Agric. **12**, 385–391, 391–398 (1937), Ref. WHITE und LEAF (1958). — Untersuchungen über den Einfluß der Phosphorsäuredüngung auf das Wachstum und auf die Ernährung der Fichte in Waldbaumschulen. Bodenkde. u. Pflanzenernähr. **11**, 93–128 (1938). — Über die Kompostdüngung der Fichte in Waldbaumschulen. Forstwiss. Cbl. **61**, 406–421 (1939a); Lesn. Práce **18**, 148–156 (1939b). — Untersuchungen über den Einfluß der Stickstoffdüngung auf das Wachstum der Fichte in Waldbaumschulen. Bodenkde. u. Pflanzenernähr. **16**, 98–112 (1939c). — Zur Kenntnis der Kali- und Magnesiummangelerscheinungen bei Sämlingen und Kulturen der Kiefer. Forstwiss. Cbl. **62**, 160–166 (1940a). — Ernährungsstörungen bei kümmernden

Kulturen und Beständen. Mitt. Forstwirt. Forstwiss. **11**, 244–266 (1940 b). — Der Einfluß der Düngung auf das Wachstum der Fichten in der Waldbaumschule und auf ihre weitere Entwicklung nach dem Versetzen ins Freiland. Bodenkde. u. Pflanzenernähr. **24**, 113–128 (1941). — Meliorationsversuche bei kümmernden Kulturen durch Düngung und Mitanbau der Dauerlupine. Forstarch. **18**, 95–101 (1942).

RADEMACHER, D.: Kupfermangelerscheinungen bei Forstgewächsen auf Heideböden. Mitt. Forstwirt. Forstwiss. **11**, 335–344 (1940). — RAHTE, H. G.: Rationelle Düngung in der Forstpflanzenanzucht. Forst- u. Holzwirt **14**, 38–43 (1959). — RAMANN, E.: Die zeitlich verschiedene Nährstoffaufnahme der Waldbäume und ihre praktische Bedeutung für Düngung und Waldbau. Z. Forst- u. Jagdw. **43**, 747–755 (1911). — REBEL, K.: Streunutzung, insbesondere im bayerischen Staatswald. München: Huber, Diessen. 1920. — RENNIE, P. J.: The uptake of nutrients by nature forest growth. Plant a. Soil **7**, 49–95 (1956). — RUPF, H.: Der Forstpflanzgarten. München: Bayer. Landwirtschaftsverlag. 1952.

SCHAIRER, E.: Die Bodenreaktion in Nadelholzquartieren der Pflanzschule. Allg. Forstz. **10**, 166 (1955). — Gedanken zur forstlichen Düngung. Allg. Forstz. **13**, 132–134 (1958). — Düngung von Pflanzschulen und Kompostbereitung. Allg. Forstz. **20**, 377–381 (1959). — SCHARRER, K., und G. LEMME: Untersuchungen über die Brauchbarkeit der Blattanalyse von Lundegårdh zur Ermittlung des Düngerbedürfnisses der Böden. Z. Pflanzenernähr., Düng., Bodenkde. **60**, 125–148 (1953). — SCHLICHTING, E.: Bemerkungen zur Ausdeutung von Blattanalysen. Plant a. Soil **6**, 92–96 (1955). SCHÖNHAR, S.: Eisenmangel-Chlorose an Forstpflanzen. Allg. Forstz. **13**, 149–151 (1958). — SCHÖNNAMSGRUBER, H.: Studien über den Phosphathaushalt von jungen Holzpflanzen, insbesondere Pappeln. Mitt. württ. forstl. Vers.-Anst. **12/2** (1955). — STENLID, G.: Salt losses and redistribution of salts in higher plants. Handbuch der Pflanzenphysiologie, Bd. IV. Berlin-Göttingen-Heidelberg: Springer. 1959. — SÜCHTING, H.: Die Ernährungsverhältnisse des Waldes. Allg. Forst- u. Jagdztg. **119**, 29–75 (1943). — Untersuchungen über die Ernährungsverhältnisse des Waldes XI. Über die Stickstoffdynamik der Waldböden und die Stickstoffernährung des Waldbestandes. Z. Pflanzenernähr., Düng., Bodenkde. **48**, 1–37 (1950). — SÜCHTING, H., W. JESSEN und G. MAURMANN: Untersuchung über die Ernährungsverhältnisse des Waldes. Z. Pflanzenernähr., Düng., Bodenkde. **3**, 345–368 (1937). — SWITZER, G. L., und L. E. NELSON: The effect of fertilization on seedlings weight and utilization of N, P, and K by loblolly pine (pinus taeda L.) grown in the nursery. Proc. Soil Sci. Soc. Amer. **20**, 404–408 (1956).

TAMM, C. O.: Seasonal variation in composition of birch leaves. Physiol. Plant. **4**, 461–469 (1951). — Studies on forest nutrition, I, Seasonal variation in the nutrient content of conifer needles. Medd. Skogsförsöksanst. Stockh. **45/5** (1955). — Studies on forest nutrition, III. The effects of supply of plant nutrients to a forest stand on a poor site. Medd. Skogsforskningsinst. Stockh. **46/3**, 1–84 (1956). — Studies of forest nutrition. IV. The effects of supply of potassium and phosphorus to a poor stand on drained peat. Medd. Skogsforskningsinst. **46/7**, 1–27 (1956). — THEMLITZ, R.: Bewertung von Bodenanalysen zur Beurteilung forstlich genutzter Standorte. Z. Pflanzenernähr., Düng., Bodenkde. **61**, 65–71 (1953). — Die Anwendung von Kalkstickstoff zur Rohhumusumwandlung und Ertragssteigerung im Walde. Z. Pflanzenernähr., Düng., Bodenkde. **64**, 54–66 (1954). — Die Untersuchung von Waldböden. In: Methodenbuch der LUFA, Bd. I. Radebeul und Berlin: Neumann. 1955a. — Zersetzungsgeschwindigkeit von Kalkstickstoff in Gegenwart von Fichtenrohhumus und Umwandlung desselben durch Cyanamid im Vergleich zu Ammoniak. Z. Pflanzenernähr., Düng., Bodenkde. **75**, 257–268 (1956). — Einfluß verschiedener Phosphatdünger auf den Nährstoffgehalt junger Holzpflanzen. Düngung in der Forstwirtschaft. Essen: Tellus. 1957. — Ein Beitrag zur Düngung forstlicher Pflanzgärten. Beobachtungen zum Kalk-Kali-Antagonismus bei jungen Nadelholzpflanzen. Kalibriefe **6**, 1 (1958 a). — Untersuchungen zur Nährstoffwanderung in einem Heideboden und Nährstoffdynamik junger Kiefern (pin. silv.). Kalibriefe **6**, 2 (1958 b). — Magnesiumkalke — eine Magnesiumquelle für Forstpflanzen. Allg. Forstz. **20**, 371–372 (1959). — TÖNNIES, G.: Pappelanbauversuche auf Heide, Moor und Ödland. Holzzucht **13**, 27–28 (1959).

VANSELOW, K.: Krone und Zuwachs der Fichte in gleichaltrigen Reinbeständen. Forstwiss. Cbl. **73**, 705–719 (1951). — VOIGT, G. K., J. H. STOECKELER und S. A. WILDE: Response of coniferous seedlings to soil applications of calcium and magnesium fertilizers. Proc. Soil Sci. Soc. Amer. **22**, 343–345 (1958).

WEHRMANN, J.: Die Stickstoffgehalte von Fichtennadeln in Abhängigkeit von der Stickstoffversorgung der Bäume. Mitt. St. Forstverw. Bayerns **29**, 1–11 (1957). — Mineralstoffernährung von Kiefernbeständen in Bayern. Z. Pflanzenernähr., Düng., Bodenkde. **84**, 271–279 (1959a). — Der Stickstoffhaushalt des Waldes. Naturwiss.

Rdsch. **12**, 302–308 (1959b). — WHITE, D. P.: The effect of nursery soil fertility on the resistance of jack pine (Pinus banksiana Lamb.) seedlings to adverse environmental and biotic factors. Ph. D. Thesis. Univ. Wis. Library, Madison (1950). — Variation in the nitrogen, phosphorus and potassium contents of pine needles with season, crown position and sample treatment. Proc. Soil Sci. Soc. Amer. **18**, 326–330 (1954). — Aerial application of potash fertilizer to coniferous plantations. J. For. **54**, 762–768 (1956). — WHITE, D. P., und A. L. LEAF: Forest fertilization. World For. Ser. Bull. 2. Techn. Publ. State Univ. College of Forestry Syracuse, New York (1957). — WIEDEMANN, E.: Die Düngung im Forstbetrieb. Handbuch der Pflanzenernährung und Düngerlehre von H. HONCAMP, Bd. II. Berlin: Springer. 1931. — Der gegenwärtige Stand der forstlichen Düngung. Arb. D.L.G. **385**. Berlin: Deutsche Landwirtschaftsgesellschaft. 1932. — WILDE, S. A., R. WITTENKAMP, E. L. STONE und H. M. GALLOWAY: Effect of high rate fertilizer treatments of nursery stock upon its survival and growth in the field. J. For. **38**, 806–809 (1940). — WILDE, S. A., H. W. BRENNER und J. KRUMM: Types of composted fertilizer used in forest nurseries. Proc. Soil Sci. Soc. Amer. **11**, 508–510 (1946). — WITTICH, W.: Die Technik der Fichtenkultur. Hannover: Schaper. 1950. — Der heutige Stand unseres Wissens vom Humus und neue Wege zur Lösung des Humusproblems. Schriftenreihe der Forstl. Fak. Göttingen 4. Frankfurt: Sauerländer. 1952. — Die Melioration streugenutzter Böden. Forstwiss. Cbl. **73**, 193–256 (1954). — Stand und Aussichten der forstlichen Düngung. Düngung in der Forstwirtschaft. Essen: Tellus. 1957. — Auswertung eines forstlichen Düngungsversuches auf einem Standort mit für weite Gebiete Deutschlands typischem Nährstoffhaushalt. Auswertung von Düngungs- und Meliorationsversuchen in der Forstwirtschaft. Bochum: Ruhrstickstoff AG. 1958 a. — Meliorationsmaßnahmen im Walde. Forst- u. Holzwirt **13**, 105–108 (1958b). — Bodenkundliche und pflanzenphysiologische Grundlagen der mineralischen Düngung im Walde und Möglichkeiten für die Ermittlung des Nährstoffbedarfes. Allg. Forstz. **13**, 121–124 (1958c). — Die Verwendung von Müll in der Forstwirtschaft. Forst- u. Holzwirt **13**, 85–88 (1958d).

ZÖTTL, H.: Ein Vergleich zwischen Ammoniakgas- und Stickstoffsalzdüngung in Kiefern- und Fichtenbeständen Bayerns. Forstwiss. Cbl. **77**, 1–31 (1958). — Voraussetzungen für eine wirkungsvolle Verbesserung der Stickstoffversorgung von Nadelholzbeständen. Z. Pflanzenernähr., Düng., Bodenkde. **84**, 116–122 (1959).

XIII. Die Düngung von Sonderkulturen

A. Die Düngung von Arznei- und Gewürzpflanzen

Von

H. Schröder

a) Einleitung

Auf dem Gebiete des Arznei- und Gewürzpflanzenbaues zählt die Frage der Düngung zu den interessantesten Problemen. Obwohl eine beträchtliche Anzahl experimenteller Untersuchungen über den Einfluß bestimmter Nährstoffe auf die Erträge sowie Inhaltsstoffgehalte zur Durchführung gelangte, sind die Kenntnisse über die Wirkung der Düngung bei den meisten Arten noch sehr lückenhaft.

Die Arznei- und Gewürzpflanzen gelangen wegen ihrer Inhaltsstoffe zum Anbau. Dabei werden bestimmte Pflanzenorgane als Droge[1] verwendet (z. B. *Flores, Folia, Radix* u. a.) oder es werden die Inhaltsstoffe der Pflanzen auf technischem Wege gewonnen und einer speziellen Verwendung zugeführt. Das letztere gilt z. B. für die Extraktion der Mohnalkaloide aus Mohnkapseln oder auch für die Destillation der ätherischen Öle aus zahlreichen Pflanzen. Über die Abscheidung und die Chemie dieser zu den „sekundären Pflanzenstoffen" zählenden Verbindungen sind im Handbuch der Pflanzenphysiologie (Berlin-Göttingen-Heidelberg: Springer, 1955 ff.) umfassende Darstellungen enthalten. Im vorliegenden Abschnitt sollen daher diesbezügliche Fragen nur soweit berücksichtigt werden, wie es im Zusammenhang mit den Fragen der praktischen Düngung im Arznei- und Gewürzpflanzenanbau erforderlich erscheint.

Bei der experimentellen Behandlung von Düngungsfragen werden bei Arznei- und Gewürzpflanzen an erster Stelle die Wirkstoffgehalte und die Drogenerträge zu beachten sein. Inhaltsstoffe, die aus einer Vielzahl von Einzelverbindungen zusammengesetzt sind, wie z. B. die ätherischen Öle, machen die Erfassung einzelner Hauptkomponenten erforderlich. Nur bei wenigen Arznei- und Gewürzpflanzen ist es zur Zeit möglich, eine annähernd vollständige Behandlung des für die praktische Düngung interessierenden Fragenkomplexes auf Grund vorliegender experimenteller Ergebnisse zu geben. Der Leser möge daher seine Erwartungen an die folgenden Ausführungen nicht zu hoch setzen. Viele bisherige Untersuchungen brachten in erster Linie hinsichtlich der Beeinflussung der Inhaltsstoffgehalte widerspruchsvolle Ergebnisse. Es erscheint daher sinnvoll, auf einige Faktoren hinzuweisen, die am Zustandekommen solcher Befunde einen wesentlichen Anteil haben. So wurde beispielsweise in Gefäßversuchen vielfach mit weniger als drei Wiederholungen gearbeitet. Andere Unter-

---

[1] Unter dem Begriff „Droge" werden getrocknete Arznei- und Gewürzpflanzen verstanden.

suchungsergebnisse basieren auf Experimenten, die ohne Parallele zur Durchführung gelangten. Aus derartigem Material können kaum Schlüsse auf die Beeinflußbarkeit der Inhaltsstoffgehalte gezogen werden. Für *Majorana hortensis Moench* und *Mentha piperita L.* wurde z. B. nachgewiesen (HEEGER und SCHRÖDER 1958), daß die Differenzen im Gehalt an ätherischem Öl zwischen zwei Versuchskomponenten erst ab vier Wiederholungsgefäßen eine gewisse Konstanz erreichten. Bei geringerer Wiederholungsanzahl erwiesen sich alle zufälligen Konstellationen als möglich. Die allgemein große Streuung der Inhaltsstoffgehalte bei Arznei- und Gewürzpflanzen wird einmal durch das meistens genetisch heterogene Ausgangsmaterial hervorgerufen. Weiterhin dürften aber auch die großen Modifikationsbreiten von Bedeutung sein. Als Beweis dafür seien die Ergebnisse von SCHRATZ (1954) angeführt, welche den Gehalt an ätherischem Öl bei *Lavandula angustifolia Mill.* und *Anthemis nobilis L.* betreffen. Bezüglich der Morphingehalte in Mohnkapseln können aus den Untersuchungen von KOPP (1957) ähnliche Folgerungen gezogen werden.

Ein weiterer Grund für das Auftreten gegensätzlicher Versuchsergebnisse ist im Vorhandensein unterschiedlicher Entwicklungszustände zum Untersuchungszeitpunkt zu sehen (FLÜCK 1957). Allgemein verändert sich der Gehalt an Inhaltsstoffen bei den Arznei- und Gewürzpflanzen während der Vegetationszeit in Abhängigkeit von dem Entwicklungszustand. Wird dieser durch die Düngung bei den verschiedenen Versuchsvarianten beeinflußt, können allgemein durch diesen Umstand Gehaltsdifferenzen eintreten. Eine solche Beeinflussung kann beispielsweise in Form einer Verschiebung der Blühtermine oder der Reife durch unterschiedliche Nährstoffgaben zustande kommen. Zeitlich verschiedene Erntetermine können somit zu abweichenden Aussagen führen (SCHRATZ 1957). Vielfach wurden auch Folgerungen gezogen, die auf der Grundlage einer einzigen, willkürlich angewendeten Nährstoffmenge beruhten. Es kann aber nicht erwartet werden, daß ein Nährstoff in allen Konzentrationen den gleichen Einfluß ausübt. Vielmehr dürfte im Zusammenhang mit der Höhe der Gabe sowohl ein positiver wie ein negativer Einfluß auf den Inhaltsstoffgehalt möglich sein. In Abhängigkeit von den Versuchsbedingungen können sich sowohl Optimal- als auch Minimalpunkte verschieben. Auch erscheint das Auftreten von zweigipfeligen Kurven nicht ausgeschlossen (FLÜCK 1957).

Ein großer Teil bekannter Untersuchungen ist mit einem oder mehreren der aufgezählten versuchstechnischen Mängel behaftet. Bei der Bearbeitung einzelner Kulturen ist es daher nicht immer möglich, genügend exaktes Material vorzuweisen. Es wurde nichts unversucht gelassen, die in vielen Ländern publizierten Ergebnisse möglichst vollständig zu erfassen. Die Einhaltung dieses Vorsatzes erwies sich aber als sehr schwierig, da die interessierenden Arbeiten im pharmazeutischen, landwirtschaftlichen, medizinischen sowie botanischen Schrifttum verstreut sind. Daher kann kein Anspruch auf eine umfassende Vollständigkeit erhoben werden. Alle Hinweise, welche auf diesbezügliche Mängel aufmerksam machen, werden vom Verfasser dankbar entgegengenommen. Die vorliegende Arbeit kann folglich nur als ein erster Versuch gewertet werden, das auf dem Gebiete der Düngung von Arznei- und Gewürzpflanzen vorliegende Material zusammenzufassen. Da bei zahlreichen Arten Unterlagen über die Nährstoffentzugszahlen überhaupt nicht zu beschaffen waren, wurden diese Lücken durch eigene Untersuchungen ergänzt. Dieselben konnten nur an einem beschränkten Material vorgenommen werden, so daß eine Überprüfung an umfangreicheren Versuchen notwendig ist. Im Text wird darauf hingewiesen.

Die Gliederung der behandelten Arten wird nach den vorhandenen Inhaltsstoffen und der systematischen Stellung vorgenommen. Auf Grund des vorliegenden Versuchsmaterials ergab sich nur die Möglichkeit, solche Pflanzen ausführlich zu behandeln, die ätherisches Öl oder Alkaloide enthalten. Für weitere Arzneipflanzen werden Literaturhinweise gebracht. Die Auswahl der Arten erfolgte nach der Bedeutung, die sie ökonomisch für die Landwirtschaft sowie als Rohstofflieferant für die Arzneimittelherstellung besitzen. Dabei werden solche Arten behandelt, die vorwiegend in den gemäßigten Breiten im Anbau zu finden sind. Diese Abgrenzung ergab sich zwangsläufig aus den zur Bearbeitung dieses Kapitals vorhandenen Möglichkeiten. Überschneidungen mit solchen Kulturpflanzen, die an anderer Stelle dieses Handbuches eine Behandlung erfahren, sollen weitgehend vermieden werden. Soweit eine Nutzung sowohl als Nahrungs- oder Futterpflanze und Arzneipflanze üblich ist, werden einige spezielle Literaturhinweise gegeben.

b) Pflanzen, die Alkaloide als Hauptwirkstoffe enthalten

1. Die Tollkirsche
(*Atropa bella-donna L., Solanaceae*)

Die Tollkirsche zählt zu den Giftpflanzen und enthält in allen Organen Alkaloide, die für die Arzneimittelherstellung von besonderer Bedeutung sind. Die Pflanze ist mehrjährig, wobei vom zweiten Kulturjahr an die Blätter in einer Vegetationsperiode mehrmals geerntet werden, während das Roden der Wurzelstöcke erst bei drei- bis fünfjährigen Beständen lohnend ist. Über den zeitlichen Verlauf der Nährstoffaufnahme stellte Zarew (1940) Untersuchungen an. Aus seinen Experimenten ist zu ersehen, daß in der Jugendentwicklung besonders Kali und Stickstoff benötigt werden. Während der Vegetationszeit veränderten sich die N-, P_2O_5-, MgO- und CaO-Gehalte der Pflanzenmasse nur wenig, während der K_2O-Gehalt bis zur physiologischen Reife eine deutliche Senkung erfuhr. Die Erträge an Krautdroge belaufen sich vom zweiten Kulturjahr an auf etwa 30 bis 50 dz/ha bzw. auf 12 bis 20 dz Blattdroge. Bei der Rodung dreijähriger Bestände fallen je ha im Mittel 15 dz Wurzeldroge an. Die ermittelten Nährstoffgehalte und errechneten Entzüge enthält Tab. 402.

Tabelle 402. *Nährstoffgehalte und -entzüge der Tollkirsche*
(nach Zarew 1940)

Nährstoff	Gehalt in % der Trockenmasse zur Zeit der Vollblüte		jährlicher Nährstoffentzug in kg/ha
	Stengel	Blätter	insgesamt
N	0,94	4,53	65
P_2O_5	0,66	0,87	14
K_2O	4,51	6,02	77
CaO	1,46	2,52	49
MgO	1,15	1,57	29

Eigene Untersuchungen ergaben bezüglich der N- und P_2O_5-Entzüge vollkommene Übereinstimmung mit den Werten von Zarew (1940). Bei Kali wurde allerdings mit 186 kg/ha ein wesentlich höherer Entzug ermittelt.

Über die Tollkirschenwurzeln, welche nach einer mehrjährigen Gewinnung der oberirdischen Organe geerntet werden, können hinsichtlich des Nährstoffentzuges in Ermanglung von Unterlagen keine Angaben gemacht werden. Obwohl die Tollkirsche tiefgründige Böden mit gut wasserhaltender Kraft bevorzugt, sollte sie nicht unter niederschlagsreichen bzw. feuchten Verhältnissen kultiviert werden, da unter solchen Bedingungen mit einer Verminderung des Alkaloidgehaltes gerechnet werden muß (CARR 1913). Dabei könnte die Auswaschung von Alkaloiden eine besondere Rolle spielen (MOTHES 1938).

Die Tollkirsche dürfte zu den Langtagspflanzen zählen (SCHPILENJA 1953). Geprüft wurde häufig die Wirkung der Lichtintensität auf die Alkaloidbildung. Obwohl gegenteilige Befunde bekannt sind, weist die Mehrzahl der seit längerer Zeit vorliegenden Ergebnisse darauf hin, daß durch Sonneneinstrahlung der Alkaloidgehalt gefördert wird. PAHLOW (1953) konnte dies neuerdings noch einmal bestätigen. Die Ernte der Blätter der Tollkirsche sollte zum Zeitpunkt ihres höchsten Alkaloidgehaltes erfolgen. Eine Reihe von Untersuchungen wurde diesem Problem gewidmet (TORRES 1953, KUHN und SCHÄFER 1939, TRÖGELE 1910). Im Laufe der Vegetationszeit nimmt der Gehalt zu. Zu Beginn der Blüte soll in den Blättern der Maximalalkaloidgehalt auftreten. Mit Beginn der Vollblüte bzw. der Fruchtreife fallen die Gehalte wieder. Die verschiedenen Untersuchungen brachten in dieser Frage gewisse Abweichungen, so daß eine eindeutige Aussage schwierig ist. Unterschiedliche Auffassungen ergeben sich auch über den Verlauf der Höhe des Alkaloidgehaltes der Wurzel während eines Jahres. Eine Ernte im Spätherbst bzw. im zeitigen Frühjahr scheint zur Erzielung von Drogen mit hoher Alkaloidausbeute vertretbar zu sein. In den einzelnen Ländern ist der Erntetermin vom Eintritt und der Dauer des Winters abhängig. Im Deutschen Arzneibuch 6 ist für *Folia Belladonnae* ein Mindestgehalt von 0,3% Hyoscyamin vorgeschrieben, während der zulässige Aschegehalt auf 15% festgesetzt wurde.

Die Tollkirsche reagiert sehr stark auf eine Anwendung hoher Düngergaben. Dies soll an einigen Beispielen gezeigt werden. Auf der Versuchsstation Wilar (UdSSR) wurden zufolge SAZYPEROW (1953) mit einer Düngung von 400 dz Stallmist 11,61 dz lufttrockene Blätter je ha gegenüber 7,24 ohne Düngung geerntet. Die Mittelwerte stammen aus zehnjährigen Versuchen! Eine weitere Steigerung der Stallmistgabe brachte noch Ertragszunahmen. Durch mineralische Düngung wurden ebenfalls beachtliche Ertragssteigerungen erzielt, wie Tab. 403 zeigt (SAZYPEROW 1953).

Tabelle 403. *Erträge an Folia Belladonnae in Abhängigkeit von der Düngung*

Variante	Ertrag dz/ha	Alkaloidgehalt in %
ungedüngt	7,45	0,642
N	8,77	0,665
P_2O_5	8,15	0,671
K_2O	8,35	0,629
NPK	10,68	0,609

Es gelangten von allen drei Nährstoffen 45 bis 60 kg/ha zur Anwendung. Die Werte sind Mittel aus vierjährigen Untersuchungen von 1930 bis 1933.

Der gleiche Autor berichtet über Versuche, nach denen eine beträchtliche Nachwirkung der Düngung im zweiten Jahre erzielt wurde. Diese stieg mit zunehmender Nährstoffgabe an. Letztere wurde bei Stickstoff, Phosphorsäure und Kali bis auf 120 kg/ha erhöht.

GSTIRNER (1950) erzielte nachstehendes Ergebnis im Feldversuch (Tab. 404).

Tabelle 404. *Einfluß der Düngung bei der Tollkirsche auf Erträge und Alkaloidgehalte*

Düngung in kg Reinnährstoff je ha			Blattertrag frisch dz/ha	Wurzelertrag frisch dz/ha	Alkaloidgehalt der Trockenmasse in %	
N	P_2O_5	K_2O			Blätter	Wurzel
—	—	—	97,5	45,0	0,36	0,38
100	—	—	128,3	61,5	0,58	0,42
—	80	—	127,5	56,7	0,37	0,38
—	—	150	148,2	65,5	0,49	0,40
100	80	150	226,5	88,7	0,44	0,46

Bei einem Vergleich der absoluten Werte von Sazyperow und Gstirner (1950) ist zu berücksichtigen, daß sie unter verschiedenen Standortbedingungen gewonnen wurden. Außerdem handelt es sich einerseits um trockenes, andererseits um frisches Erntematerial. Die Erträge von Gstirner liegen ausgesprochen hoch. Dieser Umstand tritt ja häufig bei der Umrechnung von Parzellenerträgen auf ha-Werte zutage. Die Teilstückgröße betrug in diesem Falle 20 m². Es wurde mit drei Wiederholungen gearbeitet.

Die zitierten Versuchsergebnisse zeigen, daß die Tollkirsche für sehr hohe Düngermengen dankbar ist. Sehr bedeutsam erscheint auch die Zunahme der Alkaloidgehalte, welche bei Gstirner (1950) besonders durch Stickstoffdüngung eintrat. Auch die Ergebnisse aus Wilar lassen sich damit in Einklang bringen, obwohl hier nur geringe Differenzen zu erkennen sind. Zahlreiche andere Versuchsansteller, die im einzelnen hier nicht aufgeführt werden können, ermittelten den gleichen fördernden Effekt der Stickstoffdüngung. Gegensätzliche Beobachtungen wurden aber auch bekannt (Elzenga, persönliche Mitteilung). Die Wirkung der Phosphorsäure auf den Alkaloidgehalt ist noch umstritten. Hier liegen sowohl positive als auch negative und indifferente Befunde vor. Auch bei Kali wurde positive, zumeist jedoch negative Beeinflussung gefunden.

Für die praktische Düngung der Tollkirsche kann empfohlen werden, vor der Anlage der mehrjährigen Kultur den Boden mit einer sehr kräftigen Stallmistdüngung zu versorgen. Die Mineraldüngung sollte, selbstverständlich nach den jeweiligen Bedingungen modifiziert, je ha jährlich auf 80 bis 120 kg N, 45 bis 72 kg P_2O_5 und 120 bis 160 kg K_2O bemessen werden. Kali und Phosphorsäure gelangen vor der Anlage bzw. in späteren Vegetationsjahren im Herbst oder sehr zeitigen Frühjahr zur Anwendung. Auch für Stickstoff ist eine sehr zeitige Ausbringung empfehlenswert (Brewer und Hiner 1950). Von den Stickstoffdüngemitteln erscheint besonders Ammoniumsulfat geeignet zu sein (Cromwell 1937). Cl-haltige Kalidüngemittel sollten vermieden werden.

2. Der Gewürzpaprika
(Capsium annuum L., Solanaceae)[1]

Gewürzpaprika besitzt eine große Bedeutung für die Gewürzherstellung. Verwendet werden die reif geernteten Früchte. Verschiedene Pharmakopöen führen diese auch als offizinelle Droge. Den pfefferartigen Geschmack bewirkt das Alkaloid Capsaicin. Außerdem ist der hohe Gehalt an verschiedenen Vitaminen, namentlich an Vitamin C, besonders hervorzuheben. Der Paprika wird allgemein nach einer Pflanzenanzucht ins Freiland gesetzt, wenn keine Nachtfröste mehr zu befürchten sind. Die Blüte und daher auch die Reife des

---

[1] Den Mitarbeitern des Instituts für Heilpflanzenforchung Budapest danke ich für die Unterstützung bei der Beschaffung der Literatur.

Gewürzpaprikas erstrecken sich über einen größeren Zeitraum. Die Ernte der Früchte dauert in Ungarn, dem klassischen Land des Paprikaanbaues, von Anfang August bis Ende September. Über die Nährstoffaufnahme während verschiedener Abschnitte der Vegetationszeit stellten HORVÁTH und BUJK (1934) Untersuchungen an. Unmittelbar nach dem Aussetzen ins Freiland bis zur ersten Blüte findet eine starke Aufnahme von Stickstoff und Kali statt, während die Phosphorsäure mengenmäßig zurücktritt. Bis zur Bildung der ersten Früchte steigt die Aufnahme von Phosphorsäure erheblich. Sie bleibt aber trotzdem hinter den absoluten Werten für N und K_2O zurück. Im letzten Wachstumsabschnitt werden relativ viel Kali und Phosphorsäure aufgenommen, während die N-Aufnahme vergleichsweise zurücktritt. Mengenmäßig werden von Beginn bis Abschluß der Fruchtreife bei N 43%, bei P_2O_5 53% und bei K_2O 57% des Gesamtentzuges aufgenommen. Zum Reifetermin ermittelten HORVÁTH und BUJK (1934) bezogen auf die Trockenmasse der Pflanzen einen N-Gehalt von 2,72%, einen P_2O_5-Gehalt von 0,62% und einen K_2O-Gehalt von 2,87%.

Bezüglich der Nährstoffaufnahme war WINDISCH (1904) zu einem graduell ähnlichen Ergebnis gekommen. Der Nährstoffentzug bei Paprika ist in Tab. 405 dargestellt.

Tabelle 405

	Reinnährstoff in kg/ha in Früchten und oberirdischer Pflanzenmasse
N	137
P_2O_3	62
K_2O	141

Bemerkenswert sind die hohen N- und K_2O-Entzüge, hinter denen die von P_2O_5 zurückbleiben. Zu beachten ist, daß nach der Ernte der Früchte die restliche Pflanzenmasse auf dem Felde verbleiben und eingepflügt werden kann. In Ungarn sind Erträge von 70 bis 100 dz Früchte je ha möglich. Die Menge an übriger Pflanzenmasse kann auf 150 bis 180 dz/ha beziffert werden. Diese Zahlenangaben beziehen sich auf frische Früchte und frisches Kraut.

Der Gewürzpaprika gedeiht am besten an warmen Standorten mit relativ hoher Sonneneinstrahlung (Wein- und Maisbaulagen). Unter zu trockenen Bedingungen sind die Erträge allerdings auch unbefriedigend. Bei der Qualitätsbeurteilung des Gewürzpaprikas finden unter anderem Asche-, Zucker-, Capsaicin- und Vitamingehalte Berücksichtigung.

Aus Versuchen von GYÁRFÁS (1913) ist ersichtlich, daß mit einer NPK-Düngung die Erträge bis zu 20% gesteigert werden konnten.

CSIKY und TELEGDY KOVÁTS (1936) beobachteten eine geringe Stickstoffwirkung, welche durch die von P_2O_5 und K_2O weitgehend übertroffen wurde. KISS (1950 zit. nach OBERMAYER u. a. 1955) prüfte elf verschiedene Düngungskombinationen. Die Ergebnisse sind in Abb. 245 wiedergegeben.

Die Nährstoffgaben waren N = 43 kg/ha, P_2O_5 = 32 kg/ha und K_2O = 80 kg/ha.

Die höchsten Erträge wurden bei NPK- und PK-Düngung erzielt. Eine Erhöhung einzelner Nährstoffe zog in diesem Versuch Ertragssenkungen nach sich. In Versuchen von VÁGUJFALVI und CSALA (unveröffentlicht), in denen verschiedene Düngungskombinationen getestet wurden, brachte eine Düngung von 44 kg N, 138 kg P_2O_5 und 104 kg K_2O je ha die größte Ertragssteigerung von 39,4%. Mit 37,3% Zunahme lag die Kombination 88 kg N/ha, 92 kg P_2O_5/ha und 208 kg K_2O/ha an der zweiten Stelle.

Obermayer (1938) wies ebenfalls nach, daß Paprika ertraglich auf sehr hohe Düngergaben günstig reagiert. Der Höchstertrag wurde hier bei einer Volldüngung von 80 kg N/ha, 200 P_2O_5/ha und 150 kg K_2O/ha erzielt.

Mit diesen Beispielen dürfte demonstriert sein, daß der Gewürzpaprika ein außerordentlich hohes Nährstoff- und Düngebedürfnis besitzt.

Auch die Qualität des Paprikas kann durch die Düngung beeinflußt werden. Dafert und Rudolf (1925) fanden bei einseitiger Stickstoffanwendung eine Verstärkung des scharfen Geschmackes. Torbágyi-Novák (1943) untersuchte den Einfluß der Düngung auf die Qualität. Gegenüber der ungedüngten wies die Volldüngungsvariante einen erhöhten Pigmentstoffgehalt auf; der Rohfasergehalt war geringer. Insgesamt gesehen hatten die Volldüngungspflanzen einen höheren Zuckergehalt, während sich die Extraktgehalte nur gering unterschieden. Eine Qualitätsverbesserung ist also unverkennbar. Auch Vágujfalvi und Csala (unveröffentlicht) beobachteten, daß insbesondere durch Kali die Carotingehalte des Paprikas gesteigert werden können.

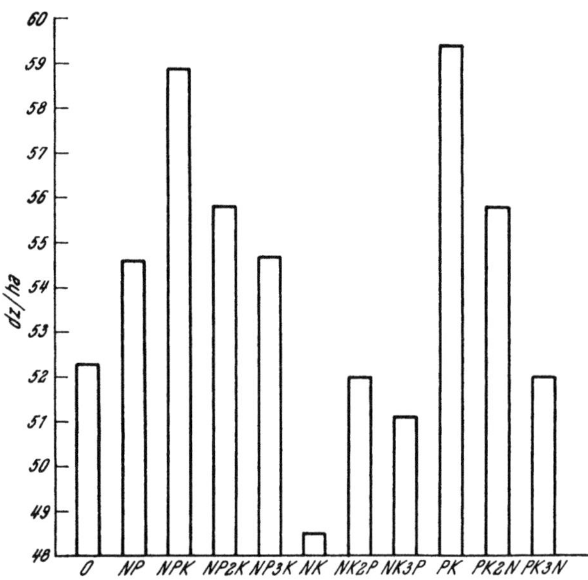

Abb. 245. Der Einfluß der Düngung auf Erträge an Gewürzpaprikafrüchten (nach Kiss 1950)

Im praktischen Anbau sollte der Paprika je ha mit 250 bis 300 dz Stallmist gedüngt werden. Ein besonderer Grund dafür ist in der Notwendigkeit langsam fließender Nährstoffquellen zu sehen, da Gewürzpaprika noch während der Reife große Nährstoffmengen aufnimmt, wie eingangs gezeigt werden konnte. Zusätzlich sind je ha 40 bis 80 kg N, etwa 90 bis 120 kg P_2O_5 sowie 120 bis 160 kg K_2O zu empfehlen. Die Einbringung vor der Pflanzung erscheint sinnvoll. Als Düngemittel dürften schwefelsaures Ammonium, Superphosphat und chlorfreie bzw. -arme Kalisalze zu bevorzugen sein. Eine experimentelle Prüfung dieser Frage erscheint zweckmäßig.

3. Der Stechapfel
(Datura stramonium L., Solanaceae)

Der giftige Stechapfel enthält in allen Pflanzenteilen Alkaloide. Zu arzneilichen Zwecken werden in erster Linie die Laubblätter verwendet. Der Stechapfel ist einjährig. Seine Aussaat ins Freiland erfolgt erst im späten Frühjahr, da er recht wärmebedürftig ist. Spätfröste verträgt er nicht. Die Samen keimen oft sehr schlecht. Zur Förderung der Keimung können dieselben vor der Aussaat vorgequollen bzw. 12 Stunden mit 12%iger Chlorkalklösung behandelt werden. Spätherbstsaat ist unzweckmäßig (HEEGER 1956), da auch der Frost die Keimung der Samen nicht fördern soll. Die im Frühjahr auflaufenden Pflanzen erfrieren dabei leicht. Eine Vorkultur hat sich ebenfalls nicht bewährt, da der Stechapfel empfindlich gegen Umpflanzen ist. Nach dem Auflaufen entwickeln sich die Pflanzen zunächst recht langsam, um nach dem Eintreten höherer Temperaturen zu einem üppigen Wachstum überzugehen. Über den zeitlichen Verlauf der Nährstoffaufnahme können in Ermangelung entsprechender Unterlagen keine Angaben gemacht werden. Bei der Untersuchung mehrerer Proben wurden bei *Datura stramonium L.* die in Tab. 406 wiedergegebenen Nährstoffgehalte gefunden.

Tabelle 406. *Nährstoffgehalte im Stechapfelkraut in % der Trockenmasse*

Nährstoff	Blatt	Stengel	gesamtes Kraut
N	4,67	1,28	2,47
P_2O_5	0,86	0,46	0,60
K_2O	6,08	5,06	5,42

Im Mittel können je ha 15 bis 30 dz an Blattdroge geerntet werden. Bei Annahme eines Blattanteiles von durchschnittlich 35% ergibt sich ein Krautertrag von etwa 40 bis 80 dz/ha. Daraus errechnen sich bei 40 dz je ha 99 kg Stickstoff, 24 kg Phosphorsäure und 217 kg Kalientzug. Die Blattanteile unterliegen großen Schwankungen. Eine Überprüfung vorstehender Entzugszahlen an einem größeren Material ist erforderlich. Diese beziehen sich auf einen Erntezeitpunkt zu Beginn der Blüte. Bei abgewandelter Anbaumethodik, welche ohne Vereinzeln bei vorzeitiger Ernte zugunsten arbeitswirtschaftlicher Vorteile auf einen Höchstertrag mit maximalem Alkaloidgehalt verzichtet, können je ha 10 bis 20 dz einer stengelreichen Blattdroge geerntet werden. Die Saatguterträge belaufen sich auf 6 bis 15 dz/ha. Über den Wasserverbrauch sind bei *Datura stramonium L.* keine Untersuchungsergebnisse bekannt. Nach praktischen Beobachtungen gedeiht der Stechapfel am besten auf Böden, die über ein gutes Wasserspeicherungsvermögen verfügen. Anhaltende Regenperioden können sich in einer unerwünschten Senkung des Alkaloidgehaltes auswirken (SANDFORT 1940). Versuchsergebnisse über die photoperiodische Reaktion des Stechapfels waren nicht zugänglich. Inwieweit erhöhte Sonnenscheindauer die Alkaloidproduktion fördert, ist noch nicht hinreichend geklärt, da einzelne Autoren unterschiedliche Ergebnisse erzielt haben. Die Ernte der Stechapfelblätter sollte zum Termin des höchsten Alkaloidgehaltes vorgenommen werden. Dieser dürfte mit dem Termin der beginnenden Blüte zusammenfallen. In Mitteleuropa ist dies in der Regel der Monat August. Interessant ist auch die Tatsache, daß das Mengenverhältnis der Alkaloide während der Vegetationszeit verschoben wird. Während anfangs Scopolamin überwiegt, ist zu Beginn der Blüte das Hyoscyamin zum Hauptalkaloid geworden (JENZTSCH 1953). *Folia stramonii* sollten zufolge den Vorschriften der Arzneibücher mindestens 0,20 bis 0,25% Alkaloide enthalten. Der Aschegehalt wird allgemein auf höchstens 20% beschränkt. Über die Wirkung der Düngung liegen bei Stechapfel verschiedene Untersuchungen vor. Die Erträge dürften besonders durch die Stickstoffdüngung zu beeinflussen sein (Tab. 407).

Aus einjährigen Befunden können nur begrenzte Schlüsse gezogen werden. Unter den gegebenen Versuchsbedingungen wurden 1929 die Erträge und die Alkaloidgehalte bis 90 kg N/ha gesteigert. BOSHART und HILTNER (1923) konnten

Tabelle 407. *Der Einfluß der N-Düngung auf Ertrag und Alkaloidgehalt bei Stechapfel*
(DE GRAAFF 1929)

N kg/ha	Ertrag dz/ha Blätter frisch	Alkaloidgehalt in %
—	76,00	0,36
45	97,67	0,49
67,5	110,60	0,42
90	128,40	0,69

in zweijährigen Versuchen Ertragszunahmen durch Reinstickstoffgaben bis
150 kg/ha erzielen. Die Alkaloidgehalte zeigten mit zunehmender Stickstoffdüngung allgemein steigenden Tendenz. Auch DAFERT und SIEGMUND (1931/32)
erreichten die höchsten Erträge nur bei N-Zufuhr. Der Stickstoff förderte auch
hier bis zu einem gewissen Grad die Alkaloidausbildung. Bei Kali scheint aber
das Gegenteil der Fall zu sein (BOSHART 1931/32). Die Versorgung mit Mikronährstoffen (Fe, Al, B, Zn, Co) ist für ein kräftiges Wachstum nötig (HALLER 1946).
Die Wirkung von Mangan ist noch umstritten.

Im praktischen Anbau kann für *Datura stramonium L.* eine sehr kräftige
Mineraldüngung empfohlen werden. Auf Grund der vorliegenden Versuchsergebnisse können für Böden, die über eine gute Wasserversorgung verfügen,
Stickstoffgaben von 90 bis 120 kg/ha empfohlen werden. Die Phosphorsäure-
und Kalibeidüngung wäre auf 70 bzw. auf etwa 180 kg/ha zu bemessen. Die
letzteren, wie auch der größte Teil des Stickstoffes, sollten im zeitigen Frühjahr
in den Boden eingearbeitet werden. Für zukünftige Versuche wäre die Prüfung
der Frage von Interesse, ob eine Stickstoffspätdüngung die Alkaloidgehalte zu
beeinflussen vermag.

4. Das Schwarze Bilsenkraut
(Hyoscyamus niger L., Solanaceae)

Das Schwarze Bilsenkraut enthält Alkaloide und zählt zu den Giftpflanzen.
Man unterscheidet eine einjährige und eine zweijährige Varietät, von denen
vorwiegend die erstere angebaut wird. Die Aussaat erfolgt direkt ins Freiland,
wobei sowohl Spätherbstsaat als auch Frühjahrssaat möglich ist. Bei der
Spätherbstsaat laufen die Pflanzen im Frühjahr auf. Die Jugendentwicklung
geht zunächst langsam vor sich; später setzt jedoch ein kräftiges Wachstum
ein. Über den zeitlichen Verlauf der Nährstoffaufnahme sind Untersuchungsergebnisse nicht bekannt. Auch über die Nährstoffentzugszahlen können nur
einige vorläufige Hinweise aus eigenen Untersuchungen angeführt werden
(Tab. 408).

Tabelle 408. *Nährstoffgehalte von Schwarzem Bilsenkraut in % der Trockenmasse*

Nährstoff	Blätter	Stengel	Kraut
N	3,27	2,00	2,57
P_2O_5	0,35	0,35	0,35
K_2O	6,84	7,86	7,40

Unter mitteleuropäischen Verhältnissen können je ha Erträge von 15 bis 25 dz Blattdroge erwartet werden. Bei einem Blattanteil von 45% betragen die Werte für das Kraut etwa 35 bis 55 dz/ha. Unter Bezugnahme auf die angegebenen Gehalte ergibt sich ein Entzug von 103 kg Stickstoff, 14 kg Phosphorsäure, 296 kg Kali je ha, sofern der Ertrag 40 dz/ha beträgt.

Wird das Bilsenkraut zur physiologischen Reife geerntet, so sind Samenerträge von 2 bis 6 dz/ha möglich. Das Bilsenkraut bringt unter mittelfeuchten Standortbedingungen die höchsten Erträge. Spezielle Untersuchungen über den Wasserhaushalt dieser Pflanze sind nicht bekannt. Zufolge Untersuchungen von SCHPILENJA (1953) dürfte Langtagscharakter vorliegen. Die Ernte des Bilsenkrautes erfolgt nach dem Erscheinen der ersten Blüten. Bis zu diesem Zeitpunkt soll der Alkaloidgehalt ansteigen, um bei weiterer Entwicklung der Pflanzen wieder zu fallen. Als Erntetermine können für Mitteleuropa die Monate Juni/Juli angegeben werden. Über den Einfluß der Düngung auf Wachstum und Alkaloidgehalt liegen u. a. Untersuchungen von DAFERT und SIEGMUND (1931/32), KLAN (1930) sowie VÖLKER (1951) vor.

Die Ertragshöhe ist bei Bilsenkraut in erster Linie durch die Stickstoffdüngung beeinflußbar. VÖLKER (1951) erzielte die in Tab. 409 wiedergegebenen Ergebnisse.

Tabelle 409. *Mittlere Pflanzengewichte und Hyoscyamingehalte bei Hyoscyamus niger L. in Abhängigkeit von der Düngung*

Düngung	Gesamtgewicht in g lufttrocken 1949	Hyoscyamingehalt in % der Blätter absolut trocken	
		1949	1950
NPK sauer	22,1	0,060	0,067
NPK alkalisch	18,8	0,051	0,055
NK	21,5	0,052	0,052
N	17,7	0,069	0,064
NP	16,6	0,052	0,049
PK	14,7	0,070	0,071
P	14,9	0,063	0,060
K	14,0	0,076	0,074
—	10,9	0,067	0,069

Die Gesamtgewichte der Einzelpflanzen wurden auf der Grundlage von drei Wiederholungen berechnet. Unter Bezugnahme auf die von VÖLKER angegebenen Düngermengen und Düngemittel wurden je ha folgende Reinnährstoffgaben errechnet: 120 kg N, 110 kg P_2O_5 und 300 kg K_2O. Die Ertragswerte sind nur für 1949 angegeben.

Die Tendenzen der Alkaloidgehalte stimmen in beiden Jahren gut überein. VÖLKER (1951) folgert, daß Kali den Alkaloidgehalt fördert. Wenn auch die einseitige Kalidüngung den höchsten Wert zeigt, so widerspricht dieser These die starke Senkung des Gehaltes von N zu NK. Da die mit Kali gedüngten Pflanzen im Vergleich zu den übrigen Komponenten weniger Kali in der Trockenmasse enthielten, erscheint vorstehende Folgerung ohnehin problematisch. Offenbar sind die Verhältnisse sehr undurchsichtig und noch nicht in jeder Beziehung geklärt. Bedeutsam erscheint, daß bei der NPK-Düngung relativ gute Alkaloidgehalte mit den höchsten Pflanzengewichten zusammenfielen. Schwefelsaures Ammoniak und Superphosphat wirkten günstiger (Nr. 1) als Kalkstickstoff und Thomasmehl (Nr. 2). Eine Beziehung zwischen Hyoscyamingehalt sowie Phosphorsäure- bzw. Kaligehalt im Blatt ließ sich nicht finden.

VÖLKER führte weiterhin zweijährige Steigerungsversuche durch, bei denen

N-Gaben bis 200 kg/ha, P_2O_5 bis 180 kg/ha und K_2O bis zu 500 kg/ha angewendet wurden. Bei Düngermengen, die 80 kg N/ha überstiegen, waren praktisch keine Gewichtszunahmen zu verzeichnen. Die Alkaloidgehalte stiegen bis etwa 160 kg N/ha etwas an, um danach wieder zu fallen. Ertraglich dürfte über 90 kg P_2O_5/ha ebenfalls keine nennenswerte Steigerung mehr zu erwarten sein. Die Alkaloidgehalte unterschieden sich bei veränderter P_2O_5-Düngung nicht erheblich. Nur bei der höchsten Gabe war ein Abfall zu beobachten. Bei Kali wurden die größten Pflanzengewichte mit 200 kg/ha erreicht. Die Zunahme gegenüber 150 kg K_2O/ha war aber gering. Nur aus einem Versuch läßt sich eine leichte Erhöhung der Alkaloidgehalte ersehen. Die höchsten Gaben bewirkten in beiden Jahren eine Verringerung des Alkaloidgehaltes. Bei der Anwendung von Kainit wurde mit erhöhter Düngung eine fortlaufende Verminderung der Alkaloidgehalte beobachtet. Dies wird mit dem im Kainit enthaltenen Chlor in Zusammenhang gebracht. Die Düngung des Bilsenkrautes ergibt sich aus den diskutierten Untersuchungsbefunden in folgender Höhe:

$$N \quad \ldots\ldots\ldots\ldots\ldots\ldots\ldots \quad 100 \text{ bis } 140 \text{ kg/ha}$$
$$P_2O_5 \quad \ldots\ldots\ldots\ldots\ldots\ldots \quad \text{etwa} \quad 70 \text{ kg/ha}$$
$$K_2O \quad \ldots\ldots\ldots\ldots\ldots \quad 200 \text{ bis } 250 \text{ kg/ha}$$

75% des Stickstoffes sowie Kali und Phosphorsäure insgesamt werden möglichst einige Wochen vor der Aussaat in den Boden eingearbeitet. Der restliche Stickstoff sollte bei trockenem Wetter als Kopfdünger verabfolgt werden, wenn die Pflanzen etwa 5 bis 10 cm hoch sind. Wie aus den diskutierten Versuchsergebnissen hervorgeht, sind von den Düngemitteln schwefelsaures Ammoniak, Superphosphat sowie chlorfreie bzw. -arme Kalidüngesalze zu bevorzugen.

5. Hinweise auf weitere Alkaloidpflanzen

Als *Alkaloidpflanzen* haben außer den vier ausführlich behandelten Arten aus der Familie der Solanacaeen im landwirtschaftlichen Anbau der gemäßigten Zone eine Reihe anderer Pflanzen Bedeutung.

An erster Stelle wäre hier der Schlafmohn (*Papaver somniferum L.*) zu nennen. Die Bedeutung des Mohnes als Rohstoffpflanze für die Alkaloidgewinnung ist in vielen Ländern größer als diejenige zur Samen- bzw. Ölerzeugung. Um Überschneidungen mit dem Kapitel „Ölfrüchte" des vorliegenden Handbuches zu vermeiden, sollen zur Düngung des Mohnes im Hinblick auf die Alkaloidgewinnung nur einige ganz spezielle Hinweise gegeben werden.

Der Mohn enthält in allen Organen mit Ausnahme der Samen Alkaloide, die teilweise eine große pharmakologische Bedeutung haben. Die wichtigsten Mohnalkaloide sind Morphin, Kodein, Thebain, Papaverin und Narkotin. Das Morphin übt eine schmerzstillende und euphorische Wirkung aus, weshalb es auch häufig als Rauschgift mißbraucht wird. Die Wirkung des Opiums beruht zum größten Teil auf dem enthaltenen Morphin. Aus Mohn wird technisch hauptsächlich das Morphin gewonnen, das zum großen Teil halbsynthetisch zu Kodein (Methylmorphin) weiter verarbeitet wird.

Die Alkaloidgewinnung kann auf verschiedenen Wegen erfolgen. Bei der Opiumerzeugung werden die grünen Mohnkapseln 10 bis 14 Tage nach der Blüte angeritzt. Aus den Schnittwunden tritt der weiße Milchsaft des Mohnes, der eintrocknet und schließlich abgekratzt wird. Rohopium enthält 8 bis 10% Morphin und etwa die gleiche Menge andere Alkaloide. Opium stellt zwar für die Industrie einen bequemen Rohstoff dar, seine Gewinnung ist jedoch so arbeitsaufwendig, daß sie nur in Ländern mit sehr geringen Arbeitslöhnen durchführbar ist.

In Europa hat sich in den letzten Jahrzehnten die industrielle Extraktion der reifen Mohnkapseln durchgesetzt. Bei diesem Verfahren werden höhere Alkaloiderträge, verbunden mit sehr viel geringeren Kosten als bei der Opiumgewinnung, erzielt.

Da in einigen Ländern nicht genügend Mohnkapseln zur Verfügung stehen, wurde wiederholt vorgeschlagen, die gesamte grüne Mohnpflanze zu verarbeiten. Obwohl mit diesem Verfahren die doppelten Morphinerträge je Fläche zu erzielen sind, ist es im Vergleich zur Kapselverarbeitung unwirtschaftlich (HEEGER und SCHRÖDER 1959, KOPP 1960).

Über die Veränderungen des Morphingehaltes in den einzelnen Organen der Mohnpflanze während der Vegetationszeit liegen neuere Untersuchungen von POETHKE und ARNOLD (1951), WEGNER (1951, 1953), SÁRKÁNY und DÁNOS (1957), MIRAM und PFEIFER (1959, 1960) sowie HEEGER und SCHRÖDER (1959) vor. Der Morphingehalt der gesamten Mohnpflanzen erreicht sein Maximum 10 bis 18 Tage nach der Blüte; er beträgt in diesem Stadium 0,15 bis 0,22% der Trockenmasse. Während der Entwicklung der Mohnpflanze verlagert sich der Ort der höchsten Morphinansammlung aus den vegetativen Organen in die reproduktiven Organe. Zum Zeitpunkt der Samenreife sind 70% des gesamten Morphins in den Mohnkapseln enthalten. Diese erreichen Morphingehalte von ʹ0,35 bis 0,50%; bei speziellen Morphinsorten sogar bis 0,80%. Die Ernte der Mohnkapseln sollte unmittelbar mit dem Eintritt der Samenreife erfolgen, da der Morphingehalt namentlich bei feuchter Witterung anschließend wieder sinken kann.

Die Gehalte an Nebenalkaloiden wurden in Abhängigkeit von der Entwicklung der Mohnpflanze von SÁRKÁNY und DÁNOS (1957), MIRAM und PFEIFER (1959, 1960) sowie NIKONOV (1958) untersucht. Die Veränderungen der Gehalte während der Vegetationszeit wiesen eine vom Morphingehalt abweichende Tendenz auf. Dies zeigte sich besonders darin, daß in den Stengeln zum Termin der Samenreife die gleichen Nebenalkaloidgehalte ermittelt wurden wie in den Mohnkapseln. Untersuchungen über den Einfluß der Düngung auf die Bildung der Nebenalkaloide sind bisher nicht bekannt geworden.

Dagegen liegt eine Arbeit von LUKOWNIKOW (1940) über den Einfluß der Düngung auf die Opiumbildung vor.

Der Morphingehalt der reifen Mohnkapseln reagiert auf die Düngung, wie NECZYPOR (unveröffentlicht) feststellen konnte. LEKAT (1956) fand in Feldversuchen, daß durch NH_4NO_3-Düngung die Morphinerträge erhöht wurden, wobei die Morphingehalte konstant blieben und die Kapselerträge stiegen. Neuere jeweils dreijährige Feldversuchsserien von CZABAJSKI, GOLCZ und JARUSZEWSKI (1960) sowie SCHRÖDER (unveröffentlicht) lassen erkennen, daß die Morphingehalte und Morphinerträge durch die Mineraldüngung günstig beeinflußt werden können. Mittlere N-Gaben von 60 bis 80 kg/ha steigerten die Morphingehalte und -erträge. Überhöhte N-Zufuhr wirkte dagegen negativ. Die Höhe der P_2O_5-Düngung scheint ohne Einfluß auf die Morphinbildung zu sein, während Kali in mittleren Gaben (bis 80 kg/ha) positiv und bei höheren Mengen negativ wirkte. SCHRÖDER stellte in seinen Düngungsversuchen positive Korrelationen zwischen den Flächenerträgen an Morphin, Samen, Fett und Rohprotein fest. Unter mitteleuropäischen Bedingungen sind je ha 1,5 bis 3,0 kg Morphin in den Mohnkapseln enthalten, die von dieser Fläche geerntet werden.

Eine weitere Papaveracee, *Chelidonium majus L.*, hat ebenfalls als Alkaloidpflanze Bedeutung. Über die Beeinflußbarkeit der Inhaltsstoffgehalte und Erträge stellte BOSHART (1954) umfangreiche Untersuchungen an.

Den Einfluß unterschiedlicher Stickstoffversorgung auf Wachstum und

Alkaloidproduktion prüften Schermeister, Voigt und Maher (1950) bei *Hyoscyamus muticus L.*

Claviceps purpurea Tul. (Mutterkorn) wird in vielen Ländern auf großen Flächen kultiviert. Leider können zur Zeit keine Angaben darüber gemacht werden, ob die Düngung der Roggenpflanzen einen Einfluß auf die Ausbildung und den Alkaloidgehalt des Sklerotismus dieses Fadenpilzes auszuüben vermag.

c) Pflanzen, die ätherische Öle als Hauptwirkstoffe enthalten

1. Der Kümmel
(Carum carvi L., Umbelliferae)

Der Kümmel ist eine zweijährige Pflanze. Im ersten Jahre erfolgt die Aussaat als Unterkultur in eine geeignete Überfrucht. Reinaussaat ist ertraglich der Untersaat überlegen, und unter niederschlagsärmeren Verhältnissen ist es im unter Umständen möglich, daß der Ertrag der Überfrucht die Ertragseinbuße zweiten Anbaujahr nicht ausgleicht. Der Kümmel ist praktisch frostunempfindlich. Bis zum Eintritt des Winters sollte er sich kräftig entwickelt haben, da anderenfalls die Gefahr umfangreicher Trotzerbildung besteht. Geeignet für den Anbau erscheinen alle mittleren und besseren Böden mit neutraler Reaktion. Die Kümmelfrüchte werden vorwiegend als Gewürz gebraucht. Sie enthalten ätherisches Öl. Über den Verlauf der Nährstoffaufnahme können bei Kümmel exakte Unterlagen nicht angeführt werden. Aus dem Wachstumsverlauf lassen sich aber einige Schlüsse ziehen. Danach dürfte der Kümmel vom Sommer bis zum Herbst des ersten Anbaujahres sowie im sehr zeitigen Frühjahr des zweiten Jahres auf das Vorhandensein ausreichender Nährstoffvorräte angewiesen sein. Die Nährstoffgehalte der Pflanzenstubstanz sind in Tab. 410 wiedergegeben.

Tabelle 410. *Nährstoffgehalte und -entzüge bei Kümmel*

Nährstoffe	Gehalt in % der Trockenmasse		Entzüge in kg/ha		
	Früchte	Stroh	Früchte	Stroh	gesamt
N	3,43	1,10	41	44	85
P_2O_5	1,80	0,43	22	17	39
K_2O	1,91	1,78	23	71	94

Bei der Berechnung der Entzüge wurde ein Kornertrag von 12 dz/ha und ein Strohertrag von 40 dz zugrunde gelegt. Die Zahlen bedüfren einer Überprüfung an einem größeren Material. Die Kümmelerträge schwanken sehr. Höchsterträge können sich nach Zade (1933) auf 30 dz Früchte und 50 dz Stroh je ha belaufen. In Holland wurde von 1924 bis 1935 ein Durchschnittsertrag von 13 dz/ha erzielt (Kofahl 1937, zit. nach Heeger 1956). Unter trockeneren klimatischen Bedingungen sind die Erträge meistens geringer.

Der Kümmel gedeiht besonders gut in feuchteren Klimalagen. Die Anbaugebiete Hollands und Norddeutschlands erlangten dadurch ihre besondere Bedeutung. In Trockengebieten dürfte die Höhe der zur Verfügung stehenden Winterfeuchtigkeit von erstrangiger Bedeutung für die Ertragshöhe sein. Der Kümmel entwickelt sich nämlich sehr zeitig, und die Bestände schließen schnell, so daß spätere Niederschläge die nachteilige Wirkung mangelnder Winterfeuchtigkeit kaum ausgleichen können. Exakte Unterlagen über Wasserhaushalt bzw. photoperiodische Reaktion des Kümmels standen nicht zur Verfügung.

Die Aussaat des Kümmels unter eine Überfrucht erfolgt in Mitteleuropa normalerweise im April. Bei Reinaussaat kann noch im Mai gesät werden. Der Erntetermin fällt in Mittel- und Nordeuropa auf den Monat Juli, während in Südosteuropa die Reife schon im Juni zu erwarten ist. Der Gehalt an ätherischem Öl soll in der „Wachsphase" am höchsten sein (PAWEŁCZYK und STEINDELÓWNA 1956). Daher wäre die Ernte in diesem Stadium vorzunehmen, was auch der starken Ausfallneigung des Kümmels im Zustand der Vollreife begegnen würde. In gewissem Gegensatz dazu stehen Untersuchungsergebnisse von KOFLER (1936) sowie HEEGER (1940/41), die eine Erhöhung der Gehalte während der Lagerung reifer Kümmelfrüchte beobachteten. HEEGER (1954/55) konnte diese Feststellung in späteren Untersuchungen nicht bestätigen. Bei weiteren Experimenten sollte verstärktes Augenmerk auf eine mögliche Verschiebung des Bezugspunktes durch Substanzverluste während der Lagerung gelegt werden. Wenn gleichzeitig keine Verluste an ätherischem Öl auftreten, kann so eine Gehaltszunahme vorgetäuscht werden.

Die Kümmelfrüchte sollten nach den Forderungen verschiedener Arzneibücher 4,0% ätherisches Öl aufweisen. Der Aschegehalt darf 8% nicht überschreiten. Im ätherischen Öl wird ein Mindestgehalt von 50% Karvon verlangt.

Über die Wirkung der mineralischen Düngung bei Kümmel liegen umfangreiche Versuchsergebnisse von BOSHART (1942) vor (Tab. 411).

Tabelle 411. *Einfluß der Düngung auf Kümmelerträge*
(BOSHART 1942)

Düngung in kg/ha Reinnährstoff			zweijähriges Ertragsmittel in dz/ha Kümmelfrüchte
N	P_2O_5	K_2O	
—	—	—	10,28
—	80	120	11,28
100	80	120	19,28
200	80	120	18,76
100	80	—	19,52
100	—	120	17,12

Die Stickstoffmengen wurden in diesen von 1932 bis 1935 durchgeführten Versuchen zu 50% im ersten und zu 50% im zeitigen Frühjahr des zweiten Kulturjahres angewendet. Kali und Phosphorsäure gelangten insgesamt im ersten Jahr zur Anwendung. Die Kümmelaussaat im ersten Jahr erfolgte ohne Deckfrucht. Es wurden Ammoniumsulfat, Thomasmehl und 40%iges Kalisalz verwendet.

Die Ertragswerte zeigen die starke Reaktion des Kümmels auf hohe Stickstoffgaben. An der Spitze steht die Kombination von NP. POTLOG (1938) stellte unter rumänischen Bedingungen den höchsten Ertrag ebenfalls bei Stickstoff-Phosphorsäuredüngung fest. KRAMER (1955) konnte mit N-Gaben bis zu 180 kg/ha erhebliche Ertragssteigerungen bewirken. Von dieser Menge werden 60 kg im ersten und 120 kg im zweiten Anbaujahr angewendet. Auch verstärkte Phosphorsäuredüngung brachte Ertragszunahmen. BOSHART (1942) führte schließlich dreijährige Düngungsversuche durch, um die Kalibedürftigkeit des Kümmels zu ermitteln. Diese Ergebnisse sind in Tab. 412 dargestellt.

Aus den Erträgen ist ersichtlich, daß nur in Gegenwart von hohen Stickstoffmengen Ertragssteigerungen erzielbar sind. Phosphorsäuremangel wirkte sich stärker negativ aus als Kalimangel. Eine Verdoppelung der Kaligabe brachte keine gesicherte Ertragszunahme. Unterschiede zwischen den beiden Kalidüngemitteln konnten ebenfalls nicht ermittelt werden. In Holland ist nach GOEDE-

Tabelle 412. *Einfluß der Kalidüngung auf Kümmel*
(Boshart 1942)

Düngung kg/ha			Ertragsmittel dz/ha	Mittelwerte der Gehalte an ätherischem Öl in Gew.-%
N	P_2O_5	K_2O		
—	—	—	8,0	3,89
—	80	80	7,6	3,98
120	—	80	11,7	3,95
120	80	—	12,0	3,67
120	80	80 } K_2SO_4	13,2	3,62
120	80	160 }	12,1	3,97
120	80	80 } KCl	12,6	3,89
120	80	160 }	13,1	3,71

Die Versuchergebnisse stellen Mittelwerte aus drei Erntejahren (1939 bis 1941) dar. Sie wurden unter den klimatischen Verhältnissen von München auf einem neutralen, sandigen Lehmboden mit Kiesuntergrund gewonnen. Die Anwendung der Dünger erfolgte, so wie bei Tab. 411 angegeben, ebenso die Aussaat.

Waagen (1926/27, zit. nach Boshart 1942) ebenfalls eine starke Stickstoffdüngung üblich.

Bei Kümmel ist es im praktischen Anbau häufig nicht möglich, die in den Arzneibüchern geforderten Gehalte an ätherischem Öl zu erreichen. Letztere werden bei Kümmel im Feldanbau nur geringfügig beeinflußt. Zufolge Kramer (1955) fallen hohe Ertragszunahmen mit einer Verminderung der Gehalte zusammen. Die mehrjährigen Ergebnisse von Boshart (1942) geben in dieser Beziehung ein indifferenteres Bild. Hohe Erträge fallen sowohl mit geringen wie auch mit hohen Gehalten zusammen. Das Problem bedarf daher noch einer weiteren Untersuchung.

Czabajski, Golcz und Jaruszewski (1960) stellten ebenfalls fest, daß zwischen dem Nährstoffgehalt des Bodens und dem Ölgehalt der Kümmelfrüchte keine Korrelation besteht.

Auf den Karvongehalt des Kümmelöles übte die Düngung ebenfalls keinen nennenswerten Einfluß aus (Boshart 1942). Die Mineraldüngung bei Kümmel kann in folgender Höhe empfohlen werden (Gesamtmenge für zwei Vegetationsperioden):

N .... 120 bis 150 kg/ha
P_2O_5 .... 72 bis 90 kg/ha
K_2O .... 120 kg/ha

In sehr trockenen Gebieten wäre die Stickstoffdüngung auf 80 bis 100 kg/ha herabzusetzen. Wird Kümmel ohne Überfrucht ausgesät, so sollten Kali und Phosphorsäure sowie 40 kg N vor der Aussaat in den Boden gebracht werden. Der restliche Stickstoff wird in zwei gleichen Teilen erstens als Kopfdüngung im Sommer zur Föderung der Herbstentwicklung und zweitens im sehr zeitigen Frühjahr des zweiten Vegetationsjahres angewendet. Beim Anbau unter einer Überfrucht müssen die Bedürfnisse derselben beachtet werden. Kali und Phosphorsäure können meist zum Teil oder auch ganz vor der Aussaat der Überfrucht in den Boden gebracht werden. Ist dies nicht möglich, erfolgt die Anwendung unmittelbar nach ihrer Aberntung. Das gleiche gilt für 50% der Stickstoffdüngung. Der Rest der letzteren wird wie bei Reinsaat im sehr zeitigen Frühjahr ausgestreut und eingehackt. Bei Kümmel sollten weitgehend leicht lösliche Stickstofformen zur Anwendung gelangen. Eine Düngung des Kümmels mit Stalldung wird verschiedentlich empfohlen, wogegen keinerlei Einwände zu machen sind.

2. Der Koriander
(Coriandrum sativum L., Umbelliferae)

Koriander ist eine einjährige Pflanze, deren Früchte wegen ihres Gehaltes an ätherischem Öl eine vielgestaltige Verwendung finden. Die Aussaat des Korianders erfolgt im zeitigen Frühjahr direkt ins Freiland. Seine Jugendentwicklung verläuft verhältnismäßig langsam. Über den zeitlichen Verlauf der Nährstoffaufnahme in Abhängigkeit von der Entwicklung der Pflanzen sind Untersuchungsbefunde nicht bekannt. Aus eigenen Untersuchungen können auch hier Nährstoffentzugszahlen angegeben werden, die durch ein breiteres Versuchsmaterial überprüft werden müssen (Tab. 413).

Tabelle 413. *Nährstoffgehalte und -entzüge bei Koriander*

Nährstoffe	Nährstoffgehalte in % der Trockenmasse		Nährstoffentzüge in kg/ha		
	Früchte	Stroh	Früchte	Stroh	gesamt
N	1,81	0,63	18	13	31
P_2O_5	1,45	0,18	15	4	19
K_2O	2,48	0,95	25	19	44

Bei der Berechnung der Entzüge wurden Kornerträge von 10 dz/ha und Stroherträge von 20 dz/ha eingesetzt. Die Koriandererträge schwanken sehr. In vielen Anbaugebieten liegen die Durchschnittserträge unter 10 dz/ha, in anderen dagegen etwas höher. In der Literatur angegebene Höchsterträge von 20 dz/ha werden praktisch nur in sehr seltenen Ausnahmefällen erreicht. Der Koriander ist eine Pflanze, die vorwiegend in trockeneren Gebieten auf besseren Böden kultiviert wird. Aber auch in maritimen Klimabezirken wurden befriedigende Erträge erzielt (BAUER, RUDORF und HEEGER 1942). Der Wasserbedarf des Korianders ist namentlich im Jugendstadium sehr groß. Im allgemeinen gilt er als eine schlechte Vorfrucht. Dies wird damit begründet, daß er dem Boden sehr viel Wasser entziehen soll. Zur experimentellen Klärung dieser Frage stehen entsprechende Versuche noch aus. Auch über die Photoperiodik können keine Angaben gemacht werden. Die Ernte des Korianders erfolgt im Stadium der physiologischen Reife. Aus Gründen der Ausfallgefahr und eines höheren Gehaltes an ätherischem Öl (PALAMAR 1953, PAWEŁCZYK und STEINDELÓWNA 1956) sollte die Ernte vor dem Eintritt der Vollreife vorgenommen werden. Die Ölerträge je Fläche sind auch bei einer Ernte am höchsten, welche bei beginnender Bräunung der Früchte vorgenommen wird (PALAMAR 1953).

Folgende Erntetermine sind bekannt:

Mitteleuropa .... August
UdSSR (Nordkaukasusgebiet) .... Ende Juli/Anfang August
Italien .... Juni/Juli

Bezüglich der Korianderqualität können hier die Vorschriften verschiedener Arzneibücher angeführt werden. Danach sollten die Früchte mindestens 0.5% ätherisches Öl und höchstens 7% Asche enthalten. Werden die Früchte zur Gewinnung des ätherischen Öles genutzt, so ist ein möglichst hoher Gehalt erwünscht. Über die Wirkung der Düngung bei Koriander liegt eine Versuchsserie von BOSHART (1942) vor (Tab. 414).

Tabelle 414. *Einfluß der Düngung auf Erträge und Gehalte an ätherischem Öl bei Koriander*
(Boshart 1942)

Düngung in kg/ha Reinnährstoff			Ertragsmittel Korianderfrüchte dz/ha	Mittelwerte der Gehalte an ätherischem Öl in % der Trockenmasse
N	P_2O_5	K_2O		
—	—	—	12,1	0,39
—	80	80	16,7	0,39
60	—	80	16,5	0,42
60	80	—	16,9	0,42
60	80	80 } K_2SO_4	17,8	0,40
60	80	160 }	17,8	0,44
60	80	80 } KCl	17,8	0,43
60	80	160 }	18,1	0,43

Die Korianderversuche gelangten vierjährig (1939 bis 1942) zur Durchführung. Ausgewertet wurden nur drei Vegetationsperioden, da eine durch Hagelschaden ausfiel. Die sonstigen versuchstechnischen Bedingungen entsprechen denen, die bei den Kümmeldüngungsversuchen des gleichen Autors (vgl. Tab. 411 und 412) eingehalten wurden.

Die Ergebnisse zeigen, daß die Koriandererträge durch die Düngung wesentlich erhöht werden können. Bei einem Vergleich der drei Mangelvarianten (Nr. 2 bis 4) fällt auf, daß N, P_2O_5 und K_2O bei Mangel etwa den gleichen negativen Effekt bewirkten. Alle Volldüngungsparzellen liegen ertraglich höher. Bei Kali wurde festgestellt, daß eine Erhöhung der Gaben von 80 auf 160 kg K_2O/ha keine ins Gewicht fallende Wirkung hatte. Zwischen den verschiedenen Kalisalzen liegen ebenfalls keine Unterschiede vor.

Die Gehalte an ätherischem Öl sind bei Nr. 3 bis 8 höher als bei Nr. 1 und 2. Auffälligerweise unterscheiden sich die Varianten nach der Anwendung von Stickstoff. Unter Zugrundelegung der Ausführungen über den Verlauf der Gehalte an ätherischem Öl in Korianderfrüchten könnte hier das Ergebnis unterschiedlicher Ausreifung vorliegen, da Stickstoff diese bekanntlich verzögert. Im praktischen Anbau wird aber der gesamte Bestand gleichmäßig gedüngt und geerntet, so daß hier wohl kaum mit einer Beeinflussung zu rechnen ist. Auch Müllenberg (unveröffentlicht) konnte im Feldversuch keine sichere Beeinflussung der Gehalte an ätherischem Öl erkennen.

Aus vorliegendem Material läßt für Koriander eine Düngung je ha von 40 bis 60 kg N/ha, 70 bis 80 kg P_2O_5 und 80 kg K_2O sich empfehlen. Bezüglich der Höhe der Stickstoffdüngung kam Elzenga (persönliche Mitteilung) auf Grund eigener Versuche zur gleichen Auffassung. Auf sehr fruchtbaren Böden und nach guten Vorfrüchten sollte die Stickstoffmenge herabgesetzt werden, um eine die Fruchtbildung schädigende, übermäßige vegetative Entwicklung zu vermeiden. Aus gleichem Grunde kann bei Koriander Stalldung nicht verabfolgt werden.

Die gesamten mineralischen Düngemittel sollten vor der Saat in den Boden eingearbeitet werden. Empfohlen werden Kalkammonsalpeter, Superphosphat und hochprozentige Kalisalze. Zufolge Palamar (1953) führt die Anwendung granulierten Supersphosphates, welches bei der Aussaat in Reihen abgelegt wird, zu höheren Erträgen, wobei die angewendete Düngermenge herabgesetzt werden kann.

3. Der Fenchel
(*Foeniculum vulgare Mill., Umbelliferae*)

Fenchel ist eine zweijährige Kulturpflanze. Im ersten Jahre erfolgt die Stecklingsanzucht, die durch Direktaussaat der Früchte ins Freiland vorgenommen wird. Die Stecklinge werden je nach klimatischer Lage im Freiland oder in Mieten überwintert. Freilandüberwinterung ist in solchen Gebieten unzweckmäßig, wo die Gefahr von Kahlfrösten unter —10° C besteht. Im zweiten Vegetationsjahr erfolgt die Auspflanzung, und zwar so zeitig wie möglich. Die jungen Pflanzen entwickeln sich relativ schnell, jedoch läßt der Eintritt der Blüte etwas auf sich warten. Verwendung finden bei Fenchel die reifen Spaltfrüchte, welche ätherisches Öl enthalten. Über den zeitlichen Verlauf der Nährstoffaufnahme liegen bei Fenchel keine Untersuchungsbefunde vor. Auf Grund des Wachstumsverlaufes ist anzunehmen, daß am Anfang der Vegetationszeit der Stickstoffbedarf am größten ist. Eine experimentelle Untersuchung dieses Problems erscheint erforderlich. Die in der Fenchelpflanze zum Erntetermin (Reife der Früchte) ermittelten Nährstoffgehalte zeigt Tab. 415.

Tabelle 415. *Nährstoffgehalte, Erträge und Entzüge bei Fenchel*

Nährstoffe	Nährstoffgehalt in % der Trockenmasse		Entzüge in kg/ha		
	Früchte	Stroh	Früchte	Stroh	gesamt
N	2,73	0,90	33	36	69
P_2O_5	1,84	0,36	22	14	36
K_2O	2,38	1,90	29	76	105

Bei der Berechnung der Entzüge wurden Kornerträge von 12 dz/ha und Stroherträge von 40 dz/ha angenommen. Die Erträge an Früchten schwanken in Abhängigkeit von den jährlichen und örtlichen Witterungsunterschieden. So sind Höchsterträge bis zu 24 dz/ha bekannt, während auch geringere von nur 8 dz/ha auftreten. Der Fenchel liebt tiefgründige, kalkreiche Lehmböden mit guter wasserhaltender Kraft. Auf stärkere Niederschläge, namentlich während der Blüte, reagiert er mit Mindererträgen. Untersuchungen über den Wasserverbrauch dieser Kulturpflanze sind bisher nicht bekannt. Das gleiche gilt für die photoperiodischen Verhältnisse. Die Klärung der letzteren wäre von großem Interesse, da der Fenchel im mitteldeutschen Anbaugebiet beispielsweise sehr spät ausreift.

Die Ernte des Fenchels wird zum Zeitpunkt der physiologischen Reife vorgenommen. Dieselbe sollte bereits im sogenannten „Wachsstadium" vorgenommen werden. PAWEŁCZYK und STEINDELÓWNA (1956) stellten fest, daß in diesem Stadium der Gehalt an ätherischem Öl am höchsten ist. Auch dürfte dieser Erntetermin zur Vermeidung von Ausfallsverlusten vorzuziehen sein.

Die Erntezeit beginnt im mitteldeutschen Hauptanbaugebiet von Lützen-Weißenfels Mitte September. Im südmährischen Fenchelanbaugebiet (ČSSR) wird etwa $^1/_2$ bis 1 Monat früher geerntet. Bei einem Versuchsanbau in Tanganjika (Ostafrika) fiel die Ernte im März an.

Bezüglich der Qualität sind bei Fenchel die Vorschriften der Pharmakopöen zu beachten. Das DAB 6 fordert für *Fructus Foeniculi* 4,5% ätherisches Öl und gestattet einen Aschegehalt von 10%. Die Früchte sollten 6 bis 10 mm lang und 4 mm breit sein.

Obwohl der Fenchel eine sehr bedeutende Arzneipflanze ist, liegen experimentelle Ergebnisse über seine Düngung nur in unzureichendem Maße vor. DAFERT und Scholz (1927/28) erzielten die höchsten Erträge mit Phosphorsäure-Stick-stoffdüngung. Eine alleinige Kaligabe senkte die Erträge, während Stickstoff und Phosphorsäure allein angewendet unterschiedlich wirkten.

Die Versuche von Dafert und Scholz (1927/28) wurden zweijährig mit je drei Wiederholungsparzellen durchgeführt. Angaben über die Höhe der Nährstoffgaben wurden nicht gemacht. Außerdem zeigen die Einzelwerte eine sehr große Streuung. Auf Gfrund des Versuchsumfanges können somit keine verallgemeinerungsfähigen Schlüsse gezogen werden.

Müllenberg (unveröffentlicht) führte an zwei Orten des mitteldeutschen Anbaugebietes zweijährige Felddüngungsversuche mit Fenchel durch. Unter den gegebenen Versuchsbedingungen ergab sich nur eine geringe Beeinflussung der Erträge.

Bei einer zusammenfassenden varianzanalytischen Auswertung zeigte Stickstoff bis 60 kg/ha signifikante Ertragssteigerungen. Zwischen gestaffelten K_2O- bzw. P_2O_5-Gaben traten keine gesicherten Unterschiede auf. Das gleiche gilt für die Gehalte an ätherischem Öl. Bei einer Diskussion der Ergebnisse von Müllenberg ist zu berücksichtigen, daß sie auf den nährstoffreichen Schwarzerdeböden Mitteldeutsch-lands erzielt wurden. Während der Versuchsjahre 1956 und 1957 betrug die mittlere Lufttemperatur in der Vegetationszeit (April bis September) $+13,5°$ C, während im gleichen Zeitraum 450 bzw. 300 mm Niederderschlag fielen.

Nach den Befunden von Dafert und Scholz (1927/28) trat im Feldanbau eine gesicherte Beeinflussung der Gehalte an ätherischem Öl ebenfalls nicht ein. Weichan (1948) untersuchte den Gehalt an ätherischem Öl von Fenchelkraut in Abhängigkeit von der Düngung. Die letzteren Ergebnisse können hier nicht zum Vergleich benützt werden, da nicht erwiesen ist, ob die Gehalte des Krautes mit denen der Früchte korrelieren. Für die praktische Düngung des Fenchels werden je ha 40 bis 60 kg N, 45 bis 72 kg P_2O_5 und 80 bis 100 kg K_2O empfohlen.

Der Stickstoff sollte insgesamt in schnell wirkender Form vor der Pflanzung gegeben werden (Kalkammonsalpeter bzw. Kalksalpeter). Kali und Phosphor-säure werden ebenfalls vor der Anlage der Kultur in den Boden eingearbeitet. Bezüglich der zu wählenden Düngemittel müssen die Ergebnisse entsprechender Versuche abgewartet werden. Physiologisch saure Dünger sind zu vermeiden, da der Fenchel neutrale bis leicht alkalische Bodenreaktion bevorzugt (Kertscher, zit. nach Heeger 1956). Eine Anwendung von Stalldünger ist nicht vorzunehmen, da infolge der langanhaltenden Stickstoff-Nachlieferung Fruchtbildung und Aus-reifung sehr stark verzögert werden.

Pimpinella anisum L., Anis (Umbelliferae) ist als Körnerdroge in verschiedenen Ländern von Bedeutung. Das vorliegende Material gestattet keine ausführliche Behandlung. Für Interessenten sei auf die Arbeit von Popowa (1935) über den Einfluß mineralischer Düngemittel auf Ertrag und Qualität aufmerksam gemacht.

4. Der Majoran
(Majorana hortensis Moench, Labiatae)

Majoran wird vorwiegend als Gewürz verwendet. Er enthält ätherisches Öl als Hauptinhaltsstoff. Die Kulturen können durch Pflanzung, verbunden mit einer Vorkultur, sowie durch direkte Freilandaussaat angelegt werden. Der Majoran ist im Mittelmeergebiet mehrjährig. Unter klimatischen Bedingungen, in denen während des Winters in der Regel Minustemperaturen zu erwarten sind, ist nur eine einjährige Kultur möglich. Im landwirtschaftlichen Großflächenanbau wird die Freilandaussaat vorgezogen. Am besten sind für den Anbau neutrale bis schwach alkalische Lehmböden geeignet. Nach Untersuchungen von Horváth und Bujk (1936) nimmt der Majoran im Jugendstadium nur sehr geringe Nähr-stoffmengen auf. Die Erträge an Majorandroge schwanken in Abhängigkeit vom

Witterungsverlauf sehr stark. Im deutschen Hauptanbaugebiet bei Aschersleben wird im langjährigen Durchschnitt mit Erträgen von 25 bis 30 dz/ha Krautdroge gerechnet. Höhere Erträge sind möglich, wobei aber auch vollkommene Ertragsausfälle auftreten können. Unter den Verhältnissen der Versuchsstation Kalocsa (Ungarn) ermittelten HORVÁTH und BUJK (1936) die folgenden Nährstoffentzüge und -gehalte (Tab. 416).

Tabelle 416. *Nährstoffentzüge und -gehalte bei Majoran*

	Entzug je ha in kg	Gehalt in % des absolut trockenen Majorankrautes	
		1. Schnitt	2. Schnitt
N	52	2,74	2,22
P_2O_5	14	0,66	0,56
K_2O	43	1,88	1,10

OPITZ (1937) errechnete einen Reinnährstoffentzug von 50 kg N, 12 kg P_2O_5, 103 kg K_2O, 23 kg CaO und 6 kg MgO. SCHRÖDER (1959) fand in dreijährigen, an zwei Orten im Gebiet von Aschersleben durchgeführten Versuchen nachstehende Nährstoffentzüge (Tab. 417).

Tabelle 417. *Reinnährstoffentzug in kg/ha*

Nährstoffe	Mittel	Maximum	Minimum
N	60	105	25
P_2O_5	20	34	9
K_2O	82	114	42

Der Nährstoffentzug war in großem Maße von der Düngung abhängig. Dabei wurden die Erträge sowie die Gehalte an einzelnen Nährstoffen verändert. In den einzelnen Jahren konnten erhebliche Unterschiede festgestellt werden. Der Stickstoffgehalt bewegte sich in den Grenzen von 1,26 bis 2,84%, wobei stärker mit Stickstoff gedüngte Pflanzen im Durchschnitt die Tendenz zu höheren Gehalten aufwiesen. Die Gehalte an P_2O_5 unterschieden sich am wenigsten. Sie schwankten von 0,46% bis 0,89%, wobei die Gesamtmittel unabhängig von der Düngung, also auch bei verstärkter Phosphorsäuregabe, keine gesicherten Differenzen aufwiesen. Die Kaligehalte schwankten von 2,32 bis 3,16%, wobei die Varianten den größten Prozentsatz besaßen, die gut mit Stickstoff versorgt wurden.

An den Wasserbedarf stellt der Majoran mittlere Ansprüche. Die höchsten Drogenerträge und Gehalte an ätherischem Öl sollen bei Niederschlägen zwischen 1,7 und 2,4 mm, je Tag der Vegetationszeit berechnet, erzielt werden (BAUER, RUDORF und HEEGER 1943). Voraussetzung für einen befriedigenden Ertrag sind ausreichende Niederschläge vor und nach der Aussaat, da die sehr kleinen, nur flach in den Boden zu bringenden Samen bei Trockenheit nicht keimen. An Hand 20jähriger Aufzeichnungen eines mitteldeutschen Betriebes konnte gezeigt werden, daß mangelnde Aprilniederschläge mit sehr geringen Erträgen verbunden sind (SCHRÖDER 1957). Die Transpitarionskoeffizienten schwankten bei einer Ernte des Majorans im Blühstadium unter Zugrundelegung mehrjähriger Versuche in Abhängigkeit von dem Sättigungsgrad des Versuchssubstrates zwischen 180 und 358 (SCHRÖDER, unveröffentlicht). Bezüglich des photoperiodischen Verhaltens kann der Majoran als eine Langtagspflanze aufgefaßt werden (Schröder 1957). Da Majoran eine gewisse Empfindlichkeit gegen Frost zeigt, sollte seine Pflanzung wie auch Aussaat jahreszeitlich so durchgeführt werden, daß er nicht durch Spätfröste gefährdet wird. Die Jugendentwicklung verläuft sehr langsam, so daß der größte mengenmäßige Zuwachs in der Periode vor der Ernte liegt. Die Ernte zur Drogengewinnung wird zum Zeitpunkt des höchsten Gehaltes an ätherischem Öl durchgeführt. Dieser wurde im Abschnitt von Blühbeginn bis zur Vollblüte ermittelt (Schröder 1959). Bei Aprilaussaat ins Freiland wird das Erntestadium in Mitteldeutschland Ende August bis Anfang September erreicht. Dabei ist nur ein Schnitt möglich. Bei Vorkultur und Pflanzung werden der erste Schnitt etwa einen Monat früher und ein zweiter im September möglich. In Ungarn bringt auch die Drillsaat zwei Schnitte, wovon der erste im Juli und der zweite im August/September anfällt. In Südfrankreich, wo auf Grund der besonderen klimatischen Bedingungen die Erzeugung von Majoransaatgut heimisch ist, wird die Ernte der Bestände zum Zeitpunkt der Samenreife in den Monaten August/September vorgenommen.

Die Majorandroge (Blätter- und Blütenteile) sollte eine natürliche grüne Farbe aufweisen. Der Sandgehalt darf nach dem Deutschen Nahrungsmittelbuch 5% betragen. In anderen Staaten werden zum Teil tiefere Werte verlangt. Der Aschegehalt darf 12% nicht übersteigen. Über die Begrenzung des letzteren läßt sich streiten, da auch den Mineralstoffen ein Anteil an der Würzwirkung zufallen dürfte. Der Gehalt an ätherischem Öl sollte möglichst hoch sein. Amtliche Vorschriften darüber bestehen aber allgemein nicht.

Eine Beeinflußbarkeit der Majoranerträge durch die Düngung ist möglich. Boshart (1938) erzielte Ertragszunahmen nur durch Stallmistdüngung und bei kombinierter Anwendung dieser mit mineralischen Düngemitteln. Im Gegensatz dazu konnte Schröder (1959) nachweisen, daß auch eine ausschließlich mineralische Düngung zu hohen Ertragszunahmen führen kann. Die Experimente wurden auf den Schwarzerdeböden des Ascherslebener Anbaugebietes (Mitteldeutschland) durchgeführt (Tab. 418).

Tabelle 418. *Ergebnisse dreijähriger Majoranfelddüngungsversuche (Gesamtmittel von zwei Versuchsorten)*

Düngung in kg/ha Reinnährstoff			Ertrag an Majorankraut in dz/ha bei 88% Trockensubstanz	Gehalt an ätherischem Öl in Gew.-% der trockenen Blattmasse	Blattanteile in %
N	P₂O₅	K₂O			
—	—	—	31,55	1,93	55,5
60	—	—	34,57	1,90	55,3
80	—	—	37,89	1,90	54,2
100	—	—	38,95	1,89	53,1
—	45	—	32,94	1,89	56,3
—	90	—	31,78	1,95	55,5
—	—	60	33,73	1,92	55,5
—	—	120	30,93	1,93	56,1
60	90	120	33,77	1,86	55,8
80	45	60	40,26	1,88	54,5

Die Erträge wurden mittels Varianzanalyse ausgewertet.

Bei einer Zusammenfassung konnten die Mehrleistungen der Varianten 2, 3, 4, 9 und 10 variationsstatistisch als gesichert erkannt werden. Die Gehalte an ätherischem Öl wurden wegen mangelnder Homogenität der Streuung über die Einzelfehler ausgewertet.

In den dreijährigen Feldversuchen zeigte fast ausschließlich der Stickstoff mit und ohne Beidüngung gesicherte, teilweise unerwartet hohe Ertragssteigerungen. Eine geringe Phosphorsäure- und Kalibeidüngung wirkte günstiger als eine stärkere. Die Wirkung der Düngung erwies sich in hohem Maße von den jährlichen Witterungsschwankungen abhängig. Eine gesicherte Beeinflussung der Gehalte an ätherischem Öl trat in den Felddüngungsversuchen nicht ein. Die letzte Feststellung deckt sich mit den Befunden von BOSHART (1938). In umfangreichen Gefäßversuchen konnte ebenfalls ermittelt werden (SCHRÖDER 1959), daß der Majoran für das Wachstum hohe Stickstoff-, mittlere Kali- und geringe Phosphorsäuremengen benötigt, was als Bestätigung der Ergebnisse der Feldversuche angesehen werden kann. Die Nährstoffentzüge deuten in die gleiche Richtung; allerdings dürfte bei K_2O ein gewisser Luxuskonsum vorliegen.

Von größtem Interesse ist die Beeinflußbarkeit der Gehalte an ätherischem Öl durch die Düngung. Darüber liegen Arbeiten von BÄRNER (1938), WEICHAN (1948), CORNELISSEN (1947) sowie KOELLE (1952) vor. Die Versuchsmethodik der einzelnen Autoren führte zu widerspruchsvollen Ergebnissen, die sich vor allem in der Art der Stickstoffwirkung äußerten. In neueren umfassenden Gefäßversuchen (SCHRÖDER 1959) wurde die Wirkung der einzelnen Nährstoffe auf den Gehalt an ätherischem Öl geprüft.

Dabei konnte eine Beeinflussung der Gehalte an ätherischem Öl nachgewiesen werden. Allerdings war bei Majoran keine spezifische Wirkung eines Nährstoffes zu erkennen. Vielmehr scheint eine indirekte Wirkung im Zusammenhang mit den gesamten Wachstumsvorgängen des Majorans vorzuliegen. Allgemein wiesen in den Quarzsandversuchen diejenigen Pflanzen den höchsten relativen Gehalt an ätherischem Öl auf, welche unter Nährstoffmangel entsprechend der jeweiligen variierten Düngung kultiviert wurden. In Richtung des Höchstertrages nahmen die Gehalte an ätherischem Öl ab, was mit einer Vergrößerung der Blattflächen in Zusammenhang gebracht werden könnte. Anschließend verliefen die Kurven geradlinig, oder sie stiegen etwas an. Es besteht die Möglichkeit eines Zusammenhanges mit einer verstärkten Assimilation (PAECH 1952). Im Einzelversuch ließen sich diese Vorgänge nur teilweise sichern. Sie waren aber in allen Quarzsandversuchen zu erkennen. Bei weiterer Nährstoffsteigerung setzte fast ausnahmslos ein langsamer Abfall der Gehalte an ätherischem Öl ein. Die Wirkung der Düngung auf den Gehalt an ätherischem Öl erwies sich vom Versuchssubstrat abhängig. Auf Lößlehmboden wurden mit den Kernnährstoffen Stickstoff, Phosphorsäure und Kali teilweise zum Quarzsand gegensätzliche Ergebnisse erzielt.

Die Senkung des Gehaltes an ätherischem Öl kann bei Majoran auf verschiedene Weise zustande kommen. Einmal tritt bei besserer Entwicklung der Pflanzen eine Vergrößerung der Blattflächen ein, womit geringerer relativer Gehalt verbunden ist. Hierbei dürfte die Öldrüsendichte fallen (KOELLE 1952). Umgekehrt konnten aber auch Gehaltserniedrigungen, verbunden mit Verkleinerung der Blattflächen, nachgewiesen werden. Es wird vermutet, daß hierbei dem Füllungsgrad der Ölbehälter Bedeutung zukommt, wofür der experimentelle Beweis noch aussteht. Klare Beziehungen zwischen dem Gehalt an ätherischem Öl und der Anzahl der am Haupttrieb inserierten Blattpaare sowie der durchschnittlichen Internodienlänge konnten nicht festgestellt werden.

Die starken Gehaltsunterschiede im Gefäßversuch können nicht als Widerspruch zu den Feldversuchsergebnissen ausgelegt werden, in denen solche nicht zu erkennen waren. Mit den vorgegebenen Nährstoffmengen wurden im Freiland die extremen Bedingungen, die im Gefäß solche Reaktionen hervorriefen, nicht geschaffen. Außerdem dürften dabei die unterschiedlichen Standraumverhältnisse von Bedeutung sein.

Ein auf Höchstertrag gedüngter Majoran dürfte eine Qualitätseinbuße nicht erfahren. Eine Senkung des Gehaltes an ätherischem Öl — eine solche wurde

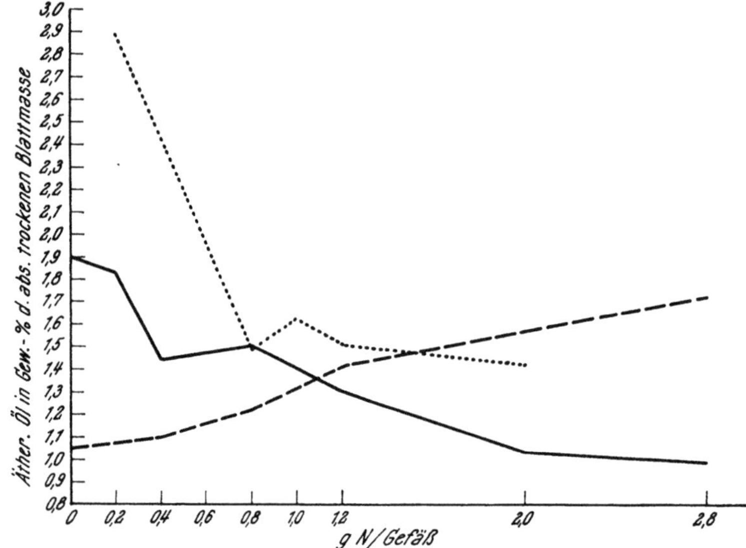

Abb. 246. Der Einfluß des Stickstoffes auf den Gehalt an ätherischem Öl bei *Majorana hortensis Moench*
——— Versuchssubstrat Quarzsand 1956, — — — Versuchssubstrat Lößlehmboden 1956,
········ Versuchssubstrat Quarzsand 1957

nicht nachgewiesen — von z. B. 1,9 auf 1,8% ist außerdem uninteressant, solange bei der Verarbeitung in der Industrie etwa 25% des Inhaltsstoffgehaltes verloren gehen.

Bei der Ausbringung der Düngemittel ist zu berücksichtigen, daß der Majoran empfindlich gegen hohe Nährsalzkonzentration ist (Cornelissen 1947, Schröder 1959). Letzterer konnte nachweisen, daß hohe Salzkonzentration im Boden durch Störung des Auflaufens zu einer starken Vermehrung der Fehlstellen führte.

Kalkstickstoff bewirkte selbst bei einer Anwendung vier Wochen vor der Saat starke Auflaufstörungen (Schröder, unveröffentlicht). Folglich sollte der Stickstoff mindestens zu 50%, in mehrere Gaben aufgeteilt, als Kopfdüngung verabfolgt werden. Die Höhe der mineralischen Düngung bei Majoran wird je ha wie folgt empfohlen:

$$\begin{array}{lll} 80 \text{ bis} & 100 \text{ kg N} \\ 36 \text{ bis} & 45 \text{ kg P}_2\text{O}_5 \\ \text{etwa} & 80 \text{ kg K}_2\text{O} \end{array}$$

Diese Empfehlung gilt für die eingangs als optimal bezeichneten Klimabedingungen. Unter trockeneren Verhältnissen könnte eine geringe Herabsetzung der N-Menge zweckmäßig sein. Das gleiche gilt für den Anbau zur Samengewinnung, wobei zusätzlich eine mäßige Erhöhung der Phosphorsäure- und Kalidüngung sinnvoll erscheint. Gegen eine Anwendung von Stallmist können nach dem gegenwärtigen Stand der Erkentnnis keine Einwände erhoben werden. Bei Wahl des Düngemittels ist von Interesse, daß die Erträge an ätherischem Öl unter alkalischen Bedingungen am höchsten sein sollen (Deel und Deel 1927). Besonders geeignet erscheinen für Majoran als Stickstoffdüngemittel Kalkammonsalpeter und Kalksalpeter (SCHRÖDER, unveröffentlicht). In Quarzsandversuchen waren diese Düngemittel überlegen. Auf Lößlehmboden der Zustandsstufe I wurden diese Wirkungen verständlicherweise überdeckt. Das gleiche wurde für die auf Quarzsand schwächere Wirkung von Superphosphat gegenüber Thomasphosphat und Glühphosphat beobachtet. Bei Kali wurden 40%iges Düngesalz, Schwefelsaures Kali sowie Emge-Kali geprüft. Zwischen den einzelnen Salzen traten keine bedeutenden Unterschiede auf.

5. Die Pfefferminze
(Mentha piperita L., Labiatae)

Die Pfefferminze ist eine mehrjährige Kulturpflanze, die auf Grund ihrer Tripelbastardnatur und der damit verbundenen Aufspaltungsgefahr nur vegetativ vermehrbar ist. Sie ist außerdem nur wenig fertil. Die Pfefferminze wird in vielen Gebieten der Erde unter den unterschiedlichsten Klimabedingungen kultiviert. Sie gedeiht auch auf unterschiedlichsten Böden; nur extrem schwere bzw. leichte scheiden aus. Niederungsmoorböden erwiesen sich als sehr gut geeignet. An den Kalkgehalt werden aber gewisse Anforderungen gestellt. Der Anbau erfolgt ein- und mehrjährig. Als Hauptinhaltsstoff enthält die Pfefferminze ätherisches Öl, in welchem das Menthol als wichtigster Bestandteil vorkommt. Verwendung finden die Droge, das ätherische Öl und teilweise auch das aus letzterem gewonnene Menthol.

Über die Pfefferminze liegen mehrere experimentelle Untersuchungen vor. ZAREW (1940) untersuchte den zeitlichen Verlauf der Nährstoffaufnahme. Danach werden die größten Mengen in der Periode zwischen Knospenbildung und Vollblüte aufgenommen. Zu dieser Frage erscheinen aber noch ergänzende Untersuchungen empfehlenswert. Die zum Erntetermin zu erwartenden Nährstoffgehalte und -entzüge sind in Tab. 419 und 420 angegeben.

Tabelle 419. *Nährstoffgehalte des Pfefferminzkrautes in % der Trockenmasse*

Autor	N	P_2O_5	K_2O	CaO	MgO
OPITZ (1937)	3,05	0,65	1,85	2,05	1,25
MITLACHER (zit. nach PILZ 1912)					
1. Schnitt	2,69	0,63	2,64	2,67	—
2. Schnitt	2,25	0,63	2,05	2,12	—

Tabelle 420. *Nährstoffentzüge in kg/ha*

Autor	N	P_2O_5	K_2O	CaO	MgO
OPITZ (1937)	76	16	46	51	31
MITLACHER (zit. nach PILZ 1912) .	45	12	50	43	—
ZAREW (1940)	56	30	130	—	—

Die Nährstoffgehalte zeigen eine gewisse Übereinstimmung. BAIRD (1957) ermittelte ähnliche Werte. Die Entzugszahlen schwanken allerdings in weiten Grenzen. Dies ist offenbar in den unterschiedlichen Ertragshöhen begründet. Da die angeführten Untersuchungen einjähriger Natur sind, wäre eine Überprüfung an einem größeren Material wünschenswert. Bei Phosphorsäure liegt übereinstimmend ein sehr geringer Entzug vor. CaO und N zeigen etwa gleiche Tendenzen, während bei K_2O die größten Unterschiede zu erkennen sind.

In Versuchsberichten werden im allgemeinen Blattanteile von 60% angegeben. Im feldmäßigen Anbau mit mechanisierter Ernte dürften diese durch Verluste niedriger liegen. Bei einem Gehalt an ätherischem Öl von 1,0% der Krautware ergeben sich 25 kg ätherisches Öl je ha. Hocking und Edwards (1955) nehmen im Weltmaßstab einen mittleren Ertrag an ätherischem Öl von 27,7 kg je ha an. Ölausbeuten bis 50 kg sind in besonderen Fällen schon bekannt geworden. Andererseits werden in verschiedenen Gebieten Durchschnittserträge von nur 12 bis 18 kg ätherisches Öl je ha erzielt. Die Pfefferminzkrauterträge können die vorstehend angegebene Höhe von 25 dz/ha unter Umständen wesentlich überschreiten. So sind Werte bis zu 50 dz/ha bekannt. Die Ertragshöhe ist weitgehend von der Gunst der Klimabedingungen sowie von Düngung, Bewässerung und Pflege abhängig.

Der Pfefferminze wird im allgemeinen nachgesagt, daß sie einen sehr hohen Wasserverbrauch habe. Die praktischen Anbauerfahrungen zeigen auch, daß die höchsten Erträge an feuchteren Standorten erzielt werden. In mehrjährigen Versuchen (Schröder, unveröffentlicht, s. Tab. 421) wurde ermittelt, daß die Transpirationskoeffizienten bei Pfefferminze überraschenderweise tiefer liegen als die von Bohnenkraut und Majoran. Auch Kerekes (Budapest, unveröffentlicht) ermittelte Transpirationsquotienten, welche verhältnismäßig niedrig lagen.

Tabelle 421.
Transpirationskoeffizienten und Trockenmasseerträge bei Pfefferminze I. und II. Schnitt
(Schröder, unveröffentlicht)

Sättigung der Wasserkapazität des Versuchssubstrates	1956		1957	
	Transpirations-koeffizient	Erträge g/Gefäß	Transpirations-koeffizient	Erträge g/Gefäß
40%	157	30,3	250	43,9
60%	183	53,1	271	55,9
80%	189	64,5	286	57,4

Mit der Erhöhung der Wassergabe stieg verständlicherweise der Wasserverbrauch. Auch die Pfefferminzerträge nahmen in gleicher Richtung zu, wodurch die praktischen Beobachtungen bestätigt wurden. Offenbar hängt der Gegensatz zwischen absolutem Wasserverbrauch und Standortansprüchen mit dem Wasseraufnahmevermögen der Pfefferminze zusammen. Da diese Pflanze sehr flach wurzelt, dürfte sie auf das Vorliegen entsprechender Wassermengen in den oberen Bodenschichten angewiesen sein. Während die Winterfeuchtigkeit in der Regel ausreicht, um einen normalen Austrieb zu gewährleisten, ist das weitere Wachstum stark von der natürlichen bzw. künstlichen Wasserzufuhr abhängig. In der Periode vor dem ersten Schnitt werden die absolut höchsten Wassermengen verbraucht. Nach der Entnahme desselben ist eine gute Wasserversorgung Voraussetzung für den Austrieb des zweiten Schnittes. Der Einsatz der künstlichen Bewässerung erscheint bei Pfefferminze sehr lohnenswert.

Die Pfefferminze ist eine Langtagspflanze (Allard 1941, zit. nach Schratz 1957). Unter Langtagsbedingungen wird auch die Abscheidung des ätherischen Öles beträchtlich vermehrt (Langston und Leopold 1954, zit. nach Schratz 1957). Die Lichteinwirkung scheint von Einfluß auf die Bildung des ätherischen

Öles zu sein. SCHRATZ und SPANING (1943) konnten nachweisen, daß an Sonnenstandorten kultivierte Pfefferminze einen höheren Gehalt aufwies als solche von Schattenstandorten.

Die Pfefferminzbestände werden im praktischen Anbau vorwiegend durch Stolonenumlage vermehrt. Dieses Verfahren ist der Vermehrung über bewurzelte Kopfstecklinge bzw. bewurzelte Ausläuferschnittlinge vorzuziehen, wenn keine besonderen Umstände die letzteren Methoden notwendig erscheinen lassen. Aus Gründen der Ertragshöhe und -sicherheit ist die Anlage im Herbst der im Frühjahrspflanzung vorzuziehen. Die Pfefferminze sollte zum Zeitpunkt des höchsten Gehaltes an ätherischem Öl geerntet werden. Über die Dynamik des Gehaltes an ätherischem Öl während der Vegetationszeit liegen eine Reihe von Veröffentlichungen vor (BAUER 1939, BRÜCKNER 1953, CHOTIN 1950, HEEGER 1956, BORKOWSKI 1957). Bezogen auf die gesamte Blattmenge, nimmt der Gehalt an ätherischem Öl bis zur Blüte zu, um nach dem Verblühen wieder zu sinken. Gewisse Abweichungen sind aber in Abhängigkeit von der Witterung möglich. Während der Entwicklung der Blätter steigt zufolge LEMLI (1955) im Pfefferminzöl der Mentholgehalt, während der Menthongehalt fällt. Der Gehalt an Estermenthol nimmt ebenfalls im Laufe der Vegetationszeit zu (BAUER 1939, LEMLI 1955). Zur Erzielung eines hohen Ertrages an ätherischem Öl mit hohem Menthol- und Estermentholgehalt wäre die Ernte mit dem Einsetzen der Blüte vorzunehmen. Im praktischen Anbau wird die Pfefferminze aus verschiedenen Gründen häufig früher geschnitten. Über die Erntetermine in den einzelnen Ländern können folgende Angaben gemacht werden:

	I. Schnitt	II. Schnitt
Bulgarien	Juli	August
Belgien	Juli	September
Deutschland	Juni/Juli	August/September
Ungarn	Juni	Juli/August
ČSSR (Mähren)	Juni	August

Wird die Pfefferminze zur Destillation des ätherischen Öles kultiviert, so ist die Forderung nach hohem Gehalt zu stellen. Dabei sollten sowohl die relativen Gehalte als auch die mengenmäßigen Erträge an ätherischem Öl Beachtung finden. Über die Notwendigkeit einer bestimmten Zusammensetzung des ätherischen Öles kann man geteilter Auffassung sein (z. B. Mentholgehalt), da die Öle häufig durch Zusatz von einzelnen Stoffen vor ihrer Verwendung auf einen bestimmten Gehalt eingestellt werden. Allgemein fordern die Pharmakopöen bei Oleum Menthae piperitae einen Mentholanteil von etwa 50%. Wird die Droge *Folia Menthae piperitae* verwendet, so dürfen keine mit Rost befallenen Blätter enthalten sein. Verunreinigungen mit verwandten Minzen (Carvongehalt!) sind nicht gestattet. Verschiedentlich wird der Aschegehalt auf 12% begrenzt, während bei Sand ein Höchstgehalt bis 1% zulässig ist. Das DAB 6 verlangt einen Gehalt an ätherischem Öl von 0,7%. Letzterer ist auch von maschinell erzeugter Blattware in der Regel zu überbieten. Die Erreichung eines Sandgehaltes unter 1% wird vorläufig auf Schwierigkeiten stoßen. Die Pfefferminzdroge wird äußerlich namentlich nach dem Vorhandensein der natürlichen grünen Blattfarbe eingeschätzt.

Über die Wirkung der Düngung auf den Ertrag liegen bei Pfefferminze mehrere Untersuchungen vor.

DAFERT und HIMMELBAUR (1936) ermittelten ein hohes Stickstoff- und Kalibedürfnis. BOSHART (1937) erzielte die höchsten Ertragszunahmen durch eine Volldüngung mit starker Stickstoffbetonung. SPRINGER (1937) fand demgegenüber ein hohes Phosphorsäurebedürfnis der Pfefferminze. Brückner (1953) vertritt auf Grund von Schalenversuchen die gleiche Auffassung. In diesem Zusammenhang sind auch die mit Quarzsand durchgeführten Gefäßversuche von Schratz und Wiemann (1949) von Interesse, welche ebenfalls mit relativ hohen P_2O_5-Gaben noch Ertragszunahmen erzielten. Steigerwald (1958) ermittelte in vierjährigen exakten Versuchen, daß der Stickstoff die höchsten Ertragszunahmen bringt, während Kali und Phosphorsäure erheblich dahinter zurückblieben, ohne sich wesentlich von einander zu unterscheiden. Hohe Phosphorsäuregaben von 80 bis 120 kg P_2O_5 brachten allerdings noch eine Erhöhung der Erntegewichte. Die Frage der Phosphorsäurebedürftigkeit der Pfefferminze ist also noch nicht vollständig geklärt. Möglicherweise liegt ein schwaches Nährstoffbedürfnis vor, das mit einem hohen Düngebedürfnis verbunden ist. Letzteres könnte durch ein geringes Aufnahmevermögen begründet sein. Weiterhin ist es nicht ausgeschlossen, daß bei der Verabfolgung sehr hoher Gaben andere Bestandteile der Phosphordüngemittel an der Steigerung der Erträge beteiligt sind. Über die tatsächlichen Zusammenhänge können nur weitere Experimente Aufschluß geben.

Die großen Möglichkeiten der Ertragssteigerung durch die Mineraldüngung lassen sich an den Versuchsergebnissen von Steigerwald (1958) erkennen, die nachstehend wiedergegeben werden (Tab. 422).

Tabelle 422. *Ergebnisse von Pfefferminzfreilandversuchen*
Mittel aus fünf Versuchen 1953 bis 1956
(Steigerwald 1958)

Düngung in kg/ha			Krautertrag dz/ha in Frischmasse	Blattanteil in % der Trockenware	Gehalte an ätherischem Öl in % der trockenen Blattware, Durchschnitt 1. und 2. Schnitt
N	P_2O_5	K_2O			
—	—	—	94,1	68,4	1,45
60	80	—	130,4	67,3	1,42
60	—	120	131,0	66,9	1,45
—	80	120	100,0	68,3	1,30
60	80	120	148,2	65,7	1,35
90	120	180	169,5	63,9	1,32

Die Versuche gelangten in vierfacher Wiederholung zur Anlage. Je Parzelle wurde eine 2 kg umfassende Probe zur Untersuchung genommen. Die Auswertung erfolgte nach der Varianzanalyse. Auf Grund der exakten Versuchstechnik und des Versuchsumfanges kommt den Ergebnissen eine hohe Aussagekraft zu. Die Experimente wurden auf lehmigem Sand (pH = 7,1, P_2O_5 gesamt = 0,14%, K_2O gesamt = = 0,23%) durchgeführt. Die Niederschläge während der Vegetationszeit (April bis zweite Ernte) bewegten sich zwischen 557 und 732 mm. Es lagen also relativ feuchte Verhältnisse vor. Bei einer Verallgemeinerung der Ergebnisse sind die Versuchsbedingungen zu berücksichtigen.

Die Zusammenstellung läßt die hohe ertragsfördernde Wirkung des Stickstoffes erkennen, während Kali und Phosphorsäure nur einen geringen Einfluß zeigten. Der Blattanteil liegt bei den Varianten mit den höchsten Erträgen am tiefsten, was durch die Entwicklung stärkerer Stengel bedingt sein könnte. Die Gehalte an ätherischem Öl sind geringfügig beeinflußt worden. Bei Nr. 5 und 6 könnte die Senkung derselben durch das Wachstum größerer Blattflächen bedingt sein.

Auch Golcz (1958) konnte eine starke Reaktion der Pfefferminze besonders auf Stickstoffdüngung beobachten. In diesen unter den Bedingungen von

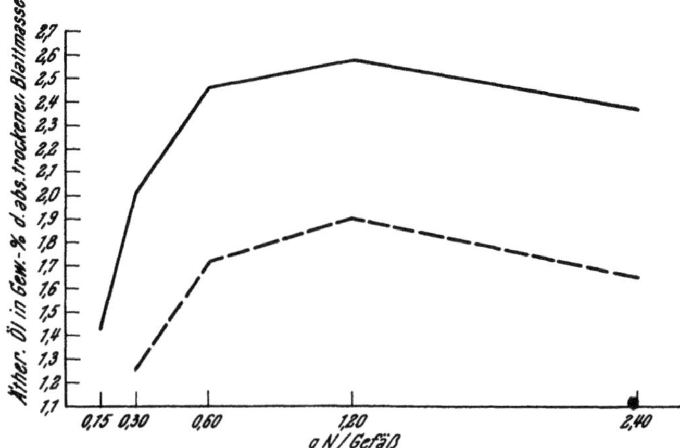

Abb. 247. Der Einfluß des Stickstoffes auf den Gehalt an ätherischem Öl
———— 1. Schnitt, — — — 2. Schnitt

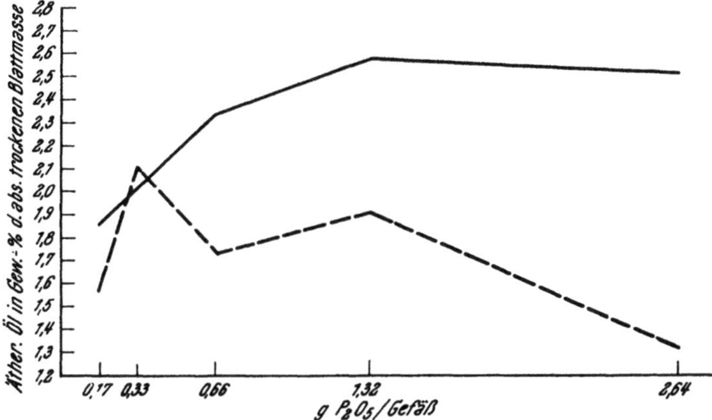

Abb. 248. Der Einfluß der Phosphorsäure auf den Gehalt an ätherischem Öl
———— 1. Schnitt, — — — 2. Schnitt

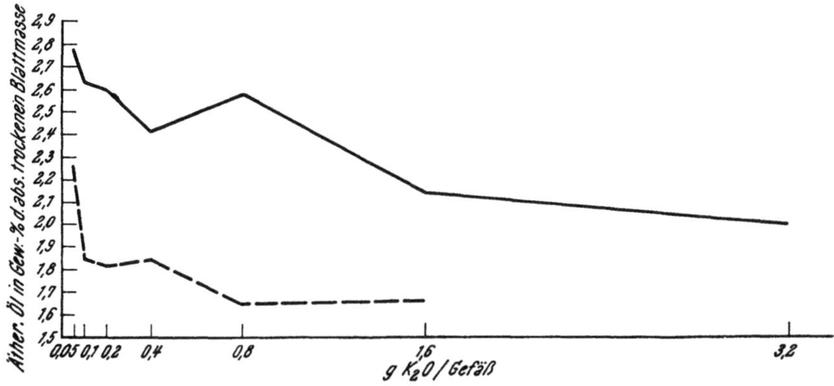

Abb. 249. Der Einfluß von Kali auf den Gehalt an ätherischem Öl
———— 1. Schnitt, — — — 2. Schnitt

Plewiska bei Poznán durchgeführten Versuchen zeigte auch der Stallmist eine ertragssteigernde Wirkung. Eine wesentliche Beeinflussung der Gehalte an ätherischem Öl konnte nicht beobachtet werden.

Aus diesen Feststellungen kann geschlossen werden, daß die Pfefferminze im Anbau auf Höchstertrag gedüngt werden kann. Eine ins Gewicht fallende Qualitätsverminderung ist nicht zu befürchten.

In Gefäßversuchen konnte von Schratz und Wiemann (1949) eine starke Reaktion der Gehalte an ätherischem Öl festgestellt werden (Abb. 247 bis 249).

Besonders der Stickstoff bewirkte eine Steigerung der Gehalte, welche aber bei den höchsten Gaben wieder etwas sanken. Bei Kali ergab sich fallende Tendenz, während erhöhte P_2O_5-Düngung schwach steigende Gehalte verursachte. Beim zweiten Schnitt kehrte sich der Kurvenverlauf um. Die Ergebnisse lassen erkennen, daß die Art der Beeinflussung in Abhängigkeit von der verabreichten Nährstoffmenge verschieden sein kann.

Über den Einfluß der Spurenelemente auf Wachstum und Gehalte an ätherischem Öl liegen verschiedene Untersuchungen vor. Bei Zugabe von A-Z-Lösung konnte eine Steigerung des Krautertrages sowie des Gehaltes an ätherischem Öl beobachtet werden (Opitz 1939). Für ein ungestörtes Wachstum der Pfefferminze sollen Aluminium, Bor, Chrom, Kobalt, Kupfer und Zinn erforderlich sein (Bode 1940, Maku zit. nach Opitz 1938).

Im Feldanbau fanden Ellis u. a. (1941) keine Beeinflussung der Zusammensetzung des ätherisch Öles. Baird (1957) konnte hingegen ermitteln, daß erhöhter Gehalt von N in den Blättern zu einer Senkung des Mentholgehaltes sowie zu einer Steigerung des Menthofurananteiles führte. Die Beeinflußbarkeit der Ölzusammensetzung sollte noch Gegenstand weiterer Untersuchungen sein.

Die mineralische Düngung bei Pfefferminze kann nach der gegenwärtigen Kenntnis in folgender Höhe empfohlen werden:

$$N \quad \text{etwa} \quad 80 \text{ bis } 100 \text{ kg/ha}$$
$$P_2O_5 \quad \text{etwa} \quad 60 \text{ bis } 70 \text{ kg/ha}$$
$$K_2O \quad \text{etwa} \quad 100 \text{ bis } 120 \text{ kg/ha}$$

Eine wesentliche Steigerung der Stickstoffmenge über 80 kg dürfte gewisse Gefahren in sich bergen. Zu hohe Gaben können die Erträge wieder senken und die Rostanfälligkeit fördern. Beim Anbau rostresistenter Sorten wird dieser Faktor aber gegenstandslos. Zufolge Golcz (1958) eignet sich bei Pfefferminze Schwefelsaures Ammoniak besser als Kalkammonsalpeter. Die Pfefferminze reagiert günstig auf eine gute Mg-Versorgung, durch welche die Rostanfälligkeit herabgesetzt wird (Steigerwald 1959). Auf schlecht mit Mg versorgten Böden erzielte der gleiche Autor die höchsten Erträge durch Stickstoffmagnesia-Düngemittel. Zur Frage der zweckmäßigen Düngemittel wären noch weitere Versuche anzuregen. Die angegebenen Kali- und Phosphorsäuremengen dürften allgemein für die Erzielung hoher Erträge ausreichend sein. Unter Bedingung günstiger Wasserversorgung sind stärkere Nährstoffgaben zweckmäßiger als in Trockengebieten. Bei der Anwendung eines Teiles des Stickstoffes als Kopfdüngung ist äußerste Vorsicht am Platze, da es leicht zu Verbrennungen der Pflanze kommt. Die Ausbringung des gesamten Düngers vor dem Austreiben scheint daher empfehlenswert; lediglich 20% der N-Gabe könnten nach der Ernte des ersten Schnittes ausgestreut werden. Stalldung sollte immer vor der Auspflanzung untergepflügt werden.

6. Der Gartensalbei
(Salvia officinalis L., Labiatae)

Gartensalbei ist mehrjährig. Die Anlage der Kulturen im ersten Jahre erfolgt entweder durch Pflanzung, der eine Vorkultur vorausgeht, oder auch durch Direktsaat ins Freiland. Soll der Salbei in Gebieten mit kälteren Wintern mehrere Jahre lang genutzt werden, so wird im ersten zweckmäßigerweise keine Ernte oder nur ein zeitiger Triebspitzenschnitt genommen, um ein Auswintern zu verhüten. Verschiedentlich wird bei entsprechend engerem Standraum auch eine einjährige Nutzung vorgezogen. Bei Freilandsaat kann im ersten Jahr bei einer Ernte von Hand auch im Abstand von 30 bis 40 cm je eine Pflanze unbeschädigt stehen gelassen werden. In wärmeren Gebieten dürften solche Verfahren im allgemeinen nicht notwendig sein. Am besten sind für die Salbeikultur kalkhaltige Lehmböden geeignet. Der Salbei enthält ätherisches Öl, und zwar je nach Herkunft zwischen 0,5 und 2,5%.

Über den Verlauf der Nährstoffaufnahme konnten in der Literatur keine Anhaltspunkte gefunden werden. Die Erträge an Salbeikraut (trocken) schwanken zwischen 20 und 40 dz/ha, die Samenerträge zwischen 2 und 6 dz/ha. Bei der Untersuchung mehrerer Drogenmuster ergaben sich folgende mittlere Nährstoffgehalte bzw. -entzüge (Tab. 423).

Tabelle 423. *Nährstoffgehalte und -entzüge bei Salbeikraut*

Nährstoffe	% in der trockenen Pflanzenmasse (Kraut)	Nährstoffentzug bei 30 dz Ertrag/ha in kg
N	1,97	59
P_2O_5	0,45	14
K_2O	2,63	79

Diese Werte sollten nur als Anhaltspunkte gewertet werden. Sie bedürfen der Bestätigung bzw. Korrektur durch ein umfangreicheres Versuchsmaterial. Der Salbei wächst vorwiegend auf trockeneren und warmen Standorten; die höchsten Erträge werden allerdings unter mittelfeuchten Bedingungen erzielt. Über den Wasserbedarf liegen experimentelle Untersuchungen vor (SCHRÖDER, unveröffentlicht). Bei einer Ernte zur Drogengewinnung schwankten die Transpirationsquotienten von 196 bis 302.

Die Ansprüche an die Lichtperiodik sollten bei Salbei noch untersucht werden. Zufolge BODE (1940) wiesen Schattenpflanzen einen höheren Gehalt an ätherischem Öl auf als solche, die dem vollen Sonnenlicht ausgesetzt waren. Dieser Befund steht im Widerspruch zu Ergebnissen mit verwandten Arten aus der Familie der Labiaten.

Den höchsten Gehalt an ätherischem Öl dürfte der Salbei vor bzw. während der Blüte aufweisen (TORRES 1954, BORKOWSKI und REZLER 1955, zit. nach BORKOWSKI 1957). Die Ernte zur Drogengewinnung sollte daher nicht mehr nach dem Einsetzen der Blüte vorgenommen werden. Dieser Faktor ist besonders beim ersten Schnitt in mehrjährigen Beständen zu beachten. Die Erntetermine in den Anbau- und Sammelländern sind nachstehend vermerkt:

	I. Ernte	II. Ernte
Jugoslawien und Albanien	Mai	September
Polen	Mai/Juni	August/September
Deutschland	Mai/Juni	August/September

Wird im ersten Jahr ein Schnitt gewonnen, so fällt dieser im mitteleuropäischen Raum normalerweise zwischen Ende August und Mitte September an. Als Droge gelangen die Salbeiblätter zur Verwendung, die nach dem DAB 6 mindestens 1,5% ätherisches Öl und höchstens 8% Asche enthalten sollen. Die Abhängigkeit der Salbeierträge von der Düngung untersuchten Golcz und Jaruszewski (1956) in mehrjährigen Versuchen. Unter den Bedingungen der Versuchsstation Plewiska (Polen) wurden die in Tab. 424 zusammengestellten Ergebnisse erzielt.

Tabelle 424. *Ergebnisse von Salbeidüngungsversuchen nach Golcz und Jaruszewski (1956)*

Düngung kg/ha			Mittel aus einjährigen Beständen 1953-1955			Mittel aus zweijährigen Beständen 1953 und 1955		
N	P_2O_5	K_2O	Ertrag dz/ha Droge	Gehalt an äth. Öl in %	Ölmenge kg/ha	Ertrag dz/ha Droge	Gehalt an äth. Öl in %	Ölmenge kg/ha
—	—	—	8,87	1,59	14,1	32,42	1,29	41,8
—	50	40	8,84	1,52	13,4	30,92	1,31	40,5
25	50	—	11,28	1,50	16,9	35,84	1,40	50,2
25	—	40	8,94	1,57	14,0	33,76	1,41	47,6
25	50	40	10,12	1,52	15,4	31,93	1,36	43,4

Im einjährigen und im mehrjährigen Anbau reagierten der Salbei auf die Stickstoffdüngung am stärksten. Die NP-Kombination brachte den höchsten Ertrag. Es wäre notwendig zu untersuchen, inwieweit bei Salbei eine besondere Phosphorsäurebedürftigkeit vorliegt oder ob eventuell andere Bestandteile des verabfolgten Superphosphates eine Rolle gespielt haben. In weiteren Versuchen mit Salbei sollte Stickstoff mindestens bis 100 kg/ha abgestuft werden. In den Einzelversuchen war die ertragliche Überlegenheit der Variante NP zumeist statistisch gesichert. Für NK und NPK traf dies nicht immer zu. Die Gehalte an ätherischem Öl zeigten keine gesicherten Differenzen. Auch Torres (1954) stellte fest, daß sich in Freilandversuchen die Gehalte an ätherischem Öl nicht unterschieden, obwohl die verschiedenen Düngemittel Ertragsunterschiede verursachten. An den Ergebnissen von Golcz und Jaruszewski (1956) läßt sich die interessante Feststellung treffen, daß die relativen Ölgehalte im ersten Anbaujahr höher sind als im zweiten. Die Blätter des ersten Schnittes des zweiten Anbaujahres waren am gehaltsärmsten. Die Ölmengen entsprachen in ihrer Tendenz den Erträgen.

Die von Bärner (1938) im Gefäßversuch festgestellte Beeinflussung der Gehalte an ätherischem Öl durch die Düngung bedarf einer weiteren Untersuchung mit wesentlich größerem Versuchsmaterial, ehe endgültige Schlüsse über Zusammenhänge zwischen Ernährungszustand und Abscheidung von ätherischem Öl bei Salbei gezogen werden können. Eine Beeinträchtigung der Qualität im Feldanbau durch die Düngung dürfte nicht zu befürchten sein. Die Beeinflußbarkeit der Ölqualität sollte bei weiteren Versuchen Berücksichtigung finden, ebenso die Frage der Düngemittelform. Bei der praktischen Anwendung der Düngung sind Kali und Phosphorsäure sowie 50% des Stickstoffes vor der Saat bzw. Pflanzung zu verabfolgen, der restliche Stickstoff als Kopfdüngung. Als Nährstoffabgaben können zur Zeit für mittlere Niederschlags- und Temperaturverhältnisse je ha empfohlen werden:

$$\begin{array}{ll} \text{N} & \text{80 kg} \\ P_2O_5 & \text{50 kg} \\ K_2O & \text{80 kg} \end{array}$$

Eine Korrektur auf Grund weiterer Versuche ist durchaus möglich. Für die Schwarzerdeböden der UdSSR halten Jzkowa und Kondratenko (1954) 200 bis 300 dz Stalldung, 30 bis 40 kg N, 50 bis 70 kg P_2O_5 und 40 bis 60 kg K_2O für die günstigste Düngung. Unter Berücksichtigung des Stalldunganteiles kann eine gewisse Übereinstimmung mit obiger Empfehlung erkannt werden.

7. Weitere Arten aus der Familie der Labiaten

Aus der Familie der *Labiaten* werden außer den ausführlich behandelten noch eine große Anzahl von Arten kultiviert. Das vorliegende Versuchsmaterial ist aber unvollständig, so daß eine gesonderte Abhandlung derselben nicht möglich ist. Daher sollen in zusammengefaßter Darstellung einige Bemerkungen über *Melissa officinalis L.*, *Thymus vulgaris L.*, *Ocimum canum Sims* sowie *Lavandula angustifolie Mill.* gemacht werden. Über den Verlauf der Nährstoffaufnahme liegen nur bei Kampferbasilikum die Untersuchungen von Zarew (1940) vor, während bei den anderen Arten diese Frage noch nicht untersucht wurde. Die Nährstoffgehalte bzw. -entzugszahlen sind in Tab. 425 bzw. 426 angegeben. Bei Thymian, Lavendel und teilweise bei Melisse handelt es sich um eigene Untersuchungen an einem beschränkten Material, welche einer Überprüfung bedürfen.

Tabelle 425. *Nährstoffgehalte in % der Trockenmasse*

	N %	P_2O_5 %	K_2O %
Thymian	1,46	0,45	2,60
Melisse	2,18	0,74	4,08
Kampferbasilikum (nach Zarew 1940)	2,65	0,94	4,33
Lavendel, Kraut	1,33	0,42	2,93
Lavendel, Blütenstände	1,47	0,67	2,97

Tabelle 426. *Nährstoffentzüge in kg/ha*

	N	P_2O_5	K_2O	CaO	MgO
Thymian	44	14	78	—	—
Melisse a) eigene Untersuchung	65	22	122	—	—
b) nach Opitz (1937)	100	18	113	36	23
Kampferbasilikum (nach Zarew 1940)	58	31	114	85	36
Lavendel	34	12	73	—	—

Bei Melisse und Thymian wurden Krauterträge von 30 dz/ha, bei Lavendel solche von 20 dz/ha und 5 dz Blütenstände angenommen. In Abhängigkeit von der Ertragshöhe und anderen Faktoren sind Veränderungen der Entzugszahlen zu erwarten.

Über den Wasserverbrauch der genannten Arten standen experimentelle Unterlagen nicht zur Verfügung. Bezüglich des Einflusses des Standortes auf die Ölausbildung sei bei Thymian auf Schratz und Spaning (1943), bei Kampferbasilikum auf Esdorn (1949) verwiesen. Über die photoperiodische Reaktion der genannten Pflanzen standen exakte Unterlagen nicht zur Verfügung. Bezüglich der Entwicklung der Inhaltsstoffgehalte während der Vegetationszeit stellten bei Thymian Czyszewska und Leszczakówna (1955), bei Melisse Smodlaka und Sekulić (1957), bei Lavendel Chochlew und Steindelówna (1955), Ilijewa

u. a. (1955) Schratz (1947) sowie bei Kampferbasilikum Bruns-Runge (1949) Untersuchungen an. An experimentellen Arbeiten sind die von Mayer (1942) über Thymian, die von Weichan (1948) über Melisse und Thymian sowie Cornelissen (1947) über Thymian und Kampferbasilikum zu nennen. Schließlich sei auf Kalinkewitsch (1948) hingewiesen, welcher den Einfluß des Kalis auf die Anhäufung des ätherischen Öles in den Blüten von Kampferbasilikum untersuchte. Weitere Arbeiten über Kampferbasilikum liegen von Bragilewskaja (1939, 1941) sowie Morechin (1939) vor. Für die Anwendung der Düngung muß in Ermangelung entsprechender Unterlagen von den praktischen Erfahrungen sowie den Ergebnissen ausgegangen werden, welche mit nahe verwandten Arten erzielt wurden. Für Melisse wäre die Düngung nach den bei der Pfefferminze aufgezeigten Grundsätzen vorzunehmen. Thymian sollte ähnlich dem Salbei und Kampferbasilikum dem Majoran entsprechend behandelt werden. Bei Freilandaussaat ist immer auf die Möglichkeit von Auflaufschäden durch zu hohe Salzkonzentration im Boden zu achten. Bei Lavendel ist eine phosphorsäurebetonte kräftige Volldüngung zu empfehlen, welche sich auf jährlich 60 kg N, 70 kg P_2O_5 und 80 bis 100 kg K_2O belaufen sollte. Stickstoff darf wegen der gewünschten starken Blütenbildung nicht übersteigert werden. Nach Autran und Fondard (1923, zit. nach Heeger 1956) eignen sich Natriumnitrat und Ammoniumsulfat für Lavendel am besten. Vor der Anlage dieser mehrere Jahre lang zu nutzenden Kultur ist eine kräftige Düngung mit Stalldung oder Kompost empfehlenswert.

In verschiedenen Gebieten spielt der Anbau von *Mentha arvensis var. piperascens* zur Gewinnung des ätherischen Öles eine sehr große Rolle. In Ermangelung von Unterlagen über exakte Versuche war es nicht möglich, diese Art entsprechend abzuhandeln. Gegenwärtig muß daher auf die Erfahrungen bei der sehr nahe verwandten Pfefferminze hingewiesen werden. Über den Einfluß des Klimas aus Erträge und Qualität veröffentlichte Russel (1925). Die Wirkung verschiedener N-Formen untersuchten Ranzani und Kiehl (1952).

8. Der Baldrian
(*Valeriana officinalis L., Valerianaceae*)

Der Baldrian ist mehrjährig. Als Droge finden die im Herbst des ersten Hauptanbaujahres geernteten Wurzelstöcke Verwendung. Sowohl Herbst- als auch Frühjahrspflanzung ist möglich. In Trockengebieten ist die Herbstpflanzung vorzuziehen. Die Vermehrung kann durch Saatgut sowie durch Wurzelteilstücke bzw. Jungpflanzen erfolgen, die durch Ausläufer gebildet werden. Die vegetative Vermehrung bietet die Möglichkeit, Aufspaltungen zu vermeiden. Inwieweit dadurch gleichmäßige Drogenqualitäten zu erzeugen sind, sollte noch überprüft werden.

Über den Verlauf der Nährstoffaufnahme liegen bei Baldrian keine Angaben vor. Das gleiche trifft für die Nährstoffentzugszahlen zu. Auf Grund eigener Untersuchungen ergaben sich folgende Gehalte und Entzüge (Tab. 427):

Tabelle 427. *Nährstoffgehalte und -entzüge bei Baldrian*

Nährstoff	Nährstoffgehalt in % der Trockenmasse		Entzug in kg/ha		
	Wurzel	Kraut	Wurzel	Kraut	gesamt
N	1,56	1,80	31	36	67
P_2O_5	0,75	0,49	15	10	25
K_2O	1,48	3,60	30	72	102

Vorstehende Zahlen müssen an einem größeren Material überprüft werden. Die Erträge wurden mit 20 dz darrtrockener Droge und mit der gleichen Menge Krauttrockenmasse angesetzt. An Wurzeln werden unter günstigen Verhältnissen ausnahmsweise bis 40 dz/ha geerntet. Gute Durchschnittserträge belaufen sich auf etwa 25 dz/ha. Der Baldrian stellt gewisse Anforderungen an die Niederschlagsmenge. BAUER, RUDORF und HEEGER (1943) konnten nachweisen, daß die höchsten Ernten bei einer jährlichen Niederschlagsmenge von 650 mm zu erwarten sind. In Gefäßversuchen fand EISENHUTH (1955) eine starke Ertragszunahme durch Erhöhung der Sättigung der Wasserkapazität des Versuchssubstrates von 40% auf 60%, während bei einer Sättigung von 80% bereits wieder ein Ertragsabfall eintrat. Über die photoperiodische Reaktion des Baldrians kann wegen mangelnder Unterlagen keine Aussage gemacht werden. Die Baldrianwurzeln werden im Spätherbst vor Eintritt des Frostes geerntet. Nach FAUCOUNNET (1947) soll der Gehalt an ätherischem Öl sowie der Extraktgehalt in der Baldrianwurzel zwischen November und Februar am höchsten sein. Bei einer Übertragung dieses Befundes auf andere Breiten ist der unterschiedliche Eintritt des Winters zu berücksichtigen. Danach lassen sich auch die Erntetermine in einzelnen Ländern ermitteln.

Die Qualitätsfrage kann bei Baldrian nur schwer beantwortet werden, da unter den Inhaltsstoffen des Baldrians der Träger der sedativen Wirkung noch nicht mit Sicherheit klargestellt wurde. Es erscheint daher nicht vertretbar, den Wert der Düngung ausschließlich am ätherischen Öl zu messen. Verschiedentlich wurde deshalb die pharmakologische Wirksamkeit der Extrakte getestet (NOLLE 1929, GSTIRNER 1950). Die Baldrianwurzeln sollten mit geringstem Erdebesatz in den Handel gebracht werden. Verschiedene Pharmakopöen schreiben einen Höchstgehalt von 12% Asche vor.

Über die Wirkung der Düngung auf den Ertrag bei Baldrian liegen mehrere Arbeiten vor. GOLCZ u. a. (1958) halten nach den Ergebnissen dreijähriger Versuche Gaben von 50 kg N/ha und 100 kg P_2O_5/ha zur Erreichung einer hohen Ertragsleistung angebracht. Kali und Stallmist zeigten eine geringere Wirkung. EISENHUTH (1955) konnte in einem Versuch auf Schwarzerdeboden keine gesicherten Ertragsunterschiede durch die Düngung feststellen, was auf Grund der hohen Fruchtbarkeit dieses Bodens erklärlich ist.

GSTIRNER (1950) erzielte folgende Ergebnisse (Tab. 428):

Tabelle 428

Düngung kg/ha			Ertrag dz/ha Droge	Gehalt an äth. Öl in %
N	P_2O_5	K_2O		
—	—	—	37,52	0,48
—	—	150	32,64	0,64
—	80	—	38,00	0,68
100	—	—	40,96	0,48
100	80	150	38,32	0,68

Der Versuch wurde einjährig mit sechs Wiederholungen durchgeführt. Die Parzellengröße betrug 20 m².

Wenn auch aus Ergebnissen einjähriger Versuche keine grundsätzlichen Folgerungen gezogen werden können, so ist doch eine gewisse Übereinstimmung mit den Befunden von GOLCZ u. a. (1958) zu erkennen. In Versuchen von ELZENGA (persönliche Mitteilung) zeigten besonders hohe N- sowie K_2O-Gaben und Stallmistdüngung Ertragszunahmen. Kali senkte in diesen Versuchen den Gehalt an ätherischem Öl. Durch eine Phosphorsäuredüngung dürfte dieser hingegen im Feldanbau günstig zu beeinflussen sein (Nolle 1929, Gstirner 1950, Eisenhuth 1955). Die pharmakologische Wirkung war bei Gstirner (1950) bei den Volldüngungspflanzen am höchsten, während bei Nolle (1929) Stallmist- und Superphosphatdüngung in dieser Beziehung die besten Ergebnisse brachten. Golcz u. a. (1958) konnten in dreijährigen Versuchen keine eindeutigen Beziehungen zwischen Düngung und pharmakologischer Wirkung erkennen. Eine solche muß zur Zeit zumindestens als nicht nachgewiesen betrachtet werden. Im praktischen Anbau wäre unter Voraussetzung der eingangs erläuterten Klimabedingungen Baldrian je ha mit 80 kg N, 70 bis 90 kg P_2O_5 sowie 100 bis 120 kg K_2O zu düngen. Bei Frühjahrspflanzung sollten alle Düngemittel vor der Anlage der Kultur in den Boden gebracht werden. Bei Herbstpflanzung werden zwei Drittel des Stickstoffes im zeitigen Frühjahr als Kopfdünger angewendet. Superphosphat soll nach Gryslow und Trofimow (1957) die beste Wirkung zeigen, wenn es reihenweise ausgebracht wird. Eine Stallmistdüngung erscheint nicht unbedingt erforderlich. Wird sie trotzdem vorgenommen, so würden 250 dz/ha ausreichend sein.

9. Die Echte Kamille
(Matricaria chamomilla L., Compositae)

Die echte Kamille ist einjährig. Die verwendeten Kamillenblüten enthalten ätherisches Öl mit Cham-Azulen. Der Anbau nimmt in einigen Ländern sehr große Flächen ein, da der Bedarf für arzneiliche Zwecke aus der Wildsammlung nicht zu decken ist. Die Vermehrung der Echten Kamille erfolgt durch Saatgut. Die Aussaat kann im Herbst oder im Frühjahr erfolgen. Der zuerst genannte Termin bringt aber ertragliche Vorteile. Über die Nährstoffaufnahme in Abhängigkeit vom Wachstumsverlauf liegen keine exakten Unterlagen vor. Bei der Untersuchung mehrerer Proben konnten im Durchschnitt die folgenden Nährstoffgehalte bzw. -entzüge ermittelt werden (Tab. 429):

Tabelle 429. *Nährstoffgehalte und -entzüge bei Echter Kamille*

Nährstoff	Gehalt in % der Trockensubstanz		Entzug in kg/ha		
	Kraut	Blüte	Kraut	Blüte	gesamt
N	0,88	2,68	26	27	53
P_2O_5	0,17	1,57	5	16	21
K_2O	1,64	3,74	49	37	86

Die zu erwartenden Erträge (trocken) belaufen sich bei Kamillenblüten auf 8 bis 12 dz/ha, die Krauternten schwanken zwischen 20 und 50 dz/ha, während die Saatguterträge 1 bis 3 dz/ha erreichen. Das Kraut wird in der Regel nicht verwertet. Die errechneten Nährstoffentzüge sind auf Erträge von 10 dz Blüten und 30 dz Kraut bezogen. Eine Überprüfung vorstehender Werte an einem umfangreichen Material ist wünschenswert. Die Kamille gedeiht unter den verschiedensten klimatischen Bedingungen, z. B. in den feuchteren Verhältnissen Norddeutschlands wie auch in der wärmeren und trockeneren Hortobagy in Ungarn. Obwohl gewisse Feuchtigkeitsmengen Voraussetzung für hohe Erträge der Kamille sind, scheint sie bezüglich der Wasseransprüche über eine große Anpassungsfähigkeit zu verfügen. Über die photoperiodische Reaktion liegen experimentelle Untersuchungen bisher nicht vor. Nach dem Verhalten der Pflanzen im Anbau und im Wildvorkommen hat es aber den Anschein, daß es sich um eine Langtagspflanze handelt. Nach Untersuchungen von ŠTERBA (1949) zeigen die Gehalte an ätherischem Öl in den Kamillenblüten ein Maximum während der Knospenbildung und ein weiteres in der Vollblüte. Um eine gehaltreiche Droge zu gewinnen, sollte daher erst nach dem vollen Aufblühen mit der Ernte begonnen werden. Die Erntetermine können durch stufenweise Saat auseinandergezogen werden. Aus diesem Grunde wird unter Umständen auch ein Teil der Kamillen im Frühjahr gesät. In den einzelnen Ländern beginnt die Kamillenernte zu folgenden Terminen:

ČSSR .... Mai
Deutschland .... Mai
Italien/Ungarn .... Ende April/Anfang Mai

Flores chamomillae sollten nach den Vorschriften verschiedener Arzneibücher frei von Verunreinigungen sein und einen Gehalt an ätherischem Öl von 0,4% aufweisen.

Über die Wirkung der Düngung auf die Erträge und zum Teil auch auf die Qualität liegen mehrere Beobachtungen vor. HECHT (1922/23) ermittelte, daß die Kamille sehr stark auf mineralische Düngung reagiert, wobei sich überhöhte Phosphorsäuregaben (Superphosphat) allerdings negativ auswirkten. DAFERT und RUDOLF (1925) führten einen Felddüngungsversuch mit Echter Kamille durch. Sie erzielten die in Tab. 430 wiedergegebenen Werte.

Tabelle 430. *Einfluß der Düngung auf die Erträge an Kamillenblüten*

Düngung kg/ha			Ertrag dz/ha trocken an Kamillenblüten	Gehalt an ätherischem Öl in %
N	P_2O_5	K_2O		
—	—	—	18,8	0,19
84	—	—	29,8	0,21
—	43	—	25,4	0,19
—	—	81	35,5	0,21
84	43	—	27,8	0,21
84	—	81	36,0	0,21
—	43	81	37,1	0,19
84	43	81	42,4	0,21

Die Parzellengröße betrug 8,5 m²; es wurde mit zwei Wiederholungen gearbeitet. Die Aussaat erfolgte im Herbst.

Wenn aus einjährigen Versuchen auch keine allgemeingültigen Schlüsse gezogen werden können, so zeigt dieses Experiment doch, daß die Kamille sehr stark auf die Mineraldüngung reagiert. Auffällig erscheint, daß die höchsten Erträge jeweils in Gegenwart von Stickstoff und Kali erzielt wurden. Dies deckt sich mit den Beobachtungen von HECHT (1922/23). Die Differenzen der Inhaltsstoffgehalte müssen als zufällig betrachtet werden. DERMANIS (1938) führte mehrjährige Felddüngungsversuche mit der Kamille durch. In seinen Ergebnissen bewirkte in erster Linie der Stickstoff sehr große Ertragssteigerungen. Auf Grund des Versuchsplanes konnte die Wirkung von K_2O und P_2O_5 nicht getrennt erfaßt werden. Unterschiedliche Gehalte an ätherischem Öl wurden nicht beobachtet. Durch die gute Übereinstimmung der Beobachtungen der drei hier zitierten Autoren sind für die Düngung der Kamille einige sachliche Hinweise vorhanden.

Diese sollte demnach stickstoff- und kalibetont ausfallen. Je ha wären zu empfehlen:

$$\begin{array}{lll} \text{N} & 40 \text{ bis} & 80 \text{ kg} \\ \text{P}_2\text{O}_5 & 36 \text{ bis} & 45 \text{ kg} \\ \text{K}_2\text{O} & 80 \text{ bis} & 120 \text{ kg} \end{array}$$

Bei Stickstoff sollte man in feuchteren Gebieten der oberen, und in sehr trockenen der unteren Grenze nahekommen. Kali und Phosphorsäure werden insgesamt, Stickstoff nur zu 50% vor der Aussaat verabfolgt. Der Rest wird sehr zeitig als Kopfdüngung angewendet. Eine Stallmistdüngung ist zu Kamille nicht erforderlich. Außerdem könnte dadurch die Krautentwicklung unerwünscht stark gefördert werden, was die Blütenbildung beeinträchtigen würde.

Die Römische Kamille *Anthemis nobilis L.* wurde experimentell von Dafert und Brandl (1930) bearbeitet. Auf eine ausführliche Darstellung muß hier verzichtet werden.

Ebenfalls zur Familie der Compositae gehört *Chrysanthemum cinerariaefolium Trev.*, Pyrethrum oder Insektenpulverpflanze. Da eine ausführliche Behandlung nicht vorgesehen ist, sei nur auf eine Veröffentlichung von Kroll (1953) über die Wirkung der Düngung auf den Ertrag hingewiesen.

d) Pflanzen mit anderen Hauptwirkstoffen

Neben den Pflanzen, die Alkaloide bzw. ätherische Öle als Hauptwirkstoffe enthalten, sind bei den kultivierten Arznei- und Gewürzpflanzen zahlreiche andere Inhaltsstoffgruppen verbreitet, so Glykoside, Gerbstoffe, Bitterstoffe, Schleimstoffe u. a. Eine Beschreibung von Inhaltsstoffen der Gift- und Arzneipflanzen Mitteleuropas wurde von Gessner (1953) vorgenommen. Arten aller Inhaltsstoffgruppen konnten nicht ausführlich behandelt werden, da über sie entweder nicht genügend Versuchsmaterial vorlag oder die wirtschaftliche Bedeutung des Anbaues für die Landwirtschaft sehr gering ist. Trotzdem soll nicht versäumt werden, einige zusätzliche Bemerkungen über die medizinisch sehr wichtigen Digitalisarten anzuschließen. Ihre Inhaltsstoffe — sie zählen zur Gruppe der Glykoside — sind für die Herztherapie von großer Bedeutung. Verschiedentlich wurde die Meinung vertreten (Fahrenkamp 1937, 1938, 1943), daß diese Glykoside eine positive Wirkung auf das Wachstum und den Gesundheitszustand landwirtschaftlicher Nutzpflanzen ausüben würden. Ein solcher Einfluß wurde auf Grund der unexakten Versuchstechnik, auf der diese Aussagen beruhten, von Vollmer (1937) sowie Mothes (1938) in Frage gestellt. Stange (1940), Hagel (1945) und Schöller (1956) konnten schließlich keine Anhaltspunkte für das Bestehen eines derartigen Effektes erkennen. Ein fördernder Einfluß der Digitalisglykoside auf das Wachstum der Pflanzen dürfte also nicht gegeben sein. Bezüglich der Wirkung der Düngung auf den Ertrag und den Glykosidgehalt sei bei *Digitalis purpurea L.* auf die Arbeiten von Boshart (1937), Tsao und Youngken (1952), Yamomoto und Iwao (1954) sowie Czabajski Golcz und Kowalewski (1960) hingewiesen. Über *Digitalis lanata Ehrh.* publizierten Dafert und Englisch (1925/26), Boshart (1937) sowie Czabajski und Colcz (1960). In den wärmeren Gebieten Europas hat der Anbau von *Ricinus communis L.* Bedeutung. Das fette Öl des Rizinus hat als Abführmittel Bedeutung. Außerdem ist eine vielseitige technische Verwendung möglich. Über den Einfluß der Düngung auf Ertragsleistung und Qualität liegen bei Rizinus Arbeiten von Iwanow (1940), Raspopow (1940) sowie Demidenko und Golle (1940) vor.

e) Schlußbetrachtung

Die Wirkung der Düngung auf den Ertrag und die Bildung der Inhaltsstoffe bei Arznei- und Gewürzpflanzen ist sehr stark von der jeweiligen Witterung und von der Gestaltung der Bodenfaktoren abhängig. Diese beiden Fragenkomplexe konnten in der vorliegenden Abhandlung nur soweit berücksichtigt werden, wie es zur Einschätzung einzelner Versuchsergebnisse erforderlich erschien. Ausführliche Darstellungen über den Einfluß des Klimas und des Bodens auf die Wirkstoffgehalte von Arzneipflanzen wurden in neuerer Zeit von FLÜCK (1954, 1955) gegeben.

Bei den behandelten Arten war es nicht immer möglich, genügend aussagekräftige Versuchsergebnisse vorzuweisen. Besonders nachteilig ist bei vielen Arznei- und Gewürzpflanzen das Fehlen langjähriger, an mehreren Orten durchgeführter Versuchsserien zu beurteilen. Repräsentative Schlüsse über den Einfluß der Düngung auf den Inhaltsstoffgehalt können im Feldversuch nur aus solchen Ergebnissen gezogen werden. Verschiedentlich wird der Feldversuch zur Prüfung der Nährstoffwirkung auf die Inhaltsstoffgehalte abgelehnt und auf die Zuständigkeit des Gefäßversuches verwiesen. Diese Auffassung bedarf einer Klarstellung. Sofern eine Abhängigkeit der Inhaltsstoffgehalte von der Düngung besteht, ist sie auch im Feldversuch zu erfassen. Voraussetzung dazu ist aber eine richtige Planung und exakte Durchführung der Experimente. Probleme der praktischen Düngung können nur unter weitgehender Hinzuziehung des Feldversuches geklärt werden. Bei Arznei- und Gewürzpflanzen sind dabei die relativen Inhaltsstoffgehalte sowie die Erträge an Droge und Inhaltsstoffen von Interesse. Dem Gefäßversuch fällt die Aufgabe zu, Einzelheiten über den Wirkungsmechanismus bestimmter Nährstoffe in Zusammenhang mit der Inhaltsstoffbildung sowie bestimmten physiologischen, anatomischen und morphologischen Größen zu klären. Gefäß- und Feldversuche haben somit unterschiedliche Fragen zu beantworten. Zur experimentellen Bearbeitung des Gesamtkomplexes der Düngung von Arznei- und Gewürzpflanzen müssen beide eingesetzt werden.

In unzureichendem Maße sind bisher die Einflüsse der Mikronährstoffe sowie der verschiedenen Düngemittelformen auf Erträge und Inhaltsstoffgehalte untersucht worden. Trotz der großen Lücken des vorliegenden Versuchsmaterials werden häufig verallgemeinernde Schlußfolgerungen gefordert. Solche können hinsichtlich der Wirkung der Düngung auf die Inhaltsstoffbildung zur Zeit nur mit größter Vorsicht gezogen werden. Ein Einfluß der Nährstoffversorgung auf die Inhaltsstoffgehalte kann als erwiesen gelten. Dabei dürfte es sich allerdings um einen indirekten Einfluß handeln, der in Zusammenhang mit den Stoffwechselvorgängen steht, aus denen die Inhaltsstoffe hervorgehen. Außerdem kann die Veränderung bestimmter morphologischer und anatomischer Merkmale von Bedeutung für die relativen Gehalte sein. In den Gefäßversuchen werden in der Regel extremere Versuchsbedingungen geschaffen als dies in Feldversuchen möglich ist. Außerdem liegen wesentliche Unterschiede in der Wasserversorgung, dem Standraum, der Belichtung usw. vor. Daher ist nicht zu erwarten, daß in Feldversuchen immer den Gefäßversuchen entsprechende ausgeprägte Gehaltsdifferenzen erzielt werden.

Bei den alkaloidführenden Pflanzen wurden in der Mehrzahl der Fälle durch die Stickstoffdüngung in Feldversuchen Gehaltssteigerungen erzielt. Überhöhte Gaben führten oft wieder zu Gehaltsminderungen. Die Wirkung der Phosphorsäure scheint indifferent und die des Kali in zu hohen Gaben meist negativ zu sein.

Bei den Pflanzen, die ätherisches Öl enthalten, sind in der Regel in Feldversuchen keine wesentlichen Änderungen der relativen Gehalte beobachtet worden.

Demgegenüber besteht eine starke Beeinflussung der absoluten Ölmengen über die Erträge. Inwieweit die qualitative Zusammensetzung der ätherischen Öle durch die Düngung beeinflußt werden kann, wurde bisher nur wenig untersucht.

Bei der Behandlung der einzelnen Arten ist ersichtlich, wie viele Probleme auf dem Gebiete der Düngung von Arznei- und Gewürzpflanzen noch einer experimentellen Bearbeitung bedürfen. Bei allen zukünftigen Versuchen sollten die eingangs erläuterten versuchstechnischen Grundsätze befolgt werden, da sonst die Erzielung aussagekräftiger Ergebnisse nicht möglich erscheint. Die bisher nur vereinzelt durchgeführte variationsstatistische Auswertung der Versuchsdaten sollte in allen Fällen vorgenommen werden. Weiterhin wird es erforderlich sein, bestimmte speziellere Zusammenhänge zu ergründen, so z. B. die qualitative Zusammensetzung von Inhaltsstoffgemischen oder auch den Verlauf bestimmter Stoffwechselvorgänge in Zusammanhang mit der Inhaltsstoffbildung in Abhängigkeit von der Nährstoffwirkung.

Wenn das vorliegende Kapitel dem Praktiker einige Hinweise für die Düngung der Arznei- und Gewürzpflanzen und dem Versuchsansteller einige experimentelle Anregungen geben würde, so soll sein Zweck erfüllt sein. Abschießend sei nochmals darauf hingewiesen, daß durch eine richtige Anwendung der Düngung bei Arznei- und Gewürzpflanzen wesentliche Ertragssteigerungen möglich sind, die bei gleicher oder erhöhter Qualität erzielt werden können.

Literatur

Bärner, J.: Abhängigkeit des Gehalts an ätherischem Öl von der Kalium-, Stickstoff- und Phosphordüngung bei Labiaten und Kompositen. Angew. Bot. **20**, 62–69 (1938). — Baird, J. V.: The influence of fertilizers on the production and quality of peppermint in Central Washington. Agronomy J. **49**, 225–230 (1957). — Bauer, K. H.: Über die Abhängigkeit der Zusammensetzung des Pfefferminzöles von der vegetativen Entwicklung und von der Sorte. Pharmaz. Zentralhalle **80**, 353–356 (1939). — Bauer, K. H., W. Rudorf und E. F. Heeger: Die Anbauverhältnisse einiger Heil- und Gewürzpflanzen unter besonderer Berücksichtigung der Wertstoffgehalte. Landwirtsch. Jb. **92**, 40–42 (1943). — Bode, H. R.: Der Einfluß des Lichtklimas auf die Eigenschaften der Droge bei der Gartensalbei (Salvia officinalis L.). Heil- u. Gewürzpflanzen **19**, 33–39 (1940). — Über den Einfluß von Spurenelementen auf das Wachstum der Pfefferminze (Mentha piperita L.). Gartenbauwiss. **14**, 654–664 (1940). — Borkowski, B.: Ansammlungsdynamik der ätherischen Öle in einigen Arzneipflanzen während der Vegetationsperiode. Planta Med. **5**, 43–50 (1957). — Boshart, K.: Kulturversuche mit Stechapfel und Tollkirsche mit besonderer Berücksichtigung der Schwankungen des Alkaloidgehaltes. Heil- u. Gewürzpflanzen **13**, 97–122 (1930/31). — Düngungsversuche mit Fingerhut (Digitalis purpurea und Digitalis lanata). Heil- u. Gewürzpflanzen **17**, 97–119 (1936/37). — Düngungsversuche mit Heil- und Gewürzpflanzen. Forschungsdienst **1937**, Sonderheft 18. — Düngungsversuche mit Heil- und Gewürzpflanzen. Forschung für Volk und Nahrungsfreiheit **8**, 428–431 (1938). — Über Anbau und Düngung aromatischer Pflanzen. Heil- u. Gewürzpflanzen **21**, 73–91 (1942). — Anbauversuche mit dem Schöllkraut, Chelidonium majus. Materiae vegetabiles **1**, 238–259 (1954). — Boshart, K., und L. Hiltner: Düngungsversuche mit Stechapfel. Heil- u. Gewürzpflanzen **6**, 1–10 (1923/24). — Bragilewskaja, S. M. (Брагилевская, С. М.): К вопросу об особенностях питания камфорного базилика. Тр. Украинск. опытн. станции лек. растений, Сб. статей по лек. растениям **30**, 17–27 (1939); zit. nach Utkin, L. A., u. a.: Bibliographie 1939, Nr. 17. — Удобрение камфорного базилика и далматской ромашки. Цервона Лубеншина **1941**, Nr. 51; Zit. nach Utkin, L. A., u. a.: Bibliographie 1941, Nr. 16. — Brewer, W. R., und L. D. Hiner: Cultivation studies of the solanaceous drugs, IV. Time and space in solanaceous culture. J. Amer. Pharmac. Ass. **39**, 638–640 (1950). — Brückner, K.: Untersuchungen an Mentha piperita L. (Sorte Mitcham-Pfefferminze) über den Gehalt an ätherischem Öl, über Ertrag, Düngung und Transpiration. Pharmazie **8**, 69–78 (1953). — Bruns-Runge, G.: Ocimum canum Sims, Kampferbasilikum. Pharmazie **3**, 313–322 (1948).

CARR, F. H.: Experimental work in an English herb garden. Amer. J. Pharm. **1913**, 487–496. — CHOCHLEW, L., und H. STEINDELÓWNA: Stadium użytkowe kwiatostanów lawendy. Biul. Naukowy 1, 145–151 (1955). — CHOTIN, A. A. (Хотин, А. А.): Накопление эфирного масла у мяты перечной под влиянием условий внешней среды. Доклады Академии Наук СССР 72, 965–968 (1950). — CORNELISSEN, L.: Über den Einfluß mineralischer Grund- und Kopfdüngung auf die vegetative Entwicklung und den Ölgehalt der Labiaten Ocimum canum, Thymus vulgaris und Origanum majorana. Diss. Münster 1947. — CROMWELL, B. T.: Experiments on the synthesis of Hyoscyamine in Atropa Belladonna. Biochem. J. **31**, 551–559 (1937). — CSIKY, J. S., und L. M. TELEGDY KOVÁTS: Results of fertilizer experiments in 1936. Bull. of the Extension Bureau of Soils and Fertilizers 15, Budapest (1936). — CZABAJSKI, T., und L. GOLCZ: Doświadozenia nawozowe z naparstnica wełnista (Digitalis lanata Ehrh.). Biul. Inst. Roslin Leczniczych 6, 83–90 (1960). — CZABAJSKI, T., L. GOLCZ und W. JARUSZEWSKI: Doświadzcenia agrotechniczne makiem lekarskim odmiany: Niebieski K. M. Biul. Inst. Roslin Leczniczych 6, 89–95 (1960). — Wpływ nawozów mineralnych na plon i zawartość oleyku w zwyczajnym (Carum carvi L.). Biul. Inst. Roslin Leczniczych 6, 89–95 (1960). — CZABAJSKI, T., L. GOLCZ und ZD. KOWALEWSKI: Wpływ nawozenia organicznego i mineralnego na ilościowy jakosciowy plon liści naparstnicy purrurowey (Digitalis purpurea L.). Biul. Inst. Roslin Leczniczych 6, 278–286 (1960). — CZYSZEWSKA, S., und W. LESZCZAKÓWNA: Stadium użytkowe tymianku (Thymus vulgaris L.). Biul. Naukowy 1, 175–184 (1955).

DAFERT, O., und M. BRANDL: Der Einfluß der Düngung auf den Ertrag an Droge und deren Gehalt an ätherischem Öl bei Anthemis nobilis. Angew. Bot. **12**, 212 (1930). — DAFERT, O., und K. ENGLISCH: Notiz über die Verwendung künstlicher Düngemittel beim Anbau von Digitalis lanata Ehrh. Heil- u. Gewürzpflanzen 8, 176–177 (1925/26). — DAFERT, O., und W. HIMMELBAUR: Düngungsversuche mit Arzneipflanzen. Landeskultur 3, 147–150, 163–167 (1936). — DAFERT, O., und J. RUDOLF: Der Einfluß einer verschiedenen Düngung auf die Menge der wertbildenden Stoffe bei Koriander, Anis, Kamille und Paprika. Heil- u. Gewürzpflanzen 8, 83–92 (1925). — DAFERT, O., und R. SCHOLZ: Düngungsversuche mit Fenchel und Kümmel. Heil- u. Gewürzpflanzen 10, 146–149 (1927/28). — DAFERT, O., und O. SIEGMUND: Düngungsversuche mit Datura stramonium L. und Hyoscyamus niger L. Heil- u. Gewürzpflanzen 14, 98–104 (1931/32). — DEEL, H., und H. DEEL: Influence de la reaction absolue du sol sur la formation et la composition de l'essence de Maryolaine. Bull. Soc. chim. 4, 41 (1927). Ref. in: Bericht der Schimmel & Co. AG, Miltitz bei Leipzig 1928, 66. — DERMANIS, P.: Versuche über den Anbau der Kamille und über den Einfluß verschiedener Wachstumsfaktoren auf den Gehalt der Kamillenblüte an ätherischem Öl. Heil- u. Gewürzpflanzen 18, 7–19 (1938).

EISENHUTH, F.: Untersuchungen über die Modifikation der Leistung und der Qualität bei Valeriana officinalis durch Anbautechnik und Standort. Pharmazie 10, 501–506 (1955). — ELLIS, N. K., K. I. FAWCETT, F. C. GAYLORD und L. H. BALDRINGER: A study of some factor affecting the yield and market value of peppermint oil. Zit. nach J. V. BAIRD, Agronomy J. 49, 225–230 (1957). — ESDORN, I.: Untersuchungen über den Gehalt an ätherischem Öl und Kampfer in Ocimum canum Sims. Pharmazie 4, 70–77 (1949).

FAHRENKAMP, K.: Vom Aufbau und Abbau des Lebendigen, Teil 1, 2, 3. Stuttgart, Leipzig: Hippokrates. 1937, 1938, 1943. — FAUCONNET, L.: Variations saisonnières dans la racine de valériane officinale. Schweiz. Apotheker-Ztg. 85, 17 (1947); Ref. in: Chem. Zbl. 87, 341 (1948). — FLÜCK, H.: The influence of the soil on the content of active principles in medicinal plants. J. Pharmacy Pharmacol. 6, 153–163 (1954). — The influence of climate on the active principles in medicinal plants. J. Pharmacy Pharmacol. 7, 361–383 (1955). — Einführendes Referat zum Symposium über Einflüsse der Umwelt auf Arznei- und Nutzpflanzen. Pharmac. Weekblad 15, 19–24 (1957).

GESSNER, O.: Die Gift- und Arzneipflanzen von Mitteleuropa. Heidelberg:Winter. 1953. — GOLLE, V. P., und T. T. DEMIDENKO: Kritische Perioden bei der Ernährung von Rizinuspflanzen. C. R. Dokl. Acad. Sci. USSR 27 (N.S. 8), 284–286 (1940); Ref. in K. SCHARRER und R. BÜRKE: Fortschritte der Agrikulturchemie. S. 140. Dresden und Leipzig: Steinkopff. 1955. — GOLCZ, L.: Wpływ nawożenia mineralnego i organicznego oraz gęstości sadzenia na ilość i jakość plonu mięty pieprzowej w uprawie jednorocznej. Biul. Inst. Roślin Leczniczych 4, 358–367 (1958). — GOLCZ, L., und W. JARUSZEWSKI: Wyniki doświadczen nawozowych z szałwią lekarską (Salvia officinalis L.). Biul. Naukowy 2, 26–32 (1956). — GOLCZ, L., Z. KOWALEWSKI und J. OWSIANNY: Wyniki doświadczen nawozowych z kozłkiem lekarskim (Valeriana officinalis L.). Biul. Inst. Roślin Leczniczych 4, 107–114 (1958). — GRAAFF, W. C. DE: Verslag over 1928 van het proefveld voor geneeskruiden van de Nederlandsche

Vereeniging voor geneeskruidtuinen. Utrecht 1928; Ref. in: Heil- u. Gewürzpflanzen **12**, 36 (1929/30). — Gryslow, W. P., und W. I. Trofimow (Грызлов, В. П., и В. И. Трофимов): Влияние доз рядкового удобрения на урожай лекарственных культур. Удобрение и урожай **2**, 43–47 (1957). — Gstirner, F.: Düngungsversuche mit Atropa Belladonna und Valeriana officinalis. Pharmazie **5**, 498–501 (1950). — Gyárfás, J.: Paprika mütrágyázási kisérletek. Köztelek **23**, 1481 (1913).

Hagel, G.: Kritische Untersuchungen über die von Fahrenkamp angegebene Methode einer Wachstumsbeschleunigung und Ernteerhöhung durch Digitalis und verwandte Glykoside. Diss. Darmstadt 1945. — Haller, H.: Contribution à l'étude de la culture en milieu synthétique de quelques plantes officinalis. Etude particulière de Datura innoxia Miller. Diss. Genève 1946. — Hecht, W.: Zur Düngungsfrage der Kamille, Matricaria chamomilla. Heil- u. Gewürzpflanzen **5**, 33–35 (1922). — Heeger, E. F.: Sortenkundliche Untersuchungen zur Kenntnis der im Deutschen Reiche angebauten Kümmelsorten. Heil- u. Gewürzpflanzen **19**, 41–55, 76–91, 108–120 (1940/41). — Die Gewinnung einiger wertvoller Körnerdrogen auf Grund neuer Erfahrungen. Wiss. Z. Karl-Marx-Univ. Leipzig, Math.-Nat. Reihe 4, 293–299 (1954/55). — Handbuch des Arznei- und Gewürzpflanzenbaues. Drogengewinnung. Berlin: Deutscher Bauernverlag. 1956. — Heeger, E. F., und H. Schröder: Einige Bemerkungen zu Fragen des Anbaus von Majorana hortensis Moench im Hinblick auf die Methodik pflanzenbaulicher Versuche mit Arznei- und Gewürzpflanzen. Pharmazie **13**, 480–486 (1958). — Untersuchungen über die Morphinerträge bei Papaver somniferum L. unter mitteldeutschen Anbauverhältnissen. Pharmazie **14**, 228–233 (1959). — Hocking, G. M., und L. D. Edwards: Cultivation of peppermint in Florida. Economic Bot. **9**, 78–93 (1955). — Horváth, F., und G. Bujk: A paprikanövény tápanyagfelvétele és tápanyag kihasználása. Kisérl. Közl. **37**, 45–56 (1934). — A majoránnanövény tápanyagfelvétele és tápanyagkihasználása. Különlenyomat a Kisérl. Közl. **39**, 1–6 (1936).

Ilijewa, S., E. Dimitrowa, A. Christowa und G. Solotowitsch: Beitrag zum Studium der Lavendelkultur. Z. wiss. Forschungsinst. Landwirtschaftsminist. (Sofia) **22**, 31–48 (1955); Ref. in: Landwirtsch. Zbl. **1957**, 1785. — Iwanow, W. K. (Иванов, В. К.): Удобрения — как фактор повышения урожая клещевины. Химизация социалистического земледелия **1940**, 45–48. — Izkowa, N. Ja., und P. T. Kondratenko (Ицкова, Н. Я., и П. Т. Кондратенко): Возделывание лекарственных растений, c. 270. Moskau: Medgis. 1954.

Jentzsch, K.: Beitrag zur Kenntnis der Alkaloidbildung in Solanaceen. Sci. pharmac. **21**, 285–291 (1953); Ref. in: Pharm. Zentralhalle **93**, 387–388 (1954).

Kalinkewitsch, M. I. (Калинкевич, М. И.): О влиянии калия на накопление эфирных масел в листьях камфорного базилика. Доклады Академии Наук СССР **60**, 1363–1365 (1948). — Klan, Z.: Über den Einfluß von Düngemitteln auf den Alkaloidgehalt der Blätter von Hyoscyamus niger L. Heil- u. Gewürz-Pflanzen **13**, 122–130 (1930/31). — Koelle, G.: Untersuchungen über die Drüsenschuppen des Blatt-Majorans und ihre Beeinflussung durch Düngung, Wassermangel und Beschattung. Diss. Karlsruhe 1952. — Kofler, L.: Über die Zunahme des ätherischen Öles beim Kümmel und Fenchel während des Lagerns. Pharmaz. Mh., Beibl. z. Pharmaz. Post **1936**, H. 9. — Kopp, E.: Versuche zur Züchtung einer morphinreichen Mohn-sorte. Pharmazie **12**, 614–620 (1957). — Grünmohn oder Mohnstroh (reife Mohn-kapseln)? Pharmazie **15**, 30–41 (1960). — Kramer, W.: Ein Beitrag zum Kümmel-anbau. Pharmazie **10**, 550–554 (1955). — Kroll, U.: The effect of fertilizers and manures on Pyrethrum yields. E. Afric. Agric. J. **19**, 35–36 (1953). — Kuhn, A., und G. Schäfer: Schwankungen des Alkaloidgehaltes der Atropa Belladonnae während einer Vegetationsperiode. Pharmaz. Zentralhalle **80**, 151–154 und 163–169 (1939).

Lecat, P.: Verbesserung des Morphingehaltes des Schlafmohns (Papaver somni-ferum nigrum L.) durch Artauswahl. Der Einfluß von Mineraldünger auf dessen Gehalt. Ann. pharm. franc. **14**, 714–718 (1956); Ref. in: Chem. Zbl. **129**, 13302 (1958). — Lemli, J. A. J. M.: De vluchtige olie van Mentha piperita L. gedurende de ontwikkeling van de plant. Diss. Groningen. 1954. — Lukownikow, E. K. (Луковников, Е. К.): Влияние удобрений на опийный мак. Химизация социалистического земледелия **1940**, 64–68.

Mayer, C.: Zur Frage der Düngung der Arzneipflanzen. Pharmaz. Ind. **9**, 169 (1942). — Miram, R., und S. Pfeifer: Über die Veränderungen im Alkaloidgehalt der Mohnpflanze während einer Vegetationsperiode, 1. Mitt. Sci. pharmac. **27**, 34–53 (1959). — Über die Veränderungen im Alkaloidgehalt der Mohnpflanze während einer Vegetationsperiode, 2. Mitt. Sci. pharmac. **28**, 15–28 (1960). — Morechin, M. G. (Морехин, М. Г.): Зависимость урожая камфорного базилика от запаса подвижных питательных веществ и засоленности почвы. Тр. Украинск. опытн. станции лек. растений,

Сб. статей по лек. растениям **30**, 41–48 (1939); Zit. nach L. A. UTKIN u. a.: Bibliographie 1939, Nr. 86. — Методы применения удобрений под камфорный базилик. Тр. Украинск. опытн. станции лек. растений, Сб. статей по лек. растениям **30**, 29–40 (1939); Zit. nach L. A. UTKIN u. a.: Bibliographie 1939, Nr. 88. — MOTHES, K.: Über die Ausscheidung von Solanaceenalkaloiden aus gesunden Blättern. Dtsch. Apotheker-Ztg. **53**, 1271–1273 (1938). — Die Bedeutung der Spurenstoffe für die Entwicklung und Vergesellschaftung der Pflanzen. Organismen und Umwelt, S. 150. Dresden und Leipzig: Steinkopff. 1939.

NIKONOV, G. K.: Accumulation and distribution of the main alkaloids in the opium poppy in the course of its ontogenesis. Bull. Narcotics **10**, No. 1, 20–24 (1958). — NOLLE, J.: Neues zur Baldrianfrage, gleichzeitig Beitrag zur Wertbestimmung von Rhiz. valerianae. Arch. exper. Path. Pharmakol. **145**, 248–254 (1929).

OBERMAYER, E.: Der ungarische Gewürzpaprika, sein Anbau und seine Züchtung. Ernähr. d. Pflanze **34**, 247–252 (1938). — OBERMAYER, E., G. MÁNDY und L. BENEDEK: Magyarország Kulturflórája. A paprika. Budapest: Akadémia Kiadó. 1955. — OPITZ, H.: Das Nährstoffbedürfnis einiger Heilpflanzen. Dtsch. Heilpflanze **3**, 133––135 (1937). — Über die Wirkung einiger Spurenelemente auf Heilpflanzen. Dtsch. Heilpflanze **4**, 165 (1938). — Über den Einfluß von Spurenelementen auf Mentha piperita in Wasserkultur. Berichte der Fa. W. Schwabe 84–85, Leipzig 1939.

PAECH, K.: Die Differenzierung der Ölzellen und die Bildung des ätherischen Öles bei Asarum europaeum. Z. Bot. **40**, 53–66 (1952). — PAHLOW, H.: Über den Alkaloidgehalt der Folia belladonnae. Bayer. Apotheker **6**, 178 (1953). — PALAMAR, N. S. (ПАЛАМАРЬ, Н. С.): Эфирномасличные культуры средней полосы. (Мята, кориандр. анис. тмин). Moskau: Selchosgis. 1953. — PAWEŁCZYK, E., und H. STEINDELÓWNA: Wpływ fazy dojrzałości na wartoćś owoców kopru włoskiego, kminku i kolendry. Biul. Naukowy **2**, 81–86 (1956). — PILZ, F.: Mentha piperita (Pfefferminze) und ihre Ansprüche an den Vorrat von Pflanzennährstoffen im Boden. Z. Landwirtsch. Vers.-Wesen Österreich **15**, 575–584 (1912). — POETHKE, W., und E. ARNOLD: Untersuchungen über den Morphingehalt der Mohnpflanze. Pharmazie **6**, 406–420 (1951). — POPOWA, M. I. (ПОПОВА М. И.): Влияние минеральных удобрений на высоту и качество урожая аниса. В сб.: Физиология растений, Труды **8**, 209–228 (1935). Leningrad, zit. nach L. A. UTKIN u. a.: Bibliographie 1935. Nr. 111. — POTLOG, A. S.: Der Einfluß von Kunstdünger auf den Ertrag und die Qualität des Kümmels. Heil- u. Gewürz-Pflanzen **18**, 19–21 (1938).

RANZANI, G., und E. J. KIEHL: La fertilisation azotée dans la menthe (Mentha arvensis). Contribuiçăo da escola superior de agricultura "Luiz de Queiroz" ao 2.° congresso mundial de adubos químicos 1952, Nr. 11, S. 71–72. — RASPOPOW, P. S. (РАСПОПОВ, П. С.): Влияние условий питания клещевины на урожай и его качество. Тр. Моск. с.-х. акад. им. Тимирязева **1**, 126–142 (1940). — RUSSELL, G. A.: The influence of climatic conditions on the yield and quality of oil of Mentha arvensis, Variety piperascens. J. Amer. Pharmac. Ass. **14**, 679–681 (1925).

SANDFORT, E.: Über die Ursachen der Schwankungen im Alkaloidgehalt bei Datura stramonium L. Angew. Bot. **22**, 1–52 (1940). — SARKÁNY, S., und B. DÁNOS: Über die Veränderungen im Morphin- und Nebenalkaloiden-Gehalt in verschiedenen Organen der Mohnpflanze während der Vegetationsperiode (I.). Acta Bot. Acad. Sci. Hung. **3**, 293–316 (1957). — SAZYPEROW, F. A. (БЕРЕЖИНСКАЯ, В. В., С. Е. ЗЕМЛИНСКИЙ, Э. Э. КУШКЕ, В. И. МУРАВЬЕВА и Ф. А. САЦЫПЕРОВ): Белладонна. Moskau. 1953. — SCHERMEISTER, L. J., R. F. VOIGT und F. T. MAHER: The influence of varying nitrogen levels on hydroponic growth and alkaloid production in Hyoscyamus muticus L. J. Amer. Pharmac. Ass. **39**, 669–672 (1950). — SMODLAKA, M., und M. SEKULIĆ: Beitrag zur Untersuchung des Gehaltes an ätherischem Öl in den Melissenblättern (Melissa officinalis L., Labiatae). Arch. Farm. Beograd **2**, 65–71 (1957). Ref. in: Pharmaz. Zentralhalle **97**, 25 (1958). — SCHÖLLER, F.: Über den Einfluß herzwirksamer Glykoside auf Wachstum und Gesundheit landwirtschaftlicher Nutzpflanzen. Z. Acker- u. Pflanzenbau **101**, 465–470 (1956). — SCHPILENJA, S. E. (ШПИЛЕНЯ, С. Е.): Влияние продолжительности и интенсивности освещения на содержание алкалоидов в листьях делены и белладонны. Доклады Академии Наук СССР **91**, 1401–1404 (1953). — SCHRATZ, E.: Erntezeit und Ölausbeute bei Echtem Lavendel (Lavandula officinalis Chaix ex Vill.). Pharmazie **2**, 175–177 (1947). — Zur Frage der Beurteilung des Wirkstoffgehalts von Arzneipflanzen. Planta Med. **2**, 161–171 (1954). — Der Einfluß der Umwelt auf den Gehalt der Pflanzen an ätherischem Öl. Pharmac. Weekblad **15**, 38–49 (1957). — SCHRATZ, E., und M. SPANING: Der Einfluß des Standortes auf den Gehalt an ätherischem Öl bei Labiaten. Dtsch. Heilpflanze **9**, 37–45 (1943). — SCHRATZ, E., und P. WIEMANN: Über den Einfluß mineralischer Düngung auf Entwicklung und Ölgehalt von Labiaten. Pharmazie 4, 31–35 (1949). — Schröder, H.: Die natürlichen Standortbedingungen für den Arznei- und Gewürzpflanzenanbau bei Aschersleben. Dtsch. Gartenbau 4, 93–94 (1957). — Zur Frage der Saatgutgewinnung bei Majoran (Majorana hortensis Moench). Dtsch. Gartenbau 4, 175–177 (1957). — Der Einfluß von Stickstoff, Phosphorsäure und Kali auf Ertrag und Gehalt an ätherischem Öl bei Majoran (Majorana hortensis Moench). Pharmazie 14, 329–346, 408–417 (1959). — Springer, R.: Pfefferminze und Pfefferminzöl und die Abhängigkeit der darin erzeugten Inhaltsstoffe von Wachstum und Erntebedingungen. Bot. Arch. 39, 102–146 (1937). — Stange, K.: Versuche über die Beeinflussung des Pflanzenwachstums durch Herzglykoside. Diss. Marburg. 1940. — Steigerwald, E.: Mehrjährige Düngungsversuche zu Pfefferminze auf Mineralboden. Bayer. Landwirtsch. Jb. 35, 733–760 (1958).—Über Versuche mit Stickstoffmagnesia bei Pfefferminze 1957/58. Planta Med. 7, 260–267 (1959). — Sterba, B.: Casopis ceského lékarnictva. Vedecká priloha 62, 1 (1949); Ref. in: Pharmaz. Zentralhalle 89, 200 (1950).

Torbágyi-Novák, L.: A Garamvölgyi cukorgyár rt. zselizi gazdaságában füszerpaprikával beállitott mütrágyázási és fajtakisérletek eredményei. Kisérl. Közl. 46, 248–253 (1943). — Torres, J. C.: Der Alkaloidgehalt der Tollkirsche. Medicamenta 5, 50 (1953); Ref. in: Pharmaz. Ztg. 89, 887 (1953). — Bemerkung über die Düngewirkung von Ammonium- und Kaliumsulfat und über den Einfluß des Zeitpunktes der Ernte auf den Gehalt von Salvia officinalis an ätherischem Öl. Medicamenta 6, 51 (1954); Ref. in: Pharmaz. Zentralhalle 94, 194 (1955). — Trögele, F.: Über das Verhalten der Alkaloide in den Organen der Atropa belladonna L. Diss. Würzburg. 1910. — Tsao, D. P. N., und H. W. Youngken, Jr.: Die Wirkung von Kobalt, Acetaten, Ascorbinsäure und Cholesterin auf Wachstum und Glykosidbildung von Digitalis purpurea. J. Amer. Pharmac. Assoc., Sci. Ed. 41, 407–414 (1952); Ref. in: Chem. Zbl. 127, 5045 (1956).

Utkin, L. A., u. a. (Уткин, Л. А., А. Ф. Гаммерман, В. А. Невский): Библиография по лекарственным растениям. Moskau—Leningrad: Издательство Академии Наук СССР. 1957.

Völker, W.: Der Einfluß der Mineraldünger auf den Alkaloidgehalt bei offizinellen Solanaceen insbesondere bei Hyoscyamus niger L. Diss. Bonn. 1951. — Vollmer, H.: Über angebliche Wirkungen der Pflanzen mit Digitalisglykosiden. Untersuchungen an Pflanzenteilen und keimenden Samen. Klin. Wschr. 16, 1599 (1937).

Wegner, E.: Die Morphinverteilung in der Mohnpflanze und ihre Veränderungen im Laufe der Vegetationsperiode als Beitrag zur Physiologie dieses Alkaloides. Pharmazie 6, 420–426 (1951). — Vergleichende Untersuchungen über die Verteilung des Morphins in den Vegetationsorganen geköpfter und normaler Mohnpflanzen. Pharmazie 8, 839 (1953). — Weichan, C.: Der Gehalt an ätherischem Öl bei aromatischen Pflanzen in Abhängigkeit von der Düngung. Pharmazie 3, 464–467 (1948). — Windisch, R.: A paprika növény tápanyagfelvétele. Kisérl. Közl. 7, 506–521 (1904).

Yamamoto, S., und T. Iwao: Schwarze saure Böden und die drei Düngeelemente bei Digitaliskulturen. Annu. Rep. Shionogi Res. Lab. (Osaka) 1954, 475–481; Ref. in: Chem. Zbl. 127, 1967 (1956).

Zade, A.: Pflanzenbaulehre für Landwirte, S. 239–242. Berlin: Parey. 1933. — Zarew, M. W. (Царев, М. В.): Изучение динамики накопления питательных веществ у лекарственных растенийкамфорный базилик, мята перечная и белладонна. Химизация социалистического земледелия 6, 39–44 (1940).

B. Weitere Sonderkulturen

a) Tabak
(Nicotiana tabacum, N. rustica)

Von

H. Linser und K. Schmid[1]

Von den über 60 botanisch als Tabak zu bezeichnenden Arten des Genus Nicotiana sind nur *N. rustica* (der „Bauerntabak") und vor allem *N. tabacum*, welche etwa 90% des Anbaus umfaßt, von Bedeutung als landwirtschaftliche Kulturpflanzen. Die gesamte Anbaufläche der Welt stieg von 1920 bis 1957 von 2 625 000 auf 3 767 000 ha an, wobei sich 1957 die Anbauflächen wie folgt auf die einzelnen Erdteile verteilten:

Asien (mit Kleinasien) 1 914 000 ha, Europa (einschließlich der UdSSR) 697 000 ha, Nordamerika (mit Kanada) 554 000 ha, Lateinamerika 365 000 ha, Afrika 231 000 ha, Ozeanien 6 000 ha. Die gesamte Weltproduktion an Tabakblättern stieg von 1920 bis 1957 von 2 375 000 t auf 3 761 000 t an (was einer durchschnittlichen Produktion von 1 t/ha entspricht) und verteilte sich 1957 wie folgt:

Asien (mit Kleinasien) 1 688 000 t, Nordamerika (einschließlich Kanada) 885 000 t, Europa 703 000 t, Lateinamerika 327 000 t, Afrika 152 000 t, Ozeanien 6 000 t.

1. Ansprüche an Boden und Klima

Tabak stellt spezifische Anforderungen an die Böden. Er gedeiht vorwiegend auf sandigen Böden bis sandigen Lehmböden und benötigt eine gute Bodendurchlüftung bei gutem Wasserhaltevermögen des Bodens.

Die einzelnen Sorten (bzw. Qualitäten) verlangen besondere Boden- und Klimaeigenschaften. Wöber (1950) stellte für die österreichischen Tabakanbaugebiete eine Übersicht über die spezifische Eignung verschiedener Bodenarten für die einzelnen Tabaksorten zusammen, die in Tab. 431 wiedergegeben ist.

Die Reaktion des Bodens soll zwischen schwach sauer und neutral liegen; obzwar der Tabak gegenüber der Wasserstoffionenkonzentration nicht sehr empfindlich ist und er sogar, wenn es sich um Zigarrentabak handelt, häufig auf alkalischen Böden gezogen wird, wirken sich doch zu hohe pH-Werte infolge Festlegung von Spurenelementen bzw. Mn, B und Fe ungünstig aus, pH-Werte zwischen 5 und 5,6 haben sich als günstig erwiesen.

Obwohl Tabak eine typische Tropenpflanze ist, kann sie sich doch sehr verschiedenartigen Klimagebieten anpassen. Die relativ kurze Entwicklungsdauer in den tropischen Klimagebieten (etwa zwei Monate) wird in kühleren Klimagebieten bis zum mehr als Doppelten (auf etwa fünf Monate) verlängert. Sie kann, eben infolge ihrer relativ kurzen Entwicklungsdauer, auch in nördlichen Klimagebieten bis Schweden und Südfinnland angebaut werden und zu zufriedenstellender Entwicklung kommen.

Die durchschnittlichen Regenmengen in den Sommermonaten sind für das Wachstum des Tabaks von ausschlaggebender Bedeutung (Schmid 1952). Tab. 432

---

[1] Dieser Beitrag mußte, da ihn der vorgesehene Autor nicht rechtzeitig fertigstellen konnte, redaktionell ausgearbeitet werden. Der Herausgeber dankt Herrn Prof. Dr. K. Schmid (Forchheim) für die Überlassung von Unterlagen, insbesondere der Tab. 433 bis 435 sowie der Abbildungsvorlagen zu diesem Abschnitt.

Tabelle 431

Boden		Zusammensetzung der Ackererde				1. Steppenklima (Ost-Niederösterreich) 400 bis 600 mm Regen / 8° bis 9° C Jahresdurchschnittstemperatur	2. Ost-Voralpines Klima (Ost-Steiermark) 600 bis 800 mm Regen / 9° C Jahresdurchschnittstemperatur	3. Pseudobaltisches Klima (Oberösterreich) 800 bis 1200 mm Regen / 8° bis 9° C Jahresdurchschnittstemperatur
Gruppe	Typ	% Ton	% Feinsand	% Grobsand	% Rest + Humus			
Tonböden A	a	60 und mehr	25 und weniger	10	5 und weniger	*Kein* Boden für Edeltabak Boden für Industrietabak (Nikotingewinnung usw.)	*Grobe Rauch- und Kautabake* wie unter Rubrik A/b/1	*Grobe Rauch- und Kautabake* wie unter Rubrik B/a/1 und A/b/2
	b	50 und mehr	30 und weniger	10	10 und mehr	*Grobe Rauch- und Kautabake Dunkle, braune:* Debreziner usw. *Helle, gelbe:* Ungarisches Gartenblatt usw. (Lufttrocknung)	*Grobe Rauch- und Kautabake* wie unter Rubrik B/a/1	*Feinere Rauchtabake* wie unter B/b/1 und B/a/2 *Grobe, mittelfeine Zigarrentabake* Wickeltabake: Sorten z. B. Geudertheimer, Havanna III, Mont Calm
Lehmböden B	a	50 und weniger	35 und mehr	10	5	*Grobe Rauch-, Kau- und Schnupftabake Dunkle:* Debreziner, Virginia und Kentucky *Helle:* Ungarisches Gartenblatt, Muskateller usw. (Luft- und Räucherungstrocknung)	*Feinere Rauch- und Kautabake* wie unter Rubrik B/b/1 und *helle* Burley-Sorten *Grobe Zigarrentabake Wickel-* und *Einlagesorten* Breitblatt (Broadleaf) usw.	*Feinere Rauchtabake* wie unter B/b/1, B/a/2, A/b/3 *Mittelfeine, feine Zigarrentabake* Wickeltabake — *Grobe Decktabake* Sorten wie unter A/b/3
	b	20 und mehr	50	10	10	*Leichte, feinere Rauch- und Kautabake Dunkle:* Debreziner, Virginia und Kentucky (Räucherung) *Helle:* Ungarisches Gartenblatt, Muskateller, Virginia (Heizungstrocknung)	*Feine Rauchtabake* wie unter Rubrik C/a/1 und helle Burley-Sorten *Grobe Zigarrentabake* Wickel- und Einlagesorten wie unter B/a/2	*Feine Rauchtabake* wie unter C/a/1, B/b/2 *Feine Zigarrentabake* Wickel- und gute Decktabake Sorten: Havanna III, Havanna IIc (wenn Schattenzelte, gute, feine Decktabake)

Sandböden C							
	a	20 und weniger	70	10	*Feine Rauchtabake* *Helle:* Virginia (Heizungstrocknung), Muskateller (Lufttrocknung), Ungarisches Gartenblatt (Lufttrocknung)	*Feine Rauchtabake* wie unter Rubrik C/a/1 und helle Burley-Sorten *Mittelfeine Zigarrentabake* Wickel- und Einlagesorte Geudertheimer	*Feinste Zigarrentabake* *Freiland:* Wickel- und Deckentabake Sorten: Havanna III, Havanna IIc, Havanna Connecticut usw. *Schattenzelt:* Florida-Schattentabak, Connecticut-Sumatra-Schattentabak usw.
	b	10 und weniger	80	10	*Kein geeigneter Boden* ohne künstliche Bewässerung (ertragsunsicher)	*Feinste Rauchtabake* wie unter Rubrik C/a/1 und helle Burley-Tabake *Mittelfeine Zigarrentabake* Wickelsorten: Geudertheimer Mont Calm bruin usw.	*Feinste Zigarrentabake* *Deck-* und *Wickel*-Freilandtabake Schattenzelt: wie unter C/a/3
Trocknungsart					Lufttrocknung vorherrschend	Lufttrocknung neben künstlicher Trocknung	Künstliche Trocknung, zumindest zeitweise ausschlaggebend für Erfolg

läßt erkennen, daß hohe Erträge nur in Jahren erreicht werden können, in denen die Niederschläge während der Sommermonate hohe Werte erreichen. In heißen Trockenjahren (hier mit Mai/Juli-Niederschlägen von weniger als 200 mm) können hohe Erträge nur mit Hilfe zusätzlicher Beregnung erzielt werden.

Tabak zählt neben Kartoffeln, Reis, Baumwolle und Hanf zu den gegen Daueranbau wenig empfindlichen Pflanzen (JEGOROW 1958) und kann daher in der Fruchtfolge wiederholt eingesetzt werden.

Die Ansprüche des Tabaks an den Standraum wurden von WEIDEMANN (1955), JAGORIDKOW (1958) und u. a. von HORNUNG (1960a) untersucht, wobei in den Versuchen der letztgenannten Autoren die Standweite 62,5 × 80 cm (mit 20 000 Pflanzen/ha) die geringsten Gesamterträge, jedoch die größte Blattfläche und das höchste Blattflächengewicht bei konstantem Rippenanteil in Prozent brachte, während die Standweite 62,5 × 40 cm (mit 40 000 Pflanzen/ha) die größten Erträge brachte. Während auch das Längen-Breiten-Verhältnis der Blätter von der Standweite beeinflußt war, zeigte die Glimmfähigkeit keinen Einfluß der Standweite,

Tabelle 432. *Erträge in acht aufeinanderfolgenden Anbaujahren, verglichen mit der Niederschlagsmenge der Monate Mai, Juni, Juli (mm) und dem Temperaturmittel der gleichen Monate (°C) sowie der Zahl der Sommertage während dieser Monate sowie die durch zusätzliche Beregnung erzielten Mehrerträge* (nach Zahlen von Hornung 1960)

Jahr	1952	1953	1954	1955	1956	1957	1958	1959
mm	100	287	185	276	205	298	228	108
°C	18,4	17,4	16,3	16,4	16,3	16,7	17,1	18,6
Sommertage..............	42	36	24	26	20	27	26	47
dz/ha (ohne Beregnung) ...	17,7	29,0	26,5	29,5	31,1	27,0	31,3	24,4
Mehrertrag durch Beregnung	15,0	0,0	7,0	0,0	0,0	6,0	0,0	9,2

obzwar neben dem Nikotingehalt der Zuckergehalt, der bei 40 cm 23,0% betrug, bei 60 cm auf 26,0% angestiegen war. Jagoridkow (1958) fand für verschiedene Sorten in bulgarischen Anbaugebieten optimale Standweiten von 32 × 10, 50 × 10, 50 × 12 und 55 × 12 cm.

Die Vorfrucht hat mitunter großen Einfluß auf den Tabakertrag. Schabanow (1957) erhielt nach Zottelwicke 31% Mehrertrag bei Qualitätsverbesserung. Er empfiehlt, die Leguminose jedes zweite oder dritte Jahr einzuschalten; Fruchtfolge: Weizen, Futtermais, Zottelwicke als Zwischenkultur, Tabak, Zottelwicke + Tabak, Tabak. Ihre Wirkung entsprach der Düngerwirkung von 20 t/ha Stallmist.

2. Entwicklung und zeitlicher Wachstumsverlauf

In den Tropen hat Tabak eine sehr kurze Vegetationsdauer, oft nur 60 Tage, während in kühleren Gegenden hierfür etwa 150 Tage angesetzt werden müssen (s. auch Tab. 434).

Die Entwicklungsdauer sowie die zeitliche Folge von Aussaat, Auspflanzung von Setzlingen bis zur Sandblatternte und zur Oberguternte ist aus den Zahlen der Tab. 433 ersichtlich. Von der Aussaat bis zur Auspflanzung werden je nach Klimagebiet 44 bis 90 Tage, von der Auspflanzung bis zur Sandblatternte etwa 56 bis 92 Tage, von der Sandblatt- bis zur Oberguternte 32 bis 78 Tage benötigt. Die Gesamtdauer von der Auspflanzung bis zur Oberguternte liegt zwischen 103 und 144 Tagen. Tamayo (1958) stellte fest, daß die tetraploiden Arten 100 bis 140 Tage bei *N. rustica* und 110 bis 160 Tage bei *N. tabacum* benötigen, während die diploiden Sorten mit 50 bis 70 Tagen auskommen. Auch sollen die Tetraploiden hohe Temperaturen besser ertragen bzw. eine höhere Wärmesumme zum Abschluß ihrer Entwicklung benötigen als die diploiden Sorten.

In der Rheinebene, wofür Forchheim (48°50′ nördliche Breite und 116 m N.N.) charakteristisch ist, beträgt die durchschnittliche Wachstumsdauer des Tabaks für das Setzlingswachstum im Saatbeet unter Glas, einschließlich Keimung mit 8 bis 16 Tagen, je nach Witterung 55 bis 65 Tage (Aussaat 15. März, Auspflanzung 10. bis 20. Mai), auf dem Felde bis zur Sandblatternte rund 75 Tage, bis zur Ernte des Obergutes 105 bis 115 Tage und bis zur Samenreife, die jedoch nur für die Saatgutvermehrung in Betracht kommt, etwa 140 bis 150 Tage. Frimmel (1954) und Sváb (1955), die sich eingehend mit dem Studium der Wachstumsphasen bei den verschiedenen Tabaksorten in der Tschechoslowakei (Straznice, 48°54′ nördliche Breite) befaßt haben, unterscheiden phaenologisch sechs Wachstumsphasen, die sich auf den Zeitpunkt des Öffnens der Kotyledonenblätter, also den Aufgang der Saat, beziehen.

Tabelle 433. *Wachstumsverlauf und Nährstoffaufnahme des Tabaks auf dem Felde*
(Forchheim 1959, Sorte „Robusta", 25 600 Pflanzen/ha)

Wachs-tumsdauer auf dem Felde	Pflanzenteile	Trocken-masse dz/ha	Nährstoffaufnahme kg/ha					% Nährstoffe				
			N	P_2O_5	K_2O	CaO	MgO	N	P_2O_5	K_2O	CaO	MgO
45 Tage	Blätter	11,06	49,05	7,18	81,51	68,36	5,55	4,04	0,560	7,49	7,46	0,515
	Stengel	3,79	13,83	3,39	29,63	8,53	0,95	3,64	0,892	7,80	2,12	0,250
	Wurzeln	1,30	3,81	8,93	6,16	3,81	0,17	2,91	0,681	4,70	2,91	0,130
	Gesamt	16,15	66,69	19,50	117,30	80,70	6,67	3,53	0,711	6,66	4,16	0,298
59 Tage	Blätter	24,37	80,51	14,14	137,47	118,31	6,40	3,50	0,652	5,37	5,20	0,314
	Stengel	13,90	35,19	10,12	91,79	29,62	3,20	2,53	0,728	6,60	2,13	0,230
	Wurzeln	5,37	15,41	3,33	20,91	14,09	0,41	2,69	0,581	3,65	2,46	0,071
	Gesamt	43,64	131,11	27,59	250,17	162,02	10,01	2,90	0,653	5,20	3,26	0,205
73 Tage	Blätter	33,08	79,09	14,64	169,50	140,93	6,08	2,43	0,423	5,17	5,04	0,216
	Stengel	28,13	32,92	15,13	131,41	54,31	3,20	1,17	0,538	4,67	1,93	0,114
	Wurzeln	11,49	21,24	5,19	29,39	28,01	0,93	1,85	0,452	2,56	2,44	0,081
	Gesamt	72,70	133,25	34,96	330,30	223,25	10,21	1,81	0,471	4,13	3,13	0,137
87 Tage	Blätter	31,36	69,49	14,64	161,57	160,30	6,24	2,22	0,429	5,20	5,86	0,226
	Stengel	42,78	41,49	16,56	139,02	75,29	4,70	0,97	0,387	3,25	1,76	0,110
	Wurzeln	18,45	29,33	6,69	45,01	52,39	1,93	1,59	0,363	2,44	2,84	0,105
	Gesamt	92,59	140,31	37,89	345,60	287,98	12,87	1,59	0,393	3,63	3,48	0,147
101 Tage	Blätter	30,49	61,25	14,42	171,69	168,70	5,90	2,03	0,437	5,63	6,27	0,221
	Stengel	37,58	36,82	12,99	149,90	67,25	3,19	0,98	0,346	3,99	1,79	0,085
	Wurzeln	13,92	20,45	4,41	32,55	34,76	0,90	1,47	0,317	2,34	2,50	0,065
	Geizen	9,11	30,68	6,39	35,96	32,68	3,72	3,37	0,702	3,95	3,59	0,409
	Blütenstände	9,42	31,56	9,04	51,15	11,87	6,01	3,35	0,960	5,43	1,26	0,638
	Gesamt	100,52	180,76	47,25	441,25	315,26	19,72	2,24	0,552	4,26	3,08	0,283
115 Tage	Blätter	33,15	55,67	13,54	177,28	188,99	5,26	1,73	0,296	5,36	6,47	0,193
	Stengel	46,31	50,00	12,36	149,07	69,45	1,43	1,08	0,267	3,22	1,50	0,031
	Wurzeln	19,05	21,91	5,52	39,62	44,00	1,71	1,13	0,290	2,08	2,31	0,090
	Geizen	15,82	32,59	7,91	57,26	44,29	4,84	2,06	0,500	3,62	2,80	0,306
	Blütenstände	8,83	24,81	8,03	37,52	12,62	3,69	2,81	0,910	4,25	1,43	0,419
	Gesamt	123,16	184,98	47,36	460,75	359,35	16,93	1,76	0,452	3,70	2,90	0,207

Tabelle 434. *Mittlere Anbaudaten für*
(geordnet nach

Land	Anbaugebiet	Tabaktyp	Wetterstation	Geographische Breite	Geographische Länge
Bundes- republik Deutschland.	Baden	Burley und Zigarren- tabak	Forchheim bei Karlsruhe	49° 1′ N	8°25′ E
Kanada	Ontario	Virgin	Harrow	42° 2′ N	82°55′ W
USA	Connecticut	Schatten- kultur Deckblatt	Hartford	41°45′ N	72°42′ W
Griechenland ..	Mazedonien und Thrazien	Orient- tabak	Drama	41°10′ N	24°11′ E
Türkei	Izmir	Orient- tabak	Izmir	38°25′ N	27°10′ E
USA	Virginia, Old Belt	Virgin	Chatham, Va.	36°49′ N	79°26′ E
	North Carolina	Virgin	Raleigh	35°46′ N	78°39′ W
	Florida	Schatten- kultur Deckblatt	Quincy	30°34′ N	84°35′ W
Kuba	Pinar del Rio, Vuelta Abajo	Havanna	Habana	23° 9′ N	82°22′ W
Indien........	Andhra- Pradesh, Guntur	Virgin	Rajah- mundry	17° 1′ N	81°52′ E
Philippinen ...	Luzon, Cagayan-Tal	Zigarren- tabak	Tugue- garao	17°36′ N	121°44′ E
Indonesien	Sumatra Ostküste	Sumatra Deckblatt	Medan	3°35′ N	98°39′ E
	Java Vorsten- landen	Java- Tabak (Zigarren)	Klaten	7°40′ S	110°32′ E
	Java Besoeki	Java- Tabak (Zigarren)	Djember	8° 7′ S	113°45′ E
Brasilien	Bahia	Brasiltabak	Ondina bei Bahia	12°58′ S	38°29′ W
Rhodesien	Südrhodesien	Virgin	Kutsaga bei Salisbury	17°43′ S	31° 5′ E

Tabak in verschiedenen Ländern der Erde
geographischer Breite)

Wachstumsdaten				Entwicklungsdauer in Tagen				Durchschnittliche Monatstemperatur	
				Saatbeet	Feld		insgesamt	Auspflanzung	1.Ernte
Aussaat 1.	Auspflanzung 2.	Sandblatternte 3.	Oberguternte 4.	1. bis 2.	2. bis 3.	3. bis 4.	2. bis 4.	2.	3.
20. III. (10. bis 25. III.)	15. V. (5. bis 30. V.)	15. VII.	10. IX.	56	61	58	119	14,0	19,1
10. IV. (8. bis 14. IV.)	1. VI. (25. V. bis 7. VI.)	15. VIII.	30. IX.	52	75	47	122	18,7	20,3
1. IV. (20.III.bis 15. IV.)	1. VI. (20. V. bis 10. VI.)	10. VIII.	20. IX.	61	70	42	112	20,5	21,9
10. III. (25. II. bis 25. III.)	10. V. (2. bis 22. V.)	20. VII.	30. IX.	61	71	73	144	17,7	25,2
1. II. (15. I. bis 15. II.)	15. IV. (15. III. bis 15. V.)	15. VI.	31. VIII.	75	61	78	139	15,3	24,7
20. II. (1. II. bis 10. III.)	10. V. (1. bis 20. V.)	10. VIII.	10. IX.	79	92	32	124	18,6	24,3
20. I. (5. I. bis 1. II.)	20. IV. (15. IV. bis 7. V.)	15. VII.	15. VIII.	90	86	32	118	15,4	26,3
1. I. (20. XII. bis 15. I.)	1. IV. (20. III. bis 15. IV.)	10. VI.	20. VII.	90	70	41	111	19,1	26,4
1. IX. (25. VIII. bis 30. X.)	20. X. (15. X. bis 25. XII.)	5. I.	15. II.	49	77	42	119	26,1	22,0
15. VIII.	15. X.	15. XII.	31. I.	61	60	48	108	27,0	23,3
15. X. (5. X. bis 20. X.)	25. XII. (20. XII. bis 10. I.)	1. III.	15. IV.	71	66	46	112	24,5	27,1
5. II. (12. XII. bis 8. III.)	20. III. (5. II. bis 20. IV.)	13. V.	30. VI.	43	56	47	103	26,3	27,3
1. VIII. (20. VII. bis 3. IX.)	15. IX. (20. VIII. bis 15. X.)	15. XII.	31. I.	45	60	48	108	26,2	25,9
5. VI. (20. V. bis 25. VI.)	20. VII. (5. VII. bis 10. VIII.)	1. X.	30. XI.	44	73	61	134	23,3	26,4
20. IV.	15. VI.	1. IX.	15. X.	56	77	45	122	23,6	23,7
1. X. (15. VIII. bis 31. X.)	20. XI. (15. X. bis 15. XII.)	15. I.	15. III.	49	57	59	116	21,3	20,5

Die *Primordialphase* vom Aufgang der Saat bis zur Bildung des 10. Blattes des Setzlings beträgt bei Havanna II/c 51 Tage, bei Virgin Gold 60 Tage und bis zum 11. Blatt 58 bzw. 67 Tage, wobei allerdings beim Umpflanzen die beiden Kotyledonenblätter und die beiden folgenden Primär- oder Erstlingsblätter schon vergilbt, vertrocknet oder abgefallen sein können, so daß der Setzling praktisch nur sechs bis sieben Blätter besitzt.

Abb. 250. 45 Tage alte Tabaksetzlinge mit starker Wurzelbildung. Obere Schicht 8,5 cm mit Komposterde, darunter 13 cm mit Sand (ungedüngt)

Die *Rosettenphase*, bei welcher der Tabak gleichsam am Boden „sitzt", bis er anfängt, seinen Stengel zu strecken, dauert bei Havanna II/c 23 bis 26 Tage, bei Virgin Gold 31 bis 32 Tage.

Die *Streckungsphase* des Stengels bis zum Sichtbarwerden der Blütenknospen, die in der Praxis meist schon als Schossen bezeichnet wird, dauert bei Havanna II/c im Normaljahr 28, in einem Trockenjahr 36 Tage, bei Sorten, die eine langdauernde Rosettenphase haben, ist sie meist kürzer. Durch Trockenheit wird diese Wachstumsphase allgemein um 8 bis 10 Tage verlängert.

Das *Schossen*, vom Sichtbarwerden der Blütenknospen bis zum Öffnen der ersten Blüte (Terminalblüte), dauert bei den meisten Sorten gleich lang und beträgt durchschnittlich 16 bis 20 Tage. Durch Trockenheit wird diese Wachstumsphase um 1 bis 3 Tage verkürzt.

Die *Blühphase*, vom Öffnen der Terminalknospe bis zu ihrer Kapselreife, dauert bei den meisten Sorten 30 bis 35 Tage und wird durch Trockenheit um 4 bis 5 Tage verkürzt. Die zahlreichen übrigen Blütenknospen öffnen sich je nach der Entfernung von der Terminalblüte zeitlich nacheinander, so daß der gesamte Blütenstand eine lange Blühdauer besitzt.

Die *Reifephase* der Fruchtkapseln umfaßt die Zeit zwischen der Reife der Terminalkapsel bis zum Braunwerden der übrigen Fruchtkapseln und dauert in unserem Klima 30 bis 35 Tage.

Das Hauptwachstum der Blätter findet während der Streckungsphase des Stengels statt, wobei die Feldbestände sich „schließen". Während des Schossens ist das Blattwachstum schon bedeutend schwächer, und die oberen Blätter erreichen nur noch eine geringe Länge; es sei denn, daß die Blütenknospen, wie es im praktischen Anbau allgemein üblich ist, „geköpft" werden (Zigarrentabak früh, wenn die Blütenknospen gerade sichtbar geworden sind, Schneideguttabak spät, wenn die ersten Blüten sich geöffnet haben). Durch das Köpfen wird der Blattertrag durch stärkeren Zuwachs der oberen Blätter um 10 bis 15% erhöht, außerdem die Reife der oberen Blätter beschleunigt.

Nach dem Köpfen aber tritt in den Achseln der oberen Blätter eine starke Bildung von „Geizen" oder Nebentrieben ein, die im praktischen Anbau zwei- bis dreimal entfernt werden müssen. Auch bei Samenpflanzen erfolgt je nach Sorte, wenn auch in schwächerem Maße als bei geköpften Pflanzen, die Bildung von Seitentrieben mit 6 bis 8 kleinen Blättern und einem Blütenstand. Dadurch wird die generative Phase der Tabakpflanze bedeutend verlängert und gesichert. In der Praxis wird das starke Geizenbildungsvermögen der Pflanze zuweilen genutzt, z. B. indem man nach Hagelschaden die Pflanzen auf 20 bis 30 cm abschneidet und einen Geizentrieb wachsen läßt, der wie normaler Tabak geköpft und geerntet wird. In manchen Anbauorten mit frühzeitiger Blatternte wird auch sogenannter „Nachtabak" gezogen, indem man zwei Geizentriebe je Pflanze wachsen läßt, diese auf 4 bis 5 Blätter köpft und später erntet.

Die Blätter der verschiedenen Insertionshöhen entwickeln sich zeitlich nacheinander, entsprechend der Bildung der Blattprimordien am Vegetationskegel. Nach SPALDON (1959) liegt die Bildung der Blattanlagen für die erntefähigen Blätter in der Setzlings- und in der Rosettenphase, für die oberen Blätter erstreckt sie sich auf die Streckungsphase des Stengels. Nach SVÁB (1955) geht die Bildung der Anlagen für zwei neue Blätter bei den mittleren Blattstufen in kurzen Zeitabständen von 57 bis 90 Stunden vor sich, in der Periode des Hauptwachstums beträgt der Längenzuwachs des Blattes bis zu 39 mm je Tag, und die Zeitdauer von der Bildung des Primordiums bis zur beginnenden Vergilbung eines Blattes bei

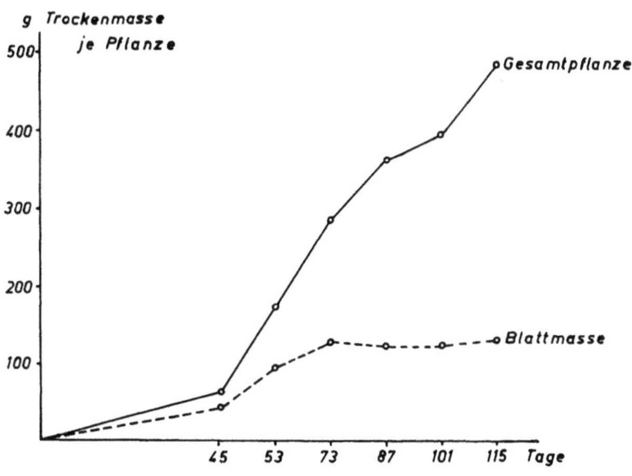

Abb. 251. Trockensubstanzzunahme erntefähiger Blätter und der Gesamtpflanze während des Wachstumsverlaufes

der untersten Blattstufe 47 Tage, bei den großen Hauptblättern der Sorte Virgin Gold 61 Tage, bei Havanna II/c 83 Tage und bei den oberen Blättern dieser Sorten 44 bzw. 58 Tage. Die Zeitspanne zwischen beginnender Vergilbung und Absterben des Blattes ist bei den unteren Blattstufen sehr kurz, bei den mittleren größer und bei den oberen Blättern 25 bis 26 Tage. Die Ernte ist also bei den untersten Blättern an eine viel engere Zeitspanne gebunden als bei den oberen Blättern. Nach WENUSCH (1940) findet kurze Zeit nach der Erreichung der größten Blattlänge eine zunehmende Abwanderung lebenswichtiger Stoffe

aus dem Tabakblatt statt, die zum Vergilben und langsamen Absterben führt.
Die chemische Zusammensetzung der Blätter ist daher nicht nur nach Insertions-
höhe, sondern auch je nach Entwicklungsphase der Blätter sehr verschieden,
was für den Vergleich von Untersuchungswerten berücksichtigt werden muß.
Blätter, die im vitalen Zustand, also vor oder bei Beginn der Vergilbung geerntet
werden, geben bei der Trocknung das Wasser langsam ab und veratmen die

Abb. 252. Einfluß der Temperatur während des Tages auf das Wachstum des Tabaks. Pflanze 607 tags-
über im Gewächshaus, nachts auf Freianlage. Pflanze 603 stets auf Freianlage. Versuchsdauer 25 Tage,
mittlere maximale Temperatur 22,9° C gegenüber 16,8° C im Freien

Kohlehydrate stark, während Blätter, die an der Pflanze schon vergilbt sind,
ihr Wasser schnell abgeben und keine oder eine sehr geringe Veratmung von
Kohlehydraten aufweisen.

Abb. 251 zeigt die Trockensubstanzzunahme der erntefähigen Blätter und der
Gesamtpflanze während des Wachstumsverlaufs der massenwüchsigen Sorte
Robusta unter den Witterungsverhältnissen 1959 auf dem Versuchsfeld in Forchheim. Während der Blattzuwachs bei nicht geköpften Pflanzen verhältnismäßig
früh zum Stillstand kommt — bei geköpften Pflanzen würde noch eine bedeutende
Zunahme erfolgen —, nimmt die Gesamtpflanze beträchtlich an Trockenmasse
zu und zeigt im oberen Verlauf der Kurve einen Knick und erneuten Anstieg,
der mit dem Geizenwachstum zusammenhängt (vgl. Tab. 431). Durch das Geizenwachstum, das wirtschaftlich keine Bedeutung hat, kommt das Wachstum der
Gesamtpflanze sehr spät zum Abschluß.

Von dem starken Einfluß der Temperatur auf die Massenwüchsigkeit gibt
Abb. 252 einen Eindruck.

3. Zeitpunkt des Anbaues und charakteristische Wachstumsstadien sowie Erntedaten in verschiedenen Ländern

Über die Zeitpunkte der Aussaat bzw. der Auspflanzung von Setzlingen in
den verschiedenen Anbaugebieten gibt Tab. 434 Auskunft; sie enthält auch die
entsprechenden Termine für die Sandblatternte und die Oberguternte.

Die Erträge in dz/ha waren 1956 in Japan 19,5; in den USA 17,6; in Italien

14,3; in Kanada 14,0; in Pakistan 12,0; in China 10,1 (?); in Brasilien 7,9; in Rhodesien-Nyassaland 7,4; in Indien 7,2; in Griechenland 6,8; in der Türkei 6,4; in Indonesien 3,6.

4. Nährstoffaufnahme in Abhängigkeit vom Wachstumsverlauf

A. Verlauf der Nährstoffaufnahme der ganzen Pflanze

Über den zeitlichen Verlauf der Nährstoffaufnahme gibt für die Nährstoffe Stickstoff, Phosphor, Kalium, Kalzium und Magnesium die ausführliche Übersicht in Tab. 433 Auskunft. Die Nährstoffaufnahme pro Tag erreicht zwischen der 5. und der 8. Woche nach dem Auspflanzen ihr Maximum. Nach GISQUET und HITIER (1951) wird während des ersten Wachstumsmonats im Durchschnitt täglich eine Menge von 1,086 kg/ha N, 0,235 kg P_2O_5 und 1,800 kg/ha K_2O aufgenommen. Zur Zeit des maximalen Trockensubstanzzuwachses pro Tag hat die Pflanze bereits etwa 60% ihres gesamten Mineralstoffgehaltes zur Zeit der Reife aufgenommen. Nach ASKEW und Mitarbeitern (1947) beträgt zu diesem Zeitpunkt die tägliche Aufnahme an K_2O 1,2 bis 2,4 kg/ha, N und CaO wurden nur etwa halb soviel benötigt, während an P_2O_5 und MgO je 0,2 kg/ha täglich aufgenommen wurden. In späteren Wachstumsstadien geht der Bedarf an Kalium relativ zu den anderen Nährstoffen zurück. Nach OLENDSKI und BELANDA (1958) wird das Maximum der Stickstoffaufnahme nach 40 bis 50 Tagen erreicht.

B. Verlauf der Nährstoffaufnahme in die Blätter

Die Nährstoffaufnahme in die Blätter während der Zeiteinheit hat (nach den Zahlen der Tab. 433) ihr Maximum bei den Nährstoffen N, P, K und Ca deutlich in der Periode zwischen dem 45. und dem 59. Wachstumstag. Bei Mg scheint dieses Maximum schon vor dem 45. Tag erreicht zu werden. Das Maximum der Gesamtmenge der in die Blätter aufgenommenen Nährstoffe wurde im Falle des Versuches von Tab. 431 bei N, P und Mg etwa um den 59., bei K und Ca erst um den 115. Wachstumstag erreicht. Während die in die Blätter aufgenommene P-Menge vom 59. Tage an nur unwesentlich abnahm, ging die Menge an Stickstoff bis zum 115. Tag auf etwa zwei Drittel der Maximalmenge zurück, jene des Magnesiums sogar auf etwa die Hälfte.

C. Nährstoffaufnahme und Trockensubstanzbildung

Das Maximum der Trockensubstanzbildung der Gesamtpflanze pro Tag liegt (wenn man die Zahlen aus Tab. 433 zugrunde legt) zwischen dem 45. und dem 73. Tag, doch steigt die Trockensubstanzbildung bis zum letzten Untersuchungstermin (bzw. Erntezeitpunkt) weiterhin stark an. Die Nährstoffaufnahme eilt also der Trockensubstanzbildung sehr beträchtlich voraus, weshalb auch die Prozentgehalte der Trockensubstanz an den einzelnen Nährstoffen mit zunehmender Wachstumsdauer abnehmen. Die Blatt-Trockensubstanz der Gesamtpflanze weist ihre maximale Zuwachsgeschwindigkeit im Beispiel der Tab. 433 zwischen dem 45. und dem 59. Wachstumstage auf und erreicht ihr Maximum bereits mit dem 72. Wachstumstag. Während der Mg- und der N-Gehalt der Trockensubstanz der Blätter mit der Zeit auf weniger als auf die Hälfte absinken, nimmt der P-Gehalt in geringerem Maße mit der Zeit ab. Dagegen nimmt der Ca-Gehalt der Trockensubstanz zunächst zwar ebenfalls ab, steigt aber nach Erreichen eines Minimums um den 73. Tag wieder stark an. Weniger stark ausgeprägt gilt dies auch für den K-Gehalt der Trockensubstanz der Blätter.

5. Nährstoffrückwanderung, Nährstoffgehalt und Nährstoffentzug

A. Umfang und Bedeutung der Nährstoff-Rückwanderung

Wie die Zahlen in Tab. 433 erkennen lassen, steigen bei Stickstoff, Phosphor, Kalium und Kalzium die pro Pflanze aufgenommenen Gesamtmengen mit zunehmender Entwicklungsdauer an. Nur beim Magnesium sinkt die in den Pflanzen vorliegende Menge vom 101. bis zum 115. Tag, also während des Reifestadiums, von 19,7 auf 16,9 kg/ha ab. Es ist im allgemeinen also nur im Hinblick auf das Magnesium mit einer Nährstoffrückwanderung in den Boden zu rechnen, die in dem vorliegenden Beispiel etwa 3 kg/ha ausmacht.

B. Nährstoffgehalt und Entzug

Tabak zählt (neben Kartoffeln und Futtermais) zur Gruppe der Pflanzen mit sehr hohem Nährstoffbedarf. Der Gehalt der Tabakpflanzen bzw. Tabakblätter an Mineralstoffen ist sehr verschieden hoch und abhängig vom Boden, von der Tabaksorte und von den Wachstumsbedingungen. Die schweren Tabake (Maryland, Burley, Zigarrentabake) haben im allgemeinen höhere Mineralstoffgehalte als die leichteren Zigarettentabake. So können die Aschengehalte der Pflanzen 15 bis 28% der Trockensubstanz ausmachen. Nach amerikanischen Untersuchungen (van Dierendonck 1959) ist Tabakasche wie folgt zusammengesetzt: 33,66% CaO; 21,4% KNO_3; 12,18% MgO; 9,55% SiO_2; 5,11% $NaCl$; 4,41% Fe_2O_3; 3,26% P_2O_5; 3,25% $NaNO_3$; 3,10% KCl.

Südafrikanische Tabake zeigen folgende Mineralstoffgehalte in % der Trockensubstanz: N 1,5 bis 2,0; P_2O_5 0,5 bis 0,9; K_2O 2,5 bis 6,0; CaO 2,5 bis 5,0; MgO 0,5 bis 1,5. Der Gesamtzuckergehalt der Trockensubstanz beträgt dabei 15 bis 26%, der Nikotingehalt 1 bis 2% (van Dierendonck 1959).

Die Entzüge werden entsprechend der Anbautechnik zweckmäßig für Setzlinge gesondert von den Gesamtentzügen im Feldanbau angegeben.

Tabaksetzlinge hatten nach Untersuchungen von Schmid (1959) je nach Boden bzw. Kultursubstrat und Düngung bei Setzlingsgewichten von 96,2 bis 161,8 g Trockensubstanz bzw. 2020 bis 3780 g Frischsubstanz folgende Entzüge (in g/m^2):

N 4,23 bis 7,95; P_2O_5 1,00 bis 2,37; K_2O 9,13 bis 19,03; CaO 4,14 bis 7,67; MgO 0,31 bis 0,84.

Nach Gerard und Rousseau (1951) enthalten Tabakpflanzen von 1000 kg getrocknetem Blatt insgesamt 75 kg N, 17 kg P_2O_5 und 120 kg K_2O, während nach Vogler (1952) 1000 kg getrocknete Havanna-Tabakblätter nur 25 kg N, 7 kg P_2O_5 und 60 kg K_2O (neben 52 kg CaO) enthalten. Die Gesamtpflanzen (72 dz TS in Blatt, Stengel, Wurzeln) verursachen folgende Entzüge in kg/ha: 100 N, 42 P_2O_5, 207 K_2O und 175 CaO. Jacob und Uexküll (1958) geben folgende Entzugszahlen an: N 50 bis 100 kg/ha; P_2O_5 15 bis 30 kg/ha; K_2O 100 bis 160 kg/ha. Schmid (1951) errechnet für 21 dz TS bzw. 25 dz lufttrockene Blätter allein (bei Havanna II C) einen Entzug von 52 kg/ha N, 14 kg/ha P_2O_5, 126 kg/ha K_2O und 109 kg/ha CaO, während Bennett für eine Blatternte einen Entzug von 47 kg/ha N, 11 kg/ha P_2O_5, 59 kg/ha K_2O, 49 kg/ha CaO und 12 kg/ha MgO ansetzt. Die Gesamternte, einschließlich der Blätter, Stengel, Wurzeln und Fruchtkapseln, insgesamt eine Trockensubstanzmenge von 82 dz/ha, bewirkt (nach Schmid 1951) einen Gesamtentzug von 122 kg/ha N, 55 kg/ha P_2O_5, 244 kg/ha K_2O und 188 kg/ha CaO. Die Trockensubstanz der Blätter wies dabei folgende Gehalte auf: 2,5% N, 0,7% P_2O_5, 6,0% K_2O und 5,2% CaO.

Das Verhältnis der Gesamtentzugszahlen zueinander betrug $N:P_2O_5:K_2O:$
$:CaO = 2:1:4:3$.

ASKEW und Mitarbeiter (1947) geben den Entzug an MgO mit 14 bis 19 kg/ha
an (bei einem Entzug an CaO in Höhe von 51 bis 53 kg/ha).

Zahlen über den Nährstoffentzug von Tabakernten in Feldversuchen aus
verschiedenen Ländern sind in Tab. 435 übersichtlich zusammengestellt.

6. Ausnutzungsgrad der Düngung, Höhe der Düngung und Nährstoffverhältnis

Der Stickstoff der Düngemittel wird um so besser ausgenutzt, je kleiner die
N-Gaben gewählt werden. In Versuchen von MCMURTREY (1938) war die Ausnutzung einer N-Gabe von 22 kg/ha 65%, während sie bei einer Gabe von
88 kg/ha N nur 30% betrug.

Phosphorsäure wird im ersten Anbaujahr im allgemeinen von Tabak nur zu
etwa 15% ausgenutzt.

Die Ausnutzung der Kalidüngung wurde bei Tabak im Mittel mit etwa 40%
gefunden.

Untersuchungen von SCHMID (1959) über die Ausnutzung von Mehrnährstoff-
düngemitteln durch Tabakpflanzen ergaben, daß der Stickstoff von Nitrophoska
(blau), Blaukorn (Hoechst) und Spezialdünger Fertisal zu etwa 70% ausgenutzt
wurde, während der Phosphor aus Superphosphat und Fertisal zu 10 bis 13%,
bei Blaukorn Hoechst zu 7%, bei Nitrophoska aber nur zu 5 bis 6% in die Tabakpflanzen aufgenommen worden war. „Blaukorn"-Düngung erhöhte den Cl-Gehalt
der Blätter bis auf 1,2% und verschlechterte damit die Glimmeigenschaften;
deshalb sind chlorfreie Mehrnährstoffdüngemittel vorzuziehen.

7. Die Bedeutung der einzelnen Nährstoffe und die Nährstoffmangelerscheinungen

Über die bei Nährstoffmangel auftretenden Erscheinungen berichteten
MCMURTREY (1933, 1938) und HAMBIDGE (1941).

A. Stickstoff

Die bekannte reifungsverzögernde Wirkung des Stickstoffs bildet im Tabakbau
eine unerwünschte Erscheinung, da frühe Reife im Hinblick auf den erwünschten
hohen Gehalt an reduzierenden Zuckern, der ein Qualitätsmerkmal für feine
Zigarettentabake bildet, angestrebt werden muß.

Die Blätter schlecht mit Stickstoff versorgter Pflanzen zeigen zu früheren
Zeitpunkten als die besser mit Stickstoff versorgten Pflanzen die charakteristischen
Alterungsmerkmale des N-Stoffwechsels (MITTELBERGER 1944). Bei Stickstoff-
mangel zeigen die Tabakpflanzen hellgrüne Färbung der Blätter. Die heißluft-
getrockneten Blätter haben dann meist zu hohen Zucker- und sehr geringen
Nikotingehalt (PEARSE 1959).

B. Phosphor

Die besondere Bedeutung des Phosphors für den Tabak beruht in seiner
reifebeschleunigenden Wirkung. Bei P_2O_5-Gehalten der Trockensubstanz der
Blätter von weniger als 0,3% treten Phosphatmangelerscheinungen auf: die
Blätter nehmen eine dunkelgrüne bis blaugrüne Färbung an. Bei starkem
Phosphatmangel tritt eine Verzögerung des Blühtermines ein. Starker P-Mangel

Tabelle 435. *Nährstoffentzug von Tabakernten*

Tabaksorte Typ Trocknungsart	Ort Anbaugebiet Boden	1. Düngung kg N, P_2O_5, K_2O je ha 2. Pflanzenabstände cm 3. Pflanzenzahl je ha
Hicks Broadleaf Virgin Heißlufttrocknung	Oxford North Carolina, USA sandiger Lehm, pH 5,3 organische Substanz 1,0%	1. 33,6 100 67,2 2. 107 × 56 cm 3. 17 000 Pflanzen/ha
Ajasoluk Orient Sonnentrocknung	Stellenbosch Kapland, Südafrika sandiger, tief rötlicher Lehm	1. 21,5 54 54 2. 92 × 20 cm 3. 54 000 Pflanzen/ha
Molovata Semi-Orient Sonnentrocknung	Baneasa Walachei, Rumänien schwach humoser, lehmiger Steppenboden	1. — — — 2. 50 × 20 cm 3. 100 000 Pflanzen/ha
Bidi K. 49 Schneidegut Lufttrocknung	Anand, Gyjarat, Staat Bombay, Indien lehmiger Sand, pH 7,8 organische Substanz 0,8%	1. 171 — 67 2. 101 × 101 cm 3. 9880 Pflanzen/ha
Burley 21 Burley Lufttrocknung	Princeton Kentucky, USA feinsandiger Lehm, pH 6,6	1. 112 168 280 2. 97 × 46 cm 3. 22 660 Pflanzen/ha
Kentucky 16 Burley Lufttrocknung	Waynesville North Carolina, USA milder Lehm organische Substanz 2,5%	1. 45 45 45 + 224 dz Stallmist 2. 107 × 38 cm 3. 24 200 Pflanzen/ha
Maryland Medium Broadleaf Lufttrocknung	Upper Marlboro Maryland, USA fein- und grobsandiger Lehm, pH 5,2	1. 45 90 268 2. 86 × 86 cm 3. 13 400 Pflanzen/ha
Valencia Alto Schneidegut Lufttrocknung	Sevilla Andalusien, Spanien sandiger rötlicher Lehm, pH 7,9 organische Substanz, 2,4% $CaCO_3$ 22,5%	1. 4 Bewässerungen 2. 100 × 90 cm 3. 11 100 Pflanzen/ha
Machorka Pomorska Nicotiana rustica Ganzpflanzenernte	Skierniewice, Mittelpolen anlehmiger Bleichsand	1. 90 30 50 2. 60 × 50 cm 3. 33 000 Pflanzen/ha
Havanna Seed Zigarrentabak Ganzpflanzenernte	Windsor Connecticut, USA sandiger Lehm, pH 5,1	1. 45 — — + 50 dz Baumwollsaatmehl usw. 2. 109 × 48 cm 3. 19 700 Pflanzen/ha
Havanna II/c Zigarrentabak Lufttrocknung	Forchheim Baden, Deutschland Sand, pH 6,9 organische Substanz 1,4%	1. 70 50 100 + 300 dz Stallmist 2. 50 und 70 × 50 cm 3. 33 300 Pflanzen/ha

[1] Pflanzenteil: Bl. = Blätter; St. = Stengel; Ge. = Geitztriebe; Blüt. = Blütenstand;
[2] Lufttrocken

nach Feldversuchen in verschiedenen Ländern

	Trockensubstanz dz/ha	Nährstoffentzug kg/ha						Literaturquelle und weitere Bemerkungen
		N	P_2O_5	K_2O	CaO	MgO	SO_3	
Bl.[1]	12,3	26,9	8,9	38,3	44,60	11,5	7,7	WOLTZ und REID 1949
St.	8,2	14,1	3,8	12,8	3,80	1,3	3,8	BENNETT, HAWKS und
Ge.	5,1	8,4	5,1	10,2	2,55	2,5	2,6	NAU 1953
W.	5,6	9,7	2,6	11,5	2,55	1,3	2,5	
Sa.	31,2	59,1	20,4	72,8	53,50	16,6	16,6	
Bl.	7,6[2]	15,1	3,8	22,7	21,7	—	—	STRYDOM und
St.	3,2	6,5	2,7	7,6	3,2	—	—	MALHERBE 1939
Sa.	10,8	21,6	6,5	30,3	24,9	—	—	WOLF 1962
Bl.	19,9	43,7						VLADESCU 1934
St.	26,8	32,5						VLADESCU 1938
Blüt.	22,5	67,0						0,29 kg Mn, 70,3 kg SiO_2
W.	12,2	9,1						7,2 kg Fe_2O_3
Sa.	81,4	152,3	61,1	359,4	262,2	29,3	—	
Bl.	42,2	62,2	25,0	79,0	97,7	33,0	—	PARIKH und SHAH 1954
St.	7,6	12,7	6,8	25,5	15,3	11,9	—	Mn Bl. 0,5 kg, St. 0,2 kg,
W.	21,0	28,4	12,8	33,2	13,4	5,6	—	W. 0,2 kg
Sa.	70,8	103,3	44,6	137,7	126,4	50,5	—	
Bl.	21,8[2]	69,9	(15)	115,2	—	—	36,5	ATKINSON, LINK und BORTNER 1962, P_2O_5 ergänzt
Bl.	14,0	49,0	11,7	61,8	51,3	12,8	9,3	SHAW 1949
St.	9,4	29,1	4,7	40,8	4,7	1,2	4,7	SHAW 1955
Ge.	5,6	11,7	4,7	11,7	2,4	2,3	2,4	BENNETT, NAU und
W.	7,0	11,7	2,3	11,7	2,3	1,2	2,3	HAWKS 1954
Sa.	36,0	101,5	23,4	126,0	60,7	17,5	18,7	
Bl.	10,2	26,6	5,1	53,5	44,5	12,0	11,3	GARNER, BACON, BOWLING und BROWN 1934
St.	7,2	14,4	4,5	27,4	7,5	3,0	4,6	BOWLING und BROWN 1947
Sa.	17,4	41,0	9,6	80,9	52,0	15,0	15,9	
Bl.	8,2	29,9	3,7	49,8	47,0	10,0	—	ALCARAZ MIRA und
St.	6,2	15,6	2,3	30,0	17,5	4,0	—	BORBOLLA y ALCALA
W.	4,0	8,1	0,9	6,3	10,0	2,6	—	1945
Sa.	18,4	53,6	6,9	86,1	74,5	16,6	—	
Bl.	11,4	18,0	6,7	9,2	—	—	—	TRZINSKI und
St.	12,7	11,0	4,4	17,1	—	—	—	SEGETÓWNA 1949
Ge.	19,6	63,6	22,1	71,9	—	—	—	
W.	7,9	8,6	3,2	10,0	—	—	—	
Sa.	51,6	101,2	36,4	108,2	—	—	—	
Bl.	18,4	50,4	13,8	128,9	115,0	14,7	22,1	ANDERSON SWANBACK und STREET 1932
St.	18,8	33,1	11,6	93,8	18,7	8,6	14,4	MORGAN und STREET 1935
Ge.	5,7	16,8	—	—	—	—	—	GARNER 1951
W.	10,6	27,5	—	—	—	—	—	
Sa.	53,5	127,8	—	—	—	—	—	
Bl.	21,0	52,0	14,0	126,0	109,0	—	—	SCHMID 1951
St.	34,0	24,0	17,0	65,0	37,0	—	—	
S.	10,0	22,0	13,0	37,0	13,0	—	—	
W.	17,0	24,0	12,0	17,0	29,0	—	—	
Sa.	82,0	122,0	56,0	245,0	188,0	—	—	

S. = Samenkapseln; W. = Wurzel

Abb. 253. Entwicklungsverlauf bei verschiedener P-Versorgung der Böden. 622 gedüngt mit 3,0 g P_2O_5 (Superphosphat); die folgenden Böden (ohne P-Düngung) mit 9 mg, mit 6 mg, mit 1,4 mg und mit 28 mg P_2O_5 (kalziumlaktatlöslich) je 100 g Boden

Abb. 254. Schwefelmangel in Wasserkultur (links) im Vergleich zu 500 mg SO_4-Düngung (rechts)

bewirkt Rosettenhabitus, schmälere, aufgerichtete Blätter, bei älteren Blättern häufig Fleckigkeit, Austrocknungserscheinungen und Verfärbungen zu Braun oder Schwarz (KITCHEN 1948).

C. Schwefel

Zunächst werden bei Schwefelmangel die jüngeren Blätter heller grün als die älteren, schließlich zeigen aber alle lichtgrüne bis gelbe Färbung (vgl. Abb. 254); im Gegensatz zu Stickstoffmangel verlieren jedoch die Pflanzen die basalen Blätter nicht "by firing". Manche Blätter zeigen Nekrosen, sind an Spitzen und Rändern abwärts gebogen, zeigen hellere Blattnervatur. Die Wurzeln sind meist reichlich und vielverzweigt ausgebildet.

D. Kalium

Herrscht schon zu Beginn des Wachstums Kalimangel, so zeigen die Blätter an Spitze und Blatträndern beginnendes Welligwerden. Bei später eintretendem Kalimangel erscheint dieses Symptom zuerst an den oberen Blättern der Pflanze.

Chlorotische Erscheinungen werden schnell von Nekrosen abgelöst, die zuerst kleine Flecken bilden, dann aber das gesamte Blattgewebe zwischen den Blattgefäßen ergreifen (vgl. Abb. 255). Vertrocknete Nekrosenbereiche sind braun bzw. rostbraun gefärbt und können herausfallen und Löcher bilden. Nichtnekrotisierte Blatteile sind blaugrün gefärbt. Die Wurzeln sind lang, wenig verzweigt und schleimig (vgl. MC MURTREY 1929, ECKSTEIN und Mitarbeiter 1937).

Die Blätter haben wenig Elastizität und Aroma, trocknen dunkel auf und bilden Asche von dunkler bis schwarzer Farbe (PEARSE 1959). Sie färben sich beim Fermentieren stark braun (LOVETT 1959).

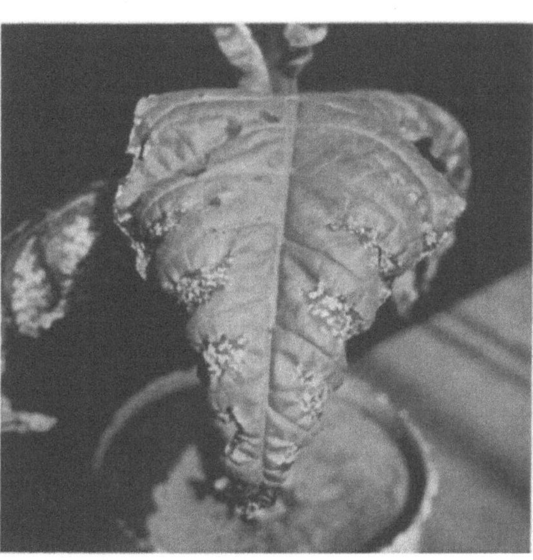

Abb. 255. K-Mangel an einem Tabakblatt

Zunehmende Kaliversorgung in Sulfatform steigert nach AMARELL (1958) die Transpiration. Mit steigendem N/K-Verhältnis im Nährstoffangebot und mit dem Alter der Pflanzen verstärken sich die K-Mangelsymptome (TAKAHASHI 1958).

E. Kalzium

Blattspitzen und Blattränder zeigen bei Kalziummangel Nekrosen, die jungen Blätter des Terminalsprosses oder der Seitentriebe (Geizen) werden hellgrün, biegen sich nach abwärts, und die Terminalknospen sterben bei starkem Mangel ab. Bei nicht völligem Mangel werden Teile der Blattlamina an Blattspitzen und Blatträndern nicht ausgebildet und die Blätter verdreht. Die Blüten zeigen einen Verfall der Korollblätter. Die Wurzeln sind kurz und stark verzweigt.

F. Magnesium

Bei Magnesiummangel werden die älteren Blätter fortschreitend chlorotisch, beginnend bei den basalen Blättern, wobei die Chlorose an den Spitzen und Rändern beginnt und in die interfaszialen Laminabereiche fortschreitet. Nekrosen treten auch in extremen Mangelfällen auf, wenn sich die Blattränder aufbiegen und die Blattstiele abwärts hängen. Die Wurzeln sind lang, wenig verzweigt und schleimig.

G. Eisen

Eisenmangel wirkt sich zuerst an den jungen Blättern aus, wobei die interfaszialen Laminapartien einschließlich der Blattnerven sich gelblich verfärben. Junge Blätter sind weißlichgelb, nach abwärts finden sich alle Farbabstufungen zwischen gelblich bis normalgrün. Nekrosen können vorkommen. Das Wurzelsystem ist nur wenig verzweigt.

H. Spurenelemente

Bor. Nicht genügende Versorgung mit Bor macht sich an den Terminalsprossen und Geizen sowie an den jüngsten Blättern zuerst bemerkbar; letztere werden lichtgrün. Das Gewebe an der Basis junger Blätter stirbt ab, während

Abb. 256. Bormangel in Wasserkultur (links), mit 2,5 mg (Mitte) und mit 50 mg Bor (rechts) als Borsäure je Pflanze

es in der Spitzenregion noch am Leben bleibt und unregelmäßig, einseitig bzw. verdreht weiterwächst, bis der ganze Trieb abstirbt; die oberen Blätter der

Pflanze rollen sich halbkreisförmig ein; sie sind hell gefärbt, glatt, steif und spröde, die Mittelrippen sind oft gebrochen, die Blattgefäße verfärbt (vgl. SHIVE 1936). Extremen Bormangel zeigt die Pflanze in Abb. 256 links.

Kupfer. Bei Kupfermangel verlieren die Terminaltriebe den Turgor ihrer Blätter und welken; geringe Chlorose und graugrüne Nekrosen kennzeichnen die älteren Blätter. Tritt der Kupfermangel im Blühstadium ein, so bleibt der Frucht-

Abb. 257. Ohne Zugabe von Cu (links), mit 1,0 mg Cu (Mitte) und starke Schädigung der Tabakpflanze durch 100 mg Cu je Gefäß (rechts)

stand nicht aufrecht stehen und zeigt verminderte Samenbildung. Gegenüber zu hohen Cu-Gaben erweist sich Tabak als empfindlich (vgl. Abb. 257 rechts).

Mangan. Manganmangel kündigt sich durch eine Chlorose der jüngsten Blätter an, wobei die feinsten Blattadern grün bleiben, das Zwischenrippengewebe hellgrün bis weiß verfärbt ist und einen fleckigen Eindruck macht. Dem Farbverlust folgt Nekrose in Form kleiner, über die Blattflächen verstreuter Flecken. Abgestorbene Blattpartien fallen aus und hinterlassen Löcher.

Zink. Bei Zinkmangel zeigen die unteren Blätter der Pflanze leichte Chlorose an Blattspitzen und Batträndern, meist gefolgt von Nekrosen, die zuerst klein bleiben, später aber größer werden und wässerigen Eindruck machen (vgl. NAIR und MEHTA 1959); die feineren Verästelungen der Blattnervatur nekrotisieren zuerst, später trocknen die Blattrippen wie auch das Zwischenrippengewebe aus. Die Internodien bleiben kurz, die Blätter werden verdreht. Höhere Zinkgaben werden relativ gut vertragen (vgl. Abb. 258 rechts).

Molybdän. Der Molybdängehalt von Tabakblättern erwies sich in Australien als distriktweise sehr verschieden hoch, vielfach kleiner als 0,5 ppm, in manchen Bezirken 0,9 bis 2,8 ppm und maximal 7,6 ppm (Chippendale 1954). Ähnliche Werte wurden in den USA festgestellt (Robinson und Mitarbeiter 1917). Molybdänmangelpflanzen enthielten 0,3 ppm Mo und weniger in der Trockensubstanz (Steinberg 1953).

Bei Molybdänmangel (in Wasserkultur, Steinberg 1953) zeigten Tabakpflanzen nach etwa 24 Tagen Fleckigkeit und Verkräuselung der mittleren Blätter; ein Verkrümmen und Verdrehen der Blattlaminae wird vom Auftreten kleiner

Abb. 258. Ohne Zugabe von Zn (links), mit 1 mg Zn (Mitte) und geringe Empfindlichkeit der Tabakpflanze gegen 100 mg Zn je Gefäß (rechts)

Nekrosen zwischen den Blattgefäßen abgelöst, die sich langsam vergrößern bis das ganze Blatt davon ergriffen ist. Diese Erscheinung beginnt am Blattrand und verbreitet sich fortschreitend über alle Blätter der Pflanze. Die Mangelpflanzen zeigten etwa um 65% weniger Ertrag an Trockenmasse und verzögerte Blühtermine. Molybdänmangel ist begleitet von hohem Nitratgehalt und niedrigen Gehalten der Blätter an kongulierbarem Eiweiß aber nur gering erhöhtem Gehalt an löslichem organischem Stickstoff (Aminosäuren), einem geringeren Gehalt an Bor (Steinberg und Mitarbeiter 1955).

8. Die Durchführung der Düngung

Wie auch bei anderen Pflanzen allgemein muß bei Tabak in ganz besonderem Maß bei Düngungsmaßnahmen nicht nur der Ertrag, sondern auch die Qualität des erzeugten Ertragsgutes als Ziel gesetzt und berücksichtigt werden. Mit Recht wurde von Wöber und Babo (1959) festgestellt: „Jede Maßnahme der Düngung und Bodenbearbeitung bei Tabak, die eine natürlich ebenfalls nicht unerwünschte Ertragssteigerung zur Folge haben könnte, kann nur dann gutgeheißen werden, wenn gleichzeitig dadurch auch seine Qualität verbessert wird."

A. Wirtschaftseigene Düngemittel

Auf die Ausbringung von Jauche oder Gülle soll im Tabakbau verzichtet werden. Stallmist wird zur Erhaltung der Bodengare in Gaben von etwa 100 dz/ha jährlich im Herbst oder aber in Gaben von 180 bis 200 dz/ha für zwei Trachten ausgebracht. Beim Anbau von Rollendeckentabak spielt der Stallmist als Stickstofflieferant eine bedeutende Rolle. PETROW (1957) verwendete anstelle von 20 t/ha Stallmist nur 3 t/ha im Gemisch mit 250 kg/ha Superphosphat bei gleicher Ertragswirkung. Analoge Ergebnisse erhielten PETROW und Mitarbeiter (1958).

B. Handelsdüngemittel

Die mineralischen Handelsdüngemittel werden im allgemeinen kurz vor dem oder zum Auspflanzen der Setzlinge ausgebracht, wobei die lokalen Verhältnisse über breitwürfige oder placierte Verteilung bestimmen.

Reihendüngung mit granuliertem Superphosphat (100 kg/ha) brachte nach CHRISTOSOW (1958) um 9% höhere Erträge und um 11% höhere Kennzahlen des Tabaks gegenüber Streudüngung.

Bei gedüngtem Tabak trat dabei die Vollblüte 10 Tage früher ein als bei ungedüngten Pflanzen.

Auch die Methode *Blattdüngung* wurde im Tabakbau einer Prüfung unterzogen. CHINKOW (1959) erhielt in Bulgarien bei dreimaliger Blattdüngung mit Superphosphat und Kaliumsulfat in Kombination mit Bodendüngung (80 kg/ha Ammonnitrat) Ertragssteigerungen gegen Bodendüngung allein um 280 kg/ha, bei günstiger Qualität. Blattdüngung mit 1 bis 1,5%igem wässerigem Kaliumsulfat verbesserte in Versuchen von CHINKOW (1959) die Glimmfähigkeit, den Gehalt an Kohlehydraten und minderte den Eiweißgehalt; steigerte also die Qualität des Ertragsgutes. Nach ihm ist die Blattdüngung in den Morgenstunden oder an bewölkten Tagen durchzuführen, weil dann die Resorption der Nährstoffe aus dem Blattbelag 30 bis 50% ausmacht, während sie um die Mittagsstunden nur 5 bis 8% beträgt. Die Wanderung isotopmarkierter Komponenten der Blattdüngemittel im Tabak studierte INSELBERG (1959).

Russische Versuche, bei denen N, P, K und Mg in ein- bis dreimaliger Anwendung gelöst in frühen Entwicklungsstadien der Tabakpflanzen auf die Blätter aufgespritzt worden waren, ergaben gegenüber ungedüngten Pflanzen 13% Mehrerträge ohne Qualitätseinbußen (DONEV und PETROV 1957). IWANOWSKI (1958) verwendete neben einer Grunddüngung von 15 kg/ha N als NH_4NO_3, 50 kg/ha P_2O_5 als Superphosphat und 50 kg/ha K_2O über den Boden drei Kopfdüngungen als Blattdüngung mit einer 3%igen Lösung obiger Düngemittel, wobei 923 l/ha im Stadium der entfalteten Rosette, 1447 l (5%ig) am 3. Juli und 2215 l/ha (5%ig) am 18. Juli verabreicht wurden. Die Blattdüngung hatte beim frühen Zeitpunkt den besten Erfolg.

C. Normen

Prinzipiell kann zwischen der Düngung der Tabaksetzlinge (mineralische Ernährung während der Zeit von der Keimung bis zum Auspflanzen) und der Düngung des auf das Feld ausgepflanzten Tabaks (während der Zeit vom Auspflanzen bis zur Ernte) unterschieden werden. Die von den Setzlingen während ihrer Anzucht als Düngemittel benötigten Nährstoffmengen betragen, nach Untersuchungen von SCHMID (1959) je g/m² etwa 10 g N, 30 bis 75 g P_2O_5 und 22 bis 40 g K_2O. Düngungsempfehlungen für die Anzucht im Saatbeet gibt PEARSE (1959).

Tabelle 436. *Düngungsnormen für Tabak in verschiedenen Ländern*
(Nach VAN DIERENDONCK 1959)

Country Type of tobacco	$N/P_2O_5/K_2O$ formula	Amounts
United States		
Flue-cured (cigarette, Virginia)	4/8/10	900 to 1100 kg/ha
	3/9/6	1100 to 1300 kg/ha
	3/10/10	1100 to 1500 kg/ha
	5/8/12	800 to 900 kg/ha
Light sun-cured (Samsun)	3/10/6–8	660 to 1100 kg/ha
	2/8/12	1000 kg/ha
Light air-cured (Burley)	8/8/8	1100 kg/ha
	5/10/10	1320 kg/ha
	4/8/12	1100 to 1650 kg/ha
Light air-cured (Maryland)....	4/8/12	825 to 1100 kg/ha
India		
Dark air-cured (cheroot)	12/5/5	330 to 440 kg/ha
(cigar)	8/2/15	330 to 440 kg/ha
Flue-cured (cigarette)	4/12/12	660 to 1100 kg/ha
Brazil		
Dark air-cured (cigar)	10–12/–/6–8	1000 kg/ha
Flue-cured	3/12/7	600 kg/ha
	4/11/8	600 kg/ha
	3/10/8	600 to 800 kg/ha
	3/12/6	600 to 800 kg/ha
	4/14/8	600 to 800 kg/ha
	4/10/8	600 to 800 kg/ha
Rhodesia-Nyasaland		
Flue-cured (cigarette, Virginia); seedbeds.................	5/25/5	9 to 14.5 kg per 100 m²
	4/14/4	10.8 kg per 100 m² (fertile soils)
	4/14/4	18 kg per 100 m² (light soils)
	6/18/12	18 kg per 100 m² (light soils)
Flue-cured; fields	1/22/16	500 to 600 kg/ha loam soils
	2/18/15*	550 to 825 kg/ha
	3/18/15*	550 to 825 kg/ha sandy soils
	4/18/15*	550 to 825 kg/ha
	6/18/15*	550 to 825 kg/ha
Sun-cured		
(Oriental or Turkish tobacco) .	1/22/16	330 kg/ha
	2/18/15	330 kg/ha
	1/22/16	220 to 440 kg/ha
Light-air-cured (Burley)	4/18/15	660 kg/ha

* Supplemented by: 2.0 kg borax, 100 kg dolomite or 50 kg magnesite, if needed.

Fortsetzung auf S. 1087

Fortsetzung der Tabelle 436

Country　Type of tobacco	N/P$_2$O$_5$/K$_2$O formula	Amounts
Canada		
Flue-cured (cigarette, Virginia)	2/10/8	900 to 1100 kg/ha
	2/12/10	900 to 1100 kg/ha
		clay soils
Light air-cured (Burley)		
	2/10/6**	550 to 1100 kg/ha
	2/12/10**	550 to 1100 kg/ha
		light soils
	4/8/10**	550 to 1100 kg/ha
Dark air-cured (cigar)	5/8/10	1320 to 2200 kg/ha
Air-cured (pipe)	5/8/10	660 to 1100 kg/ha
Indonesia		
Air-cured (Deli-cigar wrapper type)		40 to 50 g sulphate of ammonia
seed beds		60 to 90 g double super-phosphate; 40 to 80 g sulphate of potash per m^2
fields	5/10/7·5	400 to 800 kg/ha
Air-cured (Java-cigar Filler type)	4/–/–	1000 kg/ha
West Africa		
Air-cured (cigar)	8/4/10	1000 to 1400 kg/ha supplemented by 5 kg MgO
Ceylon		
Light air-cured (Burley)	2/8/8	1100 kg/ha
Air-cured (cigar)	5/5/6	1100 kg/ha
Algeria		
Dark air-cured (cigar)	6/3–4/10–15	1000 kg/ha
Light air-cured	5/7/10	1000 kg/ha
Armenia		
Sun-cured (Oriental or Turkish)	2/6/10	700 to 1200 kg/ha
Venezuela		
Dark air-cured	6/12/12–18	1000 to 1500 kg/ha
Flue-cured	3/9–15/12–15	1000 to 1500 kg/ha
	2/20/20	1000 to 1500 kg/ha
Cuba		
Air-cured (cigar-wrapper)	5/8/10	500 to　600 kg/ha
Colombia		
Dark air-cured	12/7·5/14	300 to　400 kg/ha
Light air-cured	5–7/10–20/10	300 to　400 kg/ha

** Supplemented by 20 kg MgO.

Die Düngungsempfehlungen, die zu Tabak gegeben werden, sind in den wichtigsten Anbaugebieten der Welt, sofern sie die Kernnährstoffe N, P und K betreffen, für bestimmte Handelstypen des Tabaks sehr ähnlich. Eine gute Übersicht stammt von van Dierendonck (1959) und ist in Tab. 436 wiedergegeben. Rose (1954) empfiehlt für rhodesische Verhältnisse, zu Tabak neben oder mit den mineralischen Düngemitteln jährlich etwa 60 kg/ha CaO zu verabreichen.

Bei Bormangel sollten zu einer sogenannten „Grunddüngung" für Tabak keinesfalls mehr als 20 kg/ha Borax verabreicht werden (Jacob und Uexküll). Für tropische und subtropische Anbaugebiete, in denen Bor- und Magnesiummangel beobachtet wird, werden Gaben von 2 bis 5 kg/ha Borax und von 20 bis 40 kg/ha MgO in Form von Dolomit oder Magnesit empfohlen.

Wöber (1952) empfahl für den österreichischen Tabakbau folgende Einbringungsarten der Düngemittel:

a) Bei *dunklen* Tabaken: 100 dz alten Stallmist, 25 bis 50% der totalen Patentkalimenge und die gesamte Thomasphosphatgabe als Vorratsdüngung schon zur Herbstackerung. Weiterhin 25% des Patentkalis und 60 bis 70% des Superphosphats beim Schälen und Eggen (Frühjahrsackerung) des Feldes, mindestens drei Wochen vor dem Pflanzen. Dann 60 bis 70% des Kalkammonsalpeters unmittelbar vor dem Pflanzen, wobei diese Gabe einzueggen ist. Schließlich werden beim Häufeln 30 bis 40% der Kalkammonsalpetergabe zu jeder Pflanze gegeben sowie 30 bis 40% der Superphosphatgabe und der Rest der Patentkaligabe zwischen den Reihen ausgestreut.

b) Bei *hellen* Tabaken: kein Stallmist, aber 20 bis 30% der Patentkalimenge und die gesamte Thomasphosphatgabe als Vorratsdüngung zur Herbstackerung. Weiterhin 60 bis 70% des Patentkalis und 60 bis 70% der Superphosphatgabe zur Frühjahrsackerung (Schälen und Eggen) mindestens drei Wochen vor dem Pflanzen. Dann soll der gesamte Kalkammonsalpeter unmittelbar vor dem Pflanzen eingeeggt werden. Vor dem Häufeln sollen 30 bis 40% der Superphosphatgabe zwischen den Reihen gestreut werden. Christosow (1959) fand im bulgarischen Tabakanbaugebiet die höchsten Erträge bei Volldüngung in einer Gabe im Frühjahr oder aber wenn 70% des Superphosphats und Kaliphosphats mit der ersten Frühjahrsfurche, 50% des Ammonsalpeters mit den restlichen 30% des Superphosphats und Kaliphosphats (gelöst) beim Auspflanzen und je 25% des Ammonsalpeters beim ersten und zweiten Hacken verabreicht worden waren.

Düngungsversuche in Indien (Benares-Gebiet) führte Ananth (1959) durch.

D. Wirtschaftlichkeit

Im Hinblick auf Arbeitsersparnis werden, vor allem bei Anwendung geteilter N- und K-Gaben, Mischdünger bzw. Volldünger der Anwendung von Einzeldüngemitteln vorgezogen.

9. Einfluß der Düngung auf Klimaschäden und Krankheiten des Tabaks

Kalidüngung macht sich bei Tabakpflanzen durch eine Erhöhung der Trockenresistenz wie auch der Resistenz gegen bestimmte Krankheiten („wild fire", „black fire" usw.) bemerkbar. Doch kann eine Überdüngung an Kalium und Magnesium bei gleichzeitigem relativem Kalkmangel das Auftreten von *Sclerotinia*- (Becherpilz-) Krankheiten fördern. Überkalkung kann die Anfälligkeit der Tabakpflanze gegenüber *Thielaviopsis basicola* („Black-Root-Rot") stark erhöhen.

10. Die Düngung im Zusammenhang mit Ertrag und Qualität

Durch *Stickstoff*düngung wird der Ertrag an Tabak beträchtlich gesteigert. McMURTREY und Mitarbeiter fanden bei einer Grunddüngung von 66 kg/ha P_2O_5 und 44 kg/ha K_2O im Zehnjahresdurchschnitt Mehrerträge von 124 kg/ha bei 11 kg/ha N, von 276 kg/ha bei 22 kg/ha N, von 350 kg/ha bei 33 kg/ha N, von 372 kg/ha bei 44 kg/ha N und von 474 kg/ha bei 88 kg/ha N. Die höchste kg-N-Ertragsleistung war mit 12,5 kg bei einer Gabe von etwa 22 kg/ha N erreicht worden. Die Brennbarkeit des Tabaks war bis zu Gaben von 33 kg/ha unbeeinträchtigt. Bei höheren N-Gaben konnte sie nur durch gleichzeitige erhöhte Kaligaben auf gewünschtem Niveau gehalten werden.

Eine Steigerung der verfügbaren N-Mengen steigert die Oxydase-, Katalase- und Carbohydraseaktivität und mindert die Qualität der Blätter, doch kann dem durch K- und P-Düngung entgegengewirkt werden (TOMBESI 1958).

Es ist für die Zusammensetzung der organischen Stoffe im Tabakblatt keineswegs gleichgültig, ob der Stickstoff in Form von NH_4^+ oder in Form von NO_3^- an die Pflanze herangebracht wird (vgl. Tab. 437).

Tabelle 437. *Art und Menge organischer Säuren im Tabakblatt bei vergleichender Ernährung mit NH_4- bzw. NO_3-Ionen*
(nach CHOUTEAU 1960)

Milliäquivalente Säure in 100 g Trockensubstanz	bei Ernährung mit	
	NH_4^+	NO_3^-
Äpfelsäure	2,0	122
Zitronensäure	0,9	22
Oxalsäure	2,9	28
Chinasäure..................	—	8
Shikimisäure	3,0	—
Chlorogensäure	—	5
Glyzerinsäure	—	5
Gesamtsäure	29,4	203,1
davon identifizierte Säuren	14,7	195,1

Es ist verständlich, daß infolge des Energieverbrauchs bei der Reduktion des Nitrations zum Ammoniak oxydierte Kohlehydrat-Abbauprodukte in größerer Menge auftreten. Andererseits muß bei Ausfall der Kationenkonkurrenz des NH_4-Ions die Mehraufnahme andersartiger Kationen durch organische Säuren kompensiert werden.

Ammoniumernährung erniedrigt den Wassergehalt und steigert daher die Viskosität des Plasmas. Sie erhöht die Hitzeresistenz, erniedrigt jedoch die Kälteresistenz, während Nitraternährung umgekehrt die Kälteresistenz steigern und die Hitzeresistenz beeinträchtigen soll (BADANOWA 1958).

Nach AWUNDSHJAN (1958) steigert einseitige Ammoniakernährung den Nikotingehalt der Blätter, während einseitige Nitraternährung (mit PK-Grunddüngung) zu nikotinarmen Blättern führt.

Die verschiedenen N-Düngemittel zeigen auch unterschiedliche Ertragswirkungen. Die besten Wirkungen werden mit Harnstoff und mit Kalkammonsalpeter erzielt, am wenigsten scheint der Kalkstickstoff geeignet zu sein. Sechsjährige Versuche brachten z. B. die in Tab. 438 zusammengestellten Ergebnisse:

Tabelle 438. *Sechsjähriger Tabakdüngungsversuch Limburgerhof (1939)*

Neben Stallmist wurden zusätzliche Mengen an N gegeben in Form von	Erträge in dz/ha an dachreifen Blättern bei Düngung mit		
	200 dz Stallmist + 30 kg N/ha	120 dz Stallmist + 70 kg N/ha	ohne Stallmist + 100 kg N/ha
Harnstoff....................	17,29	17,80	18,34
Kalkammonsalpeter..........	17,39	18,10	18,61
Kalkstickstoff..............	16,92	17,22	17,88
Schwefelsaures Ammoniak	16,81	18,32	19,14
	Bewertung der Qualität nach Punkten:		
Harnstoff....................	92,5	95,8	94,5
Kalkammonsalpeter..........	92,7	95,2	93,8
Kalkstickstoff..............	91,0	93,7	91,7
Schwefelsaures Ammoniak	90,2	92,5	90,5

Auch die Qualität des Ertragsgutes zeigte sich von der Art des verwendeten Düngemittels beeinflußt. Landrau und Mitarbeiter (1959) erhielten auf Tonböden in Puerto Rico bei Gaben von 50 kg/ha N die höchsten Erträge bei allen untersuchten organischen und anorganischen Stickstoffdüngemitteln mit Ammonnitrat. Eine Reihe an anderen Stellen durchgeführter Versuche ergab, daß eine Kombination verschiedener Stickstoffdüngemittel fast stets bessere Ertragsergebnisse brachte als die Verwendung von Einzeldüngemitteln.

Eine Mischung von $^1/_3$ Nitrat-, $^1/_3$ Ammonium- und $^1/_3$ Harnstoff-N erwies sich als günstiger als jede der einzelnen N-Formen. Auch Versuche des Instituto do Fumo in Bahia ergaben, daß bei einer Gabe von 60 kg/ha N eine günstigere Wirkung erzielt wurde, wenn die Hälfte des Stickstoffs in langsamwirkender Form (als Ölkuchen) den Pflanzen verabreicht wurde, als bei Gabe von Natronsalpeter oder Ammonsulfat allein. Somit scheint eine während der ganzen Vegetationszeit ziemlich gleichmäßig N anliefernde Stickstoffquelle für Tabak günstig zu sein.

Um diesem Bedürfnis der Pflanze gerecht zu werden, kann man die N-Gaben auch in zwei zeitlich getrennten Gaben ausbringen. Um jedoch das N/K-Verhältnis nicht zu stören, ist es zweckmäßig, ein Misch- oder Volldüngemittel mit geeignetem N/K-Verhältnis anzuwenden.

Tabak von guter Qualität soll etwa 1 bis 2% N und nicht mehr enthalten, dazu wenigstens 2% K_2O und 18 bis 25% reduzierende Zucker. Das Verhältnis N:K_2O soll zwischen 0,8 und 1,2 liegen. Steigt der N-Gehalt beispielsweise auf 3% an, so muß im Hinblick auf die Qualitätseigenschaften, die durch zu hohen N- bzw. Proteingehalt verschlechtert werden, mehr Kali verabreicht werden, so daß die N:K_2O-Relation zwischen 1 und 2 liegt.

Steigende Stickstoffgaben steigern im Gegensatz zu Phosphor- und Kaligaben (Chandnani und Mitarbeiter 1959) den N-Gehalt der Tabakblätter. Mc Murtrey und Mitarbeiter fanden in zehnjährigen Versuchen mit Maryland-Pfeifen- und Zigarettentabaken, daß der N-Gehalt der Blatt-Trockensubstanz, der bei N:P_2O_5:K_2O=0:66:44 kg/ha nur 2,3% betrug, bei 22:66:44 bereits 3,1 und bei 88:66:44 sogar 3,8% betrug. Der Anteil an reduzierenden Substanzen nimmt mit zunehmender N-Düngung ab; letztere senkt auch den Kaligehalt und steigert den Kalkgehalt (Merker 1958). Kaliammonsalpetergaben steigern den vom Boden abhängigen Chlorgehalt der Blätter.

Durch N-Düngung hervorgerufene Steigerungen des N-Gehaltes der Blätter sind von einer Steigerung des Nucleinsäurephosphors begleitet, obwohl der Gehalt an Gesamtphosphor und jener der übrigen P-Fraktionen nicht ansteigt (GARZ 1959a).

Die Stickstoffdüngung beeinflußt den Nikotingehalt des Tabaks in förderndem Sinne. RÖMER (1940) erhielt die folgenden Zahlen (Tab. 439).

Tabelle 439. *Einfluß von Stickstoffgaben auf den Nikotingehalt in % der Trockensubstanz der Blätter*

N-Gabe	80 kg/ha	100 kg/ha
Vorbruch	2,3	2,3
Hauptgut	3,6	4,2
Obergut	5,3	5,9

MASCHKOWZEW (1958) fand bei Anzucht verschiedener Tabaksorten mit und ohne N-Düngung, daß starke N-Gaben im Mistbeet die Nikotinakkumulation herabsetzen, im oberirdischen Teil um durchschnittlich 11%, in den Wurzeln um 30%. Hoher N-Gehalt der Mistbeeterde hat Wachstumshemmungen, geringe Nikotinakkumulation und intensive Zerstörung des Nikotins in den Wurzelgeweben bei Autolyse oder während Hungerstoffwechsel zur Folge. Die Nikotinsynthese hängt weitgehend vom Verhältnis C:N in den Wurzeln ab: Bei hohem Verhältnis (geringem N-Gehalt) verläuft die Synthese normal; bei annähernd konstantem Zustrom von Kohlehydraten aus den oberirdischen Teilen und zunehmender N-Aufnahme wird das Verhältnis C:N immer ungünstiger für die Nikotinsynthese. Man empfiehlt deshalb Anzucht der Tabakpflanzen im Mistbeet bei minimaler N-Menge und spätere im Einklang mit dem Wachstum allmählich zunehmende N-Versorgung.

Der Einfluß der *Kali*düngung auf die Zusammensetzung von Tabak geht aus Untersuchungen der Landwirtschaftlichen Versuchsstation Berlin-Lichterfelde (1935) hervor (Tab. 440), die den Nachweis erbrachten, daß K in seiner Ertragswirkung nicht durch Rubidium ersetzt werden kann. Kalium setzte die Gesamtaufnahme an Kationen von 250,44 mval je 100 g Trockensubstanz bei NP auf 140,24 mval bei NP+60 mval K herab und erniedrigte (durch Ionenkonkurrenz bei der Aufnahme) die relativen Gehalte an Na, Ca und Mg.

Tabelle 440. *Kaliumversorgung und Zusammensetzung von Tabak bei 90 mval N (als NH_4NO_3) und 45 mval P (als $CaHPO_4 \cdot 2 H_2O$) Grunddüngung*

Düngung mval	Ertrag (g TS)	Gehalt an Elementen in mval je 100 g Trockensubstanz			
		K	Na	Ca/2	Mg/2
—	0,8	27,39	10,63	119,85	72,42
NP	8,8	12,74	7,42	155,88	74,40
NP + 20 K	38,7	34,18	5,16	58,86	27,78
NP + 40 K	42,6	57,11	5,48	53,86	25,79
NP + 60 K	44,2	65,61	5,16	45,66	23,81

Über den Einfluß steigender Kaligaben auf die Glimmfähigkeit (Glimmdauer) geben Ergebnisse von BOWLING und BROWN (1947) Auskunft, die in Tab. 441 wiedergegeben sind.

Tabelle 441. *Einfluß steigender Kaligaben auf die Qualität von Maryland-Tabak* (nach Bowling und Brown 1947)

Düngung								
N kg/ha	44	44	44	44	44	44	44	44
P_2O_5 kg/ha	70,4	70,4	70,4	70,4	70,4	70,4	70,4	70,4
K_2O kg/ha	0	26,4	52,8	79,2	132	185	290	396
Erträge kg/ha	872	983	995	1060	1036	1025	1050	1014
Glimmdauer sec	4,4	5,8	8,8	18,6	43,2	46,3	92,3	56,0
% K_2O/Trockensubstanz	2,8	3,9	—	—	6,0	—	7,6	—

Gaben von 0 bis 264 kg/ha K_2O zu Maryland-Tabaken zeigten keinen signifikanten Einfluß auf den N-Gehalt der Blätter (2,21 bis 2,41%), auf deren Proteingehalt (9,66 bis 10,54%), Nikotingehalt (1,35 bis 1,53%) und Harz- und Wachsgehalt (6,36 bis 6,56%), ließen also die Zusammensetzung der organischen Stoffgruppen (mit Ausnahme der Kohlehydrate) ziemlich unbeeinflußt.

Die Art des verwendeten Kalidüngemittels ist von unerheblicher Bedeutung. Bloß Kaliumchlorid mindert die Glimmfähigkeit des Tabaks und soll daher nicht verwendet werden. Auf gut mit K versorgten, aber kalkarmen Böden muß die K-Düngung zu Zigarrentabak mit Rücksicht auf die Aschenfarbe reduziert werden (Schmidt 1958).

Die *Phosphatdüngung* spielt besonders bei feinen Zigarettentabaken, die einen hohen Gehalt an Monosacchariden aufweisen sollen, einen die Qualität mitbestimmenden Faktor, da sie reifebeschleunigend wirken. Bei Zigarrentabaken spielt dies eine geringere Rolle. Zu Virginia-Tabaken benötigt man ziemlich hohe Phosphatgaben, um eine reifebeschleunigende Wirkung zu erhalten. Sehr hohe P_2O_5-Gaben (>170 kg/ha) können zu frühe Reife bei gemindertem Ertrag bewirken. Wenngleich Phosphatgaben den Gehalt des Tabaks an aromagebenden Stoffen günstig beeinflussen, müssen doch allzu hohe Phosphatgaben vermieden werden, weil sonst zu dicke, hygroskopische Blätter gebildet werden, die mit schwärzlicher Asche nur unvollständig abbrennen, also von schlechter Qualität sind. Hohe Phosphorsäuregaben steigen den Zuckergehalt von Virgin-Tabak und verbessern damit dessen Qualität (Taubitz 1958). Der P_2O_5-Gehalt der Blatt-Trockensubstanz soll bei guter Qualität etwas unterhalb von 0,6% liegen, bei Zigarettentabak aber bis zu etwa 1% ansteigen.

Zu hohe *Schwefel*gehalte in den Blättern (z. B. >0,6% gegenüber normal 0,2 bis 0,4%) können durch Luxuskonsum an Schwefel auf Böden mit hohen Schwefelgehalten vorkommen. Sie sind von ungünstigem Einfluß auf die Brennbarkeit des Tabaks. Die Schwefelversorgung ist meist durch die Düngung mit Superphosphat und anderen S-haltigen Düngemitteln sichergestellt, außerdem beträgt die S-Zufuhr durch Luft und Niederschläge in verschiedenen Staaten der USA 5 bis 20 kg/ha (Jordan und Bardsley 1958) und liegt in Industrienähe oft noch höher.

Die *Kalium*gehalte der Tabakblätter sind von entscheidendem Einfluß auf die Glimmfähigkeit des Tabaks, ohne sich jedoch auf seinen Duft und Aroma auszuwirken.

Donadoni und Tombesi (1958) beobachteten bei Gaben von 800 kg/ha K_2O eine gute, bei 600 kg/ha eine mäßige und bei 250 kg/ha eine mangelhafte Glimmfähigkeit.

Der Gehalt der Blätter an *Magnesium* wirkt sich stark in der Brennbarkeit der Blätter aus, die es in steigenden Mengen fördert. Mit steigenden Mg-Gehalten wird auch die gebildete Asche weißer, was bei Zigarettentabak eine wünschenswerte Qualitätseigenschaft darstellt. Zu hohe Mg-Gehalte allerdings geben der Asche eine unerwünscht flockige Struktur, weshalb ein Mg-Gehalt der Blatt-Trockensubstanz von 1 bis 2% angestrebt werden soll bzw. als normal gilt. Bei Verwendung von Kalimagnesia sollte der MgO-Anteil 40 kg/ha nicht überschreiten (SSARUCHANJAN 1958).

Der Gehalt der Blätter an *Kalzium* ist ebenfalls mitbestimmend für die Qualität der Asche wie auch des Aromas. Er liegt normalerweise zwischen 3 und 6% CaO.

COOLHAAS (1936) und ANDERSON und Mitarbeiter (1932) konnten zeigen, daß die Glimmfähigkeit des Tabaks in Korrelation steht zu dem Gehalt der Tabakasche an K_2O, CaO, MgO und Cl, und geben hierfür den folgenden Quotienten an:

$$\frac{\% \ K_2O}{\% Cl \ (\% MgO + \% CaO)}$$

Die Kaliumversorgung der Tabakpflanzen ist somit der über die Qualität entscheidende Faktor. Es muß aber auch die Relation zum Stickstoff beachtet werden, der in der eben genannten Formel neben dem Chlor als wirksamer Faktor einzusetzen wäre.

Der *Bor*gehalt der Blätter steht ebenfalls im Zusammenhang mit der Qualität, besonders dem Aroma und der Glimmfähigkeit, die sein Fehlen ungünstig beeinflußt. Dagegen sind höhere Gehalte als 16 ppm unerwünscht, da sie bereits Toxizitätssymptome bewirken können.

Kupfer ist offenbar ein Faktor, der den Zuckergehalt des Tabakblatts beeinflußt. In Neuseeland wurde bei niedrigen Kupfergehalten auch ein zu niedriger Zuckergehalt der Blätter beobachtet. Gaben von 22 bis 55 kg/ha Kupfersulfat hoben den Zuckergehalt der Blätter trotz relativ hohem N-Gehalt ohne eine unerwünschte Steigerung des Proteingehalts der Blätter an. Mit Ausnahme von Kupfer sind die bekannten Spurenelemente an der Regulierung des Gehaltes der Tabakblätter an Nitraten und an Aminosäuren beteiligt. Insbesondere erhöhen sich die Nitratgehalte bei Mangel an *Mangan* oder an *Molybdän*, was mit einer Beeinflussung von Fermentsystemen zusammenhängt. Gaben von *Bor*, etwa 5 bis 6 kg/ha Borax, verbessern häufig (THOMSON und MONK 1956), jedoch nicht immer (KOSTJANEW 1957), die Blattqualität bzw. den Geruch und die Brennbarkeit der Blätter, wirken sich jedoch auf den Ertrag im allgemeinen nicht aus. 7,3 kg/ha Borsäure erhöhten ihn in Versuchen von KOSTJANEW (1957) um 4,5%. Die Tabakblätter sollen nicht mehr als 16 ppm/Trockensubstanz B enthalten. Bei der Düngung mit Spurenelementen ist eine Überdosierung, vor allem bei Bor und Mangan, zu vermeiden, da diese Nährstoffe in zu großen Gaben toxische Erscheinungen und damit verbundene Qualitätseinbußen veranlassen.

Die Verwendung *Chlor* enthaltender Düngemittel wirkt sich auf dem Wege über die Bildung stark hygroskopischer, chlorhaltiger Eiweißverbindungen ungünstig auf die Trocknungseigenschaften der Tabakblätter aus, weil sie die Neigung zur Ausbildung dicker, stark wasserhaltiger Blätter fördern und die Brennbarkeit herabsetzen. Geringe Gehalte der Trockensubstanz der Blätter von nicht mehr als 0,6% sind jedoch wünschenswert, weil sie die für Schnittabake erwünschte Elastizität der getrockneten Blätter herstellen bzw. günstig beeinflussen. Bei Zigarettentabaken wird im Hinblick auf die Qualität des Tabaks ein geringer Chlorgehalt der Düngemittel, jedoch weniger als höchstens 3%, verwendet. Für Zigarrentabake kommen nur chloridfreie Düngemittel zur Empfehlung.

Natrium kann im Falle von Kalimangel die Mangelsymptome verringern, ohne den Ertrag zu beeinflussen. Bei Feldversuchen wird deshalb von der Verwendung natriumhaltiger Düngemittel abgeraten, da von ihm die Beurteilung der Kaliwirkung beeinträchtigt wird (HUTCHINSON, WOLTZ und MC CALEB 1959). NaCl in Konzentrationen von 0,005% stimuliert Tabakkeimlinge, dagegen wirken 0,05% wachstumshemmend und 0,4% keimungsverhindernd (OSSELEDETZ 1958).

Der Einfluß einer „Düngung" mit N-bindenden Bakterien („Nitrogin" und „Nitrobacterin") wurde von Kalekenow (1959) studiert und äußerte sich in einer geringen Qualitätsverschlechterung. Nur bei gleichzeitiger Verabreichung von Phosphatbakterien („Phosphorbacterien") wurden gute Qualitätsergebnisse neben einer Zunahme von Blattzahl und Blattgröße gefunden.

Literatur

Alcaraz Mira, E., und J. M. R. de la Borbolla y Alcala: Absorcion de elementos fertilizantes, por la planta de tabaco. Min. Agric. Inst. Nac. Invest. Agron. (Madrid), Nr. 64 (1945). — Amarell, H.: Der Einfluß von Düngung, Boden und Sorte auf die „relative Transpiration" junger Tabakpflanzen. Ber. Inst. Tabakforsch. (Dresden) 5, 217–319 (1958). — Ananth, K. C.: Growth and yield studies on nitrogen fertilization of cheroot, hookah and chewing types of tobacco (Nicotiana tabacum L). Allahabad Farmen 33, 165–181 (1959). — Anderson, P. J., T. R. Swanback und O. E. Street: Potash requirements of the tobacco crops. Bull. Connecticut Agric. Exper. Stat. 311, 212 (1932); 334, 137–217 (1932). — Anonymus: La fertilisation des terres à tabac dans quelques régions de France. Rev. Int. Tabacs 33, 103, 105, 107, 118 (1958). — Askew, H. O., R. T. J. Blick und J. Watson: The effect of fertilizers and their manner of application on chemical composition of flue-cured tobacco. New Zealand J. Sci. Techn. A 29, 5–17 (1947). — Atkinson, W. O., L. A. Link und C. E. Bortner: Effect of potassium fertilizers on yield, value and chemical composition of Burley tobacco. Tobacco Sci. (New York) 6, 112–115 (1962). — Awundshjan, E. S.: Der Einfluß des Ammoniak- und Nitrat-Stickstoffs und mit diesem kombinierter Phosphor-Kali-Ernährung auf die Nikotinanreicherung in Tabakblättern. Nachr. Akad. Wiss. Armen. S.S.R., Biol. Landwirtsch. Wiss., 11 (4), 45–52 (1958).

Badanowa, K. A.: Veränderungen der Resistenz von Pflanzen gegenüber hohen und niederen Temperaturen in Abhängigkeit von der Qualität (Art) der Stickstoffernährung. Pflanzenphysiol. (Moskau) 5, 353–356 (1958). — Bennett, R. R., H. H. Nau und S. N. Hawks, Jr.: Fertilizing Burley tobacco for high quality and yield. N. C. Ext. Circ. Nr. 379 (1954). — Bowling, J. D., und D. E. Brown: Role of potash in growth and nutrition of Maryland tobacco. U.S. Dept. Agric. Techn. Bull. Nr. 933 (1947).

Chandnani, J. J., A. I. Thomas und R. Babu: The effect of nitrogen, phosphorus and potash on Nicotiana rustica tobacco. J. Indian Soc. Soil Sci. 7, 107–113 (1959). — Chippendale, F.: Partial chemical composition of Queensland flue cured tobacco leaf. J. Austral. Inst. Agric. Sci. 20 (1), 58–60 (1954). — Chinkow, T.: Blattdüngung des Tabaks. Bulgar. Tabak 4, 250–252 (1959). — Ernährung des Tabaks über die Blätter. Tabak 20 (4), 44–45 (1959). — Christosow, D.: Ergebnisse der Reihendüngung des Tabaks mit Mineraldüngern. Landwirtsch. Bl. (Sofia) 3, 713–715 (1958). — Ergebnisse der Kopfdüngung nichtbewässerten Tabaks während der Vegetationsperiode im Bezirk der Versuchsstation für Tabakbau in Charmanli. Bulgar. Tabak 4, 197–199 (1959). — Chouteau, J.: Les équilibres acides-bases dans le tabac Paraguay. Thèse Fac. Sci. Bordeaux, No. 23, 145 S. Bordeaux: Bergerac. 1960. — Collings, G. H.: Commercial fertilizers. Their sources and use. 4th ed. Philadelphia-Toronto: Blakiston Co. 1950. 522 S. S. 400: Bestimmungsschlüssel für Elementmangel bei Tabak. S. 403, Fig. 134: Potash ions out the tobacco leaf. — Coolhaas, C.: Potash fertilizer problem in the tobacco growing district of Vorstenlanden. Ernähr. d. Pflanzen 32, 87 (1936).

Donadoni, S., und L. Tombesi: Untersuchungen und Forschungen über subtropische Tabake I. Tobacco 62, 371–381 (1958). — Donev, N., und P. Petrow: Die Düngung des Tabaks. Bulgar. Tabak 2, 57–58 (1957). — Dierendonck, F. J. E. van: The manuring of coffee, tea and tobacco. Centre d'Etude de l'Azote, Genève, 3 (1959).

Eckstein, O.: Arbeiten über Kalidüngung; Zweite Reihe, S. 336. Berlin: Verlagsges. f. Ackerbau m. b. H. 1935. 478 S. — Eckstein, O., A. Bruno und J. W. Turrentine: Kennzeichen des Kalimangels. New York: B. Westermann & Co. 1937.

Frimmel, F.: Dynamická tabakometrie. Podohopodarstwo, I. 3. Preßburg 1954.

Garner, W. W.: The production of tobacco. New York–Toronto–Philadelphia 1951. — Garner, W. W., C. W. Bacon, I. D. Bowling und D. E. Brown: The nitrogen nutrition of tobacco. U.S. Dept. Agric. Techn. Bull. Nr. 414 (1934). — Garz, J.: Beziehungen zwischen Stickstoffernährung und Phosphatstoffwechsel des Tabaks. Flora (Jena) 148, 212–217 (1959). — Gérard und Rousseaux: La culture du tabac. Paris: R. Moreau. 1951. 190 S. — Gisquet, P., und M. Hitler: La production du tabac: Principes et méthodes. Paris: Baillière et Fils. 1951.

HORNUNG, H.: Erfahrungen über die Feldberegnung von Tabak in Friedrichstal in den Jahren 1952 bis 1959. Dtsch. Tabakbau **1960** (8), 69–72. — Über Standweitenversuche mit verschiedenen Tabaksorten im Jahre 1959. Dtsch. Tabakbau **1960** (a), (9), 81–83. — HUTCHINSON, T. B., W. G. WOLTZ und S. B. MC CALEB: Potassium-Sodium relationships, I, Effects of various rates and combinations of K and Na on yield value and physical and chemical properties of flue-cured tobacco grown in field and greenhouse. Soil Sci. 87, 28–36 (1959). — HAMBIDGE, G. (Herausgeber): Hunger signs in crops. Amer. Soc. Agron. and The National Fertilizer Assoc., Washington, D.C., 1941. 327 S. S. 15–54: MC MURTREY, J. E.: Plant nutrient deficiency in tobacco.

INSELBERG, E.: Simplified procedure for radioassay and radioautography of plant materials. Agronomy J. 51, 301-06 (1959). — IWANOWSKI, N. P.: Kopfdüngung zu Tabak. Allunions-Wissensch. Mikojan-Forschungs-Inst. Tabak u. Machorka „WITIM", Bull. wiss. techn. Inform. 4, 29–31 (1958).

JACOB, A., und H. v. UEXKÜLL: Fertilizer use, S. 185–200. Hannover: Verlagsges. f. Ackerbau m. b. H. 1958. 491 S. — JAGORIDKOW, M.: Zur Frage der Pflanzendichte und Stickstoffdüngung zu Tabak. Bulgar. Tabak 3, 135–139 (1958). — JACOB, A., und F. ALTEN: Arbeiten über Kalidüngung; Dritte Reihe, S. 374–392. Berlin: Verlagsges. f. Ackerbau m. b. H. 1942. 436 S. — JEGOROW, W. J.: vgl. Landw. Zbl. Abt. II, 862 (1960). — JORDAN, H. V., und CH. E. BARDSLEY: Response of crops to sulfur on southeastern soils. Proc. Soil Sci. Soc. Amer. 22, 254–256 (1958).

KALEKENOW, D.: Einfluß der bakteriellen Düngung auf Ertrag und Qualität des Tabaks. Bulgar. Tabak 20 (2), 54–56 (1959). — KITCHEN, H. B. (Herausgeber): Diagnostic techniques for soils and crops. Washington, D.C.: Amer. Potash Inst. 1948. 308 S. — KOSTJANEW, ST.: Die Tabakdüngung mit den Spurenelementen Bor und Mangan. Bulgar. Tabak 2, 390–392 (1957).

LANDRAU, P., G. SAMUELS, S. ALERS-ALERS und C. GONZALEZ-MOLINA: The influence of fertilizers on tobacco yields. J. Agric. Univ. Puerto Rico 43, 56–68 (1959). — *Landwirtschaftliche Versuchsstation Lichterfelde*: Arbeiten über Kalidüngung; Zweite Reihe, S. 336. Berlin: Verlagsges. f. Ackerbau m. b. H. 1935. — *Limburgerhof*: Arbeiten der Landwirtschaftlichen Versuchsstation. Eine Rückschau auf Entwicklung und Tätigkeit in den Jahren 1914 bis 1939, S. 90, 126, 308ff., 242ff. Limburgerhof 1939. 485 S. — LOVETT, W. J.: Studies on the metabolism of detached tobacco leaves, I, The influence of potassium nutrition on the growth of tobacco and the quality of cured leaf. Austral. J. Agric. Res. 10, 27–40 (1959).

MASCHKOWZEW, M. F.: Der Einfluß der Stickstoffernährung auf die Nikotinakkumulation in der Tabakpflanze. Agrobiologia 1958, Nr. 6, 84–92. — MC MURTREY, J. E.: Boron deficiency in tobacco under field conditions. J. Amer. Soc. Agron. 27, 271 (1935). — Distinctive symptoms caused by deficiency of any one of the plant chemical elements essential for normal development. Bot. Rev. 4, 183 (1938). — MC MURTREY, J. E., W. M. LUNN und D. E. BROWN: Fertilizer test with tobacco with special reference to effects of different rates and sources of nitrogen and potash. Univ. Maryland, Agric. Exper. Stat. Bull. 358, 255–290. — MC MURTREY, J. E.: Distinctive effects of the deficiency of certain essential elements on the growth of tobacco plants in solution cultures. U.S. Dept. Agric. Techn. Bull. No. 340 (1933). — Symptoms on field-grown tobacco characteristic of the deficient supply of each of several essential chemical elements. U.S. Dept. Agric. Techn. Bull. No. 612 (1938). — Nutritional deficiency studies on tobacco. J. Amer. Soc. Agron. 21, 142–149 (1929). — MERKER, J.: Die Stickstoffdüngung des Tabaks. Ber. Inst. Tabakforsch. (Dresden) 5, 51–110 (1958). — MITTELBERGER, H.: Zur Kenntnis des Eiweißhaushaltes alternder Tabakblätter bei verschiedener Stickstoffernährung der Pflanze. Bodenkde. u. Pflanzenernähr. 33 (78), 19–45 (1944). — MORGAN, M. F., und O. E. STREET: Rates of growth and nitrogen assimilation of Havanna Seed tobacco. J. Agric. Res. (Washington) 51 (2), 163–172 (1935).

NAIR, G. G. K., und B. V. MEHTA: Studies on zinc deficiency symptoms in some common crops of Gujarat (India). J. Agric. Sci. 52, 396–401 (1959).

OLENDSKI, W. I., und D. W. BALANDA: Über die Stickstoffernährung des Tabaks. Allunions-Wissensch. Mikojan-Forschungs-Inst. Tabak u. Machorka „WITIM", Samml. wiss. Arb. 150, 123–138 (1958). — OSSELEDETZ, N. N.: Der Einfluß von Natriumchlorid und Natriumsulfat auf das Wachstum der Tabakpflanzen. Allunions-Wissensch. Mikojan-Forschungs-Inst. Tabak u. Machorka „WITIM", Samml. wiss. Arb. 150, 139–147 (1958).

PARIKH, N. M., und C. C. SHAH: Absorption of minerals by the Bidi tobacco plant. Indian Tobacco 4 (2), 86–95 (1954). — PEARSE, H. L.: Young tobacco plants need external source of nutrition. Farming S. Afr. 35 (2), 28–29 (1959). — Functions of certain plant nutrients in cultivation of tobacco. Farming S. Afr. 34 (12), 10–11

(1959). — PETROW, P.: Die Düngung des Tabaks. Bulgar. Tabak 2, 57–58 (1957). — PETROW, P., K. KOLEW, G. PERFANOW und ST. KOSTJANEW: Tabakdüngung. Bulgar. Tabak 3, 109–117 (1958).

ROEMER, A.: Einfluß der Stickstoffdüngung auf den Nikotingehalt des Tabaks. Umschau 1940, H. 44. — ROBINSON, W. O., L. A. STEINKOENIG und C. F. MILLER: The relation of some of the rarer elements in soils and plants. U.S. Dept. Agric. Bull. No. 600, 27 S. (1917). — ROSE, C.: The fertilizer recommendations in practice. Rhodesian Tobacco 5, 6–9 (1954).

SCHABANOW, D.: Die Grunddüngung mit Hülsenfrüchten und deren Platz in den Tabakfruchtfolgen. Bulgar. Tabak 2, 488–492 (1957). — SCHMID, K.: Der Einfluß der Temperatur und die Nachwirkung von Frostschäden an Setzlingen auf das Hauptwachstum der Tabakpflanze. Dtsch. Tabakbau (Kaiserslautern) 37 (24), 224 (1957). — Über Nährstoffbedarf und -entzug bei der Setzlingsanzucht von Tabak. Dtsch. Tabakbau 1959, Nr. 12, 74–77. — Die Bedeutung der Kalidüngung für den Tabakanbau. Rev. Int. Tabacs 33, 171–175 (1958). — Grundsätzliches zur Düugung im Qualitätstabakbau. Dtsch. Tabakbau 4, 27–29 (1951). — Ist die künstliche Feldberegnung im deutschen Tabakbau notwendig? Dtsch. Tabakbau 1952 (18), 141–144. — Gefäßversuch über die Ausnutzung von Mehrnährstoff-Düngemitteln oder „Volldüngern" durch die Tabakpflanze. Dtsch. Tabakbau 39, 41–44 (1959). — Der Phosphorsäurebedarf bei der Setzlingsanzucht des Tabaks. Phosphorsäure 19, 171–176 (1959). — SHAW, L.: Priming for Burley. Res. a. Farming 8 (1), 29 (1949). — Measured crop performance—Burley tobacco. N.C. State College, Dept. Agron. Res. Rep. Nr. 16 (1955). — SHIVE, J. W.: The adequacy of the boron and manganese content of natural nitrate of soda to support plant growth in sand culture. New Jersey Agric. Exper. Stat. Bull. Nr. 603 (1936). — SPALDON, E.: La tabacométrie dynamique. Bulletin d'information CORESTA (Centre de coopération pour les recherches scientifiques relatives au tabac, Paris), Nr. 1, S. 19–23 (1959). — SSARUCHANJAN, N. G.: Die Wirkung von Kalimagnesia und einer Volldüngung auf den Tabak in der Vorgebirgszone der Armenischen S.S.R. Allunions-Wissensch. Mikojan-Forschungs-Inst. Tabak u. Machorka „WITIM", Bull. wiss. techn. Inform. 4, 32–36 (1958). — STEINBERG, R. A.: Symptoms of molybdenum deficiency in tobacco. Plant Physiol. 28, 319–322 (1953). — STEINBERG, R. A., A. W. SPECHT und E. M. ROLLER: Effects of micro-nutrient deficiencies on mineral composition, nitrogen fractions, ascorbic acid and burn of tobacco grown to flowering in water culture. Plant Physiol. 30, 123–129 (1955). — STRYDOM, H. L., und V. DE MALHERBE: Turkish tobacco culture. Acta Nicotiana (Berlin) 1 (Der Tabak 2), 122–131 (1939). — SVAB, F.: Vyzkum morfologie ceskoslovenských odrud tabáku metodou dynamicke tabakometrie. Vydavatel'stvo Slovensky Akadémie Vied, Sbornik prác o tabaku, (Preßburg, 116–168 1955).

TAMAYO, A. I.: Estudios sobre tetraploides en el género „Nicotiana" III. Bol. Inst. Nac.Investig. Agron. 18, 49–83 (1958). — TAUBITZ, A.: Tabakqualität und Phosphorsäuredüngung. Praxis u. Forsch. 10, 113–114 (1958). — TAKAHASHI, T.: Potassium nutrition of tobacco plants. Japan. Potassium Sympos. 1957, S. 117–130. 1958. — THOMSON, R., und R. MONK: Boron and fluecured tobacco. New Zealand J. Sci. Techn. A 38, 326–331 (1956). — TOMBESI, L.: Nutrizione minerale e attività enzimatiche della piante. Ann. Sper. Agrar. (N.S.) 12, 1515–1527 (1958). — TRZINSKI, W., und J. SEGETOWNA: Pobieranie skladnikow pokarmowych przez Machorke Pomorska (Nicotiana Rustica L.). Panstwowy Instytut Wydawnictw Rolniczych (Warschau), Prace Tytoniowe 1, 131–148 (1949).

VLADESCU, I. W.: Asimilarea substantelor minerale si organise, I, In cursul desvoltarii rasadului de tutun. Bul. cultivarei si fermentarei Tutunului (Bukarest) 23 (3), 231–287 (1934). II, In cursul desvoltàrii plantei Nicotiana Tabacum. Bul. Tut. 23 (4), 359–437 (1934.) — Verteilung der Nährstoffe im Tabak I. Trockensubstanz und Gesamtstickstoff. Z. Unters. Lebensmitt. 75, 167–178 (1938). — VOGLER, E.: Tabacs à cigares et à cigarettes. Un exemple de l'amélioration par la fumure. Rev. Int. Tabacs 27 (228) 5–7 (1952).

WEIDEMANN, C.: Der Einfluß der Standweite auf Ertrag, Qualität und Arbeit im Tabakbau. Ber. Inst. Tabakforsch. (Dresden) 2 (1), 30–50 (1955). — WENUSCH, A.: Chemie des Tabakblattes. (Monographiae Nicotianae, Bd. 3.) Bremen 1940. — WÖBER, O.: Die praktische Anwendung von Düngungsvorschriften und ihre Bedeutung für die Erzeugung von Qualitätstabaken. Tabakpflanzen Österr. 3 (1), 1–9 (1952). — Das Tabakklima, die Tabakböden und die Sortenwahl. Tabakpflanzer Österr. 1 (1), 2–5 (1950). — WÖBER, O., und E. BABO: Kurzer Leitfaden für den Tabakbau in Österreich. Tabakpflanzer Österr. 9 (4), 1–10 (1959). — WOLF, F. A.: Aromatic or oriental tobaccos. Durham, N.C., 1962. — WOLTZ, W. G., und W. A. REID: Balancing the "N". Res. a. Farming (N.C. Agric. Exper. Stat.) 8 (1), 16–17 u. 30 (1949).

b) Hopfen
(Humulus lupulus L.)
Von
F. Zattler

Von den beiden Arten der Gattung *Humulus* (Familie *Moraceae*) kommt der einjährige, in China und Japan beheimatete *Humulus japonicus Sieb. u. Zucc.* für die Bierbereitung und damit auch für den Anbau nicht in Betracht, da er keine Lupulindrüsen besitzt. Der für Brauzwecke dienende *Humulus lupulus L.* ist als Wildhopfen in der nördlich gemäßigten Zone von Europa, Asien und Amerika [dort als *H. neomexicanus (A. Nels. u. Cock.) Rydberg*] verbreitet. In Japan kommt die durch ungeteilte herzförmige Blätter abweichende Varietät *H. l. var. cordifolius Miguel* wild vor und wird dort auch angebaut (Ono 1955).

1. Ansprüche an Boden und Klima

A. Bodenansprüche

Das Wurzelsystem der Hopfenpflanze reicht mit seinen Trieb- und Nebenwurzeln etwa bis in 4 m Tiefe; einzelne Triebwurzeln weisen flaschenförmige Verdickungen auf, welche als Reservestoffspeicher dienen. Von den unterirdischen Sproßteilen der Reben (Rhizome) entspringen mehr seitlich verlaufende kürzere Adventivwurzeln. Von diesen „Sommer- oder Tauwurzeln" werden vor allem das Wasser und die Nährsalze aus der oberen Bodenschicht aufgenommen, weshalb sie für die Ausnutzung der verabreichten Düngung besonders wichtig und bei allen Bodenbearbeitungsmaßnahmen zu schonen sind.

Der Hopfen bedarf tiefgründiger, genügend kalk- und humushaltiger Böden von mildlehmiger, mergeliger Beschaffenheit; Lößlehme sind daher besonders geeignet. Zu leichteren Sandböden ist genügend Feuchtigkeit, zu schwereren, tonigen Böden genügend Sonne und Wärme erforderlich. Moorböden sind untauglich für die Bildung eines feinen Aromas.

Die günstigste Bodenreaktion liegt nach E. Hiltner (1931) im Bereich von pH 6 bis 7; Burgess (1936) und McCollam (1939) geben für England bzw. USA neutrale Böden als am besten geeignet für das Hopfenwachstum an.

B. Klimaansprüche

Entsprechend seinem natürlichen Verbreitungsgebiet benötigt der Anbau des Hopfens den Bereich des humiden Klimas mit genügender Bodenfeuchtigkeit, ausreichenden, über die Wachstumszeit verteilten Niederschlägen und gemäßigten Temperaturen. In den Gebieten dieses Klimacharakters hat sich die Hopfenkultur entwickelt und hier, vor allem in Mitteleuropa, auch einen Höchststand an Qualität erreicht. Dabei ist hinsichtlich der allgemeinen Anbauverhältnisse und der Kulturmaßnahmen einschließlich der Düngung, der Charakter des Hopfens als Aromapflanze zu berücksichtigen. Die Qualität des Ernteproduktes beruht vor allem auf zwei Eigenschaften, dem Bitterstoffgehalt und einem feinen spezifischen Hopfenaroma. Beide Merkmale sind abhängig von der Sorte, den Klima- und Bodenverhältnissen und der Jahreswitterung, bis zu einem gewissen Grade auch von der Düngung, worüber in Abschn. 7, 8 und 10 näher eingegangen wird. Die klimatischen Bedingungen sind vor allem für das Aroma entscheidend, wobei die als Qualitätshopfenbaugebiete gekennzeichneten Hopfenkulturen Mitteleuropas in klimatischen Mischungszonen liegen, die nahe an das Klima für bukettreiche Weine heranreichen, während atlantische sowie trockenheiße, kontinentale Bereiche der Ausbildung eines feinen Aromas entgegenwirken (Strebel 1889, Klinkowski 1931, Merkenschlager 1934 und 1950, G. Linke 1949).

Wasserbedarf und Wasserhaushalt des Hopfens. Der Hopfen, der innerhalb einer Wachstumsperiode auf einem Hektar, z. B. bei der Hallertauer Sorte, eine Pflanzenmasse von rund 21000 kg (Zattler 1956a) mit einer Oberfläche (Blätter einseitig und Dolden) von rund 59000 m² (Zattler 1932) hervorbringt, hat einen großen Wasserbedarf. Fleischmann und Hirzel (1867) berechneten auf Grund von Versuchen über die Blattverdunstung und Wasseraufsaugung der Reben, daß zur Deckung des Wasserbedarfes im Juli eine Niederschlagsmenge von ungefähr 85 mm notwendig ist. Im Vergleich hierzu belaufen sich die langjährigen durchschnittlichen Niederschlagsmengen für die Wachstumsmonate April bis September in den Hopfenanbaugebieten von Belgien, Deutschland, Frankreich, England und der Tschechoslowakei auf 293 bis 688 mm. In dem kalifornischen Anbaugebiet Yakima (USA) treffen für die gleiche Zeit hingegen nur 48,8 mm bei einem durchschnittlichen Jahresniederschlag von 188 mm (Brown, Allsopp, Day, Gray und Brewin 1951). In solchen Fällen ist ausgiebige Bewässerung notwendig.

Für den Wasserhaushalt des Hopfens ist auch der Tau bedeutungsvoll. Nach den Messungen von Zattler (1932a) in verschiedenen Höhen eines Hopfengartens erreicht die Taumenge in regenlosen Zeiten bis zu 2 Liter je Pflanze und je Nacht. Im August 1930 betrug sie im Durchschnitt von 22 Taunächten je 0,77 l, wodurch sich bei 4500 Hopfenstöcken auf einen Hektar eine Wasserzufuhr auf die Oberfläche des Hopfens von 3465 bis 8870 l Wasser ergibt. Die Bedeutung des Taues liegt aber nicht allein in der quantitativen Bereicherung des Wasserhaushaltes, sondern vor allem in seiner physiologischen Sonderwirkung. Sie besteht darin, daß durch das salzfreie, wenigstens zum Teil von den Blättern aufgenommene Tauwasser, die durch das Wurzelsystem zugeführten Salzkonzentrationen in der Pflanze ausgeglichen werden können (E. Hiltner 1930). Diese physiologische Wirkung des Taues war in den Gefäßversuchen von Zattler (1932b) bei ungedüngten Pflanzen von Anfang an ungünstig, bei schwacher Düngung trat der Einfluß der Betauung nur in der ersten Zeit nach der Verabreichung der Nährstoffe vorteilhaft in Erscheinung. Stark gedüngte Hopfenpflanzen aber wurden durch die Betauung in ihrer Entwicklung erheblich gefördert und zeichneten sich durch besseres Längenwachstum und höhere Trockengewichte aus. In diesem Zusammenhang hebt Doerell (1933) den Einfluß des Taues auf die Wirkung der Düngung für niederschlagsärmere Hopfenanbaugebiete (z. B. Saaz) hervor.

Die Transpiration des Hopfens im Zusammenhang mit der Düngung wurde von Zattler (1936) bei der Hallertauer Sorte in Gefäßversuchen untersucht. In Übereinstimmung mit der bekannten wassersparenden Wirkung der Kalidüngung war die Transpiration bei Mangel an Kali am stärksten. Schon in den Feldversuchen von Wagner (1904 und 1907) erwies sich der Hopfen bei Kalidüngung widerstandsfähig gegen Dürre, während dies bei der Düngung ohne Kali und ungedüngt weniger der Fall war.

Fast ebenso stark wie bei fehlendem Kali ist die Transpiration bei Stickstoffmangel, während Phosphorsäuremangelpflanzen (=relativer Überschuß von K_2O und P_2O_5) nicht so stark der Wasserverdunstung unterliegen. Einseitiger

Überschuß eines Nährstoffes bewirkt im Vergleich zum einseitigen Mangel, wenigstens in der ersten Zeit der Transpiration, eine Herabsetzung der Wasserabgabe auf ungefähr den Wert bei der normalen Grunddüngung. Am geringsten ist die Transpiration bei den Pflanzen mit ausgeglichener Volldüngung, wobei die Wasserabgabe mit steigender Volldüngung eine abnehmende Tendenz erkennen läßt.

Ansprüche an Lichtperiodik. Nach dem Verbreitungsareal der Wildform gehört der Hopfen zu den Langtagpflanzen. Anbauversuche an verschiedenen Orten im belgischen Kongogebiet erbrachten infolge der ungenügenden Belichtung unter den Bedingungen der kürzeren Tage in Afrika keine befriedigenden Ergebnisse (HOED, FR., und ELSOCHT 1950, HOED, FR., ELSOCHT und J. HOED 1954 und 1955).

Für die Lichtbedürfnisse der Hopfenpflanze ist der Wechsel vom Schatten während der Jugendentwicklung zum Licht in der Blüten-, Dolden- und Aromabildung charakteristisch, den der Hopfen an seinen natürlichen Standorten, in Gebüschen von Bach- und Flußufern, lichten Auenwäldern und Gebirgsschluchten erkennen läßt (GROSS 1899, FRUWIRTH 1928, MERKENSCHLAGER 1934). Belichtung und Beschattung beeinflussen auch die Nährstoffaufnahme (vgl. Abschn. 4C, S. 1104).

Während der Blüte und vor allem während der Ausdoldung sind gute Belichtungsverhältnisse (ausreichender Sonnenschein) und Wärme für hohe Erträge (HAMPP 1928, ZATTLER 1951) sowie für die Bitterstoffbildung (VERZELE und EUGENE 1948, ZATTLER 1949) erforderlich. Nach neuen Untersuchungen von ZATTLER und JEHL (1962) für einen Zeitraum von 35 Jahren (1926 bis 1961) wird der Einfluß von Temperatur und Sonnenscheindauer auf den Ertrag und den Bitterwert noch von der Bedeutung der Niederschläge übertroffen.

2. Entwicklung und zeitlicher Wachstumsverlauf

Das Austreiben der Knospen an den unterirdischen, rhizomartig verdickten Teilen der Hopfenreben erfolgt von Mitte März bis Mitte April. Um diese Zeit wird das Aufdecken der Bifänge, in denen die Stöcke überwintern und das Zurückschneiden der Rhizome auf ein bis zwei Augenkränze vorgenommen. Dabei werden die zur vegetativen Vermehrung benötigten „Fechser" gewonnen. Nach dem Schneiden beginnen die bisher noch ruhenden Knospen aus etwas größerer Tiefe am Wurzelstock auszutreiben. Bei einer Trieblänge von 40 bis 60 cm (4 bis 5 Blattpaaren) beginnt das Windevermögen, und die jungen Hopfenreben können nun an Stangen, Drähten oder Schnüren aufgeleitet werden. Überflüssige Triebe werden bis auf einige Reservereben, die man noch bis zur ersten Ackerung beläßt, entfernt. Dieses „Ausputzen" soll nicht zu spät durchgeführt werden, um eine Schwächung der Pflanzen durch Saftverluste zu vermeiden. Bis zu diesem Stadium erfolgt die Nährstoffversorgung der jungen Hopfensprosse hauptsächlich aus den Reservestoffen des Wurzelstockes.

Der nächste Entwicklungsabschnitt ist vor allem durch kräftiges Längenwachstum gekennzeichnet. Von Anfang Juni an setzt die Bildung von Seitentrieben ein. Ende Juni bis Anfang Juli wird gewöhnlich die Gerüsthöhe (etwa 7 m) erreicht, jedoch dauert das Längenwachstum noch bis zur Blüte an, um erst mit Erreichen der Vollblüte stark nachzulassen.

Die weiblichen Hopfenpflanzen mittelfrüher Sorten kommen in der Regel zwischen dem 15. und 25. Juli in Vollblüte, welche etwa acht Tage andauert. Noch vor dem Eintritt in das Blütestadium beginnt die Entstehung der α- und

β-Hopfenbittersäuren in den Lupulindrüsen (HOWARD und TATCHELL 1956, FANG und BULLIS 1958), zu denen noch die Bildung charakteristischer Aromastoffe hinzukommt.

Anschließend an die Vollblüte folgt die Ausdoldung. Die technische oder Pflückreife der Hopfendolden ist erreicht, wenn sie voll entwickelt sind und annähernd das Maximum der Inhaltsstoffe ausgebildet haben.

Die Vegetationsperiode ist beim Hopfen mit der Ernte keineswegs beendet. Es schließt sich die Zeit der herbstlichen Rückwanderung der Nährstoffe an, die nach REMY und ENGLISH (1900/01) sowie nach ZATTLER (1954) erst mit dem Absterben der oberirdischen Rebenteile im Laufe des Novembers erlischt und sich noch bis Anfang Dezember hinziehen kann.

Für die Ausbringung der Düngung kommen folgende Entwicklungsabschnitte in Betracht: während der Winterruhe, kurz vor dem Aufdecken im zeitigen Frühjahr, beim ersten Ackern (gegen Ende Mai), beim zweiten Ackern (Mitte bis Ende Juni) und etwa zwei Wochen vor Beginn der Blüte. Näheres hierüber und auch über die Zeitpunkte für die Blattdüngung ist aus Abschn. 8 B zu ersehen.

3. Zeitpunkte des Anbaues und charakteristische Wachstumsstadien sowie Erntedaten in verschiedenen Ländern

Da die Kultur des Hopfens außer dem Vorhandensein geeigneter Bodenverhältnisse auch klimatische Bedingungen erfordert, die seinem humiden Charakter möglichst entsprechen, bestehen im großen und ganzen für die Anbaugebiete auf der nördlichen Halbkugel keine sehr erheblichen Abweichungen hinsichtlich der Zeitpunkte des Anbaues, der wichtigsten Wachstumsstadien und der Erntedaten. Zeitliche, durch das Klima bedingte Verschiedenheiten

Tabelle 442.

Zeitpunkte des Anbaues und charakteristische Wachstumsstadien sowie Erntedaten

Stadium	Anbaugebiete auf der nördlichen Erdhälfte	Anbaugebiete auf der südlichen Erdhälfte
Beginn des Aufdeckens und Schneidens	Mitte oder Ende März bis Ende April	Ende Juli bis Ende August (Argentinien)
Erreichen der Gerüsthöhe[1]	Anfang oder Mitte Juni bis Mitte oder Ende Juli	Ende November (Argentinien) Mitte Dezember (Südafrika) Anfang Januar (Australien)
Blütezeit	Ende Juni bis Ende Juli	Mitte bis Ende Dezember (Argentinien) Ende Dezember (Südafrika) Ende Januar (Australien)
Ernte	Mitte oder Ende August bis Mitte oder Ende September, auch bis Anfang Oktober	Februar (Argentinien) Anfang Februar bis Mitte März (Südafrika) Anfang März bis Mitte April (Australien)

[1] Gerüsthöhe in Mitteleuropa 6 bis 7 m, in England 4 m; auch in den USA sind niedrigere Gerüste als in Mitteleuropa üblich.

können auch bei weit voneinander liegenden Ländern (z. B. mitteleuropäische hopfenbautreibende Länder — Kanada) durch den Anbau von frühen bzw. mittelfrühen oder späten Sorten ausgeglichen werden.

Die vorstehende Übersicht ermöglicht, die wichtigsten Daten der Hopfenkultur für die Anbaugebiete auf der nördlichen und südlichen Halbkugel miteinander zu vergleichen[1] (s. Tab. 442).

Die ersteren beziehen sich auf die wichtigsten hopfenbautreibenden Länder Europas[2] (Belgien, Deutschland, England, Frankreich, Jugoslawien, Polen, Rußland, Tschechoslowakei) und von Übersee (Kanada, Japan, Vereinigte Staaten von Amerika). Für die Hopfenkultur auf der südlichen Erdhälfte gelten sie für Argentinien (Rio Negro), Australien (Viktoria, Tasmanien und Neuseeland) und Südafrika (Kapland).

4. Nährstoffaufnahme in Abhängigkeit vom Wachstumsverlauf

A. Verlauf der Nährstoffaufnahme der ganzen Hopfenpflanze

Für den Hopfen mit seiner langen Vegetationszeit ist es charakteristisch, daß die Aufnahme der Kernnährstoffe Stickstoff, Phosphorsäure, Kali, Kalk und auch von Magnesium aus dem Boden ganz langsam einsetzt und anfänglich gering ist, sich dann zur Zeit der Blütenbildung verstärkt und erst zuletzt während der Ausdoldung ihre größte Intensität erreicht. Die ersten eingehenden Untersuchungen hierüber von REMY und ENGLISCH (1900/01) an Saazer Hopfen wurden später von ZATTLER (1934) an Hallertauer Hopfen in Wasserkulturen und von BONNET (1945) sowie von BONNET und COPPENS (1950 und 1955) an verschiedenen Hopfensorten bestätigt. Zuvor hatten auch bereits MÜNTZ (1881), HANAMANN (1887) und HANAMANN und KOURINSKY (1898) festgestellt, daß die Aufnahme der mineralischen Nährstoffe in der zweiten Hälfte der Vegetation des Hopfens eine regere ist.

Tabelle 443. *Tägliche Nährstoffaufnahme und Zunahme an Trockensubstanz* (nach REMY und ENGLISCH)

Zeitabschnitt	Dauer der Periode in Tagen	tägliche Aufnahme in mg je Pflanze					tägliche Zunahme an Trockensubstanz in g je Pflanze
		Stickstoff	Phosphorsäure	Kali	Kalk	Magnesium	
20. IV. bis 3. VII. .	74	41	4	38	54	32	0,96
3. VII. bis 6. VIII .	34	148	49	191	344	89	8,56
6. VIII. bis 5. IX. ..	30	120	86	165	167	79	10,35
5. IX. bis 15. X. ..	40	18	—	—	57	15	0,12

Auf Grund von Analysen der zu verschiedenen Zeiten geernteten Hopfenpflanzen (oberirdische Pflanze + Wurzel) berechneten REMY und ENGLISCH die tägliche Nährstoffaufnahme und Zunahme an Trockensubstanz und erhielten dabei obige Werte (s. Tab. 443).

---

[1] Als Unterlagen für die Übersicht dienten Angaben in den Barth-Berichten (1924 bis 1939 und 1947 bis 1958) und in der Hopfenrundschau (1950 bis 1959).

[2] In alphabetischer Reihenfolge.

Das Ansteigen der Mineralsalzaufnahme, das einige Zeit vor der Blütenbildung einsetzt, von da an weiter zunimmt und am stärksten während der
Ausbildung der Dolden ist, zeigt Abb. 259.

Bemerkenswerterweise stimmen die Ergebnisse der genannten Autoren darin
überein, daß bei allen untersuchten Hopfensorten, gleichgültig ob es sich um
Freilandversuche nur mit Stallmistdüngung (Remy und Englisch), mit Mineraldüngung (Bonnet und Coppens) oder um Wasserkulturen (Zattler) handelte,
die Aufnahme von Kali am höchsten ist, dann folgt jene von Stickstoff, während
Phosphorsäure am wenigsten und auch nicht mit so starkem Anstieg während
der Blüte und Doldenbildung aufgenommen wird. Im Verhältnis hierzu zeigt
die Aufnahme von Kalk stärkere Schwankungen; sie kann unter derjenigen
von Stickstoff bleiben, aber auch die von Kali erreichen oder auch übertreffen.

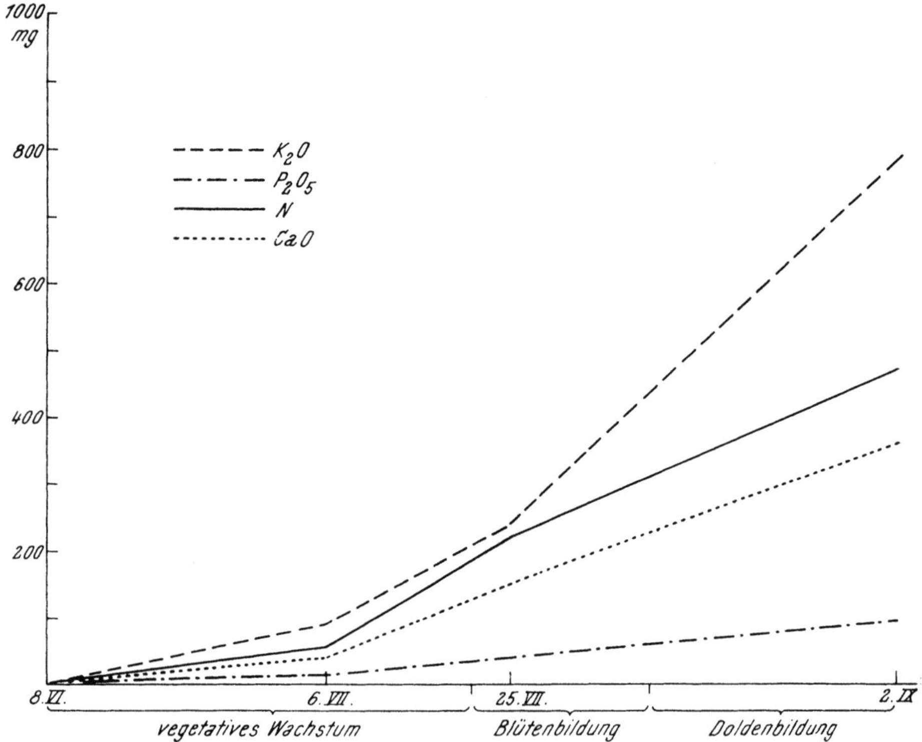

Abb. 259. Verlauf der Nährstoffaufnahme. Aufnahme von N, P₂O₅, K₂O und CaO in mg
(Nach Untersuchungen von Zattler 1934 an Hallertauer Hopfen in Wasserkultur)

Nach Bonnet und Coppens zeigen die einzelnen Sorten in dieser Hinsicht
typische Abweichungen voneinander, ebenso auch in den absoluten Mengen der
aufgenommenen einzelnen Mineralsalze. Die Magnesiumaufnahme schließlich
verläuft ähnlich wie die der Phosphorsäure, erreicht aber je nach Sorte etwas
darüber oder auch darunter liegende Endwerte.

Auf die einzelnen Entwicklungsabschnitte des Hopfens verteilt sich die
insgesamt aufgenommene Menge an Kernnährstoffen nach den Versuchen von
Remy und Englisch sowie von Zattler mit bemerkenswerter Übereinstimmung
prozentual folgendermaßen (s. Tab. 444):

Tabelle 444. *Nährstoffaufnahme und Entwicklungsabschnitte bei Hopfen*

Vegetationszeit:	8. Juni	6. Juli	25. Juli	2. Sept.
	Vegetatives Wachstum	Blütenbildung	Doldenbildung	
Stickstoffaufnahme:	15,8%	30,2%	54,0%	
	11,8%	33,4%	54,8%	
Phosphorsäure-aufnahme:	6,0%	22,8%	71,2%	
	13,9%	28,8%	57,3%	
Kaliaufnahme:	12,8%	30,5%	56,7%	
	11,5%	19,4%	69,1%	
Kalkaufnahme:	13,6%	37,2%	49,2%	
	9,7%	35,4%	54,9%	

Obere Zahlen: nach REMY und ENGLISCH (Saazer Sorte im Freiland),
untere Zahlen: nach ZATTLER (Hallertauer Sorte in Wasserkultur).

B. Nährstoffaufnahme der Hopfenblätter

WATSON (1951) untersuchte Blätter von Pflanzen der Sorte Eastwell Golding
auf den Gehalt an sieben Nährstoffen von Juni bis September. Die Blätter
stammten aus drei verschiedenen Höhen: A-Blätter (oberstes entfaltetes Blattpaar unterhalb der Triebspitze der Rebe), B-Blätter (oberstes voll ausgebildetes
Blattpaar, ungefähr 3 bis 6 Blattpaare unterhalb der A-Blätter) und C-Blätter
(Blattpaar etwa 1,25 m über dem Boden).

Zur Feststellung der Ernährungsbedingungen (Nährstoffmangel usw.) erscheinen A-Blätter am geeignetsten für die Prüfung von Stickstoff- und Phosphorsäuremangel, während Kalimangel am besten durch die Analyse von B-Blättern,
Magnesiummangel sowie Schäden durch Mangan durch die Untersuchung von
C-Blättern zu erfassen sind. Die Blattanalyse ist aber noch durch die Beobachtung
der äußeren Merkmale an den Pflanzen und durch Bodenuntersuchungen zu
ergänzen, um die Ernährungsverhältnisse ermitteln zu können.

C. Nährstoffaufnahme und Trockensubstanzbildung

Vergleicht man die Gesamtaufnahme der vier Kernnährstoffe ($N + P_2O_5 +$
$+ K_2O + CaO$) während der wichtigsten Entwicklungsabschnitte mit der in
den gleichen Zeiten gebildeten Trockensubstanz, so ergibt sich nach ZATTLER
(1934) folgendes: Während der vegetativen Wachstumsperiode ist der Prozentsatz der aufgenommenen Mineralsalze im Vergleich zu ihrer Gesamtaufnahme
größer (41,7%) als der Anteil der in der gleichen Zeit gebildeten Trockensubstanz (35,8%) in bezug auf die insgesamt erzeugte. Während der generativen
Entwicklung ist das Umgekehrte der Fall. Von der Gesamtnährstoffaufnahme
treffen auf diesen Abschnitt 58,3%, denen 64,2% der Gesamttrockensubstanz
gegenüberstehen. Verfolgt man diese Beziehungen während der einzelnen Wachs-
tumsabschnitte, dann zeigt sich, daß dieser Umschlag im Stoffwechsel der Hopfenpflanze ungefähr mit dem Beginn der Blütezeit zusammenfällt. Dies läßt sich
auch aus den analytischen Befunden von BONNET und COPPENS (1950) bei den
von ihnen untersuchten Hopfensorten nachweisen. Die von MERKENSCHLAGER

(1934) auf Grund des Verhaltens der Hopfenpflanze an ihrem natürlichen Standort als charakteristisch für ihre Konstitution hervorgehobene „Umstimmung", die sich in dem Heranwachsen während ihrer vegetativen Phase im Schatten und der Hinwendung der blüten- und später doldentragenden Zweige zum Licht bei der Blüte äußert, kann damit auf ernährungsphysiologische Ursachen zurückgeführt werden.

Die Bedeutung von Licht und Schatten für die Physiologie des Hopfens geht auch aus anderweitigen Versuchen von Zattler (1936 und unveröffentlichte Versuche) hervor. Dabei wurden in Gefäßversuchen Pflanzen der Spalter Sorte miteinander verglichen, von denen eine Gruppe als „dauernd belichtet" uneingeschränkt das volle Tageslicht erhielt, während die andere „dauernd beschattet" in einer Beschattungsanlage aus Kokosnetzen untergebracht war. Außerdem wurde mit Blühbeginn jeweils bei einem Teil der Pflanzen die Belichtung bzw. Beschattung gewechselt, so daß anfänglich im Licht gewachsene Pflanzen in den Schatten kamen und umgekehrt.

Tabelle 445. *Einfluß von Belichtung und Beschattung auf Mineralsalzaufnahme, Doldenertrag und Bitterwert*

Mineralsalzaufnahme nach Zattler (1936), Doldenertrag und Bitterwert = Mittelwerte zweier Versuchsjahre, 1937 und 1938, unveröffentlichte Versuche

Lichtverhältnisse und Düngung (Sorte: Spalter Hopfen)	Mineralsalz-aufnahme $N + P_2O_5 + K_2O$ % in der Trockensubstanz	Dolden-trockengewicht je Pflanze in g	Bitterwert (wasserfrei) $\alpha + \dfrac{\beta}{9}$
dauernd belichtet			
einfache Grunddüngung	2,536	50,4	6,24
doppelte Grunddüngung	3,410	74,9	5,75
dauernd beschattet			
einfache Grunddüngung	3,152	35,4	5,93
doppelte Grunddüngung	3,772	59,4	5,08
seit Blühbeginn beschattet			
einfache Grunddüngung	3,249	38,6	5,86
doppelte Grunddüngung	4,040	59,4	5,58
seit Blühbeginn belichtet			
einfache Grunddüngung	3,007	45,6	5,98
doppelte Grunddüngung	3,684	54,7	5,26

Nach den in Tab. 445 zusammengestellten Ergebnissen wird die Aufnahme der Mineralsalze (N, P_2O_5 und K_2O) durch die Beschattung gesteigert. Dies zeigt sich auch bei den Hopfen mit Lichtwechsel, wobei die zunächst belichteten, dann beschatteten Pflanzen die nach der Blüte einsetzende Hauptperiode der Nährstoffaufnahme im Schatten vollzogen, wodurch ihr Mineralsalzgehalt ungefähr mit dem dauernder Schattenpflanzen übereinstimmt. Bei den von der Blüte an belichteten Pflanzen hingegen verläuft die Hauptnährstoffaufnahme unter gehemmten Bedingungen, weshalb sie einen geringeren, gegenüber den dauernd belichteten Pflanzen jedoch vermehrten Nährstoffgehalt aufweisen.

Das Lichtbedürfnis des Hopfens während der generativen Phase ist daraus ersichtlich, daß der Doldenertrag und der Bitterstoffgehalt durch die Belichtung günstig beeinflußt werden. Bemerkenswert ist dabei noch, daß der Doldenertrag in allen Fällen durch die höhere Düngung gesteigert, der Bitterwert jedoch erniedrigt wurde (vgl. hierzu Abschnitt 10B).

Ist das Verhältnis zwischen Mineralsalzaufnahme und Assimilation während der Blüten- und Doldenbildung gestört, so wird dadurch nach ZATTLER (1959 und unveröffentlichte Versuche) die physiologische Krankheit des Doldensterbens hervorgerufen, wie Tab. 446 zeigt.

Tabelle 446. *Mineralsalzaufnahme und Assimilation (Trockensubstanzbildung) bei gesunden und an „Doldensterben" erkrankten Dolden*

		in % der Trockensubstanz	
		Summe % $N + P_2O_5 + K_2O + CaO + MgO$	% Organische Substanz
Hopfengarten H	durch Doldensterben verkümmerte Dolden	9,15	89,38
	gesunde Dolden	8,62	90,55
Hopfengarten W	durch Doldensterben verkümmerte Dolden	8,90	91,06
	gesunde Dolden	8,39	91,77

Daraus geht hervor, daß in der Trockensubstanz von gesunden Dolden weniger Mineralsalze und mehr organische Substanz vorhanden sind als umgekehrt in den durch die physiologische Krankheit verkümmerten Dolden. Die Abhängigkeit des Doldensterbens von dem Verhältnis zwischen Mineralsalzaufnahme und Assimilation konnte durch Beringelungsversuche usw. auch experimentell bewiesen werden (ZATTLER 1959).

5. Nährstoffrückwanderung, Nährstoffgehalt und Nährstoffentzug

A. Umfang und praktische Bedeutung der Nährstoffrückwanderung

Die herbstliche Rückwanderung der Nährstoffe aus den oberirdischen, alljährlich absterbenden Reben in den ausdauernden Wurzelstock ist für den Nährstoffhaushalt des Hopfens von erheblicher Bedeutung, wie die Ergebnisse verschiedener Autoren in Tab. 447 erkennen lassen.

Tabelle 447. *Nährstoffrückwanderung in Prozent der von der oberirdischen Pflanze aufgenommenen Nährstoffe*

Hopfensorte	N	P_2O_5	K_2O	CaO	Autor
Saazer	26—27%	28—29%	32—33%	—	HANAMANN (1887)
Saazer	22—23%	24—25%	36—37%	—	REMY und ENGLISCH (1900/01)
Hallertauer	30%	25%	21%	2%	ZATTLER (1954 und 1956a)

Die ersten Untersuchungen hierüber stammen von HANAMANN aus der Zeit des Übergangs von der Stangenkultur, die das vorzeitige Abschneiden der Hopfenreben bei der Pflücke notwendig machte, zur Aufleitung des Hopfens in Gerüstanlagen. Als bedeutender Vorteil war dafür u. a. bestimmend, daß bei der Aufleitung des Hopfens an Schnüren oder Drähten die Reben erst im Spätherbst abgeschnitten werden müssen, wodurch die Nährstoffe in die Wurzelstöcke zurückwandern können. Durch die mechanische Hopfenernte mittels stationärer Pflückmaschinen, welche zwangsläufig wieder ein vorzeitiges Abschneiden der Reben verlangt, muß auf die Möglichkeit der herbstlichen Rückwanderung verzichtet werden. Fünfjährige Versuche von ZATTLER (1954 und 1956a) in zwei Hopfengärten der Hallertau ergaben, daß sich der Verlust durch die unterbundene Rückwanderung je nach der Höhe des Abschneidens der Reben über dem Boden zur Zeit der Ernte und je nach der Jahreswitterung verschieden stark auf den Doldenertrag auswirkt. Beim Abschneiden in Bodennähe kann eine Ernteminderung von 25% eintreten, werden die Reben jedoch in 3 m Höhe abgeschnitten, so erniedrigte sich der Ernteverlust im Vergleich zu „nicht abgeschnitten" je nach Jahrgang auf 3 bis 13%. In der Praxis läßt sich die Nützlichkeit des höheren Abschneidens ohne besondere Schwierigkeit berücksichtigen, weil unterhalb von 3 m — im Schattenbereich der Pflanzen — der Ertrag quantitativ und qualitativ gering ist und allenfalls durch Handpflücke geerntet werden kann. Wie aus diesen Versuchen weiterhin hervorging, kann der Verlust der rückwandernden Nährstoffe, bei denen es sich bereits um „körpereigene" Baustoffe handelt, nur durch eine beträchtliche zusätzliche Düngung in Höhe von 50% annähernd ausgeglichen werden. Unbedeutend ist dagegen der durch das Abschneiden der Reben zur Maschinenpflücke entstehende *Saftverlust*, wie sich aus quantitativen und qualitativen Untersuchungen von ZATTLER und CHROMETZKA (1962) ergibt. Die Anwendung von Wundverschlußmitteln erscheint danach wirtschaftlich nicht gerechtfertigt.

Die Rückwanderung der Nährstoffe ist entsprechend der natürlichen Lichtperiodik von der während des Herbstes sich verkürzenden Tageszeit abhängig. WILLIAMS und WESTON (1958) konnten durch Gefäßversuche mit der Sorte Eastwell Golding zeigen, daß durch künstliche Tagesverlängerung auf 16 Stunden die bei Versuchsbeginn (Mitte August) 1 m hohen Pflanzen sich in der Folge oberirdisch kräftig entwickelten und bis Ende November zur Blüten- und Doldenbildung kamen. Das Trockengewicht der Wurzelstöcke und ihr Gehalt an Polysacchariden erreichte jedoch nur ein Drittel der Vergleichspflanzen. Letztere stellten unter dem Einfluß der natürlicherweise abnehmenden Tage ihr Längenwachstum bald ein, bildeten dafür aber schwerere Wurzelstöcke mit einem höheren Anteil an Polysacchariden.

B. Nährstoffgehalt und Nährstoffentzug

Nährstoffgehalt. Bei den Angaben hierüber erscheint es zweckmäßig, vor allem die Ergebnisse neuerer Untersuchungen an Hopfen unter neuzeitlichen Kulturbedingungen zu berücksichtigen, da früher engere Standweiten und geringere Düngegaben sowie teilweise nur einseitige Verabreichung von mineralischen Düngemitteln üblich waren. Über ältere Ergebnisse finden sich Hinweise bei DOERELL (1933) und ZATTLER (1956a).

Bei zwei an verschiedenen Orten mit der Hallertauer Sorte durchgeführten fünfjährigen Versuchen ergab sich nach ZATTLER (1956a) im Durchschnitt der alljährlichen Untersuchungen folgender Nährstoffgehalt für die einzelnen Teile der Hopfenpflanze (Sorte Hallertauer) (s. Tab. 448).

Über den Schwankungsbereich der einzelnen Gewichte bzw. Nährstoffgehalte bei den beiden Versuchen im Zusammenhang mit der Düngung und den Witterungsverhältnissen finden sich eingehende Angaben bei ZATTLER (1954 und 1956a).

Tabelle 448. *Grüngewicht, Trockensubstanz und Nährstoffgehalt in Gramm der einzelnen Teile einer Hopfenpflanze zur Zeit der Pflücke*

Organe	Grüngewicht	Trocken-substanz	N	P_2O_5	K_2O	CaO
Blätter	1277,4	381,36	11,86	2,08	6,86	22,85
Reben	910,0	230,77	2,54	1,44	3,45	3,22
Seitentriebe	653,6	193,37	1,95	0,86	3,70	2,92
Dolden	1836,2	392,25	9,86	4,15	10,60	5,47
Oberirdische Pflanze	4677,2	1197,75	26,21	8,53	24,61	34,46
Wurzeln[1]	1092,8	326,69	5,74	8,52	4,50	4,06
Ganze Pflanze	5770,0	1524,44	31,95	17,05	29,11	38,52

[1] Wurzelstock mit Wurzeln bis 75 cm Bodentiefe.

Für die Nährstoffbedürfnisse der verschiedenen Teile des Hopfens geht hieraus folgendes hervor: Von den insgesamt aufgenommenen Nährstoffmengen (bezogen auf die oberirdische Pflanze = 100) benötigen die

	N	P_2O_5	K_2O	CaO
Dolden	38%	49%	43%	16%
Blätter	45%	24%	28%	66%
Reben und Seitentriebe	17%	27%	29%	18%

Auf die Dolden entfällt die Hälfte (49%) der aufgenommenen Phosphorsäure, deren Bedeutung für die Blüten- und Doldenbildung daraus ersichtlich ist. Nahezu ebenso groß (43%) ist der Anteil an Kali in den Dolden, woraus sich die Kennzeichnung des Hopfens als „Kalipflanze" bestätigt. Hingegen wird der Stickstoff zum größten Teil (45%) von den Blättern aufgenommen. Ein Überschuß hiervon fördert mehr die Blattbildung und wird für die Dolden eher gefährlich, da hierdurch eine Reifeverzögerung eintritt und brausche, d. h. locker und gröber ausgebildete Dolden, Doldenverlaubung und Senkung des Bitterstoffgehaltes bewirkt werden. Außer dem hohen Stickstoffanteil beanspruchen die Blätter von den aufgenommenen Nährstoffmengen an Kalk zwei Drittel (66%), an Phosphorsäure und Kali jedoch nur etwa ein Viertel (24% bzw. 28%). Die restlichen Mengen

Tabelle 449. *Trockensubstanz und Nährstoffgehalt in Gramm für die oberirdische Hopfenpflanze mit Dolden bei der Hallertauer Sorte (Original) und Hallertauer Klonen*

	Trocken-substanz	N	P_2O_5	K_2O	CaO	Autor
1. Hallertauer Wambacq[1]	1565,9	41,7	54,1	12,82	56,1	BONNET und COPPENS (1950)
2. Hallertauer VN 14[1] .	1131,4	25,7	33,3	8,87	30,3	BONNET und COPPENS (1950)
3. Hallertauer	807,9	24,2	23,4	6,55	32,5	BONNET (1945)
4. Hallertauer (Versuch I)	1222,4	26,3	25,6	8,48	34,3	ZATTLER (1956)
5. Hallertauer (Versuch II)	1173,1	26,1	23,6	8,56	34,6	ZATTLER (1956)

[1] In Belgien selektierte Klone.

70*

der Kernnährstoffe — ungefähr ein Fünftel bis ein Viertel — werden von den Reben und Seitentrieben gebraucht.

BONNET und COPPENS (1950) fanden, daß die Menge der aufgenommenen Nährstoffe je nach der Sorte bis zum doppelten Betrag verschieden sein kann. Ein ähnliches Ausmaß der Schwankung kann nach ZATTLER (1954 und 1956a) bei derselben Sorte und den gleichen Pflanzen unter dem Einfluß der Düngung und Witterung beobachtet werden. Für die Sorte Hallertauer sind die Mittelwerte dieser Autoren in Tab. 449 zusammengefaßt.

Der belgische Klon Hallertauer VN 14 zeigt eine sehr gute Übereinstimmung mit der Originalsorte (Nr. 4 und 5). Dagegen handelt es sich bei dem Klon Hallertauer Wambacq offenbar um einen besonders kräftigen Pflanzentyp, dessen Nährstoffgehalte die in ihrer Heimat angebaute Originalsorte beträchtlich übertreffen. Der Umfang der Nährstoffaufnahme kann demnach innerhalb derselben Sorte bzw. von Klon zu Klon verschieden sein, worauf die praktische Handhabung der Düngung im Hopfenbau Rücksicht nehmen muß.

Nährstoffentzug. Einen Überblick über ältere und neuere Berechnungen über den Nährstoffentzug des Hopfens in Beziehung zur Höhe der Ernteerträge bringt Tab. 450.

Tabelle 450. *Nährstoffentzug einer Hopfenernte bezogen auf ein Hektar*

Autor	Erntemenge dz/ha		Nährstoffentzug kg/ha			
	Trocken-hopfen	Blätter + Reben + Seitentriebe (Grüngewicht)	N	P_2O_5	K_2O	CaO
GROSS (1899)	6,6	70,6	193,2	58,4	141,6	303,7
FRUWIRTH (1928)....	10,0	30,0	90,0	30,0	90,0	130,0
STUTZER und SCHNEI-DEWIND (1931)[1] ...	10,0	40,0	95,0	27,0	68,0	—
BONNET und COPPENS (1955) ...	—[2]	—[2]	90,8	30,0	102,1	115,6
BURGESS (1956)	—[2]	—[2]	89,7	11,2	67,3	78,5
			100,9	19,3	78,5	89,7
ZATTLER (1954/1956 a)	18,6	112,6	117,1	38,1	110,0	154,0
MAROCKE (1957).....	28,4	67,4	204,0	60,4	167,0	296,4

[1] Zit. nach DOERELL (1927a).
[2] „Mittlere Ertragsverhältnisse", ohne nähere Angaben.

Die hohen Werte für den Nährstoffentzug von GROSS, denen ein nur geringer Doldenertrag gegenübersteht, weichen stark von den übrigen Ergebnissen ab. Vermutlich ist dies auf die früher übliche, sehr hohe Pflanzenzahl (6000 Stöcke und mehr) je Hektar zurückzuführen. Andererseits fällt bei den Werten von BURGESS, der sich auf Untersuchungen von HALL (1901) und auf die ersten Ergebnisse von BONNET (1945) stützt, besonders der geringe Phosphorsäureentzug auf, der kaum allgemein maßgebend sein dürfte. Hingegen sind die Befunde von BONNET und COPPENS, welche das Durchschnittsergebnis aus den Jahren 1941 bis 1953 für die Sorte Hallertauer unter neuzeitlichen Kulturverhältnissen darstellen, ungefähr von der Größenordnung der Angaben von ZATTLER (=Mittelwerte von zwei je fünfjährigen Versuchen mit Hallertauer Hopfen). Besonders hohe Entzugszahlen ermittelte MAROCKE (1957), die offensichtlich für die ertragreiche Spätsorte Elsässer charakteristisch sind.

6. Ausnutzungsgrad der Düngung durch den Hopfen, Höhe der Düngung und Nährstoffverhältnis

Bezieht man die aufgenommene zur verabreichten Nährstoffmenge, so wird ersichtlich, in welchem Maße die Pflanze die einzelnen Nährstoffe einer gebotenen Düngung auszunutzen vermag. Für die mineralische Düngung pflegt man nachfolgende allgemeine Ausnutzungsprozente zugrunde zu legen: Stickstoff 80%, Kali 60%, Phosphorsäure 25%. Mangels spezieller Unterlagen werden diese Zahlen auch von DOERELL (1933) und LINKE (1950) bei Angaben über die Düngung des Hopfens verwendet. Als Ausnutzungsgrad der Nährstoffe durch den Hopfen erhielt ZATTLER (1956a) folgende Mittelwerte für einen tonig-lehmigen und einen sandigen Lehmboden in der Hallertau: für Stickstoff 65%, für Kali 40%, für Phosphorsäure 33% und für Kalk 28%. Diese Werte können für die durchschnittlichen Verhältnisse im Anbaugebiet Hallertau als weitgehend zutreffend gelten. Planmäßige Untersuchungen hierüber in anderen Hopfenanbaugebieten, bei anderen Sorten usw. fehlen, dürften aber für die praktische Durchführung der Hopfendüngung von Nutzen sein.

Bei einem Hektarertrag von 35 bis 40 Ztr. Hopfen ist nach ZATTLER (s. Tab. 451) mit einem mittleren Entzug an Reinnährstoffen je Hektar von 117 kg N, 38 kg P_2O_5, 110 kg K_2O und 154 kg CaO zu rechnen. Diesem Nährstoffentzug würde bei dem obengenannten Ausnutzungsgrad der verabfolgten Nährstoffe eine durchschnittliche Düngung mit 180 kg N, 115 kg P_2O_5, 275 kg K_2O und 550 kg CaO entsprechen. Einem Nährstoffverhältnis beim Entzug von 1 N:0,34 P_2O_5: 0,94 K_2O, das ungefähr in der Mitte früherer Literaturangaben liegt, würde dabei ein Nährstoffverhältnis bei der Düngung von 1 N:0,54 P_2O_5:1,56 K_2O gegenüberstehen. Um eine Vorratsbildung mit Phosphorsäure zu erreichen, ist jedoch in der Praxis eine höhere Versorgung mit diesem Nährstoff üblich. Dagegen pflegt man Kali in etwas geringeren Mengen zu verabreichen, wodurch sich ein Nährstoffverhältnis für die Düngung des Hopfens von 1 N:1 P_2O_5:1,2 bis 1,5 K_2O ergibt, das allgemein als Norm für den Hopfenbau gilt. Über verschiedene Nährstoffverhältnisse bei der Hopfendüngung auf Grund früherer Versuche berichtet DOERELL (1933), wobei er zu dem Schluß kommt, daß die Wahl eines gewissen theoretisch und praktisch erprobten Nährstoffverhältnisses in erster Linie als Vorsichtsmaßnahme zu betrachten ist, um Extreme bei der Hopfenernährung zu vermeiden.

7. Bedeutung der einzelnen Nährstoffe für die Hopfenpflanze

A. Stickstoff

Infolge seiner schnellen Entwicklung und der Erzeugung einer großen blattreichen Pflanzenmasse während einer Wachstumsperiode zeichnet sich der Hopfen durch einen hohen Stickstoffbedarf aus. Die Stickstoffdüngung wirkt sich daher beim Hopfen am sichtbarsten auf den Pflanzenwuchs und den Ertrag aus.

Stickstoffmangel. Stickstoffmangel bewirkt langsames Wachstum und schwache Entwicklung mit kurzen Seitentrieben. Die ganze Pflanze erscheint heller grün; die Blätter vergilben und fallen von unten her vorzeitig ab. Bei völligem Stickstoffmangel in Wasserkulturen tritt anstelle der seitlich ausgebreiteten eine senkrecht hängende Blattstellung ein, mit der durch pathologische Anthocyanbildung gleichzeitig eine auffallend verstärkte Rotfärbung der Blattstiele einhergeht (ZATTLER 1934). Diese charakteristische Hängetracht ist bei stärkerem Stickstoffmangel auch unter natürlichen Verhältnissen am Hopfen zu beobachten.

Stickstoffüberschuß. Da Stickstoffmangel in der Endwirkung zu geringeren Erträgen führt, ist in der Praxis die Gefahr einer einseitigen, übertriebenen Stickstoffdüngung weit größer. Bei Stickstoffüberschuß zeigen die Pflanzen mit ihren dunkelgrünen Blättern und langen Seitentrieben insgesamt eine zu üppige vegetative Entwicklung, wodurch es leicht zu Lichtmangel im Hopfengarten kommt. Der Doldenansatz ist im Verhältnis hierzu gering. Die Dolden selbst werden größer und gröber und weisen dickere, lockerer gegliederte Spindeln auf. Derartige „brausche" Dolden können zumal bei den weniger ertragreichen Sorten des Saazer Formenkreises, z. B. beim Spalter Hopfen, eine unerwünschte tannenzapfenartige Form annehmen. Namentlich bei zu späten Kopfdüngungen mit Stickstoff, Hand in Hand mit reichlichen Niederschlägen, machen sich diese ungünstigen Auswirkungen, zu denen auch die Verlaubung der Dolden gehört, geltend. Unter solchen Umständen bewirkt der Stickstoffüberschuß auch eine Reifeverzögerung und ungleiche Ausdoldung („Zwiewuchs"). Die Menge der Lupulindrüsen („Lupulingehalt") wird im Verhältnis zum Anteil der Deck- und Vorblätter sowie der Spindeln verringert, ebenso sinkt der Bitterstoffgehalt und auch das Aroma verliert an Feinheit (vgl. Doerell 1933 und Linke 1950; s. auch Abschnitt 10 B).

Normen für die Höhe der Stickstoffdüngung. Die von Hampp (1929a, 1929b) in den Jahren 1927 bis 1932 durchgeführten und von Zattler (1951) bearbeiteten Düngungsversuche mit steigenden Stickstoffgaben (15 bis 45 kg N auf 1000 Stöcke = 67,5 bis 202,5 kg/ha) erbrachten im allgemeinen bei 35 kg N/1000 Stöcke (135 kg N/ha) die höchsten Erträge, die gleichzeitig bei der Handbeurteilung der Qualität die besten Punktzahlen erreichten. Durch 45 kg N/1000 Stöcke konnte nur in einzelnen Jahren bzw. an einigen Versuchsstellen noch eine unwesentliche Ertragserhöhung erzielt werden, wobei sich bemerkenswerter Weise die Punktsumme für die Qualitätsbeurteilung verringerte. In mehreren Fällen kam andererseits schon durch 25 kg N/1000 Stöcke die höchste Ernte zustande. Bei dieser Höhe der Stickstoffgabe war die Ertragssteigerung durch 1 kg N mit 3,90 kg Trockenhopfen je 1000 Pflanzen (= 17,55 kg/ha) am höchsten.

Im englischen Hopfenbau wird zur Stallmistdüngung eine zusätzliche Verabreichung von 35 kg N/1000 Pflanzen in Form schnellwirkender mineralischer Stickstoffdünger empfohlen (Thompson 1957).

Eigene und fremde Düngungsversuche bis zum Jahre 1933 mit Stickstoff, ebenso mit Phosphorsäure und Kali sind bei Doerell (1927a und 1933, dort auch weitere Literatur) erörtert.

B. Phosphorsäure

Ihre Bedeutung für Menge und Güte der Erträge ist nach Doerell (1927a, 1933) vornehmlich erst durch die Versuche und Erfahrungen in jüngster Zeit richtig erkannt worden, da die Wirkung der Phosphorsäure nicht so offensichtlich ist wie bei Stickstoff oder Kali. Phosphorsäure steigert wie bei vielen anderen Pflanzen auch beim Hopfen den Blütenansatz und fördert die Doldenbildung und -reife (Doerell 1933, Linke 1950).

Phosphorsäuremangel. Bei völligem Phosphorsäuremangel im Wasserkulturversuch sind die Blätter anfangs dunkelgrün, später werden sie hellgrün, wobei gleichzeitig ziemlich scharf begrenzte bräunliche Flecke auftreten (Zattler 1934). In Felddüngungsversuchen konnten von Doerell (1933) ähnliche Erscheinungen in Form von schwarzen, bronzefarbenen, orangeroten oder braun gefärbten Teilnekrosen an den Blättern festgestellt werden. Auf Böden, die nach NEUBAUER keine leicht aufnehmbare Phosphorsäure enthalten, trat in den Phosphorsäuremangelparzellen von DOERELL (1933) an allen Dolden sehr deutlich eine Braunspitzigkeit der Deckblätter in Erscheinung. In Feldversuchen von THOMPSON (1958) äußerte sich Phosphorsäuremangel lediglich durch kleinere Blätter von dunklerem Grün, außerdem erschienen die Nebenblätter stärker gerötet, als es normalerweise der Fall ist.

Durch ungenügende Phosphorsäureversorgung gehen nach LINKE (1950) die Erträge zurück und die Dolden werden weniger geschlossen, gröber und lupulinärmer; außerdem wird durch den relativen Stickstoffüberschuß die Neigung zur Doldenverlaubung gefördert. Deshalb wurde schon von SORAUER (1909) eine Nachdüngung mit Superphosphat zur Verhütung der Gelte (=Doldenverlaubung) empfohlen. Bei relativem Mangel an leicht aufnehmbarer Phosphorsäure im Verhältnis zum Stickstoff kann nach DOERELL (1931) auch eine Braunspitzigkeit der Dolden zustande kommen.

Phosphorsäureüberschuß. Aus wirtschaftlichen Gründen und auch wegen der wenigstens teilweise schwerlöslichen Phosphorsäuredüngemittel spielt der Phosphorsäureüberschuß in der Praxis keine Rolle. In Gefäßversuchen wurde das Wachstum der Hopfenpflanzen auch durch extrem hohe P_2O_5-Gaben nicht beeinträchtigt (ZATTLER, unveröffentlichte Versuche).

Normen für die Höhe der Phosphorsäuredüngung. Von HAMPP (1929a) wurde die Wirkung steigender Phosphorsäuregaben zu Hallertauer und Spalter Hopfen untersucht, wobei 10 bis 40 kg P_2O_5/1000 Pflanzen (=45 bis 180 kg P_2O_5/ha) zur Anwendung gelangten (s. auch ZATTLER 1951). In vier Versuchen von HAMPP (ZATTLER 1951) mit steigenden Gaben von 10, 20, 30 und 40 kg P_2O_5/1000 Pflanzen wurde die höchste Mehrung des Ertrages (13,6%) bei Verabreichung von 30 kg erzielt.

Bei der Saazer Sorte erhielt OSWALD (1941, zit. nach LINKE 1950) im Vergleich zur Parzelle ohne Phosphorsäure bei P_2O_5-Gaben von 8, 16, 24 und 40 kg/1000 Stöcke Ertragssteigerungen von 4, 10, 13 und 17%. Dabei entspricht die höchste Gabe einer Verabreichung von etwa 30 kg/ha und die damit noch erzielte Mehrung des Ertrages war gegenüber den zwischen 11 und 12% betragenden Ernteerhöhungen in den Versuchen von HAMPP noch größer.

Über 15 Versuche mit steigenden Gaben von Phosphorsäure (jeweils 12, 18 und 24 kg Thomasphosphat je Ar=180, 270 und 360 kg P_2O_5 je Hektar) zur Hallertauer Sorte in Belgien berichten FR. HOED und ELSOCHT, später gemeinsam mit J. HOED (1949 und 1950, 1951, 1953—1955). Mit einer Ausnahme war der Doldenertrag je Pflanze stets durch die beiden höheren P_2O_5-Gaben größer und die durchschnittliche Häufigkeit der höchsten Erträge wurde knapp von der reichlichsten Phosphorsäuredüngung erreicht. Hinsichtlich der Verteilung der besten Bitterwerte auf die drei verschieden hohen P_2O_5-Gaben ist dabei keine regelmäßige Beziehung festzustellen.

Für den englischen Hopfenbau bezeichnet THOMPSON (1957) 29 kg P_2O_5/ 1000 Pflanzen als Standarddüngung. Er weist darauf hin, daß die Phosphorsäuregaben dort häufig zu hoch sind, da viele Hopfenböden in den oberen und unteren Schichten reich versorgt sind. In diesen Fällen sollte daher die Standardgabe etwas herabgesetzt werden. Dagegen sollen neu für die Hopfenkultur verwendete Böden, die oft wenig Phosphate enthalten, in den ersten Jahren höhere Gaben von P_2O_5 bekommen.

C. Kali

Auch das Kalibedürfnis des Hopfens ist hoch, so daß er als „Kalipflanze" gilt (s. S. 1107). Kali fördert beim Hopfen nach den eingehenden Versuchen von Wagner (1917) die Wurzelbildung sowie die verschiedenen oberirdischen Teile der Pflanze, besonders auch die Entwicklung der Reben; Farbe und Qualität der Dolden w erden günstig beeinflußt (Englisch und Linke 1932).

In Trockenjahren wirkt sich die transpirationshemmende Wirkung von Kali günstig auf den Ertrag aus (Wagner 1904 und 1907, Linke 1950, s. auch S. 1098).[1]

Kalimangel. Selbst unter den extremen Verhältnissen des Wasserkulturversuches tritt der Kalimangel nur langsam in Erscheinung; er zeigt sich zuerst an den unteren Blättern durch rötlichbraune Verfärbung der Interkostalfelder und leichte Abwärtsrollung, wozu Bräunung und Vertrocknung der Blattzähne und -ränder hinzukommen (Zattler 1934). Im Gefäßversuch beobachtete Beard (1932) ähnliche Erscheinungen. Neugebildete Blätter sind lediglich etwas kleiner, sehen aber zunächst gesund aus, da verfügbare Spuren von Kalium aus basalen Teilen zu den Vegetationspunkten transportiert und für das Weiterwachsen ausgenützt werden können (Zattler 1934). Infolge dieser „Kaliökonomie" sind auffällige und typische Kalimangelerscheinungen unter natürlichen Verhältnissen nicht häufig und dann meist nur in der unteren Region der Hopfenpflanzen anzutreffen.

Nach Thompson (1958a) schlägt die Bronzefärbung der Interkostalfelder später in Blaßgrün um, wobei Nekrosen auftreten können. Im Endstadium e rscheinen die betroffenen Blätter aschgrau und fallen ab.

Zuweilen ist das Krankheitsbild schwierig von dem des Magnesiummangels zu unterscheiden; solche Fälle können nur durch Blattanalysen geklärt werden (s. S. 1103).

Nach Zattler (1936) trat durch eine im Verhältnis zur Stickstoffdüngung zu geringe Kaliversorgung (=relativer Stickstoffüberschuß) in Gefäßversuchen häufig stärkere Doldenverlaubung auf, eine Wirkung, die unter solchen Umständen in der Praxis oft wahrzunehmen ist.

Kaliüberschuß. Zu starke Kaligaben führen zu einer Verschwendung durch die Pflanzen, ferner vermindern sich Lupulingehalt und Feinheit des Aromas (Hampp 1929a bzw. Zattler 1951, Linke 1950). Übermäßige Kaliversorgung kann nach Thompson (1957) einen Magnesiummangel hervorrufen und auch dadurch schädigend wirken.

Normen für die Höhe der Kalidüngung. In den von Schwab (1936) und Zattler (1951) bearbeiteten Versuchen von Hampp mit steigenden Kaligaben mit 20 bis 60 kg/1000 Pflanzen (=90 bis 270 kg/ha) wurde im Durchschnitt bei 50 kg K_2O/1000 Stöcke die obere Grenze der Wirkung und Wirtschaftlichkeit der Kalidüngung erreicht. Gegenüber „ungedüngt" war die Ertragssteigerung bei 1000 Pflanzen mit 1,2 kg Trockenhopfen (=5,4 kg/ha) durch 1 kg K_2O bei der niedrigsten Kaligabe (20 kg/1000 Pflanzen) am größten. Ebenso wie bei Versuchen mit steigenden N- und P_2O_5-Gaben zeigt sich also, daß die je Kilogramm Nährstoffe erzielte Ertragssteigerung um so geringer wird, je mehr die obere Grenze der noch einen positiven Ausschlag bringenden Düngungsgabe erreicht wird.

[1] Den englischen Hopfenpflanzern wird als Norm eine Kalidüngung in Höhe von etwa 50 kg/1000 Pflanzen angeraten (Thompson 1957).

D. Kalk

Die Hopfenpflanze weist einen hohen Kalkbedarf auf, der den des Getreides um ein Vielfaches übertrifft. In den meisten Hopfenböden ist Kalk genügend vorhanden, um den Nährstoffbedarf des Hopfens zu decken. Darüber hinaus kommt der Kalkdüngung im Hopfenbau, die je nach Bodenart alle 3 bis 4 Jahre erfolgen soll, besondere Bedeutung zu, da sie vor allem auch zur physikalisch-chemischen Verbesserung des Bodens dient.

Kalkmangel. Typische Nährstoff-Mangelerscheinungen äußern sich am deutlichsten unter den extremen Bedingungen, wie sie der Wasserkulturversuch ermöglicht. Sie beginnen an den Vegetationspunkten, welche unter Vergilben und gespreizter Stellung der Gipfelblätter absterben. Die Erkrankung schreitet nach abwärts fort, wobei sich die bleichgrün oder gelblich werdenden Blätter aufrollen und vom Rande her bräunen und vertrocknen (ZATTLER 1934). Unter natürlichen Bedingungen bewirkt ein Mangel an Kalk ähnliche Merkmale und führt zu kümmerlichem Wachstum und Ertragsrückgang.

Kalküberschuß. Starker Kalküberschuß erzeugt einen „rauhen Griff" der Dolden (LINKE 1950).

Einfluß der Kalkdüngung bzw. kalkreicher Böden auf die Aufnahme von Kali. Durch Gefäßversuche mit Hallertauer Hopfen wurde von ZATTLER (1936) nachgewiesen, daß auch der Hopfen dem Kalk-Kaligesetz von EHRENBERG (1920) unterliegt, wonach bei Zufuhr des Kalziums in Form des kohlensauren Salzes die Zugänglichkeit von Kali für die Pflanze erschwert wird. In zwei Versuchsreihen mit einem Sand-Erdegemisch, von denen die eine Kalzium als Kalk, die andere als Gips erhielt, war der Kaligehalt bei den mit verschieden abgestuften Gaben von Stickstoff, Kali und Phosphorsäure gedüngten Hopfenpflanzen in der Kalkreihe durchwegs geringer. Umgekehrt nahmen die Pflanzen aus der Kalkreihe mehr Kalzium auf als aus der Gipsreihe, wie Tab. 451 zeigt.

Tabelle 451. *Beziehungen zwischen Kali und Kalziumgehalt bei Hopfen*

Ernährung		Kaligehalt (K_2O) in % der Reinasche		Kalziumgehalt (CaO) in % der Reinasche	
		Gipsreihe	Kalkreihe	Gipsreihe	Kalkreihe
Grunddüngung	NPK	28,73	18,25	21,53	34,42
Stickstoffmangel	KP	19,19	16,71	29,77	39,06
Phosphorsäuremangel	NK	25,38	20,92	21,23	32,06
Kalimangel	NP	10,18	4,88	32,78	50,84
Stickstoffüberschuß	N_2PK	29,40	12,13	22,90	44,41
Phosphorsäureüberschuß	NP_2K	26,46	19,28	24,00	36,78
Kaliüberschuß	NPK_2	34,66	27,53	21,29	28,85

Der Versuch bedeutet praktisch, daß bei kalkreichen Böden bzw. bei starker Kalkdüngung von der Hopfenpflanze weniger Kali aufgenommen wird als bei kalkärmeren Böden bzw. bei geringerer Kalkzufuhr. In den Jahren, in denen eine Kalkdüngung verabreicht wird, ist dies bei der Kaligabe entsprechend zu berücksichtigen. Unter Umständen leidet die Hopfenpflanze sonst an Kalimangel, wodurch sich ihre Anfälligkeit gegen die Peronosporakrankheit erhöht und die Doldenverlaubung gefördert wird (s. S. 1112). Der Vollständigkeit halber sei noch vermerkt, daß in diesen Versuchen bei den Pflanzen der Kalkreihe auch die Aufnahme des Stickstoffs und der Phosphorsäure herabgesetzt war, jedoch in geringerem Maße als die Kaliaufnahme.

E. Magnesium

Linke (1950) erwähnt, daß sich in seinen Düngungsversuchen die Dolden von den mit schwefelsaurem Magnesium gedüngten Teilstücken durch reicheren Lupulingehalt und feineres Aroma auszeichneten. Bei 279 kg Magnesiumsulfat auf 1000 Stöcke wiesen in einem Versuch von Thompson, Beard und Cripps (1958) die Dolden einen etwas höheren Harzgehalt auf, schnitten aber bei der Handbonitierung im Vergleich zu den nicht behandelten Pflanzen schlechter ab.

Magnesiummangel äußert sich durch Verlust des Blattgrüns (Chlorosis) zwischen den Blattnerven, wobei aber die Nerven selbst mehr oder weniger breit grün umsäumt bleiben. Die Verfärbungen beginnen stets an den älteren Blättern, können aber auch nach oben auf jüngere Blätter übergreifen (Thompson, Cripps und Burgess 1949a). In Gefäßversuchen von Beard (1932) waren die Blätter der Pflanzen „ohne Magnesium" in ähnlicher Weise geschädigt und fielen später ab. Im dritten Versuchsjahr war die Ausdoldung beeinträchtigt und die Knospen an den Rhizomen der Wurzelstöcke waren schwächer entwickelt. Bei geringerem Auftreten der Mangelsymptome sind aber in der Praxis keine Ertragsausfälle bemerkbar (Buchner 1957).

Thompson, Cripps und Burgess (1949a) stellten bei der Untersuchung von verschieden stark durch Magnesiummangel geschädigten Blättern folgende Prozentgehalte in der Trockensubstanz fest (s. Tab. 452).

Tabelle 452. *Nährstoffgehalte (% in der Trockensubstanz) bei gesunden und chlorotischen Blättern*

	K$_2$O	CaO	MgO	N
gesunde Blätter	0,85	5,85	0,89	2,99
chlorotische Blätter	1,41	3,47	0,67	3,03
chlorotische Blätter mit Nekrosen	1,52	2,30	0,58	3,45

Nach Fischer (1956) ist Magnesiummangel in den letzten Jahren in der Hallertau gelegentlich stärker in Erscheinung getreten, vor allem auf sandigen Böden. Blattanalysen ergaben, daß gesunde, grüne Blätter 2,00% K$_2$O und 1,66% MgO aufwiesen, kranke, chlorotische Blätter hingegen 4,30% K$_2$O und 0,86% MgO. Beide Fälle stimmen also darin überein, daß bei Mangelschäden durch Magnesium für die Blätter eine Abnahme dieses Nährstoffes mit gleichzeitiger Erhöhung des Kaligehaltes charakteristisch ist.

Magnesiummangel macht sich in England besonders in trockenen Sommern und auf sandigen, sauren Böden bemerkbar. Unter Hinweis auf den geringen Magnesiumbedarf des Hopfens teilt Thompson (1957) mit, daß die Mangelsymptome häufig durch Stickstoffmangel oder Kaliüberschuß hervorgerufen werden, wie die obigen Blattanalysen beweisen. Außerdem spielt auch der zwischen der Kali- und Magnesiumaufnahme bestehende Antagonismus eine Rolle. Oft läßt sich daher nach Thompson der Magnesiummangel schon allein durch entsprechende Veränderung der Stickstoff- bzw. Kalidüngung überwinden. Überall dort, wo Mangelerscheinungen auftreten, ist nach Fischer (1956) die Anwendung magnesiumhaltiger Düngemittel (Patentkali, Dolomitkalk, Thomasphosphat) erforderlich. In Böden mit einem Magnesiumdefizit sollen nach Thompson (1957) 140 kg Magnesiumsulfat auf 1000 Pflanzen gegeben werden. Zur Erzielung schneller Wirkungen wird viermaliges Spritzen mit 2%iger Magnesiumsulfatlösung während der Wachstumszeit empfohlen, jedoch wird an anderer Stelle von Thompson, Beard und Cripps (1958) erwähnt, daß sich dadurch bei einem Hopfen, der sichtbar unter Magnesiummangel litt, keine positive Wirkung feststellen ließ.

F. Spurenelemente

Bor. Nach einer bei DOERELL (1933) zitierten Mitteilung von STOKLASA zeichnen sich die im Saazer Hopfenanbaugebiet verbreiteten Böden des Rotliegenden aus der geologischen Formation des Perm durch einen relativ hohen Gehalt an Bor aus, weshalb man diesem Element eine Bedeutung für den Hopfen zuschrieb. Bormangel kann zu schlechterer Entwicklung und Ertragsleistung führen, wofür von ZATTLER (1942) auf einen beweiskräftigen Fall in der Hallertau hingewiesen wurde. Felddüngungsversuche mit Bor haben bei den behandelten Pflanzen zwar meist keine besonders auffallende Wirkung gezeigt, immerhin stellten HOED und ELSOCHT (1939) eine geringe Ertragssteigerung und eine leichte Zunahme des Bitterwertes der Dolden (6,21 gegenüber 5,89 bei „ohne Bor") fest. Auch LINKE (1950) erwähnt einen günstigen Einfluß auf den Ertrag.

Nach CRIPPS (1956), welcher Blätter aus drei verschiedenen Höhen der Sorte Eastwell Golding während der Monate Juli und August untersuchte, nimmt der Borgehalt im Laufe der Wachstumszeit zu. MAROCKE (1953) konnte dieses Ergebnis an Blättern der Sorte Elsässer bestätigen. Bei Pflanzen aus fünf von ihm untersuchten Hopfengärten betrug der Borgehalt in der Trockensubstanz zur Zeit der Ernte:

<pre>
bei den Blättern .... 36—90 ppm Bor
bei den Reben .... 10—16 ppm Bor
bei den Dolden .... 14—22 ppm Bor
</pre>

In den Blättern, deren Borgehalt zu Beginn des Wachstums am 22. Mai bei 2 bis 3 m Pflanzenhöhe 8 bis 14 ppm betrug, findet also eine beträchtliche Steigerung des Borgehaltes statt. Sie sind im Vergleich zu den Reben und Dolden am reichsten an Bor. CRIPPS (1956) konnte nachweisen, daß Bor im Herbst nicht in den Wurzelstock zurückwandert. Auch wenn man annimmt, daß ein Teil der Reben und Blätter auf dem Acker verbleibt — durch die Maschinenpflücke wird dieser Anteil jedoch stark verringert —, wird durch die Doldenernte im Laufe der Zeit eine Verarmung der Hopfengärten an Bor eintreten. Aus den in England gefundenen Werten berechnet CRIPPS für einen Hektar Hopfen den Entzug an Bor durch eine Ernte mit 108 g Bor (=939 g Borax), während ihn MAROCKE für die Verhältnisse im elsässischen Hopfenanbaugebiet mit 180 bis 300 g Bor (=6,2 bis 10,4 kg Borax) beziffert.

In Übereinstimmung mit diesen Zahlen für den Borentzug und mit einer Angabe von ASKEW und MONK (1951), wonach zur Bildung gesunder Triebe ein Borgehalt von 20 mg in 1000 g Trockensubstanz ausreicht, dürfte die Anwendung der im Handel befindlichen spurenelementehaltigen Volldünger genügen, um den Borbedarf des Hopfens zu decken. Bei gesonderter Verabreichung wird von ZATTLER (1958a) empfohlen, nicht über Gaben von 5 bis 10 kg Borax je Hektar hinauszugehen, um Schäden zu vermeiden. Bei einem von ihm näher untersuchten Fall von Borüberschuß, wodurch die Erde um die Hopfenstöcke bis zu 40 mg Bor in 1 kg lufttrockenem Boden enthielt, entstanden starke Schädigungen. Die Stöcke bildeten nur mehr schwache, hellgelbe Triebe oder starben ganz ab. Aus schwächer betroffenen Stöcken entwickelten sich Reben mit eingewölbten Blättern, die eine mangelhafte Ausbildung der Blattlappen und unregelmäßige Blattzähnung aufwiesen. Im Gefäßversuch mit steigenden Borgaben von 0 bis 80 mg Bor auf 1 kg Boden traten von einer Dosis von 20 mg an die gleichen Schädigungen an den Hopfenpflanzen auf (ZATTLER 1958a).

Jod. Durch Jodgaben von 3,2, 4,3 und 5,4 kg Kaliumjodid/ha erzielte DOERELL (1933) in einem im Saazer Hopfenanbaugebiet durchgeführten Versuch mit dreifacher Wiederholung Ertragssteigerungen durch die beiden niedrigeren

Joddosierungen. Trotzdem kommt Doerell zu dem Schluß, daß direkte[1] Joddüngungen für Hopfen nicht empfehlenswert sind, weil der Gehalt an Bitterstoffen und Gerbstoffen absinkt und auch das Aroma eine deutliche Schwächung erfährt.

Kupfer. Die Hopfenpflanze erweist sich bei Spritzungen mit neutralen kupferhaltigen Fungiziden im Gegensatz zum Wein als nicht kupferempfindlich. Dies beweisen umfassende Erfahrungen der Praxis, die sich auch in vergleichenden Gefäßversuchen mit Wein und Hopfen und in Feldversuchen mit der Sorte Hallertauer von Zattler (1956b) bestätigten. Den etwa seit dem Jahre 1926 eingeführten Kupferspritzungen gegen die Peronosporakrankheit des Hopfens wurde sogar nach Anschauung der meisten Pflanzer eine allgemein entwicklungsfördernde Wirkung zugeschrieben.

Eine besondere Zufuhr von Kupfer kommt im Hopfenbau wegen der regelmäßigen Anwendung von Fungiziden, die Verbindungen dieses Elements als Wirkstoff enthalten, nicht in Betracht. Neuerdings ist vielmehr zu vermuten, daß manche Fälle von schlechterem Gedeihen des Hopfens auf einen übermäßig hohen Kupfergehalt im Boden (durch jahrzehntelange Anwendung kupferhaltiger Spritzmittel) zurückzuführen sind. Eine Klärung dieser Frage ist jedoch erst durch eingehende Untersuchungen zu erwarten.

Mangan. Aus den spärlichen Angaben über den Einfluß von Mangan auf den Hopfen kommt Doerell (1933, dort auch ältere Literatur) zu dem Schluß, daß eine besondere Mangandüngung zu Hopfen in keiner Weise gerechtfertigt erscheint. In neueren Versuchen von F. Hoed zeigte sich durch Gaben von 20 bis 40 kg Mangansulfat eine günstige Wirkung auf den Ertrag; eine Verbesserung des Brauwertes trat jedoch nicht ein (zit. nach Linke 1950).

Nach Thompson, Cripps und Burgess (1949b) kann auf sauren Böden die Manganaufnahme so gesteigert sein, daß sie bei einem Mangangehalt von 303 bis 639 ppm in den Blättern toxisch wirkt. Die Blätter über den untersten 2 bis 3 Blattpaaren werden dadurch chlorotisch und bekommen nekrotische Flecken. Steigt die Manganaufnahme über 1000 ppm, kann infolge Ionenantagonismus Eisenmangel eintreten, der sich bei den jüngsten Blättern durch weißliche Verfärbung äußert, von der sich lediglich die Blattnerven als dunkelgrünes Netzwerk abheben. Die unteren Blätter hingegen ergrünen allmählich mit zunehmendem Alter. Die toxischen Schäden durch Manganüberschuß und die Erscheinungen durch Eisenmangel lassen sich demnach gut voneinander unterscheiden.

Zink. Nach Zattler (1962) konnte durch Zinkgaben von 10 bis 100 ppm bei Gefäßversuchen das Längenwachstum bis zu 48% gesteigert werden. Außerdem kommt dem Zink eine Bedeutung bei der virusbedingten Kräuselkrankheit zu.

Molybdän. Blattnekrosen, die zu einer weißen Fleckung der Blätter führen können, beruhen nach Askew, Monk und Watson (1958) auf Mangel an Molybdän; solche Pflanzen erbrachten aber trotzdem gute Erträge. Erkrankte Blätter einer kalifornischen, in Neuseeland angebauten Sorte wiesen in der Trockensubstanz einen Gehalt von nur 0,02 ppm Molybdän auf. Durch Verabreichung von 1,12 kg/ha Natriummolybdat stieg der Molybdängehalt der Blätter an und ihr Krankheitszustand und das Wachstum der Pflanzen verbesserten sich. Vermutlich wird durch die Molybdänzufuhr eine Vergrößerung der Dolden und eine Abnahme ihres Zuckergehaltes bewirkt.

Nickel. Hudson (1956) stellte fest, daß an Nettlehead (Viruskrankheit) erkrankte Hopfenpflanzen mehr Nickel enthielten als gesunde, jedoch konnte

---

[1] Außer einer spurenweisen Jodzufuhr durch Niederschläge usw. erfolgt eine Jodzufuhr auch durch Chilesalpeter, der früher viel im Hopfenbau verwendet wurde.

THOMPSON (1958) in Gefäßversuchen durch Verabreichung verschieden hoher Gaben von Nickelsulfat lediglich eine Steigerung des Nickelgehaltes in den Pflanzen erreichen, ohne daß die Anzeichen von Nettlehead auftraten.

8. Durchführung der Düngung im Hopfenbau

Die Notwendigkeit, die Düngung des Hopfens als Volldüngung mit Stickstoff, Phosphorsäure und Kali durchzuführen, wurde u. a. durch die langjährigen Versuche von WAGNER (1909 bis 1911) begründet.

Über die Frage, ob für die Düngung des Hopfens mineralische Dünger ausreichen oder ob dazu noch wirtschaftseigene Dünger notwendig sind, führte BURGESS (1935) in England einen Dauerdüngungsversuch zur Sorte Tutsham (1922 bis 1931) auf einem Alluvialboden durch. Dabei wurden u. a. mineralische Volldüngung mit und ohne Stallmist (740 Ztr./ha) mit je einer Wiederholungsparzelle zu 60 Stöcken verglichen.

Im zehnjährigen Durchschnitt ergab sich:

	Relativer Ernteertrag	Gehalt an α-Säure β-Säure bezogen auf Trokkensubstanz (Mittel 1927 bis 1931)		Sonstige Qualitätsmerkmale einschließlich Aroma
Mineralische Volldüngung	97,7	3,30	7,02	praktisch ohne Unterschied
Mineralische Volldüngung + Stallmist	100	3,40	7,04	

Die Unterschiede hinsichtlich Ertrag und Qualität waren demnach praktisch belanglos, jedoch war der Boden in den Parzellen mit zusätzlicher Stallmistdüngung durch die Anreicherung mit organischer Substanz leichter zu bearbeiten. Trotz der geringen Auswirkung des zusätzlich verabfolgten wirtschaftseigenen Düngers auf Ertrag und Qualität in dem Versuch von BURGESS könnte die Düngung des Hopfens im praktischen Betrieb auf die Dauer nicht mit Handelsdüngemitteln (Mineraldünger) allein durchgeführt werden. Auf guten Böden können dadurch jahrelang befriedigende Ernten erzielt werden; bei den 15 bis 20 Jahre und länger bestehenden Hopfenpflanzungen, bei denen infolgedessen die Möglichkeit zu einem Fruchtwechsel fehlt, bedarf es aber auch wirtschaftseigener Dünger, vor allem des Stallmistes, um zur Humusversorgung des Bodens beizutragen. Von ihr hängen viele biologische, physikalische und chemische Eigenschaften des Bodens ab — Bakterientätigkeit, Struktur, Durchlüftung, Wasser- und Wärmehaushalt, Festhaltung bzw. Auswaschung der Nährstoffe —, die für die Wirkung der mineralischen Nährstoffe und für eine erfolgreiche Hopfenkultur überhaupt Voraussetzung sind (DOERELL 1927a und 1933, LINKE 1950; Versuche von HAMPP, bearbeitet von ZATTLER unter Mitarbeit von JEHL 1951).

Im einzelnen kommen für die Hopfendüngung folgende Dünger bzw. Düngemittel unter Berücksichtigung des Zeitpunktes und der Art ihrer Anwendung in Betracht:

A. Wirtschaftseigene Dünger

Stallmist. Der Hopfen soll alle zwei Jahre eine Stallmistdüngung von 300 dz je ha erhalten, wodurch 150 kg N, 75 kg P_2O_5 und 165 kg K_2O zugeführt werden. Da diese Nährstoffmengen (besonders P_2O_5) nicht ausreichen, ist nach HAMPP, LINKE u. a. eine zusätzliche mineralische Düngung in Höhe der halben normalen Gabe erforderlich. Die Verabreichung des Stallmistes erfolgt am zweckmäßigsten einige Zeit vor dem Aufdecken, da er dann bei dieser Gelegenheit in die Winterfurche eingeackert werden kann. Zuweilen wird der Stallmist bereits im Spätherbst in die Winterfurche ausgebracht, wobei anschließend eine eigene Einackerung erforderlich ist (Linke 1950).

Kompost. Guter zwei- oder mehrjähriger Kompost, zu dessen Bereitung auch tierische Abfälle genützt werden sollen, gilt als hochwertiger Dünger für den Hopfenbau, dessen Verwendung im Spätherbst in manchen Anbaugebieten (z. B. Saaz) sehr verbreitet und geschätzt ist.

Neuerdings werden auch die bei der Maschinenpflücke anfallenden Hopfenreben nach entsprechender Zerkleinerung kompostiert und, wie praktische Erfahrungen und Versuche in einem Hallertauer Hopfenbetrieb beweisen, mit gutem Erfolg zur Humusversorgung der Hopfengärten mitverwertet. Zu beachten ist aber, daß das Einbringen der Rebenrückstände in die Hopfengärten die Verbreitung des Hirsezünslers (*Pyrausta nublialis Hübn.*) begünstigt (Andersen 1942/43). Reben aus Hopfengärten, die von diesem Schädling auch nur mäßig befallen sind, eignen sich daher nicht zur Kompostierung.

Von der früher häufig geübten Verwendung von Jauche (Gülle) ist man im fortschrittlichen Hopfenbau abgekommen, da sie einerseits nicht zur Bodenverbesserung beiträgt, andererseits wegen ihres Stickstoffreichtums zu einer einseitigen Überdüngung mit Stickstoff und damit zur übermäßigen Laubbildung und Verschlechterung der Qualität durch gröbere Dolden führen kann. Jauche ist daher zweckmäßiger über den Weg der Kompostierung für die Hopfendüngung auszunutzen (Linke 1950).

B. Handelsdüngemittel

Die dem Pflanzenbau im allgemeinen zur Verfügung stehenden Handelsdüngemittel sind auch für die Düngung des Hopfens geeignet. Ihre Auswahl richtet sich danach, ob es sich um schwere oder leichtere Böden handelt. Auch Reaktion und Kalkgehalt des Bodens können durch entsprechende Verwendung physiologisch sauer bzw. alkalisch wirkender und allenfalls auch kalkhaltiger Dünger berücksichtigt werden. Von der Schnelligkeit ihrer Umsetzung bzw. ihrer Bodenlöslichkeit hängen der Zeitpunkt der Verabreichung und die Ausbringung der Nährstoffe in mehreren Gaben ab.

Einzelnährstoffdünger. Im Hopfenbau — wobei hier vorzugsweise die Verhältnisse in den deutschen Anbaugebieten zugrunde gelegt sind —, werden die einzelnen Nährstoffe vorzugsweise in Form der nachfolgenden Handelsdüngemittel verabreicht (s. Tab. 453).

1. *Zeitliche Verabreichung der Stickstoff- und Kalidünger:* Die günstige Wirkung zeitlich gestaffelter Verabreichung von Stickstoff in zwei oder drei Gaben geht z. B. aus den Versuchen von Hampp (bearbeitet von Zattler 1951) hervor und ist allgemein anerkannt (Linke 1950). Wird die Stickstoffdüngung auf zwei bzw. drei Gaben verteilt, ist es oft vorteilhaft, bei den späteren Düngungsgaben mit der Art des Düngemittels zu wechseln. So können nach den Versuchen von Doerell (1933) späte Gaben von schwefelsaurem Ammonium häufig nicht mehr zur Wirkung kommen und sind besser durch Kalksalpeter oder Harnstoff zu ersetzen.

In Gefäßversuchen von Zattler (1935) erwies sich neben der zeitlichen Staffelung der Gaben von Stickstoff auch eine solche für Kali vorteilhaft. Durch eine Kopfdüngung mit Kali, die besser noch etwas früher als jene mit Stickstoff, nämlich noch vor der Bildung der Blütenknospen, vorzunehmen ist, trat eine Steigerung des Doldenertrages ein. Blattny (1929) erhielt durch Zweiteilung der Kalidüngung (1. Hälfte beim Einackern, 2. Hälfte zur Zeit der Blüte bzw. am

Tabelle 453.
Anwendung der Stickstoff-, Phosphorsäure-, Kali- und Kalkdünger im Hopfenbau

Verabreichung ungeteilt bzw. in Gaben		Zeitpunkt der Verabreichung	Anmerkung
Stickstoffdünger			
Kalkstickstoff	ungeteilt	Herbst oder Winter (mindestens 4 Wochen vor dem Aufdecken)[1]	auf sauren Böden und in nassen Jahren oft besonders wirkungsvoll (SEEGER 1932)
Kalkammonsalpeter	in zwei Gaben	erste Hälfte: Frühjahr beim Aufdecken, zweite Hälfte: beim ersten Ackern	
Schwefelsaures Ammoniak Ammonsulfatsalpeter	in drei Gaben	ein Drittel: Winter oder Frühjahr beim Aufdecken, ein Drittel: beim ersten Ackern (Ende Mai), ein Drittel: beim zweiten Ackern (Ende Juni), als Kopfdüngung vor der Blüte[2]	besonders für kalkreiche und alkalische Böden
Kalksalpeter Chilesalpeter	wegen leichter Löslichkeit besonders als dritte Gabe geeignet	beim zweiten Ackern als Kopfdüngung	Bedeutung von Salpetergaben zur Nachdüngung (WAGNER 1911)
Harnstoff	nur als Kopfdüngung	beim zweiten Ackern vor der Blüte	zur Blattdüngung (s. S. 1120)
Phosphorsäuredünger			
Thomasphosphat (Thomasmehl)	ungeteilt	Winter	besonders für saure Böden
Superphosphat Rhenaniaphosphat	in zwei Gaben	erste Hälfte: Frühjahr beim Aufdecken, zweite Hälfte: beim ersten Ackern	
Kalidünger			
40%iges Kalisalz 50%iges Kalisalz (in beiden Kali als Chlorid) Schwefelsaures Kali Patentkali (in beiden Kali als schwefelsaure Verbindung)	ungeteilt oder in zwei Gaben	erste Hälfte: Frühjahr beim Aufdecken, zweite Hälfte: beim ersten Ackern	gemeinsam (und mischbar) mit Kalkstickstoff und Thomasphosphat
Kalkdünger			
Gebrannter Kalk Düngekalk	ungeteilt	alle drei Jahre im Winter, nicht in Jahren mit Stallmistdüngung	für schwere und saure Böden; für leichtere Böden Düngekalk

---

[1] Bei später Anwendung von Kalkstickstoff besteht die Gefahr der Braunspitzigkeit an den Deckblättern der Dolden (WAGNER 1908, WEIGAND 1930).

[2] Auch Verabreichung in zwei Gaben ($2/_3$ im Frühjahr, $1/_3$ vor der Blüte) hat sich bewährt.

Anfang der Doldenbildung) in Feldversuchen stets bessere Ergebnisse im Vergleich zu einmaliger, gleich hoher Gesamtdüngung. Von Fr. Hoed und Elsocht sowie später gemeinsam mit J. Hoed (1949 und 1950, 1953—1955) wurden in Belgien insgesamt neun Versuche über die Wirkung der Kopfdüngung mit Kali zur Blütezeit durchgeführt. Davon waren sechs Versuche zu Hallertauer Hopfen dreifach gegliedert: zu einer Grunddüngungsgabe von 4 bis 6 kg Kalisalz je Ar ($=160$ bis 240 kg K_2O/ha) wurde eine geringere bzw. eine stärkere Kopfdüngung von 1,5 bis 3 kg schwefelsaures Kali je Ar ($=75$ bis 150 kg K_2O/ha) verabfolgt. Die Ergebnisse weichen bei den einzelnen Versuchen voneinander ab, jedoch ersieht man, daß im Durchschnitt die Kopfdüngung häufiger die besten Erträge erbrachte, wobei zudem die höhere Gabe noch etwas besser abschnitt als die geringere. Ebenso verhält es sich im Durchschnitt auch mit der Höhe des Bitterwertes. Bei den zur Tettnanger und Saazer Sorte durchgeführten, nur zweifach gegliederten Versuchen (Grunddüngung 4 bis 5 kg Kalisalz je Ar und 2 bzw. 3 kg schwefelsaures Kali je Ar als Kopfdüngung) wurden in allen drei Fällen Ertrag und Bitterwert durch die Kopfdüngung mit Kali gesteigert.

2. *Blattdüngung mit Stickstoff:* Nach neueren Versuchen ist auch bei Hopfen Blattdüngung, und zwar nur für Stickstoff in Form von Harnstoff, empfehlenswert. Nach Fischer (1958a) kommt sie vor allem bei geschwächten Pflanzen, nach Hagelschlag oder in Trockenzeiten, in Betracht. 8 bis 10 Spritzungen mit Harnstoff 0,5% (beigemischt zu Kupferspritzmitteln), mit denen erst nach Erreichen der Gerüsthöhe begonnen werden soll, vermögen eine Kopfdüngung zu ersetzen. Die Harnstoffspritzungen hatten unter diesen Umständen guten Erfolg und waren ohne Nachteile für die Qualität. Bei sonst ausreichender Stickstoffversorgung über den Boden kann die Blattdüngung aber eine Vergröberung der Dolden hervorrufen, auch scheinen Verbrennungen nicht immer ganz ausgeschlossen zu sein.

3. *Verschiedene Formen der Stickstoff- und Kalidünger:* Hinsichtlich der ertragssteigernden Wirkung verschiedener Stickstoffdünger stellte Doerell (1927a) nachstehende Reihenfolge auf: Schwefelsaures Ammoniak — Kalksalpeter — Harnstoff. In Bezug auf die Beeinflussung der Qualität ergab sich eine umgekehrte Reihenfolge, wobei der Einfluß dieser Stickstoffdünger auf die äußere und innere Beschaffenheit der Dolden (Tab. 454) folgendermaßen gekennzeichnet wird:

Tabelle 454. *Einfluß verschiedener Stickstoffdünger auf die Beschaffenheit der Dolden*

Düngemittel	Doldenform	Doldenfarbe	Spindel	Lupulin	Aroma
Harnstoff..	schöne Doldenform	„Goldton"	sehr fein, gerade, kurz bis mittellang	reichlich sattgelb	harzig, fein, nicht schwach, nicht stark
Kalksalpeter ...	groß	licht-frisch-grün	mittellang, feiner als bei schwefelsaurem Ammoniak	ziemlich reichlich, heller als bei schwefelsaurem Ammoniak	fein, harzig, ausdrucksvoller als bei schwefelsaurem Ammoniak
Schwefelsaures Ammoniak	groß	hellgrün mit bräunlichem Stich	länger, regelmäßiger, etwas gröber	ziemlich reichlich, hell, zitronengelb	harzig, aber nicht so fein wie bei Harnstoff und schwefelsaurem Ammoniak

In den Versuchen von HAMPP (ZATTLER 1951) zeigten die mit verschiedenen Stickstoffdüngern versorgten Pflanzen im Mittel von fünf an verschiedenen Orten durchgeführten Versuchen nur geringe Abweichungen. Die höchsten Erträge lieferte schwefelsaures Ammoniak, dem salzsaures Ammoniak, Leunasalpeter, Harnstoff und zuletzt Kalkstickstoff folgten.

Von den verschiedenen Formen der Kalidünger werden im Hopfenbau an Stelle des früher häufig gebrauchten Kainits, dessen hoher Chloridgehalt nach LINKE (1950) das Aroma beeinträchtigt, vorzugsweise die 40%igen oder auch die 50%igen Kalisalze sowie schwefelsaures Kali und Patentkali (schwefelsaures Kalimagnesium) verwendet. Die in der Literatur angeführten vergleichenden Versuche mit diesen verschiedenen Kalidüngern, worüber auf DOERELL (1927b) und ZATTLER (1951) verwiesen sei, zeigen hinsichtlich der Beeinflussung von Ertrag und Qualität (einschließlich Bitterstoffgehalt) nur geringe und je nach Versuchsort wechselnde Unterschiede. Patentkali und schwefelsaures Kali werden jedoch von LINKE (1950) als qualitätsbegünstigend hervorgehoben.

Volldünger (Misch- und Mehrstoffdünger). Zur bequemeren Handhabung der Düngung und zur Arbeitsersparnis stehen seit Jahren Handelsdünger zur Verfügung, die teils im Gemisch, teils in chemisch gebundener Form zwei Nährstoffe (N und P) oder meistens drei (N, P und K) enthalten. Mit Hilfe dieser Misch- oder Mehrstoffdünger, denen neuerdings teilweise auch noch Spurenelemente (Bor, Jod, Zink, Mangan) zugesetzt sind, ist in einem Arbeitsgang eine Volldüngung durchführbar. Sie werden gewöhnlich mit verschiedenem Nährstoffverhältnis angeboten, wobei das für den Hopfen nach ZATTLER und LINKE (1950) günstigste von 1:1:1,25 für das Verhältnis von Stickstoff zu Phosphorsäure zu Kali anzustreben ist. Enthält der Mehrstoffdünger zu wenig an einem Nährstoff (z. B. Phosphorsäure), ist ein Ausgleich durch zusätzliche Verabreichung desselben notwendig. Auch bei Verwendung von Volldüngern ist die Gesamtgabe so zu bemessen, daß die Düngungsnorm zur Deckung des Nährstoffbedarfes für den Hopfen gewahrt wird. Handelt es sich um Misch- und Mehrstoffdünger, in welchen Phosphorsäure und Stickstoff ganz oder teilweise in organischer Form vorliegen, ist ihre langsamere Zersetzung und Wirkung zu berücksichtigen.

Volldünger haben in den deutschen Hopfenanbaugebieten in letzter Zeit in zunehmendem Maße Eingang gefunden und sich in der Praxis bewährt, zumal auf diese Weise grobe Düngungsfehler vermieden werden. Die Erfahrungen über Volldünger mit Zusatz von Spurenelementen reichen noch nicht aus, um ihre Überlegenheit gegenüber solchen ohne Zusatz zu beweisen. Auf jeden Fall ist bei der Anwendung der mit Spurenelementen versorgten Volldüngemittel eine weitere gesonderte Verabfolgung von Mikronährstoffen überflüssig und kann sogar ausgesprochen schädlich sein (s. S. 1115 f.).

Organische Düngemittel. Als solche kommen Knochenmehl (mit 1 bis 4% N und 20 bis 30 % P_2O_5) und Hornspäne oder Hornmehl (mit 10 bis 14% N und 5% P_2O_5) in Betracht. Beide Düngemittel, die nur in geringem Maße im Hopfenbau Verwendung finden, wirken langsam aber nachhaltend und müssen frühzeitig ausgebracht werden.

Humusdünger. Auch wenn sie teilweise einen geringfügigen Gehalt an N, P_2O_5 und K_2O aufweisen, dienen diese Mittel praktisch nur zur Verbesserung der Humusversorgung. Im Hopfenbau kommt ihre Anwendung dort in Frage, wo keine oder zu wenig Wirtschaftsdünger zur Verfügung stehen.

C. Normen über die Höhe der Düngung

Auf Grund der Menge der entzogenen Nährstoffe durch den Hopfen (S. 1106 f.) und des Grades ihrer Ausnutzung (S. 1109) sowie der im vorstehenden herangezogenen mehrjährigen Düngungsversuche von WAGNER, HAMPP, SEEGER, DOERELL, LINKE, ZATTLER u. a. sind in Tab. 455 Normen über die Höhe der Düngung angegeben, die für den neuzeitlichen und in der gesamten Anbautechnik fortschrittlichen Hopfenbau als maßgebend bezeichnet werden können.

Tabelle 455. *Normen über die Höhe der Düngung des Hopfens*

Ertragsverhältnisse bzw. Sorten	Reinnährstoff in kg						Anmerkungen
	je 1000 Pflanzen			je 1 Hektar			
	N	P_2O_5	K_2O	N	P_2O_5	K_2O	
für normale bis mittelhohe Erträge (7 bis 8 Ztr./1000 Pflanzen bei der Hallertauer Sorte, 4500 Pfl./ha) oder für hohe Erträge bei Sorten des Saazer Formenkreises	30	30	40	135	135	180	empfohlen von HAMPP (1929), s. auch ZATTLER (1951)
für hohe bis sehr hohe Erträge (über 8 Ztr./1000 Pflanzen bei der Hallertauer Sorte, 4500 Pfl./ha) .	40	30	60	270	135	180	häufig in der Hallertau[1]
für besonders ertragreiche Spätsorten (z.B. Elsässer Sorte im Elsaß: 17 Ztr./1000 Pflanzen, bei 3300 Pfl./ha). ...	27–33[2] / 36–42[3]	24–27	46–48	90–110 / 120–140	80–90	150–160	empfohlen im Elsaß (MAROCKE 1957)

[1] Im Verhältnis zur hohen Stickstoffgabe erscheint der Anteil an Phosphorsäure zu niedrig (ZATTLER 1954 und 1956a).

[2] Für Lößlehm, Lehmböden und alluviale Böden der Rheinebene.

[3] Für sandige Böden im Elsaß.

Bei den oben angegebenen Normen handelt es sich naturgemäß um allgemeine Richtlinien, bei denen im Einzelfall die örtlichen Verhältnisse (Boden, Lage, Sorte, Klima) und sonstigen Umstände (Verabreichung von wirtschaftseigenen Düngern) mitberücksichtigt werden müssen. Das Abweichen von der mittleren Linie — als welche für den deutschen Hopfenbau etwa die von HAMPP empfohlene Düngungsnorm anzusehen ist — erscheint nur auf Grund von Versuchen und örtlichen Erfahrungen ratsam. Die bei der Hallertauer Sorte für hohe bis sehr hohe Erträge angeführte Düngungsnorm ist als Höchstgrenze anzusehen, bei deren Überschreitung die Gefahr der Qualitätsverschlechterung besteht (s. S. 1128 f.).

D. Wirtschaftlichkeit der Hopfendüngung

Die den Hopfenpflanzern in der Praxis empfohlene Höhe der Düngung hängt auch mit der Wirtschafts- und Absatzlage des Hopfenbaues zusammen. So wurden im Jahre 1955 als Düngung je Hektar 135 bis 158 kg N, 225 bis 270 kg P_2O_5 und 225 bis 270 kg K_2O, also auffallend hohe Gaben für Phosphorsäure und Kali empfohlen, da sich nach FISCHER (1955) führende Praktiker des westdeutschen Hopfenbaues auf diese Heraufsetzung geeinigt haben. Hingegen wird im Jahre 1958 auf ein Nährstoffbedürfnis von 120 kg N, 120 kg P_2O_5 und 145 kg K_2O verwiesen (FISCHER 1958 b), während man schließlich im Jahre 1959 wieder zur Empfehlung einer höheren Düngung mit 171 kg N, 171 kg P_2O_5 und 203 kg K_2O je Hektar zurückkehrt (FISCHER 1959).

Die Rentabilität ist bei der hochwertigen Hopfenkultur im allgemeinen auch bei großem Düngungsaufwand gegeben. Andererseits sind bei den starken Schwankungen der Hopfenpreise allgemein verbindliche Angaben hierüber nicht möglich. Einzelberechnungen bzw. Unterlagen hierzu sind bei HAMPP (1929a) und aus der Bearbeitung seiner Versuche (ZATTLER 1951), ferner bei DOERELL (1927a und 1933) sowie für die Kalidüngung bei SCHWAB (1936) ersichtlich. Außerdem wird in den Fachzeitschriften des Hopfenbaues, z. B. in der „Hopfenrundschau" (Erscheinungsort Wolnzach), unter Berücksichtigung der jeweiligen wirtschaftlichen Verhältnisse von Zeit zu Zeit hierüber berichtet.

9. Einfluß der Düngung auf Schäden und Krankheiten des Hopfens

A. Mißbildungen, physiologische Krankheiten und Schäden

Die Entstehung von brauschen, d. h. gröberen und lockerer ausgebildeten Dolden (S. 1110), der Doldenverlaubung oder Gelte (S. 1111, 1112 u. 1113) und des Doldensterbens (S. 1105) als Folge von Düngungsfehlern bzw. ernährungsphysiologischen Störungen wurde in den einschlägigen Abschnitten behandelt.

Bei der Erprobung von Pflanzenschutzmitteln oder bei ihrer praktischen Anwendung sind zuweilen, besonders wenn sie falsch dosiert werden, phytotoxische Wirkungen zu beobachten, die sich meist in Verbrennungserscheinungen äußern. ZATTLER (1937) berichtet über einen bestimmten, näher untersuchten Fall, bei welchem die Empfindlichkeit der Hopfenblätter gegen ein Insektizid in deutlichem Zusammenhang mit der Düngung stand und überdüngte Pflanzen am stärksten geschädigt wurden.

B. Parasitäre Krankheiten

Peronosporakrankheit durch Pseudoperonospora (Myiabe u. Takah.) Wils.
ZATTLER (1936 und unveröffentlichte Versuche) untersuchte bei der sehr anfälligen Hallertauer Sorte an verschieden gedüngten Pflanzen von Gefäßversuchen den Einfluß der Ernährung auf den Befall an Blättern und Dolden mittels künstlicher Infektion durch Schwärmsporen von Pseudoperonospora humuli. Die im Durchschnitt von fünf Infektionen erhaltenen Ergebnisse sind in Tab. 456 zusammengefaßt. Dabei war für die Bewertung des Infektionserfolges die Anzahl und Größe der Befallsflecke sowie die Stärke der Bildung von Konidienträgern maßgebend und es bedeutet: 0 = kein Befall, 5 = sehr starker Befall.

Nach diesen Befunden verhalten sich verschieden ernährte Hopfenpflanzen gegenüber dem Peronosporapilz der häufig vorkommenden Regel entsprechend, nach welcher Kalimangel, Phosphorsäuremangel und Stickstoffüberschuß stärker befallen werden als eine durchschnittliche Grunddüngung, die mittlere Gaben sämtlicher Nährstoffe enthält. Auch der verhältnismäßig geringere Befall bei

Tabelle 456. *Ernährung und Peronosporaanfälligkeit*

Ernährung (Düngung zu einem sehr nährstoffarmen kalkhaltigen Boden-Sand-Gemisch)		Peronosporabefall: Durchschnittlicher Befallsgrad (Bewertung: 0—5)	
Bezeichnung	Erklärung	Blätter	Dolden
ungedüngt	allgemeiner Nährstoffmangel	2,4	nicht untersucht
NPK	einfache Grunddüngung	1,7	
$N_2P_2K_2$	doppelte Grunddüngung	1,4	
$N_3P_3K_3$	dreifache Grunddüngung	1,5	
NPKCa	einfache Grunddüngung +Extrakalkgabe	2,1	
$N_3P_3K_3$ Ca	dreifache Grunddüngung +Extrakalkgabe	2,9	
KP	Stickstoffmangel	3,2	0
N_2PK	Stickstoffüberschuß	2,4	1,6
NK	Phosphorsäuremangel	2,4	1,5
NP_2K	Phosphorsäureüberschuß	1,2	0,2
NP	Kalimangel	2,6	1,8
NPK_2	Kaliüberschuß	1,6	0,1

Kaliüberschuß und Phosphorsäureüberschuß stimmt mit der allgemeinen Verhaltensweise überein (vgl. BÖNING 1952). Abweichend erweist sich indessen Stickstoffmangel, der nach der Regel dem Kali- und Phosphorsäureüberschuß entsprechend, d. h. stärker befallen werden sollte, wie es auch tatsächlich hinsichtlich der Doldeninfektion zutrifft. Der Blattbefall ist hingegen bei Stickstoffmangel sogar besonders hoch und die Richtigkeit dieser Feststellung wird bewiesen durch die Befallsstärke von ungedüngt, in welcher Düngungsart hauptsächlich der damit verbundene Stickstoffmangel zum Ausdruck kommt. Eine weitere Bestätigung zeigt das Verhalten der Düngungsvarianten mit zusätzlichen Kalkgaben, welche die Stickstoffaufnahme herabsetzen (s. S. 1113) und sich dadurch als relativer Stickstoffmangel auswirken. Die Herabminderung des Befalls bei den verstärkten Gaben aller drei Nährstoffe ($N_3P_3K_3$) dürfte als vorherrschender, den Stickstoff überwiegender Einfluß der beiden Nährstoffe Kali und Phosphorsäure zu deuten sein.

Der durch Versuche ermittelte Einfluß der Ernährungsweise auf die Anfälligkeit des Hopfens gegen Peronospora erweist sich nach den vorliegenden Erfahrungen auch unter den praktischen Anbaubedingungen meist als zutreffend. Diesen Beziehungen zwischen der Ernährungsweise der Pflanze und ihrem Verhältnis zum Parasiten steht jedoch in der Praxis die Notwendigkeit gegenüber, genügend hohe Erträge von guter Qualität zu erzielen. So kann, wie dies beim Hopfen hinsichtlich der Peronospora der Fall ist, Stickstoffmangel zwar eine größere Widerstandsfähigkeit der Dolden bewirken, gleichzeitig aber die Erträge zu stark erniedrigen, weshalb die Anwendung solcher Düngungsverhältnisse zur Peronosporabekämpfung wirtschaftlich untragbar wäre. Außerdem muß hervorgehoben werden, daß die Möglichkeit für eine Erhöhung der Widerstandsfähigkeit gegen die Peronospora durch Düngungsmaßnahmen zu begrenzt sind, um auf die regelmäßige Anwendung von Fungiziden zur Bekämpfung dieser wirtschaftlich wichtigsten Hopfenkrankheit verzichten zu können.

Welkekrankheit durch Verticillium alboatrum Reinke u. Berth. In Gefäßversuchen von KEYWORTH und HEWITT (1948) mit Mangel und Überschuß an verschiedenen Nährstoffen, bei denen Hopfensorten mit einem „progressiv wilt" erzeugenden Stamm von *Verticillium alboatrum* infiziert wurden, traten an den

Pflanzen mit Stickstoff-, Phosphorsäure- und Kalimangel geringere Welkesymptome auf.

In der Blattasche von gesunden Pflanzen der Sorte Fuggle aus gesunden und aus mit der Welkekrankheit befallenen Hopfengärten in Kent fanden PIZER, CRIPPS und THOMPSON (1948) charakteristische Unterschiede in bezug auf den Gehalt an Kalzium, Silizium und Stickstoff. Bei den Pflanzen aus den welkebefallenen Gärten war mehr Kalzium und Silizium aber weniger Stickstoff vorhanden. Von dieser Feststellung ausgehend, haben die Verfasser die ernährungsphysiologischen Zusammenhänge mit der Welkekrankheit weiter zu klären versucht, wobei sich als besonders wichtig der Kalkgehalt ergab, worüber aber erst noch durch weitere Untersuchungen nähere Aufschlüsse herbeigeführt werden sollen. ZATTLER (1958b) stellte in mehreren Felddüngungsversuchen fest, daß durch Gaben von 10 bis 20 Ztr. Ätzkalk auf 1000 Pflanzen der Prozentsatz welkekranker Hopfenpflanzen gegenüber „ohne Kalk" bis zu 30% verringert wurde.

Über Zusammenhänge zwischen Düngung und Befall durch tierische Schädlinge liegen für Hopfen keine genaueren Angaben vor.

Kräuselkrankheit durch Virusbefall. Kräuselkranke Blätter enthalten mehr N, P_2O_5 und K_2O im Vergleich zu gesunden; maskierte Blätter nehmen eine Mittelstellung ein. Auch bezüglich CaO, Mg, B und Zn waren Unterschiede vorhanden. Bei chromatographischen Untersuchungen erwies sich der Gehalt an einigen Aminosäuren in viruskranken Blättern als erhöht; verschiedene Zuckerarten waren dagegen in geringerer Menge als in gesunden Blättern vorhanden (ZATTLER 1962).

10. Düngung im Zusammenhang mit Ertrag und Qualität

A. Düngung und Ertrag

Angaben über die Höhe der Erträge im Zusammenhang mit der Düngung sind bereits bei der Behandlung des Nährstoffentzugs (Tab. 450, S. 1108) und der Düngungsnorm (Tab. 455, S. 1122) enthalten. Einzelheiten über die Erträge bei Düngungsversuchen bringen die jeweils angeführten Autoren; die etwa bis zum Jahre 1932 vorliegenden Ergebnisse sind bei DOERELL (1933) berücksichtigt.

Der Hopfenbau ist eine Sonderkultur, deren Durchschnittserträge nahezu in allen wichtigen Erzeugungsländern der Welt in wenigen Jahrzehnten auf das Zwei- und Dreifache angestiegen sind. So betrugen z. B. in Deutschland die durchschnittlichen Hektarerträge im Mittel von je 10 Jahren[1]:

1904 bis 1913:	10,33 Ztr. (zu 50 kg) Hopfen
1929 bis 1938:	19,66 Ztr. (zu 50 kg) Hopfen
1949 bis 1958:	33,52 Ztr. (zu 50 kg) Hopfen

Noch auffälliger wird die Zunahme der Durchschnittserträge bei Beschränkung auf die drei größten Anbaugebiete. Im Mittel der letzten fünf Jahre (1954 bis 1958) beträgt nämlich der durchschnittliche Hektarertrag in der Hallertau 38,84 Ztr., in Tettnang 34,91 Ztr. und in Spalt 31,57 Ztr., also das Drei- bis fast Vierfache im Vergleich zur Zeit vor dem Jahre 1914. Diese Leistungssteigerung setzte nach dem in Mitteleuropa teilweise existenzbedrohenden Hereinbrechen der Peronosporakrankheit (1924 bis 1926) ein und ist auf die von da an datierende intensive wissenschaftliche und technische Förderung der Hopfenkultur in den

---

[1] Die Unterlagen zur Berechnung der Durchschnittserträge sind den statistischen Angaben bei STIEGLER (1927), der Hopfenrundschau (1950 bis 1959) und den Barth-Berichten (1924 bis 1939 und 1947 bis 1958) entnommen. Die Zeiträume sind so gewählt, daß Kriegs- und Nachkriegsjahre sowie die Peronosporajahre 1925/26 ausgeschaltet sind.

meisten hopfenbautreibenden Ländern zurückzuführen. Neben den Erfolgen durch pflanzenschutzliche sowie durch sonstige Kulturmaßnahmen und neben der Verbesserung der Sorten und Sortenwahl spielt bei den großen Ertragssteigerungen auch der Fortschritt durch den allgemeinen Übergang zur Volldüngung eine wichtige Rolle.

B. Düngung und Qualität

Qualitätsanforderungen. Für die Qualität des Hopfens sind die äußere Beschaffenheit, das Lupulin und Aroma sowie der Bitterstoffgehalt und in geringerem Maße auch der Gerbstoffgehalt der Dolden entscheidend. Bei der Handbeurteilung werden Pflücke, Trockenheitszustand, Farbe und Glanz, Zapfenwuchs, Lupulingehalt und -beschaffenheit, Aroma sowie Mängel durch fehlerhafte Behandlung, ferner durch Krankheiten bzw. Schädlinge und durch Befruchtung nach Punkten bewertet. Für die Hopfenbonitierung bei Ausstellungen, für Versuchszwecke usw. dient hierzu die Standardmethode der Wissenschaftlichen Kommission des Europäischen Hopfenbaubüros mit einer Höchstpunktzahl von 100 Pluspunkten (Zattler 1952). Bei der chemischen Analyse wird der Wasser- und Bitterstoffgehalt festgestellt, wofür bestimmte Untersuchungsverfahren als Standardmethoden von der European Brewery Convention anerkannt sind. Als untere Grenze für die Qualität guter Hopfen sind ungefähr 70 Punkte bei der Handbeurteilung und ein Bitterwert von mindestens 5 zu betrachten. Das Aroma muß ergiebig aber fein und rein sowie frei von unspezifischen Neben- und Fremdgerüchen sein. Die meisten Hopfensorten der sogenannten Qualitätshopfenbaugebiete weisen einen höheren Bitterwert (um 7) auf.

Der Gehalt an Bittersäuren und Bitterharzen, der häufig durch den Bitterwert $\alpha + \dfrac{\beta}{9}$ ausgedrückt wird und ebenso das Aroma hängen außer von der Sorte und ihrem Reifezustand sowie von den Klima- und Bodenverhältnissen auch noch von der Jahreswitterung (Zattler und Jehl 1962) ab. Die sonstigen Kulturbedingungen und in diesem Zusammenhang vor allem die Menge und Art der Düngung sind ebenfalls auf diese beiden wichtigsten Qualitätsmerkmale und auf die übrigen Eigenschaften des Hopfens von Einfluß. Schließlich ist für die Brauqualität des Hopfens auch noch die „Behandlung" ausschlaggebend, worunter man die Trocknung und Aufbereitung (Präparation) des Hopfens versteht, wobei sich vor allem durch erhöhte Darrtemperatur, ungenügende Trocknung oder ungünstige Lagerungsbedingungen noch empfindliche Mängel einstellen können.

Aus obigem geht hervor, daß die Bewertung der von so vielen Faktoren abhängigen Qualität des Hopfens schwierig ist, weil sie mindestens zum Teil nur durch subjektive Eindrücke (Geruch) erfaßt werden kann und dies schließlich auch für die Beurteilung des Biergeschmackes gilt, welcher durch die Qualität des Hopfens erheblich beeinflußt wird.

Auf Einzelheiten über die Beziehungen der Düngung bzw. der verschiedenen Nährstoffe zur Qualität des Hopfens ist — soweit hierüber Kenntnisse und Erfahrungen vorliegen — verschiedentlich schon an den einschlägigen Stellen hingewiesen worden (s. Abschn. 7 und 8).

Untersuchungen über den Einfluß der Düngung auf den Bitterstoffgehalt. Gesicherte Düngungseinflüsse auf die Qualität des Hopfens sind nur erfaßbar hinsichtlich des Bitterstoffgehaltes bzw. Bitterwertes, der analytisch bestimmt werden kann. Hierüber liegt eine Reihe von Untersuchungen vor, von denen zunächst die Ergebnisse von Gefäßversuchen, bei welchen größere Ernährungsunterschiede herbeizuführen sind als in Feldversuchen, vorangestellt seien.

Tabelle 457. *Einfluß der Düngung auf den Bitterstoffgehalt des Hopfens (Sorte Tettnanger)*
Bitterstoffe und Bitterwerte bezogen auf Trockensubstanz (nach ZATTLER 1949)

Höhe der Düngung (zu einem nährstoffarmen Sand-Erde-Gemisch)		Humulon % = 100		Lupulon % = 100		Bitterwert $\alpha + \dfrac{\beta}{9}$
Stickstoff						
einfache Gabe	NPK	4,54	100	6,77	100	5,29
eineinhalbfache Gabe	$N_{1,5}PK$	4,32	95,1	6,85	101,2	5,08
doppelte Gabe	N_2PK	4,12	90,8	6,62	97,8	4,86
Phosphorsäure						
einfache Gabe	NPK	4,54	100	6,77	100	5,29
eineinhalbfache Gabe	$NP_{1,5}K$	5,41	119,1	7,48	110,5	6,24
doppelte Gabe	NP_2K	5,07	111,6	7,41	109,5	5,89
Kali						
einfache Gabe	NPK	4,54	100	6,77	100	5,29
eineinhalbfache Gabe	$NPK_{1,5}$	5,37	118,3	7,25	107,1	6,17
doppelte Gabe	NPK_2	3,40	74,9	6,54	96,7	4,13

Nach Tab. 457 hatte die Erhöhung der Phosphorsäuregabe auf das Eineinhalbfache *und* Doppelte in beiden Fällen eine Zunahme der Bitterstoffgehalte und des Bitterwertes zur Folge, wobei der Bitterwert der doppelten Dosierung gegenüber der eineinhalbfachen bereits wieder zurückfiel. Kali steigerte in eineinhalbfacher Menge den Bitterwert, in doppelter ging er jedoch im Verhältnis zur Grunddüngung ebenso stark zurück. Beim Stickstoff führten beide erhöhte Dosierungen ein Absinken des Bitterwertes herbei; hier war also bereits die eineinhalbfache Gabe von Nachteil. Verfolgt man die Zu- und Abnahme des Humulon- und Lupulongehaltes näher, so zeigt sich, daß der für die bittermachende Kraft des Hopfens ausschlaggebende Humulonanteil empfindlicher auf Ernährungsänderungen bei der Hopfenpflanze reagiert als der Lupulonanteil. Die Befunde sind keine Zufallsergebnisse, da die Resultate in den beiden vorausgehenden Versuchsjahren gleichsinnig waren. Übereinstimmend damit war in den auf S. 1104 erörterten Licht- und Schattenversuchen von ZATTLER (ebenfalls mehrjährige Gefäßversuche) mit einfacher und doppelter Grunddüngung der Bitterwert der Dolden von den höher gedüngten Pflanzen stets merklich geringer.

In Feldversuchen über den Einfluß verschieden hoher Düngung auf den Bitterstoffgehalt ergaben sich zumeist geringere Veränderungen des Bitterwertes. Dabei kann durch Düngungseinflüsse eine Senkung des Gehaltes an Bitterstoffen mit einer Zunahme des Ertrages verbunden sein. In solchen Fällen wäre es eine irrige Annahme, den mehr oder weniger starken Rückgang des Bitterwertes durch einen etwaigen Mehrertrag der Ernte als ausgeglichen zu betrachten. Selbst wenn auf die Flächeneinheit bezogen, sich rechnerisch sogar eine Mehrerzeugung an Bitterstoffen ergeben würde, bliebe für den nach Gewicht verkauften Hopfen und damit für den Abnehmer die Tatsache bestehen, daß das Ernteprodukt ärmer an Bitterstoffen ist. Dabei ist von der Möglichkeit der Veränderung anderer Qualitätsmerkmale ganz abgesehen, da sie zahlenmäßig nicht so genau wie der Gehalt an Bitterstoffen festzulegen sind.

Bei Kalidüngungsversuchen von ANKER (1918) betrug der Bitterstoffgehalt bei der Düngung ohne K_2O: 17,35%, mit 12,4 g K_2O je Pflanze: 17,28% und mit 19,3 g K_2O je Pflanze: 17,05%[1]. Für die höchste Kaligabe wurde auch eine leichte

---

[1] Die Feststellung des Bitterstoffgehaltes erfolgte durch eine ältere Analysenmethode.

Verschlechterung sonstiger Qualitätsmerkmale (Farbe, Zapfenwuchs und Lupulingehalt — das Aroma wurde nicht bewertet) festgestellt. Ferner erwähnt DOERELL (1933) einen nicht veröffentlichten Versuch von LINKE aus dem Jahre 1929 im Saazer Gebiet, bei dem sich durch steigende Kalidüngung ebenfalls eine abfallende Tendenz für den Bitterstoffgehalt ergab. DOERELL (1927b) selbst teilt von einem Kalidüngungsversuch mit, daß durch gleichzeitige Steigerung der N-Gabe der Bitterstoffgehalt gesenkt wurde. Bei der auf 1 Hektar mit 4000 Stöcken umgerechneten Düngung war der Gesamtharzgehalt folgender:

	Reinnährstoffe in kg/ha		Gesamtharzgehalt
N	P_2O_5 K_2O		%
99,4 (als Harnstoff)	171 270		19,45
129,8 (als schwefelsaures Ammoniak)	171 270		16,80

Durch die Steigerung der Stickstoffdüngung trat also eine deutliche Senkung des Gehaltes an Bitterstoffen ein.

In den Versuchen von *Hampp* (HAMPP 1929b und ZATTLER 1951) blieben die Bitterstoffgehalte bei verschieden hohen Düngergaben meist ohne stärkere Änderungen, jedoch war bei Stickstoffüberschuß ein Absinken ersichtlich. Wie JEHL (1953) berichtet, waren bei den Versuchen von HAMPP im Jahre 1927 (untersucht nach der Methode Linter-Adler) und im Jahre 1928 (untersucht nach der Wöllmer-Methode) die Weichharzgehalte bzw. die Bitterwerte des Hopfens aus den Mangelparzellen (ohne N bzw. ohne P_2O_5 bzw. ohne K_2O) und von „ungedüngt" immer etwas höher als bei den vollgedüngten Teilstücken.

BURGESS (1935) sowie THOMPSON und BURGESS (1952) beobachteten bei Versuchen in England keine auffällige Beeinflussung des Bitterstoffgehaltes durch die Düngung. Dagegen weisen KELLER und MAGGEE (1952) für ihre zweijährigen Feldversuche mit steigenden Stickstoff- und Phosphorsäuregaben bei der Sorte Fuggle in Oregon (USA) auf die Übereinstimmung mit den Versuchen von ZATTLER hin, da sie eine Senkung des Gesamtharzgehaltes und des Gehaltes der β-Fraktion durch Stickstoffüberschuß feststellten, während sich bei Phosphorsäureüberschuß der Bitterstoffgehalt nicht änderte. Die Mittelwerte für den Gesamtharzgehalt (und den Gehalt an β-Fraktion) bei den sechs steigenden N-Düngemengen N_0 und N_1–N_5 betrugen: 15,87 (9,65); 15,64 (9,52); 15,46 (9,39); 15,38 (9,34); 15,09 (9,17) und 15,37 (9,29).

Später fanden dieselben Autoren (KELLER und MAGGEE 1954) bei einem zweijährigen Düngungsversuch mit steigenden Stickstoffgaben zu zwei Sorten in vierfacher Wiederholung, daß bei Fuggle-Hopfen der Bitterstoffgehalt unbeeinflußt blieb. Hingegen wurde bei der Sorte Late Cluster mit der Zunahme der Stickstoffdüngung der Gehalt an Weichharzen und α-Säuren gesenkt, der Anteil an β-Säuren stieg leicht an (s. Tab. 458, oberer Teil):

Tabelle 458. *Düngung und Gehalte an Weichharzen und Säuren bei der Sorte Late Cluster* (nach KELLER und MAGGEE 1959)

Düngung	Weichharze %	α-Säuren %	β-Säuren %
ohne Stickstoff	18,53	7,01	11,52
112 kg N/ha	18,06	6,50	11,56
224 kg N/ha	18,03	6,41	11,62
ohne Kali	18,05	6,62	11,43
168 kg K_2O/ha	18,05	6,63	11,42
336 kg K_2O/ha	18,52	6,66	11,86

Im selben Versuch wurden die Bitterstoffgehalte durch steigende Kaligaben bei der Sorte Fuggle ebenfalls nicht verändert, hingegen riefen sie bei dem Late Cluster-Hopfen ein Ansteigen der Weichharze sowie der α- und β-Säuren hervor: Tab. 458 (unterer Teil).

Bei den zuweilen unterschiedlichen Resultaten über die Beziehung zwischen Düngung und Bitterstoffgehalt ist also nach den Ergebnissen von KELLER und MAGGEE (1954) in Betracht zu ziehen, daß verschiedene Sorten ungleich reagieren können. Auch die Witterung dürfte dabei von Einfluß sein, abgesehen davon, daß bei Feldversuchen die Bedingung des gleichen Reifezustandes der zu untersuchenden Hopfenproben, der seinerseits auch durch die Düngung beeinflußt wird, schwieriger einzuhalten ist als etwa bei Gefäßversuchen. Die Ursachen für die teilweise verschiedenen Ergebnisse über den Einfluß der Düngung auf den Bitterstoffgehalt des Hopfens dürften damit gekennzeichnet sein.

Durch den Reifungsvorgang der Dolden verändert sich der Bitterstoffgehalt. Mittels einer neuen konduktometrischen Methode kann der Gehalt an α-Säuren schon an grünen Dolden in kurzer Zeit ermittelt und damit die Reifung des Hopfens näher verfolgt werden (HARTONG und ISEBAERT 1959). Ein erster Versuch während der Doldenreifung im Jahre 1959 von ZATTLER, KLEBER und SCHMID (1960) prüfte u. a. auch den Einfluß steigender Stickstoffgaben. Dabei gelangten Mischproben zur Untersuchung, die jeweils von zwei möglichst gleich entwickelten Pflanzen der betreffenden Düngungsparzellen aus gleichen Höhen und zur selben Tageszeit genommen wurden (Tab. 459):

Tabelle 459. *Einfluß steigender Stickstoffgaben auf den Gehalt an* α-*Säuren im Hopfen* (*Sorte Hallertauer*)

Datum	21. VIII.	22. VIII.	23. VIII.	24. VIII.	25. VIII.	26. VIII.	27. VIII.	28. VIII.	29. VIII.	30. VIII.	31. VIII.	3. IX.	7. IX.
einfache Gabe	5,9	5,8	5,9	6,0	6,0	6,1	6,1	6,1	6,4	6,8	5,6	6,0	7,3
doppelte Gabe	3,7	4,5	4,6	4,7	5,0	5,1	5,7	6,5	7,2	6,7	5,3	6,6	6,2
dreifache Gabe	4,1	4,7	4,7	4,9	5,5	5,6	5,6	6,4	5,7	5,2	4,1	5,4	6,1

Im Verlaufe der 18tägigen Untersuchungsperiode war der Gehalt an α-Säuren fast immer bei der einfachen Stickstoffgabe am größten. Der absolut höchste Wert (7,3) wurde auch bei dieser Düngung erreicht, und zwar am 7. September. Die Werte für die dreifache Stickstoffdüngung lagen anfänglich über denen für die doppelte Nährstoffgabe; vom 27. August an wiesen jedoch die Hopfen mit dreifacher Stickstoffgabe durchweg niedrigere Gehalte an α-Säuren auf. Diese bisherigen Ergebnisse der Untersuchungen an heranreifenden Hopfen sprechen somit ebenfalls dafür, daß durch höhere Stickstoffdüngung der Gehalt an α-Säuren erniedrigt wird.

In den vorliegenden Feldversuchen war teilweise eine Beeinflussung des Bitterstoffgehaltes nicht erkennbar, meistens trat jedoch eine Verringerung ein, in erster Linie durch höhere Gaben von Stickstoff. Steigende Gaben von Kali bewirkten teilweise auch eine Zunahme an Bitterstoffen, während für die weniger geprüfte Frage der Wirkung erhöhter Phosphorsäuredüngung sich keine bzw. keine ungünstigen Folgen zeigten. Damit besteht eine weitgehende prinzipielle

Übereinstimmung mit den Ergebnissen der Gefäßversuche von Zattler (Tab. 459), bei denen die Erhöhung der Stickstoffzufuhr immer nachteilig war und Kali aber erst bei der höchsten Gabe den Bitterstoffgehalt erniedrigte. Aus den Untersuchungsergebnissen über die Beeinflussung des Bitterstoffgehaltes läßt sich somit für die Praxis der Hopfendüngung folgern, daß die gegen früher erreichten, stark gesteigerten Hektarerträge im Zusammenhang mit den häufig angewandten hohen Düngegaben (besonders von Stickstoff) eine Grenze darstellen dürften, bei deren Überschreitung mit einer Abnahme des Bitterstoffgehaltes und sonstiger Qualitätsmerkmale des Hopfens zu rechnen ist.

Literatur

Andersen, K.: Der Hopfen- oder Maiszünsler (Pyrausta nubilalis Hübn.). Prakt. Bl. Pflanzenbau u. Pflanzenschutz 20, 1–17 (1942/43). — Anker, F.: Kalidüngungsversuche zu Hopfen. Ernähr. d. Pflanze 14, 26–27 (1918). — Askew, H. O., und R. J. Monk: Boron in the nutrition of hop. Nature 167, 4261 (1951). — Askew, H. O., R. J. Monk und J. Watson: Molybdenum deficiency of the hop. New Zealand J. Agricult. Res. 1, 553–568 (1958).

Barth und Sohn: Berichte über Hopfen, 1924–1939 und 1947—1958. Hrsg. von der Hopfengroßhandlung Joh. Barth & Sohn, Nürnberg. — Beard, F. H.: Manurial experiments with hops in pot culture. J. Pomology a. Horticult. Sci. 10, 91–105 (1932). — Blattny, C.: Der Einfluß der geteilten Kalidüngung auf den Gesundheitszustand und den Ertrag des Hopfens. Ernähr. d. Pflanze 25, 378–382 (1929). — Böning, K.: Pflanzenernährung und Pflanzenschutz. Z. Pflanzenbau u. Pflanzenschutz 3, 193–202 (1952). — Bonnet, J.: L'absorption des éléments nutritifs par le houblon au cours de l'année 1945. Bull. Inst. agronom. et Stat. Rech. Gembloux, Belgique 14, 3–17 (1945). — Bonnet, J., und R. Coppens: L'absorption des éléments nutritifs par le houblon. Bull. Inst. agronom. et Stat. Rech. Gembloux, Belgique 18, 21–32 (1950). — L'absorption des éléments nutritifs par le houblon. Bull. Inst. agronom. et Stat. Rech. Gembloux 23, 248–259 (1955). — Brown, J. F., S. R. Allsopp, J. Day, C. J. Gray und J. M. Brewin: The hop industry. Report of a visit to the USA and Canada in 1950 of a productivity team. Published by the Anglo-American Council on Productivity 1951, 113 S. — Buchner, A.: Was ist mit dem Nährstoff Magnesium los? Hopfenrdsch. 8, 42–43 (1957). — Burgess, A. H.: Manuring experiments on hop. J. Inst. Brewing 46, 198–206 (1935). — The manuring of hops. J. South-east. Agricult. College, Wye 38, 55 (1936). — Hop growing and drying. Ministry of Agriculture, Fisheries and Food Bull. 164, 64 (1956).

Cripps, E. G.: Boron nutrition of the hop. J. Hort. Sci. 31, 25–34 (1956).

Doerell, E. G.: Die Düngung des Hopfens nach dem heutigen Stande von Wissenschaft und Praxis für bäuerliche Landwirte. Bauernbücherei H. 21. Hannover: Engelhard. 1927a. — Der Einfluß des Kalis auf die wertbestimmenden Bestandteile des Hopfens. Ernähr. d. Pflanze 23, 69–71 (1927b). — Die Düngung des Hopfens. In: Honcamp, F., Handbuch der Pflanzenernährung und Düngerlehre, Bd. II, S. 770–785. Berlin: Springer. 1931. — Die Düngung des Hopfens. Prag: Verlag d. Wiss. Anst. f. Brauindustrie. 1933.

Ehrenberg, P.: Das Kalk-Kaligesetz. Landwirtsch. Jb. 54, 1–159 (1920). — Englisch, O., und W. Linke: Düngungsversuche zu Hopfen mit 40%igem Kalisalz und Kalimagnesium. Landw. Fachpresse, Tetschen 11 (1932).

Fang, S. C., und D. E. Bullis: Study of biogenesis of humulone and lupulone in hops during ripening using isotopic carbon. Wallerstein Lab. Comm. 21, 107–114 (1958). — Fischer, R.: Düngungsmaßnahmen zur Qualitätserzeugung im Hopfenbau. Hopfenrdsch. 6, 47–48 (1955). — Magnesiummangel und seine Ursachen. Hopfenrdsch. 7, 15–16 (1956). — Blattdüngung mit Harnstoff bei Hopfen. Hopfenrdsch. 9, 37–38 (1958a). — Sind wir in der Düngung des Hopfens noch auf dem richtigen Weg? Hopfenrdsch. 9, 343–344 (1958b). — Zur Düngung des Hopfens. Hopfenrdsch. 10, 47–52 (1959). — Fleischmann, W., und G. Hirzel: Untersuchungen über den Hopfen. Landwirtsch. Vers. stat. 9, 178–202 (1867). — Fruwirth, C.: Hopfenbau und Hopfenbehandlung, 3. Aufl. Berlin: Parey. 1928.

Gross, E.: Der Hopfen. Wien: Hitschmann. 1899.

Hall: The effect of cutting the bine at picking time. J. Southeast. Agricult. College 10, 22–29 (1901). — Hampp, H.: Senkrechte oder schiefe Aufleitung der Hopfenreben. Mitt. Dtsch. Hopfenbauverband. 3, 15–16 (1928). — I. Bericht der Gesellschaft für Hopfenforschung e.V., München 1926–1928. Freising: Datterer. 1929a. — Düngungsversuche mit steigenden Stickstoffgaben zu Hopfen 1927 und 1928. Mitt. Dtsch. Hopfenbauverband. **1929** b, Nr. 5/6, 23–25. — Hanamann, J.: Über Stangen- und Drahthopfen und über die Rückwanderung von Pflanzennährstoffen im Herbst aus den nicht abgeschnittenen Ranken und Blättern in die Wurzeln. Allg. Brauer- u. Hopfenztg. **27**, 670–699 (1887). — Hanamann, J., und L. Kourinsky: Untersuchungen von Hopfen und Hopfenerden. Z. landwirtsch. Vers.-Wesen Österreich 1, 411 (1898). — Hartong, B. D., und L. Isebaert: The conductometric determination of α-acids in green hop on the hop farm. Wallerstein Lab. Comm. **76**, 17–23 (1959). — Hiltner, E.: Der Tau und seine Bedeutung für den Pflanzenbau. Eine Theorie über die physiologische Bedeutung der Wasseraufnahme durch oberirdische Pflanzenorgane. Arch. Pflanzenbau **3**, 1–70 (1930). — Wasserkultur- und Vegetationsversuch. In: Honcamp, F., Handbuch der Pflanzenernährung und Düngerlehre, Bd. I, S. 623–686. Berlin: Springer. 1931. — Hoed, Fr., und P. Elsocht: Essais de Fumures organisés en 1938 par le Cercle d'Etudes et de Recherches pour l'Amélioration du Houblon en Belgique. Ann. agronom. **9**, 609 (1939). — Rapport sur l'activité et sur les travaux effectués en 1949 et 1950 aux Station de Recherches de Essene (Brabant) et Poperinghe (Fl. OCC). Eigenverlag des Instituts. — Essais d'introduction de la Culture du Houblon au Congo belge. Bull. Agricole Congo Belge **41**, 705–714 (1950). — Rapport succint sur l'activité de l'Institut National Belge du Houblon 1951. Eigenverlag des Instituts. — Hoed, Fr., P. Elsocht und J. Hoed: Rapport sur l'Activité et sur les Travaux effectués en 1953 aux Stations de Recherches de Asse (Brabant) et de Poperinghe (Fl. OCC). Eigenverlag des Instituts. — Rapport sur l'Activité et sur les Travaux effectués en 1954 aux Stations de Recherches de Asse (Brabant) et de Poperinghe (Fl. OCC). Eigenverlag des Instituts. — Rapport sur l'Activité et sur les Travaux effectués en 1955 aux Stations de Recherches de Asse (Brabant) et de Poperinghe (Fl. OCC). Eigenverlag des Instituts. — Hopfenrundschau 1 bis 10. Wolznach-Markt: Fleischmann. 1950–1959. — Howard, G. H., und A. R. Tatchell: Development of resins during the ripening of hops. J. Inst. Brewing **62**, 251–256 (1956); Ref. Wallerstein Lab. Comm. **20**, 167–168 (1957). — Hudson, J. R.: Heavy metal content of hop plants in relation to nettlehead. J. Inst. Brewing **62**, 419 (1956).

Jehl, J.: Ertrag und Qualität in Anbauversuchen mit Hopfen. Hopfenrdsch. **4**, 198, 215–217 (1953).

Keller, K. R., und R. A. Maggee: The relationship of the total soft resin, alpha acid and beta fraction percentages with yield of strobiles in hops. Agronomy J. **44**, 93–96 (1952). — The effect of application of nitrogen, phosphorus, and potash on some chemical constituents in two varieties of hops. Agronomy J. **46**, 388–391 (1954). — Keyworth W. G., und E. J. Hewitt: Verticillium Wilt of the hop (Humulus Lupulus), V, The influence of nutrition on the reaction of the hop plant to infection with Verticillium albo-atrum. J. Horticult. Sci. **24**, 219–227 (1948). — Klinkowski, M.: Saaz-Spalt-Hallertau. Ein Beitrag zur Ökologie des Hopfens. Allg. Brauer- u. Hopfenztg. **71**, 190–191 (1931).

Linke, G.: Brautechnik in USA im Zusammenhang mit Struktur und Klima des Landes. Brauwelt **51**, 948–951 (1949). — Linke, W., und A. Rebl: Der Hopfenbau, 2. Aufl. Nürnberg: Carl. 1950.

Marocke, R.: Observations sur la répartition du bore chez le houblon. C. r. Acad. Sci. **234**, 1770–1772 (1953). — Quelques considérations sur les sols à Houblon de la Basse Alsace et les problèmes de la fumure du Houblon. Bull. Ass. Franc. Etude du Sol. **93**, 1045–1059 (1957). — McCollam, M. E.: Fertilizing hops for more profit. Better Crops with Plant Food **23**, 14–16, 35–37 (1939); Ref. Soils a. Fertilizers 2, 137 (1939). — Merkenschlager, F.: Die Konstitution des Hopfens. Ernähr. d. Pflanze **30**, 393–399 (1934). — Die Grundlagen des Hallertauer Aromas. Hopfenrdsch. 1, 163–164 (1950). — Müntz: Moniteur de la Brasserie **1880**, 31. Oktober; Ref. Biedermanns Cbl. Agriculturchem. **10**, 331 (1881).

Ono, T.: Studies in hop, I, Chromosomes of common hops and its relatives. Bull. Brewing Sci. **2**, 1–66, Tokyo (1955).

Pizer, N. H., E. G. Cripps und F. C. Thompson: Hop Verticillium Wilt. An account of soil and nutrition investigations at Wye in the years 1944–47. Ann. Rep. Department of Hop Research for 1947, Wye College 32–47 (1948).

Remy, Th., und O. Englisch: Ernährungsphysiologische Studien an der Hopfenpflanze. Bl. Gersten-, Hopfen- u. Kartoffelbau 2 und 8 (1900 und 1901).

Schwab, H.: Die Verwertung steigender Kaligaben durch die Hopfenpflanze. Ernähr. d. Pflanze **32**, 373–376 (1936). — Seeger, A.: Stickstoffdüngungsversuche bei Hopfen. Z. Pflanzenernähr., Düng. Bodenkde. **11**, 306–313 (1932). — Sorauer, P.: Handbuch der Pflanzenkrankheiten, 3. Aufl., Bd. I: Die nichtparasitären Krankheiten.

Berlin: Parey. 1909. — Stiegler, C.: Die Entwicklung des Hopfenbaues in der Weltwirtschaft. München-Pfaffenhofen: Ilmgau-Verlag. 1927. — Strebel, E. V.: Die einzelnen Ackerbaugewächse und deren Kultur, 8, Der Hopfen. In: Handbuch der Landwirtschaft, Bd. II, Abschnitt XII, S. 593–606. Tübingen: Laupp. 1889.

Thompson, F. C., E. C. Cripps und A. H. Burgess: Experiments on magnesium deficiency in the hop plant: Ann. Rep. Department of Hop Research for 1948, Wye College 1949a, 34–42. — The effect of soil acidity on growth of hops. Some observations on manganese toxicity and induced iron deficiency. Ann. Rep. Department of Hop Research for 1948, Wye College 1949b, 43–47.—Thompson, F. C., und A. H. Burgess: Influence of mineral nutrition on the resin-content of the hop cone. Nature 170, 890 (1952). — Thompson, F. C.: Manurial recommendations for hops. Advisory leaflet for growers. Hrsg. vom National Agricultural Advisory Service — S. E. Region and Department of Hop Research, Wye College 1957, Dezember. — Thompson, F. C., F. A. Beard und E. C. Cripps: Field experimentation section. Review of the Year's Work. Ann. Rep. Department of Hop Research for 1957, Wye College 1958, 15–18. — Thompson, F. C.: Some observations on major element deficiencies in hops under field conditions. Ann. Rep. Department of Hop Research for 1957, Wye College 1958a, 40–50. — A note on a sand culture experiment on the nickel nutrition of the hop plant in relation to the incidence of nettlehead disease. Ann. Rep. Department of Hop Research for 1957, Wye College 1958b, 50–53.

Verzele, M., und P. Eugéne: L'évolution des acides amers pendant la période de maturation du houblon. Fermentatio 1948, Nr. 10–12, 95–104; Ref. Wallerstein Lab. Comm. 12, 370 (1949).

Wagner, F.: Vierjährige Kalidüngungsversuche des Deutschen Hopfenbauvereins 1903–1906. Mitt. dtsch. Hopfenbauvereins 1904, Nr. 23 und 24, 1907, Nr. 2 und 3. — Das Braunspitzigwerden der Deckblätter der Hopfendolden bei Anwendung von Kalkstickstoff im Frühjahr. Prakt. Bl. Pflanzenbau u. Pflanzenschutz 6, 126–129 (1908). — Dreijährige Düngungsversuche des Deutschen Hopfenbauvereins zur Feststellung des Stickstoff-, Kali- und Phosphorsäurebedürfnisses bei Hopfenböden 1908–1910. Mitt. Dtsch. Hopfenbauvereins. 1909, Nr. 9, 1910, Nr. 2 und 1911, Nr. 2. — Einfluß der Kalidüngung auf die Ausbildung der ober- und unterirdischen Organe der Hopfenpflanze. Ernähr. d. Pflanze 13, 60–67, 69–73 (1917). — Watson, G. A.: Variation in mineral content of the hop leaf. Ann. Rep. Department of Hop Research for 1950, Wye College 1951, 29–41. — Weigand, K.: Die Braunspitzigkeit des Hopfens. Prakt. Bl. Pflanzenbau u. Pflanzenschutz 5, 102–105 (1930). — Williams, J. H., und E. W. Weston: Changes in the carbohydrate balance of the hop (Humulus Lupulus L.). Ann. Rep. Department of Hop Research for 1957, Wye College 1958, 55–61.

Zattler, F.: Agrarmeteorologische Beiträge zum Tauproblem auf Grund von Messungen im Hopfengarten (Sonderklima des Hopfens). Arch. Pflanzenbau 8, 371–404 (1932a). — Über die Bildung des Taues und seine physiologische Wirkung auf die Pflanze. Prakt. Bl. Pflanzenbau u. Pflanzenschutz 10, 73–89 (1932b). — Beiträge zur Kenntnis der Nährstoffaufnahme der Pflanze. Wasserkulturversuche mit Hopfen bei zeitweiliger Darbietung und Entziehung von Kalium, Phosphor, Stickstoff und Kalzium. Prakt. Bl. Pflanzenbau u. Pflanzenschutz 12, 99–154 (1934). — Kopfdüngung mit Stickstoff und Kali im Hopfenbau. Dtsch. Brauer-Nachr. 43, 282–286 (1935). — Neuere Untersuchungen über die Nährstoffaufnahme des Hopfens (Ernährungsphysiologie, Wasserhaushalt, Anfälligkeit). Allg. Brauer- u. Hopfenztg. 76, 669–671 (1936). — Ernährungszustand und Empfindlichkeit der Pflanze gegen Pflanzenschutzmittel. Allg. Anz. f. Brauereien, Mälzereien u. Hopfenbau 53, 489–491 (1937). — Ist eine „Wanderung" der Hopfengärten bei Neupflanzungen notwendig? Wschr. f. Brauerei 59, 47–48 (1942). — Querschnitt durch den gegenwärtigen Stand der Hopfenforschung. Brauwissenschaft 12, 177–184 (1949). — Zattler, F., und W. Linke: Über Misch- und Mehrstoffdünger im Hopfenbau. Hopfenrdsch. 1, 228–229 (1950). — Zattler, F. (Unter Mitarbeit von J. Jehl): Bericht über die Versuchs- und Forschungstätigkeit auf dem Hopfenversuchsgut Hüll 1926–1951. In: 25 Jahre im Dienste der Deutschen Hopfenforschung. Jubiläumsfestschrift der Deutschen Gesellschaft für Hopfenforschung (e.V.), München. Hrsg. von der Deutschen Gesellschaft für Hopfenforschung. 1951. — Vorschlag einer Standardmethode für die Handbonitierung des Hopfens. Brauwelt 92, 736–739, 801 (1952). — Untersuchungen über die herbstliche Nährstoffrückwanderung und die Wirkung des vorzeitigen Abschneidens der Hopfenreben. Hopfenrdsch. 5, 193–200, 228–230 (1954). — Untersuchungen über die Ernährungsphysiologie des Hopfens unter neuzeitlichen Kulturbedingungen. Hopfenrdsch. 7, 53–56, 72–76 und 85–88 (1956a). — Versuchs- und Forschungstätigkeit auf dem Hopfenversuchsgut Hüll und in den Hopfenanbaugebieten im Jahre 1955. Dtsch. Brauwirtsch. 65, Beilage „Der Brauereitechniker" 8, 69–79 (1956b). — Über die

Bedeutung des Mikronährstoffes Bor für die Hopfenpflanze. Mit Untersuchungen über Schäden durch Borüberdüngung. Brauwelt 98, 1326–1330 (1958a). — Versuchs- und Forschungstätigkeit auf dem Hopfenversuchsgut Hüll und in den Hopfenanbaugebieten im Jahre 1957. Dtsch. Brauwirtsch. 67, Beilage „Der Brauereitechniker" 10, 89–100 (1958b). — Versuchs- und Forschungstätigkeit auf dem Hopfenversuchsgut Hüll und in den Hopfenanbaugebieten im Jahre 1958. Dtsch. Brauwirtsch. 68, Sonderbeilage zu Nr. 10 (1959). — Zattler, F., W. Kleber und P. Schmid: Untersuchungen über den Gehalt an α-Säuren während der Reifung des Hopfens. Brauwissenschaft 13, 72–74 (1960). — Zattler, F., und J. Jehl: Über den Einfluß der Witterung auf Ertrag und Qualität des Hopfens in der Hallertau im Zeitabschnitt 1926–1961. Hopfenrdsch. 13, 61–64 (1962). — Zattler, F.: Versuchs- und Forschungstätigkeit auf dem Hopfenversuchsgut Hüll und in den Hopfenanbaugebieten im Jahre 1961. Dtsch. Brauwirtsch. 71, Sonderbeilage zu Nr. 8 (1962). — Zattler, F., und P. Chrometzka: Untersuchungen über das Bluten der Hopfenreben. Bayer. Landwirtsch. Jb. 39, 347–355 (1962).

C. Subtropische und tropische Kulturpflanzen

a) Kaffee
(Coffea arabica L.)

Von

C. Heinemann

1. Heimat und Verbreitung

Die zu der Familie der *Rubiaceae* gehörige Gattung *Coffea*, von der etwa 50 Arten bekannt sind und beschrieben wurden, ist in den tropischen Wäldern des afrikanischen Kontinents heimisch. Die engere Heimat der ältesten bekannten Art, *C. arabica*, deren zahlreiche Varietäten zu mehr als 80% an der Weltkaffeeproduktion beteiligt sind, ist Äthiopien. Die Ausdehnung der sogenannten „Kaffeewälder" im Südwesten des Landes wird auf 400 000 ha geschätzt (Krug 1959).

Die ersten authentischen Berichte über die Verwendung der Kaffeebohne stammen aus dem Jemen, wo sie bereits vor dem 15. Jahrhundert wegen ihrer stimulierenden Wirkung gekaut wurde. Vermutlich gelangte der Kaffee schon im 13. Jahrhundert aus Äthiopien nach Arabien. Nachdem später der Anbau auch in der südarabischen Landschaft Oman (Mokka) eingeführt und das Aufbrühen der reifen Früchte und schließlich das Rösten der Bohnen in der arabischen Welt entwickelt wurde, gelangte der Kaffee mit der Ausbreitung des Islams nach Nordafrika und Vorderasien (v. Strenge 1954). In der abendländischen Literatur fand der Kaffee schon in der zweiten Hälfte des 16. Jahrhunderts Erwähnung, doch erst im Jahre 1615 wurden erstmalig Kaffeebohnen über die Türkei in Europa eingeführt. Der Kaffeegenuß gewann schnell an Popularität. Um die Mitte des 18. Jahrhunderts stieg der Verbrauch in Europa auf 35 Millionen Kilogramm Kaffee und erreichte 100 Jahre später 225 Millionen Kilogramm. Gegenwärtig ist der Weltkaffeebedarf auf über 4 Milliarden Kilogramm angestiegen.

Von den verschiedenen Kaffeearten erlangten außer *C. arabica* nur noch die aus Zentralafrika stammenden Arten *C. canephora* und *C. excelsa* sowie die in Liberia heimische *C. liberica* eine wirtschaftliche Bedeutung.

Nachdem zu Anfang des 17. Jahrhunderts in Ceylon und Java und ein Jahrhundert später in der westlichen Hemisphäre der plantagenmäßige Anbau von

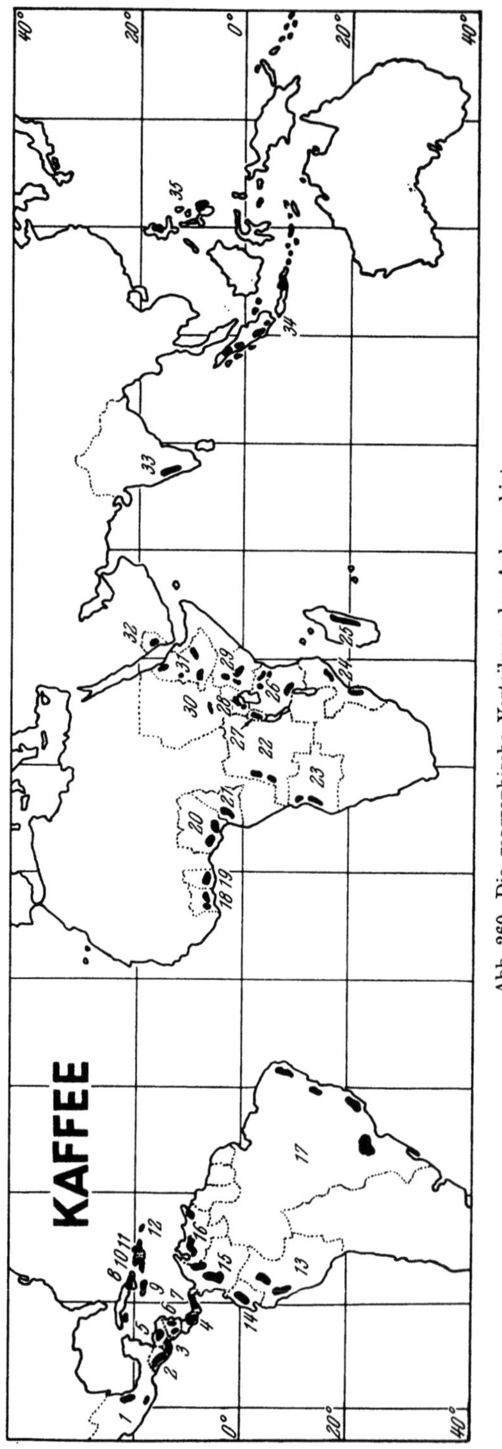

Abb. 260. Die geographische Verteilung der Anbaugebiete

1 Mexiko
2 Guatemala
3 El Salvador
4 Costa Rica
5 Honduras
6 Nicaragua
7 Panama
8 Cuba
9 Jamaica
10 Haiti
11 Dominikanische Republik
12 Puerto Rico
13 Peru
14 Ecuador
15 Kolumbien
16 Venezuela
17 Brasilien
18 Elfenbeinküste
19 Ghana
20 Nigeria
21 Cameroun
22 Kongo
23 Angola
24 Moçambique
25 Madagaskar
26 Tanganyika
27 Ruanda und Burundi
28 Uganda
29 Kenya
30 Sudan
31 Äthiopien
32 Yemen
33 Indien
34 Indonesien
35 Philippinen

Kaffee aus Samen arabischer Herkunft, durch den steigenden Kaffeebedarf angeregt, schnell an Bedeutung gewann, kam das über Jahrhunderte erfolgreich verteidigte arabische Kaffeemonopol zum Erliegen.

Während in den Anbauzonen des Kaffees in Lateinamerika und im Karibischen Raum fast ausschließlich die Varietäten *C. arabica* var. *arabica* (vornehmlich Kolumbien, Peru, Venezuela, Mexiko, Puerto Rico, Panama, Costa Rica) und var. *bourbon* (vornehmlich Brasilien, El Salvador, Ecuador) erfolgreich kultiviert werden, mußten die *Bourbon Arabica*-Pflanzungen in der östlichen Hemisphäre als Folge des endemischen Auftretens des Kaffeerostes (*Hemileia vastatrix*) fast völlig aufgegeben werden. *C. canephora* (*Robusta*) erwies sich als nahezu resistent

Tabelle 460. *Kaffee-Produktion der wichtigsten Erzeugerländer*
(in 1000 metr. t)

	1934–1938	1948–1952	1958	1961–1962
Costa Rica	23,3	23,2	51,4	68,4
Cuba	31,8	31,2	29,5	48,0
Dom. Republik	21,3	28,1	32,4	36,1
El Salvador	63,9	74,5	88,5	105,8
Guadeloupe	0,5	0,4	0,6	0,5
Guatemala	55,3	57,6	80,0	97,5
Haiti	27,8	31,4	27,0	42,0
Honduras	11,3	13,3	18,2	22,3
Mexiko	57,6	70,2	96,0	122,1
Nicaragua	15,8	19,5	21,0	22,7
Panama	1,2	2,9	3,8	5,1
Puerto Rico	7,6	10,2	11,2	15,9
Brasilien	1446,1	1076,6	1695,8	2085,0
Kolumbien	215,2	359,2	462,0	468,0
Ecuador	13,7	19,9	32,3	53,5
Peru		5,9	20,3	42,6
Surinam	3,4	0,4	0,1	0,3
Venezuela	58,5	47,1	61,8	47,7
Indien	16,5	21,6	45,6	45,7
Indonesien	123,7	50,6	66,0	117,1
Philippinen	2,0	4,3	10,5	43,1
Vietnam		1,6	2,5	2,7
Jemen	4,8	4,7	5,1	5,4
Angola	16,6	56,2	87,9	159,0
Kongo	17,3	20,5	53,8	54,0
Kamerun	2,2	8,9	27,0	46,5
Äthiopien		33,5	57,0	73,2
Ehem. Franz. Äquat. Afrika	1,3	4,4	6,6	9,2
Ehem. Franz. Westafrika	7,9	52,2	150,0	175,5
Kenya	18,4	10,4	23,7	27,8
Madagaskar	23,9	31,0	52,5	39,8
Ruanda und Burundi		11,4	20,5	23,3
Tanganyika	14,9	14,1	22,9	26,5
Uganda	10,6	34,5	84,3	92,6
Ghana		0,5	1,6	2,3
Liberia	1,5	0,2	0,4	1,0
Sierra Leone	0,1	0,3	3,4	5,1
Hawaii	4,3	3,1	8,4	6,0
Welt Gesamt	2420,0	2250,0	3510,0	4239,3

Quellen: FAO, Yearbook 1954; FAO, Yearbook 1960; FAO, Yearbook 1962.

gegenüber dem *Hemileia*-Rostpilz. Obgleich der Kaffee dieser Art qualitativ geringer bewertet wird, erfuhr der Anbau dank der höheren mit Frühreife gepaarten Produktivität und insbesondere wegen seiner geringeren Krankheitsanfälligkeit eine schnelle Ausbreitung in asiatischen Anbauzonen. *C. arabica* behauptete sich hier nur auf einigen hoch gelegenen Gebieten, wo infolge der arideren Verhältnisse die Infektionsmöglichkeiten geringer sind.

Große Ausdehnung erfuhr die Kultivierung von *C. canephora* außer in Indonesien und Indien im äquatorialen Afrika und Madagaskar. Inselartig eingestreut, erlangten daneben auch der Anbau von *Arabica*-Varietäten in Kenya, Nyassaland, Moçambique, Kamerun, Nigeria, Ruanda-Urundi, Kongo (Kivu) und Angola (var. *Bourbon*) Bedeutung. Ein weiteres Anbaugebiet von *C. arabica* ist Hawaii, wo die Produktivität als Folge guter Kulturmethoden und intensivster Düngung einen bemerkenswert hohen Stand erreicht hat.

Die Arten *C. liberica* und *C. excelsa* finden steigende Berücksichtigung als Ausgangsmaterial für *Coffea*-Hybriden und als Unterlagen für *Arabica*-Edelreiser bei der vegetativen Vermehrung. Die wirtschaftliche Bedeutung dieser Arten ist gering. Die Kultivierung von *Liberica* geht in den Anbauzentren des tropischen Westafrikas und Indonesiens ständig zurück.

2. Entwicklung und zeitlicher Wachstumsverlauf

In Entwicklung und Wachstumsverlauf weichen die verschiedenen Arten voneinander ab. Wegen der überragenden Bedeutung auf dem Weltmarkt wird bei der folgenden kurzen Beschreibung *C. arabica* besondere Berücksichtigung finden. Soweit den übrigen Arten eine wirtschaftliche Bedeutung zukommt, sollen ihre wesentlichen Unterschiede gegenüber *C. arabica* aufgezeigt werden.

Bei ungestörtem Wachstum entwickelt sich *C. arabica* in der Wildform zu pyramidenförmigen etwa 6 m hohen Bäumen. Zur Erleichterung der Baumpflege und der Erntearbeiten werden die Bäume in den Pflanzungen durch regelmäßiges Zurückschneiden strauchförmig gehalten. Auf dem Stamm und dem im allgemeinen waagerechten bis leicht geneigten Seitenzweigen sind die kurzgestielten, ganzrandigen, auf der Oberseite glänzenden, lederartigen Blätter gegenständig angeordnet. In den Blattachseln des Stammes und ebenfalls in denen der vertikal wachsenden Schößlinge werden gleichzeitig mit der Blattentwicklung Knospen vorgebildet, die, sobald der Stamm oder die Schößlinge zurückgeschnitten werden, sich wieder zu orthotropen Zweigen ausbilden und zum Stamm heranwachsen. Aus weiteren ebenfalls in den Achseln der Blattanlagen gelegenen Knospen entwickeln sich die primären Zweige. Auch diese letzteren formen ihrerseits wieder zweierlei Knospen, welche, allerdings seltener, sekundäre plagiotrope Zweige und vertikal wachsende Schößlinge bilden. Beide Knospen können auch in Blütenknospen umgeformt werden.

Nach Beobachtungen von Piringer und Borthwick (1955) ist der Kaffee eine Kurztagspflanze. Beträgt die Lichtdauer länger als 13 Stunden täglich, wird der Beginn des Blühens hinausgeschoben oder kann ganz unterbleiben, während das vegetative Wachstum stark gefördert wird. Die Erscheinung des Photoperiodismus zeigt sich deutlich im Süden Brasiliens, wo die Blütenknospenbildung der Kaffeebäume nur in der Kurztagsperiode der südlichen Breiten während der Monate Mai bis Juli stattfindet. In äquatornahen Gebieten, wo die Tageslänge während des ganzen Jahres nahezu gleich ist, kann die Blütenformung, soweit die klimatischen Voraussetzungen hierfür gegeben sind, zu jeder Jahreszeit erfolgen.

Schon im zweiten Jahr bilden die jungen Bäumchen die ersten Blütenknospen. Nachdem sie bis zu einer Länge von etwa 8 mm heranwachsen, tritt zunächst ein Wachstumsstillstand ein, der sich oft über Monate erstrecken kann. Ein Regenschauer von wenigen Millimetern oder eine entsprechende künstliche Wasserzufuhr nach einer Trockenperiode bewirkt die Entfaltung der Blütenknospen innerhalb von 8 bis 10 Tagen. Die Blühzeit der einzelnen Blüten währt nur 6 bis 8 Stunden. Die Befruchtung erfolgt im allgemeinen in den Morgenstunden gleich nach der Entfaltung der Blüten.

Die Entwicklung der Früchte bis zur Reife ist stark temperaturabhängig. Nach Angaben von WENT (1957) beträgt die Reifezeit für *C. arabica* bei Durch-

Abb. 261. Reichtragender *Arabica*-Kaffee

schnittstemperaturen von 17° C am Tage und 12° C während der Nacht 9 Monate. Bei Tagestemperaturen von 25° C bzw. 20° C in der Nacht reifen die Früchte schon in etwa 4 Monaten. Unter natürlichen für den Anbau von Kaffee geeigneten Klimaverhältnissen beträgt die Entwicklungszeit der Früchte von *C. arabica* bis zur Reife 6 bis 8 Monate.

Die eiförmige etwa 15 mm lange „Kaffeekirsche" ist eine zweisamige Steinfrucht, deren Exokarp bei der Reife eine rote bis violette Farbe annimmt. Ein saft- und zuckerreiches Fruchtfleisch (Mesokarp) umschließt in der Regel zwei mit ihren flachen Seiten gegeneinanderliegende plankonvexe Samen, die „Kaffeebohnen". Die einzelnen Samen sind fest von einer dünnen Haut, der sogenannten Silberhaut (Testa), umhüllt und diese wiederum lose von einer pergamentartigen Hornschale.

Bei den weiteren eingangs erwähnten Arten währt die Zeit von der Blüte bis zur reifen Frucht länger. Sie beträgt für *C. canephora* 9 bis 11 Monate, für *C. excelsa* 11 bis 12 Monate und für *C. liberica* selbst 12 bis 14 Monate. Unter den wirtschaft-

lich wichtigen Kaffeearten zeigt *C. excelsa* die stärkste Wuchsform. In ihrer Heimat, im Kongo-Gebiet und im südlichen Sudan, bildet sie mächtige bis zu 20 m

Abb. 262. *C. canephora* (*Robusta*) mit Blüten und Früchten in verschiedenen Entwicklungsstadien
(Kon. Inst. v. d. Tropen, Amsterdam)

hohe Bäume. Wegen ihrer Trockenresistenz erreichte ihr Anbau trotz geringerer
Produktivität eine gewisse Ausdehnung in Äquatorialafrika (Elfenbeinküste)

und in Indonesien. Auch *C. liberica* entwickelt sich zu stattlichen 15 m hohen Bäumen mit kräftig entwickeltem Stamm und auffallend großen, bis zu 40 cm langen Blättern. Die Qualität der großen Bohnen wird wesentlich geringer bewertet als die des sogenannten arabischen Kaffees. Aus der Gruppe *C. canephora* erlangte in Kreisen der Praxis der mit „*Robusta*" bezeichnete Typ die größte Bedeutung. Er entwickelt sich zu einem strauchartigen Baum von kaum 5 m Höhe. Im Pflanzungsbetrieb wird der Baum allerdings auch strauchförmig gehalten und auf 1,80 m bis maximal 2,50 m zurückgeschnitten. Hohe Produktivität und Resistenz gegenüber pilzlichen Schädlingen kompensieren die geringere Güte der Bohnenqualität.

Tabelle 461. *Bohneneigenschaften der wichtigsten Kaffeearten*

	1000-Bohnengewicht in g[1]	Koffeingehalt in %[2]
C. arabica	175 (130–300)	0,60–0,69
C. liberica	300	1,08–1,45
C. excelsa	100–160	1,89
C. canephora	160–180	1,97

[1] Nach MARCUS und MICKEL 1943.
[2] Nach SPRECHER VON BERNEGG 1934.

Im dritten Jahr kann von den *Arabica*-Typen die erste kleine Ernte erwartet werden. Die Ertragsfähigkeit nimmt mit der Entwicklung der Bäume von Jahr zu Jahr zu und erreicht etwa im 10. bis 12. Jahr ihren Höhepunkt. Die ökonomische Lebensdauer beträgt bei gut gepflegten Beständen mindestens 30 Jahre.

Eine bis 3 m tief in den Boden eindringende Pfahlwurzel mit zahlreichen Nebenwurzeln verlangt einen tiefgründigen, gut durchlüfteten Boden. Charakteristisch für die Verteilung des Wurzelwerks des Kaffeebaumes ist das dichte Netz feiner reichlich mit Wurzelhaaren versehener Wurzelstränge flach unter der Oberfläche des Bodens. Interessant für die Bodenbearbeitung und Düngungsmethode sind die Befunde von S. PEREZ (1958), wonach sich 50% der feinen Haarwurzeln in der Bodenoberfläche bis zu 10 cm und 90% bis zu 30 cm Tiefe befinden, während in der horizontalen Verteilung die größte Wurzeldichte in einem Ring 70 bis 100 cm vom Stamm entfernt festgestellt wurde.

Die Vermehrung geschieht sowohl generativ als auch vegetativ. Es liegt auf der Hand, daß bei generativer Vermehrung, d. h. mittels Sämlingen, ausschließlich selektierte Samen, und zwar vorzugsweise Klonmaterial, Anwendung finden sollten. Nach HAARER (1962) ist es jedoch nicht ganz ohne Risiko, sich von einem Klon allein abhängig zu machen, dessen möglicherweise noch verborgene Schwächen — z. B. Anfälligkeit gegen eine neue Kaffeekrankheit — sich vielleicht später erst ergeben können. Im Hinblick auf die äußerst starke Variabilität sowohl der *C. canephora* (*Robusta*) als auch der *Arabica*-Sämlinge gewinnt bei der Kaffeekultur die vegetative Vermehrung mittels Stecklingen und mehr noch jene durch Pfropfung steigende Bedeutung.

In der Regel werden die Pflänzchen auf Anzuchtbeeten gezogen, um dann etwa 8 bis 9 Monate nach der Keimung, wenn sich 4 bis 6 Blattpaare gebildet haben, in die vorbereiteten Pflanzgruben verpflanzt zu werden. Ist Pfropfung vorgesehen, so kann diese zweckmäßigerweise wegen der einfacheren Beaufsichtigung auf den etwa bleistiftdicken Stämmen der jungen Pflanzen in den Anzuchtbeeten geschehen oder aber später, 6 Monate nach dem Verpflanzen auf dem Felde, wenn die

Bäumchen nach Anpassung an die neue Umgebung eine gesunde Entwicklung zeigen. Größte Aufmerksamkeit ist der Wahl von Unterlage und Edelreis zu zollen. Sie müssen miteinander harmonieren, wobei offenbar der Einfluß des Edelreises

Abb. 263. Anlage einer Neupflanzung in Brasilien

auf die Unterlage stärker ist als umgekehrt. Über den gegenwärtigen Stand der vegetativen Vermehrung des Kaffees vermittelt Fernie (1959) eine aufschlußreiche Übersicht.

3. Klima und Boden

Die klimatischen Ansprüche der beiden wichtigsten Kaffeearten *Arabica* und *Canephora* (*Robusta*) sind unterschiedlich. Nach der von Holdridge (1947) zusammengestellten Übersicht gehört *Arabica*-Kaffee in das Gebiet der Regenwälder der subtropischen Klimazone, während *Robusta*-Kaffee unter den wärmeren klimatischen Bedingungen der feuchten Wälder des Tropengürtels optimale Temperatur- und Feuchtigkeitsverhältnisse vorfindet.

C. arabica und ihre zahlreichen Varietäten gedeihen demnach am besten in den kühleren Regionen der Tropen und im eigentlichen Tropengürtel daher naturgemäß nur in den entsprechenden Höhenlagen von 600 bis 1700 m. Nachttemperaturen von wenigen Graden über dem Gefrierpunkt sagen noch zu. Bei ausgeprägter Frostempfindlichkeit können jedoch wenige Stunden Nachtfrost einen Totalverlust der Ernte bedeuten. Optimale Entwicklungsbedingungen sind nach HUNTER (1959) gegeben bei einer durchschnittlichen Tagestemperatur von 23° C und 17° C während der Nacht. Höhere Temperaturen beeinflussen die Blütenentwicklung ungünstig.

Bei guter jahreszeitlicher Verteilung gelten als minimaler Jahresniederschlag für *C. arabica* 1000 mm. Die optimale Regenmenge liegt bei etwa 1700 mm im Jahr. Kürzere Trockenperioden sind für den normalen Verlauf der vegetativen und generativen Entwicklungsphasen notwendig, und erst längere Trockenperioden erfordern eine zusätzliche Bewässerung.

Robusta- und ebenfalls der *Liberica*-Kaffee verlangen höhere Temperaturen. Die feucht-warmen Niederungen der Tropen und Höhenlagen dieser Regionen bis zu 600 m mit durchschnittlichen Temperaturen von 20 bis 27° C sagen am besten zu. Im Gegensatz zu *C. arabica* ist *C. canephora (Robusta)* dankbar für eine hohe relative Luftfeuchtigkeit von 80 bis 90%, wie sie unter natürlichen Verhältnissen im tropischen Regenwald vorherrscht.

Eine durchschnittliche jährliche Regenmenge von 2000 mm, die sich bei ungünstiger Verteilung auf 3000 mm erhöht, wird als Minimum erachtet.

Die geringsten Ansprüche von allen Kaffeearten an Boden- und Luftfeuchtigkeit hat *C. excelsa*. Sie wird daher auch noch unter semiariden Bedingungen, die den anderen Kaffeearten nicht mehr zusagen, angebaut.

Der Einfluß der Lichtintensität auf die Entwicklung des Kaffeebaumes und insbesondere auf seine Ertragsfähigkeit wurde eingehend studiert und bildet in seiner örtlichen Auswirkung ein oft umstrittenes Problem. Obgleich der Kaffeebaum in seiner natürlichen Umgebung als Unterholzgewächs feuchter tropischer Wälder gedeiht, haben die Erfahrungen der Praxis und zahlreiche Versuche unter verschiedenen Umweltbedingungen erwiesen, daß die Entwicklung und Ertragsfähigkeit des Kaffeebaumes unter dem Einfluß hoher Lichtintensität gefördert wird. Nach COWGILL (1959) konnten ohne Schattenbäume nicht nur das unproduktive Jugendstadium der Kaffeebäume um wenigstens 1 Jahr verkürzt, sondern darüber hinaus die Erträge gegenüber den unter Schatten kultivierten Bäumen um ein Mehrfaches gesteigert werden.

Es ist bekannt, daß die Assimilationsintensität weitgehend von der Lichtenergie abhängig ist und daß zweifellos bei Abschwächung der Lichtenergie, beispielsweise durch Beschattung der Kaffeebäume, die photosynthetischen Vorgänge merklich nachlassen. Eine weitere indirekte Reduzierung erfährt die Photosynthese nach VAN DIERENDONCK (1959) durch die zeitweilige Schließung der Spaltöffnungen (Stomata) der Blätter unter dem Einfluß des hohen Feuchtigkeits- und Kohlensäuregehaltes der Luft in stark beschatteten Beständen.

Trotz der Möglichkeit, die Kaffee-Ernte durch eine Auslichtung des Schattendaches maßgeblich zu erhöhen und unter besonders günstigen Verhältnissen selbst einen mehrfachen Ertrag gegenüber den unter Schatten gedeihenden Kaffeebäumen zu erzielen, ist die schattenlose Kulturmethode nur in wenigen Anbauzonen wie Brasilien, Kenya, Kamerun und Hawaii üblich oder jedenfalls weit verbreitet, während in den übrigen wichtigen Kulturgebieten bisher noch der Kaffee vorwiegend unter Schattenbäumen steht. Diese zunächst nicht recht begreifliche Tatsache steht in ursächlichem Zusammenhang mit den örtlichen

Umweltbedingungen, insbesondere mit dem verfügbaren Nährstoff- und Wasservorrat der jeweiligen Böden.

Ist bei hoher Lichtintensität und entsprechend intensiver Kohlenhydrat-Assimilation nicht gleichzeitig eine reichliche Nährstoffaufnahme gewährleistet, wird als Folge eines weiten Kohlenstoff-Stickstoffverhältnisses in den pflanzlichen Geweben die Blütenknospenbildung übermäßig stimuliert. Ein kräftiger Regenschauer bringt die Knospen zum Blühen. Der reiche Fruchtansatz zwingt nun die Bäume auf Reservestoffe zurückzugreifen, die andererseits benötigt werden für die Regeneration und Neubildung der vegetativen Pflanzenteile für die folgende Ernte. Ein übersteigertes Treiben der Bäume durch Entfernung des Schattendaches zwecks Erlangung reicher Blütenbildung und entsprechend hoher Ernten führt daher bei Pflanzungen, die weniger gut gepflegt und unzureichend mit Nährstoffen versorgt sind, zu den fatalen Folgen des Übertragens, d. h. zu frühzeitigem Absterben der Zweige mehrerer Etagen und einer empfindlichen Einbuße an Fruchtholz. In engem Zusammenhang hiermit steht das kurze produktive Alter von kaum 20 Jahren der unbeschatteten Kaffeebestände in Brasilien gegenüber einer Produktionszeit von mindestens 30 und oft bis zu 50 Jahren von Kaffeekulturen, welche unter Schatten stehen.

Nach Ansicht von Nutman (1937) schließen sich bei intensiver Sonneneinstrahlung während der heißen Mittagsstunden die Stomata für einige Stunden. Ob hierdurch das Maß der Assimilation einschneidend beeinflußt wird, ist noch nicht eindeutig geklärt. Offenbar erleidet jedoch die Nährstoffversorgung eine Störung, deren Auswirkung nur von robusten, kräftig entwickelten Bäumen ohne Schaden überdauert werden kann.

Wie bereits weiter oben erwähnt, reduziert die geringere Lichtintensität unter Schatten die Blütenbildung kultivierter Bäume und maßgeblich somit auch deren Ertragshöhe. Sie gewährleistet andererseits jedoch einen gleichmäßigen Verlauf der vegetativen und generativen Entwicklungsphasen der Bäume. Die Frage, ob eine künstliche Beschattung produzierender Bäume zu empfehlen ist oder selbst als notwendig erachtet wird, kann, sofern eine ausreichende Wasser- und Nährstoffversorgung gesichert ist und eine intensive Bodenpflege betrieben wird, eindeutig verneint werden. Nur in den ersten Jahren des Wachstums kann sich eine Beschattung als zweckmäßig erweisen. Mit zunehmender Fruchtholzbildung wird das Schattendach sukzessive ausgedünnt.

Die Forderungen des Kaffees an den Boden sind im wesentlichen physikalischer Natur. Sind diese, nämlich eine Tiefgründigkeit des Bodens bis zu 3 m und eine ausreichende Durchlässigkeit bei guter Wasserhaltefähigkeit, erfüllt, gedeiht der Kaffee auf Böden recht verschiedenen Ursprungs, sofern nicht ein zu hoher Ton- oder Sandanteil den Wasser- und Lufthaushalt des Bodens ungünstig beeinflußt. Eine ausgezeichnete Wurzelentwicklung zeigt der Kaffee nach Untersuchungen in Sao Paulo, Brasilien, bei einem Porenvolumen des Bodens (terra rossa) von 25% bei einem Sandgehalt von nicht mehr als 15% (Ignatieff und Page 1958).

Im Hinblick auf eine ungestörte Wurzelentwicklung ist daher dem Bodenprofil besondere Aufmerksamkeit zu schenken. Undurchlässige Schichten im Bereich bis zu 2 m Tiefe, die leicht zu stauender Nässe führen können, und Untergrundverdichtungen, die das Tiefenwachstum der Wurzeln behindern, machen den Boden für die Kaffeekultur ungeeignet. Die für ein kräftiges Gedeihen des Kaffeebaumes angeführten Voraussetzungen hinsichtlich der Bodenstruktur weisen eindeutig auf die entscheidende Rolle, die dem Humusgehalt dieser Böden zukommt. Die Humusversorgung bzw. die Maßnahmen zur Erhaltung der organischen Substanz gewinnen eingedenk des bodenzerstörenden Charakters der warmen Klimate, in denen der Kaffee angebaut wird, eine Bedeutung, deren Wichtigkeit kaum eindringlich genug betont werden kann.

Die entscheidende Voraussetzung zur Erhaltung der Bodengare, d. h. eines physikalisch und biologisch vorteilhaften Zustandes des Bodens als Grundlage der Fruchtbarkeit, ist ein ausreichender Humusgehalt. Er ist das Ergebnis der ursprünglich vorhandenen Menge an Humus formendem Material und der Geschwindigkeit seiner Zersetzung nach der Kultivierung des Bodens. Die Humussubstanz wird nur dort erhalten bleiben oder unter günstigen Bedingungen auch erhöht werden können, wo die Voraussetzungen für die Humussynthese förderlicher sind als jene des Abbaus der organischen Substanz oder, präziser ausgedrückt, wo die Makroflora besser gedeiht als die Mikroflora. Hieraus folgt, daß ein hoher Humusgehalt nicht gepaart zu gehen braucht mit einer hohen Produktion humusformenden Materials.

Die Vielgestaltigkeit der natürlichen Vegetation in einem dem Kaffee zusagenden Klimabereich gewährt eine streng ökonomische Handhabung der Bodenpflege und Bodennutzung. Witterungseinflüssen wird die direkte Einwirkung auf den Boden durch die Vielfältigkeit der Pflanzenarten und Wachstumsformen verwehrt. Die trommelnde Gewalt der tropischen Regengüsse wird von der Vielzahl der Blattetagen zu feinstem Sprühregen verwandelt und gelangt als solcher auf die den Boden schützende Lage aus pflanzlichen und tierischen Abfällen. Als dünner Wasserfilm sinkt die Feuchtigkeit ein und sättigt die Humuslage. Die reichverzweigten Wurzelsysteme der im engen Raum stockenden Pflanzenarten entnehmen dem Boden ihren Nährstoffbedarf und führt ihn im Transpirationsstrom zu den Blättern, wo er für den Prozeß des Wachstums genutzt wird oder wieder als Bestandteil der organischen Masse auf dem Boden des Waldes zum Aufbau des Humus dient.

Der Humusgehalt in jedem reifen Boden steht im Gleichgewicht mit seiner natürlichen Umgebung. Jede Veränderung dieser Umgebung, beispielsweise durch den Anbau eines bestimmten Kulturgewächses und der anschließende Entzug der Ernteprodukte bedeutet einen tiefgreifenden, das Gleichgewicht störenden Eingriff in den ursprünglichen Zustand.

Im allgemeinen folgt der Kultivierung von Neuland eine deutliche Abnahme der organischen Substanz, und zwar so lange, bis sich der Humusgehalt den neuen Verhältnissen angepaßt hat. Gleichen die Rückstände der Kulturgewächse, die auf dem Felde verbleiben, in Menge und Qualität denjenigen der ursprünglichen Vegetation, so ist zu erwarten, daß das Gleichgewicht wieder bei dem ursprünglichen Humusgehalt erreicht sein wird, falls nicht andere Faktoren wie beispielsweise die Feuchtigkeitsverhältnisse und das Ausmaß der Sonneneinstrahlung Änderungen erfahren haben, die Maßnahmen erforderlich machen mit dem Ziel, wieder Bedingungen zu schaffen, die dem ursprünglichen Zustand gleichkommen. Diese Bedingungen werden in den warmen Klimazonen kaum jemals erfüllbar sein. Es stehen jedoch in der sorgfältigen Anwendung von Gründüngung, Bodenbedeckern, Schattenpflanzen — insbesondere unter Niederschlagsverhältnissen, die eine Aussaat von Gründüngungspflanzen und Bodenbedeckern wegen der Konkurrenz um das im Minimum befindliche Wasser riskant erscheinen lassen — und in der Abdeckung des Bodens mit reichlichem Mulchmaterial Mittel zur Verfügung, die es ermöglichen, Verhältnisse zu schaffen, welche den ursprünglichen zumindest ähnlich sind.

Die Problematik der Beschattung der Kaffeekulturen wurde bereits eingehend erwähnt. Die Entscheidung, ob Schattenbäume als Kulturmethode zur Sicherung kontinuierlicher Ernten unerläßlich sind, ist von Fall zu Fall unter Berücksichtigung der gegebenen Verhältnisse zu treffen. Zweifellos spielen die Schattenbäume bei der Kaffeekultur eine wichtige Rolle, nicht nur als Schattenspender und Windbrecher sowie als Regler eines geeigneten Mikroklimas, sondern ebenfalls als wichtige Produzenten von Grünmasse. Letzterer Faktor gewinnt um so mehr Bedeutung, je geschlossener die Pflanzung wird und damit der Anfall an organischer Substanz von den lichtbedürftigen Gründüngungspflanzen sich verringert.

Kulturpflanzen und Schattenbäume, die zweckmäßigerweise aus der Familie der Leguminosen zu wählen sind, bilden eine Pflanzengemeinschaft und müssen miteinander verträglich sein. Vor allem dürfen ihre Wurzeln möglichst wenig in Konkurrenz um Nährstoffe und Wasser treten. Der Schattenbaum soll einen häufigen Schnitt vertragen und sich darüber hinaus durch eine schnelle Regeneration auszeichnen. Durch die Verhinderung der direkten Sonneneinstrahlung erfüllen die Schattenbäume eine wichtige Aufgabe bei der Erhaltung der organischen Substanz und der Verbesserung der Bodenstruktur. Die Bewurzelung der Kaffeebäume wird gefördert und somit eine Intensivierung der Nährstoff- und Wasseraufnahme gewährleistet.

Es steht andererseits jedoch außer Zweifel, daß die Beschattung der Kaffeebäume die Blütenbildung und damit die Produktivität der Pflanzung verringert. Auch eine reichliche Düngeranwendung wirkt hier im allgemeinen mehr einseitig auf die vegetative Entwicklung der jungen Kaffeebäume. Bei älteren in Produktion stehenden, stark beschatteten Beständen zeigt die Düngung einen wenig ausgeprägten Effekt auf den Ertrag.

Der erfahrene Pflanzer wird unter Berücksichtigung der ihm bekannten Klimaverhältnisse und des Fruchtbarkeitszustandes der Pflanzung durch Auslichtung des Schattendaches zur Zeit der Knospenbildung auf die Entwicklung der Blüte Einfluß ausüben. Bei zu starker Lichtung des Schattens oder bei plötzlicher vollkommener Entfernung der Schattenbäume besteht insbesondere bei *Arabica*-Kaffee und weniger bei *Robusta* die Gefahr, daß die Blütenentwicklung und entsprechend die Fruchttracht so stark stimuliert werden, daß die Bäume sich übertragen. Die Blätter zeigen Welkeerscheinungen, hängen schlaff herab und fallen schließlich ab. Bei stärkerer Erschöpfung der Bäume vertrocknen, von der Baumspitze beginnend, zunächst die sekundären und später die primären Zweige unter Verfärbung von gelb zu braun und schwarz (*die-back*). Wenn schließlich nach mehreren übermäßig hohen Ernten die Reserven der Wurzeln erschöpft sind, kann der Verlust ganzer Bestände nicht mehr aufgehalten werden.

Aus den Ausführungen mag entnommen werden, daß die für die Kaffeekultur so wichtige Schattenfrage in direkter Beziehung steht zur Ertragsfähigkeit des Bodens und der Nachhaltigkeit seiner Leistung, und daß bei gleicher Klimalage die Schattendichte je nach der Produktionskraft der Kaffeebäume unterschiedlich gehandhabt werden muß. Eine wohlüberlegte Pflege der organischen Substanz und eine dem Bodenvorrat und den zu erwartenden Ernten angepaßte Handhabung der Düngung spielen hierbei einen entscheidende Rolle.

Der Kaffee, und hier an erster Stelle *C. arabica*, stellt unter Voraussetzung einer regelmäßigen Ausschöpfung seines Ertragspotentials insbesondere an die physikalischen aber auch an die chemischen und biologischen Bodeneigenschaften, wie an den Aufbau der Sorptionskomplexe, an die Bodenpufferung, an die Bodenreaktion und die Nährstoff- und Wasserversorgung im Vergleich zu anderen landwirtschaftlichen Kulturpflanzen der warmen Zonen besonders hohe Ansprüche.

Das Nachlassen der Ertragsfähigkeit der Kaffeepflanzungen ausgedehnter Gebiete in Brasilien in wenigen Jahrzehnten führte zur Aufgabe vieler Plantagen. Diese Entwicklung zeigt deutlich, daß eine Bewirtschaftung auf Grund des bodenbürtigen Nährstoffkapitals ohne zusätzliche Düngung zwangsläufig zu einer

Bodenverarmung führen muß, die zu gegebener Zeit die Wirtschaftlichkeit der Pflanzungen in Frage stellt. Der ursprüngliche Ausgangspunkt der Kaffeekultur im Paraiba-Tal wurde verlassen, und die Zentren des heutigen Anbaus verlagern sich immer weiter in westliche und südliche Richtung. Sehr bald sind dieser extensiven Bodenbewirtschaftung aus klimatischen Gründen und auch infolge der steigenden Preise, die für die knapper werdenden tiefgründigen Neulandböden zu zahlen sind, aus Gründen der Rentabilität Grenzen gesetzt. Auch die mit der Entfernung von den Verkehrsadern sich verschlechternde Verkehrslage zwingt zu einer bodenständigen intensiveren Plantagenwirtschaft unter Beachtung aller Maßnahmen zur Hebung bzw. Erhaltung der Bodenfruchtbarkeit.

Obgleich einzelne Varietäten nach IGNATIEFF und PAGE (1958) noch in ausgeprägt sauren Böden bei einer Reaktion von pH 4,0 gedeihen, gilt als Optimum der pH-Bereich von 4,8 bis 6,5. Ein geringerer Säuregrad oder gar eine basische Reaktion sagen dem Kaffee nicht zu und führen zu Ertragseinbußen. Die Ergebnisse der Untersuchungen von CAMARGO (1929) zeigen, daß insbesondere Jungpflanzen empfindlich gegenüber einer basischen Bodenreaktion sind.

4. Durchschnittliche Erträge und Nährstoffentzugszahlen

Die Ertragsleistungen einer Kaffeepflanzung werden außer von der angebauten Art und Varietät von einer ganzen Reihe Faktoren wie Umweltbedingungen, Alter der Bäume, von Pflegemaßnahmen, zu denen im weiteren Sinne auch die Handhabung der Beschattung zu rechnen ist, und schließlich von der Pflanzweite bestimmt.

Tabelle 462. *Durchschnittliche Erträge von marktfertigem Kaffee*

Kaffee-Art	Alter/Jahre	Bäume/ha	kg/ha
Arabica ...	4	1100–1600	150– 200
	6–7	1100–1600	800–1200
	8 (und älter)	1100–1600	1200–2500
			je nach Zustand der Pflanzung
Robusta ...	2–3	900–1100	100– 150
	4	900–1100	600– 900
	5	900–1100	900–1300
	8 (und älter)	900–1100	1800–3000
			je nach Zustand der Pflanzung
Liberica ...	4	625	300
	6	625	1000
	7–9	625	1500–2200

Oft ist eine unzureichende Bodenfeuchte in den Gebieten des Kaffeeanbaues der ertragsbegrenzende Faktor. Obgleich der Kaffee gegenüber Trockenperioden eine gewisse Toleranz zeigt, sind die einem regenarmen Jahr folgenden Erträge durchweg merklich geringer. Trockenheit hemmt das vegetative Wachstum und somit die Ausbildung des Fruchtholzes für die nächstjährige Ernte. Die Folgen der Trockenheit lassen sich demnach erst am Ernteausfall des folgenden Jahres feststellen. Diese Relation lassen die Untersuchungen von DEAN (1939) deutlich erkennen. Während in Arabien die Bewässerung der Kaffeekultur schon seit Jahrhunderten bekannt ist und diese im wesentlichen auf Grund der dort vorherrschenden Klimaverhältnisse erst die Kaffeekultur ermöglichte, gewinnt die

Bewässerung in anderen Anbauzentren insbesondere in Brasilien und neuerdings auch in Ostafrika und Indien in den letzten Jahren steigende Bedeutung. Grundsätzlich ist trotz ihrer hohen Anschaffungs- und Betriebskosten die künstliche Beregnung einer Oberflächenbewässerung vorzuziehen. Dabei ist unter Voraussetzung einer richtigen Dosierung eine Bodenabschwemmung sowie Verschlämmung und Verkrustung nicht zu befürchten. Die verregnete Wassermenge wird von den Bäumen bedeutend ökonomischer verwertet als jegliche als Teller-, Loch- oder Rillenbewässerung gegebene Oberflächenbewässerung. Nach Angaben von Medcalf (1959) wurden in Brasilien in weniger als 3 Jahren die gesamten Anschaffungs- und Betriebskosten einer Beregnungsanlage durch die erzielten Mehrerträge wieder kompensiert. Bewässerungsversuche der Kaffee-Versuchsstation Lyamungu in Tanganyika über eine zehnjährige Periode (1942 bis 1951) erzielten einen Mehrertrag von 58%. Ähnlich positive Ergebnisse wurden in anderen Anbaugebieten erreicht. Durch eine richtige Planung hinsichtlich der Zeit und Dosierung der einzelnen Wassergaben ist es einerseits möglich, einem reicheren Fruchtansatz durch rechtzeitige Bewässerung über eine Trockenperiode hinwegzuhelfen und den weiteren Reifungsprozeß normal verlaufen zu lassen. Andererseits kann mittels zeitlich abgestimmten Einzelberegnungen nicht nur die Blühwilligkeit stimuliert, sondern auch der Verlauf der einzelnen Blühperioden einer Zeitplanung unterworfen werden. Hierdurch können Ernte und Aufbereitung über einen größeren Zeitraum verteilt werden, was für die Arbeitsplanung insbesondere in Gebieten mit Mangel an Erntearbeitern von entscheidender wirtschaftlicher Bedeutung sein kann.

Ebenso wie der Entschluß, die Beschattung von produzierenden Beständen wegen ihrer ertragshemmenden Wirkung zu verringern oder im allmählichen Übergang ganz zu entfernen, nur bei gleichzeitiger Einplanung eines intensiveren Düngereinsatzes gefaßt werden kann, muß auch die Bewässerung mit einer zusätzlichen Düngung zusammen gehen. Beide ertragssteigernde Maßnahmen zehren am Nährstoffkapital des Bodens und an der Produktionskraft der Bäume. Ihre Durchführung ohne gleichzeitige Steigerung der Düngergaben würde sehr bald zur Erschöpfung sowohl des Bodens als auch der Bäume führen.

Als sehr wirkungsvoll auf die Ertragsleistung des Bodens erweist sich das Mulchen. Eine geschlossene Mulchlage zwischen den Pflanzreihen wirkt wassersparend durch Verminderung der Erosions- und Verdunstungsverluste sowie durch die Hemmung der Unkrautentwicklung. Das Mulchen verbessert demnach den Wasserhaushalt des Bodens und weiterhin durch die allmähliche Anreicherung mit organischer Substanz die Bodenstruktur und damit den Lufthaushalt des Standortes. Die abschirmende Mulchdecke schützt insbesondere bei unbeschatteten Pflanzungen die Wurzelzone vor einer zu intensiven Erwärmung, was einerseits in Verbindung mit der Verbesserung der Oberflächenstruktur die Wurzelentwicklung kräftig stimuliert und sich andererseits schonend auf die Mineralisierung der organischen Substanz auswirkt. Auch der ertragssteigernde Einfluß des Mulchens muß im Hinblick auf die zeitliche Stickstoffestlegung infolge der Aktivierung der mikrobiellen Tätigkeit durch höhere Stickstoffgaben unterstützt werden.

Bezeichnend sind die Beobachtungen von Medcalf (1956), wonach das Mulchen in jungen Kaffeepflanzungen die Ernten um etwa 72% erhöhte. Es konnte eine lineare Abhängigkeit zwischen Mulchmenge und Ernte festgestellt werden. Nach Medcalf ist die Ertragssteigerung vornehmlich auf die günstige Beeinflussung der „Wurzelumgebung" zurückzuführen. Hierzu gehören eine Zunahme der Bodenfeuchtigkeit, eine Senkung der Bodentemperatur und dadurch bedingt, eine allgemeine Verbesserung der Standortverhältnisse. Die Mulchparzellen zeigten deutlich eine höhere Phosphorsäure- und Kaliverfügbarkeit, dagegen eine Depression von wurzelaufnehmbarem Stickstoff und Magnesium infolge einer zeitweiligen Festlegung.

Aus den Ausführungen mag entnommen werden, daß bei richtiger Durchführung der beschriebenen Maßnahmen zur Förderung der Erträge, wozu selbstverständlich auch der Baumschnitt als regulierender und ausgleichender Faktor gegen Übertragen zu zählen ist, die Ernteleistungen ganz erheblich gesteigert werden können.

Einem Bericht von Moss (1957) ist beispielsweise zu entnehmen, daß in Guatemala von einem reichlich gedüngten zweijährigen Feldbestand *C. arabica* (var. *Bourbon*) die außerordentlich hohe Ernte von 1800 lbs./acre (2018 kg/ha) und von einem dreijährigen Bestand gar 3700 lbs./acre (4148 kg/ha) marktfertiger Kaffee erzielt wurde.

Im Vergleich mit anderen Anbaugebieten stehen die Erträge in Hawaii bei weitem an erster Stelle. Günstige Niederschlagsverhältnisse ohne längere Trockenperioden, ein vulkanischer Boden von ausgezeichneter Struktur, ein sachgemäßer Baumschnitt und vor allen Dingen eine sehr intensive Düngung mit Gaben, die je nach den lokalen Bedingungen gemäß KEELER und Mitarbeitern (1958) zwischen 778 und 3167 lbs./acre einer Mischung liegen, die im Schnitt eine NPK-Zusammensetzung von 10:5:20 enthält, sind die maßgeblichsten Faktoren, welche Rekordernten erzielen lassen, von 150 cwt. (18830 kg/ha) und mehr Kaffeekirschen je Acre, was etwa einem Ertrag von 3760 kg/ha Marktkaffee entspricht. Eine von COOIL und FUKUNAGA (1959) zusammengestellte Übersicht durchschnittlicher Erträge einiger Anbaugebiete vermittelt deutlich die überragende Position von Hawaii.

Tabelle 463. *Durchschnittliche Erträge einiger Erzeugerländer unter Zugrundelegung guter Ertragsjahre im Vergleich zu einem zehnjährigen Durchschnitt von Hawaii*

Land	Erntejahre	Durchschnittsertrag Kaffeekirschen in cwt./acre[1]	Marktkaffee kg/ha[2]
Brasilien	1952–53	15	377
Kolumbien	1955–56	21	527
Mexiko	1954–55	17	427
El Salvador	1954–55	31	778
Angola	1953–54	27	678
Hawaii	1947–57	98	2460

[1] 1 cwt./acre = 125,55 kg/ha.

[2] Errechnet auf Basis Kaffeekirschen (*C. arabica*) zu Marktkaffee wie 5:1.

Obgleich die chemische Analyse der Kaffeekirsche keinen Aufschluß über das Maß der Düngergaben vermittelt, lassen ihre Daten recht interessante Hinweise über die Zusammensetzung der erforderlichen Nährstoffe erkennen. Hinsichtlich der Kernnährstoffe wird ein hoher Stickstoff- und Kalibedarf beobachtet, während die Ansprüche an Phosphorsäure relativ gering sind.

THOMAS (1958) zitiert die Analysenergebnisse von ANSTEAD und PITTOCK (1913) aus Indien über die Zusammensetzung der Kaffeekirsche während ihrer Entwicklung bis zur Reife.

Tabelle 464. *Zusammensetzung der Kaffeekirsche im Verlauf ihrer Entwicklung*

	Juli	Aug.	Sept.	Okt.	Nov.	Dez.	Jan. (Reife)
	%						
Wasser	87,13	84,45	80,75	71,54	66,06	65,77	66,62
Organische Substanzen ...	11,96	14,67	18,16	26,93	32,05	32,48	31,58
N	0,30	0,38	0,24	0,50	0,60	0,67	0,66
Asche	0,91	0,88	1,07	1,53	1,89	1,75	1,80
K_2O	0,37	0,43	0,49	0,77	0,93	0,88	0,96
P_2O_5	0,08	0,07	0,09	0,16	0,15	0,12	0,12
CaO	0,04	0,02	0,02	0,02	0,04	0,02	0,02
SiO_2	0,04	0,01	0,03	0,03	0,02	0,04	0,05
Sonstige anorganische Substanzen	0,38	0,35	0,44	0,56	0,75	0,69	0,65

☞ Das $N:P_2O_5:K_2O$-Verhältnis beträgt demnach zur Zeit der Reife 5,5:1:8,0. Zu einer ähnlichen Nährstoffrelation kam LEDREUX (1928) bei Untersuchungen über den Nährstoffentzug einer Ernte von 1000 kg *Robusta*-Kaffee. Sie entzogen dem Boden 32 kg N, 6 kg P_2O_5 und 36 kg K_2O, was einer Relation von 5,3:1:6,0 entspricht. Nach Angaben von CARNEIRO (1953) beträgt das Verhältnis $N:P_2O_5:K_2O=4,5:1:7,0$.

Auch die Analysendaten von SPRECHER VON BERNEGG (1934) über den Nährstoffentzug bestätigen schon den betonten Stickstoff- und Kalibedarf des Kaffees.

Tabelle 465. *Durchschnittliche Zusammensetzung verschiedener Teile der Kaffeekirsche* (in % Trockensubstanz)

	N	P_2O_5	K_2O
Kaffeepulpe (Fruchtfleisch) .	1,90	0,25	3,03
Hornschale	0,57	0,09	0,46
Bohne	2,03	0,36	1,74

Eine Zusammenstellung der Befunde verschiedener Anbauzonen und Autoren vermittelt VAN DIERENDONCK (1959).

Tabelle 466. *Nährstoffentzug einer Ernte von 1000 kg Marktkaffee* in kg

	N	P_2O_5	K_2O
Robusta, Indonesien (COOLHAAS und ROELOFSEN)	35,0	6,0	50,0
Robusta, Elfenbeinküste (LOUÉ)	35,0	6,8	38,6
Liberica, Äq. Afrika (LEDREUX)	28,0	6,4	45,0
Excelsa, Äq. Afrika (LEDREUX)	26,9	6,2	31,0
Arabica, Brasilien (CATANI et al.)	34,0	5,1	48,0

Es liegt auf der Hand, daß für die praktische Düngung die Entzugszahlen nur einen Hinweis hinsichtlich der Zusammenstellung der einzelnen Nährstoffkomponenten geben können. Über die Größenordnung der zu gebenden Düngung sagen die Daten, welche nur jene Mengen Nährstoffe vermitteln, die zur Entwicklung der Früchte benötigt werden, nichts aus. Zur Erhaltung der Leistungsfähigkeit der Bäume sind die Nährstoffmengen, welche für den vegetativen Zuwachs sowie für die kontinuierliche Entwicklung von jungem Fruchtholz für die zukünftige Ernte und als Ersatz für die mit dem jährlichen Baumschnitt verlorengehenden Nährstoffe zusätzlich erforderlich sind, bedeutend höher anzusetzen als jene, welche mit der Ernte weggeführt werden. Ein weiterer zu berücksichtigender Faktor ist der unvermeidliche Auswaschungsverlust, der allerdings durch geeignete Kulturmaßnahmen und richtige Düngungsmethoden auf ein Minimum herabgedrückt werden kann.

Nach Berechnungen von ANSTEAD und PITTOCK (1913) in Indien ist der jährliche Nährstoffbedarf für eine Kaffeepflanzung bei einer Ernte von 1000 kg Marktkaffee je Hektar etwa 100 kg N, 24 kg P_2O_5 und 150 kg K_2O. Die Untersuchungen von CATANI und Mitarbeiter (1958) an einem jungen fünfjährigen *Arabica*-Strauch ergaben einen Jahresbedarf je Baum von 117,5 g N, 16,4 g P_2O_5, 121,3 g K_2O, 77,1 g CaO und 23,5 g MgO. Studien in Indonesien schließlich an zehn- bis elfjährigen *Arabica*-Bäumen führten unter Zugrundelegung der Analysendaten der einzelnen Pflanzenteile und des geschätzten vegetativen Zuwachses zu einem jährlichen Bedarf von 165 kg N, 40 kg P_2O_5, 130 kg K_2O, 125 kg CaO und 25 kg MgO bei einem Bestand von 1500 Bäumen je Hektar (VAN DIJK 1951).

5. Düngungsmethoden

Im Hinblick auf die außerordentlich wichtige Rolle, welche die organische Substanz als Sorptionskomplex in den Böden der warmen Gebiete, die im allgemeinen durch schwach sorptive Tonmineralien gekennzeichnet sind, spielt und mit Rücksicht auf den sehr verstärkten Einfluß der Verwitterungsfaktoren in diesen Klimazonen muß grundsätzlich die Düngerplanung mit einer intensiven Pflege der organischen Substanz des Bodens Hand in Hand gehen.

Sehr oft wird aus klimatischen Gründen der Anbau von Gründüngungspflanzen und ihre anschließende Einarbeitung in den Boden zur Förderung des Nährhumusgehaltes wegen unzureichender Feuchtigkeitsverhältnisse nicht möglich sein. Daher findet, wie eingangs schon beschrieben, das Mulchen zwischen den Reihen der Kaffeebäume als wirkungsvollste Maßnahme der Bodenpflege steigende Beachtung. Beim Mulchen wird, soweit es der Pflanzverband und die Regenverhältnisse erlauben, der zwischen den Kaffeereihen wachsende Gründünger gegen Ende der Regenzeit flach über dem Boden abgeschnitten und dann auf der Erde ausgebreitet. Zum Mulchen werden zweckmäßigerweise Leguminosen verwendet. Sehr oft wird das Mulchmaterial auch außerhalb der eigentlichen Kaffeepflanzung in eigens dafür hergerichteten gut abgedüngten Feldern gezogen, um nach dem Schnitt von dort zur Pflanzung transportiert zu werden. Dieses Verfahren bietet den Vorzug der völligen Ausschaltung des Wettbewerbs zwischen der Kaffeekultur und den zum Mulchen bestimmten Pflanzen um das im Minimum befindliche Wasser. Nach HAARER (1962) haben sich auch Bananenabfälle — Blätter, Stamm-Material, verdorbene und dann zerteilte Fruchtbündel — als sehr gutes Mulchmaterial erwiesen. Elefantengras (*Pennisetum purpureum*), auch Napiergras genannt, liefert sehr wertvolles Mulchmaterial. Elefantengras ist perennierend und mengenmäßig außerordentlich ergiebig, sofern ihm nach jedem Schnitt eine ausreichende Düngung verabfolgt wird. Kombiniert man das Mulchen mit einer den örtlichen Boden- und Nährstoffverhältnissen angepaßten zusätzlichen Mineraldüngung, so lassen sich ganz erhebliche Mehrerträge erzielen, wie die von Medcalf und Mitarbeitern (1955) durchgeführten Versuche veranschaulichen.

Tabelle 467. *Wirkung kombinierter organischer und anorganischer Düngung auf den Ertrag*
(IBEC Research Institute, Cambuhy/Brasilien)

Kulturmethode	Marktkaffee in g/Baum		
	ungedüngt	NPK	Mittel
1. Bodenbedecker bzw. Bodenschutz- pflanzen (Leguminosen)[1]	314	451	383
2. Grasmulch[2]	683	780	732
3. Schwarzhaltung[1] (clean weeding)	381	547	464
Mittel	459	593	—

[1] Parzellen unter 1. und 3. erhielten eine Düngergabe von 175 lbs. N, 60 lbs. P_2O_5 und 125 lbs. K_2O je Acre.

[2] Parzellen unter 2. erhielten außer 25 t Grasmulch (Frischgewicht) eine Düngergabe von 60 lbs. N, 15 lbs. P_2O_5 und 60 lbs. K_2O je Acre.

Ein Vergleich der Mulchparzellen mit den schwarz gehaltenen Feldern, eine in Brasilien noch weit verbreitete Kulturmethode, zeigt einen Mehrertrag von 58%. Die Kombination Mulch und Mineraldüngung ergab gegenüber den ungedüngten Parzellen selbst einen Ertragszuwachs von über 100%. Das ungünstige Ergebnis der mit Bodenbedeckern bepflanzten Parzellen läßt darauf schließen, daß der Wasserbedarf der Leguminosen ertragsmindernd gewirkt hat.

Sehr bemerkenswert sind ebenfalls die Ergebnisse, welche in Java mit verschiedenen Kulturmethoden erzielt wurden (de Geus 1951). Während der Ertrag durch eine Düngung der schwarz gehaltenen Parzellen (clean weeding) erwartungsgemäß eine Steigerung erfuhr, konnte durch Änderung der Kulturmethode unter Einschluß von Mulch, jedoch ohne Düngung, ein zusätzlicher erheblicher Ertragsanstieg erzielt werden. Die Kombination von Mulch und Düngung schließlich führte zu einer weiteren sprunghaften Zunahme der Produktion, deren Höhe nur durch eine reiche Neubildung von jungem Fruchtholz ermöglicht wurde. Es muß einschränkend hinzugefügt werden, daß die in nachfolgender Tabelle zum Ausdruck kommende außerordentlich hohe Wirkung des Mulchens und der Düngung bei jungen Bäumen im Alter der ersten Ernte erzielt worden ist. In diesem Entwicklungsstadium ist das Nährstoff-Aneignungsvermögen der noch nicht voll ausgebildeten Wurzelsysteme der jungen Bäume noch gering. Die Wirkung leicht aufnehmbarer Nährstoffe ist daher besonders deutlich zu demonstrieren.

Auch die in den letzten Jahren durchgeführten Mulchversuche der Kaffeeversuchsanstalt Ruiru in Ostafrika (Kenya) sowohl mit als auch ohne zusätzliche Stickstoffgaben lassen eindeutig die ertragsfördernde Wirkung des Mulchens erkennen. Robinson und Chenery (1958) berichten auf Grund von zahlreichen Mulchversuchen in Kenya mit *C. arabica* und in Uganda mit *C. canephora* (*Robusta*) von Magnesiummangelerscheinungen, die zurückzuführen sind auf die sehr hohen Kalimengen, welche mit dem Mulchmaterial in den Boden gelangen.

Tabelle 468. *Der Einfluß des Mulchens auf die Düngerwirkung bei jungen Bäumen (erste Ernte)*
(Schwarzhaltung, ungedüngt = 100)

	Anzahl Zweige		Ertrag 1940
	April 1939	Nov. 1939	
Versuch I Schwarzhaltung	100	100	100
Versuch II Schwarzhaltung, gedüngt[1]	121	122	272
Versuch III Bodenbedecker, Mulch	144	141	701
Versuch IV Bodenbedecker, Mulch, gedüngt[1]	194	165	1286

[1] 120 g NP (16,5 N — 20 P_2O_5) in 4 Gaben von 30 g je Baum.

Eine Mulchgabe von beispielsweise 10 t (ofentrocken) Elefantengras (*Pennisetum purpureum*) je Acre enthält bis zu 1200 lbs. Kali. Diese hohe Kaligabe wird sich zweifellos auf die Dauer hemmend auf die Verfügbarkeit von Magnesium und möglicherweise auch von Kalzium auswirken. Die gleiche Gefahr gilt auch für anderes kalireiches Mulchmaterial wie beispielsweise für die oft zur Anwendung gelangende Kaffeepulpe. Trotz dieser möglichen ungünstigen Nebenwirkung des Mulchens, ist seine Handhabung als wirkungsvolle Maßnahme zur Bodenverbesserung und besseren Ausnutzung der Düngergaben mit der Einschränkung, nach Möglichkeit Mulchmaterial mit niedrigem Kaligehalt zur Anwendung zu bringen, zu empfehlen. Ein Magnesiummangel läßt sich, sobald die Blattanalyse das kritische K/Mg-Verhältnis 10:1 zeigt, leicht durch Einschluß von Magnesia in die Düngergaben korrigieren.

Lopez und Calle (1956) betonen die gute Wirkung der Kaffeepulpe auf den Boden. Durch die Pulpe wird die Kali-, Kalk- und Magnesiumaufnahme gefördert und zusätzlich die Bodenstruktur gebessert. Offenbar handelt es sich im Gegensatz zu den im allgemeinen kalireichen Kaffeeböden Ostafrikas hier um kalibedürftige Standorte. Bei der Anwendung der Pulpe ist ihre alkalische Wirkung auf den Boden zu beachten. Sie ist am besten durch physiologisch sauer wirkende Mineraldünger zu neutralisieren.

Grundsätzlich ist bei der Düngerplanung von Kaffeekulturen davon auszugehen, daß eine ausreichende Ernährung der Bäume zur Zeit der Blüte für Ansatz und Ausbildung einer reichen Fruchttracht notwendig ist. Aus Blattanalysendaten ist ersichtlich, daß die Nährstoffaufnahme in enger Abhängigkeit zu den lokal vorherrschenden Niederschlagsperioden erfolgt. Entsprechend ist die zweckmäßigste Zeit der Düngung zu Anfang der Hauptregenzeit. Während im allgemeinen die ganze Phosphatmenge, und zwar im Hinblick auf den üblicherweise sauren Standort vorzugsweise in einer schwerer löslichen Form in einmaliger Gabe verabreicht wird, ist die Stickstoffdüngung je nach der geplanten Höhe und den Feuchtigkeitsverhältnissen möglichst in mehreren Teilgaben zu verabreichen. Bei der Kalidüngung ist darauf zu achten, daß der Hauptanteil der vorgesehenen Menge vor der Blütenknospenbildung in den Boden gelangt.

Am vorteilhaftesten ist der Dünger mit Rücksicht auf die eingangs beschriebene Wurzelverteilung im Abstand von etwa 30 cm vom Stamm bis zur Blatttraufe ringförmig um den Baum auszustreuen und leicht einzuhacken. Sobald sich die Bäume soweit entwickelt haben, daß die Baumkronen sich berühren und ein mehr oder weniger geschlossenes Dach bilden, kann der Dünger breitwürfig zwischen den Reihen ausgebracht werden. Sehr oft wird in der Praxis letztere Methode aus wirtschaftlichen Gründen auch schon bei jüngeren Beständen durchgeführt, da naturgemäß die individuelle Düngung ringförmig um jeden Baum aufwendiger ist. Sind die Reihen mit Mulchlagen versehen, hat sich das Ausstreuen des Düngers auf den nackten Boden, der anschließend wieder mit der vorher auf die Seite geräumten Mulchmasse abgedeckt wird, als vorteilhaft erwiesen. Ein Einarbeiten des Düngers in die Bodenoberfläche erübrigt sich in diesem Falle. Versuche, in Kenya durchgeführt, bestätigen, daß die Düngergabe, auf die Mulchlage gestreut, weniger effektiv ist als jene auf den nackten Boden (Anonym 1960). Die beste Wirkung zeigt eine Streifendüngung beiderseits neben der etwa 135 cm breiten Mulchlage zwischen den Kaffeereihen.

Auf Grund langjähriger Düngungsversuche in Äquatorial-Afrika empfiehlt Busch (1956) als zweckmäßigste Ausbringungszeiten der Mineraldünger für produzierende Sträucher:

1. Zu Beginn der Hauptregenzeit 50% der Stickstoff- und Kaligaben sowie die gesamte vorgesehene Phosphatdüngung, um die Blatt- und Fruchtholzentwicklung zu stimulieren.

2. Etwa 5 bis 6 Monate später gegen Ende der Regenzeit die restlichen 50% Stickstoff und Kali zur Förderung der Fruchtentwicklung und der neuen Blütenknospen.

Die zweite Gabe ist von besonderer Wichtigkeit, da sie die Aufgabe hat, Stickstoffreserven in der Pflanze aufzubauen zur Verhütung einer Hungerperiode während der darauffolgenden regenarmen Zeit.

Auch die interessanten Untersuchungsergebnisse von Wakefield (1933) in Tanganyika über den Stickstoffbedarf während der Fruchtbildung lassen die Notwendigkeit einer Teilgabe der Stickstoffdüngung etwa 4 Wochen nach der Blüte zur Deckung des in den folgenden Monaten schnell anwachsenden Stickstoffbedarfs erkennen.

Tabelle 469. *Der Stickstoffbedarf während der Entwicklung der Kaffeekirschen*

	N kg/ha
April (1 Monat nach der Blüte)	2,49
Mai	8,14
Juni	5,14
Juli	12,50
August	26,13
September	20,10
Oktober (Reife)	19,80

Während in Kenya die von der Kaffeeversuchsstation in den Jahren 1952 bis 1957 durchgeführten Stickstoffdüngungsversuche signifikante Mehrerträge erbrachten, ließ die Zeit der Anwendung oder die Dosierung in Teilgaben keinen zusätzlichen Effekt erkennen (Anonym 1959). Im Gegensatz hierzu stehen die Düngungsversuche, welche in Kona, Hawaii, durchgeführt wurden. Die im Vergleich zu den Stickstoffgaben von 92 lbs. N/acre in Kenya allerdings sehr hohen Mengen von 355 lbs. N/acre in Hawaii zeigten bei einer Dosierung auf 10 Teilgaben einen erheblichen Mehrertrag gegenüber einer Aufteilung auf nur zwei Gaben.

Tabelle 470. *Einfluß geteilter Düngergaben auf den Kaffee-Ertrag in Hawaii*
(nach COOIL und Mitarbeiter 1958)

Düngungs-methode	N-Düngung		K-Düngung		Ertrag in cwt. Kaffeekirschen/acre[1]			
	lbs. N/ acre/Jahr	Anzahl Teilgaben	lbs. K_2O/ acre/Jahr	Anzahl Teilgaben	1954–1955	1955–1956	1956–1957	1957–1958
F	177	2	724	2	155,4	152,8	121,5	185,1
L	355	2	724	2	170,9	158,6	123,9	172,9
I	355	10	724	2	173,6	199,0	168,4	192,9
K	355	10	724	4	148,6	161,9	139,6	—

[1] 1 cwt. = 50,802 kg; 1 cwt./acre = 125,55 kg/ha.

Schon wegen der stets vorhandenen Auswaschungsgefahr ist eine geteilte Stickstoffgabe zu befürworten. Bei den außergewöhnlich hohen Mengen, die in den obigen Versuchen zur Anwendung gelangten, erscheint eine Dosierung besonders dringend. Es lassen sich an Hand der Ergebnisse recht aufschlußreiche Feststellungen machen:

1. Die bei der Kaffeekultur sehr häufig von einem Jahr zum anderen auftretenden hohen Ernteschwankungen können maßgeblich durch eine Dosierung der Stickstoffgaben auf häufige über das Jahr verteilte Einzelgaben ausgeglichen werden.

2. Eine Verdoppelung der Stickstoffgabe ohne gleichzeitige Dosierung auf Teilgaben über das ganze Jahr erbrachte nur einen geringen, unwirtschaftlichen Mehrertrag. Erst die regelmäßig über das Jahr verteilte Stickstoffdüngung ergab signifikante Mehrerträge.

3. Offenbar ist die gleichmäßige Stickstoffversorgung von maßgeblicher Bedeutung für die Nachhaltigkeit guter Erträge.

4. Ein Vergleich der Methoden I und K läßt erkennen, daß eine Aufteilung der Kalidüngung auf mehr als 2 Teilgaben keinen günstigen Effekt hatte. Beobachtungen lassen vermuten, daß der ertragssteigernde Effekt einer oft wiederholten Stickstoffdüngung erst voll zur Wirkung kommt, wenn ein maßgeblicher Anteil der Kalidüngung vor der Blütezeit verabreicht wird.

Bei kritischer Beurteilung der Versuche muß allerdings die Einschränkung gemacht werden, daß die klimatischen Bedingungen auf Hawaii, wo eine ausgesprochene Trockenzeit unbekannt ist, die günstigsten Voraussetzungen für eine zeitlich gut abgestimmte Düngung bieten und daß diese in Gebieten, in denen auf Regenzeiten längere Trockenperioden folgen, nicht ohne weiteres durchführbar ist. Zweifellos ergeben sich bei letzteren in Verbindung mit künstlicher Beregnung vielversprechende Möglichkeiten der Ertragssteigerung.

6. Düngung und Ertrag

Der Kaffeebaum gehört unter den Kulturpflanzen der warmen Zonen zu den anpruchsvollsten hinsichtlich Pflege und Nährstoffversorgung. Diese Tatsachen sind schon seit langem bekannt, wie aus den interessanten Ausführungen von HUGHES (1879) über die Kaffeekultur von Ceylon zu entnehmen ist. Daß trotz dieser Erkenntnis eine systematische Düngung der Kaffeeplantagen sich erst in den letzten Jahren durchzusetzen beginnt, mag einerseits darauf zurückzuführen sein, daß sich der Anbau zum vorwiegenden Teil auf eine Vielzahl von Kleinbetrieben, die für fortschrittliche Kulturmaßnahmen schwer zugänglich sind, verteilt und zum anderen auf eine auch heute noch oft gehandhabte investierungsfeindliche rein spekulative Landnutzung bis zur Erschöpfung des Bodens mit anschließender Neulandrodung. Bei der zunehmenden Verknappung und zwangsläufigen Verteuerung der Böden, die für den Anbau von Kaffee geeignet sind, wird, vom Rentabilitätsgedanken getragen, sich eine intensivere Bewirtschaftung unter Einschluß einer rationellen Düngung durchsetzen müssen.

In Abhängigkeit von Klima, Leistungsfähigkeit und Nachlieferungsvermögen des Bodens, Alter der Kaffeebäume und von Kulturmaßnahmen, wobei insbesondere die Schattendichte von maßgeblichem Einfluß ist, wird die Düngung hinsichtlich Menge und Zusammensetzung von Ort zu Ort verschieden sein. Im Hinblick auf den perennierenden Charakter der Kaffeekultur und die Zeit, die bis zur Reife der Kaffeekirschen vergeht, welche sich auf dem unter dem Einfluß der Düngung entwickelten Fruchtholz gebildet haben, kann ein meßbarer Düngungseffekt nicht vor 2 Jahren nach der Düngung erwartet werden. Ein abschließendes Urteil über die Eignung einer bestimmten Düngungsmaßnahme kann erst nach Jahren gegeben werden. Während die Zeit der Düngerausbringung in Anlehnung an die klimatischen Verhältnisse festzulegen ist, müssen Höhe und Qualität der Einzelgaben die Entwicklungsphasen des Kaffeebaumes berücksichtigen.

Zum besseren Verständnis der Ernährung des Kaffeebaumes möge auf einige spezifische Aufgaben der wichtigsten Nährstoffe, soweit sie für die Kaffeekultur von besonderem Interesse sind, hingewiesen werden.

Wachstum und Ertrag der Kaffeesträucher stehen in linearer Beziehung zur Stickstoffversorgung. Es kann mit van Dierendonck (1959) angenommen werden, daß ein enger Zusammenhang zwischen Anzahl der Blütenknospen eines Zweiges und seiner Blätter besteht. Durch eine gute Stickstoffversorgung ist daher die Blattbildung und damit die Vergrößerung der Assimilationsfläche zu stimulieren.

An Hand von Analysen von Blättern fruchttragender Zweige konnte Loué (1953/1955/1957) feststellen, daß der Stickstoffgehalt der Blätter in Abhängigkeit von den Niederschlagsverhältnissen starken Schwankungen unterliegt. Mit zunehmender Trockenheit beobachtete er ein Absinken des Stickstoffgehaltes im Blatt bis 1,9% und demgegenüber bei Einsetzen der Regen und der damit verbundenen Wachstumsintensivierung und Blütenknospenbildung ein schnelles Ansteigen bis auf knapp 3% während der feuchtesten Zeit. Zu ähnlichen Werten kam Machado (1956). Beobachtungen lassen ferner eine Korrelation zwischen dem Stickstoffgehalt der Kaffeeblätter während der Regenzeit und dem zu erwartenden Ertrag vermuten. Nach Loué (1953) vermitteln daher die Blatt-Analysendaten wertvolle Hinweise für den Düngerbedarf.

Gemäß Machado (1956) muß bei einem harmonischen Ernährungszustand des Kaffeebaumes der Stickstoffgehalt der Blätter mindestens 1% höher liegen

Tabelle 471. *Grenzwerte auf Grund von Analysen 3 bis 9 Monate alter Blätter*
(nach Loué 1953, gekürzt)

Ernährungszustand	N	P₂O₅	K₂O	CaO
Sichtbare Mangelerscheinungen	<1,80	<0,18	<0,30	<1,30
Düngung notwendig	1,8–2,5	0,18–0,25	0,30–0,60	1,30–1,70
Düngung wünschenswert	2,5–2,8	0,25–0,28	0,60–1,20	
guter Ertrag	2,8–3,0	0,28–0,30	1,20–1,80	
sehr guter Ertrag	3,0–3,3	0,30–0,35	1,80–2,20	

als der Kaligehalt. Ein Stickstoffmangel äußert sich durch eine schnell eintretende Verfärbung der Blätter über Hellgrün zu Gelb, durch geringe Größe der Blattneubildungen und vor allen Dingen durch den gedrungenen asymmetrischen Wuchs der Bäume. Diese Symptome sind besonders deutlich kurz nach der Ernte und naturgemäß während Trockenperioden, wenn der Bodenstickstoff nur zögernd für die Pflanze verfügbar ist. In diesem Zusammenhang betont MULLER (1959) die günstige Wirkung einer Mulchlage auf den Wasserhaushalt des Bodens. Die Konservierung der Bodenfeuchte ermöglicht eine bessere Stickstoffaufnahme.

Obgleich der Phosphatbedarf des Kaffeebaumes relativ niedrig liegt, darf die Phosphorsäureversorgung insbesondere in den ersten Jahren der Entwicklung nicht vernachlässigt werden. Die Phosphorsäureaufnahme ist wie die Stickstoffversorgung während der Regenperioden zur Zeit der Entwicklung der Kaffeekirschen besonders aktiv. Nach der Fruchtreife nimmt der Phosphorsäuregehalt auffallend ab. Ein Phosphorsäuremangel wirkt sich besonders ungünstig auf die Wurzelentwicklung und Fruchtholzbildung aus. Nach LOUÉ (1953) gilt als Grenzwert für Phosphorsäuremangel ein Blattgehalt von weniger als 0,18%, während bei etwa 0,30% eine ausreichende Versorgung mit P_2O_5 angenommen werden kann.

Die Kalidüngung gewinnt besondere Bedeutung für produzierende Bäume. Der Bedarf erreicht ähnlich wie bei Stickstoff seinen Höhepunkt zur Zeit der Fruchtreife. Während der Entwicklung der Kaffeekirschen nimmt der Kaligehalt der Blätter ständig ab, was offenbar auf eine Abwanderung des sehr beweglichen Kalis in die Früchte zurückzuführen ist. Die Kaliaufnahme ist ebenfalls saisonbedingt und der Strauch reagiert selbst auf zwischenzeitliche Regenschauer während einer Trockenperiode, wie aus Blatt-Analysendaten festgestellt werden konnte, deutlich mit einer Zunahme des Kaligehaltes. Nach MULLER (1959) ist ein K_2O-Gehalt der Blätter von 2% ausreichend zur Sicherung guter Ernten. Bei Kalimangel werden zunächst die Reserven in Rinde und Holz in Anspruch genommen, was nach Erschöpfung zu dem gefürchteten Zweigsterben (*die-back*) führen kann. Diese Krankheit, welche eingangs schon Erwähnung fand, ist zweifellos eine Mangelerscheinung, die zurückzuführen ist auf physiologische Störungen als Folge eines unausgeglichenen N/K-Verhältnisses bei reich produzierenden Bäumen. Ergebnisse mehrjähriger Düngungsversuche von RIPPERTON und Mitarbeitern (1935) bestätigen, daß bei einseitiger reicher Düngung tragender Bestände mit 160 lbs. N und 160 lbs. P_2O_5 je Acre die Parzellen „N" und „NP" sehr stark unter *die-back* litten, während jene, welche außerdem 160 lbs. K_2O erhielten, also die „NK"- und „NPK"-Parzellen, nahezu von *die-back* verschont blieben. Die Befunde von MALAVOLTA und Mitarbeitern (1958) aus Brasilien, welche von SILVAIN (1959) zitiert werden, bestätigen obige Erfahrungen aus Hawaii. Obwohl eine Düngung mit Stickstoff und auch mit Kali einen auffallenden Effekt zeigte, konnte erst die kombinierte NK- oder NPK-Gabe die Bäume soweit kräftigen, daß nur noch ein geringer Prozentsatz der Zweige abstarb.

Eine sehr reiche Kaliversorgung führt bei einem Anstieg des Kaligehaltes auf mehr als 3% der Blatttrockensubstanz zu einer Verdickung der Blätter, was zweifellos für unbeschattete Pflanzungen während Trockenperioden hinsichtlich des Wasserhaushaltes der Bäume von Bedeutung sein kann (VAN DIERENDONCK 1959).

Obgleich der Anteil an CaO und MgO in der Trockensubstanz einen relativ hohen Bedarf des Kaffeebaumes an Kalzium und Magnesium vermuten läßt, liegen einschlägige Studien über ihre spezifischen Aufgaben im Nährstoffhaushalt des Kaffeestrauches nicht vor. Auf Grund von Blattanalysendaten kann angenommen werden, daß bei einem Gehalt von weniger als 0,5% CaO und weniger als 0,2% MgO der Trockensubstanz akuter Mangel vorliegt und eine entsprechende

Tabelle 472. *Einfluß verschiedener Nährstoffkombinationen auf die Anzahl abgestorbener*
Zweige (die-back)
(Durchschnitt von 6 Wiederholungen)

Düngungsart	Durchschn. Zahl abgestorbener Zweige
Kontrollparzellen	69,1
N	28,0
P	75,3
K	41,7
NP	36,2
NK	6,2
PK	33,8
NPK	6,7

Düngung dringend erforderlich ist. Mulchversuche in Kenya lassen einen induzierten Magnesiummangel durch kalireiches Mulchmaterial (*Pennisetum purpureum*) (Anonym 1958) erkennen. Es besteht eine positive Beziehung hinsichtlich der Aufnahme von P_2O_5 und MgO einerseits und von N und MgO andererseits. Perez (1957) bestätigte aus Costa Rica, daß reichliche N-Gaben zu einer auffallenden Reduzierung eines Magnesiummangels führten.

Ernährungsstörungen als Folge eines Mikronährstoffmangels wurden in verschiedenen Anbaugebieten beobachtet. Bor, Zink und Eisen sind für die normale Entwicklung des Kaffeebaumes von besonderer Wichtigkeit. Bormangel bewirkt Mißbildungen der jungen Blätter, deren Oberfläche dann aufgerauht erscheint. In ernsteren Fällen folgt ein Absterben der Zweige, von der Spitze beginnend. Die neuen Sprosse unterhalb der abgestorbenen Spitzen streben eigentümlich fächerförmig auseinander. Besonders häufig wurde Bormangel in Costa Rica festgestellt (Perez und Mitarbeiter 1956). Einige Unzen Borax, und zwar je nach der Intensität des Mangels $1/_4$ bis 4 Unzen[1], bewirkten einen Mehrertrag bis zu dreifacher Höhe gegenüber den unter Bormangel leidenden Beständen.

Besonders empfindlich reagiert der Kaffee auf Zinkmangel. Zwergwuchs und Absterben der Zweige sind die Folge. Eine Behebung solcher Schäden durch Ausbringung von Zinkpräparaten in den Boden hat sich nicht bewährt. Guten Effekt zeigt hingegen nach Muller (1959) eine 0,2 bis 1%ige Lösung von Zinksulfat mehrmals im Jahr über das Blatt versprüht.

Eisenmangel wurde bei sehr unterschiedlichen Bodenverhältnissen, besonders häufig jedoch bei alkalischer Reaktion, in verschiedenen Anbaugebieten beobachtet. Typisch ist die chlorotische Verfärbung der jüngsten Blätter von hellgrün bis gelb und in ernsten Fällen bis zu weiß. Hierbei bleiben die Blattadern im allgemeinen grün. Von verschiedenen Autoren wurde die Vermutung geäußert, daß Eisenmangel eine Folge von übermäßiger Phosphatversorgung ist. Auch besteht offenbar eine Relation zwischen Kali- und Eisenmangel, da sie häufig zusammen beobachtet werden und in diesen Fällen eine Kalidüngung nicht nur den Kalimangel, sondern auch die Chlorose beseitigte (Muller 1959). Im Gegensatz zu Zink wird Eisen nicht oder unzureichend über das Blatt aufgenommen. Sehr effektvoll haben sich Versuche mit Chelaten zur Behebung von Eisen- und Manganmangel in Brasilien erwiesen (Medcalf und Mitarbeiter 1956).

Schon die jungen noch nicht produzierenden Pflanzen müssen durch eine entsprechende Ernährung zu kräftigem Wachstum, guter Wurzelausbildung und reicher Fruchtholzentwicklung angeregt werden.

---

[1] 1 Unze $= 28{,}35$ g.

Der Erfahrung der Praxis, daß für die Anzuchtbeete eine ergänzende Mineraldüngung im allgemeinen nicht zu befürworten ist, da die Befürchtung besteht, daß ein zu starkes Treiben der jungen Pflanzen ihre Widerstandsfähigkeit gegenüber den Umwelteinflüssen nach der Verpflanzung in das Feld schwächt, kann zugestimmt werden. Insonderheit dann, wenn den Maßnahmen zur Förderung einer guten Wurzelentwicklung, wie Tiefgründigkeit und optimale Luft- und Wasserführung, durch intensive Humuspflege die nötige Beachtung geschenkt wird und wenn eine reiche Phosphorsäureversorgung gegeben ist. Andernfalls ist eine Rohphosphatgabe von etwa 3 kg je 100 m² sorgfältig in die Krumenerde einzumischen.

Nach dem Verpflanzen ist zunächst für eine reichliche Stickstoff- und Phosphatversorgung Sorge zu tragen. Als sehr zweckmäßig, insbesondere im Hinblick auf die Wurzelformung der jungen Pflanzen, hat sich eine Vorratsdüngung von 500 g Rohphosphat, gut eingemischt in die Füllerde der Pflanzgruben, erwiesen. Etwa 3 bis 5 Wochen nach dem Pflanzen, was naturgemäß zu Beginn der Hauptregenzeit vorgenommen wird, erhalten die jungen Pflanzen eine erste Stickstoffdüngung, die, soweit es die Feuchtigkeitsverhältnisse erlauben, in Abständen von jeweils 4 Monaten wiederholt wird. Jede Einzelgabe entspricht etwa 10 g Reinstickstoff, so daß insgesamt eine Jahresgabe von 30 g Stickstoff je Pflanze im ersten Jahr verabreicht wird.

Die Notwendigkeit einer reichlichen Stickstoffversorgung in den ersten Jahren bis zum produktiven Alter demonstrieren die klassischen Versuche von MCCLELLAND (1926) in Porto Rico. In zahlreichen Gefäßversuchen konnte eindeutig die positive Wirkung der Stickstoffgaben auf das Wachstum an Hand der Anzahl entwickelter Blätter, der Höhe der Pflanzen und der Gewichtsdifferenz der erzeugten Masse (Blatt, Stamm, Zweige, Wurzeln) gegenüber den Gefäßen „ohne N" nachgewiesen werden.

Tabelle 473. *Mineraldüngereffekt auf die Entwicklung junger Kaffeebäume*
(Gefäßversuche nach MCCLELLAND. Gesamtgewicht der Pflanzen – Blatt, Stamm, Zweige und Wurzeln – in g)

Düngungsart	Gefäß I	Gefäß II	Gefäß III	Total	Differenz gegenüber 0	Relativ
N	580	565	625	1770	+818	186
P	252	353	289	894	– 58	94
K	307	277	265	849	–103	89
NP	562	601	515	1678	+726	176
NK	270	587	621	1478	+526	155
PK	318	315	299	932	– 20	98
NPK	557	669	477	1703	+751	179
O	334	332	286	952	—	100

Die weitere Düngerplanung hat sich nach den wurzelverfügbaren Phosphorsäure- und Kalivorräten des Bodens zu richten. Unter normalen Bodenverhältnissen ist im zweiten und dritten Jahr eine Volldüngung mit einem Nährstoffverhältnis von 1:1:1, basiert auf je etwa 45 kg der Nährstoffe N, P_2O_5 und K_2O je Hektar bei einem Bestand von 1200 Bäumen, zu empfehlen.

Sobald die Bäume die generative Phase erreicht haben, tritt die Bedeutung der Phosphatversorgung zurück, während einer reichlicheren Kaliernährung im Hinblick auf die wichtige Rolle, die das Kalium bei der Fruchtbildung spielt, größere Beachtung geschenkt werden muß. Die auffallende Beobachtung, daß ältere Kaffeebäume selbst auf ungenügend mit sogenannter wurzellöslicher

Phosphorsäure versorgten Böden nur wenig auf Phosphatgaben reagieren, mag darauf zurückzuführen sein, daß von dem inzwischen entwickelten reich verzweigten und tiefreichenden Wurzelnetz aus den Phosphatvorräten des Bodens Phosphorsäure nutzbar gemacht wird und daß vermutlich auch die älteren Kaffeebäume ein ausgesprochen starkes Aufschließungsvermögen für weniger lösliche Phosphatformen im Boden haben (DE GEUS 1958).

Soweit nicht durch kalireiches Mulchmaterial der hohe Kalibedarf produzierender Bestände gedeckt wird, muß dieser bei der weiteren Düngerplanung entsprechend berücksichtigt und das N/K-Verhältnis der Düngung auf etwa 1:1,5 bis 1,8 erweitert werden. Dieses Verhältnis zu Grunde legend, wird je nach Alter der produzierenden Bäume vom 4. bis 10. Jahr eine jährliche Gabe von 60 bis 90 kg N und 90 bis 150 kg K_2O je Hektar von 1200 Bäumen anzusetzen sein.

Die Höhe der Düngung älterer Bestände richtet sich nach der Fruchttracht der Bäume. Durch eine reiche Nährstoffversorgung, die jeweils der zu erwartenden Ernte angepaßt wird, läßt sich die Leistungskraft der Bäume über viele Jahre, bis zu 30 Jahren und länger, erhalten. Die Phosphatversorgung der produzierenden Bäume kann, soweit die Böden nicht ausgesprochen phosphorsäurearm sind, bis auf 50% der Stickstoffgaben reduziert werden.

Es bedarf keiner weiteren Betonung, daß jede Düngerempfehlung nur einen globalen Charakter haben kann und daß Höhe und Nährstoffverhältnis immer den lokalen Bedingungen anzupassen sind.

Eine maßgebliche Rolle bei der Bemessung der Düngermenge spielt die Beschattung der Kaffeekultur. Je stärker die Lichtintensität bzw. je geringer die Beschattung, um so höher wird die optimale Düngergabe liegen. Nach Angaben von DE GEUS (1958) lassen sich für Bestände unter Schatten 80 bis 120 kg N empfehlen, während bei unbeschatteten Kulturen das Optimum je nach den Bodeneigenschaften zwischen 150 und 300 kg N je Hektar liegt. Für intensiv bewirtschaftete unbeschattete Pflanzungen bei Sao Paulo, Brasilien, werden folgende Düngergaben genannt:

Tabelle 474. *Düngergaben in g je pé[1] für unbeschattete Bestände*

	N	P_2O_5	K_2O
Terra arenosa (sandige Böden)	200	100	150
Terra roxa und terra misturada	150	100	200
Terra Massapé (lehmige Böden)	150	100	150

[1] pé = mehrere Pflanzen je Pflanzstelle.

Es unterliegt keinem Zweifel, daß durch die Beschattung die Photosynthese merklich reduziert und damit auch die allgemeine Entwicklung des Kaffeebaumes verzögert und seine Ertragsfähigkeit vermindert wird. Entsprechend geringer ist der Nährstoffbedarf. In Gebieten, wo die geographische Lage eine Beschattung nicht erforderlich macht, wie beispielsweise in Brasilien und Hawaii aber auch in Äquatornähe bei entsprechenden Höhenlagen, werden optimale Düngergaben eine Größenordnung zeigen, die um ein Mehrfaches höher liegt als unter Verhältnissen, wo der Kaffee unter Schatten steht.

Im allgemeinen ist die Düngerwirkung bei beschatteten Kaffeebeständen geringer als bei unbeschatteten. Die unter Schatten stehenden Bäume gedeihen unter waldähnlichen Bedingungen, d. h. durch die Verbesserung des Mikroklimas geht der Abbau der organischen Substanz maßgeblich langsamer vor sich als unter Bedingungen intensiver Sonneneinstrahlung. Hinzu kommt der Schutz, den das Blätterdach der Schattenbäume gegen den bodenzerstörenden Einfluß tropischer Regen ausübt. Unter diesen Voraussetzungen finden die Kaffeebäume im allgemeinen Nährstoffverhältnisse vor, die für eine ganze Reihe von Jahren zur Produktion der relativ geringen Ernten ausreichen. Bezeichnend sind die Ergebnisse von Versuchen, welche in Kolumbien durchgeführt wurden, die deutlich den unterschiedlichen Effekt einer Düngung auf beschattete und unbeschattete Bestände demonstrieren (v. TRIANA 1957).

Tabelle 475. *Einfluß von Schatten und Düngergaben auf den Ertrag von C. arabica* (in kg Kaffeekirschen)

| | var. *Bourbon* | | var. *Typica* | | |
	mit Schatten	ohne Schatten	mit Schatten	ohne Schatten	Summe
ungedüngt	176,31	449,32	163,09	250,22	1038,94
gedüngt	222,77	666,39	162,27	464,43	1515,86
Summe	399,08	1115,71	325,36	714,65	

Insgesamt: mit Schatten 724,44
ohne Schatten 1830,36

Während die gleiche Düngergabe bei der unter Schatten stehenden Varietät *Bourbon* einen Ertragszuwachs von 26% erzielte, konnte beim unbeschatteten Bestand ein Mehrertrag von 48% erreicht werden. Bei der Varietät *Typica* war die Düngerwirkung auf die unbeschatteten Parzellen mit 86% noch ausgeprägter, während bei den Schattenparzellen kein Effekt beobachtet wurde.

Sehr auffallend sind die auf ein Mehrfaches angestiegenen Ertragsleistungen, nachdem der Schatten entfernt wurde. Es sei hier nochmals ausdrücklich betont, daß eine Lichtung des Schattendaches oder die gänzliche Rodung der Schattenbäume ohne gleichzeitige intensive Düngung sehr bald die Leistungskraft der Bäume erschöpfen wird.

Tabelle 476. *Wirkung steigender Stickstoffgaben zu Kaffee unter Schatten* (Erträge in lbs. Kaffeekirschen je Acre)

	N	NP	NK	NPK	O
1. Düngergabe: N 20 lbs./acre, P_2O_5 30 lbs./acre, K_2O 40 lbs./acre					
Mittel aus 9 Versuchsjahren, 1941 bis 1949	572	610	670	742	480
in % der ungedüngten Parzellen	119,0	127,1	140,3	154,6	100
2. Düngergabe: N 40 lbs./acre, P_2O_5 30 lbs./acre, K_2O 40 lbs./acre					
Mittel aus 4 Versuchsjahren, 1950 bis 1953	1303	1235	1251	1200	920
in % der ungedüngten Parzellen	141,6	134,2	136,0	130,4	100
3. Düngergabe: N 60 lbs./acre, P_2O_5 30 lbs./acre, K_2O 40 lbs./acre					
Mittel aus 4 Versuchsjahren, 1954 bis 1957	3390	4143	3496	3920	3050
in % der ungedüngten Parzellen	111,1	135,8	114,6	128,5	100

Langjährige Düngungsversuche der Kaffee-Forschungsanstalt Balehonnur, Indien, vermitteln einen guten Überblick über die Wirkung verschiedener Mineraldüngerkombinationen zu Kaffee unter Schatten bei gleichzeitiger Abdeckung des Bodens mit Mulchmaterial (Laubmulch) (Thomas 1957).

Eine Gabe von 40 lbs./acre N ist offenbar für die Verhältnisse in Südindien bei Kaffee unter Schatten das Optimum. Im Hinblick auf den N/K-Antagonismus erscheint allerdings unter Berücksichtigung der ebenfalls als Stickstoffquelle zu wertenden relativ schnell zersetzenden Laubmulchlage auf die Dauer eine Erhöhung der Kaligaben auf 60 lbs./acre ratsam.

Die eingangs schon betonte Bedeutung der kombinierten NK-Düngung für produzierende Bäume bestätigen Versuche in Hawaii (van Dierendonck 1959).

Tabelle 477. *Wirkung verschiedener Nährstoffkombinationen auf den Kaffee-Ertrag* (unbeschattet)

Düngung lbs./acre		Erträge in cwt. Kaffeekirschen/acre[1]			
		1935–1936	1936–1937	1937–1938	Mittel
N/P_2O_5	80/80	97	130	16	81
N/K_2O	80/80	139	249	77	155
$N/P_2O_5/K_2O$	80/80/80	132	242	84	153
$N/P_2O_5/K_2O$	40/80/80	126	248	85	153
P_2O_5/K_2O	80/80	103	168	50	107

[1] 1 cwt./acre = 125,55 kg/ha.

Auch in Brasilien ließen Düngungsversuche zu unbeschattetem Kaffee die überlegene Wirkung der N/K-Düngung erkennen.

Tabelle 478. *Wirkung verschiedener Düngungsmaßnahmen auf den Ertrag unbeschatteter Bestände* (Escola Superior de Agricultura „Luiz de Queiroz", Piracicaba, Brasilien)

Düngung	Ertrag Kaffeekirschen in g/Baum	Relativ
N/P_2O_5	1740	110
N/K_2O	2535	161
P_2O_5/K_2O	1630	105
$N/P_2O_5/K_2O$	2325	148
ungedüngt	1560	100

Bei der Wahl der Düngerform ist die Bodenreaktion zu berücksichtigen. Je nach dem pH-Wert des Standortes sind unter sehr sauren Bedingungen die basisch wirkenden Stickstofformen, unter weniger sauren neutral wirkende und schließlich bei leicht sauren bis neutralen Böden physiologisch saure Stickstoffdünger zu wählen. Die reinen Nitratformen haben sich bei der Kaffeedüngung weniger wirkungsvoll als die Ammoniak enthaltenden Stickstoffdünger erwiesen. Sehr bewährt haben sich, wie Erfahrungen der letzten Jahre aus Kenya zeigen, Ammonnitratdünger wie beispielsweise Ammonsulfatsalpeter und in sauren Medien Kalkammonsalpeter.

Die in den zurückliegenden Jahren durchgeführten Versuche, die Stickstoffdüngung in Form von Harnstofflösungen über das Blatt zu geben, lassen noch kein abschließendes Urteil zu (MENDES und Mitarbeiter 1954). Die Lösungskonzentration ist dem Alter der Bäume anzupassen und sollte bei jungen Bäumen 1% und bei voll tragenden Bäumen 2,5% nicht überschreiten. Gegenüber Biuret ist der Kaffee offenbar recht empfindlich, so daß bei Verwendung von granuliertem Harnstoff („Prills") der Biuretgehalt nicht über 0,5% betragen soll. Nach ROBINSON (1958) wirkte in Kenya der Harnstoff unabhängig vom Biuretgehalt ungünstig auf junge Bäume, und erst bei älteren über vierjährigen Sträuchern ließ sich keine nachteilige Wirkung feststellen.

Da der Kaffee im allgemeinen auf leicht sauren bis sauren Böden angebaut wird, ist die Phosphorsäure im Hinblick auf das Risiko ihrer Festlegung bevorzugt in zitratlöslicher oder auch in schwer löslicher Form beispielsweise als Rohphosphat als Vorratsdüngung zu geben.' Berichte über eine überlegene Wirkung der Phosphorsäure, in organischer Form oder auch als Knochenmehl gegeben, weisen ebenfalls in diese Richtung.

Hinsichtlich der Kalinutzung bestehen keine spezifischen Ansprüche, so daß im allgemeinen der preiswerteren hochkonzentrierten Chloridform der Vorzug zu geben ist.

Nachfolgende Übersicht einiger NPK-Kombinationen, die in verschiedenen Anbaugebieten zur Anwendung gelangen, vermittelt einen Eindruck über die recht unterschiedliche Nährstoffversorgung der Kaffeekulturen als Folge des Einflusses der von Gebiet zu Gebiet variierenden Umweltbedingungen, wobei in Einzelfällen bei Berücksichtigung der individuellen Verhältnisse einer Pflanzung von Fall zu Fall die zu empfehlende Düngergabe hinsichtlich Höhe und Zusammensetzung eine weitere Differenzierung erfahren kann (s. S. 1162).

7. Düngung und Qualität

Über die Beeinflussung der Qualität der Kaffeebohne liegen nur wenige Studien allgemeiner Art vor. Sie befassen sich fast ausschließlich mit der Einwirkung des Klimas, der Aufbereitungsmethoden und der Lagerung auf die Qualität. Grundsätzlich läßt sich feststellen, daß der Kaffee, welcher in Höhenlagen kultiviert wird, einen besseren Preis erzielt als jener aus den bedeutend wärmeren Niederungen. Die Qualität wird ferner maßgeblich durch die verschiedenen Ernte- und Aufbereitungsmethoden beeinflußt.

Erst in den letzten Jahren wurde auf Grund der stetig steigenden Bedeutung der Mineraldüngung für die Kaffeekultur von dem Interamerican Institute of Agricultural Sciences (IAIAS) der Einfluß der Mineraldüngung auf die Qualität zum Thema einer sorgfältigen Studie gemacht (DE GIALLULY 1959). Ein abschließendes Urteil liegt noch nicht vor. Es kann den ersten Ergebnissen entnommen werden, daß durch eine intensive Mineraldüngung die mittlere Größe der Kaffeebohnen reduziert wird und entsprechend der Anteil kleiner und mittlerer Bohnen um etwa 10% zunimmt. Da andererseits jedoch durch die Düngung ein merklicher Ertragszuwachs erreicht wird, ist die absolute Menge der geernteten großen Bohnen gegenüber ungedüngt nennenswert größer. Es hat den Anschein, daß die Höhe der Düngergaben einen geringeren Einfluß auf die Qualität des Kaffees ausübt als die mengenmäßige Zusammensetzung. Eine Auswirkung der Mineraldünger auf das Aroma der Kaffeebohnen konnte bisher nicht festgestellt werden. JACOB (1954) betont den günstigen Einfluß einer Mineraldüngung auf die gleichmäßige Ausreifung der Kaffeebohnen.

Tabelle **479**. *Einige gebräuchliche Düngerformeln und -gaben verschiedener Anbaugebiete*

Gebiet	Zusammensetzung N	: P_2O_5	: K_2O	Höhe der Gabe — g/Baum N	P_2O_5	K_2O	Höhe der Gabe — kg/ha N	P_2O_5	K_2O	Dosierung
Brasilien										
jg. Kaffee ohne Schatten .	1	2,8	1,5		1000–1500		60	170	90	
in voller Produktion ohne Schatten	1	0,3–0,5	1	150–200	50–100	150–200				
Kolumbien unter Schatten..	1	0,5	2					350		
	(10	5	20)							
El Salvador unter Schatten.	1	0,5	2					1500		
	(10	5	20)							
Guatemala										
jg. Kaffee unter Schatten	1	0,66	0,66		450					3 Teilgaben/Jahr
	(15	10	10)							
in voller Produktion unter Schatten..........	1	1	1,5		300					4 Teilgaben/Jahr
	(13	13	20)							
Mexiko	1	1	1,66		500					
	(12	12	20)							
Puerto Rico	1	0,83	0,83				90	75	75	
	1	0,5	0,5				150	75	75	
Costa Rica	1	1	1,5							
	(13	12	20)							
Elfenbeinküste										
Robusta unter Schatten..	1	1	2		300–500					
	(10	10	20)							
Guinea	1	0,5	1,25	40	20	50				
Hawaii										
im 1. Jahr	1	1,5	1					250–275		
	(10	15	10)							
im 2. Jahr	1	1,5	1					750		in 4 Teilgaben/Jahr
	(10	15	10)							
im 3. Jahr	1	0,5	2					1250		
	(10	5	20)							
im 4. Jahr	1	0,5	2					1875 bis 2500		
	(10	5	20)							
ältere Bestände	1	0,5	2							
	(10	5	20)							

Literatur

Anonym: Annual Report 1956/57, Coffee Research Station, Ruiru and Coffee Research Services Kenya: Magnesium Nutrition of Coffee, S. 68 (1958). — Annual Report 1957/58, Coffee Research Station, Ruiru and Coffee Research Services Kenya: Manurial Trial III, 15–16 (1959). — Annual Report 1959/60, Coffee Research Station, Ruiru and Coffee Research Services Kenya: Manurial Trial IV, 17–19 (1960). — ANSTEAD, R. D., und C. K. PITTOCK: The varying composition of the coffee berry at different stages of its growth and its relation to manuring of coffee estates. Planters' Chronicle 8, 36, 445–460 (1913).

BUSCH, J.: Etude de la nutrition minérale du caféier robusta dans le Centre-Oubangui. Agron. Trop. 11, 4, 416–447 (1956).

CAMARGO, TH. DE: Sur l'influence de la concentration en ions hydrogènes du milieu de culture sur le développement du caféier. C. R. Acad. Sci. Paris 188, 878 (1929). — CARNEIRO, G.: Adubacão de caféeiro. Superintendencia dos Servicios do Café (São Paulo), Bol. 28 (320), 56–59 (1953). — CATANI, R. A., et al.: A composicão quimica do caféeiro. Rev. Agricultura 33, No. 1 (1958). — COOIL, B. J., E. T. FUKUNAGA und M. AWADA: Fertilization of coffee in Kona with special reference to nitrogen nutrition. Hawaii Agr. Exper. Sta. Progress Notes No. 117 (1958). — COOIL, B. J., und E. T. FUKUNAGA: Advances in coffee production technology. Mineral nutrition: High fertilizer applications and their effects on coffee yields, S. 44. New York: Spice Mill. 1959. — COWGILL, W. H.: Advances in coffee production technology. The sun-hedge system of coffee growing, S. 59. New York: Spice Mill. 1959.

DEAN, L. A.: Relationship between rainfall and coffee yields in the Kona District. Hawaii J. Agr. Res. 59, 217–222 (1939). — DIERENDONCK, F. J. E. VAN: The manuring of coffee, cocoa, tea and tobacco, S. 29. Genf: Centre d'Etude de l'Azote. 1959. — DIJK, J. W. VAN: Plant Bodem en Bemesting, Bd. II, Bemesting, S. 20. Groningen–Djakarta: Wolters. 1951.

FERNIE, L. M.: Advances in coffee production technology. Asexual propagation of coffee, S. 41. New York: Spice Mill. 1959.

GEUS, J. G. DE: Plant en Bodem. Koffie, Cultuur-Eisen en Bestrijding van Ziekten en Plagen, No. 8, 27 (1951). — Persönliche Mitteilungen 1958. — GIALLULY, M. DE: Advances in coffee production technology. Factors affecting the inherent quality of green coffee, S. 88. New York: Spice Mill. 1959.

HAARER, A. E.: Modern coffee production, 2. Aufl., S. 122 u. S. 219. London: Leonard Hill. 1962. — HOLDRIDGE, L. R.: Determination of world plant formations from simple climatic data. Science 105, 367–368 (1947). — HUGHES, J.: Rep. Ceylon Soils and Coffee manures. 1879. — HUNTER, J. R.: The climatic limits of cacao, coffee and rubber. Inter-American Institute of Agricultural Sciences, No. 16, Turrialba, Costa Rica (1959).

IGNATIEFF, V., und H. J. PAGE: Efficient use of fertilizers, S. 239. Rom: Food and Agriculture Organization of the United Nations. 1958.

JACOB, A.: Die Düngung der wichtigsten tropischen Kulturpflanzen, 2. Aufl., S. 52. Darmstadt: Mittler. 1954.

KEELER, J. T., J. IWANE und D. MATSUMOTO: An economic report on the production of Kona coffee. Hawaii Agr. Exper. Sta. Agricultural Economics Bull. No. 12 (1958). — KRUG, C. A.: Advances in coffee production technology. The supply of better planting material, S. 31. New York: Spice Mill. 1959.

LEDREUX, A.: Fertilizers for coffee. Tropical Agriculture Trinidad 5 (2), 36 (1958). — LOPEZ, A. M., und H. V. CALLE: Valor comperativo de la pulpa de café descompuesta como abono. Bol. Inform., Centro Nac. Invest. Café 7, 81, 285–297 (1956). — LOUÉ, A.: Etude de la nutrition du caféier par la méthode du diagnostic foliaire. Bull. Agr. Centre Rech. Agron. de l'A.O.F., Bingerville 8, 97 (1953). — Etude sur la nutrition minérale du caféier en Cote d'Ivoire. Bull. Spéc. Centre Rech. Agron., Bingerville (1955). — La nutrition minérale du caféier en Cote d'Ivoire. Centre Rech. Agron., Bingerville (1957).

MACHADO, S. A.: Los fertilizantes para el cafeto y el diagnóstico foliar. Bol. Inform. 7 (76), 123 (1956). — MALAVOLTA, E., et al.: Estudios sobre a alimentacão mineral do caféeiro (C. arabica L., variedade Bourbon vermelho). I. Resultados preliminares. Superintendencia dos Servicos do Café, São Paulo, Brasil. Bol. 33 (375), 10–24 (1958). — MARCUS, A., und H. MICKEL: Handbuch der tropischen und subtropischen Landwirtschaft, Bd. II, Kaffee, S. 4. Berlin: Mittler. 1943. — McCLELLAND, T. B.: Experiments with fertilizers for coffee in Porto Rico. Porto Rico Agr. Exper. Sta. Mayaguez, P. R., Bull. 31, 24 (1926). — MEDCALF, J. C.: Preliminary studies on mulching young coffee in Brazil. Bull. IBEC Res. Inst. 12,

5–47 (1956). — Medcalf, J. C., und W. L. Lott: Metal Chelates in Coffee. IBEC Res. Inst. (N. Y.) Bull. No. 12, 47 (1956). — Medcalf, J. C., W. L. Lott, P. B. Teeter und L. R. Quinn: Experimental programme in Brazil. IBEC Res. Inst., Cambuhy 6, 10 (1955). — Mendes, H. C., und C. M. Franco: Nota sóbre a aplicacão de „Nu-Green" a folhas de caféeiros apresentando sintomas de caréncia de nitrogénio. Bol. Superintend. Serv. Café 29, 329, 17–20 (1954). — Moss, R. I.: Report on the visit of a coffee delegation from Jamaica to Guatemala, El Salvador and Costa Rica. J. Agr. Soc. Trinidad and Tobago 57, 2, 224–249 (1957). — Muller, L.: Advances in coffee production technology. Mineral nutrition: Detection and control of essential element deficiencies, S. 46. New York: Spice Mill. 1959.

Nutman, F. J.: Studies of the physiology of coffee arabica. Photosynthesis of coffee leaves under natural conditions. Ann. Bot. N. S. 1 (3), 353–367 (1937).

Perez, S. V. M.: Algunas deficiencias minerales del cafeto en Costa Rica. Costa Rica Min. Agric. Indus. Inform. Téc. No. 2, 27 (1957). — Abonamiento, Poda y Combate de Malas Hierbas en el Cafeto. Suelo Tico 10, 39, 41–88 (1958). — Perez, V. M., G. Chaverri und E. Bornemiza: Algunos aspectos del abonamiento del cafeto con boro y calcio en las condiciones de la Meseta Central de Costa Rica. Costa Rica Min. Agric. Indus. Inform. Téc. No. 1, 14 (1956). — Piringer, A. H., und H. A. Borthwick: Photoperiodic responses of coffee. Turrialba 5, 72–77 (1955).

Ripperton, J. C., Y. B. Goto und R. K. Pahan: Coffee cultural practices in the Kona District of Hawaii. Hawaii Agr. Exper. Sta. Bull. No. 75 (1953). — Robinson, J. B. D.: Fertilizing coffee seedlings. Monthly Bull. Coffee Board Kenya 23, 271, 181–182 (1958). — Robinson, J. B. D., und E. M. Chenera: Magnesium deficiency in coffee with special reference to mulching. Empire J. Exper. Agriculture 26, 103, 259–273 (1958).

Silvain, P. G.: Some physiological disorders of coffee-die-back. Inter-American Institute of Agricultural Sciences, No. 13, 1–17, Turrialba, Costa Rica. 1959. — Sprecher von Bernegg, A.: Tropische und subtropische Weltwirtschaftspflanzen, Teil III, Bd. II, S. 191. Stuttgart: Enke. 1934. — Strenge, H. v.: Schriftenreihe über tropische und subtropische Kulturpflanzen, Kaffee-Anbau und Düngung, S. 7. Bochum: Ruhr-Stickstoff AG. 1954.

Thomas, K. M.: The manuring of coffee in South India. A Review. Indian Coffee 21, 309–320 (1957). — Die Düngeranwendung in Kaffeepflanzungen Südindiens. Kali-Briefe 27/24. Bern: Internationales Kali-Institut. 1958. — Triana, B. J. v.: Informe preliminar sobre un estudio de modalidades del cultivo del cafeto. Centro Nac. Invest. Café, Chinchina, Colombia 8, 5 (1957).

Wakefield, A. S.: Arabica coffee: Period of growth and seasonal measures. Dept. Agr. Tanganyika (1933). — Went, F. W.: The experimental control of plant growth. Waltham, Mass.: Chronica Botanica Co. 1957.

b) Kakao

Von

C. Heinemann

1. Heimat und Verbreitung

Der Kakaobaum gehört zu der in den Tropen beheimateten Familie der *Sterculiaceae*. Seine Heimat ist das tropische Amerika, wo schon die Azteken und Mayas den Kakaobaum kultivierten und aus den getrockneten und zu Pulver gestampften Samen der Früchte ein Getränk bereiteten.

Wildformen der Gattung *Theobroma* gedeihen im gesamten Gebiet zwischen Mexiko und Peru. Es wird angenommen, daß die ursprüngliche Heimat im Einzugsgebiet des oberen Amazonas und des Orinoko gelegen hat. Nach der Entdeckung der Neuen Welt wurde die Kakaobohne über Spanien in Europa eingeführt. Der Anbau erlangte dank der Initiative der Spanier, die während des nächsten Jahrhunderts den gesamten Kakaohandel beherrschten, eine schnelle Ausweitung über Zentralamerika, Westindien, Venezuela und schließlich über die spanischen Niederlassungen in Asien bis nach Ceylon, wo schon um

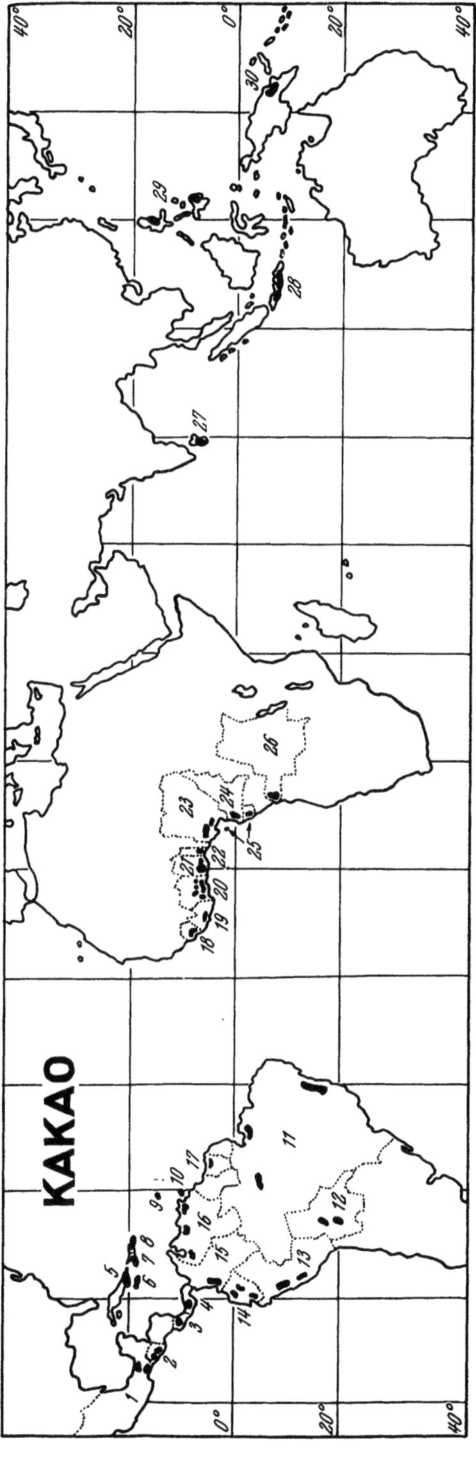

Abb. 264. Die geographische Verteilung der Anbaugebiete

1 Mexiko	*9* Grenada	*17* Surinam
2 Guatemala	*10* Trinidad	*18* Sierra Leone
3 Costa Rica	*11* Brasilien	*19* Liberia
4 Panama	*12* Bolivien	*20* Elfenbeinküste
5 Cuba	*13* Peru	*21* Ghana
6 Jamaica	*14* Ecuador	*22* Togo
7 Haiti	*15* Kolumbien	*23* Nigeria
8 Dominikanische Republik	*16* Venezuela	*24* Cameroun

25 Spanisch-Guinea (Fernando Po, Rio Muni)
26 Kongo
27 Ceylon
28 Indonesien
29 Philippinen
30 Neu-Guinea, Papua

Tabelle 480. *Kakaobohnenproduktion der wichtigsten Anbaugebiete*
(in 1000 metr. t)

	1934–1938	1948–1952	1958/59	1960/61	1961/62
Dominikanische Republik	23,4	31,6	34,0	34,3	33,0
Guadeloupe	0,1	0,1	0,1	0,2	0,1
Guatemala	0,4	0,8	0,7	0,7	0,7
Haiti	1,5	1,9	1,9	2,4	2,2
Costa Rica	6,8	5,4	11,0	12,2	9,9
Cuba	3,2	2,9	2,8	2,8	2,5
Martinique	0,2	0,2	0,1	0,1	0,1
Mexiko	1,1	7,9	15,0	15,0	16,0
Panama	4,7	1,9	1,8	1,7	1,5
Grenada	3,9	2,6	2,0	2,8	2,4
Jamaica	2,1	2,0	2,7	3,8	2,2
St. Lucia	0,3	0,5	0,3	0,2	0,3
Trinidad/Tobago	14,3	7,9	8,2	8,4	7,0
Bolivien	2,5	2,0	2,1	2,1	2,1
Brasilien	124,0	125,2	190,8	180,1	155,9
Kolumbien	10,5	11,2	13,0	15,0	17,0
Ecuador	17,6	28,5	33,7	44,0	43,8
Peru	1,9	4,3	4,0	5,0	5,0
Venezuela	16,5	15,7	14,0	13,8	11,9
Ceylon	3,7	2,5	2,8	2,5	2,5
Indonesien	1,6	0,8	1,2	1,2	1,1
Philippinen	0,8	0,9	1,7	3,8	3,2
Cameroun	24,8	48,8	60,3	71,5	70,0
Kongo	1,3	1,9	4,8	5,0	5,4
Ehem. Franz.-Äquatorialafrika	0,7	2,3	2,9	3,7	3,3
Ehem. Franz.-Westafrika	47,1	53,0	55,7	90,0	81,1
Ghana	282,6	253,1	259,5	307,7	415,0
Liberia	...	0,7	0,8	1,0	0,7
Madagaskar	0,3	0,3	0,5	0,4	0,6
Nigeria	94,2	108,6	142,6	195,0	201,8
San Tomé, Principe	9,9	8,0	7,4	8,5	8,2
Spanisch-Guinea	12,3	15,9	21,0	25,4	25,7
Togo	...	4,4	7,8	8,9	11,5
Neu-Guinea, Papua	0,1	0,3	4,5	7,6	10,7
Neu-Hebriden	1,7	0,7	0,9	0,9	0,7
West-Samoa	1,1	2,7	4,0	4,6	4,3
Welt Gesamt	730	760	920	1085	1160

Quellen: FAO, Yearbook 1954; 1960; 1961; 1962.

1560 die ersten Kakaobäume angepflanzt wurden. Auch die Verbreitung des Kakaobaumes in Westafrika ist auf die Einführung dieser Kultur in der spanischen Besitzung Fernando Po zurückzuführen. Die Ausdehnung der Kultur in den gegenwärtig wichtigsten Produktionszentren Ghana, Nigeria und Brasilien ist bedeutend jüngeren Datums und erfolgte erst gegen Ende des vorigen Jahrhunderts.

Während um 1900 noch etwa 80% der Kakaoproduktion im tropischen Amerika und dem Karibischen Raum erzeugt wurden, erfuhren in den letzten Jahrzehnten infolge der sehr schnellen Ausdehnung des Anbaus in Westafrika die Produktionszentren eine entscheidende geographische Verlagerung. Von der Weltproduktion des Erntejahres 1960/61 von über 1 Million Tonnen wurden nur noch etwa 32% im lateinamerikanischen Raum erzeugt gegenüber 66% in Westafrika und knapp 2% in Asien und Ozeanien. An der Gesamtproduktion waren Ghana mit 28%, Nigeria mit über 18% und Brasilien mit etwa 17% beteiligt.

2. Entwicklung und zeitlicher Wachstumsverlauf

Von den zahlreichen Arten der Gattung *Theobroma* sind nur *Th. Cacao* L., Criollo-Kakao und *Th. leicocarpa* Bern., Forastero-Kakao von wirtschaftlicher Bedeutung. Eine große Zahl Varietäten beider Arten, die miteinander wieder leicht bastardieren, sind in Kultur. Sie unterscheiden sich vornehmlich in Größe, Farbe und Form der Früchte. Etwa 80% der gegenwärtigen Produktion entstammen Forastero-Typen, welche in Brasilien, Ecuador und Westafrika (Typ Amelonado) nahezu ausschließlich kultiviert werden. Die überragende Stellung der Forasterovarietäten ist auf ihre geringere Anfälligkeit und höhere Produktionskapazität zurückzuführen. Die Qualität der Bohnen ist allerdings dem Criollo-Kakao unterlegen. Einige Bedeutung kommt ferner dem vornehmlich in Trinidad angebauten sogenannten Trinitario-Kakao, einem Polyhybrid, entstanden aus der Kreuzung von Criollo und Forastero, zu. Der Anbau des wegen seines Aromas geschätzten Criollo-Kakaos mit seinen Hauptzentren in Venezuela und Kolumbien geht auf Grund seiner hohen Krankheitsanfälligkeit ständig zurück.

Die beiden Arten Criollo und Forastero zeigen im gesamten Habitus eine recht nahe Verwandschaft, so daß sich im Rahmen der folgenden kurzen morphologischen Beschreibung eine getrennte Behandlung erübrigt.

Der frei wachsende Kakaobaum wird gewöhnlich 8 bis 10 m hoch und gelegentlich auch darüber. Sobald im plantagenmäßigen Anbau der Stamm nach etwa 18 Monaten eine Höhe von ungefähr einem bis anderthalb Metern erreicht hat, bilden sich drei bis fünf nach aufwärts gerichtete Hauptseitenzweige, die nach Erreichung der vollen Ausbildung mit der sich entwickelnden weiteren Verästelung eine dichte Krone mit einem Durchmesser von 7 bis 9 m formen. Die breit ausladende Krone, welche bei Criollo im allgemeinen einen geringeren Umfang erreicht als bei den Forastero-Typen, bestimmt den zu wählenden Pflanzverband.

Die kräftig ausgebildete Pfahlwurzel dringt bis etwa 1,50 m tief in den Boden, in dem sie sich nicht selten in zwei bis drei Hauptwurzeln, die mit zahlreichen Seitenwurzeln besetzt sind, aufteilt. Charakteristisch ist ferner ein dichtes Wurzelnetz, welches die Bodenoberfläche bis in eine Tiefe von etwa 20 cm durchzieht.

Eigenartig sind die beiden Gelenke, mit denen die großen, ganzrandigen zunächst hellgrünen, später dunkelgrünen ledrigen Blätter am Grund des Blattstieles und am Ansatz der Blattspreite versehen sind. Sie ermöglichen die Wendung der Blattoberfläche in die Richtung des einfallenden Lichtes.

Die kleinen gelblichweißen Blüten entsprießen in Gruppen dem Stamm (Cauliflorie) oder auch den älteren Ästen (Ramiflorie). Die ersten Blüten entwickeln sich gewöhnlich kaum vor dem vierten Jahr und erst nach zehn Jahren ist die volle Blühkapazität der Bäume erreicht. Obgleich der Kakaobaum während des ganzen Jahres Blüten entwickelt, ist der Fruchtansatz im Verhältnis zur großen Zahl der Blüten gering. Von den angesetzten Früchten erreicht wiederum nur ein Bruchteil die Reife. Unter normalen Verhältnissen entwickeln sich von den Blüten kaum mehr als 6% zu reifen Früchten.

Die nach Art und Varietät sehr verschieden gestalteten Früchte sind botanisch gesehen Beeren, deren unterschiedlich dicke Fruchtwand 25 bis zu 70 in fünf Reihen um eine Mittelachse angeordnete 2 bis 3 cm lange Samen, die

„Kakaobohnen", umschließt. Auch die Färbung der Samen zeigt eine große Mannigfaltigkeit der Farbtönungen von gelblichweiß bis violett. Sie sind bei den Forastero-Arten dunkler als bei den Criollo-Formen. Nach Schmidt (1943)

Abb. 265. Blütenpolster und Kakaofrucht (Photo: W.A.P.V.)

schwankt das 100-Bohnen-Gewicht zwischen 95 und 153 g. Die Früchte werden je nach Varietät 10 bis 25 cm lang und 5 bis 18 cm dick und zeigen meist zehn Längsrippen. Zur Zeit der Reife erreichen sie ein Gewicht von 300 bis

500 g. Die Schale der schlanken, gurkenähnlichen Criollo-Frucht ist relativ dünn und lederartig weich, die der plumpen bis runden Forastero-Arten hart und dick. Die zunächst grünen Früchte färben sich bei der Reife gelb oder auch rot. Die Bohnen aus gelbfrüchtigen Varietäten sind nach SCHMIDT (1943) gerbstoffärmer und daher qualitativ besser als die Samen der roten Früchte.

Abb. 266. Stammbürtige Früchte des Kakaobaumes

Von den Forastero-Typen kann im vierten Jahr die erste kleine Ernte erwartet werden. Die Criollo-Bäume entwickeln sich langsamer und tragen im fünften oder gar erst im sechsten Jahr die ersten Früchte. Nach zehn bis zwölf Jahren ist die volle Ertragsfähigkeit erreicht, welche bei entsprechender Pflege der Bäume und des Bodens über weitere 20 Jahre erhalten werden kann.

Die Vermehrung erfolgt im allgemeinen aus selektierten Samen. Die Anzucht in beschatteten Saatbeeten ist zweifellos aus wirtschaftlichen Gründen der noch oft gehandhabten Aussaat direkt in das Feld vorzuziehen. Je nach Entwicklungszustand werden die Sämlinge nach vier bis fünf Monaten, wenn sie etwa eine Höhe von 60 bis 70 cm erreicht haben, mit fest anhaftenden Erdballen bei Eintritt der Regenzeit in die vorbereiteten Pflanzgruben ins Feld verpflanzt. Die vegetative Vermehrung durch Okulieren auf Unterlagen, welche sich durch kräftige Wurzelentwicklung auszeichnen, und in den letzten Jahren auch mittels Zweig- und Blattstecklingen, gewinnt, nachdem bei letzteren Methoden zur Ausbildung einwandfreier Bewurzelung ausgearbeitet wurden, steigende Beachtung. Während bei der Vermehrung durch Okulieren die Knospe — das sogenannte „Auge" — für die Unterlage von drei- bis fünfjährigen Wasserreisern geschnitten wird, dienen als Stecklingsmaterial Zweige junger Bäume, wobei sich das Holz zwischen dem vierten und zwölften Blatt, von der Zweigspitze gerechnet, am besten bewährt hat. Die aus den Zweigen gezogenen Bäume entwickeln naturgemäß keinen Stamm. Nach ein bis zwei Jahren formen diese Stecklinge jedoch Schößlinge, von denen dann einer, falls erwünscht, beibehalten werden kann. Über die verschiedenen Anzuchtmethoden vermittelt MYLORD (1951) eine aufschlußreiche Übersicht.

3. Klima und Boden

Der Kakaobaum ist ein typischer Vertreter der Tropen. Alle Produktionszentren liegen innerhalb des 20. Breitengrades beiderseits des Äquators. Auch innerhalb des Tropengürtels findet er die ihm zusagenden Klimabedingungen nur in feuchtwarmen niedrigen Lagen. Die anspruchsvolleren Criollo-Typen gedeihen hier bis zu Höhen von 300 m, während die Forastero-Typen noch in Höhenlagen bis zu 500 m zusagende Verhältnisse finden. Die Temperaturansprüche des Kakaobaumes wurden eingehend von HARDY studiert und im einzelnen von HUNTER (1959) zitiert. Hiernach sind günstige Bedingungen für das Gedeihen des Kakaobaumes gegeben, wenn folgende Temperaturansprüche erfüllt werden:

1. Die mittlere Jahrestemperatur darf keinesfalls unter 21° C liegen.

2. Die niedrigste mittlere Tagestemperatur darf 15° C nicht unterschreiten.

3. Das absolute Minimum darf nicht unter 10° C sinken.

4. Für eine reiche Blütenbildung und guten Fruchtansatz sollte die Lufttemperatur nicht 22° C unterschreiten.

5. Um eine regelmäßige, doch nicht übermäßige Blüten- und Blattbildung zu gewährleisten, sollte die Temperatur nicht über 28° C steigen bei Tagesschwankungen, welche nicht über 9° C hinausgehen.

6. Wachstumsfördernd wirkt eine mittlere Temperatur von über 25,5° C.

Zusammenfassend kann festgestellt werden, daß der Kakaobaum am besten bei mittleren Temperaturen zwischen 24° und 28° C gedeiht.

Der Wasserbedarf des Kakaobaumes ist hoch. Als Minimum wird ein monatlicher Regenfall von mindestens 100 mm für notwendig erachtet. Dieses Minimum gilt nur unter der Voraussetzung eines guten Wasserhaltevermögens des Bodens. Das Optimum liegt zwischen 2000 und 3000 mm im Jahr. Auch diese Menge muß gut über das Jahr verteilt sein, d. h. auch während Trockenperioden sind einige Regenschauer erforderlich. Eine Zusammenstellung von VAN DIERENDONCK (1959) vermittelt die Klimaverhältnisse einiger wichtiger Anbaugebiete.

Tabelle 481. *Mittlere Niederschläge und Temperaturen wichtiger Erzeugerländer*

Gebiet	Regenfall mm/Jahr	Temperatur in °C
Ghana	1550	25
Nigeria	1200–1575	—
Brasilien	2000	—
Trinidad	1700–2500	25,5
ehem. Franz.-Westafrika	1300–2000	26,3
ehem. Franz.-Kamerun	1500–2600	24,3

Nach HALL (1949) ist es für eine gute Befruchtung vorteilhaft, daß die Hauptblütezeit, die in Java beispielsweise zwischen November und April liegt, zeitlich in die regenarme Periode fällt. ALVIM (1959) verweist hinsichtlich der Wechselbeziehungen zwischen Wasser und Kakaoertrag auf die entscheidende Bedeutung des physiologisch verfügbaren Wurzelraums und dessen Fähigkeit, Wasser zu speichern. Eine Beurteilung der notwendigen Regenmenge für die Kakaokultur ohne gleichzeitige Berücksichtigung dieser Faktoren ist ausgeschlossen. Wie Beobachtungen aus verschiedenen Anbaugebieten mit ausgesprochenen Trockenperioden bestätigen, sind die Niederschläge, welche drei bis fünf Monate vor der Ernte fallen, für den Ertrag von maßgeblicher Bedeutung.

Ein Problem von besonderer Wichtigkeit für die Kakaokultur ist die Beschattung bzw. die optimale Intensität des Lichteinfalls. Eine Stellungnahme hierzu ist bei der Kompliziertheit dieses Problemes nur von Fall zu Fall unter Berücksichtigung der örtlich gegebenen Umweltbedingungen möglich.

Da der Kakaobaum unter natürlichen Bedingungen im tropischen Regenwald gedeiht, mag die Ansicht, daß er unter einem dichten künstlichen Schattendach, das den natürlichen Verhältnissen am nächsten kommt, die besten Voraussetzungen findet, eine gewisse Berechtigung haben. Hierzu ist einzuwenden, daß der Kakaobaum in seiner natürlichen Umgebung oder in einer solchen, die dieser etwa entspricht, nur eine bescheidene Anzahl Früchte entwickelt. Hierauf wird in einem folgenden Abschnitt noch näher eingegangen werden.

Zweifellos ist der Einfluß der Schattenbäume auf das Mikroklima der Kakaopflanzung positiv zu bewerten, und für junge noch unproduktive Bestände ist eine Beschattung eindeutig zu befürworten. In älteren Beständen ist allerdings damit zu rechnen, daß ihrem nunmehr höheren Wasserverbrauch, dem der hohe Wasserbedarf der Schattenbäume hinzuzurechnen ist, nicht mehr genügend ausnutzbares Wasser zur Verfügung steht und daß trotz der geringeren Transpirationsintensität der unter Schatten stehenden Kakaobäume das Wasser sehr leicht ins Minimum gerät. Die Wirkung des Schattens auf die Wasserversorgung produzierender Kakaobäume wird demnach in den einzelnen Gebieten recht unterschiedlich sein und nur dort positiv ausfallen, wo reichliche und gut verteilte Niederschläge zu erwarten sind. Unter ungünstigen Regenverhältnissen ist es zweckmäßiger, durch intensives Mulchen eine sparsamere Verwertung des verfügbaren Wassers anzustreben. Der höhere Transpirationsverlust schattenloser Bestände als Folge der erhöhten Blattemperatur durch die direkte Sonneneinstrahlung sollte bei vollentwickelten Bäumen nicht zu hoch bewertet werden, da auf Grund der Selbstbeschattung durch die großflächigen Kakaoblätter die Blätter im Inneren der Krone kaum einem Temperaturanstieg unterworfen sind. Sind die beschriebenen Temperatur- und Niederschlagsansprüche erfüllt, gedeiht der Kakaobaum auf recht unterschiedlichen Böden, soweit diese eine kräftige Wurzelentwicklung gestatten. Diese ist jedoch nur möglich bei einer Tiefgründigkeit von mindestens 1,50 m und einer Bodenstruktur, die sich durch einen guten Luft- und Wasserhaushalt auszeichnet. Nach Jacob (1954) bietet ein tiefgründiger, humusreicher Alluvialboden mit durchlässigem tonigem Untergrund die besten Voraussetzungen. Leichte Sandböden sind wegen der geringen Wasserhaltefähigkeit und der Austrocknungsgefahr ungeeignet. Auch in schweren Böden, in denen es während der Regenzeit leicht zu stauender Nässe kommen kann, findet der Kakao keine geeigneten Voraussetzungen für eine gute Wurzelentwicklung. Hier kann allerdings durch geeignete Kulturmaßnahmen, wie Anreicherung des Bodens mit organischem Material, insbesondere aber durch intensives Mulchen eine Verbesserung der Krumenstruktur, welche für den Kakaobaum, dessen Hauptwurzelmasse sehr oberflächig den Boden durchzieht, von maßgeblicher Bedeutung ist, herbeigeführt werden. Auf ungünstige Bodeneigenschaften reagieren die Criollo-Typen bedeutend empfindlicher als die robusteren Abkömmlinge des Forastero-Kakaos.

Obgleich der Kakaobaum gegenüber der Bodenreaktion eine gewisse Toleranz zeigt, lassen doch alle Beobachtungen darauf schließen, daß er einen leicht sauren bis neutralen Boden bevorzugt. Nach Ignatieff und Page (1958) liegt das Optimum zwischen pH 6,5 und 7,5. Auf Grund der unterschiedlichen Ertragsleistungen einiger Bodentypen wurden diese vom Imperial College of Tropical Agriculture in Trinidad analysiert (McDonald 1934). Ein Ertrag von über 0,6 kg trockenen und fermentierten Bohnen je Baum galt als „gut", während geringere Erträge mit „schlecht" bezeichnet wurden.

Tabelle 482. *Analysenwerte einiger Kakaoböden mit unterschiedlichen Ertragsleistungen*

Bodentyp	pH	Organische Substanz %	N %	C/N-Verhältnis	Pflanzenverf. P_2O_5 $^0/_{00}$	Pflanzenverf. K_2O $^0/_{00}$
Montserrat-Böden						
„gut"	6,9	4,0	0,33	7,1	1,49	2,54
„schlecht"	5,8	2,5	0,24	5,9	0,32	1,19
Grenada-Böden						
„gut"	7,4	2,8	0,20	8,0	0,85	4,30
„schlecht"	6,8	2,7	0,23	6,7	0,33	3,35
Tobago-Böden						
„gut"	6,7	3,5	0,24	8,3	0,63	—
„schlecht"	6,6	2,9	0,25	6,8	0,24	—

Die Daten dieser „guten" und „schlechten" Kakaoböden sind ohne Verkennung der wertvollen Hinweise, die sie vermitteln, mit einiger Vorsicht zu beurteilen. Sie sind nur richtungweisend für die Gebiete der Probeentnahmen und nicht auf andere Anbauzentren übertragbar. Offenbar wirkt maßgeblich mitbestimmend auf die Ertragshöhe das C/N-Verhältnis. Bei allen Untersuchungen zeichneten sich die „guten" Böden durch ein hohes C/N-Verhältnis aus. Auch Hardy (1959) sieht auf Grund der Ergebnisse seiner Studien eine enge Relation zwischen Höhe des C/N-Verhältnisses und dem Kakaoertrag. Der Bodenmikrofauna und -flora wird hier ein ausgezeichneter Nährboden geboten. Es mag daraus geschlossen werden, daß neben den genannten physikalischen Faktoren die Bodenbiologie eine entscheidende Rolle für die Ertragsfähigkeit des Kakaobaumes spielt. In diesem Zusammenhang sei auch auf die zweifellos wichtige Aufgabe der Mycorrhizen bei der Ernährung des Kakaobaumes verwiesen. Ihre Anwesenheit auf den aktiven jungen Oberflächenwurzeln wurde von verschiedenen Autoren, u. a. von PYKE (1934) und HARDY (1953), bestätigt und als von maßgeblichem Einfluß auf eine kräftige und gesunde Entwicklung des Kakaobaumes erachtet.

4. Durchschnittliche Erträge und Nährstoffentzugszahlen

Die Ertragsfähigkeit einer Kulturpflanze steht in direkter Beziehung zu den Umweltfaktoren. Diese allgemeine Feststellung gilt im besonderen Maße für die Kakaopflanze, die äußerst empfindlich auf ungünstige Umweltbedingungen reagiert. Die sehr niedrigen durchschnittlichen Erträge, welche unter allgemeinen Feldbedingungen in den verschiedenen Anbauzentren erzielt werden, und die möglichen sehr viel höheren Ernten unter optimalen Verhältnissen sind ein deutlicher Beweis.

Tabelle 483. *Durchschnittliche Erträge verschiedener Anbaugebiete*
(marktfertiges Produkt)

	kg/ha[1]	kg/ha[2]
Ghana	620	—
Nigeria	425	—
Brasilien	450	—
Trinidad	300	280
Ehem. Franz.-Westafrika	400	—
Surinam	—	503
Ceylon	—	339
Ecuador	—	500
Java	—	430

[1] VAN DIERENDONCK 1959.
[2] VAN HALL 1949.

Infolge von Krankheiten und Schädlingen, ungünstigen Bodeneigenschaften, unzulänglichen Kulturmethoden und physiologischen Wachstumsstörungen werden nur Bruchteile des Ertragspotentials der Bäume geerntet. Durch eine intensive Bewirtschaftung unter Einschluß der Schädlingsbekämpfung, der Bodenpflege, des Baumschnittes und der für die Produktivität außerordentlich wichtigen individuellen Regelung der Beschattung sowie einer rationellen Nährstoffversorgung lassen sich die Erträge auf ein Mehrfaches steigern. Einem Bericht von URQUHART und ROSS WOOD (1955) aus Brasilien ist zu entnehmen, daß in Bahia allein der durch Pilzbefall (Fruchtfäule, black pod rot, *Phytophthora palmivora*) verursachte Ernteausfall auf 18 bis 25 % und in verschiedenen Distrikten auf 50 % geschätzt wird. In Nigeria werden durch „black pod" selbst 70 % der Ernte vernichtet, und für Ghana wird der Verlust auf 10 bis 15 % beziffert (WHARTON 1959).

Der vermutlich infolge Wasser- und Nährstoffmangel physiologisch bedingte Ernteverlust durch die unter der Bezeichnung „Cherelle wilt" bekannte Erscheinung (Vergilbung und Absterben junger Früchte in den ersten beiden Monaten der Entwicklung) wird für Trinidad mit 46 % und für Ghana mit 30 bis 80 % angegeben (VAN DIERENDOCK 1959). Einschränkend ist hinzuzufügen, daß selbst unter optimalen Bedingungen sich ein gewisser Anteil des übermäßigen Fruchtansatzes nicht bis zur Reife entwickeln wird. Es steht jedoch außer

Zweifel, daß die sehr hohe Ernteeinbuße durch „Cherelle wilt" durch entsprechende Kulturmaßnahmen, wozu an erster Stelle eine ausgewogene Nährstoffversorgung gehört, maßgeblich reduziert werden kann. Eine Reihe weiterer Schädlinge und Erkrankungen, von denen vor allen Dingen die auf Viren zurückzuführende „swollen shoot"-Krankheit, welche sich durch Schwellungen der Stengel und Wurzeln äußerst, zu nennen ist, tragen ebenfalls maßgeblich dazu bei, daß die mittlere Ertragsleistung der einzelnen Anbaugebiete ein Niveau erreicht hat, welches nur noch einen Bruchteil des tatsächlichen Ertragspotentials darstellt. Der „swollen shoot"-Krankheit fielen in Ghana, wo sie besonders hartnäckig auftritt, bisher über 48 Millionen Kakaobäume zum Opfer.

Diese Beispiele, die sich durch eine ganze Reihe weiterer ergänzen ließen, mögen zur Feststellung ausreichen, daß für die meisten Anbaugebiete des Kakaobaumes eine Produktionssteigerung in erster Linie zunächst durch eine systematische Bekämpfung der Schädlinge und Krankheiten zu erreichen ist. Erst nach Erreichung dieses Zieles dürften weitere Kulturmaßnahmen zur Hebung der Erträge insbesondere die Regelung der Beschattung der Bestände und im engen Zusammenhang hiermit die Nährstoffversorgung ihre volle Wirkung zeigen.

Eines der kennzeichnendsten Merkmale perennierender Kulturen der Tropen ist die Beschattung durch eigens zu diesem Zweck zwischengepflanzte Schattenbäume oder in primitiverer Form durch selektives Roden des ursprünglichen Waldbestandes. Die Beschattung, insbesondere der tropischen Baumkulturen Kaffee und Kakao, wurde vermutlich im Hinblick auf die ursprüngliche Heimat dieser Pflanzen im tropischen Regenwald als notwendige Kulturmaßnahme erachtet. Ihr lagen rein empirische Überlegungen zugrunde. Erst in den letzten etwa 20 Jahren wurden eingehende Untersuchungen über die Rolle der Beschattung und ihre Notwendigkeit zur gesunden Entwicklung des Kakaobaumes durchgeführt. Die Wirkung der Schattenpflanzen ist gerade im Zusammenhang mit der Kakaokultur außerordentlich komplex. Beschattung bedeutet nicht nur ein Herabsetzen der Lichtintensität, sondern auch eine Senkung der Luft- und Bodentemperatur. Schattenpflanzen hemmen in gewissem Umfange die Luftbewegung und beeinflussen damit auch den Grad der Luft- und Bodenfeuchte. Ferner bewirken sie unter Umständen einen sehr beachtlichen Wettbewerb im Boden, nämlich dann, wenn die Wurzeln der Schattenpflanzen mit denen der Kakaobäume in der Wasser- und Nährstoffversorgung konkurrieren. Obgleich bis jetzt durchaus nicht alle Wechselwirkungen und -beziehungen — wie zum Beispiel der Einfluß unterschiedlicher Lichtintensität auf Schädlingsbefall oder Unkrautwuchs — ihre eindeutige Klärung erfahren haben, kann doch uneingeschränkt festgestellt werden, daß geringere Beschattung die Produktion einer Kakaopflanzung ganz eindeutig und ohne schädigende Folgen anhebt. Als weiteres wesentliches Ergebnis vieler Untersuchungen ist hervorzuheben, daß der Düngungseffekt mit steigender Lichtintensität bzw. mit Abnahme der Schattendichte progressiv zunimmt. Die Erträge stark beschatteter Bestände erfuhren nach Ausdünnung des Schattendaches auf 25% der ursprünglichen Dichte der Beschattung und gleichzeitiger Mineraldüngung eine mehrfache Steigerung.

Zahlreiche Versuche bestätigen, daß die Assimilation weitgehend von der Lichtenergie abhängig ist. Es läßt sich hieraus folgern, daß durch die Beschattung der Kakaopflanzen die photosynthetischen Vorgänge langsamer verlaufen, was sich verzögernd auf Wachstum und Entwicklung der Bäume auswirkt. Entsprechend wird sich der Nährstoffbedarf auf ein gewisses Minimum einstellen. Diese Tatsache erklärt die im allgemeinen enttäuschenden Ergebnisse der Düngeranwendung von zu stark beschattetem Kakao. Umgekehrt wird eine geringere

Beschattung die Kakaobäume zu kräftigerem Wachstum, Ausbildung von zahlreichen Zweigen und Schließung der Baumkronen zu einem buschförmigen Typ anregen.

Unter Voraussetzung der eingangs erwähnten, für den Kakaoanbau vorteilhaften Umweltbedingungen und reicher Nährstoffzufuhr werden die Bäume hohe Ernten hervorbringen. Sind diese Bedingungen nicht gegeben und insbesondere Wasser und Nährstoffe nicht ausreichend vorhanden, ist allerdings eine starke Beschattung, die dann die Aufgabe eines Puffers gegen ungünstige Verhältnisse erfüllt, zu befürworten. Der Einfluß der Düngung auf den Ertrag unter verschiedenen Lichtverhältnissen wird in einem folgenden Abschnitt Erwähnung finden.

Nach Untersuchungen von ZELLER, die von VAN DIERENDONCK (1959) zitiert werden, entziehen 1000 kg marktfertige Kakaobohnen dem Boden 20 kg N, 10 kg P_2O_5, 12,6 kg K_2O, 3 kg CaO und 5,3 kg MgO. URQUHART (1955) vermittelt Analysenergebnisse von HARDY aus Trinidad, wonach die Kakaobohne im Mittel 2,4 % N, 1,2 % P_2O_5 und 1,9 % K_2O enthält. Auf 1000 kg bezogen errechnen sich demnach folgende Entzugsmengen:

24 kg N,

12 kg P_2O_5 und

19 kg K_2O.

Weitere Analysen von HARDY ergeben als Entzugszahlen für die gesamten Früchte zur Erlangung einer Ernte von 1000 kg Kakaobohnen 44 kg N, 8 kg P_2O_5 und 64 kg K_2O.

Es bedarf keiner weiteren Betonung, daß die relativ geringe Nährstoffmenge im Ernteprodukt nur einen Teil jener Mengen darstellt, die erforderlich sind zum Aufbau der Pflanzensubstanz und des jährlichen Zuwachses, welche die Voraussetzung für die Ausreifung der Ernten bilden. Zweifellos gelangt mit dem Laubfall nach der Zersetzung und Mineralisierung der Blätter ein Teil der in ihnen festgelegten Nährstoffe über den Boden wieder in den Nährstoffkreislauf. Die Praxis der tropischen Landwirtschaft lehrt jedoch, daß in den feuchten Tropengebieten, in denen der Kakao kultiviert wird, der Verlust durch Erosion und Auswaschung erheblich ist. Der tatsächliche Anteil der auf diesem Wege wieder produktiv werdenden Nährstoffe ist daher im allgemeinen nur gering.

Einen Hinweis auf den Charakter des recht bedeutenden Nährstoffbedürfnisses der Kakaobäume gibt die Höhe des Aschengehaltes verschiedener Organe der Pflanze. Die Daten sind nur als globale Durchschnittswerte zu betrachten, da sie mit der Änderung der Umweltbedingungen starken Schwankungen unterliegen.

Tabelle 484. *Mineralische Zusammensetzung des Kakaobaumes*
(nach VAN DIJK 1951)

	Asche in % der Trockenmasse	in % der Asche					
		K_2O	CaO	MgO	SO_3	P_2O_5	SiO_2
Blatt	14	15	16	7	11	6	45
Stamm und Zweige	5	29	29	10	—	4	1
Früchte	8	31	5	16	4	40	Sp.
Wurzeln	9	28	23	9	—	3	8

5. Düngungsmethoden

Die Düngung erfolgt unter Beobachtung der Niederschläge, nach denen sich auch der Entwicklungsrhythmus der Kakaobäume richtet. Die Erfahrung hat gelehrt, daß etwa drei bis vier Wochen nach dem Einsetzen einer Regenperiode eine intensive Zweig- und Blattbildung einsetzt. Etwa gleichzeitig entfalten sich die ersten Blüten. Ihnen folgt etwa acht Wochen später die Hauptblüte, welche die Höhe der Ernte, deren Spitze 23 bis 24 Wochen danach erreicht ist, bestimmt. Der Wachstumsrhythmus wurde eingehend von Hurd (1959) in Ghana beobachtet.

Tabelle 485. *Zeitliche Folge verschiedener Entwicklungsstadien zwischen Regenanfang und Ernte*

Beobachtungsjahr	Anfang der Regenzeit	Zeitintervall bis zur Hauptwachstumsperiode in Tagen	Zeitintervall Hauptwachstumsperiode bis zur ersten Blüte in Tagen	Erste Blüte bis zur Hauptblüte in Wochen	Hauptblüte bis zur vollen Ernte in Wochen	Intervall zwischen Regenanfang und Erntespitze in Wochen
1955	16. II.	28	5	$6^{1}/_{2}$	23	34
1956	9. III.	24	0	$8^{1}/_{2}$	24	36
1957	9. IV.	23	1	8	23	34
1958	27. II.	26	5	—	—	—

Den Beobachtungen ist zu entnehmen, daß sich der Vegetationsrhythmus streng den saisonalen Schwankungen anpaßt.

Die Untersuchungen Humphries (1943, 1944, 1950) in Trinidad lassen deutlich eine Wechselwirkung zwischen der Nährstoffaufnahme, die eine starke Zunahme nach dem Einsetzen der Regen erfährt, und den verschiedenen Wachstumsphasen erkennen. Das Nachlassen der Regenfälle geht andererseits mit einer verminderten Nährstoffaufnahme gepaart, die gegen Ende einer trockenen Periode ihren Tiefpunkt erreicht. Die Stickstoff- und Kaliaufnahme ist

Tabelle 486. *Gewichtszunahme und mineralische Zusammensetzung einer Kakaofrucht im Verlauf ihrer Entwicklung in g*
(nach Humphries, Trinidad)

Alter der Frucht Tage	Mittleres Gewicht		Gesamtasche	N	K_2O	P_2O_5	CaO
	Frisch	Trocken					
18	0,3049	0,0311	—	—	—	—	—
25	0,9051	0,1349	—	—	—	—	—
39	4,2576	0,6131	0,0527	0,0152	0,0179	0,0055	0,0093
46	8,2046	1,1322	0,0985	0,0268	0,0343	0,0094	0,0174
57	19,47	2.67	0.2355	0,0582	0,0814	0,0214	0,0446
68	39,24	4,75	0.4028	0,1007	0,1359	0,0366	0,0732
78	79,84	9,18	0.7372	0.1818	0,2534	0,0769	0,1323
87	142,44	14.53	1,2975	0,3197	0.4795	0,1192	0.2020
99	219,45	24,14	2,1098	0.5263	0,7821	0.1521	0,2969
107	309,40	36,51	2,6798	0,6973	1,0515	0,2154	0.3213
122	392,40	51,40	3,4078	0.9252	1,4186	0,3290	0,3752
143	459,85	70.82	4,5537	1.2252	1,8767	0.4533	0,4178
170	493.44	97.30	6,4899	1.5957	2,6758	0.6325	0.4670

besonders stark während der Bildung der jungen Blätter. Bei mangelnder Versorgung entnehmen die Blätter ihren Bedarf aus den Reserven der Rinde und nach deren Erschöpfung werden die Nährstoffe den älteren Blättern entzogen. Die Folge ist ein starkes Blattwelken und Abwerfen der älteren Blätter als deutliches Zeichen einer ernsten Ernährungsstörung. Auch das bereits eingangs erwähnte starke Auftreten des Absterbens junger Früchte (Cherelle wilt) in den ersten Monaten ihrer Entwicklung läßt auf eine unzureichende Nährstoffversorgung schließen. Das Vergilben der Früchte steht in zeitlicher Übereinstimmung mit dem stärksten Nährstoffbedarf für die Ausbildung der Früchte etwa zwei Monate nach der Befruchtung. Die Stickstoff- und Kaliaufnahme verläuft etwa linear der Fruchtentwicklung.

Die einzelnen Düngergaben sind den Entwicklungsphasen anzupassen. Um die Düngung möglichst effektvoll zu gestalten, ist die zeitliche Verteilung der Nährstoffaufnahme der Kakaobäume zu berücksichtigen und daher auch schon im Hinblick auf die Auswaschungsgefahr grundsätzlich die Mineraldüngung auf mehrere Gaben über das Jahr zu dosieren. Die erste Düngung erfolgt nach Einsetzen der Regen, und zwar zunächst etwa $^1/_3$ bis $^1/_2$ der vorgesehenen Menge je nachdem, ob die lokalen Regenverhältnisse zwischenzeitlich eine kurze trockenere Periode erwarteten lassen, die das Ausbringen einer weiteren dritten Teilgabe erlauben. Die dritte (bzw. zweite) Teilgabe ist von besonderer Wichtigkeit im Hinblick auf den hohen Nährstoffbedarf während der Entwicklung der Früchte. Sie sollte zur Zeit der Hauptblüte verabreicht werden. Der Düngungsplan läßt sich demnach aufgliedern in Blattentwicklungsdüngung, Fruchtvorbereitungsdüngung und Fruchtentwicklungsdüngung. Diese Methode ist naturgemäß jeweils den lokalen Regenverhältnissen anzupassen, unter Berücksichtigung größtmöglicher Anlehnung an die verschiedenen Entwicklungsphasen des Kakaobaumes.

Sofern aus Gründen einer unausgeglichenen Bodenversorgung mit dem einen oder anderen Hauptnährstoff keine NPK-Volldüngung, die unter normalen Verhältnissen für produzierende Bestände ein Nährstoffverhältnis von 1:1:1 bis 1:1:1,7 zeigen wird, zweckmäßig erscheint, sind zunächst mit Einzeldüngern die lokalen Mängel auszugleichen, bis ein harmonischer Nährstoffhaushalt des Bodens erreicht ist, um dann fortlaufend mit einem Volldünger, der dem Nährstoffbedarf des Kakaobaumes entgegenkommt, abzudüngen. Bei Anwendung von Einzeldüngern kann im Hinblick auf die relative Unbeweglichkeit der Phosphorsäure im Boden die eingeplante Phosphatdüngung insgesamt in einer Gabe zu Beginn der Regenzeit verabreicht werden. Stickstoff und Kali müssen jedenfalls wie beschrieben in Teilgaben zur Anwendung gelangen.

Das Nährstoffverhältnis der Düngergabe richtet sich außerdem nach der Intensität der Beschattung der Pflanzung. Je stärker die Beschattung, um so geringer ist der Effekt einer Stickstoffdüngung und um so wichtiger ist eine ausreichende Phosphorsäure- und Kaliversorgung. Während also stark beschattete Bestände eine betonte Phosphat- und Kalidüngung erhalten, tritt mit steigender Lichtintensität, beispielsweise durch graduelle Auslichtung des Schattendaches, sobald die Bäume das produktive Alter erreichen, die Stickstoffdüngung in den Vordergrund. Auch die Düngungsintensität wird mit der Schattendichte und selbstredend auch mit dem Alter der Bäume stark schwanken. Unter Beschattung liegt das Optimum der Düngungshöhe niedriger als unter lichteren Verhältnissen. Als globaler Hinweis mögen 50 kg K_2O und 50 kg P_2O_5 bei einer Pflanzdichte von 1040 Bäumen (etwa 3×3 m) je ha dienen. Die Höhe der Stickstoffgabe variiert mit der Schattendichte von 20 bis 80 kg N je Hektar. Bei geringer Schattendichte sind entsprechend der höheren Produktivität der Bäume

und der stark zunehmenden Nährstoffansprüche unter Betonung der Stickstoffversorgung die Düngergaben zu erhöhen. Die optimalen Mengen werden je
nach Ertragfähigkeit der Bäume schwanken. Als allgemeine Empfehlung lassen
sich folgende Mengen je Hektar angeben:

80 bis 100 kg N,
60 bis 80 kg P_2O_5 und
80 bis 120 kg K_2O.

Eine maßgebliche Beeinflussung hinsichtlich Höhe und Wirkung erfährt
die Mineraldüngung durch das Mulchen. Insbesondere in gering beschatteten
Beständen ist das Abdecken des Bodens zwischen den Reihen mit schwer zer-
setzlichem Material, beispielsweise mit Elefantengras (*Pennisetum purpureum*),
welches sich durch ein hohes C/N-Verhältnis auszeichnet, eine Kulturmaßnahme,
deren Wert gar nicht hoch genug eingeschätzt werden kann. Die durch eine
geringere Beschattung zwangsläufig auftretenden ungünstigen Auswirkungen
auf den Boden durch die direkte Sonneneinstrahlung und die bodenzerstörende
Wirkung starker Niederschläge werden weitgehend eliminiert, und mit der fortschreitenden Zersetzung des Mulchmaterials wird eine günstige Wurzelsphäre
für die oberflächig liegenden Wurzeln des Kakaobaumes geschaffen. Die allmähliche Mineralisierung des organischen Materials führt darüber hinaus zu
einer maßgeblichen Nährstoffanreicherung des Bodens. Diese bedeutet jedoch
keine Einsparung des Düngeraufwandes, da dieser nur eine Verlagerung erfährt und die mögliche Reduzierung der Düngermenge für die Pflanzung nunmehr
zur Abdüngung der Felder zur Produktion reichlichen Mulchmaterials benötigt
wird. Langjährige Mulchversuche von Wasowicz und Havord (1953), in Trinidad
durchgeführt, lassen deutlich den günstigen Effekt des Mulchens auf den Ertrag
erkennen.

Tabelle 487. *Einfluß des Mulchens auf den Kakaoertrag*
(kg/ha)

Erntejahr	Ohne Mulch	Mit Mulch (75 t Gras/ha alle 2 bis 3 Jahre)
1943	51	202
1944	266	409
1945	253	383
1946	224	356
1947	109	191
1948	231	407
1949	234	339
1950	294	305
1951	314	337
Mittel ..	219	325

Es fehlen ausreichende Ergebnisse über den Einfluß des Mulchens bei zusätzlicher Mineraldüngung. Zweifellos wird diese Kombination sich besonders stark
ertragsfördernd auswirken.

Die Methode der Düngerausbringung richtet sich nach dem Alter der
Bäume. Bei jungen bis etwa vierjährigen Beständen ist eine individuelle Dün-
gung der Baumscheiben, deren Durchmesser sich von Jahr zu Jahr je nach der
Entwicklung der Bäume bis zu etwa 2,50 m ausdehnt, zu befürworten. Das

Einhacken geschieht im Hinblick auf die sehr oberflächig liegenden Wurzeln nur flach. Für ältere Pflanzungen, in denen sich die Baumkronen soweit entwickelt haben, daß die Zweigspitzen der Nachbarreihen einander berühren, was naturgemäß bei engem Pflanzverband schon in relativ jungen Jahren der Fall sein wird, ist die breitwürfige Düngung zwischen den Reihen effektvoller. Das Laub und das Mulchmaterial werden zu schmalen Reihen unter den Bäumen zusammengerecht und der Dünger breitwürfig auf den nackten Boden ausgestreut und leicht eingehackt. Anschließend wird die Fläche wieder gleichmäßig mit dem organischen Material abgedeckt.

6. Düngung und Ertrag

Für die vegetative Entwicklung der jungen Kakaobäume in den ersten Jahren des Wachstums spielt reichliche Stickstoffversorgung eine entscheidende Rolle. Später, in der generativen Phase, wirkt die Stickstoffdüngung, soweit nicht eine zu starke Beschattung die Assimilationstätigkeit einschränkt, fördernd auf den Fruchtansatz und die Fruchtentwicklung. Der produktive Stickstoffverbrauch steht in linearer Beziehung zur Lichtintensität. Während

Abb. 267. Sammelstelle von Kakaofrüchten

in stark beschatteten Pflanzungen knappe Stickstoffversorgung kaum einen ungünstigen Effekt zeigen wird, äußert sie sich unter geringer Beschattung sehr bald durch gehemmtes Wachstum und durch Ausbildung kleiner Blätter, die schließlich bei akutem N-Mangel vergilben. Schattendichte und Stickstoffdüngung stehen also im umgekehrten Verhältnis zueinander. Einer Auslichtung des Schattendaches hat umgehend eine intensivere Stickstoffversorgung zu folgen.

Nach Angaben von McDonald (1953), welche von van Dierendonck zitiert werden, soll bei einem gesunden Baum der Stickstoffgehalt des Blattes mindestens 2,4% der Trockensubstanz betragen.

Tabelle 488. *Standardanalyse des Kakaoblattes*
(nach McDonald, Trinidad)

Asche auf Trockenmasse bezogen	9,90%
N	2.35%
P_2O_5	0,50%
K_2O	2,64%
N/K_2O	0,89
N/P_2O_5	4,66
K/P_2O_5	5,10

Eine gute Phosphorsäureversorgung ist in den ersten Jahren des Wachstums für die kräftige Entwicklung der jungen Pflanzen ebenfalls von besonderer Wichtigkeit. Interessante Versuche, von dem West African Cocoa Research Institute in Ghana durchgeführt, welche allerdings die Prüfung der günstigsten Tageslichtlänge für das Wachstum zum Thema hatten, lassen neben der Feststellung, daß die natürliche Tageslänge der tropischen Zone von etwa 12 Stunden die beste Wachstumsvoraussetzung bietet, erkennen, daß eine ausreichende Phosphatdüngung dem Jugendwachstum des Kakaobaumes am förderlichsten ist (McKelvie 1956).

Tabelle 489. *Höhe der Sämlinge in cm bei variierender Tageslichtdauer und unterschiedlicher Düngung*

Düngungsart	Dauer der Lichteinwirkung				
	$8^{00}-12^{00}$	$8^{00}-16^{00}$	$6^{00}-18^{00}$	$12^{00}-16^{00}$	Mittel
N	16,20	24,16	33,95	10,00	21,08
P_2O_5	15,20	26,45	35,20	11,16	22,00
K_2O	15,70	22,16	30,91	7.79	19,14
Kontrollparzellen	16,33	24,29	29,16	9.12	19,72
Mittel	15,86	24,26	32.30	9.52	20,49

Später im Produktionsalter läßt der Phosphorsäurebedarf nach. Die Versorgung sollte jedoch keinesfalls vernachlässigt werden, da die Phosphorsäure für die Blütenbildung und den Fruchtansatz unerläßlich ist. Ein Sinken des Blattgehaltes, welcher von McDonald bei gesunden Wachstumsbedingungen mit 0,5% angegeben wird, auf weniger als 0,17% der Trockenmasse zeigt akuten Phosphorsäuremangel an.

Ausreichend mit Kali versehene Kakaobäume zeichnen sich durch eine gute und kräftige Baumkronenbildung aus. Im Jugendwachstum wirkt sich Kalimangel weniger auf das Längenwachstum, wohl aber störend auf das Dickenwachstum aus. Im übrigen sind die Symptome des Kalimangels am Kakaoblatt ähnlich wie die bekannten Anzeichen am Blattrand der Obstbäume in den gemäßigten Zonen. Faktoren, die eine physiologische Trockenheit bedingen, wie beispielsweise unzureichendes Wasserhaltevermögen des Bodens und Austrocknung des Bodens durch zu geringe Beschattung, ohne Sorge zu tragen, daß die Bodenfeuchte durch eine Mulchlage konserviert wird, fördern nach Venema

(1952) das Auftreten von Kalimangelerscheinungen. Bei einem normal entwickelten Blatt zeigt die Analyse der Trockenmasse einen Kaligehalt von 2,4% bis 2,6%. Eine Reduzierung des Wertes auf 0,7% weist auf starken Kalimangel hin. Es sei betont, daß eine Einzelwertbestimmung nur wenig über den Nährstoffzustand aussagt und daß erst die Bestimmung aller wichtigen Kationen und Anionen den für den Ionenantagonismus wichtigen Aufschluß vermittelt. HOMES (1953) berichtet in diesem Zusammenhang, daß ein einseitiges Vorherrschen von Kalium gegenüber anderen Kationen, wie Magnesium und Kalzium, das Gedeihen des Kakaobaumes ungünstig beeinflußt. Insbesondere die hierdurch bedingte Behinderung der Magnesiaaufnahme verzögert das Wachstum und beeinträchtigt die Ernte. Bekannt ist ferner die Wechselwirkung zwischen Stickstoff und Kali. Beide Nährstoffe zeigen erst eine optimale Wirkung in Gegenwart ausreichender Mengen des anderen. Der kumulative Effekt läßt sich durch entsprechende Düngungsversuche zu Kakao leicht demonstrieren.

Der relativ hohe Magnesiaanteil bei der Aschenanalyse läßt die Wichtigkeit dieses Nährstoffes für die Kakaopflanze vermuten. Nach VAN DIERENDONCK (1959) weist die Blattanalyse einer gesunden Kakaopflanze 0,9 bis 1,3% MgO in der Trockensubstanz auf. Der Blattgehalt magnesiabedürftiger Pflanzen zeigt dagegen nur 0,3% MgO. Nach Ansicht von VENEMA (1960) ist Magnesiamangel nicht mit Sicherheit analytisch festzustellen. Er empfiehlt daher, stark verwitterte saure tropische Böden, die unter Kalimangel leiden, gleichzeitig mit Magnesia zu versorgen, da hier Magnesiamangel sehr wahrscheinlich ist. Eine kombinierte Kali-Magnesia-Düngung, beispielsweise in Form von Patentkali oder, da hierbei eine Stickstoffdüngung ebenfalls erfolgt, als Stickstoffmagnesia, ist naheliegend.

Über den spezifischen Bedarf der Kakaopflanze an Mikronährstoffen liegen bisher nur wenige Untersuchungen vor. Eisen- und Zinkmangel spielen in Westafrika eine gewisse Rolle. Zinkmangel hemmt die normale Entwicklung der Blätter. Sie bleiben schmal und zeigen eine eigenartige sichelförmige Deformierung. Eine starke Ertragseinbuße ist die Folge. Eine recht aufschlußreiche Übersicht der bisherigen Kenntnisse über die Symptome von Ernährungsstörungen der Kakaopflanze vermittelt EVANS (1951).

Aus den bisherigen Ausführungen mag entnommen werden, daß die Düngung der Kakaobäume je nach der Beschattung der Pflanzung eine sehr unterschiedliche Auswirkung zeigen wird. Die ursprüngliche Handhabung eines dichten Schattendaches ließ aus den bereits beschriebenen Gründen die Aufwendungen für Mineraldünger nicht wirtschaftlich erscheinen. Erst die Erkenntnis der letzten Jahre, daß der Kakao unter geringem Schatten oder gar in vollem Sonnenlicht ausgezeichnet gedeiht, wenn die übrigen Umweltbedingungen den Ansprüchen des Kakaos gerecht werden und vor allen Dingen ausreichende Wasser- und Nährstoffverhältnisse gewährleistet sind, lassen eine entscheidende Wendung hinsichtlich der Mineraldüngeranwendung zu Kakao erkennen.

Die Düngungsversuche von POUND und DE VERTEUIL (1934, 1936) in Trinidad zu beschattetem Kakao zeigen bei allen Stickstoffparzellen keinen Effekt. Auch die Phosphatwirkung ist unbedeutend. Die Kalidüngung ist signifikant gesichert, zeigt jedoch in Verbindung mit den anderen Nährstoffen auch nur eine geringe Wirkung.

Aus weiteren Versuchen in verschiedenen Anbaugebieten zu beschattetem Kakao kann die Schlußfolgerung gezogen werden, daß im allgemeinen unter diesen einer Stickstoffanreicherung förderlichen Umständen eine Stickstoffdüngung ökonomisch nicht gerechtfertigt ist. Eine gute Kaliwirkung ist bei ausreichender Verfügbarkeit wurzellöslicher Phosphorsäure gesichert. Ist letztere nicht gegeben, muß zunächst durch eine Phosphatdüngung die entsprechende Vorbedingung für eine wirkungsvolle Ausnutzung des Kalis geschaffen werden. In der Praxis wird daher unter normalen Verhältnissen für stark beschattete Bestände eine kombinierte PK-Düngung zu empfehlen sein. Da der Kakao im allgemeinen auf leicht sauren bis neutralen Böden angebaut wird, verdient die Phosphatdüngung in leicht löslicher Form den Vorzug. Die Form des Kalidüngers hat offenbar

Tabelle 490. *Düngungsversuche zu beschattetem Kakao*
(Fünfjähriger Durchschnitt)

Düngung (kg/ha)	Durchschnittswerte			Anzahl der Früchte je kg Trockenkakao
	Zahl der Früchte je Baum	Naßgewicht der Bohnen je Baum in kg	Trockengewicht der Bohnen je Baum in kg	
N 0	43	3,96	1,76	5,44
N 55	37	3,51	1,40	5,31
N 110	37	3,87	1,55	4,86
N 165	42	3,96	1,76	5,36
K_2O 0	33	2,97	1,19	5,63
K_2O 55	45	4,14	1,66	5,44
K_2O 110	47	4,32	1,73	5,44
K_2O 165	50	4,59	1,84	5,44
P_2O_5 0	44	4,32	1,73	5,13
P_2O_5 55	52	4,68	1,88	5,59
P_2O_5 110	47	4,59	1,84	5,18
P_2O_5 165	50	4,68	1,88	5,40
N 0, P_2O_5 0	33	3,15	1,26	5,27
N 55, P_2O_5 55	36	3,60	1,44	5,09
N 110, P_2O_5 110	43	4,23	1,69	5,13
N 165, P_2O_5 165	50	4,05	1,62	6,26
N 0, K_2O 0	34	3,33	1,33	5,18
N 55, K_2O 55	41	3,96	1,76	5,22
N 110, K_2O 110	41	3,87	1,55	5,36
N 165, K_2O 165	38	3,69	1,48	5,22
K_2O 0, P_2O_5 0	58	5,58	2,23	5,27
K_2O 55, P_2O_5 55	55	5,13	2,05	5,45
K_2O 110, P_2O_5 110	65	6,03	2,41	5,45
K_2O 165, P_2O_5 165	71	5,39	2,56	5,59
N 0, P_2O_5 0, K_2O 0	53	5,13	2,05	5,22
N 55, P_2O_5 55, K_2O 55	59	5,85	2,34	5,09
N 110, P_2O_5 110, K_2O 110	66	6,03	2,41	5,54
N 165, P_2O_5 165, K_2O 165	64	5,94	2,38	5,45

keinen Effekt auf den Kakao, sollte jedoch, wie bereits erwähnt, in Böden, wo mit mangelnder Magnesiaversorgung zu rechnen ist, als Kalimagnesia verabreicht werden.

Ein ganz anderes Bild über die Wirkung der Mineraldüngung vermitteln dagegen Düngungsversuche von Murray (1953) zu Kakao unter verschiedenen Lichtverhältnissen, welche ebenfalls in Trinidad durchgeführt wurden.

Tabelle 491. *Durchschnittliche Anzahl der geernteten Früchte je Baum bei verschiedenen Düngergaben unter variierender Beschattung*

Düngungsart[1]	Lichtintensität in % des vollen Sonnenlichtes					
	15%	25%	50%	75%	100%	Mittel
Kontrollparzellen	1,67	3,58	6,00	2,67	3,08	3,40
N	2,33	6,41	10,42	8,17	10,75	7,61
P_2O_5	1,33	3,83	8,00	4,67	1,67	3,90
K_2O	1,50	4,33	7,25	7,08	2,25	4,48
NP	2,83	4,17	10,42	12,92	6,67	7,40
NK	3,75	4,42	8,50	12,75	12,00	8,28
PK	2,42	4,33	7,92	8,67	6,42	5,95
NPK	4,25	6,25	11.00	12,50	12,17	9.23
Mittel	2,51	4,67	8,69	8,68	6,78	

[1] In drei Teilgaben über das Jahr verteilt: $1^1/_2$ lbs. schwefelsaures Ammoniak (etwa 140 g N), $^3/_4$ lbs. Superphosphat (etwa 60 g P_2O_5) und $^3/_4$ lbs. schwefelsaures Kali (etwa 170 g K_2O) je Baum.

Die Ergebnisse lassen folgende interessanten Feststellungen zu:

1. Bei geringer Lichtintensität von 15 und 25% sind die Erträge trotz einer Düngung niedrig.

2. Die Erträge erfahren eine sprunghafte Steigerung bei einer verstärkten Lichteinwirkung bis zu 50% des vollen Sonnenlichtes.

3. Bei weiterer Schattenauslichtung bis zu 75% der Sonnenlichteinstrahlung macht sich die Art der Düngung entscheidend geltend. Die Kombinationen mit N zeigen einen weiteren Ertragszuwachs, während die übrigen Parzellen eine Ertragsdepression gegenüber den zu 50% beschatteten Bäumen erkennen lassen.

4. Die Stickstoffwirkung nimmt progressiv mit der Lichtintensität zu und erreicht unter der Einwirkung des vollen Sonnenlichtes ihren Höhepunkt bei einem Ertrag, der das Dreifache der stickstofffreien Parzellen übersteigt.

5. Bei dichter Beschattung erstreckt sich die Ernte über eine viel längere Periode als bei starkem Lichteinfall (nicht aus der Tabelle zu ersehen). Für die Praxis ist die Verkürzung der Erntearbeiten von maßgeblicher wirtschaftlicher Bedeutung.

6. Die mit NPK abgedüngten Bäume kommen eher in Produktion als die der Kontrollparzellen (nicht aus der Tabelle ersichtlich). Auch dieses Ergebnis ist von großer wirtschaftlicher Bedeutung für die Kakaokultur.

Aus den Versuchsergebnissen kann geschlossen werden, daß zahlreiche enttäuschende Resultate von Düngungsversuchen vergangener Jahre maßgeblich auf eine zu starke Beschattung der Kakaobäume zurückzuführen sind. Besonders deutlich zeigt sich dies bei der Stickstoffdüngung. Es sei jedoch nochmals betont, daß ein kontinuierlich befriedigender Ertrag von wenig beschatteten Beständen nur bei ausreichender Nährstoffversorgung erwartet werden kann und daß die durch die Entfernung oder Ausdünnung des Schattens bewirkte verstärkte Assimilation eine reichliche Düngung voraussetzt, um die Ertragskraft der Bäume nicht zu überfordern.

In beschatteten produzierenden Beständen ist daher unter sorgfältiger Beobachtung der Bäume der Schatten progressiv auszudünnen, und gleichzeitig sind die Bäume durch entsprechende Düngergaben für die zu erwartende reiche Fruchttracht zu kräftigen. Bei der Auslichtung des Schattens ist zu beachten, daß in älteren Beständen mit geschlossenen Baumkronen die Selbstbeschattung durch die eigenen Blätter eine Rolle spielt. Während bei jungen Bäumen ein Lichteinfall von 50% im allgemeinen die günstigsten Wachstumsbedingungen gewährleistet, ist mit fortschreitendem Alter eine weitere Auslichtung des Schattendaches ertragsfördernd (Murray 1952).

Eine sehr aufschlußreiche Gegenüberstellung der Düngerwirkung zu beschattetem und unbeschattetem Kakao einerseits und der ertragsstimulierenden

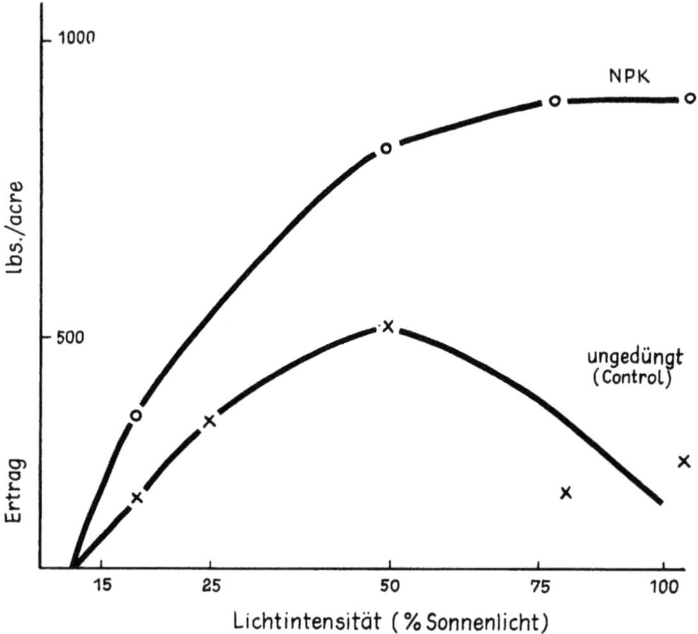

Abb. 268. Die Abhängigkeit der Kakaoerträge von der Lichtintensität bei gedüngten und ungedüngten Bäumen

Wirkung der Schattenbeseitigung andererseits vermitteln Versuche in Ghana auf einem zehnjährigen Bestand Amelonado-Kakao, welche in einem Verband von 8 × 8 Fuß (2,44 × 2,44 m) standen.

Auffallend ist der Effekt der Schattenentfernung, der mit 76% Mehrertrag gegenüber den beschatteten Parzellen bedeutend höher ist als der auf den gedüngten beschatteten Parzellen. Es bedarf keines weiteren Hinweises, daß diese Wirkung ohne zusätzliche Düngung sehr bald die Bäume erschöpfen würde. Der ausgezeichnete Ertragszuwachs der Parzellen ohne Schatten erreichte zweifellos diese Höhe nur auf Grund der reichlich bemessenen Düngung.

Zu ähnlichen sehr beachtlichen Ergebnissen führten Versuche von Havord und Mitarbeiter (1953, 1954, 1954) in Trinidad, in denen außer Schatten- und Düngewirkung ebenfalls der Effekt unterschiedlicher Pflanzdichte auf den Ertrag geprüft wurde. Obwohl ein dichter Pflanzverband von etwa 1680 Bäumen je Hektar gegenüber einem weiten Stand von etwa 750 Bäumen je Hektar einen höheren Flächenertrag auswies, ließ das gesündere Aussehen der in weitem Abstand stehenden Bäume den Schluß zu, daß ein zu dichter Verband auf die Dauer die Ertragsleistung der Bäume herabmindert. Die Stickstoffdüngung von etwa 100 kg je Hektar der in weitem Abstand stehenden unbeschatteten Bäume ließ eine sehr ausgeprägte Wirkung von 6 kg Trockenkakao je kg Stick-

Tabelle 492. *Einfluß der Beschattung und der Düngung auf den Ertrag*
(nach CUNNINGHAM 1959)

Kulturmethode	Ertrag lbs. Trockenkakao/acre	Ertrag kg Trockenkakao/ha	Relativ
unter Schatten, ohne Düngung ...	615	689	100
unter Schatten, mit Düngung[1] ...	868	973	141
ohne Schatten, ohne Düngung ...	1080	1211	176
ohne Schatten, mit Düngung[1]	1576	1767	256

[1] Düngungsschema:

Oktober 1956	13,4 lbs./acre N	\} als Ammonphosphat und
	90,7 lbs./acre P_2O_5	Superphosphat
	90,4 lbs./acre K_2O	als schwefelsaures Kali
	45,8 lbs./acre MgO	als schwefelsaures Magnesia
April 1957	50 lbs./acre N	als Harnstoff
	30 lbs./acre P_2O_5	als Triplesuperphosphat
September 1957	50 lbs./acre N	als Harnstoff

$$(N : P_2O_5 : K_2O : MgO = \text{etwa } 1 : 1,1 : 0,8 : 0,4)$$

stoff erkennen. Die Kalidüngung der beschatteten Bäume erhöhte den Ertrag um 100%, was einem mittleren Effekt von 2,5 kg Trockenkakao je kg K_2O entsprach. Auf unbeschattetem Kakao zeigte dagegen eine einseitige Kalidüngung keine Wirkung, jedoch in Verbindung mit Stickstoff und Phosphorsäure wurde bei weitem Pflanzverband ein sehr hoher Ertragszuwachs von 400% verzeichnet.

Weitere vielversprechende Versuchsergebnisse in verschiedenen Anbaugebieten dürfen nicht darüber hinwegtäuschen, daß die gegenwärtigen Kenntnisse über den Einfluß der Düngung und der Beschattung auf die Kakaopflanze erst relativ jüngeren Datums sind und daß insbesondere auch die enttäuschenden und widersprechenden Resultate in einigen Fällen erkennen lassen, daß noch verschiedene Faktoren der gegenseitigen Beeinflussung der Klärung bedürfen. Wenn auch erwiesen ist, daß bei Erfüllung gewisser Voraussetzungen produzierende Kakaobäume unter leichtem Schatten oder auch ganz ohne Schatten ausgezeichnet gedeihen, so darf die Beschattung junger Bestände bis zum vierten Jahr keinesfalls vernachlässigt werden. In späteren Jahren kommt dem Schatten eine um so wichtigere Aufgabe zu, je weniger ertragsfähig der Boden und je weniger günstig die Umweltbedingungen sind. Es ist Aufgabe des Pflanzers, die Wachstumsfaktoren günstiger zu gestalten und erst anschließend eine entsprechende progressive Auslichtung des Schattens vorzunehmen.

7. Düngung und Qualität

Über die Beeinflussung der Kakaoqualität durch Düngung sind noch keine eindeutigen Aussagen zu machen. Untersuchungen von POUND und VERTEUIL (1936) lassen vermuten, daß eine reichliche Phosphorsäure- und Kalidüngung und ebenfalls eine Kalkung eine positive Wirkung auf die Größe der Kakaobohnen ausüben. Hierdurch wird das Rendement, d. h. die Anzahl der benötigten Früchte zur Erzeugung von einem Kilogramm marktfertigem Kakao, verbessert.

Literatur

Alvim, P. T. de: Mitt. Erste Kakao-Fach-Tagung der FAO, 8. bis 15. II. 1959.
Accra, Ghana (1959).

Cunningham. R. K.: Effect of major nutrients on cacao. Ann. Rep. West Afr.
Cocoa Res. Inst. 1958–59 (1959).

Dierendonck. F. J. E. van: The manuring of coffee. cocoa, tea and tobacco.
S. 57. Genf: Centre d'Etude de l'Azote. 1959. — Dijk. J. W. van: Plant. Bodem en
Bemesting, Bd. I, Plant en Bodem, S. 30. Groningen-Djakarta: Wolters. 1951.

Evans. H.: Some problems in the physiology of cacao. J. Agr. Soc. of Trinidad and
Tobago 51 (1951).

Hall, C. J. J. van: Cacao, De Landbouw in de Indische Archipel. Bd. II B.
S. 272. 's-Gravenhage: van Hove. 1949. — Hardy. F.: La relación carbona: nitró-
geno en los suelos de cacao. Turrialba 9, No. 1, 4–11 (1959). — The productivity of
cacao soils and its improvement. Trop. Agr. 30, No. 7–9, 135–138 (1953). — Havord,
G., G. K. Maliphant und F. W. Cope: Manurial and cultural experiments on cocoa.
Rep. Cocoa Res. Trinidad, 80–87 (1953). — Manurial and cultural experiments on
cocoa. The effects of fertilizers, shade and spacing on flowering fruit-set and cherelle
wilt. Rep. Cocoa Res. Trinidad, 58–64 (1954). — Manurial and cultural experiments
on cocoa. Rep. Cocoa Res. Trinidad, 65–68 (1954). — Homès, M. V., et al.: L'alimentation minérale du cacaoyer. Sér. Scient., No. 58 (1953). — Humphries, E. C.: Ann.
Bot. 7, 45 (1943), 8. 57 (1944). — Wilt of cocoa fruits (*Theobroma Cacao* L.). Seasonal
variations in potassium, nitrogen, phosphorus and calcium of the bark and wood of the
cocoa tree. Ann. Bot. 14, 149–164 (1950). — Hunter, J. R.: The climatic limits of
cacao, coffee and rubber No. 16, 1–9. Inter-American Institute of Agricultural Sciences, Turrialba, Costa Rica (1959). — Hurd, R. G.: Physiology of fruiting. Ann. Rep.
Cacao Res. Inst. 1957–58, 51–52 (1959).

Ignatieff, V., und H. J. Page: Efficient use of fertilizers, S. 237. Rom: Food and
Agriculture Organization of the United Nations. 1958.

Jacob, A.: Die Düngung der wichtigsten tropischen Kulturpflanzen. S. 54. Darmstadt: Mittler. 1954.

McDonald, J. A.: A study of the relationship between nutrient supply and the
chemical composition of the cocoa tree. Third Ann. Rep. Cocoa Res. Trinidad (1933). —
Imp. Coll. of Trop. Agr. in Trinidad. Cacao Soil Survey. Third Ann. Rep. Cacao Res.
Trinidad (1934). — McKelvie, A. D.: Effect of day length and fertilizer treatment
on growth of cacao seedlings. Ann. Rep. West Afr. Cocoa Res. Inst. S. 92, 1954–55
(1956). — Murray, D. B.: A shade and fertilizer experiment with cacao. III. A Rep.
on Cacao Res. 1953, I.C.T.A., Trinidad. — Mylord, E.: Kakao, Anbau und Düngung.
S. 25, Bochum: Ruhr-Stickstoff A.G. 1953.

Pyke, E. E.: Mycorrhiza in cacao. Fourth Ann. Rep. Cacao Res. Trinidad, 41–48
(1955). — Pound, F. J., und J. de Verteuil: First year observations in an experiment designed to test the gross effect of applications of nitrogen, potash and phosphorus on the cocoa tree. Forth Ann. Rep. Cacao Res. Trinidad (1934). — Pound.
F. J., und J. de Verteuil: Tropical Agriculture 13, 9 (1936).

Schmidt, G. A.: Handbuch der tropischen und subtropischen Landwirtschaft,
Bd. II, S. 29. Berlin: Mittler. 1943.

Urquhart, D. H.: Cocoa. London: Longmans Green. 1955. — Urquhart, D. H.,
und G. A. Ross Wood: The Cocoa Industry of Bahia in Brazil. World Crops 9, 97–101
(1955).

Venema, K. C. W.: Kalimangelerscheinungen an Kakao. Kali-Briefe 27/7. Bern:
Internationales Kali-Institut. 1952. — Some observations on yield depressions caused
by normal fertilizer dressings. Potash and Tropical Agriculture 3, No. 4, 54–69
(1960).

Wasowicz, T. E., und G. Havord: Ten years of mulching experiments of cocoa.
Ann. Rep. Cocoa Res. Trinidad 1945–51 (1953). — Wharton, A. L.: Mitt. Erste Kakao-
Fach-Tagung der FAO, 8. bis 15. II. 1959, Accra, Ghana (1959).

c) Tee
(Camellia spec.)

Von

C. Heinemann

1. Heimat und Verbreitung

Der immergrüne Teestrauch zählt zu der Familie der *Theaceae*, von deren wichtigster Gattung *Camellia* 16 Varietäten bekannt sind (Harler 1957). Das aus jungen Blättern und Zweigenden bereitete, unter dem Namen Tee in den Handel gelangende Produkt entstammt drei Hauptvarietäten, *C. sinensis*, *C. assamica* und *C. cambodia*. Als engere Heimat der Teepflanze gilt, wie bereits aus den Namen der wichtigsten Varietäten zu entnehmen ist, das Länderdreieck, welches aus den Gebieten Südchina, Assam und Kambodscha gebildet wird. Nach Harler (1957) dürften *C. assamica* und *C. cambodia* gleichen Ursprungs und nur die sich im Habitus wesentlich von ihnen unterscheidende *sinensis* individueller Herkunft sein. Hybridisierungen aller drei Varietäten sind häufig, und ihre zahlreichen Kreuzungen formen gegenwärtig das Ausgangsmaterial der Teesträucher in den Pflanzungen.

Die Kultivierung des Teestrauches ist in China vermutlich schon im 12. Jahrhundert v. Chr. bekannt gewesen. Sehr viel später, Anfang des 8. Jahrhunderts, wurde der Tee von buddhistischen Mönchen in Japan eingeführt. Der eigentliche

Tabelle 493. *Tee-Erzeugung der wichtigsten Anbaugebiete*
(in 1000 metr. Tonnen)

	1934–1938	1948–1952	1958	1961
Argentinien	. . .	0,9	10,0	8,0
Brasilien	0,2	0,7	0,7	. . .
Peru	. . .	0,4	0,9	1,1
Ceylon	103,9	140,3	187,4	206,5
China	41,0	62,8	140,0	157,9
Taiwan	11,6	9,3	14,6	18,1
Malaya	0,4	1,5	2,2	2,6
Indien	178,0	280,0	324,8	353,5
Indonesien	74,8	60,4	68,2	39,0
Japan	49,3	40,3	75,0	81,0
Pakistan	25,6	19,5	24,4	26,7
Vietnam	10,9	4,1	3,4	4,1
Iran	1,0	5,1	. . .	. . .
Türkei	. . .	0,3	3,3	5,6
Kongo	. . .	0,2	2,5	3,4
Kenya	3,7	6,0	11,2	15,7
Mauritius	. . .	0,3	0,9	1,3
Moçambique	0,5	2,8	7,9	10,6
Njassaland	4,3	6,7	10,6	14,3
Tanganyika	0,1	0,9	2,8	4,5
Uganda	0,1	1,8	3,8	5,1
Welt Gesamt	466	630	900	973
Welt Gesamt einschl. UdSSR	. . .	690	1040	1010

Quellen: FAO, Yearbook 1954; FAO, Yearbook 1960; FAO, Yearbook 1962.

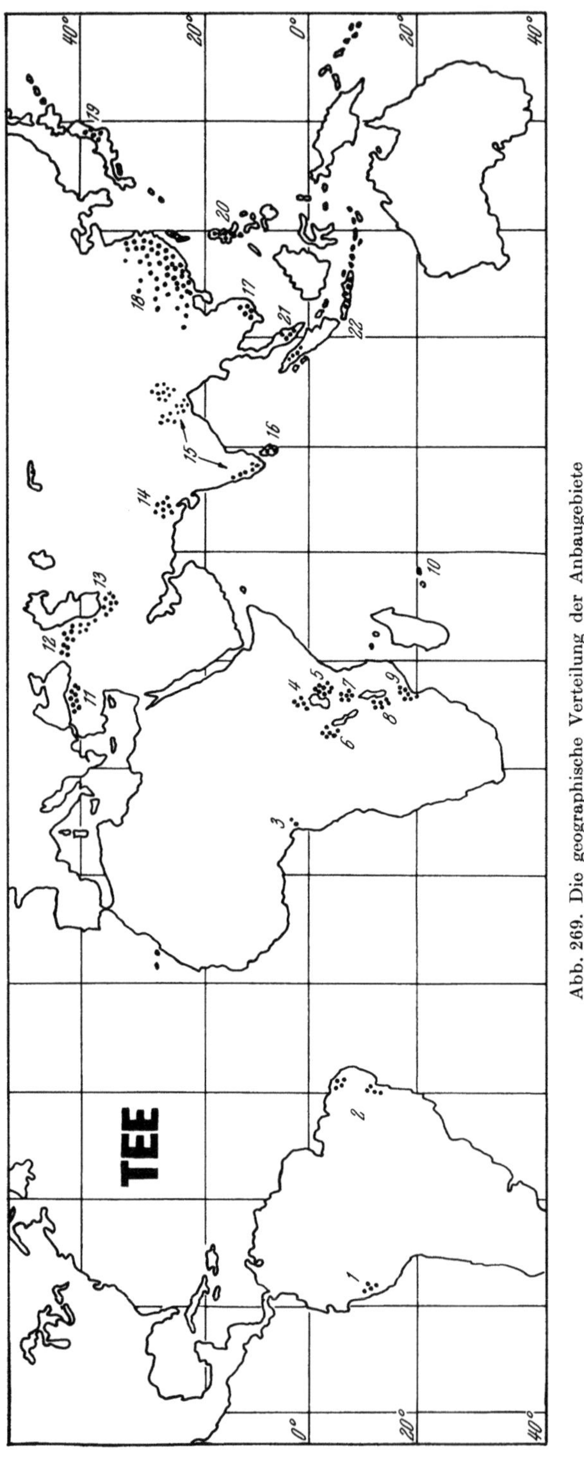

Abb. 269. Die geographische Verteilung der Anbaugebiete

1 Peru	7 Tanganyika	13 Iran	19 Japan
2 Brasilien	8 Njassaland	14 Pakistan	20 Philippinen
3 Cameroun	9 Moçambique	15 Indien	21 Malaya
4 Uganda	10 Mauritius	16 Ceylon	22 Indonesien
5 Kenya	11 Türkei	17 Vietnam	
6 Kongo	12 UdSSR	18 Südchina	

plantagenmäßige Anbau der gegenwärtig wichtigsten Tee-Ausfuhrländer Indien, Ceylon und Indonesien begann erst in der ersten Hälfte des vorigen Jahrhunderts. Wieder später, gegen Ende des vorigen Jahrhunderts, entstanden die ersten Pflanzungen in Ostafrika, wo inzwischen die Teekultur, insbesondere in Kenya und Njassaland, zu einem wichtigen wirtschaftlichen Faktor wurde. Große Ausdehnung erfuhr der Teeanbau im Kaukasus, wo seine Anfänge ebenfalls schon auf die Mitte des vorigen Jahrhunderts zurückzuführen sind, sowie in Westpakistan, im Iran und in der Türkei. In Lateinamerika erreichte die Tee-kultur nur in Argentinien, Brasilien und Peru einige Bedeutung.

2. Entwicklung und zeitlicher Wachstumsverlauf

In ihrer natürlichen Umgebung wächst die spätreife Assam-Varietät zu einem 10 bis 15 m hohen Baum mit glänzenden, bis zu 30 cm langen Blättern heran. Die echte frühreife China-Varietät bildet nur wenig hohe strauchartige Bäume, deren matte, glanzlose Blätter nur eine Länge von etwa 5 cm erreichen. In der Pflanzung wird der Tee bis auf jene Pflanzen, die für die Saatgewinnung vorgesehen sind, durch regelmäßigen Schnitt strauchförmig gehalten.

Die wesentlichen Unterschiede zwischen den beiden Varietäten bestehen demnach in der Blattgröße und im Habitus der Bäume bei ungestörtem natür-lichen Wachstum. *C. sinensis* ist robuster und widerstandsfähiger gegenüber Frost als *C. assamica*. Ihre Produktivität ist dagegen merklich geringer. Eine typenreine Assam-Varietät dürfte bei den kultivierten zahllosen Abkömmlingen Assam-ähnlicher „Typen" infolge der sehr häufig stattgefundenen spontanen Kreuzungen mit China-Varietäten kaum auffindbar sein. Die zahlreichen kulti-vierten Typen unterscheiden sich vornehmlich in der dunkleren oder helleren Farbtönung der Blätter.

Bis vor wenigen Jahren wurde der Teestrauch in der Praxis fast ausschließlich aus Samen gezogen. Die Samen werden unter Schatten auf feuchtem Sand zur Keimung ausgelegt, und sobald eine Wurzelbildung sichtbar wird, in die Auf-zuchtbeete verschult. Die Teesamen keimen bei geringer Keimfähigkeit recht langsam. Im Durchschnitt rechnet man in der Praxis mit einer Keimung von 60 bis 70% der ausgelegten Samen. Nach etwa sechs bis acht Monaten haben sich die Sämlinge in den Aufzuchtbeeten soweit entwickelt, daß ein Verpflanzen in das Feld vorgenommen werden kann. Unter unsicheren klimatischen Ver-hältnissen ist es jedoch ratsam, die jungen Pflanzen erst nach etwa $1^1/_2$ bis 2 Jah-ren, auf 10 bis 15 cm zurückgeschnitten, als sogenannte „Stumps" zu verpflanzen. Hierbei sind die Voraussetzungen zur Entwicklung eines gleichmäßigen Bestan-des bedeutend günstiger. Der Pflanzverband auf dem Felde schwankt von etwa 80×80 cm bis zu Abständen von 2 m je nach der Höhenlage der Pflanzung. Er ist im wärmeren Tiefland, wo sich die Sträucher üppiger entwickeln, weiter als im kühlen Hochland.

Wegen der stark hybriden Natur des Samenmaterials gewinnt in den letzten Jahren nach Überwindung anfänglicher Schwierigkeiten die vegetative Ver-mehrung guter Typen und Produzenten als sicherste Methode, einheitliche Bestände zu erhalten, steigende Bedeutung. Als einfachste und wirtschaft-lichste Methode hat sich die Vermehrung durch Blattstecklinge, welche nur aus einem Blatt, einer Knospe und einem einige Zentimeter langen Stengelstück bestehen, bewährt. Erfahrungsgemäß zeigt ein noch junges grünes Stecklings-material schnelle und günstige Wurzelbildung. Entstammt das Stecklings-material von Klonen (Individuen, die durch vegetative Vermehrung aus einer

Stammpflanze hervorgegangen sind), die sich durch gute Wurzelbildung auszeichnen, werden die Stecklinge direkt in das Aufzuchtbeet gepflanzt. Bei trägen
Wurzelbildnern ist es zweckmäßiger, zunächst die Kallusbildung in Anzucht-
kästen abzuwarten und anschließend die Verschulung in die Aufzuchtbeete
vorzunehmen. Nach etwa zwei Jahren werden die jungen Pflänzlinge auf 10 cm
zurückgeschnitten und als „Stumps" in die vorbereiteten Pflanzlöcher der
Plantage ausgepflanzt. Da die jungen Teewurzeln sehr empfindlich auf Wider-
stände im Boden reagieren und vor allen Dingen die aus Stecklingen gezogenen
Pflänzlinge keine Pfahlwurzeln entwickeln, sind die Ausmaße der Pflanzgruben
reichlich zu bemessen. Ein Durchmesser von mindestens 30 cm bei einer Tiefe
von 50 cm ist erforderlich.

Es bedarf keiner weiteren Betonung, daß die Stecklinge nur von Pflanzen
geschnitten werden, die sich durch hohen Ertrag, Qualität und Krankheitsresistenz auszeichnen. Der Mehraufwand an Arbeit und Pflege, welchen die
vegetative Vermehrung gegenüber der Sämlingsaufzucht bedeutet, ist in jedem
Fall wirtschaftlich zu verantworten. Bei der Vermehrung mit Stecklingen aus
eigenen selektierten Mutterpflanzen ist die Art der Bewurzelung aufmerksam
zu beobachten. Die Ausbildung eines flachen aus horizontalen Wurzelsträngen
bestehenden Wurzelsystems ist wegen der damit verbunden geringeren Trockenresistenz der Pflanzen unerwünscht. Nur Stecklinge von Mutterpflanzen,
deren Hauptwurzelstränge nach der Bewurzelung eine mehr oder weniger ver-
tikale Ausrichtung zeigen und damit eine tief in den Boden eindringende Bewurzelung versprechen, sind zur Vermehrung heranzuziehen (Goodchild 1958).

Das erstrebenswerte Ziel bei der Anlage und Pflege einer Teepflanzung ist,
durch eine geeignete Standweite den einzelnen Pflanzen die Möglichkeit zu
geben, sich zwecks Entfaltung einer optimalen Blattoberfläche nach allen
Seiten gut zu entwickeln. Der Pflanzverband wird je nach Klima, Varietät
und Bodeneigenschaften unterschiedlich sein. Er ist stets so zu wählen, daß
nach den Form- und Korrektionsschnitten die Blattoberflächen der in voller
Produktion stehenden Teesträucher endgültig eine tafelförmig ausladende geschlossene Pflückfläche bilden, die den Boden vor direkter Sonneneinstrahlung
und insbesondere vor der ungehemmten Einwirkung des niederschlagenden
Regens schützt. Ein vollentwickelter Teestrauch zeigt schließlich die Form eines
umgekehrten Kegels, dessen Spitze der sehr kurze Stamm ist. Bei geeignetem
Pflanzverband und Schnittsystem ist dieses Stadium in etwa zehn Jahren, vom
Zeitpunkt des Verpflanzens in die Aufzuchtbeete gerechnet, erreicht. Eden (1957)
unterscheidet folgende Entwicklungsphasen:

Aufzuchtbeet .... 2 Jahre
Stadium der Formgebung durch Formschnitte .... 2$^1/_2$ Jahre
Ausbildung der tafelförmigen Pflückfläche durch individuellen Korrektions-
　　schnitt der zentralen Äste mit dem Ziel, das Wachstum der Seitenzweige
　　zu fördern und möglichst zahlreiche pflückbare Triebe zu erhalten,
　　nochmals .... 2$^1/_2$ Jahre

Zu diesem Zeitpunkt hat der Strauch seine endgültige Höhe von etwa 1,25 m
erreicht. In weiteren drei Jahren schließlich wachsen die einzelnen im Verband
stehenden Sträucher, durch regelmäßige Schnitte im Höhenwachstum gehemmt,
in die Breite strebend, zu einem dichten Blätterdach zusammen. Durch periodische Schnittzyklen, deren zeitliche Folge vom Klima, von Bodeneigenschaften
und auch von der individuellen Einsicht des Pflanzungsleiters bestimmt wird
und im allgemeinen zwischen zwei und vier Jahren schwankt, wird das Sprossen

zahlreicher junger Triebe gefördert und somit eine ständige Verjüngung der „Produktionsfläche" erreicht.

Für die Produktivität einer Teepflanzung ist die richtig durchgeführte Formgebung der Sträucher durch ein geeignetes Schnittsystem von maßgeblicher Bedeutung. Im Laufe der Jahre wurden verschiedene Methoden entwickelt, die sich in der Praxis bewährt haben. Eine ausführlichere Beschreibung würde

Abb. 270. Bei der Ernte

den Rahmen dieses Beitrages überschreiten. Es sei auf die Ausführungen von VAN EMDEN und DEIJS (1949), VON BLÜCHER (1956), EDEN (1957, 1958) und GOODCHILD (1958) verwiesen.

Von etwa fünfjährigen Pflanzen, einschließlich der zwei Jahre in den Anzuchtbeeten, kann die erste kleine Ernte gepflückt werden. Sie wird kaum mehr als 20% des in voller Produktion stehenden Strauches betragen. Die optimale Produktion wird unter zusagenden warmen Klimaverhältnissen, beispielsweise im Tropengürtel in Höhenlagen von 800 m, kaum vor dem 12. Jahr erreicht sein und in kühleren Regionen oder in Höhen von über 1200 m in den Tropen erst nach etwa 15 Jahren. Im Durchschnitt rechnet man in der Praxis mit einer ökonomischen Lebensdauer des Teebestandes von 60 Jahren. Zur Erhaltung der Produktivität der Pflanzung ist daher für eine rechtzeitige Verjüngung des Bestandes, die zwecks Vermeidung von zu großen Ertragseinbußen in jährlichen Teilabschnitten vorgenommen wird, Sorge zu tragen.

3. Klima und Boden

Entsprechend seiner subtropischen Herkunft findet der Teestrauch die günstigsten klimatischen Bedingungen in diesen Breitengraden mit Anbauschwerpunkten in den südchinesischen Provinzen, in Nordostindien, in Westpakistan und selbst noch im milden Küstenklima des Schwarzen Meeres bis etwa 45° nördlicher Breite. Auch im eigentlichen Tropengürtel wurde die Teekultur in den letzten Jahrzehnten in verschiedenen Gebieten, wie Südindien, Ceylon, Indonesien und schließlich im jüngsten Anbaugebiet Ostafrika, zu einem dominierenden Wirtschaftsfaktor. In den warmen äquatornahen Zonen wird die Produktivität des Teestrauches allerdings entsprechend der Klimaansprüche des Tees maßgeblich von der Höhenlage beeinflußt. Der Tee ist hier eine ausgesprochene Berglandkultur. In den Höhen zwischen 600 bis über 2500 m findet er in diesen Breitengraden ihm zusagende Temperaturverhältnisse. Obgleich der Tee hinsichtlich seiner Temperaturansprüche eine recht weite Toleranz zeigt und der robuste China-Tee selbst kurze Frostperioden, wie sie im kaukasischen Anbaugebiet regelmäßig vorkommen, verträgt, haben sowohl zu niedrige als auch zu hohe Temperaturen eine ertragshemmende Auswirkung. Unter günstigen Umweltbedingungen gilt als Minimum 15° C und als Maximum eine Temperatur von 30° C. Nach Schmidt (1943) gedeiht der Tee am besten bei einer mittleren Jahrestemperatur von 18° bis 25° C. Ein hohes Jahresmittel bei hoher Luftfeuchtigkeit wirkt sich günstig auf die Ertragshöhe aus, während niedrige Temperaturen bei geringer Luftfeuchte beispielsweise in hohen Gebirgslagen den Wachstumsrhythmus der Blätter verlangsamen und somit die Erntehöhe verringern. Diese Klimaverhältnisse sind jedoch der Erzeugung von aromatischen Spitzenqualitäten förderlich. Um den Faktor Temperatur in den warmen Zonen, d. h. in den Tropen in geringeren Höhenlagen, für die Entwicklung des Teestrauches günstiger zu gestalten, ist eine Beschattung der Pflanzung durch Schattenbäume unerläßlich. Da andererseits der Tee eine lichthungrige Pflanze ist, wirkt sich eine zu starke Beschattung hemmend auf die Blattentwicklung aus. Eine jährliche mittlere Sonnenscheindauer von etwa 60% bietet nach Schmidt (1943) die günstigsten Lichtverhältnisse für eine reichliche Bildung von jungen Knospen und Trieben. Sehr hoch gelegene Pflanzungen in den Tropen leiden oft unter Lichtmangel infolge der täglichen starken Bewölkung. Die geringe Sonneneinstrahlung wirkt sich nicht nur ungünstig auf die Ertragshöhe aus, sondern verlängert ebenfalls maßgeblich das Jugendwachstum und verzögert die Entwicklungsreife des Teestrauches.

Ein erfolgreicher Teeanbau setzt intensives vegetatives Wachstum, und stete Neubildung von jungen Trieben und Blättern voraus. Mit Ausnahme der wenigen Wochen nach dem Schnitt verlangt der hohe Transpirationsverlust über die große Oberfläche des dichten Blattdaches eine reichliche Verfügbarkeit des Bodenwassers. Nach Untersuchungen von Pereira (1958) entspricht die Höhe der Wasserabgabe über die Blätter einer geschlossenen unbeschatteten Teepflanzung etwa $^2/_3$ der Verdunstungsverluste einer freien Wasseroberfläche. Ein üppiges vegetatives Wachstum des Tees ist daher nur in jenen Gebieten gewährleistet, wo reichliche Niederschläge seinen hohen Wasserbedarf befriedigen. Unter der Voraussetzung günstiger Wachstumsverhältnisse läßt sich, wie Beobachtungen in Ceylon zeigen, eine lineare Beziehung zwischen Ertragshöhe und steigenden Niederschlägen bis zu 5000 mm im Jahr feststellen.

Insbesondere in wärmeren Zonen werden das Wachstum und die Produktion sehr maßgeblich von einem gleichmäßig gut über das ganze Jahr verteilten Niederschlag beeinflußt. In regenärmeren Gebieten oder in Gegenden, wo die Niederschlagszeiten von längeren Trockenperioden unterbrochen werden, ist die Wirtschaftlichkeit des Teeanbaues nur in hohen kühleren Lagen gesichert. Auch dort wird sich die Regenknappheit bzw. die ungünstige Verteilung des Regens auf die Ertragshöhe auswirken, jedoch wird die quantitative Einbuße im allgemeinen durch bessere Qualität kompensiert.

In Abhängigkeit von den unterschiedlichen Temperaturverhältnissen, unter denen der Tee angebaut wird, schwankt die erforderliche Regenmenge. Eine gute Verteilung vorausgesetzt, können jährliche Regenmengen von 1800 bis 2000 mm als Minimum und 3000 bis 3200 mm als Optimum gelten.

Bei der durchwegs großen Regendichte in den Teeanbaugebieten und der Kultivierung des Tees auf meist hängigem Hügelgelände ist nicht nur der Erosionsverlust der humosen Oberflächenschichten zu befürchten, sondern gleichzeitig auch das unproduktive oberflächige Abfließen eines erheblichen Anteils der Niederschlagsmengen unvermeidlich, wenn nicht durch Terrassierung und Bepflanzen der Hänge zwischen den Terrassen mit Bodenbedeckern dem bodenzerstörenden Einfluß der Niederschläge entgegengewirkt wird. Die kostspielige, jedoch unvermeidliche Terrassierung aller Hänge gehört daher zu den ersten Maßnahmen einer rationellen Wirtschaft und ebenfalls, soweit es die Lichtverhältnisse zulassen, d. h. solange die Teesträucher noch nicht ein geschlossenes Laubdach formen, eine möglichst frühzeitige Bepflanzung des Bodens mit Bodenbedeckern.

Eine Übersicht der Temperatur- und Regenverhältnisse wichtiger Anbauzentren vermittelt VAN DIERENDONCK (1959).

Tabelle 494. *Durchschnittliche Temperaturen und Niederschläge einiger wichtiger Teeanbaugebiete*

Gebiet	Höhenlage in m	mittlere Jahrestemperatur in °C	durchschnittliche Jahresniederschläge in mm
Assam	100	22,6	2396
Südindien	100–2500	0–27	2000
Ceylon	100–2000	15–25	2000–3750
Westjava	1000–1700	20,1	3500
Sumatra	400	22,8	2900
Uganda	1300–1700	–	1450
Tanganjika	1300–2200	–	1300–2400
Kenya	2000–2500	–	1250–1800
Kiwu (Kongo)	2200	18,0	1200–2000

Trotz ausreichender Niederschläge und Verfügbarkeit des Bodenwassers leidet der Tee nicht selten unter Feuchtigkeitsmangel, welcher deutlich in Ertragseinbußen zum Ausdruck kommt. Die relative Luftfeuchtigkeit ist als weiterer Wachstumsfaktor für die Ertragshöhe von entscheidender Wichtigkeit. Weniger die absolute Regenmenge als deren Verteilung auf möglichst zahlreiche Tage bei nicht zu hohen Temperaturen und gleichzeitig hoher relativer Luftfeuchtigkeit bilden die klimatischen Voraussetzungen für gute Erträge. Offenbar ist die Transpirationsintensität des Teeblattes bei trockener Luft übermäßig hoch, so daß es hier auch bei ausreichender Bodenfeuchtigkeit infolge Nachlassens des Turgordruckes zu Welkeerscheinungen des Blattes kommt. Schon ein Sättigungsdefizit der Luft von 50% führt zu Ertragseinbußen. Hier läßt sich durch Anpflanzen von Schattenbäumen eine Erhöhung der relativen Luftfeuchte in den bodennahen Luftschichten durch die Verringerung der Luftbewegung erreichen. Da jedoch mit dieser Maßnahme oft der Lichtbedarf des Tees ins Minimum gerät, sind im allgemeinen zur Schaffung eines feuchteren Mikroklimas Windschutzhecken zu bevorzugen.

Obgleich der Tee auf recht unterschiedlichen Standorten gedeiht, sind bestimmte Bodeneigenschaften von ausschlaggebender Bedeutung für ein gesundes Gedeihen des Teestrauches. Die Teewurzeln reagieren empfindlich auf Verhärtungen im Boden. Wichtig ist daher die Prüfung des Bodenprofils vor der Anlage der Pflanzung. Eine tiefreichende Pfahlwurzel bzw. die vertikal wachsenden Wurzelstränge bei vegetativer Stecklingsvermehrung verlangen ein ungestörtes Bodenprofil bis in eine Tiefe von 1,50 bis 2 m. Bei lokal begrenzten Verhärtungen können kräftig wurzelnde Baumleguminosen, die gleichzeitig als Schattenbäume dienen, maßgeblich dazu betragen, den durch verhärtete Horizonte ungeeigneten Unterboden zu lockern. Ausgezeichnet bewährt haben sich hierbei verschiedene *Albizzia-* und *Leucaena*-Arten. Auch auf Staunässe reagiert der Tee sehr empfindlich. Schwere Böden oder ein hoher Grundwasserstand sind aus diesem Grunde für den Tee ungeeignet. Am besten gedeiht der Tee auf tiefgründigen, durchlässigen Böden mit gutem Wasserhaltevermögen. Es ist daher zweckmäßig, die Bodenprofiluntersuchung während des Höhepunktes der Regenzeit durchzuführen. In dieser Zeit lassen sich die physikalischen Bodeneigenschaften am besten beurteilen. Als Hinweis möge dienen, daß in feuchten tropischen Zonen durchlässige Böden im allgemeinen eine rote Färbung zeigen. Graue bis schwarze Böden zeichnen sich dagegen sehr oft durch gehemmte Durchlässigkeit aus und bedürfen daher einer sorgfältigen Profiluntersuchung. Angesichts der Klimaverhältnisse des Teeanbaus leiden die Böden, soweit sie nicht jungvulkanischen Charakter haben, unter starker Basenarmut. Der Nährstoffmangel ist durch entsprechende Düngungsmaßnahmen zu beheben und ungleich weniger entscheidend für die Eignung eines Bodens für die Teekultur als seine physikalischen Eigenschaften.

Von maßgeblicher Wichtigkeit ist die Bodenreaktion. Es steht außer Zweifel, daß der Tee eine Vorliebe für saure Böden hat. Eine optimale Bodenreaktion findet der Tee nach Child (1957) im pH-Bereich zwischen 5,0 und 5,6. Das Optimum schwankt je nach dem Bodentyp und insbesondere in Abhängigkeit vom Humusgehalt. Eine Bodenreaktion um den Neutralpunkt ist jedoch immer ungeeignet. Der Tee leidet hier unter deutlichen Wachstumshemmungen. Eine Korrektur der Bodenreaktion mittels Schwefelgaben ist, sofern die Reaktion nicht über dem Neutralpunkt liegt, zu empfehlen. Da jedoch in diesem Reaktionsbereich eine Gaben von 2,5 t Schwefel je Hektar den pH-Wert nur um 0,7 Einheiten bis in eine Tiefe von 23 cm senkt, sind gegebenenfalls weit höhere Schwefelgaben bis zu 10 t und mehr je Hektar notwendig, um die gewünschte Reaktion bis in größere Tiefen zu erzielen (Child 1958). Diese Mengen werden sich einerseits als unwirtschaftlich erweisen und andererseits die pH-Werte der Bodenkrume auf ein Niveau unter pH 4 drücken, was sich zweifellos auch für die säureliebende Teepflanze wachstumsstörend auswirken wird.

4. Durchschnittliche Erträge und Nährstoffentzugszahlen

Ausschlaggebend für die Ertragshöhe einer Teepflanzung sind die Bodeneigenschaften und das Klima. Selbstredend beeinflussen auch die Varietäten, der Pflanzverband und die Kulturmethoden die Produktivität, doch sind diese in ihrer Auswirkung abhängig von den bereits beschriebenen für den Teeanbau unerläßlichen Boden- und Klimaverhältnissen.

Durchschnittliche Ertragszahlen ohne Angaben über die Qualität des Erntegutes besagen bei der Teekultur wenig. Wie eingangs schon Erwähnung fand, ist

Abb. 271. Pflücktriebe. Pekospitze und zwei Blätter

der Ertrag in Gebieten hoher Durchschnittstemperaturen und ausreichender Feuchtigkeit beachtlich höher als in Höhenlagen, deren niedrigere Temperaturen den Tee weniger üppig gedeihen lassen, wo jedoch die klimatischen Bedingungen ein aromareiches und qualitativ besseres Erntegut ausreifen lassen. Die Höhe der Ernte, aber auch wieder die Qualität wird ferner maßgeblich beeinflußt von dem Pflücksystem. Bei Anwendung eines groben Systems, bei dem außer den Endknospen der Triebe (peko) und den zwei folgenden jungen Blättern, von der Triebspitze gerechnet, noch ein älteres drittes oder gar viertes Blatt gepflückt werden, läßt sich gegenüber einem feinen Pflücksystem, welches nur das Pflücken der Spitze mit den beiden jüngsten Blättern zuläßt, gewichtsmäßig ein mehrfach höherer Ertrag erzielen. Diese Ertragshöhe der Grobpflückmethode geht auf Kosten der Qualität. Die zur Anwendung gelangende Pflückmethode wird je nach der Marktlage und dem Entwicklungszustand der Pflanzung — Jungpflanzung oder sogenannte „Leerpflückung" unmittelbar vor Durchführung des

Teeschnittes — unterschiedlich sein, und entsprechend werden die durchschnittlichen Erträge in weitem Rahmen schwanken. Im allgemeinen gilt jedoch als Regel die Aberntung der Pekospitze einschließlich der beiden folgenden jungen Blätter.

Unter Zugrundelegung dieser Pflückweise erzielen gut geleitete Pflanzungsbetriebe während eines langjährigen Durchschnitts 1000 bis 1500 kg marktfertigen Tee je Hektar und Jahr. Durch systematische Selektionen konnten in den letzten Jahren in Ceylon Klone zur Verfügung gestellt werden, die unter den vorherrschenden ökologischen Bedingungen des Züchtungsstandortes bei sehr intensiver Düngung Erträge bis zu 4000 kg Tee je Hektar erzielen. Die Grenze der Wirtschaftlichkeit eines gut geleiteten Großbetriebes liegt bei etwa 600 kg marktfertigem Tee je Hektar. Eine ausführlichere Beschreibung verschiedener Pflücksysteme und deren Einfluß auf die Höhe und Qualität des Erntegutes vermitteln van Emden und Deijs (1949) und von Blücher (1956).

Eine aus verschiedenen Quellen zusammengestellte Übersicht der durchschnittlichen Ertragshöhe einiger wichtiger Anbauzentren gibt van Dierendonck (1959).

Tabelle 495. *Anbauflächen und mittlere Erträge verschiedener Erzeugungsländer*

	Anbaufläche 1955/56 in 1000 ha	Hektarerträge in kg
Nord- und Südindien ...	231,8	950
Ceylon	226,4	745
Pakistan	115,0	214
Indonesien	80,0	475
Taiwan	46,4	285
Japan	40,0	1870
Njassaland	10,4	770
Kenya	10,0	844
Tanganjika	4,8	463
Uganda	4,0	667
Malaya	3,2	687

Eines der wichtigsten den Ertrag beeinflussenden Probleme in der Teekultur ist die Handhabung der künstlichen Beschattung. Die Frage, ob ein Zwischenpflanzen von Baumleguminosen notwendig ist und im bejahenden Falle, wie intensiv die Beschattung zu handhaben ist, d. h. in welchem Verband diese Schattenbäume zu pflanzen sind, kann nur von Fall zu Fall unter Berücksichtigung der örtlichen Klima- und Bodenverhältnisse sowie der zur Auspflanzung gelangenden Varietät beantwortet werden. Ganz allgemein kann festgestellt werden, daß der Tee ohne Schatten unter der Einwirkung des vollen Sonnenlichtes mit Erfolg kultiviert werden kann und daß unter diesen Bedingungen die ertragssteigernde Wirkung der Düngung besonders effektvoll ist. Es darf jedoch nicht außer acht gelassen werden, daß bei weniger zusagenden klimatischen Bedingungen, wie hohen Temperaturen und in Lagen mit längeren Trockenperioden, jedoch ausreichender absoluter Regenmenge, sowie bei ungünstigen durch schwer durchlässige Horizonte gekennzeichneten Böden, das Zwischenpflanzen von tiefwurzelnden Baumleguminosen als Schattenpflanzen maßgeblich zur Behebung ungünstig wirkender Faktoren beitragen. Je nach den örtlichen Bedingungen kann somit eine Beschattung der Teepflanzung einen positiven oder auch einen negativen Effekt auf den Ertrag zeigen. Zweifellos hat eine gewisse Überbewertung der günstigen Eigenschaften der Schattenbäume auf Wachstum und Produktion der Teesträucher sehr oft zu einer übertriebenen Beschattung geführt. Den ertragsmindernden Einfluß der Beschattung unter günstigen klimatischen Bedingungen lassen Versuche mit verschiedener Schattenintensität in Westjava erkennen (VAN DIERENDONCK 1959).

Tabelle 496. *Einfluß der Beschattung auf den Tee-Ertrag in Java*

Schattenintensität	Ertrag grünes Blatt	
	in kg	relativ
Ohne Schatten	2200	100
Leichter Schatten (25%)	1591	72,3
Mittlerer Schatten (50%)	1395	61,3
Starker Schatten (75%)	1063	48,3

Offenbar waren hier die Licht-, Temperatur- und Niederschlagsverhältnisse ausgesprochen günstig für die Teekultur. Bei entsprechender Düngung, deren Menge sich jedenfalls der Ertragshöhe anzupassen hat, und bei Abdeckung des Bodens mit Mulchmaterial ist hier ohne Schattenbäume auf lange Sicht die Erhaltung der Ertragsleistung des Bodens möglich.

Untersuchungen der Tee-Versuchsstation in Tocklai, Assam, zeigten dagegen eine ertragsfördernde Wirkung bei leichter Beschattung des Tees (EDEN 1959).

Tabelle 497. *Effekt der Lichtintensität auf den Tee-Ertrag in Assam*
(vierjähriger Durchschnitt)

Lichtintensität %	Ertrag	
	lbs./acre	%
100	810	100
70	938	116
50	832	109

Unter den vorherrschenden Bedingungen waren die günstigsten Lichtverhältnisse bei einer Reduzierung der vollen Lichteinwirkung um 30 bis 50% gegeben. Es darf hier angenommen werden, daß die maximale Sonnenlichteinwirkung die Turgeszenz der Blätter soweit erniedrigte, daß sich zur Vermeidung des Welkens die Spaltöffnungen (Stomata) zeitweilig schlossen, was zu einer Reduzierung der Photosynthese führte.

Die Mehrzahl der positiven Auswirkungen der Schattenbäume, wie Verhinderung einer zu hohen Bodenerwärmung durch die direkte Sonneneinstrahlung, Abschirmung des Bodens gegen die bodenzerstörende Wirkung heftiger Niederschläge und der bodenverbessernde Einfluß durch den Blattfall der Schattenbäume, lassen sich zumindest in gleichem Maße durch das Abdecken des Bodens mit Mulchmaterial erzielen, ohne dabei das Risiko einzugehen, durch eine zu starke Beschattung das Ertragspotential ungünstig zu beeinflussen und ohne den Nährstoff- und Wasserhaushalt des Bodens mit dem Eigenbedarf der Schattenbäume zu belasten. Auch die Stickstoffbindung der Baumleguminosen darf bei der relativ geringen Anzahl der Schattenbäume je Hektar nicht überbewertet werden.

Die Pflanzendichte der Schattenbäume richtet sich nach den klimatischen Verhältnissen (Höhenlage) und der gewählten Schattenpflanze. Sie schwankt beispielsweise bei *Albizzia moluccana* zwischen 15 und 75 je Hektar. Die günstige
Wirkung schließlich der Schattenbäume auf das Mikroklima ist, wie bereits ausgeführt, effektvoller durch das Pflanzen von Windschutzhecken zu erreichen. Der

Abb. 272. Geschlossener Teebestand nach Auslichtung des Schattendaches

Abstand dieser Hecken voneinander richtet sich nach der Höhe der Windbrecher.
Als zweckmäßigste Reihenentfernung hat sich die 20- bis 25fache Höhe der
Bäume erwiesen.

Wie schon Erwähnung fand, muß die Entscheidung, ob und in welchem Maße
die Teepflanze beschattet werden soll, unter Abwägung der Faktoren, die für
oder gegen diese Kulturmaßnahme sprechen, individuell getroffen werden. Eine
zu starke Beschattung wirkt sehr sicher ertragsmindernd. Im Zweifelsfall können
Versuche mit verschiedener Schattendichte durch entsprechenden Schnitt bzw.
durch Auslichtung der Schattenbäume in einzelnen Abschnitten der Pflanzung
und durch getrennte Ernteeinbringung dieser unter verschiedener Lichtintensität

stehenden Bestände die Antwort auf die jeweils günstigste Schattendichte für die vorherrschenden örtlichen Verhältnisse geben.

Der Aschengehalt des Teeblattes schwankt, wie eine Vielzahl Untersuchungsergebnisse zeigen, beträchtlich. Zahlreiche Faktoren, insbesondere Klima- und Bodeneigenschaften, machen ihren Einfluß geltend. VAN DIJK (1951) zitiert Untersuchungsergebnisse von LENIGER aus Indonesien von Blattproben aus 50 verschiedenen Pflanzungen. Die Klimaverhältnisse (Höhenlage) und die Bodeneigenschaften waren unterschiedlich. Im übrigen waren alle Faktoren gleich. Die Blattproben entstammten der gleichen Teevarietät und gleich alten Pflanzen, die alle gleichzeitig geschnitten wurden und die gleichen Düngergaben erhielten. Sie wurden auch gleichzeitig nach dem gleichen System gepflückt. Trotz dieser einheitlichen Bedingungen, die sich also nur hinsichtlich Klima und Boden unterschieden, schwankten die Aschengehalte der Trockenmasse der Blätter zwischen 4,80 und 7,49% (Mittel: 5,63%). Die Nährstoffentzugszahlen anhand der Veraschungsdaten können daher auch nur sehr globale Hinweise über den Nährstoffbedarf der Teepflanze geben.

Tabelle 498. *Zusammensetzung der veraschten Teeblätter*
(nach VAN DIJK 1951)

Aschengehalt in % der Trockenmasse	Zusammensetzung der Asche in %						
	K_2O	CaO	MgO	Fe_2O_3	SO_3	Cl	P_2O_5
5–7	38–51	4–12	6–10	1–2	6–13	3–5	10–23

VON BLÜCHER (1956) zitiert die Untersuchungsbefunde von NANNINGA und HUGHES.

Tabelle 499. *Chemische Analyse des Teeblattes*
(in % der Trockensubstanz)

	N	P_2O_5	K_2O	CaO
NANNINGA	4,58–4,75	0,72–1,04	2,26–2,73	0,31–0,54
HUGHES	4,5	0,8	2,2	–

Die Nährstoffmengen, welche mit der Blatternte entzogen werden, sind relativ gering. Es darf jedoch nicht außer acht gelassen werden, daß bis zum Heranwachsen des pflückreifen Teestrauches erhebliche Nährstoffmengen benötigt werden und daß mit den regelmäßigen Schnitten der Sträucher der Nährstoffgehalt des Schnittmaterials zum wesentlichen Teil ebenfalls als Verlust zu betrachten ist und nur zum geringen Teil im Laufe der Humuszersetzung und Mineralisierung wieder dem Nährstoffhaushalt der Teesträucher zugeführt wird. Schließlich sind noch bei der Düngerplanung die durch Auswaschung entstehenden Nährstoffverluste, welche im Hinblick auf die niederschlagsreichen Standorte der Teekulturen selbst bei sorgfältiger Beachtung aller Kulturmaßnahmen zur Verhinderung von Nährstoffverlusten unvermeidlich und relativ hoch sind, zu berücksichtigen.

Die Nährstoffentzugszahlen verschiedener Anbauzentren lassen, wie die Angaben von van Dierendonck (1959) zeigen, eine gute Übereinstimmung erkennen.

Tabelle 500. *Nährstoffentzug von 1000 kg marktfertigem Tee*
(in kg)

Gebiet	N	P_2O_5	K_2O	CaO	MgO	SO_3
Ceylon	45	8	21	—	—	—
Indonesien	45–50	9–10	25	—	—	—
Ostafrika	42	6,8	24	7,1	5,6	2,0

Auch die von Schoorel und Nanninga gefundenen, auf 1000 kg Tee basierten Werte von

50 kg N, 9 kg P_2O_5 und 25 kg K_2O bzw.
52 kg N, 8,8 kg P_2O_5, 25 kg K_2O und 4 kg CaO,

welche von Blücher (1956) zitiert, entsprechen diesen Größenordnungen.

Die Untersuchungen von Eden (1952) schließlich geben wegen ihrer differenzierten Angaben einen genaueren Hinweis über den Nährstoffentzug produzierender Teepflanzen.

Tabelle 501. *Nährstoffentzug der oberirdischen Pflanzenteile, basiert auf 1000 kg Markttee*
in kg/ha

	N	P_2O_3	K_2O
1. Junge Triebe	40,2	8,5	16,0
2. Holz	23,6	7,0	18,7
3. Blattwerk	27,2	4,6	13,0
Summe...............................	91,0	20,1	47,7
Ständiger Verlust: Summe von 1. und 2.	63,8	15,5	34,7

Je 1000 kg Markttee werden demnach etwa 64 kg N, 16 kg P_2O_5 und 35 kg K_2O dem Boden entzogen. Diese Zahlen geben einen brauchbaren Fingerzeig über die Bemessung und Zusammensetzung der zu gebenden Düngermengen. Es muß betont werden, daß auch diese Mengen nur einen Teil des tatsächlichen Nährstoffbedürfnisses des Tees darstellen und daß zur Deckung des gesamten Bedarfs auch die in den Wurzeln festgelegten Nährstoffmengen und ebenfalls die durch Auswaschung entstehenden Verluste Berücksichtigung finden müssen. Diesem tatsächlichen Bedarf wird in Ceylon mit gutem Erfolg Rechnung getragen und statt der ausgewiesenen etwa 6,5 kg N für 100 kg Markttee je nach der Niederschlagshöhe bis zu 10 kg N gegeben. Die entsprechende Bemessung der Phosphat- und Kaligaben ist bedeutend problematischer. Die Feststellung des wurzellöslichen Vorrats dieser Nährstoffe im Boden gibt nach den bisherigen Erfahrungen keinen ausreichenden Aufschluß über die zu bemessenden Gaben. Hierauf wird im Abschnitt „Düngung und Ertrag" näher eingegangen werden.

5. Düngungsmethoden

Im Laufe der Jahre wurden in den verschiedenen Anbauzentren der Teekultur zahlreiche Düngungsversuche durchgeführt. Hinsichtlich des Ziels, nämlich der Feststellung, mit welchen Düngermengen und -formen auf verschiedenen Bodentypen bei gegebenen Kulturmethoden eine kontinuierlich hohe Produktivität unter Beachtung der Wirtschaftlichkeit erreicht werden kann, besteht Übereinstimmung. Die unterschiedlichen Umweltfaktoren bei den einzelnen Versuchsanstellungen lassen jedoch die Ergebnisse zwangsläufig recht verschieden ausfallen, so daß die hierauf basierten Schlußfolgerungen und damit auch die empfohlenen Düngungsmethoden kein einheitliches Bild zeigen.

Der Zeitpunkt der Düngergabe und ihre Dosierung sind einerseits den lokalen Niederschlagsverhältnissen und andererseits den Schnittzyklen anzupassen. Während in Gebieten mit gleichmäßig über das Jahr verteilten Niederschlägen die Zeit und die Höhe der einzelnen Düngergaben einseitig vom Schnittzyklus bestimmt werden, muß unter vom Monsun bestimmten Klimabedingungen mit ihren starken jahreszeitlichen Schwankungen der zeitliche Verlauf der Niederschläge Berücksichtigung finden. Sowohl in trockenen als auch in sehr feuchten Perioden ist die Düngerwirkung geringer, was bedeutet, daß die günstigsten Düngungszeiten jeweils am Anfang und am Ende der Regenzeiten liegen.

Im Hinblick auf die Auswaschungsgefahr namentlich des Stickstoffdüngers sowie das Risiko der Festlegung von Phosphorsäure und unter besonderen Verhältnissen auch von Kali sollte die jährliche Düngermenge trotz der damit verbundenen höheren Ausbringungskosten in zwei halbjährlichen Teilgaben ausgebracht werden. Die effektivere Wirkung dosierter Gaben wird im allgemeinen den höheren Aufwand kompensieren. Die Gesamthöhe der jährlichen Düngergabe wird sich nach dem Entwicklungsstand der Teebüsche und ihrer Produktivität richten. Hieraus kann die Schlußfolgerung gezogen werden, daß auch innerhalb eines mehrjährigen Schnittzyklus in Anlehnung an die zunehmende Ertragshöhe die jährlichen Düngermengen eine Steigerung erfahren müssen. Die steigenden Erzeugungswerte der Stickstoffgaben im Verlauf eines Schnittzyklus weisen in diese Richtung.

Tabelle 502. *Durchschnittlicher Erzeugungswert von Stickstoff während verschieden langer Schnittzyklen in Ceylon*
(nach EDEN 1949)
(in kg Tee je kg N)

	1. Jahr	2. Jahr	3. Jahr	4. Jahr
Dreijähriger Zyklus	1,1	4,1	5,0	—
Vierjähriger Zyklus	0,1	1,2	3,1	4,1

Dieser kumulative Düngungseffekt wurde, wenn auch weniger ausgeprägt als bei Stickstoff, ebenfalls nach regelmäßiger Phosphat- und Kalidüngung festgestellt. Darüber hinaus wurde in Ceylon beobachtet, daß der kumulative Effekt sich von Schnittzyklus zu Schnittzyklus verstärkt. Während im ersten Zyklus der höchste Stickstofferzeugungswert 4,0 kg betrug, erfuhr er bis zum fünften Zyklus eine weitere Steigerung um 50%.

Durch eine planvolle, dem Entwicklungszustand angepaßte reichliche Versorgung mit Nährstoffen werden Stamm, Ast- und Blattwerk sowie die Wurzeln zu leistungsfähigen Speicherorganen für Nährstoffe ausgebildet. Eden (1949) verweist in diesem Zusammenhang auf den perennierenden Charakter der Teekultur, auf die die Wirkung der Nährstoffversorgung je nach ihrem Ausmaß einen positiven oder auch negativen kumulativen Effekt zeigen muß. Eine verläßliche und abschließende Aussage über eine bestimmte Düngungsmethode ist daher erst nach einer längeren Periode, die zumindest die Zeit eines ganzen Schnittzyklus umfassen muß, möglich.

Wie bereits erwähnt, ist einer Dosierung auf zwei halbjährliche Gaben einer einmaligen Düngung mit der gesamten geplanten Jahresmenge der Vorzug zu geben. Die erste Düngung sollte nicht zu früh nach dem Schnitt erfolgen. Die Sträucher zehren in diesem Zustand von den gespeicherten Vorräten früherer Düngergaben und werden erst vier bis sechs Monate nach dem Schnitt, wenn sich wieder ein dichtes Blattwerk neu gebildet hat, fähig sein, die gegebenen Nährstoffe wirkungsvoll auszunutzen. Auch die vegetative Ruhezeit in Gebieten mit Kälteeinbrüchen, wie beispielsweise in Assam oder auch in hohen Berglagen, sind ungeeignet für die Düngerausbringung. Die letzte Nährstoffgabe während eines Schnittzyklus ist ebenfalls zeitlich fixiert. Sie sollte nicht später als fünf bis sechs Monate vor dem Zurückschneiden der Sträucher erfolgen. Eine spätere Gabe birgt die Gefahr, daß nur ein Teil des gegebenen Düngers produktiv ausgenutzt wird.

Verschiedene Ausbringungsmethoden des Düngers haben sich in der Praxis bewährt. Jede hat ihre Vor- und Nachteile. Es läßt sich daher eine bestimmte Methode nur jeweils unter Berücksichtigung der lokalen Niederschlagsverhältnisse und vor allen Dingen der Geländegestaltung der Teepflanzung empfehlen. Auch das Alter der Teesträucher spielt eine Rolle. In einer noch nicht geschlossenen jungen Pflanzung ist die individuelle Düngung der einzelnen Sträucher am wirkungsvollsten. Der Dünger wird hier ringförmig unter der Blatttraufe ausgebracht und mit der Hacke oder auch Forke etwa 20 cm tief in den Boden eingebracht. Auf eine tiefe Einbringung muß geachtet werden, da vermieden werden muß, daß die feinen Wurzeln des Teestrauches dem Dünger entgegenwachsen und dann Gefahr laufen, in der Oberflächenschicht des Bodens, die während Trockenperioden austrocknet, abzusterben. Tiefe Einbringung fördert also die Trockenresistenz und eine kräftige Entwicklung des Wurzelsystems. Bekanntlich sind Kali und insbesondere die Phosphorsäure wenig beweglich im Boden. Bei diesen Nährstoffen ist die tiefe Einarbeitung in den Boden bis nahe an die Wurzelregion von besonderer Wichtigkeit, um der Pflanze die Aufnahme zu erleichtern und der Gefahr der Fixierung dieser Nährstoffe zu begegnen. Auch aus letzterem Grunde ist eine Dosierung der jährlichen Düngergaben zu empfehlen (Zuilen 1954).

Sobald die älteren Teebestände das erwünschte geschlossene Blätterdach gebildet haben, wird der Dünger breitwürfig zwischen den Reihen ausgestreut und anschließend ebenfalls möglichst tief eingearbeitet. Das Lockern des Bodens zur Einbringung des Düngers kann leicht zu starken Erosionsverlusten führen. In hängigem Gelände wird daher am besten der Dünger in mondsichelartigen flachen Gruben hangaufwärts oberhalb der Teesträucher ausgebracht.

Die optimale Höhe der Düngergaben wird von einer ganzen Reihe Faktoren, wie Alter, Zustand, Varietät und Produktivität des Teestrauches sowie Ertragsfähigkeit und Nachlieferungsvermögen des Bodens, bestimmt. Eine allgemeine Empfehlung, welche für alle Anbaugebiete Gültigkeit hat, kann daher nur einen sehr globalen Charakter haben. In Ermangelung ausreichender Kenntnisse über die Wechselwirkungen der einzelnen ertragsbestimmenden Faktoren in den verschiedenen Anbauzentren läßt sich die Höhe der Düngerempfehlung zunächst am zweckmäßigsten basieren auf dem geschätzten Blattertrag. Auf Grund langjähriger Untersuchungen in Ceylon werden je 100 kg Tee 6,5 kg N, 1,5 kg P_2O_5 und 3,5 kg K_2O dem Boden entzogen. Auf diesen Daten fundierend, kann unter Berücksichtung der jeweiligen lokalen Gegebenheiten ein Düngungsprogramm zusammengestellt werden. Im Laufe der Jahre werden sorgfältige Beobachtungen und Ertragsvergleiche eine mehr differenzierte Düngung erlauben, wobei entsprechend der Leistungsfähigkeit des Bodens und seines Kapitals an aufnehmbaren Nährstoffen Höhe und Anteil der einzelnen zu gebenden Nährstoffe eine Korrektur erfahren.

Aufbauend auf den Verhältnissen in Indonesien, wurde von Schoorel (1949) (zit. nach Kemmler 1956) eine Düngerplanung unter Berücksichtigung der Wachstumsstadien und verschiedener Bodentypen zusammengestellt.

Tabelle 503. *Düngungsplanung nach* Schoorel, *Indonesien*
(in g/m²)

Wachstumsstadien	Bodentyp[1]	Schwefel-puder[2]	schwefel-saures Ammoniak	Roh-phosphat	Doppel-super-phosphat	Schwefel-saures Kalium	Kali-Magnesium (Patent-kali)
Vorbereitung der Anzuchtbeete	1	100	—	—	—	—	—
	2–4	—	—	100	—	50	—
	5	100	—	—	—	—	150
Anzuchtbeete im 1. Jahr	1	—	75	—	30	—	—
	W.-Sumatra	—	75	—	30	30	—
	2–4	—	75	50	—	30	—
	5	—	75	—	30	—	60
Anzuchtbeete im 2. Jahr und später	1	—	150	—	60	—	—
	W.-Sumatra	—	150	60	60	—	—
	2–4	—	150	100	—	60	—
	5	—	150	—	60	—	120
Feld vor dem Auspflanzen	1	100	—	—	—	—	—
	2–4	—	—	100	—	50	—
	5	100	—	—	—	—	100
Junge Pflanzung 1. bis 3. Jahr[3]	1	—	20	—	15	10	—
	2–4	—	20	25	—	20	—
	5	—	20	—	15	—	40
4. bis 6. Jahr	1	—	30	—	15	10	—
	2–4	—	30	30	—	15	—
	5	—	30	—	15	—	30
7. Jahr und später	1	—	40	—	15	10	—
	2–4	—	40	30	—	20	—
	5	—	40	—	15	—	30

[1] 1 = juvenile, jungvulkanische Böden,
2–4 = lateritische Böden und mergelige Böden,
5 = Liparitböden der Ostküste Sumatras.
[2] Schwefelpuder als Meliorationsmittel zur Senkung des pH-Wertes.
[3] 10 000 Teepflanzen/ha.

Die Erfahrungen der Praxis in den verschiedenen Anbauzentren führten zu recht unterschiedlichen Düngerempfehlungen sowohl hinsichtlich der Höhe als auch der Nährstoffzusammensetzung.

Tabelle 504. *Düngergaben in wichtigen Anbauzentren*
(van Dierendonck 1959)
(in kg/ha)

	N	P_2O_5	K_2O	Bemerkungen
Ceylon	80	39	47	Für 1000 kg Markttee
Assam	88	176	176	Junge Pflanzungen
	88	—	—	Alte Bestände
Südindien	60	120	120	Junge Pflanzungen
	60	30	30	Alte Bestände bei Ernten bis zu 1100 kg
	80	30	40	Bei höheren Ernten
	132	33	66	Bei sehr hohen Erträgen
Indonesien	65	55	80	
Kenya	260	80	—	Gesamtgabe während eines vierjährigen Zyklus
Njassaland	88	—	—	Für ältere Bestände
Taiwan	30	10	10	Für produzierende Bestände; dazu zusätzlich hohe Kompostgaben
Japan	140	60	—	Stickstoff zu 15% in anorganischer und zu 85% in organischer Form
Türkei	150	50	100	Junger Tee
	150 } 150	50	100	Ältere Bestände in zweijährigem Turnus
Vietnam[1]	40	36	75 }	Verschiedene Gebiete in Vietnam
	40	—	75 }	unter Berücksichtigung des
	36	36	18 }	jeweiligen Standortes

[1] Guinard (1953).

Über die Eignung verschiedener Formen des Stickstoffs als wichtigstem ertragsbestimmendem Nährstoff der Teekultur liegen zahlreiche Untersuchungen vor. Es wird angenommen, daß der Stickstoff nur als Nitrat von der Teepflanze aufgenommen wird, so daß die Ammoniakform zunächst im Boden zu Nitrat oxydiert werden muß. Obgleich auch der Stickstoff in organischer Form als Stallmist, Kompost oder, in Form von Preßrückständen von Ölsamen gegeben, einen guten Effekt zeigt, erwiesen Untersuchungen in Indien und Indonesien, daß ihre Wirkung je nach dem Grad der Stickstoffverfügbarkeit den stickstoffhaltigen Mineraldüngern um 20 bis 50% unterlegen ist.

Wegen seiner geringen Hygroskopizität, die unter den humiden Bedingungen des Teeanbaus für die Praxis von ausschlaggebender Bedeutung ist, und wegen seiner guten Mischbarkeit mit anderen Düngemitteln, hat sich das schwefelsaure Ammoniak eine dominierende Rolle bei der Stickstoffdüngung der Teepflanzungen erworben. Auch der offenbar hohe Schwefelbedarf der Teepflanze und ihre Vorliebe für saure Böden lassen diesen physiologisch sauer wirkenden Stickstoffdünger besonders geeignet erscheinen. Es sei jedoch darauf hingewiesen, daß eine langjährige einseitig intensive Düngung mit schwefelsaurem Ammoniak namentlich bei leichteren von Natur aus schon sauren Böden die Bodenreaktion schließlich auf ein Niveau herabdrückt, welches auch für die Teepflanze nicht mehr zuträglich ist. Der eigentlich schädigende Effekt ist, wie verschiedene Untersuchungen bestätigen, weniger auf die freien Säuren als vielmehr auf die toxische Wirkung zunehmender Konzentrationen von Aluminium und Mangan in diesen Böden zurückzuführen. Wegen ihrer diesbezüglichen auffallenden Unempfindlichkeit ist der Teepflanze eine Sonderstellung einzuräumen. Ihre Verträglichkeit gegenüber diesen Ionen sowie ihre Fähigkeit, große Mengen Mangan und Aluminium zu absorbieren und ohne schädliche Folgen in ihren Blättern anzureichern, erklärt die Tatsache, daß sie selbst auf Böden mit einer Reaktion von pH 4 noch gut gedeiht. Eine weitere Senkung der Reaktion führt dann allerdings zu Wachstumsstörungen, welche jedoch in erster Linie auf den akuten Basenmangel und weniger auf die toxische Wirkung von Mangan und Aluminium zurückzuführen sind.

Nach Untersuchungen von SMITH in Tanganjika, welche von CHILD (1960) zitiert werden, führen regelmäßige Düngungen mit schwefelsaurem Ammoniak zu einer merklichen Senkung der Bodenreaktion, welche mit einem erheblichen Basenverlust gepaart geht. Letzterer betrug gemäß den Untersuchungen in einem Bodenprofil bis zu etwa 90 cm Tiefe 25%, 19% und 17% der austauschfähigen Basen Magnesium, Kalzium und Kalium. Auf $CaCO_3$ bezogen, errechnete sich ein Verlust von 110 kg $CaCO_3$ je 100 kg schwefelsaurem Ammoniak. Ähnliche, von GOKHALE (1956, 1958) in Nordindien durchgeführte Untersuchungen ergaben allerdings bedeutend geringere Verluste von 22 bis 34 kg $CaCO_3$ je 100 kg schwefelsaurem Ammoniak. Der merkliche Unterschied in den Untersuchungsbefunden steht zweifellos in Abhängigkeit von der ursprünglichen Basensättigung der untersuchten Medien in Tanganjika einerseits und Indien andererseits. Sie war bei den sehr sauren indischen Böden auffallend niedrig.

Tabelle 505. *Effekt auf die Bodenreaktion von Stickstoffsteigerungsversuchen mit schwefelsaurem Ammoniak*
(nach CHILD 1960)

N-Gaben in lbs./acre	pH gedüngt	pH ungedüngt	pH-Differenz gegenüber ungedüngt
40	4,59	4,70	−0,11
80	4,42	4,70	−0,28
120	4,30	4,70	−0,40

Auf Grund dieser Befunde gewinnen, insbesondere für von Natur aus saure Böden mit einer Reaktion unter pH 5, weniger physiologisch sauer wirkende Stickstoffdüngemittel, wie Ammonsulfatsalpeter (26% N) und Harnstoff (46% N), deren Säurewirkung, auf die N-Einheit bezogen, gegenüber schwefelsaurem Ammoniak (21% N) gleich 100% nur 62% bzw. 21% beträgt, und schließlich auch der neutral wirkende Kalkammonsalpeter steigende Beachtung bei der Stickstoffdüngung der Teeplantagen. Dem Vorteil der hohen Stickstoffkonzentration im Harnstoff mit Rücksicht auf die Transportkostenersparnis je Stickstoffeinheit für verkehrsungünstig gelegene Pflanzungen steht als Nachteil die hohe Hygroskopizität dieses Produktes, welche sich in den humiden Tropen äußerst nachteilig auf Transport und Ausbringung auswirkt, gegenüber. Durch eine leichte Erhitzung und anschließende Granulierung des Produktes wird die Sorptionsneigung der Oberfläche verringert und eine merkliche Reduzierung der Wasseraufnahme erreicht. Bei diesem Vorgang bildet sich die Stickstoffverbindung Biuret, welche in größerer Konzentration phytotoxisch wirkt.

Nach Angaben des Tea Research Institute of East Africa muß bei Anwendung von Harnstoff darauf geachtet werden, daß der Biuretgehalt unter 2% liegt (Smith 1959).

Im Hinblick auf die im allgemeinen sauren bis sehr sauren Böden, auf denen der Tee steht, verdienen schwer lösliche Phosphate, wie Rohphosphate und auch Knochenmehle, besondere Beachtung. Auf weniger sauren Standorten wird das leicht lösliche Superphosphat einen besseren Effekt zeigen. Aus wirtschaftlichen Erwägungen wird dem hochkonzentrierten Triplesuperphosphat der Vorzug zu geben sein.

Die Form des Kalidüngers — ob als Sulfat oder in der Chloridbindung — hat auf den Tee-Ertrag keinen Einfluß. Eine besondere Chlorempfindlichkeit der Teepflanzen konnte nicht festgestellt werden. Offenbar führt jedoch, wie verschiedene faktorielle Versuche unter Einbeziehung von Schwefel in Ostafrika erwiesen, ein Schwefelmangel zu empfindlichen physiologischen Störungen (*Tea Yellows*), so daß unter jenen Bedingungen schwefelsaures Kali ebenso wie schwefelhaltige Stickstoffdünger bevorzugt zur Anwendung gelangen sollten. Es mag in diesem Zusammenhang darauf hingewiesen werden, daß dem Schwefel als unentbehrlichem Pflanzennährstoff für die Aminosäuresynthese und damit als Voraussetzung für jeden Aufbau von eiweißhaltiger Pflanzensubstanz eine wichtige Rolle zukommt. Die kostensparende Verwendung des Chlorkaliums kann daher auch nur für Böden mit gesichertem Schwefelhaushalt befürwortet werden.

Über die Rolle der Mikronährstoffe in der Ernährung der Teepflanze und ihren Einfluß auf den Ertrag liegen keine abschließenden Untersuchungsergebnisse vor. Ertragsdepressionen, welche auf einen Mikronährstoffmangel zurückzuführen sind, wurden bisher nicht eindeutig festgestellt. Sowohl Mangan und Aluminium als auch Eisen werden in bemerkenswerten Mengen im Teeblatt gefunden. Die Rolle des Eisens bei der Chlorophyllsynthese ist bekannt. Ob den beiden anderen Elementen eine Aufgabe zufällt, läßt sich nicht mit Sicherheit sagen. Auffallend ist jedenfalls die Feststellung, daß in nahezu neutralen Böden, in denen kein austauschbares Aluminium gefunden wird, der Tee kein zusagendes Medium mehr vorfindet. Obgleich keine Ertragseinbußen, welche einwandfrei auf Kupfermangel zurückzuführen sind, bisher festgestellt wurden, lassen Untersuchungen, in Ceylon (Anonym 1953) durchgeführt, vermuten, daß Kupfer für ein gesundes Wachstum des Teestrauches unentbehrlich ist. Bei dem wichtigen Prozeß der Fermentation des Teeblattes während der Aufbereitung ist Kupfer als wesentliches Element beteiligt. Ein Blattgehalt von weniger als 12 ppm Kupfer läßt die enzymatischen Vorgänge bei der Fermentation unbefriedigend verlaufen.

Tabelle 506. *Gehalt des Teeblattes an Mikronährstoffen*
(nach Child 1957)
(mittlere Werte aus Kenya)

			Entzug einer Ernte von 1000 kg Markttee
Mangan	Mn ...	0,15%	1,5 kg
Aluminium	Al	0,05%	0,5 kg
Eisen	Fe ...	70 ppm	etwa 63 g
Kupfer	Cu ...	15 ppm	etwa 16 g
Zink	Zn ...	26 ppm	etwa 32 g

6. Düngung und Ertrag

Die für die Teekultur geeigneten Klimaverhältnisse fördern eine intensive Verwitterung des Bodens und eine schnelle Zersetzung der organischen Substanz bei hohen Auswaschungsverlusten. Die Böden zeichnen sich deshalb im allgemeinen durch ausgesprochene Basenarmut aus, welche in niedrigen dem Tee zusagenden pH-Werten ihren Ausdruck finden. Auf Grund des Nährstoffmangels der meisten Teeböden wurde daher auch im Gegensatz zu anderen perennierenden Kulturen der warmen Zonen die Anwendung von Düngemitteln schon frühzeitig zum unerläßlichen Bestandteil der Betriebsführung gut geleiteter Pflanzungen. Die naheliegende Schlußfolgerung, daß der niedrige Nährstoffgehalt der Böden ganz allgemein eine deutliche ertragssteigernde Wirkung nach Gaben von Stickstoff, Phosphorsäure und Kali zeigen wird, erwies sich jedoch sehr oft als irrig.

Während die Reaktion auf Stickstoff in nahezu allen Anbaugebieten und je nach der Produktivität der Pflanzung bis zu Mengen von 200 kg N je Hektar einen positiven Effekt bei eindeutiger Wirtschaftlichkeit zeigt, lassen Kali und insbesondere Phosphorsäuregaben oft keine oder nur eine geringe Wirkung erkennen.

Wie bereits die Entzugszahlen ausweisen, spielt die Stickstoffversorgung die wichtigste Rolle bei der Ernährung der Teepflanze. Es gibt nur wenig Kulturpflanzen, deren Erntehöhe so eindeutig von einer ausreichenden Stickstoffernährung bestimmt wird. Die Analyse des Erntegutes — der jungen Triebe und Blätter —, dessen Trockenmasse einen hohen um 4,5% schwankenden Stickstoffgehalt aufweist, verdeutlicht, wie zahlreiche Versuche bestätigen, warum eine unzureichende Stickstoffversorgung sehr bald zu erheblichen Ertragseinbußen führen muß. Ein Sinken des Stickstoffgehaltes im Blatt unter 2,5% weist nach VAN DIERENDONCK (1959) auf akuten Stickstoffmangel hin, der in der Gelbfärbung der Blätter, Kümmerwuchs und schließlich an der Ausbildung von bedeutend kleineren Blättern erkennbar ist.

Über die Rolle der Phosphorsäure und ihre Wirkung auf den Tee-Ertrag liegen nur wenige fundierte Untersuchungen vor. Zweifellos fördert sie die Bildung von jungem Holz und die Entwicklung des Wurzelsystems. Ein Mangel an Phosphorsäure führt daher auch zu schwacher, dünner Stammbildung und spärlicher Bewurzelung. Die älteren Blätter werden, nachdem aus ihnen die Phosphatverbindungen zur Versorgung der jungen Blätter abwandern, vorzeitig abgestoßen. Untersuchungsergebnisse von DE HAAN in Indonesien, welche von CHILD (1957) angeführt werden, indizieren, daß ein Phosphorsäuregehalt voll ausgebildeter Blätter unter 0,40% auf einen Mangel hinweist und hier eine Phosphatdüngung eine gute Wirkung zeigen wird.

Obgleich zahlreiche Versuchsergebnisse in verschiedenen Anbauzentren keinen Effekt der Phosphatdüngung auf den Tee-Ertrag zeigten, sollte sie, namentlich bei hochproduktiven Pflanzungen, nicht außer acht gelassen werden. Eine sorgfältige Beobachtung der Blätter zur Feststellung, ob eine blaugrüne Verfärbung auftritt oder ein vorzeitiges Abfallen sich bemerkbar macht, ist jedenfalls ratsam.

Das Phosphorsäure-Aneignungsvermögen der Teepflanze ist offenbar, wie Phosphatdüngungsversuche mit Vergleichspflanzen unter gleichen Umweltbedingungen erwiesen haben, sehr gering. Während Elefantengras (*Pennisetum purpureum*), welches zur Produktion von Mulchmaterial angebaut wurde, und auch Leguminosen sehr deutlich auf die Phosphatdüngung reagierten, konnte im benachbarten Tee kein Effekt erzielt werden. In jungen noch nicht geschlos-

senen Teepflanzungen bietet daher das hohe Aufschließungsvermögen für Bodenphosphorsäure strauchartiger Leguminosen, welche zwischen die Teereihen
gepflanzt werden, eine Möglichkeit, die Phosphatversorgung des Tees zu unterstützen. In dichteren Beständen ist durch Mulchen mit Material, welches zuvor
reichlich mit Phosphorsäure abgedüngt wurde, eine Verbesserung der Phosphatversorgung erzielbar. Diese positive Wirkung ist zweifellos einer besseren Ausnutzung der nunmehr organisch gebundenen Phosphorsäure durch den Teestrauch zuzuschreiben. Interessant ist die in Ostafrika festgestellte Mulch-
Phosphatwechselwirkung. Während eine Phosphatdüngung auf den nackten
Boden sich nicht ertragsfördernd auswirkte, zeigte eine Mulchgabe einen deutlich
positiven Effekt, der durch eine zusätzliche geringe Düngung mit 20 lbs. P_2O_5
je Acre eine bemerkenswerte weitere Steigerung erfuhr (Goodchild 1956).

Im Hinblick auf die vorzugsweise sehr sauren Teeböden muß angenommen
werden, daß die vielfältig beobachtete Wirkungslosigkeit selbst hoher Phosphatgaben auf einer Festlegung der Phosphorsäure in wurzelunlöslichen Eisen- und
Aluminiumphosphate beruht. Bei dem trägen Phosphorsäure-Aneignungsvermögen der Teepflanze ist daher anzunehmen, daß sie gegenüber den kon-
kurrierenden Eisen- und Aluminiumionen, insbesondere bei Gaben von leicht
löslichen Phosphaten, nicht die Möglichkeit hat, die Phosphorsäure aufzunehmen. Es wäre interessant festzustellen, ob eine Phosphorsäuredüngung der
Teepflanze über das Blatt eine ertragssteigernde Wirkung zeigen wird.

Trotz des offenbar recht geringen Phosphorsäurebedürfnisses der Teepflanze
und der sehr oft beobachteten Wirkungslosigkeit der Phosphatgaben auf den
Ertrag ist im Hinblick auf eine gesunde und kräftige Entwicklung der Teepflanzen, namentlich in den ersten Jahren der Entwicklung, eine Mindestgabe
von 30 kg P_2O_5 je Hektar und Jahr ratsam. Diese kann bei alten Beständen auf
20 kg reduziert werden. Eine möglichst tiefe wurzelnahe Einbringung ist zu
empfehlen.

Auch die vielfältig festgestellte Unwirksamkeit einer Kaligabe führte zu der
Annahme, daß ausschließliche Stickstoffdüngung eine ausreichende Gewähr
für kontinuierlich hohe Erträge bietet. Zweifellos wird der Tee diese einseitige
Düngung je nach den Bodeneigenschaften und der Höhe der Erträge eine gewisse
Zeit, ohne Schaden zu nehmen, überstehen. Die in etwa wöchentlichen Abständen aufeinander folgenden Pflückrundgänge sowie das regelmäßige Zurückschneiden der Teebüsche bewirken tief eingreifende physiologische Umstellungen,
welche bei einer unausgeglichenen Nährstoffversorgung in zunehmendem Maße
zu Ernährungsstörungen führen. Eine gleichmäßig hohe Produktivität kann nur
von gesunden und kräftigen Teesträuchern, denen zu jeder Zeit alle benötigten
Nährstoffe in ausreichender Menge zur Verfügung stehen, erwartet werden.

Nach langjähriger einseitiger Stickstoffdüngung konnte auf Grund von Analysen
ein Abwandern des beweglichen Kalis aus den älteren Blättern zu den Stellen
aktiven Wachstums, insbesondere zu den jungen sich entfaltenden Blättern,
festgestellt werden. Die Assimilationsintensität der älteren Blätter erfährt
hierdurch eine merkliche Schwächung, und die Synthese von Reservestoffen
als Voraussetzung zur ständigen Neubildung junger Triebe ist nicht mehr ausreichend für die Erfordernisse reicher Ernten.

Bekannt ist die Rolle, welche das Kali im Wasserhaushalt der Pflanze spielt,
was im Hinblick auf die geringe Trockenresistenz der Teepflanze und die Neigung
der empfindlichen jungen Blätter, zu welken, von maßgeblicher Wichtigkeit
für die Produktivität ist. Der hohe Kaligehalt, der bis zu 50% der Asche des
Blattes ausmacht und im Mittel 2,0 bis 2,5% in der veraschten Trockenmasse

gesunder Blätter beträgt, läßt keinen Zweifel über die wichtigen Funktionen des Kalis im Nährstoffhaushalt der Teepflanze, auch wenn diese bisher noch nicht im einzelnen bekannt sind. Ein Kaligehalt der Blätter unter 0,7% der Trockenmasse und ein Sinken seines Anteils auf weniger als 10% der Asche weist auf Kalimangel hin, der im akuten Stadium an charakteristischen Mangelerscheinungen, wie der Bildung von schlaffen, wasserreichen Trieben, deren Spitzen vergilben und schließlich absterben, sowie an der Gelbfärbung der Blattränder erkennbar wird (VAN DIERENDONCK 1959). In diesem Zusammenhang mögen interessante Versuchsergebnisse aus Südindien Erwähnung finden. JAYARAMAN (1955, 1958) und DE JONG (1955) machten bei ihren Versuchen die Feststellung, daß eine Kaliwirkung erst vom achten Versuchsjahr in steigendem Maße erkennbar wird. Bei Vernachlässigung der Kalidüngung waren die Ertragseinbußen weniger den geringeren Blatternten von den einzelnen Büschen, als vielmehr dem Ausfall durch Absterben zahlreicher Pflanzen als Folge eindeutiger Ernährungsstörungen zuzuschreiben.

Im Zusammenhang mit den obigen Ausführungen interessiert hier zunächst der Ernteausfall infolge des Absterbens der Büsche im Laufe der Beobachtungsperiode von zwölf Jahren. Besonders deutlich äußerte sich die Schwächung der Pflanzen als Folge physiologischer Störungen nach den Schnitten, wenn die Anforderungen an die Reserven zur Bildung neuer Triebe besonders hoch sind. Während in den ersten neun Versuchsjahren der Verlust durch das Absterben der Büsche in den „K_0-Parzellen" noch relativ gering war und etwa 7,5% betrug, nahm der Ausfall nach dem darauf folgenden Schnitt sprunghaft zu, so daß der Endbestand der Beobachtungsperiode einen Verlust von nahezu 46% der Büsche auswies. Demgegenüber erlitten die mit 40 lbs. K_2O/Acre versorgten Parzellen in den ersten acht Versuchsjahren nur eine Bestandseinbuße von 2,2% und nach den beiden folgenden Schnitten nur noch einen geringen durchaus normalen zusätzlichen Verlust von etwa 1%.

Tabelle 507. *Durchschnittlicher Bestand je Parzelle am Ende des dritten Schnittzyklus der Beobachtungsperiode*

(Pflanzdichte im Pflanzjahr 1927/28 225 je Parzelle. Anfang des Versuches 1940)

	N_0	N_1	N_2	K_0	K_1	K_2
November 1949	215	210	217	208	214	220
Mai 1950	207	191	206	178	207	218
November 1952	199	182	199	161	200	217
April 1953	183	154	176	122	177	217

N_1 = 40 lbs./acre N als schwefelsaures Ammoniak
N_2 = 80 lbs./acre N als schwefelsaures Ammoniak
K_1 = 20 lbs./acre K_2O als KCl
K_2 = 40 lbs./acre K_2O als KCl
außerdem 20 und 40 lbs./acre P_2O_5

Auch eine einseitige Stickstoffdüngung wirkte sich auf die Dauer ungünstig auf den Bestand aus. Die durch Kalimangel angegriffenen Kohlenhydratreserven erfuhren eine weitere Schwächung durch den Entzug für die Synthese N-haltiger Verbindungen, so daß schließlich die Reserven zur Bildung neuer Triebe nach dem Schnitt nicht mehr ausreichten (DE JONG 1950).

Der Vergleich der Durchschnittserträge der einzelnen Stickstoff- und Kaliparzellen über die gesamte zwölfjährige Versuchsperiode ließ eine deutliche NK-Wechselwirkung erkennen. Ohne Kali betrug der Mehrertrag der Parzellen, welche 80 lbs. N erhielten, nur 28%. Bei gleichzeitiger Kalizufuhr von 20 lbs. und 40 lbs./acre K_2O erhöhte sich der Ertragszuwachs auf 40% bzw. 55%.

Zur Beurteilung eines Düngungseffektes sind bei der Teekultur infolge der nach einem gewissen Rhythmus verlaufenden Blattproduktion innerhalb eines Schnittzyklus — die Zeit zwischen zwei aufeinanderfolgenden Schnitten — zweckmäßigerweise die durchschnittlichen Ergebnisse während dieser Periode zugrunde zu legen und nicht die einzelnen Jahresernten miteinander zu vergleichen. Ein Vergleich der Erträge während der einzelnen Jahre innerhalb eines Schnittzyklus zeigt zunächst im ersten Jahr nach dem Schnitt einen relativ geringen Ertrag, der im zweiten Jahr eine starke Zunahme erfährt, um dann, gegen Ende des Zyklus, im dritten Jahr wieder abzufallen. Der Ernteverlauf an einem Beispiel aus Ceylon, von van Dierendonck (1959) angeführt, läßt die Tendenz deutlich erkennen.

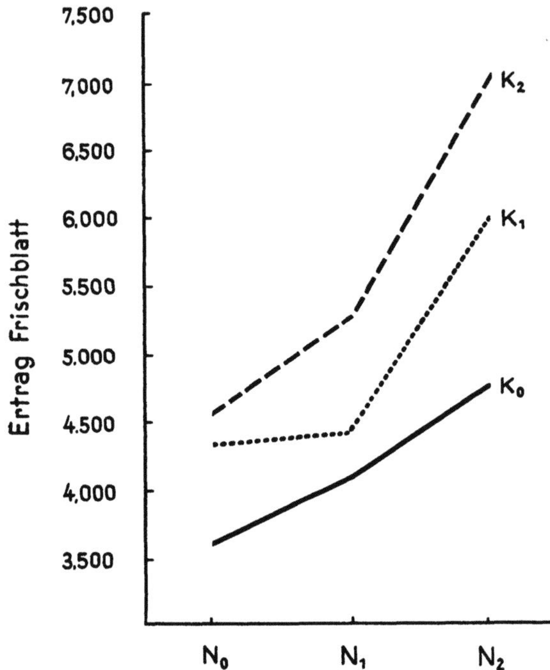

Abb. 273. Der kumulative Effekt der Kalidüngung bei steigenden Stickstoffgaben

Tabelle 508. *Erträge ungedüngter Bestände während drei aufeinanderfolgender Jahre eines Schnittzyklus*
(kg marktfertiger Tee/ha)

Beobachtungsperiode	1. Jahr	2. Jahr	3. Jahr	Gesamtzyklus
1949—1952	249	750	628	1627

Auch bei Düngung mit Stickstoff ist die entsprechende Tendenz zu beobachten.

Die Düngerwirkung bzw. die Nährstoffaufnahme steht im direkten Verhältnis zum Entwicklungsstadium des Teestrauches. Offenbar ist das Nährstoffaufnahmevermögen und damit auch die Düngerwirkung während der ersten Periode nach dem Schnitt noch gering, weil der Teestrauch zu diesem Zeitpunkt noch nicht in der Lage ist, die Nährstoffe voll auszuwerten, was sich auf ihre Erzeugungswerte depressiv auswirkt. Im zweiten Jahr nach dem Schnitt stehen die Sträucher

Tabelle 509. *Ertragsbild mit Stickstoff gedüngter Parzellen im Verlauf eines Schnittzyklus*
(kg marktfertiger Tee/ha)

Stickstoffgabe	Gesamtertrag des Zyklus	Jahresmittel		
		1. Jahr	2. Jahr	3. Jahr
44 kg N/ha	1756	290	835	630
66 kg N/ha	1936	304	893	743
88 kg N/ha	2189	320	994	876

wieder in voller Kraft, welche die Voraussetzung einer guten Nährstoffausnutzung
bietet. Der Ertragsabfall im dritten Jahr läßt vermuten, daß die Erzeugung
der hohen Ernte im zweiten Jahr zum Teil auf Kosten von Reserven produziert wurde. Eine Verringerung der Düngergabe im ersten Erntejahr nach dem
Schnitt und demgegenüber eine entsprechende Erhöhung im dritten Jahr dürfte
zu einer wirtschaftlicheren Ausnutzung der Düngergaben führen. Diese
Differenzierung ist naturgemäß nur angängig, wo mehrjährige Schnittzyklen aufeinander folgen. In Gebieten, wo aus klimatischen Gründen eine
naturgegebene winterliche Ruheperiode — beispielsweise in Assam (Nordostindien) — die Vegetation unterbricht oder jedenfalls reduziert, sind jährliche
Schnitte üblich und da wird sich die Höhe der Düngergabe dem Alter der Teebüsche und der zu erwartenden Ernte anpassen. Gegenüber den mehrjährigen
Zyklen, die hinsichtlich der aufeinanderfolgenden Schnitte in den verschiedenen
Anbaugebieten Zeiträume von zwei bis sechs Jahren umfassen, wird der jährliche
Schnitt bedeutend weniger intensiv durchgeführt, so daß das Nährstoffaus-
nutzungsvermögen auch entsprechend weniger reduziert wird. Nach dem rigorosen
Zurückschneiden bei der Handhabung mehrjähriger Zyklen benötigen die Tee-
sträucher dagegen eine Regenerationszeit von vier bis sechs Monaten.

Tabelle 510. *Wirkung verschiedener Düngergaben auf die Erträge in lbs. Markttee je Acre*
(Südindien)

	N_0	N_{40}	N_{80}	P_0	P_{20}	P_{40}	K_0	K_{20}	K_{40}	G. D.	
										5 %	1 %
Zyklus I 1940–43	868,0	963,3	1125,6	937,1	1019,4	1000,0	1011,7	930,3	1014,6	111,1	168,3
Zyklus II 1943–46	906,7	1068,7	1356,3	1040,6	1137,1	1154,0	1057,2	1073,3	1201,2	197,1	298,6
Zyklus III 1946–49	902,3	957,4	1272,7	998,8	1065,0	1108,4	827,4	1057,4	1253,6	263,4	399,1
Zyklus IV 1949–52	984,0	1047,4	1474,1	1156,8	1159,6	1189,1	754,7	1253,0	1487,8	333,7	505,5

Die niedrige Stickstoffgabe von 40 lbs.N/acre hatte nur einen geringen
Effekt. Bei Verdoppelung der Menge waren die Mehrerträge eindeutig signifikant. Die Phosphatdüngung zeigt in beiden Stufen keine signifikante Wirkung.
Die Kaliparzellen schließlich ließen, wie weiter oben schon Erwähnung fand,
zunächst keinen Effekt erkennen, um dann aber, etwa vom achten Versuchsjahr an, in steigendem Maße ihren Ertrag zu erhöhen.

Auch langjährige Düngungsergebnisse der Pin Chen Versuchsstation auf
Taiwan lassen nach HU und YU (1953) eindeutig die ertragsfördernde Wirkung

von Stickstoff und Kali erkennen. Die Phosphatgaben zeigen dagegen keinen nennenswerten Effekt auf den Tee-Ertrag.

Tabelle 511. *Mineraldüngereffekt auf den Tee-Ertrag in Taiwan*
(Durchschnitt der Versuchsjahre 1930 bis 1940)
kg Frischblatt/10000 Büsche

Düngungsart[1]	mittlerer Ertrag	Ertragsdifferenz zwischen den Parzellen			
		NPK	NK	NP	PK
NPK	6399				
NK	6391	8			
NP	5782	617	609		
PK	3475	2924*	2916*	2307*	
O	3260	3139*	3131*	2522*	215

Sig. Diff. 1% 1067,99
                5% 798,15

[1] 15 g   N/Busch = etwa 150 kg N/ha,
   15 g P_2O_5/Busch = etwa 150 kg P_2O_5/ha,
   15 g K_2O/Busch = etwa 150 kg K_2O/ha.
* Sehr gut gesichert.

Auf Grund zahlreicher Versuchsergebnisse läßt sich der Erzeugungswert des Stickstoffs in verschiedenen Anbauzentren der Teekultur errechnen.

Tabelle 512. *Die Leistung von 1 lb. N in lbs. Erntegut*
(nach Eden 1959)
basiert auf Düngergaben bis zu 80 lbs. N/acre

Gebiet	Durchschnitt	Maximum	Anzahl der Versuchsjahre
Assam	7,3	8,9	10
Njassaland	5,1	7,8	5
Südindien	5,0	6,1	12
Ceylon	3,3	6,4	18
Ostafrika	2,0	3,2	2

Der Erzeugungswert ist keine feststehende Zahl und richtet sich bekanntlich nach der Höhe des Bodennährstoffvorrats und nach der Düngermenge, die zur Anwendung gelangt. Er wird um so größer sein, je geringer der vor der Düngung im Boden nutzbare Stickstoffvorrat war. Nach den Daten von Eden (1959), welche verschiedenen Quellen entnommen sind, zu urteilen, ist somit der Stickstoffvorrat der Böden in Assam im Mittel niedriger als in den übrigen angeführten Anbaugebieten. Andererseits wird die Leistung des Stickstoffs auf die Ernte maßgeblich von der Ertragfähigkeit der einzelnen Pflanzungsbetriebe beeinflußt, wobei Klima, die angebaute Varietät, die Fruchtbarkeit des Bodens und schließlich die Sorgfalt der Betriebsführung sehr entscheidend mitwirken. Der Erzeugungswert je kg N steigt mit der Ertragfähigkeit der Pflanzungsbetriebe und entsprechend ihrer Höhe können größere Düngermengen mit Vorteil zur Anwendung gelangen, wobei nach dem Gesetz vom abnehmenden

Ertragszuwachs der Erzeugungswert um so geringer wird, je größer die Stickstoffgaben sind. Daß mit 80 lbs. N/acre noch keineswegs das wirtschaftliche Optimum
erreicht ist, zeigen Versuche aus Assam mit Stickstoffgaben bis zu 200 lbs. N/acre,
denen jene aus Njassaland gegenübergestellt sind, welche als Maximum 240 lbs.
N/acre erhielten.

Die Kurven nähern sich offenbar der Asymptote bei einer Stickstoffgabe von
200 lbs. N/acre.

Als typischem Vertreter einer prennierenden Kultur ist es beim Tee ähnlich
wie bei anderen langjährigen Kulturen schwierig, das wirtschaftliche Optimum

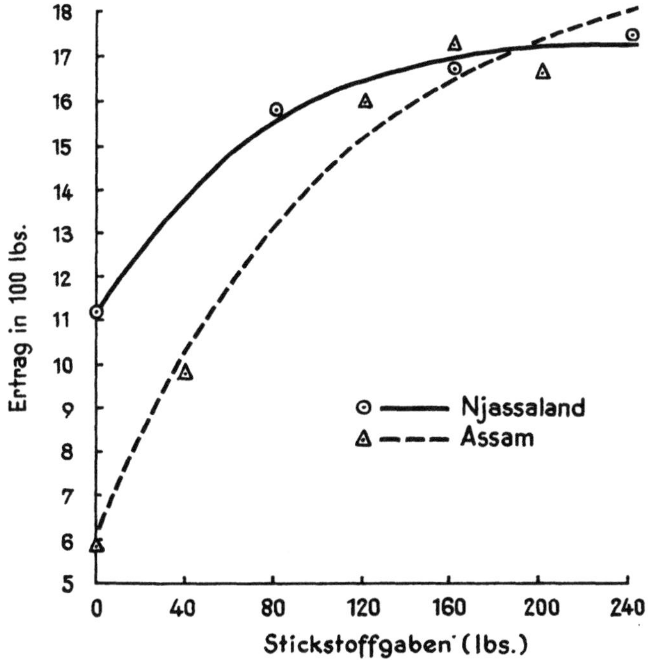

Abb. 274. Wirkung steigender Stickstoffgaben auf den Tee-Ertrag (dreijähriger Durchschnitt)

der Düngergaben zu fixieren. Die verschiedenen Pflücksysteme und die zur
Anwendung gelangenden Schnittzyklen machen als zusätzliche neben den für
alle Kulturen geltenden Faktoren, wie Boden- und Klimaeigenschaften, ihren
Einfluß geltend. Ausgehend von der eindeutig ertragsfördernden Wirkung
des Stickstoffs für die kontinuierliche Bildung junger Triebe und Blätter ist
für jede Teepflanzung der lokale Steigerungsversuch der sicherste Weg, die
optimale Düngergabe festzustellen, wobei entsprechend der Verschiedenartig-
keit der Böden auf ein und derselben Pflanzung möglicherweise mehrere Versuche in den betreffenden Abteilungen der Plantage sich als notwendig erweisen
werden. Die Versuche sind ferner über eine Periode von mindestens zwei Schnittzyklen fortzusetzen, um den jahreszeitlichen Einfluß und die bereits erwähnte
unterschiedliche Wirkung des Stickstoffs innerhalb eines Zyklus zu berücksichtigen.

Stickstoffsteigerungsversuche, von der Tee-Versuchsstation Tocklai (Assam)
durchgeführt, lassen erkennen, daß für die dortigen alluvialen Böden, auf denen

die Mehrzahl der Pflanzungen angelegt wurde, eine Stickstoffsteigerung bis zu 120 kg N/ha für unbeschattete Bestände einen nahezu linearen Effekt zeigt (van Dierendonck 1959).

Tabelle 513. *Stickstoffsteigerungsversuch in Assam zu unbeschattetem Tee*

	Stickstoffgaben in kg/ha					
	0	40	80	120	160	200
Durchschnittliche Erträge an marktfertigem Tee in kg/ha während der Jahre 1947–1949 ...	663,0	1105,3	1469,4	1808,5	1951,7	1896,0

Auf den tiefgründigen durchlässigen Verwitterungsböden aus Granit und Gneis in Ceylon und Südindien liegt, wie Versuchsergebnisse erkennen ließen, das Optimum niedriger. Aus Ostafrika (Kenya) berichtet Child (1959) über den Effekt von Stickstoffsteigerungsversuchen während eines vierjährigen Schnittzyklus. Die Düngergaben der unbeschatteten Bestände betrugen 0, 40, 80 und 120 lbs. N/acre, 0 und 20 lbs. P_2O_5/acre sowie 0 und 20 lbs. K_2O/acre. Während die Phosphat- und Kaligaben keinen signifikanten Effekt zeigten, sind die Stickstoffwirkungen von bemerkenswertem Interesse.

Tabelle 514. *Wirkung steigender Stickstoffgaben in Kenya*
(lbs. marktfertiger Tee je Acre)

	1. Jahr	2. Jahr	3. Jahr	4. Jahr
N_0	568	1397	1345	1229
N_{40}	602	1575	1577	1435
N_{80}	619	1661	1746	1624
N_{120}	614	1675	1759	1618

Die hohe Gabe von 120 lbs. N/acre läßt während der ganzen Versuchsperiode keinen Vorteil gegenüber 80 lbs. N/acre erkennen. Im zweiten Jahr ist ein auffallender Mehrertrag bei einer Düngung von 40 lbs./acre festzustellen. Der Ertragszuwachs bei Verdoppelung der Stickstoffdüngung auf 80 lbs./acre ist zunächst im zweiten Jahr nicht, jedoch im dritten und vierten Jahr deutlich signifikant und von hoher Wirtschaftlichkeit. Es sei in diesem Zusammenhang auf die weiter oben empfohlene Differenzierung der Stickstoffgaben unter Berücksichtigung des Entwicklungszustandes der Teebüsche im Verlauf des Schnittzyklus verwiesen.

Tabelle 515. *Erzeugungswerte des Stickstoffs im Verlauf des Erntezyklus bei steigenden Stickstoffgaben*
(lbs. Tee je lb. N)

	2. Jahr	3. Jahr	4. Jahr
N_{40}-N_0	4,4	5,8	5,2
N_{80}-N_{40}	2,2	4,2	4,7

Wie schon eingangs Erwähnung fand, muß bei der Planung der Düngergabe das Ertragspotential der jeweiligen Teevarietät Berücksichtigung finden. Entsprechend sind beispielsweise auch die Empfehlungen in Ceylon für hochproduzierende Klone, von denen im Stadium des optimalen Produktionsalters Erträge von nicht weniger als 4000 lbs. Markttee je Acre erwartet werden, ganz erheblich höher und betragen bis zu 320 lbs. N, 120 lbs. P_2O_5 und 160 lbs. K_2O je Acre und Jahr (Anonym 1958). Allerdings dürfte bei diesen hohen Gaben im Hinblick auf den abnehmenden Ertragszuwachs die Wirtschaftlichkeit zweifelhaft sein.

Wie bereits unter Abschnitt 4 ausgeführt, hat die Lichteinwirkung je nach den vorherrschenden Klimaverhältnissen einen deutlichen Einfluß auf den Tee-Ertrag. Während in Gebieten, wo die Witterung maßgeblich bestimmt wird von den saisonal bedingten wechselnden Feuchtigkeitsverhältnissen eines Monsunklimas, wie beispielsweise in Assam, eine gewisse Beschattung der Bestände zur Erreichung eines für den Tee geeigneten Mikroklimas erforderlich ist, macht in anderen Anbauzentren eine gleichmäßigere Regenverteilung die künstliche Beschattung überflüssig. Der Düngereffekt wird von der Beschattung entscheidend beeinflußt. Wenn auch über die Düngerwirkung bei unterschiedlicher Intensität der Beschattung keine endgültigen Ergebnisse vorliegen, so steht außer Zweifel, daß diese höher ist bei geringer Beschattung und daß unter Voraussetzung reichlicher Stickstoffversorgung auch bei intensiver Lichteinwirkung eine kontinuierlich hohe Produktivität gewährleistet ist.

Das Problem der gegenseitigen Beeinflussung von Schatten und Düngung auf den Ertrag, welches keinesfalls nur eine Frage der unterschiedlichen Lichteinwirkung auf den Tee und deren Einfluß auf die Düngerausnutzung ist, kompliziert sich durch die Gegenwart der Schattenbäume und deren Wasser- und Nährstoffbedarf und ihre Fähigkeit, Nährstoffe außerhalb des Wurzelbereichs der Teepflanze zu erschließen und über den Blattfall dem Tee zugänglich zu machen. Einen interessanten Einblick in die komplexe Natur dieses Problems bieten die eingehenden Studien von WIGHT (1958) für die Verhältnisse in Assam.

Versuche der Tee-Versuchsstation Tocklai (Assam) mit künstlicher Beschattung durch verschieden dichte Flechtwerke aus Bambusmatten, welche also die Beeinflussung lebender Schattenbäume ausschalten, zeigten folgende Ergebnisse.

Tabelle 516. *Wechselwirkung der Schattendichte und Stickstoffdüngung auf den Ertrag* (lbs. Frischblatt je 100 Sträucher)

% Lichtintensität	Ohne Stickstoff	150 lbs. Stickstoff/acre
100	282	400
50	304	264
25	258	228

Nur in vollem Sonnenlicht ist hier eine eindeutige Stickstoffwirkung festzustellen. Unter Schatten und ohne Stickstoffdüngung ist bei den vorherrschenden Bedingungen eine Verminderung der Sonneneinstrahlung auf 50% am günstigsten. Die ertragsfördernde Wirkung ist hier eindeutig auf die Reduzierung der Sonnenlichteinstrahlung zurückzuführen und nicht, da die Baumleguminosen als Schattenspender ausgeschaltet wurden, auf den kombinierten Effekt einer Stickstofffixierung der Leguminosen und ihrer gleichzeitigen Schattenwirkung. Eine Stickstoffdüngung der beschatteten Parzellen hatte eine depressive Wirkung.

Unter dem natürlichen Schatten von Baumleguminosen (*Albizzia stipulata* im Dreiecksverband von etwa 15 m Seitenlänge) konnte demgegenüber eine Stickstoffwirkung festgestellt werden, die sich bei den unbeschatteten Parzellen verdoppelte. Die Beschattung selbst hatte hier offenbar nur einen geringen Effekt.

Tabelle 517. *Einfluß von Schattenbäumen und Stickstoffdüngung auf den Tee-Ertrag*
(Eden 1959)
(Dreijähriger Durchschnitt in lbs./acre)

	beschattet	unbeschattet	Ertragsdifferenz
gedüngt	364	421	- 57
ungedüngt	301	293	+ 8
Ertragsdifferenz ..	63	128	- 49

Die im allgemeinen nicht signifikante Stickstoffwirkung stark beschatteter Teebestände konnte entsprechend den Versuchsergebnissen in Indien und Ceylon ebenfalls in Ostafrika bestätigt werden.

Tabelle 518. *Stickstoffwirkung bei beschatteten und unbeschatteten Beständen in Kenya*
(kg Trockenblatt je Hektar)

Düngung kg/ha	beschatteter Tee				Durchschnittlicher Jahresertrag des vierjährigen Zyklus
	1. Jahr	2. Jahr	3. Jahr	4. Jahr	
N_0	807,4	1562,0	1197,9	1019,7	1147,0
N_{44}	833,8	1603,8	1126,5	1041,7	1176,4
Diff.	26,4	41,8	28,6	22,0	29,4
G. D.	33,0	52,8	49,5	41,8	44,3
			unbeschatteter Tee		
N_0	697,4	1230,9	1494,9	1672,0	1274,0
N_{44}	726,0	1351,9	1643,4	1840,3	1390,0
Diff.	28,6	121,0	148,5	168,3	116,0
G. D.	44,0	96,8	137,5	133,1	103,0

7. Düngung und Qualität

Die vom Teehandel wiederholt geäußerte Befürchtung, daß eine reichliche Mineraldüngung insbesondere von Stickstoff sich qualitätsmindernd auf das Blatt auswirkt, haben zahlreiche Untersuchungen nicht bestätigen können. Während auch höhere Stickstoffgaben weder einen negativen noch einen positiven Einfluß auf die Qualität ausüben, konnte auf Grund langjähriger Untersuchungen in Ceylon die Feststellung gemacht werden, daß eine gleichzeitige Kalidüngung sich positiv auf den Geschmack auswirkt, was eine Bevorzugung dieser Provenienzen auf dem Londoner Teemarkt zur Folge hatte (Eden 1949). Ähnliche Erfahrungen wurden in Taiwan gemacht (Hu und Mitarbeiter 1953). Aroma und Farbe des Teeaufgusses erfuhren durch Kaligaben eine Verbesserung.

Die zweifellos interessanten Beobachtungen bestätigen die bekannte Tatsache, daß durch eine ausgewogene Düngung bzw. Ernährung des Tees in gewissem Rahmen eine positive Qualitätsbeeinflussung möglich ist. Eine eingreifende Verbesserung der Eigenschaften ist jedoch zweifellos nur über die Pflanzenzüchtung möglich. Die in den letzten Jahren an Bedeutung gewinnende vegetative Vermehrung des Tees ermöglicht die Züchtung hochproduzierender Klone mit den gewünschten Qualitätsmerkmalen.

Literatur

Anonym: Tea Res. Inst. of Ceylon, Ann. Rep. 1951, Bull. No. 33 (1953). — United Planters' Ass. of Southern India, Proc. Sixth Ann. Conf. 1958, Bull. No. 18, 45–51 (1958).

Blücher, N. von: Tee, Anbau und Düngung, S. 34. Bochum: Ruhr-Stickstoff A.G. 1956.

Child, R.: The selection of soils suitable for tea. Tea Res. Inst. of East Africa, Pamphlet No. 5, 1–11 (1957). — The inorganic constituents of tea leaf, in relation to bush nutrition. Tea Res. Inst. of East Africa, Pamphlet No. 13, 14–22 (1957). — Tea Res. Inst. of East Africa. Quart. Circ. 1, 77–81, 1957–1958 (1958). — The nitrogenous manuring of tea in East Africa. Tea, The Board of Kenya J. 1, No. 1 (1959). — Proc. Sixth Conf., Tea Res. Inst. of East Africa, Pamphlet No. 17: The effects of fertilizer applications on tea soils, 49–59 (1960).

Dierendonck, F. J. E. van: The manuring of coffee, cocoa, tea and tobacco, S. 82. Genf: Centre d'Etude de l'Azote. 1959. — Dijk, J. W. van: Plant, Bodem en Bemesting, Bd. I, S. 32. Groningen-Djakarta: Wolters. 1951.

Eden, T.: The work of the Agricultural Chemistry Department of the Institute, 1927–1948. Monogr. Tea Prod. Tea Res. Inst. Ceylon, No. 1, 4–78 (1949). — The nutrition of a tropical crop as exemplified by tea. Rep. 15th Int. Hort. Congr. (1952). — The establishment of young tea. Tea Res. Inst. of East Africa, Pamphlet No. 9, 10 (1957). — Tea, S. 220. London: Longmans, Green. 1958, — The manuring of tea. Outlook on Agriculture, Vol. II, No. 4, 151–157 (1959). — Emden, J. H. van, und W. B. Deijs: De Landbouw in de Indische Archipel, Bd. II B, Theecultuur der Ondernemingen, S. 156. 's-Gravenhage: van Hoeve. 1949.

Gokhale, N. G.: Calcium economy of tea soils under prolonged S.O.A. treatment. Indian Tea Ass. Tocklai Exper. Stat. Ann. Rep. 16–20 (1956). — Rate of calcium loss resulting from ammonium sulphate treatment of a tea soil. Nature 181, No. 460 (1958). — Goodchild, N. A.: Tea Res. Inst. of East Africa, Ann. Rep. 1955, Agricultural Department, 20 (1956). — Methods of selection and of vegetative propagation of tea. Tea Res. Inst. of East Africa, Pamphlet No. 15, 12 (1958). — From seed to production. Tea Res. Inst. of East Africa, Quart. Circ. 1, 57–59 und 95–98 (1958). — Guinard, A.: La culture du thé en Indochine. Arch. Rech. Agron. et Pastorales au Viet-Nam 20, 92–100 (1953).

Harler, C. R.: Selection of the tea plant. World Crops 9, 28–32 (1957). — Hu, C. C., und C. F. Yu: Report on the plant food requirement of tea bush. Bull. Pin Chen Tea Exper. Stat. No. 4 (1953).

Jayaraman, V.: Manuring of tea (with special reference to South India). Retrospect and prospect. United Planters' Ass. of Southern India. Proc. Sixth Ann. Conf. 1958, Bull. No. 18, 30–39 (1958). — Jayaraman, V., und P. de Jong: Some aspects of the nutrition of tea in Southern India. Trop. Agricult. 32, No. 1, 58–65 (1955). — Jong, P. de: Defoliation, a disorder of tea in Southern India. Plant. Chron. 45, No. 6 (1950).

Kemmler, G.: Neuere Forschungsergebnisse über die Kaliernährung des Teestrauches. Grüne Hefte, No. 2, 20. Hannover: Verkaufsgemeinschaft Deutscher Kaliwerke. 1956.

Pereira, H. C.: Drought and the tea bush II. Tea Res. Inst. of East Africa, Pamphlet No. 16, 43–45 (1958).

Schmidt, G. A.: Handbuch der tropischen und subtropischen Landwirtschaft, Bd. II, Tee, S. 64. Berlin: Mittler. 1943. — Smith, A. N.: Tea Res. Inst. of East Africa. Quart. Circ. 2, No. 2, 29 (1959).

Wight, W.: The shade-tree tradition in tea gardens of Northern India, I, II und III, 75–150. Indian Tea Ass. Tocklai Exper. Stat. Ann. Rep. (1958).

Zuilen, E. J. van: Practijkkwesties bij de Bemesting van Thee. Bergcultures 23, No. 13, 351–359 (1954).

d) Citrus

Von

K.-H. Neumann

1. Einleitung

Von den zur Familie der *Rutaceae* gehörenden Citrusfrüchten sind zahlreiche Arten, Varietäten, Bastarde und Formen bekannt. Als Heimat wird Südostasien angenommen. Die Citrusarten werden heute in den Subtropen und Tropen annähernd zwischen 40° südlicher Breite und 40° nördlicher Breite als Kulturpflanzen angebaut. Als Hauptanbaugebiete können die Mittelmeerländer, Kalifornien und Florida, Südamerika, Indien, Japan und China, aber auch Australien und Südafrika angesehen werden.

In den Mittelmeerländern werden bevorzugt Orangen und Zitronen angebaut, während in Florida und Kalifornien neben den beiden genannten Citrusarten noch die Grapefruit (Pampelmuse) einen beachtlichen Platz einnimmt.

Die Citrusbäume gedeihen im tropischen und subtropischen Klima bei einer mittleren Jahrestemperatur von 21 bis 22° C. Jedoch findet man nach Tayşi (persönliche Mitteilungen) in der Türkei Mandarinenanbau bis zum 45. Breitengrad mit einer Jahresdurchschnittstemperatur von 14° C. Bei nicht genügend Niederschlägen muß künstliche Bewässerung in Erwägung gezogen werden.

Die Citrusbäume können ein beträchtliches Alter erreichen, jedoch rechnet man bei einer Plantage nur mit einem Alter von etwa 30 Jahren. Obwohl der Baum schon im dritten Jahr nach dem Pflanzen mit Tragen beginnt, kann erst etwa vom 5. Jahr an mit Vollerträgen gerechnet werden.

Nach Esdorn (1961) hat das von Schalen und Kernen befreite Fruchtfleisch der Orangen und Zitronen folgende Zusammensetzung in %:

	Wasser	Proteine	Zucker	Saccharose	Gesamtsäure	Rohfaser	Asche
Orangen	84,3	1,1	5,9	2,5	1,4	0,5	0,5
Zitronen	82,6	0,7	3,0	3,0	5,3	2,2	0,6

Esdorn (1961) gibt, aufbauend auf die Einteilung von Swingle, folgende Übersicht über die botanischen Beziehungen der Citrusarten (vereinfacht).

Citrus medica L.	zitronenähnlicher Cedratbaum
Varietät	Zitronat — Zitrone
Citrus limon (L.) Burm.	Zitrone — Lemon
Citrus reticulata Blanco	Mandarine
Citrus grandis (L.) Osbeck =	
Citrus decumanus L.	Riesenfrüchtige gelbe Pampelmuse
Citrus paradisi Macf.	Grapefruit = Pomelo
Citrus aurantifolia (Christm.) Swing	Saure Limette = Limone = sour lime
Citrus aurantium L.	Bittere Orange (Pomeranze)
Citrus sinensis (L.) Osbeck	Apfelsinensorten (Orangen)
Citrushybriden	a) Clementine (Herkunft noch nicht geklärt)
	b) Tangelos (Mandarine × Grapefruit)
	c) Bergamotte (Limette × bitterer Pomeranze)

Im folgenden sollen nun die Bodenansprüche der Citrusarten, die Bedeutung der einzelnen Nährstoffe und die Methoden der Düngerausbringung dargestellt werden. Auf S. 1228 werden in Tab. 521 einige Zahlenangaben als Anhaltspunkte für die Bemessung der zu verwendenden Düngermengen gegeben.

2. Die Bodenansprüche der Citrusbäume

In der Regel findet man Citrusfrüchte auf leichten bis mittelschweren Böden angebaut. Die besten Voraussetzungen für die Anlage von Citrusplantagen bieten tiefgründige, lockere, gut durchlüftete, stauwasserfreie Standorte. Böden mit schwer durchlässigen Schichten scheiden aus. Die hohe Empfindlichkeit der Citrusfrüchte gegenüber Staunässe und ähnlichen aus undurchlässigen Bodenhorizonten herrührenden Erscheinungen ist wohl auf die hohen Sauerstoffansprüche der Wurzeln aller Citrusarten zurückzuführen. Da den Wurzeln von Citrusarten die bei anderen Pflanzen reichlich vorhandenen feinen Wurzelhaare fehlen, fördert ein hoher Humusgehalt des Bodens die Ausbildung von Mycorrhizen, so daß hier neben dem allgemeinen positiven Einfluß des Humus auf die Standortsbedingungen diesem noch eine besondere, den botanischen Gegebenheiten dieser Pflanzengruppe entsprechende Bedeutung zukommt.

Die besten Wachstumsbedingungen für die Citrusarten bieten Böden mit leicht ins Saure gehenden pH-Werten. Jedoch findet man auch Citrusplantagen auf Böden mit pH-Werten von 4 bis 7,8. Verschiedene Autoren (DARCEL 1953, PEECH 1948, REITZ und Mitarbeiter 1954) geben als Optimalwert pH 5,5 bis 6 an und begründen diese Angaben mit der optimalen Verfügbarkeit sowohl der Phosphate wie auch der Mikronährstoffe in diesem pH-Bereich.

Der Nährstoffentzug ist für alle Citrusarten annähernd gleich und BARNETTE (1936) gibt für 20jährige fruchttragende Bäume (Grapefruit) folgende Werte an:

$$\begin{array}{lr} & \text{kg/ha} \\ \text{N} & 163 \\ \text{P}_2\text{O}_5 & 30 \\ \text{K}_2\text{O} & 310 \\ \text{CaO} & 390 \end{array}$$

Wie OPPENHEIM (1932) angibt, wurden von 400 Zitronenbäumen in einem dreijährigen Erntezyklus die in Tab. 519 angegebenen Nährstoffmengen entzogen (das beim Beschneiden der Bäume anfallende Holz wurde mit berücksichtigt).

Tabelle 519. *Der Nährstoffentzug von verschiedenen Citrusarten*
(abgerundete Zahlen)

Pflanzenart und Ertrag	N kg/ha	P_2O_5 kg/ha	K_2O kg/ha	CaO kg/ha
Orangen				
gut	242	54	205	315
mittel	170	40	145	300
schwach	35	22	77	205
Mandarinen				
gut	182	54	204	272
mittel	115	36	130	210
schwach	59	20	84	140
Zitronen				
gut	270	54	209	358
mittel	183	34	140	242
schwach	94	20	77	193

Die Zitronen beanspruchen, wie aus Tab. 519 hervorgeht, eine stärkere N-Gabe als die anderen beiden Arten, doch sind die Ansprüche an die Versorgung mit K_2O und P_2O_5 bei allen drei hier untersuchten Arten gleich.

Möglicherweise begründet in dem Fehlen der feinen Wurzelhaare, kann immer wieder beobachtet werden bzw. findet man Hinweise in der Literatur, daß die Citrusarten scharf sowohl auf den Mangel wie auch den Überschuß von Nährstoffen reagieren. Darum sollte keine Mühe gescheut werden, die Pufferkapazität des Bodens zu erhöhen bzw. zu erhalten. Dieses Ziel kann bei leichtem Boden durch Anbau einer Leguminosendeckfrucht und bei schwerem Boden durch Grasmulch angestrebt bzw. erreicht werden. Bei gleichzeitiger sorgfältiger Kontrolle des pH, zu erreichen durch häufige, kleinere Kalkgaben, dürften wohl nur auf wenigen Böden Mangel- bzw. toxische Erscheinungen der Mikronährstoffe auftreten.

3. Die Bedeutung der einzelnen Nährstoffe

Im folgenden soll nun die Bedeutung der einzelnen Nährstoffe für die Citrusarten dargestellt werden.

Stickstoff. Wie bei allen Pflanzen, kommt auch hier der N-Versorgung die größte Bedeutung zu. Stickstoffmangel kann man an dem einheitlichen Aufhellen bzw. Gelblichwerden der Blätter erkennen. Die Vergilbung beginnt an den Blattnerven. Der N-Mangel tritt am deutlichsten an den fruchttragenden Zweigen in Erscheinung. Bei akutem Mangel sind die Zweige verkürzt, dünn und sterben ab, die kleinen, gelblichen Blätter fallen ab, und die wenigen sich entwickelnden Früchte haben eine dünne, lederartige Schale.

Wie BRYAN (1950) angibt, begleiten N-Mangel, neben der reduzierten Größe der Früchte, weiter keine Quatlitätsverminderungen. DARCEL (1953) und NAUDE (1954) berichten, daß Früchte von Bäumen mit N-Mangel weniger lösliche „solids" enthalten.

Stickstoffüberschuß dagegen ruft dunkelgrüne, übergroße Blätter und succulente Triebe hervor. Die Früchte dieser Bäume sind groß, mit dicker Schale und haben schlechte Qualität. WALLACE und Mitarbeiter (1955) geben an, daß bei hohem N-Spiegel der Gehalt an löslichen Extraktstoffen und besonders an Zitronensäure erhöht, während das Verhältnis Fruchtgewicht/Saft herabgesetzt ist. N-Überschuß verzögert die Reife, und die oben erwähnte Ausbildung der weichen, schwammartigen Gewebe erhöht, genau wie bei anderen Pflanzenarten, die Anfälligkeit gegen tierische und besonders pilzliche Krankheiten (DE VASCONCELLOS 1949).

Hohe N-Gaben können durch entsprechend ausreichende Gaben anderer Nährstoffe, vor allem P_2O_5 und K_2O, toleriert werden, mit anderen Worten, durch ein gleichzeitiges adäquates Anheben des ganzen Nährstoffniveaus der Pflanze. Stickstoff scheint besonders während der Blütezeit von Wichtigkeit zu sein. JACOB und UEXCÜLL (1958) geben an, daß innerhalb bestimmter Grenzen eine direkte Beziehung zwischen N-Versorgung und der Anzahl der Blüten besteht. CAMERON und Mitarbeiter (1952) fanden, daß während der Blüte eine starke Verlagerung des Stickstoffs von den Blättern zu den Blüten erfolgt. Wie SMITH und REUTER (1954) angeben, besitzen die Citrusarten die Fähigkeit, größere Mengen an N zu speichern, und somit scheint die Frage nach dem Zeitpunkt der N-Gabe von untergeordneter Bedeutung zu sein. Auch nach Angaben von DE GEUS (1963) führt eine Aufteilung der Düngung nicht zu einer Verbesserung der Ernteergebnisse. Die gebräuchlichste Form der N-Zufuhr ist die Düngung mit schwefelsaurem Ammoniak, doch für extreme pH-Bereiche sollte auch bei den Citrusarten Düngemittel mit Nitrat-N verwendet werden. Auch auf Böden mit Mg-Mangel sollte man der Nitratform den Vorzug geben, da Nitrat-N die Aufnahme von Mg fördert (JACOB und UEXCÜLL 1958). In Abhängigkeit vom Alter und der Produktivität der Bäume schwankt die zu verabreichende N-Menge zwischen 0,1 und 2,0 kg N pro Baum. Abschläge erfolgen dann entsprechend der Stallmist- oder Kompostversorgung der Plantage. Wurde eine Leguminosendeckfrucht angebaut, so ist auch diese bei der Berechnung der zu düngenden N-Menge mit in Rechnung zu setzen. Wie BARNETTE (1939) angibt, liefert eine ständige Grasdecke den höchsten N-Gehalt im Boden. An zweiter Stelle wird dann eine Leguminosenuntersaat genannt (*Glycine javonica*).

Phosphor. Der Phosphormangel kann im Anfangsstadium an der Bildung von kleinen, blaugrünen Verfärbungen an den Blättern erkannt werden. Bei akutem Mangel treten dann blaugrüne bis bronzebraune Verfärbungen und unregelmäßig auftretende nektrotische Flecken auf. Die Blätter fallen leicht und ein Teil der Zweige stirbt ab. Auf die Bedeutung der Blattanalyse für das Stellen der Mangeldiagnose wird an anderer Stelle des Handbuchs eingegangen (s. NICHOLAS, Bd. I).

BOUMA (1956) stellte eine signifikante Korrelation zwischen dem P-Gehalt der Blätter und der Qualität der Früchte fest. ALDRICH (1949) und LILLELAND (1932) geben an, daß die wenigen von P-Mangel-Bäumen gebildeten Früchte von sehr schlechter Qualität sind. Sie sind klein und zeichnen sich durch einen hohen Säuregehalt und eine dicke Schale aus.

Besonders auf leichten Böden, seltener auf schweren, kann eine Überdüngung mit P zu einer Störung des Nährstoffgleichgewichtes in den Pflanzen führen. WEST (1938) und CHAPMAN (1937) geben an, daß P-Überschuß zu Zn-Mangelerscheinungen führen kann. Neuere Untersuchungen von KANWAR und RANDHAWA (1960) konnten ähnliche Beziehungen feststellen. Von ihnen durchgeführte Boden- und Blattanalysen führten zu der Schlußfolgerung, daß die im Punjab auftretende Chlorose an Citrusbäumen auf Zink- und möglicherweise Eisenmangel zurückzuführen ist, der durch eine hohe P- und Mn-Aufnahme hervorgerufen wurde. Obwohl die Bodenuntersuchungen von Standorten chlorotischer und normaler Pflanzen keine bedeutenden Unterschiede in ihrem Gesamtgehalt an N, Cu, Zn und Mn ergaben, so konnte doch in dem die chlorotischen Bäume tragenden Böden ein höherer Gehalt an pflanzenverfügbarem P und austauschbarem Mn festgestellt werden.

Ausgenommen bei leichten, sauren Böden kann bei den übrigen Standorten der leichtlöslichen P-Form im Superphosphat der Vorzug bei der Düngung gegeben werden. Für diese leichten, sauren Böden sollten dann physiologisch alkalisch wirkende Phosphatdünger wie Thomasmehl herangezogen werden. Für mitteljährige Bäume mit guter Fruchtproduktion werden von JACOB und UEXCÜLL (1958) 600 bis 800 g P_2O_5 pro Baum und Jahr veranschlagt. Die untere Grenze des P-Gehaltes der Blätter scheint nach CHAPMAN und RAYNES (1951) bei 0,08% des Trockengewichtes zu liegen.

Kali. Der Kalimangel kann im Gegensatz zu den Mangelerscheinungen der eben besprochenen Nährstoffe am ehesten an der Ausbildung der Früchte erkannt werden. Die Früchte bleiben klein, während die Blätter zunächst noch keine Mangelerscheinungen aufweisen. Im fortgeschrittenen Stadium des K-Mangels tritt dann eine Verdickung der Blätter, eine Abnahme des Chlorophylls im Blattgewebe zwischen den Blattnerven und das Auftreten von nekrotischen Flecken in Erscheinung. Weiterhin kann ein vorzeitiger Blattfall, Absterben der Triebspitzen und das Auftreten von Gummosis beobachtet werden. CHAPMAN (1950) gibt an, daß ein durch Blattanalyse festgestellter geringer

K-Gehalt, begleitet von einem relativ hohen Gehalt an Ca und Mg, in Ergänzung zu den obigen Symptomen, als ein sicheres Zeichen für K-Mangel gewertet werden kann. Bei einem Alter von 3 bis 7 Monaten werden 1,3 bis 1,5% K als ein ausreichend hohes Niveau angesehen. Chapman (1952) und Hambridge (1941) beobachteten, daß häufig Fe-Chlorose von K-Mangel begleitet wird. Die sichersten Anzeichen für K-Mangel sind das Kleinbleiben und frühzeitige Abwerfen der Früchte. Parker und Jones (1950) konnten statistisch nachweisen, daß eine direkte Korrelation zwischen K-Gehalt der Blätter und der Größe der Früchte besteht.

Neben dem Einfluß auf die Größe der Früchte besteht, ähnlich wie bei N-Mangel, nur ein geringer Einfluß des K-Mangels auf die Qualität der Früchte. Die Früchte von K-Mangelbäumen haben eine dünne Schale, jedoch eine gute Textur. Nach De Geus (1963) werden bei Kaliumüberschuß spätreifende, schwach gefärbte große Früchte von schlechter Qualität mit prozentual geringem Saftgehalt gebildet.

Sites und Mitarbeiter (1947, 1950, 1952) fanden bei Grapefruit bei K-Mangel einen geringeren Gehalt an Vitamin C und eine Erhöhung des Verhältnisses lösliche Fraktion/organische Säuren, während jedoch Roy (1945) wohl eine Abnahme des Vitamin-C-Gehaltes, jedoch eine Zunahme des Gehaltes an Zitronensäure und eine Abnahme der löslichen „Solids" angibt. Samson (1955) gibt an, daß K die Haltbarkeit der Früchte erhöht.

Die meisten Citrusarten sind gegen einen hohen Gehalt an Cl empfindlich, und darum sind Sulfatformen der Kalidünger den Chloriden vorzuziehen. In Anbetracht seines hohen Mg-Gehaltes (10% MgO) ist das Patentkali besonders zu empfehlen. Für gut tragende Bäume in mittlerem Alter wurden von Jacob und Uexcüll K-Gaben von 750 bis 900 g K_2O/Baum angegeben.

Magnesium. Der Mg-Mangel kann nur an älteren Blättern beobachtet werden. Besonders tritt der Mg-Mangel an stark tragenden Bäumen, ja zum Teil auch einzelnen Ästen, vor allem im Spätsommer und im Herbst, dagegen weniger im Frühjahr, auf. Der Mg-Mangel ist durch das Auftreten von gelben, chlorotischen Flecken längs der Mittelrippe sichtbar, und während diese Flecken sich mit zunehmendem Alter vergrößern, bleibt die Region um die Mittelrippe grün. Diese Erscheinung kann als Unterscheidungsmerkmal zum N-Mangel herangezogen werden. Wie Bryan (1950) anführt, treten Kälteschäden stärker bei Bäumen mit Mg-Mangel auf, so daß dem Mg ein Einfluß auf die Resistenz gegen niedere Temperaturen zugeschrieben werden kann. Auch hier wird die Wirkung des Mg-Mangels durch selektive Überdüngung mit anderen Nährstoffen, besonders NH_4 und K, erhöht, und Spencer (1954) schlägt daher vor, K und Mg zu verschiedenen Zeiten zu düngen. Jacoby (1961) untersuchte die Beziehungen zwischen Ca und Mg und schloß aus seinen Versuchen an *Citrus aurantifolia*, daß eine Abnahme der Mg-Aufnahme bei gleichzeitigem Auftreten von Mg-Mangelerscheinungen nicht auf einen niedrigen Mg-Gehalt, sondern einen Ca-Überschuß im Nährmedium zurückgeführt werden kann. Die Qualität der Früchte scheint durch Mg-Mangel nicht beeinflußt zu sein.

Von durch Mg-Überschuß hervorgerufenen direkten Schäden wurde bisher noch nicht berichtet. Doch kann eine Überdüngung mit Mg in Form von Dolomit ($MgCO_3$) auf schlecht gepufferten Böden durch eine Verschiebung zur alkalischen Seite zu einer Verschlechterung der Verfügbarkeit der Mikronährstoffe im Boden und somit der Versorgung der Pflanzen mit diesen führen. Diese Erscheinung ist besonders auf leichten Böden zu erwarten.

Schwefel. Der Schwefelmangel ist durch eine Gelbfärbung der Blätter charakterisiert, die an die Symptome des N-Mangels erinnert. Nach Chapman und

BROWN (1941) zeigen die Blätter von S-Mangelpflanzen einen abnormal hohen Gehalt an löslichem N. Diese typische Begleiterscheinung des S-Mangels stimmt mit Beobachtungen bei anderen Pflanzenarten überein (STEWARD et al. 1959). Der S-Gehalt ist verhältnismäßig niedrig, und da die N-Mangelpflanzen nur einen geringen Gehalt an löslichem N aufweisen, kann die Blattanalyse als sicheres Unterscheidungsmittel zwischen N- und S-Mangel herangezogen werden. Bei S-Mangel ist der Zuwachs der Bäume reduziert, und obwohl ein starker Blütenansatz beobachtet werden kann, ist die eigentliche Blüte nur sehr schwach. CHAPMAN und BROWN (1941) führen diese Erscheinung auf eine starke Anreicherung von Kohlehydraten zurück. Die Orangen von S-Mangelbäumen haben eine gelbgrüne Farbe, und auch während der Reife wird die typische Orangenfarbe nicht ausgebildet. Diese Früchte haben geringen Saftgehalt und eine abnormal dicke Schale, so daß eine erhebliche Qualitätsminderung durch das Fehlen von S eintritt.

CHAPMAN und BROWN (1941) berichten, daß Blätter von S-Mangelbäumen neben geringerem S-Gehalt einen höheren Gehalt an K, P, Na und Mg und einen geringeren Gehalt an Ca als gesunde Bäume aufweisen. Auf den höheren Gehalt an löslichem N wurde schon hingewiesen. Außer den jungen Blättern haben alle anderen Teile der S-Mangelbäume einen geringeren Aschegehalt als die gleichaltrigen gesunden Bäume.

Bei S-Mangel an Orangen empfehlen TUSSELL und SCOTT (1951) das Aufbringen von Schwefelstaub in kleineren Gaben während der ganzen Vegetationszeit. Die gleiche Behandlung von Grapefuit- und Suscha-Zitronen-Bäumen resultierte dagegen in einem reduzierten Wachstum der bestaubten Blätter. Dieses reduzierte Wachstum wurde von einer geringen Pufferkapazität der Blattgewebeflüssigkeit begleitet, während zwischen der Erhöhung des Wachstums der Orangen nach Applikation des Schwefelstaubes zu Schwefelmangelpflanzen und der Pufferkapazität der Blattgewebeflüssigkeit eine positive Korrelation bestand.

Kupfer. Kupfermangel ist an dem Auftreten von schwarzbraunen, eingesunkenen Pusteln verschiedener Größe an den Früchten zu erkennen. Das erste Symptom ist die Vergrößerung der tiefgrünen Blätter, ähnlich wie bei N-Überschuß. Junge Zweige zeigen oftmals eine „S"-Form, während die älteren mit rotbraunen Pusteln behaftet sind. Diese Erscheinung ist auch als „Roter Rost" bekannt. Nach JACOB und UEXCÜLL (1958) können sich an jungen Trieben auch „Gummitaschen" unter der Rinde entwickeln.

CIPOLA (1937) berichtet, daß Exanthema bei Citrus, charakterisiert durch sogenanntes „die back" oder Absterben der jungen Triebe, durch die Zugabe von $CuSO_4$ behoben werden kann. Eine einfache Methode zur Injektion von $CuSO_4$ nach Auftreten von Exanthema gibt FRIEND (1941). Er verwendet folgende Lösung: 3 lbs $CuSO_4$ und 3 lbs $Ca(OH)_2$ auf 100 Gallonen Wasser.

Obwohl Cu-Mangel auf allen Böden angetroffen werden kann, findet man diesen besonders auf jungfräulichen Böden mit hohem Humusgehalt. In den gemäßigten Zonen ist diese Erscheinung an anderen Kulturpflanzen auch als Heidemoorkrankheit bekannt.

REUTHER (1948) konnte zeigen, daß ein hoher Gehalt an verfügbarem Phosphat im Boden die Cu-Aufnahme der Pflanzen beeinträchtigt. Nach REUTHER und SMITH (1953) wird die durch den Mangel an verfügbarem Fe hervorgerufene Chlorose bei Plantagen auf sauren Böden von relativ hohen Cu-Gehalten begleitet. Bei Citrussämlingen trat Chlorose bei einem pH des Bodens von 5,0 und darunter dann auf, wenn der Cu-Gehalt des Bodens 150 ppm überschritt. Durch Kalkung des Bodens konnte die Chlorose abgeschwächt bzw. beseitigt werden.

Cu-Überschuß findet man vor allem auf leichten, zum Sauren tendierenden, schlecht gepufferten Böden, und dieser kann an dem Springen der Rinde, Gummosis und Abfallen der Blätter erkannt werden. In Extremfällen kann der Cu-Überschuß zum Absterben der Bäume führen. Da in den meisten Fungiziden Cu enthalten ist, ist oftmals eine zusätzliche Versorgung mit Cu nicht notwendig. Treten jedoch Cu-Mangelerscheinungen auf, so ist nach Jacob und Uexcüll (1958) eine Gabe von 200 bis 400 g $CuSO_4$ pro Baum ausreichend. Cu-Toxizität ist gefährlicher als Cu-Mangel.

Klotz (1944) gibt die Beschreibung einer Maßnahme zur Beseitigung der Gummosis, bei der die Rinde der Bäume stellenweise entfernt und die sogenannte Bordeaux-Mischung aufgetragen wird.

Zink. Zinkmangel ist charakterisiert durch eine typische Verfärbung der Blätter, die in der englischen Literatur als „mottle leaf" oder „Frenching" bekannt ist. Der Chlorophyllgehalt der Blattfläche zwischen den Blattadern geht stark zurück, während die Blattadern selbst eine dunkelgrüne Farbe behalten. Die chlorotischen Gewebeteile nehmen eine weißlich-gelbe Färbung an. Dufrenoy und Reed (1934) beschreiben Zn-Mangel begleitende Veränderungen der Zellstruktur und schreiben dem Zn einen positiven Einfluß auf die Intensität der Photosynthese zu. Nach Haas (1936) reduziert die Zugabe von Zn den Sucrosegehalt von Blättern und Wurzeln. Nach dem vorgenannten Autor soll durch Eintauchen von Citrusschnitten in eine $ZnSO_4$-Lösung eine Erhöhung der Wurzelbildung zu erreichen sein. Da diese zunehmende Wurzelbildung sowohl an Schnitten von Zn-Mangelbäumen wie auch von normal mit Zn versorgten Bäumen beobachtet wurde, kann dem Zn ein fördernder Einfluß auf die Wurzelbildung zugeschrieben werden. Nach Jacob und Uexcüll (1958) sind die Orangen gegenüber Zn-Mangel anfälliger als die anderen Citrusarten. Zn-Mangel tritt vor allem auf überkalkten oder stark sauren Böden, also Böden mit schlechtem Puffervermögen, auf. Es ist darum schwierig, dem Zn-Mangel entgegenzuwirken, und darum wird häufig $ZnSO_4$ oder Zn-Oxyd, gemischt mit Branntkalk, den Plantagen in flüssiger Form zugeführt. Nach Steyn und Eve (1956) sind Cu und Zn grundsätzlich Antagonisten und, falls Mangel an beiden Elementen gleichzeitig auftritt, so sind die Zugaben an Zn und Cu zu verschiedenen Zeiten vorzunehmen. Wie auch bei den anderen Mikronährstoffen ist der Zn-Überschuß genau so gefährlich wie der Zn-Mangel, und oftmals kann durch ein Anheben des gesamten Nährstoffspiegels den toxischen Erscheinungen allmählich abgeholfen werden bzw. können diese gemildert werden. Voraussetzung ist allerdings eine Erhöhung der Pufferkapazität des Bodens.

Nach Dufrenoy und Reed (1934) tritt „mottle leaf" vor allem dann auf, wenn der Stickstoff als Nitrat gedüngt wird. Klotz und Parker (1945) schlagen folgende Sprühlösung zur Beseitigung von Zn-Mangelerscheinungen vor: 1 lbs $CuSO_4$, 5 lbs $ZnSO_4$, 4 lbs $Ca(OH)_2$ auf 100 Gallonen Wasser.

Mangan. Auch bei Mn-Mangel tritt Chlorose der Gewebe zwischen den Blattadern auf, doch hier sind die Kontraste zwischen den chlorotischen und den chlorophyllhaltigen Geweben nicht so stark akzentuiert wie bei Zn-Mangel. Während bei Zn-Mangel auch die Größe der Blätter reduziert ist, scheint der Mn-Mangel auf die Größe der Blätter keinen Einfluß zu haben. Nach Jacob und Uexcüll (1958) sollen die Mn-Mangelerscheinungen vor allem an der Schattenseite der Bäume in Erscheinung treten. Im Unterschied zum Mg-Mangel, dessen Erscheinungen, wie oben schon erwähnt, an den älteren Blättern auftreten, treten die Mn-Mangelerscheinungen gleichmäßig an allen Blättern, unabhängig von deren Alter, auf. Am häufigsten findet man Mn-Mangel auf überkalkten Böden. Nach Connor (1954) konnte durch die Düngung mit $(NH_4)_2SO_4$ der pH-Wert des Bodens soweit erniedrigt werden, daß das austauschbare Mn im Boden und dazu parallel der Mn-Gehalt der Blätter erhöht wurde. Nach obigem Autor trat bei 50% der untersuchten Bäume Mn-Mangel auf, wenn der Mn-Gehalt der Blätter unter 20 ppm fiel. Beim Auftreten von Mn-Mangel kann diesem nach JACOB und UEXCÜLL (1958) durch eine Gabe von 200 bis 1000 g $MnSO_4$ pro Baum entgegengewirkt werden. Bei Plantagen auf Böden mit einem pH über 7 ist es empfehlenswert, das $MnSO_4$ auf die Blätter zu sprühen. PARKER und Mitarbeiter (1940) berichten, daß dem Mn-Mangel durch Sprühen von Mn-Chlorid und Mn-Sulfat gleichwertig entgegengetreten werden kann. Da diese Sprühlösungen einen schädigenden Einfluß auf die besprühten Blätter haben können, wird von den genannten Autoren empfohlen, Soda oder Löschkalk der Sprühlösung beizumischen. Die Sprühlösung enthält 1 bis 3 lbs Mn pro 100 Gallonen Wasser. Neben der Sprühmethode kann auch zur Beseitigung von Mn-Mangelschäden die schon in dem Abschnitt über das Cu erwähnte Injektionsmethode verwendet werden.

Molybdän. Nach STEWART und LEONHARD (1952) kann der Grund für die weitverbreitete „yellow spot"-Krankheit im Mangel an Mo gesucht werden. Das Krankheitsbild ist, wie der Name schon sagt, durch das Auftreten von gelben Flecken auf den Blättern charakterisiert. HAAS und BRUSCA (1953) geben einen Überblick über die Mo-Mangelsymptome an Zitronen- und Grapefruit-Blättern. 3 bis 4 Wochen nach dem Besprühen der erkrankten Bäume mit Na_2MoO_4 waren die aufgehellten Gewebeteile wieder ergrünt. Die gleiche Wirkung konnte durch das Besprühen mit Ammoniummolybdat erzielt werden. Die chemische Analyse der erkrankten Blätter zeigte einen Mo-Gehalt von 0,03 bis 0,04 ppm, und der Mo-Gehalt der nicht erkrankten Blätter lag etwas höher. Der pH-Wert des Bodens hat einen Einfluß auf die Verfügbarkeit des Mo und somit auf dessen Aufnahme durch die Citrusbäume. Die Untersuchungen von STEWART und LEONARD (1952) ergaben, daß Grapefruit-Bäume auf einem Boden mit pH 4,2 fast alle typischen Erscheinungen des „yellow spot" zeigten, während die Bäume der Vergleichsparzelle auf einem Boden mit pH 5,6 keine Krankheitserscheinungen aufwiesen. Die Blattanalyse der ersteren ergab einen Mo-Gehalt von 0,03 ppm und die der letzteren einen Gehalt von 0,06 ppm Mo.

In einer späteren Veröffentlichung geben STEWART und LEONARD (1953) an, daß die Zugaben von 0,1 bis 0,4 ounces Na_2MoO_4, gelöst in 10 Gallonen Wasser, pro Baum ausreichend waren, um starken Mangel zu beseitigen. Es konnte die oben erwähnte gleiche Wirkung von Ammoniummolybdat bestätigt werden. Jedoch ergab die Blattanalyse in diesem Versuch nur geringe Unterschiede im Mo-Gehalt zwischen den erkrankten und den gesunden Bäumen.

Bor. Das Einrollen, Verwelken und Verfärben zu einem braunen Farbton und Abfallen der jüngeren Blätter der Citrusarten deutet auf B-Mangel hin. Die Blattadern sind oftmals verdickt, chlorotisch und leicht brechend. Dies trifft vor allem für junge Blätter zu. An den Stämmen tritt Gummosis auf, und Teile der Äste sterben ab. Die Früchte von Bäumen mit B-Mangel sind klein, verformt und haben braune Verfärbungen an der Schale. Verformungen können auch im Innern der Frucht auftreten. Bormangel kann sowohl auf sauren als auch alkalischen Böden auftreten, auch lange Trockenperioden können Bormangel hervorrufen. 20 bis 30 kg/ha Borax können als Anhaltspunkt für die Verwendung in fester Form gelten. Soll die Bordüngung gesprüht werden, so ist eine 1%ige Boraxlösung zu verwenden. In der Nährlösung dürfte eine B-Konzentration von 0,2 ppm ausreichen, um B-Mangel zu verhindern. CHAPMAN und Mitarbeiter (1939) konnten in Gefäßversuchen zeigen, daß K-Mangel zu einer starken Akkumulation von B in den Pflanzen führt. Überschuß an K dagegen ruft die

typischen B-Mangelsymptome hervor. Ähnlich dem Cu, wirkt ein Überschuß
an B extrem toxisch.

Eisen. Vor allem im Anfangsstadium ist der Fe-Mangel schwer von den
Mn-Mangelerscheinungen zu unterscheiden. Während die Blatteile zwischen den
Blattadern chlorotische Erscheinungen aufweisen, bleiben diese selbst dunkelgrün. Bei akutem Fe-Mangel werden die jungen Blätter ganz chlorotisch und
fallen früh ab. McGeorg (1949) berichtet, daß Blätter mit Chlorose, hervorgerufen
durch Fe-Mangel, einen hohen Gehalt an Zitronensäure und einen geringen
Oxalsäuregehalt aufweisen.

Fe-Mangel tritt fast nur auf überkalkten Böden auf, und bis vor kurzem
war es auf alkalischen Böden schwierig, dem Fe-Mangel entgegenzutreten. Ein
Besprühen der Blätter mit einer Fe-Lösung zeigte wenig Erfolg. Finck et al. (1934)
berichtet, daß das Fe als Fe-Citrat bei Fe-Mangelböden durch kleine in die
Stämme und Äste gebohrte Löcher den Bäumen zugeführt wurde.

Nach Southwich (1945) beseitigt die Injektion einer $FeSO_4$-Lösung bei
einem Druck von 50 bis 100 lbs pro sq.in. chlorotische Erscheinungen für 2 bis
4 Jahre. Das $FeSO_4$ wurde in einer Konzentration von 50 bis 100 g/Baum verwendet. Es konnte eine gleichmäßige Verteilung des Fe im ganzen Baum festgestellt werden. Aus vom obigen Autor nicht angeführten Gründen wird von
bei dieser Methode auftretenden leichten Schäden an kleinen Zweigen berichtet.
Die Verwendung des Eisens in Form von Fe-Chelaten (Edta u. a.) wirkt einer
schnellen und starken Festlegung des Fe im Boden entgegen (Stewart und
Leonard 1954), und die Verwendung der Chelate zur Düngung gibt nach Jacob
und Uexcüll (1958) befriedigende Resultate.

4. Die Durchführung der Düngung

Vor allem in Plantagen mit intensiver Nutzung ist die Blattanalyse ein sehr
gutes Hilfsmittel, um den Mangel oder Überschuß eines Nährstoffes schon zu einem
relativ frühen Stadium festzustellen (s. Nicholas, Bd. I). Tab. 520 gibt einen

Tabelle 520. *Anorganische Zusammensetzung von Apfelsinenblättern in Abhängigkeit von
der Mineralversorgung von gut tragenden kalifornischen Plantagen*
(entnommen aus Jacob und Uexcüll 1958)

$^0/_0$ in der Trockensubstanz von 3 bis 7 Monate alten Apfelsinenblättern (spring-cycle)

Elemente	Gehalt bei Mangel-pflanzen	Durchschnittlicher Gehalt in gut tragenden Plantagen	Bei Überschuß oder fehlendem Nährstoff-gleichgewicht
Stickstoff (N)	2,00	2,45	3,50
Phosphor (P)	0,075	0,13	0,30
Schwefel (S)	0,130 ?	0,25	0,40
Kalzium (Ca)	1,500 ?	4,70	7,00
Magnesium (Mg)	0,150	0,30	0,60
Kalium (K)............	0,350	0,71	2,00
Eisen (Fe)	0,005	0,012	?
Mangan (Mn)	0,0015	0,003	0,02
Zink (Zn)	0,0015	0,003	?
Bor (B)	0,0012	0,004	0,020
Kupfer (Cu)	0,0004	0,0007	0,0015
Molybdän (Mo)	0,000002	0,00005	?
Natrium (Na)	Nicht essentiell	0,06	0,25
Chlor (Cl)	Nicht essentiell	0,08	0,25

Überblick über die Gehaltszahlen der Elemente in den Blättern bei verschiedenen Nährstoffversorgungszuständen von Orangenbäumen.

Von den drei Hauptnährstoffen sind besonders N und P in den früheren Wachstumsstadien wichtig, während K vor allem während des Fruchtens an Bedeutung gewinnt.

Für junge Pflanzen gibt „The Committee for Fertilizer Recommendations" der „Citrus Experiment Station" in Gainsville, Florida, folgendes Verhältnis der Nährstoffe in der Düngung an:

$$N : P_2O_5 : K_2O : MgO : MnO : CuO$$
$$8 : 8 : 8 : 4 : 1 : 0,5$$

Mit zunehmendem Alter vom 1. bis zum 5. Jahre gibt man zunehmende Mengen von 0,5 bis 5 lbs des obigen Gemisches pro Baum. Für tragende Bäume wird dann entsprechend dem Ernteumfang die Düngermenge erhöht. In Florida z. B. wird die zu verabreichende Düngermenge pro geerntete sogenannte „standard box" (2,2 bushels) pro Baum wie folgt kalkuliert: 180 g N, 135 g P_2O_5, 160 g K_2O, 90 g MgO.

Bei kalkhaltigen Böden soll die K- und Mg-Gabe um ein Drittel erhöht werden. Wird neben dem Mineralstoffdünger noch Stallmist verwendet, so sind die Nährstoffmengen entsprechend zu reduzieren. MARLOTH (1955) fand in Südafrika, daß bei Verwendung von 2 lbs N, 8 lbs Superphosphat und 2 lbs Kaliumchlorid höhere Erträge erzielt werden können als bei der Zugabe der Nährstoffe in Form von Kraaldünger.

Ein großer Teil der N-Ansprüche der Citrusplantagen kann durch den schon erwähnten Anbau von Leguminosen in der Plantage gedeckt werden und wenn die Wasserversorgung ausreichend gesichert wird, so ist die N-Versorgung der Bäume relativ unabhängig von der jeweiligen Bodenart. Die P- und K-Versorgung ist dagegen stark von dem Bodentyp und dem Standort der Plantage abhängig. Kalimangel kann auf leichten Böden eher als auf schweren Böden erwartet werden. Nach SAMSON (1953) konnte in Surinam festgestellt werden, daß der Gebrauch von Patentkali auf leichten Böden zu empfehlen ist. Der Düngerzeitpunkt sollte so weit wie möglich dem Wachstumsrhythmus des Citrusbaumes angepaßt sein. In den meisten Fällen wird der Dünger im Frühjahr vor der Blüte und im Sommer während der Ausbildung der Sommertriebe ausgebracht. Die Düngergaben werden 20 bis 40 Tage vor dem Einsetzen der jeweiligen Wachstumsperiode angewendet.

SITES et al. (1954) konnte durch eine, wie oben angegebene Teilung der Düngergaben eine signifikante Ernteerhöhung im Vergleich zu einer Reihe anderer Düngeverfahren feststellen. Von ihm wurden folgende Nährstoffmengen verwendet:

1,8 lbs N, 1,3 lbs P_2O_5, 2,2 lbs K_2O, 1,32 lbs MgO, 0,16 lbs MnO, 0,16 lbs CuO.

Je leichter der Boden ist, um so stärker sollte, in Anbetracht dessen geringerer Sorptionskapazität, die Gesamtdüngergabe in Einzelgaben aufgeteilt werden.

Ein weiteres Problem ist die Einbringung und Verteilung des Düngers im Boden. Beim Auftragen des Düngers auf den Boden, soweit dieser von der Krone beschattet ist, dringen K und P nur langsam in die Wurzelkrone ein, so daß oftmals nur der N-Effekt augenscheinlich wird. Da durch Mulchen im Umkreis der Bäume die gesamte Wurzelzone angehoben wird, ist diese Kulturmaßnahme schon oftmals eine Hilfe. Allerdings sollte der Mulch eine ständige Bedeckung darstellen, die nur zum Aufbringen des Düngers entfernt wird. Auf die bodenverbessernde Wirkung des Mulchens soll an dieser Stelle nicht eingegangen werden. Die bisher wohl beste Art der Ausbringung des Düngers wird durch die

Verwendung der Düngerlanze erreicht. Näheres über die allgemeinen Aspekte dieser Technik sind an anderer Stelle in diesem Handbuch dargestellt (s. S. 41).

In diesem Zusammenhang soll auf ein Experiment von Guerder (1955) hingewiesen werden, in dem drei verschiedene Arten der Düngerausbringung auf ihren Wirkungsgrad untersucht wurden:

1. K-, P- und Gründüngung werden an der Bodenoberfläche ausgebreitet.
2. Wie 1., jedoch wurde der Dünger 18 bis 20 cm tief eingepflügt.
3. Die Düngemittel werden mit Hilfe der Düngerlanze in 20%iger Lösung verteilt auf 10 Gaben zu je einem Liter pro Baum und Jahr ausgebracht.

Während die Düngungen von 1. und 2. kaum einen Erfolg zeigten, konnte durch die 3. Methode ein nachhaltiger Einfluß auf den Ertrag und die Qualität der Ernte erreicht werden.

Nach Wallace und Smith (1955) haben die einzelnen Citrusarten eine sehr unterschiedliche Kationenaustauschkapazität, so daß unter Umständen auch die botanischen Voraussetzungen des Wurzelsystems zu berücksichtigen sind. Obige Autoren geben an, daß z. B. Zitronenwurzeln eine bedeutend höhere Austauschkapazität als Grapefruit aufweisen. Zitronenwurzeln sollen bevorzugt zweiwertige Kationen aufnehmen, während die Wurzeln der Grapefruit einwertige Kationen vorziehen.

Tabelle 521. *Düngungsvorschläge*
(nach Jacob und Uexcüll 1958) in lbs/acre oder kg/hectare[1]

Alter des Baumes — Erntemenge

1. Jahr

N .... 8—40 lbs Ammoniumsulfat (20% N)
P_2O_5 .... 9—50 lbs Superphosphat (18% P_2O_5)
K_2O .... 5—10 lbs Kalisulfat (50% K_2O)

2. Jahr

N .... 10 —50 lbs Ammoniumsulfat
P_2O_5 .... 12,5—75 lbs Superphosphat
K_2O .... 5 —10 lbs Kalisulfat

3. Jahr

N .... 15— 75 lbs Ammoniumsulfat
P_2O_5 .... 18—100 lbs Superphosphat
K_2O .... 10— 20 lbs Kalisulfat

4. Jahr

$1/_2$ box (box von 2,2 bushels)

N .... 20—100 lbs Ammoniumsulfat
P_2O_5 .... 27—150 lbs Superphosphat
K_2O .... 25— 50 lbs Kalimagnesiasulfat (Patentkali)
                              (26—30% K_2O, 8—13% MgO)

5. Jahr

1—2 boxes

N .... 30—150 lbs Ammoniumsulfat
P_2O_5 .... 36—200 lbs Superphosphat
K_2O .... 20— 40 lbs Kalisulfat

6. bis 10. Jahr

2—4 boxes

N .... 40—80 = 200—400 lbs Ammoniumsulfat
P_2O_5 .... 36—72 = 200—400 lbs Superphosphat
K_2O .... 36—60 = 60—120 lbs Kalisulfat

---

[1] Da diese Düngungsvorschläge nur als Anhaltspunkte dienen sollen, wurden die gleichen Zahlen für lbs/acre und kg/ha angegeben.

10. bis 15. Jahr
3—6 boxes
N .... 60—120 = 300—600 lbs Ammoniumsulfat
P_2O_5 .... 36— 72 = 200—400 lbs Superphosphat
K_2O .... 50—100 = 100—200 lbs Kalisulfat

über 15 Jahre
5—9 boxes
N .... 100—200 = 500—1000 lbs Ammoniumsulfat
P_2O_5 .... 72—108 = 400— 600 lbs Superphosphat
K_2O .... 100—200 = 200— 400 lbs Kalisulfat

Literatur

ALDRICH, D. G., und A. R. C. HAAS: Response of lemon trees to phosphorus and potassium. Calif. Citrogr. 35 (5), 21–24 (1949). — ARNOT, H. R.: Potassium deficiency in citrus. Austr. Inst. Agr. Sci. J. 12 (3), 110–113 (1946).

BARNETTE, R. M.: Major plant food elements for citrus. Proc. Fla. Stat. Hort. Soc. 4–8 (1936). — BOUMA, D.: Austr. J. Agr. Res. 7 (4), 261 (1956). — BRYAN, O.C.: Malnutrition symptoms of citrus with practical methods of treatment. State of Florida Dept. Agr. Bull. 93 (New Ser.), 1–57 (1950).

CAMERON, S. H., A. MUELLER, A. WALLACE und E. SARTON: Influence of age of leaf season of growth and fruit production on the size and inorganic composition of Valencia orange leaves. Proc. Soc. Hort. Sci. 60, 42–50 (1952). — CHAPMAN, H. D., A. P. VANESLAV und G. F. LIEBIG: The production of citrus mottle leaf in controlled nutrient cultures. J. Agr. Res. 55, 356 (1937). — CHAPMAN, H. D., und Mitarbeiter: Some nutritional relationships as revealed by a study of mineral deficiency and excess symptoms on citrus. Soil Sci. Soc. Amer. Proc. 4, 196–200 (1939). — CHAPMAN, H. D., und S. M. BROWN: Effect of sulfur deficiency on citrus. Hilgardia 14, 185–201 (1941). — CHAPMAN, H. D., und Mitarbeiter: Analysis of orange leaves for diagnosing nutrient status, with reference to potassium. Hilgardia 19, 501 (1950). — CHAPMAN, H. D., und D. S. RAYNES: Hilgardia 20, 325–349 (1951). — CHAPMAN, H. D.: Studies on the nutrition of citrus. Rep. 14th Int. Hort. Congr., 1952. — CIPOLA, G.: Exanthema of citrus. Univ. Nac. Literal (Corrientes, Argentine), Inst. Exper. Agropecuarias Publ. Nr. 4, 10 (1937). — CONNOR, J.: Effect of cultural practices on the manganese status of soil and citrus trees under irrigation. Austr. J. Agr. Res. 5, 31–38 (1954).

DARCEL, W. F.: Investigations in citrus production with special reference to the nutrition of the crop. World Crops 5, 153 (1953). — DE VASCONCELLOS, P. W. C.: Algumas observacoes sobre adubacoes de citrus. An. Esc. Sup. Agric. "Luiz de Queiroz", Univ. Sao Paulo 6, 13–22 (1949). — DUFRENOY, J., und H. S. REED: Pathological effects of the deficiency or excess of certain ions on the leaves of citrus plants. Ann. agron. (N. S.) 4, 637–653 (1934).

ESDORN, I.: Nutzpflanzen der Tropen und Subtropen der Weltwirtschaft, S. 87–98. Stuttgart: Fischer. 1961.

FINCH, A. H., D. W. ALBERT und A. F. KINNISON: A chlorotic condition of plants in Arizona related to iron deficiency. Proc. Amer. Soc. Hort. Sci. 32, 20–23 (1934). — FRIEND, W. H.: Simple method of making tree injections. Proc. Amer. Soc. Hort. Sci. 38, 203–204 (1941).

GEUS, J. G. DE: The influence of fertilizers upon citrus yields and quality. Stikstof, Dutch Nitrogenous Fertilizers Rev. 7, 72–92 (1963). — GUERDER, J.: Essais de controle de l'efficacite de la fumure PK sur citrus effectues à la Station Expérimentale d'Arboriculture du Gouvernement General d'Algerie à Boufarik. Bull. Docum. Ass. Int. Fabr. Superph. 17, 23–30 (1955).

HAAS, A. R. C.: Zinc relation in mottle-leaf of citrus. Bot. Gaz. 98, 65–86 (1936). — Potassium in citrus trees. Plant Physiol. 24 (3), 395–415 (1949). — HAAS, A. R. C., und J. N. BRUSCA: Molybdenum-deficiency symptoms in lemon and grapefruit leaves. Citrus Leaves 33, Nr. 8, 6–9, 36 (1953). — HAMBRIDGE, G.: Hunger signs in crops. Amer. Soc. Agron. Nat. Fert. Assoc. Washington, D.C. 1941. — HARDING, R. B.: Exchangeable cations in soils of California orange orchards in relation to yield and size of fruit and leaf composition. Soil Sci. 77 (2), 119–127 (1954).

INNES, R. F.: Fertilizer experiments on grapefruit in Jamaica. Trop. Agr. 23 (7), 131–134 (1946).

Jacob, A., und H. von Uexcüll: Fertilizer use, S. 281–298. Hannover: Verlagsges. f. Ackerbau m. b. H. 1958. — Jacoby, B.: Calcium-magnesium ratios in the root medium as related to magnesium uptake by citrus seedlings. Plant a. Soil 15, 74–80 (1961).

Kanwar, I. S., und N. S. Randhawa: Probable causes of chlorosis of citrus in the Punjab. Hort. Adv. 4, 61–67 (1960). — Klotz, L. J.: Brownrot and gummosis. Citrus Leaves 24, Nr. 2, 6–7 (1944). — Klotz, L. J., und E. R. Parker: Suggestions for the control of brown rot, exanthema, septoria. Citrus Leaves 25, Nr. 11, 33 (1945).

Lilleland, O.: Experiments on K and P deficiences with fruit trees in the field. Proc. Amer. Soc. Hort. Sci. 24, 272–276 (1932).

Marloth, R. H.: Citrus and subtropical research. Farming in S. Afr. 30 (348), 160 (1955). — McGeorge, W. T.: Micro and macro interrelations in nutrient lime-induced chlorosis. Soil Sci. Soc. Amer. Proc. 13, 200–204 (1948, publ. 1949).

Naude, J. C.: Fertilization of citrus. Farming in S. Afr. 29 (341), 351 (1954).

Oppenheim, I. D.: Tropische und subtropische Kulturen. Berlin 1932.

Parker, E. R., R. W. Southwich und H. D. Chapman: Responses of citrus trees to Manganese applications. Calif. Citrogr. 25, 74, 86–87 (1940). — Parker, E. R., und W. W. Jones: Orange fruit sizes in relation to potassium fertilization in a long-term experiment in California. Amer. Soc. Hort. Sci. Proc. 55, 110–113 (1950). — Peech, M.: Chemical studies on the soils from Florida Citrus Growers. Fla. Agr. Exper. Stat. Bull. 448 (1948). — Pyer, H.: Univ. Calif. Exper. Stat. Bull. 93.

Reitz, H. J., C. D. Leonard, W. J. Sites, W. F. Spencer, J. Stewart und J. W. Wander: Recommended fertilizers and nutritional sprays for citrus. Univ. Fl. Agr. Exper. Stat. Bull. 536 (1954). — Reuther und Mitarbeiter: Progress report on phosphate fertilizer trials with oranges in Florida. Proc. Fla. Stat. Hort. Soc. 1948. — Reuther, W., und P. F. Smith: Effects of high copper content of sandy soil on growth of citrus seedlings. Soil Sci. 75, 219–224 (1953). — Roy, W. R.: Effect of potassium deficiency and of potassium derived from different sources on the composition of the juice of Valencia oranges. J. Agr. Res. 70, 143–169 (1945).

Samson, J. A.: De Surinaamse Landbouw 1 (6), 247–253 (1953). — De invloed an verschillende factoren op het bederf van Citrusvruchten. De Surinaamse Landbouw 3, 306 (1955). — Sites, J. W.: Internal fruit quality as related to production practices. Fla. Agr. Hort. Soc. 60, 55–62 (1947). — The effect of variable potash fertilization on the quality and production of Duncan grapefruit. Fla. Stat. Hort. Soc. 60–68 (Oct.-Nov. 1950). — Sites, J. W., und E. J. Deszyck: Effect of varying amounts of potash on yield and quality of Valencia and Hamlin oranges. Fla. Stat. Hort. Soc. 92–98 (Nov. 1952). — Sites, J. W., I. W. Wander und E. J. Deszyck: The effect of fertilizer timing and rate of application on fruit quality and production of Hamlin oranges. Proc. Fla. Stat. Hort. Soc. 66 (Nov. 1954). — Smith, P. F., und W. Reuther: Mineral nutrition of fruit crops. Citrus Nutrition, Chap. 6, S. 223–256. Hort. Publ. Univ. New Brunswick 1954. — Southwich, R. W.: Pressure injection of iron sulfate into citrus trees. Proc. Amer. Soc. Hort. Sci. 46, 27–31 (1945). — Spencer, W. F.: Influence of cation-exchange reactions on retention and sandy-soils. Soil Sci. 77, 129–136 (1954). — Steward, F. C., und Mitarbeiter: Nutritional and environmental effects on the nitrogen metabolism of plants. Symp. Soc. Exper. Biol. Nr. XIII (1959). — Stewart, I., und C. D. Leonard: Chelated metals for growing plants in: Childers, N. F.: 12. — Molybdenum deficiencies in Florida citrus. Nature 170, 714–715 (1952). — Correction of Molybdenum deficiency in Florida citrus. Proc. Amer. Soc. Hort. Sci. 62, 111–115 (1953). — Steyn, W. J. A., und D. J. Eve: The zinc status of citrus and pineapples in the Eastern Cape. S. Afr. J. Sci. 52 (11), 27e (1956).

Takahashi, I.: On the effect of potassium upon citrus fruits. Stud. Citrolog. 5 (1), 37–54 (1931). — Turrel, F. M., und F. M. Scott: Effect of elemental sulfur dust on growth of citrus leaves and its relation to the buffer capacity of the leaf-tissue fluid. Amer. J. Bot. 38, 560–566 (1951).

Wallace, A., S. H. Cameron und P. A. T. Weiland: Variability in citrus fruit characteristics, including the influences of position on the tree and nitrogen fertilization. Proc. Amer. Soc. Hort. Sci. 65, 99–108 (1955). — Wallace, A., und R. L. Smith: Better crops 39 (9), 9 (1955). — West, E. S.: Zinc-cured mottle-leaf in citrus induced by excess phosphate. J. Austr. Counc. Sci. Industr. Res. 11, 182–184 (1938).

Young, T. W., und W. R. Forsee: Fertilizer experiments with citrus on Davie mucky fine sand. Fla. Agr. Exper. Stat. Bull. 461,

e) Ananas
(*Ananas sativus*)
Von
N. Atanasiu

1. Allgemeines

Ananas mit den bekanntesten Anbauarten: *Ananas comosus, Ananas sativus* und *Ananassa sativa*, gehört zu der Familie *Bromeliaceae*. Sie ist eine perennierende Pflanze mit terminaler Infloreszenz und Frucht. Nach der ersten Frucht wächst die Pflanze weiter mittels axialer Knospen oder Seitensprößlingen mit neuem apikalem Meristem, welche sich vegetativ entwickeln und neue Infloreszenz und neue Früchte bilden. Die Seitensprößlinge bilden ferner eigene Seitensprößlinge, welche Blüten und Früchte tragen. Durch diese Entwicklung ist die Ananas eine perennierende Pflanze und in Brasilien und Australien existieren Ananas-„Dauer"-Gärten, welche über 50 Jahre alt sind.

In der allgemeinen Praxis werden nur zwei bis drei Ernten von einer Ananaspflanze ausgenutzt, da nachher die Früchte kleiner werden und dadurch handelsmäßig ohne Bedeutung sind.

Der Ursprung der Ananas ist Amerika, von wo sie nach der Entdeckung Amerikas nach Europa, Asien und Afrika gebracht wurde. Ananas ist ein *tropisches* Gewächs und wächst frei nördlich und südlich vom Äquator bis zu den 25. Breitengraden. Für den Weltmarkt sind folgende Erzeugungsländer von großer Bedeutung:

Gebiet	Produktion 1961/62 (in 1000 t)
Hawaii[1]	925
Brasilien	270
Mexiko	197
Malaya[1]	145
Formosa	174
Südafrikanische Union	137
Philippinen	116
Kuba[1]	102
Australien	75

[1] Für das Jahr 1960/61.

In folgenden Ländern werden Ananas mit einer geringeren Bedeutung noch angebaut: Nigeria, Guinea, Kenia, Dominikanische Republik, Guadeloupa usw.

Die gesamte Weltproduktion betrug 1961/62 2790000 t, davon wurden von Hawaii allein 40% erzeugt.

2. Ökologische Bedingungen für den Ananasanbau

Die Ananaspflanze zeichnet sich als perennierendes Gewächs durch ein fortlaufendes Wachstum aus, also ohne Ruheperioden. Weder Kälte noch Trockenheit dürfen die Vegetation unterbrechen. Daraus ergeben sich für den Ananasanbau bestimmte klimatische Bedingungen, welche hier kurz besprochen werden sollen.

Die epiphytischen Eigenschaften der Ananaspflanze bedingen ein verhältnismäßig schwaches Wurzelsystem, wodurch auch dem Boden gegenüber bestimmte Ansprüche für ein gutes Gedeihen der Pflanze gestellt werden.

A. Temperatur

Nach Messungen von Nightingale (1942) liegt das Optimum für das Wachstum von Ananas zwischen 25 und 32° C. Nach Ochse (1961) liegt das Optimum zwischen 21 und 27° C. Für die Gebiete, in denen der Ananasanbau sehr gut gedeiht, gibt Collins (1960) folgende Angaben über die Temperaturverhältnisse:

Gebiet:	Maximum °C	Minimum °C	
Malaya	26,3	25,9	
Hawaii	32	10	(dreijährige Mittelwerte)
Australien	31,7	11,6	(fünfjährige Mittelwerte)
Südafrika			
(verschiedene Stationen)			
A	47	5	
B	43	2	(fünfjährige Mittelwerte)
C	41	3	
D	42	—1,1	

Wie man dieser Aufstellung entnehmen kann, gibt es in Südafrika ein Gebiet, wo die Temperaturen sogar unter 0° C sinken, jedoch nur für sehr kurze Zeit, so daß eine Unterbrechung der Vegetation nicht geschieht. Frostfreie Gebiete gibt es bekanntlich nur in den Tropen, und zwar in verschiedenen Höhenlagen. So können Ananas in diesen Gebieten auch in verschiedenen Lagen gut gedeihen. In Zentralamerika können Ananas bis in 1500 m, in Ceylon bis 1200 m, in Kenia bis 1000 m über NN angebaut werden. Auch auf Hawaii gedeihen Ananas bis 760 m über NN noch sehr gut. Bei Überschreitung dieser Grenzen, auch wenn temperaturmäßig der Anbau noch vorgenommen werden kann, erleiden die Pflanzen morphologische Änderungen, wie: die Blätter werden kürzer und breiter, die Früchte kleiner und haben mehr zylindrische als ovale Form; das Fruchtfleisch hat eine blassere gelbe Farbe, einen höheren Säuregehalt und weniger Aroma.

B. Feuchte

Was den Niederschlag anbelangt, so zeigen die Gebiete, in denen Ananas angebaut werden, ganz verschiedene Bedingungen, von 600 bis 2500 mm jährlich.

Da Ananas auch durch Trockenheit keine Unterbrechung der Vegetation erleiden dürfen, müssen die Niederschläge eine entsprechende Verteilung aufweisen. Allerdings können Ananas gewisse Trockenperioden durch eine Art Kameleigenschaft überwinden, indem die Pflanze Wasser aus bestimmten Speicherzellen der Blätter in dieser Zeit ausnutzen kann. Jedoch muß die relative Luftfeuchte ziemlich hoch sein, damit der Wasserverbrauch auf ein Minimum reduziert wird. Derartige Bedingungen liegen z. B. in Hawaii (Niederschläge mehr im Winter) und in Formosa (Niederschläge mehr im Sommer) vor. In manchen Gebieten wird auch Bewässerung zur Überwindung von kritischen Trockenperioden, wie z. B. in Jamaika, Kenia, Südafrika, angewandt.

Die Hauptanbaugebiete für Ananas zeigen folgende Werte für Niederschlag und relative Feuchte der Luft:

Gebiet	Durchschnittlicher Jahresniederschlag in mm	Niederschlagsschwankungen in mm	Relative Luftfeuchte
Hawaii	1190	510—2540	78%
Australien	1650	1010—3600	hoch
Malaya	1981	nicht angegeben	hoch
Südafrika	740	660—970	75%

Die großen Schwankungsbreiten des Niederschlages sind in Hawaii durch „Regenschattengebiete" auf manchen Inseln, in Australien durch die geographische Lage bedingt.

C. Licht

Besondere Ansprüche an die Lichtperiodik stellt die Ananaspflanze anscheinend nicht. Die Lichtmenge und die Sonnenscheindauer sind dagegen von großer Bedeutung. So wurde die Erfahrung gemacht, daß eine längere Periode von Tagen mit bedecktem Himmel als Folge kleinere Früchte mit niedrigerem Zuckergehalt haben kann. Andererseits kann die Ananaspflanze in der Zeit der Fruchtreife nicht zu viel Sonne vertragen, da sonst die reifenden Früchte Verbrennungsschäden zeigen. In solchen Fällen wird Beschattung mit Stroh oder Bananenblättern praktiziert, wie z. B. in Formosa.

Wegen der überhaupt sehr guten Entwicklung auf Hawaii werden auch die dort vorherrschenden Lichtbedingungen als optimal angesehen.

In Wahiawa auf Hawaii haben sich nach elfjährigen Beobachtungen folgende Durchschnittswerte für die Sonnenscheindauer ergeben:

Monatsdurchschnitt in % vom 24-Stunden-Tag

Januar	18,5
Februar	18,9
März	19,1
April	21,8
Mai	24,0
Juni	26,7
Juli	26,9
August	26,2
September	24,5
Oktober	22,7
November	17,5
Dezember	17,5

D. Boden

Wegen ihrer bereits erwähnten epiphytischen Eigenschaften bildet die Ananaspflanze ein verhältnismäßig schwaches Wurzelsystem und verlangt daher einen lockeren, für Wasser und Luft gut durchlässigen Boden. Ananas können bei Erfüllung dieser Bedingung auf ganz verschiedenen Böden gut gedeihen, vorausgesetzt, daß auch eine entsprechende Düngung verabfolgt wird.

Im allgemeinen sind die Böden der Gebiete, wo Ananas angebaut werden, rote oder rotgelbliche lateritische Tropenböden, mit niedrigeren pH-Werten und dadurch reich an pflanzenverfügbarem Fe und Mn. Sie können sehr schwer sein und müssen dann eine Untergrundlockerung vor jeder Pflanzung bekommen (z. B. in Hawaii), oder sie können Sande, lehmige Sande, basaltische Rotlehme (wie z. B. in Australien) sein, wo die natürliche Struktur des Bodens für den Ananasanbau eine ausreichende Lockerung sichert.

3. Entwicklung und Wachstum der Ananaspflanze

Die Ananaspflanze (Abb. 275) ist ein Blattgewächs mit kurzem Stamm und einer dichten Blattrosette mit steifen, linearen Blättern, bis 6 cm breit und 90 cm lang. Aus der Blattrosette wächst eine Blütenachse von etwa 30 cm Länge, auf der zahlreiche Blüten ährenförmig angeordnet sind. Diese Blüten wachsen untereinander und mit dem Blütenstiel zusammen zu einer Scheinfrucht. Der Blütenstiel durchwächst die Scheinfrucht und bildet oberhalb dieser eine neue Blattrosette (= Kronenschopf). Die Ananaspflanze bildet zahlreiche Schößlinge und Sprosse, welche für die vegetative Vermehrung benutzt werden.

Für die Vermehrung in der Praxis nimmt man sowohl die Kronenschopfe (= crown) als auch die Seitensprößlinge (= slip).

Die aus Kronenschopfen entwickelten Pflanzen wachsen schneller als die „Sprößlingpflanzen" und ihre Früchte kommen entsprechend früher zur Reife. In der Praxis benutzt man beide Arten von Pflanzmaterial, um eine Staffelung bei der Ernte zu erzielen. Die Reife der ersten Frucht erfolgt im allgemeinen 15 bis 24 Monate nach dem Auspflanzen. Durch Behandlung mit entsprechenden Wirkstoffen können das Blühen und die Reife vorverlegt werden. Die Frucht der Hauptpflanze bildet die erste Ernte (= plant crops), während die Frucht des ersten Wurzelschößlings die zweite Ernte (= ratoon crops) nach weiteren 15 bis 18 Monaten liefert.

Entsprechend der Entwicklung und der für die Reife notwendigen Zeit können Ananas in den verschiedenen Ländern zu verschiedenen Terminen angebaut werden. Es wird darauf geachtet, daß für die vorbereitenden Bodenbearbeitungsmaßnahmen Trockenperioden ausgenutzt werden. Nach dem Auspflanzen sind Regenzeiten notwendig. Für die Reife der Früchte sind wiederum regenarme bis

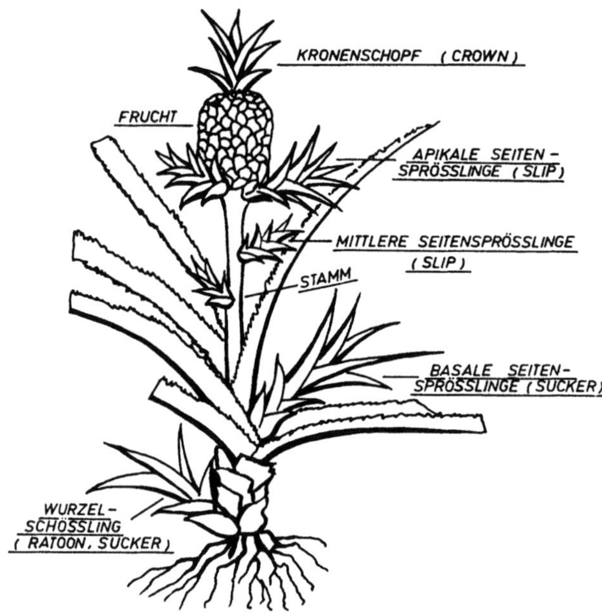

Abb. 275. Teile der Ananaspflanze

trockene klimatische Bedingungen erforderlich. Je nach den Klimabedingungen des Anbauortes (Lage nördlich oder südlich vom Äquator bzw. spezielle Tropen) variieren die Anbau- und Erntetermine von Anbaugebiet zu Anbaugebiet. Die Erntetermine können auch durch Vorverlegung der Blühzeit und der Reife durch Hormonbehandlung beeinflußt werden. Von dieser Möglichkeit wird jetzt in großem Ausmaß Gebrauch gemacht, um die Ernte zeitlich zu staffeln und den Markt längere Zeit beliefern zu können.

In Hawaii kann man z. B. fast das ganze Jahr über Ananas ernten, dennoch fallen 75 bis 80% der jährlichen Produktion in die Zeit von Mitte Juni bis Ende August.

Auf den Philippinen werden Ananas zu verschiedenen Zeiten, das ganze Jahr über gepflanzt und ebenso geerntet. In Australien betreibt man ebenfalls einen Ananasbau zu verschiedenen Terminen im Laufe des Jahres und dadurch sowie durch Hormonbehandlung erzielt man eine auf das ganze Jahr verteilte Reife der Früchte. Eine zeitliche Verteilung der Ernte in Australien ist auch klimatisch bedingt, da im Süden des Landes infolge des kühleren Klimas die Ernte erst nach 18 bis 24 Monaten, im wärmeren Nordteil dagegen schon nach 12 bis 18 Monaten erfolgt.

Auf Formosa, wo man zwischen dem feuchten Sommer und dem trockenen Winter unterscheiden muß, gilt als normale Pflanzzeit August—September. Man kann ebenso aber im November—Dezember das Auspflanzen vornehmen, diese Pflanzen erzeugen aber weniger Sprößlinge als Pflanzmaterial. Die Ernte geschieht auf Formosa praktisch das ganze Jahr. Man unterscheidet trotzdem drei Ernteperioden, und zwar Sommer-, Winter- und Frühjahrsernte.

SIDERIS und YOUNG (1950) in Hawaii und FOLLET-SMITH und BOURNE (1936) in Guayana haben Beobachtungen über Wachstumsverlauf von Ananas bei einer entsprechenden Volldüngung durchgeführt. In Tab. 522 sind die erzielten Ergebnisse enthalten.

Tabelle 522. *Wachstumsverlauf der Ananaspflanze*
(nach FOLLET-SMITH 1936 und SIDERIS und YOUNG 1950)

FOLLET-SMITH			SIDERIS und YOUNG	
Alter der Pflanze	Frischgewicht g/Pflanze	Trockengewicht g/Pflanze	Alter der Pflanze	Frischgewicht g/Pflanze
Wurzelschößling	72	13,4	80 Tage	1000
3 Monate	91	12,2	120 Tage	1280
6 Monate	211	27,9	161 Tage	2150
9 Monate	979	140	203 Tage	3100
12 Monate	2502	365	244 Tage	3750
15 Monate	3252	510	287 Tage	4200
18 Monate	3892	705	373 Tage	6600
			427 Tage	7250

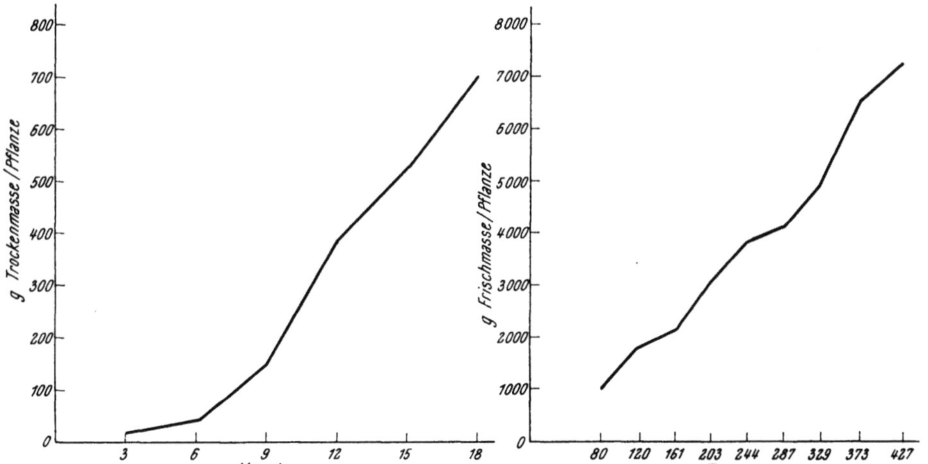

Abb. 276. Wachstum von Ananas als Zeitfunktion.
a) Nach FOLLET-SMITH und BOURNE 1936, b) nach SIDERIS und YOUNG 1950

Augenfälliger als die Zahlen geben die durchgezogenen Kurven (Abb. 276) den Wachstumsverlauf wieder. Nach FOLLET-SMITH und BOURNE (1936) hat das Wachstum als Zeitfunktion die allgemein bekannte S-Form, während in den Beobachtungen von SIDERIS und YOUNG dies weniger ausgeprägt ist.

Aus den Beobachtungen von FOLLET-SMITH und BOURNE (1936), welche bis zur ersten Fruchtreife durchgeführt wurden, entnimmt man ein langsames

Wachstum in den ersten sechs Monaten und ein verhältnismäßig intensives Wachstum noch bis zur Fruchtreife, wodurch die Steilheit der Kurve auch in diesem Abschnitt gegeben ist.

Diese Tatsache ist durch Bildung von Seitensprossen und Wurzelschößlingen, also durch ein fortlaufendes Wachstum der Pflanze auch während der Reife der ersten Frucht, bedingt. Dieses Wachstum ist wichtig sowohl für die zweite Ernte (Früchte der Wurzelschößlinge) als auch für die Bildung des Vermehrungsmaterials. Das Wachstum setzt sich bei Ananas als perennierender Pflanze auch über die Entwicklung der Wurzelschößlinge fort, und aus diesem Grund sind die hier abgebildeten Kurven nur die ersten Abschnitte der tatsächlichen Wachstumskurven. Beobachtungsergebnisse über derart lange Zeiten können hier in Ermangelung an verfügbarem Material nicht gebracht werden. Vermutlich würde ein Nachlassen der Wachstumsintensität — der S-Form entsprechend — erst mit Bildung der zweiten Ernte eintreten. Diese Verhältnisse sind von grundlegender Bedeutung für den Wasser- und Nährstoffbedarf, also für die Düngung der Ananas, mit der wir uns noch beschäftigen werden.

4. Wasser- und Nährstoffaufnahme

A. Wasseraufnahme

In Wasserkulturen und unter den Bedingungen des Gewächshauses konnten Sideris und Young (1950) die Wasseraufnahme von Ananas gut verfolgen. In Abb. 277 sind die Beobachtungsergebnisse wiedergegeben.

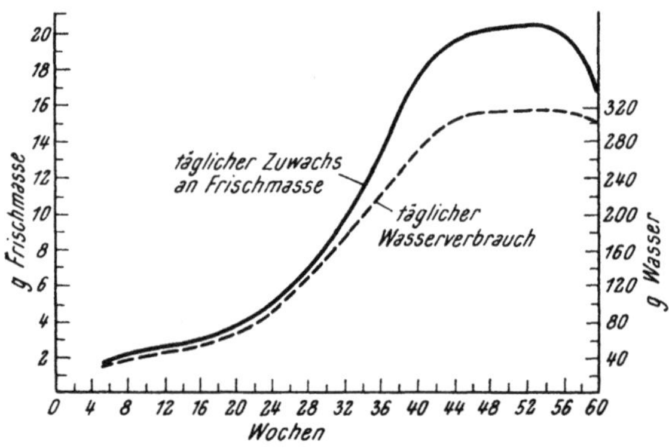

Abb. 277. Wachstum und Wasserbedarf von Ananas (nach Sideris und Young 1950)

Man entnimmt dieser Abbildung, daß der Wasserbedarf von der vorhandenen Frischmasse abhängt. In der Jugend (bis etwa zur 25. Vegetationswoche) laufen die beiden Kurven: des täglichen Zuwachses an Frischmasse und des täglichen Wasserverbrauchs parallel, während später der tägliche Wasserbedarf nicht mehr ganz dem täglichen Zuwachs an Frischmasse entspricht. Diese Diskrepanz ist sowohl auf die zunehmende Alterung der gebildeten Substanz als auch auf das Wachstum von Stengel, Blütenstiel usw., also auf das Wachstum von Organen, welche ein geringeres Transpirationsvermögen als die Blätter haben, zurückzuführen.

Die Autoren rechneten nach 60 Vegetationswochen bei einem Gesamtwachstum von 4287 g Frischsubstanz und einem Wasserverbrauch in gleicher Zeit von 60874 g (durchschnittliche Zahlen je Pflanze) einen Quotienten von 14,2. Von diesen 14,2 g verbrauchten Wassers je g Frischsubstanz wurden durch die Ananaspflanze 93% transpiriert, während die restlichen 7% Konstitutionswasser darstellen. Den Kurven entnimmt man ferner den steten Wasserbedarf der Ananaspflanze. Diese Tatsache bedingt eben eine gute, gleichmäßige Verteilung der Niederschläge bzw. einen Ausgleich der eventuell fehlenden Niederschläge durch Bewässerung.

B. Nährstoffaufnahme

Beobachtungen über die Nährstoffaufnahme durch Ananaspflanzen sind von verschiedenen Autoren in verschiedenen Anbaugebieten gemacht worden. Wegen der umfaßten längeren Vegetationsperiode sollen hier die Ergebnisse von FOLLET-

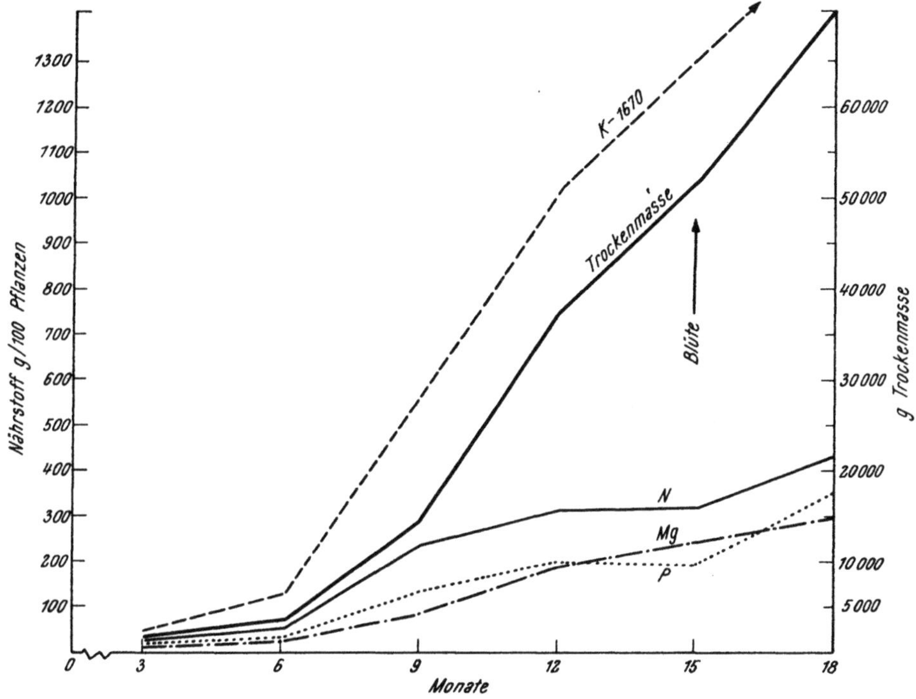

Abb. 278. Nährstoffaufnahme durch Ananas (nach FOLLET-SMITH und BOURNE 1936)

SMITH und BOURNE (1936) wiedergegeben und kurz diskutiert werden. In Abb. 278 sind die aufgenommenen Mengen an N, P, K und Mg nebst der Wachstumskurve im Laufe der Vegetation wiedergegeben. Es handelte sich hierbei um Versuche in zylinderförmigen Gefäßen, welche mit dem normalen Boden der Station Wallaba in Britisch-Guayana (ein Sandboden) gefüllt und mit N, K und P zusätzlich gedüngt wurden. Die aufgenommenen Mengen an Nährstoffen weisen folgende Reihenfolge auf:

$$K > N > P > Mg.$$

Auffällig ist die sehr hohe K-Aufnahme, welche am Ende der Beobachtungszeit mit 1670 g je 100 Pflanzen etwa das Achtfache der N-Aufnahme für die gleiche Zeit darstellt. Inwieweit diese hohe K-Aufnahme auch einem gleich hohen K-Bedarf der Ananaspflanze entspricht, kann hier nicht entschieden werden.

Aus früheren Arbeiten von SIDERIS und YOUNG (1945), bei denen Ananaspflanzen in Lösungen mit verschiedenen K-Konzentrationen (204 bzw. 4 mg/l K) gezogen wurden, kann man entnehmen, daß die Ananaspflanzen hohe K-Mengen aufnehmen können, wenn entsprechend viel K angeboten wird, ohne daß diese einen entsprechenden Ertragszuwachs als Folge haben.

Durch die vorgelegten Nährlösungen bildeten sich folgende Substanzmengen mit K-Gehalten, wie in Tab. 523 angegeben wird.

Tabelle 523. *Einfluß der K-Konzentration in der Nährlösung auf Gewicht und K-Gehalt der Ananaspflanze*
(nach Sideris und Young 1945)

	Durchschnittliches Frischgewicht je Pflanze in g		K-Gehalt (mg/Pflanze)		K-Gehalt (mg/100 g)	
	204 mg/l	4 mg/l	204 mg/l	4 mg/l	204 mg/l	4 mg/l
Gesamtpflanze	3895	2250	39,4	7,1	1,1	0,32
Stamm...............	342	120	4,4	0,29	1,1	0,3
Blätter...............	3330	1820	34,6	6,7	1,1	0,3

Man kann sehen, wie groß die Unterschiede in dem Kaliumgehalt der Ananaspflanze sein können.

Bei der Behandlung: 204 mg/l Kalium bildete sich 1,6mal mehr Frischsubstanz als bei der Behandlung 4 mg/l Kalium, die K-Aufnahme war aber mehr als 5,5mal

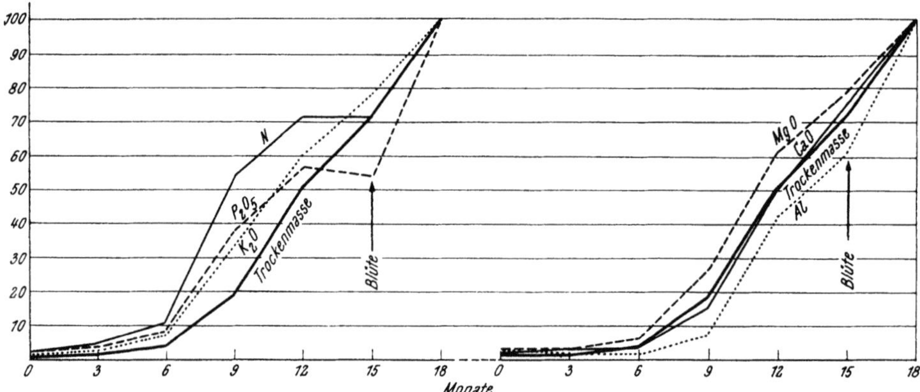

Abb. 279. Nährstoffaufnahme durch Ananas (relative Aufnahme, Endwert = 100; nach Follet-Smith und Bourne 1936)

höher. In Abb. 278 sieht man noch, daß in den ersten sechs Monaten die Nährstoffaufnahme sehr langsam vor sich geht, um nachher intensiver zu werden. Besser sind diese Verhältnisse in Abb. 279 zu sehen.

Die Nährstoffaufnahme und das Wachstum in den verschiedenen Zeitabschnitten sind als Relativwerte (Endwert = 100) ausgedrückt. Die schwache Aufnahme während der ersten sechs Vegetationsmonate sowie die darauffolgende intensive Aufnahme kommen hier stärker zum Ausdruck. Ferner kommen hier Unterschiede zwischen den verschiedenen Nährstoffen bezüglich ihrer Aufnahme zum Vorschein. So tritt bei der N- und P-Aufnahme nach dem 9. Monat bis zur Zeit der Blüte eine Stagnierung ein, während das Kalium gleich intensiv weiter aufgenommen wird. Auch das Wachstum der gesamten Pflanze geht in dieser Zeit mit gleicher Intensität weiter. Mg, Ca und Al zeigen in der Aufnahme den gleichen Verlauf wie K. Nach der Blüte (nach dem 15. Monat) werden P und N wieder stark aufgenommen. Es mag sein, daß für die zeitweilig stagnierende Aufnahme von N und P ein gewisser Nährstoffmangel in dieser Zeit, durch die Versuchsanstellung bedingt, schuld ist. Von großer Bedeutung erscheint bei der

Betrachtung der Aufnahmekurven die Tatsache, daß auch nach der Blüte, und zwar bis zur Zeit der Fruchtreife, eine intensive Nährstoffaufnahme stattfindet. Diesem Nährstoffbedarf zu späterem Vegetationstermin muß man bei den Düngungsmaßnahmen durch spätere Gaben gerecht werden. Wie bereits früher dargelegt, wächst die Ananas auch zur Zeit der Fruchtreife intensiv weiter, da nun die Wurzelschößlinge und die Seitensprößlinge gebildet werden.

FOLLET-SMITH und BOURNE (1936) hatten in ihren Versuchen bei einer optimalen Volldüngung folgende Nährstoffaufnahmen zur Zeit der Reife gefunden:

Aufnahme in g/100 Pflanzen

N	P	K	Ca	Mg	Al
429	129	1386	324	240	113

Aus diesen Zahlen und unter Zugrundelegung von 40000 Pflanzen je ha ergeben sich folgende Entzüge zur Zeit der Reife:

	N	P	K	Ca	Mg	Al
kg/ha	172	52	554	130	96	45

Diese Zahlen würden nur dann die Entzüge wiedergeben, wenn nach der Reife die gesamte oberirdische Masse vom Feld entfernt werden würde. Es werden gewöhnlich aber zwei Fruchternten abgenommen und die Pflanzenrückstände eingepflügt. Berechnet man die Entzüge nur auf die abgeernteten Früchte, so ergeben sich aus den Fruchtanalysen von SPECTOR (1961) und unter Zugrundelegung eines Gesamtertrages der zwei Ernten von 60000 kg/ha Frischfruchtmasse folgende Zahlen:

$$N = 36 \text{ kg/ha}$$
$$K = 199 \text{ kg /ha}$$
$$P = 7 \text{ kg/ha}$$
$$Ca = 6{,}4 \text{ kg/ha}$$
$$Fe = 0{,}18 \text{ kg/ha}$$

Diese Zahlen geben jedoch nicht die Gesamtentzüge wieder, da mit den Früchten gleichzeitig die Kronenschopfe und die Seitensprößlinge als Vermehrungsmaterial noch abgeerntet werden. Die tatsächlichen Entzüge dürfen also zwischen den oben angegebenen Werten: Entzüge durch die Gesamtpflanze und Entzüge nur durch Früchte, liegen.

5. Düngung

Die Düngung der Ananaspflanze zeigt insofern einige Besonderheiten, da die Ananas als epiphytisches Gewächs über ein schwaches Wurzelsystem verfügt. Aus diesem Grund ist eine organische Düngung zur Lockerung des Bodens und zur Schaffung einer höheren Wasserkapazität und eines höheren Sorptionskomplexes des Bodens stets erforderlich. Ferner bedingt diese Eigenschaft der Ananas eine Verteilung der mineralischen Düngung im Laufe der Vegetation sowie eine erfolgreiche Anwendung der Blattdüngung.

A. Organische Düngung, Mulchung, Bodenbedeckung

Wie bereits oben erwähnt, sind Ananas für eine organische Düngung sehr dankbar. Man benutzt dazu in den Anbaugebieten sehr verschiedenes Material. Sehr oft, wie z. B. in Hawaii üblich, werden die eigenen Rückstände nach der letzten Ernte nach entsprechenden Zerkleinerungsarbeiten in 25 bis 30 cm Tiefe eingepflügt. Die Rückstände betragen 150 bis 200 t/ha Frischmasse. Als organische Düngung benutzt man ferner: Stalldung, Kompost, Mehl von Baumwollkernen, Erbsenstroh, Tabakstrünke, Gründüngung usw.

Der Kompost kann aus verschiedenem Pflanzenmaterial unter Zusatz von Mineraldünger hergestellt werden. Topper (1952) gibt für Jamaika folgende Kompostierungsanweisung an:

Zu 10 Tonnen Frischgras werden etwa 2 Zentner $(NH_4)_2SO_4$ und je $^3/_4$ Zentner Superphosphat und 60% KCl-Salz gegeben.

Als Gründüngung kann man Leguminosen oder Nichtleguminosen, einjährige oder perennierende Gewächse benutzen. In Südafrika werden z. B. als einjährige Pflanzen *Crotolaria juncea* und *Stizolobium deeringiarum*, als perennierende: *Glyzine javanica* oder *Cajanus indicus* genommen. Die Pflanzen werden als Zwischenfrucht zwischen zwei Ananaskulturen angebaut; bei kürzeren Zwischenzeiten werden die einjährigen, bei längeren die perennierenden Gewächse benutzt. In Australien benutzt man als Gründüngung verschiedene Erbsensorten, Blaulupine oder Poona cristauda. Der Stalldung oder Kompost können als Mulch gestreut oder normal eingepflügt werden. Die Gründüngung wird stets untergepflügt.

Neben der Verbesserung der physikalischen Eigenschaften des Bodens sichert die organische Düngung auch die Versorgung der jungen, anwachsenden Ananaspflanzen mit den erforderlichen Nährstoffen. Gerade in dieser Zeit, als die Pflanzen anwachsen, vermeidet man bei Ananas die Anwendung der mineralischen Düngung, um eine gute Wurzelentwicklung zu fördern und gleichzeitig um Schäden einer Stoßwirkung durch leichtlösliche Salze zu vermeiden.

Es wurde erwähnt, daß die organische Düngung auch als Mulch gegeben werden kann. In diesem Falle will man hauptsächlich eine Verschlämmung sowie die Erosion des Bodens durch die Niederschläge vermeiden. Es ist selbstverständlich, daß bei Benutzung des Stalldungs bzw. des Kompostmaterials als Mulch große Verluste hauptsächlich durch Auswaschung bei der Zersetzung des Materials entstehen können. Man verwendet heute mit Erfolg eine Bodendecke aus *Papier-* oder *Dachpappestreifen*, auch *Papiermulch* genannt.

Die Effekte des Papiermulches sind vielseitig und mit Collins (1960) können sie wie folgt zusammengefaßt werden:

— dadurch hält man die obere Schicht des Bodens feucht;

— die Papierdecke fördert die Erwärmung des Bodens im Anfang der Vegetationszeit;

— die Auswaschungsverluste aus organischer oder mineralischer Düngung werden gesenkt;

— das Wachstum der Unkräuter wird stark gehemmt.

Im allgemeinen hat man beobachtet, daß durch Papiermulch die Qualität der Früchte und des Pflanzmaterials wesentlich verbessert werden. Nach Johnson (1935) sind auf Hawaii dem Papiermulch Mehrerträge von 10 bis 15 t/ha zu verdanken. Es muß hier bemerkt werden, daß in manchen Gebieten, wie auf Jamaika oder in Florida, teilweise aber auch auf Formosa, die Anwendung von Papiermulch wegen starker Winde nicht möglich ist.

B. Mineralische Düngung

Eine zweckmäßige, optimale, mineralische Düngung ist zur Sicherung sowohl von Höchsterträgen als auch von guter Fruchtqualität notwendig. Bevor wir auf die Methodik der Düngung eingehen, wollen wir hier die Wirkung einzelner Nährstoffe auf Ananas erwähnen.

Der *Stickstoff* übt — wie generell bei den Pflanzen — einen starken Einfluß auf das Wachstum der Ananas. So zeigen die an N-Mangel leidenden Pflanzen, je nach dem Grad des Mangels, hellgrüne bis gelbe Farbe und bilden weniger und kleinere Früchte. Die Verfärbung der Blätter bei N-Mangel, begleitet auch von Chloroseerscheinungen, ist jedoch nicht als typisch zu betrachten, da auch andere Ursachen, wie z. B. Fe-Mangel, dafür eine Verantwortung tragen können. Man kann jedoch diese Erscheinungen mit großer Wahrscheinlichkeit auf N-Mangel zurückführen, wenn Vergilbung und Chlorose bei den älteren und nicht bei den jüngsten Blättern erscheinen. Neben dem Einfluß auf Wachstum und dadurch auf den Ertrag übt der Stickstoff auch einen Einfluß auf die Beschaffenheit der Früchte aus. So fand PY (1956, 1957) bei seinen Versuchen eine Beziehung zwischen dem Faktor N und dem Gehalt der Früchte an Zucker und Säure in der Weise, daß mit gesteigerten N-Gaben der Zuckergehalt stieg und der Säuregehalt sank.

In der allgemeinen Praxis wird der Stickstoff hauptsächlich als $(NH_4)_2SO_4$ angewendet. Neuerdings gibt man N noch als Harnstoff. Stickstoff in Nitratform, z. B. als $NaNO_3$, wird vermieden. SIDERIS und YOUNG (1946) nehmen an, daß die Bevorzugung des $(NH_4)_2SO_4$ gegenüber $NaNO_3$ in Verbindung mit der Eisenversorgung der Pflanzen steht. So wird durch die Nitrifikation des Ammoniums im Boden die Bodenazidität erhöht (neben der Wirkung des Sulfations) und es wird dadurch Eisen löslich bzw. pflanzenaufnehmbar. Bei Düngung von $NaNO_3$ können die Blätter sowie die jungen Früchte oft eine typische hellgrüne bis gelbe Färbung annehmen. Da die Aufnahme des Nitrates stärker als die des Natriums vor sich geht, kann das im Boden verbliebene Natrium, besonders unter trockeneren Bedingungen, zu einer Akkumulation von $NaHCO_3$ und dadurch zu einer Ausfällung des Eisens führen. Der Eisenmangel ist dann die Ursache der Verfärbung der Pflanze sowie der eventuellen Chloroseerscheinungen, welche bei Düngung der Ananas mit $NaNO_3$ beobachtet worden sind.

Der Ammonium-Stickstoff ist aber nicht nur dem Nitrat, sondern auch dem Harnstoff überlegen. So haben Versuche von PY (1962) beim Vergleich von $(NH_4)_2SO_4$ und Harnstoff eine Überlegenheit des $(NH_4)_2SO_4$ auch bei dem Vergleich mit Harnstoff + Sulfat (als Na_2SO_4) gezeigt. PY zieht daraus den Schluß, daß die Überlegenheit des $(NH_4)_2SO_4$ also nicht nur auf die Anwesenheit des Sulfations zurückzuführen ist. Auch in Versuchen, welche in Horticulture-Station Thika in Kenia (1960) gemacht wurden, zeigte sich $(NH_4)_2SO_4$ dem Harnstoff überlegen, und zwar sowohl bei Anwendung als Bodendünger als auch als Blattdüngung. Diese Verhältnisse haben eine Gültigkeit, wenn die Böden nicht zu sauer sind (pH nicht unter 4,5) und wenn die Nitrifikation im Boden ausreichend ist. In anderen Fällen zeigt eine Mischung von Nitrat- und Ammoniakstickstoff, wie z. B. NH_4NO_3, eine bessere Wirkung.

Über den zeitlichen Stickstoffbedarf der Ananas konnten wir bereits aus den Aufnahmekurven entnehmen, daß dieser am Anfang der Vegetation verhältnismäßig niedrig ist, während nachher ein relativ hoher N-Bedarf vorliegt. Aus diesem Grunde muß die Pflanze besonders nach dem fünften bis sechsten Vegetationsmonat über ausreichende N-Mengen verfügen.

Wie wir bereits schrieben, eignen sich Ananas infolge ihrer epiphytischen

Eigenschaften sehr gut für eine Nährstoffversorgung über Blatt. Auch der spätere Bedarf der Pflanze an Nährstoff erhöht die Wirksamkeit dieser Düngungsart. Dafür eignen sich sowohl der Harnstoff als auch die anderen Verbindungen, wie $(NH_4)_2SO_4$ oder NH_4NO_3.

Das *Phosphat* als Hauptnährstoff steht mengenmäßig hinter dem Stickstoff. Die Nährstoffaufnahmekurven im Laufe der Vegetation zeigten, daß die Ananas, ähnlich wie beim Stickstoff, einen großen P-Bedarf zu späteren Terminen aufweist. In den ersten Vegetationsmonaten ist der Bedarf dagegen gering. Besonders während des Fruchtwachstums muß die P-Versorgung der Pflanzen gesichert sein, um keine Einbuße hinsichtlich Fruchtgröße und Reifezeit zu erleiden.

P wird hauptsächlich als Superphosphat gegeben, aber ebenso in Mehrnährstoffdünger.

Kalium ist das Element, welches, wie wir den Aufnahmekurven entnahmen, am meisten aufgenommen wird. Auf kaliarmen Böden übt die Kalidüngung einen bedeutenden Einfluß auf das Wachstum und den Ertrag von Ananas aus (vgl. JACOB und v. UEXKÜLL 1960). Die Rolle des Kaliums in Ananas wird darin gesehen, daß es die Bildung von Kohlehydraten und dadurch auch die Eiweißsynthese selbst fördert (NIGHTINGALE 1942). Auch SIDERIS und YOUNG (1945) konnten in Versuchen, bei denen Ananaspflanzen mit Nährlösungen enthaltend: ,,viel K'' bzw. ,,wenig K'' gezogen wurden, nach einem Jahr feststellen, daß K einen bedeutenden Einfluß auf die Zusammensetzung der Pflanzen ausübt: Die Pflanzen der Reihe ,,viel K'' enthielten eine höhere Menge an titrierbarer Säure als die der Reihe ,,wenig K''; dagegen ist der Gesamtzuckergehalt der Pflanzen der Reihe ,,wenig K'' höher als der der Reihe ,,viel K''; der Stärkegehalt der Pflanzen verhält sich ebenso wie der Säuregehalt, er ist am höchsten bei der Reihe ,,viel K''. Einen großen Einfluß übt Kalium also dadurch auf die Qualität der Ananasfrüchte aus, daß es den Säuregehalt der Früchte erhöhen kann. Dadurch wirkt Kalium dem Stickstoff entgegen, welcher, wie bereits erwähnt, den Zuckergehalt erhöht und den Säuregehalt senkt. Dies erfordert, daß bei der Anwendung höherer N-Gaben zusätzlich Kalium gegeben werden muß, um bei gesteigertem Ertrag auch eine entsprechend gute Qualität zu sichern. In einem polyfaktoriellen Versuch in Guinea, in dem die Höhe der Gabe und das Verhältnis K:Ca:Mg variiert wurden, konnten MARTIN-PRÉVEL und Mitarbeiter (1961) die Rolle des Kaliums sowohl für die Ertragsbildung als auch für die Qualität der Früchte unterstreichen. Aus den Ergebnissen der Autoren ist jedoch zu schließen, daß die Höhe der Kaliumgabe von der Höhe des aufnehmbaren Bodenkaliums abhängt und insofern kann man nicht mit einem konstanten Nährstoffverhältnis auf allen Standorten arbeiten. Die Autoren konnten auch die gegenseitige antagonistische Beeinflussung der drei Kationen in der Aufnahme feststellen. SIDERIS und YOUNG (1946) hatten bei ihren Untersuchungen eine Förderung der K-Aufnahme in Anwesenheit von Nitrat festgestellt, während bei Zugabe von Ammonium die K-Aufnahme erniedrigt wurde. Sie fanden auch bei Ananas einen Antagonismus in der Aufnahme zwischen K, Ca und Mg. Positiv wird die Aufnahme von P und Fe durch Kalium beeinflußt. Aus diesen Gründen muß dem Kalium bei der Düngung eine besondere Aufmerksamkeit geschenkt werden, um so mehr, als Kalium zusammen mit N als Kopfdüngung angewendet wird.

Die äußeren Symptome des Kaliummangels werden in der Praxis ,selten beobachtet und nur schwierig erkannt. In Südafrika, in der Versuchsstation Bathurst, wurden durch BADER (1956) Versuche in Wasserkulturen durchgeführt und man konnte dort als Kaliummangelerscheinungen ein langsameres Wachstum sowie Überschuß an Xantophyl in den Blättern beobachten.

Über die Verbindungsform, in welcher Kalium zu verabreichen ist, ob K_2SO_4 oder KCl, haben in der letzten Zeit SAMUELS und DIAZ (1960) in Puerto Rico Versuche durchgeführt. Nach älteren Untersuchungen von ROLFS (1899), JOHANSEN (1911), HENRICKSEN (1925) u. a. gilt, daß K_2SO_4 als Dünger für die Ananaspflanzen vorzuziehen ist. Aus den Versuchen von SAMUELS und DIAZ (1960), welche auf einem sandigen Tonboden in Puerto Rico (Bayamón) durchgeführt wurden, ergaben sich die in Tab. 524 angeführten Ergebnisse (die Parzellen erhielten als Grunddüngung je 336,3 kg N und 67,2 kg P_2O_5 und als Differenzdüngung je 269 kg K_2O in der betreffenden Form).

Tabelle 524. *Einfluß des Kaliumchlorides und -sulfates auf Ertrag und Qualität der Ananasfrüchte*
(nach SAMUELS und DIAZ 1960)

Kalium-verbindungs-form	Ertragsergebnisse		Ergebnisse der chemischen Analysen der Früchte				
	Frucht-ertrag t/ha	Frucht-gewicht kg	pH	Brix-Grade	Invert-zucker	Titrierbare Azidität	Verhältnis Brix / Azidität
KCl 60 %	17,3	1,65	4,1	13,4	12,9	463	28,9
K_2SO_4 50 %	22,3	1,83	4,0	13,4	13,1	584	23,0

Den Ergebnissen entnimmt man sowohl Ertrags- als auch Qualitätsunterschiede zwischen den beiden Kalidüngern, und zwar zugunsten des Kaliumsulfates. Von den Verfassern wird die Meinung vertreten, daß diese Unterschiede zwar auf eine gewisse toxische Wirkung des Chlorions zurückgeführt werden können, daß aber eine Düngerwirkung des Sulfations ebenfalls vorhanden sein kann. Frühere Arbeiten von SIDERIS und YOUNG (1954) hatten gezeigt, daß die Ananaspflanzen bis zu 1% Cl in der Trockenmasse der Blätter aufnehmen können, ohne daß Nekroseerscheinungen auftreten. Die Ananasblätter in dem Versuch von SAMUELS und DIAZ enthielten bei KCl-Behandlung 0,61% und bei K_2SO_4-Behandlung 0,39% Cl in der Trockenmasse. Andererseits konnten CIBES und SAMUELS (1958) zeigen, daß Schwefelmangel zu Ertragsminderungen führen kann. Aus dem vorliegenden Material kann man noch nicht endgültig schließen, ob die eventuellen Minderungen an Ertrag und Qualität der Ananasfrüchte bei Anwendung von KCl auf Schädigungen durch Cl-Ionen oder auf Schwefelmangel zurückzuführen sind. Beide Ursachen sind möglich. In der Praxis der Düngung wird zwar K_2SO_4 bevorzugt, es wird aber ebenso in großem Umfang KCl (60%) angewendet, wie wir es noch später sehen werden.

Das *Magnesium* spielt auch in der Ernährung von Ananas eine wesentliche Rolle. Neben seiner Bedeutung als Aufbauelement des Chlorophylls spielt Mg, wie die Untersuchungen von MARTIN-PRÉVEL und Mitarbeiter (1961) zeigten, auch für die Herstellung eines harmonischen Anionen/Kationen-Verhältnisses in der Pflanze eine Rolle. Das gleiche gilt für die Schaffung eines Verhältnisses zwischen einwertigen und zweiwertigen Kationen in der Pflanze.

Die Symptome des Mg-Mangels, welche in den Wasserkulturen in Bathurst durch BADER (1956) erzeugt wurden, zeigten sich als Vergilbung und Chlorose-Erscheinungen, welche mit Fe-Mangel-Erscheinungen leicht verwechselt werden können. In der Praxis hat man bislang noch keine Mg-Düngung vorgenommen. HOLLIDAY (1961) berichtet über einen günstigen Effekt durch Spritzung der Ananas mit einer 2%igen $MgSO_4$-Lösung, und zwar bekam man dadurch größere Früchte, ohne jedoch einen höheren Ertrag zu erzielen.

Über die Rolle des *Calciums* in der Ananasernährung liegen wenige Berichte in der Fachliteratur vor. Aus den Aufnahmezahlen, welche von Follet-Smith und Bourne (1936, s. S. 1239) mitgeteilt wurden, liegt die CaO-Aufnahme etwas höher als die von MgO. In den Wasserkulturen der Station Bathurst (1956) zeigten die mit Ca-Mangel gezogenen Ananaspflanzen ein schlaffes, welkes Aussehen. Aus diesen sowie aus den Beobachtungen von Martin-Prével (1961) muß man schließen, daß das Ca eine bedeutende Rolle im Kationen- und Wasserhaushalt der Ananas spielt. Eine Düngung mit Ca ist in der Praxis nicht erforderlich, da die Anbauböden die für die Ernährung der Ananas erforderlichen geringen Ca-Mengen stets enthalten. Die Aufkalkung der Böden ist auch in der Praxis kaum üblich, da für Ananas niedrige pH-Werte erforderlich sind.

Einige Spurenelemente, wie *Fe, Zn* und *Cu* spielen für die Ananas eine große Rolle.

Nach Untersuchungen von Sideris und Young (1946) ist Fe in der Ananas für die Nitrat-Reduktion erforderlich. Eisenmangel wurde in Hawaii zuerst beobachtet. Die Symptome bestehen aus einer Vergilbung der jungen Blätter verbunden mit Chlorose. Eisenmangel entsteht hauptsächlich bei höheren pH-Werten des Bodens durch Überführung der löslichen Ferro- in die unlöslichen Ferri-Verbindungen des Eisens. Es wurde aber Fe-Mangel bei sehr niedrigen pH-Werten beobachtet, wobei der Überschuß an löslichem Mn als Ursache dafür angesehen wird.

Gegen Eisenmangel werden gewöhnlich Blattspritzungen mit 3%iger Ferrosulfatlösung angewandt. Die Spritzungen werden auf Hawaii *präventiv,* etwa alle zwei Monate durchgeführt. In der letzten Zeit wird auch die Anwendung von *Chelaten* zur Verhütung von Eisenmangel geprüft. So zeigten Versuche in Kenia (1958) bei Zugabe von 0,5 g Chelate je Pflanze eine signifikante Ertragssteigerung durch Erhöhung des Fruchtgewichtes im Vergleich zu „ohne Fe":

Behandlung	Fruchtertrag t/ha
ohne Fe	33,1
Eisen-Lignin-Sulfat (2 mg/Pflanze)	41,2
Eisen-Chelate (0,5 g/Pflanze)	43,2

Auch in Südafrika, in der Versuchsstation Bathurst (1956), wurden Versuche mit Fe-Chelaten durchgeführt. Es wurde festgestellt, daß bei Zugabe von 20 g/Pflanze „Versene" als Bodendünger die Eisenmangelerscheinungen ebenso behoben wurden, wie bei einer Blattspritzung mit einer 0,3%igen Lösung von Eisen-äthylen-diamintetraessigsäure. Danach sind Ananas imstande, Eisen-Chelate auf beiden Wegen sehr gut zu verwerten.

Zink-Mangel macht sich hauptsächlich als „crook neck" — eine Art Stengelverkrümmung der Ananasblätter — bemerkbar. Rehm (1956) berichtet, daß in Zwaziland (Südafrika) Zn-Mangel auch als Aufhellung der Blätter erscheinen kann. Besonders Trockenperioden mit starker Sonneneinstrahlung können zur Herbeiführung von Zn-Mangel beitragen. Zur Bekämpfung spritzt man die Pflanzen gewöhnlich mit 0,4%iger Zinksulfat-Lösung, und zwar 2,5 bis 5 kg/ha Zinksulfat.

Bei *Kupfer*-Mangel wird als Mangelerscheinung gewöhnlich auch „crook neck", wie bei Zn-Mangel, beschrieben. Da eine Spritzung mit kupferhaltigen Lösungen Schorf auf den Blättern verursacht, gibt man Kupfersulfat zu Boden, am besten in Verbindung mit anderem Dünger. Man mischt gewöhnlich 25 kg Kupfersulfat zu je 1 Tonne Dünger.

C. Die praktische Durchführung der Düngung

Die praktische Durchführung der Düngung weist zwar überall gemeinsame Züge auf, sie ist jedoch für jedes Anbaugebiet verschieden.

Die Durchführung der organischen Düngung haben wir bereits besprochen, so daß wir uns nun der mineralischen Düngung zuwenden wollen. Aus den bereits vorher erwähnten Gründen muß die mineralische Düngung bei Ananas mehrmals im Laufe der Vegetation vorgenommen werden. Dabei wird sowohl Boden- als auch Blattdüngung angewendet. Eine ausreichende N-Düngung sichert hohen Ertrag, eine richtige Kombination mit K und P ist für die Qualität der Frucht verantwortlich. Die Höhe der K- und P-Gaben richtet sich gewöhnlich nach dem Versorgungsgrad des Bodens. Mit Spurenelementen: Eisen, Zink, Kupfer düngt man gewöhnlich „präventiv", indem periodische Spritzungen mit entsprechenden Lösungen bzw. Beimengungen von Spurenelementen zur Düngung vorgenommen werden. Die Düngung kann „individuell", also für die einzelnen Pflanzen oder als Reihendüngung vorgenommen werden. Aus diesem Grunde werden in den „Düngungsempfehlungen" der verschiedenen Versuchsstationen die Mengenangaben je Pflanze oder je Flächeneinheit gemacht. Die Düngung kann auf die Basalblätter oder auf den Boden unter den Blättern gegeben werden. Bei der Düngung auf die Basalblätter werden die Salze durch das Regenwasser gelöst und dem Boden unmittelbar unter den Blättern zugeführt, wo sie leicht von den Wurzeln aufgenommen werden können. Man muß vermeiden, daß die Salze in die Pflanzenmitte gelangen, wo sie Schädigungen der jungen meristematischen Teile der Pflanze verursachen können.

Es ist selbstverständlich, daß diese Art der Düngungsverabfolgung auf Handarbeit angewiesen ist und keine Mechanisierung erlaubt. Aus diesem Grunde hat die Station Bathurst in Südafrika nach entsprechenden Versuchen eine Methode ausgearbeitet, wobei die gesamte Düngung durch Blattspritzung verabfolgt wird. Diese Methode hat nach den Untersuchungen der Station (1956) folgende Vorteile im Vergleich zur Düngung zu Boden oder als Trockendünger zu den basalen Axialblättern:

a) die Pflanzen nehmen schnell die Nährstoffe auf, da die Ananas befähigt ist, große Nährstoffmengen durch die Blätter aufzunehmen.

b) die Methode ermöglicht eine Mechanisierung der Arbeit.

Wir wollen nun einige der Düngungsmethoden, welche in den wichtigsten Anbaugebieten geläufig sind, erwähnen.

In *Hawaii* werden folgende Düngungsempfehlungen gemacht:

a) Für die erste Fruchternte.

In manchen Gebieten gibt man, bevor das Mulchpapier auf den Boden gelegt wird, eine Stickstoffdüngung von etwa 100 kg/ha $(NH_4)_2SO_4$, und zwar wird es als schmale Streifen auf den Boden gestreut, wo die Ananasstecklinge gepflanzt werden sollen. Später kommen noch drei N-Gaben von je 150 bis 200 kg/ha $(NH_4)_2SO_4$, und zwar nach drei, sechs und neun Monaten. In anderen Gebieten, wo der Boden einen höheren N-Gehalt hat, oder wo eine organische Düngung angewendet wird, gibt man keinen Stickstoff vor dem Auflegen des Mulchpapiers, sondern nur nach drei und nach sechs Monaten nach dem Pflanzen. Die späteren N-Gaben werden entweder wie die erste, als Streifen, oder um die einzelnen Pflanzen auf den Boden gestreut.

Kalium wird in Hawaii hauptsächlich als K_2SO_4, und zwar in Gaben von 200 bis 400 kg/ha Salz gegeben. Phosphat wird als primäres oder sekundäres Ammoniumphosphat, und zwar in Gaben von 100 bis 200 kg/ha P_2O_5 angewendet.

Kali- und Phosphatdüngung werden als Anfangsgaben, also bevor das Mulchpapier aufgelegt wird, verabfolgt.

b) Für die zweite Fruchternte (aus Wurzelschößlingen). Man düngt gewöhnlich nur noch Stickstoff, und zwar hauptsächlich als Blattdüngung. Man düngt dadurch direkt die zweite Fruchtpflanze und vermeidet somit den Weg über die Mutterpflanze, wie es bei der Bodendüngung der Fall wäre. Für die Blattdüngung nimmt man Harnstoff oder Ammoniumsulfat.

In *Australien* werden hauptsächlich Mehrnährstoffdünger als Grunddüngung verwendet, später werden zusätzliche N-Gaben als $(NH_4)_2SO_4$ verabfolgt.

MITCHELL und CANNON (1953) geben für die Verhältnisse in Australien folgende Düngungsempfehlungen:

Zeit der Düngung	Düngerart	Düngermenge kg/ha	kg/1000 Pflanzen
1. September/Oktober	Mehrnährstoffdünger mit $N:P_2O_5:K_2O$ wie 10:6:10	640	23
2. Dezember/Januar	Ammoniumsulfat	400	14
3. Mitte März	10:6:10	640	23
4. Anfang Mai	Ammoniumsulfat	400	14

Der Dünger wird mit der Hand um jede Pflanze auf den Boden als Streifen gestreut.

Nach den obigen Empfehlungen gibt man in Australien insgesamt 280 kg/ha N, 280 kg/ha K_2O und 160 kg/ha P_2O_5 für eine Ernte.

Um Zn- oder Cu-Mangel vorbeugend zu behandeln, werden je 25 kg Zinksulfat und Kupfersulfat je 1000 kg Mehrnährstoffdünger gemischt.

In der *Südafrikanischen Union* werden Düngungsempfehlungen besonders nach den Ergebnissen der Versuchsstation Bathurst (1956) gemacht. Auch hier gibt man den Dünger in drei Gaben, und zwar im September, Dezember und März. Phosphat, auf P-bedürftigen Böden, wird einmalig vor dem Pflanzen, und zwar in Mengen von 300 bis 500 kg/ha Superphosphat gegeben. Die N- und K-Düngung wird dann in drei Gaben geteilt. Man kann diese Düngung in zwei Arten verabfolgen:

a) als *Bodendünger*, wobei insgesamt 750 kg/ha $(NH_4)_2SO_4$ und 250 kg/ha KCl gegeben werden. Von der Mischung, welche 1000 kg/ha beträgt, werden zu den drei Terminen je 330 kg/ha verabfolgt.

b) als *Blattdüngung*, wobei je Spritzung 66 kg Harnstoff und 35 kg KCl in etwa 900 l Wasser gelöst werden. Man spritzt zu den gleichen Terminen wie für die Bodendüngung vorgesehen, also im September, Dezember und März.

Vergleicht man die zwei Methoden der Düngung, so ergeben sich folgende Mengen an reinen Nährstoffen, welche insgesamt verabfolgt werden:

	a)	b)
N	150 kg/ha	92 kg/ha
K_2O	150 kg/ha	63 kg/ha

Durch die Blattspritzung werden also viel weniger Nährstoffe gegeben als bei der Bodendüngung. Dieser Umstand hat zwei Ursachen: zunächst nimmt man eine höhere Ausnutzung der Düngung bei der Blattdüngung an und ferner vermeidet man zu hohe Salzkonzentrationen auf den Blättern, um eventuelle Blattschädigungen zu vermeiden.

In Südafrika werden aber auch Mischdünger verwendet, und zwar in der Zusammensetzung:

$$N:P_2O_5:K_2O \text{ wie } 6:3:10$$

Man gibt auch hier, wie in Australien, eine Grunddüngung als Mischdünger und man düngt später zusätzlich nur mit $(NH_4)_2SO_4$. Man unterscheidet dabei zwischen den Sorten, und zwar düngt man die Sorte Cayenne, welche sich mehr für Konservierungszwecke eignet, stärker als die Sorte Queen, welche mehr als Frischobst Verwendung findet.

Es werden folgende Gaben empfohlen:

	Sorte Cayenne:	Sorte Queen:
Anfangs Mischdünger 6:3:10	830 kg/ha	500 kg/ha
Später $(NH_4)_2SO_4$	550 kg/ha	300 kg/ha

Auf *Formosa* werden von den Plantagen der „Taiwan Pineapple Corporation" folgende Düngungsgaben verwendet:

$$
\begin{array}{lll}
140 \text{ kg/ha N} & \text{als } (NH_4)_2SO_4 & = 700 \text{ kg/ha} \\
54 \text{ kg/ha } P_2O_5 & \text{als Superphosphat} & = 300 \text{ kg/ha} \\
100 \text{ kg/ha } K_2O & \text{als } K_2OS_4 & = 200 \text{ kg/ha}
\end{array}
$$

In anderen Gebieten Formosas werden jedoch die Gaben variiert. Außer den Düngungsmethoden in diesen Hauptanbaugebieten der Welt soll hier erwähnt werden, daß auch für weniger bedeutende Gebiete wie Kenia, Jamaika oder Fiji (Polynesien) besondere Düngungsanweisungen gemäß den speziellen Bedingungen von den dortigen Stationen ausgearbeitet wurden. Überall wird unterschieden zwischen einer Grunddüngung, bestehend aus P, K und eventuell auch noch kleinen N-Mengen, welche vor dem Pflanzen verabfolgt wird, und einer geteilten N-Düngung während der Vegetationszeit. Als N-Dünger wird $(NH_4)_2SO_4$ oder

Tabelle 525. *Düngungsversuche zu Ananas*
(nach J. T. HALL und J. W. McPAUL, Fiji, 1957[1])

Behandlung	Anzahl der Früchte je Parzellen	Durchschnittliches Gewicht der einzelnen Früchte in kg	Gesamtgewicht der Früchte je Parzellen in kg
1. Ungedüngt	156	0,68	107
2. Mischdünger 10:6:10 $(N:P_2O_5:K_2O)$ entsprechend: 225 g N, 130 g P_2O_5, 225 g K_2O je 100 Pflanzen alle 4 Monate (3 ×)	135	1,04	141
3. Wie Versuchsglied 2, aber alle 2 Monate je 100 Pflanzen zusätzlich 250 g N als Harnstoff	149	1,13	170
4. Wie Versuchsglied 2, aber zusätzlich Blattspritzung mit 1%iger Eisensulfat-Lösung (als Versenate-Lösung)	159	1,09	174
5. Wie Versuchsglied 2, aber zusätzlich eine Mischung aller Spurenelemente	140	1,09	152

[1] Der Versuch wurde 1957 auf den Fiji-Inseln angelegt. Die Parzellen umfaßten je 50 Pflanzen.

Harnstoff verwendet, die Teilung variiert, indem alle zwei, drei oder vier Monate N-Gaben verabfolgt werden. So werden auf den leichteren Böden Kenias zweimonatige Gaben von je 1300 g $(NH_4)_2SO_4$ ($=260$ g N) für 100 Pflanzen verabfolgt, während in Fiji viermonatige Gaben von etwa 560 g Harnstoff ($=250$ g N) je 100 Pflanzen üblich sind.

Auch in diesen Gebieten wird der Düngung mit Spurenelementen, besonders Fe, Zn und Cu, große Aufmerksamkeit geschenkt. Erwähnenswert sind die Ergebnisse eines Düngungsversuches in Fiji, denen die Rolle des Eisens entnommen werden kann (Tab. 525).

Man beobachtet hier zunächst eine gute Wirkung der Düngung, was das Gewicht der einzelnen Frucht und der Früchte je Parzelle anbelangt. Die Anzahl der Früchte wird aber durch die Düngung verringert. Auch die zusätzliche N-Düngung übt eine gute Wirkung, indem die Anzahl der Früchte höher als bei dem Versuchsglied 2 ohne zusätzliches N ist, jedoch immer noch kleiner als bei „Ungedüngt". Eine sehr gute Wirkung ist durch Eisen ausgelöst worden, wobei die Anzahl der Früchte geringfügig und das Fruchtgewicht wesentlich erhöht wurden. Hier ergibt sich der höchste Ertrag. Die Behandlung mit Eisen (Versuchsglied 4) übertrifft in der Wirkung die zusätzlichen N-Gaben des Versuchsgliedes 3. Leider fehlt in dem Versuch ein Glied, und zwar mit der Kombination: zusätzlicher Stickstoff und Eisen, aus dem die Wechselwirkung der beiden Behandlungen — welche als positiv zu erwarten ist — entnommen werden könnte.

6. Besondere Behandlungen

A. Hormonbehandlung

Im Laufe der Abhandlung wurde erwähnt, daß die Blüh- und Reifezeiten bei Ananas durch Behandlung mit besonderen Substanzen beeinflußt werden können. Da diese besondere Behandlung heute in großem Umfange in der Praxis, ebenso wie die Düngung, angewendet wird, wollen wir sie im Rahmen dieser Abhandlung auch berücksichtigen.

Auf den Azoren-Inseln wurde bereits 1874 die Beobachtung gemacht, daß Rauch von brennendem organischem Material im Ananasbestand das vorzeitige Blühen verursachte. Diese Beobachtung wurde bald auf den Azoren und in Puerto Rico praktisch ausgenutzt. Zunächst wurde dazu Rauch von organischem Material verwendet, bis durch die Arbeiten von Rodriguez (1932) an der Cornell-Universität erkannt wurde, daß die Wirkung des Rauches auf ungesättigte Wasserkohlenstoff-Verbindungen, so z. B. auf Äthylen- oder Azetylen-Gas, zurückzuführen ist. Durch spätere Arbeiten konnte man gleiche Wirkungen auch durch α-Naphtilessigsäure (ANA) oder β-Naphtilessigsäure (BNA) erzielt werden. Es wurde ferner erkannt, daß die Konzentration dabei eine große Rolle spielt. So führt ANA in Konzentrationen von 1:200000 bis 1:16500 zu einer Beschleunigung der Blüte und Reife, während bei höheren Konzentrationen, wie 1:10000 bis 1:1000 eine Verspätung der Blüte und Reife erfolgt. Wenn die Pflanzen mit ANA in höheren Konzentrationen (1:1000 bis 1:33000) vier bis sechs Wochen vor der normalen Reifezeit behandelt werden, tritt eine zwei- bis dreiwöchige Verspätung der Reife ein, wobei die erzielten Früchte größer sind. Gleichzeitig wird der Fruchtstiel länger und steifer, wodurch eine aufrechte Haltung der Früchte bedingt wird. Bei dieser Haltung werden die Früchte während der Reife weniger von der Sonne auf den Seiten bestrahlt. Dadurch weisen diese aufrecht stehenden Früchte weniger Schäden durch Sonnenstrahlung als die „hängenden" auf und eignen sich besser für Transportzwecke.

In der Praxis nützt man heute die Hormonbehandlung in beiden Richtungen. Dadurch kann die Reife der Früchte besser den Marktverhältnissen und den arbeitswirtschaftlichen Gegebenheiten der Betriebe angepaßt werden.

Für die Bedingungen Australiens sind von MITCHELL und CANNON (1953) bei der Anwendung von ANA folgende Richtlinien aufgestellt worden:

1. Behandlung im Oktober hat als Folge ein früheres Blühen als normal (= September nächsten Jahres).

2. Behandlung im Mai, vor der Blüte, hat als Folge ein zeitlich gleichmäßiges Blühen der Pflanze im September.

3. Behandlung mit ANA im Februar oder März von Pflanzen, welche im September geblüht haben, hat als Folge die Reife im November-Dezember.

Auf Hawaii sowie in anderen Anbaugebieten werden die Pflanzen der zweiten Ernte gewöhnlich mit ANA oder Karbidpulver behandelt, um ein gleichmäßiges, früheres Blühen zu erzielen. Das Blühen der Pflanzen der ersten Ernte ist gewöhnlich gleichmäßig und benötigt dabei keine besondere Behandlung.

Die Behandlung mit Karbidpulver, welche nicht nur auf Hawaii, sondern auch in anderen Anbaugebieten üblich ist, geschieht in folgender Weise: eine Messerspitze von frischem Karbidpulver wird in die Mitte (Herz) der Pflanze getan. Durch das Regenwasser bildet sich das wirksame Azetylen, und zwar in ausreichender Menge, um die Blüte zu beschleunigen. Man kann das Karbidpulver auch vorher im Wasser lösen, und zwar eine Handvoll Karbid in etwa 15 l Wasser. Wenn es gerade aufhört zu brodeln, gießt man von der Lösung etwa $^1/_3$ Tasse in die Mitte (Herz) der Pflanze.

B. Bodenbegasung

Eine andere besondere Behandlung stellt die Begasung des Bodens dar. Bei Dauernutzung einer Fläche mit Ananas (Ananas nach Ananas) stellen sich gewöhnlich nach einiger Zeit Ertragsrückgänge ein, welche durch Bodenschädlinge verursacht werden. Für solche Fälle wird eine Bodenbegasung vor dem Pflanzen durchgeführt. Man benutzt dazu gewöhnlich eine Mischung 1:1 von 1,3 Dichloropropen und 1,2 Dichloropropan, auch D-D-Präparat genannt, und zwar in Mengen von 330 bis 550 kg/ha. Das flüssige Präparat wird auf den Boden als Reihen von etwa 30 cm Abstand berieselt. Nach der Berieselung erfolgen sofort das Einpflügen (am besten mit einem Scheibenpflug), das Glatteggen der Fläche und das Zudecken mit Papiermulch. Das Präparat volatilisiert und diffundiert im Boden. Durch die Papierdecke wird ein Ausweichen des Gases aus dem Boden verhindert. Man führt gewöhnlich diese Begasung vor jeder neuen Pflanzung durch.

Literatur

BADER, C. J., zit. in: The fertilization of pineapples. Farming in South Africa, Nov. 1956, S. 17–20.

COLLINS, J. L.: The pineapple, botany, cultivation and utilization. World Crops Series. London: Leonard Hill. 1960.

EVANS, H. R., und R. V. BLANDY: Pineapples—notes on cultivation. Dept. of Agric., Kenya, 1960.

FOLLET-SMITH, R. R., und C. L. C. BOURNE: The uptake of minerals by pineapple plants at different stages of growth. Agricult. J. Brit. Guiana 7 (1), 17–20 (1936).

HALL, J. T., und J. W. McPAUL: Pineapple growing. Agric. J. Fiji 30 (1), 19–22 (1960). — HENRICKSEN, H. C.: Some pineapple problems, fertilizers. Puerto Rico Fed. Agr. Exper. Stat. Art. 16 (1925), zit. nach SAMUELS und DIAZ. — HOLLIDAY, D. J.: Foliar application of major nutrients to fruit and plantations crops. Outlook on Agriculture 3 (3), 111–115 (1961). — Horticulture Annual Report 1960, Part II, Review of the Year. Horticulture Station, Thiko, Kenya. — Horticulture Annual Report 1958, Review of the Year. Horticulture Station, Thiko, Kenya.

Jacob, A., und H. v. Uexcüll: Fertilizer use, S. 391–405. Hannover: Verlagsges. für Ackerbau G.m.b.H. 1960. — Johansen, W.: Pineapple culture in Natal. Union of South Africa Agr. J. 2, 86–92 (1911), zit. nach Samuels und Diaz. — Johnson, M. O.: 1953, zit. nach Collins.

Martin-Prével: Potassium, Calcium et Magnésium dans la nutrition de l'ananas en Guinée, I, Plan et déroulement de l'étude. Fruits 16, 49–56 (1961). — Potassium, Calcium et Magnésium dans la nutrition de l'ananas en Guinée, II, Influence sur le rendement commercialisable. Fruits 16, 113–123 (1961). — Martin-Prével, R. Huet und L. Haendler: Potassium, Calcium et Magnésium dans la nutrition de l'ananas en Guinée, III, Influence sur la qualité du fruit. Fruits 16, 161–180 (1961). — Mitchell und R. C. Cannon: zit. nach Collins, S. 159.

Nightingale, G. T.: 1942, zit. nach Collins. — Potassium and phosphate nutrition on pineapple in relation to nitrate and carbohydrate reserves. Bot. Gaz. 104, 191–223 (1943).

Ochse, I. J., M. J. Soule Jr., M. J. Dijkman und C. Wehlburg: Tropical and subtropical agriculture. New York: Macmillan. 1961.

Py, C., L. Haendler, R. Huet und A. Silvy: La fumure de l'ananas en Guinée. Fruits 2 (1), 5–23 (1956). — Py, C., M. A. Tisseau und Mitarbeiter: La culture de l'ananas en Guinée. Manuel du planteur. Paris: Ed. IFAC. 1957. — Py, C.: Comparaison de l'urée et du sulfate d'ammoniaque pour la fumure de l'ananas en Guinée. Fruits 17, 95–97 (1962).

Rehm, R. S. Dr.: Zinc deficiency in pineapples. Farming in South Africa, Nov. 1956, S. 20–21. — Rodriguez, G. A.: zit. nach Collins 1932). — Rolfs, P. H.: Pineapple fertilizers. Fla. Agric. Exper. Stat. Bull. 50, S. 81, Mai 1899, zit. nach Samuels und Diaz.

Samuels, G., und H. Gandia Diaz: Einfluß des Kaliumchlorids und des Kaliumsulfats auf Umfang und Qualität der Ananasernte. Kali-Briefe, Fachgebiet 27, 32. Folge, August 1960. — Sideris, C. P., und H. Y. Young: Effects on different amounts on potassium on growth, and ash constituents of Ananas comosus (L.) Merr. Plant Physiol. 20, 609–630 (1945). — Effects of nitrogen on growth and ash constituents of Ananas comosus. Plant Physiol. 21, 247–271 (1946). — Effects of iron on certain nitrogenous fractions on Ananas comosus (L.) Merr. Plant Physiol. 21, 74–94 (1946). — Effects of chlorides on the metabolism of pineapple plants. Amer. J. Bot. 41 (10), 847–854 (1954). — Growth of Ananas comosus (L.) Merr. at different levels of mineral nutrition under greenhouse and field conditions, I, Plant and fruit weights and absorption of nitrate and potassium at different growth intervals. Plant Physiol. 25, 594–616 (1950). — Spector, zit. nach Niethammer, A. und N. Tietz: Samen und Früchte des Handels und der Industrie. Gravenhage: W. Jounk. 1961.

Tupper, B. F.: How to grow pineapples. Extension Circular No. 49, Febr. 1952. Dept. of Agric., Jamaica, B.W.I.

f) Banane
(Musa sapientum L.)

Von

K.-H. Neumann

1. Allgemeines

Das beste Gedeihen der Banane findet man auf mäßig schweren alluvialen Böden, die einen gewissen Reichtum an leicht zugänglichen Nährstoffen aufweisen. Obgleich die Banane hohe Ansprüche an die Wasserversorgung stellt, ist sie doch andererseits gegenüber einem zu reichlichen Wasserangebot, insbesondere gegenüber stauender Nässe, empfindlich. Bei ausreichender Bewässerung und adäquater Düngung sind leichte, durchlässige Böden den schwereren als Standort für Bananenpflanzungen vorzuziehen. Viele Bananensorten erreichen im Jahr eine Höhe von mehreren Metern und bilden somit eine sehr große Menge Trockensubstanz. Im Hinblick auf diese große Trockenmassebildung muß der Boden, auf dem Bananenpflanzungen angelegt werden sollen, eine reichliche

Menge an leicht verfügbaren Nährstoffen enthalten, um die Produktionskapazität der Pflanzen auszunutzen. Weiterhin sollte der Boden einen reichlichen Gehalt an abgebautem organischem Material aufweisen. Als optimalen pH-Wert geben PRÉVOT und OLAGNIER (1958) pH 6 an.

2. Makronährstoffe

Als durchschnittliche Nährstoffentzugswerte einer Ernte von 30 t können nach JACOB und UEXCÜLL (1958) folgende Zahlen angesetzt werden:

Tabelle 526. *Nährstoffentzug einer Bananenernte*

	lbs/acre	kg/ha
N	45—67	50—75
P_2O_5	13—18	15—20
K_2O	156—201	175—225
Ca	9—18	10—20
MgO	22—27	25—30

Die folgenden Zahlen geben eine Übersicht über die dem Boden zu entziehenden Nährstoffmengen beim Heranwachsen einer Jungpflanze zur ausgereiften Pflanze (BAILLON, HOMES und LEWIS 1933):

Tabelle 527. *Nährstoffentzug der Bananenpflanze während der Entwicklung*

	Junge Pflanze		Ausgereifte Pflanze	
	kg	lbs	kg	lbs
Trockengewicht	6,16	13,58	18,295	40,333
	g	ozs	g	ozs
N	64,19	2,26	221,26	7,80
P_2O_5	23,73	0,84	52,26	1,84
K_2O	176,56	6,23	981,71	34,63

Nach WINKLER (1943) werden dem Boden für jede Tonne Erntegut folgende Nährstoffmengen entzogen:

$$0,5 \text{ bis } 4 \quad \text{kg N}$$
$$1 \quad \text{bis } 1,7 \text{ kg P}$$
$$7 \quad \text{bis } 8 \quad \text{kg K}$$
$$0,8 \quad \text{kg Ca}$$

Obwohl all diese Analysenergebnisse hohe Werte für *Kalium* aufweisen, sei es dahingestellt, wie weit diese hohen Kaliumaufnahmewerte einem gleich hohen K-Bedarf der Banane entsprechen. PRÉVOT und OLAGNIER (1958) geben an, daß zur Erzielung optimaler Ernten der K-Gehalt des Bodens nicht unter 0,5 mval/100 g Boden absinken soll, und stellen weiterhin fest, daß mit K-Mangel gerechnet werden kann, wenn der K-Gehalt der Blätter 2,7% unterschreitet.

Die Nachwirkung einer selbst schwachen K-Düngung kann 5 bis 8 Jahre anhalten. Das Auftreten der sogenannten „Pulpe jaune" kann nach Angaben obiger Autoren auf eine einseitige, nicht durch entsprechende Gaben von Ca und Mg ausgeglichene Erhöhung des K-Gehaltes der Pflanze zurückgeführt werden. Weiterhin findet man immer wieder Hinweise, daß der Kalibedarf der Banane sich auf eine bestimmte Spitzenbedarfszeit konzentriert. Wie Machado (1953) als Ergebnis seiner Untersuchungen über die Verteilung der Nährstoffaufnahme während der Vegetationszeit angibt, wird der größte Teil (89%) des Kaliums während der Entwicklung der Früchte zwischen dem 12. und 14. Monat aufgenommen. Zweifellos ist in den meisten Böden der *Stickstoff* der ertragsbegrenzende Faktor und oft kann allein durch eine N-Gabe der Ertrag angehoben werden. Butler (1960) stellte in dreijährigen Versuchen in Honduras und dreizehnjährigen Versuchen in Jamaika mit „Gros-Michel"-Bananen fest, daß wirtschaftlich günstige Einflüsse nur durch Düngung mit N zu erreichen waren, während die Düngung mit K_2O und P_2O_5 einzeln, kombiniert und in Verbindung mit N nicht zu signifikanten Mehrerträgen gegenüber der alleinigen N-Zugabe führten. Jedoch gilt auch hier wie bei allen anderen Kulturpflanzen die Regel, daß sich beim Fehlen eines gleichmäßigen Anhebens des gesamten Nährstoffniveaus höhere N-Gaben negativ auf den Ertrag auswirken. Untersuchungen von Dugain (1959) ergaben, daß das Ammoniumsulfat die beste Form der N-Düngung ist. In Untersuchungen über die N-Düngemittelform stellte dagegen Carvalho (1961) fest, daß Harnstoff, zusammen mit der Bordeaux-Mischung gesprüht, die beste Form der N-Düngung darstellt. Optimale Ergebnisse wurden mit 224 kg N/ha erreicht, jedoch erscheint es nach obigem Autor nicht ratsam, die gesamte N-Menge in Form von Harnstoff zu geben. Ter Kuilen (1963) berichtet von Versuchen über die Punktinjektion von wasserfreiem Ammoniak in Honduras. Die Injektion erfolgte auf einer Tiefe von 25 cm und in einer Entfernung von 90 cm vom Pflanzenzentrum. Das sich dabei ergebende unbefriedigende Ergebnis wird teils auf die langsame Umwandlung von NH_3 zu NH_4-Verbindungen und auf eine Schädigung des flachen Wurzelsystems der Banane zurückgeführt. Auf dieses Ergebnis aufbauende genauere Untersuchungen zeigten, daß der schädigende Einfluß des NH_3 nicht auf der der Injektion folgenden Erhöhung der Bodentemperatur, sondern auf dessen chemischer Wirkung NH_3 beruht. Das Ausmaß der Schäden erhöhte sich mit zunehmender Konzentration des applizierten NH_3 (s. Tab. 528).

Tabelle 528. *Aus der Injektion verschiedener Mengen wasserfreien Ammoniaks sich ergebende Wurzelschäden, ausgedrückt in Prozent aller sich in der Injektionszone befindenden Wurzeln* (Ter Kuile, 1963)

Zeit nach der Injektion in Tagen	Schädigungs-stärke	injiziertes Ammoniak in Gramm			
		4,8	6,9	14,4	19,2
10	leicht	22,8	14,2	14,0	10,1
10	stark	35,1	58,9	66,8	75,5
10	gesamt	57,9	73,1	80,8	85,6
60	geschädigt	25,6	16,4	15,4	5,4
60	tot	27,1	55,9	69,4	88,7
60	gesamt	52,7	72,3	84,8	94,1

In Anbetracht des hohen Kalibedarfs der Bananen kommen erst relativ hohe Kaligaben in einer Ertragssteigerung zum Ausdruck. Während eine alleinige kleine N-Gabe oft schon sichtbare Wirkungen auf den Ertrag erkennen läßt, ist die Wirkung der Kalidüngung absolut an eine ausreichende N-Düngung gebunden. Ist für eine ausreichende Versorgung mit N gesorgt, so können unbedenklich hohe Kaliumgaben mit sehr gutem Erfolg verwendet werden. Ist die Pflanzung mit dem Minimum an Stickstoff versorgt, so ergibt die drei- bis fünffache Menge an Kalium optimales Wachstum.

In umfangreichen Untersuchungen an der Bananensorte „Petit Naine" in Guinea konnten DUMA (1958) und MARTIN-PREVEL (1958) deutlich zum Ausdruck bringen, daß das Kalium das wichtigste Element in der Ernährung der Banane ist. Jedoch sind zur Erzielung einer guten Fruchtqualität Gleichgewichtsbedingungen zwischen N einerseits und Ca und Mg andererseits erforderlich. Als Ausdruck der Grenzwerte dieser Bedingungen kann der K/N-Quotient herangezogen werden. Dieser sollte in den jüngeren Wachstumsstadien zwischen 1,35 und 1,60, zum Zeitpunkt der Fruchtreife dagegen zwischen 1,5 und 1,7 liegen. Einige einleitende Versuche des Banana Board Research Departments in den Jahren 1956 bis 1958 (B.B.R.D. 1956 bis 1958) ergaben, daß das sogenannte „*premature yellowing*" von Lactan-Bananen durch Kalidüngung abgeschwächt und andererseits durch N-Düngung verstärkt werden konnte. Die Reaktion auf die N-Düngung wurde besonders bei der Düngung mit NO_3 beobachtet. Somit kann das Auftreten dieser Schäden auf ein gestörtes N/K-Verhältnis in den Pflanzen zurückgeführt werden. In eingehenderen Versuchen mit Lactan-Bananen in Kamerun unter ähnlichen Bedingungen konnte ebenfalls acht Wochen nach dem Pflanzen das Auftreten des „premature yellowing" beobachtet werden.

HASSELO (1961), SIMMONDS (1959) und auch MURRAY (1959) beschreiben die Symptome wie folgt: Die älteren Blätter werden an der Spitze und am Rande gelb und das Vergilben dehnt sich aus, bis das ganze Blatt verwelkt ist. Häufig sind nur ein oder zwei Blätter in der Mitte der Krone befallen und zwischen diesen und den ebenfalls befallenen niederen Blättern befinden sich wiederum einige gesunde. Die Ergebnisse der Blattanalyse zeigten eine Beziehung zwischen dem Auftreten des „*premature yellowing*" und dem K_2O-Gehalt der Blätter. Als kritischer K_2O-Gehalt werden etwa 5% angegeben. Jedoch wird von HASSELO (1961) darauf hingewiesen, daß neben dem Einfluß schlechter K_2O-Versorgung Störungen und Verletzungen des Wurzelsystems und gegebenenfalls auch einzelner Leitbahnen durch Nematoden eine Rolle spielen können. Auch OSBORNE und HEWITT (1963) berichten vom Auftreten des „premature yellowing" bei schlecht oder nicht mit Kalium versorgten Versuchsgliedern.

Auf Beziehungen des Auftretens dieser Schäden zur Stickstoffdüngung, auf die schon hingewiesen wurde, deuten die Ergebnisse der Versuche über die Häufigkeit der N-Düngung hin. Am stärksten trat das „premature yellowing" bei den Versuchsgliedern mit zweimaliger N-Gabe und gleichzeitigen K-Mangelbedingungen auf. Mit zunehmender Aufteilung der N-Düngung unter K-Mangelbedingungen nahmen die Schädigungen durch „premature yellowing" ab. Zusätzlich zu den äußeren Symptomen berichten OSBORNE und HEWITT auch noch von anatomischen Abweichungen. Hierbei handelt es sich um braune Fäulnisstellen im Zentrum des Kormus. Diese entstehen ohne Verbindung zu dessen Peripherie. In einigen Fällen trat diese Erscheinung nur an ein oder zwei isolierten Stellen auf. Eine Beziehung zwischen den oben aufgeführten Erscheinungen des „premature yellowing", den dabei beobachteten Einflüssen von Nematoden und den eben beschriebenen Symptomen kann nur vermutet werden. Zur Kalidüngung der Bananen empfehlen CROUCHER und MITCHELL (1940) Kaliumsulfat, da die Pflanzen gegen Chloride empfindlich sind. Jedoch geben PRÉVOT und OLAGNIER (1958) an, daß selbst nach längerer KCl-Düngung keine Chloranreicherung in den Blättern stattfindet. Einen ausführlichen Überblick über die Nährstoff-

Mangelerscheinungen mit zum Teil farbigen Abbildungen gibt Murray (1959).
In diesem Zusammenhang sollen noch Beobachtungen des Instituts des Fruits
et agrumes coloniaux (I.F.A.C.) in Kinida (ehem. Französisch-Guinea) erwähnt
werden. Während schon kleine N-Gaben einen sichtbaren Erfolg lieferten, konnte
die Wirkung der Kalidüngung erst durch die relativ sehr hohen Gaben von 1250 g
K_2O/Pflanze beobachtet werden. Als günstigstes Nährstoffverhältnis wurde ein
N:P:K-Verhältnis von 6:7:28 ermittelt (Champion 1952).

Pellegrin (1953) vergleicht die Ergebnisse von Versuchen über das optimale
Nährstoffverhältnis (N:P:K) in Guadeloupe, Kamerun und Guinea. In Guadeloupe ergaben die Verhältnisse 8:5:32, 11:5:28, 8:11:20 die besten Ergebnisse
bei Poyo-Bananen. Von diesen Mischungen wurden etwa 2 kg pro Pflanze verabreicht. In Kamerun wurde für Gros-Michel-Bananen ein N:P:K-Verhältnis
von 1:2:5 als optimal gefunden und für Guinea (Musa sinensis) wurde ein N:P:K-
Verhältnis von 6:7:28 ermittelt. Von letzterem wurden ebenfalls etwa 2 kg pro
Pflanze verabreicht. Obwohl die eben aufgeführten Anbaugebiete weit voneinander entfernt gelegen sind, nur wenige Charakteristiken im Hinblick auf
Klima und Boden gemeinsam haben und die hier aufgeführten Varietäten der
Banane, wie vor allem Gros Michel und Musa sinensis, recht verschieden sind,
kann doch bei allen hier aufgeführten Beispielen eine starke Gemeinsamkeit im
Anspruch an das Nährstoffverhältnis beobachtet werden.

Nach Croucher und Mitchell (1940) können durch die Düngung folgende
Faktoren beeinflußt werden:

a) Die Anzahl von „Händen" pro Fruchttraube
b) Die Fruchtproduktionsrate
c) Die Anzahl der Pflanzen pro Flächeneinheit
d) Die Fruchtqualität im Hinblick auf Länge und Dicke der einzelnen Finger.

In Trinidad konnte Wood (1932) durch Volldüngung die Anzahl der zum
Export zugelassenen Fruchttrauben (Mindestanforderung 9 „Hände" pro Fruchttraube) beträchtlich erhöhen, und Bowman und Eastwood (1940) berichten von
einer Vergrößerung der einzelnen Früchte durch eine Kalidüngung. Auch Osborne
und Hewitt (1963) konnten in Jamaika starke Reaktionen der Pflanzen auf die
Düngung mit Kalium beobachten. Die mit Kalium gedüngten Pflanzen waren
robuster und erreichten einen bis zu 60 cm höheren Wuchs als die Kontrolle.
Weiterhin wurde durch Kaligaben die Fingerlänge vergrößert und die Erntemenge konnte um 2 tons/acre erhöht werden. Hewitt und Osborn (1962)
konnten eine hochsignifikante Korrelation zwischen dem K-Gehalt der Blätter
und dem Fruchtgewicht feststellen. Summerville (1944) berichtet von
einer starken Abhängigkeit der Fruchtzahl und -größe von der Ernährung der
Stauden während der Fruchtausbildung. Obwohl die Anzahl der angesetzten
Fruchttrauben selbst durch die Düngung kaum beeinflußt werden kann, so
unterliegt doch die Ausbildung und Reifezeit der einzelnen Fruchttrauben einer
Beeinflussung durch die Düngung. Nach Angaben von Martin ist die Versorgung der Pflanzen mit P und K ausschlaggebend für die Reifezeit und Haltbarkeit der Früchte. Wie auch bei anderen Kulturpflanzen kann neben der
Beeinflussung der Erntemenge und der Qualität des Erntegutes auch die Widerstandsfähigkeit der Pflanzungen gegen Krankheiten und Schädlinge und gegenüber ungünstigen Witterungsbedingungen durch die Düngung beeinflußt werden.
Nach Croucher und Mitchell (1940) kann durch ausreichende Düngung die
Wachstumsperiode der Pflanzen verkürzt und somit das Verlustrisiko verringert werden.

Wood (1932) berichtet, daß der Befall durch *Tomasus bituberculatus* bei schlecht ernährten Stauden bedeutend stärker als bei ausreichend mit Nährstoffen versorgten Pflanzen festgestellt wurde. May (1927) schließt aus dem hohen Kaligehalt der Cavendish-Bananen und deren hoher Resistenz gegen Pilzbefall auf einen Einfluß der Kalidüngung auf die Pilzresistenz der Bananen. Die Chamalco-Bananen mit einem relativ niedrigen Kaligehalt dagegen sind stark pilzanfällig. Wardlaw (1935) beobachtet Zusammenhänge zwischen der Bodenreaktion und der Ausbreitung der *Panamakrankheit*, so daß auch der Kalkung der Plantagen eine Bedeutung zukommt. Pflanzungen auf sauren Böden wurden von dieser Krankheit stärker befallen als Pflanzen auf weniger sauren Böden. Diese wenigen Beispiele mögen genügen, um die Beziehung zwischen der Düngung und der allgemeinen Konstitution der Pflanzen aufzuzeigen.

Neben der Versorgung mit den drei Hauptnährstoffen fällt auch der Düngung mit Mg immer mehr Beachtung zu. Brun und Champion (1952, 1953) beobachteten das Auftreten von bläulichen Streifen auf den Blättern von Zwergbananen und obige Autoren bezeichneten diese Erscheinung mit ,,Bleu". Eingehende Untersuchungen ergaben, daß diese Erscheinung auf Mg-Mangel zurückzuführen ist und daß wahrscheinlich das Verhältnis $MgO:K_2O$ in der Düngung für deren Auftreten eine bedeutende Rolle spielt (s. auch Tab. 529).

Tabelle 529. *Der Einfluß des Magnesiums auf das Auftreten von ,,Bleu" bei Bananen* (aus Jacob und Uexcüll 1958)

Versuchsglied	Mg-Zugabe g MgO/Pflanze	Verhältnis Mg/K$_2$O	Mit ,,Bleu" befallene Pflanzen in %
I	—	—	17,27
II	15,6	1:16	3,90
III	31,2	1:8	0,49
IV	62,4	1:4	—

3. Mikronährstoffe

Im Gegensatz zu dem Bedarf an den anderen Nährstoffen ist der Ca-Bedarf der Bananen verhältnismäßig niedrig. Jedoch konnten Bhangoo und Karon (1962) in Düngungsversuchen an Giant-Cavendish-Bananen auf saurem und relativ unfruchtbarem Boden der atlantischen Küstenregion von Honduras durch die Zugabe von 3,7 kg Dolomit/ha eine signifikante Ertragssteigerung erzielen. Durch die alleinige Zugabe von Fe, Mn, Zn, B und Mo konnte dagegen keine signifikante Ertragserhöhung erreicht werden, obwohl durch Mo die Anzahl der geernteten Trauben/ha erhöht wurde. Die gleichzeitige Zugabe von Dolomit und den oben angeführten Mikronährstoffen rief eine signifikante Erhöhung des Traubengewichtes und der Handzahl pro Traube hervor. Obgleich diese Interaktion nur eine geringe absolute Ertragszunahme hervorrief, so war doch die Traubenqualität und die Marktfähigkeit des Erntegutes verbessert. Jordine (1960) berichtet vom Auftreten von *Mn-Mangelerscheinungen* an Lactan-Bananen. Die ersten Symptome waren eine interveniale Chlorose am jüngsten offenen Blatt. Im nächsten Stadium zeigte die obere Blattfläche kleine dunkle Flecken, die sich im weiteren Verlauf der physiologischen Störungen zu größeren nekrotischen Flecken entwickelten. Zu einem noch späteren Zeitpunkt wurde das gesamte Blatt marginal nekrotisch und kräuselte sich. Die Blätter bogen sich nach unten.

Schließlich wurde das ganze Blatt braun und starb ab. Die Blattanalyse und Sprühexperimente mit einer 1%igen $MnSO_4$-Lösung ergaben, daß diese Erscheinungen durch Mn-Mangel hervorgerufen wurden. Auch an den Früchten selbst kann das Auftreten der schon oben erwähnten dunklen Flecken beobachtet werden. Interessant sind die von Jordine (1962) gemachten Beobachtungen, daß zwischen dem durch den Pilz *Deightoniella torulosa* hervorgerufenen sogenannten „speckle" („swamp spot") und dem Mn-Versorgungsgrad der Pflanzen bestimmte Beziehungen bestehen. Nach obigem Autor erscheint es möglich, daß das Auftreten von „speckle" durch eine Verbesserung der Mn-Versorgung der Pflanzen, wenn nicht verhindert, so doch eingeschränkt werden kann.

Jordine (1962) beschreibt das Auftreten von *Zn-Mangel* bei Bananen wie folgt: verkümmertes Wachstum, büscheliges Blattwerk und schmale chlorotische Blätter. Weiterhin konnte eine langsame Entwicklung beobachtet werden, und die jungen Trauben behielten für abnormal lange Zeit eine nahezu horizontale Position. Durch Sprühen mit einer 1%igen $ZnSO_4$-Lösung konnten die physiologischen Störungen behoben werden. Etwa 14 Tage nach dem Sprühen konnten die ersten Reaktionen der geschädigten Pflanzen auf die Behandlung beobachtet werden, die nach dieser Zeit gebildeten Blätter waren normal, und nach etwa drei Monaten waren die Mangelerscheinungen behoben. Der Zn-Mangel trat vor allem auf alkalischen Böden mit hohem Phosphatgehalt auf.

Moity (1961) berichtet von *Cu-Mangel* der Bananen auf Moorboden an der Elfenbeinküste, und durch eine Gabe von 20 kg Cu/ha als Cu-oxychlorid konnte dieser behoben werden. Noch bessere Ergebnisse konnten durch Sprühen mit 750 g Cu/ha in Form der Bordeaux-Brühe erzielt werden.

4. Entwicklungsverlauf und Düngung

Wie bei allen anderen Sonderkulturen gewinnt auch bei der Düngung der Banane die Blattanalyse immer mehr an Bedeutung. Hewitt (1955) führte eingehende Untersuchungen über das Nährstoffniveau in der Banane durch und fand für das dritte Blatt während des Schossens folgende Werte als die Gehaltsgrenze, bei der die Düngung notwendig ist:

$$
\begin{array}{ll}
 & \% \\
N & 2{,}6 \\
P_2O_5 & 0{,}45 \\
K_2O & 3{,}30
\end{array}
$$

Wie weiter oben schon erwähnt, ist bei der Banane neben der absoluten Menge der Nährstoffe und deren Verhältnis besonders die Zeit der Ausbringung im Hinblick auf den Entwicklungstand der Pflanzen von Bedeutung. Als Ergebnis von Untersuchungen an Lactan-Bananen wird von Brzesowski und Biesen (1962) vorgeschlagen, die K-Versorgung vor Beginn der Trockenzeit durch die Blattanalyse zu bestimmen, und gegebenenfalls eine schlechte K-Versorgung kurz vor Beginn der Trockenzeit zu korrigieren.

Die unten angeführten K-Gehalte der Blätter entsprachen folgenden Traubengewichten:

$$
\begin{array}{l}
4{,}32\%\ K = 30{,}0\ kg \\
4{,}56\%\ K = 33{,}8\ kg \\
4{,}66\%\ K = 35{,}6\ kg
\end{array}
$$

Nach Angaben von Summerville (1944) beanspruchen die Bananenstauden reichliche Mengen verfügbarer Nährstoffe im frühesten Wachstumsstadium. Ähnliche Angaben über den hohen K- und P-Anspruch in der frühesten Jugendentwicklung wurden auch von CROUCHER und MITCHELL (1940) gemacht. In den meisten Fällen ist eine wiederholte Düngergabe in Abständen von etwa sechs Monaten erforderlich, um auch den Ansprüchen der neuen Schoßer zu genügen. CROUCHER und MITCHELL (1940) berichten von Versuchen der United Fruit Comp., in denen das schnellste Wachstum der Bananen durch häufige kleinere N-Gaben, die das N-Niveau gerade über dem Minimum erhielten, beobachtet wurde.

Aus diesen Gründen wird vorgeschlagen, bei neu anzulegenden Pflanzungen die erste Düngergabe zu den Jungpflanzen zu geben. Die nächste Düngung erfolgt etwa sechs Monate später, kurz vor dem Schoßen, und wenn dann die Entwicklung der nachfolgenden Triebe beginnt, wieder etwa sechs Monate später, sollte die dritte Düngung erfolgen. Demgegenüber stehen die eingangs schon erwähnten Beobachtungen MACHADOS (1953) über den starken Kalibedarf der Pflanzen in den letzten zwei Monaten der Fruchtentwicklung. Somit sollte eine nochmalige Unterteilung, insbesondere der K-Düngung im Hinblick auf die Fruchtentwicklung vorgenommen werden. Zu erwähnen sind noch die Ergebnisse von MURASHIGE und HAMILTON (1962). Diese berichten, daß durch Sprühen mit dem Na-Salz von 2,4 D in einer Konzentration von 200 ppm sowohl die Fruchtfarbe verbessert und der Erntezeitpunkt bis zu vier Tagen vorverlegt werden konnte. Diese kurze Notiz soll nur andeuten, daß neben Untersuchungen über die Mineralstoffversorgung auch das Feld für Untersuchungen über den Einsatz von sogenannten Wuchsstoffen im Bananenanbau zur Untersuchung geöffnet ist.

5. Ausbringung der Düngung

Abschließend sollen noch einige Anmerkungen zur Ausbringung der Düngung gebracht werden. Die am weitesten verbreiteten Methoden sind das Ausbringen der Düngemittel in runden Gräben mit einer Tiefe von 30 bis 40 cm in einem Abstand von 30 bis 90 cm vom Stammgrund oder in den Pflanzenreihen folgenden Streifen. Die erschöpfenden Untersuchungen von SUMMERVILLE (1939) über das Bananenwurzelsystem ergaben, daß bei einem Pflanzenabstand von 2,70 m ×
× 2,70 m die Wurzeln relativ gleichmäßig über die ganze Fläche verteilt sind und die Wurzelverzweigungen in etwa 60 cm Entfernung vom Stamm beginnen. Somit dürften obige Methoden der Düngerausbringung zu guten Erfolgen führen. Werden die einzelnen Nährstoffe getrennt ausgebracht, so dürfte es vorteilhaft sein, den *N-Dünger* gleichmäßig über die bepflanzte Fläche und die *Phosphatdünger* in Anbetracht der geringen Beweglichkeit des P im Boden besser etwas tiefer in Gräben entweder um den Stamm oder zwischen den Pflanzenreihen anzubringen. Mit den Phosphatdüngern kann gleichzeitig Stalldung oder Kompost ausgebracht werden.

Kali wird auf leichten Böden am besten gleichzeitig mit dem Stickstoff ausgebracht. Auf schweren Böden kommt K dagegen besser mit dem Phosphatdünger oder dem Stalldung zur Ausbringung. Vor allem bei der Kalidüngung spielt die zu düngende Menge eine Rolle für die Art der Ausbringung. Sollen größere Düngemengen angewendet werden, so ist eher eine gleichmäßige Verteilung, ähnlich dem Stickstoff, zwischen den Reihen vorzuziehen, während geringe Mengen besser im Abstand von 1 bis 1,20 m ausgebracht werden.

Obwohl die Bananenpflanzen mit ihrem starken Blätterdach den Boden gegen Austrocknung schützen und auch reichlich organisches Material in den Pflanzungen belassen wird, so kann doch auch Gründüngung und Stallmistdüngung, insbesondere im Hinblick auf die bodenverbessernde Wirkung, eine Rolle spielen. Letzteres spielt eine besondere Rolle, wenn die Bananenpflanzung auf schwereren Böden bei gleichzeitiger Bewässerung angelegt sind.

Einige Vorschläge zur Düngung von Bananenpflanzen
(nach Jacob und Uexcüll 1958)

a) Bei Einzelausbringung der Nährstoffe in lbs/acre oder kg/ha:

$$N \;\;\;\;= 40— \;\;80 = 200—400 \;\;\;\text{Ammoniumsulfat}$$
$$(20\% \text{ N})$$
$$P_2O_5 = 60—120 = 335—770 \;\;\;\text{Superphosphat}$$
$$(18\% \text{ P}_2\text{O}_5)$$
$$K_2O \;\;= 120—240 = 200—400 \;\;\;\text{KCl}$$
$$(60\% \text{ K}_2\text{O})$$

b) Bei Ausbringung von Düngergemischen:
1000 bis 2000 lbs bei einem Verhältnis von $4:6:12$

Literatur

Baillon, A. F., E. Holmes und A. H. Lewis: The composition of and nutrient uptake by the banana plant, with special reference to the Canaries. Trop. Agric. **10** (5), 139 (1933). — B.B.R.D. = Banana Board Research Department, Jamaica, Annual Reports 1956–57, 1957–58. — Bhangoo, M. S., und M. L. Karon: Investigation on the Giant Cavendish banana, II, Effect of minor elements and dolomitic lime on fruit yield. Trop. Agric. Trin. **39** (3), 203–210 (1962). — Bouffil, P.: Recherches biologiques et biochemiques sur le bananier, Chap. XVII, Essai de calcul d'une formule de fumure. Bingerville. Fort de France (1948). — Bowman, E. T., und H. W. Eastwood: Banana fertilizer experiments. Abric. Gaz. N.S.W. **51** (10), 572–573 (1940). — Brun, J., und J. Champion: Le Bleu du Bananier. I.F.A.C. Stat. Centr. Cult. Fruits kindia, Guinée Française, Rapp. 1952. Deuxième Section — Phytopathologie, S. 1–35 (1952). — Le bleu du bananier en Guinée Française. Fruits 8, 266 (1953). — Brzesowski, W. J., und J. van Biesen: Foliar analysis in experimentaly grown Lactan bananas in relation to leaf production and bunch weight. Neth. J. Agric. Sci. **10** (2), 118–126 (1962). — Butler, A. F.: Fertilizer experiments with the Gros Michel banana. Trop. Agric. **37**, 31–50 (1960).

Carvalho, F. G.: As perquiros sobre a adubacao do bananal. Supl. Agric. 7 (321), 3 (1961). — Champion, J.: Quelques reflexions sur la culture du bananier, I, La fumure du bananier. Bull. No. 7. Inst. Fruits et Agrumes Colon. Guinée Française 2–8 (1952). — Champion, J., und P. Pelegrin: L'urée — formol utilisé en bananeraie. Fruits **10** (8), 327–329 (1955). — Croucher, H. H., und W. K. Mitchell: The use of fertilizers on bananas. Jamaica Agric. Soc. 44 (3), 138–142 (1940).

Dugain, F.: Le sulfate d'ammoniaque dans le sol en culture bananiere des basfond. Fruits d'outre Mer 19, 163–169 (1959). — Dumas, J., und P. Martin-Prével: Controle de nutrition des bananeraies Guinée. Premiers résultats. Fruits d'outre Mer **13**, 375–386 (1958).

Hasselo, H. N.: Premature yellowing of Lactan-Bananas. Trop. Agric. Trin. **38** (1), 29–34 (1961). — Hewitt, C. W.: Leaf analysis as a guide to the nutrition of bananas. Empire J. Exper. Agric. **23**, 11 (1955). — Hewitt, C. W., und R. E. Osborn: Further field studies on leaf analysis of Lactan-bananas as a guide to the nutrition of the plants. Empire J. Exper. Agric. **30** (119), 249–256 (1962).

Jacob A., und H. v. Uexcüll: Fertilizer use, S. 349–365. Hannover: Verlagsges. f. Ackerbau mbH. 1958. — Jordine, C. G.: Preliminary observations on a manganese deficiency disease of Lactan bananas. Amer. Rep. Banana Board Res. Dep. Jamaica 13–15 (1960). — Metal deficiencies in bananas. Nature **194** (4834), 1160–1163 (1962).

Machado, S. A.: Calculo y comprobacion des los abonos para cultivos especiales. Rev. Cafetera de Colombia **11** (125), 4036–4047 (1953). — Martin, F.: Etudes, Fumures de Bananier. L'engrais 67, No. 57, 24–26, No. 58, 15–17, No. 559, 20–21 (19); zit. nach Jacob und Uexcüll 1958. — May: Puerto Rico Exper. Stat. Rep. of Director (1927). — Moity, M.: La carence en cuiver des "tourbieres du Niéky" (Cote d'Ivoire). Fruits **16** (8), 399–401 (1961). — Murashige, T., und R. A. Hamilton: A nonseasonality in ripening Cavendish bananas with 2, 4 D. Hawai Farm Sci. **11** (2), 3 (1962). — Murray, D. B.: Deficiency symptoms of the major elements in the banana. Trop. Agric. Trin. **36**, 100–107 (1959).

Osborne, R. E., und C. W. Hewitt: Frequency of application of fertilizers on Bananas. Trop. Agric. Trin. **40** (1), 1–7 (1963).

Pellegrin, P.: L'utilisation des engrais en culture bananière. Fruits 8 (9), 453–458 (1953). — Prévot, P., und M. Olagnier: Le fumure potassique dans le régions tropicales et subtropicales. Kalium-Symposium (Bern) 5, 277–318 (1958).

SIMMONDS, N. W.: Bananas. London: Longmans, Green. 1959. — SUMMERVILLE, W. A. T.: Root distribution of the Banana. Queensland Agric. J. 52, 376–392 (1939). — Studies on nutrition as qualified by development in Musea Cavendish Lambert. Queensland J. Agric. Sci. 1 (1), 1–127 (1944).

TER KUILE, C. H. H.; Banana root damage caused by the injection of anhydrous ammonia. Trop. Agr. Trin. 40, 4, 291–298 (1963).

WARDLAW, C. W.: Disease of the banana and of manila hemp. London: Plant. 1935. — WINKLER, H.: Banane. In: SCHMIDT, E. A., und H. MARCUS: Handbuch der Tropischen und Subtropischen Landwirtschaft, Bd. II, S. 126–134. Berlin: Mittler. 1943. — WOOD, C.: Trop. Agric. 9 (11), 352 (1932); zit. nach JACOB und UEXCÜLL 1958.

XIV. Düngung, Qualität und Futterwert

Von

K. Nehring

A. Einleitung

Bis vor kurzer Zeit hat bei den Problemen der Düngung die Auswirkung
der zugeführten Düngemittel auf den Ertrag durchaus im Vordergrund des
Interesses von Wissenschaft und Praxis gestanden und auch die wissenschaftliche Problematik weitgehend bestimmt, während dem Einfluß auf die Qualität
nur geringe Aufmerksamkeit geschenkt wurde. Es ist der Einfluß der verschiedenen Düngemittel auf den Ertrag in Abhängigkeit von den verschiedenen äußeren
Umweltfaktoren und den inneren Eigenschaften der Pflanzen in einer großen
Anzahl von Versuchen untersucht worden und die hohen Ertragsleistungen,
die sich in Mitteleuropa gegenüber der Zeit vor 100 Jahren mehr als verdreifacht haben, sind in starkem Umfang dadurch bedingt, daß durch die Versorgung mit ausreichenden Mengen an Nährstoffen die Voraussetzungen zur
Erzielung hoher Ernten geschaffen worden sind. Eine Schwierigkeit, die der Ausdehnung der Arbeiten auf das Gebiet der qualitativen Beeinflussung des Pflanzen-
ertrages durch die Düngung entgegenstand, lag jedoch darin, daß für die landwirtschaftliche Praxis ein Anreiz für Verbesserung der Qualität der Ernteprodukte praktisch kaum gegeben war, da im allgemeinen eine höhere Bewertung
auf Grund einer besseren Qualität nur in Ausnahmefällen erfolgte, vor allem
dort, wo industrielle Interessen auf dem Spiele standen (z. B. bei der Braugerste). Aber die fortschreitenden Erkenntnisse, die von der Ernährungsseite
und vor allem von seiten der Tierernährung an Zusammensetzung und Gehalt
an wertbestimmenden Inhaltsstoffen der Futterstoffe gestellt wurden, veran-
laßten die Pflanzenernährungslehre, sich intensiver mit den Problemen des
Einflusses der Düngung auf die Beschaffenheit der Ernteprodukte zu beschäftigen
und damit dem Begriff der Qualität stärkere Beachtung zu schenken. Wie hoch
mit der Zeit die Bedeutung des Begriffes Qualität eingeschätzt worden ist, geht
u. a. daraus hervor, daß man im Jahre 1954 die Gesellschaft zum Studium der
Qualität pflanzlicher Produkte (SCHUPHAN 1956) gründete, und weiterhin, daß
die Jahrestagung der Deutschen Akademie der Landwirtschaftswissenschaften
zu Berlin im Jahre 1955 ausschließlich dem Problem der Qualität gewidmet
war. Bevor jedoch auf die Frage des Einflusses der Düngung auf die Qualität
der pflanzlichen Produkte eingegangen werden kann, muß zunächst der Begriff
„Qualität" einer Betrachtung unterzogen werden. Was versteht man unter
Qualität in Nahrungs- und Futterstoffen bzw. was versteht man unter Futterwert? Wodurch ist diese Qualität gekennzeichnet? Es liegt hier ein „qualitativer" Begriff vor, der eine Verbesserung des Wertes in sich schließt; aber diese
Eigenschaft muß meßbar nachgewiesen werden. Damit schließt dieser Begriff

„Qualität" gleichzeitig den Begriff der „Quantität" ein. Dazu wird man jedoch feststellen müssen, daß es für die Qualität einen absoluten Maßstab oder einen absoluten Wertbegriff nicht gibt, sondern die Bewertung muß nach den Anforderungen ausgerichtet werden, die jeweils an bestimmte Eigenschaften des betreffenden Stoffes gestellt werden. Man kann hierfür als ein Beispiel die Gerste nehmen. Bei der Verwendung der Gerste für Futterzwecke verbessert ein hoher Gehalt an Eiweiß den Futterwert. Bei der Verwertung für Brauzwecke soll jedoch der Eiweißgehalt eine bestimmte Grenze möglichst nicht überschreiten. In dem ersten Falle erhöht ein stärkerer Gehalt an Eiweiß die Qualität, im anderen Falle erniedrigt er sie. Der Begriff der Qualität erscheint demgemäß immer zweckgebunden.

SCHUPHAN (1956) hat den Begriff der Qualität bei Nahrungstoffen zu analysieren versucht. Er beurteilt ihn in drei Gruppen:

1. Qualität nach der äußeren Beschaffenheit.
2. Der Gebrauchswert.
3. Der biologische Wert (bestimmt durch den Gehalt an Nährstoffen bzw. physiologisch wirksamen Stoffen).

Da hier die Qualität in erster Linie vom Blickpunkt der Ernährung, d. h. als Nähr- oder Futterwert behandelt werden soll, interessiert vor allem der dritte Faktor, d. h. der biologische Wert, der durch den Gehalt an wertbestimmenden Bestandteilen bedingt ist, soweit sie geeignet sind, die tierischen Leistungen zu beeinflussen, während hingegen dem ersten Punkt, der äußeren Beschaffenheit, d. h. der Beurteilung auf Grund äußerer Merkmale, wie Farbe, Geruch, Frischezustand usw. nur geringere Beachtung an dieser Stelle geschenkt werden soll.

Da hier vor allem die Qualität im Hinblick auf die Leistungen, die die betreffenden Pflanzenstoffe in der Tierhaltung gegebenenfalls auch in der menschlichen Ernährung vollbringen, berücksichtigt werden soll, werden als Merkmal der Qualität die Eigenschaften verstanden, die geeignet sind, die tierischen Leistungen, worin auch der Gesundheitszustand der Tiere und die Qualität der erzeugten tierischen Produkte eingeschlossen sein soll, zu erhöhen bzw. nicht zu verschlechtern. Das schließt ein, daß die äußere Beschaffenheit (Punkt 1) eine einwandfreie ist und nicht durch unsachgemäße Werbung oder Lagerung verschlechtert wurde. Es wird hier also nur die Qualität der gewachsenen pflanzlichen Futterstoffe (oder Nahrungsstoffe) behandelt werden. Aus dem gleichen Grunde können auch die Qualitätsänderungen unter der Auswirkung einer besonderen Vorbereitung oder Verarbeitung der Rohstoffe nicht berücksichtigt werden.

Es werden in den folgenden Betrachtungen über die Qualität die Verbindungen im Vordergrund stehen, die den Nahrungs- oder Futterwert bestimmen. Es sind dies folgende:

I. Die Gruppe der organischen Hauptnährstoffe, die für den Aufbau der tierischen Substanz und für den Energiestoffwechsel benötigt werden und die im allgemeinen durch die WEENDER Futtermittelanalyse bestimmt werden; man wird den Einfluß dieser Nährstoffgruppen auf die Qualität wie folgt charakterisieren können:

Beinflussung der Qualität

1. Rohprotein .... (+) Sicherung der Eiweißversorgung
2. Rohfett .... (+) Erhöhung des Energiegehaltes
3. Rohfaser .... (—) Minderung der Verdaulichkeit
4. N-freie Extraktstoffe .... (+) Erhöhung des Energiegehaltes

Der Gehalt an diesen einzelnen Nährstoffen beeinflußt die Verdaulichkeit und damit den Gehalt an verdaulichen Nährstoffen, der ein wichtiges Merkmal für den Futterwert darstellt. Er bestimmt weiterhin den Gehalt an verdaulicher Energie bzw. an produktiver Energie (Nettoenergie).

II. Die Gruppe der essentiellen Nährstoffe, die in erster Linie als Wirkstoffe für die Durchführung der verschiedenen physiologischen Prozesse im Organismus und nicht als Bausteine für die erzeugten tierischen Produkte dienen, wobei allerdings diese beiden Aufgaben nicht immer zu trennen sind. Es handelt sich in der Hauptsache um folgende:

1. essentielle Aminosäuren als Bausteine der Eiweißkörper bzw. als Wirkstoffe,
2. essentielle Fettsäuren (größenteils mehrfach ungesättigte Fettsäuren),
3. Vitamine und Fermente,
4. sonstige organische Wirkstoffe wie Antibiotica, oestrogene Substanzen usw.,
5. Mineralstoffe einschließlich der Spurenelemente,
6. eventuell schädigend wirkende Substanzen (Senföl, Cumarin, Oxalsäure, Alkaloide) usw.

Es sind dies letzlich alles Stoffe — dies gilt auch für die Geschmacksstoffe —, die nicht im tierischen oder menschlichen Organismus synthetisiert werden, ihm also in pflanzlichen (zum Teil auch tierischen) Nahrungs- und Futterstoffen zugeführt werden müssen.

Änderungen im Gehalt an diesen Substanzen kommen somit im Futter- (bzw. Nahrungs-) wert zum Ausdruck, wobei hier unter Futterwert die Gesamtwirkung der einzelnen Futterstoffe oder auch einer Ration verstanden werden soll, während unter energetischem Produktionswert die Leistungen in energetischer Hinsicht im Organismus zu verstehen sind.

Alle Änderungen, die unter dem Einfluß der Düngung in der Zusammensetzung bzw. im Gehalt der hier ausgeführten Stoffe eintreten, beeinflussen somit den Futterwert, d. h. die Qualität der erzeugten pflanzlichen Produkte. Wir werden also, wenn wir den Einfluß der Düngung auf die Qualität verfolgen, in erster Linie dem Einfluß der Düngung auf den Gehalt an den oben genannten Stoffen nachzugehen haben und diesen untersuchen. Dabei sollen sich die weiteren Betrachtungen in erster Linie mit der Wirkung der sogenannten Kernnährstoffe, also von Stickstoff, Kali, Phosphor, wie Kalk und Magnesium und dem Einfluß der organischen Düngung allgemein befassen, während der Einfluß der Spurenelemente nur in beschränktem Umfang berücksichtigt werden soll, einmal weil hier weniger Untersuchungen vorliegen und weiterhin, weil ihre Bedeutung in erster Linie in den Änderungen im Gehalt an diesen Elementen selbst zu suchen ist, der als solcher allerdings als ein Qualitätsmerkmal selbst zu werten ist, sofern das betreffende Element zu den für Mensch und Tier biogenen Elementen gehört. Andererseits ist bekannt, daß die verschiedenen Spurenelemente Bestandteile von Fermenten und sonstigen Wirkstoffen sind und hierin ihre biologische Bedeutung bei Mensch und Tier liegt.

Bevor auf die Frage der Beeinflussung des Gehaltes an den verschiedenen wertbestimmenden Bestandteilen durch die Düngung eingegangen wird, soll jedoch zunächst eine Frage besprochen werden, die von medizinischer oder auch von ernährungswissenschaftlicher Seite bzw. ganz allgemein von der Bevölkerung gestellt wird, nämlich ob durch die sogenannte „künstliche" Düngung der Nähr- und Futterwert der erzeugten Produkte verschlechtert werden kann. Es wird von weiten Kreisen der Bevölkerung immer wieder die Frage gestellt, ob nicht durch laufenden Verzehr von Nahrungs- bzw. Futterstoffen, die mit Hilfe von mineralischen Düngerstoffen, d. h. mit Hilfe der sogenannten künstlichen Düngung produziert worden sind, schädigende Auswirkungen bei

Mensch und Tier erwartet werden können. Man wird hier zunächst einmal sagen können, daß ohne Anwendung der Düngemittel der Nahrungsspielraum in der Welt, insbesondere auch in Europa nicht ausreichen würde, den laufend steigenden Bedarf an Nahrungsmitteln zu decken. Weiterhin kann man feststellen, daß die Stellung dieser Frage in dieser Form prinzipiell falsch zu sein scheint. Es ist heute als eine unbestreitbare Tatsache anzusehen, daß die verschiedenen Mineralstoffe als unentbehrliche Wirk- und Schutzstoffe für Pflanze, Mensch und Tier betrachtet werden müssen. Daraus folgt, daß die Pflanzen, die auf Böden mit ungenügendem Mineralstoffgehalt zum Anbau gebracht werden und infolge Nährstoffmangel Schädigungen zeigen, auch in biologischer Hinsicht als minderwertig betrachtet werden müssen. Es ist z. B. bekannt, daß

in Betrieben, in denen typische Schädigungen durch Cu-Mangel beim Pflanzenaufwuchs auftreten, sich vielfach ausgeprägte Kupfermangelschäden bei der Aufzucht der Tiere zeigen, so daß in diesen Betrieben eine Aufzucht von Tieren nicht möglich ist. Durch Düngung mit Kupfer kann diesen Erscheinungen Einhalt geboten werden. Ähnliches gilt für P-arme Böden. Man wird sagen müssen, daß eine Erhöhung des Gehaltes durch Zufuhr an diesen fehlenden Elementen und in den Pflanzen sicherlich als eine Verbesserung der Qualität angesehen werden muß. Aber abgesehen von diesen Überlegungen ist durch ausgedehnte experimentelle Arbeiten der Beweis erbracht worden, daß durch eine sachgemäße, den Bedürfnissen der Pflanze angepaßte Düngung keine Verschlechterung, sondern vielfach eine Verbesserung der Qualität eintritt.

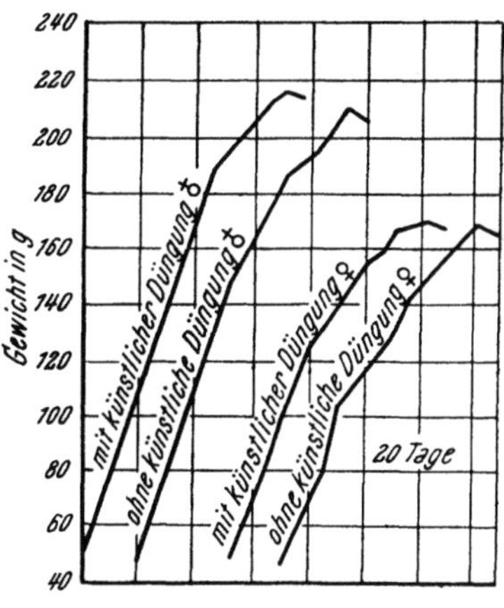

Abb. 280. Einfluß der Düngung auf das Wachstum von Ratten

Es sind hier im besonderen die Arbeiten von Scheunert (1934) zu erwähnen, die er mehrere Generationen hintereinander an Ratten durchgeführt hat. Es waren in diesen Versuchen zwei Gruppen von Tieren vorhanden, von denen die eine Gruppe Futter von normal gedüngten Flächen (Mineraldüngung und Stallmist) erhielt, die andere Gruppe Futter von biologisch dynamisch (d. h. ohne Mineraldüngung) bewirtschafteten Flächen. Bei diesen Versuchen ließ sich zusammenfassend feststellen, daß die Tiere der ersten Gruppe in ihren Leistun-

Tabelle 530. *Düngung und Fruchtbarkeit*
(nach Scheunert)

Generation	Zahl der Versuchstiere		trächtig gewordene		geworfene Jungen		Größe der Würfe	
	Düngung		Düngung		Düngung		Düngung	
	+	−	+	−	+	−	+	−
I	12	12	50	41,7	54	40	9,0	8,0
II	15	17	100	94,1	163	154	10,8	9,6
III	20	20	100	95	173	168	8,7	8,8
IV	20	20	100	100	206	184	10,3	9,2
V	39	40	77	65	265	229	8,8	8,8
VI	50	50	100	98	498	464	10,0	9,5

gen und ihrem Gesundheits- und Fruchtbarkeitszustand in keiner Weise den Tieren der zweiten Gruppe mit dem Futter von den ungedüngten Flächen unterlegen waren, im Gegenteil vielfach eine gewisse Überlegenheit in den Leistungen zeigten, die sich z. B. aus Abb. 280 über den Wachstumsdurchschnitt der dritten Generation ergibt.

Das gleiche ging aus den Angaben über die Fruchtbarkeit hervor (Tab. 530). Insgesamt wurden aufgezogen an Jungen:

bei Futter ohne Düngung .... 1071 Tiere
bei Futter mit Volldüngung .... 1123 Tiere

Auch der Mineralstoffgehalt der Tiere (sechs Generationen) lag in der Versuchsgruppe günstiger als in der Kontrollgruppe (Tab. 531):

Tabelle 531. *Gehalt an Mineralstoffen in 100 g Frischsubstanz*[1]

	Versuchsgruppe (gedüngt) g	Kontrollgruppe (ohne Düngung) g
K_2O	0,464	0,415
Na_2O	0,177	0,156
CaO	1,330	1,290
MgO	0,099	0,093
P_2O_5	1,420	1,364
SO_3	0,200	0,189

[1] Mittel von 20 Tieren.

Es sind dies Ergebnisse aus Versuchen, die über sechs Generationen gelaufen sind, denen somit eine beträchtliche Beweiskraft zuzumessen ist. In der Humanernährung sind im besonderen Versuche an Säuglingen durchgeführt worden, u. a. von Catel in einer Leipziger Kinderklinik. Hier wurden zwei Gruppen gegenübergestellt, die beide neben der gemeinsamen Grundkost eine Gemüsekost erhielten. Für die eine Gruppe war das Gemüse mit Stallmist allein, für die andere mit Stallmist und Mineraldünger gedüngt worden (Tab. 532).

Tabelle 532

Düngung	tägliche Gewichtszunahme		Rotes Blutbild		Vit. A i/Serum	Vit. C i/Serum	Eisen i/Serum	Infektionshäufigkeit
	1936/39 g	1943 %	Erythrozyten (Mill.)	Oxyhämoglobin (g)	mg %	mg %	%	
Stallmist	13,4	23,6[1]	A: 4,68	15,4	0,119	0,29	—17,8[2]	44mal
			E: 3,75	13,8	0,120	0,44	—24,6	
Stallmist und NPK	14,8	27,9	A: 4,25	14,1	0,107	0,21	—13,5	35mal
			E: 4,18	14,2	0,392	0,54	—12,1	

[1] Verglichen mit der Vorperiode (in %).
[2] Abweichung der Serumeisenwerte von den für das jeweilige Säuglingsalter festgestellten Mittelwerten in %.
A = Versuchsanfang.
E = Versuchsende.

Es ergaben sich bei der ersten Gruppe geringere Zunahmen, eine Verschlechterung des Blutbildes und eine Verminderung der Widerstandsfähigkeit gegenüber Infektionserkrankungen. Das gleiche Ergebnis ergab sich bei ähnlichen Untersuchungen, die von Dost (1944) durchgeführt worden sind. Die Kinder mit der allein mit Stallmist gedüngten Gemüsekost zeigten geringere Zunahmen und gleichfalls eine Verschlechterung des Blutbildes des gegenüber der Gemüsekost mit der gemischten Düngung. Auch ver-

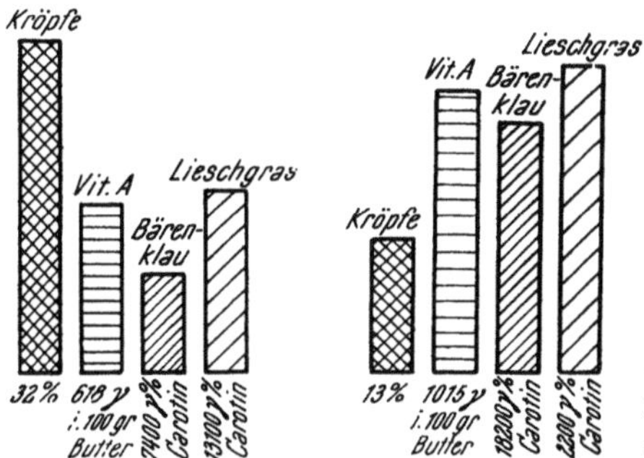

Abb. 281. Kropfhäufigkeit der einheimischen Schulkinder, Vitamin-A-Gehalt der Molkereibutter und Carotingehalt typischer Futterpflanzen 1948/49; links Riegsee, rechts Aidling

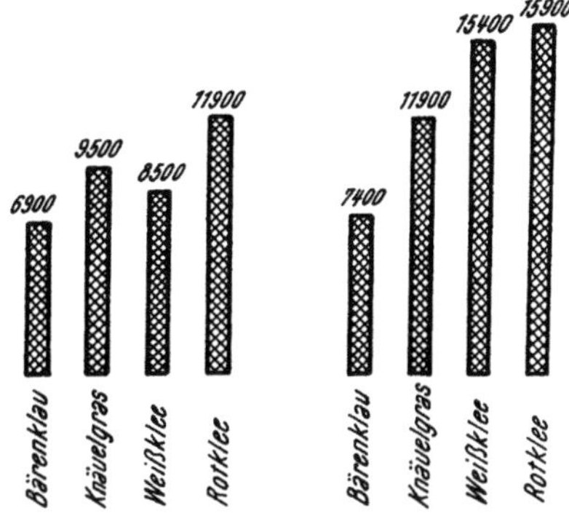

Abb. 282. Carotingehalt von Futterpflanzen auf gleichen Böden, abhängig von Düngung und Belichtung, in Riegsee August 1949. Links Wiese A, nur mit Jauche und Mist gedüngt, vor etwa acht Jahren angesät, mit Bärenklau übersät. Rechts Wiese B, vor zwei Jahren angesät, gute Grasarten, fast kein Unkraut, wenig Bärenklau. In je 100 g frischer, grüner Pflanzensubstanz fand sich Carotin in Gamma- %

schiedene Behauptungen, daß bestimmte Erkrankungen (z. B. von Tropp 1953 über das Auftreten der „Kaliruhr") durch die Düngung verursacht werden, haben sich nach Untersuchungen von Schuphan (1953) als unbegründet erwiesen.

Nach Haubold (1955) ist das Auftreten von Kropf und anderen Erkrankungen in bestimmten Gegenden Bayerns durch einen ungenügenden Gehalt an Carotin in der Butter, der durch zu geringen Gehalt im Futter der Tiere bedingt war, verursacht worden, wie Abb. 281 und 282 zeigen.

Dieser Mindergehalt an Carotin im Futter war bedingt durch den Ausfall der Düngung.

So sprechen diese verschiedenen Untersuchungen allgemein dafür, daß durch eine sachgemäße, den Bedürfnissen der Pflanzen angepaßte Düngung Nahrungs- und Futterstoffe von hohem biologischem Wert erhalten werden. Dieser hohe Wert ist in erster Linie, wie schon früher angegeben worden ist, durch die chemische Zusammensetzung und den Gehalt an Inhaltsstoffen bedingt, die ihrerseits abhängig von den verschiedenen äußeren Faktoren, wie Boden, Klima, Nährstoffversorgung usw. sind. Hierbei wird man der Nährstoffversorgung eine besondere Bedeutung zumessen müssen, zumal man den Boden und das Klima nicht so leicht verändern kann. Um den Einfluß der Düngemaßnahmen richtig abschätzen zu können, wird es notwendig sein, von einer allgemeinen Betrachtung abzugehen und dem Einfluß der verschiedenen Nährstoffe auf die chemische Zusammensetzung der Pflanze im einzelnen nachzugehen.

B. Der Einfluß der N-Düngung

Von den verschiedenen Pflanzennährstoffen wird man dem Stickstoff die größte Bedeutung zuschreiben müssen und so soll auch mit der Besprechung der Wirkung dieses Nährstoffes auf die Qualität begonnen werden.

Der Stickstoff ist als der Nährstoff anzusehen, der das Pflanzenwachstum am stärksten sowohl qualitativ wie auch in quantitativer Hinsicht beeinflußt. Neben einer Erhöhung des Ernteertrages wirkt sich die N-Düngung vor allem auf den Eiweißgehalt wie auch auf die Zusammensetzung des Eiweißes aus. Man wird hier vier Fragenkomplexe unterscheiden müssen:

1. Einfluß der N-Düngung auf den Ertrag,
2. Einfluß der N-Düngung auf den Eiweißgehalt,
3. Einfluß der N-Düngung auf die Zusammensetzung des Eiweißes, d. h. auf seine Qualität,
4. Einfluß der N-Düngung auf den Gehalt an sonstigen Inhaltsstoffen.

Zunächst einmal wird sich die N-Düngung auf die Ertragsleistung auswirken, dann bei höheren Gaben auf den Eiweißgehalt und schließlich auf die Zusammensetzung des Eiweißes. Diese Fragen stehen aber in engem Zusammenhang miteinander und schließen die Wirkung auf den Gehalt an anderen Inhaltsstoffen (Carotin, Chlorophyll usw.) ein.

a) Einfluß der N-Düngung bei jungen, grünen Pflanzen

Der Eiweißgehalt liegt bei jungen, wachsenden Pflanzen hoch; die N-Aufnahme eilt der Pflanzenproduktion stark voraus. Demzufolge ist das Problem einer ausreichenden Stickstoffversorgung bei den grünen Futterstoffen von wesentlicher Bedeutung, insbesondere bei Zwischenfrüchten, die neben einem hohen Ertrag gleichzeitig einen hohen Eiweißgehalt aufweisen sollen. Hier sind beträchtliche N-Gaben notwendig. Dabei tritt aber sofort die Frage auf, ob es sich bei der zusätzlichen Aufnahme des Stickstoffes wirklich um Bildung von Eiweiß handelt, oder ob die Zunahme des Gehaltes an Rohprotein nicht durch eine Speicherung von N-haltigen Verbindungen nichteiweißartiger Natur („Amide") bedingt ist. Bei eigenen Untersuchungen wurde folgendes Ergebnis erhalten (Tab. 533):

Tabelle 533. *N-Düngung und Proteingehalt bei Grünroggen*

N-Düngung kg/ha	Gehalt in Trockensubstanz			relat. Gehalt		
	Rohprotein %	Reinprotein %	Amide %	Rohprotein	Reinprotein	Amide
40	10,39	8,31	2,08	100	100	100
120	13,56	9,52	4,04	131	107	194
200	15,16	10,72	4,44	**146**	**128**	**213**

Aus Tab. 533 ist zu erkennen, daß unter dem Einfluß der steigenden N-Gaben zwar eine deutliche Erhöhung des Gehaltes an Rohprotein ($N \times 6.25$) eingetreten ist, daß aber diese Erhöhung in erster Linie durch den Anstieg im Gehalt an Amiden, d. h. den nichteiweißartigen Bestandteilen bedingt ist, während der Gehalt an eigentlichen Eiweißverbindungen (Reinprotein) nur um etwa 28% angestiegen ist.

Untersuchungen über die Zusammensetzung der Amidfraktion im einzelnen liegen bisher praktisch nicht vor, so daß über ihren biologischen Wert keine sicheren Angaben gemacht werden können.

Wesentlich stärkere Differenzen als bei den obigen Untersuchungen sind bei Gefäßversuchen erhalten worden. Dies ergibt sich z. B. aus Untersuchungen, die von WIESEMÜLLER (1958) u. a. an Grüngerste (Tab. 534) durchgeführt wurden.

Tabelle 534. *Einfluß der N-Düngung auf den Gehalt an N-haltigen Stoffen in der Grüngerste*

Düngung g/Gefäß	Ertrag an Trockensubstanz g/Gefäß	Rohprotein		Reinprotein		Amide		Reinprotein in % des Rohproteins
		%	rel.	%	rel.	%	rel.	
KP + 0,6 g N	47,7 ± 0,8	5,56	100	4,26	100	1,30	100	76,7
KP + 1,2 g N	62,6 ± 0,8	8,22	148	6,31	148	1,91	147	76,8
KP + 1,8 g N	63,9 ± 1,2	12,39	223	8,10	190	4,29	330	65,4
KP + 1,8 + 0,6 g	64,2 ± 1,0	14,46	260	8,95	200	5,50	424	61,9
KP + 1,8 + 1,8 g	68,8 ± 1,5	16,38	295	9,24	221	6,69	535	57,5

Es ist hier unter dem Einfluß der N-Düngung ein Anstieg im Gehalt an Rohprotein auf etwa das Dreifache eingetreten. Dieser Anstieg ist in erster Linie durch die Erhöhung des Gehaltes an leichtlöslichen N-Verbindungen bedingt; allerdings kann auch hier ein gewisser Anstieg im Reinproteingehalt (um etwa 120%) eintreten. Es ist bekannt, daß die Amide im Stoffwechsel der Tiere mit einhöhligem Magen praktisch nicht zur Verwertung gelangen, so daß also eine Minderung des biologischen Wertes der N-haltigen Substanz eingetreten sein dürfte. Ein ähnliches Ergebnis ist in Untersuchungen von HEY (1956) bei Wiesenschwingel (Tab. 535) erhalten worden.

Tabelle 535. *Einfluß der N-Düngung auf den Gehalt an N-haltigen Stoffen (Wiesenschwingel)*

N-Düngung g/Gefäß	Ertrag an Trockensubstanz g/Gefäß	Rohprotein		Reinprotein		Amide		Reinprotein in % des Rohproteins
		%	rel.	%	rel.	%	rel.	
0,1	5,03	8,72	100	8,00	100	0,72	100	91,7
0,6	23,36	12,41	142	9,94	124	2,47	343	80,1
0,6 + 0,6	29,80	17,42	200	13,80	171	3,62	503	81,1
0,6 + 0,6 + 0,6	30,42	18,96	217	14,18	176	4,78	664	74,8

Auch hier ist unter dem Einfluß der N-Düngung der Gehalt an Rohprotein stark angestiegen und hat sich mehr als verdoppelt. Dieser Anstieg ist in erheblichem Umfange der Vermehrung des Gehaltes an Amiden zuzuschreiben, der von 8,3 auf 25,2% des Gesamtproteins angestiegen ist.

Man wird zusammenfassend sagen können, daß durch eine vermehrte N-Düngung bei jungen Grünpflanzen zwar ein Anstieg im Gehalt an Rohprotein eintritt, daß dieser Anstieg aber vor allem durch die Vermehrung des Gehaltes an Amiden verursacht ist und demzufolge eine Minderung der biologischen Wertigkeit zu erwarten sein wird.

Einen weiteren Einblick in die Beeinflussung der Eiweißqualität wird man erhalten können, wenn die Untersuchungen auf den Gehalt an Aminosäuren ausgedehnt werden. Es liegen einmal Untersuchungen von Smith und Agiza (1951) mit verschiedenen Grünfutterpflanzen vor. Hier soll das Ergebnis der Versuche an Italienischem Raygras wiedergegeben werden (Tab. 536):

Tabelle 536. *Der Einfluß der N-Düngung auf den Aminosäuregehalt des Proteins (Italienisches Raygras)*

	N-Düngung (lb/acre)		
	—	20	40
% Rohprotein in Trockensubstanz	15,6	18,1	19,3
Im Protein:			
% Leucin	9,4	9,8	11,7
% Phenylalanin	2,0	2,5	2,4
% Tryptophan	0,8	1,3	1,3
% Asparaginsäure	5,7	4,9	4,0
% Glutaminsäure	7,2	6,0	5,0
% Arginin	4,2	4,9	5,3
% Lysin	2,9	3,6	3,4

Unter dem Einfluß der zunehmenden N-Düngung ist ein deutlicher Anstieg des Rohproteingehaltes eingetreten. Es tritt hier bei den meisten der Aminosäuren eine gewisse, wenn auch nicht starke Erhöhung des Gehaltes auf, während der Gehalt an Glutamin- und Asparaginsäure vermindert wird. Der Wert dieser Untersuchungen wird jedoch dadurch beeinträchtigt, daß hier mit extrahierten Proteinen gearbeitet wurde und daß durch die Extraktion mit Ameisensäure-Alkohol nur etwa 50% des Gesamt-N in Lösung gegangen sind.

In Untersuchungen unseres Institutes (Hey 1956) sind die Ernteprodukte aus den Gefäßversuchen auf den Gehalt an essentiellen Aminosäuren untersucht worden. Es sollen hier die Ergebnisse an Grünmais und Wiesenschwingel wiedergegeben werden.

1. *Versuch an Grünmais* (Tab. 537).

Tabelle 537. *N-Düngung und Gehalt an essentiellen Aminosäuren im Grünmais*

	N-Düngung (g/Gefäß)			
	—	0,8	1,6	2,4
Rohprotein in %	5,25	5,38	7,44	8,13
g Aminosäure N/100 g Gesamt-NH$_2$-N				
Arginin	10,5	10,8	12,0	12,8
Histidin	(3,9	3,9	4,2	4,5)
Lysin	9,6	9,5	8,4	9,0
Methionin	1,2	1,4	1,5	1,2
Tyrosin	3,6	3,6	2,7	2,7
Phenylalanin	3,8	4,0	3,9	3,7
Leucin ⎱ .... Isoleucin ⎰	12,7	12,8	12,8	13,4
Valin	6,7	6,5	6,5	6,9
Threonin	3,6	3,6	4,2	4,5

Bei der Mehrzahl der Aminosäuren sind nur geringe Änderungen im Gehalt eingetreten. Beim Arginin ist eine deutliche Erhöhung festzustellen; auch beim Threonin besteht eine gewisse Neigung zum Anstieg. Lysin und Tyrosin zeigen eine Tendenz zur Verminderung des Gehaltes.

2. Versuch an Wiesenschwingel (Tab. 538).

Tabelle 538. *N-Düngung und Gehalt an essentiellen Aminosäuren im Wiesenschwingel*

	N-Düngung (g/Gefäß)			
	—	0,8	1,6	2,4
Rohprotein in %	8,75	12,00	17,50	19,25
g Aminosäure-N/100 g Gesamt-NH$_2$-N				
Arginin	12,6	14,4	15,2	16,5
Histidin	4,5	4,4	4,2	4,5
Lysin	5,4	5,4	5,4	5,7
Methionin	1,2	1,2	1,4	1,1
Tyrosin	4,5	4,5	4,3	4,6
Phenylalanin	3,5	3,5	3,6	3,9
Leucin } Isoleucin }	11,8	11,2	10,7	11,3
Valin	4,4	4,6	5,1	5,5
Threonin	5,4	6,0	5,6	6,0

Hier verlaufen die Änderungen ähnlich wie beim Grünmais. Arginin zeigt wiederum einen deutlichen Anstieg im Gehalt unter dem Einfluß der steigenden Düngung; auch beim Threonin scheint diese Tendenz angedeutet, desgleichen beim Valin. Bei den anderen Aminosäuren sind deutliche Änderungen nicht zu beobachten.

Das gleiche Ergebnis ließ sich bei anderen Grünfutterstoffen feststellen. Trotz eines erheblichen Anstieges im Proteingehalt sind die Änderungen im Anteil an Aminosäuren nicht wesentlich und gehen auch in keine bestimmte Richtung. Dies kann darauf hinweisen, daß die biologische Wertigkeit sich trotz eines gewissen Anstiegs des Amidgehaltes nicht wesentlich ändern wird, zumal bekannt ist, daß bei höherem Gehalt an Rohprotein im allgemeinen die Verdaulichkeit ansteigt.

b) Einfluß der N-Düngung auf Getreide und Körnerfrüchte

Besonders intensiv hat man sich mit dem Einfluß der Düngung auf den Proteingehalt und die Zusammensetzung des Proteins beim Getreidekorn beschäftigt. Diese Untersuchungen nahmen im besonderen ihren Ausgangspunkt von den Beobachtungen, daß es möglich ist, durch eine späte zusätzliche N-Düngung (nach SELKE 1959) den Rohproteingehalt erheblich zu erhöhen.

Die Leistung von hohen, in mehreren Gaben verabreichten N-Gaben und die Beeinflussung der Qualität durch diese geht aus Untersuchungen von LINSER und PRIMOST (1953) zu Winterweizen hervor (Tab. 539):

Tabelle 539. *N-Düngungsversuch zu Winterweizen (Tassilo)*

	N-Gabe in kg/ha					
	0	50	70	100	120	150
Erträge an Korn dz/ha .	21,1	28,0	30,9	34,1	36,9	40,3
Erträge an Stroh dz/ha .	52,4	87,5	86,2	99,5	113,7	113,4
Wassergehalt im Korn dz/ha	15,4	14,9	15,2	14,6	14,9	14,7
Klebergehalt %	22,8	21,5	23,0	24,0	29,0	28,0
Gütezahl	83,5	80,5	82,0	84,0	97,0	93,5
Backqualität	224,2	228,2	213,6	223,4	257,7	226,5
Keimfähigkeit	93,7	94,3	95,0	94,7	95,3	94,7

Es ist durch die steigenden N-Gaben der Ertrag wesentlich erhöht worden. Darüber hinaus ist der Klebergehalt erheblich angestiegen; das gleiche gilt für die Gütezahl und in gewissem Umfang auch für die Keimfähigkeit. Es ist durch die steigenden N-Gaben eine deutliche Verbesserung der Backqualität insgesamt erreicht worden.

In einem entsprechenden Versuch zu Winterroggen wurden von Linser und Primost (1959) folgende Ergebnisse erhalten (Tab. 540):

Tabelle 540. *N-Düngungsversuch zu Winterroggen (Petkuser)*

N-Gabe kg/ha	Ertrag		Rohprotein in %		P_2O_5- Gehalt in %		K_2O-Gehalt in %	
	Korn	Stroh	Korn	Stroh	Korn	Stroh	Korn	Stroh
0	18,1	36,6	8,44	2,50	0,80	0,25	0,50	1,15
40	24,1	42,7	—	—	—	—	—	—
80	30,2	50,4	9,56	2,19	0,85	0,30	0,50	1,30
120	33,5	62,0	9,58	3,50	0,90	0,30	0,60	1,55
160	37,4	66,9	9,94	3,69	0,85	0,35	0,50	1,80
200	40,3	73,7	12,13	3,75	0,85	0,25	0,50	2,00

Auch hier haben die N-Gaben bis zu 200 kg/ha (bei geteilter Verabreichung) selbst bei den hohen N-Gaben sich steigernd auf den Ertrag ausgewirkt. Der Gehalt an Rohprotein ist um nahezu 50% angestiegen. Die Gehalte an P_2O_5 sind trotz des starken Anstiegs der Erträge auf fast der gleichen Höhe geblieben; das gleiche gilt für den Kaligehalt im Korn, während er im Stroh sich stark erhöht hat.

Von Nehring und Schramm (1940) wurden in Düngungsversuchen zu abessinischer Nacktgerste folgende Ergebnisse erhalten (Tab. 541):

Tabelle 541. *N-Düngung und Proteingehalt bei Sommergerste (Abessinische Nacktgerste)*

N-Grunddüngung kg/ha	N-Gabe zusätzlich kg/ha	Gehalt in 88% Trockensubstanz		
		Rohprotein %	Reinprotein %	Amide %
—	—	12,25	11,81	0,44
50	—	13,81	13,63	0,88
50	30	14,75	14,44	0,33
50	50	16,25	15,94	0,31
70	50	16,44	15,94	0,50

Die Zusammenstellung läßt erkennen, daß unter dem Einfluß der verstärkten zusätzlichen N-Düngung eine deutliche Zunahme des Gehaltes an Rohprotein um mehr als 30% (relativ) eingetreten ist. Im Gegensatz zu den Ergebnissen mit der grünen Pflanze ist aber hier keine Zunahme des Anteils an Amiden eingetreten, sondern der verstärkt aufgenommene Stickstoff ist im üblichen Umfang als Protein abgelagert worden.

Zu der damaligen Zeit (1939) war es nicht möglich, die Änderungen in der Zusammensetzung des Eiweißes durch Bestimmung des Gehaltes an Aminosäuren zu verfolgen. Es wurden aber im Tierversuch die Änderungen in der Verdaulichkeit und in der biologischen Wertigkeit des Eiweißes nach dem Verfahren Thomas (1909)/Mitchell (1914) bestimmt.

Das Ergebnis war folgendes (Tab. 542):

Tabelle 542. *N-Düngung und biologische Wertigkeit des Gerstenproteins*

Sorte	N-Düngung kg/ha	Rohprotein	Verdauungs-koeffizienten	Biologische Wertigkeit
Isaria	—	11,25	73,5	60,7
Isaria	50 + 30	14,56	75,1	54,7
Hadostreng	—	10,81	74,0	54,6
Hadostreng	50 + 30	13,15	77,3	55,0
Abessinische Nacktgerste	—	14,44	72,1	59,4
Abessinische Nacktgerste	50 + 30	19,15	74,5	57,8

Tab. 542 zeigt, daß zunächst in allen Versuchsreihen bei erhöhtem Proteingehalt eine Verbesserung der Verdaulichkeit zu beobachten ist. Die Ergebnisse der Bestimmung der biologischen Wertigkeit sind nicht so eindeutig. Insgesamt überwiegt aber bei einem durch die Düngung erhöhten Gehalt an Rohprotein die Tendenz zu einem Rückgang der biologischen Wertigkeit, der aber gering ist, so daß dadurch der Gehalt an biologisch verwertbarem Eiweiß als Ausdruck des Gesamtwertes nicht wesentlich beeinflußt wird.

Dies findet seine Bestätigung darin, daß bei Untersuchungen von NEHRING und BOCK (1960) eine deutliche Minderung der biologischen Wertigkeit bei Körnermais bzw. bei verschiedenen Winterweizensorten in Versuchen an Ratten beobachtet worden ist, bei denen durch entsprechende N-Düngung der Gehalt an Protein erhöht worden ist, wie die folgenden Angaben zeigen (Tab. 543):

Tabelle 543. *Biologische Wertigkeit des Eiweißes (Rattenversuche)*

N-Gehalt %	Roh-protein %	Biologische Wertigkeit	N-Gehalt %	Roh-protein %	Biologische Wertigkeit	N-Gehalt %	Roh-protein %	Biologische Wertigkeit
Körnermais (Schindelmeiser)			Winterweizen					
			Tassilo			Austro-Baukat		
1,48	9,25	74,0 ± 1,8	2,16	13,50	62,2 ± 3,5	3,04	19,00	61,7 ± 1,8
1,78	11,13	71,1 ± 2,1	2,27	14,19	63,3 ± 3,2	3,18	19,87	60,5 ± 1,6
1,87	11,68	64,9 ± 1,7	2,49	15,56	58,9 ± 2,5	3,19	19,94	56,3 ± 1,9
2,62	16,38	64,5 ± 1,7						

In den USA hat man sich intensiv mit dem Zusammenhang zwischen dem Gehalt an Rohprotein und dem biologischen Wert des Eiweißes beschäftigt. Bei Untersuchungen von MITCHELL und Mitarbeitern (1952) wurden u. a. folgende Ergebnisse erhalten (Tab. 544):

Tabelle 544. *Beziehungen zwischen Proteingehalt und biologischer Wertigkeit beim Mais*

Versuchs-Nr.	N-Düngung	Roh-protein %	Biologische Wertigkeit des Eiweißes	Zein %	Gehalt im Protein Lysin %	Trypto-phan %
I	normal	7,32	68,6	23,2	2,92	0,87
	verstärkt	10,73	63,1	32,9	2,72	0,75
II	normal	13,47	46,9	46,4	2,19	0,71
	verstärkt	20,04	44,7	57,7	1,76	0,55
III	normal	9,23	56,8	45,1	2,19	0,76
	verstärkt	21,07	46,5	49,2	1,77	0,57

Hieraus ergibt sich mit aller Deutlichkeit, daß bei Zunahme des Proteingehaltes eine Minderung des biologischen Wertes (bestimmt im Rattenversuch) eingetreten ist. Tab. 544 läßt gleichzeitig die Ursache für die Minderwertigkeit in den Änderungen im Gehalt an den essentiellen Aminosäuren Lysin und Tryptophan erkennen, der bei erhöhtem Proteingehalt durch verstärkte N-Düngung deutlich zurückgeht. Dieser Rückgang im Lysin- bzw. Tryptophangehalt steht im engen Zusammenhang mit den Änderungen des Anteiles der einzelnen Fraktionen im Maisprotein. Mit der Zunahme des Proteingehaltes steigt der Anteil der Zeinfraktion deutlich an. Im Überschuß aufgenommene N-Mengen werden in Form von Zein abgelagert. Dieses hat einen niedrigen Gehalt an beiden Aminosäuren und so geht bei Zunahme dieser Eiweißfraktion der Gehalt an Lysin und Tryptophan im Gesamtprotein und damit die biologische Wertigkeit zurück. Untersuchungen von Säuberlich und Mitarbeitern (1953) bestätigten, daß im Mais mit erhöhtem Proteingehalt im allgemeinen der Gehalt an Lysin und Tryptophan niedriger liegt als bei Mais mit niedrigem Proteingehalt.

Diese Minderwertigkeit des Proteins bei erhöhtem Gehalt wurde in Versuchen an Ratten und Küken bestätigt.

Die Untersuchungen weisen somit darauf hin, daß die Minderwertigkeit des Getreideproteins bei erhöhtem Proteingehalt vor allem auf einen unzureichenden Gehalt an essentiellen Aminosäuren in bestimmten Eiweißfraktionen zurückzuführen ist, wie dies aus folgenden Angaben hervorgeht (Tab. 545):

Tabelle 545. *Aminosäuregehalt in % des Proteins (16%-N)*

	Zein	Hordein	Gliadin
Lysin	0,2	0,7	1,1
Tryptophan	—	0,8	1,1
Methionin	2,3	2,3	2,5

Es ist somit der Gehalt dieser drei Proteine an zwei essentiellen Aminosäuren (Lysin und Tryptophan) recht niedrig; dies gilt vor allem für das Lysin, dessen Gehalt gegenüber anderen hochwertigen Proteinen sehr niedrig liegt. Der Gehalt an Methionin liegt auf mittlerer Höhe.

In Untersuchungen des Instituts für Agrikulturchemie und Bodenkunde Rostock wurde diese Frage der Änderung des Anteils der einzelnen Eiweißfraktionen unter dem Einfluß der Düngung eingehend untersucht (Nehring). Es wurde mit Sommergerste gearbeitet, die in Gefäßversuchen durch verstärkte N-Düngung auf verschiedenen N- bzw. Proteingehalt angereichert worden war. Die Gerste wurde nach einem Extraktionsverfahren, das von Schwerdtfeger (1958) in Anlehnung an das bekannte Verfahren von Osborne (1924) entwickelt worden war, auf den Gehalt an den einzelnen Eiweißfraktionen untersucht. Es ergab sich folgende Verteilung der Eiweißfraktionen (Tab. 546):

Tabelle 546. *Anteil der N-Fraktionen in % des Gesamt-N*

N-Gehalt %	Albumin	Globulin	Hordein	Hordenin	lösl. N	Rest-N
1,34	4,4	12,3	9,9	26,5	9,7	37,2
1,65	4,4	11,9	12,1	23,6	9,2	38,8
2,09	2,2	10,9	14,7	30,3	6,7	35,3
2,81	2,9	9,4	15,9	32,4	6,5	32,9
3,16	3,8	8,5	23,6	32,8	7,0	24,3
3,40	3,8	7,6	26,7	33,2	7,8	20,9

Während die Anteile an Albumin und besonders an Globulin wie auch an nichtextrahierten N-Verbindungen (Rest-N) mit steigendem Rohproteingehalt zurückgehen, steigt der Anteil an Hordenin und besonders an Hordein (Prolamin) stark an. Man wird annehmen können, daß die beiden letzten Fraktionen, die Prolamine und Glutamine, die Formen sind, in denen die Pflanze versucht, überschüssige Mengen an N, die nicht mehr für die vitalen Zwecke der Zelle gebraucht werden, zur Ablagerung zu bringen und sie zu speichern. In diesen Fraktionen ist augenscheinlich das Aminosäurespektrum ein ungenügendes, wie sich aus dem Gehalt an Aminosäuren im Hordein im Verhältnis zum Gesamtprotein ergab (Tab. 547):

Tabelle 547. *Gehalt an Aminosäuren in %*

Aminosäure	Hordeinfraktion der Gerste	Gesamt-Gersten-eiweiß
Glycin	0,60	5,30
Alanin	1,48	4,95
Valin	2,32	2,53
Leucin + Isoleucin	8,97	10,15
Phenylalanin	3,88	3,33
Tyrosin	1,99	1,28
Serin	1,23	5,32
Threonin	1,92	4,05
Cystin	2,27	1,51
Methionin	0,91	0,72
Arginin	1,88	5,63
Histidin	2,32	2,32
Lysin	0,91	3,98
Asparaginsäure	1,90	7,12
Glutaminsäure	33,72	22,63

Im Vergleich zur Zusammensetzung des Gesamtproteins liegt in der Hordeinfraktion der Gehalt an den wichtigsten essentiellen Aminosäuren (Lysin, Threonin, Arginin) wesentlich niedriger, der Gehalt an Glutaminsäure jedoch bedeutend höher. Im Gehalt an den schwefelhaltigen Aminosäuren sind keine wesentlichen Änderungen eingetreten.

In dem Material aus den verschiedenen Düngungsreihen ist der Gehalt an Aminosäuren papierchromatographisch bestimmt worden. Die Gehalte an den wichtigsten Aminosäuren, die gewisse Änderungen zeigten, sind nachstehend wiedergegeben worden (Tab. 548):

Tabelle 548. *Gehalt an Aminosäuren im Gerstenkorn*

N-Gehalt %	Histi-din %	Lysin %	Methio-nin %	Threo-nin %	Gluta-min-säure %	Glycin %	Arginin %	NH_3-N %
1,34	2,40	4,75	2,78	4,47	20,19	5,54	6,26	13,43
1,65	2,54	4,33	2,69	4,14	19,36	4,86	5,55	14,25
2,09	1,84	4,03	2,05	3,65	19,61	4,80	5,30	14,85
2,81	1,71	3,29	3,01	3,77	19,72	4,17	5,95	16,42
3,16	1,95	3,65	3,70	3,90	21,52	4,25	6,08	17,00
3,40	2,09	3,44	2,92	3,84	22,36	4,05	6,10	16,80

Es ergibt sich, daß in Übereinstimmung mit den Ergebnissen der Hordein-untersuchung bei erhöhtem Proteingehalt und damit zusammenhängendem vermehrten Hordeingehalt der Gehalt an Lysin erheblich und der Gehalt an Threonin in geringerem Umfang zurückgegangen sind, dagegen an Arginin in den mittleren Düngungsvarianten. Die Methioningehalte zeigten bei erheblichen Schwankungen keine einheitliche Tendenz.

Michael und Blume (1960) sind zu ähnlichen Ergebnissen gekommen; auch in ihren Untersuchungen ergab sich eine deutliche Zunahme des Gehaltes an Prolamin (Hordein) und ein Rückgang der Globulinfraktion bei erhöhtem Proteingehalt. Bei diesen Untersuchungen wurde der Gehalt im Prolamin an Lysin, Arginin und an Glutamin- wie Asparaginsäure bei verschiedenen Anteilen des Prolamins am Gesamteiweiß untersucht. Die Ergebnisse waren folgende (Tab. 549):

Tabelle 549. *Gehalt an Aminosäuren in % in der Prolaminfraktion*

	Probe-Nr.					
	1	2	5	3	4	6
Prolaminanteil des Gesamtproteins in % ..	7,6	19,7	23,7	26,6	29,6	31,9
Lysin	0,9	0,9	1,0	0,9	0,9	1,1
Arginin	1,4	—	1,4	1,2	1,3	1,4
Glutaminsäure + Glutamin					47	
Asparaginsäure + Asparagin	2,1	1,8		1,7	1,8	

Trotz starker Verschiedenheit des Prolamingehaltes (7,6 bis 31,9%) an der Eiweißfraktion ist der Gehalt an den verschiedenen Aminosäuren im Prolamin praktisch nicht geändert worden. Dies bestätigt die ausgesprochene Ansicht, daß bei Änderung des Proteingehaltes (unter dem Einfluß der Düngung) sich nicht die Zusammensetzung der einzelnen Eiweißfraktionen ändert, sondern nur ihr Anteil am Gesamteiweiß.

Daraus ergibt sich, daß bei erhöhtem Proteingehalt und bei ungünstiger Zusammensetzung der betreffenden Eiweißfraktionen, die unter diesen Bedingungen zunehmen, eine Minderung der biologischen Wertigkeit eintritt, d. h. eine Verschlechterung der Eiweißqualität. Aber der Anstieg im absoluten Gehalt im Protein unter dem Einfluß der verstärkten Düngung ist wesentlich größer als die Wertminderung, so daß trotzdem mit einer Mehrproduktion an verwertbarem Eiweiß bei verstärkter N-Düngung zu rechnen ist.

Auch Schuphan und Mitarbeiter (1959) sind bei ihren Untersuchungen zu gleichen Ergebnissen gekommen.

Beachtung hat auch der Einfluß der N-Düngung auf den Eiweißgehalt und den biologischen Wert des Eiweißes bei der Kartoffel gefunden. Bekannt ist, daß zwar der Eiweißgehalt der Kartoffel niedrig liegt, jedoch ist die biologische Wertigkeit des Kartoffeleiweißes nach verschiedenen Untersuchungen (s. z. B. Mangold und Columbus 1938) eine recht hohe und bleibt nur wenig hinter der der hochwertigen tierischen Eiweißfutterstoffe zurück. Es liegen u. a. holländische Untersuchungen von Mulder und Bakema (1956) über den Einfluß verschieden hoher N-Düngung auf den Gehalt an Aminosäuren vor, wobei die Bestimmungen für das eigentliche Kartoffelprotein und die lösliche N-Fraktion getrennt durchgeführt wurden (Tab. 550):

Tabelle 550. *Zusammensetzung des Kartoffelproteins bei verschiedener N-Düngung (Gehalt an Aminosäuren in %)*

	Niedrige N-Gabe (40 kg N/ha)		Hohe N-Gabe (160 kg N/ha)	
	im Protein	in löslicher N-Fraktion	im Protein	in löslicher N-Fraktion
mg N je 10 g Trockensubstanz	78,7	32,8	107,4	66,6
Cystin + Cystein	1,1	0,7	1,3	0,3
Threonin	6,5	1,3	6,5	0,6
Valin	6,9	2,8	6,5	1,7
Methionin	2,8	1,9	3,1	1,0
Leucin	16,2	3,3	16,3	2,2
Phenylalanin	5,0	—	4,9	—
Tyrosin	4,2	2,1	4,6	1,3
Arginin	5,8	5,4	5,5	4,8
Tryptophan	1,8	—	1,9	—
Lysin	4,2	Sp.	4,0	Sp.
Histidin	2,5	1,0	2,6	0,6
Asparagin	—	34,6	—	41,4
Glutamin	—	9,1	—	13,3

Auch hier zeigt sich, daß die Zusammensetzung des eigentlichen Kartoffelproteins konstant ist und sich als unabhängig von der Düngung erweist. Es sind im Gehalt an Aminosäuren zwischen der niedrigen Gabe von 40 kg N und der hohen von 160 kg N/ha keine großen Unterschiede festzustellen. Demgegenüber ist die Zusammensetzung der löslichen N-Fraktion wesentlich wechselnder und hier läßt sich im allgemeinen ein Rückgang im Gehalt an essentiellen Aminosäuren (Threonin, Methionin u. a.) feststellen, während der Gehalt an Säureamiden eine deutliche Zunahme zeigt. Dieser Tatsache dürfte aber keine größere praktische Bedeutung zukommen; denn hier überwiegt stark der Einfluß der Düngung auf den Ertrag bzw. auf die Erhöhung des Eiweißgehaltes, so daß sich hieraus eine wesentliche Erhöhung des Ertrages an verwertbarem Protein ergibt.

Weitere umfangreiche Untersuchungen über die Beeinflussung der biologischen Wertigkeit durch N-Düngung bei Kartoffeln liegen von SCHUPHAN (1959) vor, der hierüber in einer Reihe von Arbeiten berichtet hat. Das Ergebnis dieser Untersuchungen läßt sich dahin zusammenfassen, daß die höchsten EAA-Indices, die nach dem Verfahren von OSER (1951) auf Grund des Gehaltes an essentiellen Aminosäuren berechnet werden, bei der mittleren N-Gabe von 40 bis 60 kg/ha erhalten worden sind. N-Mangel wie Überschuß (90 bis 200 kg N/ha) bewirken einen Rückgang in der biologischen Wertigkeit.

Bei den Zuckerrüben liegt gleichfalls eine große Anzahl von Untersuchungen über den Einfluß der Düngung auf Ertrag und Zusammensetzung, d. h. auf die Qualität vor. Auch hier ist der N-Düngung eine besondere Beachtung geschenkt worden. Es sind dabei insbesondere die Arbeiten von LÜDECKE und Mitarbeiter (1941) zu nennen, die sich intensiv mit dem Komplex des Einflusses der Düngung im Zuckerrübenbau beschäftigten.

Hier soll der Einfluß der N-Düngung an Hand von Untersuchungen von KOLBE (1956) dargestellt werden, der den Einfluß steigender N-Gaben bis zu einer Höhe von über 300 kg N/ha in mehrjährigen Versuchsreihen untersuchte. Die Frage der Qualität ist hier insofern kompliziert, als beim Anbau der Zuckerrübe zwei Ernteprodukte erhalten werden, die ganz verschiedenen Zwecken dienen, einmal die Rüben als Rohstoff für die Zuckerproduktion und das Blatt zur Lieferung von Futterstoffen. Die durch die Düngung in der Zusammensetzung hervorgerufenen Änderungen sind bei diesen beiden Produkten ganz verschieden zu bewerten. Daher wird man zur Beurteilung dieser Frage nicht nur die Änderungen in der Zusammensetzung, sondern auch die Verschiebungen im Anteil an Rüben und Blatt heranziehen müssen.

In Tab. 551 ist das Ergebnis der ersten Versuchsreihe des Jahres 1953 in bezug auf die Ertragsleistung bei Rübenköpfen und Blatt zusammengestellt worden:

Tabelle 551. *N-Düngung und Erträge bei Zuckerrüben*

N-Gabe kg/ha	Erträge dz/ha				Anteil in %	
	Rüben	Köpfe	Blatt	insges.	Rüben	Köpfe + Blatt
0	317,0	34,8	129,0	480,8	66,0	34,0
20	346,0	35,4	141,5	522,9	66,2	33,8
40	357,5	40,1	172,0	569,6	62,8	38,2
80	438,5	41,2	228,0	707,7	62,0	38,0
160	522,0	59,0	357,0	938,0	55,7	42,3
320	534,0	78,0	436,5	1049,0	50,9	49,1

Die Übersicht zeigt, daß bis zur höchsten N-Gabe von 320 kg/ha ein laufender Anstieg des Gesamtertrages (von 481 bis auf 1049 dz) eingetreten ist. Dieser Ertragszuwachs erstreckt sich jedoch nicht auf alle Anteile gleichmäßig. Vielmehr werden die Rübenerträge vornehmlich bis zu einer Gabe von 160 kg/ha erhöht, während die weitere Steigerung auf 320 kg nur noch eine geringe Ertragssteigerung bei den Rüben bewirkt, die innerhalb der Fehlergrenze liegt. Hingegen ist beim Zuckerrübenblatt durch die letzte N-Gabe eine weitere Ertragserhöhung um 80 dz, d. h. um mehr als 20% eingetreten, so daß die höhere Ertragsleistung bei der höchsten N-Gabe in erster Linie durch den Zuwachs an Blatt bedingt ist. Der Anteil an Blatt + Köpfen steigt bei Erhöhung der N-Gaben laufend an.

Die Beurteilung der Düngung gewinnt jedoch ein etwas anderes Gesicht, wenn man die Änderungen in der Zusammensetzung der Ernteprodukte berücksichtigt. Zunächst ergibt sich, daß der Gehalt an Trockensubstanz insbesondere durch die hohen N-Gaben nicht unwesentlich beeinflußt wird, wie Tab. 552 zeigt:

Tabelle 552. *N-Düngung und Trockensubstanzgehalt bei der Zuckerrübe*

N-Düngung kg/ha	Trockensubstanz						
	Rüben		Köpfe		Blatt		insges.
	%	dz/ha	%	dz/ha	%	dz/ha	dz/ha
0	24,9	79,0	27,1	9,4	16,2	20,9	109,3
20	25,1	87,0	26,6	9,4	16,6	23,5	119,9
40	24,8	88,5	26,6	10,7	16,5	28,4	127,6
80	25,1	110,0	25,0	10,3	15,7	35,9	156,2
160	24,7	129,0	24,1	14,2	15,0	53,5	196,7
320	23,3	124,5	22,3	17,4	13,7	60,0	201,9

Bis zu der mittleren Gabe von 80 kg N/ha wird der Gehalt an Trockensubstanz in den Rüben, Blatt und Köpfen relativ wenig geändert. Bei weiterer Erhöhung der N-Gabe geht der Trockensubstanzgehalt jedoch nicht unerheblich zurück, so daß insbesondere beim Blatt die Steigerung der Trockensubstanzerträge (angegeben in dz/ha) bei der Erhöhung der N-Gabe von 160 bis auf 320 kg/ha sich in sehr engen Grenzen hält.

Von besonderer Bedeutung erscheinen die Änderungen im Gehalt an N-haltigen Verbindungen. Während der Anstieg im Gehalt an Rohprotein im Blatt als ein qualitätsverbesserndes Merkmal anzusehen ist, durch das der Futterwert erhöht wird, ist eine Erhöhung des Gehaltes an N-Verbindungen, vor allem an löslichen, als ein qualitätsverminderndes Merkmal zu bezeichnen, da dadurch die Verarbeitung der Rüben auf Zucker erschwert wird.

In Tab. 553 werden die bei diesen Untersuchungen erhaltenen Werte für den Gehalt an den einzelnen N-Fraktionen wiedergegeben:

Tabelle 553. *Einfluß steigender N-Gaben auf die N-Fraktionen bei der Zuckerrübe (Rübe)*

N-Gabe kg/ha	Gehalt an N in % der Trockensubstanz					Gehalt an Protein		
	Gesamt-	Eiweiß-	lösl.	Nitrat-	schädlicher	Rohprotein	Reinprotein	Amide
0	0,41	0,25	0,16	0	0,14	2,56	1,56	1,00
20	0,42	0,27	0,15	0	0,14	2,63	1,69	0,94
40	0,45	0,28	0,17	0	0,15	2,84	1,75	1,06
80	0,54	0,32	0,22	0	0,20	3,38	2,00	1,38
160	0,67	0,34	0,33	0	0,30	4,19	2,13	2,06
320	0,87	0,38	0,49	0,02	0,44	5,44	2,38	3,06

In den Rüben steigt mit steigenden N-Gaben der Gehalt an Gesamt-N auf mehr als das Doppelte an. Während bei den Gaben bis zu 80 kg N/ha dieser Anstieg sich anteilsmäßig auf alle Fraktionen verteilt, nimmt bei den höheren Gaben insbesondere der Gehalt an löslichen N-Verbindungen (Amiden) zu und der Gehalt an eigentlichem Eiweiß steigt nur noch wenig an. Parallel zu dem Gehalt an den löslichen Verbindungen nimmt auch der Gehalt an schädlichem N bei Gaben über 80 kg deutlich zu. Bei der höchsten Gabe von 320 kg ist ein, wenn auch geringer Gehalt an NO_3-N nachzuweisen. Das bedeutet, daß bei den höheren Gaben über 150 kg/ha mit einer Erschwerung der Verarbeitung der Zuckerrüben gerechnet werden muß und eine Minderung der Ausbeute an Zucker zu erwarten ist.

Eine entsprechende Erhöhung des N-Gehaltes bei steigenden N-Gaben in den Rüben, insbesondere auch an löslichem N, konnte gleichfalls in kürzlich veröffentlichten Untersuchungen von FLORIAN und NIEMANN (1958) festgestellt werden. Dieser ist insbesondere durch Zunahme des Gehaltes an Glutamin und Glutaminsäure bedingt, die bis zu 80% bzw. 12% des N-Gehaltes dieser Fraktion erreichen können. Bei diesen Untersuchungen ergab sich noch, daß diesem ungünstigen Einfluß der hohen N-Gaben mit verstärkten Kaligaben entgegengearbeitet werden kann. Hier begegnet man der Tatsache, daß Stickstoff und Kali sich in entgegengesetzter Richtung auswirken.

Bei der Untersuchung des Zuckerrübenblattes wurden folgende Ergebnisse erhalten (Tab. 554):

Tabelle 554. *N-Düngung und N-Fraktionen im Zuckerrübenblatt*

N-Gabe kg/ha	Gehalt an N in %				Gehalt an Protein		
	Gesamt-	Eiweiß-	lösl.	Nitrat	Rohprotein	Reinprotein	Amide
0	1,78	1,36	0,42	0	11,13	8,50	2,63
20	1,67	1,29	0,38	0	10,44	8,06	2,38
40	1,70	1,28	0,42	0	10,63	8,00	2,63
80	1,73	1,28	0,45	0,01	10,81	8,00	2,81
160	2,15	1,53	0,62	0,01	13,44	9,56	3,88
320	2,79	1,87	0,92	0,14	17,44	11,69	5,75

Auch hier ist ein erhöhter Anstieg im N-Gehalt bzw. im Rohproteingehalt unter dem Einfluß der steigenden N-Gaben eingetreten. Wenn auch der Gehalt an Amiden relativ stärker angestiegen ist, so hat auch der Gehalt an Reinprotein erheblich zugenommen. Dazu kommt, daß die Amide im Stoffwechsel der Wiederkäuer verwertet werden können, so daß die Erhöhung des Gehaltes an Rohprotein durchaus als positiv zu werten ist. Etwas kritischer ist der Anstieg im Nitratgehalt bei der hohen N-Gabe von 320 kg zu bewerten; aber bis zu dieser Höhe wird eine N-Gabe praktisch nicht zur Anwendung gelangen.

Der Einfluß der steigenden N-Gaben auf den wichtigsten Bestandteil der Zuckerrüben, den Zucker, läßt sich aus Tab. 555 entnehmen:

Tabelle 555. *N-Düngung und Zuckergehalt der Rüben*

Versuchsjahr 1953			Versuchsjahr 1954		
N-Gabe kg/ha	Zuckergehalt %	Zuckerertrag dz/ha	N-Gabe kg/ha	Zuckergehalt %	Zuckerertrag dz/ha
0	18,8	59,6	0	18,2	61,4
20	19,0	65,8			
40	18,6	66,5			
80	19,0	83,3	75	17,9	78,8
160	18,3	95,3	150	17,6	79,1
320	17,3	92,6	300	16,4	74,8

Bis zur mittleren Gabe von 80 kg N/ha ist praktisch keine Änderung im Zuckergehalt festzustellen. Bei der Gabe von 160 kg scheint sich ein gewisser Rückgang anzudeuten, der bei einer Gabe von 320 kg deutlich in Erscheinung tritt. Das gleiche war in den folgenden Versuchsjahren 1954 und 1955 zu beobachten. Es tritt bei diesen N-Gaben sogar ein Rückgang im Zuckerertrag je ha in Erscheinung, so daß in Bezug auf die Zuckerbildung Gaben über 160 kg unbedingt als zu hoch anzusehen sind. Den Grund für den Rückgang im Zuckergehalt sieht Kolbe (1956) darin, daß bei steigendem Stickstoffangebot die Ablagerung von Zucker als Reservestoff verlangsamt wird, da die Kohlenhydrate in erheblichem Umfang für den durch die höhere N-Düngung verstärkten Eiweißstoffwechsel herangezogen werden, wobei gleichzeitig der Anteil an löslichen (schädlichen) N-Verbindungen zunimmt.

Unter Abwägung der hier erhaltenen Ergebnisse und der in der Literatur niedergelegten ist Kolbe (1956) zur Ansicht gekommen, daß unter Berücksichtigung der Ertragssteigerungen und der Qualitätsveränderungen einerseits in den Rüben, andererseits in dem Blatt eine N-Gabe von 150 bis 160 kg als Grenze anzusehen ist, die der Praxis empfohlen werden kann. Dies steht in Übereinstimmung mit dem von Lüdecke und Sammet (1941) aufgestellten Ansichten, die neben der Stallmistgabe eine N-Gabe von 90 bis 130 kg/ha vertreten.

c) Einfluß der N-Düngung auf Inhaltsstoffe der Pflanzen

Während im allgemeinen bei den Untersuchungen über den Einfluß der N-Düngung auf die Qualität die Fragen des Proteingehaltes bzw. des Wertes der verschiedenen N-Fraktionen im Vordergrund stehen, haben auch die Änderungen im Gehalt an weiteren Qualitätsfaktoren unter dem Einfluß der N-Düngung größeres Interesse gefunden. Es soll zunächst die Beeinflussung des Gehaltes an Carotin behandelt werden, da das Carotin als ein wesentlicher Qualitätsfaktor bei der Ernährung von Mensch und Tier anzusehen ist.

Das Ergebnis dieser Untersuchungen läßt sich im allgemeinen dahin zusammenfassen, daß zwischen N-Düngung, Protein- und Carotingehalt (bzw. auch Chlorophyllgehalt) enge Beziehungen bestehen, und daß unter dem Einfluß steigender N-Gaben und damit verbundener Erhöhung des Proteingehaltes fast immer ein deutlicher Anstieg im Carotingehalt festzustellen ist. Dies zeigen z. B. Untersuchungen, die von PFÜTZER, PFAFF und ROTH (1952) in der Versuchsstation Limburgerhof durchgeführt worden sind. Es wurden bei Versuchen an Spinat folgende Ergebnisse erhalten (Tab. 556):

Tabelle 556. *Einfluß der N-Düngung auf den Gehalt an Carotin (Gefäßversuch mit Spinat)*

Düngung je Gefäß	N %	mg % Carotin (in Trockensubstanz)
PK	1,85	16,7
PK + 75 mg N	1,75	14,7
PK + 15 mg N	1,66	14,9
PK + 30 mg N	1,63	18,2
PK + 60 mg N	1,73	20,6
PK + 90 mg N	1,84	22,8
PK + 250 mg N	2,86	44,6
PK + 500 mg N	4,14	62,2

Mit steigenden N-Gaben ist ein ganz wesentlicher Anstieg im Carotingehalt bei Spinat beobachtet worden. Im Feldversuch wurde dieses Bild bestätigt, wie die folgenden Angaben zeigen (Tab. 557):

Tabelle 557. *Einfluß der N-Düngung auf den Carotingehalt (Feldversuch mit Spinat)*

Düngung	N %	mg % Carotin (in Trockensubstanz)
PK	2,31	32,2
PK + 30 kg N/ha	3,00	24,7
PK + 60 kg N/ha	4,24	51,3
PK + 90 kg N/ha	4,85	52,7
PK + 150 kg N/ha	5,18	57,5
PK + 200 kg N/ha	5,41	57,6

Auch hier ist eine wesentliche Erhöhung im Carotingehalt festzustellen; ein gleiches Ergebnis wurde bei Untersuchungen von SCHARRER und BÜRKE (1953) in Gefäßversuchen erhalten.

Es wurde bei den N-Mangelversuchen nur ein geringer Carotingehalt (2,4 mg/kg) festgestellt, der durch die steigenden N-Gaben bis auf über 90 mg erhöht worden ist. Durch steigende P-Gaben wurde der Carotingehalt dagegen nur sehr wenig erhöht (s. S. 1297).

Bei Untersuchungen an Grünroggen erwies sich auch die N-Form von gewissem Einfluß auf den Carotingehalt (Tab. 558):

Tabelle 558. *Einfluß verschiedener N-Formen auf den Carotingehalt bei Grünroggen*

Düngung	mg % in Trockensubstanz
ungedüngt	17,0
PK	22,8
PK + Natronsalpeter	36,2
PK + Chilesalpeter	43,4
PK + Kalksalpeter	58,1
PK + schwefelsaures Ammoniak	31,7
PK + Harnstoff	55,5
PK + Ammonsalpeter	61,9

Den höchsten Carotingehalt hat in diesen Versuchen mit Grünroggen die Düngung mit Kalk- und Ammonsalpeter ergeben.

Im Gegensatz zur N-Düngung haben die K- und P-Düngung keinen oder nur geringen Einfluß auf den Carotingehalt ausgeübt, wie u. a. aus den oben erwähnten Arbeiten von Pfützer und Mitarbeiter (1952) wie auch aus Untersuchungen von Steger, Püschel und Kastorf (1959) hervorgeht (s. auch S. 1297 und 1311).

Hingegen ergab sich aus den bereits erwähnten Untersuchungen von G. Pfützer ein deutlicher Einfluß der Magnesiumdüngung auf den Carotingehalt von Spinat (Tab. 559):

Tabelle 559. *Mg-Düngung und Carotingehalt im Spinat*

Mg-Düngung g/Gefäß	mg Carotin pH = 4,2 (ohne Ca)	in Trockensubstanz pH = 7,4 (+ Ca)
—	39	15
0,58	51	30
1,16	57	43
1,74	49	58

Mit steigenden Mg-Gaben sind die Gehalte an Carotin ganz wesentlich angestiegen. Die Bodenreaktion hat ihrerseits einen erheblichen Einfluß auf den Carotingehalt ausgeübt. Bei der Kalkdüngung liegt zunächst der Carotingehalt wesentlich niedriger; er wird aber durch die steigenden Mg-Gaben sehr stark erhöht, so daß er dann auf der gleichen Höhe liegt wie bei dem niedrigen pH-Wert.

Von besonderem Interesse erscheint das Ergebnis der Untersuchungen von Scharrer und Bürke (1953) über den Einfluß gesteigerter Ca- und Na-Gaben auf den Carotingehalt des Zuckerrübenblattes (Tab. 560).

Bei steigenden Ca-Gaben steigt zunächst der Carotingehalt bis zur dritten Gabe deutlich an, um dann bei weiterer Steigerung schnell zurückzugehen. Das gleiche Bild ergab sich aus den Versuchsreihen mit gesteigerten Na-Gaben. Hier werden die höchsten Carotingehalte bereits bei der zweiten Na-Gabe erhalten. Bei erhöhten Na-Gaben waren nur noch recht geringe Carotingehalte festzustellen. Dies zeigt, daß das gegenseitige Verhältnis der Nährstoffe von wesentlichem Einfluß auf den Carotingehalt ist. Ca und Na verbessern somit im Rahmen einer harmonischen Volldüngung den Carotingehalt. Ein einseitiger Überschuß an beiden Elementen wirkt dagegen erniedrigend auf den Gehalt.

Tabelle 560. *Gefäßversuch mit Zuckerrüben. Einfluß gesteigerter Ca- und Na-Düngung auf den Carotingehalt*

Düngung	mg Carotin in 100 g Trockensubstanz	Carotinertrag mg/Gefäß
Grunddüngung $+ Ca_1$	22,6	4,06
Grunddüngung $+ Ca_2$	34,5	4,54
Grunddüngung $+ Ca_3$	50,4	5,54
Grunddüngung $+ Ca_4$	31,1	2,41
Grunddüngung $+ Ca_5$	12,7	0,68
Grunddüngung $+ Ca_6$	9,7	0,50
Grunddüngung $+ Na_1$	22,7	3,79
Grunddüngung $+ Na_2$	50,6	7,65
Grunddüngung $+ Na_3$	13,7	0,74
Grunddüngung $+ Na_4$	7,2	0,35
Grunddüngung $+ Na_5$	7,9	0,23

Von vielfachem Interesse sind auch die Änderungen des Chlorophyllgehaltes in Abhängigkeit von der Düngung. Der größte Einfluß wird auch hier von der N-Düngung ausgeübt. Als Beispiel soll hier das Ergebnis von Untersuchungen wiedergegeben werden, die von HÜBNER (1949) an Gräsern durchgeführt worden sind.

In Gefäßversuchen mit variierender Stickstoff- und Kalidüngung wurden folgende Ergebnisse erhalten (Tab. 561):

Tabelle 561. *Einfluß der Düngung auf den Chlorophyllgehalt (Gefäßversuch mit Lieschgras)*

Datum	Düngung	Chlorophyll				Eiweißgehalt in % der Trockensubstanz			
		0,5 n	1,0 n	2,0 n	5,0 n	0,5 n	1,0 n	2,0 n	5,0 n
7. IX. 1939	N	0,77	0,86	0,98	0,97	18,7	20,3	22,6	25,6
	K	0,82	0,86	0,88	0,80	19,0	19,8	20,9	20,1
	N + K	0,74	0,87	0,99	0,84	18,5	20,1	23,0	22,7
11. VII. 1940	N	0,52	0,55	0,75	0,80	15,9	15,5	21,0	24,8
	K	0,63	0,63	0,64	0,63	16,7	18,0	21,1	14,4
	N + K	0,53	0,54	0,78	—	18,6	18,7	22,2	
26. VIII. 1940	N	0,58	0,66	0,75	0,88	17,2	18,3	18,3	25,4
	K	0,65	0,65	0,75	0,65	18,0	19,3	22,7	18,4
	K + K	0,54	0,62	0,74		16,2	19,1	22,7	

n = 0,50 g NH_4NO_3
= 1,54 g KCl

Es zeigt sich hier ein enger Zusammenhang zwischen Chlorophyll- und Proteingehalt. Bei Anstieg des Proteingehaltes durch steigende N-Gaben (in der N-Düngungsreihe wie in der K + N-Düngungsreihe) nimmt der Chlorophyllgehalt deutlich zu (in stärkerem Maße als der N-Gehalt). Die Wirkung der Kalidüngung hängt von den Änderungen des Proteingehaltes ab. Bei den ersten Kaligaben (bis 2 n) steigt dieser an und im Zusammenhang ist auch der Chlorophyllgehalt angestiegen. Bei weiterer Erhöhung der Kaligabe (bis auf 5 n) geht der Gehalt an Rohprotein und demzufolge auch an Chlorophyll zurück.

Dieses Ergebnis wurde in eigenen, kürzlich durchgeführten Untersuchungen bestätigt (NEHRING und SCHÜTT 1961), bei denen neben dem Chlorophyllgehalt auch der Gehalt an Protein und Carotin bestimmt wurde. Es wurde hier mit Grünhafer, Grünweizen und Grüngerste gearbeitet, wobei in allen Versuchsreihen die gleichen Ergebnisse erhalten worden sind. Als Beispiel soll hier das Ergebnis der Versuche mit Grünhafer (Feldversuch) mitgeteilt werden (Tab. 562).

Tabelle 562. *Einfluß der N-Düngung auf den Gehalt an Chlorophyll, Carotin und Rohprotein bei Grünhafer (Feldversuch)*

Grunddüngung: 60 kg P_2O_5/ha   gesät am: 13. IV. 1960
120 kg K_2O/ha   geerntet am: 14. VI. 1960

N-Gabe kg/ha	Trockensubstanz %	Gehalt in der Trockensubstanz		
		Rohprotein %	Carotin mg/kg	Chlorophyll E/g Trockensubstanz
0	19,48	9,58	166,8	0,184
25	19,24	9,20	173,4	0,301
50	17,49	10,80	199,8	0,407
100	16,32	13,37	259,6	0,534
150	15,48	15,19	271,6	0,590
200	15,01	17,30	300,0	0,665
300	14,53	19,51	326,6	0,713

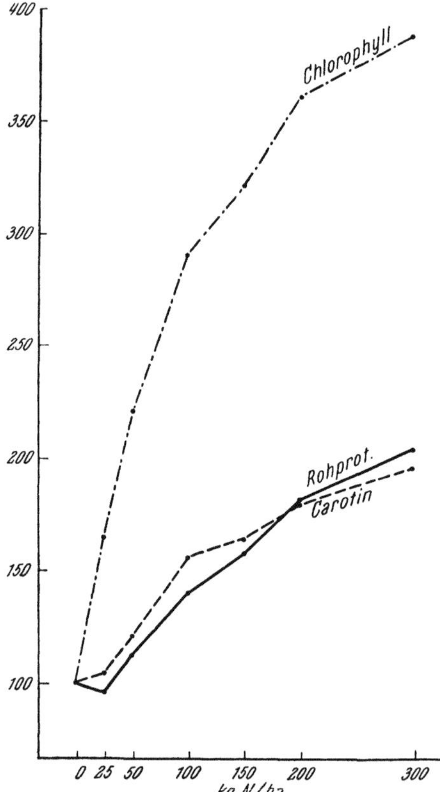

Abb. 283. N-Düngung und Gehalt an Carotin und Chlorophyll bei Grünhafer (nach K. Nehring und W. Schütt 1960)

Die steigenden N-Gaben haben sich in einer starken Erhöhung des Gehaltes an Rohprotein (von 9,5 auf 19,5%) und desgleichen an Carotin wie auch Chlorophyll ausgewirkt. Während der Anstieg im Rohprotein- und Carotingehalt etwa parallel miteinander verläuft, wie Abb. 283 zeigt, ist der Anstieg im Chlorophyllgehalt wesentlich stärker.

Von Interesse ist, daß der Anstieg im Chlorophyllgehalt bereits in erheblichem Umfang einsetzt, wenn der Proteingehalt bei dem erheblichen Anstieg der Erträge gegenüber der N-Mangeldüngung noch zurückgeht, eine Erscheinung, die vielfach zu beobachten ist. Inwieweit hier Zusammenhänge zwischen dem niedrigen Chlorophyllgehalt und der unzureichenden Assimilationstätigkeit stehen, kann an dieser Stelle nicht erörtert werden.

Über den Einfluß der Düngung auf den Vitamin-B_1-Gehalt liegen u. a. Untersuchungen von Scharrer und Preisner (1954) vor; sie arbeiteten mit Gefäßversuchen zu verschiedenen Früchten. Über das Ergebnis gibt Tab. 563 Auskunft.

Die steigenden N-Gaben haben sich bei allen untersuchten Früchten erhöhend auf den Gehalt an Vitamin B_1 ausgewirkt. Selbst bei der letzten N-Gabe (1,2 g N je Gefäß) wurden die Gehalte noch erhöht, trotzdem hier verschiedentlich bereits Ertragsdepressionen auftraten.

Tabelle 563. *Einfluß der N-Düngung auf den Gehalt an Vitamin B_1 im Korn (in der Trockensubstanz)*

Düngung je Gefäß	Sommerweizen (Peragis)		Sommergerste (Isaria)		Hafer (Flämings Gold)	
	Ertrag g	Vit. $B_1/$ 100 g	Ertrag g	Vit. $B_1/$ 100 g	Ertrag g	Vit. $B_1/$ 100 g
—	3,0	324,3	4,3	440,5	0,7	249,8
PK	2,7	383,0	3,4	418,9	0,6	(47,6 ?)
PK +0,4 g N	12,0	479,2	11,9	380,5	10,7	405,5
PK +0,8 g N	16,0	537,3	14,6	499,2	12,7	589,8
PK +1,2 g N	15,7	569,1	3,4	517,9	12,5	595,8

Als ein weiterer qualitätsbestimmender Faktor für die menschliche Ernährung ist der Gehalt an Vitamin C zu nennen. Aus den umfangreichen Untersuchungen, die zu der Frage der Abhängigkeit des Gehaltes an Vitamin C von der Düngung durchgeführt worden sind, sollen zunächst Arbeiten von SCHARRER und WERNER (1957) erwähnt werden, die in Gefäßversuchen, vor allem an Gemüse, durchgeführt worden sind. Es wurden hierbei folgende Ergebnisse erhalten (Tab. 564):

Tabelle 564. *Einfluß der Düngung auf den Vitamin-C-Gehalt*

Düngung	Gesamt-Vitamin-C-Gehalt mg/10 g Trockensubstanz		
	Grünkohl	Mangold	Rosenkohl
KP +N$_1$	73,7	43,2	57,4
KP +N$_2$	73,0	36,0	55,6
+N$_3$	68,4	30,1	53,7
+P$_1$	70,0	50,0	55,2
KN +P$_2$	73,0	36,0	55,6
+P$_3$	71,3	27,7	58,1
+K$_1$	65,1	29,7	48,5
NP +K$_2$	73,0	36,0	55,6
+K$_3$	78,4	41,5	58,1

Auf Grund dieser Untersuchungen wie in Auswertung von Ergebnissen der Literatur kommen die Verfasser zu folgenden Schlußfolgerungen:

1. Stickstoffdüngung wirkt im allgemeinen ungünstig auf den Vitamin-C-Gehalt, wenn auch der Ertrag an Vitamin C beträchtlich gesteigert wird.

2. Phosphorsäuredüngung verhält sich meistens indifferent.

3. Das Kalium zeigt im allgemeinen eine ausgesprochene Wirkung auf den Gehalt an Vitamin C und wirkt deutlich erhöhend.

4. Auch die Zufuhr von Mikronährstoffen beeinflußt den Vitamin-C-Gehalt; dies gilt insbesondere für das Mangan, wie das folgende Beispiel zeigt (Tab. 565):

Tabelle 565. *Mangandüngung und Vitamin-C-Gehalt*

Mn-Gabe	Gesamt-Vitamin-C-Gehalt mg/10 g Trockensubstanz		
	Grünkohl	Mangold	Senf
—	67,0	33,0	89,3
10 mg	73,0	36,0	107,7
50 mg	72,0	39,7	69,4
100 mg	71,6	32,1	78,9

Eine mittlere Zufuhr wirkt deutlich erhöhend auf den Vitamin-C-Gehalt bei allen hier aufgeführten Versuchspflanzen, während höhere Gaben wiederum eine Depression verursachen.

Bei Untersuchungen über den Vitamin-C-Gehalt des Grünlandes ist OTT (1938) praktisch zu den gleichen Ergebnissen gekommen wie SCHARRER und WERNER (1957), d. h. zu einer Minderung des Gehaltes bei N-Düngung, zu einer geringen Wirkung der P-Düngung und zu einer deutlich positiven Wirkung der K-Düngung.

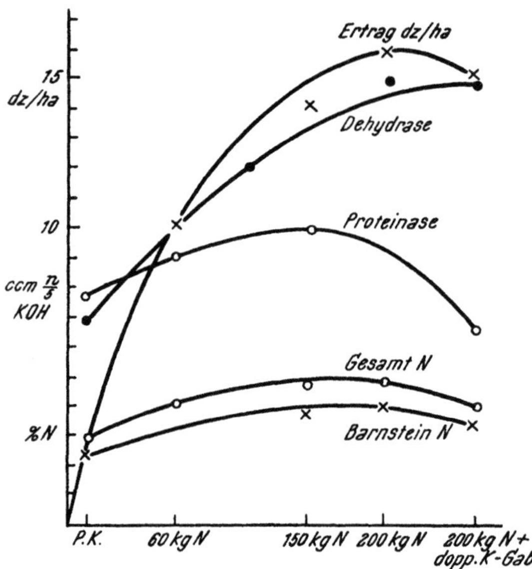

Abb. 284. N-Düngung und Enzymaktivität (nach SCHOENEBECK)

Bei diesen Untersuchungen ist auch der Gehalt an Carotin im Grünlandaufwuchs bestimmt worden. Es wurden bei diesen Untersuchungen die gleichen Ergebnisse erhalten wie bei den früher angegebenen Arbeiten.

In den Begriff der Qualität müssen auch die inneren Eigenschaften der pflanzlichen Stoffe einbezogen werden, die sich in dem Ablauf ihrer Lebensvorgänge äußern, z. B. in der Fermentaktivität. Über den Einfluß der Düngung auf die Fermentaktivität liegen u. a. Untersuchungen von SCHOENE-BECK (1938) vor. Er bezog sich hierbei im besonderen auf zwei Fermentsysteme, die Proteinasen und Dehydrasen und untersuchte den Einfluß der N-Düngung auf ihre Aktivität. Das Ergebnis dieser Untersuchungen, die an Spinat durchgeführt wurden, soll in Abb. 284 zum Ausdruck kommen.

Es ergibt sich aus Abb. 284, daß unter dem Einfluß der steigenden N-Düngung der Gehalt an Gesamt-N (Rohprotein) deutlich angestiegen ist, desgleichen auch der Gehalt an Reinprotein.

Parallel dazu hat sich die Fermentaktivität der Proteinasen wie der Dehydrasen erhöht. Die Verdoppelung der Kalidüngung hat hingegen einen Rückgang im Proteingehalt und auch in der Fermentaktivität mit sich gebracht.

In neueren Untersuchungen haben sich in Gemeinschaftsarbeit mehrerer Institute ALTEN u. a. (1960) mit der Vitalität von Pflanzkartoffeln und ihrer Beeinflussung durch die Düngung, insbesondere durch die Kalidüngung, beschäftigt. Es wurden neben der Feststellung der Erträge, der Trockenmasse und des Stärkegehaltes die Atmungsintensität, der Keimungsverlauf, die Aktivität von kohlenhydratabbauenden Enzymen und Atmungsenzymen, der Phosphat-, Kohlenhydrat- und N-Stoffwechsel sowie die Entwicklung des Nachbaues bestimmt. Es wurde zusammenfassend festgestellt, daß die verschiedene Kalidüngung, wobei auch der Einfluß der verschiedenen Kaliformen (Sulfat und Chlorid) untersucht worden ist, keinen deutlichen Einfluß auf die Stoffwechselvorgänge während der Lagerung ausübt. Diese wurden durch den Einfluß der Lagerdauer und der Lagertemperatur, wobei insbesondere der Prolinstoffwechsel starke Änderungen aufwies, überdeckt.

Im besonderen haben sich HOFFMANN und Mitarbeiter (1959) mit der Frage der Aktivität von Atmungs- und Oxydationsfermenten und damit in Zusammenhang auch mit dem Gehalt der verschiedenen Kohlenhydrate in Abhängigkeit von der Düngung beschäftigt. Hier sollen die von AMBERGER (1955, 1958) durchgeführten Untersuchungen erwähnt werden, der den Gehalt an kohlenhydratspaltenden Fermenten in verschiedenen Pflanzen (Gräser, Klee, Möhren, Kartoffeln) untersuchte.

Das Ergebnis der Untersuchungen mit Weidelgras, bei dem gleichzeitig der Gehalt an den verschiedenen Kohlenhydraten bestimmt wurde, ist in Tab. 566 wiedergegeben:

Tabelle 566. *Versuche mit Weidelgras*

Düngung	fermentat. Hydrolyse		Kohlenhydratfraktion			
	Saccharase	Amylase	Stärke %	Saccharose %	reduzierter Zucker %	Summe %
a) Einfluß der N-Düngung						
ohne N	11,7	39,4	11,29	11,51	4,35	27,15
+0,75 g N	12,2	48,6	10,72	10,34	4,67	25,73
+1,5 g N	13,1	49,4	10,97	3,98	5,33	20,28
+3,0 g N	13,0	49,8	11,62	3,38	4,41	18,41
b) Einfluß der Kalidüngung						
ohne K	14,1	48,4	14,19	1,12	4,11	19,42
+0,75 g K₂O	12,8	46,0	16,93	1,75	4,12	22,80
+1,5 g K₂O	9,2	42,3	16,95	2,02	3,23	25,20
+3,0 g K₂O	9,6	42,3	17,86	2,17	2,86	22,89

Die Düngung hat somit einen ‚wesentlichen Einfluß auf die Aktivität der Carbohydrasen ausgeübt. Dabei geht die Wirkung der Stickstoff- und Kalidüngung in entgegengesetzter Richtung. Die N-Düngung verstärkt die Aktivität der Carbohydrasen und bewirkt einen Rückgang im Gehalt an niedermolekularen Kohlenhydraten, wobei dieser in erster Linie durch den starken Rückgang des Gehaltes an Saccharose bedingt ist. Die Kalidüngung übt einen entgegengesetzten Einfluß aus; sie setzt die Fermentaktivität herab und übt durch die Verminderung des Kohlenhydratabbaues einen günstigen Einfluß aus; der Gehalt an Kohlenhydraten steigt an. Dies gilt insbesondere für den Gehalt an Stärke wie auch an Saccharose.

Auch in Versuchen an Rotklee bestätigte sich dieses Bild. Die Aktivität der Carbohydrasen nahm bei N-Düngung zu, bei der K-Düngung ab. Dieser

Tabelle 567. *Einfluß der N-Düngung auf die Aktivität der Oxydationsfermente (Versuche mit Weidelgras)*

N-Düngung	Katalaseaktivität	Peroxydase-aktivität	Verluste an Trockensubstanz in 7 Tagen
ohne N	25,3	6,05	5,60
1 × N	27,3	9,05	5,33
2 × N	35,55	9,45	5,83
4 × N	37,65	10,35	9,83

Rückgang in der Aktivität der Carbohydrasen durch die K-Düngung wirkt sich in einer Verbesserung der Lagerfähigkeit und demzufolge in einer Minderung der Verluste bei der Lagerung aus. Das gleiche Bild ergibt sich bei der Bestimmung von Oxydationsfermenten, wie aus Tab. 567 zu ersehen ist.

Wie bei den Carbohydrasen nimmt die Katalase- und Peroxydaseaktivität unter dem Einfluß der steigenden Stickstoffgaben deutlich zu. Dies wirkt sich dementsprechend in einer Erhöhung der Verluste bei der Trocknung aus. Durch die Kalidüngung wird die entgegengesetzte Wirkung ausgelöst (s. S. 1314 f).

Während die bisher genannten Inhaltsstoffe der Pflanzen fast ausschließlich als qualitätserhöhend angesehen werden können, sind jedoch auch verschiedene Inhaltsstoffe bekannt, die als qualitätsmindernd zu betrachten sind. Dies kann einmal bedingt sein durch eine Verschlechterung der Geschmackseigenschaften, wodurch die Nahrungs- bzw. Futteraufnahme vermindert wird. Die Stoffe können weiterhin toxische Eigenschaften besitzen und damit schädigend auf den Gesundheitszustand von Mensch und Tier einwirken, und schließlich können durch ihre Gegenwart andere lebensnotwendige Stoffe festgelegt werden, so daß diese nicht ausgenutzt werden können. Vielfach sind diese Eigenschaften miteinander gekoppelt.

Als Beispiel für einen derartigen Inhaltsstoff und seine Beeinflussung durch die Düngung soll hier die Oxalsäure behandelt werden, die in der letzten Zeit die Aufmerksamkeit sowohl seitens der Human- wie auch der Tierernährung auf sich gezogen hat. Die Oxalsäure kann einmal toxisch wirken, indem es bei der Aufnahme größerer freier Mengen an Oxalsäure zu Erscheinungen der Oxalurie kommen kann; sie kann weiterhin zur Bildung von Nierensteinen führen.

Nach Müller (1944) sollen 80% aller Nierensteine aus Oxalaten bestehen. Und schließlich kann Oxalsäure durch das Festlegen von Calcium als unlösliches Calciumoxalat rachitogen wirken und dadurch den Ca-Bedarf erhöhen. Dies ist ein Problem, das insbesondere für die Tierernährung von Bedeutung ist, da z. B. im Herbst zur Zeit der Rübenblattfütterung erhebliche Mengen an Oxalsäure zur Aufnahme gelangen. So ist die Beeinflussung des Gehaltes an Oxalsäure durch die Düngung ein nicht unwichtiges Problem, zumal sich ergeben hat, daß eine erhebliche Beeinflussung durch die verschiedenen Düngungsmaßnahmen eintreten kann.

Aus dem Kreis der vorliegenden Arbeiten sollen hier insbesondere Untersuchungen von Grütz (1956) sowie von Scharrer und Jung (1953) behandelt

Tabelle 568. *Einfluß der Ca-Düngung auf den Oxalsäuregehalt*

| | in der Trockensubstanz | | | | |
| g CaO je Gefäß | in % | | mval | | |
	CaO	Oxalsäure	CaO	Oxalsäure	Differenz
	a) Zuckerrübenblatt				
4	1,05	0,72	37,5	15,8	+ 21,7
8	2,38	2,45	85,0	54,4	+ 30,6
12	3,93	4,66	140,1	103,6	+ 36,5
16	5,19	5,69	185,4	126,4	+ 59,0
20	6,45	8,44	230,0	187,5	+ 42,0
	b) Spinat				
2	0,84	0,84	30,0	18,6	+ 11,4
4	0,85	0,89	30,6	19,7	+ 10,9
8	1,13	2,66	40,3	49,1	— 8,8
12	1,40	3,61	50,0	80,1	—30,1

werden. Zunächst sollen die vom ersten Autor erhaltenen Ergebnisse wiedergegeben werden. GRÜTZ arbeitete in erster Linie mit Gefäßversuchen. Als allgemeines Ergebnis kann zuerst herausgestellt werden, daß alle Maßnahmen, durch die der Ca-Gehalt erhöht wird, größtenteils auch einen Anstieg im Oxalgehalt bedingen bzw. die Maßnahmen, durch die der Ca-Gehalt erniedrigt wird, umgekehrt einen Rückgang im Oxalsäuregehalt mit sich bringen. Demzufolge ist auch der Einfluß der Ca-Düngung ein besonders starker, wie aus Tab. 568 hervorgeht.

Es ist der Gehalt an CaO im Zuckerrübenblatt stark angestiegen, aber noch stärker der Gehalt an Oxalsäure (von 0,7 auf 8,4%). Beim Spinat ist der Anstieg an Oxalsäure so hoch, daß bei der stärkeren Kalkgabe mehr Oxalsäure vorhanden ist, als an Calcium gebunden werden kann.

Bei der Stickstoffdüngung wirken sich die verschiedenen N-Formen verschieden (Tab. 569) aus.

Tabelle 569. *Einfluß der Stickstoffdüngung auf den Oxalsäuregehalt*

Ammonnitrat		Natriumnitrat	
N-Gabe je Gefäß g	Oxalsäure %	N-Gabe je Gefäß g	Oxalsäure %
0,15	2,14		
0,30	1,90	0,25	5,25
0,50	1,84	0,50	5,39
0,75	1,49		
1,00	1,08	1,00	8,73
1,50	0,99		
2,00	0,60		

Bei der Düngung mit NO_3-N liegt der Gehalt an Oxalsäure deutlich höher als bei NH_4-Düngung. Anstieg der N-Düngung in Form von Nitrat erhöht den Gehalt an Oxalsäure; Düngung mit Ammonnitrat wirkt sich hingegen anscheinend in einer Herabsetzung des Oxalsäuregehalts aus.

Der Einfluß der Kalidüngung (Tab. 570) ist bei den beiden untersuchten Versuchspflanzen ein verschiedener.

Tabelle 570. *Einfluß der K-Düngung*
Kalium-, Calcium- und Oxalsäuregehalt bei steigenden Kaligaben

g K_2O je Gefäß	in der Trockensubstanz					
	in %			in mval		
	K_2O	CaO	Oxalsäure	CaO	Oxalsäure	Differenz
a) Zuckerrübenblatt						
—	0,35	4,62	6,46	164,5	143,5	+21,0
0,2	0,46	3,36	2,80	120,0	62,2	+57,8
0,4	1,24	2,85	2,83	101,6	58,4	+43,2
1,0	1,88	2,90	2,93	105,0	65,1	+39,9
b) Spinat						
—	2,54	1,33	0,61	47,5	13,5	+34,0
0,1	2,80	1,41	0,74	50,3	16,4	+33,9
0,32	5,00	1,96	0,81	70,0	18,0	+52,0
0,64	5,99	1,61	1,08	57,5	24,0	+33,5
0,80	7,68	1,68	1,49	60,0	33,1	+26,9

Beim Zuckerrübenblatt hat, wie im allgemeinen schon auf Grund des Kalk-Kaligesetzes von Ehrenberg (1920) zu erwarten ist, die Kalidüngung sich in einer Verminderung des Ca-Gehaltes ausgewirkt und in Verbindung damit geht der Gehalt an Oxalsäure in noch stärkerem Maße zurück. Beim Spinat liegt umgekehrt eine gewisse Tendenz des Anstiegs im Ca-Gehalt unter dem Einfluß der steigenden Kaligaben — auf die Gründe kann hier nicht eingegangen werden — vor und hier steigt der Gehalt an Oxalsäure deutlich an.

Bei der Kalidüngung ist des weiteren ein Einfluß des begleitenden Anions deutlich vorhanden. Das Chlorid gibt einen etwas höheren Oxalsäuregehalt in der Pflanze als das Sulfat (Tab. 571):

Tabelle 571. *Oxalsäurebildung in Spinat bei Chlorid- und Sulfatdüngung*

g K$_2$O	Oxalsäure in % der Trockensubstanz	
	bei Chloriddüngung	bei Sulfatdüngung
0	9,12	7,82
100	8,36	6,26
200	7,52	6,53

Auch der Einfluß der P-Düngung auf den Gehalt an Oxalsäure steht mit den Änderungen im Ca-Gehalt in Verbindung (Tab. 572).

Tabelle 572. *Phosphatversorgung und Oxalsäurebildung*

P$_2$O$_5$-Gabe je Gefäß	in % der Trockensubstanz				in mval		
	P$_2$O$_5$	K$_2$O	CaO	Oxalsäure	CaO	Oxalsäure	Differenz
			a) Rübenblatt				
0	0,24	3,74	3,55	6,41	119,5	142,4	—22,9
0,1	0,26	2,50	2,66	—	94,9	—	—
0,2	0,34	2,12	2,75	5,43	98,1	120,6	—22,5
0,4	0,57	2,28	2,90	4,54	103,5	101,0	+ 2,5
0,8	1,55	1,88	2,94	2,93	104,4	65,0	+39,4
1,2	1,92	2,10	2,73	2,00	97,0	44,4	+55,6
			b) Spinat				
0	0,28	—	—	4,64	—	103,0	—
0,1	0,75	9,42	1,71	4,22	61,0	93,8	—32,8
0,2	1,03	8,87	1,63	3,80	48,2	84,5	—26,3
0,4	1,70	8,53	1,24	3,72	44,3	82,6	—38,3
0,8	2,34	8,68	0,99	1,07	38,2	22,0	+16,2
1,2	2,35	8,69	0,95	1,44	33,9	30,2	+ 3,7

Während bei P-freier und P-schwacher Düngung beim Rübenblatt und Spinat ein negativer Anteil von Oxalsäure im Verhältnis zum CaO-Gehalt vorhanden ist, geht bei steigender P-Gabe der Gehalt an Ca, wenn auch in relativ geringen Grenzen, zurück. Damit ist wiederum eine wesentliche Verminderung im Oxalsäuregehalt beim Rübenblatt und beim Spinat die Folge, so daß nunmehr ein Überschuß an Kalk gegenüber dem Gehalt an Oxalsäure vorhanden ist.

Bei diesen Untersuchungen ließ sich im allgemeinen eine enge Verknüpfung zwischen Oxalsäure- und Ca-Gehalt feststellen. Die Änderungen im Gehalt an den beiden Stoffen verlaufen in gleicher Richtung. Hierin findet die Anschauung ihre Stütze, daß das Calciumoxalat die Form ist, in der die auftretende Oxalsäure unschädlich gemacht wird bzw. ein zu hoher Gehalt an Kalk durch Oxalsäure gebunden wird. Ein etwas anderes Bild läßt sich jedoch aus den Untersuchungen von SCHARRER und JUNG (1953) über die Wirkung einer steigenden Na-Düngung auf den Gehalt an Oxalsäure (Tab. 573) ableiten:

Tabelle 573. *Einfluß der Na-Düngung auf den Oxalsäuregehalt im Zuckerrübenblatt*

Düngung	Ertrag g Gefäß	Gehalt in mval Trockensubstanz							
		ältere Blätter				jüngere Blätter			
		Oxal-säure	Ca	Na	K	Oxal-säure	Ca	Na	K
NPKCa									
+0,38 g Na	181,2	0,40	0,11	0,48	1,56	0,07	0,11	0,30	1,13
+0,75 g Na	188,2	0,86	0,10	1,13	1,28	0,16	0,08	0,60	1,10
+1,50 g Na	105,8	0,90	0,08	1,61	1,07	0,37	0,08	1,04	1,13
+2,25 g Na	76,7	1,02	0,06	2,13	0,97	0,37	0,07	1,13	0,97
+3,00 g Na	31,9	0,74	0,08	2,39	1,74	0,77	0,06	1,42	1,20

Auch hier hat mit steigenden Na-Gaben ein deutlicher Anstieg im Gehalt an Oxalsäure eingesetzt, ohne daß es zu einer Erhöhung des Ca-Gehaltes gekommen ist. Dies spricht dafür, daß es sich bei der Bildung von Oxalsäure nicht um die Herstellung eines Gleichgewichtes zwischen Oxalsäure und Kalk handelt, um das Calcium oder auch die Oxalsäure in Form von Ca-Oxalat unschädlich zu machen. Man wird vielmehr annehmen müssen, daß es sich um eine Umstellung im Fermentstoffwechsel handelt und daß hier im Ablauf des Citronensäurezyklus eine gewisse Abänderung erfolgt, da nach den neueren Anschauungen die Bildung von Oxalsäure im Rahmen eines abgeänderten Ablaufes des Citronensäurezyklus vor sich geht. Es ist hier somit eine weitgehende Umgestaltung der physiologischen Vorgänge in der Pflanze unter der Einwirkung der verschiedenen Mineralstoffernährung eingetreten.

C. Der Einfluß der Phosphorsäuredüngung

Man wird heute annehmen können, daß der Phosphor neben dem Stickstoff das wichtigste biogene Element darstellt. Die Phosphorsäure ist beteiligt an dem Aufbau der wichtigsten Stoffgruppen der organischen Welt, sei es im Pflanzen- oder im Tierreich. Über die Phosphorsäureester nimmt der Phosphor am Auf- und Abbau der verschiedenen Kohlenhydrate teil und er spielt nach den neueren Anschauungen eine wichtige Rolle bei der Assimilation. Die Phosphatide sind im Fettstoffwechsel von wesentlicher Bedeutung und stellen die Transport- und Umsetzungsform der Fette dar. Im Eiweißstoffwechsel kommt den P-haltigen Verbindungen wie den Nucleoalbuminen und den Nucleoproteiden eine wesentliche Bedeutung zu. Die letzteren sind Verbindungen von hoher physiologischer Bedeutung, die sich im besonderen im Zellkern finden. Ein wesentlicher Teil der Fermente enthält Phosphorsäure. Der tierische und menschliche Organismus benötigt erhebliche Mengen an Phosphor zum Aufbau des Knochengerüstes und der Zähne, die in der Hauptsache aus Calciumphosphat bestehen. Im Energiestoffwechsel, insbesondere der Tiere, spielen die sogenannten energiereichen Phosphate als Transport- und Speicherungsform eine entscheidende Rolle. Der Fruchtbarkeitszustand der Tiere wird im starken

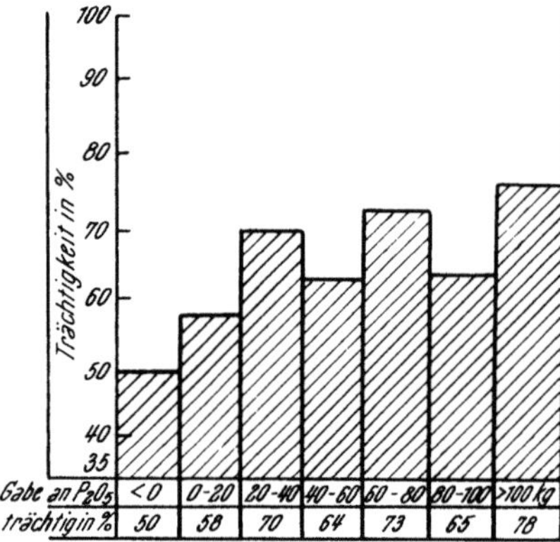

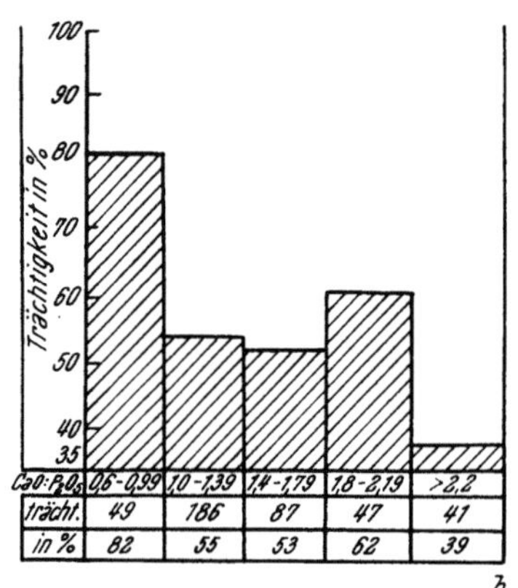

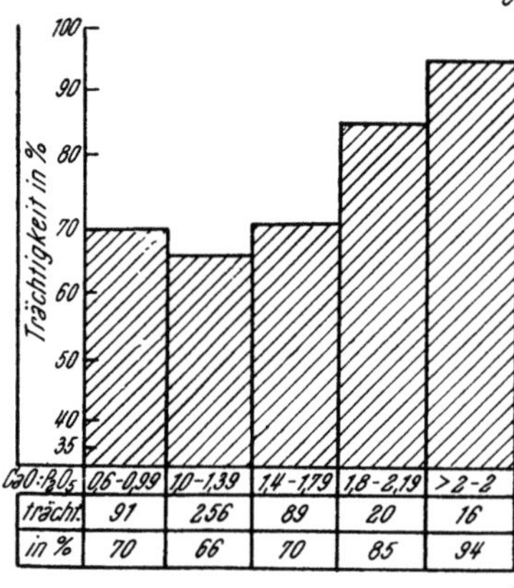

Abb. 285. *a* Beziehungen zwischen P₂O₅-Einnahme und Trächtigkeit; Zahl der Tiere 802, trächtig in % 63,3. *b* Beziehungen zwischen CaO:P₂O₅-Verhältnis und Trächtigkeit; P₂O₅-Gabe: < 20 g der Norm; Zahl der Tiere 330, trächtig in % 55. *c* P₂O₅-Gabe: > 20 g der Norm; Zahl der Tiere 472, trächtig in % 68
(nach Hignett)

Maße durch den P-Stoffwechsel beeinflußt. Ungenügende Zufuhr an Phosphor führt zu Störungen in der Fortpflanzung und gegebenenfalls zur Unfruchtbarkeit.

Aus diesen Hinweisen ist zu erkennen, daß der Gehalt an Phosphorsäure in den Futter- und Nahrungsmitteln einen wichtigen Qualitätsfaktor in der menschlichen und tierischen Ernährung darstellt, wobei jedoch schon hier darauf hingewiesen werden soll, daß es nicht allein auf den absoluten Gehalt an P ankommt, sondern daß auch das Verhältnis zu den anderen Nährstoffen von wesentlicher Bedeutung ist. Dies gilt insbesondere für das Ca/P-Verhältnis, dem man bei dem Wachstum, bei der Milchleistung wie auch bei dem Fruchtbarkeitszustand der Tiere eine große Bedeutung zuschreibt. So ist bekannt, daß die Resorption der Phosphorsäure durch Zufuhr größerer Mengen an Ca verschlechtert wird, und daß z. B. die Erscheinung der Rachitis ebenso durch einen direkten Mangel an P wie durch ein ungünstiges (zu weites) Ca/P-Verhältnis verursacht werden kann. Ebenso wird durch ein zu weites Ca/P-Verhältnis bei mäßiger Versorgung mit P der Fruchtbarkeitszustand der Tiere verschlechtert. Hierfür soll ein Beispiel aus Untersuchungen von Hignett (1952) gegeben werden (Abb. 285a bis c).

Der P-Gehalt in den pflanzlichen Nahrungs- und Futterstoffen ist abgesehen vom P-Gehalt des Bodens und den Witterungsverhältnissen durch die Menge an Phosphorsäure bestimmt, die den Pflanzen durch die Düngung zugeführt wird. Über die Beeinflussung des P-Gehaltes durch die Düngung liegt eine große Anzahl von Angaben bei verschiedenen Pflanzenarten vor, die sich zum Teil auf direkte Düngungsversuche für diesen Zweck stützen bzw. durch Auswertung von systematischen Untersuchungen über den Gehalt von Futterstoffen bei bestimmten Düngergaben erhalten wurden. So übersteigt die Kenntnis des P-Gehaltes der Futterstoffe erheblich den Umfang der Untersuchungen bei Nahrungsmitteln. Dabei haben sich diese Untersuchungen vielfach nicht nur auf die Feststellung des P-Gehaltes beschränkt, sondern sind auch auf die Bestimmung anderer Mineralstoffe, insbesondere des Gehaltes an Calcium, wie an organischen Nährstoffen und hier vor allem an Eiweiß ausgedehnt worden.

Im besonderem Maße hat man sich mit der Abhängigkeit des P-Gehaltes von der Düngung bei den sogenannten Rauhfutterstoffen, vor allem im Heu, wie aber auch in Grünfuttermitteln und ähnlichen Stoffen beschäftigt. Es hat sich ergeben, daß der Gehalt an P in erheblichem Umfang durch eine P-Düngung erhöht werden kann. So kam z. B. GERICKE und BÄRMANN (1958) bei Auswertung von etwa 1000 Düngungsversuchen zu folgenden Beziehungen zwischen P-Düngung und P-Gehalt im Wiesenheu (Tab. 574).

Tabelle 574. *P-Düngung und P-Gehalt im Wiesenheu*

Düngung P_2O_5/ha	Erträge an Heu dz/ha	P_2O_5-Gehalt %	Ausnutzung der P-Düngung in %
ungedüngt	51	0,43	—
KN	62	0,42	—
KN + 30 kg	72	0,54	43,0
KN + 60 kg	76	0,60	32,7
KN + 90 kg	81	0,63	27,8
KN +120 kg	86	0,68	27,1

Mit steigenden Gaben an Düngerphosphorsäure hat im Durchschnitt der Versuche der Gehalt an Phosphorsäure laufend zugenommen, und er liegt bei hohen Gaben um mehr als 50% höher als bei ungedüngt bzw. bei der P-freien Düngung. Die Ausnutzung der Düngerphosphorsäure liegt auf dem Grünland recht hoch; sie geht mit steigenden Gaben etwas zurück.

Wie stark die Auswirkung einer P-Düngung unter günstigen Bedingungen sein kann, zeigen Gefäßversuche mit Deutschem Weidelgras, die von HARTFIEL (1958) durchgeführt worden sind (Tab. 575):

Tabelle 575. *Gefäßversuche mit Deutschem Weidelgras*

Düngung	P_2O_5-Gehalt	
	1. Schnitt %	2. Schnitt %
ungedüngt	0,46	—
NK	0,25	0,23
NK +0,125 g P_2O_5	0,98	0,23
NK +0,25 g P_2O_5	1,33	0,77
NK +0,50 g P_2O_5	1,83	0,43
NK +1,0 g P_2O_5	2,86	1,26
NK +2,0 g P_2O_5	4,76	1,44
NK +4,0 g P_2O_5	5,75	1,97
NK +8,0 g P_2O_5	6,25	2,24

Während der Gehalt an P_2O_5 bei P-freier Düngung nur 0,25% beträgt, steigt er bei zunehmenden P-Gaben laufend an und erreicht bei den hohen Gaben (bis 8 g P_2O_5 je Gefäß) Gehalte von mehr als 6% P_2O_5 im ersten Schnitt und über 2% im zweiten Schnitt.

Dabei ergab sich, daß die Auswirkung der P-Düngung auf Ertrag und Gehalt an P in erheblichem Umfang von der Wasserversorgung der Pflanzen abhängig ist. Dies ist aus Untersuchungen von NEHRING und BORCHMANN (1960) zu ersehen (Tab. 576):

Tabelle 576. *Gefäßversuche mit Knaulgras*

Wasserkapazität %	Ernte g Trockensubstanz	P_2O_5 %	CaO %	N %	CaO: P_2O_5-Verhältnis
		N-Düngung			
30	5,1	0,26	1,82	4,04	7,0:1
60	8,4	0,33	1,42	3,99	4,3:1
100	17,3	0,34	1,17	3,26	3,4:1
		KPN-Düngung			
30	9,2	0,35	1,12	3,53	3,2:1
60	14,7	0,79	0,92	3,50	1,2:1
100	29,3	0,96	0,88	2,57	0,9:1

Bei zunehmender Wasserversorgung steigt der Gehalt an Phosphorsäure
in den Pflanzen, insbesondere bei Volldüngung ganz wesentlich an, während
die Gehalte an den anderen Nährstoffen zurückgehen. Dies zeigt den starken
Einfluß, den die Wasserversorgung auf die Ausnutzung der P-Düngung und
den Gehalt an P_2O_5 in den Ernteprodukten ausübt.

Was hier an Hand von direkten Düngungsversuchen gezeigt worden ist,
kann gleichfalls an Material aus den systematischen Heuuntersuchungen nachgewiesen werden, die in den verschiedenen Gebieten im Rahmen von Heuwertprüfungen jedes Jahr durchgeführt worden sind. Als Beispiel soll hier das
Ergebnis der Auswertung der im Gebiet der DDR durchgeführten Heuwertprüfungen, die von Nehring und Hoffmann (1958) aufgearbeitet worden sind,
dargestellt werden (Tab. 577):

Tabelle 577. *Einfluß der P-Düngung auf den Gehalt an P_2O_5 und CaO im Wiesenheu*
(Ergebnis der Heuwertprüfungen aus den Jahren 1954 bis 1957), 1732 Proben

Gehalt in % der Trockensubstanz	P_2O_5-Düngung in kg/ha				
	—	0—20	20,1—40	40,1—60	über 60
			P_2O_5		
bis 0,48%	81,5	76,1	74,9	71,8	65,4
über 0,48%	18,5	23,9	25,1	28,2	34,6
			CaO		
bis 1,0%	79,7	88,3	81,9	82,7	82,3
über 1,0%	20,3	11,7	18,1	17,3	17,7

Auch bei diesen Untersuchungen, bei denen die Proben aus praktischen
Betrieben stammten, ließ sich der Einfluß der P-Düngung auf den P-Gehalt
eindeutig nachweisen. Die Zahl der ungenügend mit P versorgten Proben nahm
mit steigender P-Düngung deutlich ab. Ein Einfluß auf den Ca-Gehalt ließ sich
hingegen nicht feststellen.

Eine Zahl von Untersuchungen hat sich mit der Frage des Einflusses der
P-Düngung auf den Anteil an den einzelnen P-Fraktionen in den Ernteprodukten
beschäftigt. Von Gartz (1957) sind Untersuchungen an Luzerne zu dieser Frage
durchgeführt worden, die in Abb. 286 zur Darstellung kommen.

Es läßt sich hieraus entnehmen, daß mit steigenden P-Gaben der Gehalt an Phosphorsäure insgesamt deutlich angestiegen ist (von etwa 0,35 auf etwa 0,65%). Aber der Anstieg verteilt sich nicht gleichmäßig auf alle P-Fraktionen, sondern der Gehalt an Nuclein-phosphorsäure (NP) und Phosphatid-phosphorsäure (PP) ändert sich nur in geringem Umfang. Die stärksten Änderungen sind beim Gehalt an äther-löslicher Phosphorsäure (EP) und vor allem an anorganischer Phosphorsäure (AP) eingetreten. In dieser Form scheint die überschüssige Phosphorsäure zur Ablagerung zu kommen.

Ähnliche Ergebnisse sind von WENZEL (1957) bei der Untersuchung von Körnerfrüchten erhalten worden. Als Beispiel soll das Ergebnis eines Versuches zu Hafer wiedergegeben werden (Abb. 287):

Auch hier zeigt sich ein starker Einfluß der P-Düngung auf den Gehalt an P_2O_5 im Korn wie im Stroh. Beim Korn liegt die Phosphorsäure in der Hauptsache in Form des Phytins vor. Die Erhöhung im P-Gehalt des Getreidekornes ist in erster Linie durch den Anstieg im Phytingehalt bedingt, der eine starke Abhängigkeit von der P-Düngung zeigt. Der Gehalt an anorganischem P im Korn liegt niedrig; er zeigt jedoch eine deutliche Beeinflussung durch die P-Düngung. Im Gehalt an Nu-clein- wie auch Phosphatid-phosphorsäure zeigt sich ein gewisser Anstieg, der relativ gesehen nicht unbedeutend ist, aber doch wesentlich niedriger liegt als bei der anorgani-schen Phosphorsäure.

Im Stroh liegen die Ver-hältnisse ähnlich wie bei der Luzerne. Hier ist der An-stieg im P-Gehalt fast aus-schließlich durch die Änderungen der anorganischen Phosphorsäure bedingt.

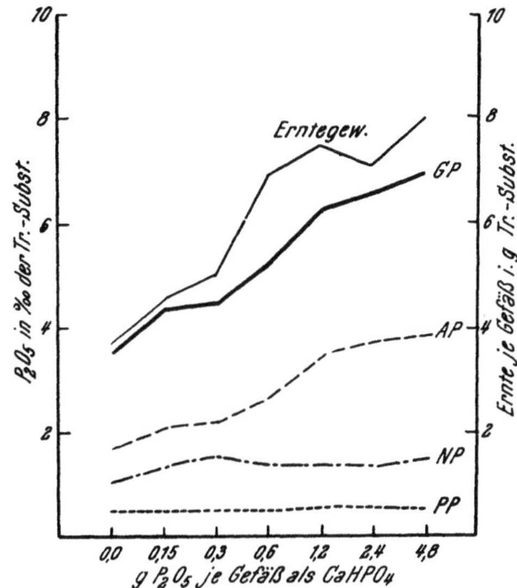

Abb. 286. Einfluß der P-Düngung auf den Gehalt an den einzelnen P-Fraktionen bei Luzerne (nach GARTZ)

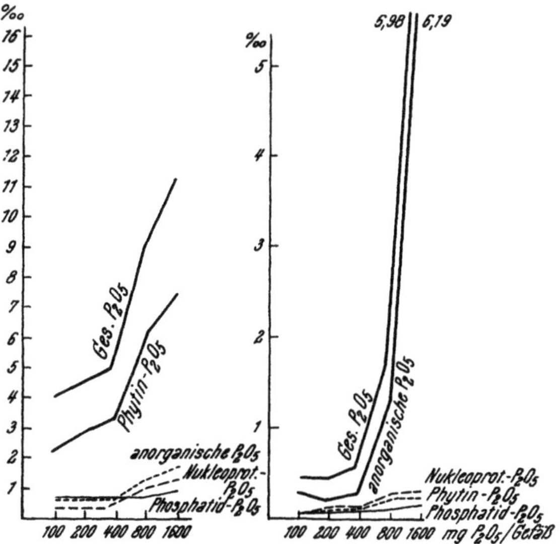

Abb. 287. Einfluß der P-Düngung auf den Gehalt an den einzelnen P-Fraktionen bei Hafer (reif geerntet), links in ⁰/₀₀ von der Korn-Trockensubstanz, rechts in ⁰/₀₀ von der Stroh-Trockensubstanz (nach WENZEL)

Über den Einfluß der P-Düngung auf den Gehalt an Mineralstoffen bei Kar-toffeln berichtete GERICKE (1956). Im Mittel von 72 Versuchen wurden fol-gende Ergebnisse erhalten (Tab. 578):

Tabelle 578. *Einfluß der P-Düngung auf den Mineralstoffgehalt der Kartoffeln*

Düngung (P$_2$O$_5$)	Ertrag dz/ha	Gehalt in der Knolle				
		Trocken-substanz %	P$_2$O$_5$ %	CaO %	Mn mg/kg	N %
KN....................	237,0	20,0	0,129	0,01	1,42	0,29
KN + 30 kg	258,0	19,8	0,131	0,01	1,46	0,29
KN + 60 kg	263,0	20,5	0,133	0,01	1,41	0,29
KN + 90 kg	268,0	20,8	0,141	0,01	1,42	0,29
KN +120 kg	273,0	20,8	0,145	0,01	1,39	0,29

Unter dem Einfluß der P-Düngung steigt der Trockensubstanzgehalt in geringem Umfang an, ein Hinweis auf eine vermehrte Bildung von Stärke. Der Gehalt an P$_2$O$_5$ wird in gewissem Umfang erhöht; aber diese Erhöhung hält sich in engen Grenzen. Die Änderungen im Gehalt an den anderen Mineralstoffen wie auch an Stickstoff sind in diesem Versuch gering.

Bei Untersuchungen am statischen Versuch in Lauchstädt, der nunmehr mit der gleichen Düngungsordnung mehr als 80 Jahre läuft, sind nach Angabe von Rüther (1960) erheblich größere Differenzen im Mineralstoffgehalt der Kartoffeln zu beobachten (Tab. 579):

Tabelle 579. *Einfluß der P-Düngung auf die Zusammensetzung der Kartoffeln*
(Statischer Versuch Lauchstädt)

Düngung	Erträge dz/ha	Stärke %	P$_2$O$_5$ %	N %	K$_2$O %
ohne	73	18,7	0,39	1,67	2,00
N	148	18,6	0,40	1,66	1,53
NP	138	17,2	0,63	1,77	1,36
NK	282	19,2	0,29	1,40	2,48
NPK	386	19,0	0,53	1,04	1,04

Die Übersicht läßt erkennen, daß der Gehalt an Phosphor bei unterlassener P-Düngung bei sehr kleinen Erträgen sehr niedrig liegt (0,29% P$_2$O$_5$). Bei der Volldüngung (NPK) liegt er mit 0,53% wesentlich höher, und er steigt bei der NP-Düngung bis auf 0,63%, d. h. auf etwa das Doppelte gegenüber der P-freien Düngung. Die Gehalte an den anderen Nährstoffen sind bestimmt durch die entsprechende Düngung bzw. durch die Erträge. Auf den Stärkegehalt hat sich die mangelnde P-Düngung praktisch nicht ausgewirkt.

Die Änderungen im Gehalt an Mineralstoffen, wie sie in den Produkten des Grünlandes unter dem Einfluß der Düngung wie auch anderer ökologischer Faktoren auftreten, sind einmal durch einen direkten Einfluß der betreffenden Nährstoffe auf die Aufnahme bedingt; sie können aber dadurch verursacht sein, daß unter dem Einfluß der verschiedenartigen Düngung Änderungen im Pflanzenbestand eintreten, die ihrerseits Änderungen im Mineralstoffgehalt nach sich ziehen. Gericke (1957) hat den Einfluß dieser verschiedenen Faktoren voneinander zu trennen versucht, indem er in 15 Versuchen die Änderungen im Anteil des Pflanzenbestandes wie auch im Gehalt an Mineralstoffen bestimmte (Tab. 580):

Tabelle 580. *Einfluß der P-Düngung auf den Pflanzenbestand und den Mineralstoffgehalt* (Mittel von 15 Versuchen), erster Schnitt

Grunddüngung P_2O_5 kg/ha	Gehalt in der Trockensubstanz								
	% P_2O_5			% CaO			Mn mg %		
	Gräser	Klee	Kräuter	Gräser	Klee	Kräuter	Gräser	Klee	Kräuter
0	0,44	0,53	0,60	0,77	2,81	2,37	12,4	11,0	23,9
K	0,38	0,44	0,55	0,63	2,54	2,19	12,6	10,8	20,1
KN + 60 kg/ha...	0,54	0,63	0,72	0,69	2,70	2,26	8,4	8,6	20,5
KN +120 kg/ha ..	0,47	0,70	0,79	0,71	2,95	2,25	7,9	7,4	16,6
Durchschnitt	0,48	0,67	0,67	0,70	2,75	2,27	10,3	9,5	20,3

Tab. 580 läßt einmal bei den Gräsern wie beim Klee und den Kräutern den direkten Einfluß der P-Düngung auf den Gehalt an Mineralstoffen erkennen. Dieser Einfluß tritt besonders bei der Phosphorsäure in Erscheinung; hier sind andererseits die Unterschiede im P-Gehalt zwischen den verschiedenen Bestandsarten relativ gering. Beim CaO- bzw. Mn-Gehalt überwiegt dagegen der Einfluß der verschiedenen Pflanzenarten, und er bestimmt maßgebend den Gehalt im Gesamtfutter. Darüber hinaus zeigt sich beim Mangan ein Rückgang im Gehalt unter dem Einfluß der steigenden P-Gaben.

Es wurde schon früher darauf hingewiesen, daß neben den Änderungen im Gehalt an P auch Änderungen im Gehalt an anderen Nährstoffen unter dem Einfluß der P-Düngung eintreten. Die größte Bedeutung kommt in dieser Hinsicht dem Gehalt an Rohprotein zu.

Bei den bereits erwähnten Heuwertprüfungen (NEHRING und HOFFMANN 1958) ergaben sich folgende Zusammenhänge zwischen P-Düngung und Proteingehalt (Tab. 581):

Tabelle 581. *P-Düngung und Rohproteingehalt bei Wiesenheu* (Anteil der Proben in %)

Düngung P_2O_5 je ha	Zahl der Proben	Gehalt an Rohprotein in 86 % der Trockensubstanz		
		bis 9,0	9,1–10,5	> 10,5 %
—	168	54,7	31,0	14,3
0—20 kg	188	57,4	25,7	14,9
20,1—40 kg	821	48,8	31,5	19,7
40,1—60 kg	312	45,8	29,8	24,4
über 60 kg	243	36,6	31,3	32,1
	1732			

Bei zunehmenden P-Gaben geht der Anteil der Proben mit zu geringem Gehalt an Rohprotein (unter 9,0%) deutlich zurück; der Anteil der Proben mit einem höheren Anteil an Rohprotein (mehr als 10,5%) nimmt erheblich zu. Bei Auswertung des Materials aus 350 Feldversuchen wurde von GERICKE (1952) folgendes Ergebnis erhalten (Tab. 582).

Der Gehalt an P_2O_5 ist deutlich angestiegen, desgleichen auch der Gehalt an CaO. Der Gehalt an Rohprotein ist ebenfalls unter dem Einfluß der P-Düngung von 10,5 auf 11,7% erhöht worden und in entsprechendem Umfang auch der Gehalt an verdaulichem Rohprotein, wobei gleichzeitig die Verdaulichkeit ansteigt.

Tabelle 582. *Phosphorsäuredüngung und Nährstoffgehalt von Wiesenheu*

Düngung	P_2O_5 %	CaO %	Rohprotein %	verdauliches Rohprotein %	Verdauungs-koeffizienten
ungedüngt	0,47	1,33	10,45	5,46	52,0
Kali	0,48	1,39	10,46	5,45	52,1
K + 60 kg P_2O_5 ..	0,62	1,54	11,31	6,11	54,0
K + 90 kg P_2O_5 ..	0,63	1,69	11,70	6,69	57,2

Bei Aufarbeitung von 2200 Proben durch Gericke (1952) ergaben sich folgende Beziehungen zwischem dem Gehalt an Rohprotein und dem Gehalt an P_2O_5 (Tab. 583):

Tabelle 583. *Phosphorsäure- und Rohproteingehalt bei Wiesenheu*

% P_2O_5	% Rohprotein	
	1. Schnitt	2. Schnitt
bis 0,2	6,5	—
0,2—0,3	7,5	9,5
0,3—0,4	8,1	10,4
0,4—0,5	8,4	10,8
0,5—0,6	9,2	11,0
0,6—0,7	10,4	11,7

Hier ist somit in Verbindung mit ansteigendem P-Gehalt der Gehalt an Rohprotein im Wiesenheu sowohl beim ersten wie beim zweiten Schnitt ganz wesentlich erhöht. Das gleiche Bild ergab sich auch nach Untersuchungen von Gericke (1957) bei den Beziehungen zwischen P-Gehalt und Rohproteingehalt bei Luzerneheu.

In einer kürzlich veröffentlichten Arbeit hat Kolarik (1959) über die Änderungen im Gehalt an Phosphorsäure, Kalk und Rohprotein unter dem Einfluß der P-Düngung bei verschiedenen Gemüsearten berichtet (Tab. 584):

Tabelle 584. *P-Düngung und Nährstoffgehalt bei Gemüse*

	% P_2O_5		% CaO		% Rohprotein	
	NK	NPK	NK	NPK	NK	NPK
Weißkraut	1,10	1,60	1,20	1,25	13,01	14,28
Kohl	2,10	2,54	3,00	3,46	18,45	23,50
Spinat	1,30	1,56	2,32	2,40	20,93	24,90
Möhren	0,66	0,85	0,64	0,78	6,48	6,99
Zwiebeln	0,75	0,92	0,58	0,59	10,67	12,18
Sellerie	1,75	1,86	0,51	0,84	7,38	8,62

Auch hier ergibt sich das gleiche Bild für den Einfluß der P-Düngung wie bei den Grünlandpflanzen; Erhöhung des P-Gehaltes, geringer Anstieg des Ca-Gehaltes und eine deutliche Zunahme im Gehalt an Rohprotein.

Dies zeigt, daß der Gehalt an Rohprotein durch die P-Düngung günstig beeinflußt wird, sofern der Stickstoff, wie es vielfach auf Wiesen der Fall sein kann, nicht durch die starke Erhöhung der Ernten unter der Wirkung der Phosphordüngung ins Minimum gerät. Untersuchungen von Schlottmann (1956) beschäftigten sich mit dem Einfluß der P-Düngung auf den Gehalt an Aminosäuren, d. h. auf die Eiweißqualität bei Erbsen. Das Ergebnis dieser Untersuchungen ist in Abb. 288 wiedergegeben.

Während der Proteingehalt durch die Phosphorsäuredüngung nur wenig beeinflußt wird, zeigen sich nicht unwesentliche Verschiebungen in dem Gehalt an einzelnen Aminosäuren. So steigt insbesondere der Gehalt an der wichtigen

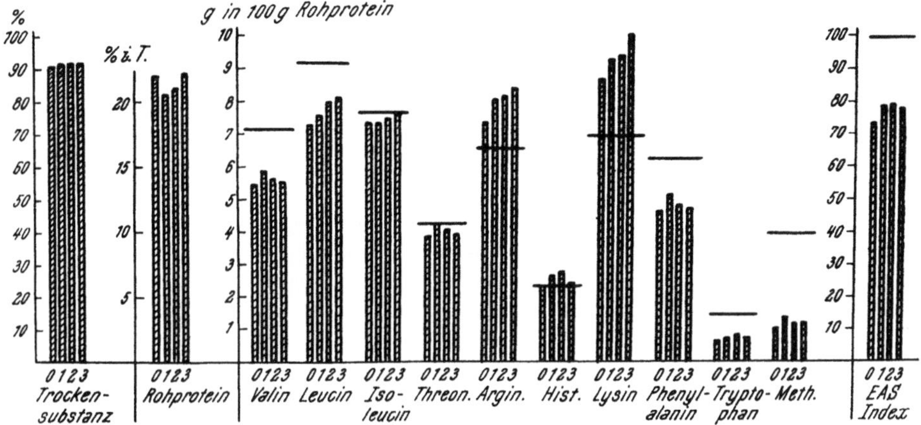

Abb. 288. Einfluß der P-Düngung auf den Gehalt an Aminosäuren. P-Steigerungsversuch zu Speiseerbsen (Sorte „Mansholts Kurze Grüne") in Geisenheim 1956 (nach Schlottmann)

Düngungsstufen $0 = P_1 = $ ohne P_2O_5
$1 = P_1 = 30$ kg/ha P_2O_5
$2 = P_2 = 60$ kg/ha P_2O_5
$3 = P_3 = 90$ kg/ha P_2O_5
Grunddüngung 20 kg/ha N +
120 kg/ha K_2O
———— = Vollei-Wert

essentiellen Aminosäure Lysin unter dem Einfluß der steigenden P-Gabe deutlich an; ähnliches gilt für das Leucin. Auch beim Gehalt an Methionin scheint eine Tendenz zur Erhöhung zu bestehen, während bei den anderen Aminosäuren die Schwankungen unregelmäßig sind. Diese Tatsache der Erhöhung des Gehaltes an Lysin und Methionin erscheint für die Fütterung von nicht unwesentlicher Bedeutung.

Es ist bereits früher gesagt worden, daß mit steigendem Gehalt an Rohprotein auch ein Anstieg im Gehalt an Carotin bzw. Chlorophyll verknüpft ist. Man wird erwarten können, daß eine verstärkte P-Düngung sich gleichfalls in einer Erhöhung des Carotin- und Chlorophyllgehaltes auswirken wird.

Dieser Anstieg des Carotins durch Zufuhr von Phosphorsäure ließ sich auch bei den Untersuchungen von Scharrer und Bürke (1953) nachweisen (Tab. 585):

Tabelle 585. *Einfluß der Düngung auf den Carotingehalt bei Weidelgras (erster Schnitt)*

P-Düngung		N-Düngung	
Düngergabe	Carotin mg/100 g	Düngergabe	Carotin mg/100 g
ungedüngt	50,0		
NK	69,4	KP	22,4
K +P_1	86,9	KP +N_1	38,9
NK +P_2	77,8	KP +N_2	63,0
NK +P_3	94,3	KP +N_3	94,3
NK +P_4	93,8	KP +N_4	84,3

Es ergibt sich hieraus, daß gegenüber der P-Mangeldüngung ein deutlicher Anstieg im Carotingehalt unter dem Einfluß der P-Düngung eingetreten ist, der jedoch bereits bei der ersten P-Gabe praktisch das Maximum erreicht. Demgegenüber sind die Unterschiede im Carotingehalt, die durch unterschiedliche N-Versorgung bedingt sind, wesentlich größer. So ließ sich deshalb in Feldversuchen vielfach kein Einfluß der P-Düngung auf den Carotingehalt feststellen (s. Steger u. a. 1959).

Es wurde vorhin ausgeführt, daß die Phosphorsäure im Kohlenhydratstoffwechsel eine wesentliche Rolle spielt. So hat man einen erheblichen Einfluß der P-Düngung auf den Stärkegehalt bei Kartoffeln feststellen können, wofür zwei Beispiele nach Angaben von Bremer (1956) gebracht werden sollen (Tab. 586):

Tabelle 586. *P-Düngung und Stärkebildung bei Kartoffeln*

Düngung	Ertrag dz/ha	Stärke %	Stärkeertrag dz/ha
I. Sortenversuche (Mittel von 13 Sorten)			
NK	257	14,4	37,0
NK +60 kg P_2O_5	285	14,7	41,8
NK +90 kg P_2O_5	301	15,6	46,6
II. P-Steigerungsversuche (Mittel von 14 Versuchen)			
NK	293	13,9	41,0
NK +60 kg P_2O_5	324	14,5	47,0
NK +90 kg P_2O_5	341	16,2	55,0

Die steigenden P-Gaben (bis zu 90 kg/ha) haben den Stärkegehalt der Kartoffeln laufend erhöht. Zu gleichen Ergebnissen ist Baden (1956) bei seinen Versuchen auf Hochmoor- und Heidekulturen gekommen.

Desgleichen ergab sich ein erheblicher Einfluß der P-Düngung auf den Zuckergehalt bei Zuckerrüben. Bei Auswertung von 250 Versuchen kam Gericke (1954) zu folgendem Ergebnis (Tab. 587):

Tabelle 587. *Einfluß der P-Düngung auf Zuckergehalt und Zuckerertrag der Zuckerrüben*

Düngung an P_2O_5 kg/ha	Erträge an Rüben dz/ha	Zuckergehalt %	Zuckerertrag dz/ha
KN...........................	358	17,7	63,4
KN + 30 kg	379	18,3	69,4
KN + 60 kg	389	18,9	73,5
KN + 90 kg	401	19,7	79,0
KN +120 kg	411	19,7	80,9

Mit steigenden P-Gaben sind zunächst die Erträge laufend angestiegen. Darüber hinaus ist auch ein deutlicher Anstieg im Zuckergehalt festzustellen; es ist der Gehalt an Zucker von 17,7% bei P-freier Düngung bis auf 19,7% bei einer Gabe von 90 kg P_2O_5/ha angestiegen.

Auch im Material vom statischen Versuch in Lauchstädt ließ sich nach Angaben von Rüther (1960) dieser Einfluß der P-Düngung auf den Zuckergehalt eindeutig nachweisen (Tab. 588):

Tabelle 588. *P-Wirkung zu Zuckerrüben*
(Statischer Versuch Lauchstädt)
Gehalte in der Trockensubstanz

Düngung	1958 (feucht)			1959 (trocken)		
	Ertrag dz/ha	Zucker %	P_2O_5 %	Ertrag dz/ha	Zucker %	P_2O_5 %
ohne	161	18,3	0,15	59	18,6	0,20
N	101	17,0	0,11	79	17,0	0,10
NP	401	18,7	0,56	283	18,1	0,25
NK	129	17,0	0,12	78	16,0	0,10
NKP	532	19,5	0,35	384	20,0	0,24

Bei diesem Versuch, bei dem die langjährige Differenzdüngung sich stark auf die Ertragsleistung ausgewirkt hat, liegt der Zuckergehalt der Rüben bei P-Mangeldüngung (NK) erheblich niedriger als bei der NPK-Düngung, wobei die Unterschiede im Zuckergehalt im Trockenjahr 1959, in dem die P-Gehalte der Rüben deutlich niedriger liegen als im feuchten Jahr 1958, besonders hoch sind. So lag 1959 der Zuckergehalt bei der P-freien Düngung bei 16% gegenüber 20,0% bei der Volldüngung. Einseitige N-Düngung hat den Zuckergehalt (gegenüber ungedüngt) herabgemindert, zusätzliche P-Düngung ihn erhöht. Bei Stallmistdüngung waren diese Unterschiede zu einem erheblichen Teil verschwunden.

Untersuchungen von SCHMIDT (1957) in Forchheim beschäftigten sich mit der Wirkung der P-Düngung auf die Qualität des Tabaks. Es wurde in Gefäßversuchen mit steigenden P_2O_5-Gaben gearbeitet (Tab. 589):

Tabelle 589. *P-Düngung und Qualität des Tabaks*

Düngung P_2O_5 g	Blattertrag g	Wachstumreife (Tage)		Gesamtzucker %		Nikotin %		Blattfarbe
		Sandblatt	Hauptgut	S + M	H + O	S + M	H + O	
ohne P	23,0	72	90	4,6	11,3	0,77	0,76	schmutziggrau
+0,75	37,3	62	79	5,5	16,2	0,70	0,65	braun
+1,5	41,8	62	72	12,1	19,3	0,99	0,52	gelb bis grün
+3,0	52,7	62	72	18,7	25,9	0,88	0,42	reingelb
+6,0	61,9	62	72	22,2	27,7	0,83	0,48	goldgelb

Es zeigt sich einmal, daß die Blattbildung im starken Umfang durch die P-Düngung erhöht worden ist. Die Zeit für die Wachstumsreife wurde herabgesetzt; es wird der Tabak unter dem Einfluß der P-Düngung einige Tage früher reif, was für die Ernte und Verarbeitung von erheblicher Bedeutung ist. Von besonderem Interesse sind auch hier die Auswirkungen auf den Gehalt an Zucker, der mit steigenden P-Gaben eine deutliche Erhöhung zeigt. Das zeigt, daß der Kohlenhydratstoffwechsel günstig beeinflußt wurde. Die Änderungen im Nikotingehalt verlaufen nicht eindeutig. Von Bedeutung sind weiterhin die Änderungen in der Farbe, die in die Richtung einer erheblichen Verbesserung der äußeren Qualität des Tabaks gehen.

Insgesamt hat sich die P-Düngung deutlich qualitätsverbessernd auf die Beschaffenheit des Tabaks ausgewirkt.

Eine besondere Bedeutung kommt der P-Düngung für das Grünland zu, da von dieser nicht nur die Leistungen, sondern auch der Fruchtbarkeitszustand der Tiere in starkem Maße beeinflußt wird. Es wird sich hierbei nicht allein um eine Erhöhung des P-Gehaltes handeln, sondern um verschiedene andere Faktoren, die gleichfalls durch die P-Düngung beeinflußt werden.

Die engen Beziehungen, die zwischen P-Düngung, P-Gehalt in Futterstoffen und Gesundheitszustand wie Leistungsfähigkeit der Tiere bestehen und ihre Ursachen, wie schon gesagt, in den Änderungen der stofflichen Zusammensetzung unter dem Einfluß der Düngung haben, sind in einer Vielzahl von Untersuchungen nachgewiesen worden. So ergab sich z. B. bei französischen Untersuchungen, daß das Auftreten von Knochenbrüchigkeit und der Rückgang in der Milchleistung des Rindviehs mit der Minderung des P-Verbrauches als Düngemittel unter der Einwirkung des Krieges (1939 bis 1945) parallel gehen. Wie Abb. 289 zeigt, nahm mit verminderter Anwendung der P-Düngung die Knochenbrüchigkeit deutlich zu; die Milchleistung ging entsprechend zurück.

Untersuchungen über den Einfluß der P-Düngung auf die Weideleistung sind in den letzten Jahren zahlreich durchgeführt worden, wobei ganz allgemein der große Einfluß der Mineralstoffversorgung, insbesondere der Phosphorsäure, auf die Leistung der Tiere erkannt worden ist. Als Beispiel soll hier das Ergebnis von Untersuchungen von Brandt und Jende (1959) genommen werden, die langjährige Untersuchungen über den Einfluß der P-Düngung auf Ertrag, Pflanzenbestand und Futterwert von Dauerweiden durchführten. Im Versuch D (siebenjährig) wurden folgende Ergebnisse erhalten (Tab. 590):

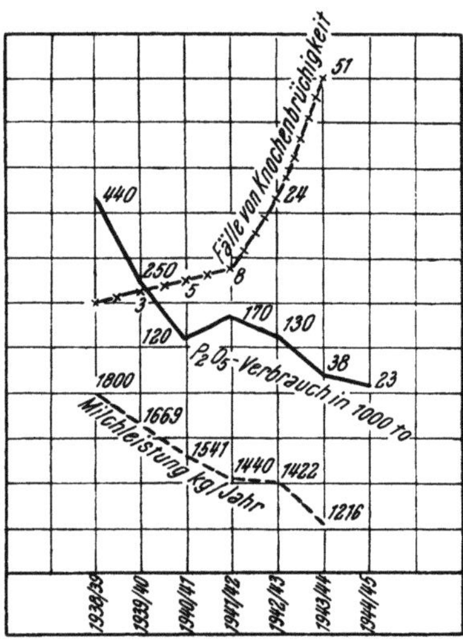

Abb. 289. P₂O₅-Verbrauch, Milchleistung und Knochenbrüchigkeit bei Milchvieh in Frankreich 1939 bis 1945 (nach Demolon)

Tabelle 590. *P-Düngung und Weideleistung*
Versuch D (siebenjährig)

Düngung	GVE Weidetage je ha und Jahr	Milchleistung kg/ha und Jahr	Ertrag an StW/ha/Jahr
NK	318	2469	1943 (100)
NK + 60 kg P₂O₅	456	3457	2759 (161)
NK +120 kg P₂O₅	534	4038	3190 (163)

Unter dem Einfluß der P-Düngung sind die Leistungen in der Milchproduktion ganz erheblich angestiegen. Umgerechnet auf die Leistung an StW/ha sind die Leistungen bei der hohen P-Gabe um mehr als 60% angestiegen. Diese erhöhten Leistungen sind neben den erhöhten Erträgen im besonderen der Verbesserung des Futterwertes zu danken, wie sie sich aus der Untersuchung des Weidefutters ergeben hat (Tab. 591):

Tabelle 591. *Untersuchung des Weidefutters*
Gehalt in % der Trockensubstanz

Düngung	3. Versuchsjahr			4. Versuchsjahr		
	Rohprotein	P_2O_5	CaO	Rohprotein	P_2O_5	CaO
NK	17,88	0,55	0,98	23,50	0,80	0,92
NK + 60 kg P_2O_5	25,56	0,85	1,38	28,58	1,02	1,42
NK +120 kg P_2O_5	23,69	0,89	1,46	28,31	1,12	1,65

Unter dem Einfluß der P-Düngung ist der Gehalt an Rohprotein erheblich angestiegen, vor allem aber der Gehalt an P_2O_5 und an Kalk. Diese Verbesserung in der Zusammensetzung dürfte eine wesentliche Rolle in der Erhöhung der Milchleistung gespielt haben. Bei Durchrechnung der Ration ergab sich, daß durch das Futter von den Koppeln mit einer Düngung von 60 kg P_2O_5/ha der P-Bedarf der Tiere bei einer Milchleistung von 15 kg nur knapp gedeckt war und erst bei der hohen P-Gabe eine volle Deckung erreicht wurde.

Auch über den Einfluß der Düngung auf den Fruchtbarkeitszustand und die Zusammenhänge, die zur P-Düngung bestehen, liegt eine Reihe von Untersuchungen vor. Bei Untersuchungen, die von CHABANNES und MÉTIVIER (1952) in Frankreich durchgeführt worden sind, ergab sich eine starke Abhängigkeit des Fruchtbarkeitszustandes von der Zufuhr an P-Düngemitteln in den betreffenden Betrieben. Von BRÜNNER (1955) ist eine Anzahl von Betrieben auf die Beziehungen zwischen Fruchtbarkeitszustand, P-Düngung und Heuqualität hin untersucht worden. BRÜNNER teilte die Betriebe nach dem Fruchtbarkeitszustand der Rinder (Beurteilungsgrundlage: Zwischenkalbezeit, Besamungsindex, Abgang der Tiere) in drei Gruppen ein und setzte diese in Beziehung zur Düngung und Zusammensetzung des verfütterten Wiesenheues (Tab. 592):

Tabelle 592. *Heuqualität und Fruchtbarkeit der Rinder*

	Fruchtbarkeitsgruppen		
	gut	mittel	schlecht
Zahl der Betriebe	14	26	17
Zwischenkalbezeit Tage	387	416	448
Besamungsindex	1,49	1,79	1,81
Gesamtabgang %	7,1	13,8	18,3
Abgang durch Sterilität %	3,2	6,6	11,3
Düngung P_2O_5 kg/ha	37,6	32,7	22,8
Qualität des Heues:			
Rohprotein %	8,56	8,35	8,00
Rohfaser %	27,8	28,7	28,2
P_2O_5 %	0,45	0,42	0,38
CaO %	1,03	0,94	0,93

Tab. 592 zeigt eindeutig, daß in der Gruppe mit gutem Fruchtbarkeitszustand die Gaben an Phosphorsäure, die Gehalte an Rohprotein, P_2O_5 und CaO im Heu am höchsten liegen. Es haben sich diese Qualitätsunterschiede, trotzdem sie im einzelnen nicht besonders groß waren, in ihrer Gesamtheit deutlich auf den Fruchtbarkeitszustand der Tiere ausgewirkt. Dies zeigt die große Bedeutung, die der P-Düngung für die Qualität des Heues bzw. des Grünfutters zukommt.

Der Einfluß der Phosphorsäuredüngung auf den Gehalt an Inhaltsstoffen ist verschiedentlich schon an anderer Stelle behandelt worden; es ist auch u. a. der Einfluß der P-Düngung auf den Gehalt an Carotin (s. S. 1297) und Vitamin C (s. S. 1283) wie an Oxalsäure (s. S. 1288) besprochen worden.

In einer bereits erwähnten Arbeit berichten SCHARRER und PREISSNER (1954a) auch über den Einfluß der P-Düngung auf den Gehalt an Vitamin B_1 bei verschiedenen Früchten (Tab. 593):

Tabelle 593. *Einfluß der P-Düngung auf den Gehalt an Vitamin B_1*

Düngung je Gefäß	in der Trockensubstanz						P-Düngung	Felderbsen	
	S.-Weizen[1] (Peragis)		S.-Gerste[1] (Isaria)		Hafer[1] (Flämings Gold)		gung		
	Ertrag g	Vit. B_1/ 100 g	Ertrag g	Vit. B_1/ 100 g	Ertrag g	Vit. B_1/ 100 g	g	Ertrag g	Vit. B_1/ 100 g
ungedüngt	3,0	324,3	4,3	440,5	0,7	249,8	—	13,9	501,6
NK	5,9	362,7	4,3	508,6	2,8	403,5	—	11,1	456,9
NK +0,3 g P	12,0	479,2	14,9	380,5	10,7	405,5	0,75	23,3	543,8
NK +0,6 g P	11,8	503,0	11,3	454,0	8,0	451,8	1,50	23,1	518,5
NK +0,9 g P	13,3	524,2	10,5	460,7	11,7	453,2	2,25	20,6	433,4

[1] Korn.

Auch hier läßt sich feststellen, daß die P-Düngung erhöhend auf den Gehalt an Vitamin B_1 gewirkt hat. Allerdings sind die Auswirkungen erheblich geringer als bei der N-Düngung (S. 1282). Bei den Felderbsen sind bei den hohen P-Gaben (allerdings bei wesentlich höheren Gaben als bei Getreide) Depressionen beim Ertrag wie im Gehalt an Vitamin B_1 festzustellen.

In dieser Arbeit ist weiterhin der Einfluß verschiedener Phosphate auf den Vitamin B_1-Gehalt beim Hafer untersucht worden (Tab. 594):

Tabelle 594. *Einfluß verschiedener Phosphate auf den Vitamin-B_1-Gehalt bei Hafer*

Düngung	Kornertrag g	Vitamin-B_1-Gehalt/100 g
ungedüngt	7,1	558,7
NK	15,5	658,9
NK +Thomasmehl	19,4	716,9
NK +Superphosphat	23,6	767,9
NK +Rhenaniaphosphat	24,4	796,7

In dem gleichen Sinne, wie die Erträge angestiegen sind, haben sich auch die Vitamin-B_1-Gehalte unter dem Einfluß der verschiedenen Phosphate erhöht. Die höchsten Werte sind beim Rhenaniaphosphat erhalten worden. Das gleiche Ergebnis ist in einer weiteren Versuchsserie bestätigt worden.

Hier soll noch an Hand von Gefäßversuchen über den Einfluß der P-Düngung auf den Gehalt an Cumarin in Steinklee, die von NEHRING (1941) durchgeführt wurden, berichtet werden (Tab. 595):

Tabelle 595. *P-Düngung zu Steinklee*

Düngung g/Gefäß			Erträge in g		Rohprotein in %		Cumarin in %	
N	K$_2$O	P$_2$O$_5$	I. Schnitt	II. Schnitt	I. Schnitt	II. Schnitt	I. Schnitt	II. Schnitt
0,2	1,0	—	46,8	30,9	14,06	18,62	0,77	0,41
		0,2	58,7	33,8	16,14	18,51	0,68	0,41
		0,4	59,3	33,3	15,63	19,34	1,00	0,41
		0,6	68,7	34,5	16,47	19,07	0,63	0,42
		0,8	67,1	36,3	16,70	19,13	0,92	0,38
	2,0	0,8	68,7	35,5	16,42	20,13	0,69	0,46
		1,2	68,2	37,0	17,90	20,03	0,73	0,39
		1,6	75,7	38,7	16,49	20,16	0,53	0,42

Die P-Düngung hat sich deutlich auf den Ertrag ausgewirkt. Mit steigender P-Gabe hat sich der Gehalt an Rohprotein erhöht. Der Einfluß auf den Cumaringehalt ist nicht ganz eindeutig; es hat den Anschein, daß die ersten P-Gaben bis zu einer mittleren Höhe den Gehalt etwas erhöhen, weitere Gaben ihn dagegen wieder herabdrücken.

Der Einfluß der Düngung auf den Futterwert erstreckt sich, wie bereits ausgeführt wurde, auf die direkte Einwirkung der zugeführten pflanzlichen Nährstoffe auf die chemische Zusammensetzung wie indirekt über die Änderungen in der botanischen Zusammensetzung des Bestandes. Diese Änderungen in der Zusammensetzung, sei es direkter oder indirekter Natur, wirken sich ihrerseits auf die Verwertung durch die Tiere aus. Es sind demgemäß die Änderungen, die in der Verdaulichkeit der Futtermassen unter dem Einfluß der verschiedenen Düngung auftreten, von wesentlicher Bedeutung für den Wert des geernteten Grünfutters oder Heues. Es ist diese Frage bereits in der einleitenden Betrachtung kurz behandelt worden. Hier soll nun der Einfluß der P-Düngung auf die Zusammensetzung der Futterstoffe (Rohnährstoffe) und die Verdaulichkeit behandelt werden. Es liegen Untersuchungen von NEHRING (1935) mit Wiesenheu von einem Niederungsmoorboden vor. Zunächst sollen die Änderungen in der botanischen Zusammensetzung, die unter dem Einfluß der Düngung eingetreten sind, dargestellt werden (Tab. 596):

Tabelle 596. *Einfluß der P-Düngung auf die botanische Zusammensetzung von Wiesengras, erster Schnitt*

Pflanzen	1935 (2. Versuchsjahr)		1936 (3. Versuchsjahr)	
	KN	KPN	KN	KPN
Gute Gräser	62,1	85,8	60,6	89,9
Klee	1,4	1,6	0,5	1,9
Minderwertige Gräser	15,3	7,6	14,7	4,0
Unkräuter	21,2	5,0	24,2	4,2

Auf den P-Mangelparzellen liegt der Anteil an minderwertigen Gräsern und Unkräutern mit über 36% recht hoch. Die Volldüngung hat sich demgegenüber in einer wesentlichen Zunahme des Gehaltes an wertvollen Wiesengräsern (bis auf nahezu 90%) deutlich ausgewirkt, während der Anteil an minderwertigen Bestandteilen stark zurückgegangen ist. Der Anteil an Klee hat nur in geringem Umfang zugenommen. Dies wird mit dem relativ hohen Gehalt des Niederungsmoors an Stickstoff zusammenhängen.

In Tab. 597 sind die Ergebnisse der chemischen Untersuchung dargestellt.

Tabelle 597. *Einfluß der P-Düngung auf die Zusammensetzung von Wiesenheu (erster Schnitt)*

	1935 (2. Versuchsjahr)		1936 (3. Versuchsjahr)	
	KN	KPN	KN	KPN
Erträge dz/ha	30,1	60,7	28,0	60,2
Rohprotein	13,72	10,38	13,69	11,61
Rohfett	2,45	2,00	1,67	1,53
Rohfaser	33,37	34,86	30,71	36,89
N-freie Extraktstoffe	43,45	47,35	47,29	44,60
Rohasche	7,01	5,41	6,64	5,37
K_2O	2,40	2,10	3,43	1,79
CaO	0,92	0,80	0,99	0,78
P_2O_5.....................	0,30	0,40	0,32	0,38
CaO/P_2O_5	3,1:1	2,0:1	3,1:1	1,8:1

Es sei zunächst bemerkt, daß bei der Auswertung derartiger Untersuchungen stets die Erträge mit berücksichtigt werden müssen, um nicht zu falschen Schlüssen zu kommen. Hier ist eine starke Wirkung der P-Düngung festzustellen; bei P-Mangeldüngung sind die Erträge auf unter die Hälfte abgesunken. Diese starke Ertragserhöhung durch P-Düngung bewirkt, daß die Menge des für die Pflanzen verfügbaren Stickstoffs bei der Volldüngung mit Phosphorsäure relativ niedrig liegt und als Folge davon ist der Gehalt an Rohprotein geringer als bei der P-Mangeldüngung. In die gleiche Richtung weist die Erhöhung des Rohfasergehaltes bei Volldüngung, die regelmäßig bei diesen Untersuchungen festzustellen war.

Von Bedeutung sind die Änderungen, die im Mineralstoffgehalt eingetreten sind; Rückgang im Gehalt an Kalium und Calcium infolge der erhöhten Erträge, Zunahme des P-Gehaltes unter dem Einfluß der Düngung. Dadurch tritt eine wesentliche Verengung des $\frac{CaO}{P_2O_5}$-Verhältnisses von 3,1 auf 1,8 bis 2,0:1 ein, was als günstig für die Verwertung der Phosphorsäure durch die Tiere anzusehen ist. Die Ergebnisse der Verdaulichkeitsversuche sind in Tab. 598 zusammengestellt.

Tabelle 598. *Einfluß der P-Düngung auf die Verdaulichkeit von Wiesenheu, erster Schnitt*

	2. Versuchsjahr		3. Versuchsjahr		Durchschnitt der zwei Versuchsjahre	
	KN	KPN	KN	KPN	KN	KPN
Organische Substanz ..	58,4	58,8	60,9	58,2	59,6	58,5
Rohprotein	58,8	58,5	57,2	57,8	58,0	58,1
Rohfett	40,5	37,0	14,7	13,8	27,3	25,4
Rohfaser	63,2	61,2	66,3	66,0	64,7	63,6
N-freie Extraktstoffe ..	55,6	58,0	60,2	53,4	58,9	55,7

Es läßt sich erkennen, daß trotz der an und für sich ungünstigen Verschiebung in der Zusammensetzung (Rückgang des Gehaltes an Rohprotein, Zunahme des Rohfasergehaltes) die Verdauungskoeffizienten sich unter dem Einfluß der P-Düngung praktisch nicht geändert haben. Es ist keine ungünstige Beeinflussung der Verdaulichkeit durch die P-Düngung eingetreten. Bei der starken Erhöhung der Erträge sind bei der P-Düngung wesentlich größere Mengen an verdaulichen organischen Stoffen von der Flächeneinheit geerntet worden.

Zu praktisch gleichen Ergebnissen ist BRAUER (1960) gekommen, der zu diesen Untersuchungen Heu aus langjährigen Wiesendüngungsversuchen herangezogen hat. Hier sind die Änderungen in der botanischen Zusammensetzung noch stärker gewesen als in dem oben angeführten Versuch (Tab. 599):

Tabelle 599. *P-Düngung und botanische Zusammensetzung des Heues*

Anteil der	Düngung mit	
	K	KP
Gräser in %	65,1	70,5
Leguminosen in %	5,6	17,1
Kräuter in %	29,3	12,4

Bemerkenswert ist die deutliche Zunahme im Anteil an Leguminosen, die unter dem Einfluß der P-Düngung eingetreten ist. Diese Zunahme geht zu Lasten der Kräuter, deren Anteil sich von 29 auf 12% vermindert hat.

Die Werte von den chemischen Untersuchungen finden sich in Tab. 600:

Tabelle 600. *Einfluß der P-Düngung auf Zusammensetzung und Verdaulichkeit von Wiesenheu, erster Schnitt*

	Rohnährstoffe in % (in 85% Trockensubstanz)		Verdauungskoeffizienten	
	K	KP	K	KP
Erträge durchschnittlich dz/ha	53,3	81.2		
Organische Substanz %	76,2	77,5	60,4	61,1
Rohprotein %	8,2	8,3	53,2	58,4
Rohfett %	1,6	1,5	35,7	45,9
Rohfaser %	24,0	27,3	60,9	59,5
N-freie Extraktstoffe %	42,4	40,4	62,2	63,2
Rohasche %	8,8	8,0		
P_2O_5 %	0,45	0,62		
CaO %	1,09	0,98		
CaO/P_2O_5 %	2,4:1	1,6:1		

Im Gehalt an Rohprotein ist unter der Wirkung der P-Zufuhr eine Tendenz zur Erhöhung vorhanden; es wirken sich die Verschiebungen im botanischen Bestand entsprechend aus. Der Anteil an Rohfaser hat auch bei diesem Versuch zugenommen. Bei den Mineralstoffen zeigt sich das gleiche Bild wie oben, d. h. eine Zunahme des P-Gehaltes, ein Rückgang im CaO-Gehalt und daraus folgend eine Verengung des CaO/P_2O_5-Verhältnisses.

Die durchgeführten Fütterungsversuche zur Bestimmung der Verdaulichkeit (s. Tab. 600) lassen in Übereinstimmung mit den früher besprochenen Ergebnissen erkennen, daß die Verdaulichkeit praktisch nur wenig durch die verschiedene Düngung geändert worden ist. Nur beim Rohprotein ist die Verdaulichkeit unter dem Einfluß der P-Düngung deutlich günstig beeinflußt worden, so daß sich hieraus eine Erhöhung des Gehaltes an verdaulichem Rohprotein (von 4,4 auf 4,9%) für das mit P gedüngte Heu ergibt.

D. Der Einfluß der Kalidüngung

Während man die Höhe des Gehaltes an Stickstoff und Phosphorsäure in den Ernteprodukten sicherlich als ein qualitätsbestimmendes Merkmal für Nahrungs- und Futterstoffe bewerten kann, ist eine derartige Aussage bezüglich des Kaligehaltes nicht ohne weiteres möglich, zumal das Kalium nicht wie die vorher erwähnten Nährstoffe in organische Bindung eingebaut wird. Man wird zwar das Kalium als ein Element ansehen können, das unbedingt für das Leben von Mensch und Tier benötigt wird, aber es sind hier nicht so sehr spezifische Wirkungen, die durch das Element selbst ausgelöst werden; sondern es treten Wirkungen in Erscheinung, die man ganz allgemein den Mineralstoffen zuschreibt. So sieht man eine Wirkung des Kaliums in der Beeinflussung des Quellungszustandes der Gewebe wie auch des Wasserhaushaltes der Pflanzen. Erst allmählich beginnt man, den speziellen Aufgaben des Kaliums im tierischen Organismus verstärkte Aufmerksamkeit zuzuwenden (s. Kalisymposium Amsterdam 1960). Dazu kommt, daß in den pflanzlichen Nahrungs- und Futtermitteln ausreichende Mengen an Kalium vorhanden sind, um den Bedarf der Tiere sicherzustellen; im Gegenteil, ein zu hoher K-Gehalt ändert das gegenseitige Verhältnis der verschiedenen Elemente so zueinander, daß antagonistische Wirkungen ausgelöst werden können. So ist die Einschätzung des Kaligehaltes in den Futterstoffen abhängig von der Höhe des Gehaltes an anderen Mineralstoffen und man schenkt z. B. dem Verhältnis von $\dfrac{K_2O}{CaO}$ bzw. $\dfrac{K_2O}{Na_2O}$ in der Tierernährung erhebliche Beachtung. Bei dem Auftreten der Tetanie, die im Frühjahr auf der Weide, insbesondere bei Hochleistungstieren, in Erscheinung tritt, mißt man nach holländischen Untersuchungen (Grashuis 1958) dem Verhältnis K: (Ca +Mg) erhebliche Bedeutung zu. Bei Untersuchungen von Naumann und Barth (1959) im Rheinland betrug das

Verhältnis K: (Ca +Mg) in Tetaniebetrieben 1,81:1
in Vergleichsbetrieben 1,28:1

Nach den Untersuchungen von Werner (1959) soll jedoch diese Ansicht nicht zutreffen. Auch in der Pflanze selbst wirkt sich ein zu hohes Angebot an Kalium ungünstig auf den Gehalt an anderen Mineralstoffen aus; dies gilt insbesondere für das Calcium. Auf das Kalk-Kaligesetz von Ehrenberg ist schon an anderer Stelle (s. S. 1288) hingewiesen worden, s. auch Fischer (1923). Als ein Beispiel hierfür soll hier auf Tab. 617 (S. 1314) hingewiesen werden, die den Rückgang im Gehalt an Ca bei steigenden Kaligaben aufzeigt.

So ist die Beeinflussung des Kaligehaltes durch die Düngung ein Problem von mehr zurücktretender Bedeutung, das nicht weiter im einzelnen behandelt werden soll, zumal sich hier nicht so direkte Beziehungen zu dem Gehalt an anderen Inhaltsstoffen herstellen lassen wie beim Stickstoff oder der Phosphorsäure.

Andererseits wird man sagen können, daß durch eine Düngung mit Kaliverbindungen im gewissen Umfang der ungünstigen Wirkung einer zu hohen Stickstoffgabe entgegengewirkt werden kann. Das bedeutet, daß bei einem ausgewogenen Verhältnis der Nährstoffe zueinander die Düngergaben insgesamt wesentlich gesteigert werden können, ohne Qualitätseinbußen befürchten zu müssen.

Eine besondere Bedeutung wird der Kaliversorgung bei der Bildung der Kohlenhydrate zugeschrieben. Vielfach vertritt man die Ansicht, daß das Kalium bei den Assimilationsvorgängen bzw. der Photosynthese eine bedeutsame Rolle spielt (vgl. PIRSON 1952). Die Bildung der an der Synthese von Pflanzenstoffen beteiligten Phosphoresterasen wird nach HOFMANN (zit. nach AMBERGER 1958) durch steigende Kaligaben begünstigt. Von RUSSEL (1928) wird auf Grund der in Rothamsted durchgeführten Versuche die Ansicht vertreten, daß das Kalium im gewissen Umfang den Sonnenschein ersetzen kann und demzufolge in sonnenscheinarmen Jahren zur besseren Wirkung kommen soll. LEMMERMANN und LIESEGANG (1930) konnten auf Grund ihrer Untersuchungen dieser Ansicht nicht zustimmen. Aber bei einer großen Anzahl von Düngungsversuchen hat sich eine günstige Wirkung einer Kalidüngung nicht nur auf den Ertrag, sondern auch auf den Gehalt an Kohlenhydraten nachweisen lassen. Dieses Problem ist im besonderen Maße beim Anbau der Hackfrüchte von wesentlicher Bedeutung, da man bei den Kartoffeln wie bei den Zückerrüben den Gehalt an Stärke bzw. Saccharose als qualitätsbestimmendes Merkmal ansehen kann.

Das gilt einmal für die Kartoffeln, bei denen eine ausreichende Versorgung mit Kalium notwendig ist, um zu einem ausreichenden Stärkegehalt zu kommen, wofür im folgenden ein Beispiel aus Untersuchungen von SCHMIDT (1957) gegeben werden soll (Tab. 601):

Tabelle 601. *K-Düngung und Stärkegehalt der Kartoffeln*

Düngung	Ertrag dz/ha	Stärke %	Stärkeertrag dz/ha
NP[1]	275,1	18,5	50,5
NP + 120 kg K$_2$O	285,4	18,5	52,2
NP + 160 kg K$_2$O	289,9	18,8	53,9
NP + 200 kg K$_2$O	295,8	19,1	56,0

[1] N = 80 kg/ha, P$_2$O$_5$ = 120 kg/ha.

Es ist im Mittel von 6 Sorten der Stärkegehalt in den Kartoffeln von 18,5 auf 19,1% angestiegen.

Bei dem schon erwähnten statischen Versuch in Lauchstädt ergaben sich nach den Angaben von RÜTHER (1960) eindeutige Beziehungen zwischen der K-Düngung und dem Stärkegehalt der Kartoffeln (Tab. 602):

Tabelle 602. *K$_2$O-Wirkung zu Kartoffeln*
(Statischer Versuch Lauchstädt)
Gehalt in % der Trockensubstanz

Düngung	1958 (feucht)					1959 (trocken)				
	Ertrag dz/ha	K$_2$O %	P$_2$O$_5$ %	N %	Stärke %	Ertrag dz/ha	K$_2$O %	P$_2$O$_5$ %	N %	Stärke %
ohne	62	1,61	0,31	1,48	18,7	73	2,00	0,39	1,62	18,7
NP	159	1,32	0,66	1,82	15,3	138	1,36	0,63	1,77	17,2
NPK	354	2,26	0,58	1,14	17,7	386	2,37	0,52	1,04	19,0

Es ist der Stärkegehalt bei der langandauernden K-Mangeldüngung auf 15,3 bzw. 17,2% gegenüber 17,7 bzw. 19,0% bei der KPN-Düngung abgesunken. Der Gehalt an Kali hat sich ganz erheblich erhöht.

Wie stark sich unter bestimmten Bedingungen ein Kalimangel auf den Stärkegehalt auswirken kann, zeigen Düngungsversuche mit steigenden Kaligaben, die von Baden (1958) auf Moorböden mit Kartoffeln durchgeführt worden sind (Tab. 603):

Tabelle 603. *Einfluß der K-Düngung auf Ertrag und Stärkegehalt bei Kartoffeln*

Düngung	Ertrag dz/ha	Stärke %
PN	143,6	12,4
PN + 25 kg K$_2$O	126,2	12,0
PN + 50 kg K$_2$O	158,8	13,0
PN +100 kg K$_2$O	194,2	13,8
PN +150 kg K$_2$O	188,6	14,4
PN +200 kg K$_2$O	217,0	15,1

Auf diesem Boden, der wie alle Moorböden sehr schnell an Kali verarmte, ist nach fünfjähriger K-Mangeldüngung neben einem starken Rückgang in den Erträgen eine wesentliche Minderung im Stärkegehalt festzustellen.

Bemerkenswert ist die Tatsache, daß es nicht allein auf die Höhe der Kaligabe ankommt; sondern ein wesentlicher Faktor bei der Stärkebildung ist die Form, in der das Kalium verabreicht wird. Es bestehen wesentliche Unterschiede zwischen dem Chlorid und dem Sulfat. Dies zeigen z. B. Untersuchungen, die von der Landwirtschaftskammer Kassel (1953) durchgeführt worden sind (Tab. 604):

Tabelle 604. *Kaliform und Stärkegehalt in Kartoffeln*

Kalidüngung	kg K$_2$O/ha	Ertrag dz/ha	Stärkegehalt %	Stärkeertrag dz/ha
ohne	—	213,1	14,8	32,1
40er Salz	120	243,8	13,3	31,3
Patentkali	120	258,2	16,0	44,0
40er Salz	160	275,9	12,9	34,6
Patentkali	160	290,6	17,3	50,4

Während das Kaliumchlorid den Stärkegehalt herunterdrückt, hat das Sulfat bzw. die Kali-Magnesiadüngung den Gehalt an Stärke deutlich erhöht. Der Anstieg bei steigenden Gaben macht sich deutlich bemerkbar.

Zu ähnlichen Ergebnissen ist Elbe (1955) gekommen (Tab. 605), in dessen Versuchen gleichzeitig der Einfluß der Ausbringezeit untersucht worden ist.

Tabelle 605. *Einfluß der K-Düngung auf den Stärkegehalt der Kartoffeln*

Düngung	Kaliform	Zum Pflanzen			4 Wochen vor dem Pflanzen		
		Ertrag dz/ha	Stärke %	Stärke-ertrag dz/ha	Ertrag dz/ha	Stärke %	Stärke-ertrag dz/ha
ohne Kali		256,7	16,8	46,0			
+ 120 kg Kali	⌠ 40er Salz	237,7	16,0	44,5	277,5	16,6	46,0
	⌡ Kalimagnesium	287,0	16,4	47,0	291,5	17,1	49,6

Es kann ein ungünstiger Einfluß der Chloridform durch eine frühzeitige Gabe deutlich vermindert werden.

Auch bei Zuckerrüben ließ sich ein Einfluß der K-Düngung auf die Bildung der Kohlehydrate, d. h. auf den Zuckergehalt, erkennen, wie sich aus Ergebnissen des statischen Versuches Lauchstädt (RÜTHER 1960) erkennen läßt (Tab. 606), wenn auch nicht in der gleichen Stärke wie bei der Phosphorsäuredüngung.

Tabelle 606. *K_2O-Wirkung zu Zuckerrüben*
(Statischer Versuch Lauchstädt)
Gehalt in % der Trockensubstanz

Düngung	1958 (feucht)					1959 (trocken)				
	Ertrag dz/ha	K_2O %	P_2O_5 %	N %	Zucker %	Ertrag dz/ha	K_2O %	P_2O_5 %	N %	Zucker %
ohne	161	0,60	0,15	0,58	18,3	59	0,82	0,20	0,75	18,6
NP	401	0,52	0,56	0,70	18,7	283	0,40	0,25	0,96	18,1
NPK	532	0,81	0,35	0,68	19,5	384	0,80	0,24	0,81	20,0

Der Einfluß der Kalidüngung auf den Rohprotein(N)-gehalt ist in erster Linie durch die Auswirkung auf die Erträge bestimmt. Es ist bereits früher gesagt worden, daß eine Kalidüngung im gewissen Umfang antagonistisch zur N-Düngung wirkt und demgemäß die Auswirkung einer N-Düngung einschränkt. Ein Anstieg der Erträge unter dem Einfluß der Kalidüngung zieht im allgemeinen einen Rückgang im Gehalt an N nach sich.

Bei Untersuchungen von RAUTERBERG und LOOFMANN (1937) über die Beziehungen zwischen Ernährung der Pflanze und ihrer Zusammensetzung wurden z. B. folgende Ergebnisse erhalten (Tab. 607):

Tabelle 607. *Kalidüngung und Zusammensetzung der N-haltigen Verbindungen in der Pflanze*

Versuchspflanze: Hafer N-Gabe: 3,0 g je Gefäß	Kaligabe in g je Gefäß					
	0,1	0,2	0,5	1,0	2,0	3,0
Gesamt-N %	3,81	3,37	3,08	2,88	2,91	2,89
Eiweiß-N %	1,68	1,64	1,67	1,78	1,79	1,78
Eiweiß-N in % des Gesamt-N	44,1	48,7	54,2	61,8	61,5	61,6
Verdaulichkeit des Eiweiß-N	67,8	73,0	74,8	79,3	79,6	80,2
α-Amino-N in % des Nichteiweiß-N	47	46	43	37	36	33
NH_4-N %	0,07	0,065	0,05	0,025	0,02	0,02

Es zeigt sich demgemäß, daß unter dem Einfluß der steigenden Kaligaben die Gehalte an Rohprotein deutlich zurückgehen, hingegen die Gehalte an Eiweiß-N sich nur wenig ändern. Demzufolge steigt der Anteil des Eiweiß-N am Gesamt-N entsprechend an und gleichzeitig auch die Verdaulichkeit des Proteins. In die gleiche Richtung weisen auch die Änderungen im Gehalt an α-Amino-N im Nichteiweiß und an NH_4-N. Dies zeigt die Zusammenhänge, die zwischen der Kalidüngung und der N-Düngung bzw. dem Gehalt an N-haltigen Verbindungen in der Pflanze bestehen.

Untersuchungen über den Einfluß der Kalidüngung auf den Fettgehalt von Ölsamen bzw. die Fettbildung ergaben zum Teil widersprechende Ergebnisse. Schmalfuss (1939) konnte in verschiedenen Untersuchungen zeigen, daß die Kalidüngung keinen direkten Einfluß auf den Ölgehalt bei Leinsamen bzw. anderen Ölsamen hatte (Tab. 608):

Tabelle 608. *Einfluß der Kalidüngung auf den Ölgehalt bei Leinsamen*

K-Düngung		Erträge g/Zylinder		Ölgehalt im Samen %	Jodzahl des Leinöls	Rohprotein im Samen %
kg K$_2$O/ha	Kaliform	Samen	Stroh + Spreu			
0	—	33,5	205,2	38,7	182,2	26,13
60	K$_2$SO$_4$	35,4	218,0	38,5	183,7	25,56
120		35,5	219,2	38,8	185,2	25,82
60	KCl	34,7	220,0	37,9	185,4	25,56
120		34,4	215,8	38,2	186,5	25,26

Bei diesem Versuch, der in Erdzylindern durchgeführt wurde und bei dem nur eine geringe Wirkung auf den Ertrag vorlag, ergab sich keine Veränderung des Fettgehaltes in den Samen. Hingegen war die Jodzahl im Leinöl mit steigenden Kaligaben erhöht, wobei das Chlorid stärker wirkte als das Sulfat. Schmalfuss sieht hierin nicht eine direkte Wirkung des Kaliums auf die Fettbildung, sondern eine indirekte über eine Beeinflussung des Wasserhaushaltes und damit zusammenhängend der Temperatur des Organismus. Die gleichen Ergebnisse erhielt Schmalfuss (1935) bei anderen Ölsamen.

Zu etwas anderen Ergebnissen kamen Giesecke und Liu (1940) bei Gefäßversuchen zu Sojabohnen (Tab. 609), d. h. bei einer Leguminose.

Tabelle 609. *Einfluß der Kalidüngung auf die Zusammensetzung der Sojabohne*

K$_2$O g/Gefäß	Erträge in g		Ölgehalt im Samen %	Rohprotein im Samen %	K$_2$O im Samen %
	Samen	Stroh + Spreu			
0	11,2	59,7	17,42	41,17	1,83
0,6	23,3	71,2	18,49	41,45	1,96
1,0	26,7	73,9	19,27	38,17	2,21
1,5	27,7	73,9	20,62	37,32	2,20
2,0	26,2	71,3	20,11	36,75	2,25
2,5	27,1	67,6	21,72	37,32	2,55

Es sind in diesem Versuch starke Wirkungen der Kalidüngung eingetreten; der Samenertrag wurde mehr als verdoppelt. Gleichzeitig ist der Kaligehalt im Samen deutlich angestiegen. Im Gegensatz zu dem vorigen Versuch ist der Ölgehalt durch die steigenden Kaligaben deutlich erhöht worden. Dies mag damit zusammenhängen, daß bei Kalimangel eine nur ungenügende Ausbildung des Korns eingetreten war, wodurch die Fettbildung gelitten hat. Der Gehalt an Rohprotein ist bei den steigenden Kaligaben im gewissen Umfang zurückgegangen.

Im Zusammenhang mit den Änderungen des Proteingehaltes unter dem Einfluß der Ertragserhöhung bei den steigenden Kaligaben stehen auch die

Änderungen im Gehalt an Inhaltsstoffen, die ihrerseits mit dem Gehalt an Rohprotein verknüpft sind (vgl. S. 1281). Dies ergibt sich z. B. aus der Betrachtung der Tab. 561, in der die Beziehungen zwischen Stickstoffdüngung, Kalidüngung und Chlorophyll wiedergegeben waren.

Demgemäß ergibt sich auch vielfach ein Rückgang im Chlorophyllgehalt unter dem Einfluß der Kalidüngung, wie u. a. ältere Untersuchungen von REMY und LIESEGANG (1926) an Kartoffeln zeigen (Tab. 610):

Tabelle 610. *Kalidüngung und Chlorophyllgehalt des Kartoffelblattes*

Versuch	K-freie Grund- düngung	K_2SO_4	50er-Kalisalz	Kainit
I	24,8	18,6	15,2	14,3
III	15,3	13,9	9,2	9,4

Es scheint sich hier auch ein Einfluß der verschiedenen Kaliformen anzudeuten. Die chloridhaltigen Salze drücken den Chlorophyllgehalt stärker herab als das Sulfat.

Bei Untersuchungen von SCHARRER und BÜRKE (1953) über den Einfluß der Kalidüngung auf den Carotingehalt der Möhren wurden folgende Ergebnisse erhalten (Tab. 611):

Tabelle 611. *Einfluß der K-Düngung auf den Carotingehalt der Möhren*

Düngung	Carotingehalt mg/ 100 g Trockensubstanz	
	Kraut	Wurzeln
NP	39,3	53,6
$NP + K_1$	48,4	64,8
$NP + K_2$	54,0	83,6
$NP + K_3$	43,3	62,6
$NP + K_4$	44,9	73,6
$NP + KCl$	44,5	61,5
$NP + KCl + Mg$	59,7	97,7
$NP + K_2SO_4$	38,9	55,4
$NP + K_2SO_4 + Mg$	63,4	61,5

Es zeigt sich hier zwar ein gewisser Anstieg im Carotingehalt unter dem Einfluß der K-Düngung; die höchsten Werte werden aber bereits bei der zweiten Gabe erreicht. Die starken K-Gaben drücken den Carotingehalt wieder etwas herab.

Des weiteren bestehen gewisse Unterschiede zwischen den verschiedenen Kalisalzen; das Chlorid ist dem Sulfat wesentlich überlegen. Darüber hinaus kommt bei diesen Untersuchungen der günstige Einfluß einer Mg-Düngung auf den Carotingehalt zum Ausdruck (s. auch S. 1280).

In Feldversuchen konnte verschiedentlich kein Einfluß der K-Düngung auf den Carotingehalt festgestellt werden, wie sich z. B. bei Untersuchungen von LUND (1944) ergeben hat (Tab. 612):

Tabelle 612. *Einfluß der K-Düngung auf den Carotingehalt eines Grasbestandes*

K-Düngung kg K_2O/ha	Carotin mg/kg Trockensubstanz
0	57
20	56
40	55

Auch bei Untersuchungen von Steger und Mitarbeitern (1959) konnte bei Feldversuchen gleichfalls kein Einfluß der K-Düngung auf den Carotingehalt von Futterpflanzen festgestellt werden.

Die Wirkung der Kalidüngung auf den Gehalt an Vitamin B_1 läßt sich aus den schon an anderer Stelle angeführten Arbeiten von Scharrer und Preissner (1954) entnehmen (Tab. 613):

Tabelle 613. *Einfluß der K-Düngung auf den Gehalt an Vitamin B_1*
(in der Trockensubstanz)

Düngung	S.-Weizen[1] (Peragis)		S.-Gerste[1] (Isaria)		Hafer[1] (Flämingsgold)		K-Düngung	Felderbsen[1] (Hohenheimer)	
	Ertrag g	Vit. B_1/ 100 g	Ertrag g	Vit. B_1/ 100 g	Ertrag g	Vit. B_1/ 100 g		Ertrag g	Vit. B_1/ 100 g
ungedüngt	3,0	324,3	4,3	440,5	0,7	249,8	—	13,9	501,6
NP	7,9	437,3	6,5	449,7	4,5	416,4	—	23,9	496,2
NP + 0,6 g K_2O ..	12,0	479,2	11,9	380,5	10,7	405,4	1,5	23,3	543,8
NP + 1,2 g K_2O ..	12,6	502,9	11,7	496,6	13,3	(267,9)	3,0	20,2	555,3
NP + 1,8 g K_2O ..	12,4	505,4	13,2	496,0	9,4	415,4	4,5	16,2	373,2

[1] Korn.

Es läßt sich erkennen, daß bereits bei der K-freien Düngung ein relativ hoher Gehalt an Vitamin B_1 vorhanden ist. Demgemäß sind auch die Auswirkungen der K-Düngung wesentlich geringer als bei der P-Düngung und vor allem bei der N-Düngung. Bei den Felderbsen ist sogar bei der letzten K-Gabe eine deutliche Depression bei den Erträgen wie im Gehalt an Vitamin B_1 eingetreten. Dies zeigt die Notwendigkeit, die Düngung der verschiedenen Nährstoffe aufeinander abzustimmen.

Von Interesse ist, daß das begleitende Anion, das bei den verschiedenen Kalisalzen mit in den Boden hineingebracht wird, von nicht unwesentlicher Bedeutung für den Gehalt an Vitamin B_1 ist (Tab. 614):

Tabelle 614. *Einfluß verschiedener Kaliformen auf den Gehalt an Vitamin B_1*
(in der Trockensubstanz)

Düngung	Kolbenhirse		Felderbsen	
	Ertrag g/Gefäß	Vit. B_1/ 100 g	Ertrag g/Gefäß	Vit. B_1/ 100 g
NP	3,5	519,4	18,5	574,7
NP + K_2SO_4	13,4	536,3	23,0	517,5
NP + KCl	11,9	659,3	22,7	615,3

Es ergibt sich, daß die Düngung mit Chlorid der mit Sulfat deutlich überlegen ist.

Der Gehalt an Vitamin C wird durch eine Kalidüngung günstig beeinflußt (s. hierzu S. 1283). Als Beispiel soll hier noch das Ergebnis von Untersuchungen von OTT (1938) (Feldversuch mit verschiedenen Kohlarten) wiedergegeben werden (Tab. 615):

Tabelle 615. *Kalidüngung und Vitamin-C-Gehalt*

| Düngung | Gehalt in mg/100 g Frischsubstanz | | | |
| | Weißkohl | | Rotkohl | |
	Ascorbinsäure	Gesamt-Vit. C	Ascorbinsäure	Gesamt-Vit. C
NP	5,0	17,5	45,0	42,0
$NP + K_1$ ...	18,8	21,2	36,2	57,5
$NP + K_2$ ...	24,3	30,0	42,5	55,5
$NP + K_3$ ...	24,3	30,0	53,0	54,3

Die steigenden Kaligaben haben sich in einer erheblichen Erhöhung des Gehaltes an Vitamin C ausgewirkt, wobei diese insbesondere bei der Ascorbinsäure in Erscheinung tritt.

Über den Einfluß der K-Düngung auf den Gehalt an Cumarin im Steinklee liegen Versuche von NEHRING (1941) vor. Er kam zu folgenden Ergebnissen (Tab. 616):

Tabelle 616. *K-Düngung zu Steinklee*

| Düngung g/Gefäß | | | Erträge in g | | Rohprotein in % | | Cumarin in % | |
N	K_2O	P_2O_5	I. Schnitt	II. Schnitt	I. Schnitt	II. Schnitt	I. Schnitt	II. Schnitt
0,2	—	—	46,1	28,9	16,26	21,06	0,59	0,50
	0,25		47,5	31,6	16,38	20,78	0,76	0,45
	0,5	0,8	61,1	35,0	15,82	21,22	0,95	0,44
	0,75		62,3	35,1	16,66	19,39	0,78	0,34
	1,0		67,1	36,3	16,70	19,13	0,92	0,38
	1,0		61,1	38,4	16,92	20,19	0,83	0,28
	1,5	1,6	74,5	43,2	18,60	19,12	0,73	0,35
	2,0		75,7	38,7	16,49	20,16	0,53	0,42

Die Kalidüngung hat sich erheblich auf den Ertrag an Steinklee ausgewirkt. Der Einfluß auf den Proteingehalt ist gering und nicht eindeutig. Der Cumaringehalt wird durch die ersten Kaligaben zunächst erhöht, erreicht sein Optimum bei den mittleren Gaben, um bei den hohen wieder abzusinken; das gleiche war bei der Phosphorsäuredüngung zu beobachten. Beim zweiten Schnitt ist das Bild nicht eindeutig.

Die Wirkungen einer Kalizufuhr auf den Gehalt an Oxalsäure ergeben sich ihrerseits in der Hauptsache aus der Beeinflussung des Ca-Gehaltes, wie dies aus den Untersuchungen von SCHARRER und JUNG (1953) hervorgeht (Tab. 617):

Tabelle 617. *Einfluß der Kalidüngung auf den Gehalt an Oxalsäure im Rübenblatt*
(Gefäßversuche)

K_2O-Gabe je Gefäß	Ältere Blätter mval in Trockensubstanz			Jüngere Blätter mval in Trockensubstanz		
	K	Ca	Oxalsäure	K	Ca	Oxalsäure
1,2 g	0,77	1,90	2,29	0,49	1,22	1,20
2,4 g	1,66	1,60	2,03	1,02	1,08	1,20
3,6 g	2,20	0,94	1,89	1,48	0,64	0,86
6,0 g	2,84	0,49	1,72	2,66	0,44	0,78
8,4 g	3,38	0,60	2,11	2,63	0,28	0,79

Mit zunehmendem Kaligehalt in den Pflanzen sinkt der Ca-Gehalt und demgemäß geht der Gehalt an Oxalsäure zurück. Hohe Kaligaben vermögen jedoch anscheinend den vom fallenden Ca-Gehalt ausgehenden Einfluß zu kompensieren und jetzt kann die eigentliche Wirkung des Kaliums in Erscheinung treten, die wie bei Na eine Verstärkung der Oxalsäurebildung bedeutet.

Der Einfluß der Kalidüngung auf den Gehalt an Fermenten ist schon früher im Zusammenhang besprochen worden. Es wurde dort gezeigt, daß der Gehalt insbesondere an Carbohydrasen (Amylase, Saccharase) durch die Kalidüngung deutlich herabgesetzt wird. Dadurch werden die Umsetzungen der Kohlenhydrate eingeschränkt, was sich günstig auf die Haltbarkeit auswirken soll.

Das gleiche geht aus weiteren Versuchen von AMBERGER (1958) hervor (Tab. 618):

Tabelle 618. *Einfluß der K-Düngung auf die Aktivität von Carbohydrasen bei Rotklee*

Düngung	Fermentative Hydrolyse	
	Saccharase	Amylase
ohne K	16,4	28,8
+ 0,75 g K_2O	15,85	28,20
+ 1,50 g K_2O	13,10	27,90
+ 3,00 g K_2O	13,20	27,80

Diese Minderung der fermentativen Hydrolyse unter dem Einfluß der Kalidüngung verschiebt das Verhältnis der Kohlenhydrate von den niedermolekularen zu den hochmolekularen. Die N-Düngung wirkt sich in entgegengesetzter Richtung aus.

Das gleiche gilt für den Gehalt an Oxydationsfermenten, wie ebenfalls aus den Untersuchungen von AMBERGER (1958) hervorgeht (Tab. 619):

Tabelle 619. *Einfluß der K-Düngung auf die Aktivität der Oxydationsfermente*
(Versuche mit Zuckerrüben)

Düngung	Katalaseaktivität	Peroxydaseaktivität	Verluste an Trockensubstanz in 7 Tagen in %
ohne K	13,3	7,00	7,7
1 × K	10,5	5,50	6,0
2 × K	9,05	3,75	4,9
4 × K	11,4	3,90	8,7

Es ergibt sich ein ähnliches Bild wie bei den Carbohydrasen, d. h. ein Rückgang der Aktivität unter dem Einfluß der Kalidüngung. Bei der stärksten Kaligabe kann jedoch eine Umkehrung stattfinden, d. h. eine Erhöhung der Fermentaktivität. Bei der N-Düngung war das umgekehrte Bild erhalten worden (s. S. 1285); die Aktivität der Oxydationsfermente war durch die steigenden N-Gaben verstärkt worden.

Diese Änderungen in der Aktivität der Oxydationsfermente wirken sich in einer Minderung der Verluste bei der Trocknung unter dem Einfluß der Kalidüngung bzw. in einer Erhöhung der Verluste durch die N-Düngung aus, was bei der Gestaltung der Nährstoffverluste bei der Heugewinnung von Wichtigkeit sein kann.

Von wesentlicher Bedeutung erscheint dieses Problem auch für die Lagerung der Hackfrüchte. Auch bei diesen wirkt sich eine Kalidüngung in einer Minderung der Aktivität der Katalase und Peroxydase und demzufolge in einem Rückgang der Verluste bei der Lagerung aus. Dies zeigen die Angaben in Tab. 620, die gleichfalls den Untersuchungen von AMBERGER (1958) entnommen sind (Tab. 620):

Tabelle 620. *Verluste an Trockensubstanz bei der Lagerung in %*

Düngung kg K₂O/ha	Möhren (4 Monate)	Zuckerrüben (3 Monate)	Kartoffeln (9 Monate)
—	8,0	5,7	14,2
50	7,8	5,7	20,3
100	7,0	5,9	5,6
200	8,2	2,5	6,0

Bei allen drei Hackfrüchten sind die Lagerungsverluste bedingt durch die verminderte Fermentaktivität unter dem Einfluß der Kalidüngung zurückgegangen, wobei das Ausmaß des Rückganges abhängig ist von den Ansprüchen der verschiedenen Pflanzen an die Düngung.

Dies läßt erkennen, daß das Kalium nicht nur als Antagonist gegenüber anderen Elementen wirkt, sondern darüber hinaus in die spezifischen Umsetzungen der pflanzlichen Zelle eingreift und damit ihre chemische Zusammensetzung, d. h. ihre Qualität, beeinflußt.

Zum Abschluß des Kapitels über die Wirkung der Kalidüngung soll ihr Einfluß auf die Zusammensetzung und den Futterwert von Futterpflanzen besprochen werden. Auch hier liegen Untersuchungen von NEHRING (1938) mit Wiesenheu von Moorflächen vor. Bei einem Versuch auf saurem Hochmoorboden, bei dem die Ernten des dritten bis fünften Versuchsjahres untersucht wurden, wurden folgende Ergebnisse erhalten:

a) *Einfluß auf die botanische Zusammensetzung* (Tab. 621):

Tabelle 621. *Einfluß der K-Düngung auf die botanische Zusammensetzung von Wiesengras auf Hochmoor*
(angegeben in %)

Pflanzen	3. Versuchsjahr		4. Versuchsjahr		5. Versuchsjahr	
	PN	KPN	PN	KPN	PN	KPN
Gute Gräser	54,4	63,8	35,2	80,2	47,7	85,9
Klee	11,5	16,9	—	—	—	—
Minderwertige Gräser ...	24,2	13,5	53,7	16,9	41,0	12,1
Kräuter	9,9	5,8	11,1	2,9	11,3	2,8

Während auf den Kalimangelparzellen der Anteil an minderwertigen Pflanzen im Laufe der Jahre weiter zunahm, stieg umgekehrt bei der ständigen K-Düngung (120 kg/ha jährlich) im besonderen der Anteil an guten Gräsern laufend an und erreichte im fünften Versuchsjahr über 85%.

b) *Untersuchung auf Nährstoffgehalt* (Tab. 622):

Tabelle 622. *Einfluß der Kalidüngung auf die Zusammensetzung von Wiesenheu, erster Schnitt*

	3. Versuchsjahr 1932		4. Versuchsjahr 1933		5. Versuchsjahr 1934	
	PN	KPN	PN	KPN	PN	KPN
Erträge dz/ha	28,9	38,9	24,3	42,3	20,8	34,3
Zusammensetzung in % der Trockensubstanz						
Rohprotein	11,50	10,63	12,32	10,01	12,25	9,79
Rohfett	2,29	2,28	1,74	1,75	2,05	1,80
Rohfaser	28.02	28,84	31,13	33,11	25,83	27,87
N-freie Extraktstoffe ...	52,75	51,64	49,13	49,37	54,60	54,49
Rohasche	5,44	6,61	4,88	5,76	5,27	6,05
K_2O	1,48	2,61	1,27	2,70	1,31	2,27
CaO	0,92	0,86	0,83	0,56	0,88	0,54
P_2O_5	0,68	0,61	0,61	0,57	0,68	0,55

Wie zunächst die Angaben der Ertragszahlen zeigen, hat sich die Kalidüngung deutlich ausgewirkt. Der Gehalt an Rohprotein liegt unter den hier vorliegenden Bedingungen in allen drei Jahren bei der Volldüngung niedriger als bei der Kalimangeldüngung (bedingt durch den starken Anstieg der Erträge bei Volldüngung). Demgegenüber ist der Gehalt an Rohfaser angestiegen. Der Gehalt an Phosphorsäure geht wie der des Rohproteins entsprechend zurück; der Gehalt an Kalium ist zum Teil auf das Doppelte angestiegen, und demzufolge vermindert sich der Gehalt an CaO, so daß das Ca/P-Verhältnis sich unter dem Einfluß der Kalidüngung verengt.

c) *Einfluß der Kalidüngung auf die Verdaulichkeit* (Tab. 623):

Tabelle 623. *Einfluß der Kalidüngung auf die Verdaulichkeit von Wiesenheu, erster Schnitt*

	3. Versuchs-jahr		4. Versuchs-jahr		5. Versuchs-jahr		im Mittel	
	PN	KPN	PN	KPN	PN	KPN	PN	KPN
Organische Substanz	68,0	71,5	56,8	57,8	65,1	70,8	63,3	66,7
Rohprotein	63,2	63,2	63,1	54,9	66,7	67,7	64,6	61,6
Rohfett	46,6	56,9	36,8	36,9	31,6	39,3	38,3	44,4
Rohfaser	67,3	72,3	60,9	64,8	63,5	71,9	63,9	69,7
N-freie Extraktstoffe	70,3	73,3	52,8	54,6	66,8	71,9	63,3	68,8

Trotz der anscheinend ungünstiger gewordenen Zusammensetzung hat sich die Verdaulichkeit der organischen Substanz bei Volldüngung nicht vermindert, sondern in allen drei Jahren liegt die Verdaulichkeit hier höher, so daß sie im Durchschnitt der Jahre von 63,3 auf 66,7 ansteigt. Diese Änderung in der Verdaulichkeit tritt besonders bei den N-freien Nährstoffen in Erscheinung, während die Verdaulichkeit des Rohproteins im geringen Umfange zurückgegangen ist, wie bei dem verminderten Rohproteingehalt zu erwarten war.

Bei einem anderen Versuch auf Übergangsmoor sind praktisch die gleichen Ergebnisse erhalten worden, wie Tab. 624 zeigt:

Tabelle 624. *Einfluß der Kalidüngung auf die Verdaulichkeit von Wiesenheu*
(Mittel aus drei Versuchsjahren)

	Zusammensetzung in % der Trockensubstanz		Verdauungs- koeffizienten	
	PN	KPN	PN	KPN
Rohasche	4,51	5,64		
Organische Substanz	95,49	94,36	66,1	69,6
Rohprotein	13,36	10,44	63,8	63,1
Rohfett	2,03	2,11	40,1	44,4
Rohfaser	30,26	31,28	73,4	75,9
N-freie Extraktstoffe	49,84	50,61	62,6	67,8
K_2O	0,97	2,12		
CaO	0,89	0,77		
P_2O_5	0,77	0,63		

Auch hier gehen die Änderungen unter dem Einfluß der Kalizufuhr in die gleiche Richtung; Verminderung des Rohproteingehaltes, Zunahme des Rohfasergehaltes, Anstieg im K-Gehalt, Rückgang im Ca- und P-Gehalt. Die Verdaulichkeit liegt wie im vorher erwähnten Versuch beim Heu von der Volldüngungsparzelle höher als beim Heu mit Kalimangeldüngung. Es erscheint verständlich, daß die Auswirkung einer Düngung auf dem Grünland im besonderen Maße vom Boden wie von der Zusammensetzung des Pflanzenbestandes abhängt, so daß bei Betrachtung der Versuchsergebnisse auch die Änderungen im botanischen Bestand berücksichtigt werden müssen. Dies geht z. B. aus Untersuchungen von BRAUER (1960) hervor, bei denen die Wirkung einer KP-Düngung gegenüber einer P-Düngung auf Mineralboden verglichen worden ist (Tab. 625):

Tabelle 625. *K-Düngung und botanische Zusammensetzung von Wiesenheu*

Anteil der	ungedüngt	Düngung mit	
		P	KP
Gräser in %	77,3	75,1	72,6
Leguminosen in %	2,8	3,1	17,8
Kräuter in %	19,9	21,9	9,7

Während sich die alleinige Zufuhr der Phosphorsäure gegenüber ungedüngt kaum in einer Änderung des Bestandes ausgewirkt hat, treten bei Zufuhr des Kaliums zur P-Düngung starke Verschiebungen ein. Der Anteil der Leguminosen ist auf Kosten der Kräuter, im geringen Umfang auch auf Kosten der Gräser, stark angestiegen.

Diese Änderungen im Pflanzenbestand machen sich natürlich auch in der chemischen Zusammensetzung des Wiesenheues bemerkbar (Tab. 626):

Tabelle 626. *Zusammensetzung und Verdaulichkeit von Wiesenheu, erster Schnitt*

	Rohnährstoffe[1] in % in 85 % der Trockensubstanz		Verdauungskoeffizienten[1]	
	P	KP	P	KP
Erträge dz/ha	60,0	95,8		
Organische Substanz	78,0	74,4	63,9	62,9
Rohprotein	7,8	9,0	54,1	61,3
Rohfett	1,5	1,6	44,3	50,6
Rohfaser	25,6	27,0	64,5	61,6
N-freie Extraktstoffe	43,1	39,8	65,9	64,6
Rohasche	7,0	7,6		

[1] Mittel aus vier Versuchsjahren.

Im Gegensatz zu den Verhältnissen auf Moorwiesen, bei denen der Anteil an Klee nur wenig durch die K-Düngung beeinflußt wurde, ist hier bei der starken Zunahme des Leguminosenanteiles trotz des hohen Ertragsanstieges ein bemerkenswerter Anstieg im Gehalt an Rohprotein eingetreten. Der Rohfasergehalt hat nur um ein geringes zugenommen. Die Verdaulichkeit hat sich unter dem Einfluß der verschiedenen Düngung kaum geändert. Immerhin ist die Verdaulichkeit des Rohproteins bei erhöhtem Gehalt unter dem Einfluß der Kalidüngung angestiegen.

Über den Einfluß der K- und P-Düngung auf den Futterwert von Schafweiden der Schwäbischen Alb liegen Untersuchungen von Ockert (1958) vor. Die Zusammensetzung der Grasnarbe wurde bereits im ersten Jahr durch die Düngung wesentlich geändert, wie die folgenden Angaben zeigen (Tab. 627):

Tabelle 627. *Einfluß der Düngung auf den Pflanzenbestand einer Schafweide* (erstes Versuchsjahr)

Düngung	Düngung am	Bestandsaufnahme am	Botanische Zusammensetzung in %		
			Gräser	Leguminosen	Kräuter
O P PK	29. III. 1956	31. VII. 1956	52 38 31	2 33 46	46 29 23

Bereits durch die P-Düngung allein wurde der Anteil an Leguminosen, der bei ungedüngt sehr niedrig lag, auf Kosten der Kräuter und Gräser stark erhöht; diese Änderungen werden durch die weitere Zudüngung mit Kalium noch erheblich verstärkt.

Die chemische Untersuchung ergab folgendes (Tab. 628):

Tabelle 628. *Düngung und Gehalt an Rohnährstoffen in % der Trockensubstanz*

Düngung	Mittlerer Zuwachs je Beweidung kg Trockensubstanz je ha	Rohprotein	Reinprotein	Rohfett	Rohfaser	N-freie Extraktstoffe	Carotin mg/kg
O	270	10,9	9,6	2,6	22,1	54,1	95
P	430	13,7	11,8	2,6	21,0	52,2	112
PK	600	15,3	13,3	2,7	20,5	50,4	149

Der Ertrag wird zunächst durch die P-Düngung und dann noch stärker durch die weitere zusätzliche K-Düngung erhöht. Gemäß den Änderungen im botanischen Bestand ist der Gehalt an Rohprotein durch die P-Düngung deutlich gesteigert und durch die weitere K-Düngung noch stärker erhöht worden; parallel zum Rohproteingehalt verhalten sich die Änderungen im Carotingehalt. Umgekehrt geht der Rohfasergehalt bei diesen Versuchen zurück. Es werden vor allem die Änderungen im botanischen Bestand sein, die dieses Ergebnis bedingen, während ein direkter Einfluß der Kalidüngung sich nicht feststellen läßt.

Bei diesem Versuch sind auch die Gehalte an Mengen- und Spurenelementen im Gras bestimmt worden (Tab. 629):

Tabelle 629. *Düngung und Gehalt an Mengen- und Spurenelementen in der Trockensubstanz*

Dün-gung	Ca %	Mg %	K %	Na mg/100 g	P %	S %	Cl %	Fe mg/100 g	Cu mg/100 g	Co μg/mg
O	1,14	0,21	1,19	11	0,13	0,30	0,30	151	0,87	59
P	1,47	0,27	1,29	10	0,24	0,31	0,28	132	0,86	56
PK	1,42	0,25	1,56	11	0,26	0,32	0,39	139	0,92	54

Bei den meisten der Mengenelemente (Ca, Mg, K, P) mit Ausnahme von Na und Cl ist unter dem Einfluß der PK-Düngung gegenüber ungedüngt ein deutlicher Anstieg im Gehalt eingetreten. Die Gehalte an Spurenelementen (Fe, Cu, Co) sind dagegen nur wenig beeinflußt worden.

Interessant sind die Beobachtungen über die von den Schafen aufgenommenen Futtermengen (Tab. 630):

Tabelle 630. *Von den Schafen aufgenommene Futtermengen*

Düngung	Von den Schafen je Beweidung aufge-nommenen in 100 kg Trocken-substanz je ha	relativ	Futtermenge in % des Bestandes relativ		aufgenommen in % des Zuwachses relativ	
O	2,1	100	80	100	76	100
P	3,4	162	83	104	79	104
PK	5,2	248	92	115	87	114

Es zeigte sich, daß die aufgenommenen Futtermengen auf den Teilstücken mit PK-Düngung am höchsten lagen. Damit im Einklang stehen die äußeren Beobachtungen über das Fressen, die deutlich erkennen ließen, daß die Tiere auf der Weide mit KP-Düngung mit wesentlich größerer Freßlust weideten als auf der Weide mit P allein gedüngt, und noch größer waren die Unterschiede gegenüber ungedüngt. Dies zeigt, daß die Schmackhaftigkeit des Aufwuchses bei der KP-Düngung beträchtlich besser war.

Insgesamt zeigt dieser Versuch mit aller Deutlichkeit, daß eine optimale Wirkung auf Ertrag und Qualität erst durch die gemeinsame P- und K-Düngung erhalten worden ist.

E. Der Einfluß der Magnesiadüngung

Die zunehmende Bedeutung, die man heute dem Magnesium als Nährstoff für die Pflanzen zumißt, ist vielleicht am besten dadurch gekennzeichnet, daß Jakob sein 1955 erschienenes Werk, in dem er die Ergebnisse von mehr als 400 Arbeiten zusammenfassend dargestellt hat, unter dem Titel „Magnesia, der fünfte Pflanzenhauptnährstoff" herausgab. Die steigende Beachtung des Magnesiums in der Pflanzenernährung findet ihre Begründung in der Tatsache, daß die Zahl der Mg-bedürftigen Böden in verschiedenen Gebieten relativ hoch ist. Bei Untersuchungen der Böden auf den Gehalt an pflanzenverfügbarem Magnesium in Deutschland, die nach der Methode von Schachtschabel (1954, 1959) durchgeführt sind, wurden nach Angabe von Hoffmann, Riehm und Schröder (1959) folgende Ergebnisse erhalten (Tab. 631):

Tabelle 631. *Magnesiumversorgung von Böden in Deutschland*

	Zahl der Proben	Gehalt an Mg im Boden		
		I gut %	II mäßig %	III schlecht versorgt %
Bundesgebiet, Durchschnitt ..	14 660	53,0	33,7	13,3
Untersuchungsanstalt Augsburg	1 002	93,6	5,9	0,5
Untersuchungsanstalt Braunschweig	1 052	21,8	42,4	35,8

Es betrug im Bundesgebiet der Anteil der schlecht mit Mg versorgten Böden über 13%; mehr als 30% sind als mäßig versorgt und etwa die Hälfte als gut versorgt zu bezeichnen. Dabei können die Anteile in den verschiedenen Gebieten stark schwanken, wie die beiden Beispiele (Augsburg und Braunschweig) zeigen. Bei Untersuchungen von Selke (1960) auf den leichten Böden in Brandenburg lag der Anteil der schlecht mit Mg versorgten Böden bei mehr als 50%.

Die physiologischen Aufgaben des Magnesiums in den Pflanzen sind kürzlich von Welte und Werner (1959) zusammengefaßt dargestellt worden. Sie beruhen einmal darauf, daß das Mg als Zentralatom in das Chlorophyll eingebaut ist. Daraus leitet sich seine Bedeutung für die Assimilation und alle damit zusammenhängenden Vorgänge ab. Des weiteren spielen durch Mg aktivierte Enzyme eine wichtige Rolle im Stoffwechsel.

Auch für Mensch und Tier wird das Magnesium als unentbehrlich angesehen, wenn auch die Gehaltswerte relativ gering sind. So wird von Hackh (1919) der Gehalt an Mg im menschlichen Körper mit 0,027% angegeben gegenüber 1,90% an Ca, 0,23% an K und 0,08% an Na. Im allgemeinen ist der Bedarf an Mg für die Ernährung der Tiere durch die Menge gedeckt, die sich in den Futterstoffen bei normaler Zusammensetzung findet, so daß eine besondere Zufuhr nicht notwendig ist. Im Frühjahr jedoch kann es beim Auftrieb auf die Weide zu Störungen im Gesundheitszustand der Tiere kommen, zur Erscheinung der Weidetetanie, die im Zusammenhang mit der Mg-Versorgung der Tiere stehen soll und durch Zufuhr von Mg-Salzen geheilt werden kann (Kemp und Hart 1957, Stewart und Reith 1956). Man ist jedoch allgemein der Ansicht, daß es nicht allein auf den Gehalt an Mg im Futter ankommt, sondern auf das Verhältnis des Mg zu anderen Elementen, insbesondere zum Kalium.

Demgemäß ist auch der Gehalt an Mg in den pflanzlichen Produkten als ein qualitätsbestimmender Faktor anzusehen, wobei auch hier zu sagen ist, daß dieser nur im Zusammenhang mit dem Gehalt an anderen Mineralstoffen zu sehen ist. Untersuchungen über die Beeinflussung des Mg-Gehaltes durch die Düngung liegen in großer Zahl vor. Es soll hier ein Beispiel aus den Untersuchungen von SCHREIBER (1949) herausgegriffen werden (Tab. 632):

Tabelle 632. *Einfluß der Mg-Düngung auf K- und Mg-Gehalt bei Hafer*
(Gefäßversuche)

Grunddüngung		Erträge in g		Körner		Stroh	
K_2O g	MgO g	Korn	Stroh	K_2O %	MgO %	K_2O %	MgO %
—	—	4,0	16,4	1,01	0,29	0,14	0,37
	0,05	6,3	17,9	0,46	0,28	0,51	0,51
0	0,25	7,6	13,9	0,75	0,35	0,36	0,55
	1,0	7,5	19,3	0,55	0,41	0,51	0,72
	—	23,0	47,1	0,61	0,20	2,08	0,07
	0,65	23,8	45,5	0,51	0,19	2,44	0,09
2,0	0,25	27,9	43,6	0,43	0,28	2,27	0,24
	1,0	28,3	39,4	0,48	0,23	2,36	0,19

Tab. 632 läßt den Zusammenhang zwischen Mg- und K-Zufuhr erkennen. Der Mg-Gehalt ist bei Zufuhr an Mg stark angestiegen; der Anstieg ist vor allem beim Stroh ausgeprägt. Auf die Verschiedenheit im Mg-Gehalt bei Kalimangel und Kalizufuhr wird besonders hingewiesen.

Bei Untersuchungen von FIEDLER und KRETSCHMER (1959/60) an einem Futtergras wurden folgende Ergebnisse erhalten (Tab. 633):

Tabelle 633. *Einfluß der Mg-Düngung auf den Gehalt an Mineralstoffen*
Bernburger einjähriges Weidelgras, erster Schnitt

Düngung in g je Gefäß			Ertrag 1. Schnitt in g	Gehalt in der Trockensubstanz		
P_2O_5	K_2O	MgO		MgO %	K_2O %	P_2O_5 %
		0,01	25,9	0,05	3,02	0,87
		0,05	43,1	0,06	2,02	0,58
0,5	1,0	0,25	52,3	0,18	1,58	0,49
		0,50	53,8	0,30	1,66	0,48
		1,00	54,6	0,38	1,44	0,48
		0,01	37,9	0,04	4,50	1,36
		0,05	53,7	0,05	2,94	0,98
1,0	2,0	0,25	58,2	0,17	2,72	0,85
		0,50	61,2	0,25	2,70	0,79
		1,00	62,8	0,36	2,58	0,88

Hier ist eine deutliche Wirkung der Mg-Düngung auf die Erträge eingetreten; diese haben sich nahezu verdoppelt, wobei sich bei den niedrigen Mg-Gaben deutliche Störungen im Blattgrün zeigten.

Noch stärker sind die Gehalte an MgO im Weidelgras angestiegen. Die Gehalte an den anderen Mineralstoffen sind im Zusammenhang mit den stark angestiegenen Erträgen zurückgegangen, wobei jedoch die Aufnahme an P_2O_5 je Gefäß deutlich angestiegen ist.

Von besonderer Bedeutung erscheint in diesem Zusammenhang das Verhältnis von Calcium zu Magnesium. Loew (1922) stellte die Theorie vom Kalk-Magnesiafaktor auf, d. h. daß zwischen Calcium und Magnesium ein bestimmtes Verhältnis vorhanden sein muß, damit die Nährstoffversorgung nicht beeinträchtigt wird. Es soll nach Loew der Ca/Mg-Faktor bei Getreide zwischen 1 bis 2:1 und bei Leguminosen bei 3:1 liegen.

Dieser Einfluß eines verschiedenen Ca/Mg-Verhältnisses läßt sich aus Untersuchungen von Hunter (1949) erkennen, bei denen Ca und Mg im wechselnden Verhältnis, aber bei gleichen pH-Werten gegeben worden sind (Tab. 634):

Tabelle 634. *Einfluß des Ca/Mg-Verhältnisses auf den Anteil an Mineralbestandteilen bei Luzerne (in der Blüte geschnitten)*

Faktoren Ca/Mg	Ca %	Mg %	K %	P %	N %
1/4	0,56	0,58	2,84	0,31	2,98
1/1	1,13	0,55	2,50	0,29	2,86
4/1	1,50	0,25	2,30	0,25	2,85
8/1	1,58	0,20	2,40	0,24	2,78
16/1	1,61	0,16	2,24	0,24	2,75
32/1	1,65	0,14	2,26	0,24	2,69

Mit der Erweiterung des Ca/Mg-Verhältnisses ist der Gehalt an Ca stark angestiegen, der Gehalt an Mg dagegen stark abgesunken und gleichzeitig der Gehalt an P und in gewissem Umfang auch an K.

Neben der direkten Änderung des Mg-Gehaltes in den Erntesubstanzen spielen vor allem die Änderungen im Gehalt an anderen Inhaltsstoffen unter der Einwirkung der Mg-Düngung für die Qualität der Ernteprodukte eine wichtige Rolle. Man wird von vornherein annehmen können, daß das Magnesium durch seinen Einbau in das Chlorophyllmolekül mit dem Assimilationsprozeß und demzufolge mit der Bildung und dem Gehalt an Kohlenhydraten verknüpft ist.

Untersuchungen von Stanley, Watson und Noggle (1947, 1949) ließen diesen Einfluß der Mg-Versorgung auf den Gehalt an verschiedenen Kohlenhydraten deutlich erkennen (Tab. 635):

Tabelle 635. *Mg-Düngung und Kohlenhydratfraktionen in Blättern unreifer Haferpflanzen in Sandkulturen (in der Trockensubstanz)*

Düngung	reduzierter Zucker %	nicht-reduzierter Zucker %	Total-zucker %	Stärke %	Verhältnis: Reduz. Zucker / nichtreduz. Zucker
Mg-Mangel	2,36	3,76	6,12	0,60	0,63
Volldüngung	2,24	2,36	4,60	0,45	0,95

Der erhöhte Gehalt an nicht reduzierenden Zuckern und an Stärke bei Mg-Mangel weist darauf hin, daß der Abbau dieser als Speicherform dienenden Kohlenhydrate gehemmt ist.

So schreibt man den Mg-Verbindungen, insbesondere dem Mg-Sulfat bzw. dem Patentkali, einem Doppelsatz von $K_2SO_4 \cdot MgSO_4$, beim Anbau der Kartoffel und der Verbesserung des Stärkegehaltes eine besondere günstige Wirkung zu und zieht das letztere, das einen Anteil an $MgSO_4$ von 30% besitzt, im Kartoffelbau vor (s. Bericht von Asdonk 1923).

BOLELOUCKI (1936) untersuchte den Einfluß der Mg-Versorgung auf den Zuckergehalt der Zuckerrüben (Tab. 636):

Tabelle 636. *Einfluß der Mg- und K-Düngung auf Zuckerrüben (Gefäßversuche)*

Düngung	Ernte nach Tagen	Blatt g	Wurzeln g	K_2O-Gehalt der Asche		MgO-Gehalt der Asche		Zucker-gehalt %
				Blatt %	Wur-zeln %	Blatt %	Wur-zeln %	
Grunddüngung ohne K		78,6	31,4	2,72	8,95	20,05	8,42	9,80
Grunddüngung ohne Mg ...	90	86,7	36,0	35,96	37,09	3,68	2,05	9,30
Grunddüngung + K und Mg		210,4	90,8	23,05	39,06	14,20	7,80	9,50
Grunddüngung ohne K		140,4	105,6	2,46	18,08	13,80	7,24	19,60
Grunddüngung ohne Mg ...	150	145,8	108,4	33,20	35,90	3,32	1,64	19,00
Grunddüngung + K und Mg		210,6	490,2	22,48	37,89	17,38	8,36	19,40

Die Mg-Mangeldüngung hat sehr niedrige Erträge und den niedrigsten Zucker-gehalt erbracht. Zufuhr an Mg insbesondere bei Mangel an K ergab den höchsten Zuckergehalt.

Die physiologischen Aufgaben des Magnesiums in der Pflanze werden, wie schon früher ausgeführt, im besonderen in der Aktivierung von Enzymreaktionen gesehen. Dies gilt einmal für den Ablauf von Prozessen im Eiweiß- wie auch im Kohlenhydratstoffwechsel, wobei im besonderen die Phosphorylierungsprozesse begünstigt werden sollen. Des weiteren mißt man dem Magnesium beim Transport der Phosphorsäure eine wichtige Rolle zu. Die Gegenwart von Magnesium be-günstigt die Phosphorsäureversorgung. Aus diesen physiologischen Aufgaben ergibt sich der Einfluß des Magnesiums auf den Gehalt an wertbestimmenden Substanzen.

Aus den bereits erwähnten Untersuchungen von STANLEY und Mitarbeitern (1947) läßt sich die Auswirkung der Mg-Düngung auf den Eiweißstoffwechsel erkennen (Tab. 637):

Tabelle 637. *Mg-Düngung und N-Fraktionen in Blättern unreifer Haferpflanzen in Sandkulturen (in der Trockensubstanz)*

Düngung	Gesamt-N %	unlöslicher N %	löslicher		Verhältnis: unlösl. N / lösl. N
			N %	in % des Ges.-N	
Mg-Mangel	5,00	2,35	2,65	53	0,88
Volldüngung	5,61	2,92	2,69	48	1,17

Der Gehalt an Gesamt-N ist bei Mg-Mangel deutlich gemindert; dabei ist jedoch der Anteil an löslichen N-Verbindungen praktisch unverändert; d. h. der Gehalt an Protein-N ist beträchtlich zurückgegangen. Es ist die Möglichkeit verringert, die Kohlenhydrate in Aminosäuren und Eiweiß umzubauen. Auch aus Untersuchungen von JESSEN (1939) läßt sich entnehmen, daß bei verminderter Assimilation das NH_4-N nicht in vollen Umfang zu Eiweiß umgewandelt werden kann.

Bei der Synthese von Aminosäuren soll das Magnesium eine bedeutsame Rolle spielen. So lag bei Untersuchungen von SHELDON, BLUE und ALBRECHT (1951) in der Luzerne der Gehalt an

Tryptophan ohne Magnesia bei 1,80 mg je g Trockensubstanz,
mit Magnesia bei 3,10 mg je g Trockensubstanz.

Nach Untersuchungen von Koehler und Albrecht (1953) wurde der Gehalt an Methionin gleichfalls durch Magnesia günstig beeinflußt. Die biologische Wertigkeit des Maisproteins wurde durch Mg-Düngung erhöht.

Ein Einfluß der Mg-Versorgung auf die Eiweißbildung ließ sich auch in Untersuchungen von Scharrer und Schreiber (1943) bei Ackerbohnen erkennen (Tab. 638):

Tabelle 638. *Einfluß der Mg- und K-Düngung auf den Eiweißgehalt der Ackerbohnen (Korn) (Gefäßversuche)*

Grunddüngung		Ertrag	Rohprotein	K_2O	MgO
K_2O	MgO[1]	g	%	%	%
1,0	—	22,8	27,10	1,56	0,20
	0,05	25,5	27,66	1,51	0,24
	0,25	35,1	28,04	1,43	0,23
	1,00	37,8	29,15	1,49	0,22
2,0	—	47,5	28,70	1,46	0,21
	0,05	40,8	29,25	1,49	0,21
	0,25	45,3	27,76	1,55	0,23
	1,00	49,2	31,02	1,41	0,23
3,0	—	47,2	28,11	1,51	0,20
	0,05	51,3	29,10	1,35	0,21
	0,25	48,1	29,09	1,47	0,22
	1,00	57,5	28,06	1,50	0,25

[1] Als $MgSO_4$ gegeben.

Bei schwacher und mittlerer Kaligabe steigen mit steigenden Mg-Gaben die Gehalte an Rohprotein, wenn auch nicht stark, doch regelmäßig an. Bei der starken Kaligabe war dieser Einfluß nur undeutlich ausgeprägt.

Von besonderer Bedeutung erscheinen die Zusammenhänge zwischen Mg-Versorgung, P-Aufnahme und P-Gehalt in den Pflanzen. Bei Untersuchungen von Nehring und Borchmann (1960) ließ sich der Einfluß einer veränderten Wasserversorgung auf das Parallelgehen von P_2O_5- und MgO-Gehalt in den Pflanzen deutlich erkennen (Tab. 639):

Tabelle 639. *Ernteertrag und Mineralstoffgehalt in Abhängigkeit von der Wasserversorgung und Düngung (Knaulgras 1954; erster Schnitt)*

W.K. %	Düngung	Ertrag g/Trocken-substanz	Mineralstoffgehalt % in der Trockensubstanz				
			K_2O	CaO	MgO	P_2O_5	N
30	N	5,1	3,56	1,82	0,58	0,26	4,04
60	N	8,4	3,51	1,42	0,64	0,88	3,99
100	N	17,3	2,71	1,17	0,74	0,84	3,24
30	NPK	9,25	6,32	1,12	0,85	0,35	3,53
60	NPK	14,7	5,80	0,92	0,83	0,79	3,50
100	NPK	29,3	4,94	0,88	1,05	0,96	2,57

Es läßt sich aus Tab. 639 deutlich der parallel verlaufende Anstieg im Gehalt an MgO und P_2O_5 erkennen; steigende Wasserversorgung hat den Gehalt an beiden Elementen gleichartig ansteigen lassen. Bei den anderen Elementen (Ca und Mg) ist dagegen im Zusammenhang mit den erhaltenen Erträgen ein Rückgang im Gehalt eingetreten.

Inwieweit eine direkte Erhöhung des P-Gehaltes unter dem Einfluß einer Mg-Zufuhr eintritt, hängt von der Menge an verfügbarer Phosphorsäure im Boden ab. So zeigten z. B. Gefäßversuche von THUN (1943) folgendes Ergebnis (Tab. 640):

Tabelle 640. *Mg-Düngung und Ausnutzung der Phosphorsäure (Gefäßversuche zu Hafer)*

Düngung	Ertrag		P_2O_5-Gehalt		P_2O_5-Aufnahme je Gefäß in mg
	Korn g	Stroh g	Korn %	Stroh %	
NK	3,4	17,9	0,71	0,22	73,6
NK + MgSO₄	17,5	41,3	0,95	0,07	194,9
NK + Superphosphat 0,2 g P_2O_5 .	11,3	36,1	0,84	0,20	167,2
NK + Superphosphat + MgSO₄ ...	35,9	59,0	1,14	0,05	438,5
NK + Rohphosphat 0,2 g P_2O_5 ...	15,0	36,5	0,70	0,32	220,8
NK + Rohphosphat + MgSo₄	33,6	57,0	1,07	0,05	387,5

Es hat sich bei diesen Untersuchungen eine starke Auswirkung der Mg-Düngung auf den Ertrag ergeben, und zwar bei P-Mangeldüngung wie bei Zudüngung zu verschiedenen Phosphaten. Der Gehalt an P_2O_5 im Korn ist durch die Mg-Düngung nicht unwesentlich erhöht worden. Im Stroh hingegen ging er zurück. Es ist die Gesamtaufnahme an P_2O_5 aus dem Boden wie aus Düngerphosphaten unter dem Einfluß der Mg-Düngung stark angestiegen; so ist die P-Aufnahme ganz wesentlich begünstigt worden.

In den vorher erwähnten Untersuchungen von FIEDLER und KRETSCHMER (1959/60) an Weidelgras ließ sich eine deutliche Erhöhung der P-*Aufnahme* feststellen. Dagegen lag der P_2O_5-Gehalt bei Mg-Düngung deutlich niedriger (s. Tab. 633).

Aus der Tatsache, daß das Magnesium ein integrierender Bestandteil des Chlorophylls ist, läßt sich schon annehmen, daß zwischen Mg-Versorgung und Chlorophyllgehalt bestimmte Beziehungen vorhanden sein werden, wie sich schon aus Änderungen der Farbe der Blätter und dem Auftreten von chlorotischen Erscheinungen erkennen läßt. Bei Untersuchungen von MICHAEL (1941) an Blättern der Stangenbohnen ließ sich dieser Einfluß der Mg-Versorgung auf den Gehalt an Chlorophyll deutlich erkennen (Tab. 641):

Tabelle 641. *Einfluß der Mg-Düngung auf den Gehalt an Chloroplastenfarbstoffen in Blättern der Stangenbohne (Gefäßversuche)*

Mg-Gabe (MgSO₄·7H₂O) g	Blattart	Gehalt in Trockensubstanz		Bestimmung in 2 g Trockensubstanz			Chlorophyll-MgO in % des Gesamt-MgO
		CaO %	MgO %	Chlorophyll mg	Carotin mg	Xantophyll mg	
0,0		1,8	0,24	1,44	0,27	0,35	14
0,1	junge Blätter	1,5	0,29	1,72	0,30	0,38	14
1,0		1,1	0,51	2,36	0,42	0,50	10
0,0		1,6	0,20	0,66	0,14	0,17	7
0,1	ältere Blätter	1,4	0,26	0,87	0,20	0,25	8
1,0		1,6	0,55	1,58	0,34	0,38	6

Es ist bei Mg-Mangel der Gehalt an Chlorophyll auf etwa die Hälfte abgesunken. Die geringe Gabe (0,1 g $MgSO_4$) hat nicht ausgereicht, um Höchstwerte zu sichern. Parallel zu dem Gehalt an Chlorophyll hat sich auch der Gehalt an anderen Chloroplastenfarbstoffen (Carotin und Xantophyll) erhöht.

Dieses Parallelgehen von Chlorophyll- und Carotingehalt ließ sich auch in den früher angegebenen Untersuchungen von Nehring (S. 1282) erkennen. Der starke Einfluß des Magnesiums auf den Gehalt an Carotin wurde schon an anderer Stelle (S. 1280) kurz behandelt. So lassen auch diese Ergebnisse die engen Beziehungen erkennen, die zwischen dem Gehalt an Protein, an Phosphorsäure und dem Gehalt an den verschieden wertbestimmenden Substanzen bestehen. Dies zeigt wiederum, daß eine ausgeglichene Ernährung, d. h. eine harmonische Düngung, imstande ist, die Qualität der erzeugten Produkte zu beeinflussen und zu verbessern.

F. Der Einfluß des Reaktions- und Kalkzustandes

Vielleicht noch stärker als bei den einzelnen bisher besprochenen Nährstoffen erscheint der Einfluß der Bodenreaktion und des Kalkzustandes auf die Zusammensetzung der Pflanzen und ihre Qualität von sehr komplexer Natur. Der Reaktionszustand ist bedingt durch das Wechselspiel zwischen H^+- und Ca^+-Ionen im Boden (gegebenenfalls auch der Na^+-Ionen), die antagonistische Wirkungen ausüben. Die Auswirkung auf die Entwicklung der Pflanzen und daraus folgend auch auf ihre Zusammensetzung ist durch dieses Wechselspiel bzw. Gegenspiel der beiden Elemente bestimmt. Dazu kommen noch die Einflüsse indirekter Natur, z. B. der Einfluß auf die Löslichkeit der Nährstoffe. So ist die Löslichkeit und Verwertbarkeit der verschiedenen Nährstoffe im Boden im starken Maße von der Bodenreaktion abhängig. Dies gilt insbesondere für die Phosphorsäure, deren Löslichkeit im Boden durch stark saure Reaktion oder auch alkalische Reaktion mehr oder minder stark eingeschränkt werden kann. Phosphorsäure im Boden kann durch Kalkung mobilisiert werden, wie die folgenden Angaben nach Untersuchungen von Nehring (1933) zeigen.

Gehalt an P_2O_5 im Boden nach Neubauer:

pH =	....	5,1	5,5	6,4	7,1
mg P_2O_5/100 g Boden...		—2,0	—0,3	+1,3	+2,8

Dies gilt auch für die meisten der Spurenelemente, z. B. das Mangan oder das Bor, deren Löslichkeit durch pH-Werte über 6 bzw. 7 erheblich vermindert wird, so daß z. B. der Mn-Gehalt in Futterstoffen unzureichend wird. Die Ausnutzung der verschiedenen Düngemittel ist abhängig von der Bodenreaktion. Es soll hier nur auf den Begriff der physiologischen Reaktion der Düngemittel und deren Auswirkung auf die Entwicklung der Pflanzen hingewiesen werden. Die Bodenreaktion ist von erheblichem Einfluß auf den Ablauf der mikrobiellen Vorgänge im Boden, der seinerseits für die Entwicklung der höheren Pflanzen von Bedeutung ist. Das trifft besonders für den N-Haushalt des Bodens zu. So ist der Einfluß der Bodenreaktion und des Kalkzustandes, die man in ihren Auswirkungen praktisch nicht trennen kann, von sehr verwickelter Natur und beeinflußt direkt oder indirekt in mehr oder minder starkem Maße die Vorgänge in der Pflanze und demzufolge ihre Zusammensetzung.

Aus dem großen Komplex dieser Fragen können hier nur wenige Ausschnitte gebracht werden. Zunächst soll hier über den Einfluß der Bodenreaktion auf den Mineralstoffgehalt berichtet werden. Bei Gefäßversuchen mit Weißklee wurden von Nehring (1933) folgende Ergebnisse erhalten (Tab. 642):

Tabelle 642. *Einfluß der Reaktion auf die Zusammensetzung von Weißklee*

Kalk-gabe	pH	Erträge in g		CaO-Gehalt in %		P_2O_5-Gehalt in %		K_2O-Gehalt in %	
		I. Schnitt	II. Schnitt	I. Schnitt	II. Schnitt	I. Schnitt	II. Schnitt	I. Schnitt	II. Schnitt
—	5,3	19,5	18,9	3,01	1,77	0,69	0,57	3,17	3,20
1	5,9	27,3	21,3	3,34	2,07	0,69	0,56	2,78	2,93
2	6,6	25,0	17,1	3,39	2,24	0,84	0,72	2,90	3,13
3	7,6	27,4	18,8	3,64	2,60	0,76	0,72	2,65	2,90
4	7,9	25,4	18,0	3,83	2,71	0,77	0,73	2,64	2,86

Bei steigenden Erträgen ist der Gehalt an Ca deutlich erhöht, wobei die Unterschiede im zweiten Schnitt stärker in Erscheinung treten. Aber auch der Gehalt an Phosphorsäure wird durch die Kalkgabe nicht unwesentlich vermehrt. Hingegen geht der Gehalt an K_2O in Übereinstimmung mit der antagonistischen Stellung der beiden Elemente bei ansteigenden pH-Werten deutlich zurück.

Ein ähnliches Ergebnis wurde vom gleichen Verfasser in Feldversuchen zu Rotklee mit anschließendem Timotheeanbau auf einem lehmigen Sandboden erhalten, der durch steigende Kalkgaben auf verschiedene pH-Werte gebracht worden war (Tab. 643):

Tabelle 643. *Einfluß der Kalkung auf die Zusammensetzung von Rotklee und Timothee*

Kalkgabe	pH	Ertrag Trocken-masse dz/ha	Gehalt in % der Trockensubstanz			
			Roh-protein	CaO	P_2O_5	K_2O
			Rotklee			
—	5,0	18,9	8,94	0,85	0,40	2,13
I	5,8	37,2	9,38	1,02	0,41	2,26
II	6,8	46,7	9,56	1,13	0,44	2,28
III	7,3	46,7	10,63	1,37	0,44	2,33
			Timothee			
—	5,0	16,0	8,63	0,46	0,45	1,97
I	5,8	20,5	9,81	0,49	0,48	2,07
II	6,8	25,3	10,06	0,51	0,51	2,15
III	7,3	24,8	10,87	0,53	0,53	2,13

Die Kalkung hat sich insbesondere beim Rotklee stark auf den Ertrag ausgewirkt. Der Gehalt an Rohprotein ist bei Klee wie bei Timothee deutlich (um etwa 20%) erhöht worden; die Ca-Gehalte sind entsprechend angestiegen. Das gleiche gilt, wenn auch nicht in so starkem Maße, für den Gehalt an Phosphorsäure. Beim Gehalt an Kali zeichnet sich nur eine geringe Erhöhung ab.

Ein ähnliches Bild ergab sich bei Untersuchungen von ZIEMER und MÜCKENBERGER (1954/55) (Tab. 644).

Auch hier ist eine deutliche Erhöhung im Gehalt an Rohprotein und CaO unter dem Einfluß der Kalkung festzustellen. Die Bestimmung der P- und K-Gehalte ergab keine gesicherten Unterschiede.

Tabelle 644. *Einfluß der Kalkung auf Kalk- und Rohproteingehalt beim Wiesenheu*
(im Mittel von sieben Versuchen)

Kalkgabe	Ertrag dz/ha	CaO-Gehalt		Rohproteingehalt	
		I. Schnitt %	II. Schnitt %	I. Schnitt %	II. Schnitt %
—	88,8	0,64	0,60	8,50	8,67
klein	89,5	0,76	0,71	9,01	8,81
mittel	90,8	0,79	0,77	9,55	9,29
voll	93,0	0,96	0,88	9,54	9,63

Bei Kalkdüngungsversuchen zu Timothee wurde von Nehring (1935) der
Gehalt an den organischen Nährstoffen bestimmt (Tab. 645):

Tabelle 645. *Einfluß der Bodenreaktion auf den Gehalt an Rohnährstoffen bei Timothee
(Gefäßversuch), Kalkgaben I bis IV*

pH =	— 5,2	I 5,7	II 6,5	III 7,4	IV 7,9
I. Schnitt					
Ertrag in g	13,0	17,8	18,2	17,1	14,8
Rohprotein %	19,38	16,20	16,47	18,22	18,28
Rohfett %	4,02	3,76	3,85	4,14	3,84
Rohfaser %	25,27	24,66	22,87	23,29	23,48
N-freie Extraktstoffe %	25,27	46,66	47,66	44,30	44,03
II. Schnitt					
Ertrag in g	19,8	18,2	20,0	22,5	24,3
Rohprotein %	6,99	6,56	6,81	7,66	9,06
Rohfett %	3,02	2,92	2,70	2,81	2,76
Rohfaser %	23,53	22,88	24,39	24,35	24,79
N-freie Extraktstoffe %	59,32	61,96	60,42	58,89	57,34

In beiden Versuchsreihen nimmt der Proteingehalt von der ersten Kalkgabe
an, d. h. von der schwach-sauren Reaktion, deutlich zu; dies gilt im besonderen
für den zweiten Schnitt. Auch die Rohfaser scheint mit zunehmendem Proteingehalt etwas anzusteigen. Bei den anderen Nährstoffen (Fett und N-freie Extraktstoffe) ließen sich dagegen keine deutlichen Änderungen unter dem Einfluß
der Bodenreaktion erkennen.

Zusammengefaßt läßt sich sagen, daß die Gehalte an Rohprotein, an CaO
und P_2O_5 im allgemeinen durch eine Kalkgabe günstig beeinflußt, die Gehalte
an K_2O dagegen herabgemindert werden.

Die Erhöhung des Rohproteingehaltes unter dem Einfluß der Kalkdüngung
läßt erwarten, daß auch andere Inhaltsstoffe, die im Zusammenhang mit dem
Gehalt an Rohprotein stehen, durch steigende Kalkgaben gleichfalls günstig
beeinflußt werden. Dies gilt z. B. für den Gehalt an Carotin, der bei erhöhter
Kalkzufuhr deutlich ansteigt, wobei allerdings bei zu hohen Kalkgaben der
Carotingehalt im Zusammenhang mit verminderten Erträgen herabgedrückt
wird (s. Tab. 560); ein Zeichen, daß hier die allgemeine Leistungsfähigkeit der
Pflanze herabgemindert ist.

Der Einfluß der Ca-Düngung auf den Gehalt an Oxalsäure ist schon früher besprochen worden (s. S. 1286); mit der Erhöhung des Ca-Gehaltes ist ein deutlicher Anstieg im Gehalt an Oxalsäure verbunden.

Auf den Einfluß der Bodenreaktion auf die Löslichkeit der verschiedenen Pflanzennährstoffe im Boden und ihre Aufnehmbarkeit durch die Pflanzen ist schon an anderer Stelle kurz eingegangen worden. Dies gilt naturgemäß auch für die Spurenelemente. Dies wirkt sich dementsprechend auf ihren Gehalt in den Ernteprodukten aus. Als Beispiel soll hier das Mangan genannt werden, das im Redoxstoffwechsel von Pflanze und Tier eine wichtige Rolle spielt und als essentiell für Pflanze und Tier angesehen werden muß. Der Gehalt an Mangan im Wiesenheu, das als der wichtigste Lieferant für die Versorgung des Milchviehs mit Mangan angesehen werden muß, zeigt eine deutliche Abhängigkeit von den Reaktionsverhältnissen im Boden. Dies geht z. B. aus Untersuchungen von KURMIES (1955) hervor, deren Ergebnisse in Abb. 290 dargestellt sind.

Von wesentlicher Bedeutung ist auch der Einfluß der Reaktion auf Zusammensetzung und Futterwert von Grünlandpflanzen. Hier liegen Untersuchungen von NEHRING (1938) über den Einfluß einer Kalkdüngung auf Heu von sauren Hochmoorböden vor. Die Wirkung der Kalkdüngung auf den Futterwert geht auch hier in einem nicht unerheblichen Umfang über die Änderungen im Pflanzenbestand (Tab. 646):

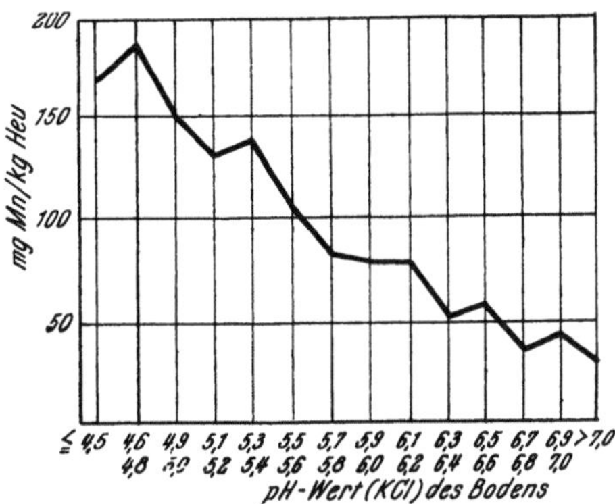

Abb. 290. Bodenreaktion und Mangangehalt in Wiesenheu (nach KURMIES)

Tabelle 646. *Kalkung und Pflanzenbestand*

	I. Schnitt (Mittel von 3 Jahren)			II. Schnitt (Mittel von 2 Jahren)		
	Gute Gräser	Klee	Kräuter, schlechte Gräser	Gute Gräser	Klee	Kräuter, schlechte Gräser
—	76,4	(16,8)	17,8	44,5	22,9	32,6
+ Kalk	87,1	(15,2)	9,4	66,6	24,1	9,3

Unter dem Einfluß der Kalkung ist eine wesentliche Verschiebung in der botanischen Zusammensetzung des Bestandes eingetreten. Es ist insbesondere der Anteil an guten Gräsern erheblich (von 76 auf 87%) angestiegen.

Der Einfluß der verschiedenen Reaktion auf die chemische Zusammensetzung des Aufwuchses und die Verdaulichkeit ist in Tab. 647 und 648 wiedergegeben.

Die Kalkdüngung hat sich zunächst in einem erheblichen Anstieg der Erträge bemerkbar gemacht. Im Gegensatz zu den starken Verschiebungen im Pflanzenbestand sind die Änderungen in der chemischen Zusammensetzung jedoch nur gering. Der Gehalt an Rohprotein ist in Übereinstimmung mit dem Anstieg

Tabelle 647. *Einfluß der Kalkung auf den Gehalt an Rohnährstoffen beim Wiesenheu*

	I. Schnitt (Mittel von 5 Jahren)		II. Schnitt (Mittel von 3 Jahren)	
	—	+ Kalk	—	+ Kalk
Erträge dz/ha	37,4	50,8	25,3	32,3
Rohasche	6,63	7,07	7,48	8,01
Organische Substanz	93,37	92,93	92,52	91,99
Rohprotein	11,07	10,78	13,42	13,78
Rohfett	2,02	2,18	2,52	2,73
Rohfaser	29,74	30,60	26,41	27,36
N-freie Extraktstoffe	50,54	49,42	50,17	48,12

der Erträge geringfügig zurückgegangen, der Gehalt an Rohfaser etwas angestiegen. Der Gehalt an Rohfett zeigt in allen Versuchsjahren eine gewisse Erhöhung, desgleichen der Gehalt an Mineralstoffen (Rohasche). Demgegenüber ist der Gehalt an N-freien Extraktstoffen etwas zurückgegangen; aber im ganzen betrachtet sind die Änderungen geringfügiger Art.

Tabelle 648. *Verdaulichkeit beim Wiesenheu*

	I. Schnitt (Mittel von 5 Jahren)		II. Schnitt (Mittel von 3 Jahren)	
	—	+ Kalk	—	+ Kalk
Organische Substanz	63,5	64,5	61,5	61,6
Rohprotein	59,0	59,9	61,3	61,8
Rohfett	37,3	41,0	42,5	48,6
Rohfaser	67,4	70,2	60,2	64,4
N-freie Extraktstoffe	62,9	62,7	63,1	60,6

Daher halten sich auch die Änderungen in der Verdaulichkeit (Tab. 648) in engen Grenzen. Es besteht eine gewisse Tendenz zur Erhöhung der Verdaulichkeit unter dem Einfluß der Kalkdüngung, die insbesondere beim Rohfett und der Rohfaser in Erscheinung tritt, während die Änderungen in der Verdaulichkeit bei den anderen Nährstoffen gering sind.

Die Änderungen im Gehalt an Kalk und Phosphorsäure im Heu entsprachen den Erwartungen: Zunahme des Gehaltes an CaO, geringer Anstieg im P_2O_5-Gehalt (Tab. 649):

Tabelle 649. *Einfluß der Kalkdüngung auf den Gehalt an CaO und P_2O_5*

Düngung	I. Schnitt (Mittelwerte)		II. Schnitt (Mittelwerte)	
	CaO	P_2O_5	CaO	P_2O_5
—	0,67	0,56	1,09	0,49
+ Kalk	0,80	0,58	1,29	0,57

In einer weiteren Versuchsreihe wurde der Einfluß der Kalkung im Zusammenhang mit einer physiologisch verschiedenartigen Düngung untersucht. Die Auswirkungen auf den Gehalt an Rohnährstoffen im geernteten Wiesenheu gibt Tab. 650 wieder:

Tabelle 650. *Einfluß der Kalkdüngung auf die Zusammensetzung von Wiesenheu in der Trockensubstanz*

	physiologisch saure Düngung		physiologisch alkalische Düngung	
	—	+ Kalk	—	+ Kalk
Rohasche	6,59	6,96	6,63	7,17
Rohprotein	12,47	12,58	11,71	13,02
Rohfett	1,85	2,15	1,90	1,95
Rohfaser	31,12	31,98	31,60	32,30
N-freie Extraktstoffe	47,97	46,33	48,16	95,56

Auch hier halten sich die Änderungen in engen Grenzen. Der Gehalt an Rohprotein ist bei der physiologisch-alkalischen Düngung durch die Kalkgabe erhöht worden. Im übrigen verliefen die Änderungen in die gleiche Richtung wie beim vorher besprochenen Versuch. Ein Einfluß der verschiedenartigen physiologischen Reaktion der Düngung ist nicht feststellbar.

Vom geernteten Heu sind Fütterungsversuche zur Bestimmung der Verdaulichkeit durchgeführt worden (Tab. 651):

Tabelle 651. *Einfluß der Kalkdüngung auf die Verdaulichkeit von Wiesenheu*

	Verdauungskoeffizienten			
	physiologisch saure Düngung		physiologisch alkalische Düngung	
	—	+ Kalk	—	+ Kalk
Organische Substanz	54,1	57,6	55,6	56,8
Rohprotein	58,0	61,6	55,8	59,6
Rohfett	35,8	43,1	34,4	42,8
Rohfaser	60,4	65,3	61,2	62,6
N-freie Extraktstoffe	49,3	52,4	52,7	52,5

Es ergab sich bei der physiologisch sauren Düngung, bei der die ungünstigen Auswirkungen der sauren Reaktion noch verstärkt worden sind, unter dem Einfluß der Kalkung in allen Versuchsjahren ein Anstieg der Verdaulichkeit; diese Erhöhung der Verdaulichkeit ist bei allen Nährstoffen zu beobachten. Bei der physiologisch alkalischen Düngung, durch die der Einfluß der sauren Reaktion im Boden im gewissen Umfang ausgeglichen wird, ist nur eine geringe Erhöhung der Verdaulichkeit festzustellen; dies tritt vor allem beim Rohprotein und Rohfett in Erscheinung.

Insgesamt bedeutet dies, daß unter dem Einfluß einer günstigen Bodenreaktion die Tendenz in Richtung einer Erhöhung der Verdaulichkeit und damit auch des Futterwertes besteht.

G. Einfluß einer Gesamtdüngung auf Zusammensetzung und Qualität der Ernteprodukte

Die bisher besprochenen Untersuchungen haben ergeben, daß die verschiedenen Nährstoffe sich in ihrer Wirkung auf die Zusammensetzung der Ernteprodukte und damit auf ihre Qualität vielfach gegensätzlich verhalten. Dies trifft z. B., wie verschiedentlich gezeigt werden konnte, für die Wirkung des Stickstoffes bzw. des Kaliums zu. Die Auswirkungen dieser beiden Nährstoffe verlaufen öfters gegensinnig, und so können die Auswirkungen einer N-Düngung in einem gewissen Umfang durch den Einfluß der Kalidüngung ausgeglichen werden. Die Änderungen unter der Auswirkung von P- und N-Düngung gehen dagegen vielfach in die gleiche Richtung (z. B. Erhöhung des Gehaltes an Rohprotein, an Carotin und an Chlorophyll), in anderer Hinsicht dagegen nicht. So wirkt sich im allgemeinen eine starke N-Düngung erniedrigend auf den Gehalt an Kohlenhydraten bei Kartoffeln (Stärke) bzw. Zuckerrüben (Saccharose) aus. P-Düngung hingegen wirkt in der Richtung einer Verstärkung der Bildung der Kohlenhydrate; das gleiche gilt für das Kalium. Ca und K wirken antagonistisch und setzen jeweils die Gehalte an dem anderen Element in den Ernteprodukten herab und dies gilt auch für das Verhältnis zu anderen Elementen.

Daraus ergibt sich schon, daß die Gesamtwirkung einer Düngung auf die Qualität der Ernteprodukte nicht allein aus der Wirkung der einzelnen Nährstoffe abgeleitet werden kann; diese ist zwar entscheidend für die Deutung der physiologischen Vorgänge in der Pflanze. Aber ein Urteil über die Auswirkung der Düngung, wie sie sich bei der praktischen Durchführung in den landwirtschaftlichen Betrieben ergibt, kann nur durch Vergleich der Wirkung einer Volldüngung (gegebenenfalls in verschiedener Höhe) gegenüber ungedüngt vorgenommen werden. Es ist dieses Problem der Gesamtbeurteilung der Düngung bereits im Anfang dieses Beitrages kurz behandelt worden. Es sollen daher zum Schluß dieser Kapitel, die sich mit den Wirkungen der sogenannten Mengenelemente beschäftigten, Untersuchungen über die Wirkung einer Volldüngung auf die Zusammensetzung und die Qualität bzw. Futterwert im Vergleich zu ungedüngt zur Darstellung gebracht werden, um eine Gesamtbeurteilung vornehmen zu können.

Demgemäß soll hier die Wirkung einer mineralischen Volldüngung gegenüber ungedüngt einerseits, andererseits der einer Stallmistdüngung bzw. einer gemischten Mineral- und Stallmistdüngung gegenübergestellt werden. Es wird hierzu vor allem auf die Ergebnisse von langjährigen Dauer-Düngungsversuchen zurückgegriffen werden, da bei diesen in erster Linie eindeutige Ergebnisse erwartet werden können.

Aus den Untersuchungen zum statischen Versuch Lauchstädt werden hierzu folgende Angaben (nach Mitteilungen von Rüther 1960) gemacht, wobei die Ergebnisse bei einer Getreideart (Sommergerste), bei Zuckerrüben und Kartoffeln herangezogen werden sollen und die Ergebnisse aus einem feuchten Jahr (1958) und einem trockenen (1959) gegenübergestellt werden.

Versuche mit Sommergerste (Tab. 652).

Die verschiedenartige Düngung hat sich stark auf die Erträge ausgewirkt. Bei ungedüngt sind niedrige Erträge erhalten worden, die höchsten bei Mineraldüngung + Stallmist, wobei die Stallmistgabe (300 dz alle drei Jahre zu Hackfrucht) zusätzlich zur Mineraldüngung gegeben worden ist. Mineraldüngung und Stallmist (allein) haben praktisch die gleichen Erträge gebracht; die Wirkung der Düngung ist im Trockenjahr 1959 wesentlich größer als im feuchten Jahr 1958.

Tabelle 652. *Einfluß der Düngung auf die Zusammensetzung von Sommergerste*
(Statischer Versuch Lauchstädt)

Düngung	Korn				Stroh			
	Ertrag dz/ha	N %	K$_2$O %	P$_2$O$_5$ %	Ertrag dz/ha	N %	K$_2$O %	P$_2$O$_5$ %
1958 (feucht)								
nngedüngt	15,2	1,66	0,80	1,08	17,0	0,46	2,03	0,24
KPN	25,6	1,74	0,75	1,00	35,4	0,45	1,59	0,15
Stallmist (300 dz/ha).......	26,4	1,73	0,74	1,04	57,1	0,48	1,76	0,27
KPN + Stallmist	32,0	2,07	0,87	1,11	55,9	0,60	2,70	0,44
1959 (trocken)								
ungedüngt	11,2	1,62	0,68	0,88	11,7	0,38	1,36	0,17
KPN	31,4	1,50	0,47	0,72	41,2	0,48	1,83	0,10
Stallmist (300 dz/ha)	32,2	1,49	0,60	0,85	43,6	0,39	1,66	0,08
KPN + Stallmist	40,9	1,49	0,63	0,89	53,7	0,53	2,12	0,10

Bei den großen Unterschieden in den Erträgen ist es etwas überraschend, daß die Differenzen im Gehalt an den einzelnen Nährstoffen — dies gilt auch für die anderen Getreidearten — verhältnismäßig gering sind. Die Unterschiede unter dem Einfluß der verschiedenen Witterung in den beiden Versuchsjahren sind wesentlich größer als die durch die Düngung bedingten. Dies bedeutet, daß keine wesentliche Verschiebung in der Qualität unter dem Einfluß der Düngung eingetreten ist. Die geringen Unterschiede im Gehalt an N bzw. an Rohprotein dürften für den biologischen Wert der Eiweißsubstanzen ohne Bedeutung sein.

Ein etwas anderes Bild ist bei den Zuckerrüben erhalten worden (Tab. 653):

Tabelle 653. *Einfluß der Düngung auf die Zusammensetzung von Zuckerrüben*
(Statischer Versuch Lauchstädt)

Düngung	Rüben					Blatt			
	Ertrag dz/ha	N %	K$_2$O %	P$_2$O$_5$ %	Zucker %	Ertrag dz/ha	N %	K$_2$O %	P$_2$O$_5$ %
1958 (feucht)									
ungedüngt	161	0,58	0,60	0,15	18,3	99	2,01	3,04	0,38
KPN	532	0,68	0,81	0,35	19,5	310	2,05	3,39	0,76
Stallmist (300 dz/ha) .	520	0,60	0,86	0,33	19,8	289	2,09	(1,07)	0,66
KPN + Stallmist	588	0,96	0,99	0,40	18,6	474	2,73	4,32	0,79
1959 (trocken)									
ungedüngt	59	0,75	0,82	0,20	18,6	94	1,51	1,54	0,21
KPN	384	0,81	0,80	0,24	20,0	194	1,83	3,47	0,58
Stallmist (300 dz/ha) .	350	0,71	0,78	0,21	19,7	176	1,82	4,53	0,70
KPN + Stallmist	413	0,82	0,93	0,30	19,4	234	2,06	3,55	0,56

Hier ist bei ungedüngt praktisch eine vollständige Mißernte erhalten worden. Andererseits sind auf diesem Schwarzerdeboden allein durch die Stallmistdüngung Erträge erhalten worden, die nicht zu stark hinter der der mineralischen Düngung zurückbleiben. Die höchsten Erträge sind wiederum mit über 500 bzw. über 400 dz Rüben bei der kombinierten Düngung festzustellen.

Die Düngung hat sich bei den Zuckerrüben im Gegensatz zu den Versuchen mit Getreide deutlich in bestimmten Änderungen im Gehalt an N bzw. den anderen Nährstoffen bemerkbar gemacht. Die niedrigsten Gehaltswerte sind im allgemeinen bei ungedüngt erhalten worden. Besonders deutlich treten diese Unterschiede im Gehalt an Phosphorsäure in Erscheinung. Die Gehalte an P im Blatt sind bei ungedüngt als unzureichend für die Versorgung unserer Tiere mit Phosphorsäure anzusehen. Aber bereits die Zufuhr der Phosphorsäure aus dem Stallmist hat ausgereicht, um den Gehalt auf eine genügende Höhe zu bringen. Auch der Gehalt an Rohprotein im Blatt wird durch die Düngung deutlich erhöht. Die höchsten Werte sind bei der gemischten Mineral- und Stallmistdüngung erhalten worden. Man wird erwarten können, daß parallel dazu sich auch der Gehalt an Carotin und Chlorophyll erhöht hat.

Von besonderem Interesse sind die Änderungen im Zuckergehalt. Der Gehalt an Zucker liegt jeweils bei ungedüngt, und zwar mit und ohne Stallmist, am niedrigsten, während die Unterschiede zwischen den verschiedenen Düngungsarten nicht allzu groß sind. Dies bedeutet, daß die ungünstige Wirkung einer N-Düngung auf den Zuckergehalt durch die entgegengesetzte Wirkung der P- und K-Düngung mehr als ausgeglichen wird.

Die Wirkung der verschiedenartigen Düngung auf den Zuckergehalt der Zuckerrüben läßt sich auch aus einem zusammenfassenden Bericht von Gericke (1954) entnehmen. An Hand von zwölfjährigen Versuchen kommt er zu folgendem Ergebnis (Tab. 654):

Tabelle 654. *Düngung und Zuckergehalt der Zuckerrüben*

Düngung	Zucker %
—	18,8
NP	18,7
NK	18,4
PK	19,4
NPK	19,1

Die Zusammenstellung läßt mit aller Deutlichkeit erkennen, daß bei K- und P-Mangel der Zuckergehalt am niedrigsten liegt und bei Zufuhr an diesen Nährstoffen ansteigt; N-Düngung setzt dagegen den Zuckergehalt herab. Diese Wirkungen gleichen sich aus, so daß die Volldüngung (KPN) gegenüber ungedüngt einen günstigeren Zuckergehalt bei hohen Erträgen ergibt.

Zusammenfassend läßt sich zu dem Ergebnis der Zuckerrübenversuche sagen, daß eine ausgeglichene Düngung in der verschiedensten Form die Qualität gegenüber ungedüngt sicherlich nicht verschlechtert, sondern im Gegenteil die Neigung zu einer Verbesserung verstärkt.

Ein etwas anderes Bild ergab sich bei den Versuchen zu Kartoffeln (Tab. 655).

Auch hier ist bei ungedüngt eine Mißernte erhalten worden. Andererseits bestehen erhebliche Unterschiede in der Wirkung der Mineraldüngung gegenüber der Stallmistdüngung. Hier hat die erstere deutlich die höheren Erträge gebracht. Die höchsten Erträge sind wiederum bei der gemischten Düngung festzustellen, wobei die Erträge im trockenen Jahr 1959 deutlich höher liegen als im feuchten Jahr 1958.

Der Gehalt an Stickstoff ist überraschenderweise bei der Mineral- bzw. Stallmistdüngung allein niedriger als bei ungedüngt. Dies wird auf die großen Unter-

Tabelle 655. *Einfluß der Düngung auf die Zusammensetzung der Kartoffeln*
(Statischer Versuch Lauchstädt)

Düngung	Ertrag dz/ha	N %	K_2O %	P_2O_5 %	Stärke %
1958 (feucht)					
ungedüngt	62	1,48	1,61	0,31	18,7
KPN	354	1,14	2,26	0,58	17,7
Stallmist (300 dz/ha)	202	1,28	2,17	0,32	19,5
KPN + Stallmist	389	1,45	2,47	0,52	17,8
1959 (trocken)					
ungedüngt	73	1,67	2,00	0,39	18,7
KPN	386	1,04	2,37	0,53	19,0
Stallmist (300 dz/ha)	329	1,44	2,48	0,40	18,9
KPN + Stallmist	437	1,31	2,62	0,51	18,3

schiede in den Erträgen zurückzuführen sein. Die Stallmistdüngung hat beim Gehalt an Rohprotein eine Anreicherung gebracht. Bei den anderen Nährstoffen tritt jedoch die Wirkung der Mineraldüngung in den Vordergrund.

Bei dem Gehalt an Stärke sind die Auswirkungen nicht eindeutig. Im feuchten Jahr 1958 ist eine gewisse Depression des Stärkegehaltes unter dem Einfluß der mineralischen Düngung eingetreten, im Trockenjahr 1959 dagegen nicht. Insgesamt gesehen sind die Änderungen im Stärkegehalt unter dem Einfluß der Düngung gering, so daß sie praktisch nicht ins Gewicht fallen, zumal wenn man die starke Wirkung der Düngung auf die Erträge in Betracht zieht.

Die Feststellungen, die sich aus der Auswertung des statischen Versuches in Lauchstädt für die Frage der Beeinflussung der Qualität durch die Düngung ergeben haben, sind insofern von besonderer Bedeutung, als es sich hier um sehr langjährige Dauerversuche handelt, bei denen besondere Auswirkungen, sofern sie vorhanden sind, deutlich in Erscheinung treten müßten.

Diese Ergebnisse weisen ganz allgemein in die Richtung, daß durch eine den Bedürfnissen der Pflanze angepaßte Düngung die Qualität der erzeugten Produkte verbessert wird.

Von Interesse sind auch in diesem Zusammenhang Ergebnisse von Versuchen, bei denen steigende Mengen an mineralischen Nährstoffen verabreicht worden sind. Hier kann auf das Material von Versuchen zurückgegriffen werden, das vom Institut für landwirtschaftliches Versuchs- und Untersuchungswesen Rostock (NEHRING 1960) im Rahmen der internationalen Dauerdüngungsversuche erhalten worden ist. Diese Versuche, bei denen jeweils die Gaben in allen drei Nährstoffen gesteigert werden, laufen allerdings erst drei Jahre.

Es sollen hier die Untersuchungsergebnisse der Versuche mit Winterweizen und Kartoffeln zur Besprechung herangezogen werden (Tab. 656).

Die steigenden Düngergaben haben sich in allen Versuchsjahren bei den Erträgen deutlich erkennbar gemacht. Die Untersuchung der Ernte ergab wie bei dem Versuch in Lauchstädt, daß die verschiedene Höhe der Düngung nur geringe Änderungen im Gehalt an N bzw. den verschiedenen Mineralstoffen nach sich gezogen hat. Die Unterschiede zwischen den verschiedenen Jahren sind größer als zwischen den verschieden hohen Düngergaben.

Tabelle 656. *Einfluß der Düngung auf den Gehalt an Mineralstoffen (I.-D.-Versuch)*

Düngung kg/ha			Korn						Stroh					
N	P₂O₅	K₂O	Ertrag dz/ha	N %	P₂O₅ %	K₂O %	CaO %	MgO %	Ertrag dz/ha	N %	P₂O₅ %	K₂O %	CaO %	MgO %

Winterweizen (Carsten VI)

2. Versuchsjahr

N	P_2O_5	K_2O	Ertrag dz/ha	N %	P_2O_5 %	K_2O %	CaO %	MgO %	Ertrag dz/ha	N %	P_2O_5 %	K_2O %	CaO %	MgO %
40	40	80	29,5	2,00	0,96	0,53	0,08	0,16	62,0	0,46	0,16	0,94	0,33	0,07
70	60	120	33,1	2,04	0,95	0,51	0,07	0,14	65,5	0,46	0,17	1,03	0,33	0,07
100	80	150	34,9	2,14	0,95	0,53	0,07	0,12	73,9	0,48	0,17	1,11	0,36	0,06

3. Versuchsjahr

N	P_2O_5	K_2O	Ertrag dz/ha	N %	P_2O_5 %	K_2O %	CaO %	MgO %	Ertrag dz/ha	N %	P_2O_5 %	K_2O %	CaO %	MgO %
40	40	80	39,3	2,24	0,92	0,50	0,10	0,24	48,1	0,37	0,12	0,51	0,21	0,11
70	60	120	43,6	2,54	0,91	0,51	0,13	0,25	54,5	0,46	0,15	0,54	0,28	0,14
100	80	150	48,9	2,38	0,82	0,50	0,11	0,22	56,5	0,54	0,11	(1,04)	0,37	0,16

Im Prinzip gilt das gleiche für die Untersuchungen an Kartoffeln (Tab. 657):

Tabelle 657. *Einfluß der Düngung auf den Gehalt an Mineralstoffen (I.-D.-Versuch)*

Düngung kg/ha			Ertrag dz/ha	N %	P_2O_5 %	K_2O %	CaO %	MgO %	Stärke %
N	P_2O_5	K_2O							

Kartoffeln (Voran)

1. Versuchsjahr

N	P_2O_5	K_2O	Ertrag dz/ha	N %	P_2O_5 %	K_2O %	CaO %	MgO %	Stärke %
50	60	100	409	1,35	0,61	2,93	0,14	0,10	16,4
100	90	150	396	1,49	0,57	2,73	0,10	0,11	15,7
150	120	200	437	1,58	0,59	2,30	0,14	0,11	15,9

2. Versuchsjahr

N	P_2O_5	K_2O	Ertrag dz/ha	N %	P_2O_5 %	K_2O %	CaO %	MgO %	Stärke %
50	60	100	332	1,58	0,74	2,67	0,08	0,10	17,9
100	90	150	342	1,84	0,70	2,80	0,09	0,10	17,1
150	120	200	326	1,96	0,74	2,16	0,10	0,10	16,3

3. Versuchsjahr

N	P_2O_5	K_2O	Ertrag dz/ha	N %	P_2O_5 %	K_2O %	CaO %	MgO %	Stärke %
50	60	100	346	1,50	0,52	2,58	0,12	0,17	16,4
100	90	150	356	1,42	0,52	2,42	0,11	0,17	16,3
150	120	200	348	1,50	0,53	2,48	0,12	0,18	16,8

Die Auswirkung der verschiedenen Nährstoffgaben auf den Ertrag hält sich in diesen Versuchen an Kartoffeln in engen Grenzen. Der N-Gehalt wird durch die steigenden Gaben zum Teil etwas erhöht. Die Unterschiede im Gehalt an den anderen Nährstoffen sind nur gering. Beim Gehalt an Stärke ist im zweiten Versuchsjahr (1958, feucht) anscheinend ein Rückgang bei steigenden Düngergaben eingetreten. In den anderen Versuchsjahren ergibt sich kein klares Bild, so daß auch nach diesen Versuchen mit keinem besonderen Rückgang im Gehalt an Stärke bei den Kartoffeln auch bei hohen Nährstoffgaben zu rechnen ist.

Auch aus Untersuchungen von Soll (1958) läßt sich entnehmen, daß der Stärkegehalt der Kartoffel durch steigende Düngergaben nur unwesentlich beeinflußt wird, wie die folgenden Angaben zeigen (Tab. 658):

Tabelle 658. *Einfluß der Düngung auf den Stärkegehalt und Ertrag bei Kartoffeln*
(Mittel aus 25 Versuchen)

	Düngung je ha				
N P_2O_5 K_2O	0 0 0	40 60 80	60 90 120	80 120 160	100 kg 150 kg 200 kg
Ertrag dz/ha	222,3	269,5	288,8	305,6	318,1
Stärke %	16,9	16,9	16,8	16,7	16,6
Stärke dz/ha	37,8	45,5	48,9	51,2	52,8

Bei starkem Anstieg der Erträge unter dem Einfluß der steigenden Düngergaben geht der Gehalt an Stärke bei der höchsten Gabe gegenüber ungedüngt nur in ganz geringem Umfang zurück, so daß sich eine wesentliche Erhöhung des Stärkeertrages unter dem Einfluß der Düngung ergibt.

Dieser Ausgleich zwischen der ungünstigen Wirkung der N-Düngung auf den Gehalt an Kohlenhydraten und der entgegengesetzten Wirkung einer verstärkten KP-Düngung läßt sich auch aus Untersuchungen von KÜRTEN und WOBST (1960) entnehmen (Tab. 659):

Tabelle 659. *Einfluß von Düngung und Beregnung auf Ertrag und Zuckergehalt bei Zuckerrüben*

Versuch Nr.	Düngung kg/ha			unberegnet		beregnet	
	N	P_2O_5	K_2O	Ertrag dz/ha	Zucker %	Ertrag dz/ha	Zucker %
1	120 160 280	180	240	404 419 446	18,6 16,0 15,4	659 668 706	18,0 17,4 16,8
3	80 160 240	80 160 240	120 240 360	380 440 394	19,1 19,0 19,7	406 468 486	17,0 17,2 16,7

Im Versuch 1 ist nur die Höhe der N-Gabe gesteigert worden; die Höhe der PK-Düngung blieb unverändert. Hier ist unter dem Einfluß der steigenden N-Gaben bei beregnet wie bei unberegnet der Gehalt an Zucker zurückgegangen. Bei Versuch 3 hingegen, bei dem neben der Steigerung der N-Gaben gleichzeitig auch die Gaben an P und K entsprechend gesteigert worden sind, ist der Gehalt an Zucker nicht wesentlich beeinflußt worden. Es ist somit der ungünstige Einfluß der N-Düngung durch die gleichzeitig gesteigerte KP-Düngung ausgeglichen worden.

Das gleiche Bild des Einflusses der verschiedenartigen Düngung auf den Zuckergehalt der Rüben ergab sich nach JÜRGENS-GSCHWIND (1960) bei der Auswertung von etwa 1000 Düngungsversuchen (Tab. 660):

Tabelle 660. *Einfluß von N- und P-Düngung auf den Zuckergehalt der Zuckerrüben*

N-Gabe	Zuckergehalt in %	
	P-Gabe gering	P-Gabe hoch
gering	17,1	18,3
mittel	14,3	17,5
hoch	14,8	17,8

Die steigende N-Düngung hat den Zuckergehalt herabgemindert; hohe P-Gaben haben diese Minderung nahezu wieder ausgeglichen (s. hierzu auch S. 1298).

Nachfolgend sollen noch einige Beispiele für die Beeinflussung des Gehaltes an Inhaltsstoffen durch die Düngung gegeben werden. Bei noch unveröffentlichten eigenen Untersuchungen (Nehring und Hoffmann 1960) über den Einfluß der Düngung auf den Gehalt an wertbestimmenden Inhaltsstoffen (Rohprotein, Carotin und Chlorophyll) bei Grünmais (im Rahmen eines mehr als 20jährigen Dauerversuches) sind folgende Ergebnisse erhalten worden (Tab. 661):

Tabelle 661. *Düngung und Gehalt an Rohprotein, Carotin und Chlorophyll bei Grünmais (Pettender Goldflut), geerntet 1. August 1960 (Dauerdüngungsversuch Rostock II)*

Düngung	Ertrag Frischmasse dz/ha	Trockensubstanz %	Rohprotein %	Carotin mg/kg	Chlorophyll Extink./g	Erträge je ha			
						Trockensubstanz dz	Protein kg	Carotin g	Chlorophyll relativ
ungedüngt	170	13,54	7,12	89,1	0,105	23,0	163,9	205,1	100
Mineraldüngung (KPN)	369	10,88	10,77	164,4	0,175	40,2	432,4	648,0	291
¹/₂ Mineraldüngung ¹/₂ Stallmist	295	11,06	9,82	131,8	0,158	32,6	320,3	456,0	213
Stallmist[1]	250	11,85	8,14	123,6	0,155	29,6	241,2	366,2	190
¹/₂ Mineraldüngung ¹/₂ Kompost	330	11,02	10,97	158,0	0,192	33,1	362,8	522,5	263
Kompost[1]	335	10,34	10,51	158,7	0,181	34,6	364,1	549,9	259

[1] Bei gleichen Gaben an Nährstoffen wie bei der Mineraldüngung.

Die Düngung hat starke Auswirkungen auf die Erträge gezeitigt. Die höchsten Erträge sind bei der mineralischen Düngung allein erhalten worden; die Wirkung des Thomasmehl-Torfkompostes bleibt etwas zurück, noch stärker die des Stallmistes, was mit der zu trockenen Witterung im Juni und den zu langsamen Umsetzungen zusammenhängen mag.

Neben der Erhöhung der Erträge ist gleichzeitig eine weitgehende Verbesserung der wertbestimmenden Eigenschaften eingetreten. Der Gehalt an Rohprotein ist deutlich angestiegen; noch stärker ist der Anstieg im Gehalt an Carotin, der sich bei der Mineraldüngung nahezu verdoppelt hat, und auch der Gehalt an Chlorophyll ist auf fast das Doppelte angestiegen. Hier hat die mineralische Volldüngung den Wert der Grünmasse für die Fütterung ganz wesentlich verbessert. Etwas geringer ist die Wirkung der organischen Düngung, insbesondere die des Stallmistes, was wahrscheinlich mit dem oben angegebenen Einfluß der Witterung auf die Umsetzungen des Stallmistes zurückzuführen ist.

Auch aus den bereits erwähnten Untersuchungen von Scharrer und Bürke (1953) (S. 1280) über den Einfluß der Düngung auf den Gehalt an Carotin an verschiedenen Früchten wie auch von Scharrer und Preissner (1954) (S. 1282) über den Gehalt an Vitamin B_1 in Abhängigkeit von der Düngung läßt sich entnehmen, daß durch die Volldüngung insgesamt fast ausnahmslos der Gehalt an diesen Verbindungen erhöht worden ist, wie auch Tab. 662 zeigt, die aus den Werten der letztgenannten Arbeit zusammengestellt ist:

Tabelle 662. *Einfluß der Düngung auf den Gehalt an Vitamin B₁ (im Korn)*

Düngung	Sommerweizen		Sommergerste		Hafer		Felderbse	
	Ertrag g	Vit. B$_1$ /100 g	Ertrag g	Vit. B$_1$ /100 g	Ertrag g	Vit. B$_1$ /100 g	Ertrag g	Vit. B$_1$ /100g
ungedüngt	3,0	324,3	4,3	440,5	0,7	249,8	13,9	501,6
KP	2,7	383,3	6,4	418,9	0,6	(47,6)	23,9	496,2
PN	7,9	437,3	6,5	449,7	4,5	416,4	18,5	574,7
NK	5,9	362,7	4,3	508,6	2,8	403,5	11,1	456,9
KPN	12,0	479,2	11,9	380,5	10,7	405,5	23,3	543,6

Hier läßt sich erkennen, daß mit Ausnahme der Sommergerste bei ungedüngt stets die niedrigsten Gehalte an Vitamin B$_1$ beobachtet werden konnten. Der Mangel an den einzelnen Nährstoffen wirkt sich herabdrückend auf den Gehalt aus, so daß auch aus diesen Untersuchungen die Bedeutung einer ausgeglichenen Versorgung der Pflanzen mit Nährstoffen entnommen werden kann.

NEHRING (1939) bzw. WACHHOLDER und NEHRING (1940) beschäftigten sich mit der Frage des Einflusses der Düngung ganz allgemein auf den Vitamin C-Gehalt der Kartoffeln und stellten insbesondere die Wirkung der mineralischen Düngung der der Stallmistdüngung gegenüber. Das Ergebnis dieser Untersuchungen soll an Hand der Tab. 663 dargestellt werden, die die Durchschnittsergebnisse bei sieben verschiedenen Sorten wiedergibt (Tab. 663):

Tabelle 663. *Einfluß der Düngung auf den Vitamin C-Gehalt der Kartoffeln*
(Mittel von sieben Sorten)

Düngung	roh				gekocht			
	September	Dezember	Februar	Mai/Juni	September	Dezember	Februar	Mai/Juni
ungedüngt	29,1	19,0	13,2	8,3	24,7	15,8	10,8	7,6
Stallmist	23,2	19,3	12,3	8,9	20,2	15,0	10,4	7,9
Mineraldüngung	27,2	20,4	12,7	8,4	23,4	17,1	10,7	7,9
¹/₂ Stallmist ¹/₂ Mineraldüngung	28,1	18,3	12,7	8,5	22,9	14,9	10,4	7,4

Aus der Tab. 663 ist zu erkennen, daß deutliche Unterschiede unter dem Einfluß der verschiedenen Düngung nur zur Zeit der Ernte vorhanden waren. Zu dieser Zeit sind bei ungedüngt und bei der gemischten Düngung die höchsten Werte beim Vitamin C-Gehalt der Kartoffeln erhalten worden, die niedrigsten bei der Stallmistgabe. Bei der Lagerung sind jedoch die Verluste bei den ersten beiden Düngungsformen deutlich höher, so daß sich praktisch die Unterschiede verwischen. Insgesamt läßt sich auch hier feststellen, daß bei einer gemischten Düngung, d. h. Stallmist und mineralischer Düngung, sicherlich keine Verschlechterung im Gehalt an Vitamin C zu befürchten ist.

Von SCHNELLE (1930) liegen umfangreiche Backqualitätsuntersuchungen an Weizen vor, der bei verschiedenartiger Düngung aufgewachsen war.

Bei der Bestimmung des Gebäckvolumens wurden folgende Werte erhalten (Tab. 664):

Tabelle 664. *Gebäckvolumen in %*

Stallmistgabe	ungedüngt 1	N 2	NK 3	NP 4	KP 5	NKP 6
—	416	384	339	370	439	392
200 dz/ha	437	378	383	399	458	384
300 dz/ha	423	385	386	386	497	389

Hier ist der Einfluß der verschiedenen Düngung nicht so eindeutig wie bei
den bisher besprochenen Qualitätsfaktoren. Am stärksten ist anscheinend der
Einfluß der Stickstoffdüngung, der sich in einer deutlichen Verringerung des
Gebäckvolumens äußert, während die N-freie Düngung (KP) sich eindeutig
im entgegengesetzten Sinne ausgewirkt hat. Bei Stallmistdüngung läßt sich
eine geringe Tendenz zur Erhöhung des Backvolumens erkennen. Insgesamt
sind jedoch die Unterschiede der Volldüngung (6) gegenüber ungedüngt (1)
relativ gering.

Auch für den Futterwert unserer Grünlandpflanzen erscheint die Frage der
Auswirkung der Düngung insgesamt von wesentlichem Interesse. Aus Untersuchungen von Nehring (1938) über den Einfluß der Düngung auf die Zusammensetzung und Verdaulichkeit von Niederungsmoorheu lassen sich die Untersuchungsergebnisse bei ungedüngt und Volldüngung entnehmen und gegen-
überstellen. Diese Werte sind in Tab. 665 wiedergegeben:

Tabelle 665. *Einfluß der Düngung auf Zusammensetzung und Verdaulichkeit von
Wiesenheu, erster Schnitt*
(Mittel aus dem zweiten und dritten Versuchsjahr)

	Zusammensetzung in % der Trockensubstanz		Verdauungskoeffizienten	
	ungedüngt	KPN	ungedüngt	KPN
Erträge dz/ha	25,3	60,5		
Organische Substanz	94,07	94,61	59,0	58,5
Rohprotein	13,57	11,00	58,9	58,1
Rohfett	2,18	1,77	32,9	25,4
Rohfaser	32,30	35,87	63,7	63,6
N-freie Extraktstoffe	46,03	45,98	57,0	55,7
Rohasche	5,93	5,39		
K_2O	1,64	1,95		
CaO	1,39	0,79		
P_2O_5	0,36	0,39		
CaO/P_2O_5	3,8:1	2,0:1		

Bei diesem Versuch, bei dem der Aufwuchs in erster Linie aus Gräsern bestand, zeigte sich ganz allgemein ein starker Einfluß der Düngung auf den Ertrag, der sich unter dem Einfluß der Volldüngung gegenüber ungedüngt mehr
als verdoppelt hat. Die Folge hiervon ist, daß die Menge an Stickstoff, die den
Pflanzen zur Verfügung stand, nicht ausreichte und der Stickstoff bei Volldüngung relativ ins Minimum im Verhältnis zu ungedüngt kam. Demzufolge
war in beiden Versuchsjahren der Gehalt an Rohprotein bei Volldüngung gegenüber ungedüngt zurückgegangen, umgekehrt der Gehalt an Rohfaser angestiegen.
Der Gehalt an Kalium zeigte eine deutliche Erhöhung unter dem Einfluß der

Volldüngung, der Gehalt an Phosphorsäure dagegen nur einen geringen Anstieg. Demgegenüber war der Gehalt an CaO in Auswirkung des starken Anstiegs der Erträge erheblich zurückgegangen, so daß sich das Verhältnis $CaO:P_2O_5$ von etwa 3,8 auf 2,0:1 verengte.

Die Fütterungsversuche ergaben trotz der Verschiebungen in der Zusammensetzung praktisch bei beiden Versuchsreihen die gleichen Werte für die Verdaulichkeit; die Abweichungen liegen vollständig innerhalb der Fehlergrenzen bei derartigen Versuchen, so daß trotz des erhöhten Gehaltes an Rohfaser die Verdaulichkeit die gleiche geblieben ist und die Ertragserhöhung unter dem Einfluß der Düngung in voller Höhe den Tieren zugute kommt.

Zu ähnlichen Ergebnissen ist BRAUER (1960) bei Versuchen mit Wiesenheu von einem Mineralboden (lehmigen Sand) gekommen. Es handelt sich um einen Versuch, der bereits eine längere Anzahl von Jahren läuft. Die folgende Übersicht gibt die Mittelwerte der Untersuchungen aus vier Jahren wieder, die nach etwa 30jähriger Versuchsdauer durchgeführt wurden.

Die langjährige Düngung hat sich in einer deutlichen Veränderung des Bestandes ausgewirkt (Tab. 666):

Tabelle 666. *Einfluß der Düngung auf die botanische Zusammensetzung des Wiesenbestandes (Durchschnitt von vier Jahren)*

Anteil der	ungedüngt	KPN
Gräser in %	73,0	79,3
Leguminosen in %	2,6	7,8
Kräuter in %	25,7	12,9

Der Anteil an Kräutern ist unter dem Einfluß der Düngung auf etwa die Hälfte vermindert worden, der Anteil an Gräsern und insbesondere an Leguminosen ist dagegen angestiegen. Es sind demgemäß die Änderungen in der chemischen Zusammensetzung des geernteten Heues etwas anders als beim vorigen Versuch (Tab. 667):

Tabelle 667. *Einfluß der Düngung auf die Zusammensetzung und Verdaulichkeit von Wiesenheu, erster Schnitt (Versuch 1137)*

	Rohnährstoffe in % (in 85 % Trockensubstanz)		Verdauungskoeffizienten	
	ungedüngt	NPK	ungedüngt	KPN
Organische Substanz	77,0	77,6	61,4	61,1
Rohprotein	8,1	8,3	54,9	58,4
Rohfett	1,8	1,5	42,3	45,9
Rohfaser	23,7	28,2	61,5	59,5
N-freie Extraktstoffe	43,5	41,1		
Rohasche	8,0	7,6		
Ertrag dz/ha	51,4	91,6		

Es ist hier mit Zunahme des Bestandes an Leguminosen der Gehalt an Rohprotein gering angestiegen. Beim Gehalt an Rohfaser ist dagegen auch hier eine Erhöhung festzustellen. Die Fütterungsversuche haben praktisch das gleiche Bild ergeben wie vorher. Die Gesamtverdaulichkeit liegt bei beiden Wiesenheuproben auf gleicher Höhe. Nur die Verdaulichkeit des Rohproteins ist unter dem Einfluß der Düngung angestiegen.

So läßt sich auch bei diesem Versuch feststellen, daß unter dem Einfluß der Düngung im Vergleich zu ungedüngt keine Minderung der Verdaulichkeit eingetreten ist.

H. Der Einfluß der Spurenelemente

Neben den eigentlichen Hauptnährstoffen, wie sie bisher besprochen worden sind, haben bei den zunehmenden Anforderungen an die Ertragfähigkeit der Böden die sogenannten Spurenelemente oder Mikronährstoffe die Aufmerksamkeit der Wissenschaft immer stärker auf sich gezogen. Wie die Kernnährstoffe sind sie von Einfluß auf den Ertrag und die Zusammensetzung der Ernteprodukte. Hier kann nur eine Auswahl von ihnen kurz besprochen werden, die im besonderen für die Qualitätsfrage direkt oder indirekt von Bedeutung sind. Es handelt sich um folgende:

	für die Pflanzen	für die Tiere	
Bor (B)	+	—	Die Kennzeichnung + (—) be-
Mangan (Mn)	+	+	deutet, daß das Element in ge-
Kupfer (Cu)	+	+	ringen Mengen für den tierischen
Cobalt (Co)	—	+	Organismus notwendig ist, in
Molybdän (Mo)	+	+ (—)	größeren Mengen jedoch schä-
Selen (Se)	+	+ (—)	digend wirkt.

Die meisten von diesen Elementen wirken dadurch, daß sie Bestandteile von Enzymen sind bzw. bestimmte Enzymreaktionen aktivieren.

a) Bor

Bor ist anscheinend nicht notwendig für die Entwicklung der höheren Tiere; jedoch beeinflußt es Wirkung und Zusammensetzung der Pflanzen, so daß die Zufuhr von Bor qualitätsverändernd wirken kann. Bor übt eine besondere Wirkung auf die Aktivität der Oxydationsfermente aus. Dies konnte z. B. in Untersuchungen von Frömel und Amberger (1957) sowie Amberger und Frömel (1957, 1959) am Zuckerrübenblatt gezeigt werden (Abb. 291).

Bis zu den mittleren B-Gaben geht die Aktivität der verschiedenen Oxydationsfermente zurück, um dann wieder anzusteigen.

Parallel dazu geht die Wirkung der Bordüngung auf den Ertrag und Zuckergehalt (Tab. 668):

Tabelle 668. *Einfluß des Bors auf die Qualität der Zuckerrüben (Gefäßversuche)*

Düngung	Rüben				Blätter	
	Ertrag g Trockensubstanz	Zucker %	Blauzahl	Bor ppm Trockensubstanz	Ertrag g Trockensubstanz	Bor ppm Trockensubstanz
1955						
Grunddüngung +CaO ..	61,9	18,5	35		28,6	11,2
+ 7,5 mg B	89,9	20,1	13		43,7	42,6
+15　mg B	76,0	19,7	20		50,9	48,6
1956						
Grunddüngung +CaO ..	45,6	16,4	80	12,1	23,7	15,3
+ 7,5 mg B	114,4	20,0	25	13,7	44,7	48,8
+15　mg B	120,7	19,1	30	14,7	43,4	49,8

Bormangelrüben weisen geringe Erträge, niedrigen Zucker- und hohen Gehalt an schädlichem N auf, optimal mit B versorgte Rüben hohen Zucker- und niedrigen Amidgehalt. Zu hohe B-Gaben können den Zuckergehalt erniedrigen und die Blauzahl wieder erhöhen.

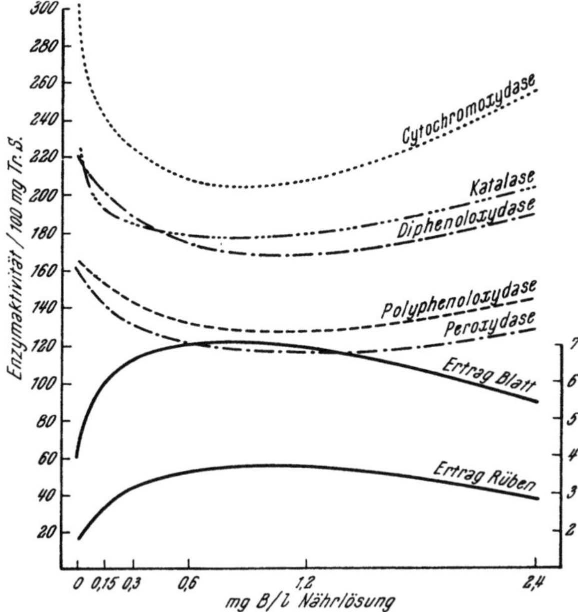

Abb. 291. Borzufuhr und Enzymaktivität bei Zuckerrübenblatt (nach AMBERGER und FRÖMEL)

Bordüngung begünstigt die Alkaloidbildung in Tabak. So wurde in Untersuchungen von SCHOLZ (1958) mit Blattstecklingen folgendes Ergebnis erhalten (Tab. 669):

Tabelle 669. *Einfluß der B-Düngung auf den Alkaloidgehalt bei Nic. rustica*

Bor-Gabe ppm Trockensubstanz	Trockengewicht in g			Alkaloidgehalt in % der Trockensubstanz	
	Blatt	Wurzel	insgesamt	Blatt	Wurzel
0	0,76	0,15	0,93	21,6	0
0,01	1,12	0,27	1,39	20,8	0
0,5	1,02	0,89	1,91	48,7	9,8

Die Bedeutung der drei folgenden Elemente (Mn, Cu und Co) für die Tierernährung geht daraus hervor, daß in zunehmendem Maße Krankheiten bei Tieren festgestellt werden, die durch Mangel an Spurenelementen bedingt sind. Der Gehalt in den Rauhfutterstoffen an diesen Elementen, auf die die Rindviehhaltung in erster Linie für ihre Versorgung angewiesen ist, ist vielfach nicht ausreichend, um den Bedarf zu decken. Dies zeigen z. B. Untersuchungen von NEHRING und BORCHMANN (1959) über den Gehalt an diesen Elementen im Wiesenheu.

Tabelle 670. *Gehalt an Mikronährstoffen im Wiesenheu (aus Mecklenburg); 1050 Einzelproben*
Anteil der Proben in %

		Versorgungsgruppe				mg/kg	
		IV schlecht	III mäßig	II mittel	I gut	Niedrigst-wert	Höchst-wert
I	Mangan[1]	(0—50) 27	(51—100) 36	(101–200) 29	(>200) 8	11	588
II	Kupfer[1]	(0—5) 34	(5,1–7,5) 46	(7,6—15) 18	(>15) 2	2	21
III	Cobalt[1]	(0—0,04) 23	(0,041—0,08) 49	(0,081—0,160) 24	(>0,160) 4	0.01	0.23

[1] Angaben in mg/kg.

b) Mangan

Mangan ist von besonderer Bedeutung im Oxydationsstoffwechsel von Pflanze und Tier. Der Gehalt an Mangan in Futterstoffen ist nicht so sehr von Boden und Düngung abhängig, sondern von dem Reaktionswert des Bodens. Bei pH-Werten unter 6 ist, wie bereits früher (S. 1329) angegeben wurde, der Mn-Gehalt in den Futterstoffen als ausreichend anzusehen. In Fermentsystemen kann das Mangan vielfach an Stelle von Magnesium treten. So wirkt eine Erhöhung der Manganzufuhr genau wie beim Magnesium deutlich erhöhend auf den Gehalt an Carotin (und Chlorophyll), wie die Angaben auf S. 1280 und 1282 zeigen.

Nach Versuchen von Burger und Hauge (1951) erhöht auf einem Mn-armen Lehmboden eine Mn-Düngung den Gehalt an Carotin und an Tocopherol bei allen untersuchten Kulturpflanzen (Sojabohne, Hafer, Weizen, Mais).

c) Kupfer

Nach Untersuchungen, die von Sjollema (1933) in Heidemoorgebieten durchgeführt worden sind, in denen bei Tieren Lecksucht auftritt, liegt der Cu-Gehalt des Heues zwischen 1 und 5 mg (Mittel 2 bis 3) je kg, während in gesunden Betrieben das Heu einen Gehalt von 6 bis 12 mg Cu aufwies. Durch Cu-Düngung läßt sich der Gehalt deutlich erhöhen (Tab. 671):

Tabelle 671. *Cu-Düngung und Cu-Gehalt in Getreide von urbarkrankem Heideland*

	Ohne Cu-Düngung Pflanzen krank mg Cu/kg	Mit Cu-Düngung Pflanzen gesund mg Cu/kg
Weizen, Korn	1,5	3—4,5
Weizen, Stroh	8,5	9—18
Roggen, Korn	0,5	2
Hafer, Stroh	4,0	8,0

Dieser Einfluß der Cu-Düngung auf den Cu-Gehalt konnte in einer großen Anzahl von Versuchen festgestellt werden, z. B. in Untersuchungen von Seiffert und Wehrmann (1957), wie aus Abb. 292 zu erkennen ist.

Die verschieden hohe KPN-Düngung hat den Cu-Gehalt nicht beeinflußt. Durch die Zufuhr von 25 kg CuSO₄/ha (= 6,36 kg Cu) wurde der Cu-Gehalt praktisch verdoppelt. Bemerkenswert ist, daß die Gehalte mit fortschreitender Vegetation ansteigen.

Nach Angabe von OKUNZOW (1958) wirkt eine Cu-Düngung erhöhend auf den Chlorophyll- und den Eiweißgehalt. So wurden z. B. bei jungem Winterroggen folgende Gehalte festgestellt:

	Eiweiß %
Kontrolle	4,32
Cu-Düngung:	
0,1 g/kg Torf	4,30
1,0 g/kg Torf	5,44
25,0 g/kg Torf	5,98

d) Cobalt

Cobalt ist anscheinend für die Entwicklung der Pflanzen entbehrlich. Bei Tieren sind Cobaltmangelkrankheiten zunächst in Australien (LEE sowie LEE und MONKE 1950, 1947) bei Schafen, die auf kalkreichen Küstensanden weideten (Erscheinungen der coast disease), festgestellt worden; sie wurden dann in zunehmendem Maße auch in Europa beobachtet.

Diese Beziehung zwischen dem Auftreten von bestimmten Krankheiten (Hinsch-Krankheit bei Rindern im nördlichen Schwarzwald) und dem Co-Gehalt von Heu ergibt sich z. B. aus Untersuchungen von RIEHM und BARON (1953) (Tab. 672):

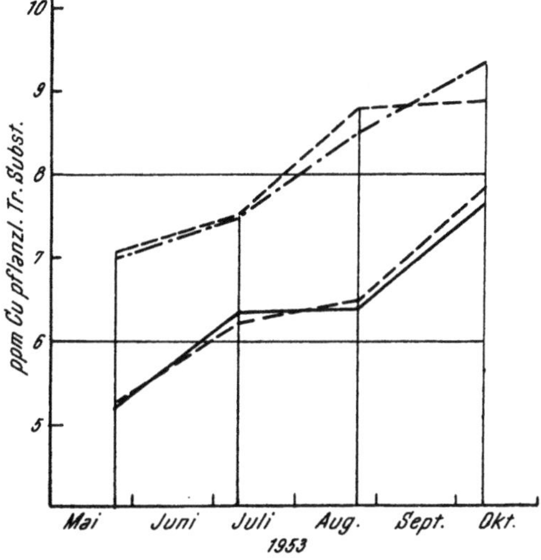

Abb. 292. Einfluß der Düngung auf den Cu-Gehalt (nach SEIFFERT und WEHRMANN)

——— Versuchsglied A = niedrige NPK-Düngung
—·—·— Versuchsglied B = hohe NPK-Düngung
— — — Versuchsglied C = wie B + Kupfer- und Kobaltsulfat
——— Versuchsglied D = wie B + Kupfer- und Kobaltoxyd

Tabelle 672. *Cobaltgehalt des Heues und Auftreten der Hinsch-Krankheit*

Hof	Tiere	Cobaltgehalt in ppm in der Trockensubstanz				
		1950	1951	1952	im Mittel	relativ
A	krank	0,036	0,042	0,040	0,039	100
B	gesund	0,102	0,100	0,101	0,101	254
C	gesund	0,108	0,092		0,100	252

In dem Hof mit den erkrankten Tieren beträgt der Co-Gehalt im Heu nur etwa 40% gegenüber dem Heu vom Betrieb mit gesunden Tieren. Durch Zufütterung von Co-Salzen konnten die Krankheitserscheinungen beseitigt werden.

Der Gehalt an Cobalt läßt sich durch eine Düngung mit Co-Salzen oder Co-haltigen Abfällen erhöhen, wie aus den bereits erwähnten Untersuchungen von SEIFFERT und WEHRMANN (1957) hervorgeht (Abb. 293).

Die Cobaltdüngung hat den Co-Gehalt im Weidefutter stark erhöht; die Co-Gehalte haben sich mehr als verfünffacht. Im Gegensatz zu Cu ging der Co-Gehalt während der Vegetation laufend zurück.

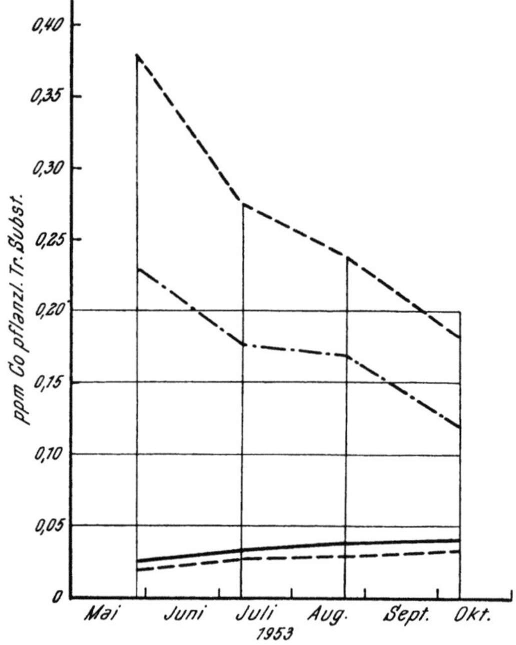

Abb. 293. Einfluß der Düngung auf den Co-Gehalt (nach Seiffert und Wehrmann)

——— Versuchsglied A = niedrige NPK-Düngung
———— Versuchsglied B = hohe NPK-Düngung
– – – – Versuchsglied C = wie B + Kupfer- und Kobaltsulfat
–·–·– Versuchsglied D = wie B + Kupfer und Kobaltoxyd

Tabelle 673. *Einfluß der Düngung auf den Co-Gehalt von Futterpflanzen*
(Angaben bezogen auf Trockensubstanz)

Grunddüngung	Co-Gabe[1]	F. Roggen		Futtererbsen		Rotklee	
		Ertrag g	Co ppm	Ertrag g	Co ppm	Ertrag g	Co ppm
ungedüngt	—	11,4	0,15	4,5	0,46	6,7	0,23
	Co_1	13,8	0,33	4,5	0,94	6,0	1,01
	Co_2	12,8	3,73	4,4	4,29	4,2	4,02
	Co_3	11,2	7,94	4,0	13,17	2,3	8,38
NK	—	58,2	0,09	7,5	0,99	14,3	0,36
	Co_1	56,5	0,18	7,6	1,07	11,7	1,25
	Co_2	52,2	2,93	7,1	7,98	6,8	6,85
	Co_3	43,6	9,18	6,6	17,48	5,1	12,47
NPK	—	75,4	0,13	8,7	0,63	19,6	0,66
	Co_1	75,4	0,49	7,5	2,82	21,5	3,03
	Co_2	76,4	5,36	8,0	16,26	12,7	18,37
	Co_3	74,9	17,32	7,0	51,32	8,0	26,29

[1] Co-Gabe Co_1 Co_2 Co_3
    mg Co/Gefäß   0,54   5,36   13,40
    kg $CoCl_2 \cdot 6H_2O$/ha   1,0   10,0   25,0

Von weiteren Untersuchungen über den Einfluß der Düngung auf den Co-Gehalt in Futterstoffen soll eine Arbeit von Scharrer und Taubel (1954) erwähnt werden (Tab. 673).

Es ist mit steigenden Gaben an Cobalt gearbeitet worden, wobei die hohen Gaben die Erträge in fast allen Versuchsreihen herabdrückten. Der Co-Gehalt in den Pflanzen wurde durch die Co-Düngung sehr stark erhöht. Die Gehalte sind aber auch abhängig von der Zufuhr an den übrigen Nährstoffen. Bei ungedüngt liegen die Werte sehr niedrig; es scheint insbesondere die P-Düngung stark erhöhend auf den Co-Gehalt zu wirken.

e) Molybdän

Molybdän ist als ein Pflanzennährstoff anzusehen, wobei die Reaktionsempfindlichkeit der verschiedenen Pflanzen sehr unterschiedlich ist. Insbesondere Blumenkohl („Whiptail") wie auch Luzerne reagieren stark auf Mo-Mangel, der besonders auf sauren Böden zu finden ist. Mo begünstigt weiterhin die N-Bindung durch Bakterien und wirkt dadurch erhöhend auf den N-Gehalt der Pflanzen.

Molybdän wie Selen gehören zu den Elementen, die in der Tierernährung in geringen Mengen erforderlich sind, aber in größeren Mengen toxisch wirken. Die Krankheitserscheinungen der sogenannten „teartness" soll nach den Untersuchungen von Ferguson (1944) durch zu hohen Gehalt an Mo im Boden verursacht sein. Zu geringe Mengen im Futter führen nach Ellis u. a. (1958) bei Schafen zu schlechten Zunahmen und verminderter Verdaulichkeit der Cellulose. Größere Mengen beeinträchtigen den Ca-Stoffwechsel und führen zu Mo-Toxikosen. Die Grenze wird mit 4 mg je kg Futterstoff angegeben.

f) Selen

Die Erscheinungen der „alkali disease" sind in Amerika seit langem bekannt. Durch die Arbeiten, vor allem von Franke (1934, 1936) u. a. wurde geklärt, daß die Ursache der Erkrankungen in einem zu hohen Se-Gehalt der Nahrungs- und Futtermittel liegt, der durch einen zu hohen Se-Gehalt im Boden bedingt ist. Se-Mangel hingegen kann nach Muth et al. (1958) zu Gesundheitsschädigungen bei Lämmern und Kälbern („White muscle disease") führen.

Die Gehalte an diesen beiden Elementen in den Pflanzen zeigen eine starke Abhängigkeit vom Gehalt im Boden und können durch Düngung erheblich gesteigert werden. Für das Molybdän werden aus Untersuchungen von Anke (1959) im folgenden Beispiele gegeben. Tab. 674 zeigt die starke Abhängigkeit des Mo-Gehaltes der Pflanzen vom Boden:

Tabelle 674. *Mo-Gehalt verschiedener Kleearten in ppm*

	Muschelkalk		mittl. Buntsandstein	
	1957	1958	1957	1958
Wiesenrotklee ...	0,14	0,04	0,73	0,91
Weißklee	0,17	0,09	1,20	0,95
Gelbklee	0,41	0,12	2,10	1,80

Auf dem Muschelkalkboden sind die Mo-Gehalte der verschiedenen Kleearten recht niedrig, während sie auf dem Buntsandstein wesentlich höher liegen.

Anke, Graupe und Trobisch (1960) untersuchten den Einfluß der Mo-
Düngung und der Reaktion auf den Mo-Gehalt auf das Blatt von Blumenkohl,
der als besonders empfindlich gegen Mo-Mangel bekannt ist (Tab. 675):

Tabelle 675. *Einfluß von Mo-Düngung und Reaktion auf den Mo-Gehalt von Blumenkohlblatt (in Trockensubstanz)*

Mo-Düngung	pH: 5,5		6,1		7,1	
	Mo ppm	P_2O_5 %	Mo ppm	P_2O_5 %	Mo ppm	P_2O_5 %
ohne	0,18	1,98	0,22	1,91	0,34	1,47
mit	0,47	1,45	2,38	1,50	6,29	1,33

Es zeigt sich, daß bei ungedüngt der Mo-Gehalt sehr niedrig liegt und durch
eine Mo-Düngung stark erhöht wird. Die Auswirkung der Mo-Düngung ist
abhängig von der Reaktion des Bodens. Mit zunehmendem Kalkgehalt im Boden steigen die Mo-Gehalte im Blumenkohlblatt stark an. Der Gehalt an P_2O_5
geht im Zusammenhang mit dem gesteigertem Wachstum zurück.

Weitere Düngungsversuche sind von den gleichen Autoren zu Luzerne und
Klee auf Böden, auf denen Molybdänmangelschäden beobachtet wurden, durchgeführt worden (Tab. 676):

Tabelle 676. *Der Einfluß der Mo-Düngung auf die Zusammensetzung von Luzerne und
Klee*

	pH	Na-Molybdat kg/ha	Zusammensetzung in der Trockensubstanz					
			Rohprotein %	Asche %	Mo ppm	Fe ppm	Mn ppm	Cu ppm
Luzerne	6,0	0	**17,7**	13,5	**0,06**	270	49	9,2
		2	**22,4**	13,5	**1,55**	201	39	8,5
Rotklee								
krank		0	**17,8**	10,7	**0,03**	168	36	13,5
normal		0	**19,4**	9,0	**0,05**	124	26	11,4
normal	4,85	2	**22,6**	9,4	**0,77**	149	40	12,0
Schwedenklee								
krank		0	**18,8**	11,8	**0,03**	208	67	14,2
normal		0	**19,6**	9,3	**0,05**	112	28	12,0
normal		2	**25,6**	10,4	**3,23**	202	54	10,8

Es zeigt sich zunächst bei allen Versuchspflanzen, daß der Gehalt an Mo
außerordentlich niedrig lag, selbst bei Pflanzen, die normal aussahen. Dies
gilt auch für Klee, allerdings bei einem pH-Wert von 4,85. Bei Zufuhr von 2 kg
Na-Molybdat steigt der Gehalt stark an, während die Gehalte an anderen Mineralstoffen zurückgehen. Von besonderer Bedeutung erscheinen die Änderungen
im Gehalt an Rohprotein. Durch die Mo-Düngung wird der Gehalt an Rohprotein ganz wesentlich erhöht und damit der Futterwert verbessert.

Andererseits wird man eine Gabe von 2 kg Na-Molybdat bereits kritisch
beurteilen müssen, da unter Umständen durch diese Gabe bereits die Grenze

von 10 ppm im Mo-Gehalt der Pflanzen überschritten werden kann (ANKE 1959). So liegt hier die Grenze zwischen Mo-Mangel und toxischem Gehalt sehr eng.

In jüngster Zeit berichtete GRUHN (1961) über die Wirkung einer Mo-Düngung auf den Aminosäurengehalt verschiedener Futterpflanzen. Nachfolgend soll das Ergebnis der Untersuchungen bei Luzerne wiedergegeben werden, die als besonders empfindlich gegen Mo-Mangel bekannt ist (Tab. 677):

Tabelle 677. *Mo-Düngung und Gehalt an essentiellen Aminosäuren im Protein bei Luzerne*

Düngung	Roh-pro-tein %	Lysin	Argi-nin	Histi-din	Tryp-to-phan	Thre-onin	Valin	Methionin	Leucin + Isoleu-cin	Phenyl-alanin	EAS	EAA Index
—	20,35	5,85	3,9	2,95	1,85	2,6	5,45	1,75	10,45	4,2	39,0	73
Kupfer-schlacke (10 dt/ha) ..	20,8	5,15	4,35	2,75	1,8	2,55	5,05	1,4	9,75	3,45	35,8	68
Na-Molybdat (10 kg/ha) .	21,4	5,25	5,75	3,35	2,0	**3,85**	4,6	**2,05**	11,0	4,5	**42,3**	81

Bei geringer Erhöhung des Gehaltes an Rohprotein zeigten sich unter dem Einfluß der Mo-Düngung bestimmte Änderungen im Aminosäurenbestand, die bei den meisten in einer Erhöhung des Gehaltes in Erscheinung traten. Dies gilt insbesondere für das Arginin, Threonin und Methionin. Demzufolge ist auch der EAA-Index von 73 auf 81 angestiegen.

J. Schlußbetrachtung

Die vorstehenden Ausführungen werden gezeigt haben, daß in der Frage der Beeinflussung der Qualität durch die Düngung noch viele Fragen offenstehen. Trotzdem wird man zusammenfassend sagen können, daß eine sachgemäße, den Bedürfnissen der Pflanzen angepaßte und ausgeglichene Düngung sich nicht nur in einer Erhöhung der Erträge, sondern vielfach auch in einer Verbesserung der Qualität auswirkt. Man wird hierbei versuchen müssen, den Boden selbst in einen möglichst hohen Kulturzustand zu bringen. Dazu gehören ein ausreichender bzw. guter Humuszustand, der durch eine entsprechende Stallmistzufuhr oder Einbau bestimmter Fruchtfolgen sicherzustellen ist, ein günstiger Reaktions- und Kalkzustand sowie eine Anreicherung des Bodens an Pflanzennährstoffen, insbesondere an Phosphorsäure. Ein guter Kulturzustand des Bodens mit günstigem Humus-, Kalk- und Nährstoffgehalt ist Voraussetzung zur Anwendung von hohen Düngergaben, weil damit die Pufferkraft des Bodens erhöht und die Gefahr einer unausgeglichenen Nährstoffversorgung abgewendet wird. Die Entwicklung in den Ländern mit hochstehender Landwirtschaft sowie die besprochenen Untersuchungsergebnisse zeigen, daß in der Anwendung der Düngung auch im Hinblick auf die Qualität der Ernteprodukte die Grenzen noch keineswegs erreicht sind. Die Regelung des Wasserhaushaltes, vor allem die Bewässerung wird diese Grenzen noch wesentlich herausschieben. Dabei wird man gerade in einer ausgeglichenen Düngung ein wichtiges Mittel sehen, Nahrungsprodukte von hoher Qualität zu erzeugen. Eine einseitige Düngung, die die anderen Nährstoffe weiter ins Minimum bringt, kann dagegen eine Verschlechterung zur Folge haben, Nähr- und Futtermittel von ungenügender Qualität erzeugen und damit die Gefahr einer Mangelernährung verstärken.

Es wird eine besondere Aufgabe der Pflanzenernährung sein, noch stärker als bisher den Fragen der Beeinflussung der Qualität durch die Düngung nachzugehen, wobei neben der Klärung der physiologischen Aufgaben der einzelnen Nährstoffe in den Pflanzen die Gesamtwirkung der Düngung bzw. der gegenseitigen Beeinflussung, dem Synergismus und Antagonismus der Nährstoffe besondere Aufmerksamkeit zu schenken ist. Der Gefahr einer Mangelernährung infolge ungenügender Nährstoffversorgung der Pflanzen scheint heute eine größere Bedeutung besonders in der Tierernährung zuzukommen als der Gefahr, die durch eine Überdüngung gegeben ist. Der Frage der Qualität der Ernteprodukte muß heute bei allen Maßnahmen der Düngung die gleiche Bedeutung zugemessen werden wie der Frage der Quantität, d. h. der Höhe der Erträge, um eine ausreichende und auch gesunde Ernährung sicherzustellen.

Literatur

Alten, F., Th. Breyhan, O. Fischnich, F. Heilinger, E. Hofmann, E. Latzko und Chr. Pätzold: Stoffwechselphysiologie und Vitalität von Pflanzkartoffeln. Landw. Forsch. 14. Sonderheft, 97–107 (1960). — Amberger, A.: Kohlenhydratstoffwechsel und Atmung einiger Kulturpflanzen und ihre Auswirkung auf Qualität und Lagerfähigkeit. Landw. Forsch. 6. Sonderheft, 134–138 (1955). — Einfluß verschiedener Ernährung und anderer Wachstumsfaktoren auf die Aktivität der Oxydationsfermente und Pflanzen. Habilitationsschrift der Fakultät für Landwirtschaft an der T.H. München-Weihenstephan 1958. — Einfluß der Borernährung auf Atmungsintensität und Qualität der Pflanzen. Landw. Forsch. 14. Sonderheft, 107–113 (1959). — Amberger, A., und W. Frömel: Zur Wirkung des Bors verschiedener borhaltiger Einzel- und Volldünger zu Zuckerrüben. Z. Pflanzenernähr. u. Bodenkde. 79 (124), 193 (1957). — Anke, M.: Molybdänmangel bei Luzerne in Thüringen. Z. landw. Vers. Unters.wesen 6, 39–49 (1960). — Anke, M., B. Graupe und S. Trobisch: Molybdänmangel bei Luzerne in Thüringen. Dtsch. Landwirtsch. 11, 230–233 (1960). — Asdonk, K.: Zur Frage der Magnesiadüngung. Ernähr. d. Pflanze 19, 1–4 (1923).
Baden, W.: Die Kaliphosphatdüngung zu Kartoffeln auf Hochmoor- und Heidekultur. Kartoffelbau 7, 11–15 (1956). — Boleloucky, J.: Das Magnesium und der Aufbau der Kohlenhydrate. Ernähr. d. Pflanze 32, 127–129 (1936). — Brandt, L., und R. Jende: Der Einfluß langjähriger Phosphatdüngung auf Ertrag, Pflanzenbestand und Futterwert von Dauerweiden. Phosphorsäure 19, 76–107 (1959). — Brauer, A.: Über die Einflüsse der Phosphorsäuredüngung auf die Verdaulichkeit und den Futterwert von Heu. Phosphorsäure 20, 12–38 (1960a). — Der Einfluß der Kalidüngung auf die Verdaulichkeit und den Futterwert des Heues. Kali-Briefe, 1. Folge, 1–8 (1960b). — Über den Einfluß der Düngung auf die Verdaulichkeit und den Futterwert von Wiesengras. Landw. Forsch. 13, 201–216 (1960c). — Bremer, A.: Richtige Phosphatdüngung — erhöhter Stärkeertrag. Kartoffelbau 7, 2–3 (1956). — Brünner, F.: Der Einfluß der Phosphorsäurewirkung auf Gesundheit und Fruchtbarkeit unserer Tierbestände. Phosphorsäure 18, 278–291 (1955). — Burger, O. J., und S. M. Hauge: Relation of manganese to the carotin and vitamin contents of growing crop plants. Soil Sci. 72, 303–314 (1951).
Catel, W.: Über den Einfluß der Verfütterung verschieden gedüngter Nahrungspflanzen auf das Gedeihen von Säuglingen. Landw. Forsch. 1, 220–223 (1949). — Chabannes, J., und S. Métivier: Beobachtungen über die Beziehungen zwischen Phosphorsäure-Ernährung und Fruchtbarkeit bei Rindern. Phosphorsäure 12, 331–340 (1952).
Deutsche Akademie der Landwirtschaftswissenschaften zu Berlin. Qualitätsfragen in der landwirtschaftlichen Produktion, Berichte u. Vorträge II/1955, 47–272. — Dost, F. H., und W. Schuphan: Über Ernährungsversuche mit verschieden gedüngten Gemüsen. Ernährung 9, 1 (1944). — Demolon, A.: zit. nach Gericke, Wert und Wirkung der Phosphorsäuredüngung in der deutschen Landwirtschaft, 3. Aufl., S. 74. Essen 1950.
Ehrenberg, P.: Das Kalk-Kali-Gesetz. Landw. Jb. 54, 1–159 (1920). — Elbe, G.: Hohe Kartoffelerträge durch richtige Kalidüngung. Kartoffelbau 6, 57 (1955). —

Ellis, W. E., W. H. Pfander, M. E. Muther und E. E. Pickett: Molybdän as a dierary essential for lambs. J. Animal Sci. 17, 180–188 (1958).

Ferguson, W. S.: "Teart of somerset", a molybdenosis of farm animals. Proc. Nutr. Sci. 1, 215 (1944). — Fiedler, H. J., und H. Kretschmer: Magnesiumdüngung zu Bernburger einjährigem Weidelgras. Wiss. Z. T. H. Dresden 9, 195–210 (1959/60). — Fischer, W.: Zur Frage der Kalkempfindlichkeit unserer Kulturpflanzen und ihre Bedeutung durch Kali (ein Beitrag zum Kalk-Kaligesetz). Landw. Jb. 58, 1–53 (1923). — Florian, Cl., und M. A. Niemann: Über den Einfluß verschiedener Stickstoff- und Kaligaben auf Ertrag und Qualität der Zuckerrübe. Landw. Forsch. 11, 238–245 (1958). — Franke, K. W., und E. Painker: A study of the toxidity and selenium content of seleniferous diets with statistical consideration. Cereal Chem. 13, 67 (1936). — Franke, K. W., T. D. Rice, A. G. Johnson und H. W. Schoening: Report on a preliminary field survey of the so-called "alkali disease" of livestock. U.S.D.A. Circular 320 (1934). — Frömel, W., und A. Amberger: Über die Boraufnahme von Zuckerrüben im Verlaufe einer Vegetationszeit. Z. Pflanzenernähr., Düng., Bodenkde. 78 (123), 178–185 (1957).

Garz, J.: Zur Kenntnis der Phosphaternährung der Luzerne. Z. Pflanzenernähr., Düng., Bodenkde. 79 (124), 213–232 (1957). — Gericke, S.: Die Phosphorsäuredüngung unserer wirtschaftseigenen Futterstoffe. Phosphorsäure 18, 181 (1942). — Phosphatdüngung zu Zuckerrüben. Phosphorsäure 14, 163–174 (1954). — Untersuchungen über den Nährstoffgehalt der Kartoffel. Phosphorsäure 16, 251–261 (1956). — Düngung, Pflanzenbestand und Mineralstoffbestand. Phosphorsäure 17, 106–119 (1957a). — Phosphatdüngung und Phosphorsäuregehalt wirtschaftseigener Futterstoffe. Phosphorsäure 17, 341–346 (1957b). — Gericke, S., und G. Bärmann: Die Phosphorsäureversorgung der Milchkuh durch Wiesenheu. Phosphorsäure 18, 140–153 (1958). — Giesecke, F., und Yi. L .Lin: Steigende Kalisulfatgaben in ihrem Einfluß auf Ertrag und Zusammensetzung der Sojabohne. Ernähr. d. Pflanze 36, 73–77 (1941). — Grashuis, J.: Grastetanie. Tierzüchter 10, 551–552 (1958). — Gruhn, K.: Der Einfluß einer Kupferschlacken- und Molybdändüngung auf den Aminosäuregehalt verschiedener Ackerpflanzen. Z. landw. Vers. Unters.wesen 7 (1961). — Grütz, W.: Beziehungen zwischen Nährstoffversorgung und Oxalsäurebildung in der Pflanze. Landw. Forsch. 7. Sonderheft, 121–135 (1956a). — Die Beziehungen zwischen Phosphorsäuredüngung und Oxalsäurebildung in Blättern von Beta-Rüben und Spinat. Phosphorsäure 16, 181–187 (1956b).

Hackh, J.: J. genet. Physiol. 1, 429 (1919). — Hartfiel, W.: Anreicherung der Futterpflanzen mit Phosphorsäure zur besseren Mineralstoffversorgung der Nutztiere. Phosphorsäure 18, 129–139 (1958). — Haubold, H.: Futtergüte und Milchqualität in ihren Beziehungen zur menschlichen Gesundheit. Mitt. Österr. Sanitätsverwaltung, H. 5, 1–6 (1955). — Hey, E.: Der Gehalt an essentiellen Aminosäuren im Eiweiß verschiedener Pflanzenarten in Abhängigkeit zur Stickstoffdüngung. Dipl. Arbeit der Mathem.-Naturw. Fakultät der Univ. Rostock, S. 1–91 (1956). — Hofmann, E., und Mitarbeiter: s. Amberger (1958). — Hoffmann, M. W., H. Riehm und D. Schroeder: Magnesium-Untersuchung an deutschen Böden. Landw. Forsch. 13. Sonderheft, 9–16 (1959). — Hignett, S., und P. G. Hignett: The influence of nutrition on the reproductive efficiency in cattle, II, The effect on the phosphorus intake on ovarian activity and fertility of heifers. Vet. Res. 64, 203 (1952). — Hübner, R.: Untersuchungen über Chlorophyllgehalt und Werteigenschaften bei Futterpflanzen in Abhängigkeit vom Pflanzentyp und der Nährstoffversorgung. Z. Acker- u. Pflanzen bau 91, 200–223 (1949). — Untersuchungen über Chlorophyllgehalt und Werteigenschaften bei Futterpflanzen in Abhängigkeit von der Wasserversorgung und Belichtung und der Nährstoffversorgung im Feldversuch. Z. Acker- u. Pflanzenbau 91, 374–414 (1949b).

Jacob, A.: Magnesia, der fünfte Pflanzenhauptnährstoff, 110 S. Stuttgart: Enke. 1955. — Jessen, W.: Kalium- und Magnesiummangelerscheinungen und Wirkung einer Düngung mit Kaliumchlorid und Kalimagnesia auf das Wachstum verschiedener Holzarten. Ernähr. d. Pflanze 35, 228–30 (1939). — Jürgens-Gschwind, S.: Die Auswirkung der Phosphatdüngung auf die Qualität landwirtschaftlicher Nutzpflanzen. Phosphorsäure 20, 197–207 (1960).

Kemp, A., und M. L. Hart: Grass tetany in grazing milking cows. Neth. J. Agric. Sci. 5, 4–17 (1957). — Koehler, F. E., und W. A. Albrecht: Biosynthesis of amino acids according to soil fertility, III, Bioassays of forage and grain fertilized with "trace" elements. Plant a. Soil 4, 336–343 (1953). — Kolarik, J.: Wege zur Verbesserung der Qualität landwirtschaftlicher Erzeugnisse unter dem Gesichtspunkt der Pflanzenernährung. Phosphorsäure 19, 69–75 (1959). — Kolbe, G.: Über den Einfluß der Stickstoffdüngung auf Ertrag, Zuckergehalt und stickstoffhaltige Substanzen der

Zuckerrübe. Z. landw. Vers. Unters.wesen 2, 457–477 (1956). — Kurmies, K.: Mangan im Wiesenheu. Phosphorsäure 15, 146–161 (1955). — Kürten, P. W., und H. Wobst: Ergebnisse mehrjähriger Versuche mit Beregnung und Zusatzdüngung zu Zuckerrüben. Z. Acker- u. Pflanzenbau 111, 92–98 (1960).

Landwirtschaftskammer Kassel: Die Bedeutung des Patentkalis im Kartoffelbau 4, 12 (1953). — Lee, H. J.: Das Auftreten und die Heilung von Kobalt- und Kupfermangelerscheinungen bei Schafen in Südaustralien. Vet. J. 26, 152 (1950). — Lee, H. J., und G. R. Monke: Copper deficiency affecting sheep in Queensland. Austral. Vet. J. 23, 303 (1947). — Linser, H., und E. Primost: Stickstoffdüngung mit hohen geteilten Gaben, II, Feldversuche zu Winterweizen. Z. Pflanzenernähr., Düng., Bodenkde. 63 (108), 18–30 (1953). — Stickstoffdüngung mit hohen geteilten Gaben, III, Feldversuche zu Winterroggen. Z. Pflanzenernähr., Düng., Bodenkde. 86 (131), 97 (1959). — Loew, O.: Über schwefelsaure Magnesia als Düngemittel. Ernähr. d. Pflanze 18, 17–20 (1922). — Lüdecke, H., und K. Sammet: Weitere Beiträge zur Stickstoffdüngung der Zuckerrüben. Zuckerrübenbau 23, 47–62 (1941). — Lund, A.: Untersuchungen über den Carotingehalt in Futterpflanzen. Vitamine u. Hormone 5, 28–45 (1944).

Mangold, E., und A. Columbus: Verdaulichkeit und biologische Wertigkeit von Kartoffeleiweiß beim Schwein. Landw. Vers. Stat. 129, 12–27 (1938). — Michael, G.: Über die Aufnahme und Verteilung des Magnesiums und dessen Rolle in der höheren grünen Pflanze. Z. Pflanzenernähr., Düng., Bodenkde. 25 (70), 65–120 (1941). — Michael, G., und B. Blume: Über den Einfluß der Stickstoffdüngung auf die Eiweißzusammensetzung des Gerstenkorns. Z. Pflanzenernähr., Düng., Bodenkde. 88 (133), 237–250 (1960). — Mitchell, H. H.: A method of determining the biological value of protein. J. Biol. Chem. 58, 873–903 (1924). — Mitchell, H. H., S. Hamilton und J. R. Beadles: The relationship between the proteins content of corn and the nutritional value of the protein. J. Nutrition 48, 461–476 (1953). — Mulder, E. G., und B. Bakema: Effect of nitrogen, phosphorus, potassium and magnesium nutrition of potato plants on the tubers. Plant a. Soil 7, H. 2, 135–166 (1956). — Müller, R.: Allgemeine Hygiene, 3. Aufl., S. 222. München-Berlin 1944. — Muth, O. H., J. E. Oldfield, L. F. Remmert und J. R. Schubert: Effects of selenium and vitamin E on white muscle disease. Science 128, 1090 (1958).

Naumann, K., und K. Barth: Chemische Untersuchungen im Weidetetaniegebiet des Niederrheins. Landw. Forsch. 12, 180–195 (1959). — Nehring, K.: Der Einfluß der Bodenreaktion auf die Aufnahme der verschiedenen Nährstoffe. Z. Pflanzenernähr., Düng., Bodenkde. 29, 320–334 (1933). — Der Einfluß der Reaktion und Düngung auf die Zusammensetzung und Verdaulichkeit der Wiesengräser, I. Tierernährung 7, 444–462 (1935). — Der Einfluß von Reaktion und Düngung auf die Zusammensetzung und die Verdaulichkeit des Wiesengrases. Landw. Jb. 86, 245–271 (1938). — Der Einfluß der Düngung auf den Vitamin C-Gehalt der Kartoffeln. VI. Intern. techn. u. chem. Kongreß der landw. Industrien, Budapest 1939. — Über den Futterwert von Steinklee (Melilotus albus). Z. Tierernähr. u. Futtermittelkde. 5, 260–270 (1941). Institutsbericht über den Intern. Dauerdüngungsversuch (noch nicht veröffentlicht) (1960a). — Untersuchungen über den Einfluß der N-Düngung auf den Anteil an Eiweißfraktionen und Aminosäuregehalt von Sommergerste (noch nicht veröffentlicht) (1960b). — Erweiterung der Futtermittelanalyse durch Bestimmung der Gerüstsubstanzen. Landw. Forsch. 14. Sonderheft, 92–97 (1960c). — Nehring, K., und H. D. Bock: Untersuchungen über die biologische Wertigkeit des Eiweißes von Futterstoffen (noch nicht veröffentlicht) (1960). — Nehring, K., und W. Borchmann: Mikronährstoffgehalte im Heu mecklenburgischer Wiesen. Z. landw. Vers. Unters.wesen 5, 556–570 (1959). — Über die Abhängigkeit des Mineralstoffgehaltes verschiedener Futterpflanzen von der Wasserversorgung, I. Mitt. Z. Pflanzenernähr., Düng., Bodenkde. (1960). — Nehring, K., und M. Hoffmann: Die Beeinflussung der Qualität des Wiesenheues. Z. landw. Vers. Unters.wesen 4, 417–447 (1958). — Einfluß der Düngung auf den Gehalt an Carotin und Chlorophyll bei Grünfutterpflanzen, II. Mitt. (noch nicht veröffentlicht) (1960). — Nehring, K., und W. Schramm: Über die biologische Wertigkeit des Eiweißes verschiedener Gerstensorten bei wachsenden Schweinen und ihre Beeinflussung durch Stickstoffdüngung. Tierernährung 12, 478–500 (1940). — Nehring, K., und W. Schütt: Einfluß der Düngung auf den Gehalt an Carotin und Chlorophyll in Grünfutterpflanzen, I. Einfluß der N-Düngung. Z. landw. Vers. Unters.wesen 7, 206–218 (1961).

Ockert, W.: Der Einfluß einer Phosphorsäure- und Kalidüngung sowie des Pferches auf Ertrag und Zusammensetzung des Futters von Schafweiden der Schwäbischen Alp. Diss. Hohenheim. 1958. — Okunzow, M. M.: Die Bedeutung des Kupfers für die Steigerung der Pflanzenerträge. In: Winogradow, A. P.: Spurenelemente in der Landwirtschaft, S. 378–387. Berlin: Akademie-Verlag. 1958. — Osborne, Th. B.:

The vegetable proteins, 2. Aufl. London 1924. — OSER, B. L.: Method for integrating essential amino acid content in the nutritional evalution of protein. J. Amer. Diet. Assoc. 27, 396–402 (1951). — OTT, M.: Pflanzenqualität, Volksernährung und Düngung. Forschungsdienst 5, 546–552 (1938). — Der Vitamingehalt des Grünlandes bei verschiedener Düngung. Forschungsdienst 11. Sonderheft, 236–242 (1938).

PFÜTZER, G., C. PFAFF und H. ROTH: Die Vitaminbildung der höheren Pflanze in Abhängigkeit von ihrer Ernährung. Landw. Forsch. 4, 105–118 (1952). — PIRSON, A., C. FICHY und GR. WILHELMI: Stoffwechsel und Mineralsalzernährung einzelliger Grünalgen. Planta 40, 199–253 (1952).

RAUTERBERG, E., und H. LOOFMANN: Beziehungen zwischen der Ernährung und der chemischen Zusammensetzung der Pflanzen. Forschungsdienst 11. Sonderheft. 203–210 (1937). — REMY, TH., und H. LIESEGANG: Untersuchungen über die Rückwirkungen der Kaliversorgung auf Chlorophyllgehalt, Assimilationsleistung, Wachstum und Ertrag bei Kartoffeln. Landw. Jb. 64, 213–232 (1926). — RIEHM, H., und H. BARON: Untersuchung und Heilung eines Hinschhofes im nördlichen Schwarzwald. Landw. Forsch. 5, 145–158 (1953). — RÜTHER, H.: Berichte über die Statischen Versuche aus dem Institut für Landw. Versuchs- und Untersuchungswesen Halle-Lauchstädt (persönliche Mitteilung) 1960.

SAUBERLICH, H. E., W. Y. CHANG und W. D. SALMIN: The amino acid and protein content of corn as related to variety and nitrogen fertilization. J. Nutr. 51, 241–250 (1953). — SCHACHTSCHABEL, P.: Das pflanzenverfügbare Magnesium des Bodens und seine Bedeutung. Z. Pflanzenernähr., Düng., Bodenkde. 67, 9–23 (1954). — Die Bestimmung des Magnesiumversorgungsgrades von Böden mittels chemischer Methoden. Landw. Forsch. 13. Sonderheft, 88–89 (1959). — SCHARRER, K., und R. BÜRKE: Der Einfluß der Ernährung auf die Provitamin-A-(Carotin-)Bildung in landwirtschaftlichen Nutzpflanzen. Z. Pflanzenernähr., Düng., Bodenkde. 62, 244–262 (1953). — SCHARRER, K., und H. JUNG: Der Einfluß der Ernährung auf die Bildung und Bindung der Oxalsäure im Rübenblatt. Z. Pflanzenernähr., Düng., Bodenkde. 62 (107), 63–81 (1953). — SCHARRER, K., und R. PREISSNER: Der Vitamin B_1-Gehalt der Pflanze in Abhängigkeit von ihrer Ernährung. Z. Pflanzenernähr., Düng., Bodenkde. 67, 166–179 (1954). — SCHARRER, K., und R. SCHREIBER: Gefäßversuche über den Einfluß gesteigerter Kalium- und Magnesiumdüngung auf den Eiweißertrag der Ackerbohne (Vicia faba). Z. Bodenkde. u. Pflanzenernähr. 30 (75), 360–370 (1943). — SCHARRER, K., und N. TAUBEL: Einfluß der Düngung auf den Co-Gehalt von Futterpflanzen. Z. Bodenkde. u. Pflanzenernähr. 67, 248–261 (1954). — SCHARRER, K., und W. WERNER: Über die Abhängigkeit des Ascorbinsäuregehaltes der Pflanze von ihrer Ernährung. Z. Pflanzenernähr., Düng., Bodenkde. 77 (122), 97–118 (1957). — SCHEUNERT, A., M. SACHSE und R. SPECHT: Über die Wirkung fortgesetzter Verfütterung von Nahrungsmitteln, die mit oder ohne künstlichen Dünger gezogen sind. Biochem. Z. 274, 372–396 (1934). — SCHLOTTMANN, H.: Pflanzenschutzmaßnahmen und Qualität der Nahrungspflanzen. Landw. Forsch. 9. Sonderheft, 92–99 (1956). — SCHMALFUSS, K.: Über den Einfluß der Ernährung der Pflanzen auf die Beschaffenheit des Mohnöles. Angew. Bot. 18, 345–347 (1935). — Die Wirkung des Kaliums und der Kalisalzanionen auf die Ausbildung des Leinöls im Felddüngungsversuch. Ernähr. d. Pflanze 35, 65–66 (1939). — SCHMID, K.: Versuchsergebnisse über die Wirkung der Phosphorsäuredüngung auf die Qualität des Tabaks. Phosphorsäure 17, 218–224 (1957). — SCHMIDT, E.: Gute Stärkeerträge verlangen richtige Düngung. Kartoffelbau 8, 8–9 (1957). — SCHNELLE, FR.: Einfluß der Düngung auf die Weizenqualität. Wiss. Arch. Landw. A 4, 188–205 (1930). — SCHOENEBECK, O. v.: Einfluß äußerer Faktoren auf die Fermentaktivität von Pflanzen. Forschungsdienst 5, 77–83 (1938). — SCHOLZ, G.: Über die Bedeutung des Bors für die Alkaloidproduktion von Nicotiana rustica. Z. Pflanzenernähr., Düng., Bodenkde. 80, 149–155 (1958). — SCHREIBER, R.: Über die Wirkung des Magnesiums auf den Ertrag und die Nährstoffaufnahme von K_2O und MgO bei den Getreidearten. Z. Pflanzenernähr., Düng., Bodenkde. 48 (93), 37–64 (1950). — SCHUPHAN, W.: Über die bisherigen experimentellen Ergebnisse der Bundesanstalt für Qualitätsforschung pflanzlicher Erzeugnisse zur Frage der angeblichen Kaliruhr nach Spinatgenuß. Landw. Forsch. 5, 154–161 (1953). — Pflanzenqualität–Nahrungsgrundlage. Landw. Forsch. 8. Sonderheft (1956). — Subjektive und objektive Qualitätsmerkmale als Grundlage für eine Abgrenzung und Definition des Begriffes „Qualität bei Nahrungspflanzen". Landw. Forsch. 8. Sonderheft, 8–19 (1956). — Der Einfluß einer steigenden N-Düngung auf den Gehalt an essentiellen Aminosäuren und auf die biologische Eiweißwertigkeit von Kartoffeln (EAS-Index nach B. L. OSER). Z. Pflanzenernähr., Düng., Bodenkde. 86 (131), 1–14 (1959). — SCHWERDTFEGER, E.: Über die Extraktion pflanzlicher Proteine. Wiss. Abh. Dtsch. Akad. Landwirtschaftswissenschaften Berlin Nr. 37, 153–163 (1958). — SEIFFERT, H. H., und J. WEHRMANN: Düngungsversuche zu

Kupfer- und Kobaltaufnahme der Futterpflanzen auf einer Podsol- und einer Braunerdeweide in Schleswig-Holstein. Z. Pflanzenernähr., Düng., Bodenkde. 79 (124), 142–154 (1957). — Selke, W.: Die Leistung der zusätzlichen späten Stickstoffe zu Getreide in Abhängigkeit von Standortfaktoren. Z. landw. Vers. Unters.wesen 3, 25–46 (1957). — Die zusätzliche späte Stickstoffdüngung — ein Mittel zur weiteren Steigerung von Ertrag und Qualität des Getreides. Dtsch. Landwirtsch. 4, 191–197 (1959). — Selke, W., H. Ortlepp, R. Schrameier und E. Wilberg: Über die Beziehungen zwischen dem Mg-Gehalt und einigen für die Ertragsfähigkeit der brandenburgischen Böden bedeutungsvollen Eigenschaften. Z. landw. Vers. Unters.wesen 6, 374–395 (1960). — Sheldon, S., W. Blue und W. Albrecht: Plant a. Soil 3, 33–40 (1951). — Sjollema, B.: Kupfermangel als Ursache von Krankheiten bei Pflanzen und Tieren. Biochem. Z. 267, 151–156 (1933). — Smith, A. M., und A. H. Agzia: The amino-acids of several grassland species cereals and bracken. J. Sci. Food Agric. 2, 503–520 (1951). — Soll: Gute Stärkeerträge durch richtige Düngung. Stärkekartoffel 3, 3 (1958). — Stanley, A. Matson, und G. R. Noggle: Effect of mineral deficiencies upon the synthesis of riboflavin and ascorbic acid by the oat plant. Plant Physiol. 22, 228–243 (1947). — The relationship of riboflavin and ascorbic acid to carbohydrate and nitrogen fractions in immature oat plants as influenced by mineral deficiencies. Plant Physiol. 24, 265–277 (1949). — Steger, H., F. Püschel und Kasdorff: Über das Vorkommen und die Beeinflussung des Carotingehaltes in Grün- und Rauhfutter. Z. landw. Vers. Unters.wesen 5, 299–322 (1959). — Stewart, J., und J. W. S. Reith: The effect of magnesium liming in the magnesium content of pasture and the blood level of magnesium in cows. J. Comp. Pathol. 66, 1–9 (1956).

Thomas, K.: Über die biologische Wertigkeit der Stickstoffsubstanzen in verschiedenen Nahrungsmitteln. Beiträge zur Frage des physiologischen Stickstoffminimums. Arch. Anat. Physiol. 219 (1909). — Tropp, C.: zit. nach Schuphan 1953. — Thun, R.: Über die Beeinflussung der Aufnahme und Wirkung verschiedener Phosphatdünger durch eine Kalk-, Magnesiakalk- und Magnesiumsulfatdüngung. Pflanzenernähr., Düng., Bodenkde. 30 (76), 137–156 (1943).

Wachholder, K., und K. Nehring: Über den Einfluß von Düngung und Boden auf den Vitamin C-Gehalt verschiedener Kartoffelsorten. Z. Bodenkde. u. Pflanzenernähr. 16, 245–260 (1940). — Welte, E., und W. Werner: Über die physiologischen Funktionen des Magnesiums in der Pflanze. Landw. Forsch. 13. Sonderheft, 1–9 (1959). — Wenzel, W.: Der Einfluß der Versorgung der Pflanzen mit Phosphorsäure auf ihren Gehalt an P-haltigen Verbindungen. Z. Pflanzenernähr., Düng., Bodenkde. 79 (124), 247–260 (1957). — Werner, W.: Über den Mineralstoffgehalt in jungem Weidefutter unter besonderer Berücksichtigung des K:(Ca +Mg)-Verhältnisses. Landw. Forsch. 12, 133–139 (1959). — Wiesemüller, W.: Der Einfluß hoher später Stickstoffgaben auf Gehalt und Zusammensetzung des Rohproteins bei Getreide. Dipl. Arb. der Landw. Fakultät der Universität Rostock (1958).

Ziemer, F. H., und K. Mückenberger: Einfluß der Kalkdüngung auf Ertrag und Futterwert des Heues. Landw. Forsch. 7, 17–24 (1954/55).

XV. Die Bedeutung der Düngung für die menschliche Ernährung

Von

H. Kraut und **W. Wirths**

A. Die Vermehrung der Nahrungsmittelproduktion durch verbesserte Düngung

a) Bevölkerungswachstum und Bodenproduktion

Kein Land läßt in seiner geschichtlichen Entwicklung den Einfluß des Düngewesens auf seine Landwirtschaft so klar verfolgen wie Deutschland.

Die Bevölkerung Deutschlands betrug im Jahr 1800 24,0 Millionen, 1900 waren es 56,4 Millionen, 1960 wohnten in der Bundesrepublik Deutschland einschließlich Berlin-West 55,36 Millionen und insgesamt im Gebiet bis zur Oder-Neiße-Linie 72,6 Millionen. Im Jahr 1800 ernährte sich die deutsche Bevölkerung fast ausschließlich aus eigener Produktion. Heute werden 30% unseres Nahrungs- und Futterbedarfs in das Gebiet der Bundesrepublik eingeführt. Das bedeutet, daß heute derselbe Boden etwa dreimal soviel Menschen zu ernähren vermag wie im Jahr 1800. Die Grundlage dafür war die Forschungstat JUSTUS LIEBIGS, der 1840 die Lehre von der Pflanzenernährung schuf. ROEMER (1950) führte anläßlich der Verleihung des Justus-von-Liebig-Preises 1949/50 aus, ,,daß 50% der Ertragssteigerungen, die in den letzten 100 Jahren erzielt worden sind, auf der Ergänzung des Boden-Nährstoff-Kapitals durch mineralische und synthetische Düngemittel beruhen''.

Tab. 678 zeigt die Bevölkerungszunahme in Deutschland von 1800 bis 1960/61, die landwirtschaftliche Nutzfläche (LN) und die Zahl der Einwohner je 100 ha LN. Die Entwicklung der durchschnittlichen Hektarerträge seit 1881/85 ist in Tab. 679 wiedergegeben, in Tab. 680 die Nährstoffzufuhr durch Handels- und Stalldünger seit 1878/80.

Mit dem zunehmenden Verbrauch an mineralischen Düngemitteln stieg fast parallel der Ertrag der wichtigsten Feldfrüchte (Hauptgetreidearten und Kartoffeln, s. Abb. 294 bis 296). Sehr deutlich zeichnen sich auf diesen Abbildungen die geringeren mineralischen Nährstoffzufuhren während der beiden Weltkriege und in den Folgejahren ab. In den letzten Jahren wurden die höchsten Mengen an Handelsdünger verbraucht und je Hektar die höchsten Durchschnittserträge erreicht, die von unserer Landwirtschaft je erzielt worden sind: 28,9 dz Roggen, 35,6 dz Weizen, 32,9 dz Gerste, 29,3 dz Hafer, 244,9 dz Kartoffeln und 419,9 dz Zuckerrüben, 566,6 dz Futterrüben, 466,5 dz Kohlrüben, 31,3 dz Körnermais, 22,0 dz Ölfrüchte, 20,2 dz Speisehülsenfrüchte, 74,4 dz Klee, 79,1 dz Luzerne und 62,9 dz Wiesenheu.

Tabelle 678. *Nahrungsraum und Bevölkerung*

Gebiet und Zeit	Bevölkerung Mill.	Landwirtschaftliche Nutzfläche (LN) Mill. ha	Einwohner je 100 ha LN
Reichsgebiet von			
1800	24,0	3,0	80
Reichsgebiet von 1913			
1883	46,0	35,6	129
1900	56,0	35,0	160
1913	67,0	34,8	192
Reichsgebiet von 1937			
1925	63,3	29,5	214
1935/38	67,7	28,7	236
Bundesgebiet einschließlich Berlin (West)			
1935/38	41,2	14,6	282
1948/49	48,2	14,2	340
1953/54	50,7	14,2	357
1957/58	53,0	14,3	373
1960/61	56,0	14,3	393

Quellen: Bittermann 1956; Statistisches Jahrbuch über Ernährung, Landwirtschaft und Forsten 1961, S. 5, Übersicht 4, Hamburg und Berlin: Parey. 1962.

Tabelle 679. *Entwicklung der durchschnittlichen Hektarerträge seit 1881/85*

(in dz/ha)

Gebiet, Jahresdurchschnitte	Winterroggen	Winterweizen	Kartoffeln	Zuckerrüben	Klee
Reichsgebiet 1913					
1881—1885	9,9	12,9	84,3	237,2	29,8
1898—1902	14,9	18,5	129,8	276,8	42,5
1909—1913	18,3	21,3	137,0	266,4	47,8
Reichsgebiet 1937					
1924—1928[1]	17,8	21,7	154,7	253,9	47,9
1929—1933	19,3	23,8	175,1	283,1	52,2
1935—1938	19,3	25,9	190,4	312,4	54,9
Bundesgebiet					
1935—1938	20,1	24,6	187,9	327,2	61,1
1946—1948	16,0	17,8	164,0	241,0	43,8
1949—1951	23,2	27,3	219,4	324,1	60,8
1952—1954	24,6	27,1	217,5	346,5	62,1
1955—1957	25,1	30,5	227,7	341,5	67,7
1958—1960	27,1	32,9	225,0	367,0	78,0
1961	21,3	29,1	224,9	355,8	74,4

[1] Seit 1924 berichtigte Ergebnisse auf Grund verbesserter Feststellung der Hektarerträge.

Quellen: Statistisches Jahrbuch über Ernährung, Landwirtschaft und Forsten 1958, S. 67, Übersicht 118, Hamburg und Berlin: Parey. 1959.
Ebenda: Ausgabe 1961, S. 72, Übersicht 108, 1962

Tabelle 680. *Nährstoffzufuhr durch Handelsdünger und Stalldung in kg Nährstoff je ha landwirtschaftlicher Nutzfläche*

Zeit	Handelsdünger				Stalldung			
	N	P_2O_5	K_2O	CaO	N	P_2O_5	K_2O	CaO
Reichsgebiet von 1913								
1878—1880	0,7	1,7	0,8	—	11,5	5,8	16,1	11,5
1890—1893	1,6	5,6	1,2	—	15,5	7,8	21,7	15,5
1898—1900	2,2	10,3	3,1	—	20,5	10,3	28,8	20,5
1911—1913	4,9	17,4	13,2	—	25,6	12,8	35,8	25,6
Reichsgebiet von 1937								
1925—1927	12,3	14,2	22,7	—	28,2	14,1	39,5	28,2
1936—1938	19,8	22,8	35,7	70,5	32,8	16,4	45,9	32,8
Bundesgebiet								
1935/38	19,8	25,7	37,6	53,0	34,1	17,0	47,7	34,1
1948/49	23,3	28,5	40,1	74,0	25,7	12,8	36,0	25,7
1951/52	27,4	33,4	51,2	59,0	37,7	18,9	52,8	37,7
1954/55	31,7	36,3	60,2	45,8	38,9	19,5	54,6	38,9
1957/58	39,7	41,7	69,2	48,9	42,9	21,5	60,0	42,9
1960/61	43,4	46,4	70,6	37,4	44,6	22,3	62,4	44,6

Quelle: Statistisches Jahrbuch über Ernährung, Landwirtschaft und Forsten 1961, S. 55, Übersicht 87, Hamburg und Berlin: Parey. 1962.

SCHMITT (1954) hat die Ertragsleistungen von 1 kg Stickstoff, Phosphorsäure und Kali nach einer Auswertung von Ergebnissen mehrerer tausend Feldversuche zusammengestellt. Die Erzeugungsleistungen werden nachfolgend wiedergegeben.

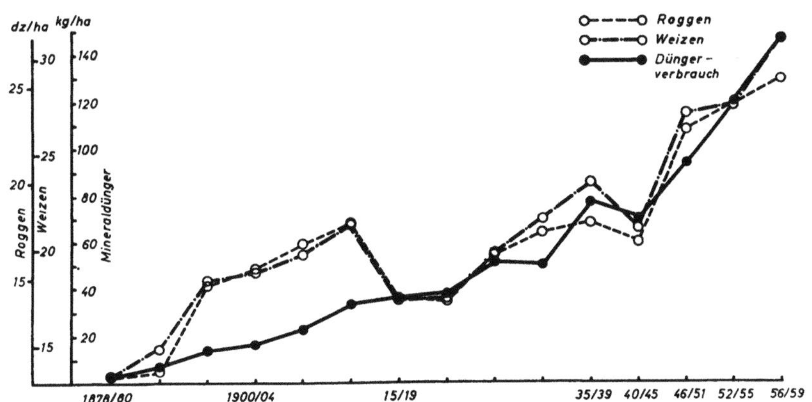

Abb. 294. Mineraldüngerverbrauch und Ernteerträge in der Entwicklung

1 kg N = 16 bis 20 kg Getreidekörner und 25 bis 35 kg Stroh, 84,4 kg Kartoffeln, 198 kg Futterrüben und 55 kg Blätter, 90 kg Zuckerrüben und ungefähr die gleiche Gewichtsmenge an Blättern, 159 kg Kohlrüben.

1 kg P_2O_5 = 6 kg Getreidekörner, 46 kg Kartoffeln, 125 kg Futterrüben, 26 kg Wiesenheu und 22 kg Kleeheu.

1 kg K_2O = 2,8 kg Getreidekörner, 19,2 kg Kartoffeln, 29 kg Zuckerrüben, 1,7 kg Raps, 68,9 kg Futterrüben, 12,4 kg Wiesenheu.

Zu ähnlichen Leistungserträgen der Nährstoffe gelangten in der Vorkriegszeit für N Ströbele, Keese und Reith (1939) sowie Biederbeck, Keese und Reith (1938), für P_2O_5 Gericke (1940) und für K_2O Asdonk und Jacob (1940).

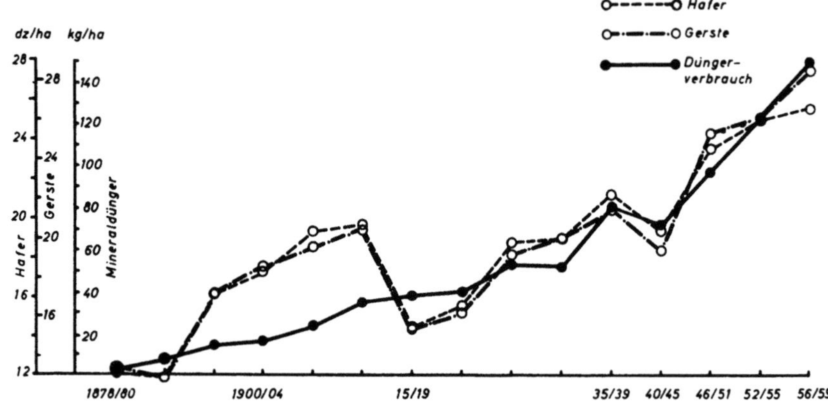

Abb. 295. Mineraldüngerverbrauch und Ernteerträge in der Entwicklung

Weitere Ergebnisse in der gleichen Größenordnung finden sich in neueren Arbeiten von Burghardt und Kürten (1958), Buchner (1951), Kürten und Burghardt (1959) sowie Kürten und Wermke (1957). Auch Mitscherlich (1954) befaßte sich sehr eingehend mit dem Wirkungswert von N, P_2O_5 und K_2O.

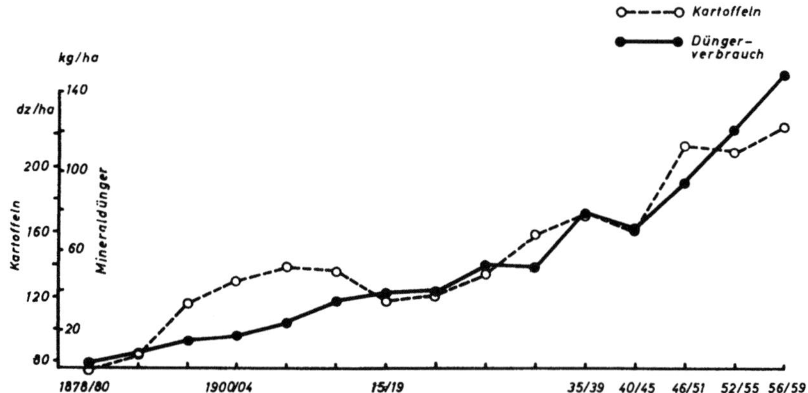

Abb. 296. Mineraldüngerverbrauch und Kartoffelernteerträge in der Entwicklung

Tab. 681 gibt die Produktionsleistung der Landwirtschaft in Deutschland im Vergleich der Jahre 1800, 1900, 1950. Für solche Vergleiche verwendet man nach einem Vorschlag von Mielck (1943) die Umrechnung auf einen ernährungswirtschaftlichen Leistungsmaßstab für die verschiedenen landwirtschaftlichen Produkte. Das Ergebnis einer Arbeitsgemeinschaft, die die Einzelheiten zur Berechnung der „Getreideeinheit" (GE) festlegte, wurde 1946 von Woermann veröffentlicht.

Tabelle 681. *Die ernährungswirtschaftliche Bevölkerungsdichte und die Produktionsleistung der Landwirtschaft in Deutschland*

	1800	1900	1950[1]
Einwohner je 100 ha LN	80	161	332
Netto-Bodenproduktion[2]			
in dz GE je ha LN	4,5	13,1	23,5
Je Kopf der Bevölkerung in dz GE	5,6	8,1	6,9
Je landwirtschaftlichen Berufszugehörigen			
in dz GE	10,9	34,6	61,7

[1] Bundesrepublik Deutschland.
[2] Pflanzliche und tierische Erzeugung nach Abzug von Saatgut, Spannviehfutter und Einfuhren.
Quelle: HOFFMANN 1954.

Der Hunger, 1800 noch ein ständiger Gast in Deutschland, ist heute gebannt, und zwar zum überwiegenden Teil durch die Verbesserung der Düngung. Diese Entwicklung ist noch nicht abgeschlossen. Auch mit einem weiteren Anwachsen der Bevölkerung wird die landwirtschaftliche Produktion bei vermehrter Anwendung der Düngung Schritt halten können. Natürlich müßten Züchtung, Bodenkultur, Unkraut- und Schädlingsbekämpfung und wasserwirtschaftliche Maßnahmen die Voraussetzung dafür schaffen, daß die Pflanzen den reichlicher angebotenen Dünger verwerten können. Man wird auch die Angabe, daß 50% der bisherigen Ertragssteigerung auf die Verbesserung der Düngung zurückzuführen seien, dahin verstehen müssen, daß für den Erfolg aller anderen Maßnahmen die Nährstoffzufuhr zu den Pflanzen die notwendige Voraussetzung gebildet hat.

b) Die Veränderung der Ernährungsweise im Zeitalter der Industrialisierung

Die letztvergangenen anderthalb Jahrhunderte haben nicht nur einen gewaltigen Bevölkerungszuwachs, vor allem in den westlichen Ländern gebracht, sondern zugleich eine völlige Veränderung der Wirtschaftsweise. Industrialisierung und Bevölkerungsernährung haben einander gegenseitig ermöglicht und gefördert.

Zu Beginn des 19. Jahrhunderts war mit dem Übergang von der manuellen zur maschinellen Erzeugung eine Zunahme der körperlichen Schwerarbeit verbunden. Damals bediente noch der Mensch die Maschine, deren größere Produktion auch von ihm erheblichen Einsatz an Muskelkraft forderte. Zugleich verlagerte sich für eine stets wachsende Zahl von Arbeitern der Arbeitsplatz von der Werkstatt im Haus in die Fabrik mit teilweise sehr langen Anmarschwegen. Ein großer Teil der Arbeiter mußte daher die Mittagsmahlzeit außerhalb der Wohnung einnehmen. In Verbindung mit der langen Arbeitszeit und dem Wegfall der bis dahin üblichen gemeinsamen Frühstücks- und Vesperpause erforderte dies eine Ernährung, die lange vorhielt und während der Arbeit den Körper weniger belastete als die bisherigen kohlenhydratreichen und voluminösen Mahlzeiten. Dem entsprach in den späteren Jahrzehnten des 19. Jahrhunderts der bis zur heutigen Zeit anhaltende Rückgang des Verbrauchs an Brotgetreide und Kartoffeln und die Zunahme des Fleisch- und Fettverbrauchs, wie in Tab. 682 dargestellt wird.

Tabelle 682. *Entwicklung des Verbrauchs von Brot, Fleisch, Fett in Deutschland*
(in gerundeten Zahlen, kg/Kopf und Jahr)

	Brot	Fleisch	Fett
1800	300	13	10
1900	150	30	16
1960	100	60	25

Quellen: Roemer 1950; Statistisches Jahrbuch des Deutschen Reiches; Statistisches Jahrbuch über Ernährung, Landwirtschaft und Forsten 1961, Hamburg und Berlin, S. 219, Übersicht 144, 145. Hamburg und Berlin: Parey. 1962. Statistischer Monatsbericht des BML, Dez. 1963

Es dauerte allerdings lange, bis diese Umstellung sich durchsetzen konnte, zumal anfangs die geringe Kaufkraft sogar einen Zwang zur Bevorzugung von Brot und Kartoffeln als Grundnahrungsmittel ausübte.

Hand in Hand mit dem steigenden Einsatz der Mineraldünger vollzog sich der Übergang der landwirtschaftlichen Erzeugung zu einem höheren Anteil an Veredlungsprodukten, wie er aus Tab. 683 ersichtlich ist. Mittelbar war auch

Tabelle 683. *Entwicklung der landwirtschaftlichen Erzeugung*
(Mill. t GE)

Zeit	Nahrungsmittelproduktion		
	pflanzlich	tierisch	insgesamt
1935/38	8,23	25,07	33,30
1948/49	8,99	17,29	26,28
1951/52	10,08	26,70	36,78
1954/55	10,50	30,07	40,57
1957/58	10,34	33,12	43,46
1960/61	17,65	36,74	49,39

Quellen: Statistisches Jahrbuch über Ernährung, Landwirtschaft und Forsten 1958, S. 106, Übersicht 185, Hamburg und Berlin: Parey. 1959.
Ebenda: Ausgabe 1961, S. 127, Übersicht 195, 1962

hierfür der vermehrte Düngereinsatz die notwendige Voraussetzung. Ist doch für die Erzeugung einer Nahrungskalorie aus tierischen Produkten der Einsatz von 5 bis 10 pflanzlichen Futterkalorien erforderlich. 1 kg tierisches Eiweiß in Form von Milch, Fleisch und Eiern (abgesehen von Kalbfleisch) verlangt den Aufwand von 3 bis 6 kg Eiweiß im Futter.

Die Veränderung der Kaufkraft zeigt sich besonders deutlich darin, daß vor rund 100 Jahren (1857) 62% des Arbeitslohnes einer Arbeiterfamilie für Ernährung ausgegeben werden mußten, während nach den Erhebungen von Wirtschaftsrechnungen der vierköpfigen Arbeitnehmerhaushalten, wie sie die Statistischen Ämter des Bundes und der Länder regelmäßig durchführen, im Durchschnitt der Bundesrepublik nur noch 38% des Einkommens auf den Einkauf der Nahrungsmittel entfallen. Mit der Zunahme des Wohlstandes erfolgte auch eine Vermehrung des Verbrauchs an Eiern, Zucker, Feingemüse, Obst und Südfrüchten, wie er für die heutige Ernährung charakteristisch ist.

Es ist kein Zweifel, daß diese Entwicklung noch nicht ihren Abschluß gefunden hat. Die Nachfrage nach Veredlungsprodukten wird weiter steigen. Es wird daher notwendig sein, die Nutztierhaltung durch erhöhte Futterproduktion, insbesondere durch Verbesserung des Grünlandertrages mittels Wirtschafts- und Handelsdüngung zu steigern und zugleich weiter zu rationalisieren.

B. Der Einfluß der Düngung auf die Qualität der Nahrungsmittel

a) Die Bedeutung der Düngung für die Nährstoffversorgung

Im Abschnitt A wurde dargelegt, wie notwendig die Ertragssteigerung der Bodenprodukte für die Ernährung der ständig wachsenden Menschheit war und ist. Nun ist auszuführen, ob die mit Hilfe der Düngung erzeugten größeren Mengen an Nahrungs- und Futtermitteln in ihrer Qualität den ohne Düngung gewachsenen Produkten entsprechen, ob sie in der ernährungsphysiologischen Beurteilung besser oder schlechter sind.

Wenn LIEBIGS „Gesetz vom Minimum" absolute Gültigkeit haben würde, dürfte sich ungenügende Mineralstoffdüngung nur dahin auswirken, daß weniger Produkte entstehen, aber von derselben Qualität. Es kommt für den Ertrag eines Bodenproduktes nicht auf irgendwelche allgemeine Bodeneigenschaften an, die durch düngerlosen Raubbau zerstört werden können, sondern auf die chemische Zusammensetzung des Bodens, die auch nach längerem düngerlosem Anbau durch Zufuhr der entzogenen Stoffe wiederhergestellt werden kann. Dabei muß neben der Biologie und Physik des Bodens auch die Bodengare, die ebenfalls zur Chemie des Bodens gehört, berücksichtigt werden — nach MAIWALD (1958) ein für den Ackerbau optimales Verhältnis des Bodens zwischen seinen festen Bestandteilen, dem Bodenwasser und der Bodenluft. Das beweist ein Experiment, das sich im Institut für Acker- und Pflanzenbau an der Universität Bonn über 50 Jahre erstreckte und über das KLAPP (1954) berichtete. Dabei zeigte sich: „Höchste Leistungsfähigkeit bei völlig normaler Pflanzenentwicklung fand sich nach regelmäßiger Handels- und Wirtschaftsdüngeranwendung. Mit Abstand folgen die Teilflächen mit voller Handelsdüngerabgabe ohne Stallmist. — Erhebliche Leistungsminderung zeigen die gänzlich ungedüngten, die stets nur mit Stallmist gedüngten, und vor allem die ohne Phosphatdünger verbliebenen Teilflächen. Weder in der Ertragsfähigkeit noch im Pflanzenwuchs, noch im Bodenzustand ließen sich nachteilige Wirkungen voller Düngung nachweisen. Die am reichlichsten gedüngten Flächen zeigen heute eine größere Ertragsfähigkeit als vor 50 Jahren, wobei die Frage offen bleiben muß, wieweit Düngung, verbesserte Sorten und verbesserte Anbautechnik an dieser Leistungssteigerung beteiligt sind." Eine ausführliche Darstellung dieses Dauerdüngungsversuches bringen DHEIN und MERTENS (1955).

Bei der Beurteilung der Nährstoffproduktion kommt es allerdings nicht allein auf den mengenmäßigen Ertrag an. Vielmehr hängt die Zusammensetzung der geernteten Produkte, also ihre Qualität, wesentlich von der Art der durch Düngung dem Boden zugeführten Nährstoffe ab. Mit anderen Worten: Das Gesetz des Minimums gilt nicht so sehr für die ganze Pflanze als vielmehr für ihre einzelnen Bestandteile. Harmonisch ist eine Düngung im ernährungsphysiologischen Sinn, bei der die höchste, für die betreffende Pflanze mögliche Qualität in bezug auf ihre Eignung zur menschlichen oder tierischen Ernährung erreicht wird.

Es kommt also bei der Beurteilung des Düngungserfolges ·auf den Beitrag an, den das zu erzeugende Produkt zur tierischen und menschlichen Ernährung liefert. Wesentlich ist daher der Gehalt der Produkte an den verschiedenen Nährstoffen, nämlich an Proteinen, Kohlenhydraten und Fetten sowie Mineralstoffen und Vitaminen.

Bei den Proteinen muß man weiter differenzieren nach ihrem Gehalt an essentiellen Aminosäuren, d. h. solchen Bausteinen, die der menschliche und tierische Organismus nicht durch Umbau aus anderen Nahrungsbestandteilen selbst herstellen kann. Essentiell sind für den Menschen folgende acht Aminosäuren: Isoleucin, Leucin, Lysin, Methionin, Phenylalanin, Threonin, Tryptophan, Valin; für das Geflügel: Arginin, Histidin, Isoleucin, Leucin, Lysin, Phenylalanin, Tyrosin, Tryptophan, Methionin, Cystin, Threonin, Valin, Glycin; für das Schwein: Lysin, Tryptophan, Methionin, Cystin, Threonin, Isoleucin.

Bei den Wiederkäuern kommt es nicht so sehr auf die Zusammensetzung der Nahrungsproteine an, da diese durch die Tätigkeit der Pansenbakterien weitgehend umgebaut werden. Die Wiederkäuer decken ihren Eiweißbedarf hauptsächlich durch das Eiweiß der Pansenbakterien.

Der Nährstoff Fett spielt im Organismus in erster Linie eine Rolle als der konzentrierteste Energieträger. 1 g Fett liefert im Mittel 9,3 kcal. Aber die Verdaulichkeit und Resorbierbarkeit der Fette hängt von ihrem Schmelzpunkt ab. Liegt er über der Körpertemperatur, so ist die Ausnutzung vermindert. Der Schmelzpunkt wird durch den Gehalt an ungesättigten Fettsäuren herabgesetzt. Ferner gibt es einige mehrfach ungesättigte Fettsäuren, die für Wachstum und Leben unentbehrlich sind, nämlich Linolsäure mit zwei, Linolensäure mit drei und Arachidonsäure mit vier Doppelbindungen. Bei der Beurteilung der Wirkung von Düngemitteln auf den Fettertrag ist daher auch die Fettzusammensetzung zu berücksichtigen.

Bei den Kohlenhydraten kommt es in erster Linie auf die Ausnutzbarkeit an. Im Verdauungstrakt der Menschen und der Carnivoren werden nur Mono- und Oligosaccharide sowie Stärke resorbiert, während die Pflanzenfresser durch Vermittlung ihrer Darmbakterien auch Zellulose weitgehend aufschließen können.

Der Ertrag an Vitaminen, von denen jedes seine besondere Aufgabe im Stoffwechsel zu erfüllen hat, ist ebenfalls differenziert zu betrachten. Dasselbe gilt auch von den Mineralstoffen und den Spurenelementen.

Es ist eine verbreitete Auffassung, daß die Zusammensetzung der Nahrungsmittel, so wie sie die Natur liefert, „natürlich" d. h. für die menschliche Ernährung optimal sei. Dies ist ein Irrtum! Wohl gibt es eine der menschlichen oder tierischen Natur optimal angepaßte Ernährung, aber sie wird, abgesehen von der Milch für das neugeborene Lebewesen, nur durch eine Mischung verschiedener Nahrungsmittel erreicht. Auch die Carnivoren verzehren nicht nur das Fleisch, sondern auch den Inhalt des Verdauungstraktes der Beutetiere, um ihren Nährstoffbedarf vollständig zu decken. Es kommt also im wesentlichen auf den Gehalt der gesamten Nahrung an Nährstoffen an und nicht darauf, aus welchen Nahrungs- und Futtermitteln die Nährstoffe stammen.

Die Beurteilung des Düngungserfolges für die menschliche Ernährung hängt also davon ab, welche Nährstoffe mehr erzeugt werden und wieviel das zu betrachtende Nahrungsmittel zur gesamten Nährstoffversorgung beiträgt. Dabei sind diejenigen Nährstoffe besonders zu bewerten, die in der gesamten Ernährung die begrenzende Rolle spielen können. Die Steigerung des geringen Eiweißgehaltes des Obstes und der meisten Gemüse ist von untergeordneter Bedeutung, da diese Nahrungsmittel hauptsächlich als Lieferanten von Vitaminen und Mineralstoffen zu bewerten sind. Anders ist es bei den im weiteren Sinne auch zur Gemüsegruppe zählenden eiweißreichen Leguminosen, die bei manchen Völkern eine der wichtigsten Eiweißquellen sind. Es kommt nicht darauf an, von allen Nährstoffen möglichst viel zu sich zu nehmen, sondern daß die Ernährung in bezug auf jeden erforderlichen Nährstoff ausgewogen und damit vollwertig ist.

Für die Deckung des Nährstoffbedarfs der Kulturpflanzen sind zahlreiche Möglichkeiten gegeben, aber nicht jede quantitative Steigerung der Ernteerträge erhöht zugleich ihren Wert für die menschliche Ernährung.

Auch die Steigerung der Nährstoffproduktion reicht nicht aus, um einen Düngungserfolg abschließend zu beurteilen, denn daneben kommt es sehr darauf an, welchen Beitrag die Düngung zum Leben des Bodens und der Pflanzen liefert. Neuerdings wurde gefunden, daß die Pflanzen auch organische Verbindungen, z. B. Antibiotika und andere pharmakologisch wirksame Substanzen, durch die Wurzeln aufnehmen können. In bezug hierauf unterscheiden sich die verschiedenen Arten von Wirtschaftsdüngern voneinander, so verrotteter oder nicht verrotteter Stallmist, Bihuschlamm, Pferdedünger, Jauche, Gülle, Kompost, Torf oder Gründüngung. Auch bei der biologisch-dynamischen Düngung mögen solche Wirkungen eine Rolle spielen.

Man könnte annehmen, daß die Mineralstoffdüngung lediglich zur direkten Versorgung der Pflanzen mit Pflanzennährstoffen dient. Aber auch hier erstrecken sich die Wirkungen auf die Bodeneigenschaften und tragen damit indirekt zur Güte der Nahrungs- und Futtermittelproduktion bei. So erhöht nach AWDONIN (1958) die Kalkung saurer Böden, die die überschüssige Azidität, die beweglichen Formen des Aluminiums und den Überschuß an Mangan beseitigt und teilweise die Phosphorversorgung der Pflanzen verbessert, die Widerstandskraft der Pflanzen. Ungünstig ist eine Nährstoffzufuhr zum Boden durch Müllkompost, solange keine Abtrennung von Asche und organischen Küchenabfällen erfolgt. Noch minderwertiger und manchmal gefahrbringend für die menschliche Ernährung sind unvergorene, infektiöse Mikroorganismen enthaltende Fäkalien sowie Klärschlamm und Rieselabwässer, wenn sie nicht fach- und zeitgerecht vorbehandelt sind.

Vielfach wird bestimmten Düngungsformen ein ungünstiger Einfluß auf die menschliche Ernährung zugeschrieben, so besonders der Mineralstoffdüngung (NPK). Im folgenden Kapitel wird an manchen Stellen auf die ungünstige Wirkung von einseitiger Düngung hingewiesen. Daß eine harmonische NPK-Düngung gegenüber der nur mit wirtschaftseigenem Dünger, insbesondere in Form der biologisch-dynamischen Wirtschaftsweise, nicht unterlegen ist, wurde in zwei Versuchsreihen direkt nachgewiesen.

SCHEUNERT, SACHSSE und SPECHT (1934) verglichen den Gesundheitszustand von Ratten bei Fütterung mit Produkten, die mit Handelsdünger gedüngt waren, mit solchen, die auf biologisch-dynamisch gedüngten Feldern gewachsen waren. Der Eiweiß- und Kaloriengehalt der Kostsätze waren gleich. Der Versuch dauerte 28 Monate und erstreckte sich auf sechs Generationen. Im allgemeinen waren die Tiere mit mineralgedüngtem Futter in besserem Gesundheitszustand, widerstandsfähiger gegen Erkrankungen und länger lebend. Die Weibchen behielten die Fortpflanzungsfähigkeit länger und waren fruchtbarer.

CATEL (1949) beobachtete in langfristigen Versuchen an Säuglingen in keinem einzigen Fall einen Nachteil bei Verabreichung von Gemüse, das mit Stallmist und NPK gedüngt war. In bezug auf Gewichtszunahme, Blutbildung, Vitamin A-Gehalt des Serums, Widerstandskraft gegen interkurrente Erkrankungen war die Ernährung mit Gemüse, das mit Stallmist und NPK gedüngt war, günstiger als die mit Gemüse, das ausschließlich Wirtschaftsdünger erhalten hatte.

b) Einfluß der Düngung auf den Gehalt von Nahrungs- und Futtermitteln an den einzelnen Nährstoffen

In der Literatur findet sich eine große Zahl von Angaben über Veränderungen in der Zusammensetzung der Feldfrüchte nach verschiedenen Düngergaben, von denen sich manche widersprechen. Die Erklärung hierfür ist, daß es bei dem Erfolg bestimmter Düngestoffe auf das Verhältnis zu den übrigen Pflanzennährstoffen, und zwar sowohl den schon im Boden befindlichen als auch der als Dünger zugesetzten, ankommt. Ferner spielen noch andere Wachstums- und Umweltfaktoren eine große Rolle, wie Bodenart, Bodenazidität, Wasserverhältnisse, geographische Lage, Witterung, Sonneneinstrahlung und Exposition sowie schließlich das Pflanzgut selbst. Nach Klapp und Schlüter (1959) werden die Wirkungen der Düngung zeitweise von solchen der Jahreszeit und vermutlich auch der Vorfrucht weitgehend überdeckt. Trotzdem lassen sich in den meisten Fällen Korrelationen zwischen der Düngung und dem Nährstoffgehalt der Bodenerzeugnisse erkennen.

1. Getreide

A. Eiweiß

Das Getreide ist nicht nur einer unserer wichtigsten Lieferanten von Kohlenhydraten und damit von Kalorien, sondern steuert auch zu unserer Eiweißversorgung einen erheblichen Teil bei. Im Wirtschaftsjahr 1962/63 stammten in der Bundesrepublik Deutschland 24% des Proteinkonsums aus Getreideerzeugnissen. Die Veränderung des Eiweißgehaltes und der Eiweißzusammensetzung des Getreidekorns durch Düngung ist daher für die Volksernährung von großer Bedeutung, noch mehr in den Ländern mit einem höheren Verbrauch an Cerealien.

In zahlreichen Untersuchungen wurde festgestellt, daß der Rohproteingehalt des Getreides einen mehr oder weniger ausgeprägten Anstieg mit steigenden Stickstoffgaben erfährt. Allerdings hängt der Erfolg, wie auch Pfaff (1935) nachwies, vom Stickstoffbedürfnis des Bodens und von der Höhe der Stickstoffgaben ab. Niedere Gaben blieben in seinen Versuchen wirkungslos oder setzten sogar den Stickstoffgehalt der Körner zugunsten desjenigen des Strohes herab, während höhere Gaben fast regelmäßig steigernd wirkten. Zugleich mit der Steigerung des Rohproteingehaltes tritt aber eine Verschiebung im gegenseitigen Verhältnis der Proteinfraktionen und damit eine Veränderung des Aminosäuregehaltes ein. Maßgebend dafür ist nicht nur die Höhe der Stickstoffgabe, sondern auch in weitem Umfang die Versorgung mit den übrigen Pflanzennährstoffen. Selke (1956) fand in seinen Untersuchungen einen positiven Einfluß einer zusätzlichen späteren N-Düngung auf den N-Gehalt des Getreides. Merker (1956) zufolge liegt nach dem 50jährigen Mittel an Ernten des Versuchs „Ewiger Roggenbau" der Stickstoffgehalt von Roggenkörnern bei Düngung mit PK und NPK unter dem der ungedüngten Parzelle, durch einseitige Stickstoffdüngung wird er dagegen am meisten gesteigert. Ebensogut wie die einseitige Stickstoffdüngung wirkt die Düngung mit Stallmist.

Pielen (1941) fand, daß eine stete Stickstoffdüngung den Proteingehalt von Sommergerste um 1,5 bis 2% erhöht, was besonders für die Verwendung als Braugerste wichtig ist.

Beim Weizen stellten El-Gindy, Burrell und Lamb (1957) fest, daß eine Düngung mit P und K allein keinen deutlichen Einfluß auf den Stickstoffgehalt ausübte, P und N sowie K und N meist nur ein leichtes Ansteigen verursachten. Volldüngung mit NPK war dagegen von größerem Einfluß.

Von Bedeutung ist gerade beim Weizen, daß zugleich mit der Erhöhung des Gesamtproteins meist auch eine Steigerung des Klebergehaltes eintritt, wie PRIMOST (1956), EL-GINDY, LAMB und BURRELL (1958), LINSER und PRIMOST (1953) sowie ROHRLICH und NERNST (1960) nachwiesen, wodurch die Backeigenschaften verbessert werden. Nach PRIMOST (1959/60) ist der Anstieg des Klebergehaltes besonders deutlich bei geteilter Stickstoffdüngung. LINSER (1959/60) stellte diese Verbesserung bei verschiedenen Sorten von Winterweizen fest. PFAFF (1935) verglich KN- und PN-Düngung mit Volldüngung und fand nur bei letzterer zugleich mit der wesentlichen Steigerung des Ernteertrages eine Verbesserung der Backeigenschaften. Übersteigerte Düngergaben verursachten aber ein unausgeglichenes Wachstum mit einseitiger Häufung einzelner Komponenten. Bei Volldüngung fand er zugleich Feinschaligkeit und erhöhten Mehlgehalt. HOESER (1956) berichtet, daß sich durch eine späte N-Düngung eine mögliche Eiweißeinlagerung im Weizenkorn nur dann auf die Backqualität günstig auswirkt, wenn die verwendeten Sorten auf Grund erheblicher Veranlagung von Natur aus gute Backeigenschaften besitzen. NIGGEMANN (1954) stellte sowohl bei K-Mangel als auch bei überhöhter Stickstoffdüngung eine Herabsetzung der Kleberquellfähigkeit fest.

Von dem Verhältnis der verschiedenen Proteine eines Getreidekorns zueinander hängt auch die biologische Wertigkeit des gesamten Korneiweißes ab. Die biologische Wertigkeit drückt aus, in welchem Umfang ein Nahrungsprotein in der Lage ist, abgebautes Körpereiweiß zu ersetzen. Dies hängt in erster Linie vom Gehalt des betreffenden Proteins an essentiellen Aminosäuren ab, d. h. von solchen Aminosäuren, die der menschliche Körper nicht oder mindestens nicht in genügendem Umfang aus anderem Nahrungsmaterial aufbauen kann (s. S. 1362). Von besonderer Bedeutung ist der Gehalt an denjenigen Aminosäuren, an denen in unserer Durchschnittskost am ehesten ein Mangel eintreten kann. Das sind die Aminosäuren Lysin, Methionin und Tryptophan.

Der Einfluß des Proteingehaltes auf den Gehalt an verschiedenen Aminosäuren der ganzen Weizenpflanze wurde von GUNTHARDT und MCGINNIS (1957) bei vier Weizenproben mit niedrigem und vier mit hohem Proteingehalt untersucht. Proben mit hohem Proteingehalt enthalten weniger Lysin als die mit niedrigem. Dies war abhängig von der Höhe der Stickstoffzufuhr. Unterschiede im Gehalt durch Aminosäuren ließen sich nicht mit Sicherheit feststellen. Allgemein wurden große Unterschiede des Proteingehaltes im Weizen durch unterschiedliche Stickstoffgaben und nur geringe Unterschiede im Aminosäuregehalt des gesamten Rohproteins ermittelt.

MITCHELL, HAMILTON und READLES (1952) sowie SAUBERLICH, CHANG und SALMON (1953) fanden beim Mais eine Abnahme der biologischen Wertigkeit mit steigendem Proteingehalt, also auch durch steigende Stickstoffdüngung. Dies beruht nach NEHRING (1958) auf der damit verbundenen speziellen Erhöhung einer bestimmten Eiweißfraktion, des Zeins, das infolge seines geringen Gehaltes an Tryptophan und Lysin eine geringe biologische Wertigkeit besitzt. Bei anderen Körnerfrüchten fanden NEHRING und HEY keine wesentlichen Änderungen im Gehalt an essentiellen Aminosäuren bei steigender Stickstoffdüngung. Auch BODO (1959/60) konnte beim Weizeneiweiß nur geringe Unterschiede durch steigende Stickstoffdüngung feststellen. Dabei erhöhten sich die Anteile an Prolin und Glutaminsäure etwas, während Lysin und Arginin geringfügig abnahmen. Dies hängt damit zusammen, daß der Weizenkleber, der die Backfähigkeit bedingt, mehr Prolin enthält als die übrigen Weizenproteine.

ATANASIU (1955) zog Gerste in Wasserkultur auf und ergänzte fortlaufend den aufgezehrten Stickstoff durch Zugabe von Ammoniumsalzen; er sorgte also für maximale Stickstoffversorgung. Unter diesen ganz speziellen Wachstumsbedingungen bildeten die Pflanzen viel mehr Asparaginsäure und Glutaminsäure als unter den üblichen Produktionsvoraussetzungen.

Daß auf den Eiweißgehalt der Körner auch die Spurenelemente einen Einfluß haben, konnte Günzel (1955) nachweisen. Mangandüngung erniedrigte in seinen Versuchen den Rohproteingehalt von Getreide.

Virtanen (1958) weist darauf hin, daß durch starke Stickstoffdüngung in erster Linie die freien Aminosäuren, die Amide und die löslichen Proteine vermehrt werden, die wenig essentielle Aminosäuren enthalten. Dadurch wird der Anteil der essentiellen Aminosäuren im Rohprotein herabgesetzt. Da aber zugleich eine wesentliche Erhöhung auch des Reinproteins eintritt, und die genannten Bestandteile völlig unbedenklich sind, ist gegen eine harmonische Volldüngung nichts einzuwenden. Sie liefert im allgemeinen den höchsten Gesamtertrag an essentiellen Aminosäuren. Einseitig überhöhte Stickstoffdüngung vermehrt dagegen die lösliche Stickstofffraktion ohne weitere Steigerung des wirklichen Proteins.

Allerdings wirkt sich nach Virtanen eine überschüssige Stickstoffdüngung auf die Getreidekörner bei weitem nicht so sehr aus wie auf Pflanzen, die in grünem Zustand eingebracht werden.

B. Mineralstoffe

Für die Versorgung des Menschen mit Mineralstoffen nehmen die Getreideerzeugnisse nach den Milchprodukten die zweite Stelle ein. Es ist darum von Bedeutung, daß einseitige Stickstoffdüngung den Phosphorgehalt im Korn, übrigens auch in Stroh und Spren, erheblich herabsetzt, wie Merker (1956) anläßlich der in Halle/Saale unter dem Titel „Ewiger Roggenbau" durchgeführten Versuche feststellte. Umgekehrt führt PK-Düngung zu den höchsten Phosphorgehalten. Die Mittelwerte des Kaliumgehaltes der Körner sind viel weniger abhängig von der Düngung.

Buchner (1956) bestätigte in Versuchen an Winterroggen, Hafer, Sommerweizen und Sommergerste den Einfluß einseitiger Stickstoffdüngung auf den Phosphorgehalt, fand aber auch deutliche Schwankungen im Kaliumgehalt. Dauernde intensive NPK-Düngung führte in seinen Versuchen auch dann zu einer Vermehrung der pflanzenaufnehmbaren Nährstoffe im Korn, wenn der Anteil an N in der Düngergabe höher war als früher üblich (engeres Nährstoffverhältnis).

Jekic (1958) berichtet, daß durch P-Düngung auf Kalkböden nicht nur eine Erhöhung des P-Gehaltes im Weizenkorn, sondern auch eine allgemeine Qualitätserhöhung des Weizens eintritt.

Virtanen (1958) bestätigt ebenfalls die günstige Wirkung einer Volldüngung auf den Mineralstoffgehalt des Getreides. So sah er z. B. eine vermehrte Aufnahme von Ca und Mg durch gesteigerte K-Zufuhr. Er warnt aber davor, die Bedeutung der Mineralstoffdüngung für die Versorgung des Menschen mit Mineralstoffen zu überschätzen. Eine vorteilhafte Zusammensetzung unserer Kost, u. a. auch der Verbrauch von Brot aus dunklem Mehl, ist für die Mineralstoffversorgung weit wichtiger als die Differenzen im Mineralstoffgehalt der Getreidekörner. Unbegründet sind nach Virtanen die in manchen populären Schriften über Gesundheit und Ernährung zu findenden Behauptungen, wonach die neuzeitlichen Düngungsmaßnahmen durch Veränderung des Anteils der Makroelemente im Boden, besonders des Mg und K, die Pflanzen gesundheitsschädlich machen würde. Auch sei der Ca-Gehalt der Körner unabhängig von der Düngung so niedrig, daß unsere Nahrung ohne Milch und Käse leicht zu wenig Ca enthalten könne.

C. Vitamine

Da die Getreideprodukte die wichtigste Quelle für die Versorgung des Menschen mit Vitamin B_1 sind, war die Untersuchung des Düngereinflusses auf den B_1-Gehalt des Getreides von großer Bedeutung. SCHEUNERT und SCHIEBLICH (1936) verglichen den B_1-Gehalt des Weizens von Böden, die biologisch-dynamisch, mit Mineraldünger oder mit Stallmist oder mit Stallmist + Mineraldünger gedüngt waren. Am wenigsten B_1 fand sich im Weizen aus den biologisch-dynamisch gedüngten Proben. Weizen, der nur mit Mineralstoffen oder mit Mineralstoffen und Stallmist gedüngt war, hatte ein wenig mehr B_1 als die Weizenproben, die nur Stalldünger erhalten hatten. Allerdings waren alle diese Unterschiede nicht sehr groß. SCHARRER und PREISSNER (1954) berichten, daß nur bei einer harmonischen Volldüngung die Bildung von Vitamin B_1 optimal ist, wie die Verfasser nach Untersuchungen an Sommergerste und Hafer ermitteln konnten. Beim Vitamin B_2 ist nach SCHEUNERT und WAGNER (1938) die Düngungsart ohne erheblichen Einfluß auf den Gehalt von Roggen- und Gerstenkörnern.

PFÜTZER, PFAFF und ROHT (1951) sahen bei Hafer einen größeren Einfluß der N-Düngung auf den Gehalt an B_1, B_2 und Niacin als bei Roggen. Beseitigung von K-Mangel verbessert den Vitamin B_1-Gehalt, doch wird der höchste Gehalt nur bei reichlicher N-Versorgung erreicht.

SCHARRER (1957) berichtet von ausgedehnten Versuchen über die Beeinflussung des Vitamingehaltes durch verschiedene Düngung. Eine nach dem heutigen Stand der Pflanzenernährung richtig gedüngte Pflanze weise auch bezüglich ihres Gehaltes an Carotin, Thiamin und Ascorbinsäure einen „Bestwert" auf. In keinem Fall sah SCHARRER durch Zufuhr von Mineraldünger in harmonischem Verhältnis ein Absinken des Vitamingehalts.

2. Hackfrüchte

A. Eiweiß

Der Einfluß der N-Düngung auf die Eiweißqualität der Kartoffel drückt sich nach SCHUPHAN (1959/60) in einer Förderung der biologischen Wertigkeit durch relativ niedrige N-Gaben (bis etwa 50 kg N/ha) und in einer Senkung durch zu geringe und zu hohe N-Zufuhr aus. Kartoffeln mit einer Stallmist- + NPK-Düngung hatten die höchste Eiweißqualität. NEHRING (1958) verweist in diesem Zusammenhang auf Untersuchungen von MULDER und BAKEMA (1936), wonach die Aminosäurezusammensetzung des eigentlichen Kartoffelproteins praktisch unabhängig von der Düngung ist. Die Zusammensetzung der löslichen N-Fraktion ist wesentlich labiler. Sie weist im allgemeinen bei höherer N-Düngung einen Rückgang im Gehalt an essentiellen Aminosäuren und eine Vermehrung an Glutamin und Asparagin auf, die schließlich zusammen mehr als 70% der löslichen N-Fraktion ausmachen. Das Verhältnis von freien Aminosäuren zu Protein ist nach SCHUPHAN übrigens weitgehend sortenabhängig.

Nach FISCHNICH und LATZKO (1959) ist das Verhältnis von freien Aminosäuren zum Eiweiß auch noch durch K- und P-Düngung zu beeinflussen. Bei K-Mangel häuft sich nach FISCHNICH und HEILINGER (1959) Tyrosin in den Kartoffeln an, was mit der Melaninbildung (Schwarzfleckigkeit) in Zusammenhang stehen könnte. Reichliche K-Ernährung soll nach ALTEN und ORTH (1940) den Arginingehalt und damit vielleicht auch die Resistenz gegen Kraut- und Knollenfäule erhöhen, während STRICKER (1958) bei einseitiger P-Düngung eine günstige Wirkung gegen Virusinfektionen beobachtete.

Nach NIEMANN (1959) erhöhen reichliche Stickstoffgaben bei der Zuckerrübe den Glutamingehalt, dagegen setzen ihn höhere Kaligaben herab.

B. Kohlenhydrate

Vom Kohlenhydratverbrauch in der Bundesrepublik Deutschland stammen durchschnittlich 38% aus Hackfrüchten, davon 15% aus Kartoffeln und 24% sind Zucker. Nach FISCHNICH und LATZKO (1959) ist die Qualität des Stärkemehls der Kartoffel in hohem Maße vom Phosphatgehalt des Bodens und damit von der P-Düngung abhängig. Auch die K-Versorgung ist für hohe und sichere Stärkeerträge entscheidend. Auf bereits gut mit K versorgten Böden konnte zwar der Stärkegehalt der Kartoffeln nicht mehr gesteigert werden, wohl aber noch der gesamte Flächenertrag.

Steigende K-Gaben vermindern auch den Gehalt an löslichem Zucker. Dieser wirkt nachteilig durch geringere Haltbarkeit, größere Atmungsverluste, süßen Geschmack und stärkere Verfärbung bei der Herstellung von Chips und Pommes frites.

KÜRTEN und BURGHARDT (1959) fanden durchweg auf gut mit P versorgten Böden höhere Stärkegehalte der Kartoffeln als auf schlecht versorgten. Gleichzeitige N-Düngung vergrößerte noch die Differenz zwischen gut und schlecht mit P versorgten Böden, noch mehr bei steigender K-Versorgung. Die Erzeugungsleistung je kg N hinsichtlich der Stärkeerträge verbessert sich mit zunehmendem PK-Gehalt des Bodens ganz erheblich. Aus 142 eigenen und 35 der Literatur entnommenen Analysen errechnete GERICKE (1959) eine Steigerung des Stärkegehaltes durch P-Düngung um 7%.

Gründüngung und gut verrotteter Stallmist steigern nach FISCHNICH und HEILINGER (1959) den Stärkegehalt der Kartoffel. Frischer Stallmist dagegen vermindert den Stärkegehalt und verschlechtert den Geschmack der Kartoffeln ebenso wie Jauche.

Bei Mangel an Hauptnährstoffen oder extrem einseitiger Düngung sahen sie Reifeverzögerung, Bildung zu kleiner Knollen und geringe Festigkeit von Zellgewebe und Schale, was sich bei der Lagerung ungünstig auswirkte. In Kostproben erhielten nach JACOB (1935) diejenigen Kartoffeln die beste Beurteilung, die neben Stallmist auch Handelsdünger erhalten hatten. Hierbei spielt nach RATHSACK (1935) ein harmonisches Verhältnis von K:N eine Rolle.

Schließlich ist anzumerken, daß nach SCHACHTSCHABEL (1958) Mg-Mangel die Qualität der Kartoffeln verschlechtert, und daß nach SCHARRER und SCHROPP (1934) Bor-Mangel den Stärkegehalt der Kartoffeln beeinträchtigt.

Auch bei Zuckerrüben ist der Kohlenhydratgehalt von einer harmonischen Düngung abhängig. GERICKE (1954) zeigte, daß übermäßig hohe, späte und langsam wirkende N-Düngung den Zuckergehalt der Rüben herabsetzt, während nach KOFETZ (1960) steigende P-Gaben neben einer Erhöhung des Flächenertrages auch den Zuckergehalt steigern. Ohne P-Düngung erhielt er 17,7% Zucker, mit P-Gaben 19,7%.

C. Vitamine

Unter den Vitaminen der Kartoffel hat das Vitamin C die größte Bedeutung. In der Bundesrepublik Deutschland stammten bei einem durchschnittlichen Kartoffelverzehr von annähernd 350 g je Kopf und Tag im Jahr 1962/63 36% der insgesamt verbrauchten Ascorbinsäure aus Kartoffeln. Bei minderbemittelten Bevölkerungskreisen, die weniger Gemüse, Obst und Südfrüchte verbrauchen, spielt der Vitamin C-Gehalt der Kartoffeln eine noch größere Rolle.

Nach OTT (1937) bewirkte bei Kartoffeln N- und P-Düngung eine Steigerung, K- und Ca-Düngung eine Senkung des Ascorbinsäuregehaltes, so daß Volldüngung keinen Unterschied gegenüber ungedüngten Böden brachte. Kombinierte Düngung mit Stallmist und NPK ergab dagegen die höchsten Gehalte an Vitamin C. Offenbar hängt der Düngungserfolg der einzelnen Düngerart vom Zusammenwirken vieler Faktoren ab. Pfaff und Pfützer (1937) sahen keinen deutlichen Einfluß von N-Düngung, aber eine erhebliche Steigerung durch Mg. Mg soll auch die senkende Wirkung von Ca-Gaben überkompensieren. Im Gegensatz zu Ott stellten Fischnich und Latzko (1959) neuerdings eine wesentliche Erhöhung des Vitamin·C-Gehaltes durch K-Düngung fest, nämlich von 17 auf 24 mg %, was von großer ernährungsphysiologischer Bedeutung ist.

3. Gemüse und Obst
A. Eiweiß

Unter den Gemüsearten haben nur die Leguminosen einen erheblichen Anteil an Eiweiß, so daß sie in denjenigen Ländern, in denen viel Hülsenfrüchte gegessen werden, für die Eiweißversorgung von Bedeutung sind. Untersuchungen über eine Veränderung des Proteingehaltes von Leguminosen durch Düngung sind uns nicht bekannt geworden. Die Untersuchungen an anderen Gemüsen, wie die von Günzel (1955), Atanasiu (1955), Heintzke (1955) sind nur von theoretischem Interesse, da ihr Eiweißgehalt für die Volksernährung keine Rolle spielt.

B. Mineralstoffe

Dagegen tragen Obst und Gemüse zur Mineralstoffversorgung des Menschen einen wesentlichen Anteil bei. Hier handelt es sich insbesondere um Kalium, Magnesium und Eisen.

Schuphan (1948) findet eine Steigerung des Gehaltes an Ca, Fe, Cu und P durch zusätzliche Mineraldüngung neben wirtschaftseigenem Dünger. Der Eisengehalt von Möhren wurde in einem Fall um 44% gesteigert, was insofern für die Kleinkinderernährung von Bedeutung ist, als Milch wenig Fe enthält und Möhren daneben die wichtigste Fe-Quelle darstellen.

Nach Lüders (1955) ist der Erfolg der NPK-Düngung bei Tomaten nicht immer gleichmäßig. So nahmen die P-Gehalte der Tomaten bei der ersten Ernte mit steigender NPK-Düngung deutlich zu, bei den späteren Ernten aber ab. Der Cu-Gehalt nahm von Anfang an ab, die Gehalte an Fe und Zn wurden bei den ersten zwei Ernten mit steigender NPK-Gabe erhöht, bei der vierten Ernte aber erniedrigt. Demgegenüber wurde von Lewis und Marmoy (1939) bei fortlaufender NPK-Düngung kein Unterschied im Gehalt von P, Fe, Mn und Cu bei Tomaten gefunden.

Wahrscheinlich spielt bei solchen Schwankungen der Spurenelementgehalt des Bodens eine Rolle. Bei Kohlrabi steigert nach Keiner (1955) eine Düngung mit Spurenelementen (B, Cu, Mn, Br, Zn) den P-Gehalt, in geringerem Maß auch bei Weißkohl und Blumenkohl. Der Gehalt der drei Gemüsesorten an Mg und Fe wurde durch geringe Borgaben erheblich gesteigert, durch höhere herabgesetzt. Bei Kohlrabi und Rosenkohl, nicht jedoch bei Rotkohl, konnte durch optimale B-Zufuhr der Fe-Gehalt nahezu verdoppelt werden. Auch der Fe-Gehalt von Bohnen und Möhren wurde erhöht, weniger der von Sellerie.

C. Vitamine

Die besondere Aufgabe von Obst und Gemüse ist es, zur Deckung unseres Vitaminbedarfs beizutragen. 1962/63 stammten 50% des Vitamin A, 16% des Thiamins, 9% des Riboflavins, 9% des Niacins und 58% der Ascorbinsäure aus Obst und Gemüse. Es ist darum zu betonen, daß gerade der Vitamingehalt dieser Produkte sehr von der Düngung abhängig ist.

N-Düngung hat eine ausgesprochen positive Wirkung auf die Carotinbildung. Auch über das Ertragsoptimum verabfolgte N-Gaben vermögen den Carotingehalt noch deutlich zu erhöhen, wie Scharrer und Bürke (1953) an einer Reihe landwirtschaftlicher und gärtnerischer Kulturpflanzen feststellen konnten (Grünroggen, Spinat, Grünmais, Karotten, Zuckerrüben, Tomaten). Zur Erreichung von Carotin-Optimalwerten erweist sich die Zufuhr von P unbedingt notwendig. Der Einfluß von Kalium auf den Carotin-Bildungsprozeß ist von der N-Versorgung abhängig. Überschußgaben bedeuten in den meisten Fällen eine Carotindepression. Magnesium kann eine ausgesprochen positive Wirkung auf die Carotinbildung ausüben. Im Rahmen einer harmonischen Volldüngung verabfolgte Gaben an Ca und Na vermögen den Carotingehalt deutlich zu verbessern. Überschußgaben wirken sich aber absolut schädlich auf die Carotinproduktion aus.

Die Erhöhung von Carotin durch N-Düngung wurde von Pfützer und Pfaff (1935) besonders in den grünen Blättern festgestellt, z. B. in Grünkohl. Aber auch die Speicherorgane, wie die Möhre, nehmen an der Erhöhung teil. Bei Spinat findet man auch bei einseitig erhöhter N-Gabe eine Steigerung des Carotins. Auf N-bedürftigen Böden führte die Düngung zu bedeutenden Ertragssteigerungen und damit zu einer starken Erhöhung des Carotinertrages je Flächeneinheit. Spinat, Möhren, Karotten und Mangold haben einen höheren Carotingehalt bei steigender Düngung als Rotkohl und Rosenkohl. Besonders stark ist der Einfluß auf Petersilie, deren Carotingehalt verdoppelt werden konnte. Mg-Zufuhr ist insbesondere auf sauren Böden wirksam; starke Kalkung senkt den Carotingehalt von Spinat, wie Pfaff und Pfützer (1937) in einer weiteren Untersuchung berichten.

Sengewald (1959) führte Gefäßversuche zur Prüfung des Einflusses der Nährstoffe N, P und K auf den Carotin- und Vitamin C-Gehalt von Spinat durch. N wirkte sich positiv auf die Carotinbildung aus. Selbst nach Überschreitung des Ertragsoptimums wurde bei erhöhten Stickstoffgaben ein Anstieg des Carotingehaltes beobachtet. Einseitiger Kaliüberschuß drückt den Carotingehalt herab, während Kalimangel erhöhend wirkte. Phosphorsäure-Mangel bringt einen erhöhten Carotingehalt mit sich, dagegen kann kein klarer Einfluß einer Überschußdüngung mit Phosphorsäure wahrgenommen werden. Stickstoffüberschuß vermindert nach Sengewald den Vitamin C-Gehalt von Spinat erheblich, während sich Stickstoffmangel erst in der späteren Entwicklung auf den Vitamin C-Gehalt senkend auswirkt. Ein überzeugender Einfluß einer Phosphorsäuredüngung auf den Vitamin C-Gehalt konnte nicht festgestellt werden. Am stärksten steigend wirkt sich eine zu den anderen Nährstoffgaben harmonisch abgestimmte Kaligabe auf den Vitamin C-Gehalt aus. Sowohl bei Kalimangel als auch bei Kaliüberschuß zeigt sich eine starke Verminderung des Vitamin C-Gehaltes.

Wie Ott (1937) berichtet, konnte er durch Anwendung von K-Dünger bis zu einem gewissen Grad ein Ansteigen des Carotingehaltes bei gelben Rüben erreichen. Höhere Gaben brachten allerdings ein Absinken. Dies konnten Pfützer, Pfaff und Roht (1951) sowie Wolf (1955) bestätigen. Wolf teilte auch mit, daß mittlere P-Gaben besseren Carotingehalt ergaben als hohe.

Ein am Institut für Gemüsebau in Großbeeren angelegter Düngungsversuch wurde von Schuphan (1948) bis zu einer Dauer von sieben Jahren weitergeführt, wobei die Felder teils nur mit Stallmist, teils mit Stallmist und NPK gedüngt wurden. Die zusätzliche Mineraldüngung erhöhte regelmäßig den Carotingehalt von Möhren und Spinat. Auch der Gehalt von Spinat an Vitamin B_1 und B_2 sowie an Niacin läßt sich nach Pfützer, Pfaff und Roht (1951) durch steigende N-Gaben erhöhen.

Nicht so einheitlich fanden diese Autoren den Einfluß der Stickstoffdüngung auf den Vitamin C-Gehalt der Pflanzen. In zahlreichen Versuchen wurde eine mehr oder weniger deutliche Förderung des Vitamin C-Gehaltes durch Stickstoffzufuhren festgestellt. In anderen Versuchsreihen, zumal bei hohen Stickstoffgaben, ergab sich dagegen ein Abfall. Häufig erfuhr der Vitamin C-Gehalt keine wesentliche Änderung. Die hauptsächliche Ursache für diese Unterschiede wird in der Abhängigkeit der Vitamin C-Bildung vom Licht gesehen. Der Lichteinfall wird beschränkt, wenn die Pflanzenmasse je Fläche zunimmt, und die Pflanzen sich gegenseitig beschatten.

Auf mäßig mit P versorgten Böden wurden im allgemeinen keine wesentlichen Ausschläge im Vitamin C-Gehalt bei Phosphorsäurezufuhr gefunden.

Von besonderer Bedeutung ist das Kali für die Ascorbinsäurebildung. Kali zeigt einen günstigen Einfluß, sowohl in grünen Pflanzen (Gemüse und Feldfutter) als auch in Speicherorganen (Kartoffeln, Kohl, Kohlrabi, Karotten) und in Früchten (Tomaten). Bei engem Standraum wirken K-Gaben auf den Vitamin C-Gehalt noch mehr als bei weitem Stand.

Die ungünstige Wirkung von überreichlichen Kalkmengen auf den Vitamin C-Gehalt konnte durch Magnesium- bzw. Spurenelementgaben beseitigt werden. Eine Kupferdüngung beeinträchtigt die Vitamin C-Bildung in geringem Maße.

WOLF (1955) stellt fest, daß eine geeignete Volldüngung (Nährstoffverhältnis = 1:1:1,7) sich günstiger auf den Vitamingehalt auswirkt als die einseitige Erhöhung eines Nährstoffes. Die Ascorbinsäuregehalte der Möhren sowie der Sellerieblätter sinken im Laufe des Herbstwachstums ab, während die Vitamin C-Gehalte der Knollen im gleichen Zeitraum noch zunehmen.

PFAFF und PFÜTZER (1937) finden, daß die durch die Düngung erzielten Ausschläge bei Vitamin C bei weitem nicht so hoch sind wie beim Carotin. Immerhin ist bei der überwiegenden Anzahl der Versuche mit N-Gaben im Vergleich zu den düngungsfreien oder PK-gedüngten eine Erhöhung des Vitamin C-Gehaltes festzustellen. Diese Erhöhung kann bis zu hohen N-Gaben anhalten; in der Regel aber zeigen die Gehalte nach Erreichen eines Optimums bei noch höheren Gaben Konstanz oder Senkung, so bei Kohlrabi, Weißkraut, Kartoffeln, Petersilie, Tomaten und Speisemöhren. SENGEWALD (1959) fand bei N-Mangel besonders, wenn ausreichend mit Phosphorsäure und Kali gedüngt wird, eine beachtliche Verminderung des Carotingehaltes von Grünkohl, dagegen mit steigenden N-Gaben einen geringeren Vitamin C-Gehalt, was auch von PFÜTZER und PFAFF (1935) bestätigt wird. Nach ZWEEDE (1956) erhöht eine reichliche N-Düngung den Gehalt an Ascorbinsäure in der schwarzen Johannisbeere, wogegen der Einfluß der K_2O-Düngung gering ist.

Bei Zusatz von Mn und B zu Komposterde sahen MARX und SAHM (1952, 1955) keine Steigerung des Ascorbinsäuregehaltes von Tomaten, während sie v. BRONSART (1950) bei Mn-Düngung feststellen konnte.

Über günstige Wirkungen von Spurenelementen beim Obstbau berichtet NICHOLAS (1958). Fe-Düngung auf Kalkböden beseitigte die Chlorose; die Früchte waren auch größer und schmackhafter.

Wiederum, wie bei den Hackfrüchten, ist erwähnenswert, daß auch die allgemeinen Eigenschaften von Gemüse durch die Düngung beeinflußt werden können. So verbesserte sich nach KOLÁRIK (1959) beim Weißkraut mit zunehmender P-Düngung der Geschmack, die Feinheit und die Süße, aber auch die Härte und die Lagerfähigkeit des Kopfes. Kalidüngung erhöht nach HOFFMANN und WOLF (1955) nicht nur den Zuckergehalt der Möhren, sondern auch die den Geschmackswert günstig beeinflussenden nicht reduzierenden Zucker. Den bei K-Mangel feststellbaren bitteren Nachgeschmack der Möhren führen die Autoren auf die Erhöhung des Rohproteingehaltes zurück, die auf Kosten der Kohlenhydrate erfolgt. Häufig wird der Mineralstoffdüngung, insbesondere der N-Düngung, ein schädlicher Einfluß auf die Lagerfähigkeit des Gemüses zugeschrieben. Bei einer Nachprüfung fand Hungerbühler (1959), daß die Fäulnis-, Schwund- und Wasserverluste von Kohl bei $15^1/_2$wöchiger Wintereinlagerung durch vorangegangene Düngung mit 60 und mit 124 kg N/ha gegenüber dem ungedüngten nicht verändert waren. Latzko (1953) berichtet, daß unharmonische Düngung, K-Mangel, aber auch einseitig überhöhte N-Düngung das Weichwerden von Sauerkraut fördert.

Brauer und Schmitt (1957) beschäftigten sich mit dem Einfluß der N-Düngung auf die Konservierungsfähigkeit von Johannisbeeren, Stachelbeeren, Rhabarber und Tomaten. Die Güte dieser Konserven wurde durch die N-Düngung erhöht. Die Verfasser schließen daraus, daß es vollkommen unbedenklich ist, zum Einkochen Früchte zu verwenden, welche bei Einhaltung eines harmonischen NPK-Verhältnisses und normaler Kalkversorgung des Bodens ausreichend mit Stickstoff gedüngt worden sind. Nehring (1959) berichtet, daß Erbsen nach N-Düngung weder negative organoleptische Eigenschaften noch eine verminderte Lagerungsbeständigkeit zeigten.

4. Ölfrüchte

A. Fett

Bei den pflanzlichen Ölen wird aus ernährungsphysiologischen Gründen besonderer Wert auf einen hohen Gehalt an mehrfach ungesättigten (den sogenannten essentiellen) Fettsäuren gelegt. Schmalfuss (1936) wies an der Leinpflanze nach, daß bei niederer Wassergabe, ebenso wie in heißem Klima, die Bildung von gesättigten, bei guter Wasserversorgung diejenige von ungesättigten und hochungesättigten Fettsäuren begünstigt wird. K-Mangel sowie reichliche Kalkgabe setzen nach Schmalfuss (1954) den Gehalt an ungesättigten Fettsäuren herab.

Nach Gericke (1941) wirkt P-Mangel außerordentlich ungünstig auf den Ölgehalt von Ölfrüchten. Bei Mohn setzt P-Mangel den Ölgehalt bis auf 38,7% herab, demgegenüber steigt er bei Verbesserung der P-Versorgung auf 49,2%. Steigende P-Gaben zu Sojabohnen erwirkten in einer Versuchsreihe einen geringfügig höheren Ölgehalt, in der zweiten Versuchsreihe einen geringeren Ölgehalt, dafür aber einen höheren Eiweißgehalt. Der Verfasser ist der Meinung, daß die Wirkung der Phosphorsäure-Düngung bei der Sojabohne weitgehend sortenbedingt ist. Nur bei zwei von 12 Sorten konnte der Ölgehalt günstig verändert werden, dagegen stieg der Eiweißgehalt bei steigenden P-Gaben in 9 von 12 Fällen.

B. Weitere Inhaltsstoffe

Solche wurden nur wenig systematisch untersucht.

5. Futterpflanzen

A. Eiweiß

Auch für die menschliche Ernährung ist die Qualität der Futterpflanzen zwar nicht direkt, so doch indirekt von großer Bedeutung. Gericke und Bärmann (1952) berichten, daß bei unzureichender Mineralstoffzufuhr im Kuhfutter der Ca-Gehalt der Milch um 8%, der P-Gehalt um 26% und der Eiweißgehalt um

13% abnimmt. Andererseits ist zu berücksichtigen, daß im Mittel aus der Milch 60% unserer Ca-Zufuhr stammen, 29% des Phosphors, 23% des tierischen Eiweißes und 14% des gesamten Eiweißes.

Neben der Ertragssteigerung übt die NPK-Düngung auf den Eiweißgehalt der Grünfutterpflanzen nach KORIATH und LENNERTS (1959) nur einen mittelbaren Einfluß aus. Durch das schnellere und kräftigere Wachstum wird die Ligninbildung verzögert und dadurch der Rohproteingehalt je Gewichtseinheit erhöht. Das trifft natürlich nur bei zeitgerechtem Schnitt und sachgemäßer Werbung zu. NEHRING (1958) stellte fest, daß durch die N-Düngung der Gehalt des Grünfutterproteins an Arginin und Threonin zunimmt, der an Tyrosin abnimmt. Die übrigen Aminosäuren bleiben unverändert, so daß die Ertragssteigerung durch N-Düngung nicht mit einer Einbuße an biologischer Eiweißwertigkeit verbunden ist. Nach SMITH und AGIZA (1951) verhalten sich die einzelnen Aminosäuren bei steigenden Stickstoffgaben verschieden. Einige von ihnen, wie Lysin, Leucin und Arginin, steigen deutlich an; andere, wie Asparaginsäure und Glutaminsäure, gehen mengenmäßig zurück.

Die durch Kalkgaben hervorgerufene Steigerung des Rohproteingehaltes im Heu beruht nach ZIEMER und MÜCKENBERGER (1954) darauf, daß hierdurch eine Umstellung des Pflanzenbestandes auf die proteinreicheren, kalkliebenden Gräser herbeigeführt wird. So wurde der Anteil an wertvollen Gräsern durch mehrjährige Kalkgaben verdreifacht.

Auch bei Ölfutterpflanzen (Lihoraps und Ölrettich) fand PRIMOST (1959–60) mit steigender N-Düngung eine beachtliche Steigerung des Rohproteingehaltes.

B. Kohlenhydrate

STEGER und PÜSCHEL (1959) weisen nach, daß Stickstoffgaben den Zuckerspiegel in jungem Gras senken. Erst nach der Hauptwachstumsperiode und der vollen Ausbildung der Stengel steigt der Zuckergehalt an und erreicht etwa zur Zeit des Heuschnitts sein Maximum. Auch dann noch liegen die Zuckerwerte der am besten mit Stickstoff versorgten Gräser jeweils am niedrigsten. Im Gegensatz dazu zeigen Calcium- und Kaligaben einen zuckervermehrenden Einfluß. Auch Phosphordüngung erhöht im jungen Gras den Zuckergehalt merklich, aber nur bis zu Beginn des Längenwachstums des Grases. Von allen Versuchen, die die Verfasser durchführten, schneidet hinsichtlich des Zuckergehaltes das einseitig mit Stickstoff gedüngte Gras am ungünstigsten ab. Dasselbe trifft nach STEGER, PÜSCHEL und KASDORFF (1959) beim Geilstellengras zu. Zur Bildung von Kohlenhydraten wird nach JACOB (1956) vor allem Kalium benötigt.

C. Mineralstoffe

Nach Untersuchungen von KORIATH und LENNERTS (1959) bei Wiesenheu zeigte die NPK-Düngung die besten Ergebnisse. Im Mittel verbesserte sie die Wertzahl des Pflanzenbestandes um 40%. Analog dem Pflanzenbestand ist das Ergebnis beim Heuertrag, der durch die NPK-Düngung um 57% erhöht wurde. Der Kalkgehalt wurde mehr durch die hervorgerufenen Bestandsveränderungen als durch die unmittelbare Nährstoffwirkung beeinflußt. Die Mehrzahl der Düngungsformen verringerte seinen Gehalt im Heu, da vornehmlich die kalkärmeren Gräser gefördert wurden. Selbst eine Kalkung vermehrte den CaO-Gehalt der Heuernte nicht. Dieses Ergebnis stimmt mit einer Feststellung von KLAPP (1954) überein, daß von einer Kalkanreicherung des Heues durch Wiesenkalkung nicht viel zu erwarten ist. Auch von ZIEMER und MÜCKENBERGER (1954) wurde der geringe Einfluß der Kalkung auf den Kalkgehalt des Heues bestätigt. Im Gegensatz zum Ca-Anteil im Heu zeigt sich nach diesen Untersuchungen der Phosphorsäuregehalt unmittelbar von der Düngung abhängig. In der Mehrzahl der Fälle erhöhten die P_2O_5-Gaben den Gehalt des Heues an diesem Mineralstoff. Nach van Gessel (1959) steigt dabei auch der Gehalt an Ca und Mg, wenn die Phosphordüngung zu einer Steigerung des Kleeanteils in der Grünlandmischung führt. Zu einer deutlichen Verringerung des P-Gehaltes führte die Einzeldüngung des Kali und die den Massenzuwachs stark fördernden Stickstoffgaben.

In Versuchen von Bommer (1957) steigerte eine Phosphorgabe von 120 kg/ha den P-Gehalt des Futters nur geringfügig gegenüber den nur mit 80 kg P/ha gedüngten Goldhaferwiesen.

Düngung von Rotklee und Ladinoklee mit P und Ca bringt nach Izawa und Okamoto (1959) eine Steigerung des Mineralstoffgehaltes, wobei Ca-Düngung sich stärker auf den Gehalt der Futterpflanzen an N, P, K, Ca, Mg und S auswirkte als P. Zwischen Ca und K oder Ca und Mg konnte keine antagonistische Wirkung festgestellt werden.

In einem 40jährigen Phosphordüngungsversuch wurde von Brauer (1960) neben großen Unterschieden im Pflanzenbestand auch eine Verengung des Eiweiß- und Stärkeeinheiten-Verhältnisses im Heu gefunden. Bei phosphorfreier Düngung war der Phosphorgehalt des Heues völlig unzureichend (0,4%). Dagegen wurde durch Phosphatdüngung ein Heu gewonnen, das mit einem Gehalt von 0,6% P_2O_5 die „Voraussetzungen für ein gesundes, die Fruchtbarkeit förderndes Futtermittel" erfüllt. Die Erhöhung des Phosphorsäuregehaltes führte weiterhin zu einer Einengung des P:Ca-Verhältnisses von 1:2,6 auf 1:1,6. Nach jahrzehntelanger Anwendung einer K- und P-Düngung wurde der Ertrag an verdaulichem Rohprotein mehr als verdoppelt, die Stärkeeinheiten stiegen wesentlich an und an Phosphorsäure wurde das 2,5fache, an Kalk um zwei Drittel mehr geerntet. In der Steigerung des P-Gehaltes der Futtermittel sieht Hartfiel (1958) eine Möglichkeit zur besseren Versorgung unserer Nutztiere mit Mineralstoffen.

D. Spurenelemente

In den Heidemoorgebieten Niederdeutschlands litten früher Pflanzen und Tiere stark unter der sogenannten Heidemoor- oder Urbarmachungskrankheit. Sie kann durch Düngung mit kupferhaltigen Stoffen, z. B. Kupfersulfat, bekämpft werden, worüber auch Huppert (1960) berichtet. Nach Hoffmann (1952) erreicht die Wirkung des Kupfers allerdings erst dann größeres Ausmaß, wenn auch die anderen Nährstoffe in ausreichender Menge verabfolgt werden. Die Cu-Düngung darf aber nicht übertrieben werden. Eine Menge von 50 bis 100 kg Kupfersulfat/ha reicht wenigstens für 8 bis 10 Jahre.

Auf Granitböden des Schwarzwaldes tritt in manchen landwirtschaftlichen Betrieben eine zum Teil tödlich verlaufende Erkrankung des Viehs auf, die den Namen Hinschkrankheit erhalten hat. Als Ursache wurde eindeutig Kobaltmangel festgestellt. Nach Riehm und Scholl (1958) kann diese Krankheit durch Düngung mit kobalthaltigen Mikronährstoffen verhindert werden. Welte (1960) weist darauf hin, daß neben der Düngung mit Co-Verbindungen auch Zugabe von Kobaltsalzen zum Futter die Störungen in kurzer Zeit beseitigen, daß aber schon ein geringer Überschuß erhebliche Schäden anrichten kann. Es gelte darum als Grundregel, ein Mikroelement nur dann über die Düngung zuzuführen, wenn es im Boden in unzureichendem Maße enthalten ist.

Wöhlbier, Kirchgessner und Oelschläger (1959) stellten in einer Untersuchung fest, daß infolge gesteigerter Düngung und erhöhtem Massenertrag von Luzerne der Gehalt an Kobalt und Zink um so kleiner war, je größer der Ertrag infolge höherer Düngung war. Die Verfasser sind der Meinung, daß diese Tatsache auch erklären dürfte, warum gerade in solchen landwirtschaftlichen Betrieben, die einen geringen Düngerverbrauch haben, viel seltener ein Mangel an Kobalt auftritt. Die erhöhten Gehalte des Heues an Spurenelementen schlecht wirtschaftender Betriebe sind weiterhin dadurch bedingt, daß bei schlechter Werbung die Nährstoffverluste größer als die an Spurenelementen sind, wodurch sich die Gehalte je Gewichtseinheit Heu an den einzelnen Elementen erhöhen.

E. Vitamine

Der Carotingehalt von Gras ließ sich durch N- sowie NPK-Gaben in Untersuchungen von PFAFF und PFÜTZER (1937) bedeutend steigern. Nach STEGER, PÜSCHEL und KASDORFF (1959) beruht das nicht nur auf einer optimalen Versorgung der vorhandenen Pflanzen, sondern auch auf der dadurch bewirkten Umschichtung des Bestandes.

SCHARRER und BÜRKE (1953) fanden den günstigsten Carotingehalt von Zuckerrübenblättern bei kombinierter Düngung. Auch durch eine gesteigerte Kaligabe wurde bereits eine Erhöhung des Carotingehaltes festgestellt. Bei zu hohen Kaligaben ergab sich allerdings ein gewisser Rückgang des Carotingehaltes. Noch stärker trat diese Umkehr bei Ca- und Na-Gaben auf. Bis zu einem gewissen Punkt stiegen die Carotinwerte mit steigenden Ca- und Na-Gaben an, um dann vor allem bei Na stark abzufallen.

HAUBOLD (1951) stellte fest, daß ungenügender Carotingehalt der Futterpflanzen (infolge mangelnder Düngung oder schlechter Standortverhältnisse) sich über Vitamin A-arme Milch ungünstig auf die Gesundheit der Bevölkerung auswirken kann. Umgekehrt bewirkt nach ORTH (1959) ein hoher Carotingehalt des Futters einen hohen Gehalt der Milch an Vitamin A. Auch VIRTANEN (1958) weist darauf hin, daß der Vitamin A-Gehalt der Kuhmilch vollständig auf dem Carotingehalt des Futters beruht. Während der Stallfütterung ist der Vitamin A-Gehalt der Milch nur etwa halb so hoch wie derjenige der auf der Wiese produzierten Milch. Das Mähen des Grases im jungen Wachstumsstadium und die Konservierung dieser Ernte unter Anwendung guter Silierungsmethoden ermöglichen, eine Wintermilch zu produzieren, die fast den gleichen Vitamin A-Gehalt aufweist, wie ihn auch die Sommermilch hat.

Auch dem pH-Wert des Bodens, dem Gehalt an Bodensäure, schreibt VIRTANEN (1958) einen Einfluß auf den Carotingehalt zu. Eine Ca-Zufuhr hat darum auf sauren Böden eine günstige Wirkung auf den Carotingehalt der Pflanzen. Dasselbe gilt nach VIRTANEN für den Vitamin C-Gehalt grüner Pflanzen. Neben der Kalkung saurer Böden erzeugt eine optimale harmonische NPK-Düngung eine erhebliche Steigerung des Vitamin C im Futter.

Literatur

ALMQUIST, H. J.: Amino acid requirements of chickens and turkeys—a review. Poultry Sci. 31, 966–981 (1952). — ALTEN, F., und H. ORTH: Untersuchungen über den Aminosäurengehalt und die Anfälligkeit der Kartoffel gegen die Kraut- und Knollenfäule. Phytopath. Z. 13, 243–271 (1941). — ASDONK, T., und A. JACOB: Zusammenfassung der Ergebnisse der in den Jahren 1935 bis 1938 durchgeführten Kalidüngungsversuche der Landw. Technischen Kalistelle und der Landw. Abteilung des Deutschen Kalisyndikats. 1. Kartoffel. Bodenkde. u. Pflanzenernähr. 20 (65), 107–122 (1941). — ATANASIU, N.: Zur Wirkung des neuen N-Düngemittels: Stickstoffmagnesia. Z. Pflanzenernähr., Düng., Bodenkde. 70, 71–74 (1955). — AWDONIN, N. S.:

Der Einfluß der Bodeneigenschaften und der Düngung auf die Widerstandsfähigkeit von Winterkulturen. In: 100 Jahre erfolgreiche Düngewirtschaft, S. 110–126. Frankfurt/M.: Sauerländer. 1958.

BIEDERBECK, A., H. KEESE und H. REITH: Ergebnisse von Stickstoffdüngungsversuchen aus den Jahren 1925–1936. Bodenkde. u. Pflanzenernähr. 7 (52), 200–222 (1938). — BITTERMANN, E.: Die landwirtschaftliche Produktion in Deutschland 1800–1950. Kühn-Arch. 70, 126–141 (1956). — BODO, G.: Über die Zusammensetzung des Weizeneiweißes bei verschieden hohen N-Gaben. Qualitas Plantarum et Materiae Vegetabiles 6, 337–354 (1959–1960). — BOMMER, D.: Über den Einfluß verschiedener Kalidünger auf den Mineralstoffgehalt im Heu von Goldhaferwiesen. Landw. Forsch. 10, 133–145 (1957). — BRAUER, A.: Über den Einfluß der Phosphorsäuredüngung auf die Verdaulichkeit und den Futterwert von Heu. Phosphorsäure 20, 12–38 (1960). — BRAUER, A., und L. SCHMITT: Über den Einfluß der Stickstoffdüngung auf Ertrag, Güte und Konservierfähigkeit verschiedener Früchte. Landw. Forsch. 10, 124–133 (1957). — BRONSART, H. v.: Erhöhung des Vitamin C-Gehaltes durch Mangandüngung. Z. Pflanzenernähr., Düng., Bodenkde. 51, 153–157 (1950). — BUCHNER, A.: Zur Stickstoffdüngung der Zuckerrüben. Landw. Forsch. 3, 7–18 (1951). — Betrachtungen zum Nährstoffverhältnis der Mineraldüngung, dargestellt am Getreide. Plant a. Soil 7, 301–326 (1956). — BURGHARDT, H., und P. W. KÜRTEN: Die Wirkung des schwefelsauren Ammoniaks im Kartoffelbau bei verschiedenen Anbaubedingungen. H. 10, 44, der Schriftenreihe der Förderungsgemeinschaft der Kartoffelwirtschaft e. V. Hildesheim: Mann. 1958.

CATEL, W.: Über den Einfluß der Verfütterung verschieden gedüngter Nahrungspflanzen auf das Gedeihen von Säuglingen. Landw. Forsch. 1, 221–223 (1949).

DECKEN, H. v. D.: Deutschlands Nahrungs- und Futtermittelversorgung, Berichte über Landwirtschaft, 88. Sonderheft. Berlin: Parey. 1933. — Entwicklung der Selbstversorgung Deutschlands mit landwirtschaftlichen Erzeugnissen, Berichte über Landwirtschaft, 138. Sonderheft. Berlin: Parey. 1938. — DHEIN, A., und H. MERTENS: Die chemischen, physikalischen und biologischen Bodeneigenschaften des Dikopshofer Dauerdüngungsversuches nach 45jähriger Versuchsdurchführung. Z. Acker- u. Pflanzenbau 10, 137–162 (1955).

EL-GINDY, M. M., R. C. BURRELL und C. A. LAMB: Der Einfluß der Düngung auf die Proteinverteilung in Weizen und Mehl und den Mehlfraktionen. Getreide u. Mehl 7, 58–62 (1957). — EL-GINDY, M. M., C. A. LAMB und R. C. BURRELL: Die Wirkung der Anwendung von Düngemitteln auf den Ertrag und die Mahleigenschaften einiger amerikanischer Weizensorten. Landw. Forsch. 10, 255–259 (1958). — Der Einfluß der Anwendung von mineralischen Düngemitteln bei Weizenpflanzen auf die Fraktionierung von Weizenmehlen. Landw. Forsch. 10, 260–267 (1958).

FISCHNICH, O., und F. HEILINGER: Die Kartoffel, Bildung, Erhaltung, Verwertung ihrer Inhaltsstoffe. Angew. Bot. 33, 49–70 (1959). — FISCHNICH, O., und E. LATZKO: Stoffliche Zusammensetzung von Kartoffeln in Abhängigkeit von Boden und PK-Düngung. Hefte f. d. Kartoffelbau 11, 9–20, Dezember (1959).

GERICKE, S.: Die Leistung der Phosphorsäure in Deutschland. Forschungsdienst 9, 65–70 (1940). — Die Phosphorsäuredüngung der Ölfrüchte. Phosphorsäure 10, 150–184 (1941). — Düngung der Zuckerrübe. Essen: Tellus. 1954. — Phosphatdüngung und Stärkegehalt der Kartoffel. Phosphorsäure 19, 27–31 (1959). — GERICKE, S., und C. BÄRMANN: Der Mineralstoffgehalt der Milch. Landw. Versuchsanstalt der Thomasphosphaterzeuger, Essen-Bredeney 1952. — GESSEL, IR. T. P. VAN: Der Einfluß der Düngung und der botanischen Zusammensetzung der Wiese auf den Mineralstoffgehalt von Gras. Phosphorsäure 19, 158–165 (1959). — GRUPE, D.: Die Nahrungsmittelversorgung Deutschlands seit 1925. Agrarwirtschaft, Sonderheft 3/4 (A und B). Hannover: Strothe. 1957. — GÜNZEL, G.: Der Einfluß des Mangans auf Qualität und Fermentgehalt einiger Kulturpflanzen. Z. Pflanzenbau, Pflanzenschutz 1955, 133–141. — GUNTHARDT, H., und J. McGINNIS: Effect of nitrogen fertilization on amino acids in whole wheat. J. Nutrit. 61, 167–176 (1957).

HARTFIEL, W.: Anreicherung der Futterpflanzen mit Phosphorsäure zur besseren Mineralstoffversorgung der Nutztiere. Phosphorsäure 18, 129–139 (1958). — HAUBOLD, H.: Provitamin A-Gehalt der Futterpflanzen, Vitamin A-Gehalt der Milch unter dem Einfluß von Jahreszeit und Witterung und ihre Rückwirkung auf die Kropfwelle im bayerischen Voralpenland. Milchwissenschaft 6, 285–295 (1951). — HEINTZKE, K.: Untersuchungen über den Einfluß höherer Stickstoffdüngung auf die Bildung der einzelnen N-Fraktionen bei einigen Gemüsen. Landw. Forsch. 7, 216–231 (1955). — HOESER, K.: Untersuchungen über den Einfluß steigender N-Gaben auf die Backeigenschaft des Weizens. Bayer. landwirtsch. Jb. 33, 17–36 (1956). — HOFFMANN, E.: Bevölkerungsentwicklung und Nahrungserzeugung. Urania 17,

286–289, 326–329 (1954). — HOFFMANN, W.: Die Heidemoorkrankheit und die Wirkung des Kupfers als Spurenelement. Landw. Forsch. 4, 39–45 (1952). — HOFFMANN, E., und E. WOLF: Über die Verbesserung der Qualität von Möhren durch Kalidüngung. Kali-Briefe 3. Folge, November 1955. — HUNGERBÜHLER, K.: Einfluß der Stickstoffdüngung auf die Haltbarkeit von Lagergemüse. Schweiz. Landw. Mh. 37, 74–79 (1959). — HUPPERT, V.: Vergiften die Bauern die Menschheit? Landpost 16, Nr. 4 (1960).

IZAWA, G., und S. OKAMOTO: Die Wirkung von Phosphorsäure und Kalk auf den Ertrag und die chemische Zusammensetzung von Rotklee und Ladinoklee. Phosphorsäure 19, 166–170 (1959).

JACOB, A.: Untersuchungen über den Einfluß der Düngung auf Qualität und Bekömmlichkeit der Nahrungs- und Futtermittel. Angew. Chem. 48, Nr. 17, 246–249 (1935). — Ist ein ausreichender Gehalt unserer Nahrung an Mineralstoffen, insbesondere an Spurenelementen, gesichert? Therapie d. Gegenwart 95, 4–7 (1956). — JEKIC, M.: Die Wirkung der Thomasphosphatdüngung auf Ertrag und Qualität von Weizen auf Kalkböden. Phosphorsäure 18, 49–57 (1958).

KEINER, W.: Untersuchungen über den Einfluß von Spurenelementen auf Ertrag und Qualität einiger Gemüsepflanzen. Kühn-Arch. 69, 223–282 (1955). — KLAPP, E.: Wiesen und Weiden, 2. Aufl. Berlin und Hamburg: Parey. 1954. — KLAPP, E., und A. SCHLÜTER: Änderungen der laktatlöslichen K_2O- und P_2O_5-Mengen im Dauerdüngungsversuch Dikopshof unter dem Einfluß von Düngung, Jahreszeit und Nährstoffentzug. Z. Acker- u. Pflanzenbau 107, 1–24 (1959). — KÖSTER, P.: Ist der städtische Müllkompost ein brauchbares Düngemittel? Mitt. DLG 69, 1254–1255 (1954). — KOLÀRIK, W.: Wege zur Verbesserung der Qualität landwirtschaftlicher Erzeugnisse unter dem Gesichtspunkt der Pflanzenernährung. Phosphorsäure 19, 69–75 (1959). — KOPETZ, L. M.: Düngung und Qualität. Phosphorsäure 20, 1–11 (1960). — KORIATH, H., und L. LENNERTS: Der Einfluß von Schnittzeit und Düngung auf den Pflanzenbestand, den Ertrag und den Gehalt an Rohprotein, Gerüstsubstanzen sowie Kalzium und Phosphorsäure bei Wiesenheu. Arch. Tierernähr. 9, 283–304 (1959). — KÜRTEN, P. W., und M. WERMKE: Einfluß steigender Stickstoffdüngung auf den Zuckerrübenertrag in Abhängigkeit von verschiedenen Wachstumsfaktoren. Z. Acker- u. Pflanzenbau 102, 245–282 (1957). — KÜRTEN, P. W., und H. BURGHARDT: Die Bedeutung der Nährstoffe Phosphorsäure und Kali für die Wirkung der Stickstoffdüngung im Kartoffelbau. Phosphorsäure 19, 1–15 (1959).

LATZKO, E.: Einfluß der Düngung auf Ertrag und Qualität des Weißkrautes. Kali-Briefe, Fachgebiet 24, Düngung und Qualität, 4. Folge, Juli 1953. — LEWIS, A. H., und F. B. MARMOY: Nutrient uptake by the tomato plant. J. Pom. Hort. Sci. 17, 275–283 (1939). — LIEBIG, J.: Die Chemie in ihrer Anwendung auf Agrikultur und Physiologie. Braunschweig 1840. — LINSER, H.: Zum Problem der Erzeugung von Qualitätsweizen mit besonderer Berücksichtigung des Eiweißertrages. Qualitas Plantarum et Materiae Vegetabiles 6, 331–336 (1959–1960). — Einige Arbeiten auf dem Gebiet der Beeinflussung der Weizenqualität durch Düngung. Getreide u. Mehl 10 (9), 97–102 (1960). — LINSER, H., und E. PRIMOST: Stickstoffdüngung mit hohen geteilten Gaben. Z. Pflanzenernähr., Düng., Bodenkde. 63, 18–30 (1953). — LÜDERS, R.: Über den Einfluß steigender NPK-Düngung auf den Phosphorsäure- und den Schwermetallgehalt von Buschtomaten. Z. Pflanzenernähr., Düng., Bodenkde. 70, 65–70 (1955).

MAIWALD, K.: Die Ernährung der Nutzpflanzen. Studium Generale 11, 515–523 (1959). — MARX, TH., und U. SAHM: Über den Einfluß von Mangan- und Bordüngungen auf den 1-Ascorbinsäuregehalt der Tomaten. Z. Pflanzenernähr., Düng., Bodenkde. 59, 157–162 (1952). — Über den Einfluß von Mangan- und Bordüngungen auf den 1-Ascorbinsäuregehalt der Tomaten. Z. Pflanzenernähr., Düng., Bodenkde. 70, 58–65 (1955). — MERKER, J.: Untersuchungen an den Ernten und den Böden des Versuches „Ewiger Roggenbau" in Halle (Saale). Kühn-Arch. 70, 153–215 (1956). — MIELCK, O.: Der Leistungsmaßstab für die landwirtschaftliche Erzeugung. Mitt. f. d. Landw. 58, H. 35, 695–699 (1943). — MITCHELL, H. H.: The department of the biological value of food proteins upon their content of essential amino acids. Wiss. Abh. Dtsch. Akad. Landwirtschaft 279–325 (1954). — MITCHELL, H. H., T. S. HAMILTON und J. R. BEADLES: The relationship between the protein content of corn and the nutritional value of the protein. J. Nutrit. 48, 461 (1952). — MITSCHERLICH, E. A.: Bodenkunde für Landwirte, Forstwirte und Gärtner, 7. Aufl. Berlin und Hamburg: Parey. 1954. — MULDER, E. G., und K. BAKEMA: Effect of the nitrogen, phosphorus, potassium and magnesium nutrition of potato plants on the content of free amino-acids and on the amino-acid composition of the protein of the tubers. Plant a. Soil 7, 2, 135–166 (1936).

Nehring, K.: Düngung, Fütterung und Qualität der tierischen Erzeugnisse. In: 100 Jahre erfolgreiche Düngewirtschaft. Frankfurt/M.: Sauerländer. 1958. — Nehring, K., und E. Hey: Unveröffentlichte Arbeit, zit. in Nehring 1958. — Nehring, P.: Über die Wirkung der Kalkstickstoffdüngung auf die Qualität von Erbsen. Bericht über Düngungsversuche 1956–1957. Ind. Obst- u. Gemüseverwertung 44, 23–26 (1959). — Nicholas, D. J. D.: Düngung und qualitätsgebende Faktoren der pflanzlichen Erzeugnisse. In: 100 Jahre erfolgreiche Düngewirtschaft. Frankfurt/M.: Sauerländer. 1958. — Niemann, A.: Wirkung verschiedener Kali- und Stickstoffgaben auf Ertrag und Qualität von Zuckerrüben. Kali-Briefe, Fachgebiet 11, Düngung und Qualität, 3. Folge, Juli (1959). — Niggemann, J.: Die Beziehungen der Enzymreaktionen zu Keimung, Frostwiderstandsfähigkeit und Backqualität des Getreides unter dem Einfluß der Kali-Düngung. Kali-Briefe, Fachgebiet 11, Düngung und Qualität, 1. Folge, März 1954.

Orth, A.: Beziehungen zwischen Futter und Milchqualität, Kieler Milchwirtschaftl. Forschungsber. 11, 177–192 (1959). — Ott, M.: Über den Gehalt von Feld- und Gartenfrüchten an Vitamin C und Carotin bei verschiedener Düngung. Angew. Chem. 50, 75–77 (1937).

Pfaff, C.: Einfluß der Düngung auf die Weizenqualität. Angew. Chem. 48, 89–92 (1935). — Pfaff, C., und G. Pfützer: Über den Einfluß der Ernährung auf den Carotin- und Ascorbinsäuregehalt verschiedener Gemüse- und Futterpflanzen. Angew. Chem. 50, 179–184 (1937). — Pfützer, G., und C. Pfaff: Untersuchungen über Gehalte an Carotin und Vitamin C bei Gemüsen und Futterstoffen. Angew. Chem. 48, 581–583 (1935). — Pfützer, G., C. Pfaff und H. Roht: Die Vitaminbildung der höheren Pflanze in Abhängigkeit von ihrer Ernährung. Landw. Forsch. 4, 3–15 (1951). — Pielen, L.: Versuche über den Einfluß zeitlich und mengenmäßig gestaffelter (zusätzlich später) Stickstoffgaben auf den Eiweißgehalt und Eiweißertrag von Sommergerste, Sommerweizen und Hafer. Z. Pflanzenernähr., Düng., Bodenkde. 24, 12–24 (1941). — Primost, E.: Über den Einfluß höherer Stickstoffgaben auf die Qualität verschiedener Winterweizensorten. Z. Pflanzenernähr., Düng., Bodenkde. 74, 42–59 (1956). — Die Futterqualität von Lihoraps und Ölrettich bei gesteigerter Stickstoffdüngung und variiertem Saattermin. Qualitas Plantarum et Materiae Vegetabiles 6, 97–113 (1959–1960). — Die Wirkung geteilter Stickstoffgaben auf die Backqualität von Weizen. Qualitas Plantarum et Materiae Vegetabiles 6, 355–365 (1959–1960).

Rathsack: Über den Speisewert der Kartoffeln. Berlin 1935. — Riehm, H., und W. Scholl: Neuere Untersuchungen über die Kobaltmangelerscheinungen im Schwarzwald. Landw. Forsch. 10, 123–129 (1958). — Roemer, Th.: Stiftung F.V.S. zu Hamburg, der Justus-von-Liebig-Preis 1949 und 1950. Wird die Lehre von Robert Malthus (1798–1805) in der zweiten Hälfte des 20. Jahrhunderts doch noch Wirklichkeit? Hamburg: Gebr. Hoesch. 1950. — Rohrlich, M., und Ch. Nernst: Einfluß steigender Stickstoffgaben auf das Backverhalten des Weizens unter Berücksichtigung der Eiweiß- und Klebereigenschaften. Qualitas Plantarum et Materiae Vegetabiles 6, 327–330 (1959–1960). — Rose, W. C.: The amino acid requirements of adult man. Nutr. Abstr. Rev. 27, 631–647 (1957).

Sauberlich, H. E., W. Y. Chang und W. D. Salmon: The amino acid and protein content of corn as related to variety and nitrogen fertilization. J. Nutrit. 51, 241–250 (1953). — Schachtschabel, P.: Der Magnesium-Versorgungsgrad norddeutscher Böden und das Auftreten von Magnesiummangelsymptomen an Kartoffeln. Landw. Forsch. 10, 101–105 (1958). — Schäffle, A. E. F.: Das gesellschaftliche System der menschlichen Wirtschaft, 3. Aufl. Tübingen: Laupp. 1873. — Scharrer, K.: Agrikulturchemie und Menschheitsernährung. Universitas 12, 337–344 (1957). — Scharrer, K., und R. Bürke: Der Einfluß der Ernährung auf die Provitamin A-(Carotin-)Bildung in landwirtschaftlichen Nutzpflanzen. Z. Pflanzenernähr., Düng., Bodenkde. 62 (107), 244–262 (1953). — Scharrer, K., und R. Preissner: Der Vitamin B_1-Gehalt der Pflanze in Abhängigkeit von ihrer Ernährung. Z. Pflanzenernähr., Düng., Bodenkde. 67, 166 (1954). — Scharrer, K., und W. Schropp: Beiträge zur Frage der Wirkung des Bors auf das Pflanzenwachstum. Landw. Jb. 79, 977–995 (1934). — Scheunert, A., M. Sachsse und R. Specht: Über die Wirkung fortgesetzter Verfütterung von Nahrungsmitteln, die mit und ohne künstlichen Dünger gezogen sind. Biochem. Z. 274, 372–396 (1934). — Scheunert, A., und M. Schieblich: Über den Einfluß der Düngung auf den Vitamin B_1-Gehalt von Weizen. Biedermanns Zbl. 8, 120–124 (1936). — Scheunert, A., und K. H. Wagner: Über den Einfluß der Düngung auf den Vitamin B_1- und B_2-Gehalt von Roggen und Gerste. Biochem. Z. 295, 107–116 (1938). — Schmalfuss, K.: Bodenkde. u. Pflanzenernähr. 1, 1 (1936). — Pflanzenernährung und Bodenkunde. Stuttgart 1948. — Über Fettbildung in Pflanzensamen.

Sitz.ber. Dtsch. Akad. Landwirtschaftswissenschaften Berlin **3**, H. 15. Leipzig: Hirzel. 1954. — SCHMITT, L.: Vom Segen der Düngung, Neubearbeitung der Dünger-fibel der DLG, S. 52, 67, 92. Frankfurt/M.: DLG. 1954, und nach MARQUART, B.: Die Leistungen des Stickstoffs auf Acker- und Grünland. Ratschläge für den Bauern-hof, H. 2, Limburgerhof: Landwirtschaftliche Versuchsstation 1950. — SCHUPHAHN, W.: Gemüsebau auf ernährungswissenschaftlicher Grundlage. Hamburg 1948. — Beeinträchtigen Riesel- und Fäkaldüngung die Qualität, insbesondere den gesundheit-lichen Wert von Gemüse und Obst? Zbl. Dtsch. Erwerbsgartenbau **3**, H. 38, 8–9 (1951). — Über die Beziehungen zwischen Ertrag, Rohproteingehalt und Eiweiß-qualität bei Kartoffeln. Landw. Forsch. **10**, 201–254 (1957). — Die biologische Ei-weißwertigkeit der Kartoffel als Qualitätsmaßstab für Sortenbewertung und optimale Düngung. Qualitas Plantarum et Materiae Vegetabiles **6**, 293–298 (1959–1960). — SELKE, W.: Der Einfluß der zusätzlichen späten Stickstoffdüngung des Getreides auf Qualität und Ertrag der Ernteprodukte. Sitz.ber. Dtsch. Akad. Landwirtschafts-wissenschaften Berlin **5**, H. 3. Leipzig: Hirzel. 1956. — SENGEWALD, E.: Unter-suchungen über den Einfluß der Düngung auf den Carotin- und Vitamin C-Gehalt von Spinat (Spinacia oleracea L.) unter Berücksichtigung der Entwicklung. Nahrung **3**, 428–452 (1959). — Einfluß der mineralischen Düngung auf den Carotin- und Vitamin C-Gehalt von Grünkohl. Nahrung **3**, 453–456 (1959). — SMITH, A. M., und A. H. AGIZA: J. Sci. Food Agric. **2**, 505 (1951). — STEGER, H., und F. PÜSCHEL: Über den Nachweis von leicht hydrolisierbaren Kohlenhydraten in pflanzlichem Material sowie Vorkom-men und Beeinflussung in Grün- und Rauhfuttermitteln. Arch. Tierernähr. **9**, 194–234 (1959). — STEGER, H., F. PÜSCHEL und K. KASDORFF: Über das Vorkommen und die Beeinflussung des Carotingehaltes in Grün- und Rauhfutter. Z. landwirtsch. Vers. Unters.wesen **5**, 299–322 (1959). — STRICKER, H.: Phosphatdüngung im Pflanzkar-toffelbau. Phosphorsäure **18**, 177–184 (1958). — STRÖBELE, F., H. KEESE und H. REITH: Was leistet der Stickstoff im Weizenbau? Bodenkde. u. Pflanzenernähr. **13**, 198–225 (1939).

VIRTANEN, A. I.: Unsere Düngungsmaßnahmen im Blickpunkt der modernen Ernährungsforschung. In: 100 Jahre erfolgreiche Düngewirtschaft. Frankfurt/M.: Sauerländer. 1958.

WELTE, E.: Gefahren durch Mineraldüngung? Ernährungs-Umschau **7**, 40–42 (1960). — WOERMANN, E.: Ernährungswirtschaftliche Leistungsmaßstäbe. Mitt. Landw. **59**, 789–790 (1946). — Organisationsformen der Nutzviehhaltung. In: Hand-buch der Landwirtschaft, 2. Aufl., 5. Bd. Hamburg: Parey. 1954. — WÖHLBIER, W., M. KIRCHGESSNER und W. OELSCHLÄGER: Die Gehalte des Rotklees an der Luzerne an Mengen- und Spurenelementen. Arch. Tierernähr. **9**, 194–201 (1959). — WOLF, E.: Einfluß der Wachstumsdauer und steigender Nährstoffgaben auf den Carotin- und Vitamin C-Gehalt von Möhren und Sellerie. Landw. Forsch. **7**, 139–143 (1955).

ZIEMER, F. H., und K. MÜCKENBERGER: Einfluß der Kalkdüngung auf Ertrag und Futterwert des Heues. Landw. Forsch. **7**, 17–24 (1954). — ZWEEDE, I. A. K.: De Voedingswaarde van zwarte Bessen. Voeding **17**, 125–132 (1956).

Statistisches Jahrbuch der Deutschen Demokratischen Republik 1959. Berlin 1960. — Statistisches Jahrbuch für das Deutsche Reich 1927. Berlin: Hobbing. 1927. — Statistisches Jahrbuch für die Bundesrepublik Deutschland. Stuttgart und Mainz: Kohlhammer. 1960. — Statistisches Jahrbuch über Ernährung, Landwirtschaft und Forsten 1958, 1961, 1963. Hamburg und Berlin: Parey. 1959, 1962, 1964. — Statistisches Landesamt Nordrhein-Westfalen, Persönliche Mitteilung. — Wirt-schaft u. Statistik N. F. **12**, 207–211 (1960).

XVI. Die Wirkung der Mineraldüngung auf die Nachkommenschaft der Pflanzen

Von

Edith Primost

Die Wirkung und Leistung der mineralischen Düngung hinsichtlich der Steigerung der Erträge der landwirtschaftlichen Kulturpflanzen ist seit den grundlegenden Überlegungen Justus von Liebigs, also etwa seit einem Jahrhundert, Gegenstand intensiver Forschungsarbeit. Dank der Anwendung der Mineraldüngung ist die moderne Landwirtschaft in der Lage wesentlich höhere Ernten zu erzielen und die ständig anwachsende Weltbevölkerung zu ernähren. Neben der Quantität der Erträge wird in neuerer Zeit auch die Qualität der Ernteprodukte eingehend untersucht. Der Fortschritt auf dem Gebiete der chemischen Analytik ermöglicht eine exakte Untersuchung der landwirtschaftlich genutzten Pflanzen auf deren wichtigste Inhaltsstoffe, welche für die menschliche und tierische Ernährung von größter Bedeutung sind. Die Frage der Wirkung der Mineraldüngung auf die Nachkommenschaft der Pflanze gehört im weiteren Sinne gleichfalls zum großen Komplex der Qualität der Ernteprodukte, wenn auch hier nicht das ernährungsphysiologische Moment, sondern das pflanzenphysiologische im Vordergrund der Betrachtung steht. Der Pflanzgut- oder Anbauwert eines Saatgutes ist jedoch für die Ertrags- und Leistungsfähigkeit der Kulturpflanzen von großer Bedeutung und wirkt sich durch die im Samen vorhandenen Gene (innere Wachstumsfaktoren) bis zu einem gewissen Grade auch auf die Qualität und den Ertrag entscheidend aus. Während der Einfluß einer Reihe wichtiger Umweltsfaktoren, wie Klima, Witterung, Boden usw. auf den Saat- und Pflanzgutwert eingehend geprüft wurde, liegen bezüglich der Wirkung der Mineraldüngung auf die Saatguteigenschaften relativ wenig Arbeiten vor und die diesbezüglichen Erfahrungen sind daher geringer als dies bei den zahlreich durchgeführten Untersuchungen über das Ertrags- und Qualitätsproblem der Fall ist.

Bezüglich der Wirkung der Mineraldüngung auf die Nachkommenschaft von *Getreide* sind nach russischen Versuchen (Pinewitsch 1955) die durch Mineraldüngung hervorgerufenen Veränderungen der Pflanzeneigenschaften vererbbar. Pinewitsch verabfolgte Gerste in Gefäßversuchen neben einer Grunddüngung noch eine Zusatzdüngung an K, Mg, N, Ca und Fe. Im Folgejahr wurde ein Teil der geernteten Samen unter denselben Bedingungen ausgesät, während ein anderer Teil ohne Zusatzdünger geführt wurde. Die Wiederholung der Zusatzdüngung führte zu Mehrerträgen, jedoch traten auch ohne Zusatzdüngung Unterschiede in Ertrag, Tausendkorngewicht und Eiweißgehalt ein. Weitere Arbeiten von Babajan (1958) bestätigen diese Ergebnisse der Vererbung eines erhöhten Eiweißgehaltes und in diesen Versuchen wurden folgende Werte für den Eiweißgehalt erzielt:

ohne Düngung ....13,4% Eiweiß
mit N-Spätdüngung......................19,8% Eiweiß

Nachkommenschaft des Weizens ohne Düngung:

ohne Düngung ....15,1% Eiweiß
mit Düngung ....19,6% Eiweiß

Nachkommenschaft des Weizens mit N-Spätdüngung:

ohne Düngung ....16,2% Eiweiß
mit Düngung............................21,1% Eiweiß

Bei verschiedener Ernährung und Wasserversorgung der vier Getreidearten fand WAGENITZ (1955), daß das Trockengewicht der Pollenkörner der Pflanzen in nährstoff- und wasserarmem Substrat niedriger war als bei normal kulti-

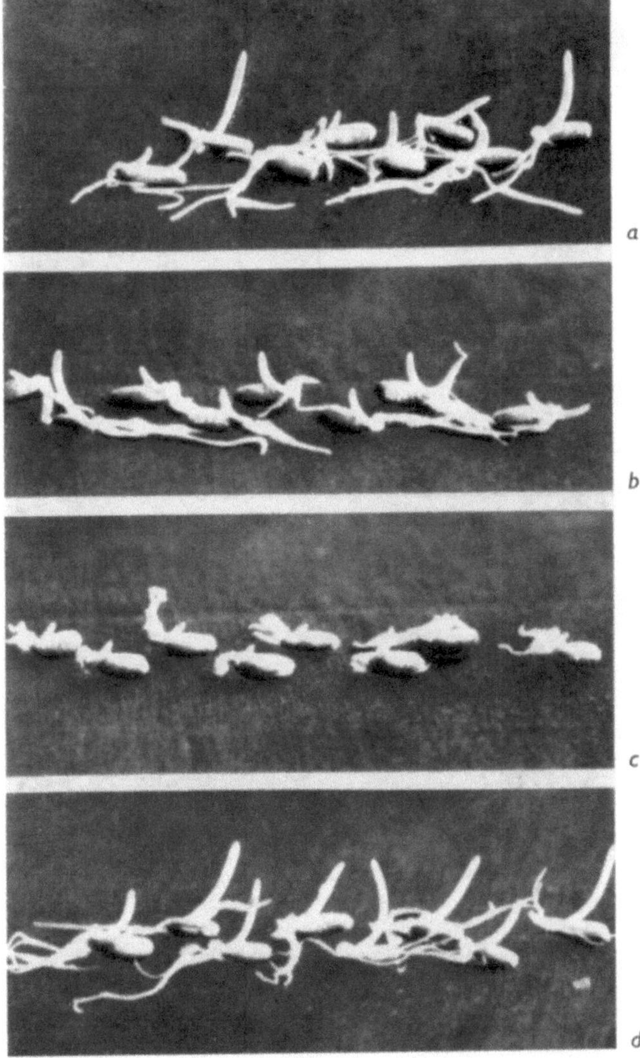

Abb. 297. Einfluß verschiedener Düngungsarten auf die Keimfähigkeit von Getreide. Düngung: *a* Stickstoff und Phosphorsäure, *b* Kali und Phosphorsäure, *c* Stickstoff und Kali, *d* Stickstoff, Kali und Phosphorsäure (nach GERICKE und JÜRGENS-GSCHWIND 1957)

viertem Getreide. Nach Kürten (1958) wird der Saatgutwert des Weizens durch N-Spätdüngung, welche eine Erhöhung des Wuchsstoffgehaltes im Korn bedingt, verbessert. Grebinski und Mitarbeiter (1956) kamen bei Kreuzungsversuchen zu dem Schluß, daß hohe Düngung mit N und P_2O_5 das Aufspaltungsvermögen von Weizenkreuzungen in der F_2 hinsichtlich der Ährenfarbe und -form sowie der Begrannung beeinflußt. In der F_2-Generation gibt der von der P_2O_5-Parzelle erhaltene Samen Pflanzen, bei welchen durch N- und P_2O_5-Düngung das Selektionsmerkmal verstärkt wird.

Da eine P_2O_5-Düngung die Vitalität des Saatgutes steigert, konnten Gericke und Jürgens-Gschwind (1957) eine bessere Keimung bei Düngung mit P_2O_5 beobachten (Abb. 297). Auch das Tausendkorn- und Hektolitergewicht wurden günstig beeinflußt. Das Hektolitergewicht ist nach Untersuchungen von Frey

Tabelle 684. *Keimfähigkeit des Weizens in Abhängigkeit vom Proteingehalt des Saatgutes*
(nach Fox und Albrecht 1957)

Rohproteingehalt des Saatgutes %	Keimfähigkeit nach ...... Tagen %		
	6	10	21
14,4	15,6	92,0	91,0
11,0	10,7	85,3	85,7

und Wiggans (1956) für die Entwicklung der Getreidekeimlinge von Bedeutung, da eine positive Korrelation zwischen dem Hektolitergewicht und dem Trockengewicht der Keimlinge besteht. Haferkörner von Pflanzen aus Samen mit niedrigem Hektolitergewicht gezogen, waren in diesen Versuchen leichter als jene aus Samen mit hohem Hektolitergewicht. Untersuchungen von Fox und Albrecht (1957) über die Samenqualität von Weizen zeigten, daß der Nährstoffspiegel neben den klimatischen und bodenbedingten Faktoren besonders wichtig ist. Die Keimfähigkeit war bei hohem N-Gehalt des Kornes eine höhere (Tab. 684).

Tabelle 685. *Triebkraft und Trockengewicht des Weizens in Abhängigkeit von der Stickstoffdüngung der Mutterpflanzen*
(Primost 1959)

Rein-N kg/ha	Triebkraft in %		Trockengewicht in g (je 100 Pflanzen)	
	geteilte	einmalige	geteilte	einmalige
	N-Gaben		N-Gaben	
nährstoffreicher Boden:				
ohne N	89,7		0,6474	
40	90,4	—	0,6867	—
80	89,3	92,2	0,6623	0,6062
120	90,0	91,7	0,6883	0,6066
160	89,8	91,5	0,6991	0,6074
200	90,3	92,3	0,6713	0,6086
nährstoffarmer Boden:				
ohne N	86,7		0,5695	
40	—	—	—	—
80	89,6	90,3	0,6121	0,5464
120	92,1	90,5	0,6244	0,5701
160	90,7	91,3	0,6601	0,5406
200	90,0	93,0	0,6889	0,5490

Durch Harnstoffspritzung angereichertes Protein wirkte jedoch auf die Keimfähigkeit des Weizens, wenn dieser unter ungünstigen Bedingungen gebaut wurde, hemmend. Wurde dieselbe Menge N als Ammonnitrat und Bodendüngung verabreicht, so traten die Schäden bei der Keimung nicht hervor. P_2O_5-Gaben erhöhten die Keimfähigkeit des Weizens. Späte N-Gaben führten nach diesen Versuchen zu einer Abnahme der Keimkraft. In eigenen Versuchen über die Keim- und Triebkraft von Getreide bei gesteigerter N-Düngung der Mutterpflanzen (PRIMOST 1959) ergaben sich bei Weizen, wie Tab. 685 zeigt, keine wesentlichen Unterschiede in der Triebkraft, wenn der Weizen auf schwerem, nährstoffreichem Boden gebaut wurde, während bei Weizen von leichtem, nährstoffärmerem Boden eine Erhöhung der N-Düngung der Mutterpflanzen zu einem Anstieg der Keim- und Triebkraft führte. Unterschiede zwischen geteilter und einmaliger N-Verabreichung waren bezüglich der Keim- und Triebkraft nicht zu verzeichnen. Das Trockengewicht der Weizenkeimlinge lag jedoch bei geteilter N-Düngung der Mutterpflanzen signifikant höher und verzeichnete bei Saatgut von leichtem Boden mit Steigerung der N-Düngung eine deutliche Zunahme. Die Untersuchungen an Roggen (Tab. 686) führten zu einem analogen

Tabelle 686. *Triebkraft und Trockengewicht des Roggens in Abhängigkeit von der Stickstoffdüngung der Mutterpflanzen*
(PRIMOST 1959)

Rein-N kg/ha	Triebkraft in %		Trockengewicht in g (je 100 Pflanzen)	
	geteilte	einmalige	geteilte	einmalige
	N-Gaben		N-Gaben	
ohne N	87,9		0,5031	
40	91,2	90,2	0,5081	0,5116
80	88,2	88,6	0,5137	0,5298
120	91,6	88,6	0,5319	0,5249
160	90,2	87,6	0,5701	0,5470
200	85,7	88,1	0,5506	0,5459

Ergebnis, nur traten hier die Unterschiede im Trockengewicht der Keimlinge bei geteilten und einmaligen N-Gaben weniger deutlich hervor. Bei Gerste führte eine intensive Düngung der Mutterpflanzen zu einer Abnahme der Keim- und Triebkraft, während das Trockengewicht der Gerstenkeimlinge durch erhöhte N-Düngung der Mutterpflanzen wesentlich gesteigert werden konnte (Tab. 687).

Tabelle 687. *Triebkraft und Trockengewicht der Gerste (Winter- und Sommergerste) in Abhängigkeit von der Stickstoffdüngung der Mutterpflanzen*
(PRIMOST 1959)

Rein-N kg/ha	Triebkraft in %		Trockengewicht in g (je 100 Pflanzen)	
	geteilte	einmalige	geteilte	einmalige
	N-Gaben		N-Gaben	
ohne N	92,2		0,4975	
40	91,7	91,8	0,4805	0,5432
80	89,3	87,8	0,5256	0,5590
120	90,6	85,9	0,5583	0,5958
160	89,0	83,1	0,5730	0,6458
200	86,8	86,9	0,5876	0,6256

Der feldmäßige Nachbau des Saatgutes von Winterweizen aus verschieden
mit N versorgten Parzellen lieferte die in Tab. 688 erfaßten Kornerträge. Während

Tabelle 688. *Kornerträge des Weizens in Abhängigkeit von der Stickstoffdüngung
der Mutterpflanzen*
(Primost 1959)

Saatgut aus Parzellen mit Rein-N, kg/ha	Kornertrag in dz/ha				
	1955	1955	1957	1958	1959
	Hav. 34	Taca	Hubertus		
Originalsaatgut ...	35,00	36,95	46,45	23,92	30,59
ohne N..........	32,15	40,35	45,00	26,23	29,89
80	33,60	41,00	45,35	24.96	31.17
120	27,85	37,35	46,45	24,41	33,57
160	31,55	38,45	44.50	24.81	33,12
200	29,80	37,80	43,95	24,58	31,58

im Jahre 1955 bei einer Weizensorte die Erträge mit Originalsaatgut höher
waren als jene des Nachbaues, lieferte die zweite geprüfte Sorte im Nachbau
der verschieden gedüngten Parzellen höhere Erträge. Ein eindeutiger Einfluß
der N-Düngung auf den Saatgutwert konnte in diesen Versuchen nicht fest-

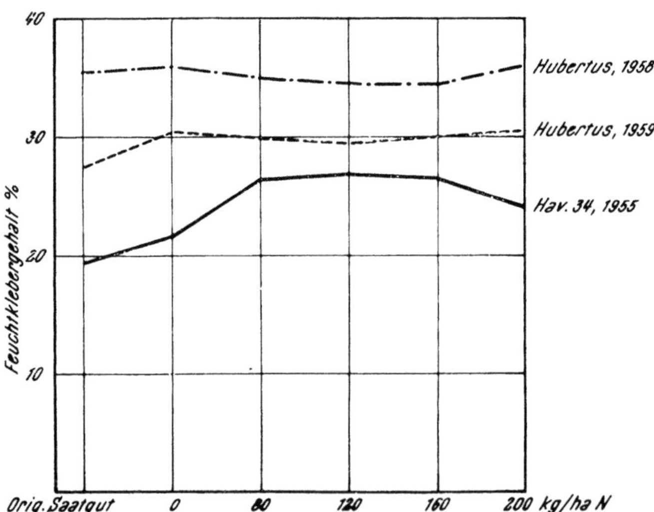

Abb. 298. Klebergehalt des Weizens bei Nachbau in Abhängigkeit von der Stickstoffdüngung der
Mutterpflanzen (Primost 1959)

gestellt werden. Der Klebergehalt dieses nachgebauten Weizens wies im Jahre
1955 einen deutlich höheren Wert bei dem Nachbau von Mutterpflanzen mit
hohen N-Gaben auf, während im Jahre 1958 keine wesentlichen Unterschiede
vorlagen und 1959 sämtliche Nachbaustufen einen höheren Klebergehalt zeigten,
als der Weizen aus Originalsaatgut (Abb. 298). Da jedoch nur in einem Versuchsjahr eine deutliche Abhängigkeit des Klebergehaltes des nachgebauten Weizens
von der N-Versorgung der Mutterpflanzen auftrat, kann aus dem bisher vorlie-

genden Versuchsmaterial noch nicht geschlossen werden, daß der Klebergehalt durch die Düngung der Mutterpflanzen signifikant beeinflußt wird.

Während über die Wirkung der Mineraldüngung auf die Nachkommenschaft von Getreide relativ wenig Arbeiten vorliegen, wurde der Einfluß auf den Pflanzgutwert der *Kartoffeln* wesentlich intensiver untersucht. HILTNER und LANG beschäftigten sich bereits 1921 mit der Frage der Wirkung der Düngung auf den Pflanzgutwert und kamen in ihren Untersuchungen zu dem Schluß, daß auf humosem Schotterboden durch erhöhte Anwendung der Mineraldünger eine deutliche positive Beeinflussung der Ertragsleistung vorlag, jedoch die Weiterverwendung dieses Saatgutes zu Abbau und niedrigeren Erträgen führte. Wurden die Mineraldüngergaben mit Stall- oder Gründünger kombiniert, so lag eine Abschwächung dieses ungünstigen Einflusses vor. Im Gegensatz zu diesen Arbeiten erhielt KOTTMEIER (1927) bei N-Düngung in Form von schwefelsaurem Ammoniak und Harnstoff keine Abbauerscheinungen, wenn die Kartoffeln mit den genannten Düngern gedüngt wurden. Der Einfluß der Wachstumsfaktoren Boden, Klima und Kulturmaßnahmen wirkte sich auf den Abbau stärker aus als die N-Düngung. Wurden jedoch Kalkstickstoff, Natronsalpeter oder Kali einseitig angewendet, so verminderte dies den Pflanzgutwert und die Erträge lagen niedriger. Der N-Gehalt der Knollen wurde durch die N-Düngung gesteigert und dieser gesteigerte N-Gehalt auch auf die Nachgenerationen übertragen. In Versuchen von KRÜGER (1927) wirkten sich auf nährstoffarmen Moor- und Sandböden steigende N-Gaben in einer Erhöhung der Knollenerträge und einer Verbesserung des Pflanzgutwertes aus, während auf schweren Böden der bodenbedingte schlechtere Pflanzgutwert durch N-Düngung noch verschlechtert wurde. Von den geprüften N-Düngern erwiesen sich schwefelsaures Ammoniak und Harnstoff günstiger als Kalk- und Natronsalpeter. Nach Arbeiten von BERKNER und SCHLIMM (1932) beinflußt reichliche Chlorversorgung, bei Anwendung von Chlorkali, den Nachbauwert der Kartoffeln im ungünstigen Sinne. In neueren Versuchen konnte GERICKE (1954, vgl. GEERING 1956) zeigen, daß der Ertrag der Nachbaukartoffeln bei gesteigerter P_2O_5-Düngung der Mutterpflanzen stark zunimmt und gegenüber ohne P_2O_5 eine Zunahme bis zu 34% erreicht. Auch FEISE (1958) tritt für eine starke P_2O_5-Düngung der Saatkartoffeln ein, da diese den Pflanzgutwert sehr günstig beeinflußt. STRICKER (1958) konnte den Einfluß der mineralischen Düngung auf den Virusbefall bei Nachbau nachweisen. Von den geprüften Düngungsvarianten wirkte sich eine Düngung mit NP + K als Chlorkali am ungünstigsten aus, während bei P-Düngung allein und ungedüngt der Gesundheitswert der Knollen am höchsten war. NP + K als schwefelsaures Kali war einer Chlorkali-Gabe weit überlegen. GEYER (1958) betrachtet neben einer richtigen Sortenwahl und einer sachgemäßen Vorbehandlung des Saatgutes eine angemessene Düngung als eine der wichtigsten Maßnahmen im Pflanzkartoffelbau, welche das Jugendwachstum der Kartoffeln fördern. P_2O_5 ist besonders wichtig, da dieser Dünger reifebeschleunigend wirkt, während Cl-haltige Dünger das Wachstum verzögern und eine Vermehrung der Virusträger hervorrufen. In Übereinstimmung mit den Arbeiten von KOTTMEIER (1927) fanden auch HOFFERBERT und PUTLITZ (1956), daß einseitige Düngung den Nachbauwert schädigt. In diesen Versuchen wurde durch steigende N-Gaben der Pflanzgutwert erhöht, während steigende K_2O-Gaben zu einer Verringerung des Nachbauwertes führten. Da nach Arbeiten von DIERCKS und SPRAU (1956) hohe N-Gaben für eine gewisse Zeit den Ausbruch der Krankheitsmerkmale virusinfizierter Pflanzen verhindern, soll im Saatkartoffelbau nur eine mäßige N-Düngung der Bestände vorgenommen werden. Diese mäßige N-Düngung ist jedoch nach DIERCKS und SPRAU nicht am Platze, wenn weder Infektionsquellen noch Übertragungsmöglichkeiten vorhanden sind. Smith und Simpson (1957) vertreten gleichfalls die Ansicht, daß für Kartoffeln zur Saatguterzeugung nicht so hohe N- und K_2O-Mengen wie für Konsumkartoffeln verwendet werden sollen und geben folgende Mengen als Richtlinien für den Saatkartoffelbau an:

200 bis 250 kg/ha schwefelsaures Ammoniak
200 bis 500 kg/ha Superphosphat
125 bis 150 kg/ha Kalidünger

In russischen Versuchen (Krushilin und Schweskaja 1956) zeigten Kartoffeln und Tomaten, mehrere Generationen hintereinander unter Bedingungen verstärkter N- und P_2O_5-Ernährung angebaut, Veränderungen im physiologischen und biochemischen Verhalten. Eine N-Düngung bewirkte eine erhöhte Peroxydase- und Phenoloxydase-Aktivität in den Blättern und ferner eine

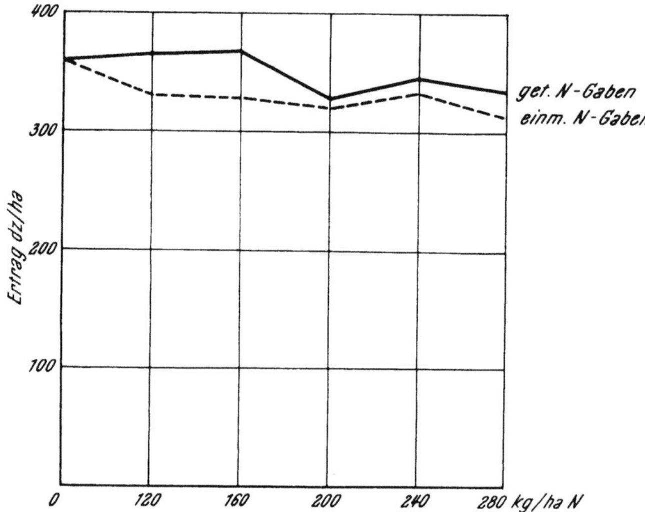

Abb. 299. Knollenertrag der Kartoffeln bei Nachbau in Abhängigkeit von der Stickstoffdüngung der Saatkartoffeln (Primost 1959)

Steigerung des Gehaltes an Ascorbinsäure, Eiweiß-N und Disacchariden, während der Gehalt an Monosacchariden sank. Die Vegetationsdauer wurde verlängert, die Fruchtreife verzögert. Die Reaktion auf P_2O_5-Düngung wies gegensätzliche Tendenz auf. Wurden die Nachkommenschaften auf ungedüngtem Boden angebaut, so blieben diese Veränderungen teilweise erhalten. Die durch P_2O_5-Düngung induzierte Frühreife war noch in der zweiten Generation festzustellen. Bei Nachbau von Knollen von Mutterpflanzen, welche mit steigenden, geteilten und einmaligen N-Gaben gedüngt wurden, konnte Primost (1959) bei den Pflanzen aus den Knollen der mit 240 und 280 kg/ha N gedüngten Parzellen einen stärkeren Virusbefall beobachten als bei den Pflanzen aus dem Saatgut der N-freien und mit 160 kg/ha N gedüngten Parzellen. Der Krankheitsbefall äußerte sich bei den Pflanzen aus dem Saatgut des Versuches mit geteilten N-Gaben deutlicher als bei einmaliger N-Verabreichung. Pflanzgut der extrem hoch gedüngten Parzellen ergab, wie Abb. 299 zeigt, auch einen wesentlich niedrigeren Ertrag als die übrigen N-Düngungsstufen. Während in diesen Versuchen der Stärkegehalt der Knollen durch die Düngung der Mutterpflanzen nicht beeinflußt wurde, lag bei den Knollen der Ernte des Pflanzgutes aus den hochgedüngten Parzellen ein höherer Proteingehalt vor, so daß die Arbeiten von KOTTMEIER (1927), welcher bei erhöhter N-Düngung einen gesteigerten Rohproteingehalt in der Folgegeneration feststellte, bestätigt werden konnten (Tab. 689).

Tabelle 689. *Rohprotein- und Stärkegehalt der Kartoffeln bei Nachbau in Abhängigkeit von der Stickstoffdüngung der Saatkartoffeln*
(PRIMOST 1959)

Ernte aus Pflanzgut, welches mit ... kg/ha Rein-N gedüngt wurde	Rohproteingehalt in %		Stärkegehalt in %	
	geteilte	einmalige	geteilte	einmalige
	N-Gaben		N-Gaben	
ohne N	4,69		20,6	
120	—	5,81	—	18,7
160	5,94	6,63	18,7	18,9
200	7,94	6,88	19,5	19,6
240	5,63	7,13	18,5	19,7
280	6,13	6,69	19,6	19,6

Die Prüfung der Wirkung erhöhter N-Düngung auf den Rohprotein- und Stärkegehalt der Knollen während der Lagerung (PRIMOST 1959) ergab, daß die bei der Ernte ermittelten Unterschiede zwischen den einzelnen Düngungsstufen im wesentlichen bis zum Ende der Lagerung zu verzeichnen waren (Tab. 690).

Tabelle 690. *Rohprotein- und Stärkegehalt der Kartoffeln während der Lagerung in Abhängigkeit von der Stickstoffdüngung*
(PRIMOST 1959)

Rein-N kg/ha	Oktober		November		Dezember		Januar		Februar		März	
	I	II	I	II	I	II	I	II	I	II	I	II[1]

Rohproteingehalt (Durchschnitt der Jahre 1956 bis 1959) in %

Rein-N kg/ha	Oktober		November		Dezember		Januar		Februar		März	
ohne N	6,91		7,01		7,52		7,46		7,43		6,75	
80	7,09	8,18	7,60	8,11	8,99	7,37	8,29	7,19	7,50	8,36	7,29	8,15
120	7,38	7,66	7,95	8,36	8,06	7,18	8,35	8,54	8,22	8,02	7,95	8,00
160	8,46	8,05	8,50	8,23	8,37	8,87	8,07	9,20	8,37	8,27	9,09	7,39
200	8,75	8,20	8,29	8,22	8,53	7,95	9,24	9,24	8,53	8,96	8,69	8,17
240	8,23	8,85	8,95	8,39	8,66	8,66	8,68	9,23	9,85	8,41	8,30	8,76

Stärkegehalt (Durchschnitt der Jahre 1953 bis 1959) in %

Rein-N kg/ha	Oktober		November		Dezember		Januar		Februar		März	
ohne N	19,6		19,7		19,9		20,2		20,1		19,9	
80	19,6	19,3	19,3	18,9	18,8	18,6	20,0	19,7	19,8	20,0	19,4	19,9
120	18,6	18,0	18,2	18,2	19,2	18,7	19,7	19,4	18,7	18,9	19,2	18,9
160	18,6	17,9	18,1	17,8	18,9	18,2	19,2	18,9	18,9	19,2	18,9	19,4
200	18,5	18,1	17,9	17,7	18,9	18,2	18,9	18,9	18,8	18,9	19,2	18,4
240	18,4	18,1	17,2	17,3	18,6	18,7	18,9	18,8	18,3	18,3	18,6	18,7

[1] I = geteilte N-Gaben,
II = einmalige N-Gaben.

MULDER (1955) untersuchte den Einfluß der Düngung auf das Verhalten der Kartoffelknollen während der Lagerung hinsichtlich der Respirationsrate und fand, daß N- und P_2O_5-Mangel in einigen Fällen zu herabgesetzter Atmung führten, während sich bei K_2O-Mangelknollen eine beträchtliche Erhöhung der Respirationsrate ergab. MgO beeinflußte die Atmung während der Lagerung nicht.

J. und A. Potatujewa (1958) untersuchten die Wirkung von Bor, Mangan und Molybdän auf die Keimfähigkeit von *Zuckerrüben*samen und fanden, daß eine Düngung mit den genannten Nährstoffen eine Steigerung der Keimfähigkeit um 8% hervorrief und Mehrerträge an Rübensamen von 800 kg/ha erzielt wurden.

Von den übrigen landwirtschaftlichen Kulturpflanzen wurde von Kupri-janowa (1957) die Wirkung der Düngung auf den Samenertrag und die Keimfähigkeit von Weißkraut geprüft. Durch organisch-mineralische Gemische konnte in diesen Versuchen die Keimfähigkeit der Samen um 9 bis 15,5% gesteigert und der Samenertrag erhöht werden. Hewitt und Mitarbeiter (1954) zeigten, daß bei unterschiedlicher Versorgung der Pflanzen mit verschiedenen Mikronährstoffen die Samen der geprüften Pflanzen einen unterschiedlichen Nährstoffgehalt aufwiesen und Kupfer- und Molybdän-,,Mangel"-Samen hatten einen niedrigeren Gehalt an diesen Nährstoffen als Samen aus Pflanzen, welche mit Kupfer und Molybdän gedüngt wurden. Eine Verwendung dieser ,,Mangel"-Samen in Mangelkultur senkte den Ertrag deutlich.

Die vorliegenden Versuche über die Wirkung der Mineraldüngung auf den Saat- und Pflanzgutwert lassen erkennen, daß bei Nährstoffmangel oder einseitig hoher oder unsachgemäßer Düngung eine ungünstige Wirkung auf die Nachkommenschaft der Pflanzen vorliegen kann, da die Zusammensetzung der Inhaltsstoffe der Pflanzen und insbesondere der Samen neben anderen Wachstumsfaktoren, wie Boden, Klima, usw. auch deutlich von der Düngung mitbestimmt wird. Eine harmonische Versorgung mit sämtlichen Nährstoffen führt daher nicht nur zu hohen Ertragsleistungen und optimaler Qualität der Ernteprodukte, sondern sichert auch, sachgemäß angewandt, zufriedenstellendes, gesundes Saat- und Pflanzgut.

Literatur

Babajan, G. B.: Die Erhöhung des Eiweißgehaltes im Weizenkorn und die Vererbungsmöglichkeit dieser Eigenschaften. Nachr. Akad. Wiss. Armen. SSR, biol. landw. Wiss. **11**. Nr. 3. 77–80 (1958). — Berkner. F.. und W. Schlimm: Der Einfluß von nach Menge und Form gestaffelten Kaligaben auf Menge und Güte des Ertrages einer stärkereichen Kartoffelsorte, auf die chemische Zusammensetzung der Knollen, ihren Speise- und Pflanzgutwert. Ein Beitrag zum Abbauproblem der Kartoffel. I. Mitt. Landw. Jb. **76**, 783–808 (1932).
Diercks. R., und F. Sprau: Versuch zur Frage des Einflusses der Stickstoffdüngung auf Krankheitsbild und Ertrag verschieden stark abgebauter Kartoffelherkünfte. Bayer. Landw. Jb. **33**, 37–46 (1956).
Feise, J.: Die Wirkung von Thomasphosphat auf phosphorreichen Sandböden. Praxis u. Forsch. **10**, Nr. 3, 47–48 (1958). — Fox, R. L.. und W. A. Albrecht: Soil fertility and the quality of seeds. Univ. Missouri, Coll. Agric., Agric. Exper. Stat. Bull. **1957**. Nr. 619, 3–23. — Frey, K. J., und S. C. Wiggans: Growth rates of oats from different test weight seed lots. Agron. J. **48**, Nr. 11, 521–523 (1956).
Geering, J.: Über Biologie und Düngung. Schweiz. Landw. Mh. **1956**, Heft 4. 1–23. — Gericke, S.: Düngung der Kartoffel, S. 39. 1954. — Gericke, S., und S. Jürgens-Gschwind: Phosphorsäuredüngung im Getreidebau. Phosphorsäure **17**, 5/6, 316–340 (1957). — Geyer, H.: Zur Düngung der Pflanzkartoffeln. Hefte f. d. Kartoffelbau **10**, 58–64 (1958). — Grebinski, S. R., A. I. Burlak, J. A. Rubanjuk und I. A. Skorochodowa: Der Einfluß der Düngung auf die Dominanz von Merkmalen bei Weizen- und Tomatenhybriden. Sowjetwiss. naturwiss. Beitr. **1956**, 828–837.
Hewitt, E. J.. E. W. Bolle-Jones und P. Miles: The production of copper. zinc and molybdenum deficiencies in crop plants grown in sand culture with special

reference to some effects of water supply and seed reserves. Plant a. Soil **5**, 205–222 (1954). — HILTNER, L., und F. LANG: Über den Einfluß der Überdüngung auf den Ertrag und den Abbau der Kartoffel. Landw. Jb. f. Bayern **1921**, 36. — HOFFERBERT, W., und G. ZU PUTLITZ: Kann man durch mineralische Düngung den Nachbauwert der Kartoffeln beeinflussen? Kartoffelbau **7**, 112–115 (1956).

KOTTMEIER, F.: Ertrag und Pflanzgutwert der Kartoffel unter Berücksichtigung des Einflusses von Stickstoffdüngemitteln und verschiedenen Bodenarten. Kühn-Arch. **15**, 25 (1927); Ref. nach Fortschr. Landw., S. 562, 1928. — KRÜGER, K.: Die Wirkung stickstoffhaltiger Düngemittel auf den Wert des Pflanzgutes und die Zusammensetzung der Kartoffel bei vier verschiedenen Bodenarten. Landw. Jb. **66**, H. 5, 781 (1927). — KRUSHILIN, A. Ss., und S. M. SCHWEDSKAJA: Der Einfluß der Mineralstofferrnährung auf die Eigenschaften der Pflanzen. J. allg. Biol. **17**, 436–442 (1956). — KUPRIJANOWA, W. K.: Die Wirkung grob granulierter Organo-Mineraldünger auf die Krankheitsresistenz und den Ertrag der Kohl-Samenträger. Düngung u. Ernte **2**, Nr. 8, 48–50 (1957). — KÜRTEN, P. W.: Stickstoff-Spätdüngung zu Weizen. Dtsch. Landw. Presse **81**, 176 (1958).

MULDER, E. G.: Effect of mineral nutrition of potato plants on respiration of the tubers. Acta bot. neerl. **4**, 429–451 (1955).

PINEWITSCH, W. W.: Wirkung und Nachwirkung der dem Boden zugefügten Nährstoffe auf den Ertrag und die biochemische Zusammensetzung der Gerstenkörner. Wiss. Ber. Leningrader staatl. Shdanow-Univ. **1955**, Nr. 186. Fak. Bodenbiol., Ser. biol. Wiss. Nr. 39, 129–148. — POTATUJEWA, J., und A.: Die ertragssteigernde Wirkung einer Bor-Mangan-Düngung bei Zuckerrübensamenträgern. Zuckerrübe **3**, Nr. 10, 28–30 (1958). — PRIMOST, E.: Unveröffentlichte Versuche, 1959.

SMITH, A. M., und K. SIMPSON: The manuring of potatoes. Scott. Agric. **36**, 201––204 (1957). — STRICKER, H.: Untersuchungen über die Beeinflussung des Pflanzgutwertes der Kartoffel durch mineralische Düngung in einer Abbaulage. Dtsch. Landw. **3**, 1–5 (1958).

WAGENITZ, G.: Über die Änderung der Pollengröße von Getreide durch verschiedene Ernährungsbedingungen. Ber. Dtsch. Bot. Ges. **68**, 24/11, 297–302 (1955).

XVII. Die Rentabilität und wirtschaftliche Bedeutung der Düngung

Von

H. Linser

A. Allgemeines

Eine gute Wirtschaftlichkeit (hohe Rentabilität) der Düngung ist Voraussetzung für ihren praktischen Einsatz und Erfolg. Der Einsatz von Düngemitteln geschieht, um eine Reihe verschiedenartiger praktischer Ziele zu erreichen: jedes von ihnen bietet Vorteile gegenüber dem ohne den Einsatz von Düngemitteln erreichbaren Optimum an Leistung und Erfolg.

Da ist zunächst der *landwirtschaftliche Produzent*, welcher die Düngung als Produktionsmittel benützt. Sein unmittelbares Interesse an diesem Produktionsmittel besteht darin, einen möglichst hohen Reinertrag, ausgedrückt in erworbenem Geld, zu erzielen. Er verlangt daher, daß die Kosten der Düngung in einem günstigen Verhältnis zu ihrem Ertrag an marktfähiger Ware und dem für sie erzielbaren Preis stehen, welche daher auch die vom Markt gewünschte Qualität aufweisen und zum preisgünstigsten Zeitpunkt vorliegen soll. Er verlangt aber auch, daß das Produktionsmittel Düngung sich in den Organismus seines Wirtschaftsbetriebs so einordnet, daß nicht nur der unmittelbare Ertrag aus diesem Produktionsmittel selbst, sondern vor allem der Ertrag aus dem gesamten Wirtschaftsbetrieb das erreichbare Maximum darstellt. Ihm kommt es daher neben der Rentabilität der Düngungsmaßnahmen selbst besonders auf den betriebswirtschaftlichen Gesamterfolg der Düngung an.

Neben den landwirtschaftlichen Produzenten sind, vor allem bei Produkten, welche in großen Mengen industriell weiterverarbeitet werden, die *Großabnehmer* an der Durchführung bestimmter Düngungsmaßnahmen interessiert, weshalb häufig in Anbauverträgen besondere Düngungsvorschriften gefordert bzw. in wesentlichen Einzelheiten festgelegt werden. Dies geschieht teils zur Sicherung ausreichender Versorgung der verarbeitenden Industrien mit Rohstoff aus deren Einzugsgebiet, teils aber auch zur Erzielung oder Einhaltung einer bestimmten Qualität des zur Verarbeitung bestimmten Produktes.

Die Summe der betriebswirtschaftlichen Gesamterfolge der landwirtschaftlichen Produktionsstätten ist von enormer Bedeutung für die *Volkswirtschaft:* einerseits weil durch sie ein bedeutender Teil des Volkseinkommens geschaffen, andererseits weil durch sie die Grundlage der Ernährung der Bevölkerung, also die unmittelbarste völkische Lebensgrundlage, erzeugt und sichergestellt wird. Damit ist auch die grundlegende Bedeutung der Düngung im Rahmen der *Weltwirtschaft* gegeben und deren entscheidende Auswirkung auf den möglichen bzw. jeweils gegebenen Stand der Bevölkerungsziffer sowie den Trend der Bevölkerungsentwicklung der gesamten Welt verständlich.

B. Die Rentabilität der Düngung

Wenn Überlegungen darüber angestellt werden, welchen wirtschaftlichen Erfolg ein Produktionsmittel — wie beispielsweise die Düngung ein solches darstellt — zu bringen geeignet ist, so ist man geneigt oder gewohnt, Begriffe wie „Wirtschaftlichkeit", „Produktivität" oder „Rentabilität" zu verwenden und in die Diskussion einzuführen. Leider handelt es sich bei diesen Bezeichnungen nicht um klare, eindeutig definierte Begriffe, vielmehr wurden ihnen verschiedene Bedeutungsinhalte zugeordnet (ARNDT 1935). Vielfach wurden die drei Begriffe synonym verstanden, doch ist gegenwärtig eine differenzierte Begriffsbestimmung gebräuchlich. „Produktivität" ist ein Begriff, der während der letzten Jahre einen Bedeutungsinhalt angenommen hat, der sich mehr auf die technischen Belange der Produktion und ihrer Hilfsmittel sowie auf das Verhältnis von Arbeitskraft zu Produktionsleistung bezieht als auf eine rein wirtschaftlich-finanzielle Betrachtungsweise der Produktion. Man ist versucht, wie folgt zu definieren:

$$\text{Produktivität} = \frac{\text{Menge an Produkt}}{\text{Zahl der Produktionseinheiten}},$$

wobei allerdings an Stelle der Zahl der Produktionseinheiten auch andere betriebliche Größen (Energieverbrauch, Materialverbrauch, Zahl der Arbeitskräfte u. dgl.) eingesetzt werden können, so daß mehrere, auf verschiedene betriebliche Kennzahlen bezogene Begriffe der Produktivität aufgestellt werden können. Viel benützt wird gegenwärtig die Angabe der Produktivität in Umsatz pro Arbeitnehmer, welche der eben angeführten generellen Begriffsbestimmung entspricht. „Wirtschaftlichkeit" (nach SOMBART = „Rationalität") bezeichnet das Wirtschaftsprinzip der Anwendung des kleinsten Mittels, also das Sparprinzip. Eine formelmäßige Definition der „Wirtschaftlichkeit" wurde von BOUFFIER (1946) versucht mit dem Ausdruck:

$$\text{Wirtschaftlichkeit} = \frac{\text{Nutzen}}{\text{Aufwand}}.$$

Hierbei können nun allerdings die Begriffe „Nutzen" und „Aufwand" in verschiedener Weise interpretiert werden, und es ist nicht notwendig, dabei den finanziellen Nutzen und den finanziellen Aufwand allein einander gegenüberzustellen; vielmehr können auch nicht unmittelbar in Geldwert angegebene Faktoren mit in die Kalkulation gezogen werden.

In Analogie zu dieser Formulierung gibt GERBEL (1955) eine viel engere, konkrete Definition des Begriffes „Rentabilität" mit

$$\text{Rentabilität} = \frac{\text{Gewinn}}{\text{Kapital}},$$

den er in Prozenten angegeben sehen möchte. Er stellt eine Relation her zwischen dem Einsatz an finanziellen Mitteln, welcher notwendig ist, um einen Gewinn zu erzielen, und der Größe dieses Gewinns.

a) Allgemeine Grundlagen der Rentabilitätsberechnung

Im vorliegenden Abschnitt interessiert nicht die Rentabilität der Erzeugung von Düngemitteln bzw. der verschiedenen Herstellungsverfahren für Düngemittel, sondern ausschließlich die Rentabilität des Einsatzes von Düngemitteln zur Erzeugung land- und forstwirtschaftlicher sowie garten-, obst- und weinbaulicher oder sonstiger pflanzlicher Rohprodukte im land- und forstwirtschaftlichen, garten-, obst- und weinbaulichen bzw. im Plantagenbetrieb. In allen diesen Fällen

wird ein Anbau von Pflanzen betrieben, um aus ihm nicht nur möglichst hohe
Absoluterträge (zumeist im volkswirtschaftlichen Gesamtinteresse), sondern
(zumeist im betriebswirtschaftlichen Einzelinteresse) auch möglichst hohe
finanzielle Gewinne und (oder) eine möglichst hohe Verzinsung des in dem Anbau
investierten Kapitals zu erzielen. Die Düngung stellt ein geeignetes Mittel dar,
um diesen Zielen näherzukommen. Welches dieser Ziele in den Vordergrund
gestellt wird, ist abhängig von der wirtschaftlichen Gesamtsituation, in welcher
sich der jeweilige Staat, in dem der Produktionsbetrieb arbeitet, oder aber der
einzelne Produktionsbetrieb selbst befindet.

Einfache Wirtschaftlichkeitsberechnungen bei Düngeversuchen werden gewöhnlich in einer Form aufgestellt, wie dies an einigen Beispielen die folgende
Zusammenstellung zeigt, die sich auf umfangreiche Versuchsreihen von
Aufhammer (vgl. Lorch 1958) mit sechs verschiedenen Sommerweizensorten
bezieht. Sie brachten gegenüber „ungedüngt" mit 45 kg/ha N, 45 kg/ha P_2O_5
und 120 kg/ha K_2O einen Mehrertrag von 6,6 dz/ha (=27,3%); Sommergerste
(10 verschiedene Sorten) brachte im Mittel gegenüber „ungedüngt" bei 40 kg/ha N,
75 kg/ha P_2O_5 und 120 kg/ha K_2O einen Mehrertrag von 9,5 dz/ha (=37,0%);
bei Wintergerste (4 Sorten) brachten 60 kg/ha N, 75 kg/ha P_2O_5 und 120 kg/ha
K_2O einen Mehrertrag von in diesem Falle nur 3,6 dz/ha.

Tabelle 691. *Beispiel der Wirtschaftlichkeit der Volldüngung mit mineralischen
Nährstoffen bei einigen Düngungsversuchen*

Frucht	Mehrertrag bei Volldüngung dz/ha	Kosten der Volldüngung gerechnet in Ertrag dz/ha	Reingewinn dz/ha	Verzinsung des investierten Düngerkapitals um %
Sommerweizen ...	6,6	2,7	3,9	+154
Sommergerste ...	9,5	3,5	6,0	+171
Wintergerste	3,6	4,7	−1,1	− 23

Mehrere Beispiele für die Wirtschaftlichkeit der Düngung finden sich ferner
in den die Düngung der einzelnen Kulturpflanzen betreffenden Abschnitten
dieses Bandes.

Das wirtschaftliche Ergebnis einer Düngung steht keineswegs in unmittelbarer
Korrelation mit dem Aufwand an Düngemitteln. Einige Beispiele mögen zeigen,
in welchem verschiedenen Umfang sich das in die Düngung investierte Kapital
im Verlaufe einer einzigen Erzeugungsperiode bezahlt macht bzw. verzinsen kann.

Für den Weizen gibt Tab. 692 eine Übersicht an Hand von Durchschnitts-

Tabelle 692. *Wirtschaftlichkeit der Stickstoffdüngung bei Weizen
(Beispiel)*

Düngung mit Kalkammon-salpeter kg/ha	Körner-ertrag dz/ha	N-Dün-gungs-kosten dz/ha	Bearbeitungs- und Düngungs-kosten dz/ha	Reinertrag der N-Düngung dz/ha	Verzinsung des Düngungs-kapitals um %	Verzinsung des Anbau-kapitals um %
—(PK)	24,99	—	12,65	—	—	—
200	31,10	1,0	13,65	6,11	+511	+45
400	31,03	2,0	14,65	6,04	+202	+41
600	28,99	3,0	15,65	4,00	+35	+25
800	26,99	4,0	16,65	2,00	—50	—12

erträgen aus 22 Versuchen in sechs verschiedenen Jahren mit sieben verschiedenen Sorten bei gesteigerten, zu $^1/_3$ im Herbst und zu $^2/_3$ im Frühjahr verabreichten Stickstoffgaben.

Analoge Zahlen liefert Tab. 693 mit Durchschnittserträgen aus 16 Versuchen in sechs verschiedenen Jahren mit drei verschiedenen Sorten, ebenfalls bei gesteigerten, zu $^1/_3$ im Herbst und zu $^2/_3$ im Frühjahr verabreichten Stickstoffgaben verschiedener Höhe.

Tabelle 693. *Wirtschaftlichkeit der Stickstoffdüngung bei Roggen*
(Beispiel)

Düngung mit Kalkammon-salpeter kg/ha	Körner-ertrag dz/ha	N-Dün-gungs-kosten dz/ha	Bearbeitungs- und Düngungs-kosten dz/ha	Reinertrag der N-Düngung dz/ha	Verzinsung des Düngungs-kapitals um %	Verzinsung des Anbau-kapitals um %
—(PK)	20,85	—	13,3	—	—	—
200	25,48	1,1	14,4	4,63	+ 321	+ 32,1
400	28,02	2,2	15,5	7,17	+ 259	+ 46,1
600	29,60	3,3	16,6	8,75	+ 166	+ 52,6
800	29,78	4,4	17,7	8,93	+ 104	+ 50,5
1000	30,20	5,5	18,8	9,35	+ 70	+ 49,8

Tabelle 694. *Wirtschaftlichkeit einer Volldüngung bei zwei verschieden hohen Gaben im Mittel aus 33 Kartoffel-Versuchen*
(nach G.W. COOKE 1954)[1]

Volldünger 7:7:10,5 kg/ha	Ertrag in dz/ha	Wert des Er-tragsgutes in £/ha	Kosten der Düngung £/ha	Gewinn £/ha	Gewinn pro t Volldünger	Verzinsung des Dünger-kapitals um %
0	161	202	—	—	—	—
952	244	305	17	86	90	+ 405
1904	280	350	34	114	60	+ 198

[1] Zitiert nach IGNATIEFF und PAGE (1958), S. 254.

Über die Wirtschaftlichkeit verschieden hoher Volldüngergaben bei Kartoffeln gibt Tab. 694 ein Beispiel.

Aus allen diesen Zahlen ist ersichtlich, daß das in die Düngemittel investierte Kapital sich mit sehr hoher Verzinsung zurückzahlen kann, daß die Höhe der Verzinsung aber in sehr starkem Maße von der Höhe der verabreichten Düngemittelmengen abhängig ist bzw. bestimmt wird. Besonders hohe Düngemittelgaben müssen sich nicht bezahlt machen, sondern können auch zu Verlusten führen. Es ist daher von großer Wichtigkeit für die Praxis der wirtschaftlichen Anwendung von Düngemitteln, die naturwissenschaftlichen Gesetzmäßigkeiten, welche die Abhängigkeit der Verzinsung des in Düngemitteln investierten Kapitals von der Höhe der Düngemittelgaben regeln, zu kennen und sie als Grundlage für die rechnerischen Rentabilitätsüberlegungen zu benützen, die die Voraussetzung für einen wirtschaftlich erfolgreichen Einsatz von Düngemitteln bilden.

Die Produktion von pflanzlichem Material in Abhängigkeit von verschieden hohen Düngergaben ist keine einfache lineare Beziehung, sondern gekennzeichnet durch eine Funktion, welche nicht nur als das „Gesetz vom abnehmenden Ertragszuwachs", sondern auch als „Ertragsgesetz" von E. A. MITSCHERLICH bekannt ist (vgl. Bd. I). Die Zusammenhänge zwischen dem erzielten Gesamtertrag an pflanzlichem Produkt (y) einerseits und der verabreichten Düngermenge wird danach durch die folgende Gleichung wiedergegeben:

$$y = A \left(1 - e^{-c(x+b)}\right) \cdot e^{-k(x+b)^2},$$

wobei A den unter den durch eigene Ausdrücke in der Gleichung nicht erfaßten Versuchsbedingungen theoretisch erzielbaren Höchstertrag (für den Fall $k=0$) darstellt, c einen Wirkungsfaktor für das in seiner Menge variierte Düngemittel bedeutet, x für die variierte Menge dieses Düngemittels steht, b die im Boden vorhandene, entsprechende Nährstoffmenge angibt und k ein „Schädigungs-faktor" sein soll, der für ertragsdrückende, physiologische Wirkungen zu hoher Düngemittelmengen einen Maßstab bietet.

In Abb. 300 ist ein Beispiel für einen Kurvenverlauf nach dieser Gleichung graphisch dargestellt, um daran die grundsätzlichen Wirtschaftlichkeits-, Produktivitäts- und Rentabilitätsüberlegungen durchführen zu können.

Die mit y bezeichnete Ertragskurve zeigt einen steilen Anstieg, ein Abflachen zu einem Optimum und dann einen Abfall zu kleineren Werten.

Die Tatsache, daß die Ertragskurve, über eine sehr breite Skala von x-Werten (Düngermengen) betrachtet, eine Optimumkurve ist, läßt bereits einige Wirtschaftlichkeitsfragen berührende Schlußfolgerungen zu, nämlich:

1. daß zu große Düngergaben unwirtschaftlich sein müssen und

2. daß man einer bestimmten Menge eines Nährstoffes, Nährstoffgemisches oder Düngemittels keine bestimmte, zahlenmäßig als Konstante angebbare Ertragsleistung zuordnen kann. Dies gilt sowohl für die einfache (schädigungsfaktorfreie) Form der Ertragsgleichung, welche sich asymptotisch dem Wert A annähert (vgl. Abb. 302, gestrichelte Kurve), als auch für die — besonders im Falle des Stickstoffs bzw. der Stickstoffdüngemittel gültige, durch den Ausdruck e^{-kx^2} erweiterte Form (mit dem Schädigungsfaktor k). Würde nämlich jede Teilmenge an Düngemittel einen gleichen Ertragszuwachs veranlassen, unabhängig davon, ob im Boden bereits viel oder wenig von diesen Nährstoffen vorhanden ist und auch unabhängig davon, ob die Teilmenge in einer kleinen oder großen Gesamtmenge verabreicht wird, so würde das bedeuten, daß die Ertragskurve eine Gerade sein müßte.

1. Die kg-Nährstoff-Leistung

Trotzdem die Ertragskurve tatsächlich keine Gerade ist, und eine Angabe einer konstanten Ertrags- bzw. Zuwachsleistung pro kg Nährstoff oder Düngemittel nicht möglich ist, sofern man den Gesamtbereich des Ertragsgesetzes berücksichtigt, wird in der Praxis doch immer wieder der Begriff einer „*Kilogramm-Nährstoff-Leistung*" (beispielsweise einer „Kilogramm-Stickstoff-Leistung") benützt und zu Kalkulationen herangezogen. Man darf diesen Begriff jedoch nur mit sehr großer Vorsicht ausschließlich dann verwenden, wenn er sich auf ganz bestimmte, eng begrenzte Bedingungen bezieht. Wenn z. B. von einem mit Phosphorsäure und Kali gedüngten Feldstück ein Winterweizenertrag von 24 dz/ha geerntet wird und von einem ebensolchen, das neben dieser Grunddüngung auch noch 200 kg Kalkammonsalpeter ($=50$ kg Rein-N) erhalten hatte, 30,4 dz/ha erhalten würde, so rechnet man, daß die 50 kg Rein-Stickstoff einen Mehrertrag von 6,4 dz/ha gebracht haben und die kg-Stickstoff-Leistung somit 12,8 kg Weizen/ha betrug. Wenn allerdings im gleichen Versuch die 20-kg-N-Leistung aus der zwischen PK + 400 und PK + 600 kg Kalkammonsalpeter erhaltenen Ertragsdifferenz von 35,5—35,1 = 0,4 dz/ha errechnet worden wäre, ergäbe sich eine kg-N-Leistung von nur 0,8 kg Weizen/ha. Der Begriff der kg-N-Leistung ist daher nur dort verwendbar, wo es sich um die Betrachtung von Teilstücken als Ertragskurve handelt, welche näherungsweise als Gerade betrachtet werden können. Definitionsmäßig ist die kg-Nährstoffleistung charakterisiert als die Tangente an der Ertragskurve bei dem jeweils betrachteten Abszissenwert x und es ist klar, daß die Tangenten für x und x' um so stärker in ihrem Neigungswinkel voneinander abweichen müssen, je weiter die beiden Werte (x, x') voneinander entfernt sind, also je mehr sie sich voneinander unterscheiden. Wenn es sich also beispielsweise um eine Betrachtung darüber handelt, wieviel Weizen im Durchschnitt eines ganzen Landes durch die Gesamtmenge mehr produziert wurde, als ohne diese Düngermengen möglich gewesen wäre, dann mag die Errechnung einer kg-Düngemittel-Leistung einen brauchbaren Dienst erweisen. Prinzipiell handelt es sich um einen variablen Wert, der von der jeweils gegebenen Gesamtdosis zwar abhängig, ihr aber keineswegs proportional ist. Es ist daher zweckmäßig, die kg-Nährstoff-Leistung allgemeinen Überlegungen nicht zugrunde zu legen, sondern an ihrer Stelle die Funktion des Ertragsgesetzes selbst zu benützen.

Die Frage: ,,Wieviel Kilogramm Ertrag bringt ein Kilogramm Düngemittel?", ist eben nicht in der gestellten einfachen Form mit einer Zahl zu beantworten. Die Frage nach der Wirtschaftlichkeit der Düngung liegt viel komplizierter und bedarf einer, den Gesetzlichkeiten der Ertragsbildung durch Düngung besser angepaßten Formulierung.

In der Praxis muß sich der Landwirt vor allem die Frage vorlegen, welche Düngermenge er verabreichen soll, um einen optimalen wirtschaftlichen Erfolg zu erzielen. Dieser wirtschaftliche Erfolg kann nur innerhalb der Rentabilitätsgrenzen für x gefunden werden. Es ist daher erforderlich, die Rentabilitätsgrenzwerte für x aufsuchen zu können.

2. Die Rentabilitätsgrenzen

Die Bestimmung der Rentabilitätsgrenzwerte für x, also die Bestimmung jenes Größenbereiches, in welchem Düngemittelgaben Mehrerträge mit wirtschaftlichem Erfolg, d. h. bei gewährleistetem Ersatz und Verzinsung des eingesetzten Kapitals bringen, kann mit Hilfe der unter den gegebenen Verhältnissen experimentell ermittelten Ertragskurve (y in Abb. 300) auf graphischem Wege erfolgen. Eine diesbezügliche Darstellung gibt Abb. 300.

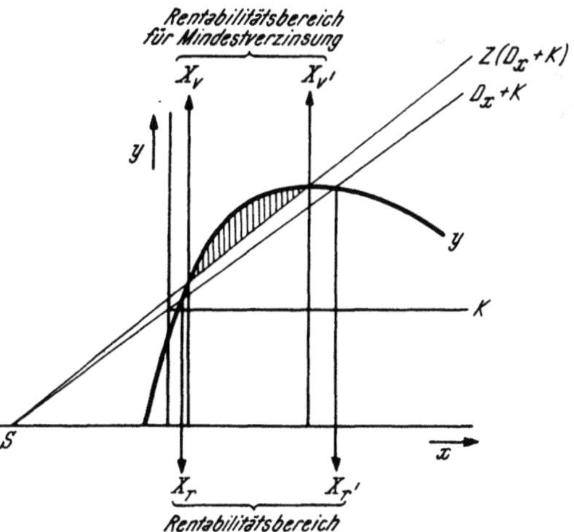

Abb. 300. Graphische Ermittlung des Rentabilitätsbereiches für die Größe von x (Düngemittelgabe) an Hand der experimentell ermittelten Ertragskurve (y) (s. Text)

Die für den Anbau gemachten Aufwendungen sind als ,,konstante Kosten" als die zur X-Achse parallele Gerade k eingezeichnet. Beim Schnittpunkt dieser Geraden mit der y-Achse (y = Ertrag) ist $x = 0$, d. h. daß auch die Kosten für den in der Menge variierten Nährstoff hier gleich Null sind. Sie steigen jedoch, ihrem Preis (D) entsprechend proportional zur Größe von x an, so daß die für den in der Menge variierten Nährstoff aufzuwendenden Kosten, zusammen mit den konstanten Kosten durch die Gerade $Dx + K$ gegeben sind. Diese Gerade schneidet die Ertragskurve (y) an zwei Punkten $(x_r$ und $x_r')$, und es ist deutlich ersichtlich, daß nur innerhalb des Bereichs zwischen den Punkten x_r und x_r' liegende Düngermengen einen Ertrag liefern, der den Gesamtaufwand ersetzt und eine Verzinsung des eingesetzten Kapitals ermöglicht. Dieser Bereich kann daher zweckmäßig als ,,*Rentabilitätsbereich*'', die Werte x_r und x_r' aber können als die ,,Rentabilitätsgrenzen'' der Düngermenge bezeichnet werden. Dabei wird in den Rentabilitätsgrenzen selbst keine Verzinsung des eingesetzten Kapitals $(Dx + K)$ erhalten, sondern nur bei Werten für x, deren Größe zwischen x_r und x_r' liegt. Es ist nun wünschenswert, feststellen zu können, innerhalb welchen Größenbereiches von x auch eine während der Produktionszeit am eingesetzten Kapital versäumte Verzinsung ersetzt wird. Man kann dies dadurch erreichen, daß man die Gerade $Dx + K$ bis zum Schnitt mit der nach links verlängerten x-Achse verlängert, an der y-Achse den Wert für K um den dem in Frage stehenden Zinsfuß (bzw. der Verzinsungsdauer) entsprechenden Betrag erhöht und durch den so gewonnenen Punkt eine neue Gerade zieht, welche als $Z(Dx + K)$ in Abb. 300 sichtbar ist und die Ertragskurve in den Punkten x_v und x_v' schneidet, welche den ,,Rentabilitätsbereich für Mindestverzinsung'' begrenzen. Dieser Bereich ist in Abb. 300 schraffiert wiedergegeben.

3. Die Maximalgewinngabe

Innerhalb des Rentabilitätsbereiches werden bei verschiedenen Größen von x verschieden hohe Reingewinne erzielt. Betriebswirtschaftlich ist jene Größe von x von Bedeutung, bei welcher der maximale Reingewinn erzielt wird. Man bezeichnet diese Größe zweckmäßig als ,,*Maximalgewinngabe*''. In Abb. 301 ist diese mit $x_{G\,max}$ gekennzeichnet. Ihre Größe kann leicht graphisch dadurch er-

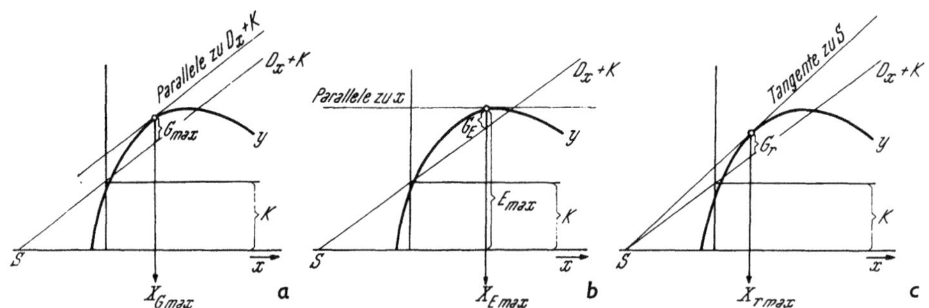

Abb. 301. Die graphische Ermittlung der wirtschaftlich wichtigen Düngergaben. *a*) Konstruktion zur Ermittlung der Maximalgewinngabe $(x_{G\,max})$ durch Parallele zu $Dx + K$ als Tangente an die Ertragskurve. *b*) Konstruktion zur Ermittlung der Maximalertragsgabe $(x_{E\,max})$ durch Parallele zur x-Achse als Tangente an die Ertragskurve. *c*) Konstruktion zur Ermittlung der Maximalverzinsungsgabe $(x_{r\,max})$ durch Tangente vom Schnittpunkt S an die Ertragskurve (y)

mittelt werden, daß man eine Parallele zu der Geraden $Dx + K$ (oder gegebenenfalls zu jener $Z(Dx + K)$, wenn dies erwünscht ist) als Tangente an die Ertragskurve legt und den dem Berührungspunkt zugeordneten Wert von x aufsucht. Für diesen Wert von $x\,(= x_{G\,max})$ ist der Reingewinn ein Maximum (und ist deshalb in Abb. 301 a mit G_{max} bezeichnet).

4. Die Maximalertragsgabe

Falls nicht der größte Reingewinn, sondern (eventuell aus volkswirtschaftlichen oder ernährungspolitischen Gründen) der Gesamtertrag an Produkt als Wirtschaftsziel gestellt wird, kann die zum maximalen Gesamtertrag führende Düngermenge $x_{E\,max}$ leicht dadurch ermittelt werden, daß eine Parallele zur x-Achse als Tangente an die Ertragskurve gelegt und der entsprechende Wert für x aufgesucht wird ($=x_{E\,max}$). Abb. 301 b zeigt an diesem Beispiel, daß für diesen Fall die Reingewinne G_E kein Maximum sind, sondern ein kleinerer Wert.

5. Die Maximalverzinsungsgabe

Wird maximale Rentabilität angestrebt, so soll nicht der Reingewinn ein Maximum sein, sondern die Relation Reingewinn: eingesetztes Kapital den größtmöglichen Wert annehmen, da die Rentabilität durch diese Relation definiert ist (vgl. S. 1391). Die Düngermenge, bei welcher dieser größtmögliche Wert der Rentabilität (r_{max}) erzielt wird, kann auf graphischem Wege an der experimentellen Ertragskurve (y) nach dem Schema, welches in Abb. 301 c dargestellt ist, ermittelt werden. Hierzu wird vom Schnittpunkt S (der Geraden $Dx+K$ mit der x-Achse) ausgehend eine Tangente an die Ertragskurve gelegt. Der für den Berührungspunkt gültige Wert von x gibt die „*Maximalverzinsungsgabe*" an, welche als $x_{r\,max}$ bezeichnet werden kann. Der Reingewinn G_r (bei maximaler Rentabilität) ist ebenfalls ein kleinerer Wert als der maximal mögliche Reingewinn (G_{max}), doch ist hier die Nutzung des Kapitals eine maximale.

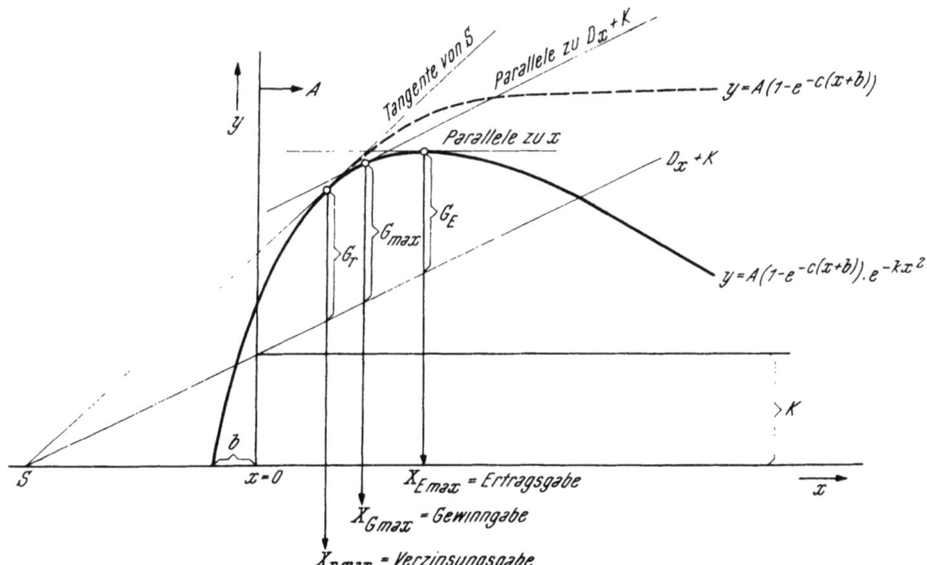

Abb. 302. Schematische Darstellung der Ertrags-, Reingewinn- und Verzinsungsverhältnisse bei der Pflanzenproduktion mit Hilfe von Düngemitteln (s. Text)

Das Schema der graphischen Wirtschaftlichkeitsbestimmung von Düngergaben verschiedener Größe, wie es der Abb. 300 zugrundeliegt, wurde in einfacher Form bereits von RHEINWALD (1948) verwendet. Eine analoge graphische Darstellung benützten ferner LINSER und PELIKAN (1952) für Überlegungen über die Rentabilität geteilter, hoher Stickstoffgaben (vgl. Linser 1955 und 1958) während Gerbel (1955) eine ähnliche seinen ganz allgemeinen Betrachtungen über Rentabilität zugrunde legt (Gerbel, S. 102).

Linser und Pelikan (1952) unterschieden die drei Begriffe „Bringungsgabe" (hier mit „Maximalertragsgabe" bezeichnet), „Verzinsungsgabe" (hier „Maximalverzinsungsgabe" genannt) und eine „Rentabilitätsgabe", bzw. „Gewinngabe"

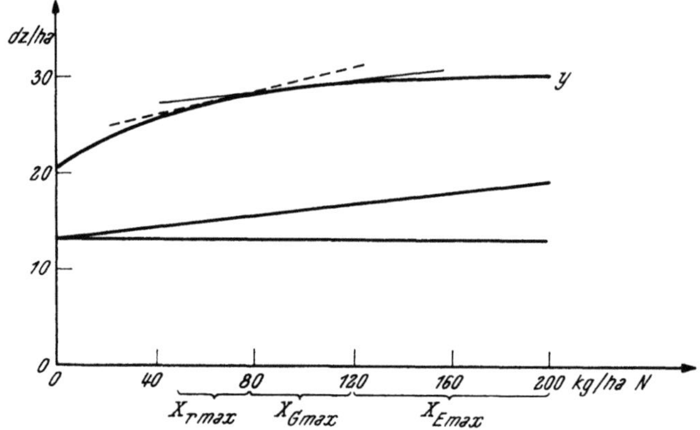

Abb. 303. Die Wirtschaftlichkeit verschieden hoher, zu einem Drittel im Herbst und zu zwei Dritteln im Frühjahr verabreichter Stickstoffgaben zu Winterroggen nach mehrjährigen Versuchen (1954 bis 1959) mit vier verschiedenen Sorten von Winterroggen (vgl. Linser und Primost 1959)

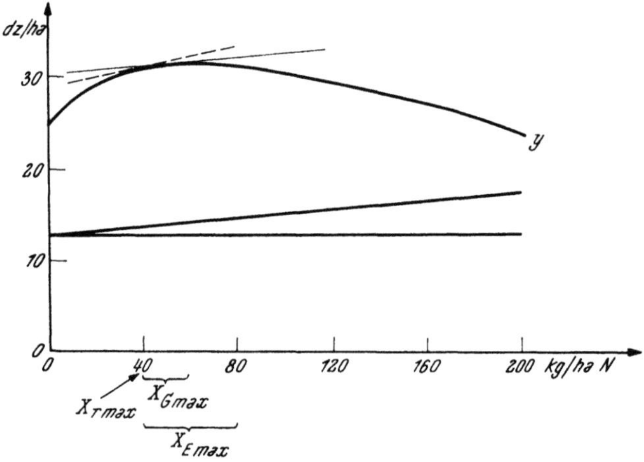

Abb. 304. Die Wirtschaftlichkeit verschieden hoher, zu einem Drittel im Herbst und zu zwei Dritteln im Frühjahr verabreichter Stickstoffgaben zu Winterweizen nach mehrjährigen Versuchen (1951 bis 1959) mit verschiedenen Sorten von Linser und Primost

(Linser 1954), mit welcher die hier als „Maximalgewinngabe" bezeichnete Größe gemeint war. Auch Gerbel (1955) unterscheidet — unter Vernachlässigung des für den Kapitalertrag uninteressanten Maximalertrages an *Produkt* — zwischen dem „größten absoluten Ertrag" (womit der größte absolute Reingewinn, also G_{max} gemeint ist) und der „besten Rentabilität" (womit die maximalverzinste Größe des Reingewinns, also G_r gemeint ist).

Daß die drei Werte für $x_{E\,max}$, $x_{r\,max}$ und $x_{G\,max}$ mitunter (abhängig von dem speziellen Verlauf der Ertragskurve) ziemlich weit voneinander entfernt liegen, also ziemlich verschieden groß sein können, zeigt Abb. 302, bei welcher alle drei Werte nebeneinander eingezeichnet sind. Es können in der Praxis aber auch Ertragskurven vorkommen, bei welchen alle drei Reingewinnwerte (bzw. die zugehörigen x-Werte) nicht sehr unterschiedlich groß sind, so daß sie praktisch als zusammenfallend betrachtet werden können. Je mehr aber die experimentell gefundene Ertragskurve sich der theoretischen einfachen (schädigungsfaktor-freien) Form nach der Gleichung $y = A\,(1 - e^{-c(x+b)})$ annähert, desto größer wird die Differenz zwischen $x_{G\,max}$ und $x_{r\,max}$. Wie die Abb. 302 ferner zeigt, reihen sich die Maximalverzinsungszugaben gesetzmäßig der Größe nach wie folgt:

$$x_{r\,max} < x_{G\,max} > x_{E\,max}$$

so daß $x_{r\,max}$ mit dem geringsten Einsatz an Kapital arbeitet, während $x_{E\,max}$ den höchsten Kapitalaufwand erfordert.

In den Abb. 303 und 304 sind experimentell erhaltene Ertragskurven mit steigenden bei zeitlichen N-Gaben bei üblicher Düngungsweise und Aufteilung des Stickstoffs aus langjährigen Versuchen mit mehreren Sorten als Beispiel dargestellt und die konstruktiv ermittelten Werte für $X_{G\,max}$, $X_{p\,max}$ und $X_{E\,max}$ angezeigt. Am Beispiel des Roggens zeigt sich dabei, daß diese einzelnen Größen für X bei flachem Kurvenverlauf innerhalb weiter Grenzen variieren können, ohne daß eine die Fehlergrenzen überschreitende Änderung der Maximalwerte für G, p und E eintritt. So kann der Wert für G_{max} im vorliegenden Roggen-Beispiel zwischen 80 und 120 kg/ha erreicht werden, der für E_{max} bei $X = 120$ bis 200 kg/ha und der Wert für r_{max} bei $X = 50$ bis 80 kg/ha N. Beim Weizen dagegen (Abb. 304) verläuft die Kurve nicht so flach, sondern mit einem ausgeprägteren Optimum. In diesem Falle ist für r_{max} ein X ohne besondere Toleranz notwendig, während das $X_{G\,max}$ eine Toleranz von etwa ± 10 kg/ha und $X_{E\,max}$ eine solche von etwa ± 20 kg/ha zuläßt. Die Größe der Toleranz für die Werte von $X_{r\,max}$, $X_{G\,max}$ und $X_{E\,max}$ steigt bei der Normalkurve von $X_{r\,max}$ zu $X_{E\,max}$ in der gegebenen Reihenfolge an. Bei einem atypischen Verlauf der Ertragskurve kann aber auch für $X_{p\,max}$ eine ziemlich hohe Toleranz auftreten.

b) Rentabilitätsberechnung

Zur Berechnung der Werte für den Reingewinn, der bei der Maximalertragsgabe, der Maximalverzinsungsgabe und bei der Maximalgewinngabe oder bei einer anderen Düngemittelgabe erzielt werden kann, ist es ebenso wie bei der Berechnung der jeweiligen Rentabilität erforderlich, *Kosten und Erträge in gleichem Maßsystem* anzugeben, um unmittelbar Gewinne ermitteln zu können. Bei Abb. 302 handelt es sich um ein Koordinatensystem, in welchem die Abzisse (x) linear steigende Düngergaben anführt, die als Gewichte (beispielsweise Reinnährstoffe in kg/ha, g/Gefäß oder Düngemittel–Ware in dz/ha o. dgl.) angegeben werden. An der Ordinate (y) dagegen sind die Erträge an landwirtschaftlichem bzw. entsprechendem Produkt aufgetragen. Man kann y in dz/ha, g/Gefäß (bezogen auf Frischsubstanz, Trockensubstanz, Inhaltsstoffe u. dgl.) angeben, je nachdem, was als Ertragsgut das wirtschaftliche Interesse beansprucht.

Für Rentabilitätsüberlegungen ist es möglich, zweierlei verschiedene Maße für y einzusetzen, nämlich entweder

1. die Erträge in Gewichten anzugeben und die Preise der Düngemittel sowie die Höhe des betrieblichen Produktionsaufwands in Gewichte des Ertragsgutes umzurechnen, oder

2. die Erträge in den dafür erzielten (bzw. erzielbaren) Geldwert umzurechnen (also y in Geldwert anzugeben) und die Preise der Düngemittel sowie die Höhe des betrieblichen Produktionsaufwandes ebenfalls in Geldwert anzuführen.

Es ist eine Frage der Zweckmäßigkeit im einzelnen Fall, welche der beiden Möglichkeiten man vorziehen will. Bei vergleichenden Betrachtungen der Rentabilität in verschiedenen Ländern bei verschiedenen Währungen oder von verschiedenen Zeitabschnitten mit verschiedener Kaufkraft einer Währung bzw. verschiedener Preisrelationen innerhalb der Gesamtwirtschaft erscheint es zweckmäßig, die Erträge y nicht in Geldwert anzugeben, sondern in Ertragsgewichten, also die im ersten Punkt angeführten Möglichkeit zu benützen.

Die in den Abb. 300 bis 302 gegebenen Schemata haben eine Reihe von Begriffen definiert, deren jeweilige Größen, um damit rechnen zu können, bekannt sein oder genauer erläutert werden müssen.

Da ist zunächst die Größe K, welche die konstanten Kosten des Anbaues zusammenfaßt. Die Summe dieser Kosten ist zusammengesetzt aus:

Saatgutkosten
Düngemittelkosten (Grunddüngung ausschließlich des mit X variierten Nährstoffdüngers)
Bewässerungskosten
Kosten für Unkrautbekämpfungs- und Pflanzenschutzmittel
Bearbeitungskosten (Bodenbearbeitung zur Saat; Ausbringung der Saat; Ausbringung der Düngung; Pflegearbeiten; Unkrautbekämpfung; Pflanzenschutz; Erntearbeiten; Produktionsbereitung)
Verpackungs- und Transportkosten (Säcke, Steigen, Transport zum Markt usw.)
Abschreibungen für bewegliche und feste Produktionsmittel (anteilige Gesamtabschreibung)

Wenn K bei ansteigendem x als konstant gesetzt wird, so ist dabei vorausgesetzt, daß die Bearbeitungskosten durch ansteigendes x nicht meßbar ansteigen. Dies muß nicht stets der Fall sein, vielmehr muß angenommen werden, daß gewöhnlich mit steigendem Ertrag auch der für Pflege, Erntearbeiten, Produktvorbereitung, Verpackungs- und Transportkosten aufzuwendende Betrag ansteigt. Für eine genaue Rechnung im besonderen Fall müßte also K diesbezüglich korrigiert werden. Da gewöhnlich aber mit steigendem Ertrag auch die innerbetrieblich verwertbaren Neben- bzw. Abfallprodukte in steigender Menge anfallen (Stroh, Blattmasse, Wurzelrückstände u. dgl.), kann geprüft werden, ob der Mehraufwand an den genannten Komponenten von K nicht durch diese nicht in die Größe von y eingehenden Mehrerträge an Neben- und Abfallprodukt ausgeglichen wird. Falls dies annähernd erreicht ist, kann K tatsächlich als konstante Größe eingesetzt werden. Man kann jedoch auch, um diese Komplikation zu umgehen, die Kosten für Erntearbeiten, Produktionsbereitung, Verpackungs- und Transportkosten nicht K zurechnen, sondern als Komponente von D behandeln. Es wird im konkreten Einzelfall zu entscheiden sein, welches Verfahren man vorziehen will.

Die Größe D setzt sich zusammen aus dem Preis ab Lager des mit x variierten Düngemittels, den anteiligen Transportkosten vom Lager zum Betrieb, den anteiligen Lagerungskosten im Betrieb, eventuell entstehenden Kosten für die Vorbereitung des Düngemittels zur Ausbringung, sowie die Kosten für den Transport des Düngemittels zum Feld und für die Ausbringung selbst. (Dazu kommen, falls nicht bei K bereits einbezogen, die Kosten für Erntearbeiten,

Produktvorbereitung, Verpackungs- und Transportkosten.) x gibt die ausgebrachte bzw. auszubringende Düngemittelmenge an. Wenn dies wünschenswert erscheint, können auch die Reinnährstoffmengen für x eingesetzt werden, doch muß dann die Größe von D auf den Nährstoffpreis korrigiert werden.

Wird der Ertrag E in Gewicht angegeben, so ist der Ertrag in Geldwert durch Multiplikation von E mit P, dem Erzeugerpreis des Produktes, zu ermitteln. Soll y den Ertrag in Geldwert angeben, so gilt $y=E\cdot P$, und K sowie D müssen in diesem Fall gleicherweise in Geldwert angegeben werden. Die Reingewinne $G_{\max}$, G_r und G_E werden dann ebenso in Geldwert anfallen.

Soll dagegen y in Produkt-Gewichten ausgedrückt werden, so sind die Geldwerte von K und D, bevor sie in die Rentabilitätsrechnung eingehen, durch den Produktpreis P zu dividieren.

Für den erstgenannten Fall der Angabe von y in Geldwert lautet die Formel für die Berechnung des Reingewinnes (G) bei einem bestimmten Wert von x wie folgt:

$$G = P\cdot A\ (1 - e^{-c\,(x+b)})\cdot e^{-k\,x^2} - (Dx+K)$$

Die Werte für A, c, b und k sind dabei als bekannt vorausgesetzt, weil sie aus der experimentell erhaltenen Ertragskurve ermittelt werden können.

Während diese Gleichung für die Errechnung von G für bestimmte Werte von x noch praktisch brauchbar erscheint, wird der Rechenvorgang viel zu kompliziert, wenn es sich darum handeln sollte, mit ihrer Hilfe bzw. von ihr ausgehend, $G_{\max}$, $G_{E\,\max}$ oder $G_{r\,\max}$ aufzusuchen. Für diesen Zweck ist die graphische Methode die weitaus einfachere und empfehlenswerte.

Wird eine bestimmte Mindestverzinsung des eingesetzten Kapitals verlangt und soll der Reingewinn abzüglich dieses Zinsengewinnes berechnet werden, so ist der Ausdruck $(Dx+K)$ um den Zinsfuß zu erweitern, wie dies in Abb. 300 an einem Beispiel geschehen ist, nämlich auf

$$Z\cdot (Dx+K)$$

wobei Z ein Wert ist, der sich aus dem Zinssatz in Prozenten ($Z_{\%}$) und der Verzinsungsdauer (t) in Monaten (Produktionsdauer bzw. Bindungsdauer des eingesetzten Kapitals) ergibt, errechnet nach

$$Z = \frac{t\,(100 + Z_{\%})}{1200}$$

Die oben gegebene Gleichung für G verlangt eine hinreichende Kenntnis der Konstanten für die jeweils vorliegenden Produktionsbedingungen (c, b, k) und ist unter dieser Voraussetzung geeignet, die Größe von G für verschiedene Werte von x oder die Größe von x für verschiedene Werte von G zu berechnen. Dagegen wird die Lösung der für die Praxis wichtigsten Frage, nämlich nach der Größe von x, bei welcher G ein Maximum wird, mathematisch zu kompliziert, um mit einfachen Mitteln bewältigt zu werden.

Mit der Berechnung der Rentabilität auf Grund von Ertragskurven zweier variabler Produktionsfaktoren haben sich bereits HEADY und Mitarbeiter (1955) sowie später RUTHENBERG (1958, 1959) befaßt. HEADY verwendet Begriffe wie die „Isoquanten", die „Isoklinen" und das „ökonomische Optimum" sowie von „Produktionsoberflächen" und eine vereinfachte „Produktionsfunktion", welche einer mathematischen Behandlung einfacher zugänglich ist, als die sachlich besser fundierte und kausal ausdeutbare Funktion des Mitscherlichschen Ertragsgesetzes.

Die genannten Autoren gehen von der Überlegung aus, daß durch die variabel gehaltene Düngergabe zusätzliche Erträge (additiv zum Kontrollertrag bei $x = 0$) erhalten werden, deren Größe (nach der Funktion des Ertragsgesetzes) mit steigendem Aufwand an x abnimmt. Dieser Grenzertrag (de) entspricht definitionsmäßig im Prinzip der kg-Nährstoff-Leistung und kann in Gewicht des Ertragsgutes oder in Geldwert ausgedrückt werden. Er ist somit die Größe jenes zusätzlichen Ertrages, der durch die jeweils letzte Mengeneinheit an Nährstoff (bzw. Düngemittel) zusätzlich erzielt worden ist. Der wirtschaftlich optimale Düngeraufwand (F) liegt dort, wo der letzte Einzelaufwand (dd) an Düngemittel durch den von ihm bewirkten Grenzertrag (de) gerade noch bezahlt wird; dies ist beim Schnittpunkt (P) der den Preis der Düngermengeneinheit darstellenden Parallelen (Pd) zur x-Achse (in Abb. 305) mit der Grenzertragskurve der Fall. Ist Pd der Preis der Düngemittel-Mengeneinheit und Pe der Preis des

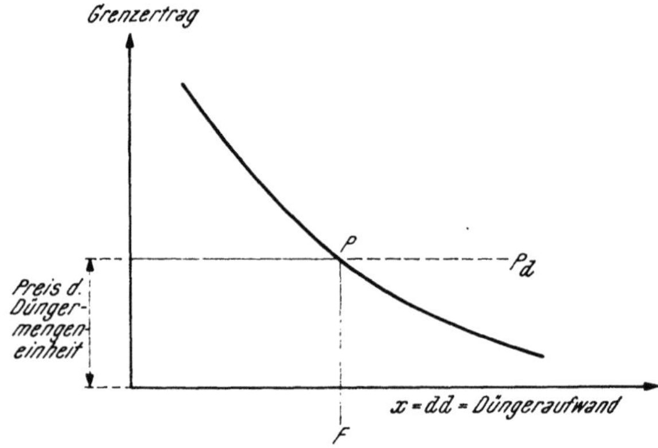

Abb. 305. Schematische Darstellung des optimalen Düngeraufwandes (F) nach Ruthenberg (1959)

Ertragsgutes (bzw. „Erzeugnisses"), so gilt:

$$(dd) \cdot (Pd) = (de) \cdot (Pe)$$

oder

$$\frac{(Pd)}{(Pe)} = \frac{(de)}{(dd)}$$

Die Ertragsfunktion wird vereinfachend als eine quadratische Funktion der Form

$$y = -a + bx = cx^2$$

gefaßt, wobei a, b, c Zahlenwerte sind, die durch das Versuchsergebnis bestimmt sind, y die bei verschiedenen Werten von x (Düngeraufwand) gefundenen Erträge bezeichnet. Das Verhältnis de/dd (also das Verhältnis von Grenzertrag zu Grenzaufwand) wird aus der ersten Ableitung der obigen Produktionsfunktion als

$$y' = b - 2cx$$

berechnet. Hierbei wird allerdings ersichtlich, daß die Darstellung der Ertragskurve als Polynom zweiten Grades eine unzulässige Vereinfachung darstellt, da die erste Ableitung nur mehr eine Gerade und nicht eine Kurve gemäß Abb. 305 darstellt, wodurch ein beachtlicher Fehler in der Berechnung von F (Abb. 305) entsteht. Aus

$$\frac{Pd}{Pe} = \frac{de}{dd} = b - 2\,cx$$

errechnet sich der Wert F (als x bei dem Punkt P in Abb. 305) nach

$$F = \frac{b - \dfrac{Pd}{Pe}}{2\,c}$$

Der durch die Vereinfachung, welche durch die Darstellung der Ertragsfunktion als nur zweigliedriges Polynom vorgenommen wird, bewirkte Fehler in der Errechnung von F wird um so größer sein, je größer der zusätzlich zur Normalform des Ertragsgesetzes zu berücksichtigende Schädigungsfaktor k ist. Es muß daher vor Anwendung dieses vereinfachten Rechnungsschemas jeweils geprüft werden, ob Voraussetzungen vorliegen, welche einen nur geringen Fehler gewährleisten, ob also die Anwendung des vorliegenden Rechnungsverfahrens gerechtfertigt ist. Im allgemeinen aber dürfte die unter Abschn. 3 bis 5, S. 1396 f. geschilderte graphische Ermittlung der Wirtschaftlichkeitsgrößen den für die Praxis sichersten und bequemsten Weg zur Rentabilitätsfeststellung bilden.

HEADY und Mitarbeiter (1955) haben das geschilderte Rechnungsverfahren auch auf den Fall zweier oder mehrerer Nährstoffe erweitert. Die Darstellung der Abhängigkeit des Ertrages an Aufwand an zwei verschiedenen Düngemitteln gibt eine „Produktionsoberfläche" (vgl. das Beispiel in Abb. 306), für welche mittels multipler Regression eine Produktionsfunktion errechnet werden kann, welche sich der Produktionsfläche zwar fehlerhaft, aber doch mit einer für besonders geprüfte Fälle ausreichenden Genauigkeit anpaßt und die allgemeine Form:

$$y = a + b_p\,X_p + b_k\,X_k + c_p\,X_p{}^2 + c_k\,X_k{}^2 + r\,X_p\,X_k$$

wobei X_p und X_k die Mengen der beiden Düngemittel sind, a, b_p, b_k, c_p, c_k Konstanten und r den Regressionskoeffizienten zu PK darstellen. Je größer dieser ist, desto mehr steigert die Anwendung des einen Nährstoffes die ertragssteigernde Wirkung des anderen und umgekehrt. Die erste Ableitung aus der Produktionsfunktion ergibt die beiden Grenzertragsgleichungen

$$y_p{}' = \frac{dy}{dx_p} = b_p - 2\,c_p\,X_p + r\,X_k \quad \text{und} \quad y_k{}' = \frac{dy}{dx_k} = b_k - 2\,c_k\,X_k + r\,X_p$$

welche, da im Maximalertrag definitionsmäßig die Grenzerträge beider Nährstoffe gleich Null sind, daher auch gleich Null gesetzt und nach P und K gelöst werden können. Die gefundenen Werte für P und K geben dann die Düngergaben an, bei welchen der Ertrag ein Maximum ist. Der Optimalaufwand liegt dort, wo die Grenzkosten dem Grenzertrag gleich sind; es gilt also:

$$dy \cdot P_e = dX_p \cdot P_p \quad \text{und} \quad dy \cdot K_e = dX_k \cdot P_k$$

(wobei P_e der Preis des Produktes, P_p der Preis des einen und P_k der Preis des anderen der beiden Düngemittel ist, dy der Grenzertrag und dX_p sowie dX_k die Größen des Grenzaufwandes).

Aus

$$\frac{dy_p{}'}{dx_p} = \frac{P_p}{Pe} = b_p - 2\,c_p\,X_p + r\,X_k \quad \text{und} \quad \frac{dy_k}{dx_k} = \frac{P_k{}'}{Pe} = b_k - 2\,c_k\,X_k + r\,X_p$$

errechnen sich die Werte F_q und F_k (analog wie S. 1403) nach

$$F_p = \frac{b_p + r\,X_k - \dfrac{P_p}{Pe}}{2\,c_p} \quad \text{und} \quad F_k = \frac{b_k + r\,X_p - \dfrac{P_k}{Pe}}{2\,c_p}$$

Die Düngergabe $F_p + F_k$ ist also unter den Bedingungen, für welche die Produktionsfunktion gilt, die wirtschaftlich optimale und stellt außerdem das wirtschaftlich optimale Nährstoffverhältnis der beiden Düngerkomponenten zueinander dar. Bei Berücksichtigung der durch die nicht in allen Fällen zulässigen Vereinfachungen bedingten Fehler bzw. Fehlermöglichkeiten bietet die vorliegende Rechenmethode nach Heady und Mitarbeiter daher auch die Möglichkeit, ein wirtschaftlich optimales Nährstoffverhältnis rechnerisch zu ermitteln.

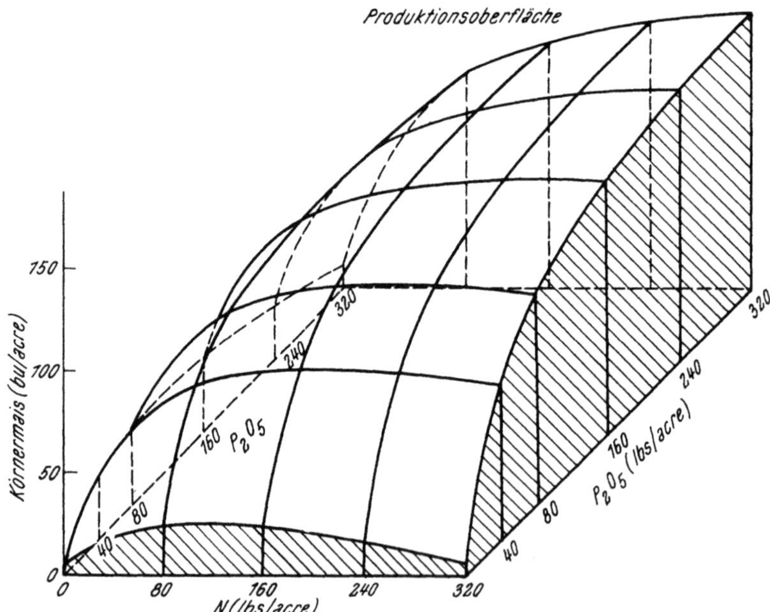

Abb. 306. Ertrag an Körnermais durch Düngung mit Stickstoff und Phosphorsäure (nach Heady, Brown und Mitarbeitern 1955)

Die Wirtschaftlichkeit einer Düngungsmaßnahme kann in einfacher Weise auch durch den Anteil der Düngungskosten an den Gestehungskosten des verkaufsfähigen bzw. zur Nutzung gelangenden Produktes zahlenmäßig zum Ausdruck gebracht werden. Tab. 695 gibt an Hand eines Wiesendüngungsversuches ein solches Beispiel für die Rentabilität der Stärkewerteerzeugung bei verschiedenen Düngergaben. Die Gestehungskosten des Produktes pro kg STE,

Tabelle 695. *Gestehungskosten der Stärkeeinheit im Wiesendüngungsversuch*

Düngung	Düngungskosten	STE kg/ha	Düngerkosten für 1 kg STE in S
A	1119,20	5494,18	0,20
B	1373,20	5450,63	0,25
C	1627,20	5439,24	0,30
D	1881,20	5640,53	0,33
E	2135,20	5999,32	0,36
F	2389,20	6013,74	0,40

welche sich ohne Berücksichtigung der Düngungskosten ergeben, sind um den in der Tabelle enthaltenen Wert der Düngungskosten je kg STE zu erhöhen. Die Zahlen der Tab. 695 zeigen unmittelbar, daß durch verschiedene Düngergaben die Gestehungskosten pro kg STE ganz wesentlich verändert werden können.

c) Preise von Düngemitteln und landwirtschaftlichen Produkten

Die Preise der Düngemittel sind je nach den Produktionsbedingungen und den wirtschaftlichen Verhältnissen verschiedener Länder (wie Tab. 696 zeigt, auch innerhalb Europas) unterschiedlich hoch und schwanken vielfach auch von

Tabelle 696. *Die Kaufkraft von Getreide für Düngemittel und die Preise der wichtigsten Düngemittel während der Jahre 1954 bis 1956 in fünf verschiedenen europäischen Ländern* (nach KORTH 1957)

Land		Westdeutschland	Niederlande	Dänemark	Schweden	Großbritannien
für 100 kg Getreide erhielt man kg N	1954	27	29	25	26	48
	1955	30	30	24	27	48
	1956	35	30	26	30	47
für 100 kg Getreide erhielt man kg P_2O_5	1954	50	45	44	49	85
	1955	56	47	43	48	79
	1956	64	47	42	51	79
für 100 kg Getreide erhielt man kg K_2O	1954	106	83	82	95	105
	1955	121	86	82	95	103
	1956	137	86	86	103	100
Preise: Pfennig je kg Reinnährstoff frei Hof — Kalkammonsalpeter	1954	125	100	112	124	100
	1955	114	101	118	124	98
	1956	102	100	118	125	100
Superphosphat	1954	88	70	63	72	52
	1955	80	72	65	73	57
	1956	75	75	72	77	57
Kalidüngesalz	1954	33	36	34	37	39
	1955	29	36	34	37	40
	1956	27	36	35	38	41

Jahr zu Jahr. Gleiches gilt für die Preise landwirtschaftlicher Produkte, weshalb die Relation der Preise für Düngemittel und jener für landwirtschaftliche Produkte noch größeren Schwankungen unterworfen sind. Übersichten über die diesbezüglichen Verhältnisse verschiedener Länder geben Veröffentlichungen der FAO (seit 1951/52 beispielsweise FAO 1957).

Um einen wenigstens größenordnungsmäßigen Vergleich zwischen den Düngemittel- bzw. Nährstoffpreisen und den Preisen der wichtigsten landwirtschaftlichen Ertragsgüter zu geben, ist in Tab. 697 der Preis der Kernnährstoffe N, P_2O_5 und K_2O in verschiedenen, hauptsächlich verwendeten Düngemitteln, in

Tabelle 697. *Übersicht über die Preise der Kernnährstoffe in Form einiger wichtiger Düngemittel[1] in Ertragswerten einiger landwirtschaftlicher Kulturpflanzen (dz)*

100 kg Reinnährstoff		N		P_2O_5		K_2O	
in Form von		Kalkammonsalpeter	Harnstoff	Superphosphat	Thomasmehle	40er-Kali	Patent-Kali
kosten als	ö. S.	619,51	760,87	355,55	331,25	197,50	282,14
Weizen 249,50		2,48	3,05	1,42	1,33	0,79	1,13
Weizenstroh, lose 36,50		16,97	20,85	9,74	9,08	5,41	7,73
Roggen 229,50		2,69	3,36	1,54	1,44	0,86	1,23
Roggenstroh, lose 36,50		16,97	20,85	9,74	9,08	5,41	7,73
Hafer.......... 183,50		3,38	4,14	1,93	1,80	1,08	1,54
Braugerste 209,50		2,96	3,63	1,69	1,58	0,94	1,35
Futtergerste ... 187,00		3,31	4,06	1,90	1,77	1,06	1,51
Mais.......... 188,90		3,28	4,03	1,88	1,75	1,04	1,49
Kartoffeln...... 67,00 (Holl. Erstlinge)		9,24	11,36	5,36	4,94	2,94	4,21
Kartoffeln...... 77,00 (Ackersegen)		8,05	9,88	4,62	4,30	2,56	3,66
Wiesenheu, lose 52,50		11,08	14,49	6,77	6,31	3,76	5,37
Rotkleeheu, lose 50,50		12,27	15,07	7,04	6,56	3,91	5,59

[1] Zugrunde gelegt sind hier die in Österreich im Durchschnitt des Jahres 1959 gültig gewesenen Preise, welche folgende Geldwerte darstellten:

Kalkammonsalpeter (20,5 %) = 127,— S
Harnstoff (46 %)   = 350,— S
Superphosphat (18 %)   = 64,— S
Thomasmehl (16 %)   = 53,— S
40er Kali (40 %)   = 79,— S
Patentkali (28 %)   = 79,— S je 100 kg.

entsprechenden Ertragswerten landwirtschaftlicher Erzeugnisse (Erzeugerpreise) ausgedrückt. Selbstverständlich beziehen sich diese auf eine zwar mögliche (und zu einer bestimmten Zeit in einem bestimmten Lande tatsächlich gültige) Relation zwischen Düngemittelpreis und Produktpreis, doch darf nicht vergessen werden, daß sich diese Relation sehr schnell und sehr wesentlich verändern kann und im Laufe der Zeit in manchen Ländern auch sehr stark verändert hat. Für Deutschland zeigen dies beispielsweise die Kurven der Abb. 307.

Für verschiedene europäische Länder mag eine auf die 1959 gültigen Preise gestützte vergleichende Übersicht für das Düngejahr 1959/60, welche die Rela-

tion des Preises der Stickstoffdüngemittel zu den bei wichtigen landwirtschaftlichen Produkten erzielbaren Verkaufserlösen angibt, zeigen, daß hier zwar

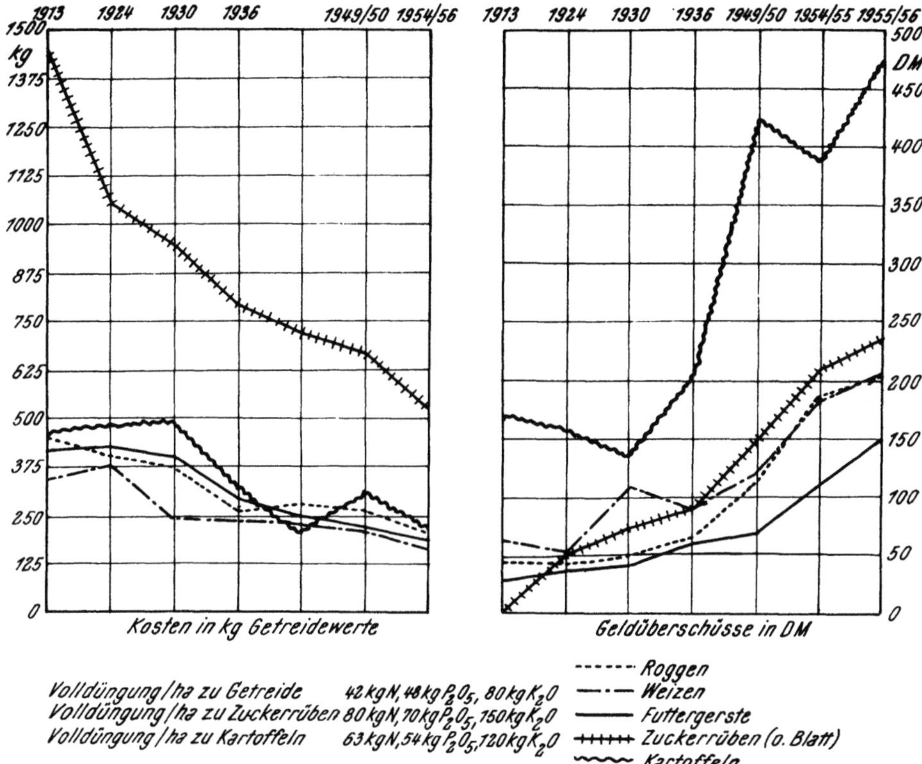

Abb. 307. Die Kosten und Geldüberschüsse einer Volldüngung in Deutschland während der Jahre 1913 bis 1956 (nach ALTEN und DOEHRING 1957)

bedeutende regionale Unterschiede auftreten, so daß die Rentabilität der Düngung durch sie in verschiedenen Ländern verschiedene zahlenmäßige Werte
annehmen kann (Tab. 698).

Daß außerdem noch dadurch Unterschiede der Rentabilität der Düngung
in verschiedenen Ländern auftreten können, daß die betriebswirtschaftlichen
Voraussetzungen verschieden sind und daß vor allem die pflanzenbaulichen
Voraussetzungen und Bedingungen andersartig sein können, bedarf keiner besonderen Ausführung.

Die Verhältnisse von Düngemittelpreisen zu den Preisen der landwirtschaftlichen Produkte haben sich im allgemeinen bzw. im Weltdurchschnitt über
lange Zeiträume hin so günstig gestaltet, daß es den Delegierten des III. Weltkongresses für Düngungsfragen im September 1957 in Heidelberg möglich war,
in einer Resolution als Punkt 5 festzustellen: „Die seit mehr als 100 Jahren
in der fortschrittlichen Landwirtschaft in Verbindung mit der organischen
Düngung angewendete Mineraldüngung hat sich als eine der rentabelsten Betriebsmaßnahmen erwiesen."

Tabelle 698. *Preise der Stickstoffdüngemittel,*
Anzahl der kg der wichtigsten Produkte, die der Landwirt verkaufen muß, um

Länder	Deutschland		Österreich	Belgien
	mit Subv.	ohne Subv.		
Weichweizen	2,47	2,88	2,50	3,—
Roggen	2,63	3,05	2,70	4,3
Futtergerste	2,83	3,30	2,70	4,2
Mais				
Zuckerrübe	14,6	17,—	18,— (mit 14%)	22,8
Kartoffel	8,7	10,1	8,—	11,2
Konsummilch	2,97	3,46	3,30 (3,5%)	4,55
Butter				1,84
Schweinefleisch .... (1. Qualität)	0,48 (Lebend- gewicht)	0,56 (Lebend- gewicht)	0,40 (Netto- gewicht)	0,64 (Lebend- gewicht)
Rindfleisch	0,60 (Lebend- gewicht)	0,70 (Lebend- gewicht)	0,50 (Netto- gewicht) (Kuh)	0,60 (Lebend- gewicht)
Durchschnittswert der Einheit Stickstoff, den der Landwirt bezahlt....	mit Subv. 14% DM 1,037	ohne Subv. DM 1,206	öS 6,30	bfr. 14,5
in USA $	$ 0,249	$ 0,289	$ 0,242	$ 0,289

d) Die Rentabilität spezieller Düngungsverfahren

Im Falle bestimmter, spezieller Anwendungsweise von Düngemitteln, aber auch im Falle besonderer Wirkungsweise von Düngungsmitteln, denen für bestimmte Zwecke besondere Eigenschaften verliehen wurden, und ebenso im Falle langjähriger Kulturen reichen die bisher besprochenen, einfachen Wirtschaftlichkeits- bzw. Rentabilitätsüberlegungen nicht aus. Wenn sie auch eine für diese speziellen Fälle gültige allgemeine Grundlage darstellen, so müssen sie doch den speziellen Eigenheiten besonderer Fälle sinngemäß angepaßt werden. Einige solcher spezieller Düngungsmethoden, welche sehr unterschiedliche Eigenart besitzen, mögen hier etwas eingehender besprochen werden.

1. Stadiendüngung

Bei einzelnen Kulturen, vor allem bei Winterweizen und bei Winterroggen (vgl. S. 196 ff. und S. 253 ff.) hat es sich als zweckmäßig erwiesen, nur einen Teil der Düngemittel (die Grunddüngung an P und K) zur Saat zu verabreichen, einen wesentlichen Teil (die N-Düngung) dagegen in mehreren geteilten Gaben zu bestimmten Entwicklungszeitpunkten gesondert anzubringen. Dies geschieht teilweise, um eine bessere Qualität des Ertragsgutes zu erhalten (SELKE 1941), teils um erhöhte Erträge zu erzielen (COIC 1953). Hierbei können insgesamt größere Stickstoffmengen verabreicht werden, als dies (im Hinblick auf verminderte Standfestigkeit des Getreides) bei ein- oder zweimaliger Verabreichung (zur Saat und im zeitigen Frühjahr) zweckmäßig ist. Bei Wintergetreide haben sich dreimalige Gaben als am besten geeignet erwiesen (PRIMOST 1952), die im

verglichen mit den Preisen der Hauptagrarprodukte
eine Einheit Stickstoff zu kaufen (Durchschnittswert für das Düngejahr 1959/60)

Frankreich	Italien	Norwegen	Niederlande	Schweiz
3,9	2,8	1,60	3,—	2,—
5,1	3,4	1,23	4,—	2,3
4,7	4,—	2,06	3,5	2,6
3,8	3,8			2,6
22,—	20,4 (mit 15%)		18,—	17,—
7,—	11,8	4,—	10,—	6,5
3,9	3,61	2,03	3,4	3,—
0,2	0,25		0,2	
0,46 (Nettogewicht)	0,49 (Nettogewicht)	0,28 (Speck)	0,43 (Nettogewicht)	0,4 (Lebendgewicht)
0,40 (Nettogewicht)	0,54 (Nettogewicht)	0,25 (Nettogewicht)	0,33 (Nettogewicht)	0,41 (Lebendgewicht)
ffr. 1,44	Lit. 170,93	nkr. 1,44	hfl. 0,95	sfr. 1,325
$ 0,293	$ 0,274	$ 0,203	$ 0,251	$ 0,307

zeitigen Frühjahr, zum Schoßen und um Ährenschieben verabreicht werden. Da hiermit bestimmte Entwicklungsstadien des Getreides gedüngt werden, haben LINSER und PRIMOST (1953) diese Art der Düngung als „Stadiendüngung" bezeichnet. Auch der Ausdruck „Stufendüngung" ist in der Praxis verwendet worden.

Mit dem Einsatz größerer Düngemittelmengen zu einem Anbau wird die Frage nach der Rentabilität dieses erhöhten Aufwandes aufgeworfen. LINSER und PELIKAN (1952) konnten zeigen, daß die günstige Wirkung der Stadiendüngung darauf zurückzuführen ist, daß der Schädigungsfaktor k im Ertragsgesetz durch diese Art der Verabreichung der N-Düngung einen wesentlich kleineren Wert annimmt, als er bei einmaliger Gabe der gleich großen Gesamtmenge an N hätte. Dies hat zur Folge, daß der Verlauf der Ertragskurve nach N sich verändert, und damit verändern sich selbstverständlich auch die Werte für $x_{G\,max}$, $x_{E\,max}$ und $x_{p\,max}$ (vgl. S. 1396 ff.). Wie Abb. 308 veranschaulicht, werden diese eben genannten Werte für x um so größer, je kleiner der Schädigungsfaktor k wird, das heißt mit anderen Worten, *daß man um so größere Gesamtmengen an Düngemitteln rentabel verwenden kann, je kleiner der Schädigungsfaktor k gehalten wird.*

Es zeigt sich aber auch bei Betrachtung der Abb. 308, daß der Wert für G_{max} um so größer ist, je kleiner k ist, daß also bei Anwendung der Stadiendüngung (bzw. „hoher, geteilter Stickstoffgaben") ein höherer Gewinn zu erwarten ist, als bei Anwendung einmaliger Düngergaben gleicher Höhe. Eine entsprechende Überlegung (der Übersichtlichkeit halber sind die Konstitutionen dafür in Abb. 308 nicht eingezeichnet worden) zeigt ferner, daß das gleiche wie für G auch für E_{max} und r_{max} gilt, daß also bei geteilten Gaben auch eine Erhöhung des erreichbaren Maximalertrages eintritt und eine Erhöhung des Verzinsungssatzes des eingesetzten Düngerkapitals möglich ist.

Experimentelle Befunde, welche diese Überlegungen bestätigen, finden sich

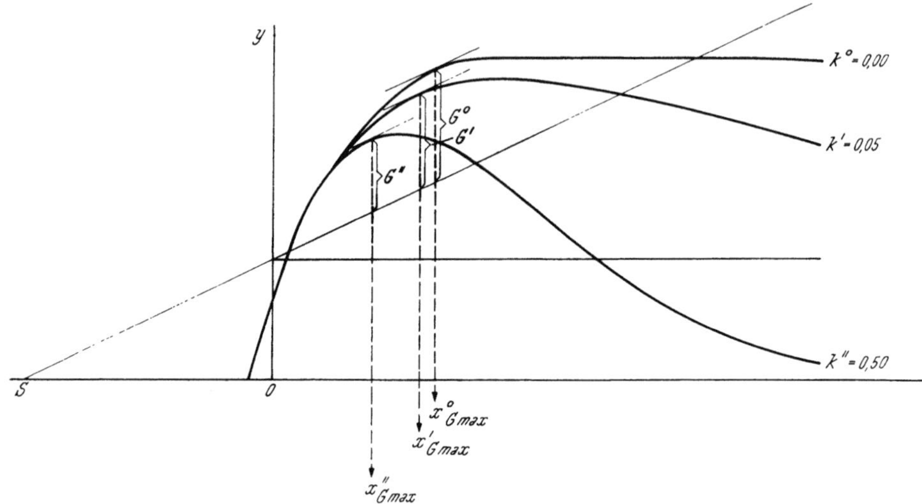

Abb. 308. Je kleiner der Schädigungsfaktor im Ertragsgesetz ist, desto weiter nach rechts (zu größerer Düngergabe) rückt der Wert $x_{G\,max}$ (nach Linser 1958)

bei Linser (1955, 1958). Tab. 699 gibt vergleichsweise Zahlen für einmalige und dreigeteilte Verabreichungen gleicher Mengen an Kalkammonsalpeter bei Winter-

Tabelle 699. *Wirtschaftlichkeit verschieden hoher N-Gaben zu Winterroggen bei landesüblicher N-Gabe ($^1/_3$ Herbst, $^2/_3$ im Frühjahr) und bei Stadiendüngung (drei Teilgaben im Frühjahr). Körnererträge in dz/ha*

N kg/ha		0	40	80	120	160	200
Ertrag bei Stadiendüngung			26,24	29,76	32,66	33,79	32,77
Ertrag bei handelsüblicher Düngung		20,85	25,48	28,02	29,60	29,78	30,20
Mehrertrag durch Stadiendüngung		—	0,76	1,74	3,06	4,01	2,57
Aufwand		13,30	14,40	15,50	16,60	17,70	18,80
Stadiendüngung	Reinertrag E ..	—	11,84	14,26	16,06	16,09	13,97
	Verzinsung (%) .	—	+ 82,2	+ 92,0	+ 96,7	+ 90,9	+ 74,3
Handelsübliche Düngung	Reinertrag E ..	7,55	11,08	12,52	13,00	12,08	11,40
	Verzinsung (%) .	+ 56,8	+ 76,9	+ 80,8	+ 78,3	+ 68,2	+ 60,6

roggen (Mittel von sechsjährigen Versuchen an drei verschiedenen Sorten (vgl. PRIMOST, S. 256 dieses Bandes).

Die Wirtschaftlichkeit der Stadiendüngung bei Getreide wird in der Praxis noch dadurch erhöht, daß durch sie die Qualität des erzeugten Ertragsgutes verbessert wird, so daß für das Ertragsgut, je nach den im Handel üblichen Qualitätszuschlägen, auch erhöhte Preise erzielt werden können. In diesem Falle sind die für r_{max}, G_{max} und E_{max} ermittelten Werte noch mit dem Faktor L zu multiplizieren, der sich definiert als

$$L = \frac{\text{Preis} + \text{Qualitätszuschlag}}{\text{Preis}}$$

Bei der zeitlichen Aufteilung der Gaben muß berücksichtigt werden, daß der durch eine bestimmte Nährstoffmenge erzielbare Ertragszuwachs um so kleiner wird, je *später* sie verabreicht bzw. von der Pflanze aufgenommen wird. Die einzelnen Gaben müssen daher aus Wirtschaftlichkeitsgründen, sobald es die fachlichen Gründe zulassen, gegeben werden.

2. Langsamwirkende Düngemittel

Da zahlreiche Düngemittel ihre Nährstoffe im Boden sehr schnell in löslicher Form zur Verfügung stellen und die Pflanze meist nicht in der Lage ist, dieses Angebot an Nährstoffen unmittelbar aufzunehmen, haben die Niederschläge Gelegenheit, einen Teil davon auszuwaschen und damit der Ertragsbildung zu entziehen. Abgesehen davon, daß dadurch Nährstoffverluste und Rentabilitätsminderungen eintreten, können außerdem Überschüsse an Nährstoffen (vor allem an Stickstoff) sich ungünstig auf die Ertragsbildung auswirken. Ein Düngemittel würde demnach dann zu einer idealen Ausnutzung gelangen und zu einem idealen Ertragserfolg führen, wenn es selbst im Boden sich zusammen mit dem wachsenden Wurzelsystem verbreiten und seine Nährstoffe zeitlich in dem gleichen Maße pflanzenverfügbar werden ließe, wie sie von der Pflanze aufgenommen bzw. benötigt werden. Ein solches Düngemittel müßte zwar im Boden beweglich, aber unlöslich sein und seine Nährstoffe nur an die Pflanzenwurzel abgeben.

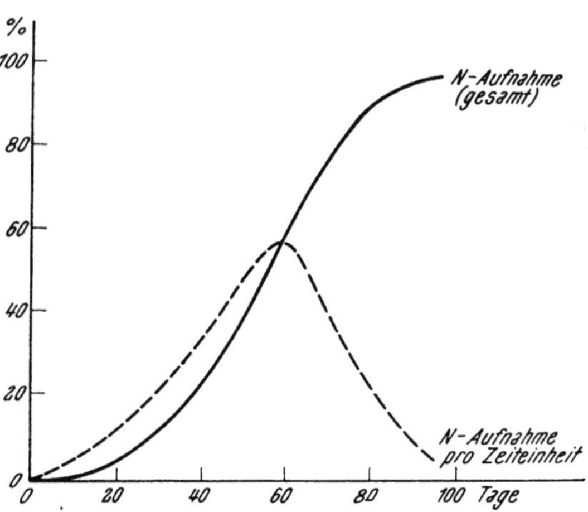

Abb. 309. Verlauf der Nährstoffaufnahme (Stickstoff) bei Hafer im Verlauf der Vegetationszeit (in % des Maximalwertes). Gestrichelte Kurve: N-Aufnahme pro Tag, 50fach überhöht (nach WAGNER 1931)

Da die Aufnahme eines Nährstoffes (beispielsweise von Stickstoff bei Hafer, vgl. Abb. 309) einer Sigmoidkurve folgt, stellt die Aufnahme pro Zeiteinheit (die zugehörige Differentialkurve) eine Optimumkurve dar. Bei vollkommener Anpassung des Düngemittels an den Bedarf der Pflanze müßte dieses, zugleich mit der Saat in den Boden gebracht, sich ebenso schnell im Boden verteilen, wie die Wurzeln wachsen und seinen Nährstoff zeitlich genau nach dieser Optimumkurve der Pflanze zur Verfügung stellen.

Einem solchen idealen Düngemittel sucht man in der Praxis durch sogenannte „langsam wirkende Düngemittel" (vor allem N-Düngemittel) nahezukommen.

Harnstoff-Aldehyd-Kondensationsprodukte verschiedener Art und verschiedenen Polymerisationsgrades, aber auch andere schwer lösliche bzw. schwer zersetzliche organische N-Verbindungen wurden an vielen Stellen von zahlreichen Autoren auf ihre Eignung als langsam wirkende N-Düngemittel geprüft. Es stellte sich dabei heraus, daß die geprüften Stoffe den Stickstoff der Pflanze meist nicht in der geforderten idealen Weise zur Verfügung stellen, sondern einen Teil ihres Nährstoffes während des ersten Jahres, einen anderen Teil aber erst während des Nachbaues im zweiten Jahre der Pflanze zur Verfügung stellen.

Dies ist nun ein wirtschaftlich unerwünschter Umstand, weil er bewirkt, daß im ersten Anbau nur ein Teil des investierten Düngerkapitals zurückfließt, ein anderer aber ein Jahr länger im Boden festgehalten bleibt, so daß Zinsenverluste eintreten.

Ganz generell sind bei der Betrachtung der Wirtschaftlichkeit von langsamwirkenden Düngemitteln folgende Umstände zu beachten:

a) Bei der Umstellung kostet neben dem Nährstoff selbst seine Überführung in die langsam wirkende Form einen Betrag, um welchen sich der Preis des Nährstoffes erhöht.

b) Zur Erreichung der langsamen Wirkung ist zuerst die Einführung einer den Nährstoff bindenden zweiten (stofflichen) Komponente erforderlich. Diese Komponente belastet mit ihrem Preis die Wirtschaftlichkeit des Düngemittels, sofern sie nicht selbst als Nährstoffträger im Düngemittel bezahlt wird. Um die etwa nicht bezahlbare (weil nicht unmittelbar in Ertrag umwandelbare) Differenz erhöht sich der Preis des Nährstoffes.

c) Der aus der Verwendung des langsam wirkenden Düngemittels erwachsende Vorteil, der sich gegenüber der normalen Anwendungsform der gleichen Nährstoffmenge ergibt, muß den Mehrpreis des Nährstoffes bezahlt machen.

d) Dieser Vorteil kann erwachsen aus einem verringerten Auswaschungsverlust an Nährstoff und aus dessen nachträglicher Auswertung im folgenden Anbau oder aus einem erhöhten Ertrag bereits im ersten Anbaujahr.

e) Wenn die Summe der Mehrerträge, die durch das langsam wirkende Düngemittel im ersten Jahre und in den Jahren seiner Nachwirkung gegenüber einer gleichen Nährstoffmenge bei Verabreichung eines üblichen (schnell wirkenden) Düngemittels (bei gleicher Nährstoffgabe) nicht größer ist, als der Mehrpreis dieser Menge an langsam wirkendem Düngemittel gegenüber der gleichen Nährstoffmenge des üblichen Düngemittels beträgt, ist keine Wirtschaftlichkeit gegeben. Bei Errechnung der Wirtschaftlichkeit muß (bei genauer Rechnung) auch der Zinsenverlust infolge verlängerter Kapitalsbindung berücksichtigt werden.

Um die Wirtschaftlichkeit eines langsam wirkenden Düngemittels idealer Beschaffenheit (das also seinen Nährstoffgehalt zur Gänze während der ersten Vegetationsperiode den Pflanzen zur Verfügung stellt) annähernd abschätzen zu können, ist es zweckmäßig, zu prüfen, wie hoch der erzielbare Mehrertrag sein kann und um wieviel mehr daher der Nährstoff in langsam wirkender Form kosten darf als in der gewöhnlichen, schnell wirksamen.

Man wird annehmen dürfen, daß man mit einer Dreiteilung der Gaben bei Wintergetreide, wie sie in der Stadiendüngung (vgl. S. 1408 f.) verwendet wird, der Ertragswirkung einer langsam wirkenden Düngung nahekommt. In der Praxis wird man voraussichtlich zufrieden sein, wenn eine einmalige Verabreichung eines langsam wirkenden Düngemittels den gleichen Ertragserfolg liefert, wie die dreigeteilte Ausbringung der gleichen Nährstoffmenge eines gewöhnlichen (schnell wirksamen) Düngemittels. An einem Beispiel von Winterroggen (Tab. 699) ist ersichtlich (vgl. Abb. 310), daß der Mehrertrag der geteilten Düngergabe gegenüber der einmalig verabreichten gleichen Nährstoffmenge in seiner Größe abhängig ist von der Höhe der Gesamtmenge an verabreichtem Nährstoff und daß bei einer bestimmten Gesamtdosis ein Optimum an Mehrertrag erzielt wird. Dieses liegt bei etwa 40 dz/ha und 160 kg/ha N.

Die 160 kg N kosten etwa 4,4 dz Roggen, der durch ein langsam wirkendes Düngemittel *maximal* erzielbare Mehrertrag liegt bei 4 dz/ha. Nimmt man an, daß ein mittlerer Mehrertrag von 3 dz/ha mit einiger Sicherheit erwartet werden darf und will man den durch die langsame Wirkung erziel

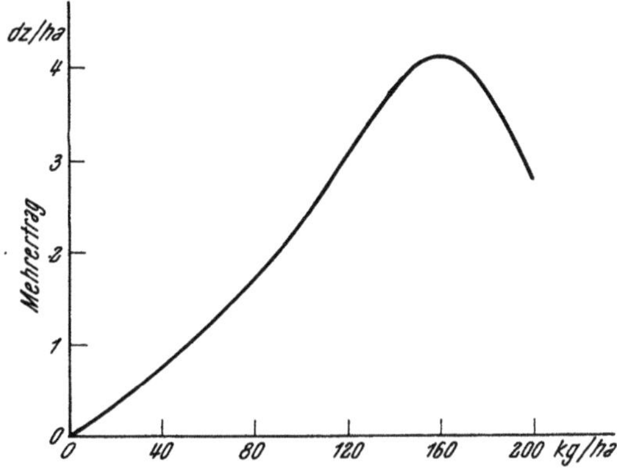

Abb. 310. Die durch Dreiteilung der N-Gaben erzielten Mehrerträge bei Winterroggen (vgl. Tab. 699, S. 1410)

baren Gewinn zur Hälfte dem Landwirt (als Anreiz zur Verwendung dieses teureren Düngemittels) zukommen lassen, so dürfen die 160 kg N des langsam wirkenden Düngemittels maximal um 1,5 dz Roggen, also um etwa 30% mehr kosten als die üblichen N-Düngemittel, vorausgesetzt, daß durch die Verarbeitung zur langsam wirkenden Form nicht ein weiterer, üblicherweise vom Landwirt zu bezahlender Nährstoff hinzugefügt wird.

3. Humusdüngemittel

Die Rentabilität des Einsatzes von Handelshumusdüngemitteln ist durch die beiden verschiedenartigen Wirkungskomponenten bedingt, welche Humusdüngemittel im allgemeinen besitzen, nämlich

a) durch den Gehalt an Nährstoffen (N) und

b) durch den Gehalt an Stoffen, welche die Struktur des Bodens günstig beeinflussen (S).

Die Problematik der Wirtschaftlichkeit der Handelshumusdüngung besteht darin, daß im allgemeinen der Preis der Handeshumusdüngemittel höher liegt, als es ihr Gehalt an Nährstoffen allein rechtfertigt; d. h. daß auch die Komponente S im Handelshumusdüngemittel bezahlt werden muß und daß daher die Wirksamkeit der Komponente S im Hinblick auf die Ertragsbildung nachweisbar vorliegen und auch zahlenmäßig erfaßbar sein muß. Die beiden Komponenten N und S müssen nicht prinzipiell voneinander unterschieden sein. Es kann sein, daß die Komponente S auch Nährstoffe enthält, die (mehr oder weniger) langsam pflanzenverfügbar und daher auch von der Pflanze verbraucht werden. N und S können sich daher überschneiden. Allerdings wird vielfach das Verfügbarwerden von Nährstoffen aus S so lange Zeit in Anspruch nehmen, daß es für Rentabilitätsüberlegungen nach diesbezüglicher Prüfung vernachlässigt werden kann. Man könnte theoretisch „reine Humusdüngemittel", welche keine Nährstoffe, sondern nur die Komponente S enthalten, von „gemischten Humusdüngemitteln" ($N + S$) unterscheiden, doch wäre die Komponente S für sich kein Düngemittel mehr, sondern ein „Bodenverbesserungsmittel".

Die Komponente S eines Humusdüngemittels soll bewirken, daß der ertragsgünstige Strukturzustand eines Bodens aufrechterhalten oder aber wiederhergestellt wird. Die Komponente S kann somit in den meisten Fällen nur das Absinken des ertragsgünstigen Strukturzustandes auf ein ungünstigeres Niveau verhindern. Ohne Humusdüngung würde — der gegenwärtig gültigen Lehrmeinung gemäß — ein langsames, aber stetiges Absinken des Strukturzustandes, vor allem im intensiv genutzten Gartenland (wo der Handelshumusdüngung, wie im Weinbau und Obstbau, besondere Bedeutung zukommt) eintreten, welches auch ein Absinken der Ertrags- bzw. der Produktionsziffern zur Folge hätte.

Soll Humusdüngung eingesetzt werden, um das Absinken des Strukturzustandes des Bodens zu verhindern, so ist damit zu rechnen, daß dieses Absinken relativ langsam, im Verlaufe mehrerer Jahre erfolgt. Daher wird während des ersten Jahres sich wahrscheinlich nur die Komponente N auf den Ertrag fördernd auswirken, während eine analoge Wirkung der Komponente S noch nicht nachweisbar sein dürfte. Es wird daher auch zu Beginn eines solchen Düngungsvorhabens die reine Mineraldüngung eine bessere *Rentabilität* aufweisen, als ein Bodenverbesserungsmittel (S) oder eine Humusdüngung $(N + S)$, wenn sie so bemessen wird, daß sie zu gleichem Erfolg führt. Erst im Verlauf mehrerer Jahre ist zu erwarten, daß bei der reinen Mineraldüngung ein Absinken des Strukturzustandes des Bodens eintreten kann, das in seiner Auswirkung auf den Ertrag rentabilitätsbestimmend für die Komponente S werden kann.

Ein Beispiel dafür, wie die Rentabilität der Humusdüngung ansteigen kann, liefert die Betrachtung eines Vergleichsversuches mit verschiedenen Humusdüngemitteln, der von Linser und Frohner (1960) angelegt und mehrjährig geführt wurde. Es handelt sich um gleiche, nebeneinanderliegende und gleichartig geführte, aber verschieden gedüngte Siedlergärten, deren jeder gesonderte Buchführung besitzt und seine Produkte zu den jeweiligen Tages-Marktpreisen abliefert. Tab. 700 gibt die Verzinsung des Düngemittelaufwandes bei zwei verschiedenen Humusdüngemitteln in drei aufeinanderfolgenden Jahren. Während die Rentabilität der ungedüngten Parzelle von Jahr zu Jahr stark absinkt, so daß im dritten Jahr bereits Verluste entstehen, steigt sie bei den bei den untersuchten Humusdüngemitteln B und V von Jahr zu Jahr stark an. Auch die

Tabelle 700. *Vergleich der Wirtschaftlichkeit von zwei verschiedenen Humusdüngemitteln im Verlauf von drei Jahren bei einem Siedlergarten*
(nach Linser und Frohner 1960)

Reinertrag ohne Düngung	1957 525,91	1958 235,51	1959 —30,46
Mehr-Reinertrag durch Düngung (gegen ungedüngt):			
bei Humusdünger B	85,35	320,98	467,25
Humusdünger V	770,61	1332,54	1280,83
Düngungskosten:			
bei Humusdünger B	177,10	118,59	101,43
Humusdünger V	133,39	185,61	162,21
Verzinsung des Düngerkapitals in %:			
bei Humusdünger B	+ 48,2	+ 270,7	+ 460,6
Humusdünger V	+ 577,7	+ 717,9	+ 789,6

Verzinsung des eingesetzten Düngerkapitals zeigt diesen Anstieg, woraus sich die volle Rentabilität der Humusdüngung ergibt.

Die bodenverbessernde Komponente (S) ist im allgemeinen für sich allein und isoliert von den sie meistens begleitenden Nährstoff-Faktoren in ihrer Auswirkung auf den Ertrag nur schwer oder gar nicht zahlenmäßig zu erfassen, weshalb es bei Humusdüngemitteln vielfach nicht möglich ist, ihren Einsatz allein auf Grund von Rentabilitätsberechnungen zu rechtfertigen. Vielfach wird hier die allgemeine Anerkennung der Notwendigkeit einer Humusversorgung einen wesentlichen Faktor bei der Entscheidung über deren Einsatz in der Praxis bilden.

4. Forstdüngung

Während bei den langsamwirkenden Düngemitteln und bei den Humusdüngemitteln die Wirtschaftlichkeit durch die Langsamkeit der Wirkung der Düngemittel und durch die damit verbundene langdauernde Festlegung des Düngerkapitals herabgesetzt wird, liegt im Falle der Forstdüngung die Problematik der Rentabilität darin begründet, daß das Ertragsgut ein äußerst langsames Wachstum aufweist bzw. daß das Ertragsgut erst nach sehr langer Zeit, während der das Düngerkapital gebunden bleibt, gewonnen und veräußert werden kann.

Tabelle 701. *Endwerte eines Kapitals von 100 Einheiten bei einer zinseszinslichen Anlage auf mehrere Jahre bei verschiedenen Zinssätzen*

Anzahl der Jahre	Zinssätze			
	3 %	4 %	5 %	6 %
1	103	104	105	106
2	106	108	110	112
3	110	112	116	119
4	113	117	122	126
5	116	122	128	134
6	119	127	134	142
7	123	132	141	150
8	127	137	148	159
9	130	142	155	169
10	134	148	163	179
11	138	154	171	190
12	143	160	180	201
13	147	166	184	213
14	151	173	198	226
15	156	180	208	240
16	160	187	218	254
17	165	195	229	269
18	170	203	241	285
19	175	211	253	303
20	181	219	265	321
21	186	228	279	340
22	192	237	293	360
23	197	246	307	382
24	203	256	323	405
25	209	267	339	429
26	216	278	356	452
27	222	288	373	484
28	229	300	392	518
29	236	312	412	542
30	243	324	432	574

Diese lange Zeitspanne erschwert auch eine vorhergehende Rentabilitätsüberlegung oder -berechnung dadurch außerordentlich, daß während der Ertragsperiode die Löhne sowie die Preise der Düngemittel und mitunter auch die Art der im Handel erhältlichen Düngemittel sich verändern (vgl. Römer 1940).

Die lange Zeitspanne zwischen dem Einsatz des für die Düngung aufzuwendenden Kapitals und dem Zeitpunkt der Nutzung des Ertragszuwachses, zu dem die Rückzahlung des Kapitals erst möglich ist (gleichgültig ob die Düngemittel schneller oder langsamer zu einem Ertragszuwachs geführt haben) macht es notwendig, die Verzinsung des eingesetzten Kapitals (mit Zinseszinsen etwa im Vergleich zu Sparkassenguthaben) zu berücksichtigen, d. h. es muß der für die voraussichtliche Dauer der Festlegung verzinste Aufwand in Rechnung gesetzt werden. Tab. 701 gibt die für einige gebräuchliche Zinssätze in Zeiträumen bis zu 30 Jahren einzusetzenden verzinsten Kapitals-Endwerte. Sie zeigt, daß die Düngungskosten sich bereits nach einer Festlegung des Kapitals von 12 bis 24 Jahren verdoppeln, je nachdem, welcher Zinssatz Gültigkeit hat.

Die Stickstoffdüngung kommt wesentlich schneller zur Wirkung als die Phosphorsäure- und Kaligaben. Nach Fabricius wurden in einem zehnjährigen Versuch zu 33jährigen Kiefern die in Tab. 702 angegebenen Baumholzmassen gemessen.

Tabelle 702. *Baumholzmassen eines zehnjährigen Versuches mit Kiefern*
(Fabricius 1940)

	ungedüngt fm/ha	Nitronphosphat fm/ha	Differenz gegen ungedüngt
1929	179,015	164,842	
1933 vor Durchforstung.........	231,146	224,204	
1933 nach Durchforstung	189,654	192,903	
1938	232,434	236,053	
Fünfjähriger Zuwachs 1933......	52,131	59,362	+7,231
Fünfjähriger Zuwachs 1938......	42,780	43,150	+0,370
Kosten der Düngung und der Bearbeitung (nach A. Römer) ...		166	+7,601
Ergebnis der Durchforstung 1933 .	41,492	31,301	

Es ergibt sich daraus, daß bei einem 33jährigen Kiefernbestand bereits bei einer fünf Jahre nach der N-Düngung erfolgenden Durchforstung der Hauptteil der Zuwachswirkung dieser N-Düngung gut meßbar vorliegt, daß sich dies aber nicht im Ergebnis der Durchforstung selbst ausdrücken muß. Baule (1960) berichtet an Hand japanischer Quellen, daß durch geeignete Düngung mit NPK im Verlauf von fünf Jahren in Japan Förderungen des Dickenwachstums um etwa 70% und des Höhenwachstums um etwa 50% erzielt worden sind und daß solche Düngungsmaßnahmen bereits auf einer Fläche von etwa 100 000 ha durchgeführt worden sind.

Beispiele für die Rentabilität der Forstdüngung mit N, P und Ca finden sich bei Hausser (1956, 1958), der besonders auch darauf hinweist, daß im Interesse einer gesamtwirtschaftlich notwendigen Erhaltung des Waldes Rentabilitätsüberlegungen allein in der Forstdüngung nicht ausschlaggebend für deren praktische Verwendung sein dürfen und daß mit ihr eine Reihe günstiger waldbaulicher Wirkungen verbunden ist, welche sich in Geld schwer ausdrücken lassen. Nach Baule (1960) sind solche Faktoren vor allem:

1. Ein schnelleres Hineinwachsen der Bestände in wesentlich besser bezahlte Stärkeklassen (z. B. von 1a in 1b oder von 1b in 2a).

2. Eine Verkürzung der Umtriebszeit bzw. des Nutzungsalters (beispielsweise von 100 auf 80 Jahre), also ein Gewinn von mehreren (im Beispiel 20) Wachstumsjahren.

3. Eine Verminderung des Ausfallprozentes bei Neu- und Wiederaufforstungen.

4. Eine Verminderung des Schädlings- und Krankheitsbefalles.

5. Die Möglichkeit der Umpflanzung wertvollerer Holzarten.

6. Die Möglichkeit der Beimischung von Laubhölzern zum Nadelwald, womit eine Minderung der Waldbrandgefahr sowie eine Standorts- (bzw. Humus-) Verbesserung erreicht werden kann.

7. Eine Förderung der Naturverjüngung.

Es ist selbstverständlich nicht möglich, alle diese Faktoren in eine allgemeine Rentabilitätsformel einzubeziehen, es ist sogar in speziellen Einzelfällen fast unmöglich, sie zahlenmäßig zu erfassen und in eine konkrete Rentabilitätsberechnung aufzunehmen. Wie in den meisten Fällen von Rentabilitätsrechnungen und darauf basierenden Entscheidungen wird man eine Reihe zahlenmäßig kaum faßbarer Faktoren mit ins Kalkül zu ziehen haben, die mitunter die Entschlüsse ebenso sehr beeinflussen können, wie die reine Rentabilitätsberechnung selbst.

C. Die wirtschaftliche Bedeutung der Düngung

Die wirtschaftliche Bedeutung der Düngung kann hier nur in ihren wesentlichen Punkten skizziert werden. Sie ist von so großer Vielfältigkeit und Vielgestaltigkeit, greift in so zahlreiche Bereiche bäuerlicher Betriebswirtschaft, der Gesamtwirtschaft, aber auch der Weltwirtschaft mit entscheidenden Anteilen ein und hat auf viele Gebiete der menschlichen Lebensführung und Daseinsgestaltung wesentlichen Einfluß, so daß es nicht möglich ist, allen diesen Linien auf engem Raum auch nur einigermaßen erklärend oder deutend zu folgen. Während es noch einigermaßen möglich ist, die betriebswirtschaftliche Bedeutung der Düngung zu übersehen und auch deren volkswirtschaftliche Bedeutung an Hand einiger genauer bekannter Beispiele abzuschätzen, ist die weltwirtschaftliche Bedeutung wegen Mangels an genügend zuverlässigen, zahlenmäßigen Unterlagen nur allgemein zu charakterisieren. Hier ist vielleicht die Rolle, welche die Düngung bei der Weiterentwicklung des Bevölkerungszuwachses der Welt spielt, näher zu besprechen, da dieser immer wieder allgemeines Interesse zugewandt wird.

a) Die betriebswirtschaftliche Bedeutung der Düngung

1. Allgemeines

Die Grundlage der Ertragsfähigkeit eines landwirtschaftlichen Betriebes, auch dann, wenn er in großem Maße Viehwirtschaft betreibt, ist seine pflanzliche Produktion. Die Förderung der pflanzlichen Produktion spielt daher bei der Verbesserung der Wirtschaftlichkeit eines Betriebes eine zentrale Rolle und stellt eine Voraussetzung für die Wirksamkeit sonstiger Maßnahmen zur Förderung der Gesamtproduktion dar.

Tabelle 703. *Beispiel der Rentabilitätsberechnung für die Düngung einer vierjährigen Rotation einer Fruchtfolge bei einer Betriebsgröße von 12 ha (Ackerfläche)*

Kosten und Erträge in österreichischen Schilling (nach Grohmann 1957)

	Gebaute Frucht	Bebaute Fläche ha	Ohne Handelsdünger	Phosphorsäure-Kali Grunddüngung	PK-Grunddüngung + geringe N-Gabe	PK-Grunddüngung + mittlere N-Gabe	PK-Grunddüngung + hohe N-Gabe
	Rotklee (Kleegras)	1,5	6075,70	7830,00	7745,60	7773,30	8030,50
	Wert des Mehrertrages		—	1754,30	1669,95	1697,60	1954,80
	Kosten der Düngung		—	712,50	712,50	712,50	712,50
	Gewinn oder Verlust		—	1041,80	957,45	985,10	1242,30
Futter	*Wintermischling*	1,5	4312,80	5431,20	6000,00	6506,40	7005,60
	Wert des Mehrertrages		—	1118,40	1687,20	2193,60	2692,80
	Kosten der Düngung		—	835,05	1030,05	1225,05	1420,05
	Gewinn oder Verlust		—	283,35	657,15	968,55	1272,75
	Silomais	1,5	7306,65	8381,10	10038,60	10990,20	12025,65
	Wert des Mehrertrages		—	1074,45	2731,95	3683,55	4719,00
	Kosten der Düngung		—	352,05	937,05	1180,80	1424,55
	Gewinn oder Verlust		—	722,40	1794,90	2502,75	3294,45
Sommerung	*Hafer*	3,0	13509,45	14542,05	18398,85	20340,30	20634,15
	Wert des Mehrertrages		—	1032,60	4889,40	6830,85	7124,70
	Kosten der Düngung		—	1573,90	2256,40	2646,40	3036,40
	Gewinn oder Verlust		—	— 541,30	2633,00	4184,45	4088,30

Futterrüben	0,5	2 402,25	2 832,00	3 349,50	3 600,75	3 942,00
Wert des Mehrertrages		—	429,75	947,25	1 198,50	1 539,75
Kosten der Düngung		—	288,70	483,70	564,90	646,20
Gewinn oder Verlust		—	141,05	463,55	633,60	893,55
Hackfrucht						
Kartoffeln	2,5	21 026,25	23 816,25	28 777,50	29 733,75	32 197,50
Wert des Mehrertrages		—	2 790,00	7 751,25	8 707,50	11 171,25
Kosten der Düngung		—	1 616,90	2 266,90	2 673,10	3 079,40
Gewinn oder Verlust		—	1 173,10	5 484,35	6 034,40	8 091,85
Winterung						
Winterroggen	3,0	14 854,80	15 430,20	21 690,00	23 641,80	23 137,80
Wert des Mehrertrages		—	575,40	6 835,20	8 787,00	8 283,00
Kosten der Düngung		—	1 612,50	2 521,20	2 911,20	3 301,20
Gewinn oder Verlust		—	— 1 037,10	4 314,00	5 875,80	4 981,80
Vorjährige Rotation						
Gesamtrohertrag		69 487,90	78 262,80	96 000,05	102 586,50	106 973,20
Kosten der Düngung			6 991,60	10 207,80	11 913,95	13 620,30
Gewinn durch die Düngung			1 783,30	16 304,35	21 184,65	23 865,00
Durchschnittlicher Gewinn je Hektar			148,60	1 358,70	1 765,40	1 988,75
Verzinsung des Düngerkapitals um %			26	160	178	175
Düngeraufwand in % des Rohertrages			7,9	10,6	11,6	12,7

Von allen beweglichen Betriebsmitteln, welche dem Landwirt zur Verfügung stehen und einer Wirtschaftlichkeitsrechnung zugänglich sind, zeigt die sachgemäße Düngung die höchste Rentabilität. In der zusammenfassenden Resolution des III. Weltkongresses für Düngungsfragen in Heidelberg (1957) konnte der Schluß gezogen werden: „Die seit mehr als 100 Jahren in der fortschrittlichen Landwirtschaft in Verbindung mit der organischen Düngung angewendete Mineraldüngung hat sich als eine der rentabelsten Betriebsmaßnahmen erwiesen.''

Es ist schwierig, diesen der allgemeinen landwirtschaftlichen Erfahrung entspringenden Satz mit konkreten Zahlen zu untermauern, weil jedes Beispiel einer Berechnung zu individuelle Voraussetzungen enthielte, um allgemein Gültiges aussagen zu können. Während sich jedoch die in die sonstigen Betriebsmittel (mit Ausnahme des Saatgutes) investierten Beträge, sofern sie sich während einer Vegetationsperiode überhaupt zur Gänze zurückzahlen, kaum verdoppeln, können die Gewinne aus der Anwendung der Düngemittel das Zwei- bis Fünffache des dafür aufgewendeten Kapitals betragen. Die Düngung ermöglicht es damit, bei höchster Rentabilität an dem betriebswirtschaftlich grundlegenden Faktor, der pflanzlichen Produktion, entscheidend einzugreifen und damit die Gesamtproduktivität des Betriebes zu erhöhen (vgl. S. 1426). Zudem ist sie neben den von der Natur gesetzten und willkürlich kaum oder gar nicht zu beeinflussenden Produktionsfaktoren in Quantität, Qualität und zeitlichem Einsatz zählbar und bestimmbar, also ein brauchbares Hilfsmittel, um die pflanzliche Produktion zu steuern.

Betriebswirtschaftlich darf die Düngung in ihrer Auswirkung nicht nur auf den einmaligen Anbau und auf dessen Wirtschaftlichkeit betrachtet werden, sondern, in ihrem Zusammenwirken mit anderen betriebswirtschaftlichen Faktoren, in ihrer Eingliederung in die Gesamtheit des Betriebes und in ihrer Funktion im Verlaufe seiner Entwicklung über längere Zeiträume hin.

Während beim einmaligen Anbau der wirtschaftliche Ertrag jenes Anteiles an den gedüngten Nährstoffen, der nicht diesem Anbau unmittelbar zugute kommt, in die Wirtschaftlichkeitsrechnung nicht eingeht, muß im allgemeinen doch damit gerechnet werden, daß ein Teil der Nährstoffe des Düngemittels im Boden verbleibt, in dem er in löslicher oder austauschbarer oder chemisch oder biologisch mehr oder weniger fest gebundener Form liegenbleibt, ohne von der Pflanze aufgenommen oder noch vor dem nächsten Anbau ausgewaschen zu werden. Solche Anteile der Düngenährstoffe kommen aber im Verlaufe von mehrjähriger Fruchtfolge zur Wirkung, und es ist daher interessant, Düngungsversuche über vollständige Zyklen von Fruchtfolgen auszudehnen und die Wirtschaftlichkeit der Düngung über die Fruchtfolge zu berechnen.

Ein solches Beispiel für die Wirtschaftlichkeit der Düngung im Rahmen einer Rotation einer bestimmten Fruchtfolge bieten die in Tab. 703 wiedergegebenen Zahlen. In einem auf grobsandigen, stark durchlässigen Urgesteinsverwitterungsboden von geringer Krumentiefe in 560 m Meereshöhe im nördlichen Oberösterreich bei etwa 800 mm Jahresniederschlag (Maximum Juli/ August) gelegenen Betrieb von 31 ha (12 ha Acker, 13 ha Grünland, 6 ha Wald) wurden Versuchsfelder angelegt und eine gesamte Rotation der Fruchtfolge (Winterroggen und Winterweizen, Spätkartoffel und Futterrüben, Hafer und Hafer mit Klee-Einsaat, Rotklee und Wintermischling, nachher Silomais) hindurch, also vier Jahre lang geführt.

Die Ergebnisse wurden auf die Betriebsgröße (12 ha) umgerechnet und die für diese Fläche erzielten Roherträge, Düngungskosten, Gewinne durch Düngung sowie Verzinsungssätze für das eingesetzte Düngerkapital ermittelt, und zwar für den Fall ohne Düngung, für PK und für PK neben drei verschieden hohen N-Mengen. In diesem Falle ergab sich der maximale Gewinn bei der höchsten N-Gabe, die maximale Verzinsung des eingesetzten Kapitals aber bei der mittleren N-Gabe.

Aber nicht nur in Hinblick auf eine gesamte Fruchtfolge, sondern auch in ihren Auswirkungen auf die gesamte Entwicklung eines landwirtschaftlichen Betriebes fällt der Düngung eine betriebswirtschaftlich entscheidende Rolle zu (vgl. S. 1426 und 1429).

Über die Auswirkungen des Düngungserfolges auf den Gesamtertrag von Betrieben geben Untersuchungen einigen Aufschluß, welche von BOERSTRA (1958) an 89 Kleinweidebetrieben sowie von BIKKER (1959) an 119 südholländischen Weidebetrieben angestellt worden sind. Von letzteren verwendete die eine Gruppe durchschnittlich nur 45 kg/ha N, die andere aber 110 kg/ha N (bei einem Gesamtdurchschnitt aller Betriebe von 75 kg/ha N). Der Nettoüberschuß der erstgenannten Betriebe betrug nur 169 hfl/ha, während die mit 110 kg/ha versorgten Betriebe einen Nettoüberschuß von 278 hfl/ha, also um 109 hfl/ha = =64% mehr lieferten. Eindrucksvolle Zahlen brachte auch V. D. MOLEN (1960), der die Gewinne aus sechs „Stickstoffprüfbetrieben" mit den Durchschnittsergebnissen jeweils mehrerer in Größe und Voraussetzungen analoger aber mit geringeren N-Gaben arbeitender Grünlandbetriebe (s. Tab. 704) verglich und nicht

Tabelle 704. *Die N-Gaben von Prüfbetrieben mit hoher N-Düngung im Vergleich zu jenen von Kontrollbetrieben mit niedrigen N-Gaben auf Grünland*
(nach V. D. MOLEN 1960)

Nr.	N-Prüfbetrieb / Vergleichsgruppe	Zahl der Betriebe	Mittlere Betriebsgröße (ha)	N-Gabe kg/ha (Grünland)			
				1951	1953	1955	1957
1	Stellingwerf	1	24,2[1]	190	212	320	189
	Vergleichsgruppe	~30	25—35	51	57	72	77
2	Teunissen	1	9,6	231	235	286	294
	Vergleichsgruppe	~26	7—10	92	112	109	104
3	Versteeg	1	7,9	250	255	274	286
	Vergleichsgruppe	~26	7—10	92	112	109	104
4	Groot	1	7,6	146	106	121	134
	Vergleichsgruppe	~18	10—15	53	40	52	53
5	Spruit	1	16	—	232	291	280
	Vergleichsgruppe	~32	10—25	—	77	72	84
6	de Haan................	1	26,4	130	113	137	157
	Vergleichsgruppe	~24	15—25	—	48	62	77

[1] Bis 1955: 30 ha.

nur Kosten und Nettoüberschüsse, sondern auch die Milchleistung, den möglichen Milchviehbesatz (je ha) und die Überschüsse pro Kuh berücksichtigte und im Laufe mehrerer Jahre Ergebnisse fand, von welchen ein Teil in den Tab. 705 und 706 wiedergegeben ist. Es ergibt sich daraus, daß bei niedrigen N-Ga-

Tabelle 705. *Die finanziellen Betriebserfolge der N-Prüfbetriebe und ihrer Vergleichs-gruppen (vgl. Tab. 692) in den Jahren 1951 bis 1957*
(nach v. d. Molen 1960)

Nr.	1951			1953			1955			1957		
	Kosten hfl/ha	Ertrag hfl/ha	Netto-über-schuß	Kosten hfl/ha	Ertrag hfl/ha	Netto-über-schuß	Kosten hfl/ha	Ertrag hfl/ha	Netto-über-schuß	Kosten hfl/ha	Ertrag hfl/ha	Netto-über-schuß
1	1896	2061	165	1796	2103	307	2341	2434	93	1770	2407	750
	1078	1320	242	1191	1446	255	1386	1550	164	1512	1776	264
2	2985	3206	221	3276	3547	271	3525	3529	4	4674	5681	1067
	1970	1927	—43	2257	2189	—68	2615	2586	—47	3152	3006	—146
3	3280	3319	39	3462	3705	243	4091	4312	222	4219	4529	311
	1970	1927	—43	2257	2189	—68	2615	2568	—47	3152	3006	—146
4	1529	1877	348	1721	1969	248	2059	2128	69	2694	2812	118
	1357	1629	272	1306	1517	211	1632	1633	1	1836	1877	41
5	—	—	—	2506	2925	419	3368	3924	555	3791	4500	709
	—	—	—	2343	2614	271	2856	2965	109	3021	3169	148
6	2495	2322	—173	1588	1756	168	2019	2406	387	2668	3097	429
	—	—	—	1622	1669	47	1804	1826	22	2171	2239	68

Tabelle 706. *Der erreichbare Milchviehbesatz (Kühe/ha) sowie die Milchleistung (kg/Kuh) und der Milchertrag (kg/ha) der N-Prüfbetriebe und ihrer Vergleichsgruppen (vgl. Tab. 692) in den Jahren 1951 bis 1957*
(nach v. d. Molen 1960)

Nr.	1951			1953			1955			1957		
	Besatz	Milch je Kuh	Milch je ha	Besatz	Milch je Kuh	Milch je ha	Besatz	Milch je Kuh	Milch je ha	Besatz	Milch je Kuh	Milch je ha
1	1,37	4358	5967	1,47	4434	6522	1,53	4443	6818	1,53	4070	6240
	1,06	4140	4540	1,13	4180	4840	1,10	4040	4460	1,08	4130	4460
2	1,37	4835	6663	1,49	4085	6103	1,61	4674	7521	1,67	4780	7843
	1,22	3680	4470	1,26	3960	4990	1,28	3980	5110	1,27	4000	5070
3	1,65	3886	6398	1,81	4503	8138	1,57	4578	7191	1,67	4556	7594
	1,22	3680	4470	1,26	3960	4990	1,28	3980	5110	1,27	4000	5070
4	1,24	4795	5935	1,21	4629	5596	1,38	4598	6557	1,37	4983	6817
	1,31	4070	5320	1,29	3860	5010	1,27	4040	5180	1,20	4150	4970
5	—	—	—	1,48	4696	6966	1,91	4648	8877	2,07	4403	9112
	—	—	—	1,43	3880	5570	1,52	4030	6140	1,46	4170	6090
6	1,38	3859	5338	1,40	4167	5828	1,45	4506	6519	1,45	4538	6555
	—	—	—	1,24	3850	4810	1,27	4100	5190	1,34	4200	5630

ben in manchen Betrieben und Jahren Verluste auftraten, während bei höheren N-Gaben in keinem Falle ein Verlust eintrat, die Reinerträge stets wesentlich höher lagen, der Besatz an Kühen beachtlich gesteigert werden konnte und daß sowohl die Milchleistung je Kuh als auch der Milchertrag je ha wesentlich erhöht wurde, nämlich im Durchschnitt aller Versuchsjahre und Betriebe:

der Viehbesatz von 1,25 GVE ha auf 1,54 GVE ha
der Reinertrag von 68,5 hfl/ha auf 324,6 hfl/ha
der Milchertrag von 5067 kg/ha auf 6899 kg/ha und
die Milchleistung von 4003 kg/Kuh auf 4575 kg/Kuh.

2. Die Stellung des Aufwandes für Düngemittel in der landwirtschaftlichen Kostenrechnung

Der finanzielle Aufwand für Düngemittel erscheint in der landwirtschaftlichen Kostenrechnung bzw. in der Betriebs-Erfolgsrechnung nach NEBIKER (1959) unter der Kontenklasse 3 (Aufwand), Gruppe 31 (Pflanzenbau) als Konto 310 (Düngerzukauf) neben dem Saatgutzukauf, dem Zukauf von Pflanzenschutzmitteln bzw. Schädlingsbekämpfungsmitteln sowie den „verschiedenen Kosten" des Pflanzenbaues und den Gruppen 32 (Tierhaltung), 33 (Material und Reparaturen), 34 (andere Betriebskosten wie Versicherungen, Energien, Wasser, Beiträge, Porti, Frachten usw.) sowie 36 (Zinsen). Die hier unter den Gruppenbezeichnungen 31 bis 34 genannten Kosten werden als „Betriebskosten" zusammengefaßt und geben zusammen mit den „Personalkosten" (35) und den Zinsen (36) sowie den Abschreibungen (an Meliorationen, Gebäuden und Maschinen) den gesamten Aufwand an „Fremdkosten". Diesem Aufwand stehen als Ertrag die Verkaufserlöse für Bodenerzeugnisse (Feldfrüchte, Holz, Obst, u. dgl.), für Vieh und Vieherzeugnisse (Fleisch, Milch, Eier usw.) die Einnahmen aus Verwertung, Verpachtung, Lohnfuhren usw., die Gutschriften für Naturallieferungen (an Haushalt, Angestellte usw.) und die Wertzunahmen (Zuwachs an Viehbestand und Vorräten) gegenüber. Das landwirtschaftliche Einkommen errechnet sich aus der Differenz zwischen Rohertrag und Aufwand.

Der Düngemittelzukauf soll nach einer verbreiteten betriebswirtschaftlichen Lehrmeinung 10% des Gesamtaufwandes nicht überschreiten. So betrug der Anteil der Ausgaben für Handelsdünger an den Gesamtausgaben der landwirtschaftlichen Betriebe in Deutschland ziemlich unabhängig von Geldwert und landwirtschaftlicher Konjunkturlage und Betriebsgröße etwa 9,9 bis 11,2%. In einem von NEBIKER (1959) zitierten Beispielsbetrieb „Auhof" betrug 1955 der Düngemittelzukauf DM 2920,— bei insgesamt DM 42790,— Fremdkosten, also 6,8% des Gesamtaufwandes bzw. 15,7% der Betriebskosten. Im Durchschnitt der Jahre 1950/53 betrug im Gebiet der Deutschen Bundesrepublik der Aufwand an Handelsdüngern bei buchführenden Betrieben im Durchschnitt ziemlich unabhängig von deren Größe 10,5 bis 10,9% der baren Betriebsausgaben insgesamt (NIELSCHULZ und PADBERG 1954). Bezogen auf die Gesamteinnahmen betrug der Aufwand für Handelsdünger etwa 7 bis 8%. In Gartenbaubetrieben ist die relative Bedeutung des Düngeraufwandes im Rahmen des Gesamtaufwandes wesentlich geringer; auch schwankt er in seiner anteiligen Größe mehr. Für Deutschland liegt er bei etwa 2,3 bis 7,5% des Gesamtaufwandes (NIELSCHULZ und PADBERG 1954). Der Anteil der Düngungskosten an den Gestehungskosten schwankt je nach der Gartenfrucht und der Anbaumethode beträchtlich. Tab. 707 gibt einige Beispiele dafür. Eine stichhaltige Begründung für die oben erwähnte Lehrmeinung dürfte angesichts der zahlreichen zu berücksichtigenden Faktoren nicht auf einfache Weise möglich sein. Keinesfalls kann sie jedoch allgemeine Gültigkeit beanspruchen. Es kann sich bei dem angegebenen Wert nur um einen in ertragsreichen Betrieben erfahrungsgemäß festgestellten Grenzwert handeln. Ein „gesunder" Betrieb besitzt jedoch andere Voraussetzungen, als ein falsch geführter, ertragsschwacher. Die im Einzelfall beträchtliche notwendige Höhe des Düngeraufwandes muß in sorg-

Tabelle 707. *Beispiele für die Höhe des Anteiles der Düngungskosten an den Gestehungskosten (in DM) bei Tomaten und Möhren*
(nach Prechtler und Möhring 1957)

Kostenart	Stabtomaten	Buschtomaten	Möhren (Gespannverfahren)
Arbeitskosten	6925,76	3064,98	1466,30
Düngungskosten	441,20	441,20	348,60
Pflanzgut, Stäbe, Bindematerial	6000,—	3000,—	175,—
Pflanzenschutzkosten	30,—	30,—	10,—
Verzinsung des Betriebskapitals	360,—	360,—	360,—
Anteilige allgemeine Unkosten	410,—	410,—	410,—
Anteiliges Betriebsrisiko	144,—	144,—	144,—
Betriebsleiterzuschlag	150,—	150,—	150,—
Gestehungskosten	14460,96	7600,18	3063,90
Anteil der Düngungskosten an den Gestehungskosten	3,05	5,81	11,38

fältiger Betriebsanalyse und sachkundiger Prüfung der pflanzenbaulichen Voraussetzungen und Notwendigkeiten festgesetzt werden, ohne auf statistisch ermittelte Grenzwerte, die im Einzelfall wegen anderweitiger Voraussetzungen nicht gültig sein müssen, zu sehr Rücksicht zu nehmen. Ewald (1952) und Herlemann (1949, 1953) vertreten die Meinung, daß es nicht richtig sei, wie es aus naheliegenden Gründen vielfach geschieht, die Höhe der Düngergaben von den aus der letzten Ernte erzielten Betriebseinnahmen abhängig zu machen. Gebert (1955) meinte dagegen, eine Bindung des Düngerverbrauches an die Betriebseinnahmen garantiere eine automatische Anpassung an die Rentabilität der Düngeranwendung. Letzteres kann freilich nur dann gelten, wenn ein Betrieb sich bereits in wirtschaftlicher Aufwärtsentwicklung befindet.

Daß es nicht gerechtfertigt ist, die oben erwähnten oder analogen Durchschnittszahlen als eine auch für den Einzelfall gültige Richtlinie zu betrachten und sie bei der Wahl der betriebswirtschaftlichen Maßnahmen ohne kritische Anpassung an den einzelnen Fall anzustreben, zeigt im Prinzip die Gegenüberstellung zweier stark schematisierter Beispiele. Zwei Gruppen von je 200 untersuchten Zuckerrübenbetrieben mit Grundflächen mit gleichem Einheitswert in Nordwestdeutschland brachten je nach der Höhe des Düngeraufwandes verschieden hohe Gesamt-Bareinnahmen (vgl. Tab. 708). Ein Vergleich der Gesamteinnahmen von 119 Zuckerrübenbetrieben des gleichen Landes bei annähernd gleichen Einheitswerten der Grundstücke ergab eine gute Korrelation zwischen dem jeweiligen Düngeraufwand und dem Gesamt-Barertrag der Betriebe. Eine Erhöhung des Düngeraufwandes müßte daher von einer Erhöhung des Gesamtertrages gefolgt sein und die Praxis kennt ja auch dieses Mittel zur Steigerung der Produktivität eines nicht genügend Ertrag liefernden Betriebes. Würde nun der Bewirtschafter eines Betriebes A im nächsten Anbaujahr nicht wie bisher 11,1, sondern um mehr als 20,8% seines bisherigen Gesamtaufwandes für Düngemittel einsetzen (also zusätzliches Kapital entsprechend auch in seinen sonstigen Kosten investieren), so hätte er (im vereinfachten Beispiel unmittelbar, in der Praxis erst nach mehreren Anbaujahren) mit einem Ertrag der Betriebsgruppe B zu rechnen. Dieser Erfolg war nur möglich durch einmaliges Verlassen der vorher gewohnheitsmäßig befolgten Regel, daß der Düngemittelaufwand 11,1%

Tabelle 708. *Schematische Überlegung über den betriebswirtschaftlichen Erfolg eines erhöhten Düngeaufwandes zum Beispiel von Zuckerrübenbetrieben*
(Teilweise nach Zahlen von NIESCHULZ und PADBERG 1954)

pro Jahr gerechnet	Betriebsgruppe A		Betriebsgruppe B	Differenz B — A
Handelsdüngeraufwand DM/ha landwirtschaftliche Nutzfläche	111		208	97
1. in % des Gesamtaufwandes	11,1		11,1	—
Gesamte Bareinnahmen	1482		2038	556
Weitere Bewirtschaftung mit einem Düngeraufwand von DM/ha = . . .	111	208	208	
	11,1	20,8	11,1	
bringt in % des vorjährigen Gesamtaufwandes				
2. einen Gesamtertrag von DM/ha =	1482	2038	2038	
Weitere Bewirtschaftung mit 11,1% des im zweiten Jahr eingesetzten Handelsdüngeaufwandes = DM/ha:	111	208	208	
Gesamt-Bareinnahmen DM/ha . . .	1482	2038	2038	

der gewöhnlich anfallenden Betriebskosten betragen solle. Freilich soll dabei nicht allein der Düngeraufwand, sondern auch der Einsatz anderer fachlicher bzw. betriebswirtschaftlicher Verbesserungsmaßnahmen berücksichtigt werden.

Der Düngeraufwand darf somit nicht nach betriebswirtschaftlichen Faustregeln bestimmt werden, sondern muß, wenn optimale Reinerträge angestrebt werden, zuerst aus den fachlichen Grundlagen der Pflanzenernährung bzw. der Bodenuntersuchung oder des Düngeversuches ermittelt werden. Erst nach Kenntnis dieses aus fachlichen Gründen nötigen Düngeraufwandes kann dessen Forderung mit den betriebwirtschaftlichen Möglichkeiten abgestimmt bzw. mit diesen ein geeignetes Kompromiß geschlossen werden.

3. Handelsdüngemittel und wirtschaftseigene Düngemittel

Die ökonomischen Eigenschaften der Mineraldünger unterscheiden sich von jenen der betriebseigenen Düngemittel wesentlich. RUTHENBERG (1956) schreibt dazu: „Der Mineraldünger ist ein lagerfähiges, konzentriertes und leicht transportierbares Produktionsmittel. Es ist deshalb im Gegensatz zu wasserhaltigen, organischen Düngern, wie Stallmist, Gülle und Kompost, „Marktfähig". Infolgedessen gibt es einen Düngemittelmarkt, auf dem der Landwirt beliebige Mengen an Mineraldünger kaufen kann. Dagegen sind der Stallmistdüngung enge technische und betriebswirtschaftliche Grenzen gesetzt. Die technischen Grenzen liegen in der Menge des verfügbaren Einstreumaterials. Die betriebswirtschaftlichen Grenzen werden durch die Tatsache gezogen, daß die Wirtschaftlichkeit der Nutzviehhaltung mit steigendem Umfang schließlich abnimmt. Sinkende Wirtschaftlichkeit der Nutzviehhaltung bedeutet aber steigende Kosten der Stallmistproduktion. Demzufolge gilt es, beim Einsatz der organischen Dünger eine gegebene Menge „optimal" auf die verschiedenen Kulturen zu verteilen, während man bei den Mineraldüngern abschätzen muß, welche Düngermenge als „optimal" anzusehen ist. Daraus geht hervor, daß die Mineraldünger „eine weitaus bessere Anpassung an die natürlichen und wirtschaftlichen Verhältnisse zulassen als die meisten anderen Produktionsmittel des landwirtschaftlichen Betriebes."

Während sonst die Höhe der Gaben an wirtschaftseigenen Düngemitteln weitgehend von den betriebswirtschaftlichen Voraussetzungen bestimmt wird, bieten die Handels- bzw. die Mineraldüngemittel die Möglichkeit, sozusagen von außen her in den Kreislauf:

$$\text{Pflanzenertrag} \longleftarrow \nearrow \overset{\text{Betriebswirtschaftliche}}{\text{Voraussetzungen}} \searrow \longrightarrow \text{Produktion an wirtschafts-}$$
eigenen Düngemitteln

als Regulator einzugreifen und die betriebswirtschaftlichen Voraussetzungen zu beeinflussen bzw. zu verbessern. Das in Abb. 311 gegebene Schema soll dies

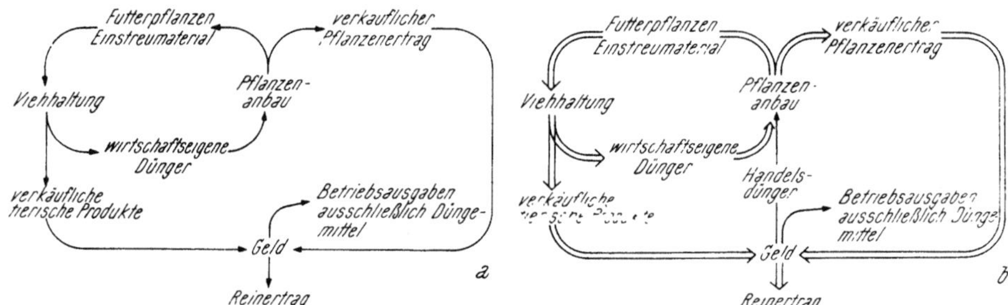

Abb. 311. Die zusätzliche Verwendung von Handelsdüngemitteln zu den wirtschaftseigenen Düngemitteln fördert den gesamten Betrieb. Beispiel *a*: Schema eines Betriebes ohne Handelsdüngerverwendung. Beispiel *b*: Schema eines Betriebes mit zusätzlicher Handelsdüngerverwendung. Die Verdoppelung der Pfeil-Linien deutet die Erhöhung des Ertrages an

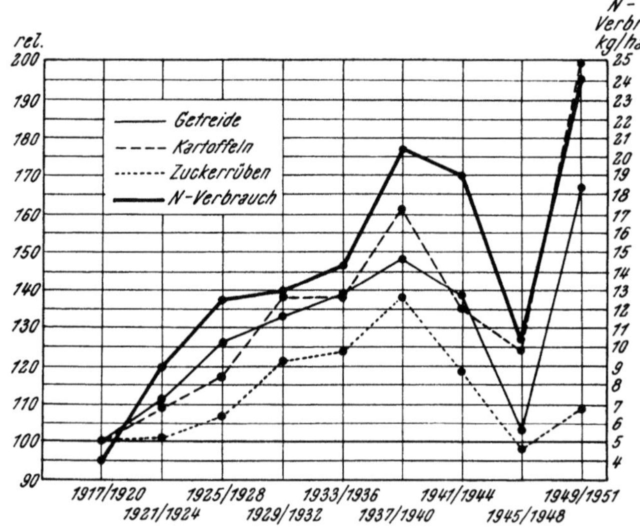

Abb. 312. Stickstoffverbrauch und Ackererträge im deutschen Bundesgebiet 1917 bis 1951. Die Erträge aus den Jahren 1917 bis 1920 sind im Mittel angegeben und gleich 100% gesetzt

in zwei Beispielen deutlich machen. Im ersten Beispiel ist der Umlauf der Betriebsmittel in einem Betrieb schematisch dargestellt, der kein Handelsdüngemittel verwendet, während Beispiel 2 ein solches Schema für einen Handelsdünger verwendenden Betrieb gibt. Entschließt sich der Betrieb 1 zur Umstellung von Schema 1 auf Schema 2, so ergibt sich, daß ein *vorübergehender* Einsatz zusätzlicher Geldmittel nötig ist, um den Handelsdüngeraufwand solange zu decken, bis er aus den verbesserten Betriebserträgen wieder zurückgeflossen ist. Bei einem Verzinsungserfolg von +100% oder mehr ist dies bereits nach einer einzigen Vegetationsperiode der Fall, d. h. daß der zum Erwerb der Handelsdüngemittel zusätzlich investierte Geldbetrag noch innerhalb des ersten Jahres nach der Umstellung zurückbezahlt werden kann.

Die Geschwindigkeit des Kreislaufes des für den Düngeraufwand ausgelegten Geldes ist relativ hoch. Sie beträgt bei Umtriebsweiden unter Umständen nur wenige Wochen, bei den wichtigsten landwirtschaftlichen Feldfrüchten etwa acht Monate bis zu einem Jahr, und nur in wenigen Fällen wird ein Zeitraum von zwei Jahren überschritten (RUTHENBERG 1956), wodurch dem Betrieb mit der Handelsdüngung ein sehr schnell wirksames und daher vorteilhaftes Mittel zur Regulation seiner betriebswirtschaftlichen Struktur bzw. ihrer Voraussetzungen in die Hand gegeben ist.

4. Düngerverbrauch und Erträge

Zwischen dem Düngemittelverbrauch einzelner, volkswirtschaftliche Einheiten bildender Gebiete und den in diesen Gebieten erhaltenen Erträgen sind klare Korrelationen erkennbar. Eine solche zeigt beispielsweise Abb. 312 für

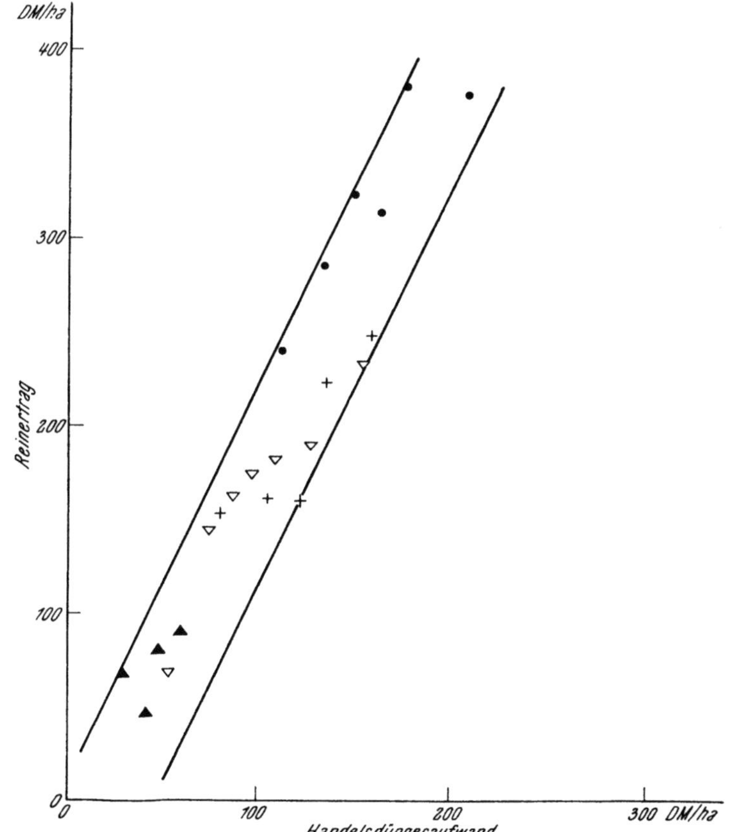

Abb. 313. Korrelation zwischen Handelsdüngeraufwand und Reinertrag von buchführenden Betrieben Nordwestdeutschlands von 20 bis 50 ha Größe (nach Zahlen von NIESCHULZ, vgl. auch BLOHM 1958).
● Zuckerrübenwirtschaften; + Getreidewirtschaften; ▽ Futterwirtschaften; ▲ Grünlandwirtschaften

das deutsche Bundesgebiet im Verlauf der Jahre 1920 bis 1951 für Getreide, Kartoffeln und Zuckerrüben.

Ähnliches zeigt eine Gegenüberstellung des Handelsdüngeraufwandes buchführender Betriebe Nordwestdeutschlands und des erzielten Reinertrages bei verschiedenen Betriebstypen, die (nach Zahlen von Nieschulz und Padberg 1954, vgl. auch Blohm 1958) in Abb. 313 gegeben ist. Es zeigt sich, daß die verschiedenen Betriebstypen einen verschieden hohen Aufwand an Handelsdüngemitteln hatten. Den geringsten Aufwand zeigten die Grünlandwirtschaften mit durchschnittlich 99,7 DM/ha, die Getreidewirtschaften mit 119,4 DM/ha und schließlich die Zuckerrübenwirtschaften mit 156,3 DM/ha. Im gesamten aller Betriebe zeigte sich eine ziemlich gute Korrelation zwischen der Höhe des Handelsdüngeraufwandes und der Höhe des erzielten Reinertrages der Betriebe, so daß dieser für die verschiedenartigsten Betriebe und Verhältnisse — bei sachgemäßer Verwendung — vorausgesetzt werden darf. Selbstverständlich gilt diese lineare Beziehung nur innerhalb jener Grenzen des Düngemittelaufwandes, der Reinerträge und der betrieblichen Voraussetzungen, welche dem dargestellten Zahlenmaterial entsprechen. Bei noch höherem Handelsdüngeraufwand müßte das Ertragsgesetz wirksam werden (wie dies die Einzelwerte für Futterbauwirtschaften innerhalb der Werte von Abb. 313 zeigen) und die Gerade in eine Sättigungs- oder Optimumkurve übergehen (also nach rechts abbiegen).

b) Die volkswirtschaftliche Bedeutung der Düngung

Für die Volkswirtschaft ist die Düngung von mehrfacher wesentlicher Bedeutung. Sie bietet bei sachgemäßem Einsatz die Voraussetzungen zur Sicherung:

1. Der Erzeugung im eigenen Lande einer ausreichenden Menge und erwünschten Qualität von Nahrungsmitteln bzw. von landwirtschaftlichen, obst-, garten- oder weinbaulichen bzw. forstlichen Produkten für den eigenen Bedarf oder für den Export;

2. der Erhaltung der Fruchtbarkeit bzw. Produktivität der landwirtschaftlich, obst-, garten- und weinbaulich oder forstlich genutzten Kulturflächen des Landes;

3. der Möglichkeit, mit ihrer Hilfe sogenannte ertragsschwache Naturböden in ertragsreiche Kulturböden umzuwandeln;

4. der Erhaltung einer günstigen Ertragslage in den landwirtschaftlichen, obst-, garten-, weinbaulichen und forstlichen Betrieben des Landes, welche geeignet ist, der bäuerlichen Bevölkerung eine angenehmere Lebensgrundlage zu bieten und ein Überhandnehmen der Landflucht einzudämmen;

5. der Beschäftigung eines großen Teiles der Düngemittel herstellenden Industrien, welche in vielen Ländern einen nicht unbedeutenden Anteil ihrer Produktion exportieren.

1. Nahrungsmittelversorgung der Länder aus eigener agrarischer Produktion

Zahlreiche Länder können ihren Bedarf an Lebensmitteln normalerweise nicht zur Gänze aus der Erzeugung ihrer eigenen Landwirtschaft decken. Der Anteil an Eigenerzeugung, beispielsweise der Deutschen Bundesrepublik (einschließlich West-Berlin), betrug im Jahre 1955/56 (*Grüner Bericht* 1957) für Roggen 94%, Weizen 52%, Kartoffeln 99%, Zucker 87%, Gemüse 82%, Obst 81%, Fleisch 92%, Eier 63%, Milch 100% und Nahrungsfette 43%.

Es kann hier nicht im einzelnen auf die diesbezügliche Situation der verschiedenen Länder eingegangen werden, weil dies die diesem Buch gestellten

Aufgaben überschreiten würde. Es soll hier nur darauf verwiesen werden, daß es durch den Einsatz der Düngung neben den sonstigen Ergebnissen der modernen landwirtschaftlichen Forschung und den von ihnen abgeleiteten Arbeitsmethoden gelingt, den Anteil der Eigenproduktion bzw. die Gesamtproduktion zu erhöhen. Ein aus der Getreideproduktion entnommenes Beispiel bieten die Zahlen der Tab. 709.

Tabelle 709. *Der Einfluß der Einführung der Methode des Fruchtwechsels und jener der Mineraldüngung auf die Getreideerträge (dz/ha) in Holland, Belgien und Deutschland* (nach PRIANISCHNIKOW 1952)

Land	I. Periode Dreifelderwirtschaft (Mittelalter)	II. Periode Fruchtwechsel		III. Periode Fruchtwechsel und Mineraldüngung			
		1840–1870	1880	1890–1900	1909–1913	1926–1930	1936–1938
Holland	7	15,5	17,7	19,4	22,5	29,8	31,8
Belgien	7	15,0	15,3	19,3	25,3	25,5	28,5
Deutschland...	7	13,0	14,0	17,4	22,7	(19,9)	24,3

2. Die Erhaltung der Fruchtbarkeit der Böden

Neben der Betrachtung der Wirtschaftlichkeit der Erzeugung einer einzelnen Frucht, einer Vegetationsperiode oder einer ganzen Fruchtfolge muß die Wirkung der Düngung auf die Bodenfruchtbarkeit berücksichtigt werden. Es handelt sich hierbei um einen in längeren Zeiträumen wesentliche Bedeutung erlangenden Rentabilitätsfaktor, dessen quantitative Bestimmung (zahlenmäßige Erfassung) infolge seiner komplexen Beschaffenheit und nach dem derzeitigen Stande unserer Kenntnisse so gut wie unmöglich ist. Lediglich Schätzungen auf Grund praktischer Erfahrungen und daraus abgeleiteter Anhaltspunkte können eine annähernde Beurteilung in vergleichenden Bewertungen geben, welche zu einer unmittelbaren Rentabilitätsberechnung (wegen mangelnder Kenntnis der unmittelbar in Erträgen anzugebenden Auswertungen) nicht verwendet werden können. Die Wirkung und Bedeutung der Mineraldüngung in diesem Zusammenhang kann kurz mit SCHMITT (1958) wie folgt charakterisiert werden:

„Durch Mineraldünger — mehr und bessere Früchte ebenso mehr Futter und Stroh — dadurch mehr Vieh und Stallmist — außerdem mehr Wurzel- und Stoppelmasse — insgesamt stärkere organische Düngung, Anwachsen des Humus- und Nährstoffvorrates des Bodens — als Endergebnis der neuzeitlichen Düngungsmaßnahmen: Erhöhung und Erhaltung der Bodenfruchtbarkeit."

Sie dient daher der Sicherung der betrieblichen Ertragsfähigkeit auf lange Sicht.

Die Erhaltung der Fruchtbarkeit der Böden bedarf zweier verschiedener Voraussetzungen, nämlich jener, welche eine geeignete Bodenstruktur, und jener, welche einen geeigneten Nährstoffzustand des Bodens zu schaffen bzw. aufrechtzuerhalten geeignet sind.

Für die Erhaltung der Bodenstruktur kann unmittelbar durch Versorgung mit Stallmist, Gülle, Kompost oder Handelshumusdüngemitteln oder aber mit Hilfe mineralischer Düngemittel auf dem Wege über eine Vermehrung der Wurzelrückstände, welche ja beträchtliche Mengen an organischem Material dem Boden für seine Strukturbildung zur Verfügung stellen (vgl. RÖMER 1939), gesorgt werden. Schmitt (1958) schlug daher vor, in Zukunft eine doppelte ertragssteigernde Wirkung der Mineraldünger zu unterscheiden:

1. eine „oberirdische Wirkung" (sichtbare Ernte),
2. eine „unterirdische Wirkung" (unsichtbare Ernte),

wobei unter 1. der vom Feld entfernte, nutzbare oder verkäufliche Ertrag zusammengefaßt sein soll, unter 2. aber jener Anteil an Ertrag gemeint ist, der auf dem Felde verbleibt, verrottet und der Strukturbildung des Bodens zunutze kommt. Während der unter 1. genannte Ertrag in Geldwert ermittelt werden kann, ist dies für den unter 2. erwähnten Anteil nicht unmittelbar möglich. Seine Größe kann daher kaum zahlenmäßig in Rentabilitätsüberlegungen einbezogen werden, muß aber doch als betriebs- wie volkswirtschaftlich bedeutender Faktor gewertet und berücksichtigt werden.

Die Wurzelrückstände (und auf dem Feld verbleibenden Stoppeln) machen bei Weizen, Gerste und Hafer 20 bis 50 dz/ha Trockensubstanz) bei Roggen 50 bis 70 dz/ha Trockensubstanz aus, bei Zwischenfruchtfutterpflanzen (Sprengelrübsen, Rapko, Landsberger Gemenge, Wickroggen usw.) 20 bis 40 dz/ha Trockensubstanz, wobei sich dieser „Ertrag" von der Düngung abhängig erweist (Römer 1939). Langjährige Feldversuche auf verschiedenen Böden zeigten, daß übliche N-Düngung bei Getreide etwa 16 dz/ha Wurzel- und Stoppelmasse mehr erzeugt, als ohne solche. Schmitt (1954) und Römer (1947) fand, daß 40 kg/ha N im Zwischenfruchtfutterbau eine Mehrproduktion von 5 dz/ha Trockensubstanz an Wurzelrückständen bewirkt.

Während der Kriegsjahre 1939 bis 1944, als England unter Blockade stand, gelang es diesem Lande, das vorher nur knapp ein Drittel der für die Ernährung der Bevölkerung benötigten Kalorien aus eigener landwirtschaftlicher Produktion bezog, sein landwirtschaftliches Potential so zu steigern, daß die Eigenerzeugung etwa 45% des Bedarfs zu liefern imstande war. Dieser Anstieg der Erzeugung wurde durch eine Erweiterung der landwirtschaftlich genutzten Flächen (um etwa 60%) von 8 000 000 auf 14 300 000 Morgen erreicht. Eine solche, durch die speziell in England herrschenden Bedingungen mögliche, vorübergehende Erweiterung der landwirtschaftlichen Nutzfläche steht nicht allen Ländern zur Verfügung, weshalb für einige von ihnen die Düngung einen entscheidenden kriegswirtschaftlichen Faktor darstellt.

3. Verbesserung der Ertragsfähigkeit von Böden und die Umwandlung von Naturböden in Kulturböden

Durch die Maßnahmen einer sachgemäßen Düngung, insbesondere auch der Mineraldüngung, können auch Böden von geringerem Fruchtbarkeitszustand nach und nach in einen besseren Fruchtbarkeitszustand überführt werden.

So ist es nicht nur möglich gewesen, große Flächen von Ödland, Moore, Heide und Hutungen in ertragreiches Kulturland umzuwandeln (Boden 1952, Schmitt 1953), sondern auch einstmals fruchtbare Böden, die ihre „alte Kraft" verloren hatten, durch Düngung wieder in ihren vorherigen Ertragszustand zu bringen. Dies gilt z. B. für die schwarzerdeähnlichen Lößböden Rheinhessens, die vor mehr als 70 Jahren an Phosphorsäure und Kali so stark verarmt waren, daß sich ein Klee- und Luzerneanbau nicht mehr lohnte (Wagner 1904). Nach Einsatz moderner Düngemethoden liegen dort heute (bei hohem Einsatz von Reinnährstoffen je ha) wieder normale Ertragsverhältnisse vor. Nach Meyle (1939) sowie Opitz (1939) ist die Düngung auch für das Ansteigen der Ernten auf leichten Sandböden (die im Verhältnis zu schweren Böden im Verlauf von

50 Jahren viel stärker anstiegen), also für eine Verbesserung von deren Fruchtbarkeitszustand, verantwortlich.

SCHMITT (1953) berichtet als bekannte Tatsache, daß zahlreiche Roggenböden in Deutschland erst durch die Verwendung von Mineraldüngern auch für den Anbau von Weizen geeignet gemacht würden.

Die Rolle, welche die Düngung bei der Umwandlung von Naturböden in Kulturböden spielt, wurde von SCHUFFELEN (1958) (vgl. Abb. 314) zusammen-

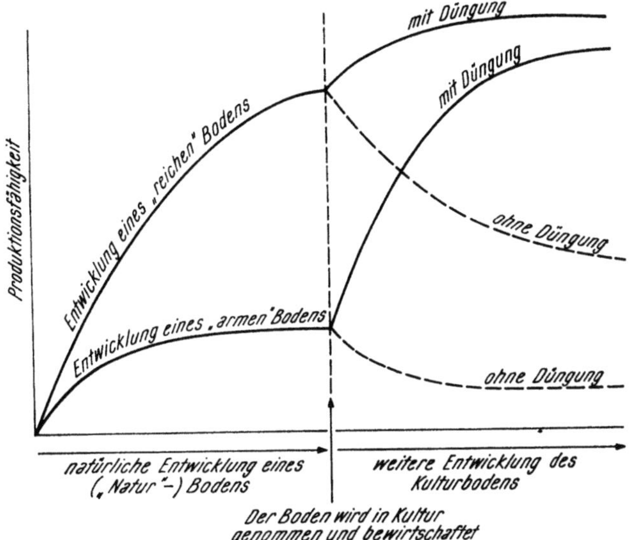

Abb. 314. Schema nach SCHUFFELEN (1958), welches den Einfluß der Düngung auf die Entwicklung eines „reichen" und eines „armen", aus Naturboden umgewandelten Kulturbodens zeigt. Ein „armer" Boden kann in seiner Produktionsfähigkeit durch Düngung einem „reichen" angeglichen werden

fassend diskutiert, wobei er zu dem Schluß kam, daß ohne Anwendung von Mineraldüngern bei intensiv genutzten Böden kein günstiger Produktionszustand aufrechterhalten werden kann.

4. Die Erhaltung der günstigen Ertragslage landwirtschaftlicher Betriebe und des Lebensstandards der landwirtschaftlichen Bevölkerung

Der schnelle Umlauf und die relativ hohe Verzinsung des Düngerkapitals ermöglichen dem Betrieb eine Erhöhung des Reingewinns und somit eine günstigere Entlohnung der eigenen Arbeitskraft, mithin eine Erhöhung des Lebensstandards. Da das Beispiel der Erhöhung des Lebensstandards bei Industriearbeitern und der städtischen Bevölkerung im allgemeinen sowie die in diesen Kreisen fortschreitende Tendenz zur Erniedrigung der wöchentlichen Stundenzahl an Arbeitszeit zahlreiche, vor allem jugendliche Arbeitskräfte vom Lande weg und in die Stadt locken, hat die Landwirtschaft fast aller hochindustrialisierten Länder mit der ständig wachsenden und an Bedeutung zunehmenden „Landflucht" der ländlichen Bevölkerung zu kämpfen. Es müssen daher alle Mittel und Möglichkeiten eingesetzt werden, um durch eine bessere Entlohnung sowie günstigere Lebenshaltung als bisher die zur Landflucht führenden Gründe so weit als möglich zu beseitigen. Wie die betriebswirtschaftlichen Überlegungen gezeigt haben, bietet der fachgemäße Einsatz von Düngemitteln eine der wirksamsten Voraussetzungen hierzu.

c) Die Bedeutung der Düngung für die Welternährung

Es sind vor allem drei Tatsachen, welche der Düngung eine entscheidende Bedeutung für die Ernährung der Weltbevölkerung geben, nämlich daß:

1. Es bisher nicht möglich war und voraussichtlich in absehbarer Zeit nicht möglich sein wird, Nahrungsmittel rein synthetisch oder doch auf anderen Wegen als auf dem mittelbaren oder unmittelbaren Wege des Anbaues oder der Kultur von Pflanzen in ausreichender Menge zu erzeugen.

2. Die landwirtschaftlich (bzw. obst-, garten- und weinbaulich) genutzte Kulturfläche der Welt eine beschränkte ist und einer wesentlichen Ausweitung nicht fähig ist.

3. Die Bevölkerung der Welt in ständigem Ansteigen ist und daher ihr Anspruch auf Nahrungsmittel in einem Maße wächst, welches die bisherigen Produktionsleistungen unserer Kulturflächen zu überflügeln droht.

Die Leistungen an landwirtschaftlicher Produktion, welche die Düngung herbeizuführen imstande ist, stellen einen wesentlichen Beitrag zur Ernährung der Weltbevölkerung dar.

Für Deutschland konnte Römer (1949/50) feststellen, daß „50% der Ertragssteigerungen, die in den letzten 100 Jahren erzielt worden sind, auf der Ergänzung des Boden-Nährstoffkapitals durch mineralische und synthetische Düngemittel beruhen".

1. Möglichkeiten der synthetischen Herstellung von Nahrungsmitteln

Die pflanzliche Produktion erfolgt gegenwärtig noch fast völlig durch die landwirtschaftlichen Verfahren. Es besteht die Möglichkeit, durch Großverfahren der Algen- und Pilzkultur zu einer Produktion von Nahrungsmitteln zu gelangen, wobei nur die Algenkultur von einer vorhergehenden landwirtschaftlichen Erzeugung unabhängig ist. Sie gestattet auch die Ausnutzung von Ödland oder Wasseroberflächen für Zwecke der Nahrungsmittelproduktion und könnte bei entsprechend großflächiger Durchführung und Entwicklung geeigneter Verarbeitungsverfahren eine Ausweitung der Produktionskapazität für Nahrungsmittel möglich machen. Auch eine intensivere Nutzung der Produktionskapazität der Meere könnte noch zu einer ähnlichen Erweiterung der Nahrungsmittelbasis führen. Eine entscheidende Veränderung der Voraussetzungen für die Erzeugung von Nahrungsmitteln würde jedoch dann eintreten, wenn es gelänge, diese in kleinflächigen, industriellen Produktionsanlagen aus Ausgangsmaterialien herzustellen, welche in großen Mengen vorhanden und zugänglich sind und keiner landwirtschaftlichen Vorproduktion bedürfen.

Die Grundnahrungsmittel tierischer Organismen bzw. des Menschen sind Kohlehydrate (Stärke, Zellulose usw.), Fette und Eiweiß, neben Phosphatiden, Nukleoproteinen, Vitaminen und notwendigen Mineralstoffen. Alle diese Stoffe werden mit den üblichen Nahrungsmitteln, welche direkt oder indirekt der pflanzlichen Produktion entstammen, den Organismen zugeführt.

Die Synthese als Nahrungsmittel verwertbarer Grundstoffe wurde mehrfach versucht und ist im Hinblick auf einzelne Stoffe auch gelungen (vgl. Langenbeck 1953, Micheel 1963).

So ist es gelungen, Zucker, Fette, Phosphatide, Aminosäuren, Polypeptide und dem Eiweiß ähnliche Polymerisationsprodukte, Nukleoside und Nukleotide (sowie neuerdings auch Chlorophyll) mit Laboratoriumsverfahren in kleinen Mengen (einige Aminosäuren auch in technischem Verfahren in größeren Mengen) sowie einige Vitamine synthetisch herzustellen, doch bilden diese Verfahren der-

zeit noch keine Grundlage für eine großtechnische Erzeugung von Nahrungsmitteln. Sie können, selbst wenn man wesentliche Verbesserungen in künftiger
Entwicklung annehmen will, in näherer Zukunft kaum von der chemischen
Industrie erzeugt werden, welche mit jenen der landwirtschaftlichen Nahrungsmittelproduktion in aussichtsreiche Konkurrenz treten könnten. Dazu kommt,
daß die biochemischen und ernährungsphysiologischen Kenntnisse, welche zwar
gegenwärtig bereits umfangreich, aber doch noch nicht hinreichend sind, um
alle nötigen Anforderungen an die Qualität bzw. Zusammensetzung einer gesund-
heitsfördernden Nahrung genau angeben zu können, noch kein zureichendes
Urteil darüber ermöglichen, welche Reinheitsanforderungen an synthetisch erzeugte Nahrungsstoffe gestellt werden müssen bzw. welche bei den Synthesen
entstehenden Nebenprodukte unbedingt vermieden bzw. entfernt werden müssen.
Das allgemeine Mißtrauen der Öffentlichkeit, das der behaupteten und oft auch
nachgewiesenen Unschädlichkeit synthetischer Produkte entgegengebracht wird,
zeigt zwar — wie der weit über das notwendige Maß hinausgehende Konsum
mancher Länder an Arzneimitteln zeigt — eine rückläufige Entwicklung, doch
wird ihr stets eine starke Propaganda für „naturnahe" Ernährung entgegengebracht, welche die Einführung synthetischer Nahrungsmittel, wenn deren Erzeugung einmal tatsächlich in wirtschaftlicher Weise gelingt, sehr erschweren wird.

Aus Paraffin, welches aus Erdöl, Teer, aus Kohlehydrierungsprodukten bzw.
aus der FISCHER-TROPSCH-Synthese stammte, wurden während des zweiten Welt-
krieges durch Oxydation mit Luft bei 100 bis 150° C unter Einwirkung von Kataly-
satoren Fettsäuren gewonnen, die durch Veresterung mit Glycerin in Speisefette
überführt wurden (IMHAUSEN und WEITZEL, zit. nach KUHN 1947). Die physiologische Prüfung dieser synthetischen Fette, die von FLÖSSNER, HANSON und
anderen durchgeführt wurde (vgl. KUHN 1947, ASINFER 1956) brachte teils
günstige, teils weniger günstige Ergebnisse, je nach dem Grad der physiologisch
unerwünschten Beimengung von Iso-Säuren.

Zentrale Bedeutung kommt der Synthese von Zucker zu, da dessen Verwendung bei Großkulturen von Pilzen (beispielsweise *Torula utilis* u. dgl.) oder
tierischen Geweben die biologisch-technische Erzeugung großer Nahrungsmittel-
mengen auf kleinstem Raum ermöglichen könnte. Zucker können durch das Holz-
verzuckerungsverfahren nach BERGIUS (mit HCl bei 0°) oder nach SCHOLLER
(mit H_2SO_4 oberhalb 100° unter Druck) aus Holz gewonnen werden. Solcher
Zucker kann seinerseits in Nährhefekulturen die Gewinnung von Eiweiß und
Fetten sowie Vitaminen ermöglichen (vgl. PIETZ 1953).

Über die Verfahren zur Synthese von natürlichen Fettsäuren berichtete
zusammenfassend GILLER (1953).

Eine Synthese von Glycerin aus Formaldehyd und Acetylen wurde von
REPPE ausgearbeitet (vgl. LANGENBECK 1953).

Über die synthetische Vitamingewinnung berichtet zusammenfassend PRITZ-
KOW (1953).

Endomyces vernalis, z. B. *Oidium lactis, Mucor mucedo, Torulopsis pulcherrima*
und andere Mikroorganismen liefern neben Protein auch beträchtliche Mengen
an Fetten (vgl. KUHN 1947).

Neuerdings wird versucht, durch mikrobiellen Abbau von (wachsartigen)
Paraffinanteilen des Rohöls Protein-Vitamin-Konzentrate herzustellen, deren
Gesamtmasse etwa 45% Eiweiß, etwa 19% Lipoide und etwa 22% Kohlenhydrate
enthalten soll neben etwa 1,3% P, der aus zugefügten Düngemitteln stammt,
sowie neben beachtlichen Mengen an Vitamin B_1, B_2, B_6, B_{12}, Nicotinsäure und
Pantothensäure. Ein solches industrielles Verfahren der Eiweiß- und Vitamin-
erzeugung (welches zugleich technologische Vorteile bei der Treibstoffgewinnung

bietet), würde etwa 2500mal so schnell arbeiten wie die landwirtschaftliche Produktion, könnte jährlich etwa 3 Millionen Tonnen Eiweiß liefern (Champagnat, Vernet, Laine und Filosa 1963), ist aber noch nicht zu technischer Reife gelangt, noch wurde der ernährungsphysiologische Wert des erzeugten Produktes bisher in hinreichender Weise überprüft.

2. Möglichkeiten der Ausweitung des Weltbestandes an landwirtschaftlichen Kulturflächen

Für die totale Oberfläche der Erde wird ein Flächeninhalt von 509950714 km² angegeben, wovon 28,3% festes Land und 71,7% Wasseroberflächen sind. Vom festen Land (nach Sufan 1904 etwa 144110000 km², nach Juraschek 1906 etwa 144432000 km², nach Brockhaus 1901 etwa 135506000 km² und nach Guttmann 1956 etwa 131600000 km² = 13160000000 ha) ist nur ein Teil land- bzw. forstwirtschaftlich genutzt bzw. nutzbar. Etwa 7000000000 ha sind land- und forstwirtschaftlich genutzt, etwa 5804000000 ha sind für Gebäude, industrielle Zwecke, Verkehrszwecke usw. verwendet bzw. nicht nutzbares Ödland. Das landwirtschaftliche Bodenpotential der Welt (bezogen auf Durchschnittsböden im gemäßigten Klima) wird mit 6170000000 ha (= 46,9%) geschätzt (Guttmann 1956), doch wird anderseits angenommen, daß diese Zahl zu hoch liegt und daß gegenwärtig nur etwa 1,6 ha pro Kopf der Weltbevölkerung landwirtschaftlich genutzt wird (entsprechend insgesamt etwa 4500000000 ha = etwa 34%).

Es stünden daher theoretisch noch etwa 53 bis 66% der gesamten festen Erdoberfläche für eine Ausweitung der landwirtschaftlichen Nutzflächen zur Verfügung, abzüglich der für industrielle, Wohn-, Verkehrs- und sonstige öffentliche Zwecke benützten Flächen, deren künftige Ausdehnung sich schwer abschätzen läßt, jedoch nur ein bedeutend geringerer Teil, so daß die landwirtschaftliche Nutzfläche der Welt, auch wenn sich Methoden zur Nutzbarmachung aller Ödländer finden sollten, höchstens noch verdoppelt werden könnte. Der größte Teil des sogenannten Ödlandes ist aus geographischen und klimatischen Gründen zu einer Umgestaltung in landwirtschaftliche Nutzflächen nicht oder nur sehr bedingt geeignet. Vor allem sind es die extremen Temperaturen ausgesetzten und gebirgigen Gebiete, welche einer Ausdehnung landwirtschaftlicher Nutzflächen unüberwindliche Schwierigkeiten entgegenstellen. So werden vor allem die wegen ihrer Lage in der Nähe der Polargebiete ständig oder fast ständig vereisten Landgebiete, welche außerdem in Hinblick auf die Lichtverhältnisse (Mitternachtssonne, Polarnacht) extreme Zustände und für die meisten Kulturpflanzen ungünstige Voraussetzungen bieten, keine wesentliche Erweiterung der landwirtschaftlichen Nutzflächen in ihrem Bereich gestatten. Ebenso werden die Hochgebirgslagen wegen ihrer Beschaffenheit (Humuslosigkeit, Steillagen und Unzugänglichkeit), ihrer klimatischen Verhältnisse (niedere Temperaturen, hohe Lichteinstrahlung, kurze Vegetationsdauer) und der in ihnen herrschenden Bedingungen (Winter-, Lawinen- und Unwetterwirkungen) niemals einer befriedigenden landwirtschaftlichen Nutzung zugeführt werden können, ausgenommen jene wenigen Flächen, die bereits bis heute in landwirtschaftlicher Nutzung stehen oder standen.

Am ehesten werden sich die flachen oder schwach hügeligen Ödlandflächen zu späterer landwirtschaftlicher Nutzung eignen, welche in an sich günstiger geographischer Lage die allgemeinen Voraussetzungen für das Gedeihen landwirtschaftlicher Nutzpflanzen besitzen (Lichtverhältnisse, Temperaturen, Vorliegen von Humus oder Möglichkeit der Humusbildung) und wo nur einzelne, mehr oder minder beherrschbare Klimafaktoren nicht für Pflanzenbau geeignet sind oder fehlen, wie dies in den meisten Fällen in Hinblick auf die Wasserversorgung der Fall ist.

Das Hauptaugenmerk ist somit auf die Steppen- und Wüstengebiete zu richten, welche zumeist aus früher ertragsfähigen Gebieten durch ungeeignete Bewirtschaftungsmethoden hervorgegangen sind (vgl. HORNSMANN 1951) und wo eine Wiederherstellung der verlorengegangenen Voraussetzungen für intensivere

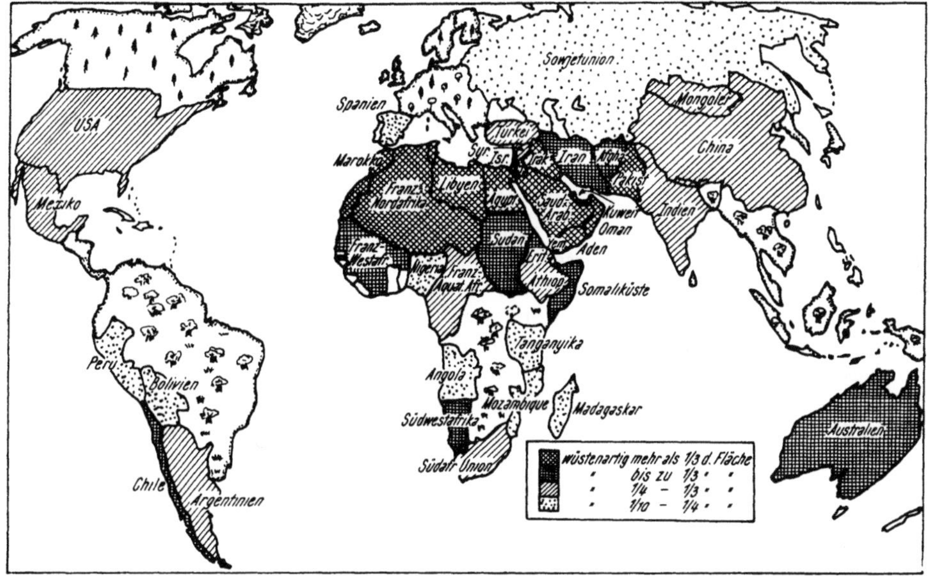

Abb. 315. Die Verteilung der Wüstengebiete auf der Erde

landwirtschaftliche Nutzung mit Wirtschaftlichkeit versprechenden technischen bzw. pflanzenbaulichen Mitteln möglich erscheint. Über die geographische Verteilung solcher Wüstengebiete gibt die Karte der Abb. 315 Auskunft.

Die Ausdehnung der großen Wüstengebiete wird etwa wie folgt geschätzt:

Sahara	6,5 Millionen km²
Inner-Australien	2,8 Millionen km²
Turkestan	2,3 Millionen km²
Arabische Wüste	1,3 Millionen km²
USA	0,9 Millionen km²

Sie bedecken zusammen eine Fläche von rund 1 400 000 000 ha, stellen also eine beachtliche Reserve an eventuell nutzbarer Oberfläche dar. Zahlreiche Regierungen haben ein Studium der Möglichkeiten der Wiedernutzbarmachung solcher Gebiete in Angriff genommen, und auch seitens der UNO sind zahlreiche Experten eingesetzt worden, um die klimatischen, ökologischen, pflanzensoziologischen, pflanzenbaulichen und technischen Voraussetzungen für eine landwirtschaftliche Nutzung oder Nutzungsintensivierung zu studieren. Im allgemeinen ist es der Wasserhaushalt der Böden, der zunächst in Ordnung gebracht werden müßte, doch kann dies weder ohne Berücksichtigung noch ohne Hilfe gleichzeitiger pflanzenbaulicher Maßnahmen mit andauerndem Erfolg geschehen. Bewässerungsanlagen und Düngungsmaßnahmen allein können das Fortschreiten der Wüstenzonen (das in manchen Gebieten jährlich Randgebiete von mehreren

Kilometern Breite erfaßt) nur unvollkommen hintanhalten und sind, ohne wirksame zusätzliche Maßnahmen, nicht in der Lage, der Nutzung verlorengegangene Gebiete auf wirtschaftliche Weise wieder nutzbar zu machen. Hierzu wäre vor allem die Anlage wirksamer Windschutzanlagen erforderlich, welche im allgemeinen durch eine zweckentsprechende Aufforstung sachkundig ausgewählter Flächen mit geeigneten Pflanzen erreicht werden könnte. Es ist in fortgeschrittenen Wüstengebieten jedoch bereits die Durchführung einer solchen Hilfsmaßnahme so außerordentlich schwierig, daß bisher zuverlässige Wege zur Erreichung dieses Zieles kaum angegeben werden können und praktische Erfolge von größerem Ausmaß noch nicht erzielt werden konnten. Hier kann erst geduldige und umfangreiche Forschungs- und Versuchsarbeit zeigen, ob und auf welche Weise (sowie mit welchem wirtschaftlichen Aufwand) eine Wiedernutzbarmachung erreichbar sein wird.

3. Ansteigen der Weltbevölkerung

Über die Zahl der Menschen, welche die gesamte Erde während vergangener Jahrtausende und Jahrhunderte bevölkerten, liegen begreiflicherweise keine zuverlässigen Zahlen vor. Erst seit die gesamte Welt im Geiste der europäischen Wissenschaften bekannt geworden war und überall wenigstens einigermaßen genaue Schätzungen oder Zählungen der Bevölkerung durchgeführt wurden, können zuverlässigere Zahlen gegeben werden. Dies ist praktisch erst im Verlauf des vergangenen Jahrhunderts ermöglicht worden. So muß man sich bei dem Versuch, die Bevölkerungsentwicklung vergangener Jahrhunderte bzw. gar mehrerer oder vieler Jahrtausende auf Schätzungszahlen verlassen, welche auf Grund mehr oder weniger sorgfältiger Überlegungen, indirekter Rückschlüsse oder Berechnungen, die sich auf vermutlich richtige Voraussetzungen stützen, gewonnen worden sind. Unter Vorbehalt dieser weitgehenden Unsicherheiten bei

Tabelle 710. *Die Bevölkerungszahl der gesamten Welt der vergangenen Zeiten*

Zeitpunkt	Bevölkerungszahl (Millionen Menschen)	Literatur
240 000 v. Chr.	0,01	Kirstein (1956), S. 147
4000 v. Chr.	30	Greiling (1954)
1000 v. Chr.	100	Greiling (1954)
0	200	Greiling (1954)
1600 n. Chr.	500	Greiling (1954)
1650 n. Chr.	515	Kirstein (1955), S. 140
1750 n. Chr.	728	Kirstein (1955), S. 140
1800 n. Chr.	906	Carr-Sounders (1936)
1825 n. Chr.	1000	Greiling (1954)
1850 n. Chr.	1171	Carr-Sounders (1936)
1890 n. Chr.	1538	v. Juraschek (1906)
1900 n. Chr.	1503	Supan (1904)
	1587	Wagner (1902)
1920 n. Chr.	1608	Carr-Sounders (1936)
	1810	U.N. (1955)
1928 n. Chr.	1900	Elster (1931)
1930 n. Chr.	2023	U.N. (1955)
1940 n. Chr.	2240	
1950 n. Chr.	2400	Kirstein (1955)
	2393,5	Mackenroth (1953)
1954 n. Chr.	2504	U.N. (1955)
	2650	U.N. (1955)
1961 n. Chr.	3033	Fischer-Almanach (1962)

der Gewinnung der Bevölkerungsziffern der gesamten Welt (die um so geringer werden, je mehr sie sich der Gegenwart nähern), kann man aus den in Tab. 710 gegebenen Zahlen entnehmen, daß die Bevölkerung der Welt im progressiven Wachstum befindlich ist.

Eine graphische Darstellung dieser Zahlen (vgl. Abb. 316) zeigt, daß die Weltbevölkerung im Zeitraum zwischen den Jahren 4000 v. Chr. und 1000 n. Chr. sich etwa alle 1500 Jahre in ihrer Zahl verdoppelt hatte. Im Zeitraum zwischen dem Jahre 1825 und 1950 verdoppelte sie ihre Zahl bereits annähernd alle 100 Jahre. Wie Abb. 316 zeigt, liegt in der Wachstumskurve um das Jahr 1500, also zum Beginn der sogenannten „Neuzeit" ein ziemlich scharfer Knick. Das bedeutet, daß zwischen 1400 und 1600 Umstände eingetreten sein müssen, welche

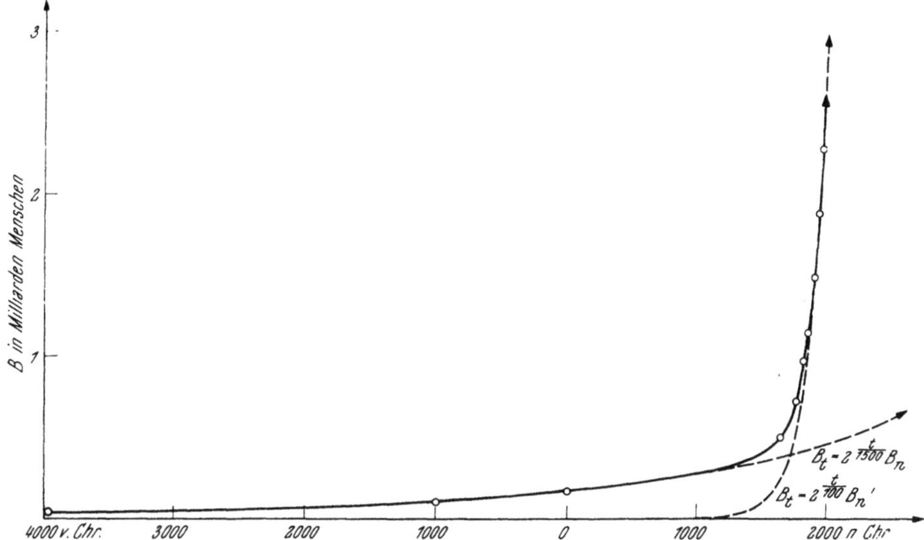

Abb. 316. Graphische Darstellung der Zunahme der Weltbevölkerung von 4000 v. Chr. bis 1950 n. Chr.
B_t = Bevölkerungszahl in Milliarden Menschen nach der Zeit t
B_n, $B_n{'}$ = Bevölkerungszahl am Beginn
t = Zeit in Jahren
v = zur Verdoppelung von B_n benötigte Zeit in Jahren
$$B_t = B_n \cdot 2^{\frac{t}{v}}$$

die Vermehrung der Weltbevölkerung stark beschleunigt, also günstig beeinflußt haben. Die zur Verdoppelung der Bevölkerungsziffer nötige Zeit in Jahren V (vgl. Abb. 316) sank im Laufe der Jahre seit 1600 noch weiter ab, nämlich von etwa 235 (um 1600) auf etwa 100 (um 1900) und auf etwa 55 (um 1955). Gegenwärtig nimmt die Weltbevölkerung um 1,7% jährlich zu (PALTRIDGE 1963). Es ist wahrscheinlich, daß dieses außerordentlich schnelle Wachstum der Weltbevölkerung vorwiegend der raschen Entwicklung der naturwissenschaftlichen Forschung und der Technik sowie deren praktischer Verwendung und Ausbreitung in der Welt zuzuschreiben ist.

BRAND (1959) wies darauf hin, daß bei einer Verdoppelungszeit von $V = 40$ Jahre schon nach weiteren 700 Jahren ein Mensch auf einen Quadratmeter der Erdoberfläche kommt, was zeigt, daß der gegenwärtigen Entwicklung der Weltbevölkerung auf irgendeine Weise Einhalt geboten werden muß.

4. Das Problem der Ernährung der Weltbevölkerung

Bereits Malthus (1798) stellte fest, daß jede Organismenart unter bestimmten Verhältnissen eine bestimmte, natürliche Vermehrungsrate aufweist. Man kann dies so ausdrücken, daß dafür jene Zeitspanne charakteristisch ist, welche zur Verdoppelung der ursprünglich gegebenen Bevölkerungszahl (B_n) benötigt wird. Nennt man diese Zeitspanne (in Jahren) die Verdoppelungszeit und bezeichnet man sie mit v, so ergibt sich, daß das Wachstum der Bevölkerungszahl B_n mit den Jahren (t) nach folgender Beziehung vor sich geht:

$$B_t = B_n \cdot 2^{\frac{t}{v}}$$

Es handelt sich, da die Zeit im Exponenten steht, um ein exponential fortschreitendes Wachstum auch dann, wenn die Lebens- bzw. Vermehrungsbedingungen für die Bevölkerung sich nicht verbessern, sondern als konstant angenommen werden. Malthus (1798) erkannte nicht nur diesen Umstand, sondern er wies auch darauf hin, daß im Gegensatz zu diesem exponential erfolgenden Wachstum der Bevölkerung die Grundlage dieses Wachstums, nämlich die Nahrungsmittelproduktion der Welt, prinzipiell keinen dauernden exponentiellen Anstieg zeigen kann. Eine Steigerung der Nahrungsmittelproduktion der Welt kann erreicht werden:

1. Durch eine Intensivierung der landwirtschaftlichen Erzeugung mit Hilfe von modernen Mitteln der Pflanzenzüchtung, des Pflanzenbaues und der Pflanzenernährung (Düngung); eine solche Intensivierung kann nur jeweils von Stufe zu

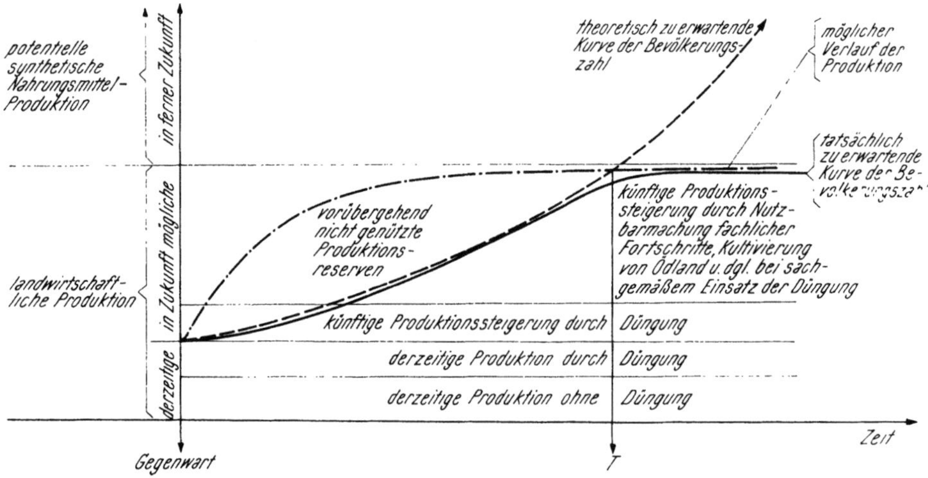

Abb. 317. Schematische Darstellung der in der Zukunft zu erwartenden Entwicklung der wissenschaftlichen und technischen Voraussetzungen zur Steigerung der landwirtschaftlichen Produktion (starke Linie) sowie Verhältnisse zum Ansteigen der Weltbevölkerungsziffer

Stufe bzw. durch langsame Annäherung an einen optimalen Grenz- oder Endwert erreicht werden. Der Düngemittelaufwand kann allein schon infolge der Gültigkeit des Ertragsgesetzes nicht beliebig gesteigert werden.

2. Durch Umwandlung von Ödland in Kulturland, bei welcher die Düngung von ausschlaggebender Bedeutung ist; auch hier ist ein Endwert gegeben, der nicht überschritten werden kann.

3. Durch synthetische Erzeugung von Grundnahrungsmitteln in chemischen Großbetrieben; eine solche könnte mit exponentieller Steigerung ihrer Kapazität erfolgen, ist derzeit aber, und noch auf lange Sicht, nicht möglich.

Die gegenwärtig vorliegenden Möglichkeiten einer Steigerung der Nahrungsmittelproduktion liefern bei fortdauernder Anstrengung in der Zeit also zu Endwerten konvergierende Wachstumskurven. Das Problem der Welternährung auf lange Sicht ergibt sich daher aus dem Überschneiden der exponentiellen Bevölkerungskurve mit der Sättigungskurve der Nahrungsmittelproduktion (s. Abb. 317).

Die tatsächlichen Anstrengungen zur Erhöhung der Nahrungsmittelproduktion werden den durch die Kurve der Bevölkerungszahl gegebenen Größen folgen und um so mehr relativen Aufwand, um so größere Investitionen erfordern, je mehr von den potentiellen Möglichkeiten der Produktionssteigerung bereits Gebrauch gemacht worden ist (Ertragsgesetz). Vom Zeitpunkt T an werden jedoch nicht mehr genügend Nahrungsmittel aus landwirtschaftlicher Produktion zur Verfügung stehen. Unter Vermeidung von dauernden Hungerzuständen muß sich dann — wenn von synthetischer Erzeugung keine Hilfe kommt — die Kurve der Bevölkerungszahl dem Niveau der landwirtschaftlichen Gesamtproduktion anpassen und konstant (oder kleiner, als der Endwert es zuläßt) halten. Regulation der Bevölkerungsziffer durch mangelnde Nahrung einerseits und freiwillige Beschränkung andererseits kann und muß dies bewirken. Die in Abb. 317 als starke Linie eingezeichnete Kurve deutet an, wie sich die Entwicklung der theoretischen, wissenschaftlichen und technischen Voraussetzungen, welche potentielle Erhöhungen der landwirtschaftlichen Produktion möglich machen, im Verlauf der Zeit voraussichtlich verhalten dürfte. Da die Kenntnisse und technischen Mittel, wenn sie einmal entwickelt sind, in der Praxis nicht sogleich allgemein angewendet werden, sondern erst im Lauf der Zeit von ihr übernommen werden, ist damit zu rechnen, daß einige Zeit hindurch noch jederzeit potentiell nutzbare Produktionsreserven gegeben sein werden. Doch werden voraussichtlich diese eines Tages (zum Zeitpunkt T) erschöpft sein. Über die voraussichtliche Entwicklung von Bevölkerungszahl und Nahrungsmittelversorgung in einzelnen Gebieten der Welt findet man Überlegungen bei PALTRIDGE (1963).

Welche entscheidende Rolle die Düngung hinsichtlich der Lage des Zeitpunktes T an der Zeitkoordinate einerseits, aber auch für die Höhe der Bevölkerungszahl zu diesem Zeitpunkt, die nicht mehr überschreitbar ist, spielt, geht aus den bisherigen Überlegungen und der zusammenfassenden Darstellung in Abb. 317 mit genügender Deutlichkeit hervor und bedarf keiner weiteren Ausführung, es sei denn die Feststellung, daß ohne weitere Anwendung und Entwicklung der Düngemethoden und Düngemittelproduktion ein weiteres Ansteigen der Weltbevölkerung nicht mehr zugelassen werden kann oder daß eine Vergrößerung des hungernden Anteiles der Weltbevölkerung die Folge ist.

Daß MALTHUS (1798) nicht schon während der Jahre 1800 bis 1900 seine Voraussagen bestätigt erhielt, ist (nach DARWIN 1953) darauf zurückzuführen, daß während dieser Zeit durch die schnelle Entwicklung der Technik der Verkehrs- und Transportmittel weite Gebiete der Welt einer intensiveren Nutzung als bisher zugänglich gemacht worden sind, so daß praktisch die landwirtschaftlich genutzte Kulturfläche der Welt schneller anwuchs als die Bevölkerungsziffer. Dieser Sonderfall kann jedoch keinesfalls von anhaltender Dauer sein, weshalb ein Hinweis darauf nicht entkräften kann, daß die Überlegungen von MALTHUS prinzipiell und gegenwärtig auch wieder aktuell gültig sind (vgl. ROEMER 1949/50).

Der physiologische Hungerzustand ist leider kein selbsttätiges Regulationsmittel für die Anpassung des Bevölkerungszuwachses an die Nahrungsmittelversorgung der Welt. Die Geburtenzahl einer Bevölkerung ist nämlich um so höher, je ungünstiger sich die Versorgung der Bevölkerung mit tierischem Eiweiß gestaltet. Dies zeigt Tab. 711 an dem Beispiel verschiedener Länder. Auch Tierversuche (Slonaker 1925–1928) konnten nachweisen, daß bei steigenden Gaben von tierischem Eiweiß ein Absinken der Geburtenzahl erfolgt.

Tabelle 711. *Zusammenhang zwischen Konsum an tierischen Eiweiß und der Geburtenzahl der Bevölkerung verschiedener Länder*

(nach De Castro 1959)

Land	je 1000 Einwohner Geburten	Täglicher Verzehr von tierischem Eiweiß (g)
Formosa	45,6	4,7
Malaienstaaten ...	39,7	7,5
Indien	33,0	8,7
Japan	27,0	9,7
Jugoslawien	25,9	11,2
Griechenland	23,5	15,2
Italien..........	23,4	15,2
Bulgarien	22,2	16,8
Deutschland	20,0	37,3
Irland	19,1	46,7
Dänemark	18,3	59,1
Australien	18,0	59,9
USA	17,9	61,4
Schweden........	15,0	62,6

Mit dem Fallen des täglichen Verzehrs an tierischem Eiweiß ist ein Ansteigen des pflanzlichen Anteils in der Nahrung verbunden, der möglicherweise über eine bessere Versorgung mit Vitamin E das Ansteigen der Fruchtbarkeit bewirkt. Da die Produktion tierischer Nahrungsmittel einen höheren Aufwand an pflanzlichen Produkten erfordert als die unmittelbare Ernährung mit pflanzlichen Nahrungsmitteln, wird in Zeiten der Nahrungsmittelknappheit der Anteil an tierischem Eiweiß in der Nahrung zwangsläufig vermindert und die physiologische Fruchtbarkeit damit erhöht. Gerade in Hungerperioden zeigt daher die Geburtenziffer ansteigende Tendenz, weshalb keine komplikationslose Anpassung der Bevölkerungszahl an das Angebot an Nahrungsmitteln zu erwarten ist, sondern mit dem Auftreten von Hungerkatastrophen gerechnet werden muß. Nichol (1958) stellte daher fest:

„Da kein Volk freiwillig und unbefangen verhungern will, ist die Aufrechterhaltung oder Steigerung des Handelsdüngerverbrauches weitestgehend ausschlaggebend für die Erhaltung des Friedens." Ferner erklärte er: „Alle diejenigen, welche sich um die Zukunft der Menschheit kümmern, sollten in Gedanken und Tätigkeit unbedingt dem Handelsdünger die erste Stelle einräumen. Handelsdünger spielt für das Weiterleben der Menschheit eine wichtigere Rolle, als irgendwelcher Beitrag, den die Atomenergie oder etwaige andere Quellen äußerer physischer Kraft leisten können."

Über den jährlichen Verbrauch der Weltbevölkerung an Nahrungsmitteln gibt (für die Zeitspanne 1934 bis 1938 wie auch für 1950/51) Tab. 712 Auskunft:

Tabelle 712. *Jährlicher Verbrauch an Nahrungsmitteln (kg je Kopf) in verschiedenen Erdteilen*
(nach WITTERN 1954)
(Körnerfrüchte sind als Mehl, Kartoffeln einschließlich Süßkartoffeln und Zucker in Rohwert gerechnet)

	Körnerfrüchte		Kartoffeln		Zucker		Fleisch		Reinfett	
	1934-38	1950-51	1934-38	1950-51	1934-38	1950-51	1934-38	1950-51	1934-38	1950-51
Europa	133	130	136	131	24	28	41	34	15	15
Sowjetunion ..	183	161	161	166	12	14	19	15	7	7
Asien	154	143	20	23	5,4	5,8	7,6	6,6	5,7	5,2
Nordamerika .	94	83	65	54	48	48	68	82	24	24
Lateinamerika .	100	110	25	30	23	30	38	35	7,4	7,8
Afrika	102	104	66	64	6	8	11	12	2,8	4,0
Ozeanien	83	83	46	45	44	46	91	88	17	18
Welt	141	132	60	59	13,3	15,0	20,8	19,9	8,6	8,4

Es ist nicht ohne weiteres möglich, zu errechnen, welcher Anteil der Weltproduktion an Nahrungsmitteln derzeit durch die Anwendung von Handelsdüngemitteln mehr gewonnen wird, als ohne deren Verwendung erzeugt werden könnte. Interessant sind jedoch einige Zahlen, welche die Welterzeugung an Nahrungsmitteln einerseits und die Welterzeugung bzw. den Weltverbrauch an Düngemitteln andererseits betreffen.

Nach WITTERN (1954) betrug um das Jahr 1951

die Welternte an Weizen, Roggen, Reis etwa 326 Millionen Tonnen
die Welternte an Gerste, Hafer, Mais .. etwa 257 Millionen Tonnen
die Welternte an Kartoffeln (ohne Süßkartoffeln)........................ etwa 239 Millionen Tonnen
die Welternte an Zucker .... etwa 34 Millionen Tonnen
die Fleischerzeugung der Welt .... etwa 48 Millionen Tonnen
die Erzeugung der Welt an Nahrungsfetten .... etwa 20 Millionen Tonnen
der Fischfang...................... etwa 25 Millionen Tonnen

Setzt man an, daß für die Erzeugung von Zucker, Fleisch und Fette durchschnittlich die etwa sechsfache Menge an pflanzlichem Material gewonnen bzw. verfüttert werden muß (und sieht man vom Fischfang ab) so erfordert die Welternährung eine Gesamtproduktion von insgesamt etwa 1440 Millionen Tonnen an Nahrungs- und Futtermitteln.

Demgegenüber betrug die Welterzeugung an Düngemitteln im Jahre 1951 (nach FAUSER 1958)

an Reinstickstoff (N) ...... etwa 3,9 Millionen Tonnen
an Phosphorsäure (P_2O_5) ... etwa 5,6 Millionen Tonnen
an Kali (K_2O) .... etwa 4,2 Millionen Tonnen

$N + P_2O_5 + K_2O$ .... etwa 13,7 Millionen Tonnen

Demnach würde unter den Verhältnissen mitteleuropäischer Landwirtschaft einem Verbrauch von 1 kg Reinnährstoffen eine Erzeugung an Nahrungs- und Futtermitteln von etwa 105 kg gegenüberstehen. Diese würden schätzungsweise etwa 2 kg oder etwas mehr Reinnährstoffe enthalten, das würde bedeuten, daß den Böden der Welt im Jahre 1951 fast die Hälfte derjenigen Menge an Reinnährstoffen mit Handelsdüngemitteln zugeführt worden wären, welche ihnen bei der Produktion von Nahrungs- und Futtermitteln entzogen worden sind.

Literatur

Alten, F., und W. Doehring: Betriebswirtschaftliche Auswirkungen unserer heutigen Düngungsmaßnahmen. Landwirtsch. Forsch. 10 (2), 75–88 (1957). — Arndt, P.: Rentabilität, Kritik der Lehre vom Unternehmergewinn. Berlin: Alimann. 1935. — Asinger, F.: Chemie und Technologie der Paraffin-Kohlenwasserstoffe, S. 529–531. Berlin: Akademie-Verlag. 1956.

Baden, W.: Festschrift zum 75jährigen Bestehen der Moorversuchsstation Bremen. Bremen 1952. — Baule, H.: Die Forstdüngung. Forst- u. Holzwirt 15 (1), 2–6 (1960). — Die Entwicklung der forstlichen Düngung in Japan. Forst- u. Holzwirt 15 (1), 16 (1960). — Baum, E. L., E. O. Heady und J. Blackmore: Methodological procedures in the economic analysis of fertilizer use data, 226 S. Ames, Iowa: The Iowa State Press. 1956. — Birker, J. W. van: Bedrijfsvoorlichting voor Zuid Holland. April 1959. — Blohm, G.: Betriebswirtschaftliche Auswirkungen der heutigen Düngungsmaßnahmen. In: 100 Jahre erfolgreiche Düngerwirtschaft. Generalberichte des III. Weltkongresses für Düngungsfragen (Heidelberg, September 1957) mit allen Diskussionsbeiträgen. Hrsg.: L. Schmitt und H. Ertel. S. 100–107. Frankfurt/M.: Sauerländer. 1958. — Boerstra, J. van: Stikstof ('sGravenhage) 2 (19), (1958). — Bondorff, K. A.: Düngerprobleme der Welt. In: 100 Jahre erfolgreiche Düngerwirtschaft. Generalberichte des III. Weltkongresses für Düngungsfragen (Heidelberg, September 1957) mit allen Diskussionsbeiträgen. Hrsg.: L. Schmitt und H. Ertel. S. 128–138. Frankfurt/M.: Sauerländer. 1958. — Bouffier, W.: Einführung in die Betriebswirtschaftslehre, 77 S. Wien: Späth und Linde. 1946. — Brand, W.: The world population problem. Intern. Popul. Conf., No. 28. Vienna 1959. — Brockhaus, F. A.: Konversationslexikon, 14. Aufl., Bd. 2, S. 905. 1901.

Carr-Sounders, A. M.: World population. Oxford 1936. — Castro, J. de: The geography of hunger (Deutsch: Weltgeißel Hunger), 369 S., S. 91. Göttingen-Berlin-Frankfurt: Musterschmidt. 1959. — Champagnat, A., C. Vernet, B. Lainé und J. Filosa: Brosynthesis of protein-vitamin concentrates from petroleum. Nature 197 (4862), 13–14 (1963). — Coic, M., J. Jolivet und W. Alexinsky: La fertilisation azotée semitardive et tardive du blé d'hiver. C. R. Acad. Agric. 12, 741 (1953). — Cooke, G. W.: Recent developments in the use of fertilizers. Agric. Progr. England 29 (2), 110–120 (1954).

Darwin, Ch.: Die nächste Million Jahre, 163 S. Braunschweig: Vieweg. 1953. — Diehl, K.: Die Lehre von der Produktivität. In: Die Wirtschaftstheorie der Gegenwart, Bd. II. Wien: Springer. 1932.

Elster, L.: Wörterbuch der Volkswirtschaft, 4. Aufl., Bd. 1, S. 379. 1931. — Ewald, U.: Ein Beitrag zur Frage der Abhängigkeit des Mineraldüngeraufwandes von der Höhe des landwirtschaftlichen Betriebseinkommens. Diss. Univ. Kiel, 1952 (Maschinenschrift).

Fabricius, L.: Ein zehnjähriger N-Düngungsversuch. Forstwiss. Cbl. 62, 73–89 (1940). — FAO: Prices of agriculture products and fertilizers 1956/57, UN Deptm. of Econ. Affairs, Econ. Comm. f. Europe, Food and Agricultural Organisation, Geneva, 1957 (1957, II. E/Mim 27). — Yearbook of food and agricultural statistics. Food and Agricultural Organisation of the United Nations, Rome, X, Teil 1, 1956, 456 S.

Gebert, J.: Betriebswirtschaftliche Betrachtungen über die Rentabilität von Misch- und Volldüngern. Diss. Hochschule f. Bodenkultur, Wien, 121 S., 1955 (Maschinenschrift Nr. 729). — Gerbel, B. M.: Rentabilität, 246 S. Wien: Springer. 1955. — Giller, A.: Fetthärtung. In: Langenbeck 1953, S. 31–34. — Synthese natürlicher Fettsäuren. In: Langenbeck 1953, S. 41–48. — Greiling, W.: Wie werden wir leben? 317 S. Düsseldorf: Econ. 1954. — Grohmann, M.: Bericht über die Ergebnisse der ersten Rotation des Fruchtfolgedüngungsversuches. Stiftinger, Freistadt. Landwirtsch. Presseumschau (Linz) 1957, 5/6, 25–50. — Grüner Bericht, 1957. — Guttmann, H.: Die Weltwirtschaft und ihre Rohstoffe, S. 369. Berlin: Safari. 1956.

Hahme, A.: Betriebswirtschaftliche Studien zur Entwicklung und Organisation der deutschen Düngerwirtschaft. Kühn-Arch. 53, 147 (1940). — Hauer, E.: Erfolgreiche Düngerwirtschaft, 4. Aufl., 195 S. Wien: Stocker. 1954. — Hausser, K.: Ertragssteigerung in der Forstwirtschaft durch mineralische Düngung. Phosphorsäure 16 (1), 9–27 (1956). — Waldbauliche und betriebswirtschaftliche Erfolge der Forstdüngung, erläutert an Beispielen aus dem Buntsandsteingebiet des Württembergischen Schwarzwaldes. Allg. Forstztg. 13 (10), 125–130 (1958). — Heady, E. O., J. T. Pesek und W. Brown: Crop response surfaces and economic optima in fertilizer. Iowa State Res. Bull. (Ames) 424 (1955). — Heady, E. O., W. G. Brown, J. T. Pesek und J. A. Stritzel: Production function, isoquants, isoclines and economic optima in corn fertilization for experiments with two and three variable nutrients. Iowa State Res. Bull. (Ames) 441 (1955). — HEADY, E. O., und J. L. DILLON: Agricultural production functions, 667 S. Ames, Iowa: Iowa State Univ. Press. 1961 — HERLEMANN, H. H.: Die Einkommenselastizität des Mineraldüngerverbrauches. Weltwirtsch. Arch. 62 (2), (1949). — Die ökonomischen Bestimmungsgründe des Handelsdüngerverbrauches. Agrarwirtsch. 1953, 224. — HOACH, D. B., und S. W. MENDUM: Determining profitable use of fertilizer. U.S. Dep. Agric. FM 105 (1953). — HORNSMANN, E.: ... sonst Untergang. (Die Antwort der Erde auf die Mißachtung ihrer Gesetze.) 420 S. Rheinhausen: Verlagsanstalt Rheinhausen. 1951. — HUTTON, R. F.: An appraisal of research on the economics of fertilizer use. TVA United States of America, Rep. 55–1, 31 S. 1955.

IGNATIEFF, V., und H. J. PAGE: Efficient use of fertilizers. FAO Agr. Studies 43, 355 S. Rom 1958.

JURASCHEK, FR. V.: Geographisch-statistische Tabellen. 1906.

KAHLAU, W.: Zusammenhänge zwischen Mineraldüngung und Leistung der Landwirtschaft in der nordwestdeutschen Geest. Diss. Univ. Gießen, 1954. — KIRSTEIN, E.: Raum und Bevölkerung in der Weltgeschichte (Bevölkerungs-Ploetz) 1, 147 (1956). — KOHLMAIER, H.: Betriebswirtschaftliche Betrachtungen zum Mineraldüngerverbrauch in Österreich. Förderungsdienst (Wien) 5 (5), 136–141 (1957). — KORTH, S.: Vergleich der Düngemittelpreise in einigen europäischen Ländern. Agrarwirtsch. 6 (5), 135 (1957). — KUHN, R.: Biochemistry, Part I. FIAT Review of German Science, 1939–1946, S. 30ff; 48ff. Wiesbaden: Dieterich. 1947.

LAMER, M.: The world fertilizer economy, Stanford Univ. California, Feed Res. Inst. 1957, 715 S. — LANGENBECK, W.: Synthetische Nahrungsmittel. Leipzig: Fachbuch-Verlag, G. m. b. H. 1953. — LIBERT, A. H. J.: Enkele grondslagen van de theorie van de productie. Landbouwkd. T. 67, 307–314, 371–375, 467–470 (1955). — LINSER, H.: Versuche mit hohen, geteilten Stickstoffgaben. Landwirtsch. Forsch. Sonderheft 6, 105–113 (1955). — Versuche zur Verbesserung der Qualität von Getreide durch Düngung. Qualitas Plantarum 3/4, 529–548 (1958). — LINSER, H., und W. FROHNER: 1960, unveröffentlicht. — LINSER, H., und W. PELIKAN: Stickstoffdüngung mit hohen, geteilten Gaben, I, Gefäßversuch. Z. Pflanzenernähr., Düng., Bodenkde. 58 (103), (2), 107–220 (1952). — LINSER, H., und E. PRIMOST: Stickstoffdüngung mit hohen, geteilten Gaben, II, Feldversuche zu Winterweizen. Z. Pflanzenernähr., Düng., Bodenkde. 63 (108), (1), 18–30 (1953). — Stickstoffdüngung mit hohen, geteilten Gaben, III, Feldversuche zu Winterroggen. Z. Pflanzenernähr., Düng., Bodenkde. 86 (131), (2), 97–111 (1959). — LÖHR, L.: Rentabilitätsfragen bei der Anwendung von Nitrophoska. I.G. Z. Österr. Ing. u. Arch. Ver. 1927, 355. — LORCH, M.: Geordnete Düngerwirtschaft, 2. Aufl., 203 S. Bonn-München-Wien: Bayer. Landwirtschaftsverlag. 1958.

MACKENROTH, G.: Bevölkerungslehre, 531 S., S. 222. Berlin-Göttingen-Heidelberg: Springer. 1953. — MALTHUS, T. R.: An essay on the principle of population. London 1798 (deutsch von STÖPEL, 2. Aufl. Berlin 1900). — MEYLE, A.: Die Steigerung der Erträge auf leichten Böden. Mitt. Landwirtsch. 54, 826 (1939). — MICHEEL, F.: Synthese von Poly-Sacchariden. Naturwiss. Reihe d. Arb. Gemeinsch. f. Forschg. d. Landes Nordrhein-Westfalen, Westdeutscher Verlag Köln, Heft 121, 1963. — MOL, J.: Isoproductrecurven voor het hepalen van economische optima. Landbouwkd. T. 71, 40–47 (1959). — MOLEN, H. v. D., und A. ERIKS: De financiale resultaten van de stikstofproefbedrijven. Stikstof ('s Gravenhage) 3 (25), 58–68 (1960). — MUNSON, D., und J. P. DOLL: The economics of fertilizer use in crop production. Adv. Agronomy 11, 133–169 (1959).

NEBIKER, H.: Kostenrechnung in der Landwirtschaft, 146 S. Hamburg: Parey. 1959. — NICHOL, H.: Beitrag zum III. Weltkongreß für Düngungsfragen. Zit. nach BORNDORFF, 1958. — NIESCHULZ, A., und K. PADBERG: Betriebswirtschaftliche Untersuchungen über den Handelsdüngeraufwand im Bundesgebiet. Boden u. Pflanze 4, 1–144 (1954).

OPITZ, K.: Die Fruchtbarkeit leichter Böden. Dtsch. landwirtsch. Presse 66, 553 (1939).

PALTRIDGE, T. B.: World population and world food supply. World Crops, Int. J. Agric. 15, 286–300 (1963). — PIETZ, J.: Nährhefe. In: LANGENBECK 1953, S. 27–30. — PRECHTLER, TH., H. K. MÖHRING, R. SCHULZ-STAATS und A. EURICH: Kalkulation im Erwerbsgartenbau und ihre betriebswirtschaftliche Auswertung, 3. Aufl., S. 84 und 88. Berlin-Hamburg: Parey. 1957. — PRIANISCHNIKOW, D. N.: Der Stickstoff im Leben der Pflanzen, 203 S. Berlin: Akademie-Verlag. 1952. — PRIMOST, E.: Einjährige Feldversuche mit hohen, geteilten Stickstoffgaben zu Winterweizen und Kartoffeln. Bodenkultur **6**, 61–83 (1952). — Pritzkow, W.: Vitamine. In: Langenbeck 1953, S. 17–26. — Synthese von technischen Fettstoffen. In: Langenbeck 1953, S. 35–40. — Prechtler, Th., H. K. Möhring, R. Schulz-Staats und A. Eurich: Kalkulation im Erwerbsgartenbau und ihre betriebswirtschaftliche Auswertung, 3. Aufl., S. 84 und 88. Berlin-Hamburg: Parey. 1957. — Prianischnikow, D. N.: Der Stickstoff im Leben der Pflanzen, 203 S. Berlin: Akademie-Verlag. 1952. — Primost, E.: Einjährige Feldversuche mit hohen, geteilten Stickstoffgaben zu Winterweizen und Kartoffeln. Bodenkultur **6**, 61–83 (1952).

Rheinwald, H.: Praktische Düngerlehre für den landwirtschaftlichen Betrieb, 3. Aufl., 178 S. Berlin: Parey. 1948. — Römer, A.: Anreicherung des Bodens mit organischem Material im Zwischenfruchtfutterbau. In: F. Ströbele und Mitarbeiter, Arbeiten der Landwirtsch. Versuchsstation Limburgerhof, S. 160 ff. (1939). — Boden und Streuuntersuchung sowie Kostenaufstellung zum vorstehenden Forstdüngungsversuch. Forstwiss. Cbl. **62** (4), 89–94 (1940). — Bericht Nr. 452 der Landwirtsch. Versuchsstation Limburgerhof vom 2. April 1947. — Roemer, Th.: Wird die Lehre von R. Malthus (1798–1805) in der zweiten Hälfte des 20. Jahrhunderts doch noch Wirklichkeit? Gedenkschrift Univ. Kiel, 1949/50. — Royen, W. van: The agricultural resources of the world, Vol. I, Atlas of the world resources, 258 S. New York: Prentice Hall. 1954. — Ruthenberg, H.: Die Abhängigkeit des Mineraldüngeraufwandes von den Preisen für Produktionsmittel und Agrarerzeugnisse. Agrarwirtschaft (Hannover) **1956**, 226. — Die ökonomischen Eigenschaften der mineralischen Düngemittel, 123 S. Berlin 1956. — Die Bestimmung der optimalen Aufwandshöhe und Aufwandszusammensetzung bei der Mineraldüngung. Ber. Landwirtsch. (N.F.) **36** (1), (1958). — Die Produktionsfunktion in der angewandten landwirtschaftlichen Betriebslehre. Agrarwirtsch. (Hannover) **8** (1958). — Die Bestimmung von Optima bei der Mineraldüngung Kali-Briefe (Hannover) **8** (3), (1959).

Schmitt, L.: Die volkswirtschaftliche Leistung und Bedeutung der Agrikulturchemie und Bodenkunde. Landwirtsch. Forsch. Sonderheft 4, 8–15 (1953). — Bull. C.J.E.C. (VIème Assemblée Générale, Zürich), Numéro speciale **2** (1954). — Der Einfluß unserer Düngungsmaßnahmen im letzten Jahrhundert auf die Bodenfruchtbarkeit. In: 100 Jahre erfolgreiche Düngewirtschaft. Generalberichte des III. Weltkongresses für Düngungsfragen (Heidelberg, September 1957) mit allen Diskussionsbeiträgen. Hrsg.: L. Schmitt und H. Ertel. S. 246–262. Frankfurt/M.: Sauerländer. 1958. — Schroeff, H. J. van der: Kwantitatieve verhoudingen en economische proportionaliteit. 1955. — Schuffelen, A. C.: Die Mineraldüngung als Voraussetzung für die Umwandlungsmöglichkeiten von „Naturböden" in „Kulturböden". In: 100 Jahre erfolgreiche Düngerwirtschaft. Generalberichte des III. Weltkongresses für Düngungsfragen (Heidelberg, September 1957) mit allen Diskussionsbeiträgen. Hrsg.: L. Schmitt und H. Ertel. S. 46–57. Frankfurt/M.: Sauerländer. 1958. — Selke, W.: Die Wirkung zusätzlicher, später Stickstoffgaben auf Ertrag und Qualität der Ernteprodukte. Bodenkde. u. Pflanzenernähr. **20**, 1–49 (1941). — Skibbe, B.: Agrarwirtschaftsatlas der Erde in vergleichender Darstellung, 248 S. Gotha: Haack. 1958. — Slonaker, R. J.: Amer. J. Physiol. 1925 bis 1928, Nr. 71, 83, 96, 97, 98, 123; zit. nach Greiling 1954. — Supan, A.: Bevölkerung der Erde. Gotha 1904. U.N. Statistical Yearbook, S. 150 ff. 1955.

Virtanen, A. I.: Ernährungsmöglichkeiten der Menschheit und die Chemie. Naturwiss. Rdsch. **14** (10), 371–379 (1961).

Wagner, M.: 1902, vgl. Brockhaus, Konversationslexikon, 14. Aufl., Bd. 6, S. 134. 1902. — Wagner, H.: Über Analysen des Wachstumsverlaufes und der Nährstoffaufnahme des Hafers zu physikalisch-chemischen Gesetzmäßigkeiten. Landwirtsch. Jb. **73**, 453–490 (1931). — Wagner, P.: Düngungsfragen. Darmstadt 1904. — Willemsen, A., und Th. J. Ferrari: Bedrijfseconomische aspecten van de bemesting. Rapport No. 340, Landbouw-Economisch-Instituut 'sGravenhage, 98 S., 1959. — Winkler, W.: Wie viele Menschen haben bisher auf der Erde gelebt? Intern. Bevölkerungswissensch. Kongr., Wien 1959, No. 2. — Wittern, K.: Die Ernährung der Welt. Bevölkerungszuwachs und Ernährung. Ber. üb. Landwirtsch., Sonderheft 159, Hamburg-Berlin: Parey. 1954. — Woermann, E.: Preise landwirtschaftlicher Erzeugnisse und die Mineraldünger. Agrarwirtsch. **1952**, 11. — Wandlungen in den Arbeitskosten der Landwirtschaft. Agrarwirtsch. **1953**, 276.

XVIII. Die Kalkung und Düngung von Moor und Anmoor

Von

W. Baden

A. Begriffsbestimmung

Moor und *Anmoor* unterscheiden sich als Pflanzenstandorte von den Mineralböden in erster Linie durch den hohen Anteil ihrer organischen Komponente. In ausgesprochenen Moorbildungen macht sie — auf den trockenen Boden bezogen — definitionsgemäß wenigstens 30, im Anmoor 30 bis wenigstens 15 Gew.-% aus. Trotz der in weiten Grenzen schwankenden Prozentgehalte ist die Gesamtmenge an „Organischem"[1] — dank eines ähnlich unterschiedlichen Volumen-

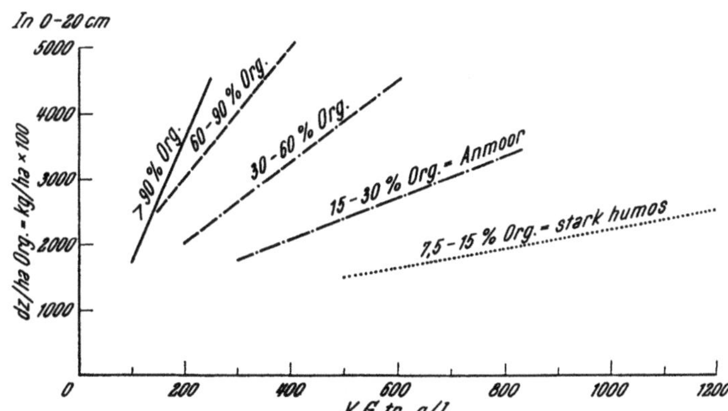

Abb. 318. Beziehung zwischen % Organischem in der Bodentrockenmasse, Volumengewicht trocken und dz Organischem (kg/ha × 100) in 0 bis 20 cm Tiefe. Intervalle aus einer großen Anzahl Analysen der Moor-Versuchsstation in Bremen

gewichtes (trocken) — auch zwischen den Extremen gar nicht so sehr unterschiedlich und ist selbst in nur noch stark humosen Bildungen praktisch kaum niedriger. Dazu sei die in Tab. 713 (S. 1446) dargestellte einfache Rechnung aufgemacht (BADEN 1955).

Zu einer ähnlichen Erkenntnis sind u. a. auch NOBUSHIRO und Mitarbeiter (1956) auf japanischen Hochmoorkulturtypen gelangt.

Aus einer großen Anzahl von Bodenanalysen sind die Gesamtgehalte an Organischem in nur stark humosen und anmoorigen Böden denen in ausge-

---

[1] Die verschieden stark zersetzte bzw. humifizierte organische Bodenkomponente wird auch weiterhin vielfach unter „Organischem" zusammengefaßt.

Tabelle 713. *Beziehung zwischen Gew.-% und kg/ha an Asche und Verbrennlichem (Organischem) und Volumengewicht trocken*

Verbr.	Asche	Vol.-G. trocken	Verbr.	Asche
%			kg in 0−20 cm	
90	10	150	270 000	30 000
10	90	1000	200 000	1 800 000

sprochenen Moorbildungen (Torfen) gegenübergestellt (Abb. 318). Die eigentlichen Torfe sind willkürlich zu Gruppen mit > 90, 90 bis 60 und 60 bis 30 Gew.-% Organischem zusammengefaßt. Danach sind die Intervalle in diesen drei Gruppen und zumindest auch im Anmoor einander praktisch gleich, und praktisch kommen ihnen selbst die im stark humosen Boden zumindest nahe.

Die überragende Bedeutung der organischen Bodenkomponente wird volumenmäßig noch augenfälliger; denn nach Hilpoltsteiner (1958) scheint sie schon mit nur 12,5 Gew.-%, also schon in stark humosen Böden, 50 Vol.-% der Trockenmasse auszumachen (Abb. 319).

Deshalb werden in diese Betrachtung auch die *Heideböden* und die *Moormarsch* einbezogen; denn sie kommen in mehreren Eigenschaften, welche ihren Wert als Pflanzenstandort bestimmen, dem Moor und Anmoor nahe und sind bezüglich Düngung und einer etwaigen Kalkung wie diese zu behandeln.

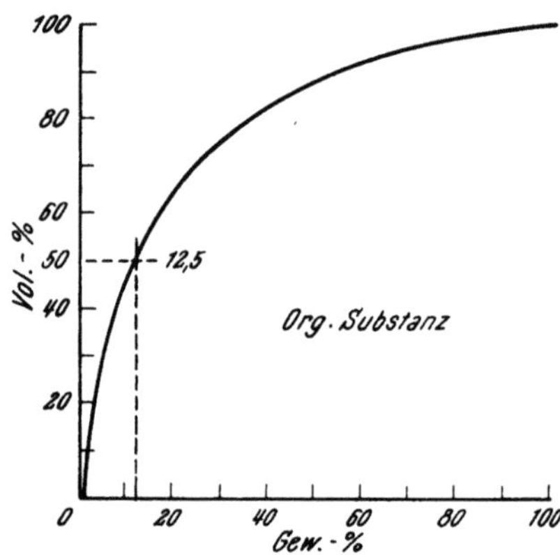

Abb. 319. Beziehung zwischen Gew.-% und Vol.-% der organischen Bodenkomponente (nach Hilpoltsteiner 1958)

Soweit im folgenden bei Darlegung der natürlichen und anthropogenen Wachstumsvoraussetzungen aller dieser Bodenbildungen auf ältere Erkenntnisse zurückgegriffen wird, sei auf nachstehende grundlegende Schriften und die darin angeführte spezielle Literatur verwiesen: Brüne (1948), Davis und Lucas (1959), Lende-Njaa (1924), Løddesøl (1948), Osvald (1937), Tacke (1929, 1931).

B. Moor und Anmoor als Pflanzenstandort

a) Zu ihrer Genese

Moor und Anmoor gehören zu den jüngsten geologischen Bildungen und vor allem auch zu den jüngsten Böden auf der Erde. Zur Entwicklungsgeschichte der Moore in aller Welt liegt eine kaum übersehbare Fülle von Literatur vor. Das Grundlegende ist jedoch auch dazu den angeführten Schriften zu entnehmen. Die organische Komponente besteht aus mehr oder weniger stark zersetzter (mineralisierter bzw. humifizierter) Torfsubstanz, d. h. in erster Linie aus Pflanzenresten. Mit Scheffer und Schachtschabel (1952) und Scheffer und Kloke (1955) entsprechen auch für uns bei der Umwandlung der organischen Ausgangsstoffe „Zersetzung und Aufbau" als übergeordneter Begriff etwa der „Verwitterung" der anorganischen Ausgangsstoffe, als untergeordnete Begriffe die „Mineralisierung" der organischen der „Auflösung der löslichen (anorganischen, Verfasser) Komponenten" und die „Humifizierung" der „Tonmineralbildung". Mögen diese Umwandlungen von Moor und Anmoor auch vielfach mit- und nebeneinander ablaufen, so erscheint eine solche Begriffsbestimmung und Abgrenzung dennoch auch für ihre Kalkung und Düngung berechtigt und bedeutungsvoll.

Voraussetzung für die Torfbildung ist, daß mehr Niederschläge fallen als versickern oder verdunsten, oder daß ein Klima herrscht, in dem mehr an Pflanzenmasse aufwächst, als vergeht, in dem sie sich unter Abschluß der Luft durch das überschüssige Wasser oder auch bei Wassermangel nur unvollkommen zersetzt und statt dessen „vertorft". Je größer in humiden Gebieten der Wasserüberschuß während des ganzen Jahres und je kühler es ist, desto schneller und desto mehr werden die Torfbildner von der Luft abgeschlossen, desto weniger zersetzt bleiben sie bewahrt; je häufiger sie bei geringerem Wassergehalt der Luft ausgesetzt sind und je wärmer es ist, desto reger laufen neben der Neubildung von Torfsubstanz schon Zersetzungsvorgänge ab, desto stärker wird sie von vornherein zersetzt (mineralisiert und humifiziert). Damit erwachsen primär selbst in einer und derselben Torfart Unterschiede, die für die physikalischen, biologischen und chemischen Wachstumsvoraussetzungen auf Moor und Anmoor und damit auch für ihre Kalkung und Düngung von großer Bedeutung sind.

Darüber hinaus sind die Torflagen während ihrer Entwicklung — je nach Strömungs- und Erosionsverhältnissen in und an den verlandenden Gewässern oder auch durch äolische Einwirkungen — häufig mit Mineralbodenanteilen nach Menge und Beschaffenheit in ganz verschiedener Weise durchsetzt. Das erfolgt in mehr oder minder gleichmäßiger Verteilung oder auch in mehr oder weniger starken und einheitlichen Lagen. Verbreitet werden sie — wie z. B. die Torflagen der Moormarsch — mit Mineralboden bedeckt.

Das geschieht seit langem mit einem ähnlichen Ergebnis auch von Menschenhand. Im einen wie im anderen Falle kommen damit in diesem Zusammenhang nicht weniger bemerkenswerte Verschiedenheiten auf als mit den verschiedenen Zersetzungszuständen der Torfe.

Unter gleichen Wasser- und Klimaverhältnissen wachsen überall auf der Erde bei auch im übrigen gleichen Einflüssen einander weitgehend ähnliche Moore auf. Für die hier zu behandelnde Frage sei davon das Wesentliche zusammengestellt. Der daran bodenkundlich näher Interessierte mag u. a. auf die grundlegenden Abhandlungen von Tacke und Giesecke (1930) verwiesen sein.

1. Oligotrophe, mesotrophe und eutrophe Bildungen

Nach der deutschen Begriffsbestimmung werden sie auch als Hochmoor, Übergangsmoor und Niedermoor (zuvor auch Niederungsmoor) unterschieden. Dazu ist folgende Ergänzung nicht abwegig, einprägsam und in diesem ganzen Zusammenhang besonders aufschlußreich:

Hochmoore sind „hoch über" den Spiegel eines kalk- und nährstoffreichen ehemaligen Sees oder über einen reichen Grundwasserboden hinaus aufgewachsen — und zwar in dem an Kalk und Nährstoffen überaus armen Niederschlagswasser. Darin haben namentlich in feucht-kühlem Klima die äußerst anspruchslosen Torfmoose (Sphagnum-Arten) und ihre Begleiter (Eriophorum-Arten und Ericaceen) nicht nur gedeihen können, sondern deren abgestorbene Generationen aus ihren stark wasserhaltenden Torfen einen „nie austrocknenden Schwamm" immer höher aufwachsen lassen und so ihren rezenten Gesellschaften die Voraussetzungen für ein gleich schnelles und gedeihliches Wachstum und „Vertorfen" geschaffen. Diesen Hochmoorbildnern aber haben nennenswerte Kalk- und Nährstoffmengen nicht zur Verfügung gestanden. Die Hochmoortorfe sind demnach oligotroph und folgerichtig kalkarm, sehr stark sauer und nährstoffarm, und zwar einschließlich des „Dy" bzw. von dystrophen Sedimenten in Hochmoorkolken.

Niedermoore hingegen sind „niedriger" als der Spiegel eines kalk- und nährstoffreichen Sees oder zumindest unter Einfluß solchen reichen Wassers aufgewachsen. Der See ist dabei „verlandet", und diese Verlandung hat mit der Aufhöhung des Seegrundes durch sedimentäre Muddebildungen (auch Gyttja genannt) ihren Anfang genommen, d. h. mit mehr oder weniger organischen Sedimenten, häufig mit tonigem, feinsandigem, mehr oder minder kalkreichem Material. Die organische Komponente besteht dabei teilweise aus aufgearbeiteten (stark zerkleinerten) Resten höherer Pflanzen, teilweise aus abgestorbenen Planktonorganismen und den Exkrementen von Wassertieren. Von Niedermoorbildnern bleiben besonders die unterirdischen bzw. im Schlamm steckenden Teile (Wurzeln, Rhizome usw.) lange Zeit in wenig zersetztem Zustand bewahrt. Niedermoore sind als eutrophe Bildungen kalkreich, höchstens schwach sauer und auch an den meisten Pflanzennährstoffen reich, besonders an Stickstoff; schwefeleisenhaltige Mudden können allerdings sogar sehr sauer sein.

Die mesotrophen Übergangsmoore stellen — wie es ihr Name sagt — kalk-, säure- und nährstoffmäßig alle möglichen Übergangsbildungen dar, und ihre Torfe sind — je nach dem Medium, in dem sie aufgewachsen sind — mehr von hochmoorartiger oder mehr von niedermoorartiger Beschaffenheit.

So sehr sich die Torfe dieser drei Moorarten in ihrem natürlichen Kalk-, Säure- und Nährstoffzustand unterscheiden mögen und so bedeutungsvoll diese Unterschiede bei Bemessung einer etwaigen Grundkalkung und für die erste Anreicherungsdüngung zu Beginn der landwirtschaftlichen Nutzung sind, so sehr verwischen sie sich — das sei hier vorweggenommen — später nicht nur, sondern wandeln sie sich, was die laufende Düngung anbetrifft, sogar eher ins Gegenteil um. Mit der Zeit werden die ärmeren Moor- und Anmoorbildungen vielfach zu den düngerdankbareren und damit zu den „reicheren".

2. Moortypen und Moorkulturtypen im gewachsenen Profil

Dafür ist die deutsche Bezeichnung „*Schwarzkultur*" am sinnfälligsten. Streng genommen ist sie als „*Niedermoor-Schwarzkultur*" auf eutrophe Bildungen beschränkt. Man versteht darunter die landwirtschaftliche Nutzung des Niedermoores so „schwarz", wie es daliegt — im besonderen ohne tiefere Eingriffe in das gewachsene Bodenprofil und ohne Mineralbodenzufuhr, also ohne ihm dadurch seine Schwärze zu nehmen. Auch nach sachgemäßer Entwässerung bleibt sie der „geborene" Grünlandstandort. Die natürliche Grünlandnarbe kann nach sachgemäßer Wasserregelung und bei verständiger Nutzung vielfach ohne Umbruch und Neuansaat allein mit angemessener Kaliphosphatdüngung — also ohne Kalkung — mengen- und gütemäßig zu hohen Leistungen gebracht werden. Ihr stehen das als natürliches Grünland genutzte Anmoor und die Moormarsch nahe.

Bei einer solchen Nutzungsweise und umbruchlosen Verbesserung ist die Grenze zwischen natürlicher landwirtschaftlicher Nutzfläche und Moor*kultur* schwer zu ziehen. Dieses letzte Kriterium trifft hingegen nach Umbruch und Neuansaat ausnahmslos zu, vor allem, wenn vorübergehend geackert wird.

Der *Niedermoor-Schwarzkultur* steht auf oligotrophen Bildungen die „*Deutsche Hochmoorkultur*" gegenüber. Oligotrophe Moore sind von Natur allerdings alles andere als „geborenes" Grünland, vielmehr Standorte für Moose, Wollgräser und Heidegewächse. In diesem Zustand sind sie allenfalls als Schaf- und Bienenweide von einigem Nutzen.

Selbst die *Brennkultur* (Buchweizenbrandkultur) ist, wie es der Name sagt, schon eine Moor*kultur*, mag sie auch noch so extensiv ohne jegliche Düngung betrieben werden und — aus hier nicht näher darzulegenden Gründen — als Raubbau an wertvoller Bodensubstanz zu verwerfen sein.

Wie die Niedermoor-Schwarzkultur ist aber auch die Deutsche Hochmoorkultur eine „Schwarzkultur"; denn in beiden Fällen erfolgen Urbarmachung und Nutzung ohne Zuhilfenahme von Mineralboden. Auch die Deutsche Hochmoorkultur wird lediglich sachgemäß entwässert, etwa 2 dm tief bearbeitet und ebenso tief mit den von Natur fehlenden Nährstoffen angereichert. Von der Niedermoor-Schwarzkultur unterscheidet sie sich eigentlich nur dadurch, daß sie bei der Urbarmachung einer angemessenen Grundkalkung bedarf. Auch ihre Standortbedingungen deuten in erster Linie auf eine Grünlandnutzung. Je weniger zersetzt ihre Torfe sind, desto länger bleibt sie jedoch ackerfähig. Vor der ersten Grünlandansaat sollte sie sogar möglichst einige Jahre beackert werden.

Mesotrophe Bildungen sind — je nach ihrer mehr eutrophen oder mehr oligotrophen Beschaffenheit — dem einen oder dem anderen Moor*kultur*typ zuzurechnen.

Der Deutschen Hochmoorkultur kommt das hochmoorartige Anmoor nahe, im besonderen die „*Heidekultur*". Ist der Heideboden podsoliert, muß der Einwaschungshorizont aufgelockert werden (Untergrundlockerer).

Auf den gewachsenen Moorprofilen ist die Grünlandnutzung um so sicherer, je mächtiger ihre Torflagen insgesamt und je weniger zersetzt sie über dem angestrebten tiefsten Grundwasserstand sind.

3. Anthropogene Moorkulturtypen

Diese entstehen, wo ungünstige natürliche Moor- und Anmoortypen tiefere Eingriffe in die gewachsenen Profile oder gar eine völlige Umwandlung derselben erfordern (BADEN, EGGELSMANN, JVNNER, SEGEBERG 1952). So betrachtet, zählt schon die tiefgelockerte Heidekultur dazu.

Unerläßlich sind derartige Eingriffe und Umwandlungen bei Moor- wie Anmoorprofilen mit weniger als 1 m mächtigen, noch dazu schon unerwünscht stark zersetzten Torflagen, vor allem über undurchlässigen Horizonten im Unterboden („Sohlband" im Übergang zum Sanduntergrund, Einwaschungshorizont), also überall dort, wo das Auf und Ab des Wassers so sehr beeinträchtigt ist, daß sie wechselfeuchte Standorte abgeben. Äußerst gegensätzliche Feuchtigkeitsverhältnisse erschweren in solchem Fall nicht nur eine ordnungsgemäße Bewirtschaftung, sondern ziehen gleich gegensätzliche Wachstumsvoraussetzungen nach sich, nicht zuletzt gegensätzliche Temperaturverhältnisse im Boden und in der bodennahen Luft, und verschlimmern die gefürchteten Spät- und Frühfröste.

Wenn überhaupt, könnte nur eine unwirtschaftlich enge Dränung die zeitweilige Staunässe beseitigen, würde damit aber die zeitweilige Vertrocknungsgefahr nur noch mehr heraufbeschwören. Dieser Gefahr kann man — soweit nicht eine hinreichende Möglichkeit zur Bewässerung (Grabeneinstau, Beregnung) besteht — nur durch einen Mineralbodenauftrag nachhaltig begegnen. Darunter halten sich auch wenig mächtige Torflagen wie das Wurzelbett selber feucht genug. In gleichem Maße werden die Temperaturextreme im Boden und vor allem in der bodennahen Luft abgeschwächt (BADEN und EGGELSMANN 1958).

Soweit unter wenig mächtigen Torflagen das Auf und Ab des Wassers nicht durch undurchlässige Horizonte beeinträchtigt wird, kann der Mineralboden auf das gewachsene Moorprofil unbedenklich auch von der Seite aufgetragen werden. Im anderen Fall muß zumindest eine entsprechend tiefe Untergrundlockerung vorhergehen. Richtiger ist es dann jedoch, den Mineralboden aus dem Untergrund zu entnehmen und dabei zugleich das Profil bis zur Entnahmetiefe völlig umzuwandeln.

Unter ungünstigen Klimaverhältnissen und, soweit die Oberflächentorfe schon zu stark zersetzt sind oder — wie kalkreiche Niedermoortorfe — zu stark zur Zersetzung neigen und allein deshalb ebenfalls zu gegensätzliche Feuchte- und Temperaturverhältnisse (Spät- und Frühfröste, zu kurze Vegetationszeit in den kalten Breiten) befürchten lassen, kann schon aus diesen Gründen auch bei mächtigeren Torflagen eine Mineralbodenzufuhr angezeigt, wenn nicht gar unerläßlich sein. Das gilt insbesondere für die moorreichen nordeuropäischen Gebiete, und zwar für Acker- wie für Grünlandnutzung (Pessi 1956).

Während für eine Grünlandnutzung nach nordischen Erfahrungen toniges Material erwünscht ist, ist nach niederländischen und deutschen Erfahrungen für eine Ackernutzung ein mittelkörniger tonarmer Sand zu bevorzugen.

Bis vor zwei Jahrzehnten erfolgten Mineralbodenauftrag und selbst die metertiefe Umschichtung von Natur aus ungünstiger Moorprofile unter Einsatz des Spatens von Hand. Mag dabei mit dem horizontal geschichteten Moorkulturprofil auch ein besonders leistungsfähiger und ertragssicherer Standort — noch dazu für eine anhaltende Ackernutzung — erwachsen, so ist ein solcher Arbeits- und Zeitaufwand dafür heute kaum mehr denkbar und tragbar. Dieses Urbarmachungsverfahren ist jedoch unter Einsatz von neuartigen „Kuhlmaschinen" wieder aufgelebt, welche den Mineralboden selbst unter 2 bis 3 m mächtigen Torflagen mittels eines Schneckenganges herauffördern, durch Schleuderwerk auf der Fläche verteilen und in den auf 5 bis 7 m Abstand gefahrenen „Entnahmeschlitzen" zugleich eine ausreichende Binnenentwässerung bewirken. Dieses Verfahren ist vor allem angebracht, wo man Niedermoore anhaltend beackern möchte; denn damit kommt man zu *Deck*kulturen, auf denen eine genügend starke Mineralbodendecke bei entsprechend flachen Pflugfurchen vor dem Vermischen mit den damit bedeckten Torfen bewahrt werden kann.

Demgegenüber muß der Mineralbodenauftrag auf oligotrophen Mooren von vornherein durch entsprechend tieferes Pflügen mit etwa 3 bis 4 cm der damit bedeckten Torfe zu einer *Misch*kultur hergerichtet werden. Das klassische Vorbild dafür ist die — ebenfalls mit dem Spaten horizontal geschichtete — „Holländische Fehnkultur" (Eshuis 1942).

Auch sie gewährleistet anhaltend sichere Ackererträge. Bei oligotrophen Moorbildungen kann man jedoch unbedenklich das ganze Profil mit Mineralboden durchsetzen und das auch heute unter wirtschaftlich vertretbaren Aufwendungen durch Tiefkulturpflüge erreichen, die im Seil- wie Treckerzug nahezu 2 m tiefe Furchen ziehen. Dabei resultiert allerdings ein ganz anders gearteter Moorkulturtyp, der zwar in der sandgemischten Krume der Holländischen Fehnkultur ähnelt, darunter aber ein schräggeschichtetes Kulturprofil aufweist, in dem um etwa 135° überkippte „Torfbalken" und „Sandbalken" miteinander abwechseln (Baden 1954).

Diese „*Deutschen Sandmischkulturen*" dränen sich — wie die mittels Kuhlmaschine geschaffenen *Deck*kulturen — in den schräggestellten Sandbalken ebenfalls selber. Von den horizontal geschichteten und besandeten Fehnkulturen unterscheiden sie sich weiter dadurch in vorteilhafter Weise, daß sie in ihren Sandbalken eine erheblich tiefere Durchwurzelung ermöglichen als jene, in denen dieselbe durch die kalkarmen Hochmoortorfe auf die sandgemischte Krume und damit auf etwa 15 cm begrenzt wird. In diesem Punkte kommen also die Deutschen Sandmischkulturen den Bewurzelungsverhältnissen auf der Niedermoorkultur mit ihren kalkreichen Torfen nahe (Abb. 320). Vor allem für eine Ackernutzung ist — wie schon betont — ein tonarmer, noch dazu mittelkörniger Sand erwünscht. Deshalb streben wir auch auf *eutrophen* Bildungen bewußt „*Niedermoor-Sanddeckkulturen*", auf *oligotrophen* hingegen „*Hochmoor-Sandmischkulturen*" an. In beiden Fällen wird damit die Betonung auf den Sand gelegt, dazu im ersten Fall auf eine *Reinerhaltung* dieser Sand*decke* im anderen auf eine *Vermischung* von Sand und Torf.

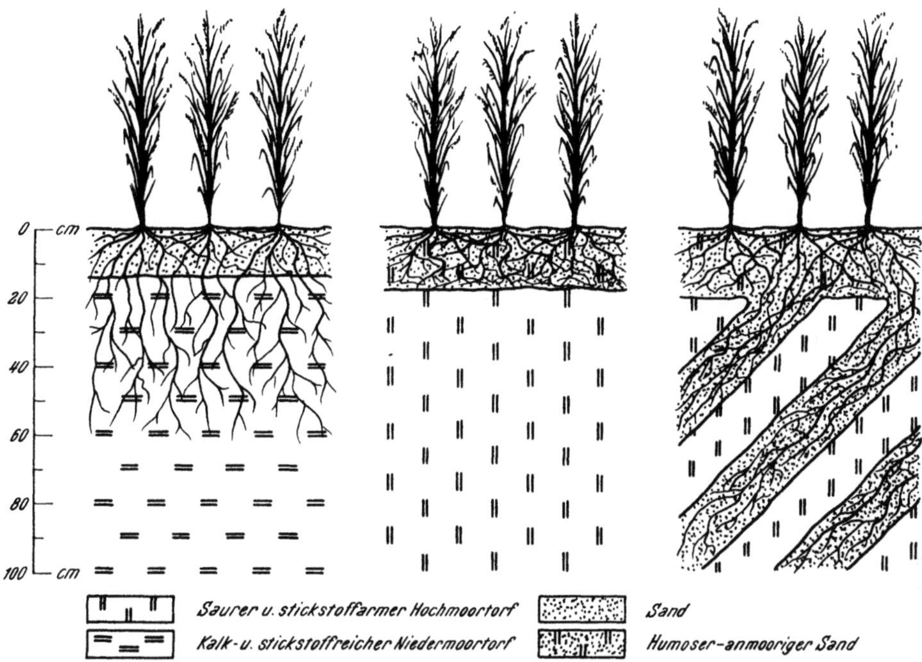

Abb. 320. Bewurzelungsverhältnisse in verschiedenen Moorkulturtypen. Links Niedermoor-Sanddeckkultur, in der Mitte Holländische Fehnkultur (Hochmoor-Sandmisch-Kultur), rechts Deutsche Sandmischkultur (Tiefpflug-Kultur)

Demnach ist für die hier zu behandelnde Frage dreierlei besonders bedeutungsvoll:

1. Mit dem Mineralbodenauftrag will man nicht so sehr Kalk- und Nährstoffe zuführen wie vielmehr den mineralstoffarmen Torfen für eine anhaltende Ackernutzung physikalisch ungünstige Eigenschaften nehmen und ihre Trag- und Trittfestigkeit erhöhen.

2. Zugleich will man die darunterliegenden Torfe vor einer Zersetzung weitestmöglich bewahren.

3. Aus beiden Gründen hütet man sich auf der Niedermoor-Sanddeckkultur vor einem Heraufpflügen der liegenden Torfe und tut das auf der Hochmoor-Sandmischkultur bewußt nur einmal.

Deshalb sind Deckkulturen vor allem dort am Platze, wo das Liegende unter wenig mächtigen Torflagen aus Glazialschotter, zähem Ton oder gar unverwittertem Gestein besteht und tiefe Eingriffe zum Zwecke einer Mineralbodenentnahme verbietet. In solchem Fall müßte der Sand statt dessen unter wirtschaftlichem Aufwand von der Seite herangeschafft werden können.

b) Stratigraphie, Struktur- und Texturverhältnisse

1. Die Vielgestalt der Moor- und Moorkulturtypen und ihre Systematik

Wir unterscheiden grundsätzlich zwei verschiedene Moortypen:

1. Das vollständige Moorprofil, das in der Tiefe Mudde, darüber die lückenlose Folge der örtlich bedingten eutrophen (Niedermoor-) Torfe, zu oberst die oligotrophen (Hochmoor-) Torfe und dazwischen die mesotrophen (Übergangsmoor-) Torfe aufweist.

2. Das „wurzelechte" Hochmoor, das von unten mit nur einigen Dezimetern mesotrophen Torfen beginnt und darüber lediglich das oligotrophe Hochmoorprofil besitzt.

Die Bezeichnung der Mudden erfolgt vornehmlich nach der darin vorwiegenden Bodenkomponente (Sand-, Ton-, Kalk-, Torfmudde), die der Torfe nach den darin vorherrschenden Torfbildnern (Phragmites-, Carex-, Hypnum-, Alnus-, Betula-, Pinus-, Scheuchzeria-, Eriophorum, Sphagnum-, Ericaceentorfe oder aus mehreren zusammengesetzte Torfe), ergänzt durch bodenkundlich und zum Teil auch im Hinblick auf ihre Nährstoffdynamik bedeutsame Eigenschaften wie Farbe, Zersetzungszustand und Mineralbodenanteil (Grosse-Brauckmann 1962).

Da jedoch eine Moorbildung — je nach den obwaltenden Wasser- und Klimaverhältnissen — mit fast jeder Mudde- bzw. Torflage von unten beginnen und nach oben abreißen und zugleich mit Mineralbodenanteilen mehr oder weniger durchsetzt werden kann, sind vielfach allein deshalb von Natur auf engem Raum alle möglichen Moorprofile — nennen wir sie Moor-Subtypen — anzutreffen. Um so wertvoller ist es, daß man in der Regel aus der rezenten Moorvegetation und der Torfansprache erste wertvolle Hinweise bezüglich ihrer chemischen Eigenschaften, des vermutlich mehr oder weniger hohen Kalk- und Düngerbedarfes und selbst auf die ganze Nährstoffdynamik im Wurzelbett erhält (S. 1478).

Die Vielgestalt der Moortypen wird durch Eingriffe von Menschenhand noch bunter, sei es, daß sie mehr oder weniger weit abgetorft, oder sei es, daß sie in der vorbeschriebenen Weise zu Sanddeck- oder Sandmischkulturen hergerichtet werden.

Trotzdem kann man sie für eine landwirtschaftliche Nutzung auch im Hinblick auf ihre Kalkung und Düngung in folgendes Schema einordnen:

1. Gewachsene Moortypen mit mehr als 1 m mächtigen Torfen: Standort der Moorkulturen im engeren Sinne (Schwarzkulturen): Sichere Grünlandflächen, Ackernutzung nur, solange die Oberflächentorfe nicht zu stark zersetzt sind.

Für den Kalk- und Nährstoffhaushalt nahezu ausschließlich die organische Bodenkomponente und der mehr oder weniger große Überschuß an organischen Säuren bestimmend. Dabei ist vor allem zu Anfang die eutrophe, mesotrophe oder oligotrophe Beschaffenheit ihrer Oberflächentorfe von ausschlaggebender Bedeutung.

2. Gewachsene Moortypen mit weniger als 1 m mächtigen Torfen: Standort für Moorkulturen im engeren Sinne (Schwarzkultur) nur, wenn ein hinreichender Wassergehalt jederzeit gegeben und damit ertragssicheres Grünland gewährleistet ist.

Dann bezüglich des Kalk- und Nährstoffhaushaltes den unter 1. weitgehend ähnlich. — Anderenfalls weder rationeller Grünland- noch Ackerstandort, da wechselfeucht und zu frostgefährdet.

3. Mit Mineralboden bedeckte oder vermischte Moorkulturtypen. Dabei ist es letzten Endes einerlei, ob das — wie bei der Moormarsch — von Natur der Fall ist, oder ob es — wie bei den Niedermoor-Sanddeckkulturen und Hochmoor-Sandmischkulturen — von Menschenhand geschehen ist: Je stärker die Bedeckung oder Vermischung mit Mineralboden, desto lohnender und sicherer selbst eine anhaltende Ackernutzung.

Im gleichen Maße werden Bodendynamik und Nährstoffdynamik, im besonderen also Kalk- und Nährstoffbedarf von der Mineralbodenkomponente mitbestimmt. Je mehr Tonminerale dieselbe enthält und je eutropher, d. h. vor allem je kalkreicher die organische Komponente ist, je stärker sie deshalb humifiziert wird, desto mehr kommen die ganzen Umtauschvorgänge denen des Ton-Humuskomplexes nahe.

Schematisch läßt sich diese sehr unterschiedliche Nährstoffdynamik folgendermaßen darstellen (BADEN 1956) (Tab. 714):

Tabelle 714. *Einfluß vom Wasser- und Kalkgehalt sowie von der Art des Mineralbodenanteils auf die Nährstoffdynamik*

90 Gew.-% 85 Vol.-%	← H_2O H_2O →	30 Gew.-% 50 Vol.-%	
Sand Echte Lösungen	← →	Ton Ton-Humus- komplex	
0,35%	850 kg/ha	← CaO → 4,00%	20 000 kg/ha

2. Struktureller Aufbau und seine Kennzeichnung

Strukturdiagramme verschiedener Moorkulturtypen machen im Vergleich zu dem eines Schwarzerdelöß (LAATSCH 1954) als weitere Eigenart derselben ihr großes Hohlraumvolumen mit einem weit geringeren Luftgehalt und einem sehr viel höheren Wassergehalt, als ihn die meisten Mineralböden aufweisen, augenfällig. Der Wassergehalt wird in Gew.-% der Bodentrockensubstanz wie in Vol.-%, der Luftgehalt in Vol.-% angegeben. Der Luftgehalt soll bis zur gewünschten Bewurzelungstiefe wenigstens 10, möglichst 20 Vol.-% betragen und schwankt mit dem Wassergehalt und Volumengewicht (trocken), im besonderen mit der Lagerungsdichte — nach SEGEBERG = *Substanzvolumen* — in weiten Grenzen.

Darüber hinaus sind Wasser- und Luftgehalt von Anteil und Beschaffenheit der organischen und mineralischen Bodenkomponente abhängig. Der Mineralbodenanteil schwankt nach Menge und Art gleichfalls in weiten Grenzen (S. 1466), von Natur wie nach mehr oder weniger starker Zufuhr von Menschenhand. Er wird in üblicher Weise ermittelt (Veraschung) und gekennzeichnet (Schlämmanalyse).

Textur und Struktur des Organischen kommen in dem mehr oder weniger weit fortgeschrittenen Zersetzungsgrad der Torfe zum Ausdruck. Man sollte jedoch Bezeichnungen wie „schlecht zersetzt" oder „gut zersetzt" vermeiden, da ihnen eine geradezu gegensätzliche Bedeutung zukommt, je nach dem, ob man an die landwirtschaftliche oder torfwirtschaftliche Nutzung denkt. Statt dessen sind „schwach zersetzt" oder „stark zersetzt" eindeutiger.

Für praktische Zwecke hat sich die zehngradige Skala nach v. POST bewährt und wird verbreitet gehandhabt. Der Zersetzungsgrad wird mit H 1 bis 10 (Humositätsgrad) gekennzeichnet. Dabei bedeutet (v. BÜLOW 1929):

H 1 = vollständig unzersetzter Torf
H 2 = fast völlig unzersetzter Torf
H 3 = sehr schwach zersetzter Torf
H 4 = schwach zersetzter Torf
H 5 = mittelstark zersetzter Torf, Struktur deutlich
H 6 = mittelstark zersetzter Torf, Struktur undeutlich
H 7 = ziemlich stark zersetzter Torf, Struktur noch erkennbar
H 8 = stark zersetzter Torf, Struktur sehr undeutlich
H 9 = fast völlig zersetzter Torf, strukturlos
H 10 = völlig zersetzter Torf

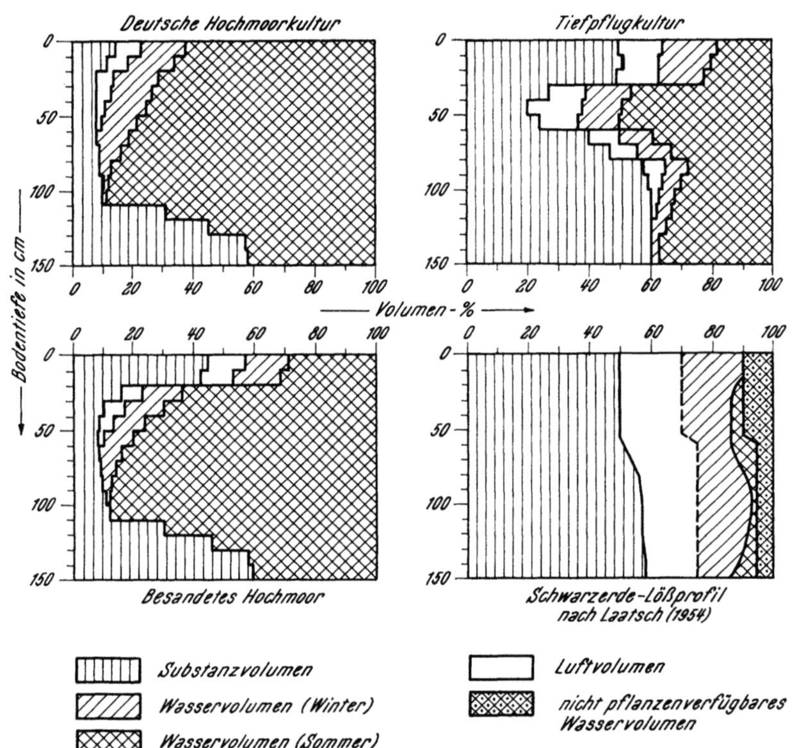

Abb. 321. Strukturdiagramme einiger Moorkulturtypen (nach Baden, Eggelsmann und Janner 1960) im Vergleich zu dem eines Schwarzerdelösses

Für wissenschaftliche Zwecke wird derselbe als ,,Vertorfungsgrad'' nach der Methode Keppeler (1920) analytisch ermittelt. Segeberg (1956) fand bei Hochmoortorfen zwischen beiden Methoden folgende Beziehung:

Humositätsgrade (nach v. Post)	Vertorfungsgrade (nach Keppeler)
1	<15
1— 2	15—20
2— 3	20—30
3— 4	30—35
4— 5	35—40
5— 6	40—50
6— 7	50—55
7— 8	55—60
8— 9	60—65
9—10	65—70
10	>70

Der Zersetzungsgrad der Torfe ist für ihre physikalischen Eigenschaften ebenso bedeutungsvoll wie für ihre chemischen.

3. Einwirkung auf die Strukturstabilität (Bodendynamik)

Die Bodendynamik ist ganz allgemein in den verschiedenen Moorkulturtypen eine weit labilere und größere als in den Mineralböden, die Strukturstabilität entsprechend geringer. Das ist eine ihrer bemerkenswertesten Eigenarten. *Die Bodendynamik* ist in fast mineralstofffreien Torfen am größten und wird mit höherem Mineralbodenanteil geringer. Abgesehen von dem weiter unten zu behandelnden Einfluß von Kalkungs- und Düngungsmaßnahmen wirken darauf im besonderen ein:

1. *Eingriffe in die Wasserverhältnisse.* Je wasserreicher, mächtiger, weniger zersetzt und mineralstoffärmer die Torflagen sind und je tiefer sie entwässert werden, desto stärker sacken sie zusammen. Je mehr sie damit zugleich durchlüftet werden, desto stärker zersetzen sich sekundär vor allem eutrophe Torfe bis zur Entwässerungstiefe, desto mehr werden sie schließlich auch humifiziert. Das zieht entsprechende Oberflächensenkungen nach sich, ein Moment, dem für die wasserwirtschaftliche Zielsetzung kaum genügend Aufmerksamkeit gewidmet werden kann (BADEN und EGGELSMANN 1958).

Nach der durch SEGEBERG (1951 und 1952) verbesserten Sackungsformel von HALLAKORPI (1937) läßt sich die Moorsackung hinreichend vorausberechnen. Das ist für die Nährstoffdynamik und damit auch für die mehr oder weniger befriedigende Wirkung von Kalkung und Düngung nicht belanglos. Unterstellt man eine zu geringe Moorsackung, taucht die Moorkultur gewissermaßen wieder in das Wasser ein, verarmt damit an Luft und wird biologisch und chemisch untätiger.

2. *Eingriffe in das Bodenprofil.* Mit der Abtorfung tritt nicht nur ein entsprechender Verlust an Höhenlage ein, sondern damit gewinnen andere Torfarten im Unterboden an Einfluß, bei nahezu gänzlicher Abtorfung der liegende Mineralboden.

Kommen dabei unerwünscht stark zersetzte Torfe der Oberfläche zu nahe, wird die Wasserführung in den gewachsenen Moorprofilen träger. Werden sie gar zum Wurzelbett, ist eine Mineralbodenzufuhr ebenso angezeigt, wenn nicht gar unerläßlich wie bei der Herrichtung weniger als 1 m mächtiger Torflagen zu Mineralbodendeckkulturen bzw. -mischkulturen. Je stärker das erfolgt, desto mehr nähert sich die Bodendynamik in dem Wurzelbett dieser Moorkulturtypen der der betreffenden Mineralböden.

3. *Laufende Bearbeitung.* Jeder lockernde Arbeitsgang hinterläßt bis zur Arbeitstiefe eine geringere Lagerungsdichte und führt zu stärkerer Durchlüftung und damit in der Regel zu größerer Bodentätigkeit, es sei denn, daß er zu stark austrocknend wirkt. Umgekehrt werden die Moorkulturtypen unter dem Druck schwerer Geräte, vor allem durch schweres Walzen, dichter gelagert, und zwar um so mehr und nachhaltiger, desto stärker zersetzt die Torfe, desto wasserreicher, mineralbodenreicher und desto weniger mächtig sie sind. HEINRICH (1956) hat allerdings auf ausgesprochenen mineralbodenarmen vier Jahrzehnte alten gedränten Hochmoorkulturen eine bleibende Verdichtung unter dem Druck der üblichen Zugmaschinen im Unterboden nicht wahrgenommen. Auf nicht genügend trockenen Moorkulturen kann jedoch schon der normale Druck von Gerät, Gespann und Weidevieh dahin führen, daß das Luftvolumen zu sehr

eingeengt und damit selbst das Wurzelbett an Luft übermäßig arm wird (Abb. 321). Dadurch werden zugleich Durchlässigkeit und Nährstoffdynamik beeinträchtigt.

4. *Witterungsfaktoren und Feuchtegehalt.* Mit dem Wechsel von Temperatur und Bodenfeuchte sind die Torfe mehr oder weniger starken Volumenveränderungen ausgesetzt. Sie quellen mit zunehmender Bodenfeuchte auf und schrumpfen beim Austrocknen. Je stärker sie zersetzt sind, desto eher neigen sie zu irreversiblem Austrocknen, besonders wenn sie mit Feinsand oder Ton durchsetzt sind (Anmoor, Moormarsch). Denn damit nimmt das Wurzelbett eine Art Einzelkorn- oder eine Struktur aus sehr harten, scharfkantigen Brocken (Bennema und van der Woerdt 1960) an. Obwohl der Bodenfrost in Moorkulturen weniger tief eindringt als in Mineralböden (Abb. 322), friert ihre Oberfläche dank höherer Bodenfeuchte dennoch stärker auf als die von Mineralbodenkulturen. Zudem ist das Wurzelbett auf Moor-, Sandmisch- und Anmoorkulturen der Winderosion um so stärker ausgesetzt, desto stärker die organische Bodenkomponente zersetzt ist, irreversibel austrocknet und mit Feinsand vermischt ist.

Bei extremen Wetterlagen, d. h. bei Dürre und in kalten und nassen Zeiten, wird die Boden- und im besonderen die Nährstoffdynamik beeinträchtigt.

5. *Pflanzenbestand und Fruchtfolge.* Dieser zuletzt aufgezeigten Gefahr begegnet man am wirksamsten dadurch, daß man die Kulturen weitestmöglich unter einer geschlossenen Pflanzendecke hält. Darunter bewahrt man sie zugleich vor einer zu starken Sonneneinstrahlung und der austrocknenden Wirkung des Windes. Am wirksamsten ist verständlicherweise eine geschlossene

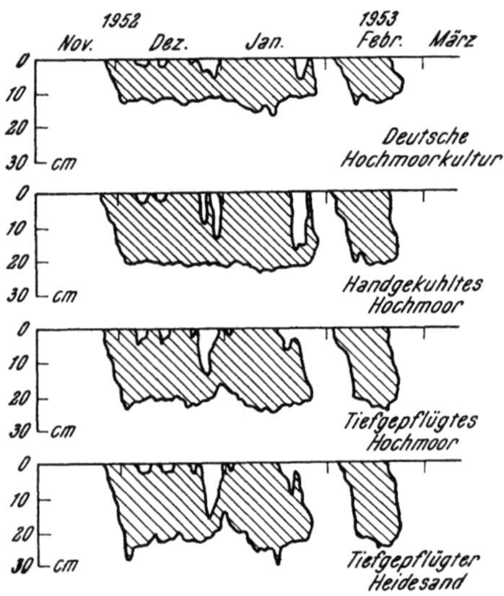

Abb. 322. Gang des Bodenfrostes in verschiedenen Moorkulturtypen (nach Baden und Eggelsmann 1958)

Dauergrünlandnarbe, Hanf und Getreide sind wirksamer als Hackfrüchte. Beim Hackfruchtbau fördern zudem die wiederholten lockernden Arbeitsgänge die aufgezeigten ungünstigen Strukturwandlungen in der Krume. Trotz aller vorbeugenden Maßnahmen wird mit jedem Jahr der Ackernutzung etwa 1 cm der Oberflächentorfe aufgezehrt; es tritt also ein Substanzverlust ein, der durch Torfe aus dem Untergrund laufend ersetzt werden muß. Damit werden zwar mehr oder weniger große Vorräte der unberührten Untergrundtorfe an Kalk- und Nährstoffen — auf Hochmoor auch an Säuren — heraufgepflügt und dem Wurzelbett untermischt. Eine hackfruchtreiche Fruchtfolge zehrt damit aber an wertvoller organischer Bodenkomponente mehr als eine getreidereiche, diese mehr als ein Fruchtwechsel mit Kleegras und am wenigsten das Dauergrünland.

Im subtropischen Klima von Florida sind im Zusammenwirken aller dieser Faktoren bei ausgedehntem Gemüsebau auf kalkreichem Niedermoor jährliche Höhenverluste bis 5 cm eingetreten (Davis und Lucas 1959). Je mehr dabei Zersetzung und Humifizierung mitwirken, desto mehr nimmt vor allem im Wurzelbett die mineralische Bodenkomponente zu.

c) Einige für ihre Nährstoffdynamik bemerkenswerte Eigentümlichkeiten von Moor und Anmoor

Sie gehen letzten Endes auf die kolloide Beschaffenheit der organischen Bodenkomponente zurück und sind um so ausgeprägter, desto stärker sie zersetzt ist und desto mehr die mineralische Bodenkomponente zurücktritt.

1. Organische und mineralische Bodenkomponente

In oligotrophen Torfen ist der Mineralbodenanteil überwiegend von sandiger, in den eutrophen daneben vielfach von toniger Beschaffenheit. Im ersten Fall ist er als Quarzsand chemisch und biologisch von untergeordneter Bedeutung, bestimmt dafür aber um so mehr die physikalischen Eigenschaften des Pflanzenstandortes[1]. Je grobkörniger er ist, desto günstiger beeinflußt er dieselben. Mit feinerer Körnung und vor allem mit zunehmendem Tonanteil kann die Mineralbodenkomponente physikalisch ungünstig wirken, weil damit die Gefahr aufkommt, daß die Bodenprofile sich zu dicht lagern, an Wasserzügigkeit einbüßen und an Luft verarmen. In gleichem Maße würden darin vor allem die biologischen Vorgänge beeinträchtigt werden (Abb. 324). Beugt man dieser Gefahr durch genügende Entwässerung vor, werden die Umtauschvorgänge der Tonminerale und zugleich die biologischen und kolloidalen Eigenschaften und Auswirkungen des feineren und dichteren Bodengefüges in erwünschter Weise beeinflußt.

In eutrophen Mooren besteht das Mineralische manchen Ortes aus kohlensaurem Kalk (Wiesenkalk, Kalkmudde). Dann ist die Torfsubstanz primär sehr stark zersetzt oder zersetzt sich nach Entwässerung und Durchlüftung in kurzer Zeit sehr stark. Damit werden ihre kolloiden Eigenschaften ebenfalls besonders ausgeprägt.

2. Verhalten zu Wasser und Luft

A. Wasser- und Luftkapazität

Die Strukturdiagramme (Abb. 321) vermitteln eine annähernde Vorstellung von der wasserhaltenden Kraft in verschiedenen Moorkulturtypen. Daraus ist annähernd auch der maximale Wassergehalt, die Feldkapazität und der minimale Wassergehalt zu entnehmen. Demnach ist weitaus der größte Teil des Bodenwassers in der Zellstruktur der Torfbildner, in den Mikrokapillaren und an den Kolloiden sorptiv so fest gebunden, daß er weder versickert noch pflanzenzugänglich ist.

Nach WOLLNY (1897) beträgt beispielsweise die Wasserkapazität im pulverförmigen Zustand bei

	Größte	*Kleinste*
Humus	74,59 Vol.-%	55,38 Vol.-%
Ton	58,13 Vol.-%	53,19 Vol.-%
Quarz	37,62 Vol.-%	33,04 Vol.-%

Wie der Humus hält auch der Torf — vor allem volumenmäßig gerechnet — Wasser allgemein besonders, aber verschieden stark fest, nach einer weiteren

---

[1] Das dürfte auch für vulkanische Asche gelten, mit der u. a. die Moore auf Hokkaido (Japan) verbreitet und nach Art und Menge verschieden durchsetzt sind (ISHIZUKA 1958).

Zusammenstellung oligotropher, weniger zersetzter, mineralstoffarmer Torfe aus einem nordwestdeutschen Hochmoor (Oldenburger Torf) mehr als doppelt so viel wie der eutrophe Torf aus dem bayrischen Niedermoor von Schleißheim. Das ist nicht zuletzt auf die Zellstruktur der Hochmoorbildner (*Sphagnum*-Moose) und die stärkere Zersetzung der Niedermoortorfe zurückzuführen (Tab. 715).

Tabelle 715. *Wasserkapazität verschiedener Torfe bei verschiedener Lagerung*
(nach WOLLNY 1897)

	Oldenburger Torf fein	Haspelmoor-torf fein	Schleißheimer Torf	
			fein	grob
Wasserkapazität gewichtsprozentisch				
lockere Lagerung	599,9 %	483,5 %	202,3 %	181,4 %
dichte Lagerung	497,2 %	339,4 %	163,5 %	152,1 %
Wasserkapazität volumenprozentisch				
lockere Lagerung	64,4 %	68,4 %	54,7 %	59,3 %
dichte Lagerung	70,3 %	70,3 %	55,2 %	66,6 %

In Moor und Anmoor ist die maximale Menge, die der Boden als Haftwasser bei dem jeweiligen Zustand festzuhalten vermag, besonders groß (Feldkapazität). FRECKMANN und BAUMANN (1936/1937) haben sie und die jeweilige volumenprozentische Wasserkapazität in den oberen 80 cm verschiedener Böden folgendermaßen ermittelt:

Sand	92 mm	W.K.	12%
lehmiger Sand	168 mm	W.K.	21%
Lehm	248 mm	W.K.	31%
Ton	315 mm	W.K.	40%
Niedermoor	538 mm	W.K.	67%

In Mineralböden nimmt die Wasserkapazität nach SCHEFFER und WELTE (1955) im allgemeinen mit dem Tonanteil zu. Setzen wir auch in diesem Zusammenhang die Humifizierung der Torfsubstanz in ihrer Auswirkung derjenigen der Tonmineralbildung gleich (S. 1446), müßte die Wasserkapazität mit ihrer stärkeren Humifizierung zunehmen.

Im Einzelfall ist die Wasserkapazität der Moorbildungen jedoch u. a. sehr stark abhängig von der Art der torfbildenden Pflanzen, ihrem Zersetzungsgrad, der Verteilung der Masse und ihrer Lagerungsdichte. Je stärker der Torf zersetzt oder je dichter er gelagert ist, desto mehr sinkt bei im übrigen gleicher Beschaffenheit die Wasserkapazität gewichtsprozentisch, nimmt dagegen volumenprozentisch zu. Das letzte ist für die Boden- und damit auch für die Nährstoffdynamik der verschiedenen Moorkulturtypen das beteutungsvollere.

Die *Luftkapazität* ist in den verschiedenen Moorkulturtypen im Vergleich beispielsweise zum Schwarzerdelöß verhältnismäßig klein (Abb. 321). Bei zunehmendem Wassergehalt werden ihre Luftgehalte nicht zuletzt deshalb immer geringer, weil die lufterfüllten Bodenporen dank der kolloiden Beschaffenheit der organischen Bodenkomponente durch Wasseraufnahme und Quellung eingeengt werden.

B. Luft- und Wasserbewegung, Nährstoffdynamik und Nährstofftransport

Von noch größerer Bedeutung als die Luftkapazität ist auch in diesem Zusammenhang die *Luftpermeabilität* der Pflanzenstandorte auf Moor und Anmoor. Lufttrockener Torf hat im Vergleich zu Mineralböden eine große Durchlässigkeit für Luft, die nach WOLLNY der des gröberen Sandes nahekommt (1897).

Sie sinkt jedoch bei zunehmender Bodenfeuchte und kann bei einem Wassergehalt, der von der vollen Wassersättigung des Torfes noch weit entfernt ist, nahezu verschwinden. Nicht zuletzt wird die Luftpermeabilität durch die Regelung der Wasserverhältnisse und die Bearbeitung des Moorbodens stark beeinflußt. Jeder Wasserentzug und jede Bodenlockerung sind ihr förderlich, jede Vernässung und jeder Bodendruck in diesem Zustand außerordentlich abträglich.

Die *Luftbewegung* korrespondiert mit der *Wasserbewegung*. Diese aber ist wieder von den außerordentlich unterschiedlichen Struktur- und Lagerungs-

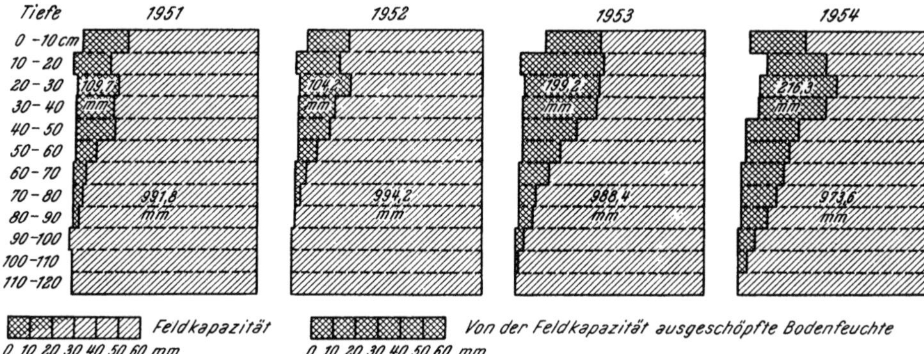

Abb. 323. Feldkapazität und davon ausgeschöpfte Bodenfeuchte für Hochmoor-Dauergrünland in Königsmoor, Krs. Harburg (BADEN 1962)

verhältnissen abhängig. Mit zunehmender Zersetzung der Torfsubstanz, feinerer Körnung der Mineralbodenkomponente — einerlei ob damit durchsetzt oder bedeckt —, mit dichterer Lagerung und nicht zuletzt mit dem höheren Wassergehalt dank der damit einhergehenden größeren Quellung der Torf- und Tonkolloide wird sie in gleichem Maße beeinträchtigt und schließlich gänzlich unterbunden (Staunässe). Sie wird andererseits mit allen Maßnahmen, welche einer stärkeren Zersetzung der Torfsubstanz vorbeugen, rege erhalten und durch lockernde Arbeitsgänge und Wasserentzug reger gestaltet. Das letzte kann — im Extrem — aber auch unerwünscht sein, da es Oxydations- und Zersetzungsvorgänge ebenso zu stark fördern, wie es infolge stärkerer Versickerung bei Überdüngungen große Nährstoffverluste nach sich ziehen kann.

In ordnungsmäßig entwässertem und bearbeitetem Moor und Anmoor sind die chemischen Umtauschvorgänge und biologischen Reaktionen ohne Frage alleine dank ihres hohen Wassergehaltes und der trotzdem ausreichenden Durchlüftung besonders rege, die chemischen Umsetzungen vor allem in den sauren Lösungen der meistens sehr wasserreichen oligotrophen Torfe. Das ist — wie wir noch erfahren werden (S. 1482) — eine nicht zu verkennende günstige Eigentümlichkeit hochmoorartiger Moorkulturtypen.

Massenwüchsige Pflanzenbestände auf Moor und Anmoor tragen schließlich selber in doppelter Hinsicht zu ihrer Nährstoffversorgung mehr als auf den meisten Mineralböden bei. Mit ihrer sehr hohen Transpiration (Baden und Eggelsmann 1958) sorgen sie nicht nur für einen entsprechend großen und anhaltenden Wasseranstieg — und zwar selbst aus 7 bis 8 dm Tiefe (Abb. 323) —, sondern im Wurzelbett und in den dann folgenden Dezimetern auch für einen lufterfüllten Speicherraum für das zusätzliche Niederschlagswasser. Dieser Speicherraum ist so groß, daß bei 700 bis 800 mm Jahresniederschlag — wie in Deutschland — während der Vegetationszeit nur die geringen Regenmengen ins Grundwasser gelangen, welche über die damit gegebene Feldkapazität hinaus fallen. Somit ist während der längsten Zeit des Wachstums ein hinreichender Nährstofftransport in das Wurzelbett gesichert und damit zugleich erklärt, daß während dieser Zeit aus diesem Grunde bedenkliche Sickerverluste selbst an dem leicht löslichen Kali nur selten eintreten können. Sie sind jedoch auch in niederschlagsreichen Zeiten ohne nennenswerte Verdunstung um so weniger zu befürchten, als dann steigendes Grundwasser dem Versickern der Nährlösungen entgegenwirkt. Dafür haben Baden und Steinfatt (1958) in den Jahren 1950 und 1954 den Beweis geführt, in denen zwischen Düngung und Bodenuntersuchung besonders hohe Niederschläge und Grundwasserstände eingetreten sind.

Die auch für diese ganzen Abläufe günstigste Wasserkapazität liegt in mineralstoffarmen oligotrophen Torfen bei 75 bis 80 Vol.-%, in stärker zersetzten Niedermoortorfen bei 70 bis 75 Vol.-% und soll in sandgemischten Torfen bzw. im Anmoor um 30 Vol.-% betragen.

Ungenügend entwässert und zu dicht gelagert, verarmen Moor und Anmoor entsprechend an Luftsauerstoff, so daß damit die biologischen Umsätze zu träge (Abb. 324) und statt der erwünschten Oxydations- unerwünschte Reduktionsvorgänge ablaufen (S. 1494).

Altbekannt ist die aufschließende Wirkung starker Erhitzung auf die im Organischen festliegenden und von ihm gebundenen Nährstoffe. So wird durch das Moorbrennen (Buchweizenbrandkultur) vor allem die Phosphorsäure pflanzenzugänglich. Aber auch stärkeres Austrocknen wirkt sich in dieser Richtung, wenn auch weit geringer, so doch in einem für die Untersuchungsmethode bestimmenden Ausmaß aus. Nach Thompson und Black (1947) ist bei 150° C während 7 Tagen sämtliche organische Phosphorsäure in Lösung gegangen, in Inkubationsversuchen von McCall und Mitarbeitern (1956) während 4 Monaten bei Temperaturen von 45 bis 80° F, also bei Temperaturen wie im freien Felde, und bei Gaben von 12,5 und 200 ppm P, noch dazu in zuvor sterilisierten Torfen.

Andererseits sind im ungewöhnlich trockenen Sommer 1959 vor allem die Kali- und Phosphorsäuregehalte des Weideaufwuchses (Königsmoor) im Gegensatz zu Jahren mit normalen oder übernormalen Niederschlägen wie 1954 stetig

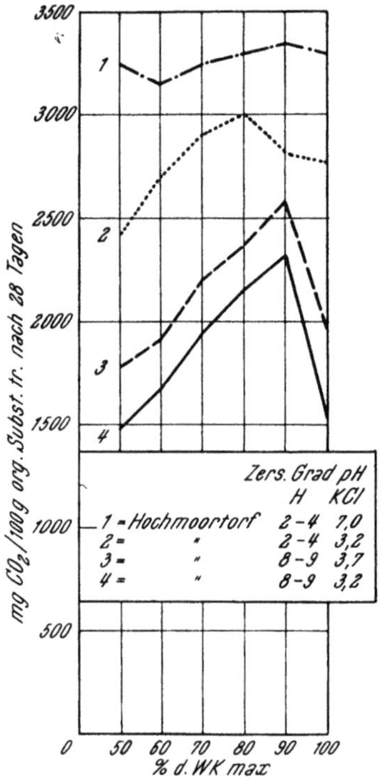

Abb. 324. CO₂-Produktion verschieden stark zersetzter Hochmoortorfe in Abhängigkeit von Bodenfeuchte und pH-Wert (nach Frercks und Puffe 1958)

gesunken. Das ist unseres Erachtens in erster Linie damit zu erklären, daß die Nährstoffe infolge der nachlassenden Bewegung des Bodenwassers immer träger an die Pflanzenwurzeln gelangt und nach dem Aufhören jeglicher Wasserbewegung überhaupt nicht mehr herangeschafft worden sind (Abb. 325). Im freien Felde überschneiden sich demnach offensichtlich mehrere Auswirkungen anhaltender Dürre, die aufschließende Wirkung auf die organisch gebundenen Nährstoffe und der gehemmte Transport infolge mangelnder Wasserbewegung, gar auch mit nachlassenden chemischen Umtauschvorgängen infolge des Wassermangels überhaupt.

Wir haben es also auch in dieser Hinsicht im Moor und Anmoor nicht nur von Natur mit außerordentlich gegensätzlichen Zuständen und Umtausch-

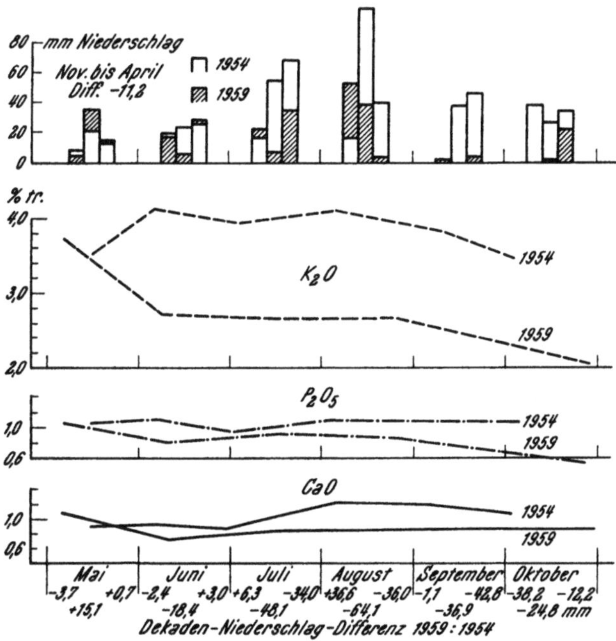

Abb. 325. Mineralstoffgehalte im Weideaufwuchs einer fünf Jahrzehnte alten Hochmoorweide (Königsmoor) während eines feuchteren Jahres (1954) und eines extrem trockenen Jahres (1959)

vorgängen zu tun, sondern können sie auch durch mehr oder weniger zweckmäßige Maßnahmen ebenso sehr fördern wie beeinträchtigen.

C. Welkebereich

Der Welkebereich wird verständlicherweise in Abhängigkeit von den nämlichen Faktoren früher oder später eintreten. Über den Wassermangel hinaus wird das Pflanzenwachstum schon bei Annäherung an den Welkebereich um so stärker beeinträchtigt, desto mehr dann Nährstofflösung und Nährstofftransport zu wünschen lassen. Er wird jedoch in ordnungsgemäßen Kulturen auf Moor und Anmoor dank ihres hohen Anteils an nutzbarem Haftwasser trotz des relativ hohen Gehaltes an hygroskopischem „toten" Wasser bei einigermaßen normalen Niederschlagsverhältnissen kaum eintreten. Ihre pF-Werte sind noch wenig bekannt. Nach einem durch Eggelsmann (1960) ergänzten Struktur-

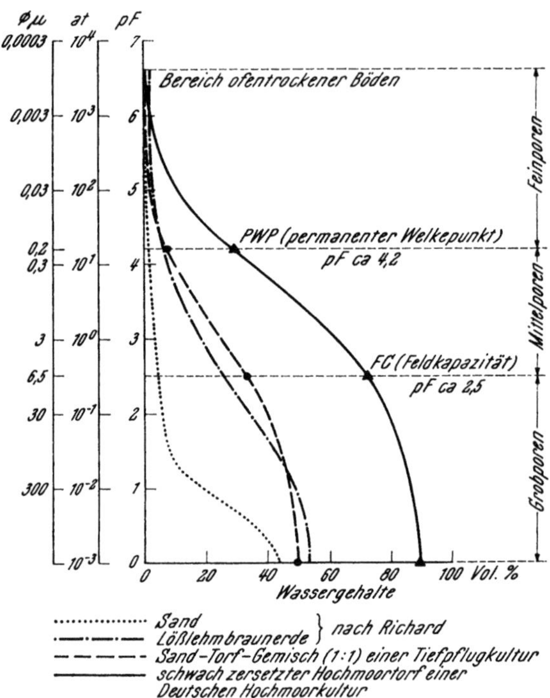

Abb. 326. Mutmaßliche pF-Kurven für Böden je einer Hochmoor- und Sandmischkultur aus Königsmoor im Vergleich zu Sand- und Lößlehm nach Richard 1955 (aus Baden, Eggelsmann und Janner 1960)

diagramm und unveröffentlichten Untersuchungen von Segeberg liegen sie auf Sandmischkulturen etwa bei Wassergehalten wie auf lehmigem Sand, auf ausgesprochenen Schwarzkulturen dagegen bei sehr viel höheren Gehalten (Abb. 326).

d) Moor und Anmoor als Träger von Nährstoffen

Vor allem aus deutschen, holländischen, fenno-skandinavischen sowie baltischen Mooren ist schon bis zur Jahrhundertwende eine Fülle von chemischen Bodenuntersuchungsbefunden beigebracht, neuerdings auch aus den Mooren in Irland, Schottland, Japan und in zunehmendem Maße aus denen der USA. Danach sind überall oligotrophe, mesotrophe oder eutrophe Torfe für den außerordentlich unterschiedlichen Nährstoffgehalt in Moor und Anmoor bestimmend. Dank eines verschiedenen Nährstoff- und vor allem eines verschiedenen Kalkgehaltes neigen die Torfe mehr oder weniger stark zur Zersetzung. Je stärker sie schon primär zersetzt sind, desto dichter sind sie meistens gelagert und desto größer sind ihr Volumengewicht und Nährstoffgehalt vor allem in der Oberflächenschicht.

1. Natürlicher Nährstoffgehalt

A. Hauptnährstoffe

Von dem prozentischen Nährstoffgehalt im Wurzelbett der hochmoor-, übergangs- und niedermoorartigen Pflanzenstandorte vermittelt nach wie vor eine Zusammenstellung von TACKE (1931) eine für viele Gebiete zutreffende Vorstellung (Tab. 716). Bei dem äußerst geringen Gehalt an in Salzsäure Unlöslichem

Tabelle 716. *Chemische Zusammensetzung der Hauptmoorbodenarten*
(nach TACKE 1931)

	In 100 Teilen trocken gedachten Moorbodens				In 100 Teilen von Unlöslichem frei gedachten trockenen Moorbodens			
	Hochmoor Sphagnumtorf		Über-gangs-moor	Niede-rungs-moor	Hochmoor Sphagnumtorf		Über-gangs-moor	Niede-rungs-moor
			Über-gangs-waldtorf	Bruch-waldtorf			Über-gangs-waldtorf	Bruch-waldtorf
	junger	alter			junger	alter		
	%	%	%	%	%	%	%	%
Verbrennbare Stoffe ...	97,18	97,97	95,43	92,44	98,38	98,59	96,46	93,58
Stickstoff	0,67	0,95	1,48	1,88	0,68	0,96	1,50	1,90
Mineralstoffe	2,82	2,03	4,57	7,56	1,62	1,41	3,54	6,42
In Salzsäure Unlösliches	1,22	0,63	1,07	1,22	—	—	—	—
Kalk	0,36	0,24	1,79	2,83	0,36	0,24	1,81	2,86
Magnesia	0,12	0,27	0,13	0,15	0,12	0,27	0,13	0,15
Eisenoxyd + Tonerde ...	0,42	0,35	0,82	2,02	0,43	0,35	0,83	2,04
Manganoxydoxydul	0,01	0,02	0,05	0,09	0,01	0,02	0,05	0,09
Kali	0,10	0,07	0,05	0,04	0,10	0,07	0,05	0,04
Natron	0,18	0,11	0,08	0,08	0,18	0,11	0,08	0,08
Phosphorsäure	0,05	0,03	0,05	0,08	0,05	0,03	0,05	0,08
Schwefelsäure	0,57	0,38	0,81	1,20	0,58	0,38	0,82	1,21
Chlor	0,04	0,03	0,03	0,04	0,04	0,03	0,03	0,04

ergeben sich für den davon freigedachten Moorboden nur ganz geringfügige Unterschiede. Sie können jedoch in mineralstoffreichen Moorbildungen und vor allem im Anmoor das Vielfache betragen. In Oberflächentorfen der Niedermoore in den Everglades von Florida hat HAMMAR (1929) ähnliche Prozentgehalte ermittelt.

Auf Grund einer sehr großen Zahl von Analysen der Moor-Versuchsstation unterstellt TACKE (1929) für die drei Moorarten im Mittel etwa folgende Gehalte an den vier wichtigsten Nährstoffen (Tab. 717):

Tabelle 717. *Mittlere Nährstoffgehalte in den drei Hauptmoorarten*
(nach TACKE 1929)

% in der Trockenmasse	N	CaO	P_2O_5	K_2O
Hochmoor	1,20	0,35	0,10	0,05
Übergangsmoor	2,00	1,00	0,20	0,10
Niedermoor	2,50	4,00	0,25	0,10

kg/ha in 0 bis 20 cm	N	CaO	P_2O_5	K_2O
Hochmoor	3 000	800	250	100
Übergangsmoor	8 000	4 000	700	200
Niedermoor	12 000	20 000	1200	300

In dieser Zusammenstellung kommt die große Bedeutung der Umrechnung über das Volumengewicht und des volumenmäßigen Denkens überhaupt zum Ausdruck.

Auch an Magnesium, dem man in zunehmendem Maße Bedeutung zumißt, sind selbst ausgesprochene oligotrophe Bildungen keineswegs besonders arm, in den tieferen Torflagen daran von Natur sogar um das Vielfache reicher als an Kali (Tab. 719).

In letzter Zeit haben wir neben den pH (KCl)-Werten auch das Doppel-laktatlösliche an Kali und Phosphorsäure — nach einigen methodischen Ab-änderungen (S. 1492) — in Erfahrung gebracht, und zwar in den verschiedenen noch nicht gekalkten oder gedüngten Moorkulturtypen im Mittel zahlreicher Untersuchungen bei folgendem Verhältnis vom Gesamten zum Doppellaktat-löslichen:

Tabelle 718. *CaO-Gehalte, pH (KCl)-Werte und K_2O- und P_2O_5-Gehalte in ungekalkten und ungedüngten Moorbildungen*

kg/ha in 0 bis 20 cm	kg/ha CaO	pH (KCl)	kg/ha K_2O ges.	laktl.	laktl.·100 ges.	kg/ha P_2O_5 ges.	laktl.	laktl.·100 ges.
Niedermoor	9065	4,6	1262	82	6,5	1097	14	1,3
Hochmoor	1445	2,9	165	82	50	224	18	8,2
Sandmischkulturen								
Deutsche Sandmischkultur .	825	3,4	900	36	14	350	13	3,7
Holländische Fehnkultur ..	1033	2,7	804	66	8,25	344	24	7,0
Heidekultur	593	3,1	256	150	60	512	40	7,8

Da wir bei den zahlreichen Bodeneinsendungen von Niedermoorbildungen in keinem Fall sicher gehen, ob sie gedüngt sind oder nicht, da aber anderer-seits kaum anzunehmen ist, daß von etwaigen Kalk- oder Düngergaben auf die Grünlandnarbe die Schicht unter dem Wurzelbett nennenswert beeinflußt ist, haben wir in Tab. 718 für Niedermoor nur Werte aus 20 bis 40 cm unter Ober-fläche aufgenommen, und zwar ohne Rücksicht auf das Verhältnis von Organi-schem zu Mineralischem. Niedermoore mit höherem CaO-Gehalt lassen höhere pH-Werte erwarten, solche mit Kalk in Form von kohlensaurem Kalk ($CaCO_3$) pH (KCl) 7 und darüber.

Im Hinblick auf die in ordnungsgemäß entwässerten und durchlüfteten Moorkulturen unaufhaltsamen Zersetzungsvorgänge werden früher oder später auch die Gehalte der tieferen Lagen des Unterbodens für die Kalk- und Nähr-stoffversorgung stetig interessanter (OSVALD 1937), zumal ihre Gehalte nach der Tiefe vielfach zunehmen. Das geht für einige Moor- und Moorkulturtypen aus den betreffenden profilmäßigen Untersuchungsbefunden hervor. Dabei ist allerdings zu berücksichtigen, daß die obersten beiden Dezimeter der Moormarsch und des Niedermoores — wie die der Deutschen Hochmoorkultur — durch Düngergaben mehr oder weniger angereichert worden sein dürften (Tab. 719).

Zwar sind bei höheren Kalkgehalten pH-Werte und Mineralstoffgehalte all-gemein primär höher (Tab. 719, 1 und 2), aber dank der nach Entwässerung und Durchlüftung anhaltenden Mineralisierung der Torfsubstanz erfolgt offensicht-lich auch sekundär eine Eutrophierung, vor allem in dem Wurzelbett der Kulturen, findet selbst im Unterboden statt und wird durch Düngemaßnahmen mehr oder weniger verstärkt (Tab. 719, 3a und b). Diese Zusammenhänge sind nach eigenen noch nicht veröffentlichten Feldversuchsergebnissen auch auf Deutschen Sand-

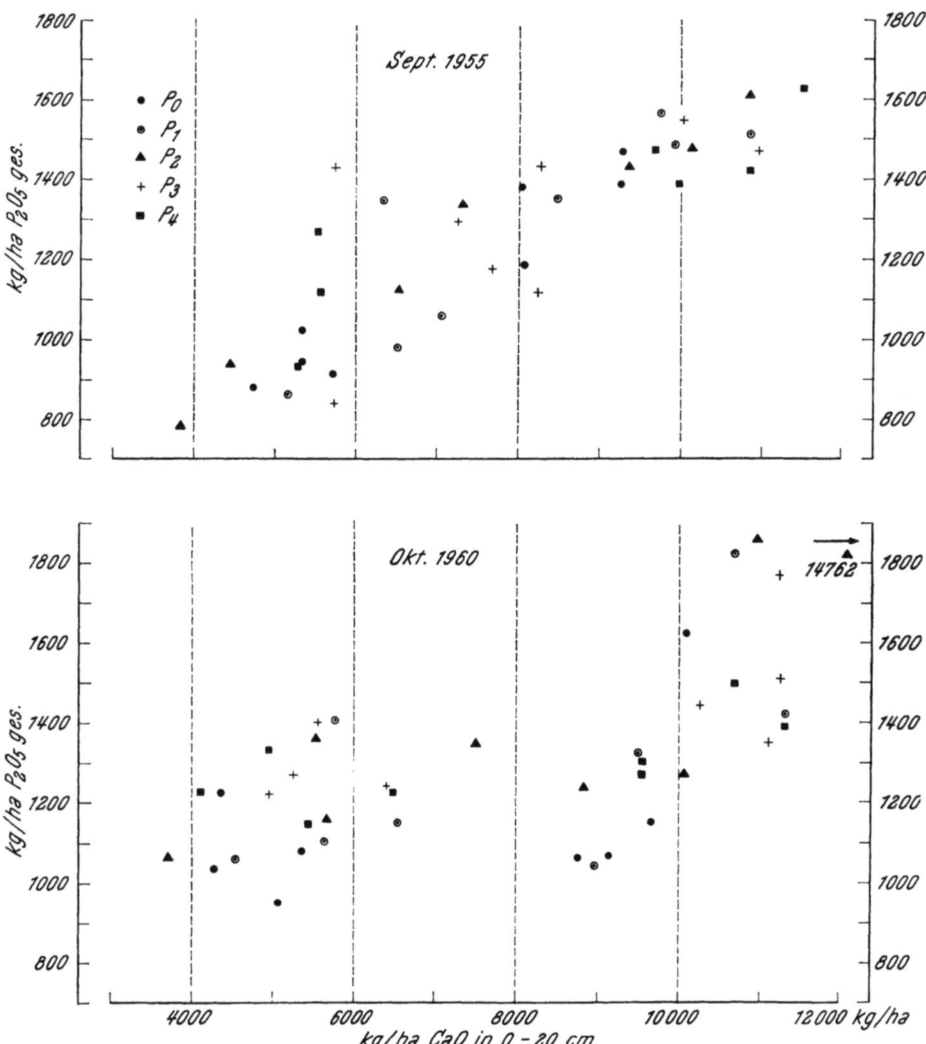

Abb. 327. Königsmoor D 1 a und b 1955 und 1960. kg/ha P_2O_5 in 0 bis 20 cm einer Deutschen Sandmischkultur bei steigenden P_2O_5-Gaben, bezogen auf kg/ha CaO

mischkulturen, also auf oligotrophen Kulturtypen, trotz beträchtlicher Streubreite eindeutig erkannt worden und in Abb. 327 an der Beziehung zwischen kg/ha P_2O_5 und kg/ha CaO veranschaulicht.

Mit dieser Eutrophierung steigt zwar vermutlich allgemein auch der Gehalt an pflanzenverfügbaren Nährstoffen (Abb. 328), aber vielfach nicht in gleichem Maße wie die Gesamtgehalte. Jedenfalls sind sowohl beim Kali wie vor allem bei der Phosphorsäure von höheren Gesamtgehalten nur verhältnismäßig geringe Mengen doppellaktatlöslich gewesen (Abb. 329). Vielfach geht in den sauren

Tabelle 719. *Asche, Volumengewicht, Verbrennliches, pH und Nährstoffgehalt*

Tiefe cm	Asche %	Vol.-Gew. tr. g	Verbrennl. kg/ha	CaO %	CaO kg/ha	pH (KCl)
						1. Moormarsch
0— 15	90,63	1081	202578	0,60	12972	5,6
15— 30	89,28	1039	222762	0,35	7273	4,1
30— 50	40,68	327	387952	1,22	7979	4,3
50— 75	67,05	307	202314	0,56	3438	3,55
75—100	92,11	631	99572	0,29	3660	3,15
100—300	92,63	704	103770	0,31	4365	4,4
300—350	67,37	331	216010	0,48	3178	2,5
350—375	97,19	1458	81940	0,10	2916	3,2
						2. Niedermoor
0— 10	47,14	365	385878	2,23	16279	5,2
10— 20	48,49	320	329664	1,87	11968	5,0
20— 50	12,19	148	259622	3,28	9709	5,2
50—100	11,03	129	229542	3,32	8566	5,2
100—150	10,54	129	230806	3,53	9107	5,4
150—200	9,74	114	205792	3,23	7364	5,45
200—250	10,54	109	195022	3,05	6649	5,4
250—275	46,68	167	178088	1,88	6279	5,1
275—300	56,87	184	158718	1,36	5005	4,9
300—325	38,36	145	178756	2,02	5858	4,3
325—350	30,59	155	215172	2,51	7781	4,65
350—360	92,30	917	141218	0,42	7703	5,7
						3a. Wachsendes Hochmoor
0— 10	4,03	48	92132	0,23	221	3,1
10— 25	6,00	54	101520	0,26	281	3,2
25— 50	8,94	104	189404	0,23	478	3,3
50—150	4,23	51	97686	0,32	326	3,5
150—200	2,27	57	111412	0,23	262	3,5
200—225	2,04	73	143022	0,22	321	3,3
225—300	2,01	75	146986	0,23	345	3,2
300—325	1,92	72	141236	0,28	403	3,25
325—375	2,71	96	186796	0,43	826	3,5
375—400	3,37	108	208720	0,61	1318	3,5
400—425	5,51	98	185200	0,58	1137	3,45
425—450	47,03	147	155732	0,33	970	3,7
450—500	96,37	505	36664	0,29	2929	3,7
500—525	93,60	1097	140416	0,14	3072	3,2
						3b. Deutsche Hochmoorkultur
0— 15	18,35	210	342930	2,72	11424	5,1
15— 25	5,22	124	235054	1,39	3447	4,1
25— 50	3,55	99	190972	0,29	574	3,35
75—125	5,31	103	195062	0,30	636	3,3

[1] Unstimmigkeiten innerhalb der Fehlerquelle.

Bereichen oligotropher Moorbildungen nicht nur prozentual, sondern häufig auch insgesamt mehr in Doppellaktatlösung als in weniger sauren oder alkalischen Bereichen eutropher Moorbildungen. Das ist ein deutlicher Hinweis auf die unterschiedliche Nährstoffdynamik von Hochmoor- und Niedermoorkulturen (S. 1474).

Frercks und Puffe (1958) ermittelten für im übrigen unbeeinflußte Moor- und Anmoor-(Sandmisch-)kulturtypen das C_t/N_t- und das C_h/N_h-Verhältnis in Abhängigkeit von verschiedener Aufkalkung (Tab. 720). Danach ist beides von *(kg/ha in 0 bis 20 cm) in Profilen verschiedener Moor- und Moorkulturtypen*

K$_2$O		P$_2$O$_5$		MgO	Fe$_2$O$_3$	Mn$_3$O$_4$	Al$_2$O$_3$	Cu
ges.	laktl.	ges.	laktl.	ges.				
(Steinau Süderende)								
13404	696	4756	172	21188	118478	1924	129071	34,5
10806	110	4364	12	16832	98082	665	129044	29,1
1373	76	1439	18	4970	25898	458	19424	11,8
2456	138	675	6	5096	19955	270	27937	8,6
6184	756	1262	10	15270	74079	530	75089	12,6
9011	876	1549	64	18445	82650	591	83776	14,0
1787	210	530	0	5296	25950	371	17477	6,6
1750	360	1750	118	4374	19537	350	32076	34,9
(Auepolder)								
511	160	2044	30	3139	14819	219	7227	17,5
576	160	3072	44	2944	21696	448	8192	7,7
89	60	385	4	2812	3552	30	1214	2,4
52	46	284	2	2090	2374	18	748	3,6
36	30	258	2	2657	2503	36	593	3,6
32	30	205	0	1756	2052	34	319	2,7
44	30	196	0	1679	1962	33	741	1,5
1369	60	434	2	2371	10921	50	16199	3,3
1950	46	372	2	4195	17737	70	22300	5,2
115	46	348	0	3567	15979	43	10179	3,5
496	30	403	0	3999	21638	74	5301	2,5
734	30	734	4	1284	9353	128	13205	2,2
(Ahlenmoor)								
259	420[1]	83	10	221	643	6,7	249	0,5
43	30	65	6	216	583	6,4	281	0,3
83	30	146	4	270	437	8,3	1206	0,4
23	16	65	4	439	520	2,0	275	0,1
18	n. best.	57	n. best.	319	524	3,4	194	0,1
18	30[1]	58	2	438	204	1,4	365	0,1
15	16	60	4	540	495	1,5	255	0,3
13	16	58	4	691	331	1,4	101	0,2
17	16	96	2	730	710	3,8	230	0,4
32	16	108	2	821	950	6,5	605	0,4
73	16	118	4	745	921	1,9	1294	0,3
1205	30	353	8	1323	5880	29	16258	0,5
5555	96	808	20	9999	43430	172	71508	0,8
1975	76	658	12	3730	37079	176	55947	0,3
(Ahlenmoor)								
336	250	1344	70	2520	2268	252	3192	1,7
124	138[1]	174	10	868	397	10	546	3,5
53	76	99	4	594	515	2	396	2,4
64	46	106	2	954	615	2	848	4,2

Natur in eutrophen, vor allem in kalkreichen Torfen enger, d. h. in niedermoorartigen enger als in hochmoorartigen. Auch in stärker zersetzten Torfen sind
diese Verhältnisse enger als in weniger zersetzten. In hochmoorartigen Sandmischkulturen kommen sie denen in stärker zersetzten Hochmoortorfen nahe
(Tab. 720). Diese Zusammenhänge sind mit Bodenuntersuchungen in den oben
angeführten eigenen Feldversuchen bestätigt, mögen dieselben auch auf engem Raum
sehr unterschiedliche Verhältnisse und erhebliche Streubreiten aufgedeckt haben
(Abb. 330).

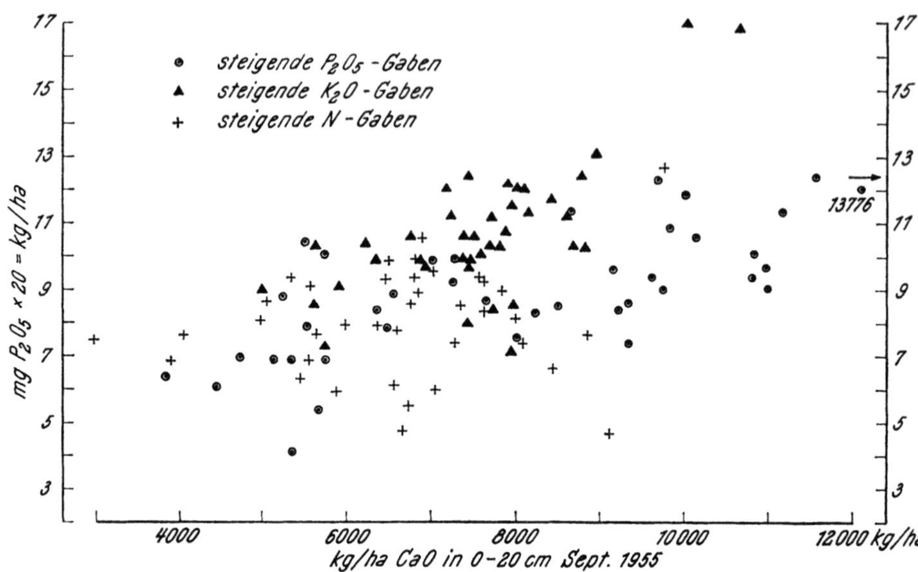

Abb. 328. Königsmoor D 1 a und b 1955. Beziehungen zwischen doppellaktatlöslicher P_2O_5 und dem Kalkgehalt auf einer Deutschen Sandmischkultur nach dem ersten Versuchsjahr im September 1955

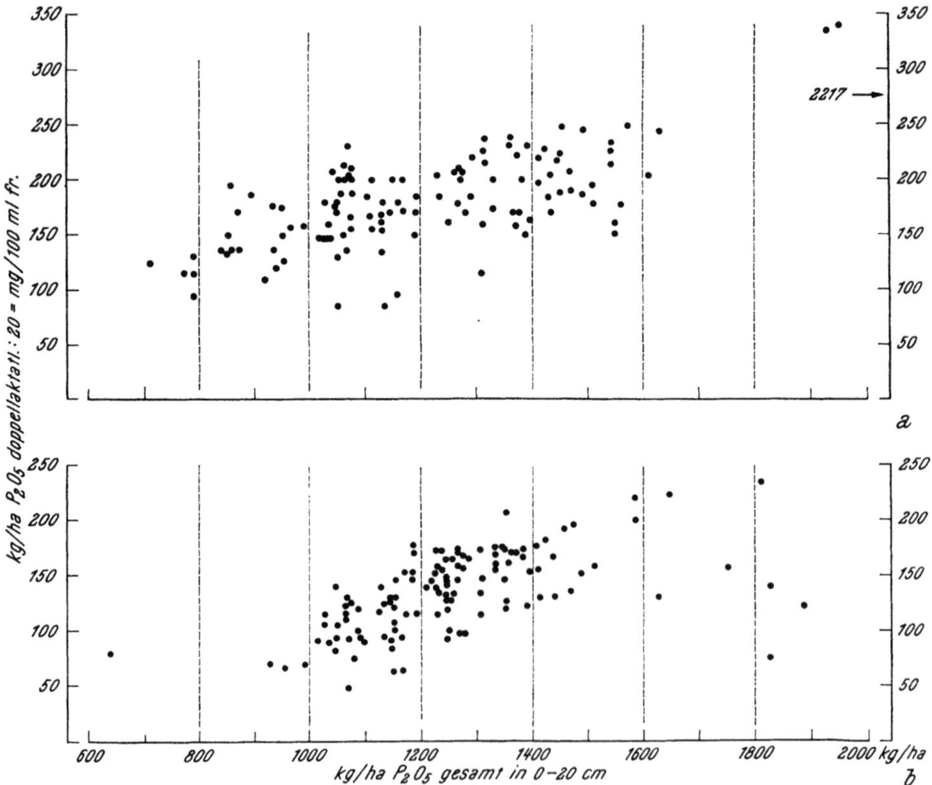

Abb. 329. Königsmoor D1 a und b 1955 und 1960. kg/ha doppellaktatlöslicher P_2O_5 in 0 bis 20 cm in einer Deutschen Sandmischkultur bei steigenden K_2O-, P_2O_5- und N-Gaben, bezogen auf kg/ha P_2O_5 gesamt. a) Nach dem 1. Versuchsjahr, September 1955; b) nach dem 6. Versuchsjahr, Oktober 1960

Puustjärvi (1961) hat in Moortypen von Mittel- und Nordfinnland für die
C/N-Verhältnisse eine ähnlich weite Spanne gefunden (41.1 bis 13.3) und beob-

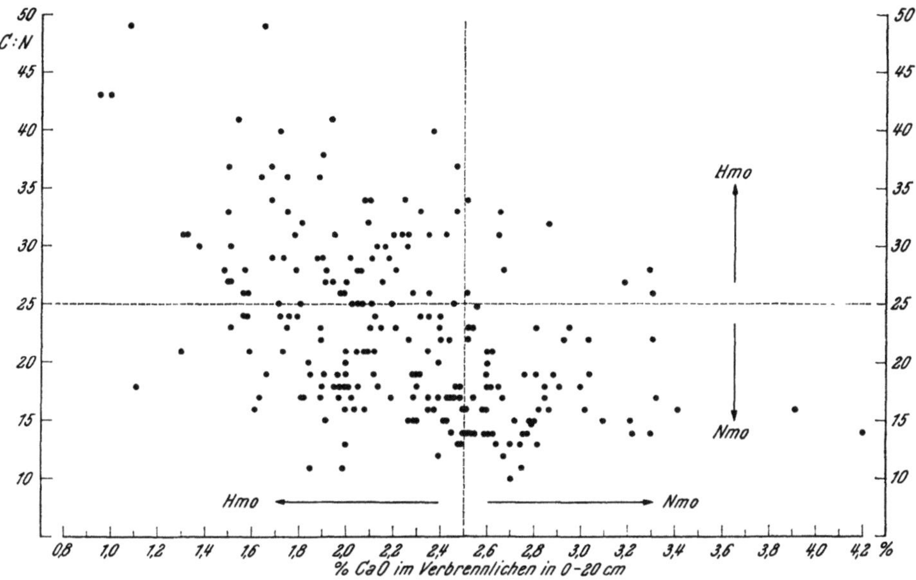

Abb. 330. Königsmoor Da 1 und 2, F c-g 1960. C:N-Verhältnis in 0 bis 20 cm von Deutschen Sandmischkulturen bei steigenden P$_2$O$_5$-, K$_2$O- und N-Gaben, bezogen auf % CaO im Verbrennlichen
nach dem 6. Versuchsjahr, Oktober 1960

achtet, daß das C/N-Verhältnis vielfach mit zunehmendem Wassergehalt herunter-
ging, daß dagegen zum pH-Wert kaum Beziehung bestand. Durch Kultivierungs-
maßnahmen ist das C/N-Verhältnis in Waldmooren verengt worden, nicht da-

Tabelle 720. C_t/N_t- und C_h'/N_h'-Verhältnisse in verschiedenen Moorbildungen bei
verschiedenen pH ($BaCl_2$)-Werten
(nach Frercks und Puffe 1958, Auszug aus umfangreicheren Tabellen)

	Glüh-verluste	pH (BaCl$_2$)	C$_t$	N$_t$	C$_t$/N$_t$	C$_h'$	N$_h'$	C$_h'$/N$_h'$
> 70 Gew.-% Organisches (Schwarzkulturen)								
Hmo, schwach zersetzt	92,38	3,3	55,2	0,99	55,8	12,7	0,26	48,8
Hmo, stark zersetzt	86,79	3,4	53,0	1,50	35,3	18,1	0,48	37,7
Nmo, durchschlickt	73,31	3,9	66,2	2,46	26,9	36,7	1,04	35,3
Nmo, tonarm	87,49	5,6	64,5	3,69	17,5	31,5	1,93	16,3
< 16% Organisches (Sandmischkulturen)								
S/Hmo	15,68	3,8	54,2	1,65	32,8	—	—	—
S/Hmo	8,60	3,7	60,5	1,86	32,5	—	—	—
S-Hmo	8,78	3,6	59,2	1,61	36,8	—	—	—
Heideboden	8,53	3,2	63,3	1,99	31,8	—	—	—

Hmo = Deutsche Hochmoorkultur
Nmo = Niedermoorschwarzkultur
S/Hmo = Deutsche Sandmischkultur
S-Hmo = Holländische Fehnkultur

gegen in offenen Mooren (Hochmooren, Verfasser). Vermutlich ist im ligninreichen Waldtorf der Stickstoff in Form von Lignoprotein wirksamer zurückgehalten als in dem an Zellulose und Hemizellulose überreichen Hochmoortorf, in dem vor allem die letztere in beträchtlichem Ausmaß zu H_2O und CO_2 umgesetzt worden ist.

In polnischen Bruch- und Schilftorfen hat Okruszko (1960/61) in dem von ihm als „Mursch" bezeichneten, d. h. in dem stark zersetzten vermullten Wurzelbett von Niedermoorgrünland ein um so engeres C/N-Verhältnis beobachtet, desto weiter die Murschbildung fortgeschritten war.

B. Spurennährstoffe

Die Spurenelemente der organischen Böden entstammen — wie die Hauptnährstoffe — den liegenden bzw. den sie umgebenden Mineralböden. Hochmoorbildner dürften die Spurenelemente in erster Linie den vernäßten Mineralböden oder Niedermoortorfen, auf denen sie aufgewachsen sind, entnommen haben. Das ist um so mehr wahrscheinlich, als nach Swaine und Mitchell (1960) Spurenelemente in vernäßten Böden besonders löslich sind und ihr Gehalt häufig mit der tieferen Lage zunimmt. Dank kapillaren Wasseraufstiegs und der Saugkraft der Wurzeln ihrer Bildner weisen deshalb auch die obersten Torflagen mächtiger Hochmoorbildungen bemerkenswerte Gehalte an Spurennährstoffen auf (Sillanpää, 1962), u. a. auch an Cu dank des verhältnismäßig hohen Kupfergehaltes von Heidegewächsen. Den Niedermoorbildnern haben Spurenelemente darüber hinaus in verlandenden oder zufließenden Gewässern meistens in reicherem Maße zur Verfügung gestanden. Folgerichtig haben wir es auch bezüglich der Spurennährstoffe mit oligotrophen, mesotrophen und eutrophen Bildungen zu tun!

Über den Spurenelementegehalt verschiedener deutscher Moor- und Moorkulturtypen haben in letzter Zeit Hoffmann und Steinfatt mit eingehenden Bodenuntersuchungen auf Versuchsfeldern, auf denen u. a. Lauenstein (1959) einem etwaigen Spurenelementebedarf nachgegangen ist, mancherlei Anhaltspunkte erbracht (Tab. 719 und 721), weltweit haben Davis und Lucas (1959) das Vorkommen von Spurenelementen in organischen Böden behandelt.

Auch danach sind Hochmoortorfe in dieser Hinsicht oligotroph. Niedermoore weisen an Cu, B und Mn demgegenüber das Vielfache auf, aber auch hochmoor-

Tabelle 721. *Asche, Verbrennliches, pH (KCl)-Werte und CaO-, Cu-, B-, Mg- und Mn-Gehalte in Hochmoor-, Niedermoor- und Sandmischkulturen*

In 0 bis 20 cm	% Asche	kg/ha Orga- nisches ×100	pH (KCl)	kg/ha						
				CaO	Mg ges.	Mg aust.	Cu	B	Mn ges.	Mn akt.
Hochmoor Hmo	2,63– 10,17	969– 3955	3,0– 3,5	255– 2580	133– 265	— —	0,10– 0,62	— —	1–5	—
Niedermoor Nmo	9,65– 17,60	2295– 2340	4,0– 5,2	5822– 8566	625– 1264	80	1,56– 3,61	4,32	13–48	20
Sandmisch- kultur S/Hmo ..	84,50– 95,00	1380– 2480	3,1– 3,7	400– 1250	300– 1075	2,5– 18,0	0,50– 1,25	0,06– 0,35	19,50– 40,65	—

artige Sandmischkulturen enthalten augenscheinlich bedeutend mehr Cu und Mn als die Oberflächentorfe mineralbodenarmer Hochmoore. Das ist unseres Erachtens darauf zurückzuführen, daß mit den Tiefkulturpflügen aus dem Untergrund sowohl mesotrophe Torfe wie mit Spurenelementen angereicherte Einwaschungs- und vergleyte Horizonte des liegenden Mineralbodens heraufgepflügt und der Oberfläche untermischt sind (BADEN 1951, SWAINE und MITCHELL 1960). Es wäre also leichtfertig geurteilt, würde man Moor und Anmoor schlechthin als an Spurennährstoffen arme und ihrer besonders bedürftige Pflanzenstandorte betrachten. In den niedrigen pH-Bereichen oligotropher Hochmoore aber ist das wenige Mangan größtenteils aktiv, wie bis zum Beweis des Gegenteils darin auch das wenige Kupfer als pflanzenzugänglich betrachtet werden darf (S. 1504).

Nach MITCHELL (1960) ist die Ermittlung des Gesamtgehaltes einiger Spuren- elemente in einem Boden von weit größerer Bedeutung als die des Gehaltes an Hauptelementen, weil der Unterschied im Spurenelementegehalt weit größer ist als der an Hauptelementen, vor allem als der Gehalt an Kali, Kalk und Phosphor- säure. Unterschiede vom Hundert- zum Tausendfachen in Spurenelementegehalten von Boden zu Boden stehen meistens nur Bruchteile im Unterschied ihres Haupt- elementegehaltes gegenüber (Tab. 722).

Tabelle 722. *Annähernde Spannen und Durchschnittsgehalte an einigen Elementen in der Trockenmasse unkultivierter organischer Böden*
(nach DAVIS und LUCAS 1959)

Element	Percent range	Typical average
Aluminium	0.01 — 5.0	0.3
Barium	0.0006 — 0.3	0.002
Boron	0.0001 — 0.1	0.03
Bromine	— 0.003	0.001
Calcium	0.01 — 6.0	1.0
Carbon	12.0 —60.0	50.0
Chlorine	0.001 —10.0	0.02
Cobalt	— 0.0003	0.0001
Copper	0.0001 — 0.1	0.001
Hydrogen	2.0 — 6.0	5.0
Iron[1]	0.02 — 3.0	0.5
Lead	0.00 — 0.003	0.0005
Magnesium	0.04 — 3.0	0.3
Manganese	0.0002 — 0.08	0.01
Molybdenum	0.00001— 0.005	0.001
Nickel	0.0001 — 0.03	0.001
Nitrogen	0.3 — 4.0	1.8
Oxygen	30.0 —45.0	36.0
Phosphorus	0.01 — 0.5	0.1
Potassium	0.001 — 0.8	0.1
Silicon	0.1 —40.0	3.0
Sodium	0.02 — 5.0	0.05
Strontium	0.0005 — 0.3	0.01
Sulfur	0.004 — 4.0	0.1
Titanium	0.0001 — 0.2	0.001
Vanadium	0.0001 — 0.01	0.001
Zinc[2]	0.001 — 0.40	0.005

[1] Samples with bog iron present could contain more iron than reported in this estimate.

[2] 6.7 percent of zinc has been reported present in New York soils containing toxic amounts of zinc.

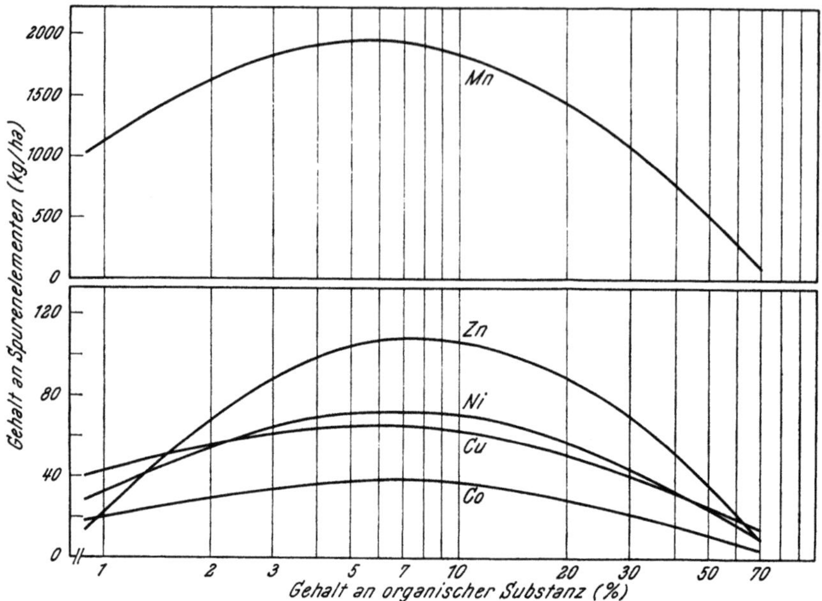

Abb. 331. Relation zwischen dem Gesamtgehalt an Spurenelementen und an organischer Masse Finnischer Torfe (nach Sillanpää 1962)

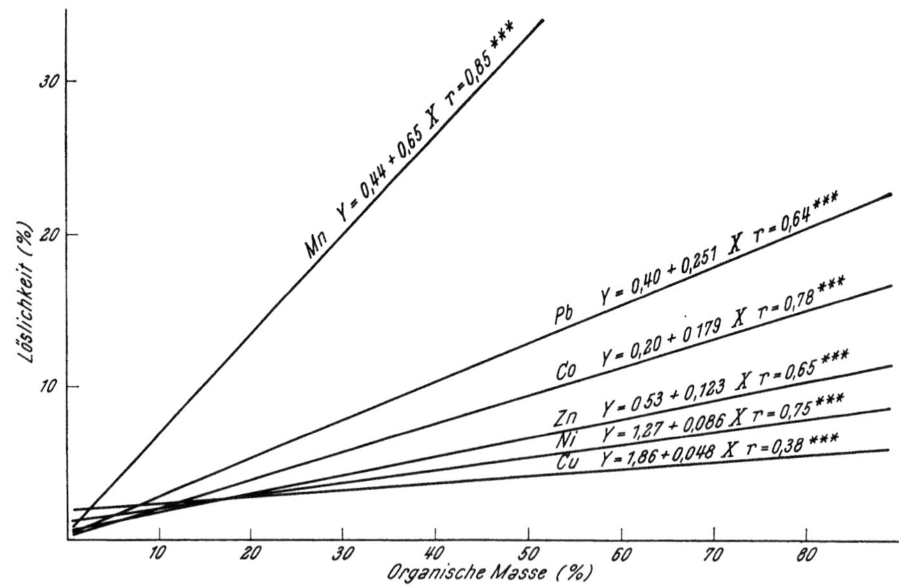

Abb. 332. Relation zwischen der relativen Löslichkeit von Spurenelementen und dem Gehalt des Bodens an organischer Masse (nach Sillanpää 1962)

Salmi hat finnische Moore auf Spurenelemente untersucht (1950, 1955, 1956 und 1958) und mißt dafür u. a. Erzvorkommen im Untergrund eine Bedeutung bei.

Die Gehalte und Lösungsverhältnisse der wichtigsten Spurenelemente in Abhängigkeit vom Gehalt an Verbrennlichem (SILLANPÄÄ 1962) und im Vergleich zu verschiedenen Mineralböden (MÄKITIE 1961) kommen nach diesen finnischen

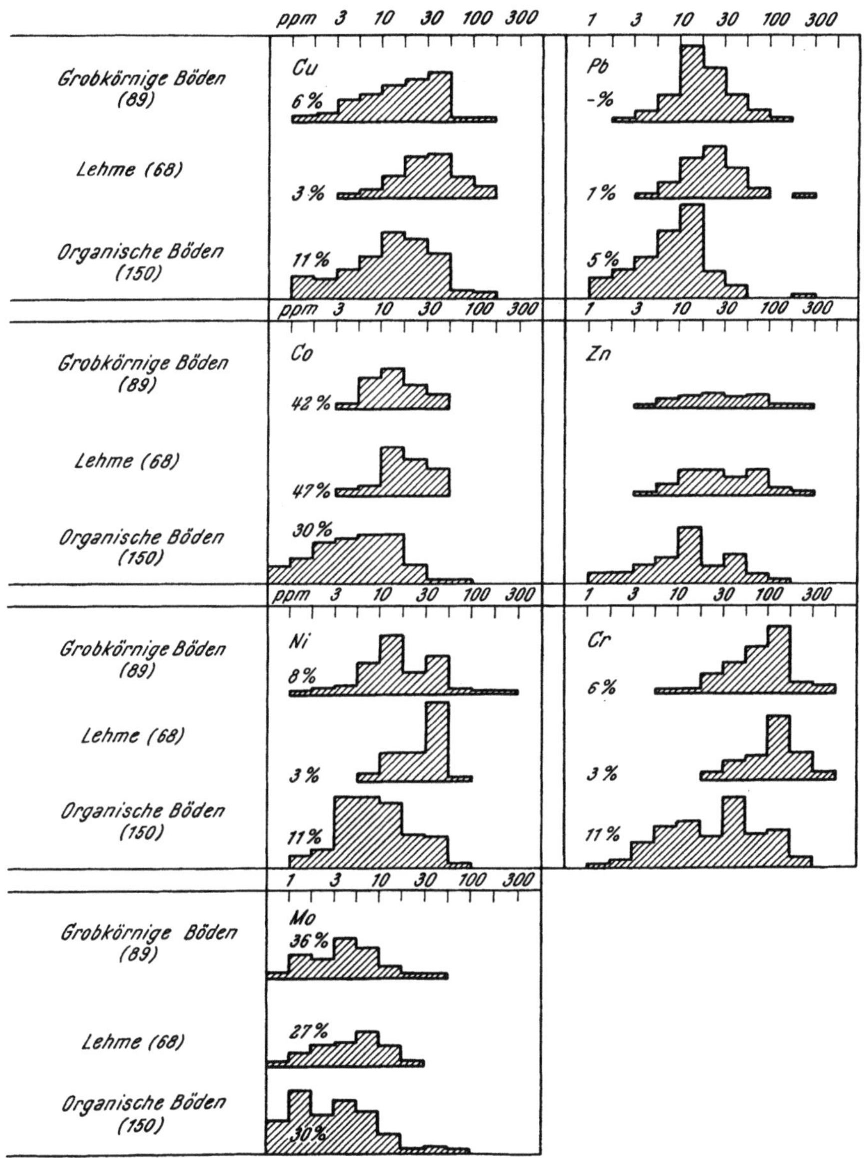

Abb. 333. Die Verteilung der Spurenelemente in Bodentypen-Gruppen (%-Zahlen = Anteil der Werte unterhalb der Fehlergrenze; nach MÄKITIE 1961)

Veröffentlichungen in den Abb. 331, 332 und 333 besonders klar zum Ausdruck. Danach sind die Mikronährstoffgehalte in den stark humosen Böden Finnlands sogar am höchsten, aber auch in den ausgesprochenen Mooren großenteils keineswegs niedriger als in Mineralböden, mögen auch insgesamt feinkörnige mehr als grobkörnige Mineralböden und diese mehr als organische Böden enthalten.

2. Bindungsarten, Bindungsvermögen und seine Bestimmung

Die von Natur gegebenen Nährstoffe sind überwiegend in der Torfkomponente organisch gebunden. Das gilt im besonderen für ihren Kalk-, Magnesium-, Stickstoff-, Phosphorsäure- und Schwefelgehalt. Je stärker die Torfsubstanz jedoch mineralisiert und humifiziert wird, desto mehr organisch gebundene Nährstoffe werden dabei frei und vor allem von Huminsäuren sorptiv gebunden, soweit nicht u. a. der in Freiheit gesetzte Ammoniak- und Aminostickstoff zur Bildung der Körpersubstanz der auch im Moor nicht fehlenden Mikroorganismen (S. 1480) verwandt wird. Das hat schon Tacke (1929) bezüglich des Stickstoffs auf Grund der ertragsdrückenden Wirkung zu hoher Kalkgaben vermutet und findet unseres Erachtens nunmehr seine Erklärung in der Beobachtung von Hasler (1959), daß bei einem C:N-Verhältnis >20 die Tätigkeit der Bodenorganismen gehemmt ist und dieselben dann auch den mineralischen Vorrat des Bodenstickstoffs angreifen, zumal, wenn — wie in wenig zersetzten Hochmoortorfen (Verfasser) — genügend leicht abbaubare organische Substanz als Kohlenstoffquelle vorhanden ist, mag das auch nur vorübergehend der Fall sein. Denn bei dem weiten C:N-Verhältnis der oligotrophen Torfe (Tab. 720) wird nur verhältnismäßig wenig Stickstoff mineralisiert, in den eutrophen Torfen mit dem engeren Verhältnis bzw. bei höherem Gehalt an Kationen (Shoji und Matsui 1961) leichter und mehr, bei günstigen Durchlüftungs-, Feuchtigkeits- und Temperaturverhältnissen besonders schnell, d. h. für ein gedeihliches Pflanzenwachstum im Übermaß. Fujishori und Mitarbeiter (1961) haben beobachtet, daß die Pflanzen nach dem Auflaufen auf der Moorkultur mehr Stickstoff aufgenommen haben als auf Mineralboden, mit einer besonders großen vegetativen Entwicklung zur Folge, während in Versuchen von Zürn (1959) das Stickstoffnachlieferungsvermögen selbst des von Natur stickstoffreichen Niedermoores mit der längeren Grünlandnutzung abgenommen hat (S. 1498).

Ganz allgemein dürften Moorkulturen der einen oder anderen Art eine mehr oder weniger intensive, aber in jedem Falle eine während der ganzen Vegetationszeit langsam fließende Stickstoffquelle von Natur bieten, so daß man sich ihretwegen — wie man es neuerdings für Mineralböden tut (Jung 1961) — nicht um synthetische, langsam und stetig wirkende Stickstoffdünger zu bemühen braucht. Diese Annahme dürfte um so mehr berechtigt sein, als Ammonsalze starker Säuren mit Rohhumus in seinem sauren Bereich keine Reaktion eingehen, so daß ihr Stickstoff (in Gefäßversuchen von Jung 1961) den Pflanzen deshalb auch zur Verfügung stand. Demgegenüber haben Formen, die wie freies Ammoniak, Harnstoff und Formamid eine Ammonifizierung des Rohhumus bewirkten, in der zweijährigen Versuchsperiode weniger Stickstoff geliefert. Dieser wenige Stickstoff ist jedoch trotzdem zum größten Teil pflanzenverfügbar geblieben.

Mit einer gewissen Berechtigung kann man auch das Organische der verschiedenen Moorarten in Nährhumus und Dauerhumus unterteilen und ihnen die von Scheffer und Schachtschabel (1952) für den Humusanteil der Mineralböden nachgesagten Eigenschaften zubilligen. Nährhumus würde dann vorwiegend bei der Mineralisierung der Torfkomponente aufgezehrt, Dauerhumus bei ihrer Humifizierung gebildet werden (Matsumi und Mitarbeiter 1962). Charakterisierungen, wie „milder Humus", „Sauerhumus", „Rohhumus", „Auflagehumus" u. a. sind jedoch bei Moor und Anmoor dann nicht tragbar, wenn man damit auch in diesem Fall ein abwertendes Urteil als Bodenkomponente bzw. Pflanzenstandort abgeben möchte. Denn damit würden u. a. die bodenphysikalisch und nährstoffdynamisch (S. 1452) vorzüglichen, wenig zersetzten oligotrophen Torfe unbilligerweise unterbewertet werden.

Wie schon dargetan, ist selbst in deren Bodenwasser der Gehalt an freien organischen und auch an Mineralsäuren dank der puffernden Wirkung der gleichzeitig vorhandenen ungelösten Huminsäuren und Humate unbedenklich. Darin laufen andererseits aber Reaktionen wie in schwachen Säuren ab. So werden gerade darin selbst einwertige Kationen wie K^+ und NH_4^+ sorptiv (Tab. 718 und 719)

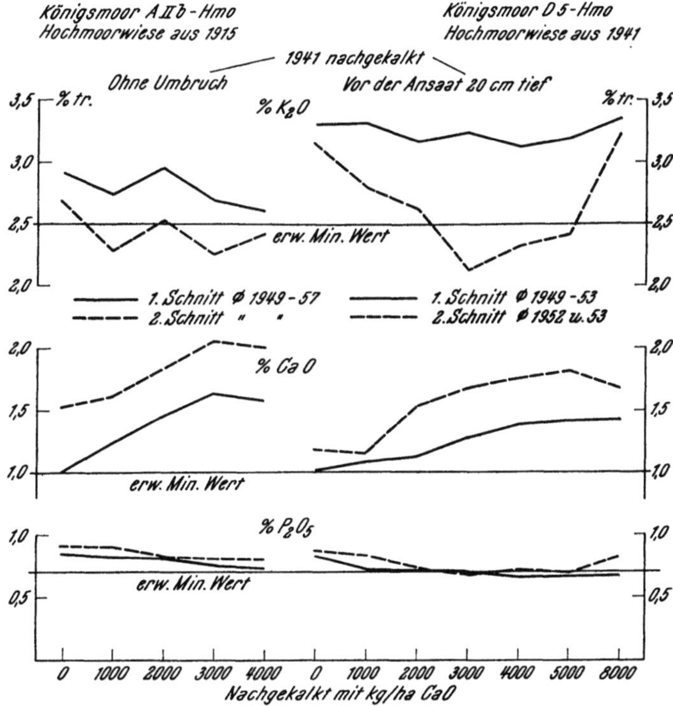

Abb. 334. K_2O-, CaO- und P_2O_5-Gehalte in der Ernte-Trockenmasse nach steigenden Nachkalkungen

gebunden, jedoch nur so schwach, daß sie den Pflanzenwurzeln sehr willig angeboten werden (Abb. 334). Selbstredend nimmt auch in Moor und Anmoor die Dissoziation der gelösten Elektrolyte und die Löslichkeit der Pflanzennährstoffe mit dem höheren Wassergehalt zu, aber auch die Gefahr, daß sie — im Übermaß zugeführt — ausgewaschen werden.

Diese günstigen chemischen Eigentümlichkeiten der organischen Böden gelten für Spurenelemente gleichermaßen; denn mit dem höheren Gehalt an Organischem (Torf, Humus) nimmt auch die Löslichkeit der Spurenelemente zu (SILLANPÄÄ 1962, Abb. 332), ebenso wie mit dem höheren Wassergehalt (SWAINE und MITCHELL 1960).

Je stärker die Torfe — in erster Linie die eutrophen Torfe — humifiziert und je mehr sie zugleich mit Tonmineralen durchsetzt sind, desto mehr kann man ihnen die bekannten Eigenschaften des Ton-Humuskomplexes nachsagen. Sie legen sorptiv die zweiwertigen Kationen der Makro- wie Mikroelemente stärker fest als die einwertigen, Ca^{2+} bekanntlich stärker als K^+ und NH_4^+, von den Anionen PO_4^{3-}. Diese Bindungen sind vielfach um so fester, desto kalkreicher bzw. stärker zersetzt die Torfkomponente ist. Das geht unseres Erachtens sowohl aus dem dann geringeren Anteil der doppellaktatlöslichen P_2O_5 (Tab. 723) wie aus dem niedrigeren P_2O_5-Gehalt in der Erntetrockenmasse hervor (Abb. 334) und gilt bis zu einem gewissen Grade auch für K_2O. Dank dieser verschieden starken Festlegung aber sind die zweiwertigen Kationen in den Torfen auch bei höherem Wassergehalt vor einer Versickerung stärker geschützt als die einwertigen. Allgemein nimmt u. a. auch nach Osvald (1937) die Löslichkeit der Phosphorsäure mit höherem Kalkgehalt ab und mit niedrigeren pH-Bereichen zu.

In schwach sauren, neutralen und alkalischen Mineralböden ist die häufigste Phosphatform nach Scheffer und Welte (1955) nicht etwa Tricalciumphosphat, sondern meistens ein isomorphes Gemisch von Fluor- und Hydroxylapatit. Das dürfte bezüglich der mineralischen Phosphorsäure vor allem auch für eutrophes und mesotrophes Moor und Anmoor zutreffen (Tab. 719 und 723).

In luftarmen Lagen von Übergangs- und Niedermoor wie unter Anmoor kommt häufig nesterweise Vivianit als Eisen-II-Phosphat $= Fe_3 (PO_4)_2 \cdot 8\ H_2O$ vor, das an der Luft in Eisen-III-Phosphat mit $28,2\%\ P_2O_5$ übergeht. Aber

Tabelle 723. *pH-Werte, K_2O- und P_2O_5-Gehalte in Niedermoorkulturen in 0 bis 20 cm*

pH BaCl$_2$	K_2O		% v. Ges.	P_2O_5		% v. Ges.	
	ges.	laktl.		ges.	laktl.		
4,55	1034	74	7,2	3103	6	0,19	↑ Ton
4,65	619	124	20,0	2105	10	0,48	
4,45	972	90	9,0	3645	32	0,90	
4,35	873	74	8,5	3494	58	1,40	
4,20	637	90	14,1	4459	56	1,26	
4,10	677	158	23,6	2401	38	1,58	
3,90	426	132	31,0	3526	58	1,64	
3,50	466	125	26,6	2398	52	2,17	Sand

auch in sauren, d. h. kalkarmen Bildungen geht die Phosphorsäure in Aluminium- und Eisen-III-Phosphat und damit in eine sehr schwer lösliche Form über. Phosphorsäurereichere Sesquioxyd-Phosphate sind nach Scheffer und Welte jedoch leichter löslich als P_2O_5-ärmere Phosphate (1955). Darüber hinaus dürfte die Löslichkeit der Phosphate auch in der Mineralbodenkomponente von Moor und Anmoor in der gleichen Weise durch den Kalk- und Reaktionszustand beeinflußt werden, wie es Schachtschabel (1960) nach Ulrich dargestellt hat (Abb. 335). Kaila (1959) mißt dabei dem Aluminium auf Grund der Untersuchung von 134 jungfräulichen Torfproben eine größere Bedeutung als dem Eisen bei, hat aber in den unbeeinflußten Torfproben zwischen pH-Wert und P-Dynamik eine Beziehung nicht nachweisen können. Sicherlich erfolgt aber auch darin eine Bindung von Phosphat-Ionen im Austausch gegen OH-Ionen, wie Kaila es für die Oberfläche von Hydroxylen (einschließlich Oxydhydroxylen des Fe und Al) und der Tonminerale, im letzten Fall besonders an den AlOH-Gruppen der Bruchflächen nachgewiesen hat. Nach Osvald (1937) wird sie darüber hinaus auch an Mangan fest gebunden.

Eisen findet sich namentlich in mesotrophem Moor und Anmoor noch häufiger im Limonit (Raseneisenstein), allerdings vielfach nur nesterweise und ebenso ungleichmäßig mit Vivianit durchsetzt. Im Raseneisenstein wird die Phosphorsäure durch die starke Fe-Akkumulation immobil (SCHLICHTING 1960).

Alles in allem ist also auch bei Moor und Anmoor ein Komplex von Faktoren von Einfluß auf Lösungsart und Bindungsvermögen der Pflanzennährstoffe. Im Komplex werden auch hier vor allem die verschiedenen Umtauschvorgänge,

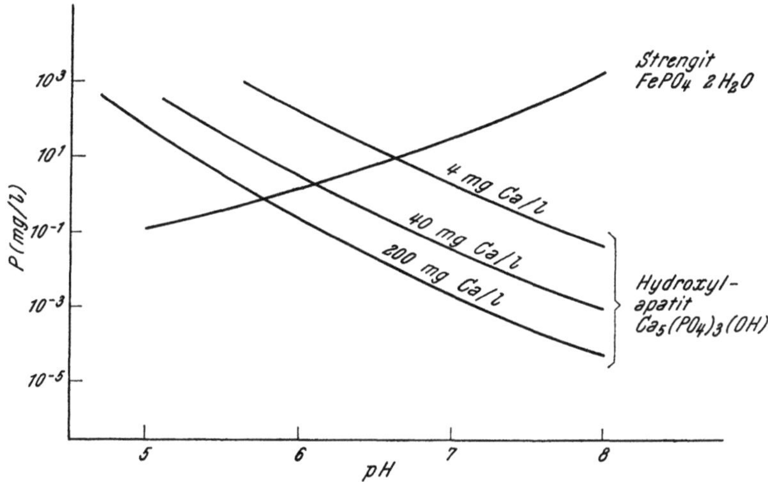

Abb. 335. Löslichkeit von Hydroxylapatit bei verschiedener Ca-Konzentration und von Strengit in Gegenwart von festem Eisen(III)-hydroxyd im Wasser in Abhängigkeit vom pH (nach ULRICH)

wie sie von den Torfkolloiden und damit in erster Linie von den Huminsäuren ausgehen, am vielsagendsten als T-Wert, S-Wert und V-Wert bestimmt. Bestimmungen solcher Art sind allerdings erst wenige durchgeführt. SEGEBERG (1959) hat (noch unveröffentlicht) den T-Wert nach der Methode MEHLICH in verschieden aschereichen und verschieden stark zersetzten Hochmoor- und Niedermoortorfen ermittelt (Tab. 724). Diese Untersuchungen lassen wie weitere von FRERCKS und PUFFE (1958) erkennen, daß die Umtauschkapazität der Torfe allgemein zwar verhältnismäßig hoch ist, im einzelnen aber von Art und Zersetzungszustand bzw. Humifizierung der Torfe und von ihrem Aschegehalt und Volumengewicht trocken abzuhängen scheint. Je kalkreicher und je stärker humifiziert die Torfe sind, desto höher liegen offensichtlich ihre T-Werte (Tab. 725),

Tabelle 724. *T-Werte in Torfen (Mudden) verschiedener Herkunft*
(nach SEGEBERG)

Herkunft bzw. Art	Anzahl	% Asche	Vol.-Gew. tr.	Vertorfungsgrad	m. val. je	
					100 g tr.	1000 cm³
Jüng. Moostorf ...	50	1,17— 6,05	52—117	11,1—62,7	90—193	55—178
Ält. Moostorf	3	1,35— 3,06	80—122	56,9—66,0	195—236	156—287
Überg.-Moortorf .	4	2,64— 3,72	104—137	n. b.	88—131	101—166
Niedermoortorf ..	36	2,95—73,50	99—497	n. b.	55—240	145—350
Mudde (Algengyttja) ..	8	24,90—67,03	85—282	n. b.	40— 90	45— 80

mag die Umtauschkapazität nach Untersuchungen von Puustjärvi (1956) und Segeberg (1959) davon in weniger zersetzten Torfen (H 2 bis 4) auch weitgehend unabhängig sein. U. a. besitzen Acutifolia-Torfe, d. h. Torfe aus kleinblättrigen Sphagnen offensichtlich eine etwas höhere Umtauschkapazität als die aus grobblättrigen Sphagnen gebildeten Cymbifolia-Torfe. Die größte Intervallbreite der Umtauschkapazität findet sich bei Niedermoortorfen, vermutlich dank der großen Unterschiede ihrer Mineralstoffgehalte und damit auch ihrer scheinbaren Volumengewichte (trocken).

Von der mehr oder weniger leichten Zugänglichkeit der Kali- und Phosphorsäuregehalte in Abhängigkeit von den gleichen Faktoren und ihrem mehr oder weniger hohen Tonanteil glauben wir uns durch die gleichzeitige Ermittlung des Gesamten und Doppellaktatlöslichen wie der Gehalte in der Pflanzentrockenmasse die zutreffendste Vorstellung verschaffen zu können, ohne damit allerdings über Bindungsart und Bindungsvermögen Näheres aussagen zu wollen (Baden 1955, 1956 und 1959).

Tabelle 725. *Kationen-Umtauschkapazität (T-Wert) in verschiedenen Moorbodentypen mit verschieden hohem Anteil verschieden stark zersetzter Torfsubstanz und verschiedenen pH-Werten*
(nach Frercks und Puffe 1958)

Moorbodentyp (s. Tab. 720)	pH BaCl$_2$	Vol.-Gew. tr. g/l	Org. Subst. tr. %	mval/100 g Boden tr.	mval/100 g Org. Subst. tr.	mval/l Boden fr.
Hmo, H 2—4	3,2	115	92,19	147	159	169
	3,7	123	92,05	159	173	196
	4,0	126	91,84	155	168	195
	6,0	142	82,80	160	193	227
	7,0	144	83,11	170	204	244
Hmo, H 6—9	3,2	185	86,45	183	212	339
	3,7	191	82,81	184	222	351
Heideboden	3,2	1171	7,73	14	180	163
	4,0	1170	7,68	15	191	172
	6,0	1095	7,03	18	253	195
Nmo tonarm	6,0	157	87,88	158	180	248
Nmo tonreich	3,9	236	72,49	146	202	345
S/Hmo	3,7	604	15,28	34	221	204
	4,0	625	15,76	35	221	218
S/Hmo	3,5	903	6,64	19	279	167
	4,0	866	6,83	20	290	171
S-Hmo	3,5	873	6,60	19	289	167
	4,0	883	5,97	19	322	170

e) Boden- und Nährstoffdynamik

Da im Wurzelbett von Moor- und Anmoorkulturen die organische Bodenkomponente mengenmäßig praktisch gleich ist und volumenmäßig sogar bei nur stark humoser Beschaffenheit desselben beträchtliche Anteile ausmacht, bestimmt sie weitgehend die ihm eigentümliche sehr labile Boden- und Nährstoffdynamik (Tab. 713, Abb. 318).

1. Chemisch-physikalische (kolloide) Kräfte

Sie sind in den Pflanzenstandorten auf Moor und Anmoor grundsätzlich in der gleichen Weise wirksam wie in Mineralböden. Den Huminsäuren im besonderen sagt man eine doppelte Wirkung nach (TACKE 1929), die von Säuren und die von Kolloiden. Die physikalischen (kolloiden) Kräfte der organischen Bodenkomponente werden um so stärker, desto mehr sie zersetzt bzw. humifiziert und desto kalkreicher sie ist. So fanden SHOJI und MATSUMI (1962) in Carex-Phragmitestorfen eine lineare Korrelation zwischen Zersetzungsgrad, gesamtem N-Gehalt, Ammonifizierung und Kationen-Austauschkapazität, mit größerem Kationenanteil eine geringere N-Fixierung in einer für Reispflanzen unzugänglichen Form (bei $K^+ > Ca^{++} > Al^{+++}$) und eine zunehmende NH_3-Fixierung in pH-Bereichen > 7. FUJIMORI und Mitarbeiter (1962) führen starke Ertragsschwankungen auf Moorkulturen einige Jahre nach der Urbarmachung auf zeitweilige stärkere Versauerung durch N-Mineralisation (Nitrit- und Nitratbildung) und Bildung schädlicher organischer Säuren zurück (1962). Umgekehrt kann der Säuregrad durch Ammonifizierung abgeschwächt und der pH-Wert erhöht werden. Eine mäßige Zersetzung ist deshalb aus Gründen der Nährstoffdynamik erwünscht, eine übermäßig starke Zersetzung aus physikalischen Gründen, eine zu starke Humifizierung wegen der damit bewirkten zu großen Festlegung von Kationen, vermutlich vor allem auch von dem Anion Phosphorsäure durch die Huminstoffe auch nährstoffdynamisch unerwünscht.

2. Biologische Vorgänge und Wandlungen

Deshalb kommt in Moor und Anmoor den Bodenmikroben und ihrer Tätigkeit eine überragende Bedeutung zu. Infolge stetig ungünstigerer Bedingungen unter dem während der Moorbildung zunehmenden Abschluß von der Luft haben sie ihre mikrobiellen Zersetzungsvorgänge zunächst nicht bis zum völligen Abbau, sondern nur bis zur „Vertorfung" der Pflanzenmassen betreiben können. Nach sachgemäßer Entwässerung und damit einhergehender Durchlüftung der Pflanzenstandorte auf Moor und Anmoor nehmen sie diese Tätigkeit in verschiedenem Ausmaß wieder auf und führen sie über die Zersetzung der Torfsubstanz mehr oder weniger schnell zur Humifizierung (S. 1446). Beide Vorgänge sind sowohl für die natürliche Nährstoffversorgung der Kulturen wie für eine etwa erforderliche Ergänzung derselben durch rationell bemessene Kalk- und Düngergaben bedeutungsvoll (S. 1455).

Mögen diese Abläufe hier deshalb auch noch so sehr mitsprechen, so können die damit einhergehenden mancherlei Wandlungen — vor allem, so weit sie im mehr oder weniger unbeeinflußten Boden ablaufen — dennoch nur gestreift werden. Im einzelnen wird dazu auf die grundlegende Arbeit von WAKSMAN (1929) verwiesen. In jüngster Zeit haben dazu POSCHENRIEDER und FRERCKS und ihre Mitarbeiter ergänzende und praktisch wertvolle Kenntnisse beigebracht (1954, 1956, 1958, 1959, 1960, 1961).

Ganz allgemein sind danach in den unberührten Moorbildungen sehr unterschiedliche Mengen an Bakterien vorhanden, in der stark sauren oligotrophen Bodenkomponente weniger als in der schwach sauren eutrophen. Nach POSCHENRIEDER und BECK (1958) nehmen selbst in dem kalk- und nährstoffmäßig besonders interessanten Wurzelbett Bakterien und Pilze zahlenmäßig nach der Tiefe sehr schnell ab. Nicht weniger wichtig ist ihre Feststellung, daß sich das Verhältnis von vegetativen zu sporogenen Bakterien nach einer Erweiterung in 4 bis 12 cm Tiefe sehr schnell wieder verengt (Tab. 726).

Tabelle 726. *Gehalt an Bakterien und Pilzen in den obersten Dezimetern von Hochmoor*
(auszugsweise nach Poschenrieder und Beck 1958)

Tiefe cm	Wassergehalt in %	pH KCl	Bakterienzahl je g Feuchttorf	Zahl der aeroben Sporenbildner	Verhältnis der vegetativen zu den sporogenen Formen	Gesamtzahl der Schimmelpilze
Sphagnetum medii mit *Polytrichum*-Bülten und *Eriophorum vaginatum*-Schöpfen						
0— 4	85,7	3,18	2 345 000	125 000	17,7 : 1	55 000
4—12	89,4	3,00	505 000	10 000	49,5 : 1	24 500
12—20	90,5	3,18	485 000	15 000	31,3 : 1	24 000
20—28	91,8	3,14	90 000	15 000	5 : 1	18 000
> 28	94,2	3,50	75 000	25 000	2 : 1	2 000
Calluna facies des *Sphagnetum medii*						
0— 4	87,0	3,26	975 000	50 000	18,5 : 1	25 000
4—12	88,1	3,20	470 000	5 000	93 : 1	52 000
12—20	89,2	3,16	415 000	15 000	26,7 : 1	34 000
20—28	91,8	3,24	385 000	35 000	10 : 1	31 000
> 28	91,9	3,38	155 000	40 000	29 : 1	7 000

Zahlenmäßig sind also die Bakterien den Schimmelpilzen überlegen und auch den Actinomyceten. Poschenrieder (1958) glaubt im übrigen, den fluoreszierenden Bakterien (*u. a. Pseudomonas fluorescens*) an der Humusbildung und Humifizierung der organischen Ausgangsstoffe eine wichtige Rolle beimessen zu müssen, vor allem in den tiefsten und ältesten Torflagen.

Mehr als die Zahl der Bakterien und Pilze sagt über die biologischen Abläufe jedoch Menge und Schnelligkeit ihrer CO_2- und NH_3-Abspaltung aus, von Poschenrieder als „biologischer Aktivitätskoeffizient" definiert. Frercks erblickt dafür vor allem in ihrer CO_2-Produktion einen komplexen Gradmesser. Durch gleichzeitige Auszählung der Bakterien und Pilze haben er und seine Mitarbeiter bemerkenswerte Unterschiede für verschiedene Hochmoor-, Niedermoor- und Sandmischkulturen aufgezeigt und sie durch die Stoffgruppenanalyse erhärtet.

Bei oligotrophen Torfen nimmt die Bodenatmung demnach im freien Felde eindeutig mit ihrer stärkeren Zersetzung zu, damit auch in den Sandmischkulturen; denn auch ihre Torfsubstanz ist meistens stark zersetzt. Auffälligerweise ist sie im kalkreichen Niedermoortorf bei pH ($BaCl_2$) 6 am niedrigsten, vermutlich weil er schon besonders stark, d. h. bis zu sehr resistenten Huminstoffen zersetzt ist. In den hochmoorartigen Sandmischkulturen ist sie hingegen vermutlich deshalb so intensiv, weil sie dank des Sandanteils besonders gut durchlüftet sind (Abb. 336).

Für die Nährstoffversorgung der Pflanzen auf Hochmoorkulturen hat schon Arnd (1916) wichtige biologische Erkenntnisse gesammelt:

1. In sämtlichen Proben aus der Oberflächenschicht waren die Zellulose zersetzenden Mikroben tätiger als in denen aus dem Unterboden. Sie wurden durch Kalkung und Mineraldüngung ebenso wie durch Stallmist beträchtlich gefördert. In gleichem Maße wurden die Hochmoortorfe mineralisiert und auch ihre wenigen Haupt- und Spurennährstoffe zweifelsohne für die Pflanzenwurzeln aufgeschlossen.

2. Alle untersuchten Hochmoortorfe, selbst Torfe aus dem stark sauren Unterboden unkultivierter Flächen, enthielten wirksame eiweißzersetzende,

ammoniakbildende Bakterien, wenngleich die Fäulniskraft in der Oberflächenschicht stets größer war. Ihre Tätigkeit ist auch größer in der gekalkten und gedüngten Oberfläche, am größten und nachhaltigsten nach Stallmistdüngung.

3. Nitrifizierende Bakterien finden sich in rohen Hochmoortorfen erst mit höheren Kalkgaben ein und entwickeln sich voll erst bei völliger Abstumpfung der freien Säuren. Deshalb sind die tieferen Schichten von Nitrit- und Nitratbildnern frei.

Aus der Tatsache, daß Hochmoorkulturen auch in noch stark sauren Torfen, welche nur Ammoniakbildner enthalten und mit Ammonsalzen gedüngt werden, befriedigend gedeihen, hat TACKE (1929) geschlossen, daß die Pflanzen Ammoniakstickstoff verwerten können.

4. Wirksame, zur Nitratzersetzung befähigte Keime waren in Torfen aus tieferen Lagen nahezu ebensoviel wie in den Oberflächentorfen vorhanden, in der Ackerkrume waren sie ganz besonders zahlreich und nahmen mit höheren Kalkgehalten zu.

5. *Azotobacter crooccoccum* war in keiner einzigen Probe vorhanden.

6. Knöllchenbakterien (*Bacterium radicicola*) waren in unberührten Hochmooren nicht vorhanden. Unter einem Weidegang und nach der Urbarmachung finden sie sich darin jedoch von selber ein und lassen sich darauf durch Impferde oder Reinkulturen mit nachhaltigem Erfolg ansiedeln, besonders die des Weißklees (*Trifolium repens*).

Vor allem für das Moorgrünland haben TACKE und SAALFELD (1929) die große Bedeutung der symbiotischen Stickstoffbindung durch Knöllchenbakterien in zahlreichen Versuchen unter Beweis gestellt und für hohe Ernten selbst auf dem daran von Natur armen Hochmoorgrünland voll befriedigende N-Leistungen in Erfahrung gebracht, wenn eine Impfung mit Impferde oder Bakterienreinkulturen erfolgte. Nach MULDER (1962) tritt dagegen die N-Bindung durch freilebende Bakterien (Acotobakter) auf den meisten Mooren allein deshalb weitgehend zurück, weil ihnen pH-Werte <7 nicht zusagen und sie darin — gemessen an ihrer Körpersubstanz — weit weniger N assimilieren als in höheren pH-Bereichen. Im übrigen bestätigt und erklärt er die älteren Erkenntnisse, daß insbesondere auf Hochmoorgrünland in Symbiose mit Weißklee sehr große N-Mengen aus der Luft gesammelt werden können. Stellt er doch fest, daß das dafür spezifische Rhizobium trifolii sich auch in pH-Bereichen <5 wohl befindet und daß ganz allgemein ein hoher Anteil an organischer Bodensubstanz und große CO_2-Produktion — beides auch Eigenarten der Hochmoorkultur (Verfasser) — dem Rh. Leguminosum sehr zuträglich und eine Voraussetzung für seine hohe N-Leistung sind. In Inkubationsversuchen hat SAKAI (1960) in gekalkten Torfen zwar nach einer Impfung ebenfalls eine erhebliche Zunahme der Nitratbildner, zugleich aber auch der denitrifizierenden Organismen beobachtet, so daß die anfangs gebildeten Nitrate im Laufe der Inkubation beinahe wieder verschwunden sind. Auch dieser N-Stoffwechsel hat zersetzbare organische Substanz zur Voraussetzung und findet deshalb in kalkreichen bzw. hinreichend gekalkten Torfen vor allem auf Neukulturen statt.

COWLING (1961) hat durch N-Düngung von Weißklee lediglich eine Gewichtszunahme seiner Wurzelknöllchen, aber keine Ertragssteigerung beobachtet, wie nach älteren und neueren Erfahrungen dadurch auf Moorgrünland der Leguminosenanteil zurückgedrängt wird, so daß man (MULDER 1962) gewissermaßen darauf an Klee verliert, was man an Gräsern gewinnt. Das ist nach zahlreichen eigenen Versuchen bei einseitiger Mähenutzung (Dauerwiesen) bedenklich, auf

Dauerweiden ist es jedoch um so unbedenklicher, desto intensiver sie betrieben werden.

Für Anwesenheit und Virulenz der Mikroben in stark sauren oligotrophen Torfen sind also neben Torfart, Zersetzungsgrad, Anteil an Mineralischem, Bodenfeuchte, Durchlüftung, Kultivierungs- und Bewirtschaftungsmaßnahmen — wie schon von Arnd aufgezeigt — vor allem die Aufkalkung und Düngung von ausschlaggebender Bedeutung, also — in den Moorbildungen überhaupt — die gleichen ökologischen Voraussetzungen wie für das mehr oder weniger gedeihliche Wachstum der Pflanzen.

f) Wechselwirkung zwischen Kalkung, Düngung und Boden

1. Lösungsverhältnisse und Umsetzungsvorgänge im Boden (Bodensäure, Ionenaustausch)

Dabei kommt den basisch wirksamen Stoffen eine überragende Bedeutung zu. Sie werden in sauren oligotrophen Torfen als Humate gebunden und verändern die Bodenreaktion unter entsprechender Erhöhung der pH-Werte, je nach der Dissoziation der Säuren, der Pufferung und der Umtauschkapazität der Humuskolloide allerdings in verschiedenem Grade. Puustjärvi (1960) hat beispielsweise einen pH-Anstieg um eine Einheit in einem Feldversuch (Eriophorum- und Sphagnum-Seggentorf) mit einer verhältnismäßig geringen Kalkgabe von 14 m.e./100 g, im anderen (Seggentorf in der Moor-Versuchswirtschaft Apukka bei Rovaniemi am Polarkreis) erst mit einer extrem hohen Gabe von 69 m.e./100 g erzielt. In vorwiegend aus Sphagnum gebildeten Torfen wurde das Ca restlos in austauschbarer Form festgelegt, in Seggentorfen dagegen überwiegend durch austauschbares Fe und Al in inaktiver Form. Ca-Ionen wurden gegen H-Ionen um so wirksamer eingetauscht, je niedriger die pH-Werte waren. Dabei waren Sättigungsgrad und Reaktion ($BaCl_2$) so streng korreliert, daß der pH-Wert ein hinreichender Index für den Sättigungsgrad ist. Verschiedene Düngesalze haben gleichfalls die pH-Werte angehoben, $CaNO_3 >$ Kotka-Phosphat $>$ Kalisalz. Solange der Kalk in solcher Weise gegen freie H^+-Ionen eingetauscht wird, bleibt er trotzdem praktisch unbeweglich liegen, wo er eingebracht ist, und versickert so lange praktisch auch nicht. Das gilt sowohl für den Kalk in den eigentlichen Düngekalken wie für den in kalkhaltigen Handels- und Wirtschaftsdüngern. Andererseits erhöhen kalkzehrende Düngemittel den Säuregrad und erniedrigen die pH-Werte entsprechend. Das zwingt, wie weiter unten dazulegen ist, nicht nur zu besonders sorgsamer technischer Durchführung der etwa erforderlichen Kalkung von Moorkulturen, sondern führt auch nährstoffdynamisch zu Folgerungen, die nicht weniger beachtet werden müssen (S. 1465, 1486 und 1495).

1. Schon Tacke (1931) hat darauf hingewiesen, daß auf sauren Hochmoorbildungen auch ohne Kalkung von nicht allzu säureempfindlichen Früchten in einseitiger anhaltender Stallmistdüngung einigermaßen befriedigende Erträge erzielt werden, daß sie jedoch trotz Stallmistdüngung mit der aufkommenden Mineraldüngung ohne gleichzeitige Kalkung mehr und mehr versagt haben (Neutralsalzzersetzung, Austauschazidität).

2. Eine Auswirkung übertriebener Anreicherung mit Kalk und anderen basisch wirksamen Stoffen aber ist, daß dank der damit ausgelösten stärkeren Zersetzung der Anteil der Huminsäuren in der organischen Bodenkomponente erhöht und daß daran wie das Ca^{2+}- bzw. Mg^{2+}-Kation vermutlich auch das PO_4^{3-}-Anion fester gebunden wird (S. 1468).

3. Deshalb läßt u. a. die aufschließende Wirkung der auch nach der angemessenen Grundkalkung noch sauren bis stark sauren Hochmoor- oder hochmoorartigen Sandmischkultur auf Rohphosphate in dem Maße nach, wie darüber hinaus Kalk zugeführt wird, und zwar einerlei ob mit Düngekalken oder mit kalkmehrenden Handels- und Wirtschaftsdüngern.

Verabfolgt man jahraus jahrein dem Hochmoorgrünland übertrieben hohe Kalkphosphatgaben, reichert man dadurch vor allem dessen oberste paar Zentimeter stetig mit Kalk an, so daß dann gerade in diesem Fall die Wirkung von schwer löslichem Rohphosphat in zunehmendem Maße beeinträchtigt wird. Das gilt u. a. auch für die ein halbes Jahrhundert alten Grünlandflächen in der Moor-Versuchswirtschaft Königsmoor, deren oberste Zentimeter kalkmäßig geradezu niedermoorartigen Charakter angenommen haben (Tab. 731).

4. Wirksamer und für einen Wechsel zwischen mehr oder weniger säure- bzw. kalkempfindlichen Pflanzen bedeutungsvoller als auf Mineralböden ist deshalb — je nach dem Kalk- und Säurezustand — im Wurzelbett auf Moor und Anmoor die Möglichkeit, sich nicht nur den Ansprüchen der Pflanzen an den Kalk- und Säurezustand mit einem entsprechenden Wechsel zwischen kalkmehrenden, -schonenden und -zehrenden Düngemitteln anzupassen, sondern auch die Lösungsverhältnisse für Haupt- und Spurennährstoffe zu beeinflussen. Das gilt für oligotrophe Bildungen nicht mehr und nicht weniger als für eutrophe. In einem Fall können unbedachte Gaben physiologisch saurer Düngemittel die Auswirkungen des Säureüberschusses auf die Nährstoffdynamik ebenso sehr verschlimmern wie im anderen Fall physiologisch alkalische Düngemittel die des ohnehin hohen Kalkgehaltes (S. 1507). Nach mannigfachen neueren Erkenntnissen beeinflussen Kalk- und Reaktionszustand Zugänglichkeit und Blockierung einiger Spurenelemente auch auf organischen Böden in höchst bedeutsamer, und zwar geradezu in gegensätzlicher Weise.

U. a. werden B und Mn mit höheren pH-Bereichen unzugänglicher, Mo und Fe dagegen leichter aufnehmbar (Abb. 345). Das ist gleichermaßen nach bewußter Aufkalkung mit den üblichen Handelskalken der Fall, nach anhaltend unbewußter mit kalkmehrenden Düngemitteln wie dank der alkalisierenden Wirkung des Stallmistes. Nach DAVIS und LUCAS (1959) wird ihre Löslichkeit außerdem von Bodenfeuchte und -temperatur beeinflußt.

2. Einfluß von Kalk- und Düngemitteln auf Bodenlebewelt und biologische Abläufe

Weitaus überwiegend hängen die soeben beschriebenen Wechselwirkungen davon ab, in welcher Weise und in welchem Ausmaß die Tätigkeit der Bodenlebewelt durch Kalkung und Düngung gehemmt oder gefördert wird; denn sie gehen außer auf unmittelbare chemische Auswirkungen auf die Umtauschvorgänge infolge der Umstellung von Kalk- und Reaktionszustand mittelbar auf die dadurch ausgelösten biologischen Abläufe mit nachhaltigen Veränderungen der Nährstoffdynamik insgesamt zurück. Im einzelnen liegen dazu zwar erst wenige Untersuchungen vor, aber einige aus der jüngsten Zeit sind schon recht aufschlußreich:

1. POSCHENRIEDER (1958) und Mitarbeiter haben beobachtet, daß höhere Nährstoffgaben zunächst eine deutliche Schockwirkung auf die im Laufe der Jahrzehnte herausgebildete anspruchslose autochthone Bodenmikroflora ausüben, von der sich die gedüngten Parzellen mikrobiologisch erst nach 3 bis 4 Jahren erholten. Schließlich stiegen aber nicht nur die Keimzahlen (Bakterien und Pilze), sondern auch die Stoffumsätze, die sich in dem „biologischen Aktivitätskoeffizienten" ausdrückten, über die Werte der ungedüngten Parzellen.

2. Frercks und Mitarbeiter (1956, 1958, 1960, 1961) haben die Zersetzungs-intensität in verschiedenen Moorkulturtypen in Abhängigkeit von verschiedenen

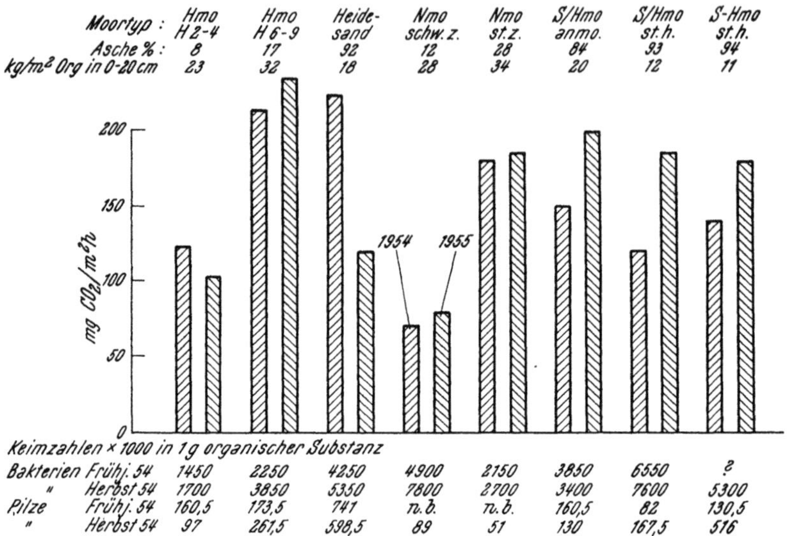

Abb. 336. Anzahl der Bakterien und Pilze und CO_2-Entbindung verschiedener Moortypen bei einem Bereich pH ($BaCl_2$) 3,5 bis 6,0 nach Frercks, Kosegarten (1956) und Puffe (1960)

Aufkalkungen bzw. bei verschieden hohen pH-Werten über die CO_2-Produktion und mittels der Stoffgruppenanalyse untersucht. Dabei haben sie die allgemeine Anschauung, daß höhere Kalkgaben die Zersetzung der organischen Bodenkomponente fördern, insoweit bestätigt gefunden, als sie dadurch in wenig zersetzten Torfen beschleunigt wird. Im freien Felde haben sich die höheren CO_2-Werte jedoch in dem Maße von den höher aufgekalkten Parzellen auf die weniger aufgekalkten verlagert, wie vor allem deren leicht zersetzliche Substanz (Nährhumus) abgebaut worden ist. Die Tatsache, daß stark zersetzter tonarmer Niedermoortorf trotz pH ($BaCl_2$) 6 am wenigsten CO_2 produziert

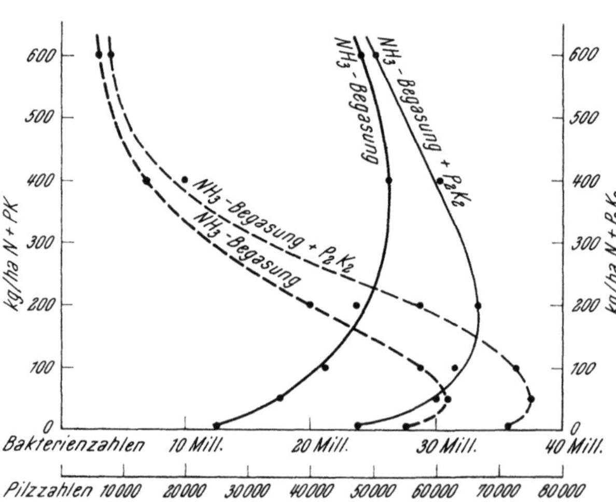

Abb. 337. Einfluß von NH_3-Begasung und PK-Gaben auf Bakterien- und Pilzzahlen (nach Poschenrieder und Beck 1958)

hat, läßt die Autoren vermuten, daß dessen Nährhumus zuvor schon weitgehend zersetzt und darin überwiegend resistenter Dauerhumus verblieben ist (Abb. 336). Das deckt sich weitgehend mit der Anschauung von Nieschlag, daß in schwach humosen Böden durch höhere Kalkgaben in erster Linie der Nährhumus stärker aufgezehrt wird, dadurch jedoch die sorptionsfähige organische Substanz (Huminsäure) nicht verringert wird.

3. Nach POSCHENRIEDER und BECK (1958) ist die biologische Aktivität eines Niedermoores durch eine K_2O-Düngung wie durch gleichzeitige N-Gaben gegenüber der des Hochmoores merklich gesteigert worden (Tab. 727). Wie aus

Tabelle 727. *Abhängigkeit der mikrobiologischen Verhältnisse von verschiedenen Düngergaben* (auszugsweise nach POSCHENRIEDER und BECK 1958)

Moorart	Düngung	Bakterien	Sporen-bildner	vegetat. sporog. B.	Pilze	Atmung mg CO_2	Nitri-fikation	Denitri-fikation
Nmo...	0	$10,2 \times 10^6$	$1,2 \times 10^6$	7,5	48×10^3	25,63	0	+
Hmo...	0	$6,8 \times 10^6$	$1,1 \times 10^6$	5,8	65×10^3	18,63	0	+ +
Nmo...	PK	$12,5 \times 10^6$	$3,8 \times 10^6$	2,29	55×10^3	28,42	Spur	+
Hmo...	NPK	$13,8 \times 10^6$	$3,0 \times 10^6$	3,58	58×10^3	23,22	(+)	+ + +
Nmo...	P_2K_2	$23,8 \times 10^6$	$10,2 \times 10^6$	1,33	72×10^3	29,04	Spur	+ +
Hmo...	NP_2K_2	$15,2 \times 10^6$	$3,6 \times 10^6$	3,22	78×10^3	25,63	(+)	+ + +
Nmo...	$P_2K_2 +200$	$32,8 \times 10^6$	$16,2 \times 10^6$	0,98	58×10^3	31,21	+ + +	(+)
Hmo...	Amm.-Gas	$15,8 \times 10^6$	$5,8 \times 10^6$	1,72	32×10^3	26,04	+ + +	+ + +

Abb. 337 ersichtlich, steigt zwar der Gesamtkeimgehalt des Bodens nach steigender NH_3-Begasung kontinuierlich an, fallen die Pilzzahlen aber nicht ebenso gleichmäßig ab, sondern erfahren bei geringen Gasgaben, die um 50 kg/ha N liegen,

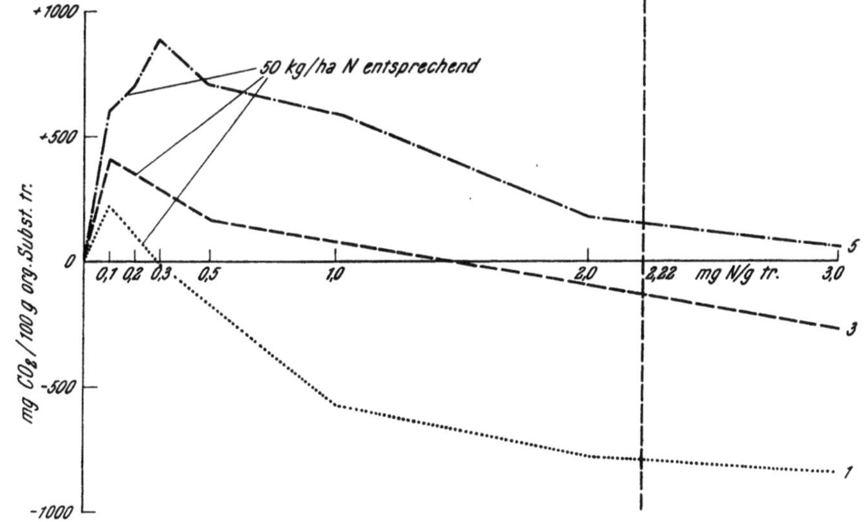

Abb. 338. CO_2-Produktion verschieden stark aufgekalkter Hochmoortorfe bei steigenden N-Gaben (ohne N = 0) nach 24 Tagen (nach FRERCKS und PUFFE 1960)

erst einen nicht unerheblichen Anstieg. Mit höheren Gaben werden die Bodenpilze dagegen zurückgedrängt. Höhere Kali- und Phosphorsäuregaben können ebenfalls auf die Mikroflora wie eine mehr oder weniger große Überdüngung wirken.

Zu ganz ähnlicher Erkenntnis sind FRERCKS und PUFFE (1960) bei der Untersuchung der Stickstoffwirkung auf den Zersetzungsvorgang in Moorböden unterschiedlicher Aufkalkung gelangt. Nach Abb. 338 liegt bemerkenswerterweise auch in diesem Fall der Kulminationspunkt der CO_2-Produktion bei Gaben von 50 kg/ha N, und zwar unabhängig von der Aufkalkungs- bzw. pH-Stufe. Ähnliche Schlüsse zieht Pessi (1962) aus der Beobachtung, daß das Vol.-Gew. tr. von Hochmoortorfen mit der N-Düngung zunimmt.

3. Bodenprofil, Bodenstruktur, Unterbringungs- und Bewurzelungstiefe

Auf Bodenprofil und Bodenstruktur haben Kalkung und Düngung in erster Linie mittelbaren Einfluß über ihre hemmende oder fördernde Wirkung auf die Bodenlebewesen. Vor allem ist die schnellere und stärkere Zersetzung nach der Kalkung kalkärmerer Moorbildungen ebenso wie bei den von Natur kalkreicheren Moorbildungen überall augenfällig, bei anhaltender Ackernutzung allerdings stärker als bei Grünlandnutzung. Das hat Eggelsmann (1960) sogar nivellitisch nachweisen können.

Mit der Mineralisierung und Humifizierung geht zugleich eine Strukturwandlung in Richtung der kleineren Fraktion einher. In gleichem Maße wächst die Gefahr, daß das Wurzelbett auf Moor und Anmoor irreversibel austrocknet, daß dadurch aber wieder die Nährstoffdynamik beeinträchtigt wird (S. 1459).

Wo ungünstige Beschaffenheit des Liegenden unter dem Moor die Herrichtung von Sandmisch- bzw. Sanddeckkulturen unmöglich macht und zu anhaltender Schwarzkultur zwingt, sollte man den Schwund an Torfsubstanz und ihre physikalisch ungünstige Wandlung auch mit einer entsprechenden Mäßigung bezüglich der Kalkung und gegebenenfalls durch Bevorzugung physiologisch saurer Düngemittel weitestmöglich eindämmen. Diesen insbesondere für die Nährstoffdynamik ungünstigen physikalischen Bodenzustand kann man zwar so lange wieder günstiger gestalten, wie man dem Wurzelbett durch entsprechend tiefes Pflügen weniger zersetzte Torfe untermischen kann. Das bedeutet aber jeweils einen entsprechenden Verlust an Höhenlage, eine entsprechende Verflachung der Torflagen und Annäherung der Oberfläche an den mineralischen Untergrund. Über ungünstigem Untergrund (Gestein, Ton, stark zersetzte Torfe) sollte deshalb weitestmöglich die Grünlandnutzung Platz greifen.

Besteht das Liegende hingegen aus physikalisch günstigem, d. h. aus mittel- bis feinkörnigem, tonarmem Sand, kann geradezu das Gegenteil angezeigt sein, nämlich anhaltende Ackernutzung und starke Kalkung. Um so früher wird man in solchem Fall unter Einsatz von Tiefkulturpflügen zu Sandmischkulturen oder von Besandungs-(Kuhl-)maschinen zu Sanddeckkulturen übergehen können und zu sicheren Ackerflächen gelangen (S. 1449).

Zwischen Unterbringungs- und Bewurzelungstiefe bestehen enge Beziehungen nur auf oligotrophem Hochmoor beim Kalk, auf dem die Bewurzelung nach der Tiefe durch zu saure Torflagen beschränkt wird. Eine zu flache Einarbeitung zu hoher Kalkgaben bringt dort mehrfache Nachteile. Die entsprechend flach bewurzelten Kulturen verlieren entsprechend schneller den Anschluß an die feuchteren Torfe im Unterboden, die Nährstoffdynamik in den überkalkten obersten paar Zentimetern wird in der beschriebenen Weise beeinträchtigt und das über ihre Sorptionskapazität hinaus Zugeführte, vor allem Kali, versickert schnell in Tiefen, in denen es von den flach wurzelnden Pflanzen nicht mehr erreicht wird. Diese Nachteile können auf ordnungsgemäßen eutrophen Moorkulturen ebensowenig aufkommen wie in „Deutschen Sandmischkulturen". Im einen Fall läßt der natürliche hohe Kalkgehalt eine tiefere Durchwurzelung zu, im anderen tun es die schräggestellten Sandbalken, in welche Kalk und Nährstoffe tiefer versickern als in Hochmoortorflagen mit ihrer weit größeren Sorptionskapazität (Abb. 320). Im übrigen sind in oligotrophen wie in eutrophen Moorkultur-typen ausreichende Entwässerung und Durchlüftung für die Bewurzelungstiefe bestimmend.

Unter dieser Voraussetzung wird die Niedermoorkultur nicht nur schneller und stärker (zwei- bis dreimal so stark) als Mineralboden durchwurzelt, sondern dann liefert der Unterboden einer Moorkultur oft auch erheblich mehr Stickstoff als der von Mineralbodenkulturen (FUJIMORI und Mitarbeiter 1961). Unsere viel-fältigen Beobachtungen, daß selbst von Natur ärmste und stark saure Böden während der Nutzung — durch Entwässerung, Sandmischung, Kalkung, Düngung usw. — mehr und mehr zu guten Böden werden, auf denen die meisten Kultur-gewächse gut gedeihen (BADEN 1960), ist jüngst u. a. mit der Auswertung lang-jähriger schwedischer Versuche auf Hochmoor mit 8000 kg/ha CaO, pH 5,6 (H_2O), 190 kg/ha P_2O_5 und 130 kg/ha K_2O (beides in löslicher Form) in 0 bis 20 cm Tiefe bestätigt worden (WINKLER und LUSTIG 1961).

C. Der Kalk- und Düngebedarf und seine Regelung auf Moor und Anmoor

a) Methodische Besonderheiten bei der Bodenuntersuchung

Mögen bei der Beurteilung des Kalk- und Nährstoffbedarfes sowohl von Neukulturen wie von älteren landwirtschaftlichen Nutzflächen auf Moor und Anmoor auch ihre unterschiedliche Genese und die darin bedingten physikalischen und biologischen Zustände, ja selbst das darin ruhende strukturelle und texturelle Potential mitsprechen, wie es in Teil B dargelegt ist, so bleibt dabei dennoch die chemische Untersuchung in Zweifelsfällen ein nicht zu entbehrender Anhalts-punkt.

Die Untersuchungsmethoden für Moor und Anmoor sind mit ihren mancherlei Abweichungen von denen auf Mineralböden bezüglich Durchführung und Aus-wertung im Methodenbuch Band I von KNICKMANN (1955) durch W. HOFFMANN neu bearbeitet worden.

1. Volumenmäßige Denkweise und Ermittlung

Die verschiedenen Moor- und Moorkulturtypen mit ihren mancherlei Über-gangsformen zu den humosen Böden weisen so unterschiedliche Gehalte an Organischem und Mineralischem, so unterschiedliche Vertorfungsgrade, Lagerungs-dichten und Substanzvolumina auf, daß ein Moorboden oder ein anmooriger Boden unbeschadet des niedrigeren prozentischen Nährstoffgehaltes seiner Trockenmasse in der Volumeneinheit dennoch insgesamt mehr Nährstoffe enthalten kann als ein anderer mit einem prozentisch höheren Gehalt, wenn im ersten Boden Aschegehalt und Volumengewicht (trocken) entsprechend höher sind. Im Gegensatz zu den auf Mineralböden weit einheitlicheren Verhältnissen sagen deshalb die in der chemi-schen Analyse ermittelten Prozentgehalte über das Kalk- und Düngebedürfnis hier zunächst wenig aus; denn für das Pflanzenwachstum sind — bei im übrigen gleichen Umtauschverhältnissen — die in der durchwurzelten Schicht insgesamt vorhandenen nutzbaren Kalk- und Nährstoffmengen entscheidend. Deshalb muß bei jeder einzelnen Bodenuntersuchung auf Moor oder Anmoor und selbst auf nur stark humosen Böden das Volumengewicht (scheinbares spezifisches

Gewicht) ermittelt werden, um über dasselbe mit den in der chemischen Analyse gefundenen Prozentgehalten die Kalk- und Nährstoffmengen in einem bestimmten Bodenvolumen berechnen zu können (Baden und Segeberg 1949). Dabei rechnet und denkt man auf Moor und Anmoor für eine Ackernutzung tunlichst in einem 0 bis 20 cm starken Wurzelbett, auf Grünland richtiger in einem nur 0 bis 10 cm starken (Baden 1963).

Im „Methodenbuch" ist dazu als Beispiel folgende Rechnungsweise angeführt:

	100 Teile der Bodentrockenmasse enthalten	In einer 20 cm starken Schicht der Oberfläche sind bei einem Vol.-Gew. = 0,265 vorh. kg/ha
Organische Stoffe	55,20 Teile	—
darin Stickstoff	2,36 Teile	12508
Mineralstoffe (Asche)	44,80 Teile	—
davon in Salzsäure unlöslich	35,78 Teile	—
Kalk (CaO)	3,96 Teile	20988
Phosphorsäure (P_2O_5)	0,22 Teile	1166
Kali (K_2O)	0,08 Teile	424

Ein solcher Analysenbefund ist in der Regel für praktische Zwecke völlig ausreichend. Um stärker mit „zufälligen" Mineralbodenanteilen durchsetztes Moor oder Anmoor systematisch einreihen und ihr Organisches als oligo-, meso- oder eutroph charakterisieren zu können, muß man die Prozentgehalte auf die davon frei gedachte organische Substanz beziehen (S. 1463)[1]. Beträgt der Gehalt weniger als 0,5% Kalk (CaO), zählen sie chemisch zu den Hochmoorbildungen, bei mehr als 2,5% zu den Niedermoorbildungen. Zwischen beiden Werten liegen — chemisch definiert — die Übergangsmoorbildungen.

Da die gleiche volumenmäßige Denk- und Rechnungsweise auch bei Ermittlung der „löslichen" bzw. „pflanzenaufnehmbaren" Nährstoffe erforderlich ist, muß man sie statt für 100 g für 100 cm³ Boden berechnen. Multipliziert man dann die volumenmäßigen mg-Doppellaktatwerte für 0 bis 20 cm mit 20, für 0 bis 10 cm mit 10, errechnet man in einfacher Weise die entsprechenden kg/ha-Zahlen für die genannten Schichten.

Bevor man sich zur Urbarmachung öder Moore oder zur durchgreifenden Verbesserung von im Ertrage unbefriedigenden Nutzflächen (Halbkulturen) entschließt, sollte man — aus hier nicht erneut näher darzulegenden Gründen (S. 1455) — weit vorausschauen. Das aber bedeutet profilmäßige Bodenuntersuchungen. Über die eigentliche chemische Untersuchung der Torfe aus verschiedenen Tiefen hinaus sind in allen Fällen, in denen man auf Sanddeck- oder Sandmischkulturen abzielt, Sieb- und Schlämmanalysen zur Charakterisierung des Mineralbodens und seiner Körnung geboten.

2. Entnahme und Versand von Moorbodenproben

Wie auf Mineralböden dürfen auf Moor und Anmoor *Durchschnitts*bodenproben nur von in sich dem Augenschein nach einheitlichen Teilflächen entnommen werden. Eine Unterscheidung nach der Moorart, ob Hoch-, Übergangs- oder Niedermoor, ist zwar an den ursprünglichen Pflanzenbeständen (S. 1508) verhältnismäßig einfach. Darüber hinaus müssen sie aber nach verschiedenen Torfarten und vor allem nach einem etwa verschiedenen Anteil an Organischem

---

[1] Bei Anmoor und stark humosen Böden kann man zudem vielfach nur auf Grund einer Veraschung entscheiden, ob sie nach Moor- oder Mineralbodenmethoden zu untersuchen sind.

und Verbrennlichem ebenso unterschieden werden wie nach einer etwaigen
verschiedenen Vornutzung, Kalkung oder Düngung. Alle diese Momente machen
auf Teilflächen in sich und gegebenenfalls profilmäßig (s. oben), eine getrennte
Probenahme erforderlich. Nur auf zuvor ungenutztem gleichförmigem Moor
und Anmoor ist eine weiträumige Probenahme ausreichend.

Für praktische Zwecke genügt es andererseits, das Volumengewicht an
Durchschnittsproben nach Einstampfen in einen Würfel von 250 cm³, 500 cm³
oder richtiger noch von 1000 cm³ zu ermitteln. Nach Parallelbestimmungen
der Moor-Versuchsstation an Durchschnittsproben und an in ungestörter Lagerung

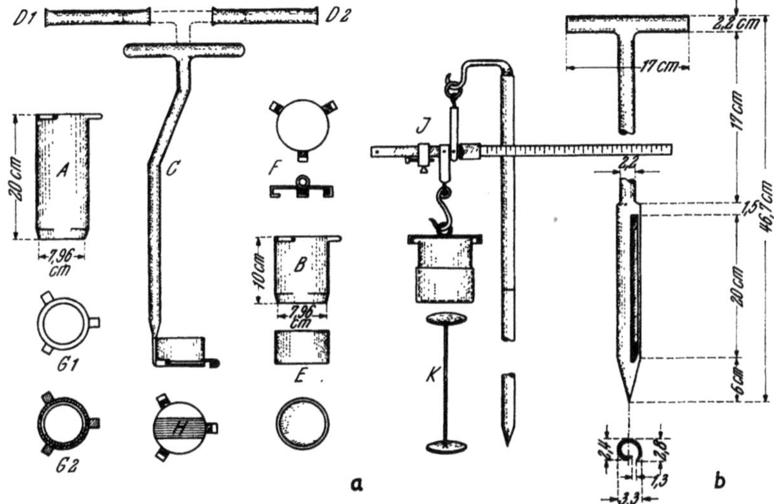

Abb. 339. a Probenahmegerät für Moorbodenproben nach SEGEBERG, b Bohrstock für Entnahme von
Moorbodenproben. A und B 20 bzw. 10 cm Stechzylinder, C Hand- und Fußaufsatz für das Hinein-
treiben in den Boden, D Verlängerungsstücke für den Handgriff, E Verschlußdeckel für den Zylinder
während des Wägevorganges, F Bajonettverschluß an Anhängevorrichtung für den Zylinder, G Zylinder-
querschnitte (1 Ansicht von oben, 2 Ansicht von unten), H Ansicht des Hand- und Fußaufsatzes
von unten mit Sperre zur Begrenzung des Einstiches nach der Tiefe, J Wägevorrichtung mit ange-
hängtem Zylinder, K Ausstoßer zur Entfernung der Bodenprobe aus dem Zylinder
(BADEN und SEGEBERG 1949)

entnommenen Proben kann man darin das Volumengewicht (scheinbares spezifisches Gewicht) mit für praktische Zwecke hinreichender Genauigkeit ermitteln.
Dafür ist aber verständlicherweise eine entsprechend große Menge frischer Boden
bzw. Torf erforderlich, für die angeratene Ermittlung im Würfel von 1000 cm³
gut 2 kg.

Die zu der Durchschnittsprobe zu vereinigenden Einzelausstiche sollen aus
der betreffenden Schicht auch nach der Tiefe möglichst gleichmäßig entnommen
werden. Dafür ist der übliche Bohrstock wegen des zu geringen Durchmessers
seiner Hohlkehle wenig geeignet. Zu einem speziellen Probenahmegerät der
Moor-Versuchsstation (Abb. 339a) hat SEGEBERG (1949) auch einen speziellen
Bohrstock mit einem genügend weiten Durchmesser entwickelt (Abb. 339b).
Derselbe erleichtert und sichert die gleichmäßige Entnahme aus den empfehlens-
werten Schichten von 0 bis 20 wie 0 bis 10 cm Tiefe, läßt sich zudem leicht handhaben und mittels eines der Hohlkehle angepaßten Schabers entleeren[1]. Bis

---

[1] Schneller und gründlicher läßt sich der Bohrstock selbst in klebrigem Boden
(durchschlickter Torf) entleeren, wenn man die Spitze abschneidet und danach den
unteren Rand anschärft.

20 cm Tiefe werden jeweils etwa 50 cm³ Boden gezogen, so daß zur Füllung eines 1000-cm³-Würfels für die Volumengewichtsbestimmung im Laboratorium tunlichst 25 Ausstiche zu einer Probe vereinigt werden, für die Grünlanduntersuchung bei einer Entnahme aus nur 0 bis 10 cm wenigstens 60 Ausstiche.

In Ermangelung eines solchen Bohrstockes bleibt nur der Spaten. Am sichersten fährt man damit noch auf Grünland, wenn man die Einzelprobe als Bodenprisma aus der Wand einer Schürfgrube herausschneidet. Die Grünlandnarbe soll zuvor sorgsam so flach wie möglich abgeschält werden (Abb. 340).

Der bekanntlich nicht unerheblichen Fehlerquelle, welche selbst auf Mineralböden bei der Entnahme der Proben nicht zu vermeiden ist, entgeht man auf Moor und Anmoor bis zu einem gewissen Grade, wenn man sie schon volumen-

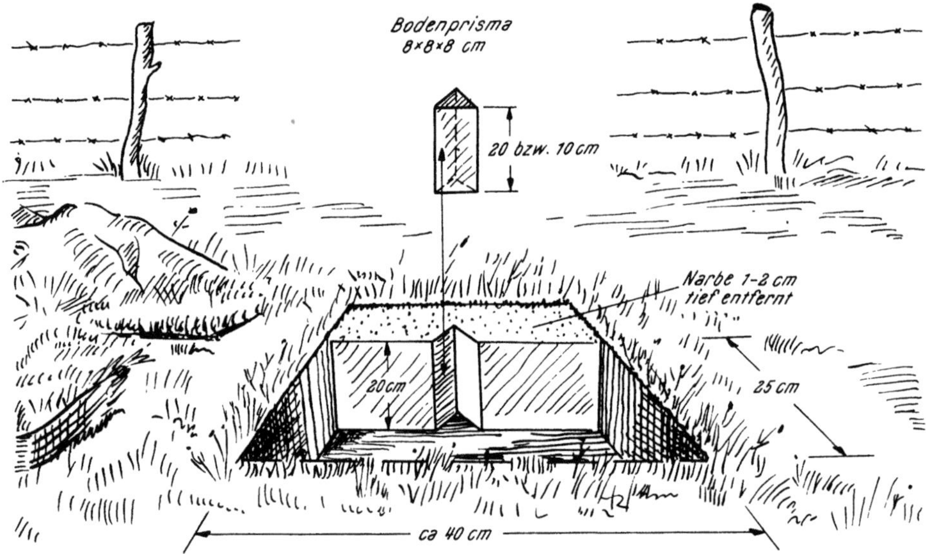

Abb. 340. Schürfgrube für Entnahme von Moorbodenproben mittels Spaten

mäßig zieht. Für diesen Zweck hat Segeberg das spezielle Probenahmegerät entwickelt (Abb. 339a), dessen Konstruktion und Handhabung eingehend beschrieben ist (Baden und Segeberg 1949). Hier sei deshalb nur hervorgehoben, daß es sich nach vielen statistischen Berechnungen als zulässig erwiesen hat, damit entnommene Bodenproben so lange in ihrem Volumengewicht zu mitteln, wie die Schwankungen desselben im freien Felde über 10% wesentlich nicht hinausgehen. Tut das auf einer dem Augenschein nach einheitlichen Fläche die eine oder andere Einzelprobe, muß sie verworfen werden. Auf jeder Teilfläche sollten jedoch wenigstens fünf Ausstiche zur Mittelung des Volumengewichtes (scheinbares spezifisches Gewicht) erfolgen. Für die chemische Untersuchung ist außerdem jeweils eine Durchschnittsbodenprobe mit dem beschriebenen speziellen Bohrstock zu entnehmen. Nimmt man die Volumengewichtsbestimmung im freien Felde vorweg, werden für die chemische Untersuchung nur etwa 250 cm³ frischen Bodens benötigt.

Moorproben dürfen auf keinen Fall vorgetrocknet werden, sie sollen vielmehr möglichst frisch versandt werden. Die Behälter müssen deshalb unverlöschlich beschriftet werden. So selbstverständlich das in solchen Fällen auch sein mag,. so oft wird diese Notwendigkeit übersehen. Sollen die Proben auch physikalisch untersucht werden, vor allem auch exakt auf ihren Wassergehalt, müssen sie in luftdicht zu verschließende Behälter gefüllt werden.

Für Institute und Probenehmer empfehlen sich Blechdosen oder Plastikbeutel von wenigstens 600 cm³ Fassungsvermögen und darauf zugeschnittene Versandkisten.

Zu jeder Moorbodenprobe ist schließlich eine eingehende Legende erwünscht mit Antworten auf folgende Fragen:

A. Zu Bodenproben von bestehenden Kulturen, lediglich zwecks Ermittlung des laufenden Kalk- und Nährstoffbedarfes[1]:

1. Höhe einer etwa verabfolgten Grundkalkung und die Art der Unterbringung, ob oberflächlich verabfolgt oder eingearbeitet.

2. Höhe etwaiger Vorrats- und laufender Düngungen mit Kali, Phosphorsäure, Kupfer u. a.

3. Kultur- und Nutzungszustand sowie etwaige besondere Beobachtungen über gutes und schlechtes Wachstum.

4. Beabsichtigte Nutzungsweise, ob als Acker, Grünland, Gemüse-, Obst-, Forst- oder Spezialkulturen anderer Art.

B. Für die weitergehende Beratung bei der Urbarmachung von Ödland und bei durchgreifender Verbesserung von Grünland bzw. Halbkulturen:

1. Mittlere Tiefe des Moores (Mächtigkeit der Torflagen).

2. Oberflächenbeschaffenheit, ob eben oder uneben — von Natur oder etwa nach unregelmäßigem Torfstich.

a) Beschaffenheit der Mooroberfläche.

b) Beschaffenheit des mineralischen Untergrundes.

3. Ursprünglicher bzw. natürlicher Pflanzenbestand (oft noch an unkultivierten Wege- und Grabenrändern vorhanden).

4. Kulturzustand (Ödland oder teilweise oder ganz als Grünland oder Acker genutzt).

5. Bisherige und etwaige angestrebte Entwässerungsverhältnisse. Graben- oder unterirdische Entwässerung. Tiefe derselben.

3. Untersuchungen im trockenen oder frischen Zustand?

Zwei Gründe zwingen zur Untersuchung frischer Proben:

1. Je höher der Gehalt der Moorproben an Mineralbodenanteilen ist, desto größer ist die Gefahr, daß sich trockene Proben bei Transport und Analysengängen entmischen (HOFFMANN und FRERCKS 1952).

2. Durch das Trocknen verändern sich die Umtauschverhältnisse in der organischen Bodenkomponente in unkontrollierbarer Weise (HOFFMANN und STEINFATT 1952 und 1959).

Deshalb müssen Proben von Moor und Anmoor vor allem dann im frischen Zustand untersucht werden, wenn darin das Pflanzenverfügbare ermittelt werden soll, und zwar im Hinblick auf die ohnehin erforderliche volumenmäßige Ermittlung in 10 ml frischem Boden. Da das Volumengewicht (scheinbares spezifisches Gewicht) ohnehin im Zylinder festgestellt werden muß und allein deshalb frischer Boden erforderlich ist, stößt das nicht auf Schwierigkeiten.

---

[1] Die Moor-Versuchsstation in Bremen versendet auf Abruf entsprechende Vordrucke kostenlos.

4. Ermittlung der gesamten oder pflanzenlöslichen Nährstoffe?

Tacke (1931) sagt der chemischen Ermittlung des „Gesamten" in unbeeinflußten Moorbildungen gegenüber den Mineralböden als Vorteil nach, daß sie für die natürlichen Nährstoffgehalte meist zweierlei mit Sicherheit erkennen läßt:

1. Im einen Extrem — namentlich in oligotrophen Bildungen — sind bei ihrer natürlichen Armut an einzelnen Nährstoffen selbst geringfügige Änderungen im Vorrat hinreichend zu erkennen.

2. Im anderen Extrem — vor allem in eutrophen Bildungen — weist die Analyse so große Mengen an einzelnen Nährstoffen aus, daß sie als damit von Natur genügend versorgt erkannt werden und darauf nicht weiter untersucht zu werden brauchen.

Nachdem jedoch auch in Moor und Anmoor die Nährstoffdynamik sich — von den mancherlei begleitenden Umständen und Abläufen beeinflußt — als recht differenziert erwiesen hat, ist mehr und mehr der Wunsch aufgekommen, sie gleichfalls auf das Pflanzenaufnehmbare zu untersuchen.

Deshalb haben schon Brüne und Arnd (1932) die Neubauer-Analyse methodisch für Moorböden ergänzt bzw. abgeändert und Hoffmann und Steinfatt (1952, 1955, 1959, 1960 und 1962) auch die Doppellaktatmethode nach Egnér-Riehm. Diese Methode hat sich seit dem vor allem für vergleichende Ermittlungen des Gesamten und des Löslichen beim näheren Studium der Nährstoffdynamik in den verschiedenen Moor- und Moorkulturtypen bewährt.

Danach waren die mg-Grenzwerte vornehmlich aus zwei Gründen auf Moor- und Anmoorkulturen erheblich niedriger anzusetzen als auf Mineralböden. Das ist allgemein methodisch in der volumenmäßigen Bestimmung in 10 ml des frischen Bodens bedingt, bei der Phosphorsäure im besonderen darin, daß auch nach wiederholten und starken Entzügen das Verhältnis zwischen dem Gesamten und Doppellaktatlöslichen um so länger annähernd konstant bleibt, die mg-Werte also um so länger annähernd gleichbleiben, desto stärker die Kulturen mit P_2O_5 gedüngt und desto stärker sie aufgekalkt sind. Einstweilen werden für Hochmoorbildungen folgende mg-Werte als ausreichend erachtet (Tab. 728):

Tabelle 728. *mg-Grenzwerte für Hochmoor- und hochmoorartige Kulturen*

Methode mg/100 ml fr.	Hochmoor		Heidesand		Versorgungszustand
	K_2O	P_2O_5	K_2O	P_2O_5	
Neubauer...........	12	8	12	8	gut versorgt
	8	5	7	6	normal versorgt
Doppellaktat........	11	7	12	7	gut versorgt
	7	4	7	5	normal versorgt

Die Werte sind sich demnach bei beiden Methoden und für beide Bodenarten praktisch gleich und gelten auch für hochmoorartige Sandmischkulturen.

Für Niedermoorbildungen und Moormarsch sind sie eher niedriger als höher anzunehmen (Hoffmann und Steinfatt 1960 und 1962).

Wer das nicht bedenkt und die hohen mg-Werte von Mineralböden gedankenlos auf Moor und Anmoor überträgt, bringt diese Bodenarten — unbilligerweise — immer wieder in den Ruf besonders düngebedürftiger und gar allein deshalb nicht kulturwürdiger Böden.

Tabelle 729. *mg-Grenzwerte für Niedermoor und Moormarsch*

Methode mg/100 ml fr.	Niedermoor		Moormarsch		Versorgungszustand
	K_2O	P_2O_5	K_2O	P_2O_5	
Doppellaktat	9—10	5	11	5—6	gut versorgt
	6— 7	3	—	—	normal versorgt
Ammonium-	13—14	7—8	15	7—8	gut versorgt
azetatlaktat	10—11	5	—	—	normal versorgt

Sofern das vermutlich Pflanzenaufnehmbare in anderen Lösungen ermittelt werden soll, müssen die zweckmäßigen Grenzwerte gleichfalls in Gefäß- und Feldversuchen ermittelt werden, und zwar, wie es für die DL- und AL-Lösung geschehen ist, für die verschiedenen Moorkulturarten getrennt. Auch damit wird man in jedem Fall eine annähernde Vorstellung von dem zur Zeit der Probenahme mehr oder weniger löslichen Anteil bekommen. Im Hinblick auf die im nächsten Abschnitt darzulegenden verwickelten, von mancherlei unkontrollierbaren nährstoffdynamischen Abläufen abhängigen Verhältnisse aber bleibt es auch dabei zweifelhaft, ob man damit wirklich für eine Vegetationsperiode repräsentative Werte oder nicht doch zu häufig nur für den jeweiligen Augenblick bzw. Bodenzustand gültige Werte bekommt. Dieses Bedenken gilt unseres Erachtens vor allem für die P_2O_5-DL- und -AL-Werte.

Für andere Nährstoffe, im besonderen auch für Spurenelemente sind bisher spezielle Untersuchungsverfahren auf Moor und Anmoor nicht bekannt[1].

5. Bestimmung des Kalkbedarfs — Aufkalkungs-pH-Werte

Eutrophe Moor- und Anmoorbildungen werden sich, sofern sie nicht „pflanzenschädliche Stoffe" (Schwefeleisen) aufweisen, weder zu Beginn der Urbarmachung noch späterhin kalkbedürftig zeigen. Oligotrophe und mesotrophe Bildungen sollten dagegen vor der Urbarmachung grundsätzlich auf ihren Kalkbedarf untersucht werden.

Nach den Regeln der „Deutschen Hochmoorkultur" begnügte man sich dabei anfangs mit der Ermittlung der „schädlichen Bodenazidität" (ausgedrückt als CO_2), um sie mit TACKE und ARND (1928) durch entsprechende Kalkgaben für eine Ackernutzung der sauren Fruchtfolge nur bis auf 70 bis 75%, für Grünland und kalkholde Ackerfrüchte (Leguminosen) bis auf 40 bis 65% der ursprünglich vorhandenen freien Säuren abzustumpfen, d. h. unter deutschen Verhältnissen mittels etwa 2500 bzw. 4000 bis 4500 kg/ha Kalk (CaO), gedacht für eine Unterbringung auf 20 cm Tiefe.

Nach schwedischen (OSVALD 1932) und norwegischen (NJAA 1924) Erfahrungen sind Moore, die in den obersten zwei Dezimetern 3000 bis 4000 kg/ha Kalk (CaO) enthalten, nicht kalkbedürftig, so daß für den Kalkbedarf schon die Ermittlung des Kalkgehaltes genügend Anhalt gibt.

Im Laufe der Nutzung nimmt der Kalkbedarf oligotropher und mesotropher Kulturen jedoch mit der mechanischen Zerkleinerung bzw. mit der Zersetzung der Torfsubstanz und der damit einhergehenden dichteren Lagerung des Wurzel-

---

[1] Die Moor-Versuchsstation ist um deren methodische Entwicklung bemüht.

bettes in sehr unterschiedlicher Weise zu. Auf älteren landwirtschaftlichen Nutzflächen sind deshalb die genannten Faustzahlen unbefriedigend. In dieser Erkenntnis haben Brüne und Arnd (1938) ihr Kalkbedarfsbestimmungsverfahren durch elektrometrische Titration in $BaCl_2$-Aufschlämmung entwickelt. In Anlehnung an die Untersuchung der Mineralböden empfiehlt sich jedoch auf Moor und Anmoor die Kalkbedarfsbestimmung nach Schachtschabel (1953) in KCl-Aufschlämmung. Hoffmann und Mitarbeiter (1952, 1955, 1962) haben für beide Verfahren die zweckmäßigen Aufkalkungs-pH-Werte überprüft und sie folgendermaßen begrenzt (Tab. 730):

Tabelle 730. *Anzustrebende pH-Werte in Moorkulturen und Sandmischkulturen*

Methode	in	Moorkulturen > 30 % Verbrennl.		Sandmischkulturen % Verbrennl.		Moormarsch ~40%Verbr. ~ 5% Ton
		Acker	Grünland	15—30	5—15	
1. Brüne-Arnd	$BaCl_2$* }	3,2	3,7	3,7	4,0	—
2. Schachtschabel .	$BaCl_2$ }					
3. Schachtschabel .	KCl	3,8	4,3	4,3	4,7	4,3

* Im Labor zu titrieren pH ($BaCl_2$) 3,4; 4,0 bzw. 4,3.

Würde man unbedacht auf Moor und Anmoor die für Mineralböden höheren Aufkalkungs-pH-Werte unterstellen, würde man dadurch in sehr bedenklicher Weise irregeleitet werden und ihnen einen zu hohen, wenn nicht gar einen überhaupt nicht vorhandenen Kalkbedarf nachsagen.

6. Ermittlung pflanzenschädlicher Stoffe

Sie treten meistens nur in tiefer liegenden Reduktionszonen, vornehmlich im Übergang vom Moor zum mineralischen Untergrund, auf (Schwefeleisen — Pyrit und Markasit). Als Neutralsalze sind sie zwar unschädlich, bergen aber eine große latente Versauerungsgefahr in sich, da sie, aus dem Untergrund heraufgefördert, zu Schwefelsäure oxydieren (Fleischer 1886 und 1891, Tacke 1931).

Wo sie vermutet werden, ist auf jeden Fall ein qualitativer Nachweis für Ferrosulfat mittels Kaliumferricyanid, für Ferrodisulfid durch Glüh- und Geruchsprobe angezeigt, um bei stärkerem Vorkommen quantitativ den Gesamtschwefel, die Sulfatform, den organisch gebundenen Schwefel und etwa schon gebildete freie Schwefelsäure zu ermitteln (Segeberg 1937). Außerdem muß der Aufkalkungs-pH festgestellt und aus allen Analysendaten der Kalkbedarf errechnet werden.

b) Die Bedeutung von wirtschaftseigenen und Handelsdüngemitteln

Zu dieser Frage müssen die betreffenden Darstellungen (Abb. 327 und 341 bis 343) und Tabellen (Tab. 723 und 731 bis 737) eingehendere Erläuterungen ersetzen und sei u. a. für die drei Hauptgruppen der Niedermoore von Florida (Everglades) auf die eingehende Abhandlung von Allison und Dachnowski-Stokes (1932) verwiesen.

1. Regelung des Kalk- und Säurezustandes

Als Pflanzennährstoff ist in eutrophen Moorbildungen von Natur genügend Kalk vorhanden, auf oligotrophen wird er mit der dort erforderlichen Grundkalkung und hernach laufend mit den üblichen Gaben kalkmehrender Handelsdünger in ausreichender Menge zugeführt. Darüber hinaus ist in der Regel eine *Düngung* mit Kalk nicht erforderlich.

Eine um so größere Bedeutung kommt ihm in oligotrophen und ihnen nahestehenden mesotrophen Mooren und Sandmischkulturen bei der Urbarmachung als Meliorationsmittel zu. In zu niedrigen pH-Bereichen gedeihen selbst Pflanzen der sauren Fruchtfolge nicht genügend, und darin liefert das Grünland kalkarmes Futter.

Wie schon aufgezeigt, ist aber auch ein zu hoher Kalkgehalt aus mehrfachen Gründen von Nachteil (S. 1484 und 1466). Er bewirkt eine zu schnelle und zu starke Zersetzung des Organischen und zieht damit physikalisch ungünstige Bodenzustände nach sich, mineralisiert in eutrophen Torfen den organisch gebundenen Stickstoff zu schnell, fördert dagegen in oligotrophen die Stickstoffbindung durch Bakterien (ARND 1915) und erhöht durch Humifizierung die Sorptionskapazität (T-Wert).

Da der Kalk als Humat praktisch unbeweglich festliegt, führen unbedachte Nachkalkungen schließlich vor allem auf dem Moorgrünland zu Überkalkungen des Wurzelbettes. Da gerade in diesem Fall mit kalkmehrenden Handelsdüngern laufend eine Kalkanreicherung erfolgt, dürfte eine Nachkalkung — im Gegensatz zu der weit verbreiteten falschen Meinung — kaum erforderlich werden. Deshalb sollte man sich dazu jeweils nur entschließen, wenn die Kalkbedarfsbestimmung zu niedrige Anfangs-pH-Werte ergibt.

Weit zurückreichende Erfahrungen solcher Art auf deutschen Moorkulturen sind auch anderenorts in langjährigen Feldversuchen bestätigt worden. In der schwedischen Hochmoor-Versuchswirtschaft Flahult ist der pH-Wert durch die Grundkalkung nachhaltig um 0,3 und der Kalkgehalt um 2500 kg/ha CaO erhöht worden. Dort wirkten Nachkalkung und laufende Kalkung auf Fe- und Ca-reichem Niedermoor in erster Linie als Stickstoffdüngung (WINKLER und LUSTIG 1961). In der Moor-Versuchswirtschaft des Finnischen Moorvereins Leteensuo weist PESSI (1962) auf Sphagnumtorf (pH 3,3) und Carex-Bruchwaldtorf eine ähnlich lange Nachwirkung der Grundkalkung nach, und zwar linear mit gesteigerten Kalkgaben und verstärkt durch Stallmist und Kalknitratdünger.

In eigenen Versuchen sind auf deutschen Hochmoor- wie auf deutschen Sandmischkulturen besorgniserregende Kalkverluste durch Versickerung erst eingetreten, wenn die Kalkgaben die Sorptionskapazität des Wurzelbettes überstiegen haben (BADEN und STEINFATT 1958). Für schottische Böden beispielsweise macht REITH (1960) darauf aufmerksam, daß erst mit übertriebenen Kalkgaben größere Kalkverluste eintreten, wie vor allem dann, wenn bei starken Regenfällen für die Ca-Absorption nicht genügend Zeit bleibt. Unter schleswig-holsteinischen Verhältnissen treten nach VETTER (1961) selbst auf rohhumushaltigem Heidesand nur so geringe Sickerverluste an Kalk ein, daß sie allein durch die laufenden Gaben kalkmehrender Düngemittel wettgemacht werden.

Eine stärkere Nachkalkung auf die nicht umgebrochene Grünlandnarbe ist ohnehin problematisch; denn sie hat — wegen der schweren Beweglichkeit des Kalkes in Moorkulturen — ebenso wie die Grundkalkung eine möglichst gleichmäßige 20 cm tiefe Unterbringung zur ganz unerläßlichen Voraussetzung, auf Grünland also Umbruch und Neuansaat. Unbedachte Nachkalkungen von Grünland führen zudem zu einer Erniedrigung der P_2O_5-Gehalte und einer Erhöhung der CaO-Gehalte im Futter, damit aber oft zu einem zu weiten Verhältnis von CaO zu P_2O_5.

Sollen Acker oder Grünland auf hochmoorartigen Neukulturen befriedigend gedeihen, muß der jeweilige pH-Wert schon zur ersten Frucht mit den danach zu bemessenden Kalkgaben angestrebt werden, d. h. große Kalkmengen müssen in *einer* Gabe verabfolgt werden. Das darf — im Gegensatz zu Mineralböden — auch unbedenklich geschehen. Da die Grünlandansaat jedoch am zweckmäßigsten erst nach einer Ackerzwischennutzung erfolgt, kann man sich zur Ackerfrucht mit der halben Grundkalkung begnügen, um die zweite Hälfte erst zur Grünlandansaat zu verabfolgen. Damit verteilt man ihre Kosten auf mehrere Jahre und kann, was wichtiger ist, große Kalkmengen während mehrerer Jahre gründlich auf die — in diesem Fall auch für Grünland — zu fordernde Tiefe von 20 cm einarbeiten.

Neuerdings führen vor allem Sorteberg (1954 und 1960) und Brandenburg (nach unveröffentlichten umfangreichen Versuchsergebnissen) die unbefriedigende Entwicklung oligotropher Neukulturen auf Molybdänmangel zurück und eröffnen damit in diesem Zusammenhang möglicherweise einen neuen kalksparenden, d. h. wertvolle Torfsubstanz schonenden Weg.

2. Organische Düngung

Des „Humus" (Organischen) im Stallmist oder Kompost sind ordnungsmäßige Moor- und Sandmischkulturen ebensowenig bedürftig wie einer Gründüngung; denn beide kommen bis zu einem gewissen Grade einem Stallmist- oder Komposthaufen gleich.

Ihre auf Mineralboden so hoch geschätzte physikalische Wirkung kann hier ebenso nachteilig wie vorteilhaft sein. Erwärmung, früherer Austrieb der Grünlandnarbe und „Schattengare" sind unter einer Lage von Stallmist zwar erwünscht, auf dem Mooracker kann seine lockernde, durchlüftende und dank der Ammoniakgase alkalisierende, gleich „belebende" und „zersetzende" Wirkung zu bedenklichem Schwund an wertvoller Torfsubstanz beitragen.

Kompost erhöht im Wurzelbett der Moorkulturen den Anteil an Mineralboden um so mehr, desto reicher er daran ist, und wirkt insoweit physikalisch zweifellos günstig.

Gleich hoch wie auf Mineralboden ist der Nährstoffgehalt der organischen Düngemittel zu werten, sowohl der an Haupt- wie der an Spurenelementen. Gründüngung ist in erster Linie eine Stickstoffdüngung. Sie wird allerdings jeweils mit einem entsprechenden Ernteausfall erkauft und deshalb durch Handelsdünger in weit wirtschaftlicherer Weise erzielt.

Als Vor- bzw. Zwischenfrucht kann der Gründüngung auf erosionsgefährdeten Kulturen jedoch eine überragende Bedeutung zukommen.

In diesem Zusammenhang kann folgender einfacher Gedankengang kaum oft und nachdrücklich genug angestellt werden: Moor und Anmoor sind bei sachgemäßer Regelung ihres Kalk- und Säurezustandes Pflanzenstandorte, in denen die Umtauschvorgänge besonders rege ablaufen. Deshalb bieten sie die Pflanzennährstoffe den Wurzeln besonders willig an. Infolgedessen sind nicht nur Klee und Gras von Moorkulturen entsprechend nährstoffreich, sondern auch der damit erzeugte Stallmist. 10000 kg Stallmist von den Hochmoorkulturen in Königsmoor enthalten etwa 40 kg CaO, 30 kg P_2O_5, 90 kg K_2O und 50 kg N, vermutlich aber auch an anderen Haupt- und Spurenelementen beachtliche Mengen.

In Betrieben, in denen Moorkulturen nur ein mehr oder weniger großes Anhängsel darstellen und als Grünland genutzt werden, sollte man deshalb den mit ihrem Futter erzeugten Stallmist in erster Linie dem Mineralbodenacker zukommen lassen. Dann bringt die Moorkultur doppelten Gewinn: Mehr und besseres Futter auf der Fläche selber und — dank des ebenfalls vermehrten Anfalls gehaltreicheren Stallmistes — sicherere und höhere Erträge auf dem Acker.

3. Kaliphosphatdüngung

In oligotrophen Moorbildungen ist das von Natur vorhandene Kali auch nach der sachgemäßen Grundkalkung zwar zum größten Teil wurzellöslich, meistens ist es aber nur in so geringen Mengen vorhanden, daß es mit der ersten Ernte weitgehend ausgeschöpft wird. Die Phosphorsäure ist in oligotrophen Mooren jedoch ebenso schwer löslich wie in eutrophen und könnte allenfalls im Wege der „Brennkultur" (S. 1460) einigermaßen hinreichend aufgeschlossen werden. Deshalb empfehlen sich eingangs der Kultur wenigstens zu den beiden ersten Ernten Vorratsdüngungen in Höhe von 120 bis 150 kg/ha P_2O_5. Mit Kali sollte man Neukulturen wenigstens einmal in Höhe von 150 bis 200 kg/ha K_2O anreichern, um die zweite Düngung nach dem zu erwartenden Entzug zu bemessen, d. h. zu Getreide mit 80 bis 100 kg/ha K_2O und zu Kartoffeln mit 200 bis 250 kg/ha K_2O. Das Bemühen um eine nachhaltigere Anreicherung mit Kali ist nach BADEN und STEINFATT (1958) vor allem auf oligotrophen tonarmen Kulturen ein fruchtloses Bemühen (Tab. 729).

Vom dritten Nutzungsjahr ab kann auch bei der Phosphorsäure eine Ersatzdüngung nach den üblichen Entzugszahlen Platz greifen, und zwar für Acker ebenso wie für Grünland. Geschieht das in Form von kalkmehrenden Phosphaten, erfolgt damit normalerweise vor allem auf dem Moorgrünland eine stetige Anreicherung sowohl mit Phosphorsäure wie mit Kalk.

Nach einiger Zeit kann deshalb die P_2O_5-Ersatzdüngung entsprechend ermäßigt oder gar vorübergehend eingespart werden, eine Einsparung, die bei der Kalidüngung sehr bedenklich wäre (BADEN und STEINFATT 1958, WINKLER und LUSTIG 1961).

4. Stickstoffdüngung

Wie auf Mineralböden ist bei zusagendem Kalk- und Säurezustand und in ausreichender Düngung mit den von Natur mangelnden Nährstoffen auch auf manchen Moorkulturtypen der Stickstoff ebenso

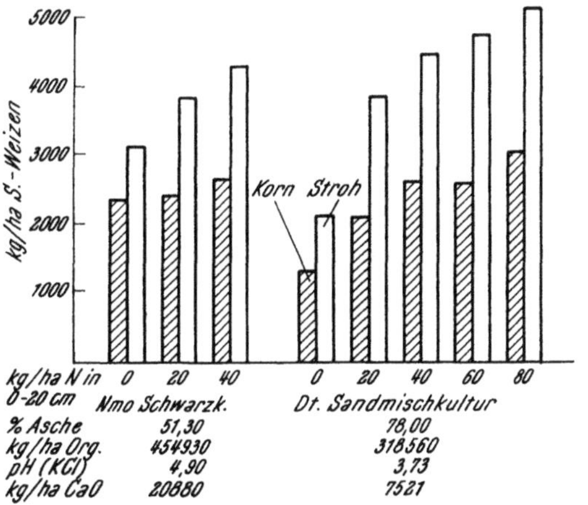

Abb. 341. Wirkung der Stickstoffdüngung (Stickstofffluß) zu Getreide auf verschiedenen Moorkulturtypen 1958 (Bodenwerte bei Versuchsbeginn)

letzter und größter Impuls, wie er im Übermaß auch hier in gleicher Weise die vegetative Entwicklung zu ungunsten der fruktativen fördert und die Güte der Produkte beeinträchtigt. Dabei ist es einerlei, ob er aus der natürlichen (organischen) Quelle, ob er als Leguminosenstickstoff fließt oder ob er mit Wirtschafts- und Handelsdüngern verabfolgt wird.

Je geringer die CO_2-Produktion ist, desto geringer ist die synthetische N-Bindung aus der Luft (Mulder 1962). Das kann aber auch für kleereiches Grünland nur heißen, daß auch dort die N-Düngung in dem Maße Platz greifen muß, wie es für eine hinreichende CO_2-Produktion an Wärme und Durchlüftung, also wie es vor allem an Entwässerung mangelt. Bestehen in dieser Hinsicht Zweifel, soll man allenfalls das Grünland im Frühjahr mit Stickstoff düngen und einen höheren Grasanteil in Kauf nehmen, um dann in den späteren Schnitten ohne N-Düngung wieder kleereicheres Gras zu ernten.

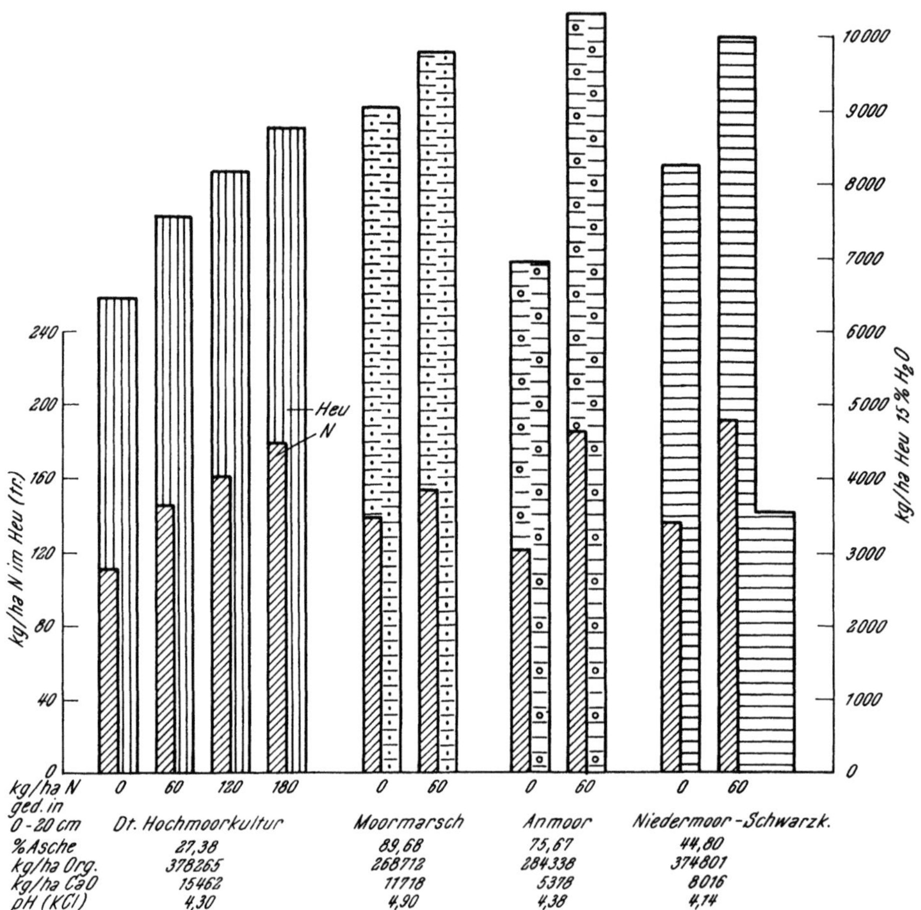

Abb. 342. Heu- und N-Leistung von Dauerwiesen verschiedener Moorkulturtypen 1952

Die große Unbekannte ist der natürliche Stickstofffluß, mag er nach Tacke auf Hochmoorkulturen im Durchschnitt auch nur etwa 30 kg/ha N betragen. Im letzten Fall kann diese Quelle aber durch bakterielle Einflüsse ebenso verstopft wie mit der Zeit mehr und mehr erschlossen werden (S. 1474). Zu stickstoffzehrenden Früchten müssen Hochmoorkulturen deshalb wie leichte Mineralböden mit Stickstoff gedüngt werden. Nach Grünlandumbruch ist jedoch auch darauf mit einer Stickstoffdüngung selbst zu Kartoffeln ohne Stallmist Zurückhaltung geboten (Baden 1952). Auf ordnungsgemäßen Niedermoorkulturen fließt die natürliche Quelle zu Getreide genügend, so daß dort allenfalls zu Hackfrüchten eine zusätzliche N-Düngung angezeigt ist (Abb. 341). Auf Neukulturen und nach Grünlandumbruch wird übermäßiger Stickstofffluß tunlichst mit Hanf oder Hackfrüchten „abgefangen".

Für Moorwiesen liefern Boden und Leguminosen unter Klimaverhältnissen wie in Deutschland (gemäßigte Breiten) jährlich wenigstens 100 kg/ha N und stellen damit Erträge von 6000 kg/ha Heu und 600 kg/ha Rohprotein sicher (Abb. 342). Das gilt gleichermaßen für Anmoor und hochmoorartige Sandmischkulturen, vor allem bei einer Kleegrasnutzung (Abb. 343). Auf zweischürigen Hochmoorwiesen steht unter solchen Klimaverhältnissen die Wirtschaftlichkeit zusätzlicher Stickstoffgaben in Frage, auf Niedermoorwiesen ist sie dagegen

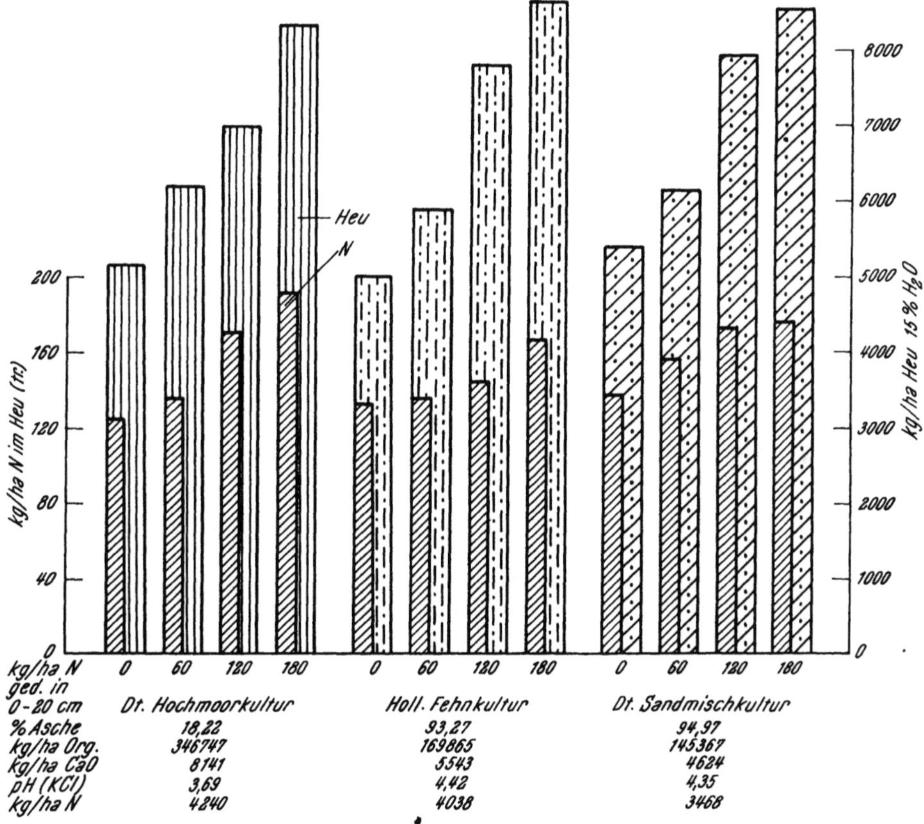

kg/ha N	0	60	120	180	0	60	120	180	0	60	120	180
	Dt. Hochmoorkultur				Holl. Fehnkultur				Dt. Sandmischkultur			
% Asche	18,22				93,27				94,97			
kg/ha Org.	346747				169865				145367			
kg/ha CaO	8141				5543				4624			
pH (KCl)	3,69				4,42				4,35			
kg/ha N	4240				4038				3468			

Abb. 343. Heu- und N-Leistung von kurzlebigem Kleegras auf verschiedenen Hochmoorkulturtypen, Durchschnitt 1951/52

um so wirtschaftlicher, desto mehr an Stärkeerträgen gelegen ist. Denn im letzten Fall steigert sie die Heuerträge wesentlich mehr als die Rohproteinerträge.

Selbst nördlich des Polarkreises sind auf N-reichem Moor noch bis 8000 kg/ha Timothee-Heu (*Phleum pratense*) erzielt worden (PUUSTJÄRVI 1961). Mit geringerer Wärmesumme während kürzerer Vegetationszeit fließen jedoch Boden- und Leguminosen-Stickstoff ebenso wie bei unzulänglicher Entwässerung und Durchlüftung — unabhängig von Moorart und Moorkulturtyp — mit „Spätzündung", zu unstet und insgesamt zu wenig, so daß die Stickstoffdüngung entsprechend an Bedeutung gewinnt und gleichbleibende Ertragsleistungen sicherstellen muß.

Moorweiden bestehen den Wettbewerb mit leistungsfähigen Mineralbodenweiden nur, wenn sie gleich intensiv genutzt und mit Stickstoff gedüngt werden. Denn in diesem Fall ist der Leguminosenstickstoff trotz des bekanntlich hohen Kleeanteils, auf Hochmoorweiden vor allem trotz des hohen Weißkleeanteils (*Trifolium repens*), ebenso unsicher wie der Bodenstickstoff bei extremer Kälte und Nässe oder bei extremer Hitze und Trockenheit. Deshalb ist die Stickstoffdüngung gerade dort in erster Linie ein Sicherheitsfaktor. Dafür sind die Leistungen auf den 50jährigen Hochmoorweiden in Königsmoor 1959 ein sprechender Beweis. Denn der Sommer 1959 brachte nicht nur ein ungewöhnlich großes Niederschlagsdefizit und eine sehr ungünstige Verteilung einiger Starkregen, sondern dazu ungewöhnlich viele kalte Vor- und Nachsommernächte mit zahlreichen und starken Spät- und Frühfrösten. Dort blieb bei 100 kg/ha N mit fünf statt normalerweise sechs Weideumtrieben der Aufwuchs mit nur 3850 kg/ha Trockenmasse und 660 kg/ha Rohprotein um etwa 50 bzw. 60% hinter dem normaler Jahre zurück, ohne N hingegen mit nur 2075 kg/ha Trockenmasse und nur 340 kg/ha Rohprotein um etwa 70 bzw. 75%. Auf Niedermoorweiden wird der Stickstofffluß selbst in normalen Jahren in dem Maße eingedämmt, wie die Torfe ihres Wurzelbettes stärker zersetzt, stärker mit Ton durchsetzt sind, sich entsprechend dichter lagern und nässer und kälter halten, an Luft verarmen und biologisch inaktiv werden (Kannenberg 1939, Toth 1962). Im einen wie im anderen Fall kann selbstredend der Stickstoff aus dem Düngersack durch Stallmiststickstoff ersetzt werden; denn bei *regelmäßiger* Stallmistgabe kann man je 100 dz jährlich 40 kg/ha wirksamen Stickstoff unterstellen, und zwar um so unbedenklicher, als er in der Weidenarbe offensichtlich die Leguminosen und ihre stickstoffsammelnde Tätigkeit fördert.

5. Andere Haupt- und Spurennährstoffe (Spurenelemente)

Zählt man zu den ersten als unentbehrlich u. a. Schwefel, Eisen und Magnesium, so braucht dazu nur kurz festgestellt zu werden, daß sich mit diesen Nährstoffen bei der von uns gehandhabten Wirtschaftsweise unter deutschen Moorverhältnissen über 50 Jahre eine Düngung praktisch erübrigt hat. Sie sind selbst in oligotrophen Torfen in beachtlichen Mengen vorhanden (Tab. 716, 719, 721 und 731) und vor allem zugänglich; was davon entzogen wird oder versickert, wird allein mit der „Nebenwirkung" verschiedener hier üblicher Handelsdünger und von Wirtschaftsdüngern mehr als wettgemacht (dolomitischer Mergel, Hüttenkalk, Thomasphosphat, magnesiumhaltige und schwefelsaure Salze).

In der falschen Vorstellung von den „armen Moorböden" befangen, macht man sich gar zu leicht Bedenken zu eigen, sie seien auch an „Spurenelementen" arm, und sucht in zunehmendem Maße, einem etwaigen Mangel daran mit „Spurenelemente-Volldünger" vorzubeugen. Das halten wir — bis zum Beweis des Gegenteils — für eine unnötige Sorge und unwirtschaftliche Maßnahme.

Nach den Tab. 731 bis 734 ist der Gehalt an manchen Spurenelementen in den oligotrophen Mooren zwar absolut bis um das Zehnfache geringer, als es einstweilen für Mineralböden als erforderlich erachtet wird, der Cu-Gehalt selbst nach einer Kupferung in der allgemein als angemessen erachteten Höhe noch um das Mehrfache geringer. Trotzdem sind die Gehalte in der Erntetrockenmasse von Moor und Anmoor aber weitaus überwiegend voll befriedigend oder kommen wenigstens den von der *Deutschen Landwirtschaftsgesellschaft* (*DLG*) zusammengestellten mittleren Gehalten nahe (1960). Sie sind demnach in diesen oligotrophen Hochmoorkulturen offensichtlich zu weit höheren Anteilen pflanzenverfügbar als in den meisten Mineralböden. Zudem ist damit im Laufe der Nutzung

Schicht cm	Asche %	Verbrennl. kg/ha	pH KCl	Gesamtes						Laktatlösliches		Austauschbares					
				CaO	P_2O_5	K_2O	MgO	MnO	Fe_2O_3	P_2O_5	K_2O	Mg	Mn	Cu	B	Cu	B
				kg/ha						kg/ha		mg/100 g tr.		kg/ha		ppm	
a) Deutsche Sandmischkultur aus dem Herbst 1958 ohne Kupfer (Gd 6—8)																	
0—20	90,07	221439	3,25	1561	446	446	446	32	—	44	170	4,6	0,41	3,568	0,669	1,6	0,3
20—30	85,35	131850	3,30	1440	270	270	360	22	—	19	100	10,2	0,90	1,440	0,270	1,6	0,3
30—40	82,27	149109	3,40	1682	252	252	168	19	—	24	105	13,8	0,90	1,345	0,252	1,6	0,3
b) Deutsche Hochmoorkultur: 5 Jahrzehnte alte Dauerwiese in einseitiger Mineraldüngung ohne Kupfer (A I St. 6)																	
0 — 2,5	34,73	51726	4,50	1839	409	92	222	173	1226	29	41	15,5	27,0	1,030	0,119	13,0	1,5
2,5— 5	34,19	50509	4,40	1811	326	61	154	68	1045	12,5	20	10,9	29,5	0,690	0,069	9,0	0,9
5—10	37,24	99788	4,30	3148	547	116	286	114	1450	27,5	27,5	13,2	23,0	1,113	0,190	7,0	1,2
10—20	25,77	183348	3,90	5113	566	124	198	86	2162	35	23	12,7	18,5	1,482	0,272	6,0	1,1
Sa. 0—20		385371		11911	1848	393	860	441	5883	104	111,5			4,315	0,650		
c) Deutsche Hochmoorkultur: 5 Jahrzehnte alte Dauerweide in Mineraldüngung bei 3mal je 100 dz/ha Stallmist, ohne Kupfer (D II 3 sdl.)																	
0 — 2,5	20,20	62843	4,65	1654	383	87	315	77	882	24	31	24,3	22,0	0,314	0,102	4,0	1,3
2,5—5	19,30	62946	4,40	1583	280	62	257	44	818	13	12	18,8	18,5	0,390	0,086	5,0	1,1
5—10	13,85	114580	4,00	2474	319	80	372	72	1021	13	19	21,3	15,5	0,931	0,146	7,0	1,1
10—20	10,20	185886	3,90	3974	329	95	559	43	1090	17	23	25,3	9,0	1,242	0,228	6,0	1,1
Sa. 0—20		426255		9685	1311	324	1503	236	3811	67	85			2,877	0,562		
d) Deutsche Hochmoorkultur: Nach Ackerzwischennutzung Kleegras, 50 kg/ha $CuSO_4$ 20 cm tief eingearbeitet (B IV)																	
0— 5	31,02	100366	4,80	3376	665	151	131	131	1983	48	60	17,6	18,0	1,607	0,130	11,0	0,9
5—10	10,87	104728	3,80	2597	148	29	59	15	708	6,5	7,5	15,8	12,0	0,588	0,059	5,0	0,5
10—20	3,36	121766	3,40	2205	45	5	113	8	736	3	8	40,3	5,5	0,630	0,026	5,0	0,2
Sa. 0—20		326860		8178	858	185	303	154	3427	57,5	75,5			2,825	0,225		
e) Deutsche Hochmoorkultur: Nach Ackerzwischennutzung Kleegras, 50 kg/ha $CuSO_4$ auf die Grünlandansaat (C IV)																	
0— 5	10,04	95807	3,90	2055	162	122	85	40	842	7	100	31,4	18,5	4,793	0,139	45,0	1,4
5—10	10,85	109209	3,70	2450	172	105	98	22	765	5	80	29,7	15,0	0,367	0,147	3,0	1,2
10—20	9,54	180015	3,70	4119	200	143	100	39	988	5	125	25,0	16,0	0,587	0,199	3,0	1,0
Sa. 0—20		385031		8624	534	370	283	101	2595	17	305			5,747	0,485		

Tabelle 732. *Gehalte an einigen Spurenelementen im Wurzelbett und in der Erntetrockenmasse von bewußt damit nicht gedüngten 5 Jahrzehnte alten Hochmoorwiesen und Hochmoorweiden in Königsmoor 1960*

Fläche Kö	Unterschiede in der Düngung	Boden-probe cm	Vol.-Gew. tr.	Asche %	pH KCl	aktiv bzw. aufnehmbar					
						Mn		Cu		B	
						mg/100 g	kg/ha	ppm	g/ha	ppm	g/ha
					Bodenwerte 1960						
	a) *Dauerwiesen*										
AIIb	Algierphosphat........	0—10	288	15,2	4,1	10,5	30	3,0	864	1,5	432
		10—20	256	15,2	4,0	3,9	10	1,9	490	1,3	333
AIIb	Thomasphosphat	0—10	302	16,6	4,5	24,9	75	1,9	574	1,5	453
		10—20	175	7,4	4,0	6,7	12	1,7	298	1,0	175
	b) *Dauerweiden*										
DII und	mit N-Düngung......	0—8	293	19,4	4,4	23,0	54	3,0	700	2,4	563
DIII s		8—20	214	19,9	3,8	10,4	27	3,5	899	3,8	976
DIII n	ohne N-Düngung	0—8	339	15,6	4,2	26,7	73	2,5	678	2,5	678
und DIV		8—20	172	6,9	3,8	11,1	23	3,5	722	2,8	578
Für Mineralböden ausreichend in:		0—20				*1,5*	*45*	*3,5*	*10500*	*0,3*	*900*

Fläche	Unterschiede in der Düngung	Mo		Mn		Cu		B	
		ppm	g/ha	%	kg/ha	ppm	g/ha	ppm	g/ha
		In der Erntemasse tr. 1960							
	a) *Dauerwiesen*								
AIIb	Algierphosphat	0,32	0,60	0,06	1,03	6,6	12,4	15,5	28,9
AIIb	Thomasphosphat	0,23	0,74	0,05	1,61	10,0	33,2	22,0	72,3
Nach DLG (1960) % tr. ⌀ :		*0,57*		*0,007*		*9,6*		*16,0*	
	b) *Dauerweiden*								
DII/III	mit N-Düngung	0,30	1,70	0,05	2,80	9,0	51,0	10,5	59,5
DIII/IV	ohne N-Düngung	0,42	1,20	0,07	2,10	11,0	74,4	14,0	41,6
Nach DLG (1960) % tr. ⌀ :		*0,63*		*0,018*		*9,1*		——	

Tabelle 733. *Gehalte an einigen Spurenelementen im Wurzelbett und in der Futtermasse tr. einer nahezu 4 Jahrzehnte beweideten, dann 3 Jahre beackerten (1951 bis 1953), wieder angesäten (1954) Hochmoorkultur, seitdem mit Ruhrvolldünger (1 und 3) bzw. mit Einzeldüngern (2 und 4) gedüngt, bisher ohne Cu (1 und 2) bzw. mit 50 kg/ha CuSO$_4$ (1954) auf den Kopf*

Fläche Kö	Kupferung	Art der Düngung	Boden-probe cm	Vol.-Gew. tr.	[Asche %	pH KCl	aktiv bzw. aufnehmbar					
							Mn		Cu		B	
							mg/100 g	kg/ha	ppm	g/ha	ppm	g/ha

a) *Bodenwerte März 1960:*

Fläche Kö	Kupferung	Art der Düngung	Boden-probe cm	Vol.-Gew. tr.	[Asche %	pH KCl	Mn mg/100 g	Mn kg/ha	Cu ppm	Cu g/ha	B ppm	B g/ha
1. BI	ohne	Ruhrvoll- .	0—10	221	12,24	4,4	22	49	1,4	309	2,1	464
3 und 4	Cu	dünger ...	10—20	200	10,04	4,1	22	44	1,2	240	2,3	460
2. BI	ohne	Einzel-....	0—10	258	23,25	4,8	19	49	1,8	464	2,2	568
8 und 9	Cu	dünger ...	10—20	225	18,75	4,3	22	50	1,6	360	2,4	540
3. BII	mit	Ruhrvoll- .	0—10	226	13,08	4,8	22	50	9,1	2057	2,4	542
3 und 4	Cu	dünger ...	10—20	182	10,12	4,4	23	42	9,0	1638	1,5	273
4. BII	mit	Einzel-....	0—10	219	12,51	4,9	22	48	7,0	1533	2,4	526
8 und 9	Cu	dünger ...	10—20	163	9,34	4,3	24	39	5,5	897	2,1	342
Für Mineralböden ausreichend in			0—20				1,5	45	3,5	10 500	0,3	900

Fläche	Kupferung	Art der Düngung	Mo ppm	Mo g/ha	Mn %	Mn kg/ha	Cu ppm	Cu g/ha	B ppm	B g/ha

b) *In der Erntemasse tr. 1960:*

Fläche	Kupferung	Art der Düngung	Mo ppm	Mo g/ha	Mn %	Mn kg/ha	Cu ppm	Cu g/ha	B ppm	B g/ha
1. BI	ohne	Ruhrvolldünger	0,14	0,62	0,04	1,9	7	32	18	81
2. BI	Cu	Einzeldünger	0,17	0,96	0,03	1,7	8	44	14	79
3. BII	mit	Ruhrvolldünger	0,12	0,64	0,03	1,7	11	56	17	86
4. BII	Cu	Einzeldünger	0,13	0,77	0,03	1,7	10	57	14	83
Nach DLG (1960)		% tr. ⌀ :.............	0,57		0,007		9,6		16	

bei alleiniger angemessener Kali-Phosphat-Ersatzdüngung (S. 1509) eine eindeutige Anreicherung erfolgt. Dabei spricht zweifellos die Mineralisierung des Organischen (Branntkultur, Zersetzung) mit. Also auch die Spurenelementedynamik ist in organischen Böden anders geartet als in Mineralböden, so daß man dieselbe dort — wie die der Hauptelemente — mit anderem Maßstabe bewerten und dabei ebenfalls volumenmäßig messen und denken muß (S. 1464). Bei den nach bisherigen Anschauungen wichtigsten Spurenelementen sind unsere Vorstellungen und eigenen Erfahrungen einstweilen folgende:

*Kupfer*mangel scheint unter deutschen Verhältnissen vornehmlich in stark zersetzten Torfen aufzutreten, deshalb vor allem auf kalkreichen Niedermoor-

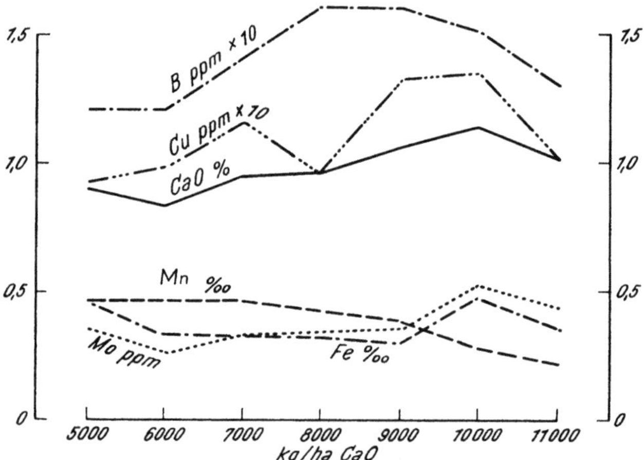

Abb. 344. Spurenelementegehalt in der Futtertrockenmasse von zwei Jahrzehnte alter Hochmoorweide nach steigenden Kalkgaben bei der Ansaat in Beziehung zum CaO-Gehalt. Königsmoor D V 1960

kulturen und in Sandmischkulturen mit ähnlich stark zersetzter organischer Substanz. Nach Tab. 732 bis 734 sind hingegen deutsche Hochmoorkulturen daran während 50jähriger Nutzung nicht etwa ärmer, sondern reicher geworden. Jedenfalls liegen die Gehalte in der Futtertrockenmasse von normal gedüngten Hochmoorwiesen und -weiden (Tab. 732 und 733) über den als ausreichend erachteten 6 ppm Cu (tr.). Das nach Davis und Lucas (1959) befürchtete Mißverhältnis in der Futtertrockenmasse von <5 ppm Cu und >3 ppm Mo ist von uns in keinem Fall in Erfahrung gebracht (Abb. 344).

Demgegenüber hat u. a. Sorteberg (1961) auf norwegischen unbesandeten Hochmoorkulturen vielfach Kupfermangel erkannt, führt denselben jedoch — wie Fe- und Mo-Mangel — mit auf die Verwendung von Mehrnährstoffdünger zurück, d. h. darauf, daß die „Nebenwirkung" der von uns verwendeten Einzeldünger fehlt[1].

Soweit Sandmischkulturen und Niedermoorkulturen mit Cu einmal in Höhe von 50 kg/ha $CuSO_4$ gedüngt worden sind, hat die Nachwirkung 25 Jahre befriedigt und wird voraussichtlich noch weit länger anhalten (Tab. 734).

Mangan ist in den niedrigen pH-Bereichen oligotropher Kulturen eher im Übermaß als zu wenig pflanzenzugänglich. Darauf weisen die Gewächse deshalb weit überdurchschnittliche Mn-Gehalte auf. Löslichkeit und Pflanzengehalte nehmen jedoch auch dort mit steigenden Kalkgaben ab; nach unbedacht hohen

---

[1] Nach freundlicher persönlicher Äußerung gelegentlich gemeinsamer Besichtigung.

Tabelle 734. *Gehalte an einigen Spurenelementen im Wurzelbett und in der Erntetrockenmasse in $2^{1}/_{2}$ Jahrzehnte und 2 Jahre alten Sandmisch-kulturen (Ackerflächen) in Königsmoor 1960*

a) *Bodenwerte Nov. 1959 bzw. Jan. 1960*

Fläche Kö	kg/ha CuSO₄	Entnahme der Bodenprobe Jahr	cm	Vol.-Gew. tr.	Asche %	pH KCl	Mn mg/100 g	Mn kg/ha	Cu ppm	Cu g/ha	B ppm	B g/ha	Moorkulturtyp	urbar ge-macht
JIII	1938 50	1960	0—20	1299	93,0	5,3	2,4	62	2,0	9196	0,3	779	S/Hmo	1938
Gd 6—8	ohne Cu	1959	0—20	1117	77,0	4,0	0,7	16	0,4	894	0,2	447	S/Hmo	1958
Gd 9—10	1947 75	1959	0—20	1269	92,9	4,6	2,6	66	3,4	8692	0,2	508	S/Hmo	1938
Gd 11	1948 50	1959	0—20	1313	93,6	4,7	3,5	92	2,2	5777	0,2	525	S/Hmo	1938
Für Mineralböden ausreichend in			0—20				1,5	45	3,5	10500	0,3	900		

b) *In der Erntemasse tr. 1960*

Fläche	gekupfert kg/ha CuSO₄	Ackerfrucht 1960	Mo Korn, Stroh ppm	Mo K+St. g/ha	Mn Korn %	Mn Stroh %	Mn K+St. kg/ha	Cu Korn, Stroh ppm	Cu K+St. g/ha	B Korn, Stroh ppm	B K+St. g/ha
JIII	1938 50	S.-Gerste	0,30	0,46	0,002	0,013	1,00	5,0	7,0	1,0	10,4
Nach DLG (1960) % tr. ⌀ :			0,75	0,34	0,004	0,008	—	3,7	2,7	3,5	—
Gd 6—8	ohne Cu	W.-Roggen	0,10	0,07	0,004	0,006	0,44	3,0	6,0	1,0	17,6
Gd 9—10	1947 75	W.-Roggen	0,26	0,09	0,004	0,004	0,28	4,0	6,0	1,0	12,4
Gd 11	1948 50	W.-Roggen	0,24	0,13	0,005	0,005	0,33	7,0	4,0	1,3	12,1
Nach DLG (1960) % tr. ⌀ :			0,22	0,12	0,0012	0,0024	—	0,6	2,9	—	—

Kalkgaben wird das Mangan in gleichen pH-Bereichen auf oligotrophen sogar stärker blockiert als auf eutrophen Bildungen (Davis und Lucas 1959).

Bei pH (KCl) < 5 werden auf Mineralböden 1,5 ppm/100 g tr. als ausreichend erachtet; oligo- und mesotrophe Kulturtypen weisen einen derartig hohen pH-Bereich weder von Natur auf, noch sollten sie darüber hinaus aufgekalkt werden.

Je höhere pH-Werte in kalkreichen Niedermooren vorliegen, desto mehr wird aber das Mangan blockiert und desto akuter wird eine Mangandüngung (Hilpolt-steiner 1955 und 1959) — oder bei hohem Bedarf eine Schwefeldüngung — zwecks Erniedrigung des pH-Bereiches.

*Bor*mangel tritt wie auf Mineralböden auch auf organischen Böden in erster Linie bei Rüben auf und zeichnet sich in noch laufenden eigenen Versuchen auch bei Kartoffeln ab.

Im Gegensatz zum Kupfer ist eine Nachwirkung von einer Mn-Düngung ebensowenig wie von einer B-Düngung zu erwarten. An diesen Spurenelementen bedürftige Gewächse müssen damit folgerichtig jedes Jahr erneut gedüngt werden.

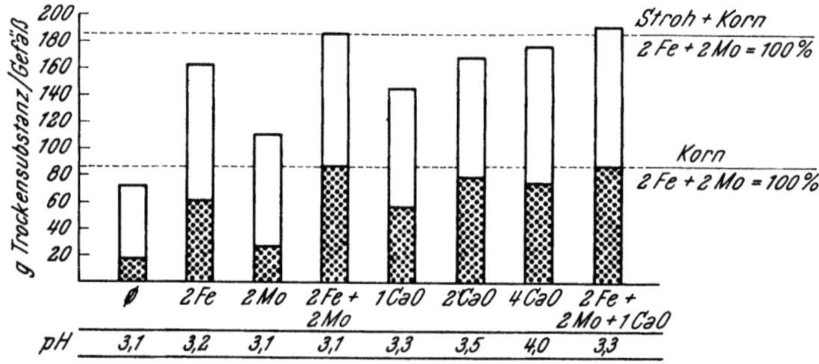

Abb. 345. Beziehung zwischen Fe- und Mo-Wirkung und Kalkung auf Hochmoor nach einem unveröffentlichten Versuch von E. Brandenburg. 2 Fe = 400 mg Fetrilon/Gefäß = 200 kg/ha; 1 Mo = 12 mg Natriummolybdat/Gefäß = 6 kg/ha; 1 CaO = 4,5 g Ca(OH)$_2$/Gefäß = 22,5 dz/ha

*Molybdän*mangel tritt nur auf oligotrophen Moorbildungen in pH-Bereichen auf, die unterhalb der angestrebten pH-Werte (S. 1494 und Tab. 732) liegen, wird also mit entsprechender Aufkalkung behoben. Mit unüberlegt hohen Kalkgaben aber wird Mo auf Hochmoorkulturen ebenso im Übermaß pflanzenverfügbar, wie es für sehr kalkreiche Niedermoorkulturen von Natur zutrifft. Im letzten Fall ist ohne Kupferung in der Futtertrockenmasse das beim Kupferhaushalt (S. 1504) aufgezeigte Mißverhältnis zwischen Cu und Mo zu befürchten.

Sorteberg (1954 und 1960) und Brandenburg[1] führen deshalb unbefriedigendes Wachstum auf Hochmoorkulturen in niedrigen pH-Bereichen statt auf einen Kalkmangel bzw. auf eine zu hohe Wasserstoffionenkonzentration nicht zuletzt auf Mo-Mangel zurück. Nach Sorteberg kann zwar der dann vorliegende hohe Kalkbedarf nicht allein durch Mo-Düngung ersetzt werden. Aber unseres Erachtens liegt es nach solchen Erkenntnissen durchaus im Bereich des Möglichen, sich mit der Kalkung einer noch weiteren Mäßigung zu befleißigen, als wir sie ohnehin nahelegen (S. 1495). Vor allem aber dürfte man mit einer gleichzeitigen Mo-Gabe der ertragsdrückenden Wirkung entgehen, welche bisher auf vor allem während der ersten Nutzungsjahre von Schritt zu Schritt wechselnde

---

[1] Nach dankenswerter, eingehender persönlicher Bekanntgabe unveröffentlichter Versuchsergebnisse.

Kalk- und Reaktionszustände hochmoorartiger Standorte (Hochmoor- wie Sandmischkulturen) zurückgeführt worden ist.

Eisen ist in den meisten organischen Böden von Natur in genügender Menge pflanzenverfügbar, kann aber wie Mo in zu niedrigen pH-Bereichen blockiert werden. In solchem Fall kann dem Fe-Mangel nach BRANDENBURG (Abb. 345) allerdings nur mit Fe-Chelaten abgeholfen werden, während SORTEBERG (1961) demselben in Versuchen, in denen er ihn ungewollt mit Cu-Gaben auf Hochmoorkulturen ausgelöst hat, auch mit mineralischem Fe wirksam begegnet ist.

Allgemein dürften die verschiedenen Spurenelemente auf organischen und mineralischen Böden die gleichen Antagonisten sein und bei Überdosierungen die gleichen Gefahren aufkommen lassen.

6. Die zweckmäßigste Form der Handelsdüngemittel

Dazu ist gegenüber den Mineralböden nur einiges zu beachten:

Kohlensaurer Kalk ($CaCO_3$) ist vor allem als dolomitischer Mergel ($CaCO_3 + MgCO_3$) dem Branntkalk (CaO) vorzuziehen. Die davon erforderliche doppelte Menge läßt sich besser verteilen als die halbe Menge vom Branntkalk, und kohlensaurer Kalk greift die Torfsubstanz chemisch weniger an als Branntkalk. Hüttenkalk bringt demgegenüber keinerlei spezifische Kalkwirkung, allenfalls die eine oder andere willkommene „Nebenwirkung". Wegen seiner Unbeweglichkeit im Moor und Anmoor ist auf hohen Feinheitsgrad des Kalkes zu achten, wenngleich sich neuerdings auf Sandmischkulturen auch weniger feines Material mit etwa 10% Wasser bewährt hat (BADEN und LAUENSTEIN 1960). Im letzten Fall erwächst derselbe Vorteil wie mit „Torfmergel", dem 2% Torftrockenmasse zugesetzt sind. In beiden Fällen entgeht man bei Umschlag und Streuen dem lästigen Kalkstaub.

Je nach den gegebenen oder angestrebten Kalk- und Reaktionszuständen sind kalkmehrende, kalkschonende oder kalkzehrende Handelsdünger angezeigt. Auf Hochmoorbildungen sind in den angestrebten niedrigen pH-Bereichen Rohphosphate voll wirksam. Zu Kartoffeln sind wie auf Mineralböden hochprozentige oder magnesiumhaltige Kalisalze zu bevorzugen.

Im Kalkstickstoff bleibt die Wirkung der Einheit N auf Hochmoorkulturen hinter ihrer Wirkung in den übrigen Stickstoffdüngemitteln zurück (BRÜNE 1936). Demgegenüber bringt er den bekannten Vorteil der unkrautbekämpfenden Wirkung, vor allem im Verein mit Hederich-Kainit (50 kg/ha Kalkstickstoff und 200 kg/ha Hederich-Kainit).

Volldünger sind nur so weit am Platze, wie ihr Nährstoffverhältnis den Entzügen der Moorkulturen entspricht oder in wirtschaftlicher Weise durch Einzeldünger entsprechend ergänzt werden kann. Die Höhe der Volldüngergaben muß in erster Linie nach ihrer Stickstoffwirkung begrenzt werden. Je mehr sie „chemisch rein" sind, desto früher kann besonders die ihnen fehlende „Nebenwirkung" fühlbar werden und mancherlei Ergänzungsdüngungen, vor allem auch mit Spurenelementen, auf oligotrophen Kulturtypen auch Nachkalkungen erforderlich machen.

Spurenelemente können sowohl in Form ihrer Oxyde wie ihrer Sulfate verabfolgt werden, als Sulfate tunlichst, soweit gleichzeitig zu hohe pH-Werte erniedrigt werden sollen. Bei den jeweils erforderlichen nur geringen Mengen ist Blattdüngung vor allem dann angezeigt, wenn ein akuter Mangel kurzfristig behoben werden muß. Bei der den organischen Böden eigentümlichen Nährstoffdynamik dürften breitwürfige Verabfolgung und bisher übliche Einarbeitung der Düngergaben auch bei vermehrtem Arbeitsmangel zeitgemäß bleiben, vor

allem bei Verwendung an „Ballast" reicher Einzeldünger. Denn Kaliphosphat-
dünger können unbedenklich für zwei oder selbst drei Jahre im voraus verabfolgt werden, und zum anderen werden damit manche willkommene Neben-
(Spurenelemente-)Wirkungen erzielt. Eine Ausnahme machen lediglich Stickstoff-
Kopfdüngungen und die aufgezeigten Blattdüngungen. Da Kalk- und Phosphorsäure teils chemisch teils kolloidal in Moor und Anmoor praktisch unbeweglich
festgelegt werden, deshalb weder vertikal noch horizontal nennenswert wandern,
kann man sich vor allem bei der Grundkalkung und Grunddüngung vor der Ansaat
von Grünland mit einer gleichmäßigen Verteilung der betreffenden Handelsdünger
kaum genügend Mühe geben. Aus dem gleichen Grunde ist die feinere Körnung
der Düngemittel in diesem Fall grobkörnigerem Material vorzuziehen.

Die Kupferung kann unbedenklich auch in Form von Kupferschlacke oder
als Kupfermehl erfolgen.

c) Auswirkung auf die Güte der Produkte von Moor und Anmoor

Sie hängt wie auf Mineralböden von der Harmonie des Angebotes ab. Nach
der eingehenden Darlegung der den verschiedenen Moorarten bei verschiedenen
Bodenzuständen eigentümlichen Nährstoffdynamik mag es dazu mit folgender
Zusammenfassung sein Bewenden haben:

In den auf oligotrophen Moorkulturen angestrebten und den nicht übermäßig
hohen pH-Bereichen der Niedermoore mit nicht zu hohem Kalk- und Tongehalt
sind Kationen und P_2O_5 bei normalen Düngergaben eher im Übermaß denn zu
wenig zugänglich. Das gilt im besonderen für das Kali. Deshalb sind die Produkte daran gleichfalls reicher als die von manchen „besseren" Mineralböden.
Das Futter auf Moorwiesen und -weiden ist zudem verhältnismäßig eiweißreich,
im ersten Aufwuchs besonders futterwüchsiger Jahre daran häufig unerwünscht
reich.

Gemüse und Obst von ordnungsgemäßen Moorkulturen zeichnen sich —
dank der guten Wasserversorgung und der so lebhaften Umtauschvorgänge
im wasserreichen Boden — durch besondere Schmackhaftigkeit aus (Werth 1931).
Andererseits wird die Haltbarkeit von Gemüse und Hackfrüchten durch zu
starken Stickstofffluß beeinträchtigt.

d) Düngeberatung und Düngerempfehlung

Bei Urbarmachung oder durchgreifender Verbesserung von „Halbkulturen"
gibt der ursprüngliche Pflanzenbestand erste wertvolle Fingerzeige, mag er
auch nur in Relikten, an Feldrainen, Wegen und Gräben anzutreffen sein. Besteht er aus kalkholden Pflanzen, deutet er untrüglich auf kalkreiches Niedermoor, ist er außerdem massenwüchsig, auf eutrophe stickstoffreiche Bildungen.
Sind in solchem Fall nicht pflanzenschädliche Stoffe zu vermuten (S. 1494), ist
jegliche Meliorationskalkung ebenso überflüssig, wenn nicht gar fehl am Platze,
wie mit der Stickstoffdüngung von vornherein Zurückhaltung geboten ist. Bei
einer solchen Diagnose ist eine Kalkbedarfs- bzw. eine pH-Bestimmung allenfalls angezeigt, um bei zu hohem Kalkgehalt und zu hohen pH-Werten zur Verwendung von kalkzehrenden Handelsdüngern zu raten.

Mit der gleichen Sicherheit lassen Pflanzengesellschaften des Hochmoores
auf einen Kalkbedarf schließen, dessen Höhe allerdings zutreffend nur durch
eine Kalkbedarfsbestimmung in Erfahrung gebracht werden kann. Daraufhin
sollten deshalb sowohl völlige Neukulturen wie im Zweifelsfall auch ältere Nutzflächen chemisch untersucht werden. Wird der Kalk- und Säurezustand ent-

sprechend geregelt, bedarf es bei laufender Verabfolgung kalkmehrender Düngemittel lange Zeit einer Nachkalkung nicht.

Dem Moorkundigen sind noch erkennbare subfossile Torfbildner selbst in tieferen Torflagen für die Zukunft eine wertvolle Ergänzung.

Im übrigen sind trotz der für die verschiedenen Moorkulturtypen so unterschiedlichen Nährstoffdynamik verhältnismäßig einfache Düngerregeln nicht nur erwünscht, sondern für Kali und Phosphorsäure längst als allgemein gültig erkannt worden:

Auf hochmoorartigen Neukulturen sind von weitergehenden chemischen Bodenuntersuchungen für den Nährstoffbedarf bemerkenswerte Ergebnisse kaum zu erwarten; denn sie können nur lauten, daß mit Kali und Phosphorsäure auf Vorrat und mit Stickstoff wie auf leichten Mineralböden gedüngt werden muß. Um so aufschlußreicher ist die chemische Bodenuntersuchung in Zweifelsfällen auf älteren Hochmoor- und Sandmischkulturen und sollte auch auf Neukulturen und Halbkulturen meso- oder eutropher Beschaffenheit auf keinen Fall verabsäumt werden (S. 1487).

Ist deren Kaliphosphatzustand grundsätzlich klargestellt und grundlegend geregelt, erübrigen sich laufende chemische Bodenuntersuchungen im einen wie im anderen Fall, wenn man durchschnittliche Kaliphosphatersatzdüngungen anhand der allgemeingültigen Entzugszahlen verabfolgt, d. h. wenn man so düngt, wie man ernten möchte oder geerntet hat.

Für Moorgrünland auf den wichtigsten Moorkulturtypen führt das — unter Berücksichtigung ihrer geschilderten verschiedenen Nährstoffdynamik — zu folgenden einfachen Ersatzdüngungen (Tab. 735):

Tabelle 735. *Ersatzdüngung auf Moorwiesen*

Für je 1000 kg Heu	kg P_2O_5 und K_2O
Hochmoor bzw. hochmoorartig	
Hmo = unbesandet	5 + 25 = 1 : 5
S/Hmo = sandgemischt..................	6 + 25 = 1 : 4
Niedermoor bzw. niedermoorartig	
Nmo = übergangsmoorartig und	
S/Nmo = sandhaltig	6,5 + 20 = 1 : 3
Nmo = kalkreich und	
T/Nmo = ton- (schlick-) haltig............	8 + 20 = 1 : 2,5

Auch auf leistungsfähigen Ganztagsweiden genügen nach 50jährigen Erfahrungen in Königsmoor jährlich

30 bis 40 kg/ha P_2O_5 und 60 bis 80 kg/ha K_2O.

Jedenfalls sind die dortigen Hochmoorweiden trotz dieser manchen überraschenden niedrigen Ersatzdüngungen stetig mit beiden Nährstoffen angereichert worden (Tab. 731d und e).

Auf Mähweiden ist die Ersatzdüngung ebenso wie für den Mooracker sinngemäß zu errechnen.

Selbst auf Hochmoor- und hochmoorartigen Sandmischkulturen wie auf Heidekulturen genügen im jährlichen Durchschnitt der üblichen Dreifelderfruchtfolge mit Winterung, Sommerung und Hackfrucht bei Ernten von 25 dz/ha Getreide und 250 dz/ha Kartoffeln nach BADEN und STEINFATT (1958) 120 kg/ha K_2O und 40 kg/ha P_2O_5.

Rat und Erziehung zu diesen einfachen Düngeregeln ist zweifellos leichter und erfolgversprechender als eine Düngeberatung auf Grund laufender Bodenuntersuchungen. Diese sind nicht nur sehr aufwendig, sondern auch mit mancherlei Fehlerquellen und unkontrollierbaren Zufälligkeiten behaftet; denn die Nährstoffdynamik auf Moor und Anmoor ist, wie dargelegt worden ist, von einer Vielzahl biologischer, physikalischer und chemischer Wechselfälle abhängig (Baden 1963).

Die Stickstoffdüngung ist — von Hochmooracker und von intensiv betriebenen Moorweiden abgesehen — hingegen nicht in allgemein gültige Regeln zu fassen. Ihre Zweckmäßigkeit hängt nicht zuletzt von der mehr oder weniger regen Bodentätigkeit und auf Moorwiesen davon ab, ob man auf eiweiß- oder stärkereiches Futter abzielt. Im Zweifelsfall ist Zurückhaltung geboten, um im gegebenen Zeitpunkt mit einer Spätdüngung nachzuhelfen.

Bei Stallmist- und Gründüngung sind ihre Stickstoffwirkung und ihr Mineralstoffgehalt in üblicher Weise in Rechnung zu stellen.

Die Frage der Spurenelemente zeichnet sich für Moor und Anmoor zwar erst in einigen Grunderkenntnissen ab. Aber schon danach dürfte ihr auf Moorkulturen allgemein eine überragende oder gar eine abwertende Bedeutung nicht

Tabelle 736. *Cu-, B- und Mn-Düngung in Abhängigkeit vom Bedarf der Pflanzen und pH-Bereich* (nach Davis und Lucas 1959)

Bedarf an *Kupfer* bei pH	zu düngen mit etwa kg/ha Cu		
	<5,5	5,5—6,4	>6,4
hoch	12	8	4
mittel.................	8	4	0
niedrig..............	4	0	0

Bedarf an *Bor* bei pH	kg/ha B		
	<5,0	5,0—6,4	>6,4
hoch	0	3	5
mittel.................	0	1	3
niedrig..............	0	0	1

Bedarf an *Mangan* bei pH	kg/ha Mn		
	6,0—6,6	6,7—7,2	7,3—8,0
hoch	10	20	40[1]
mittel.................	5	10	20
niedrig	0	5	10

[1] Statt dessen richtiger etwa 500 kg/ha S + nur 20 kg/ha Mn.

beizumessen sein (S. 1471). Das schließt nicht aus, daß sie nach anderweitigen Erfahrungen, u. a. auf besonders kalkreichen Niedermooren Floridas und mesotrophen Moorkulturen Nordamerikas und Kanadas, für an dem einen oder anderen Spurennährstoff besonders bedürftige Gemüsearten (Möhren, Spinat, Zwiebeln u. a.) der Schlüssel zum Erfolg sein kann.

In Ermangelung spezieller Methoden zur Untersuchung und Bemessung des Spurenelementebedarfes organischer Böden kann man sich dort bei einem vermuteten Mangel an dem einen oder anderen Spurennährstoff einstweilen nur an die Methode und Grenzwerte anlehnen, wie sie für Mineralböden aufgekommen sind. Da jedoch Überdosierungen häufig toxisch wirken können, sollte man sich im Hinblick auf die vielfach sehr labile Nährstoffdynamik der organischen Böden um die untere Grenze des jeweils Erforderlichen bemühen und dabei — nach der Gepflogenheit in den USA (DAVIS und LUCAS 1959) — neben dem Kalk- und Reaktionszustand (Tab. 736) vor allem den spezifischen Bedarf berücksichtigen, den die verschiedenen Gewächse auf organischen Standorten aufweisen (Tab. 737).

Tabelle 737. *Spurenelementbedarf verschiedener Gewächse auf Moorkulturen* (nach DAVIS und LUCAS 1959)

Gewächs	Bedarf an			
	Mn	B	Cu	andere
Gerste	±	0	±	Zn
Hafer	+	0	+	
Roggen	—	—	—	
Weizen	+	0	+	
Mais	±	—	±	Zn
Bohnen	+	0	—	
Erbsen	+	0	—	Mo
Klee	±	±	±	
Kartoffeln	+	—	—	
Kohlrüben	±	+	+	Na
Stoppelrüben	±	+	±	
Zuckerrüben	±	+	±	Na
Möhren	±	±	+	
Blumenkohl	+	±	±	Mo
Kopfkohl	±	±	±	
Rettich	+	±	±	
Sellerie	±	+	±	Na
Zwiebeln	+	0	+	Zn, Mo
Lauch	+	±	+	Mo
Spinat	+	±	+	Mo
Pfefferminze	0	0	—	
Gras	±	0	±	

0 = kein, — = geringer, ± = mittlerer, + = hoher Bedarf.

Danach haben die meisten auf oligotrophen Kulturtypen (Deutsche Hochmoor- und Sandmischkultur) vorherrschenden Ackerfrüchte und vor allem das Grünland allenfalls einen „mittleren" Bedarf an dem einen oder anderen Spurenelement, der sich jedoch gerade dort um so sicherer von selber erledigen dürfte, wie ihm mit der Nebenwirkung der verschiedenen Einzeldünger „unbewußt" abgeholfen wird (Tab. 731 bis 734).

Also, auch bezüglich der Spurenelemente sind die daran von Natur insgesamt ärmeren hochmoorartigen Kulturtypen nährstoffdynamisch günstiger gestellt als die daran von Natur reicheren niedermoorartigen Bildungen; sie sind also auch spurennährstoffmäßig in mehrfacher Hinsicht die reicheren Böden. Das gilt bei dem derzeitigen Stande des Wissens vor allem für einen Vergleich von Hochmoor- und Niedermoorgrünland.

e) Zur Rentabilität der Düngung auf Moor und Anmoor

Die verschiedenen Moorkulturtypen sind zwar an einzelnen Nährstoffen von Natur arm, zum Teil sogar sehr arm. Dafür sind sie aber anderer Nährstoffe um so weniger bedürftig, besonders des immer noch teuersten Nährstoffes Stickstoff. Allein deshalb heißt es sie völlig falsch bewerten, wenn man sie — wie es von Unkundigen immer noch geschieht — in „Bausch und Bogen" als „arme Böden" abtut oder gar sie als solche — in dieser völlig falschen Vorstellung befangen — auch besonders stark kalkt oder düngt. Bei im übrigen ordnungsmäßigem Kulturzustand und sachgemäßer Bewirtschaftung sind sie dank ihrer günstigen Nährstoffdynamik sogar besonders dünger*dankbar* und dünger*sparsam*; denn für den rechnenden Landwirt kommt es nicht so sehr auf den natürlichen Kalk- und Nährstoff*gehalt* an wie vielmehr darauf, ob der Boden mit diesem Vorrat und mit den erforderlichen Ergänzungen an Wirtschafts- und Handelsdüngern mehr oder weniger haushält. Das aber tun ordnungsgemäße Moor-, Anmoor- und Sandmischkulturen in hervorragender Weise. So betrachtet, sind sie keineswegs arm, sondern sogar reicher als manche „gute alte Böden" und lohnen bei auch im übrigen sachgemäßer Wirtschaftsweise die besonders rationelle Moordüngung mit hohen und sicheren Erträgen.

Literatur

Allison, R. V., und A. P. Dachnowski: Physical and chemical studies upon important profiles of organic soils in the Florida Everglades. Proc. and Papers of the Second Int. Congr. of Soil Sci. Comm. VI, Moscow, 222–245 (1932). — Arnd, T.: Über schädliche Stickstoffumsetzung im Hochmoorboden als Folge der Wirkung steigender Kalkgaben. Landwirtsch. Jb. **1915**, 371. — Beiträge zur Kenntnis der Mikrobiologie unkultivierter und kultivierter Hochmoore. Zbl. Bakt. Abt. II **45**, 554 (1916).

Baden, W.: Untersuchungen an norwestdeutschen Podsolprofilen und podsoligen Moorbildungen im Hinblick auf das jeweils zweckmäßige Urbarmachungsverfahren. Z. Pflanzenernähr., Düng., Bodenkde. **52** (97), 120–150 (1951). — Zur Dynamik der heute in den nordwestdeutschen Moor- und Heidegebieten vorherrschenden Kulturprofile. Kali-Briefe, 2. Folge, März 1953. — Die Wandlung der in den Emslandmooren obwaltenden gewachsenen Bodenprofile zu den verschiedenen Moorkulturprofilen. Wasser u. Boden, Beilage „Moor u. Torf" **6**, 269–271 (1954). — Beziehungen zwischen Phosphorsäurehaushalt und Kalk- und Reaktionsverhältnissen des Hochmoorgrünlandes. Phosphorsäure **15** (1), 1–46 (1955). — Einige Besonderheiten der Pflanzenernährung und Düngung auf nordwestdeutschen Moorkulturen. Landwirtsch. Forsch., 7. Sonderheft: Stand und Leistung agrikultur-chemischer Forschung III, 54–62 (1956). — Der Mineralstoffgehalt im Futter von Wiesen und Weiden auf Hochmoorkulturen und hochmoorartigen Sandmischkulturen. Z. Acker- u. Pflanzenbau **108** (1/2), 31–61 (1959). — Wandel und Wirren um „arme und schlechte", „reiche und gute" Böden. Mitt. Arb. Moor-Versuchsstation Bremen 8, 30–53 (Paul Parey, 1960). — Klärung von Grundwasserentzugsfragen in Moorgebieten. Ber. a. d. Landesamt f. Bodennutzungsschutz d. Landes Nordrhein-Westfalen **3**, 207–212 (1962). — Baden, W., R. Eggelsmann und A. Janner: Wachstumsvoraussetzungen und Leistungen verschiedener Moorkulturtypen Nordwestdeutschlands während ihres ersten Jahrzehntes. Mitt. Arb. der Moor-Versuchsstation Bremen 8, 54–98 (Paul Parey, 1960). — Baden, W., R. Eggelsmann, A. Janner und H. Segeberg: Untersuchungen zu Standortsbedingungen und Ertragsverhältnissen nach tiefgreifender Umwandlung von Moor- und Podsolprofilen. Mitt. Arb. Moor-Versuchsstation Bremen, Festschrift zum 75jährigen Bestehen der Anstalt, 7. Bericht, 173–200. Bremen: Schünemann. 1952. — Baden, W., und R. Eggelsmann: Über das Bodenklima verschiedener Hochmoorkulturen und seinen Einfluß auf den Pflanzenwuchs. Z. Acker- u. Pflanzenbau **106**, II, 127–152 (1958). — Über die Regelung des Wasserhaushaltes bei Moormeliorationen und die dafür notwendigen Vor- und Folgearbeiten. Wasser u. Boden **10**, 30–36 (1958). — Über den Einfluß der Vegetation leistungsfähigen Hochmoorgrünlandes auf den Wasserhaushalt. Extrait des Comptes Rendus et Rapports — Assemblée Générale de Toronto 1957 (Gentbrugge 1958), T. II, 387–396. —

Baden, W., G. Grosse-Brauckmann und S. Schneider: Über einige Moore und Moorgebiete zwischen Niederweser und Niederelbe, in Oldenburg, Ostfriesland, dem Emsland und dem Gebiet nordwestlich von Hannover. Int. Ges. f. Moorforschung, Vaduz (Bremen 1962). — Baden, W., und H. J. Lauenstein: Wirkung verschiedener Kalkformen auf Hochmoor- und Sandmischkulturen. 1960. — Baden, W., und H. Segeberg: Die Probenahme und Volumengewichtsbestimmung von Moorböden. Landwirtsch. Forsch. 1, 147–161 (1949). — Untersuchungen über die landwirtschaftlichen Nutzungsmöglichkeiten der Moorgebiete im Gotteskoog. Wasser u. Boden 11, 177–189 (1959). — Baden, W., und K. Steinfatt: Zur Dynamik der heute in den nordwestdeutschen Moor- und Heidegebieten vorherrschenden Kulturprofile. Kali-Briefe, 1. Folge 1958. — Barrow, N. J.: Phosphorus in soil organic matter. Soils a. Fert. 24, 169–37 (1961). — Beck, Th., und H. Poschenrieder: Über die artenmäßige Zusammensetzung der Mikroflora eines sehr sauren Waldmoorprofiles. Zbl. Bakt. I. Abt. 111, 672–683 (1958). — Brüne, F., T. Arnd, E. Günther und A. Poock: Die Umgestaltung der Keimpflanzenmethode zum Zwecke der Untersuchung von Moorböden. Z. Pflanzenernähr., Düng., Bodenkde. 26, 271 (1932). — Brüne, F., und H. Igel: Der Kalkstickstoff als Stickstoffdüngemittel für Hochmoorböden. Jb. Moorkde. 23, 13–28 (1936). — Brüne, F., und T. Arnd: Ein neues Verfahren zur Bestimmung der Kalkbedürftigkeit von Moorböden. Z. Pflanzenernähr., Düng., Bodenkde. 9/10 (54/55), 51 (1938). — Brüne, F.: Die Praxis der Moor- und Heidekultur, 258 S. Berlin und Hamburg: Parey. 1948. — Bülow, K. v.: Allgemeine Moorgeologie. Einführung in das Gesamtgebiet der Moorkunde. Handbuch der Moorkunde, Bd. 1, XI, 308 S., 12 Taf. Berlin 1929.

Cajander, A. K.: Studien über die Moore Finnlands, 208 S., 15 Taf. Helsingfors 1913. — Cowling, D. W.: The effect of nitrogenous fertilizer on an established white clower sward. J. Brit. Grassland Soc. 16 (1961).

Davis, J. F., und R. F. Lucas: Organic soils, their formation, distribution, utilization and management. Dept. of Soil Sci. Agric. Exper. Stat., Michigan State Univ., Spec. Bull. 425, 1–155 (1959). — Deutsche Landwirtschafts-Gesellschaft: Futtertabellen der DLG, Bd. 62, Mineralstoffe. Frankfurt: DLG-Verlags-GmbH. 1960.

Eggelsmann, R.: Über die Höhenveränderung der Mooroberfläche infolge von Sackung und Humusverzehr sowie in Abhängigkeit von Azidität, „Atmung" und anderen Einflüssen. Mitt. Arb. Moor-Versuchsstation Bremen 8, 99–131 (Paul Parey, 1960). — Eshuis, J. A., und H. Kruitbosch: Ontginning van Veengronden in „Het veen en zijn Ontginning", S. 47. Arnhem: Nederlandsche Heidemaatschappij. 1942.

Fleischer, M.: Die natürlichen Feinde der Rimpauschen Moordammkultur, 1–2. Landwirtsch. Jb. 15, 50–57 (1886) und Mitt. Arb. Moor-Versuchsstation Bremen 3, 537–582 (1891). — Forsee, W. T., T. C. Erwin und A. E. Kretschmer: Copper oxide as a source of fertilizer copper for plants growing on everglades organic soils. Univ. of Florida, Agric. Exper. Stat., Bull. 552, 1–16 (1954). — Freckmann, W.: Die Kultur der Niedermoore. Die neuzeitliche Moorkultur in Einzeldarstellungen, H. 3, S. 85. Berlin: Parey. 1930. — Freckmann, W., und H. Baumann: Zu den Grundfragen des Wasserhaushaltes im Boden und seiner Bestimmung. Z. Bodenkde. u. Pflanzenernähr. 2, 127 (1936/37). — Frercks, W.: Die Bodenatmung als Mittel zur Erfassung der Mikroorganismentätigkeit in Moor- und Heidesandböden, ein neues Verfahren zu ihrer Bestimmung und erste Ergebnisse. Z. Pflanzenernähr., Düng., Bodenkde. 66 (111), (3), 39–54 (1954). — Frercks, W., und E. Kosegarten: Die Bodenatmung von Moorböden, Heidesandböden und Sandmischkulturen in Abhängigkeit vom Kalkzustand. Z. Pflanzenernähr., Düng., Bodenkde. 75 (120), 33–47 (1956). — Frercks, W., und D. Puffe: Untersuchungen über die Zersetzung der organischen Substanz in Moorböden und Sandmischkulturen mittels der Stoffgruppenanalyse, insbesondere unter Einfluß der Kalkung. Z. Pflanzenernähr., Düng., Bodenkde. 83 (128), 7–27 (1958). — Über ergänzende Untersuchungen zur Stoffgruppenanalyse an Moorböden und Sandmischkulturen unterschiedlicher Aufkalkung. Z. Pflanzenernähr., Düng., Bodenkde. 83 (128), 42–54 (1958). — Vergleichende Untersuchungen zwischen der „Bodenatmung" und der „CO_2-Produktion" von Moorböden. Z. Pflanzenernähr., Düng., Bodenkde. 87 (133), 108–118 (1959). — Über Keimzahlbestimmungen, Zellulosezersetzung und die Stickstoffwirkung auf den Zersetzungsvorgang in Moorböden und Sandmischkulturen unterschiedlicher Aufkalkung. Z. Pflanzenernähr., Düng., Bodenkde. 89 (134), 27–42 (1960). — Zur Frage des Pektin- und Zelluloseabbaus in Moorböden. Z. Pflanzenernähr., Düng., Bodenkde. 92 (137), 46–56 (1961). — Eiweißabbauvermögen in Moorböden. Z. Pflanzenernähr., Düng., Bodenkde. 92 (137), 126–133 (1961). — Fujimori, N., N. Miyazaki und S. Matsui: The improvement of high moor peat without soil dressing. Res. Bull. Hokkaido Nat. Agric. Exper. Stat. Nr. 69, 56–58 (1956). — Fujimori, N., T. Fujimora und Sh. Yoshioka:

Nutrio physiological study of the rice plant on peat soil, Part I, Absorption of inorganic nutrient by rice plant and root elongation in peat soil. Res. Bull. Hokkaido Nat. Agric. Exper. Stat. Nr. 76, 52–59 (1961). — Fujimori, N., und Mitarbeiter: Nutrio physiological study of the rice plant on peat soil, Part II, Characteristics of peat soils, considered from experiment of three nutrient elements. Res. Bull. Hokkaido Nat. Agric. Exper. Stat. 77, 48–55 (1962).

Giesecke, F.: Tropische und subtropische Humus- und Bleicherdebildungen. Handbuch der Bodenlehre, 4. Bd., S. 184–220. Berlin: Springer. 1930. — Granlund, E.: De svenska högmossarnas geologie, deras bildningsbetingelser, utvecklingshistoria och utbredning jämste sambandet mellan högmossbildning och försumpning. Sveriges geologiska undersökning, Ser. C, Nr. 373, Årsbok 26, Nr. 1, 193 S., Stockholm 1932. — Grosse-Brauckmann, G.: Zur Moorgliederung und -ansprache. Z. Kulturtechn. 3, 6–29 (1962).

Hallakorpi, J. A.: Beiträge zur Frage der Moorsackung. Verh. Int. Bodenkundl. Ges. 4, 332–339 (1937). — Hammar, H. E.: The chemical composition of Florida Everglades peat soils, with special references to their inorganic constituents. Soil Sci. 28, Nr. 1, 1–4 (1929). — Hasler, A.: Organischer und mineralischer Bodenstickstoff. Eidg. Agrik. Vers. Anst. Liebefeld-Bern, Sonderdruck 1959. — Heinrich, K.: Veränderung der Struktur alter Hochmoorkulturen insbesondere durch Schlepperraddruck. Univ. Göttingen 1956. — Hilpoltsteiner, L.: Ratschläge für die Düngung mit Spurenelementen. Landwirtsch. Wochenbl. Nr. 22 (1955). — Der Anteil des Oberbodens an organischer (verbrennlicher) Substanz in deren Raumwirkung gesehen. Mitt. Landkultur, Moor- u. Torfwirtsch. 5 (4–6), 51–54 (1958). — Grundsätzliches zur landwirtschaftlichen Nutzung extremer Standorte, insbesondere organischer Böden in Bayern. Mitt. Landkultur, Moor- u. Torfwirtsch. 7 (1), 1–17 (1959). — Hoffmann, W., und W. Frercks: Vergleichende Laboratoriumsuntersuchungen über die Azidität und den Kalkbedarf stärker saurer Moor-, anmooriger Böden und Sandmischkulturen unter Einbeziehung von Gewächshaus- und Feldversuchen. Mitt. Arb. Moor-Versuchsstation Bremen 7, 123–150 (1952). — Vergleichende Untersuchungen über die Anwendungsmöglichkeit verschiedener Verfahren zur Bestimmung des Kalkbedarfes in Moorböden, anmoorigen Böden und stark humosen Böden. Z. Pflanzenernähr., Düng., Bodenkde. 88 (113), 27–36 (1955). — Aufkalkungs-pH-Werte von Moorböden, anmoorigen und stark humosen Sandböden. Z. Pflanzenernähr., Düng., Bodenkde. 88 (113), 37–44 (1955). — Hoffmann, W., und W. Frercks: Feld- und Gefäßversuche über Kalkbedarf und Aufkalkungs-pH-Werte in Moormarschböden. Z. Pflanzenernähr., Düng., Bodenkde. 96 (141), 1–11 (1960). — Hoffmann, W., und K. Steinfatt: Ermittlung des pflanzenaufnehmbaren Kalis und der pflanzenaufnehmbaren Phosphorsäure in Moorböden und stärker humosen Böden. Mitt. Arb. Moor-Versuchsstation Bremen 7, 151–172 (1952). — Über die Bestimmung der pflanzenaufnehmbaren Nährstoffe in Hochmoorböden und stark humosen Böden (Heidesand). Landwirtsch. Forsch. 7, 179–189 (1955). — Vergleichende Untersuchungen über die Löslichkeit der pflanzenaufnehmbaren Nährstoffe Kali und Phosphorsäure in frischen und lufttrockenen stark humosen und organogenen Böden. Landwirtsch. Forsch. 12, 77–86 (1959). — Untersuchungen über die Bestimmung pflanzenaufnehmbarer Nährstoffe in Moormarschböden und die vorläufige Festsetzung von Grenzwerten nach Gefäß- und Feldversuchen. Landwirtsch. Forsch. 13, 175–185 (1960). — Feld- und Gefäßversuche über Kalkbedarf und Aufkalkungs-pH-Werte in Moormarschböden. Z. Pflanzenernähr., Düng., Bodenkde. 96 (141), 1–11 (1962).

Ishizuka, J.: The peat land in Hokkaido. Hokkaido development agency. Sonderbericht 1–12 (Mai 1958).

Jung, J.: Über langsam wirkende Stickstoffverbindungen, insbesondere Crotonyhidendiharnstoff. Z. Pflanzenernähr., Düng., Bodenkde. 94 (139), 39–47 (1961). — Wirkung und Ausnutzung des bei der Behandlung von Rohhumus zugeführten Düngerstickstoffs. Landwirtsch. Forsch. 14, 168–176 (1961).

Kaila, A.: On the organic phosphorus in cultivated soils. Valt. Maat. Kolt. Julk. 129 (1948). — Über mikrobiologische Festlegung und Mineralisation des Phosphors bei der Zersetzung organischer Stoffe. Z. Pflanzenernähr., Düng., Bodenkde. 64, 27–35 (1954). — Retention of phosphate by peat samples. J. Sci. Agric. Soc. Finland 31, 215–225 (1955). — Kaila, A., und O. Virtanen: Determination of organic phosphorus in samples on peat soils. J. Sci. Agric. Soc. Finland 27, 104–115 (1955). — Kaila, A., und H. Missilä: Accumulation of fertilizers phosphorus in peat soils. Maat. Aikak. 28, 168–178 (1956). — Kaila, A.: Effect of various kinds of phosphorus fertilizers on a peat soil. J. Sci. Agric. Soc. Finland 30, 213–222 (1958). — Retention of phosphate by peat samples. J. Sci. Agric. Soc. Finland 31, 215–225 (1959). — Fertilizer phosphorus in some finnish soils. J. Sci. Agric. Soc. Finland 33, 131–139 (1961). — Kan-

NENBERG, H.: Fortschritte in der Moorkultur, S. 18–25. Berlin: Reichsnährstandsverlag. 1939. — KIVINEN, E.: Über die Moore Finnlands und ihre Nutzung. Wasser u. Boden 12, 2–6 (1960). — Die wichtigsten Untersuchungen der Moorkunde in Finnland in den Jahren 1946–1960. Z. Kulturtechn. 2, 257–277 (1961). — KNICKMANN, E.: Die Untersuchung von Moorböden, 3. Aufl. Handbuch der landwirtschaftlichen Versuchs- und Untersuchungsmethodik (Methodenbuch), S. 5–9, 225–236. Radebeul und Berlin 1955. — KOETSVELD, E. E. VAN, und J. J. LEHR: Over het zinkgehalte van grond en gras in Nederland en de betekuis hier van voor volding van het rundvee. Landbouwkundig Tijdschr. 73, 371–382 (1961). — KÖHNLEIN, J., und J. BOHNE: Die Verbreitung der an landwirtschaftlichen Kulturpflanzen sichtbar werdenden Spurenelementemängel (Ma, Cu, B) in Schleswig-Holstein. Kieler milchwirtsch. Forschungsber. 7, 643–678 (1955).

LAATSCH, W.: Die Dynamik der mitteldeutschen Mineralböden, 3. Aufl., S. 173. Dresden und Leipzig: Steinkopff. 1954. — LAUFENSTEIN, H. J.: Untersuchungen zur Nährstoffdynamik der neuartigen „Deutschen Sandmischkulturen". Mitt. Arb. MoorVersuchsstation Bremen, 8. Bericht, 133–183 (Paul Parey, 1960). — LENDE-NJAA, J.: Myrdyrking, 160 S. Oslo: Grøndahl. 1924. — LØDDESØL, A.: Myrene i naeringslivets tjeneste, 330 S., Oslo: Grøndahl. 1948.

McCALL, W. W., J. F. DAVIS und K. LAWTON: A study of the effect of mineral phosphates upon the organic phosphorus content of organic soils. Soil Sci. Soc. Amer. Proc. 20, 81–83 (1956). — MÄKITIE, O.: The occurrence of some trace elements in avable soil in Finland. Agrogeolog. Publ. Nr. 78, 1–25 (1961). — MATSUMI, SH., S. SHOJI und K. JOSHIDA: Chemical characteristics of peat soils. Res. Bull. Hokkaido Nat. Agric. Exper. Stat. Nr. 75, 43–52 (1960). — Chemical characteristics of peat soils I, Organic composition in peat. Res. Bull. Hokkaido Nat. Agric. Exper. Stat. 75, 43–52 (1962). — MITCHELL, R. L.: Trace elements in Scottish soils. Proc. Nutr. Soc. 19, 148–154 (1960). — MULDER, E. G.: Stikstofbinding en stickstofbinders. Landbouwkundig Tijdschr. 74, 546–562 (1962).

NICOLAISEN, W., W. SEELBACH und B. LEITZKE: Untersuchungen über die Bekämpfung der Heidemoorkrankheit mit Kupferschlacke. Z. Bodenkde. u. Pflanzenernähr. 13, 156 (1939). — NIESCHLAG, F., M. MÜLLER und H. WESTERHOFF: Der Einfluß einer Aufkalkung auf die Humusversorgung verschiedener Ackerböden. Landwirtsch. Forsch. 8, 163–171 (1956).

OKRUSZKO, H.: Synthese fünfjähriger Untersuchungen über Genese und Entwicklung von Böden auf entwässerten Mooren. Ref. GÖTTLICH, Z. Kulturtechn. 3, 182–183, (1962).

PESSI, Y.: On the effect of the admixture of mineral soil upon the thermal conditions of cultivated peatland. State Agric. Res. 147, 1–89 (1956). — The pH-reaction of peat in long-termsoil improvement and fertilizing trials at Leteensuo Exper. Stat. J. Sci. Agric. Soc. Finland 34, 44–54 (1962). — The effect of nitrogen fertilization on the humification of the peat in cultivated sphagnum bogs. J. Sci. Agric. Soc. Finland 34, 34–40 (1962). — POSCHENRIEDER, H.: Die Mikrobiologie der Moore. Mitt. Landkultur, Moor- u. Torfwirtsch. 5 (4/6), (1958). — POSCHENRIEDER, H., und TH. BECK: Untersuchungen über die Rolle einiger bei den ersten Stadien des Torfbildungsvorganges beteiligter Bakterienarten. Zbl. Bakt. II. Abt. 111 (1958). — Untersuchungen über die Wirkung von Stickstoffdüngemaßnahmen auf die Mikroflora kultivierter Moorböden. Mitt. Landkultur, Moor- u. Torfwirtsch. 6 (4/6), (1958). — PUUSTJÄRVI, V.: On the factors resulting in uneven growth on relaimed treeles Fe. Soil. Acta Agric. Scand. 6, 45–63 (1956). — On the cation exchange capacity of peats and on the factors of influence upon its formation. Acta Agric. Scand. 6, 410–449 (1956). — On the effect of lime upon the forms of bases in peat soils. Acta Agralia Fenn. 95, 1–43 (1960). — On the C/N-ratio of peat and on its nitrogen mobilization under field condition. Suo 12, 28–33 (1961). Finnisch mit engl. Zusammenfassung.

RADEMACHER, B.: Untersuchungen über Kupfermangelerscheinungen. Forschungsdienst, Sonderheft 8, 212 (1938). — REITH, J. W. S.: Lime and soil fertilizer. Scottish Agric. (Frühjahr 1960). — RICHARD, F.: Über Fragen des Wasserhaushaltes im Boden. Schweiz. Z. Forstwesen 106, 193–214 (1955). — RÖSCHTHALER, R., und H. POSCHENRIEDER: Untersuchungen über die Bakterienflora eines Hochmoorprofils bei Startach in Bayern. Zbl. Bakt. II. Abt. 111, 653–671 (1958).

SAKAI, H.: Studies on nitrification in soils, Part 9, The interrelationships between nitrifying organisms and nitrate reducing organisms. Res. Bull. Hokkaido Nat. Agr. Exper. Stat. Nr. 75, 60–67 (1960). — SALMI, M.: On trace elements in peat. Geotechn. julk. 50, 1–24 (1950) (nur Finnisch). — Prospecting for bog-covered ore means of peat investigations. Bull. Comm. Geol. Finl. 169, 1–34 (1955). — Peat and bog plants as indicator of ore minerals in Vihanti ore field in Western Finland. Bull.

Comm. Geol. Finl. **175**, 1–22 (1956). — On the pH-values of peat as affected by the underlying bedrock. Geotechn. julk. **61**, 29–39 (1958). — Schachtschabel, P.: Reaktion und Kalkbedarf von Hochmoorböden. Z. Pflanzenernähr., Düng., Bodenkde. **60** (105), 21–27 (1953). — Umwandlung der Düngerphosphorsäure im Boden und Verfügbarkeit des Bodenphosphors. Landwirtsch. Forsch. **13**, 14. Sonderheft, 30–37 (1960). — Scheffer, F., und P. Schachtschabel: Lehrbuch der Agrikulturchemie und Bodenkunde, 1. Teil, Bodenkunde. Stuttgart: Enke. 1952. — Scheffer, F., und E. Welte: Lehrbuch der Agrikulturchemie und Bodenkunde, 2. Teil, Pflanzenernährung. Stuttgart: Enke. 1955. — Schlichting, E.: Kupferbindung und -fixierung durch Humusstoffe. Acta Agric. Scand. V **4**, 313–355 (1955). — Die Phosphat- und Molybdänbindung in raseneisensteinhaltigen Bodenprofilen. Z. Pflanzenernähr., Düng., Bodenkde. **90** (135), 204–208 (1960). — Segeberg, H.: Die Azidität der Moorböden, insbesondere die durch Ferrosulfid hervorgerufene, und ihre analytische Bestimmung. Z. Bodenkde. u. Pflanzenernähr. **4** (41), 50–64 (1937). — Der gegenwärtige Stand des Problems der Moorsackung. Wasser u. Boden **3**, 28–33 (1951). — Untersuchungen über den strukturellen Aufbau von Mooren und zum Problem der Moorsackung. Wasser u. Boden 4, 196–203 (1952). — Segeberg, H., und D. Schröder: Vorarbeiten für wasserwirtschaftliche Planungen, im besonderen im Hinblick auf die zu erwartende Senkung der Mooroberfläche. Mitt. Arb. Moor-Versuchsstation Bremen (Festschrift), 7. Bericht, 93–122, Bremen 1952. — Segeberg, H.: Über den Zusammenhang zwischen den „Humositätsgraden" nach v. Post, den „Vertorfungsgraden" nach Keppeler und den spezifischen Gewichten von Hochmoortorfen. Z. Pflanzenernähr., Düng., Bodenkde. **73** (118), 74–85 (1956). — Shoji, S., und S. Matsui: Chemical characteristics of peat soils and availability of the fixed ammonia. Res. Bull. Hokkaido Nat. Agric. Exper. Stat. **76**, 37–41 (1961). — Chemical characteristics of peat soils, 2, Non biological fixation of ammonia by peat soils and availability of fixed ammonia. Res. Bull. Hokkaido Nat. Agric. Exper. Stat. **76**, 37–41 (1962). — Sillanpää, M.: Trace elements in finnish soils as related to soil texture and organic matter content. J. Sci. Agric. Soc. Finland **34**, 34–40 (1962). — On the effect of some soil factors on the solubility of trace elements. Agrogeolog. Publ. Nr. 81, 1–24 (1962). — Singer, O., F. Bukatsch und H. Pochenrieder: Über den Einfluß mineralischer und organischer Düngung auf Zahl und Tätigkeit von Mikroorganismen in lange Zeit ungedüngten Grasflächen. Z. Pflanzenernähr., Düng., Bodenkde. **6** (4/6), (1958). — Sorteberg, A.: Fortsatte forsøk med molybden. Forskning og forsøk i landbruket 161–197 (1954). — Sorteberg, A., und E. Vigerust: Mark forsøk med molybden. Forskning og forsøk i landbruket 31–56 (1960). — Sorteberg, A.: Kar- og markforsøk med kopper og jern. Pot and fields experiments with Copper and Iron. Norges Landbrukshøgskole. Inst. for Jordkultur. Melding Nr. 51, 81–139 (1961). — Swaine, D. J., und R. L. Mitchell: Trace elements distribution in soil profils. J. Soil Sci. **11**, Nr. 2, 347–368 (1960).

Tacke, B., und T. Arnd: Die schädliche Bodenazidität und ihre Bestimmung. J. Soil. Sci. A **12**, 312 (1928). — Tacke, B.: Die naturwissenschaftlichen Grundlagen der Moorkultur. Die neuzeitliche Moorkultur in Einzeldarstellungen, H. 1, 88 S. Berlin: Parey. 1929. — Die Humusböden der gemäßigten Breiten. Handbuch der Bodenlehre, Bd. 4, S. 124–178. Berlin: Springer. 1930. — Die Düngung der Moor- und Heideböden. Honcamps Handbuch der Pflanzenernährung und Düngerlehre, Bd. 2, S. 842–860. Berlin: Springer. 1931. — Thompson, L. M., und C. A. Black: The effect of temperature in the mineralization of soil organic phosphorus. Soil Sci. Amer. Proc. **12**, 323–326 (1948). — Toth, A.: Untersuchungen über Fragen der Dränung auf den ungarischen Niederungsmoorböden. A Keszthely Mezögazdasagi Akademia Kiadvanyai, Nyoniava engedilyczve I, **15**, 1–21 (1962).

Vetter, H.: Zweckmäßige Düngung mit Stickstoff, Phosphat, Kali und Kalk. Praxis u. Forschung **13**, 1–7 (1961).

Waksmann, S. A., und K. R. Stevens: Die Rolle der Mikroorganismen bei der Bildung und Zerstörung von Torf. Soil Sci. **28**, 315–340 (1929). — Wehrmann, J.: Mangan, Kupfer und Kobalt in Pflanzen und Böden Schleswig-Holsteinischer Weidegebiete. Plant a. Soils 6, Nr. 1, 61–83 (1955). — Werth, A. J.: Der Gartenbau auf den verschiedenen Moorarten, S. 9. Die neuzeitliche Moorkultur in Einzeldarstellungen. Berlin: Parey. 1931. — Winkler, H., und H. Lustig: Langjährige Kalkungs- und Düngungsversuche, ausgeführt in der Staatl. Versuchswirtschaft Flahult. Statens Jordbruksförsök Nr. 132, 1–38 (1961). — Wollny, E.: Die Zersetzung der organischen Stoffe. Heidelberg 1897.

Zürn, F.: Die Leistung von Ansaatwiesen auf Niedermoor unter besonderer Berücksichtigung der Kali- und Stickstoffdüngung. Dtsch. Akad. Landb. Wissensch. zu Berlin. Probl. d. Grünlandes Nr. 16, 163–172 (1959).

XIX. Die Düngung der Teiche

Von

D. Brüning und W. Müller

A. Allgemeines

Unter einem Teich ist im allgemeinen ein ablaßbares flaches Gewässer zu verstehen, ein „See ohne Tiefe", der „in seiner ganzen Ausdehnung von der litoralen Seeflora besiedelt werden" kann (FOREL 1901).

Im Gegensatz zum Pflanzenbau, bei dem man beabsichtigt, durch eine Düngung die Erträge an Pflanzensubstanz zu steigern, hat die Teichdüngung die Erhöhung der Fischerträge, also an Tiersubstanz, zum Ziel. Selbstverständlich ist das nur über die Produktion organischen Materials durch Pflanzen möglich.

Der Weg vom Nährstoff bis zum Fischfleisch ist weit und kompliziert. Zur Erläuterung des Stoffkreislaufes im Teich mag die Abb. 346 dienen. In diesem Schema sind die qualitativen Beziehungen zwischen den einzelnen Gliedern der Stoffwechselkette dargestellt. Die Flachheit der Teiche bewirkt, daß schon geringe Windstärken eine Durchmischung der Wassermassen hervorrufen. Thermische Schichtungen, die einem Stoffaustausch zwischen Grund und Oberfläche entgegenwirken, werden meist wieder sehr schnell zerstört, so daß die eingestrahlte Wärmemenge mehr oder weniger der gesamten Wassermenge zugute kommt (SEDLMEYER 1931). Diese Vorgänge üben auf die Stoffwechselintensität der Teiche einen großen Einfluß aus.

Ferner ist die Vielgestaltigkeit des Stoffkreislaufes im Teich wesentlich dadurch begründet, daß die natürliche Nahrung unserer Teichfische, in erster Linie des Karpfens (*Cyprinus carpio*), aus Kleintieren besteht und der direkte Verzehr von Teichpflanzen völlig bedeutungslos ist. Die durch Photosynthese im Teich entstandene pflanzliche Substanz bildet zunächst die Ernährungsgrundlage für eine Fülle von niederen Tieren. Dabei ist es kaum die Frischsubstanz der höheren submersen Wasserpflanzen, sondern es sind deren absterbende Reste, von denen sich eine arten- und massenreiche Kleintierfauna ernährt. Dazu kommen der „Aufwuchs", jene Gesellschaft von kleinen Algen, die im Teich jede belichtete Oberfläche bewächst, sowie die kleinsten Formen der freischwebenden Pflanzen (Mikro- und Nanoplankton), ferner der allenthalben entstehende organische Detritus (abgestorbene, im Wasser schwebende zerfallene pflanzliche und tierische Gewebeteile) und endlich die Bakterien.

Die über die Wasseroberfläche hinauswachsenden Sumpfpflanzen sind für niedere Tiere des Wassers kaum angreifbar und bieten auch nach ihrem natürlichen Absterben einen schwer zersetzlichen Schlamm. Sie sind deshalb äußerst unerwünscht und müssen bekämpft werden, zumal sie flache Teiche schnell überwuchern und große Nährstoff- und Sonnenenergiemengen dem Stoffkreislauf entziehen.

Schließlich finden sich in allen Lebensbezirken des Teiches — im Freiwasser, im Schlamm und in den Pflanzenbeständen — carnivore Kleintiere, die in gewissem Maße Nahrungskonkurrenten der Fische sind, andererseits von ihnen aber zum Teil gefressen werden.

Der Stoffkreislauf im Teich verläuft nicht nur im Uhrzeigersinn des Schemas, sondern fast überall auch gegensinnig. Außerdem sind zwischen vielen Gliedern der Kette Querverbindungen vorhanden, es treten Zugänge und Verluste auf, und längst nicht alle Nährstoffe gelangen schließlich zum Fisch als dem vom

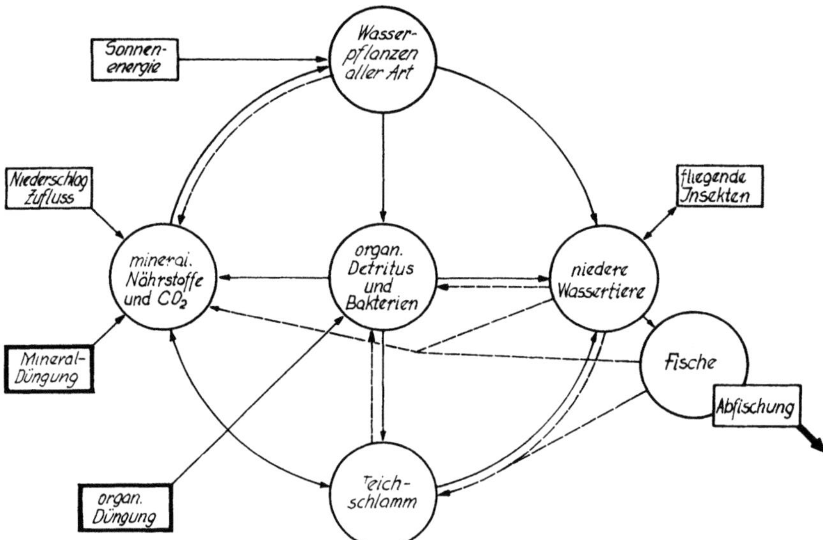

Abb. 346. Der Stoffkreislauf im Teich (Original)

Menschen erwünschten Endglied. Es sei nur erwähnt, daß es eine große Anzahl von niederen Wassertieren gibt, die für den Fisch bedeutungslos sind, weil sie kaum gefressen werden. Auch die mehr oder weniger endgültige Festlegung von Mineralstoffen im Teichschlamm kann von erheblicher Bedeutung sein.

Die Bewirtschaftung der Teiche zielt nur darauf hin, daß von den von Natur aus im Umlauf befindlichen sowie von den künstlich zugeführten Stoffen ein möglichst großer Teil als Fischsubstanz verwendbar wird. Dabei verspricht die Zufuhr von Stoffen immer dann Erfolg, wenn sie schwache Glieder der Stoffwechselkette stärkt. Das ist sowohl bei wirksamer Düngung als auch bei zusätzlicher Verabreichung von Futtermitteln der Fall.

Aber auch andere Maßnahmen, wie Unterdrückung der unerwünschten Hartflora, Herstellung einer wohlabgewogenen Fischbesatzdichte, restlose Erfassung des Fischbestandes beim Abfischen, Bekämpfung von Fischkrankheiten u. a., sind zu einem günstigen Verlauf der Stoffwechselvorgänge im Teich unerläßlich.

Eine organische Düngung der Teiche kannte man schon vor einigen hundert Jahren. Nach der Einführung der Mineraldüngung in die Landwirtschaft begann man auch in der Teichwirtschaft mit der Anwendung von Handelsdüngemitteln zu experimentieren. Systematische Versuche wurden jedoch erst seit Gründung von zwei teichwirtschaftlichen Versuchsstationen in Sachsenhausen (Mark) und Wielenbach (Oberbayern) im Jahre 1913 durchgeführt. Während Sachsenhausen (Ergebnisse bei Zuntz und Mitarbeitern 1919) aus wasserwirtschaftlichen Gründen schon nach wenigen Jahren aufgegeben werden mußte, konnten in Wielenbach in jahrzehntelanger erfolgreicher Arbeit viele Fragen der Teichdüngung grundsätzlich geklärt werden. Eine zusammenfassende Darstellung der bis dahin erzielten Ergebnisse gab DEMOLL (1925), die PROBST (1950) durch weitere Erfahrungen ergänzte. Daneben wurde von verschiedenen Autoren über Düngungsversuche in praktischen Teichwirtschaften berichtet.

Eine weitere Versuchsteichanlage entstand nach dem Kriege bei Königswartha in der Lausitz (MÜLLER 1955) und begann 1952 mit Düngungsversuchen. In Polen gibt es in Mydlniki bei Krakau und seit 1954 in Zabieniec bei Warschau große Versuchsteichanlagen sowie mehrere Versuchsteichwirtschaften von Akademien und Universitäten, die sich u. a. mit Düngungsversuchen befassen. Die ČSSR unterhält in Treboň (Wittingau) ein chemisches Laboratorium für Teichdüngungskontrollen, und in Israel werden Düngungsversuche besonders von der Fish Culture Research Station in Dor durchgeführt.

In letzter Zeit stellte WUNDER (1956) die Kenntnisse über die Teichdüngung unter deutschen Verhältnissen zusammen. Von BRÜNING (1930, 1931, 1937) wurde in betriebswirtschaftlichen Untersuchungen auf Grund von Buchführungsunterlagen deutscher Karpfenteichwirtschaften u. a. der Einfluß der Düngung auf die Rentabilität der Betriebe behandelt. Kurze Darstellungen der Teichdüngung finden sich in den einschlägigen Lehrbüchern der Teichwirtschaft von KOCH (1960), KREUZ (1951), SCHÄPERCLAUS (1949, 1961) und WUNDER (1949).

B. Organische Düngung

Die Düngung mit organischem Material ist die älteste Form der Teichdüngung. So berichtet KOCH (1925), daß z. B. Schafmistdüngung in alten Schriften bereits aus dem Jahre 1527 erwähnt wird.

Bei der organischen Düngung unterscheidet man zwischen dem an Ort und Stelle gewonnenen (autochthonen) Material und der von außen zugeführten (allochthonen) Substanz.

a) Autochthones Material

1. Wechselwirtschaft und Gründüngung

Der Wechsel zwischen Teichwirtschaft und Ackerbau auf derselben Bodenfläche war früher weit verbreitet und wird auch heute noch in Gebieten mit weniger intensiver Teichwirtschaft gelegentlich betrieben, z. B. in der Tschechoslowakei und in Frankreich. Bei der Wechselwirtschaft werden die Teiche meist einige Jahre fischereilich genutzt und alsdann für ein bis zwei Jahre nicht vollgestaut, sondern mit landwirtschaftlichen Kulturen bebaut. Erfahrungsgemäß liefern das erste und zweite Jahr nach der landwirtschaftlichen Nutzung besonders hohe Fischerträge. Diese günstige Nachwirkung der Ackerkultur beruht auf dem komplexen Einfluß verschiedener Faktoren, von denen nur einige eine „Düngung" im engeren Sinne darstellen. Es handelt sich um die Ernterückstände der angebauten Früchte, wie Stoppeln und Wurzelmasse. Auch die allenthalben sich einfindende Unkrautvegetation stellt eine Zufuhr organischer Substanz dar. Des weiteren können die Reste einer den landwirtschaftlichen Kulturen verabreichten organischen oder mineralischen Düngung der späteren Teichnutzung zugute kommen. Daneben ist die erhöhte Tätigkeit der Mikroorganismen infolge der beim Trockenliegen und Bearbeiten intensiveren Belüftung des ehemaligen Teichbodens von großer Bedeutung. Vielleicht findet sogar durch die so gegensätzlichen Bedingungen im Acker- bzw. Teichboden eine beschleunigte Verwitterung der Bodensubstanz statt, so daß auch auf diese Weise Nährstoffe verfügbar werden. Auf jeden Fall ist die Mineralisation organisch gebundener Nährstoffe unter den mehr aeroben Bedingungen beim Ackerbau am Erfolg der Wechselwirtschaft beteiligt. Ferner gelangen durch die Pflanzenwurzeln Nährstoffe aus dem Untergrund in die oberen Schichten des Teichbodens. Nach Wurtz (1956) wird im Teichgebiet der „Dombes" (nördlich von Lyon) auf extrem basenarmen Tonen und Sanden der Fischertrag ohne jede Düngung und Fütterung nur dadurch auf einer Höhe von 150 bis 190 kg/ha gehalten, daß in jedem dritten Jahr eine Ackernutzung mit Hafer eingeschaltet wird. Die Wirkung soll auf einer Anreicherung von Nitratstickstoff unter den aeroben Verhältnissen der Haferkultur beruhen.

Die Vorteile ungestörter Mineralisation unter aeroben Bedingungen sucht man allgemein in der europäischen Teichwirtschaft auch ohne Wechselwirtschaft zu nutzen, indem man nach Möglichkeit die Teiche über Winter trocken liegen läßt.

Eine Weiterentwicklung der Wechselwirtschaft stellt die „Gründüngung" der Teiche dar. In ihrer intensivsten Form wird auf dem Areal eines trocken-gelegten Teiches ein massebildender Pflanzenbestand nur zu dem Zweck angebaut, ihn zu gegebener Zeit mit Wasser zu überstauen und der Zersetzung durch Mikro-organismen und niedere Tiere zu überlassen (Wunder 1935, 1936). Daneben kommen aber auch andere Nutzungsmöglichkeiten bis zu einem vollständigen Abmähen oder Abweiden des Pflanzenbestandes vor. Da die Pflanzen zu ihrer Entwicklung eine bestimmte Vegetationszeit benötigen, ist das Verfahren in Europa nur bei den sogenannten Vorstreckteichen anwendbar, die mit der frischgeschlüpften Karpfenbrut erst im Mai oder Juni besetzt werden und nur 4 bis 6 Wochen zum „Vorstrecken" der Karpfen dienen. Gründüngung und intensive Mineraldüngung fördern die zu einem schnellen Wachstum der kleinen Fische nötige Entwicklung großer Nährtiermengen. Trotz der kurzen Zeitspanne werden Erträge an vorgestreckten Karpfen bis zu ¦ einigen hundert kg/ha erreicht.

Damit die Wirkung der Gründüngung nicht zu schnell abklingt, werden die Pflanzen verschiedentlich nur nach und nach überstaut entsprechend dem Bedürfnis der Fische, mit dem Heranwachsen ihren Lebensraum auszudehnen. Oft werden die Bestände vorher teilweise abgeerntet, oder es werden Schneisen gemäht, die eine Wasserzirkulation begünstigen, da die Zersetzung zu üppiger Pflanzenmassen eine starke Sauerstoffzehrung und damit ein Fischsterben verursachen kann. Ein Vergleich Brache — Aberntung der Gründüngung mit Stoppelumbruch — Aberntung der Gründüngung mit Stehenlassen etwa 60 cm hoher „Stoppeln" erbrachte nur für die letzte Variante einen Mehrzuwachs von 45% gegenüber der Brache (Jasinski, Klimczyk und Rosól 1957).

In Vorstreckteichen werden gern Winterzwischenfrüchte für die Gründüngung angebaut. Roggen wird jedoch bis zur Bespannung dieser Teiche meist schon so hart, daß eine restlose Zersetzung in der kurzen Bespannungsperiode nicht stattfindet. Wenn auch die Stickstoffbindung durch Leguminosen wahrscheinlich nicht von besonderer Wirkung ist, bleiben diese doch bei einer späten Teich-bespannung leicht zersetzlich. Bewährt haben sich die Gemenge aus Gramineen und Schmetterlingsblütlern, z. B. für die Herbstaussaat „Landsberger Gemenge" und für die Frühjahrsaussaat Wickhafer o. dgl.

2. Wasserpflanzen

Abgesehen von den Vorstreckteichen ist unter den europäischen Verhältnissen neben einer fischereilichen Nutzung ein Anbau von Gründüngungspflanzen im gleichen Jahr in den Teichen nicht möglich, weil sie schon im Herbst oder im zeitigen Frühjahr bespannt werden; auch verhindert des öfteren staunasser Teichboden ackerbauliche Maßnahmen. Hier können Gelegepflanzen (*Phragmites, Typha, Glyceria, Juncus* u. a.) für die Düngung genutzt werden, wenn ihre ohnehin notwendige Bekämpfung durch Mähen erfolgt, bevor eine Verkieselung eingetreten ist. Die im Frühjahr an Kohlehydraten und Eiweiß reichen Sprossen müssen bald nach Durchbrechen des Wasserspiegels geschnitten werden und stellen dann einen guten Nährboden für Mikroorganismen und viele Fischnährtiere dar. Es kann so eine beachtliche Gründüngungswirkung erzielt werden (MÜLLER 1954b). DEMOLL (1925) hebt als besonders günstig den Umstand hervor, daß die gemähten Pflanzen schwimmen und nicht durch Sauerstoffzehrung am Teichboden dessen wichtige Funktion einschränken. In der ČSSR wurde deshalb bereits ein schwimmender Mähhäcksler konstruiert. DIMITROW (1959) stellte an ausgelegten Bündeln von Gelegepflanzen das Elffache der Chironomiden-Biomasse des Teichbodens fest.

Eine Nutzbarmachung der autochthonen Pflanzenbestände kann außerdem durch Tierhaltung auf Teichen erfolgen.

b) Allochthones Material

1. Stalldung, Jauche und Fäkalien

Stalldung und Fäkalien aller Art stellen die ursprünglichen Teichdünger dar. Bis vor kurzem sah man den Wert dieser Stoffe vor allem in ihren Mineralstoffen, obwohl der geringe Gehalt an diesen bekannt war. Die Zufuhr von Kohlehydraten als Energiequelle für stickstoffassimilierende Bakterien hält DEMOLL (1925) nur für Teiche mit sterilem Boden für sinnvoll. In Wielenbach konnten trotz starker Stalldung- oder Schilfkompostgaben (5 bis 10 t/ha) die Erträge nicht über die der Phosphatdüngung hinaus gesteigert werden. Andererseits ist die Einschwemmung von organischem Detritus und von Stickstoffverbindungen aus benachbarten Dungstätten als die Ursache der häufig beobachteten hohen Produktivität von Dorfteichen anzusehen. Nach Feststellungen von BRÜNING (1928) wurden in mehreren Versuchsteichen der Lausitz durch 1 hl Jauche ein Mehrzuwachs von 0,2 bis 2,5 kg Fischfleisch (Karpfen und Schleien) erreicht.

Wegen der vorherrschenden Notwendigkeit des Kohlenstoffes für den Aufbau organischer Substanzen vertritt WOYNÁROVICH (1956a–c) die Ansicht, daß die Wirkung der organischen Düngung in erster Linie auf einer Lieferung von CO_2 für die Photosynthese im Fischteich beruht. Die in Ungarn entwickelte „Karbondüngungsmethode" sieht vor, dickbreiigen Schweinekot gleichmäßig mit Wasser zu mischen und auf die Wasseroberfläche zu verteilen. Es erfolgt in den oberflächlichen Wasserschichten eine schnelle aerobe Zersetzung ohne nennenswerte Sauerstoffabnahme im Teich. Das entstehende Kohlendioxyd soll sofort vom Phytoplankton assimiliert, damit die Produktion organischer Substanz gesteigert und endlich der Fischertrag erhöht werden. In den Arbeiten von WOYNÁROVICH fehlt der Nachweis für die Rolle des CO_2 als Minimumstoff in den untersuchten Teichen. Jedoch zeigt GESSNER (1959) auf Grund der Befunde von Ohle (1952), daß selbst in bikarbonatreich erscheinenden Gewässern assimilierbares CO_2 zeitweilig ins Minimum geraten kann.

Die nicht löslichen Anteile des Schweinedunges bleiben teils suspendiert, teils sinken sie zu Boden und können vom Zooplankton bzw. von den Schlammtieren verwertet werden. „Der ausgestreute Dünger kann also zu einem gewissen Teil auch unmittelbar von Nutzen sein, und zwar dadurch, daß die als Fischnahrung betrachteten lebenden Organismen ihn unmittelbar verzehren" (Woynárovich 1956a). Vermutlich ist diese direkte Ausnutzung wesentlicher als Woynárovich annimmt. Kommt doch dem organischen Detritus eine zentrale Bedeutung für die Ernährung niederer Wassertiere zu. Außerdem ist die Massenentwicklung von Bodentieren durch organische Verunreinigung auch aus Fließgewässern, in denen kein Kreislauf zustande kommt, bekannt.

Die ertragssteigernde Wirkung von 1 dt Schweinemist bei Verteilung nach dem „Karbondüngungsverfahren" beträgt nach Woynárovich (1956a) 3 bis 5 kg Fischfleisch. In der Oberlausitz kam Menzel (1956) zu ganz ähnlichen Ergebnissen. Bei Mengen von 10 t/ha Schweinedung und mehr traten jedoch Nachteile ein.

2. Abwasserfischteiche

Die in häuslichen Abwässern enthaltenen Nährstoffe lassen sich für die Teichwirtschaft nutzbar machen. Dabei wird gleichzeitig ein Reinigungseffekt erzielt, der schon für sich allein die Anwendung des Verfahrens bedeutungsvoll erscheinen läßt. Zusammenfassende Darstellungen des Problems brachten Demoll (1926) und Graf (1926). Die möglichst frischen, von toxischen Stoffen freien Abwässer sind zunächst durch mechanische Vorklärung von groben Schwimm- und Sinkstoffen zu befreien und dann je nach Konzentration auf das Zwei- bis Vierfache des Volumens mit sauerstoffreichem Frischwasser zu verdünnen. Der Abbau im Teich muß unter aeroben Bedingungen erfolgen, damit sich auch die normale Teichflora und -fauna entwickeln können. Die Fischerträge derartiger pro ha mit Abwässern von etwa 2000 Personen beschickter Teiche werden mit 500 bis 600 kg/ha im Jahr angegeben. Zu beachten ist, daß die Abwasserfischteiche an das Vorhandensein größerer Vorfluter gebunden sind, die das nötige Verdünnungswasser jederzeit zu liefern vermögen. Da Abwasserfischteiche im Winter nicht verwendbar sind, kommt nach Schäperclaus (1961) eine Neuanlage kaum noch in Betracht.

Ein anderes Verfahren beruht auf der Ausnutzung der Drainwässer von Rieselfeldern zur Teichspeisung. Beim Sickern durch das Erdreich werden die organischen Stoffe von Mikroorganismen abgebaut. In den Drainagen sammelt sich ein nährstoffreiches Wasser, das nicht mehr fäulnisfähig ist und einen großen Teil der Bestandteile des Abwassers in mineralisierter Form enthält. Schäperclaus (1952) gibt für die Berliner Drainwässer den Phosphatgehalt mit fast immer über 1 mg/l an. In den davon gespeisten Teichen wurden ohne zusätzliche Düngung oder Fütterung Erträge bis maximal 1800 kg/ha erzielt (Schäperclaus 1949, 1952).

Gelangen durch Fäkalien, Abwasser oder Rieseldrainwässer größere Mengen Ammoniumverbindungen in die Teiche und treten gleichzeitig hohe pH-Werte ein, so kann es infolge Auftretens von freiem NH_3 leicht zu Fischsterben kommen (Schäperclaus 1952). Bei nennenswerten Ammoniumgehalten im Teichwasser ist daher nicht mit Branntkalk zu düngen, oder die Teiche sind erst nach dem Abklingen der hohen pH-Werte im späteren Frühjahr zu besetzen.

3. Indirekte Futterwirkung

Bei der zusätzlichen Fütterung der Teichfische mit Getreide, Drusch- und Mühlenabfällen, Extraktionsschroten u. a. gelangen erhebliche Mengen von für die Fische unverdaulichen Stoffen in die Teiche (z. B. Rohfaser). Außerdem wird bei mehlartigen Futtermitteln immer ein Teil für die Fische verloren gehen, und auch der Mineralstoffgehalt wird nicht voll ausgenutzt. Diese nicht gefressenen oder nicht verdauten Futterreste entfalten im Teich eine beachtliche Düngerwirkung (WALTER 1900, MÜLLER 1959a), die über 100 kg/ha Mehrzuwachs betragen kann.

c) Tierhaltung auf Teichen

Eine besonders wirksame organische Düngung erfolgt durch die Entenhaltung auf Teichen. Sie wirkt sich sehr günstig auf die Fischerträge aus. Eingehende Untersuchungen liegen aus Wielenbach vor (PROBST 1934).

Bei genügend starkem Entenbesatz kann die Düngerwirkung mit mindestens 1 kg Fischzuwachs jährlich pro Ente eingeschätzt werden. Die Gänsehaltung bringt geringere Zuwachssteigerungen. Ebenso werden von den Gänsen die Unterwasserpflanzen nicht so stark unterdrückt. Nach Erfahrungen aus Polen sollten nicht mehr als 200 Enten/ha Wasserfläche ausgesetzt werden. THUMANN (1955, 1956) stellte eigene Ergebnisse sowie die Befunde früherer Veröffentlichungen zusammen, nach welchen die Wirkung der Entenhaltung auf den Fischertrag erheblich ist. Die Mehrerträge an Karpfen in den „Ententeichen" gegenüber den Teichen „ohne Enten" belaufen sich auf 30 bis 100%, in Einzelfällen auf über 200%. In der ČSSR erhöhte sich nach HOUSKA (1956) durch 100 bis 200 Enten/ha die Fischproduktion um 100 bis 200%.

Eine Beschädigung oder Verletzung der Fische durch das Wassergeflügel ist bei gesunden Fischen nicht zu befürchten. Indessen kann ein zu dichter Entenbesatz zu völligem Sauerstoffverbrauch im Teichwasser infolge der organischen Belastung und zu starken Fischverlusten durch Kiemenfäule (Branchiomycose) führen.

Im Gegensatz zu Enten werden Sumpfbiber oder Nutrias weniger zusätzlich gefüttert. Sie ernähren sich vorwiegend von der Hartflora, insbesondere von Phragmites und Typha, und geben deren Reste durch ihre Exkremente dem Teich zurück. In Polen wurden in den letzten Jahren in großem Umfang auf Teichen Nutrias gehalten, worüber WILTOWSKY (1958) berichtete (Tab. 738):

Tabelle 738. *Fischertragssteigerung durch Nutriahaltung*
(nach WILTOWSKY 1958, gekürzt)

Jahr	Karpfen				Nutria-haltung[1]
	Einsatz-stückgewicht g	Besatzdichte (bei Abfischung)	Stückzuwachs g	Zuwachs kg/ha	
1952	46,0	1576	474	101,2	—
1953	51,0	1566	624	132,5	+
1954	109,0	1551	894	187,1	+
1955	91,7	1634	915	203,4	+
1956	96,5	1609	613	133,6	—
1957	99,0	1628	469	126,8	—

[1] + = Nutriahaltung,
— = keine Nutriahaltung.

Durch Bombowna (1957) wurde eine vermehrte Sedimentbildung mit höherem organischen Gehalt an bevorzugten Aufenthaltsorten der Sumpfbiber nachgewiesen. Über ähnliche Erfahrungen in Israel berichtete Ehrlich (1959).

In Frankreich werden nach Wurtz (1956) in manchen eingezäunten bespannten Teichen Pferde gehalten, die mit Vorliebe *Glyceria fluitans* und *Alopecurus fulvus* abweiden. Dadurch wird das Mähen gespart, und der Einfluß der Pferdemistdüngung soll in den „Pferdeteichen" deutlich sichtbar sein. Zur Ernährung eines Pferdes werden 4 bis 5 ha Teichfläche benötigt. Auch werden in französischen Teichen „schwimmende Kühe" gehalten, die als Futterpflanze *Ranunculus aquatilis* bevorzugen und sehr gute Milch bzw. Butter von angenehmem Geschmack liefern.

C. Mineralische Düngung

a) Stickstoff

Anorganische Stickstoffverbindungen sind in stehenden Gewässern oft Minimumstoffe, obgleich sie meist in höherer Konzentration als Phosphate vorkommen. Sie werden allerdings auch in größerer Menge benötigt. Außer mit Zuflüssen und dem Grundwasser gelangen wechselnde Mengen an Stickstoffverbindungen mit den Niederschlägen ins Teichwasser. Die größte Bedeutung für die Wasserpflanzen haben die Nitrat- (NO_3-) Ionen, doch werden auch Ammonium- (NH_4-) Ionen ausgenutzt. Freies Ammoniak wirkt stark giftig. Manche Algen können auch organische N-Verbindungen als Stickstoffquelle ausnutzen (Gessner 1959). Sehr wichtig für die N-Versorgung in den Teichen ist die Bindung von elementarem Stickstoff, der im Wasser schwach löslich ist, mit Hilfe verschiedener Organismen. Bekannt ist die N-Bindung durch Bakterien wie Azotobakter-Arten, *Bacillus amylobakter, Clostridium pasteurianum* und durch gewisse Blaualgen (*Cyanophyceen*) (Demoll 1925, Kusnezow 1959). Die Bakterien leben bevorzugt in neutralem bis alkalischem humosem Teichschlamm, obgleich sie auch im freien Wasser vorkommen. Unklarheiten bestehen über das Ausmaß des N-Gewinnes. Während Demoll (1925) nach Fischer 537 kg/ha Stickstoffmehrung im Teichboden bis 3 cm Tiefe in einem Jahr angibt, kommt Kusnezow auf Grund einer Überschlagsrechnung — allerdings für einen 2,6 ha großen See — zu wesentlich niedrigeren Werten (etwa 5 kg/ha).

Die von Bakterien hervorgerufene Denitrifikation spielt im Teich eine Rolle, wenn bei der Zersetzung organischer Substanz und höheren Temperaturen Sauerstoffmangel auftritt. In den Schlammablagerungen sind mehr denitrifizierende Bakterien als im Wasser vorhanden. Der Denitrifikationsprozeß verläuft lebhaft, wenn neben Nitraten, organischer Substanz und anaeroben Milieu eine neutrale oder schwach basische Reaktion gegeben ist. Unter aeroben Bedingungen werden Ammoniumverbindungen durch autotrophe Bakterien, z. B. *Nitrosomonas* und *Nitrobakter,* zu Nitrat oxydiert. Die mit dem Zufluß- und Niederschlagswasser zugeführten Nitrate und Ammoniumsalze werden von Pflanzen und Bakterien in Eiweißverbindungen eingebaut. Das gleiche geschieht mit dem gebundenen elementaren Stickstoff.

Auch in der Teichwirtschaft setzte man zunächst große Hoffnungen auf die Stickstoffdüngung. Sowohl in Sachsenhausen als auch in Wielenbach hatte von den Stickstofformen der Salpeter die geringste Wirkung (Czensny 1919). Besser bewährte sich Ammoniumsulfat, das wie alle Stickstoffdüngemittel in den Versuchen in vielen kleinen Einzelgaben ausgebracht wurde. Bei gleicher Gesamtmenge ergaben in Wielenbach indessen schon zwei Gaben dieselben Wirkungen wie 20 bis 50 Gaben. DEMOLL (1925) hält das für eine Folge der biologischen Festlegung gegenüber der Möglichkeit zur Denitrifikation bei häufiger Verabfolgung.

Auf Grund der Wielenbacher Versuche kommt DEMOLL (1925) zu dem Resultat, daß bei günstigen Bodenverhältnissen auch schon bei stickstoffloser Düngung hohe Erträge erzielt werden können. Diese Erträge waren durch Stickstoffdüngung noch weiter steigerungsfähig. Diese Feststellung erfährt in ihrer Auswirkung für die Praxis nachfolgende Einschränkung: „Der Mehrertrag, der auf gutem Teichboden durch anorganische Stickstoffdünger erzielt wird, wird nur in sehr günstigen Abwachsjahren die Mehrkosten zu decken vermögen" (DEMOLL 1925). Tatsächlich war auch in der Praxis eine hier und da vorgenommene Stickstoffdüngung zumeist nicht überzeugend. Im allgemeinen wird in Mitteleuropa an der stickstofflosen Teichdüngung festgehalten. Die günstige Wirkung einer sachgemäßen organischen Düngung, die eine mehr oder weniger starke Stickstoffkomponente haben kann, bleibt davon unberührt.

Zu den regelmäßigen Teichdüngungsmaßnahmen gehört die mineralische Stickstoffdüngung aber in Israel. Hier wird — begünstigt durch das subtropische Klima — eine sehr intensive Teichwirtschaft betrieben. Die Teiche werden jährlich dreimal bespannt, und es werden drei Fischernten erzielt. Die Düngung wird im Abstand von 14 Tagen oder auch wöchentlich vorgenommen und ist im Vergleich zu Mitteleuropa sehr hoch. So wurden in einem Versuch bei einer Düngung im Abstand von 14 Tagen 1290 kg/ha Superphosphat und 1220 kg/ha Ammoniumsulfat in einem Jahr, bei wöchentlicher Düngung das Doppelte, verabreicht. Bei intensiver Düngung wird der Ertrag gegenüber natürlichen Bedingungen vervierfacht (YASHOUV 1959). Der durchschnittliche jährliche Fischertrag in Teichen, die mit Superphosphat gedüngt wurden, betrug in vierjährigen Versuchen ohne Fütterung ungefähr 700 kg/ha, in Teichen mit zusätzlicher Ammoniumsulfatdüngung 800 kg/ha (HEPHER 1959c).

Der Stickstoff aus der mineralischen Düngung war 13 Tage nach der Düngung im Wasser nicht mehr nachzuweisen (HEPHER 1959a). In gedüngten Teichen nahmen die N-Verbindungen schneller ab als in ungedüngten. Neuerdings wurde an Stelle von Ammoniumsulfat in Israel auch mit einer wässerigen Ammoniaklösung mit 20% N gedüngt. Die Wirkung stand der Ammoniumsulfatdüngung nicht nach. Die pH-Werte blieben nahezu unbeeinflußt (HEPHER 1959b).

In Polen sind unlängst Versuche mit Ammoniumsulfatdüngung (30 kg/ha N) aufgenommen worden, nachdem sich nach jahrelanger Phosphatdüngung gezeigt hatte, daß damit weitere Ertragssteigerungen nicht zu erreichen waren. Auch hier beeinflußte die N-Düngung den Gehalt an mineralischem Stickstoff im Teichwasser kaum (WROBEL 1959a). Es ist noch nicht bekannt, wie der Fischertrag auf die zusätzliche Stickstoffdüngung reagierte.

Für die Bewirtschaftung von Forellenteichen dürfte der Hinweis von Wichtigkeit sein, daß hier durch starke Kalkstickstoffgaben die Sporen des Erregers der Drehkrankheit (*Lentospora cerebralis*) abgetötet werden können (TACK 1951).

Für Mitteleuropa können auf Grund der bisher vorliegenden Versuchsergebnisse der teichwirtschaftlichen Praxis — von Ausnahmen abgesehen — noch keine allgemeingültigen Empfehlungen zur Anwendung mineralischen Stickstoffs gegeben werden.

b) Phosphor

Freies mineralisches Phosphat gehört in den meisten Oberflächengewässern zu den Minimumstoffen. Während in fließenden Gewässern gelegentlich noch Mengen der Größenordnung 0,1 mg/l vorhanden sein können, ist in den belichteten Schichten der stehenden Gewässer Phosphat oft nicht mehr nachzuweisen. Auch durch Düngung zugeführte Mengen löslicher Phosphorsäure verschwinden in kurzer Zeit aus dem Wasser. In Teichen fanden Wrobel (1959a) in Polen eine Abnahme des durch Düngung erhöhten Phosphorsäuregehaltes auf den Ausgangswert nach 8 bis 12 Wochen, Müller (1958) in Deutschland nach 28 Tagen und Hepher (1959a) in Israel schon nach 6 bis 13 Tagen. An dem Verbrauch der Phosphate sind nicht nur die Organismen, sondern vor allem auch der Teichboden beteiligt.

Nach Hepher (1958a und b) wird bei hohem Kalziumgehalt und alkalischer Reaktion von Wasser und Schlamm ein Teil der zugeführten Phosphorsäure

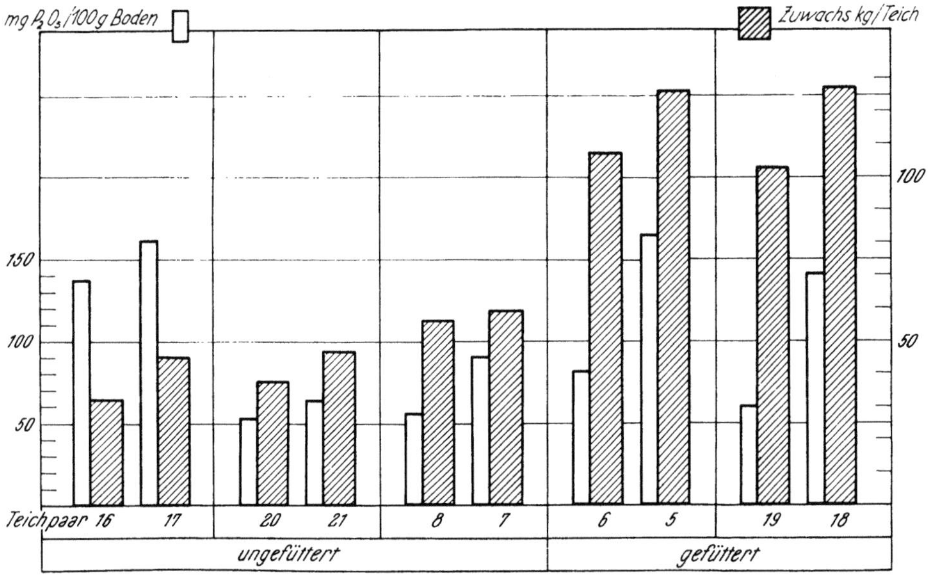

Abb. 347. Die Beziehungen zwischen Gehalt an Bodenphosphorsäure und Karpfenertrag in benachbarten Teichen in Königswartha (nach Müller 1960)

als $Ca_3(PO_4)_2$ ausgefällt, ein anderer Teil durch Bodenkolloide sorbiert, hauptsächlich durch Tonsubstanzen. Bei saurem Milieu sind Eisen- und Aluminiumverbindungen stark an der Phosphatfestlegung beteiligt. Auf die unterschiedliche Sorptionsfähigkeit von Eisenhydroxydgel im sauren und alkalischen Bereich weist Ohle (1937) hin. Die Zusammenhänge zwischen Eisen- und Phosphatkreislauf in Seen, die auch für die Teichdüngung nicht unwichtig sind, konnten von Einsele (1936, 1941) grundsätzlich geklärt werden.

In besonders eisenreichen Teichböden fand Müller (1960) eine Korrelation zwischen Eisen- und Phosphorsäuregehalt. Obwohl in diesen Untersuchungen die Bindungsform der analysierten Stoffe nicht bekannt war, ließen Zusammenhänge zwischen P-Gehalt und Fischertrag vermuten, daß das gefundene Phosphat wenigstens teilweise für den Stoffkreislauf des Teiches verfügbar war (Abb. 347).

Nach den Wielenbacher Untersuchungen hat die Phosphorsäuredüngung auch einen stimulierenden Einfluß auf die N-sammelnden Bakterien. Azotobakter und Amylobakter wurden besonders zahlreich in Böden phosphatgedüngter Teiche gefunden und kamen dort mit anderen Mikroorganismen vergesellschaftet vor. Darunter befanden sich Bakterienarten, die zur Deckung ihres Phosphatbedarfes selbst Eisenphosphat angegriffen hatten. Damit sind auch Möglichkeiten zur Erklärung der Nachwirkung der Phosphatdüngung gegeben.

Die Festlegung der Phosphate erfolgt besonders schnell, wenn der Teichschlamm aufgewirbelt wird und dadurch die Berührungsfläche zwischen fester und flüssiger Phase wesentlich zunimmt (HEPHER 1958a und b). Diese Aufwirbelung des Bodens wird bei intensiver Wirtschaftsweise mit entsprechender Fischbesatzdichte andauernd durch die Karpfen bei der Nahrungssuche bewirkt. Das Teichwasser stellt dann eine Suspension von Teichschlamm dar. Der Stoffaustausch zwischen Wasser und Schlamm wird durch diese ständige Mischung sehr intensiviert. Trotzdem nehmen aber große Phosphorsäuremengen offenbar nicht am Stoffkreislauf teil. In Wielenbach waren z. B. bis 30 cm Bodentiefe einige tausend kg/ha, in Königswartha in den obersten 5 cm Teichboden 430 bis über 2000 kg/ha P_2O_5 (MÜLLER 1960) vorhanden. Die demgegenüber geringen P_2O_5-Mengen aus der Düngung müssen zunächst viel aktiver sein, denn sie rufen meist erhebliche Mehrerträge hervor. Doch betonte DEMOLL (1925) nachdrücklich, die Bindung der Phosphate an den Boden sei für eine günstige Wirkung ausschlaggebend, weil dadurch das „Bodenlaboratorium" zu richtiger Funktion angeregt werde.

Über die Erfolge der Teichdüngung mit Phosphorsäure liegt umfangreiches Zahlenmaterial aus der teichwirtschaftlichen Versuchsstation Wielenbach vor (Tab. 739).

In diesen Versuchen wurden alle Teiche gleich besetzt. Der Mehrertrag kam nur durch einen größeren Zuwachs der einzelnen Fische zustande. In der Praxis würde man bei Düngung dichter besetzen, um dadurch die Ausnutzung der Naturnahrung zu verbessern und den Zuwachs je Flächeneinheit noch zu erhöhen.

Im Mittel von 32 Jahren wurde durch jährliche Phosphorsäuredüngung von durchschnittlich 25 bis 30 kg/ha P_2O_5 ein Mehrzuwachs von 72 kg oder 77% gegenüber ungedüngt erzielt.

Im Laufe der Jahre war keine Abnahme des Mehrzuwachses durch Phosphatdüngung festzustellen, wie die Gegenüberstellung des ersten Versuchszeitraumes mit dem zweiten zeigt. In den Kontrollteichen bewirkte völlige Unterlassung der Düngung und Kalkung keinerlei Erschöpfung der Fruchtbarkeit. In der zweiten Versuchsperiode lagen die Erträge der ungedüngten Teiche sogar etwas höher als in der ersten, die jährliche Ernteentnahme blieb also ohne negativen Einfluß auf den Ertrag der folgenden Jahre.

Die verschiedenen Düngemittel, wie Thomas-, Super- oder Rhenaniaphosphat wirkten trotz unterschiedlichen Löslichkeitsgrades der Phosphorsäure gleichmäßig. Teichdüngungsversuche mit neuen Glühphosphaten erwiesen auch deren Wirksamkeit (SCHÄPERCLAUS 1954, 1956).

In Wielenbach wurden seit dem Jahr 1926 die Phosphate nur in einer Gabe verabreicht, weil die Versuche mit geteilten Gaben bei gleicher Gesamtmenge P_2O_5 immer wieder gezeigt hatten, daß dadurch keine Mehrerträge erzielt werden konnten. Im Durchschnitt erbrachte 1 kg P_2O_5 in Wielenbach etwa 2,5 kg Mehrzuwachs an Karpfen.

In der ČSSR wurde von DEJDAR ein Verfahren zur Einsparung von Phosphorsäure eingeführt. Man verwendet Superphosphat (wasserlösliches P_2O_5) und

Tabelle 739. *Ergebnisse der Phosphatdüngungsversuche in Wielenbach 1918 bis 1949*
(nach Probst 1950)

Zeitabschnitt	Versuchs-jahr	Dünge-mittel[1]	Ungedüngte Teichgruppe		Gedüngte Teichgruppe		Mehrzuwachs durch Phos-phatdüngung	
			Anzahl der Teiche	Zuwachs kg/ha	Anzahl der Teiche	Zu-wachs kg/ha	kg/ha	%
	1918	P	5	92	über 4	199	107	116
	1919	P	5	53	über 4	112	59	111
	1920	P	3	68	über 4	112	44	65
	1921	P	4	141	über 4	247	106	75
	1922	P	3	63	über 4	138	75	119
	1923	P	4	70	3	118	48	69
	1924	P	4	100	über 4	181	81	81
Zeitabschnitt I	1925	T	3	74	3	144	70	95
(16 Jahre)	1926	R	3	66	3	108	42	64
	1927	S	4	71	2	142	71	100
	1928	S	3	78	3	112	34	44
	1929	S	4	95	3	153	58	61
	1930	R	4	91	3	172	81	89
	1931	R	3	100	3	163	63	63
	1932	R	2	110	3	206	96	87
	1933	S	4	102	3	147	45	44
Durchschnitt:				86		153	67	78
	1934	S	4	109	2	200	91	83
	1935	R	3	87	3	195	109	124
	1936	S	4	97	4	171	74	76
	1937	S	4	113	3	216	103	91
	1938	S	4	114	4	174	60	53
	1939	S	4	102	2	156	54	53
	1940	S	3	73	3	152	79	108
Zeitabschnitt II	1941	T	4	79	3	160	81	103
(16 Jahre)	1942	T	4	114	4	167	53	47
	1943	S	4	121	4	175	54	45
	1944	T	4	104	4	149	45	43
	1945	T	3	120	3	206	86	72
	1946[2]	S	4	99	3	130	31	31
	1947	S	4	115	3	220	105	91
	1948	S	4	88	3	197	109	124
	1949	R	3	91	3	201	110	121
Durchschnitt:				102		179	77	76
Durchschnitt von 32 Jahren:				94		166	72	77

[1] T = Thomasmehl, R = Rhenaniaphosphat, S = Superphosphat, P = Phosphor-säuredüngemittel verschiedener Art.

[2] Die Ergebnisse des Jahres 1946 sind durch Überschwemmung der Teiche u. a. m. beeinflußt; sie sind jedoch mit einbezogen, da sich dadurch keine wesentliche Änderung in den Endwerten ergibt.

gibt zunächst nur eine Teilmenge. Weitere Phosphatgaben werden erst ver-abreicht, wenn 14 Tage nach der Düngung die PO_4-Konzentration im Mai 0,75, im Juni 0,60, im Juli 0,45 und im August 0,30 mg/l Teichwasser unterschreitet.

Auf diese Weise sind in den letzten Jahren meist weniger als 35 kg P₂O₅/ha benötigt worden.

Eine besondere Bedeutung kommt der Nachwirkung der Phosphorsäuredüngung im Teich zu. Darunter ist die Wirkung zu verstehen, die die verabreichten Nährstoffe nach dem Düngungsjahr hervorrufen. Auch darüber liegt umfangreiches Material aus Wielenbach vor. DEMOLL (1925) und PROBST (1950) geben die Nachwirkung für die ersten beiden Jahre nach der Düngung übereinstimmend mit 75 bis 80% der Wirkung einer normalen Phosphorsäuredüngung an. Daraus ergeben sich wichtige Folgerungen für den Zeitpunkt der Düngung. Wenn im allgemeinen auch an der Verabreichung im Frühjahr festzuhalten ist, so ist doch eine Düngung zu einem späteren Termin unbedenklich, weil bei alljährlicher Anwendung Düngung und Nachwirkung sich stark überlagern und zusammen eine hohe Wirksamkeit erwarten lassen.

In bezug auf die anzuwendende Menge ergaben die Wielenbacher Versuche, daß 25 bis 30 kg/ha P₂O₅ zu verabreichen sind, um eine volle Düngerwirkung zu erzielen. Beim Überschreiten der angeführten Menge waren keine Beziehungen zwischen Phosphorsäuregabe und Zuwachs festzustellen (DEMOLL 1925).

Die großen Erfolge der Phosphorsäuredüngung in Wielenbach regten allenthalben zur Anwendung in der Praxis und zur Prüfung in anderen Teichwirtschaften an. Unter Zusammenfassung der verschiedenen in Deutschland erzielten Ergebnisse berechnete WUNDER (1956) im Durchschnitt für 1 kg P₂O₅ einen Mehrertrag von 2 kg Fischfleisch bei einer Schwankungsbreite von 0,54 bis 2,74 kg. Damit ist in allen Fällen eine gute Rentabilität der Phosphatdüngung vorhanden. Auch in Polen wurden in Teichdüngungsversuchen ähnliche Ergebnisse wie in Wielenbach erzielt (Tab. 740).

Tabelle 740. *Mehrzuwachs durch 32,5 kg/ha P₂O₅ als Superphosphat* (nach STARMACH 1958)

Teichgruppe	Jahre	Mittlerer Mehrzuwachs	
		kg/ha	%
„Pod Borem"	1952—1956	64	97
„Golysz"	1952—1956	65	71
„Landek"	1952—1956	33	37

Zur Beurteilung der Düngerwirkung ziehen WUNDER (1949, 1956) und Mitarbeiter die Wasserfarbe und das Auftreten charakteristischer Planktonalgen heran. Die Massenentwicklung bestimmter Algen kann auch unabhängig von Düngungsmaßnahmen entstehen (u. a. MÜLLER 1957b). Nach Untersuchungen von SCHÄPERCLAUS (1961) gelangen die Teiche über ganz verschiedene Stoffwechselglieder — über das Phytoplankton, submerse Wasserpflanzen oder über eine fruchtbare Bodenregion — zu hohen Erträgen. Der Erfolg einer Düngung läßt sich nur im Mehrertrag ermitteln, wenn auch zwischen dem Vorkommen gewisser Phytoplanktongesellschaften, Trophiegrad und den Fischerträgen von Teichen Zusammenhänge bestehen, wie WURTZ (1958) für extensiv und gewöhnlich ohne Düngung bewirtschaftete Teiche Frankreichs zeigen konnte. Im Hinblick auf Gebiete mit intensiver Teichwirtschaft, wo es heute kaum noch Teiche gibt, die nicht schon seit Jahren regelmäßig mit Phosphaten gedüngt werden, liegt das Problem darin, die Ursachen für die — trotz anscheinend gleicher Bedingungen — oft zu beobachtenden Ertragsunterschiede zu erkennen.

Durch Granulierung des Superphosphates sind für die Teichwirtschaft keine Vorteile zu erwarten. Insbesondere für die schwerer löslichen Phosphorsäuredüngemittel, wie z. B. Glühphosphate, ist eine feine Mahlung anzustreben (Müller 1954a).

Zusammenfassend kann festgestellt werden, daß die Phosphorsäuredüngung fast überall eine starke Ertragssteigerung erwarten läßt. Eine Ausnahme bilden Abwasserteiche mit hohem Phosphatgehalt. In Mitteleuropa hat sich die alljährliche Düngung mit etwa 30 kg/ha P_2O_5 in einer Gabe im Frühjahr bewährt und bewirkt Mehrerträge von 30 bis 120%.

c) Kalium

Über die Notwendigkeit der Kalidüngung in der Teichwirtschaft bestehen noch keine einheitlichen Auffassungen.

Zweifellos spielt das Kalium im Stoffkreislauf des Teiches eine entscheidende Rolle. Enthalten doch das Fischfleisch und die Naturnahrung der Fische nicht unbeträchtliche Kalimengen.

Mehring (1929) beobachtete, daß die Flora im Teich um so härter wurde, je ärmer der Teichboden an Kali war. In extremen Fällen blieb selbst der Schilfwuchs soweit zurück, daß der Schachtelhalm an seine Stelle trat. In solchen Fällen soll eine wiederholte Düngung unter stärkerer Berücksichtigung des Kalis die unerwünschten Überwasserpflanzen allmählich zurückdrängen und den zeitweise nicht unerheblichen Kalibedarf der weichen Flora decken. Nach Demoll (1925) geht mit der Entwicklung dieser Pflanzen in den Sommermonaten eine Abnahme des Kaligehaltes des Wassers einher. Stirbt die weiche Flora im Herbst ab, erhöht sich der Kaligehalt im Teichwasser wieder.

Allgemeingültige optimale Kaligehaltszahlen für Teichwasser sind nicht bekannt. In Treboň (Wittingau, ČSSR) fanden Nemec und Fastrová (1941) folgende Korrelation zwischen Kaligehalt des Wassers und Fischzuwachs:

Natürlicher Fischzuwachs kg/ha	Kaligehalt des Teichwassers mg K_2O/l
394,6—333,8	8,76
180,3— 64,5	5,64
56,2— 49,5	4,53
35,5— 20,8	2,16

Die produktivsten Teiche waren demnach die mit den höchsten Kaligehaltszahlen des Wassers, und die geringsten Fischzuwüchse wurden in den Teichen mit den niedrigsten Kaliwerten festgestellt. Im Wittingauer kalkarmen Teichgebiet kann etwa 8,5 mg K_2O im Liter Teichwasser als Grenzzahl der Kalibedürftigkeit angenommen werden. Für andere Verhältnisse fehlen Grenzwerte. Im Frühjahr vor der Düngung entnommene Wasserproben des Hammermühler Teichdüngungsversuches (Ergebnisse vgl. Tab. 742) enthielten in einem bis zum Vorjahr mit Kali gedüngten Teich 5,0 mg und in einem unmittelbar daneben gelegenen Kalimangelteich nur 3,5 mg K_2O/l.

Wie bei allen anderen Nährstoffen müssen auch zur Beurteilung des Kaligehaltes des Teichwassers Boden, Wasser und Organismen als ein zusammenhängendes System betrachtet werden. Vor allem hängt der Kaligehalt des Wassers von dem Nährstoffvorrat des Teichbodens, des Zuflußwassers und auch des Bodens des Einzugsgebietes ab. Allein schon wegen der unterschiedlichen Sorptionsmöglichkeiten der Nährstoffe durch die Böden ist der Gehalt an K_2O im Teichwasser stets erheblich höher als der an P_2O_5.

Das Kali wird nach der Teichwasserdüngung wie die übrigen Nährstoffe von dem dem Teichboden aufgelagerten Schlamm aufgenommen und nach Bedarf an die Lebewelt des Wassers abgegeben. Nach DEMOLL (1925) ist innerhalb von 2 bis 3 Wochen das K-Ion vom Schlamm adsorbiert. In seinen lysimetrischen Teichboden-Untersuchungen stellte WROBEL (1959b) im Vergleich zum Ackerboden während der Sommerzeit stärkere Auswaschungsverluste an Kalium im Teichboden fest. Diese vom Verfasser „mit der Aufwässerung der Kolloide" erklärten Ergebnisse dürften für die vielen Teichgebiete mit nährstoffarmen Böden und Wasser nicht ohne Bedeutung sein.

Bislang wurde die Kalidüngung in der Teichwirtschaft nur beim Vorliegen von sehr kaliarmem Boden und Wasser empfohlen (SCHÄPERCLAUS 1949). Die wenigen in der Literatur bekanntgewordenen Berichte über eine Kaliwirkung in der Teichwirtschaft betreffen in der Tat überwiegend nur leichte Böden. Abgesehen von veröffentlichten Beobachtungen und Ergebnissen kurzfristiger Versuche (z. B. MEHRING 1922, 1929, NOLTE 1930, 1931, BRÜNING 1931, 1932a, 1932b, BRÜNING und GÖPFERT 1933, MIERSCH 1941, WUNDER 1956, BANK 1959, WEBER 1959) sind es vor allem drei Kaliversuche, die verwertbare Unterlagen erbrachten: Wielenbach (Oberbayern), Geeste (Emsland) und Hammermühle (Niederlausitz).

Wasser und Boden in Wielenbach sind reich an Kali (WALTER 1931). Durch Anwendung dieses Nährstoffes konnte dort keine eindeutige Ertragssteigerung erzielt werden. In verschiedenen Jahren brachte nur einer von zwei Kaliteichen Mehrerträge zu Gunsten der Kalidüngung (WALTER 1933). Wegen dieser widerspruchsvollen Befunde wurden die Versuche abgebrochen. Die Erklärung für die unterschiedliche Kaliwirkung glaubte WALTER (1932) darin zu finden, daß durch die Kalizufuhr „auf dem Wege des Austausches im Boden festgelegte andere Nährstoffe, namentlich die Phosphorsäure, mobilisiert werden" und „daß eben diese Nährstoffe von früheren Düngungen her nicht in jedem Teiche" in gleicher Menge oder derart aufgespeichert sind, daß sie aufgeschlossen werden konnten. Ob und inwieweit an diesem vermuteten Aufschluß der im Boden befindlichen Phosphatverbindungen das Magnesium der magnesiumhaltigen Kalidüngesalze eine Rolle spielte, ist nicht bekannt. Versuche mit reinem Kieserit

Tabelle 741. *Ergebnisse des vierjährigen Kalidüngungsversuches in Geeste*
(nach NOLTE 1932)

Versuchsjahr	Düngung kg/ha			Anzahl der Teiche	Zuwachs kg/ha	Mehrzuwachs durch Kalidüngung	
	P_2O_5	$CaCO_3$	K_2O			kg/ha	%
1928	63	1800	—	1	86,0		
	63	1800	60	1	100,0	14,0	16,3
1929	63	1800	—	1	88,9		
	63	1800	60	1	102,9	14,0	15,7
1930	32	—	—	1	103,5		
	32	—	30	1	139,5	36,0	34,8
	32	—	40	1	114,0	10,5	10,1
	32	—	60	1	131,5	28,0	27,0
1932	32	—	—	1	94,0		
	32	—	30	3	138,2	44,2	47,0

führten in Wielenbach zu keiner Klärung des Problems (Demoll 1925). Michajlova (1958a und b) stellte in Aquariumversuchen fest, daß eine Magnesiumchloridlösung in einer Konzentration von 0,11% u. a. eine Wachstumszunahme der Fische bewirkte.

Auch in den Versuchsteichen in Geeste und Hammermühle wurden wie in Wielenbach alle Teiche gleichmäßig besetzt und die Karpfen nicht gefüttert. Der Mehrzuwachs in den Kaliteichen ist das Ergebnis der größeren Stückzuwüchse. Im Gegensatz zu Wielenbach handelt es sich in Geeste und Hammermühle um nährstoffarme Böden. Von beiden Versuchen stehen vierjährige Ergebnisse zur Verfügung.

Die Geester Teiche (Tab. 741) liegen auf Hochmoor, das auf Sand aufgelagert ist. Durch Gaben von 30 bis 60 kg/ha K_2O in verschiedenen Kalisalzformen wurde ein mittlerer Mehrertrag von etwa 30 kg erzielt. Im Durchschnitt dieser Versuche erbrachte 1 kg K_2O einen Mehrzuwachs von 0,69 kg (Notle 1930, 1932, Brüning 1933, Wunder 1956).

Die Versuchsteiche in Hammermühle (Tab. 742) stehen auf geschiebeführenden Sanden (Kopp 1960). Als Kalidüngemittel wurde in allen Jahren Emgekali

Tabelle 742. *Ergebnisse des vierjährigen Kalidüngungsversuches in Hammermühle*
(Original)

Versuchsjahr	Düngung kg/ha			Anzahl der Teiche	Zuwachs kg/ha	Mehrzuwachs durch Kalidüngung	
	P_2O_5	$CaCO_3$	K_2O			kg/ha	%
1956	72	900	—	2	247,5		
	72	900	140	2	310,7	63,2	25,5
1957	72	900	—	2	105,1		
	72	900	140	2	233,7	128,6	122,4
1958	72	900	—	2	216,5		
	72	900	140	2	416,0	199,5	92,1
1959	72	900	—	2	265,0		
	72	900	140	2	462,4	197,4	74,5

(35% K_2O in Form von KCl und 5% MgO in Form von $MgSO_4$) angewandt. Der durchschnittliche Mehrzuwachs bei Verabreichung von 140 kg/ha K_2O betrug 147 kg. 1 kg K_2O bewirkte folglich einen Mehrzuwachs von etwa 1 kg Karpfen.

Es besteht kein Zweifel, daß die Kalidüngung sowohl bei dem Versuch in Geeste als auch bei dem Versuch in Hammermühle sehr rentabel war.

Nach einer Düngung der Teiche mit magnesiumhaltigen Kalisalzen beobachteten Walter (1931) in Wielenbach, Wilpert (zit. von Brüning 1932a und b) in zwei schlesischen Versuchen und Pitulle (1958) in Hammermühle eine auffallende Lebhaftigkeit der Karpfen gegenüber dem Besatz der Kontrollteiche. Es handelt sich offenbar um ähnliche Erscheinungen, wie sie Duerst (1928) nach Verabreichung hoher Kaligaben an Ziegen und Schweinen feststellte.

Abschließend ist festzustellen: Die Frage der Kalianwendung ist für alle teichwirtschaftlichen Gebiete noch nicht genügend geklärt. In Versuchen auf kaliarmen Böden wurden durch jährliche Gaben von 30 bis 140 kg/ha K_2O Mehrerträge in Höhe von 10 bis 120% erzielt. Von den Kalidüngemitteln scheinen die mit Magnesiumgehalt den Vorzug zu verdienen.

d) Kalzium

In Deutschland entwickelten sich größere Teichwirtschaften vielfach auf weniger für den Ackerbau geeigneten Böden, z. B. in der Lüneburger Heide und in der Lausitz. Dort sind auf Hochmoor oder basenarmen Sandböden bei humidem Klima Teiche vorhanden, deren Zuflüsse so arm an basischen Verbindungen sind, daß das Teichwasser Säuregrade aufweist, die für Fische schädlich sind, nämlich pH-Werte unter 5,0 bzw. 5,5 bei gleichzeitigem Eisen- oder Mangangehalt (SCHÄPERCLAUS 1926, 1954). Wasser dieser Art kann erst durch eine Kalkung für die Teichwirtschaft nutzbar gemacht werden. Am schnellsten wirken Brannt- oder Löschkalk, die bei diesen wenig gepufferten, gewöhnlich recht elektrolytarmen Wässern die pH-Werte durch Bildung von $Ca(OH)_2$ schnell in die Höhe treiben. Dabei ist bei schon mit Fischen besetzten Teichen Vorsicht geboten, weil im alkalischen Bereich etwa ab pH 9,5 Fischschädigungen eintreten können. Nach einiger Zeit entsteht aus dem Löschkalk durch Aufnahme von Kohlendioxyd Kalziumbikarbonat, das normalerweise den größten Teil des Mineralstoffgehaltes im Süßwasser ausmacht. Die das Wasser ansäuernde aggressive Kohlensäure und Mineralsäuren werden auch durch den harmloseren kohlensauren Kalk gebunden.

Eine Kalkung ist überall dort nötig, wo für die Fischzucht schädliche Säuregrade beseitigt werden müssen. Ferner ist es zweckmäßig, wenn die Gefahr der Versauerung des Wassers besteht, wie das z. B. in der Nachbarschaft von Braunkohlentagebauen der Fall sein kann, vorbeugend zu kalken, um im Teichwasser ein „Säurebindungsvermögen" (SBV) durch einen gewissen Kalziumbikarbonatgehalt zu erreichen. Das SBV ($=$ Alkalinität) kann durch Titration von 100 ml Wasser mit $\frac{n}{10}$ HCl gegen Methylorange leicht festgestellt werden. Diese einfache Wasseruntersuchung und die kolorimetrische Messung des pH-Wertes mit Hilfe eines Mischfarbindikators sollte von jedem Teichwirt regelmäßig durchgeführt werden. SCHÄPERCLAUS (1961) empfiehlt, so viel zu kalken, bis das SBV mindestens 1 ml $\frac{n}{10}$ HCl je 100 ml Teichwasser beträgt.

Eine besondere Bedeutung kommt dem Kalzium als Vermittler des Kohlendioxyds zu. Während die Landpflanzen von einer fast konstant 0,03 Volumen-% CO_2 enthaltenen Atmosphäre umgeben sind, ist der CO_2-Gehalt des Wassers temperaturabhängig und sehr wechselnd. Das Kohlendioxyd kann wegen des zögernden Austausches mit der Atmosphäre leicht ins Minimum geraten. Jedem Gehalt des Wassers an Kalziumbikarbonat gehört aber eine bestimmte Menge freies „Gleichgewichts-CO_2" zu, die mit steigendem Bikarbonatgehalt zunimmt und den Gehalt an assimilierbarem CO_2 entscheidend vermehrt. Außerdem besitzen die meisten echten Wasserpflanzen unter den Phanerogamen sowie viele Algen die Fähigkeit, HCO_3-Ionen des Bikarbonates zu assimilieren (zusammengefaßt bei GESSNER 1959).

Ähnlich wie in der Landwirtschaft erwartet man vom Kalk auch einen günstigen Einfluß auf den Teichboden durch Neutralisation, Ausflockung von Humuskolloiden und Freisetzung von Nährstoffen durch Ionenaustausch. Als Voraussetzung für eine gute Kalkwirkung bezeichnet WUNDER (1956) das Vorhandensein von Teichschlamm. Die Zersetzung angehäufter organischer Substanzen soll durch Kalk gefördert und die freiwerdenden Nährstoffe dem Stoffkreislauf zugeführt werden.

Brannt- oder Löschkalk dienen in der Teichwirtschaft ferner als Desinfektionsmittel und zur Abtötung von Fischparasiten. Die dafür notwendigen

Mengen von 15 dt/ha und mehr, auf nassen Schlamm oder nur flach bespannte Teiche gegeben, erzeugen eine konzentrierte Kalklauge, die auch Düngungseffekte haben kann.

Schließlich muß auch noch auf die Bedeutung des Ca-Ions als Antagonist zum K-Ion bei der Plasmapermeabilität (Gessner 1959) und bei der Bildung ausgeglichener Salzlösungen hingewiesen werden.

Kalzium ist ein für Pflanzen und Tiere unentbehrlicher Nährstoff. Doch spielt das Ca-Ion in Teichen nur selten die Rolle des Minimumfaktors, da die Pflanzen in der Lage sind, es auch aus nicht basischen gelösten Verbindungen aufzunehmen. Von diesen sind in den meisten Gewässern auch bei saurer Reaktion ausreichende Mengen vorhanden.

Einwandfreie zahlenmäßige Belege für eine Wirkung der Teichkalkung, die über die Entsäuerung hinausgeht, sind selten. In Wielenbach wurden nur wenige Kalkversuche durchgeführt, da die dortigen Teiche auf kalkreichem Boden stehen und auch die Zuflüsse kalkreich sind. Mit kohlensaurem Kalk wurden geringe Mehrerträge erzielt, auch scheint dadurch die Nachwirkung der Phosphorsäure etwas verstärkt worden zu sein. Doch war mit 50 dt/ha CaCO$_3$ das Optimum schon überschritten.

Nolte (1931) stellte die Ergebnisse mehrerer Kalkdüngungsversuche zusammen und errechnete daraus für 100 kg CaO einen Mehrzuwachs von nur 1,68 kg Karpfen. Überdies war die Kalkwirkung in diesen Versuchen nicht signifikant. Wunder (1949, 1956) berichtete, daß auf sauren Sandböden ohne Schlamm die Kalkung in neu angelegten Versuchsteichen unwirksam blieb. Nach Wurtz (1956) verliefen im Teichgebiet der „Dombes" auf extrem kalkarmen, schweren tonigen Böden bei fast kalkfreiem Wasser alle Kalkdüngungsversuche negativ. Ohne Kalkung wurden durchaus zufriedenstellende Erträge erzielt.

Auch in der Versuchsteichanlage Königswartha auf eisenhaltigen sauren Sandböden mit weniger als 1% CaCO$_3$ und Wasser mit einer Alkalinität um 1 mval waren bei hoher natürlicher Produktivität keine Mehrerträge durch Kalken zu erzielen, obwohl ein Einfluß auf den Boden nachweisbar war (Müller 1958). Nur einzelne Teiche zeigten nach vierjähriger Kalkung einen höheren Ertrag (Müller 1956). Als Ursache für das festgestellte Ausbleiben einer Kalkungswirkung gibt Müller (1957a, 1959b, 1961) Mangel an aggressiver Kohlensäure und Entstehung neutraler Reaktion auch in kalkarmen Teichböden durch biogene Vorgänge im Wasser an. Durch biogene Kalkfällung und Verdunstung kommt es vielfach sogar zu einer allmählichen Anreicherung von Kalk im Teichboden (Schäperclaus 1955).

Sehr hoher Kalkreichtum des Bodens und des Wassers bewirkt in Israel ein schnelles Verschwinden löslicher Phosphate aus dem Wasser durch Ausfällung als Trikalziumphosphat (Hepher 1958a).

Zusammenfassend kann festgestellt werden, daß die Kalkung für die Neutralisierung sauren Wassers und für Desinfektionszwecke unentbehrlich ist. Eine darüber hinaus gehende Düngewirkung im engeren Sinne ist trotz gegenteiliger Ansichten noch problematisch.

e) Spurenelemente

Über die Wirkung von Spurenelementen bei der Teichdüngung ist so gut wie nichts bekannt. Die wenigen darüber vorhandenen Angaben in der Literatur stellte Wunder (1956) zusammen. Kupferdüngungsversuche in Wielenbach führten im Gegensatz zu Erfolgsmeldungen aus der Praxis nicht zu eindeutigen

Beeinflussungen des Fischzuwachses (PROBST 1950). In amerikanischen Versuchen waren Zink, Mangan, Eisen, Jod, Bor und Kupfer bei gleichzeitiger Volldüngung ohne Effekt (SWINGLE 1947). Anscheinend sind in den meisten Teichzuflüssen die benötigten geringen Mengen an Spurenelementen enthalten. Infolge der zunehmenden Besiedlung und Industrialisierung erhalten nicht nur viele Vorfluter Abwässer aus Wirtschaft und Technik, sondern auch der Luftraum wird mit Flugasche, Abgasen, u. a. m. angereichert. Auf dem Wege über die Niederschläge gelangen diese Stoffe dann auch in die Gewässer. Ein Beispiel hierfür ist die Gefahr der radioaktiven Verseuchung. Schließlich ist zu bedenken, daß mit den Handelsdüngemitteln, da sie keine „reinen" Chemikalien darstellen, nicht unbeachtliche Mengen von Nebenbestandteilen den Teichen oder über benachbarte landwirtschaftliche Nutzflächen den Teichzuflüssen zugeführt werden.

Jedenfalls scheint nach dem bisherigen Stand der Kenntnisse eine besondere Spurenelementdüngung nicht notwendig zu sein.

D. Technik der Teichdüngung

Auch bei der Teichdüngung kommt es auf eine gleichmäßige Verteilung der Düngemittel an. Die Ausbringung auf den Boden des abgelassenen Teiches ist nur in besonderen Fällen (Desinfektion mit Kalk oder Kalkstickstoff) er-

Abb. 348. Die in Ungarn gebaute „Dungkanone" zur Verteilung von Schweinemist und Mineraldünger
(Photo SCHUBERTH)

forderlich und technisch wegen des meist nassen, weichen Schlammes schwierig durchzuführen. In hartgründigen Teichen lassen sich gegebenenfalls Düngerstreuer aus der Landwirtschaft verwenden.

Im allgemeinen wird — besonders bei großen Teichen — die Düngung auf das Wasser vom Kahn aus über die ganze schilffreie Wasseroberfläche bevorzugt. Diese Teichwasserdüngung wird heute zum Teil noch durch Handarbeit ausgeführt. Zur Erhöhung der Arbeitsproduktivität und zur besseren Verteilung der Düngemittel wurden indessen in den letzten Jahren verschiedene Maschinen konstruiert und erfolgreich eingesetzt. Die in Ungarn entwickelte „Dungkanone" (Abb. 348) wird vorwiegend für die Schweinemistdüngung benutzt. Schuberth (1958a und b. 1959a und b) konstruierte verschiedene Düngegeräte, bei denen

Abb. 349. Leichtes Düngegerät VII/309 mit auswechselbarem Lastkahn (links). Schraubenantrieb zwischen beiden Booten (Photo Schuberth)

Abb. 350. Das Teichdüngegerät VII/306 zur selbsttätigen Ausbringung von Düngemitteln. Das Dung-Wasser-Gemisch wird über ein Prallblech verteilt (Photo Schuberth)

sich am Grunde einer beliebig großen, im Querschnitt dreieckigen Düngewanne ein Rohr mit Treib- und Fangdüse befindet. Diese beiden Düsen bilden zusammen eine Wasserstrahlpumpe, die an die Druckleitung einer Kreiselpumpe angeschlossen ist. Nach diesem patentierten Prinzip arbeiten drei verschiedene

Geräte. Bei dem kleineren müssen die Düngemittel noch von Hand aufgegeben werden (Abb. 349), während bei dem größeren (Abb. 350) sowie bei dem Großdüngeboot „Reiher" die Verteilung automatisch durchgeführt wird. Die Boote werden durch Schrauben, nur das Großdüngeboot durch Schaufelräder angetrieben. Auch an Schilfschneidemaschinen lassen sich Vorrichtungen zum Düngerstreuen anbringen.

Die Automatisierung der Kalkung bei sauren Zuflußwässern versuchte man schon vor Jahrzehnten durch den Einbau sogenannter Kalkmühlen in die Zuleiter. Sie bestehen aus einem Vorratsbehälter für Kalk und einem wasserkraftgetriebenen Schaufelrad mit Rührwerk zum Einbringen verschieden hoher, einstellbarer Kalkmengen.

Auch das Verblasen von Branntkalk in Teiche wurde erprobt (BANK 1956, 1957), und selbst Flugzeuge sind für die Teichdüngung schon eingesetzt worden (BLUME 1959).

Literatur

BANK, O.: Eine Probe: Kalk wird in Teiche verblasen. Allg. Fischerei-Ztg. 81, 11–12 (1956). — Die Desinfektion von Teichen durch Verblasen von Branntkalk ist gelungen. Allg. Fischerei-Ztg. 82, 28–30 (1957). — Erhöhte Fütterungserträge bei zusätzlicher Kalidüngung? Fischbauer 10, 505–506 (1959). — BLUME, H. W.: Flugzeugeinsatz im VEB Binnenfischerei Peitz. Dtsch. Fischerei-Ztg. 6, 54–57 (1959). — BOMBÓWNA, M.: Bildung von Bodensedimenten in Fischteichen. Biuletyn P.A.N., Kraków 1957, 111–126. — BRÜNING, D.: Betriebswirtschaftliche Untersuchungen der Teichwirtschaft in der Lausitz mit besonderer Berücksichtigung der verschiedenen Betriebssysteme unter den gegenwärtigen Verhältnissen. Z. Fischerei 26, 70–220 (1928). — Die deutsche Karpfenteichwirtschaft, ein betriebswirtschaftlicher Beitrag zur Lage der Binnenfischerei. Sammlg. fischereil. Zeitfr. 19. Neudamm: Neumann. 1930. — Die Düngung in der Teichwirtschaft. Ernähr. d. Pflanze 27, 49–54 (1931). — Lupinenpreis und Teichwirtschaft. Fischerei-Ztg. 35, 138–140 (1932) a. — Futterersparnis durch Düngung in der Teichwirtschaft. Ernähr. d. Pflanze 28, 331–332 (1932) b. — Fütterungsversuche in der Teichwirtschaft Geeste. Fischerei-Ztg. 36, 389 (1933). — BRÜNING, D., und E. GÖPFERT: Ein Düngungsversuch in Karpfenteichen in der Lausitz. Mitt. Niederlaus. Herdbuch-Kontr. Verb. Interess. Gem. Nd.laus. Teichwirte 14, Sonderdr., 8 S. (1933). — BRÜNING, D.: Ein betriebswirtschaftlicher Beitrag zur Lage der deutschen Karpfenteichwirtschaften. Fischerei-Ztg. 39, Sonderdr., 39 S. (1937).

CZENSNY, R.: Besatz, Abfischung, Ertrag — Teichdüngungsversuche in Sachsenhausen (Mark). Z. Fischerei 4, N.F., 565–601 (1919).

DEMOLL, R.: Teichdüngung. In: DEMOLL-MAIER, Handbuch der Binnenfischerei Mitteleuropas, Bd. IV, S. 53–160. Stuttgart: Schweizerbart. 1925. — Die Reinigung von Abwässern in Fischteichen. In: DEMOLL-MAIER, Handbuch der Binnenfischerei Mitteleuropas, Bd. VI, S. 223–262. Stuttgart: Schweizerbart. 1926. — DIMITROW, M.: Gründüngung der Fischteiche (Vorl. Mitt.). Fischerei-Wirtsch., Sofia 5, 13–15 (1959); Ref. Landw. Zbl. Abt. III, 4, 1264 (1959). — DUERST, J. U.: Kali im Tierkörper. Ernähr. d. Pflanze 24, 267–273 (1928).

EHRLICH, S.: Nutria breeding in fish ponds. Bamidgeh Bull. Fish Cult. Israel 11, 44–47 (1959). — EINSELE, W.: Über die Beziehungen des Eisenkreislaufs zum Phosphatkreislauf im eutrophen See. Arch. Hydrobiol. 29, 664–686 (1936). — Die Umsetzung von zugeführtem anorganischem Phosphat im eutrophen See und ihre Rückwirkung auf seinen Gesamthaushalt. Z. Fischerei 39, 407–488 (1941).

FOREL, F. A.: Handbuch der Seenkunde. Stuttgart 1901.

GESSNER, F.: Hydrobotanik, Bd. II. Berlin: VEB Deutscher Verlag der Wissenschaften. 1959. — GRAF, F.: Abwasserbeseitigung und Gewässerverunreinigung. In: DEMOLL-MAIER, Handbuch der Binnenfischerei Mitteleuropas, Bd. VI, S. 263–287. Stuttgart: Schweizerbart. 1926.

HEPHER, B.: On the dynamics of phosphorus added to fish ponds in Israel. Limnol. a. Oceanography 3, 84–100 (1958) a. — The effect of various fertilizers and the methods of their application on the fixation of phosphorus added to fishponds. Bamidgeh Bull. Fish Cult. Israel 10, 4–17 (1958) b. — Chemical fluctuations of the water of fertilized and unfertilized fishponds in a subtropical climate. Bamidgeh

Bull. Fish Cult. Israel 11, 3–22 (1959) a. — Use of aqueous ammonia in fertilizing fish ponds. Bamidgeh Bull. Fish Cult. Israel 11, 71–80 (1959) b. — Persönliche Mitteilung (1959) c. — Houska, J.: Neue Ansichten und Erfahrungen über kombinierte Karpfenzucht. Dtsch. Fischerei-Ztg. 3, 270–271 (1956).

Jasinski, R., M. Klimczyk und E. Rosól: Einleitende Untersuchungen über die Anwendung von Grüngemenge zur Düngung der Vorstreckteiche. Biuletyn P.A.N., Kraków 1957, 127–144.

Koch, W.: Fischzucht, 3. Aufl. Berlin und Hamburg: Parey. 1960. — Die Geschichte der Binnenfischerei von Mitteleuropa. In: Demoll-Maier, Handbuch der Binnenfischerei Mitteleuropas, Bd. IV, S. 34. Stuttgart: Schweizerbart. 1925. — Kopp, D.: Standortgutachten für den Teichdüngungsversuch Hammermühle b. Doberlug-Kirchhain (1960), unveröffentlicht. — Kreuz, A.: Teichbau und Teichwirtschaft, 2. Aufl. Radebeul, Berlin: Neumann. 1951. — Kusnezow, S. I.: Die Rolle der Mikroorganismen im Stoffkreislauf der Seen. Berlin: VEB Deutscher Verlag der Wissenschaften. 1959.

Mehring, H.: Der Basenaustausch im Teichboden. Fischerei-Ztg. 25, 297 (1922). — Die Düngung in Fischteichen. Superphosphat 5, 160–162 (1929). — Menzel, H. U.: Erfahrungen bei der Düngung von Karpfenteichen mit Schweinemist. Dtsch. Fischerei-Ztg. 3, 273–277 (1956). — Michajlova, L.: Einfluß des Magnesiumchlorids ($MgCl_2$) auf die postnatale Entwicklung und Regeneration der Schwanzflosse bei den lebendgebärenden Fischen der Art Lebistes reticulatus P. (Familie Poeciliidae). C. r. Acad. bulg. Sci. Sofia 11, 117–122 (1958) a. — Der Einfluß des Magnesiumchlorids ($MgCl_2$) auf die embryonale und postembryonale Entwicklung einiger Fische. Mitt. Zool. Inst. Sofia 7, 315–341 (1958) b. — Miersch, R.: Erzeugungssteigerung durch Anwendung von Handelsdüngemitteln. Fischerei-Ztg. 44, 199–200 (1941). — Müller, W.: Altes und Neues zur Phosphatdüngung in der Teichwirtschaft. Dtsch. Fischerei-Ztg. 1, 149–151 (1954) a. — Bericht über einen Versuch zur Erzielung eines Höchstertrages im Karpfenteich. Dtsch. Fischerei-Ztg. 1, 263–266 (1954) b. — Die Zweigstelle für Teichwirtschaft Königswartha des Instituts für Fischerei der Deutschen Akademie der Landwirtschaftswissenschaften zu Berlin und ihre Versuchsteichanlage. Z. Fischerei 4 N.F., 189–199 (1955). — Aquarienuntersuchungen über die Wirkung von Kalkdüngemitteln. Z. Fischerei 6 N.F., 323–330 (1957) a. — Vorsicht bei der Beurteilung von Düngerwirkungen nach Vegetationsfärbungen in Teichen! Allg. Fischerei-Ztg. 82, 408–409 (1957) b. — Teichdüngungsversuche mit Kalk, Phosphat und ihrer Kombination in Königswartha (Lausitz) 1957. Z. Fischerei 7 N.F., 583–598 (1958). — Untersuchungen über Sonnenblumen-Extraktionsschrot als Karpfenfuttermittel im Jahre 1958. Dtsch. Fischerei-Ztg. 6, 256–259 (1959) a. — Bemerkungen zur Methodik der pH-Untersuchung in Teichböden. Z. landw. Vers.-Unters.wesen 5, 132–140 (1959) b. — Ursachen für das Ausbleiben einer Kalkungswirkung in Karpfenteichen. Verh. internat. Verein. Limnol. XIV, 713–717 (1961). — Untersuchungen über die Nachwirkungen einer im Vorjahr gegebenen Phosphatdüngung in Teichen. Z. Fischerei 9 N.F., 321–331 (1960).

Nemec, A., und J. Fastrová: Untersuchungen über den Nährstoffgehalt der Teichwässer der Teichwirtschaft Wittingau im Vergleich zu den natürlichen Zuwächsen der Fische. Sbornik ceske akad. zemed. 16, 60–66 (1941). — Nolte, O.: Teichdüngung mit 40er Kalidüngesalz. Ernähr. d. Pflanze 26, 88 (1930). — Die Leistung mineralischer Nährstoffe bei der Düngung von Fischteichen. Mitt. DLG 46, 232 (1931). — Ein Düngungsversuch mit Kalisalzen in Fischteichen im Hochmoor. Mitt. DLG 46, 835–836 (1932).

Ohle, W.: Kolloidgele als Nährstoffregulatoren der Gewässer. Naturwiss. 25, 471–474 (1937). — Die hypolymnische Kohlendioxyd-Akkumulation als produktionsbiologischer Indikator. Arch. Hydrobiol. 46, 153 (1952).

Pitulle: Persönliche Mitteilung 1958. — Probst, E.: Teichwirtschaft und Geflügelzucht in ihren Wechselbeziehungen. In: Demoll-Maier, Handbuch der Binnenfischerei Mitteleuropas, Bd. IV, S. 407–482. Stuttgart: Schweizerbart. 1934. — Teichdüngung. Allg. Fischerei-Ztg. 75, 191–194, 221–225 (1950).

Schäperclaus, W.: Karpfenerkrankungen durch saures Wasser in Heide- und Moorgegenden. Z. Fischerei 24, 493–520 (1926). — Lehrbuch der Teichwirtschaft, 2. Aufl. Berlin u. Hamburg: Parey. 1961. — Grundriß der Teichwirtschaft. Berlin und Hamburg: Parey. 1949. — Fischerkrankungen und Fischsterben durch Massenentwicklung von Phytoplankton bei Anwesenheit von Ammoniumverbindungen. Z. Fischerei 1 N.F., 29–44 (1952). — Fischkrankheiten, 3. Aufl., S. 547. Berlin: Akademie-Verlag. 1954. — Düngungsversuche in Karpfenteichen mit verschiedenen Phosphatdüngemitteln. Dtsch. Fischerei-Ztg. 1, 18–22 (1954). — Bedeutung und Behandlung des Teichbodens in der Karpfenteichwirtschaft. Dtsch. Fischerei-Ztg. 2, 211–217, 243–246

(1955). — Teichdüngungsversuche mit einem neuen Alkali-Sinterphosphat im Jahre 1955. Dtsch. Fischerei-Ztg. **3**, 44–47 (1956). — Produktionsbedingungen und Ertrag in sechs verschiedenen Karpfenteichen. Verh. internat. Verein. Limnol. XIV, 700–708 (1961). — SCHUBERTH, A.: Betriebserfahrungen mit dem leichten Düngegerät Type VII/309. Dtsch. Fischerei-Ztg. **5**, 185–186 (1958)a. — Ein verbessertes Großdüngegerät. Dtsch. Fischerei-Ztg. **5**, 339–343 (1958)b. — Technische Untersuchung und Prüfung des Düngegerätes VII/309 zwecks rationeller Verteilung chemischer und organischer Düngemittel in Fischteichen. Dtsch. Fischerei-Ztg. **6**, 262–267 (1959) a. — Bericht über die durchgeführte Leistungsvergleichsprüfung mit Teichdüngungsgeräten. Dtsch. Fischerei-Ztg. **6**, 303–312 (1959) b. — SEDLMEYER, K. A.: Ein Beitrag zur Klimatologie des Teiches. Z. Fischerei **29**, 305–315 (1931). — STARMACH, K.: Ergebnisse der Teichdüngung in der Versuchsteichwirtschaft Ochaby der Polnischen Akademie der Wissenschaften für die Jahre 1952–1956. Biuletyn P.A.N., Kraków **1958**, 81–95. — SWINGLE, H. S.: Experiments on pond fertilization. Alabama Agricult. Exper. Stat. Bull. 264, 1–34 (1947).

TACK, E.: Bekämpfung der Drehkrankheit mit Kalkstickstoff. Fischwirt 1, 123––129 (1951). — THUMANN, M. E.: Entenhaltung auf Karpfenteichen. Dtsch. Fischerei-Ztg. **2**, 246–250, 268–271 (1955). — Beitrag zur Entenhaltung auf Karpfenteichen. Z. Fischerei **5** N.F., 143–153 (1956).

WALTER, E.: Beiträge zur Fütterung der Karpfen, S. 15. Neudamm: Neumann. 1900. — Die Versuche 1930 in der bayerischen teichwirtschaftlichen Versuchsstation Wielenbach. Fischerei-Ztg. **34**, 58–59 (1931). — Die Versuche 1931 in der bayerischen teichwirtschaftlichen Versuchsstation Wielenbach. Fischerei-Ztg. **35**, 498–501 (1932). — Die Versuche 1932 in der bayerischen teichwirtschaftlichen Versuchsstation Wielenbach. Fischerei-Ztg. **36**, 590–593 (1933). — WEBER, J.: Praktische Erfahrungen zur Bekämpfung von Fischschimmel. Kescher 9, 6 (1959). — WILTOWSKI, J.: Wahrnehmungen bei der Zucht von Nutrias in eingezäunten Teichen. Biuletyn P.A.N., Kraków **1958**, 87–105. — WOYNÁROVICH, E.: Die organische Düngung in Fischteichen in produktionsbiologischer Beleuchtung. Acta Agronom., Budapest 6, 443–474 (1956) a. — Versuchsergebnisse der Düngung von Fischteichen mit organischen Düngemitteln in Ungarn. Dtsch. Fischerei-Ztg. **3**, 17–19 (1956) b. — Das Carbon-Düngungs-Verfahren (Kohlensäuredüngungsverfahren). Dtsch. Fischerei-Ztg. **3**, 48–52 (1956) c. — WRÓBEL, ST.: Einfluß der Stickstoff-Phosphordüngung auf die chemische Zusammensetzung des Wassers in Fischteichen. Acta Hydrobiol. Kraków 1, 55–86 (1959) a. — Einführung in die lysimetrischen Teichbodenuntersuchungen. Acta Hydrobiol. Kraków 1, 87–107 (1959) b. — WUNDER, W.: Untersuchungen über die Anwendung der Gründüngung in der Karpfenteichwirtschaft. Fischerei-Ztg. **38**, 563 (1935). — Die Bedeutung der Chironomidenlarven für die Gründüngung in der Karpfenteichwirtschaft. Z. Fischerei **34**, 225 (1936). — Fortschrittliche Karpfenteichwirtschaft. Stuttgart: Schweizerbart. 1949. — Düngung in der Teichwirtschaft. Essen: Tellus. 1956. — WURTZ, A.: Ertragssteigerung in Teichen mit saurem Boden durch Haferkultur. Dtsch. Fischerei-Ztg. **3**, 306–313 (1956). — Peut-on concevoir la typification des étangs sur les mêmes bases que celles des lacs ? Verh. internat. Verein. Limnol. **13**, 381–393 (1958).

YASHOUV, A.: Studies on the productivity of fish ponds, 1, Carrying capacity. Bamidgeh Bull. Fish Cult. Israel **11**, 67–68 (1959).

ZUNTZ, N., und Mitarbeiter: Teichdüngungsversuche in Sachsenhausen (Mark). Z. Fischerei **20** (1919).

XX. Düngungsplan und Fruchtfolge

Von

E. von Boguslawski[1]

A. Fruchtfolge und Düngung als Ertragsfaktoren

Sowohl die Fruchtfolge als auch die Düngung sind als *Wachstumsfaktoren* zu bezeichnen, welche auf das Zustandekommen bzw. die Höhe des Ertrages entweder direkt oder indirekt einen entscheidenden Einfluß haben (MITSCHERLICH 1950, v. BOGUSLAWSKI 1958). In der allgemeinen Wirkungsgleichung für die Produktivität eines Standortes bzw. den Durchschnittsertrag desselben:

$$Prod.\ St.\ = E_t = f \cdot \frac{Kl.,\ Bfz.,\ Ff.,\ Bew.}{t} \tag{1}$$

erscheint die Fruchtfolge (*Ff.*) neben den hauptsächlichen Faktorengruppen des Klimas (*Kl.*) und des Bodenfruchtbarkeitszustandes (*Bfz.*). Die Düngung wird dem Sammelfaktor „Bewirtschaftung" (*Bew.*) zugeordnet. Dies wäre auch bei der Fruchtfolge möglich. Damit kommt zum Ausdruck, daß es sich um zwei Faktoren handelt, die der Ackerbau treibende Mensch stark beeinflussen kann; sie gehören zu den wichtigsten Produktionsmitteln in der Hand des praktischen Landwirts.

Im Wechselspiel der Kräfte können wir die Wirkung der Fruchtfolge auf den Ertrag oder die „Produktivität der Fruchtfolge" nach der folgenden Gleichung ermitteln:

$$Prod.\ Ff.\ = E_{t\,(Kl.,\ Bfz.,\ Bew.)}\ . \tag{2}$$

Für die „Produktivität der Düngung" gilt dann:

$$Prod.\ Düngung = E_{t\,(Kl.,\ Bfz.,\ Ff.,\ Bew.)}\ . \tag{3}$$

Aus den letzten beiden Beziehungen ergibt sich die wichtige *methodische* Folgerung, daß wir die Produktivkraft eines Wachstumsfaktors nur messen können, wenn alle übrigen Faktoren vergleichbar bzw. konstant sind. Die Nichtbeachtung dieser Voraussetzung führt in der Praxis zu häufigen Mißverständnissen und Fehlschlüssen. Die vergleichende Beurteilung der Wirkung einer Düngung ist nur dann möglich, wenn die Standorte neben vergleichbarem Klima und Boden auch die gleiche Fruchtfolge durchführen. Umgekehrt ist die Bewertung von Fruchtfolgen von der Vergleichbarkeit der Düngung und der anderen genannten Faktoren abhängig. Gerade diese Feststellung läßt eine enge *Wechselwirkung*

---

[1] Für wertvolle Mitarbeit — insbesondere bei der Sammlung und Verwertung der Literatur — danke ich Fräulein Dipl.-Landwirt H. JACOB.

erkennen, in welcher beide Faktoren miteinander stehen. Letztlich leitet sich aus dieser Wechselwirkung unser Thema ab.

Dabei pflegen wir nicht nur eine Düngerart bzw. einen Nährstoff zu verabfolgen. Neben den allgemein älteren Formen der „organischen" Düngung — nämlich Stallmist — Grün-, Fäkalien- und Kompostdüngung — führen wir seit dem Bekanntwerden der Mineralstofftheorie die Nährstoffe auch in Mineraldüngern zu. Diese enthalten nicht nur die klassischen acht Faktoren, sondern auch die beträchtliche Zahl von Mikronährstoffen und die sonstigen mineralischen und organischen Faktoren, welche das Wachstum fördern. Entsprechend meinen wir unter Fruchtfolge nicht nur die zeitliche Aufeinanderfolge einer bestimmten Zahl von Pflanzenarten, sondern verschiedene „Systeme" oder „Glieder" der Fruchtfolgen mit wechselnder Artenzahl. Damit erweisen sich sowohl die Fruchtfolge als auch die Düngung als Sammelfaktoren und *komplexe Größen.*

Wenn einerseits für die Wechselbeziehungen zwischen Fruchtfolge- und Düngungsplan die Grundsätze zu erörtern und zu klären sind, so wird andererseits die Analyse der Faktorengruppen auf Beispiele beschränkt bleiben müssen. Diese werden vornehmlich dem Kulturkreis des gemäßigten Klimas entnommen, zumal für diesen die Probleme am meisten entwickelt und durchforscht sind. Indessen sollen nach Möglichkeit auch instruktive Vergleiche mit Daten aus anderen Anbauzonen durchgeführt werden.

B. Entwicklungslinien und Grundsätze der Fruchtfolgen und ihre Beziehungen zur Düngung

Es ist bemerkenswert, daß für unsere spezielle Thematik wenig Literatur vorliegt. Die wichtigste Ursache ist offensichtlich in der Tatsache zu suchen, daß unsere Fragestellung als verhältnismäßig neuartig zu bezeichnen ist und eine gewisse Entwicklung voraussetzt. Noch mehr gilt dies für die erwähnte intensive Wechselwirkung von Fruchtfolge und Düngung.

In der ältesten Form der Ackernutzung, der klassischen *Feldgraswirtschaft,* bleibt die Beziehung zur Düngung im Grunde genommen offen und unbeantwortet. Die Nutzung als Acker wurde so lange Zeit betrieben und der Wechsel zum Grasland erfolgte erst, wenn die Produktivität der als Acker genutzten Flächen erheblich abnahm. Dabei war der Ackerbau auf den Anbau von zwei bis drei Getreidearten beschränkt, wir können von der „Monokultur Getreide" sprechen. Abgesehen davon, daß in Grenzbetrieben des Ackerbaues und entsprechend extensiven Verhältnissen das alte Feldgrassystem noch anzutreffen ist, wird der Wechsel von Ackerbau zu Grasland von der nachlassenden Produktivität des Getreidebaues geregelt. Das System bleibt geschlossen und für die Bilanz der Nährstoffe negativ, da keine wesentlichen Nährstoffmengen zugeführt werden. Mit der Zunahme des Ackeranteiles änderten sich die Relationen in den jüngeren Formen der Feldgraswirtschaft, die auch als *Wechselwirtschaft* bezeichnet wird. Gleichzeitig kamen aber die Düngung ebenso wie die Bodenbearbeitung dazu, so daß nicht nur die Pflanzennährstoffe ersetzt, sondern auch die Mehrzahl der anderen Faktoren der Bodenfruchtbarkeit durch den wirtschaftlichen Menschen beeinflußt werden. So ist es aufschlußreich, daß zu Beginn des vorigen Jahrhunderts THAER (1812) gewisse Typen der Koppelwirtschaft positiv beurteilte, zumal er der Zufuhr der Stallmistdüngung großes Gewicht zumaß. Mit Hilfe seiner originellen Methode, „die Kraft des Bodens" nach „Graden" zu messen, kommt THAER wohl erstmalig in der Literatur zu einer *Bilanz der Kräfte* bei den einzelnen Fruchtfolgen, wofür in Tab. 743 einige

Tabelle 743. *Bilanzrechnungen*

(nach A. Thaer 1812)

Fruchtfolge	Ernteertrag in Scheffeln	Bemessung der Bodenkraft in Graden				
		Ausgezogene Kraft nach dem Verhältnis des Ertrages	Hinzukommende Kraft	Zurück-bleibende Kraft	Verminderung der Kraft	Vermehrung der Kraft
1. Dreifelderwirtschaft neun Jahre	26,01 (Getreide)	100,93	3 × Brache = 30 5 Fuder Dünger = 50	19,07	20,39	—
2. Neunschlägige Koppelwirtschaft	26,65 (Getreide)	106,08	1 × Brache = 10 5 Fuder Dünger = 50 4 Jahre Dreeschweide = 40	33,61	6,33	—
3. Futterwechselwirtschaft in sieben Schlägen	19,52 (Getreide) 80,0 (Kartoffeln)	119,27	8 Fuder Dünger = 80 1 × Kartoffeln = 10 2 Jahre Klee = 20 1 × Erbsen + 4 Fuder Dünger = 40	70,73	—	30,73

Zu Beginn jeder Folge wurde die natürliche **Kraft** des Bodens mit *40* **angenommen**.

Beispiele angeführt werden (THAER 1880). In diese von den damaligen Vorstellungen beherrschte Bilanz gingen alle positiv und negativ über die mit 40° eingebrachte „Bodenkraft" wirkenden Faktoren ein; dabei bewirken eine volle Stallmistdüngung von „5 Fuder"=50° und die Brache=10° positive Kräfte. Die hohe Bewertung der Stallmistdüngung führte über eine Vermehrung des Feldfutterbaues und die erhöhte Viehhaltung dazu, daß THAER bei einer „Fruchtwechselwirtschaft mit Stallhaltung" den höchsten Kräftegewinn verzeichnete.

Diese Auffassung und der starke Einfluß von THAER führten dazu, daß sich bekannte Zeitgenossen wie HAESE (1812), KREYSIG (1823) und SCHUBARTH (1831) für die Überwindung der Dreifelderwirtschaft und der Koppelwirtschaft einsetzten.

Indessen sind gerade die modernen Formen der Feldgras- und Koppelwirtschaft bzw. Wechselwirtschaft (auch ley-farming) recht günstig für die Kräftebilanz zu beurteilen. In dieser Nutzungsform lassen sich gewissermaßen die Vorteile des modernen Ackerbaues mit denjenigen der zeitgemäßen Pflege und Nutzung des Grünlandes verbinden. Mit Rücksicht auf die Feuchtigkeitsansprüche des Graslandes treffen wir die jüngeren Typen der Feldgraswirtschaft vornehmlich in den Küstengebieten des gemäßigten Klimas an. Im Übergangsklima und insbesondere dem halbkontinentalen Klima kommt der Luzerne ebenso wie den Luzerne-Grasgemischen eine Bedeutung zu. Auch in den Steppengebieten mit größerer Trockenheit, geringerer Futterwüchsigkeit und entsprechend geringer Viehhaltung hat man sich um die Ausnutzung der Vorteile der Feldgraswirtschaft bemüht. PRJANISCHNIKOW (1930) erwähnte bereits die strukturverbessernde Wirkung dieser Wechselwirtschaft. Die bekannten Bemühungen von WILLIAMS (1958) um die Propagierung des „Travapolnaja-Systems" und seiner Abwandlungen für die Steppenlandwirtschaft erstreben letztlich nichts anderes als die Einführung der Feldgraswirtschaft in die moderne Bewirtschaftung der Steppengebiete.

Schon in ihrer klassischen Form war die *Dreifelderwirtschaft:* Brache — Winterung — Sommerung in den meisten Anbaugebieten mit der organischen Düngung in Form von *Stallmist* verbunden. Vor allem in den Fällen, in welchen die Dreifelderwirtschaft den ewigen Getreidebau ablöste, bot sich im Brachejahr die Möglichkeit der Anwendung der organischen Düngung an! PRJANISCHNIKOW (1930) fordert, daß die Düngung auf dem Bracheschlag schon dort notwendig wird, wo die Dreifelderwirtschaft an die Stelle des dauernden Wechsels von Brache und Getreide tritt (s. auch „dry-farming-System"). Im übrigen kommt dieser Altmeister der Stickstofforschung zu der Forderung, daß die Brache der „Nitratsammlung" ebenso wie der „Wasserbilanz" dienen sollte. Zu letzterem Punkt hat bekanntlich ROTMISTROFF (1926) die klassischen Beweise geliefert. Dabei besteht eine Abhängigkeit der N-Bindung vom Wasserhaushalt des Bodens, so daß die Vorstellung PRJANISCHNIKOWS auf die kontinentalen Klimate beschränkt bleibt. Für das gemäßigte-feuchte Klima konnte DÉHÉRAIN (1889) schon frühzeitig nachweisen, daß die N-Auswaschung auf Brache größer war als auf bewachsenem Boden. Nur unter günstigen und mäßig feuchten Bodenbedingungen ist ein direkter Stickstoffgewinn für die Pflanzen durch die Brache zu erzielen, so daß dieser bei der Düngung Berücksichtigung finden kann. Andererseits hat die Brache ihre jahrhundertealte Rolle in den Ländern mit ausgesprochen kontinentalem Klima behalten. Unter den feuchteren Klimabedingungen — wie in Westeuropa — behält die Brache lediglich im Zusammenhang mit der rechtzeitigen und verbesserten Bodenbearbeitung sowie der Unkrautbekämpfung auf schwierigen Böden eine gewisse Bedeutung.

So ist es verständlich, daß in den Ländern des gemäßigten Klimas zu Beginn des 19. Jahrhunderts viele Autoren der Auffassung ALBRECHT THAERS folgten, indem sie sich für die Überwindung der Brache und die Einführung der sogenannten *Fruchtwechselwirtschaft* einsetzten (s. Haese 1812, Koppe 1812, 1837, Schubarth 1831 u. a.). Bemerkenswert ist, daß man in der alten Literatur im Zusammenhang mit der Einführung des Fruchtwechsels mehrere Hinweise auf eine bessere Nährstoff- und insbesondere N-Bilanz findet. Dabei muß berücksichtigt werden, daß die klassischen Beispiele der Fruchtwechselwirtschaften entweder — wie die Norfolker Fruchtfolge — einen hohen Anteil an Klee bzw. anderen Futterleguminosen oder auch an Körnerleguminosen enthielten. Der grundsätzliche Beweis für die N-Wirkung der Leguminosen war durch das Experiment von Boussingault im Jahre 1831 erbracht worden, abgesehen davon, daß schon den Autoren des römischen Kulturkreises die Gründüngerwirkung der Leguminosen bekannt war. So kommen Prjanischnikow (1930) im Anschluß an Ergebnisse aus Rothamsted (England) und von Tuxen (Dänemark) zu der Folgerung, daß die Böden der Fruchtfolge mit Bohnen und Rüben auf die Dauer einen etwa 1000 bis 1500 kg höheren N-Spiegel aufweisen. Edler von Kleefeld (1831) und Schultz-Lupitz (1895) beweisen für ganz verschiedene Boden- und Klimabedingungen die Bedeutung der Leguminosen in der Fruchtfolge. In neuerer Zeit haben sich Dubetz (1955) in Kanada und Drover (1956) in Australien mit dem Problem der Leguminosen in der Fruchtfolge befaßt. Der letztgenannte Autor kommt zu dem Schluß, daß auf armen lateritischen Böden die Folge: Brache — Weizen — Luzerne — Weizen besser zu beurteilen ist als der ältere dry-farming-Wechsel: Brache — Weizen. Andererseits erkannte schon Koppe (1831) — zunächst für leichtere Böden — die Notwendigkeit einer intensiven Düngung, vor allem der regelmäßigen Zufuhr von Stallmist. Die moderne Fruchtwechselwirtschaft ist über eine intensive Futter- und Viehwirtschaft mit einer intensiven Stallmistanwendung verbunden.

An der Notwendigkeit der Düngung in der Fruchtfolge wird seit dem Eindringen der naturwissenschaftlichen Erkenntnisse in die Landbauforschung nicht mehr gezweifelt. Interessanterweise ist aber das Umgekehrte in einigen Fällen vertreten worden, d. h. intensive Düngung ohne Fruchtfolge! So vertrat schon v. Schwerz (vgl. Koppe 1831) die Einführung der Mineraldüngung unter Vernachlässigung der Fruchtfolge, d. h. der Monokultur einerseits oder der sogenannten „freien Fruchtfolgen" andererseits. Die zahlreichen in der Weltliteratur erschienenen Versuchsergebnisse über die sogenannte „Monokultur" waren bemerkenswerterweise in der Mehrzahl gleichzeitig Düngungsversuche. Trotz inniger Wechselbeziehungen konnte an keiner Stelle bewiesen werden, daß die Fruchtfolge durch die Anwendung der Düngung überflüssig wird! Der bekannte praktische Landwirt Schultz-Lupitz (1895) charakterisiert die Wechselwirkung so, daß „gute Vorfrucht Düngung spart". Die umgekehrte Feststellung, daß schlechte Vorfrucht durch Düngung kompensiert werden kann, finden wir in gleicher Weise von zahlreichen Autoren verzeichnet und auch in der Praxis durchgeführt. Auf Grund von Experimenten kommt Bartholomew (1950) zu dem Ergebnis, daß die Fruchtfolge allein nicht ausreicht zur Erzeugung hoher Erträge und daß die Düngung in gleicher Weise wichtig ist. So ist die *Wechselwirkung von Fruchtfolge und Düngung* nicht nur eine durch viele Experimente und praktische Erfahrungen erwiesene Tatsache, sondern ein Mittel bei der Bewirtschaftung der Böden zur Erzielung hoher Erträge. Aus neueren Untersuchungen von Ansorge (1960) bringt Abb. 351 ein Beispiel für beide Seiten der Wechselwirkung. Im ersten Nachbaujahr werden die durch die Vorfrüchte bzw. durch die Fruchtfolge bedingten Ertragsunterschiede durch die angegebene Düngung weniger kompensiert als im zweiten Nachbaujahr, in welchem der Vorfruchteffekt bereits stark nachläßt. Umgekehrt wird eine schlechte Nährstoffversorgung der Nachfrüchte durch günstige Vorfrucht weitgehend kompensiert.

Die Vorstellung über die Notwendigkeit der Düngung wurde zu Beginn des vorigen Jahrhunderts entscheidend geprägt durch die Begründung der Mineralstofftheorie von Sprengel (1831) und Justus von Liebig (1841). Diese führten — mitbeeinflußt durch die sogenannte „Raubbautheorie" der damaligen Nationalökonomie — den für alle Zeiten maßgeblich gewordenen Begriff von dem *Ersatz* der durch den jeweiligen Pflanzenbestand entzogenen Nährstoffe

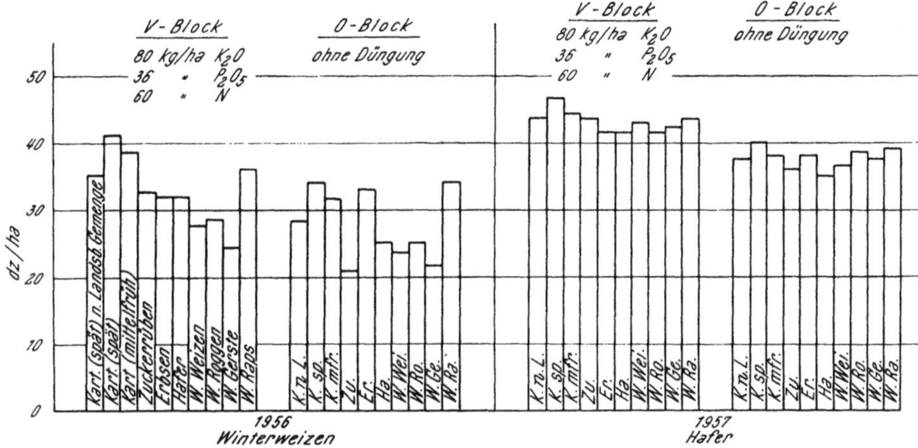

Abb. 351. Gegenüberstellung der Erträge in dz/ha des ersten und zweiten Nachfruchtjahres nach unterschiedlichen Vorfrüchten und differenzierter Düngung

ein. Damit war auch die Verbindung zum Nährstoffumsatz der in einer Rotation aufeinanderfolgenden Pflanzenarten zur Fruchtfolge gegeben. Indessen blieb die qualitative Betrachtung, welche gleichzeitig die chemischen Bodenuntersuchungen einbezog, für lange Zeit vorherrschend. Erst Mitscherlich (1948) kam auf Grund der von ihm eingeführten quantitativen Betrachtungsweise zu der Forderung der *Nährstoffstatik*. In diese bezog er neben dem pflanzenphysiologisch wirksamen Nährstoffvorrat des Bodens (b-Wert) und der verabfolgten *Düngung* den *Nährstoffentzug* durch die einzelnen Kulturpflanzen ein. Diese Bilanz sollte nach dem Ablauf einer Fruchtfolge jeweils durch Bodenuntersuchungen kontrolliert werden. Ohne unmittelbare Bezugnahme auf die speziellen einschlägigen Hilfsmittel wurde dieser grundlegende Gedanke Mitscherlichs Allgemeingut der beratenden Wissenschaft und der praktischen Landwirtschaft.

Umfassend hat auch v. Rümker (1920) die Zusammenhänge erkannt und geschildert. Allerdings hat er keine methodischen und quantitativen Angaben gemacht. Von Rümker fordert eine zusammenhängende Betrachtung von Düngung und Fruchtfolge, und zwar unter Einbeziehung der organischen Dünger Stallmist und Jauche! Auch fordert er neben der Ersatzdüngung die Berücksichtigung der *Ausnutzung* und der bei den einzelnen Nährstoffen verschieden möglichen *Vorratsbildung* im Boden.

Gerade in Anbetracht dieser weitblickenden Vorschläge ist es bemerkenswert, daß der direkte und quantitative experimentelle Beweis für die Zusammenhänge von Fruchtfolge und Düngung noch weitgehend fehlt. Die Ursachen sind in der Tatsache zu suchen, daß die Untersuchungen des wirksamen Nährstoffvorrats im Boden weitgehend qualitativen Charakter behalten haben und daß die Bedeutung der Fruchtfolge gegenüber den Ansprüchen der einzelnen Pflanzenarten unterschätzt wurde. Selbstverständlich behalten die Ansprüche und die Anpassung der Pflanzenarten auch innerhalb jeder Fruchtfolge ihre Bedeutung. Zwar kommt neuerdings Köhnlein (1957) auf Grund ökologischer und begrenzt zu verallgemeinernder Feldversuche zu einer einseitigen Überbewertung der Fruchtfolge. Er errechnet jedoch den Düngerbedarf der Fruchtfolge aus der Summe der Entzüge der einzelnen Pflanzen. Die Ersatzdüngung des so errechneten Gesamtertrages der Fruchtfolge erfolgt aber ohne Rücksicht auf die spezifischen Ansprüche der einzelnen Arten. Nur für Stickstoff wird die bisherige Lehrmeinung anerkannt. Noch weiter ging neuerlich Simon (1960), der aus arbeitswirtschaftlichen Gründen ohne Anführung exakter Versuche zu recht extremen Auffassungen kommt.

Zweifellos ist unsere Fragestellung vom Standpunkt früherer Jahrhunderte einfacher zu beantworten gewesen. Erst seit der Einführung der Mineraldüngung und mit der fortlaufend zunehmenden Intensivierung der Landwirtschaft können wir eine zunehmende Komplizierung unserer Thematik feststellen. Aus der Kenntnis des Ertragsgesetzes läßt sich diese leicht erklären, zumal die Pflanzen im Höchstertragsgebiet sensibler reagieren (v. Boguslawski 1954, 1957). Wenn gegenwärtig vorherrschend aus arbeitswirtschaftlichen Gründen Vereinfachungen vorgeschlagen werden, so stehen diese häufig im Gegensatz zu den Erkenntnissen auf den Gebieten der Bodenkunde, der Agrikulturchemie und der Pflanzenbauwissenschaften. Im Sinne der Erhaltung einer intensiven Landwirtschaft führen zu große Vereinfachungen und eine Nichtbeachtung der Zusammenhänge von Fruchtfolge und Düngung zu Rückschritten. Düngung und Fruchtfolge sind zwei für die Höhe und Sicherung der Erträge eines Standortes besonders wirksame Faktoren.

C. Fruchtfolge und organische Düngung in Form von Stallmist

Es sind in diesem Zusammenhang alle über den Viehstall erzeugten organischen Dünger, wie die klassischen Formen: „Stapelmist", „Tiefstallmist" sowie „Kompostmist" und „Frischmist" ebenso wie die neuen Formen „Schwemmist" und „Bihuschlamm" gemeint. Hinzugerechnet wird auch der „Schafpferch", dessen hervorragende Wirkung erst vor einigen Jahren exakt nachgewiesen werden konnte (v. Boguslawski und Bretschneider 1955, v. Boguslawski, Vömel und Bretschneider 1956). Oben wurde bereits erwähnt, daß in der klassischen Dreifelderwirtschaft die *Brache* den Stallmist erhielt. In dem Maße, wie die Brache durch Bebauen mit Pflanzen ersetzt wurde, erhielten diese die Stallmistdüngung. Dies waren in erster Linie *Ölpflanzen* und andere *Sonderkulturen* sowie die im Verlaufe der Intensivierung des Landbaues immer mehr Raum einnehmenden *Hackfrüchte*. Bei den Sonderkulturen spielten früh zu erntende Arten, wie Wi-Rübsen, Wi-Raps oder einschürige Kleearten insofern eine besondere Rolle, als nach ihrer Aberntung noch eine „*Halbbrache*" möglich war. Bei den Hackfrüchten trat die weitere Tatsache in den Vordergrund, daß die Stallmistdüngung zu der Fruchtart verabfolgt wurde, bei welcher die *größte direkte Wirkung* zu erwarten war. Die auf die Hackfrüchte folgenden Pflanzenarten zehren von der sogenannten „Nachwirkung". Diese ist einwandfrei bewiesen, wenngleich sie nicht in gleicher Höhe für alle Fälle reproduzierbar ist.

So ist die Stallmistdüngung mit der Gestaltung der meisten modernen Formen der Fruchtfolge verbunden bzw. in dieselben planmäßig eingebaut! Die gegenwärtigen Fruchtfolgen der gemäßigten Zone stellen vorwiegend Kombinationen von Zwei-, Drei- und Vierfeldergliedern dar. Dabei befindet sich in jedem Glied eine „Hackfrucht" bzw. eine „Blattfrucht", während die restlichen Felder Getreidearten (Halmfrüchte) tragen (v. BOGUSLAWSKI 1955, BRINKMANN 1950). Entsprechend finden wir die Anwendung der Stallmistdüngung alle 2 bis 5 Jahre. Nur die mit Futterleguminosen besetzten Klee- oder Kleegrasschläge (entsprechend auch Luzerne) sind gewöhnlich davon ausgenommen.

Demgemäß wird die Stallmistdüngung am regelmäßigsten zu *Kartoffeln* angewendet, wovon nur vorgekeimte Frühkartoffeln teilweise ausgenommen sind. Es kommt hinzu, daß die Stallmistdüngung zu Kartoffeln auf den für diese optimalen Böden — also mit Ausnahme der tonreichen — auch noch *im Frühjahr* in den Boden eingebracht werden kann. Dadurch ist dem landwirtschaftlichen Betrieb im Frühjahr eine Verwertung der im Laufe des Winters erzeugten Stallmistmengen möglich. Ferner kommt dann neben der Nährstoffwirkung die den Boden *lockernde Wirkung* des Stallmistes stärker zur Geltung, auf welche die Kartoffel besonders günstig reagiert.

An nächster Stelle sind alle *Rübenarten* zu nennen, zu welchen in der Regel im Sommer oder Herbst des Vorjahres eine Stallmistdüngung erfolgt. Es sind dies die *Futterrüben* (*Beta vulgaris crassa*), die *Zuckerrüben* (*Beta vulgaris sacchari-fera*) und die *Kohlrüben* (*Brassica napus rapifera*). Auch für die späteren Formen der *Möhren* (*Daucus carota*) kommt Stallmist zur Anwendung.

Von den Ölpflanzen kommen hauptsächlich die Winterformen von *Raps* (*Brassica napus oleifera*) und *Rübsen* (*Brassica rapa oleifera*) für die Stallmistdüngung in Betracht. In der Regel gilt dies für die Böden, auf denen der Raps schon immer die Rolle der Hackfrucht in der Fruchtfolge einnimmt. Mit Rücksicht auf die Aussaatzeit dieser Pflanzenarten muß die Stallmistdüngung frühzeitig erfolgen. Wegen der beschränkten Anwendungszeit kommt Schafpferch nur in begrenzten Zeiten in Betracht, während diese Düngungsform bei allen genannten Hackfrüchten unbegrenzt durchführbar ist.

Auf schweren Lehmböden können kleinere Stallmistgaben auch zu *Körnerleguminosen*, wie Ackerbohnen u. ä. Anwendung finden. Schließlich kann die Stallmistdüngung zu *Mais* erfolgen, was vornehmlich bei Anbau von Mais zur Körnergewinnung in Betracht kommt, und wiederum dann, wenn er die Stellung der Hackfrucht in der Fruchtfolge einnimmt. Als andere Sonderkulturen, zu welchen besonders starke Gaben von Stallmist erfolgen, sind vor allem zahlreiche *Gemüsearten* zu nennen, wie die Kohlarten (*Brassica oleracea*) und Spargel (*Asparagus officinalis*) u. a. Damit berühren wir aber Pflanzenarten, welche auch den Charakter der Zwischenfruchtkulturen haben oder mehrjährig wachsen.

Der geschilderte Sachverhalt über die Anwendung der Stallmistdüngung läßt sich unter Berücksichtigung der derzeitigen Verhältnisse durch die folgenden Schemata wiedergeben, welche naturgemäß Variationen zulassen (s. Tab. 744). Insbesondere wird die Anwendung mitbestimmt durch die im Betrieb erzeugte Menge an Stallmist, d. h. von der Stärke und Art der Viehhaltung. Der Stallmistanfall und die für die Anwendung in der Fruchtfolge in Betracht kommenden Arten sind im allgemeinen bestimmend für die *Höhe* der Stallmistgaben. Diese schwankt infolgedessen in weiten Grenzen. In Westeuropa liegt sie gewöhnlich zwischen 200 und 400 dz/ha, sie schwankt um den Mittelwert von 300 dz/ha. Die untere Grenze von 200 dz/ha kann aus technischen Gründen der Verteilung nur schwer unterschritten werden. Dagegen können die Gaben in bäuerlichen

Tabelle 744. *Stallmistdüngung in der Fruchtfolge*

A	B
1. Hackfrucht (300 dz/ha Stalldung)	Hackfrucht (400 dz/ha Stalldung)
Getreide	Getreide
Getreide	Getreide
Hackfrucht (200 dz/ha Stalldung)	Blattfrucht
Getreide	Getreide
2. Hackfrucht (300 dz/ha Stalldung)	Hackfrucht (300 dz/ha Stalldung)
Getreide	Getreide
Getreide	Getreide
Hackfrucht (Blattfrucht)	Sonderkulturen (300 dz/ha Stalldung)
Getreide	Getreide
Hackfrucht (200 dz/ha Stalldung)	Hackfrucht
Getreide	Getreide
3. Hackfrucht (300 dz/ha Stalldung)	Hackfrucht (400 dz/ha Stalldung)
Getreide	Getreide
Getreide	Getreide
Hackfrucht (300 dz/ha Stalldung)	Sonderkulturen (50 dz/ha Stroh)
Getreide	Getreide
Getreide	Getreide

4. Hackfrucht (400 dz/ha Stalldung)
   Getreide
   Getreide
   Getreide
   Hackfrucht/Blattfrucht (300 dz/ha Stalldung)
   Getreide
   Getreide

Betrieben mit wenig Hackfruchtbau und starker Viehhaltung die angegebene obere Grenze überschreiten. Die geschilderten Angaben finden eine Bestätigung in den von Seiler (1959) durchgeführten Erhebungen in der landwirtschaftlichen Praxis (Tab. 745).

Diese Zusammenhänge und Daten gehen einerseits auf alte Erfahrungen zurück, welche auch durch wissenschaftliche Experimente bestätigt wurden

Tabelle 745. *Abgedüngte AF und Höhe der Stalldüngergaben*

Gebiet	% A F	dz/ha
Schleswig-Holstein, schwere Böden	20,9	300
Acker-Köge	12,1	370
Hamburger-Marsch und Norden-Marsch	18,3	390
Norddeutsche Geest	30,6	245
Lüneburger Heide, Uelzen	39,6	243
Südhannover-Nordhessen	25,7	290
Lippe-Detmold	33,1	320
Soest	32,7	390
Münsterland	38,3	300
Rheinhessen	18,9	380
Unter- und Oberfranken	26,5	290
Oberpfalz	32,8	340
Regensburg	30,7	265
Südbaden-Bayerisches Schwaben	28,4	270

und als Allgemeingut der Praxis bezeichnet werden können. Andererseits sind die zugrunde liegenden Lehrmeinungen immer wieder Gegenstand intensiver und allseitiger Diskussionen gewesen. Diese bezieht sich insbesondere auf die *Höhe und Häufigkeit* der Stallmistdüngung. SCHNEIDEWIND (1928) kam zu dem Ergebnis, daß kleinere Gaben relativ günstiger verwertet werden. So betrachtet er Gaben von 200 dz/ha als ausreichend! BERKNER (1947) konnte besonders günstige Wirkungen sehr hoher Stallmistgaben bis zu 1600 dz/ha feststellen. Abgesehen von verschiedenen Bedingungen der Standorte bzw. Böden hängen derartige Vergleiche von der jeweiligen Fragestellung ab. Insbesondere ist der schwer analysierbare Wirkungskomplex des Stallmistes zu beachten (s. SCHULZE 1950, v. BOGUSLAWSKI 1954, SAUERLANDT 1952), d. h. ob die Nährstoffwirkung desselben im Vordergrund steht, oder ob diese bei zunehmender Mineraldüngung zurücktritt und die übrigen Wirkungskomponenten (wie Humus, Wasserhaushalt usw.) gesucht werden. Allgemein hat sich mit Bezug auf die Fruchtfolge die Auffassung durchgesetzt: *häufiger kleinere Gaben* (SAUERLANDT 1952, BEINERT und SAUERLANDT 1951, ALTEN und DOEHRING 1957; s. auch GÖRBING 1947).

In Verfolgung dieses Gedankens ist von manchen Autoren das oben dargestellte Prinzip aufgegeben worden, daß die Stallmistdüngung in der Fruchtfolge zu bestimmten Pflanzenarten zur Anwendung kommt. Vielmehr wird die Anwendung *regelmäßig*, gewissermaßen unabhängig von der Pflanzenart gefordert. So kommen BEINERT und SAUERLANDT (1951) zu der Forderung „70 besser 100%" jährlich abzudüngen, während SAUERLANDT (1952) (70 bis 80%) Flächenabdüngung mit 100 bis 150 dz/ha empfiehlt. In neuerer Zeit hat ALTEN (1956; ALTEN und DOEHRING 1957) den extremsten Standpunkt eingenommen, indem er zur Vermeidung von „biologischer Schockwirkung" einen jährlichen „dünnen Stallmistschleier" von etwa 80 dz/ha vorschlägt. Bei Getreide wird dieser auch auf die wachsenden Bestände aufgebracht.

Naturgemäß sind diese Vorschläge mit zahlreichen „Voraussetzungen und Folgerungen" verbunden. So bleibt es auch bei Lösung aller technischen Fragen im gemäßigten Klima problematisch, ob die vornehmlich in Betracht kommende Form des Frischmistes optimal ist und der Bodenzustand das weitgehend ganzjährige Befahren gestattet. Wenn in Anbetracht der möglichen Optimalgestaltung der Mineraldüngung die Nährstoffwirkung des Stallmistes an Gewicht verloren hat, bleibt bis jetzt die Frage offen, inwieweit die sogenannte „Humuswirkung" gesichert bleibt. Neuerlich kommen SAUERLANDT und Mitarbeiter (1961) bei der Auswertung erstmaliger langjähriger Feldversuche zu dem Ergebnis, daß gerade bei jährlicher Anwendung von Frischmist die C-Bilanz eindeutig und am stärksten *negativ* ist, während insgesamt gleich hohe Gaben in dreijährigem Abstand wesentlich günstigere Bilanzwerte geben. Auch bei Mist-Kompost, der generell eine bessere Wirkung zeigte, war die Differenz zwischen einmaliger und häufiger Anwendung groß.

Die Häufigkeit und Höhe der Stallmistgaben hängt — wie gesagt — von der Viehhaltung und der Menge des anfallenden Stallmistes und seiner Bereitung ab. In neuerer Zeit ist in verschiedenen Ländern Westeuropas im Zusammenhang mit geringerer Viehhaltung oder viehloser Bewirtschaftung das Problem der *Strohdüngung* entstanden. Wenn auch die grundsätzliche Frage der Beeinflussung der langjährigen Produktivität des Bodens noch nicht als gelöst bezeichnet werden kann, so ist die richtige Anwendung im Sinne der Direktwirkung — besonders zu Hackfrüchten — weitgehend als geklärt zu betrachten. Indessen entsteht in viehlosen Betrieben auch die Problematik um die Anwendung der Strohdüngung zu den Getreidearten in der Fruchtfolge.

D. Fruchtfolge und organische Düngung in Form von Gründüngung

Fraglos war es die günstige Wirkung der Futter- und Körnerleguminosen auf die unmittelbaren Nachfrüchte, und auf die gesamte Fruchtfolge, welche auf verschiedenen Standorten schon frühzeitig zur Einführung der Gründüngung führte. Besondere Anregungen ergaben sich aus den Erfahrungen mit der „Besömmerung" der Brache mit Futterpflanzen, aber auch bei modernen Formen der Dreifelderwirtschaft ebenso wie der Fruchtwechselwirtschaft. Im Zuge der Intensivierung des Landbaues im Verlaufe des letzten Jahrhunderts wurde eine planmäßige Anwendung der Gründüngung vornehmlich auf den mäßig feuchten und trockeneren Standorten mit *Sandboden* in Mittel- und Westeuropa entwickelt. Zunächst waren es führende praktische Landwirte, die sich um die Einführung der Gründüngung einmalige Verdienste erwarben (wie von Rosenberg-Lipinski und Schultz-Lupitz 1895). Ausgedehnte Anbaugebiete Mittel-, Nord- und besonders Ostdeutschlands und Westpolens mit Sandboden ebenso wie mit extrem schweren Böden diluvialen Ursprungs verdanken die Verbesserung des Fruchtbarkeitszustandes und damit der Produktivität ihrer Böden der systematischen Anwendung der Gründüngung.

Daß die Gründüngung gerade auf trockenen Sandböden so große Bedeutung erlangte, ist zweifellos auf die Tatsache zurückzuführen, daß sie auf diesen Standorten infolge geringer Futterwüchsigkeit der Böden und entsprechenden Vieh- und Stallmistmangels innerhalb der Fruchtfolge *an die Stelle des Stallmistes* trat. Wenn in der Literatur häufiger die schon von v. Rümker (1920) vertretene Ansicht zu finden ist, daß auf sogenannten „hitzigen leichten Böden" die Gründüngung *vor* der Stallmistdüngung rangiere und sinngemäß zu bevorzugen wäre, so entbehrt diese Auffassung des exakten Beweises. Gerade die Gründüngung unterliegt auf solchen Böden unter gewissen Bedingungen einer sehr schnellen Zersetzung, so daß ihre Wirkung zeitlich begrenzt ist. Deshalb bestehen für die Anwendung der Gründüngung auf solchen „leichten Sandböden" bestimmte Forderungen oder „Regeln", deren Befolgung die Voraussetzung für eine optimale Wirkung in der Fruchtfolge ist. Die Gründüngungspflanzen sollen nicht in „frischem" — wasserreichem — Zustand im noch zu warmen Frühherbst in den Boden eingebracht werden. Vielmehr soll die Gründüngung so spät wie möglich, unter gewissen Voraussetzungen erst im Frühjahr, eingepflügt werden. Wenn die Pflanzenmasse noch nicht abgestorben bzw. zu wasserreich ist, soll das Absterben durch Abmähen oder Walzen gefördert werden; am besten wird die durch Frostwirkung abgetötete Pflanzensubstanz in den Boden eingebracht! Diese Forderungen sind nicht nur durch praktische Erfahrungen, sondern durch zahlreiche Feldversuche begründet. An dieser Stelle werden nur diejenigen von Schneidewind (1928), Lemmermann (1935) sowie Berkner (1936, 1937) genannt, weil diese Autoren sich schon frühzeitig und vielseitig mit dem Problem befaßt haben. Die genannten Regeln sind fast ausnahmslos gut in Einklang zu bringen mit der Anwendung der Gründüngung zu der wichtigsten Hackfrucht der leichten Böden, nämlich der *Kartoffel*. Diese Pflanzenart bevorzugt außerdem ein nicht zu flach gelockertes Saatbett, welche Tatsache die Anwendung der Gründüngung zu Kartoffeln wiederum sehr gefördert hat. Ein Beispiel für die günstige Wirkung der Gründüngung bei Frühjahrsunterbringung gegenüber Herbstunterbringung auf Sandböden entnehmen wir den Untersuchungen von Lemmermann in Tab. 746 (1935).

Unter sehr trockenen Verhältnissen Schlesiens warnt Henrichs (1949) vor

Tabelle 746. *Unterbringung der Gründüngung auf Sandboden*

	Futterrüben	Mehrertrag	Futterrüben	Mehrertrag
ohne Gründüngung	487 dz/ha	—	74 dz/ha	—
Lupine im Herbst	804 dz/ha	317	152 dz/ha	78
Lupine im Frühjahr	859 dz/ha	372	210 dz/ha	136
Mehrertrag	—	55	—	58

zu später Pflugfurche im Frühjahr, da diese zu Wasserverlusten führen kann. Die von zahlreichen Autoren gleichzeitig geforderte möglichst flache Unterbringung, welche mit der Förderung der Zersetzung bzw. des Abbaues der Gründüngung begründet wird, dürfte zumindest auf tätigen Böden in ihrer Bedeutung überschätzt werden.

Grundsätzlich, jedoch mit einer zeitlichen Verschiebung, kann man die „Regeln" auch für die Lehm- und Tonböden anwenden. Auf diesen sogenannten schweren Böden ist bekanntlich aus Gründen der Bodenstruktur bzw. Frostwirkung die Herbst- oder Vorwinterfurche nicht zu umgehen. Schon SCHNEIDEWIND (1928) konnte deshalb auf Lößböden eine günstigere Wirkung der Herbsteinbringung gegen-

Tabelle 747. *Unterbringung der Gründüngung auf Lößlehmboden*

	Zuckerrüben	Futterrüben
Herbst	447,3 dz/ha	1032,5 dz/ha
Frühjahr	426,4 dz/ha	974,2 dz/ha
Mehr durch Herbst	20,9 dz/ha	58,3 dz/ha

über der Frühjahrsfurche nachweisen, was aus den Werten der Tab. 747 zu ersehen ist. Gerade auf schweren und feuchten und damit „kalten" Böden dürfte die Gefahr der zu schnellen Zersetzung gering sein. So hat die Gründüngung auch für die Hackfrüchte dieser Bodenarten wie — abgesehen von den genannten Kartoffeln — für alle *Rübenarten*, zu welchen die Winterfurche die Regel ist, eine Bedeutung erlangt.

In gleichem Ausmaß wie von der rechtzeitigen Einbringung bzw. Einmischung in den Boden ist die Wirkung der Gründüngung von der *Zeit der Aussaat* als Voraussetzung für eine ausreichend lange Vegetationszeit und damit die genügende Massenbildung sowie im Falle der Leguminosen auch für die Stickstoffanreicherung abhängig. In Tab. 748 werden aus den Untersuchungen von BERKNER (1937) auszugsweise einige Ergebnisse mitgeteilt. Mit der abnehmenden Gründüngungsmasse und damit bei Leguminosen auch der Stickstoffsammlung sinkt besonders in der letzten Saatzeit die Wirkung auf den Ertrag der Kartoffel.

Die im Zusammenhang mit der Unterbringung der Pflanzensubstanz viel diskutierte und auch häufig untersuchte Frage, ob die *gesamte* gewachsene Pflanzenmasse eingearbeitet werden soll, oder ob die gleiche Wirkung nach Aberntung der oberirdischen Hauptmasse als Futter durch die Einbringung der *Stoppelrückstände* sowie durch das Wurzelsystem erreicht wird, berührt unser Thema indirekt. Hier genügt es darauf hinzuweisen, daß die Beantwortung

Tabelle 748. *Gründüngung zu Kartoffeln*
Breslau 1935/36

Gründüngungspflanzen	Saatzeiten	Gründüngung		Kartoffelertrag in dz/ha
		TM in kg/ha	N in kg/ha	
Gelbe Lupine	1	17,1	62,8	211,5
	2	15,2	54,4	215,7
	3	5,8	20,8	176,5
Peluschke	1	7,6	27,1	200,6
	2	9,6	34,4	192,1
	3	4,3	15,6	183,9
Saatwicke	1	16,2	53,9	209,0
	2	17,4	57,1	193,0
	3	9,8	37,9	184,4
Ohne Gründüngung ..	—	—	—	168,1

der Frage von zahlreichen Faktoren abhängt, wie insbesondere von der tatsächlich gewachsenen Pflanzenmasse, von der Pflanzenart und von betriebswirtschaftlichen Überlegungen. Besonders im gemäßigten Klima kann es sinnvoll sein, die als Zwischenfrucht angebaute Gründüngung oberirdisch zur Fütterung zu nutzen und dafür Hauptfutterflächen von Klee und Luzerne oder anderen Feldfutterpflanzen einzuschränken. Im Zuge der Vereinfachung der Fruchtfolge verliert dieser Gesichtspunkt auch in Westeuropa an Bedeutung. Die Wirkung einer Gründüngung wird nach Abweidung oder auch Abmähen besonders dann weitgehend erhalten bleiben, wenn es sich um intensiv N-sammelnde Leguminosen und solche Pflanzenarten handelt, die ein starkes Wurzelsystem entwickeln. Mit dieser *Wurzelwirkung* berühren wir eine entscheidend wichtige und gegenüber anderen organischen Düngern spezifische Wirkung der gewachsenen Gründüngung. Auf allen Böden fördert sie die Vertiefung der Biosphäre, indem sie den Untergrund mit organischer Substanz anreichert und vor allem Wurzelkanäle schafft, welche den Wurzeln der nachfolgenden Pflanzen aber auch den Bodentieren Wege bereitet und den Wasserhaushalt begünstigen. Die Tiefgründigkeit der

Tabelle 749. *Gründüngungsversuche zu Mais, Breslau 1935/36*

Art der Behandlung	Gründüngung			Maisernte	
	Frischmasse dz/ha	Trockenmasse dz/ha	N kg/ha	Kornertrag dz/ha	± m
1. Ohne Gründüngung	—	—	—	35,8	1,18
2. Inkarnatklee (untergepflügt) .	177,0	24,6	76,6	50,0	1,20
3. Inkarnatklee (abgemäht)	82,0	10,2	31,6	43,0	1,29
4. Inkarnatklee (nur oberirdische Masse von 3. aufgebracht) ...	95,0	14,4	45,0	38,9	1,90
5. Ohne Gründüngung	—	—	—	39,9	1,56
6. Blaue Lupine (untergepflügt) .	174,0	26,4	97,1	45,3	1,36
7. Blaue Lupine (abgemäht)	21,0	3,9	9,2	37,6	0,64
8. Blaue Lupine (nur oberirdische Masse von 7. aufgebracht) ...	153,0	22,5	87,9	42,6	1,87

Böden im allgemeinen Sinne des Begriffes wird somit durch die Gründüngung verbessert. Ein demonstratives Beispiel für die Wirkung des Wurzelsystems von Inkarnatklee (*Trifolium incarnatum*) und das Verhältnis der oberirdischen Masse zur Wurzelsubstanz und ihrer Wirkung im Vergleich zu Lupinus angustifolius entnehmen wir in Tab. 749 den Untersuchungen von BERKNER. Der Autor zog den Schluß, daß bei Inkarnatklee dem sehr stark verzweigten Wurzelsystem eine stärkere Wirkung als der mengenmäßig überlegenen oberirdischen Substanz zukommt. Bei Lupinen ist das Verhältnis umgekehrt, wobei allerdings die stärker erschließenden Kräfte der tiefer wachsenden Wurzeln zu berücksichtigen sind, welche auf manchen Böden besonders interessieren können.

In der Literatur findet man wechselnde und zum Teil widersprechende Angaben über die Frage, ob die Gründüngungswirkung noch voll erhalten bleibt, wenn die oberirdische Pflanzensubstanz für Futterzwecke abgemäht oder auch abgeweidet wird. In neuerer Zeit konnte v. BOGUSLAWSKI (1953) für die wichtigsten Kleearten bei gutem Gelingen derselben die Frage positiv entscheiden. Wie aus Tab. 750 ersichtlich ist, bleibt die Gründüngungswirkung der Kleearten

Tabelle 750. *Wirkung von Gründüngung, Stallmist (300 dz/ha), anorganische Volldüngung 80 kg/ha N, 160 kg/ha K$_2$O, 68 kg/ha P$_2$O$_5$ bei Frühkartoffeln, Rauisch-Holzhausen 1950/51*
Kartoffelerträge in dz/ha Frischmasse

Düngung	Rotklee	Weißklee	ohne Gründüngung	Ölrettich	Gelbklee
1. Gründüngung (*abgefüttert*)	238	238	199	206	257
	± 10,9	± 6,6	± 8,3	± 7,0	± 6,2
2. Gründüngung (*untergepflügt*) ...	241	234	196	209	254
	± 7,1	± 5,0	± 4,8	± 5,4	± 7,0
3. Anorganische Volldüngung	268	264	256	284	300
	± 9,7	± 12,3	± 5,4	± 7,3	± 4,8
4. Stallmist	249	249	188	204	262
	± 4,6	± 7,1	± 5,3	± 3,7	± 5,9
5. Anorganische Volldüngung + Stallmist	282	263	261	281	290
	± 8,1	± 8,5	± 4,6	± 12,9	± 3,7

auch nach oberirdischem Schnitt erhalten. Für die Fruchtfolge ist diese Frage insofern von Bedeutung, als die regelmäßige Futtergewinnung einerseits und die sichere Gründüngerwirkung andererseits in Konkurrenz geraten könnten. Wie schon erwähnt, hat diese Frage allerdings für weite Anbaugebiete an Gewicht verloren.

Dagegen hat ein anderes Problem der Gründüngung an Bedeutung zugenommen, nämlich die Frage des Anbaues von sogenannten *Nichtleguminosen* neben oder an Stelle von Leguminosen. Diese Frage ist vor allem für den Anbau von „Stoppelfrüchten", also von Zwischenfrüchten zur Gründüngung nach der Aberntung von Getreide oder anderen rechtzeitig räumenden Pflanzenarten interessant. Im gemäßigten Klima ist durch die Einführung des Mähdrusches mit einer Verzögerung der Getreideernte von etwa 2 bis 3 Wochen zu rechnen. Infolge dieser Verkürzung der noch für die Stoppelfrüchte verbleibenden Vegetationszeit sind schnellwüchsige Pflanzenarten, die bei geringem Saatgutaufwand einen Erfolg sichern, zumindest gegenüber den großkörnigen Leguminosen im Vorteil. Dies gilt besonders für eine Reihe von Nichtleguminosen aus der Familie der Cruziferen, aber auch für Sonnenblumen u. a. Bis in die neuere

Zeit hinein wurde aber den Nichtleguminosen trotz zahlreicher gegenteiliger praktischer Erfahrungen eine Gründüngungswirkung abgesprochen. Wir konnten sowohl an älteren Ergebnissen von Mitscherlich (1952) und zahlreichen neueren Versuchen nachweisen, daß Nichtleguminosen bei ausreichender und rechtzeitiger Zufuhr von mineralischer N-Düngung eine volle Wirkung als Gründüngung zeigen (v. Boguslawski 1953, Alkämper 1957, Brade 1961, v. Boguslawski 1954). Die Ursache für diese Komplexwirkung von Stickstoff und Gründüngung liegt offensichtlich in der Verbesserung des C/N-Verhältnisses. Abb. 352 zeigt ein eindeutiges Beispiel der Wirkung von Ölrettich im Vergleich zu derjenigen von Inkarnatklee und Brache sowie Stallmist bei einer N-Steigerung bis zu 120 kg/ha N bei Kartoffeln. Erst bei dieser hohen N-Düngung kommt die optimale Komplexwirkung mit Ölrettich zustande. In allen N-Stufen sind übrigens die Gründüngungsparzellen der Stallmistdüngung in der Ertragsbildung überlegen.

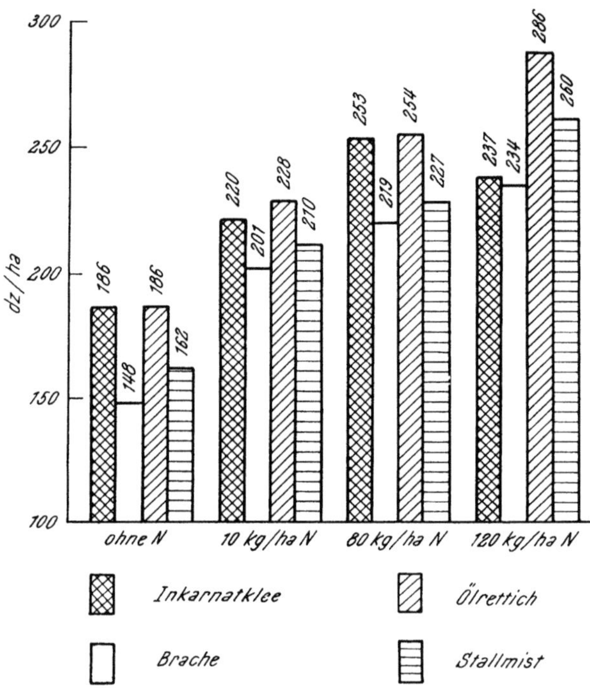

Abb. 352. Gründüngungsversuch zu Kartoffeln

Sämtliche angeführten Teilfragen der Gründüngung — die vorherrschende Methode des Zwischenfruchtbaues, die Zeit der Einbringung in den Boden, die Aussaatzeit, der Anbau von Nichtleguminosen neben Leguminosen, die spezifische Wirkung der Pflanzenarten über das Wurzelsystem bzw. die oberirdische Masse — zeigen somit enge Beziehungen zur jeweiligen Fruchtfolge. Trotz der vorherrschenden Erzeugung der Gründüngung im Zwischenfruchtbau kann es im Interesse ihres sicheren Gelingens zweckmäßig sein, in der Gestaltung der Fruchtfolge auf die Gründüngung Rücksicht zu nehmen. Im allgemeinen wird es aber umgekehrt sein, die Einordnung der Zwischenfrucht zur Erzeugung von Gründüngung wird sich nach der Fruchtfolge und den Besonderheiten ihrer Durchführung richten müssen. So hat die schon erwähnte Ernte im Mähdrusch gewisse Nachteile zur Folge. Einerseits bereiten die hochwüchsigen Kleearten Schwierigkeiten, weil sie in das Erntegut einwachsen. Andererseits werden Stoppelfrüchte zu bevorzugen sein, welche bei guter Anpassung an die abnehmende Gunst der Klimabedingungen infolge der späten Aussaat noch produktiv sind. Dennoch wird voraussichtlich die Bedeutung der Gründüngung in Zukunft wachsen. Die Ursache liegt in der gegenwärtig zunehmenden Betriebsvereinfachung, welche auch zu einer Vereinfachung und Verschlechterung der Fruchtfolge führen kann. Weit verbreitet nehmen die Anteile der Hackfrüchte und sonstiger Blattfrüchte in der Fruchtfolge ab, während die Getreidearten zunehmen. Diese Entwicklung hat einmal — zusammen mit einer gewissen Einschränkung der Viehhaltung — die Problematik der nutzbaren Verwertung der anfallenden *Strohmassen* im Ackerbau ausgelöst. Infolge des ungünstigen C/N-Verhältnisses im Stroh führt dasselbe zu Mindererträgen, wenn nicht eine günstige Komplexwirkung mit anderen Faktoren gesichert ist. In erster Linie kommt es auf die ausreichende Zufuhr von mineralischem Stickstoff an. In dem in Tab. 751 aus unserem Versuch angegebenen Beispiel (v. BOGUSLAWSKI

Tabelle 751. *Kombinierter Gründüngungs-, Stroh-, N-Düngungsversuch zu Zuckerrüben Rauisch-Holzhausen 1956/57*
Gesamttrockenmasse in dz/ha

Varianten	Brache	Stroh untergepflügt	Rotklee	Rotklee + Stroh
0 kg/ha N	137	150	168	163
60 kg/ha N	169	170	177	176
100 kg/ha N	176	179	185	**201**
140 kg/ha N	188	190	**201**	**206**

1959) ist aber ersichtlich, daß dieser Ausgleich ebenso gut und oft noch besser durch eine Gründüngung bzw. Untersaat mit Rotklee erfolgt. Im Beispiel reicht die Zufuhr von 140 kg N/ha nicht aus, um den gleichen Ertrag zu erzielen wie durch den Komplex: Rotklee-Gründüngung + Stroh + 100 kg N! Aus dem weiteren Beispiel, welches wir den Untersuchungen von BRADE (1961) entnehmen, können wir ersehen, daß auch die Kombination von „Stroh + 50 kg N eingeschält + Ölrettich" zu einem guten Zusammenwirken führen kann (s. Tab. 752).

Tabelle 752. *Gründüngungs-, Strohdüngungsversuch zu Zuckerrüben Rauisch-Holzhausen 1958/59*
Rüben und Blatt in ATM, dz/ha

Düngungsstufen	50 dz/ha Stroh als Decke	50 dz/ha Stroh als Decke +50 kg/ha N	50 dz/ha Stroh eingepflügt +50 kg/ha N +Ölrettich
ohne N	85 ± 4,04	106 ± 5,25	119 ± 2,33
60 kg/ha N	122 ± 3,14	133 ± 2,32	147 ± 2,89
120 kg/ha N	140 ± 3,38	147 ± 2,86	152 ± 1,47
170 kg/ha N	130 ± 2,15	139 ± 2,84	144 ± 2,97

Die hohen Getreideanteile in den Fruchtfolgen und insbesondere die hohen Anteile von Weizen und Gerste führen außerdem leicht zur Verbreitung von Fruchtfolgekrankheiten. Die Vermeidung derselben führt wiederum zur Forderung nach der Erhaltung und Ausweitung der Gründüngung. Dies ist vornehmlich über den Stoppelfruchtbau möglich, der dann einen gewissen „Fruchtwechsel" herbeiführt. Wiederum besteht aber das Problem der gleichzeitigen Strohdüngung. Aus Tab. 753 ersehen wir, daß beide Maßnahmen miteinander verbunden werden können und daß ihre Koppelung den Ertrag von Sommerweizen zusätzlich sichert. Wie neben der ausgesprochenen Stoppelfrucht *Lupinus angustifolius* Raps und der Inkarnatklee als Zwischenfrüchte zumeist eine

Tabelle 753. *Kombinierter Gründüngungs-, Stroh-, N-Düngungsversuch zu Sommerweizen, Rausch-Holzhausen 1959/60*
Trockenmasse in dz/ha

Düngungsstufen	Brache	50 dz/ha Stroh als Decke	50 dz/ha Stroh als Decke + 50 kg/ha CaCN$_2$	50 dz/ha Stroh eingeschält	50 dz/ha Stroh eingeschält +50 kg/ha Kalkammonsalpeter +Ölrettich
I. Korn					
ohne N	24,9 ± 0,68	23,0 ± 0,41	24,0 ± 0,38	25,4 ± 1,22	28,2 ± 0,49
50 kg/ha N ...	36,9 ± 0,39	36,4 ± 0,16	37,3 ± 0,26	**38,7 ± 0,63**	**39,2 ± 0,78**
80 kg/ha N ...	**39,2 ± 1,06**	37,2 ± 0,40	36,7 ± 0,37	**39,4 ± 0,61** *	37,1 ± 0,98
120 kg/ha N ...	28,4 ± 0,32	37,2 ± 0,20	34,2 ± 0,23	36,4 ± 0,94	34,4 ± 1,14
II. Stroh					
ohne N	44,1 ± 0,66	40,1 ± 1,71	42,6 ± 1,67	40,7 ± 0,30	46,0 ± 1,23
50 kg/ha N ...	67,1 ± 0,65	62,4 ± 2,14	78,0 ± 0,82	62,1 ± 2,06	66,1 ± 0,81
80 kg/ha N ...	70,4 ± 1,12	75,4 ± 2,47	**87,9 ± 2,21**	69,1 ± 0,70	73,1 ± 1,57
120 kg/ha N ...	58,0 ± 1,23	72,1 ± 2,75	**89,8 ± 0,72** *	70,3 ± 0,77	71,9 ± 2,48

* = Höchstertrag

gute Wirkung zeigen, wird wiederum aus einer Untersuchung von BERKNER (1927) klar. Der Mais erweist sich überhaupt als eine gut auf Gründüngung reagierende Pflanzenart (Tab. 754).

Tabelle 754. *Gründüngung zu Mais*
Breslau 1935/36

Art der Behandlung	Gründüngung		Maisernte	
	TM in dz/ha	N in kg/ha	Kornertrag in dz/ha	± m
ohne Gründüngung	—	—	36,3	—
Gründüngung (Blaue Lupine)..	22,5	88,0	44,6	1,74
Gründüngung (Raps)	10,9	22,3	39,9	2,40
Gründüngung (Inkarnatklee) ..	14,4	45,0	46,1	2,18

Gründüngung kann — neben dem Anbau von Untersaaten und Stoppelfrüchten — schließlich auch über den Anbau von *Winterzwischenfrüchten* gewonnen werden. Dieser ist gerade im gemäßigten Klima als eine sichere Methode des Zwischenfruchtbaues zu bezeichnen. Bisher stand im Winterzwischenfruchtbau die Erzeugung von Futter im Vordergrund. Die mit dem Wurzelsystem und den Stoppelrückständen gleichzeitig erzeugte Gründüngung wird bei allen spät zu erntenden Arten oder Gemengen häufig dadurch nur wenig oder nicht effektiv, daß ihre Massenbildung auf Kosten des Wasserhaushaltes und teilweise auch der Vegetationszeit der folgenden Hauptfrüchte erzielt wird. Dies konnte wiederholt experimentell nachgewiesen werden (KÖNEKAMP 1945, SCHUSTER 1956). Soweit aber die Winterzwischenfrüchte nur der Gründüngung dienen und rechtzeitig umgebrochen werden, können sie nur positiv beurteilt werden. Es gelten die oben erwähnten weiteren Voraussetzungen, daß leichtere Böden vorliegen und Pflanzenarten wie Kartoffeln oder Mais zum Anbau gelangen, so daß eine Frühjahrsfurche möglich ist.

E. Mineraldüngung und Fruchtfolge unter gleichzeitiger Berücksichtigung der organischen Düngung

Die für die organische Düngung genannten Gesichtspunkte, daß dieselbe im allgemeinen nicht regelmäßig zur Anwendung kommt, sondern an bestimmten Stellen in der Fruchtfolge, d. h. zu bestimmten Pflanzenarten in mehr oder weniger regelmäßigen Abständen verabfolgt wird, entfallen für die Mineraldüngung. Mit Ausnahme der Kalkdüngung und anderer Maßnahmen der Meliorationsdüngung steht bei der Mineraldüngung die *Nährstoffwirkung* im Vordergrund. Selbstverständlich pflegen wir bei ihrer Anwendung die Nährstoffwirkung der organischen Dünger zu berücksichtigen. Ferner wurde bereits festgestellt, daß wir die beim Zusammenwirken von organischer und mineralischer Düngung entstehende *Komplexwirkung* (v. BOGUSLAWSKI 1958, 1953, 1954) beachten und ausnutzen.

Mit der *Kalkdüngung* greifen wir vielseitig in das Geschehen im Boden ein, indem die physikalischen, chemischen und biologischen Eigenschaften des Bodens beeinflußt werden. Die Wechselwirkung „Kalkzustand — Fruchtfolge" ist daher leicht zu erklären. Mit der Kalkung können wir die Gestaltung der Fruchtfolge beeinflussen, umgekehrt müssen wir die Kalkung der gewählten Fruchtfolge anpassen. Am intensivsten kommt diese Wechselbeziehung über den *pH-Wert* des Bodens zur Auswirkung, zumal den einzelnen Kulturpflanzen bestimmte Reaktionsgebiete zugeordnet werden müssen und begrenzte Reaktionsbereiche als optimal gelten können. Allerdings sind dabei Bodenart und Bodentyp sowie auch der jeweilige Sortentyp zu beachten. Ferner ergeben sich große Unterschiede zwischen den meist basenreichen Böden arider Gebiete und denjenigen der feuchten Klimate, in welchen je nach Bodenart und Niederschlag eine fortlaufende mehr oder weniger intensive Durchwaschung und Entbasung der Böden stattfindet. So unterscheiden wir im letzteren Klima die typische Fruchtfolge der feinerdearmen und sauren Sandböden, nämlich Kartoffeln — Hafer — Roggen. Als ergänzende Pflanzen sind zu nennen: Lupinen, Serradella, anspruchslose Kleearten (wie Weißklee), Futterrüben oder Kohlrüben. Zum Vergleich kann man für die feinerdereichen, schwachsauren bis basenreichen Braunerden als typische Fruchtfolge nennen: Zuckerrüben — Weizen — Gerste (wo möglich Braugerste) mit Ergänzungen, wie Luzerne, Kleearten, Raps, Futterrüben usw. In Wirklichkeit herrschen aber auf allen nicht extremen Standorten im moderneren Ackerbau weit verbreitet die Übergänge und Verbindungen beider Systeme vor. So können derzeitig auch auf leichteren Böden Zuckerrüben angebaut werden, wenn der Wasserfaktor und die Düngung und bis zu einem gewissen Mindestgrad auch die Bodenreaktion gesichert sind. Ebenso müssen schon zur Vermeidung von „Fruchtfolgeschäden" bzw. Pflanzenkrankheiten Hafer und Roggen in die Fruchtfolgen der besseren Standorte eingebaut werden. So kommt es, daß zumindest auf Mineralböden bei solchen Fruchtfolgen mit Arten divergierender Reaktionsansprüche die *schwach-saure* Reaktion zu bevorzugen ist. Ferner werden wir bei der Kalkung auf die Ansprüche der in der Fruchtfolge erscheinenden Pflanzenarten Rücksicht nehmen. Dies äußert sich vornehmlich darin, daß die sogenannte *Erhaltungskalkung*, welche im Ablauf der Fruchtfolge ein- oder zweimal erfolgt, zu ganz bestimmten Pflanzen durchgeführt wird. So kalken wir zu den Rübenarten entweder auf die Stoppel der Getreidevorfrucht oder auf die Schälfurche nach Einschälen der Stallmistdüngung, letzteres zur Vermeidung der unmittelbaren Berührung von Kalk mit Stallmist. Ferner erfolgt die Erhaltungskalkung zu Weizen oder zu Gerste ebenso wie zu Winterraps oder Sommerölpflanzen, wenn diese Arten nach Getreide stehen und genügend Zeit und Möglichkeiten zur Durchführung der Kalkung zur Verfügung stehen. Ist die Hauptfrucht die Kartoffel, so kann die Kalkung auch zu dieser erfolgen. Dies geschieht aber nicht vor dem Auspflanzen in den Boden, sondern als „Kopfdüngung" auf den kräftig entwickelten Pflanzenbestand. Besondere Beachtung verdient auf schwach sauren Böden die Kalkung zu Luzerne; diese kommt auf manchen Standorten einer „Aufkalkung" gleich und erfolgt am besten in Teilgaben zu den zwei oder drei letzten Vorfrüchten. Unbedingt zu vermeiden ist die Kalkung zu den Lupinenarten, zu Serradella und zu den Leinformen u. a.

Den spezifischen Reaktionsansprüchen kann in begrenztem Maße auch dadurch entsprochen werden, daß besonders auf extremen Böden Düngesalze verschiedener *„physiologischer Reaktion"* zur Anwendung kommen. So können in derselben Fruchtfolge zu Weizen „physiologisch-alkalische" Düngesalze und zu Kartoffeln oder Hafer „physiologisch saure" Mineraldünger gedüngt werden. Wie im letztgenannten Fall wird dabei gleichzeitig auf die spezifischen Ionenansprüche der Pflanzen Rücksicht genommen. Darüber hinaus beeinflussen wir mit der „wechselnden" Düngung verschiedener Reaktion die *Löslichkeit* gewisser Nährstoffe im Boden, wie insbesondere bestimmter Spurennährstoffe und ihre Ausnutzbarkeit durch die Pflanzen. So wird die Löslichkeit von B, Cu und Zn durch mittlere Reaktionsbedingungen (schwach sauer bis neutral), von Mn und Mo durch niedriges p_H und von S und Mg durch hohes p_H günstig beeinflußt (Jansson 1949). Die Abwechslung in der Zufuhr von Düngesalzen verschiedener physiologischer Reaktion kann auch gewissen Auswirkungen einer einmal erfolgten Kalkdüngung — zumindest für die jeweils zu düngende Pflanzenart — entgegenwirken. Diese Überlegungen sprechen gegen eine zu weit gehende Vereinfachung der mineralischen Düngung bzw. der stets gleichbleibenden Anwendung eines einzigen Volldüngers im Verlaufe der Fruchtfolge.

In allen Gebieten mit intensivem Pflanzenbau pflegen wir regelmäßig die wichtigsten Hauptnährstoffe (N, K und P) zu düngen. Die Aufgabe besteht dann darin, daß — abgesehen von der eben behandelten Düngesalzform — diese Nährstoffe stets in *ausreichender Menge* und im *zweckmäßigen Verhältnis* gedüngt werden (v. Boguslawski 1954, 1958, Boguslawski und Eichner 1961, v. Gierke 1957, Mokthare 1960, Zamani 1960). Das Maß für die Beantwortung dieser Forderungen ist der *Ertrag* und die Erhaltung sowie Verbesserung der *Ertragsfähigkeit* des jeweiligen Bodens. Somit sind die *Ansprüche* und die *Ausnutzung* durch die jeweiligen Kulturpflanzen die bestimmenden Faktoren für die Bemessung der Düngung! Allerdings sind die Böden als „Lieferanten" und noch mehr als Vermittler der Pflanzennährstoffe mit den spezifischen Sorptionseigenschaften vom Charakter eines Puffersystems von großem Einfluß. Auf Grund dieser Eigenschaften und der Düngungsmaßnahmen und sonstigen Bewirtschaftungsfaktoren (Bodenbearbeitung usw.) besteht im Boden das jeweilige *Potential*, Pflanzennährstoffe anzureichern (Vorrat) und diese an die Pflanzenwurzeln zu liefern. Dieser *Nährstoffzustand* des Bodens ist mitentscheidend für die Höhe der Düngung, ob wir mit dieser im Verlaufe der Fruchtfolge nur die durch die einzelnen Pflanzenarten *entzogenen* Nährstoffe zuführen, oder ob die Düngung zwecks Verbesserung des Nährstoffzustandes höher gewählt und in anderen Fällen bei sehr gutem Nährstoffzustand vielleicht auch erniedrigt wird. Auf die an anderer Stelle dieses Handbuches behandelte Problematik der Bestimmung des Nährstoffzustandes sei verwiesen, ebenso auf die neuere Literatur über „Nährstoffaufnahme und Nährstoffentzug" (v. Boguslawski und v. Gierke 1961, Köhnlein

Tabelle 755. *Düngungsbeispiele für Fruchtfolgen*
nach SCHNEIDEWIND 1928

Trockene Sandböden	Frische und lehmige Sandböden	Bessere und schwere Böden

A. Fruchtfolge:
1. Roggen (Stoppelsaat oder Gründüngung)
2. Kartoffeln in (Gründüngung)
3. Roggen

	N	P	K	Ca
		kg/ha		
1.	42	18	33	—
2. a)	Gründüngung sehr gut			
	—	25	100	—
b)	Gründüngung mäßig +100 bis 150 dz Stalldung			
	24	18	66	—
c)	Gründüngung mißraten +200 dz Stalldung			
	32	12	66	—
3.	32	18	—	—

B. Fruchtfolge:
1. Roggen (200 dz/ha Stalldung + Stoppelgründüngung)
2. Rüben (in Gründüngung)
3. Gerste (oder Hafer)

	N	P	K	Ca
		kg/ha		
1.	16	—	—	—
2.	64	32	100	—
3.	42	16	33	—

C. Fruchtfolge:
1. Kartoffeln (200 dz/ha Stalldung)
2. Weizen
3. Rüben (200 dz/ha Stalldung)
4. Gerste

	N	P	K	Ca
		kg/ha		
1.	21	—	—	—
2.	36	16	50	—
3.	64	16	66	—
4.	21	16	33	—

Tabelle 756. *Beispiel der Nährstoffverhältnisstatik*
nach E. A. Mitscherlich

Gehalt des Bodens in dz/ha an	Stickstoff	Kali	Phosphor-säure
auf Grund der Bodenuntersuchung	+2,00	4,00	3,00
1. Zu Runkelrüben wurde gegeben:			
400 dz/ha Stalldünger	+1,80	1,80	0,80
3 dz/ha 40prozentiges Kalisalz	+	1,20	
1 dz/ha Kalkammonsalpeter	+0,20		
Demnach Bestand	+4,00	7,00	3,80
Durch die Rübenernte wurde entzogen:			
in 600 dz/ha Wurzeln	—1,14	2,52	0,42
in 150 dz/ha Blättern	—0,45	0,38	0,12
zusammen	—1,59	2,90	0,54
2. Es bleibt Bestand fürs 2. Jahr	+2,41	4,10	3,26
Gedüngt wurde zu Weizen:			
1,0 dz/ha Thomasmehl	+		0,16
1,5 dz/ha 40prozentiges Kalisalz	+	0,60	
2,5 dz/ha Kalkammonsalpeter	+0,50		
Demnach Bestand	+2,91	4,70	3,42
Durch die Weizenernte wurde entzogen:			
in 30 dz/ha Korn	—0,48	0,15	0,26
in 60 dz/ha Stroh	—0,27	0,54	0,12
zusammen	—0,75	0,69	0,38
3. Es bleibt Bestand fürs 3. Jahr	+2,16	4,01	3,04
Gedüngt wurde zu Gerste:			
2 dz/ha Thomasmehl	+		0,32
1,5 dz/ha 40prozentiges Kalisalz	+	0,60	
2,5 dz/ha Kalkammonsalpeter	+0,50		
Demnach Bestand	+2,66	4,61	3,36
Durch die Gerstenernte wurde entzogen:			
in 32 dz/ha Korn	—0,48	0,18	0,27
in 46 dz/ha Stroh	—0,23	0,46	0,09
zusammen	—0,71	0,64	0,36
4. Es bleibt Bestand fürs 4. Jahr	+1,95	3,97	3,00
Gedüngt wurde zum Rotklee:			
2 dz/ha Thomasmehl	+		0,32
2,5 dz/ha 40prozentiges Kalisalz	+	1,00	
Demnach Bestand	+1,95	4,97	3,32
Durch die Rotklee-Ernte entzogen:			
60 dz/ha Heu	+1,20	—0,90	—0,34
5. Es bleibt Bestand fürs 5. Jahr	+3,15	4,07	2,98

1957, Mokthare 1960, Khossussi 1962, Zamani 1960). Schließlich ist in den feuchten Klimaten der Nährstoffverlust durch Auswaschung zu beachten.

Abgesehen davon, daß wir das Gesamtbild des Nährstoffumsatzes eines Standortes auch gegenwärtig nur mit grober Annäherung beschreiben können, ist die Beachtung der Wechselwirkung aller beteiligten Kräfte von entscheidender Bedeutung. Deshalb liegt es nahe, daß man bei der Festsetzung einer Düngergabe nicht nur die jeweilig anzubauende Pflanzenart, sondern alle Arten der Fruchtfolge berücksichtigt. Dies ist auch aus den Feststellungen der vorangegangenen Kapitel über die spezifische Wirkung der organischen Düngungsformen und ihrer Komplexwirkung mit der mineralischen Düngung sowie über die Beeinflussung der Reaktionsbedingungen für die einzelnen Arten zu folgern. Es kommt hinzu, daß sich die schon erwähnten Unterschiede hinsichtlich Bedarf und Ausnutzung der Nährstoffe innerhalb der Fruchtfolge über den durch die jeweilige Hackfrucht hinterlassenen Nährstoffzustand unmittelbar auswirken. Den Charakter als „günstige" Vorfrucht erlangen manche Pflanzenarten nicht nur durch ihre Einflüsse auf Durchwurzelung, Gareförderung im Boden, Unkrautfreiheit nach der Ernte und andere Faktoren, sondern durch den *günstigen Nährstoffzustand*, den sie der Nachfrucht hinterlassen. Dabei nutzen sie selbst, wie es bei Raps und anderen Öl- und Faserpflanzen ebenso wie bei Frühkartoffeln zutrifft, die gegebenen Nährstoffe relativ schlecht aus.

So entspricht es einer dringend zu erhebenden Forderung, wenn wir in einschlägigen Lehrbüchern Düngungspläne und Fruchtfolge aufeinander abgestimmt finden. Eindringlich wurden alle Zusammenhänge über das Thema „Düngungsplan und Fruchtfolge" schon von P. WAGNER (1920) und v. RÜMKER (1920) dargestellt.

In Tab. 755 werden aus den von SCHNEIDEWIND (1928) auf der Basis von vielseitigen und subtilen Untersuchungen erarbeiteten Empfehlungen drei Beispiele wiedergegeben. Abgesehen davon, daß das allgemeine Düngungsniveau damals noch wesentlich niedriger lag, wird auf die intensive Wechselwirkung der verschiedenen Düngerformen Rücksicht genommen. Wegen der niedrigen mineralischen Düngergaben kommt in allen älteren Beispielen der Nährstoffwirkung der organischen Düngung im Verhältnis zur mineralischen Düngung ein größeres Gewicht zu als gegenwärtig. Auf die erstmaligen Versuche einer Bilanz der Nährstoffe im Zusammenhang mit der Fruchtfolge durch MITSCHERLICH wurde oben bereits hingewiesen. Tab. 756 enthält ein von MITSCHERLICH mitgeteiltes Beispiel der „*Nährstoffstatik*". Die Ausgangswerte unter „Gehalt des Bodens" sind mit der von MITSCHERLICH entwickelten Gefäßversuchsmethode festgestellt worden. Diese Methode, welche eine quantitative Angabe über den Nährstoffvorrat und Nährstoffumsatz gestattet, soll nach der abtragenden Frucht bzw. nach Ablauf der Fruchtfolge jeweils wiederholt werden. Qualitative Werte liefernde Bodenuntersuchungen geben infolgedessen keine Basis für die Durchführung der Statik im Sinne MITSCHERLICHS; sie können nur angeben, ob der Boden schlecht oder gut versorgt in die Bilanzrechnung eingeht.

Aus unserer einschlägigen Dauerversuchsreihe in Rauisch-Holzhausen wird in Tab. 757 und Abb. 353 ein zeitgemäßes Beispiel einer *Bilanz* bei intensiver, aber rein mineralischer Düngung eines gleichfalls intensiven Fruchtwechsels wiedergegeben. Es handelt sich um zwei verschieden gedüngte Parzellen des gleichen Lößlehms, der ursprünglich bei Beginn der Versuchsreihe im Jahre 1954 „gut" mit K und P versorgt war. Die ausschließliche Mineraldüngung vereinfacht die Problematik, weil alle Wechselwirkungen mit der organischen Düngung entfallen. Die beiden Parzellen unterscheiden sich durch die Kalidüngung. Die in Trockenmasse angegebenen Erträge lassen besonders bei Zuckerrüben und Sommergerste eine gute Kaliwirkung erkennen. Die Getreideerträge waren nicht besonders hoch, dagegen wurden beachtliche Hackfruchterträge geerntet. Die Tabelle gibt neben den Erträgen in dz/ha Trockenmasse die Dün-

Tabelle 757. *Mangelversuch Rauisch-Holzhausen*
Nährstoffbilanz 1956/59

| Jahr | Pflanzenart | Düngung kg/ha | | | Ertrag dz/ha ATM | Nährstoff | | | | | |
| | | | | | | Entzüge kg/ha | | | Bilanzen kg/ha | | |
		N	K	P		N	K	P	N	K	P
Variante $N_2 K_1 P_2$											
1956	Zuckerrüben	160	66	55,8	143	182	229	30,0	—22	—163	+25,8
1957	So.-Gerste	50	20,8	17,4	56,2	59,2	44,1	14,2	— 9,2	— 23,3	+ 3,2
1958	Kartoffeln	120	50	42,0	107	129	169	32,5	— 9,0	—119	+ 9,5
1959	Hafer	70	29,1	24,4	48,5	59	62,6	11,9	+11	— 33,5	+12,5
insgesamt:		400	165,9	139,6	354,7	429,2	504,7	88,6	—29,2	—338,8	+51,0
Variante $N_2 K_3 P_2$											
1956	Zuckerrüben	160	199	55,8	161	220	314	38,2	—60	—115	+17,6
1957	So.-Gerste	50	62,2	17,4	66,4	73,2	54,1	13,9	—23,2	+ 8,1	+ 3,5
1958	Kartoffeln	120	149	42,0	107	118	194	33,1	+ 2,0	— 45	+ 8,9
1959	Hafer	70	87,2	24,4	50,9	61,8	77	11,0	+ 8,2	+ 10,2	+13,4
insgesamt:		400	497,4	139,6	385,3	473,0	639,1	96,2	—73,0	—141,7	+43,4

gung, die Entzüge und die Bilanzen der einzelnen Jahre sowie der ganzen Fruchtfolge in kg/ha wieder. Es handelt sich um Reinnährstoffe in kg Atom[1]. Die Ergebnisse lassen sich wie folgt kurz zusammenfassen:

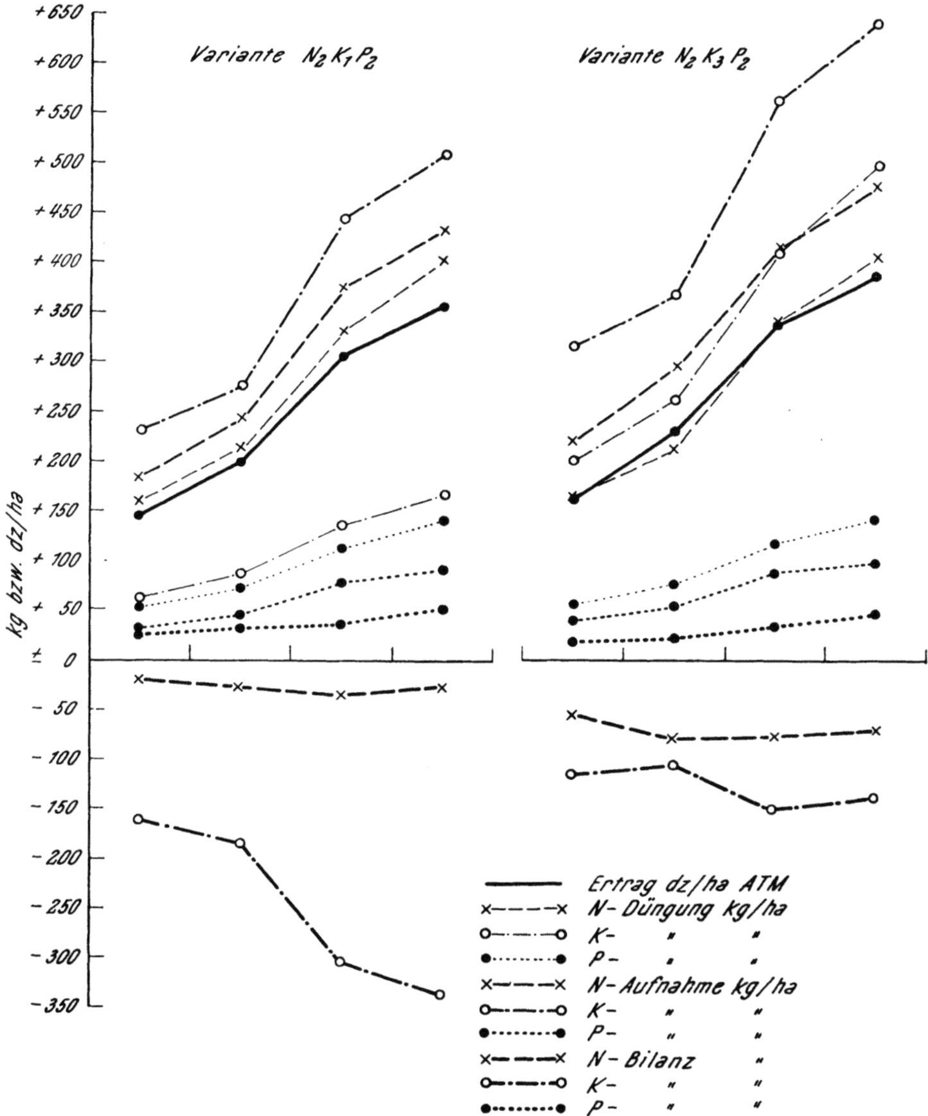

Abb. 353. Mangelversuch Rauisch-Holzhausen, Nährstoffbilanz 1956 bis 1959. 1956 = Zuckerrüben, 1957 = Sommergerste, 1958 = Kartoffeln, 1959 = Hafer

a) Die höhere K-Düngung hat nicht nur höhere Erträge, sondern auch *höheren* Umsatz aller drei Nährstoffe zur Folge.

b) Die Bilanz des Faktors *Stickstoff ist fast ausgeglichen*, auch bei der hohen Kalistufe ist das Defizit gering.

---

[1] Umrechnungsfaktor 1,0 kg K =1,2 kg K_2O, 1,0 kg P =2,3 kg P_2O_5.

c) Der Faktor P ist in der Bilanz in beiden Fällen positiv!

d) Der Faktor K zeigt bei der niedrigen K-Düngung trotz geringerer Erträge eine stark negative Bilanz von 339 kg K in vier Jahren. Auch bei der fast dreifachen Kalidüngung der 2. Stufe blieb die Bilanz infolge der höheren Entzüge noch schwach negativ.

e) Die stark negative K-Bilanz bei den Hackfrüchten kann in der Gesamtbilanz dadurch mit *ausgeglichen* werden, daß bei Getreidearten positive Bilanzwerte erzielt werden, d. h. daß mehr gedüngt als entzogen wird. Die häufiger diskutierte „Vorratsdüngung" zu Hackfrüchten, die für eine oder zwei nachfolgende Getreidearten „ausreichen" soll, ist für Kali also *nicht vertretbar* (Sprengel 1831, v. Boguslawski 1954, v. Boguslawski, Vömel und Reichelt 1954, Schwerdt und Jessen 1961, Heller 1961). Ferner ist die andere oben erwähnte These (Köhnlein und Knauer 1957) falsch, daß man ohne Rücksicht auf den Bedarf der einzelnen Arten allen Pflanzenarten der Fruchtfolge die gleiche Kalimenge verabfolgen kann. Das Beispiel zeigt, daß durch die *spezifische Düngung der Arten höhere Erträge* erzielt werden.

In Abb. 353 sind diese Beziehungen so dargestellt, daß im Verlaufe der vierjährigen Fruchtfolge alle Werte der Düngung, der Entzüge und der Bilanzen addiert werden. Der Einfluß der Pflanzenarten wird im Verlauf der Kurven deutlich sichtbar:

Auf der Grundlage dieser Erkenntnisse wird nun in Tab. 756 das Ergebnis einer Bilanzuntersuchung auf einem 2,5 ha großen Ackerschlag des Versuchsgutes Rauisch-Holzhausen mitgeteilt. Es handelt sich um einen mit Kali „gut" und mit P „mäßig" versorgten Lehmboden, der in einer vierfeldrigen Fruchtfolge bewirtschaftet wird. Zu den am Anfang der Fruchtfolge stehenden Futterrüben erfolgte eine schwache Gabe von Tiefstallmist; die dadurch ausgebrachten K- und P-Mengen sind ganz in die Bilanz einbezogen worden, während von der Stickstoffzufuhr durch den Stallmist nur ein Drittel zum Einsatz kam. Die Feststellung der Erträge und Entzüge erfolgte durch Proben, welche jährlich nach einem bestimmten System entnommen wurden. Mit Ausnahme der Roggenernte sind die Erträge als gut zu bezeichnen. Dennoch ist die *Gesamtbilanz* der Fruchtfolge *für N und K ausgeglichen*, während diejenige von *P beachtlich positiv* ist. Letzteres war zwar auf diesem Boden angestrebt worden, ist aber in intensiven Betrieben recht häufig anzutreffen. Wiederum wird das K-Defizit als Folge des hohen Entzuges durch die Futterrüben in der Bilanz bei den folgenden Getreidearten ausgeglichen.

Mit diesen Darlegungen ist die Aufstellung des Düngeplanes für eine Fruchtfolge in groben Zügen umrissen. Dieser Plan hat stets eine Reihe von Daten zur Voraussetzung. Die häufig zu findenden allgemeinen „Düngerempfehlungen" halten demgegenüber einer kritischen Untersuchung nur selten stand. Bezüglich der Bodenuntersuchungen und der Entzugszahlen ist auf die entsprechenden Abschnitte dieses Handbuches zu verweisen. Die Entzugszahlen werden gewöhnlich sogenannten „Faustzahlen" entnommen. Auf Grund eingehender Untersuchungen konnte nachgewiesen werden (v. Boguslawski und v. Gierke 1961), daß nur die Benutzung *gut fundierter Mittelwerte aus mehrjährigen Einzeldaten* brauchbar sind, welche jeweils nur für annähernd einheitliche *Anbaugebiete* mit ähnlicher Bewirtschaftung gelten können. Außerdem kann eine Interpolation bzw. Umrechnung der gefundenen Mittelwerte auf *andere Erträge oder je dz/Ertrag nur innerhalb der statistisch erfaßten Spanne* erfolgen. Nur bei Erfüllung dieser Voraussetzungen kommen wir der Wirklichkeit nahe! Aus den genannten Untersuchungen werden in Tab. 759 die für die meisten Ackerbaugebiete Hessens ermittelten Zahlen mit den zugehörigen Ertragsspannen und

Tabelle 758. *Fruchtfolge und Düngung*
Rauisch-Holzhausen, Unterster Platz B

Jahr	Fruchtart		Ertrag ATM dz/ha		Düngung/Entzug in kg/ha		
					N	K	P
1957/58				Düngung: org. 225 dz/ha .... Tiefstm.	142(47)	158	29,3
				min.	65 + 45	150	30
				Ges.-Düngung	157	308	59,3
1958	Futterrüben	Blatt	31,8		67,4	93,8	6,8
		Rübe	140,0		84,2	309	34,8
		Ges.	171,8	Entzug	151,6	402,8	41,6
				Bilanz	+5,4	—94,8	+17,7
				Düngung	40 + 20	100	36,5
1958/59 1959	Wi-Weizen	Stroh	57,6		13,4	23,6	1,8
		Korn	38,1		55,2	13,7	13,8
		Ges.	95,7	Entzug	68,6	37,3	15,6
				Bilanz	—3,2	—32,1	+38,6
				Düngung	43	88	29,6
1960 1960	So-Gerste	Stroh	27,2		13,9	41,5	2,9
		Korn	30,0		48,3	10,6	11,8
		Ges.	57,2	Entzug	62,2	52,1	14,7
				Bilanz	—22,4	+3,8	+53,5
				Düngung	30 + 30	116	24,4
1960/61 1961	Wi-Roggen	Stroh	50,2		16,5	42,7	4,9
		Korn	28,4		45,8	31,7	12,0
		Ges.	78,6	Entzug	62,3	74,4	16,9
				Bilanz	—24,7	+45,4	+61,0

Tabelle 759. *Umrechnungstabelle für Nährstoffentzüge; bei Hackfrüchten-Frischmasse;*
bei Getreide 86% Trockensubstanz

	Ertrag dz/ha (Spanne)	Entzug			Verhältnis $N/K_2O/P_2O_5$	Entzug je 10 bzw. 1 dz Ertrag		
		N	K_2O	P_2O_5		N	K_2O	P_2O_5
		a) Zuckerrüben				je 10 dz Ertrag		
Rüben	427 (280—610)	72	102	35	1/1,43/0,49	1,88	2,18	0,67
Blatt	505 (350—760)	151	271	46	1/1,80/0,30	3,07	7,00	1,00
gesamt	932 (630—1370)	223	373	81	1/1,68/0,36	2,26	4,12	0,72
		b) Kartoffeln				je 10 dz Ertrag		
Knollen ...	342 (230—470)	102	197	50	1/1,93/0,49	3,67	6,25	1,54
Kraut	130 (60—270)	34	94	9	1/2,79/0,28	3,14	14,3	1,33
gesamt	472 (290—740)	136	291	59	1/2,14/0,44	2,58	7,38	0,91
		c) Winterweizen 1955 und 1956				je 1 dz Ertrag		
Korn	41 (29— 56)	69	20	31	1/0,29/0,48	2,00	0,67	0,93
Stroh	77 (55—130)	29	70	14	1/2,44/0,50	0,71	1,94	0,31
gesamt	118 (92—178)	98	90	45	1/0,92/0,46	1,19	1,78	0,51
		d) Wintergerste 1955 und 1956				je 1 dz Ertrag		
Korn	40 (33— 51)	55	22	32	1/0,40/0,58	1,45	0,61	0,89
Stroh	51 (30— 64)	17	87	10	1/5,27/0,60	0,41	2,56	0,32
gesamt	91 (71—100)	72	109	42	1/1,54/0,58	1,28	3,31	0,62
		e) Winterroggen 1955 und 1956				je 1 dz Ertrag		
Korn	31 (17— 40)	43	17	25	1/0,40/0,59	1,56	0,52	1,39
Stroh	61 (43— 93)	18	58	13	1/3,14/0,72	0,42	1,84	0,60
gesamt	92 (70—130)	61	75	38	1/1,23/0,63	0,88	1,57	0,57
		f) Hafer 1955 und 1956				je 1 dz Ertrag		
Korn	35 (24— 44)	54	21	31	1/0,40/0,57	1,90	0,65	1,05
Stroh	64 (48—105)	26	137	21	1/5,23/0,81	0,72	2,75	0,44
gesamt	99 (73—139)	80	158	52	1/1,98/0,65	0,88	2,46	0,49

Umrechnungsfaktoren mitgeteilt. Die K- und P-Werte sind hier auf K_2O und P_2O_5 umgerechnet. Für diese Werte gelten auch die gleichzeitig angegebenen Werte für das Nährstoffverhältnis. Je mehr wir auf Grund guter Bewirtschaftung der Böden eine Auffüllung des Nährstoffvorrates an bestimmten Nährstoffen erreichen, ein um so größeres Gewicht erhält das für die einzelnen Pflanzen ermittelte *Nährstoffverhältnis*.

Mit Ausnahme der Stallmistdüngung, bei welcher die volle 300 dz/ha-Gabe mit etwa 50 kg N-Wirkung (bei etwa 150 kg Gesamt-N) eingesetzt wird, können alle mineralischen Düngergaben für die Bilanz voll bewertet werden. Naturgemäß gehen bei Stallmist die restlichen zwei Drittel Stickstoff (etwa 100 kg bei 300 dz Düngung) in die Bilanz der Gesamtstickstoffmengen ein. Über die Wirkung der Gründüngung wurden im vorigen Abschnitt Angaben gemacht. Die Kalidüngung organischer ebenso wie mineralischer Düngemittel kann gleichfalls voll zur Bilanzrechnung herangezogen werden, zumal wenn sich diese Rechnung auf die ganze Fruchtfolge bezieht. Bekanntlich besteht bei der Ausnutzung des Kalis in organischen Düngern eine gewisse Zeitfunktion, die aber oft überschätzt wird. Bei der P-Düngung wird in der Literatur (ROEMER-SCHEFFER 1953) gewöhnlich eine Ausnutzung von 25 bis 35% eingesetzt bzw. angenommen. Bei der Bilanzrechnung kann dies gleichfalls unberücksichtigt bleiben unter der Voraussetzung, daß das oben besprochene Potential an P vorhanden und der P-Zustand des Bodens einschließlich der die Löslichkeit mitbestimmenden Reaktionsverhältnisse als ausreichend zu bezeichnen sind.

Literatur

ALKÄMPER, J.: Die Komplexwirkung von Gründüngung und Stickstoff-Düngung auf Ertragsbildung und Boden. Diss. Gießen (1957). — ALTEN, F.: Neue Wege in der Humuswirtschaft. Mitt. Dtsch. Landwirtsch. Ges. Nr. 50 (1956). — ALTEN, F., und W. DOEHRING: Neue biologische und betriebswirtschaftliche Probleme der Humuswirtschaft. Kali-Briefe (April 1957). — ANSORGE, H.: Beziehungen zwischen Vorfruchtwert und Düngung. Z. Landwirtsch. Vers. Unters.wesen 6, 295–321 (1960).

BARTHOLOMEW, R. P.: Crop rotation and fertilisation for soil improvement. Arkansas Exper. Stat. Bull. 497 (June 1950). — BEINERT, K., und W. SAUERLANDT: Der wirtschaftseigene Dünger. Berlin und Hamburg: Parey. 1951. — BERKNER, F.: Gründüngungsversuche. Z. Pflanzenernähr., Düng., Bodenkde. 44, 140–154 (1936). — Gründüngungsversuche. Z. Pflanzenernähr., Düng., Bodenkde. 4 (49), 176–188 (1937). — Ein weiterer Beitrag zum Problem der Fruchtbarkeit unserer Böden. Z. Pflanzenernähr., Düng., Bodenkde. 39 (84), 10–26 (1947). — BOGUSLAWSKI, E. v.: Zwischenfruchtbau und Bodenfruchtbarkeit. Landwirtsch. Forsch., Sonderheft 4, 181–200 (1953). — Bodenfruchtbarkeit vom Standpunkt des Ackerbauers. AID „Landwirtschaft — Angewandte Wissenschaft" Nr. 26, 17–45 (1954). — Das Zusammenwirken der Wachstumsfaktoren bei der Ertragsbildung. Z. Acker- u. Pflanzenbau 98, 145–186 (1954). — Probleme unserer Ackerfruchtfolgen. Mitt. Dtsch. Landwirtsch. Ges. 70, I/9 899–901, VIII/9, 928–929 (1955). — Zur Entwicklung und Problematik des Ertragsgesetzes. Statist. Vierteljahresschr. 10, 48–71 (1957). — Der Feldversuch mit polyfaktorieller Fragestellung. Z. Landwirtsch. Vers. Unters.wesen 4, 316–342 (1958). — Zur Problematik des modernen Feldversuches. Landwirtsch. Forsch., Sonderheft 11, 20–35 (1958). — Acker- und Pflanzenbau zwischen Betriebsvereinfachung und Bodenfruchtbarkeit. Arch. DLG. 22, (1959). — Zur Problematik der Pflanzenbauwissenschaft. Z. Acker- und Pflanzenbau 108, 321–338 (1959). — BOGUSLAWSKI, E. v., A. VÖMEL und G. REICHELT: Nährstoffverhältnis in der Düngung und Ertragsbildung. Z. Acker- u. Pflanzenbau 97, 267–298 (1954). — BOGUSLAWSKI, E. v., und B. BRETSCHNEIDER-HERRMANN: Die Wirkung des Schafpferches. Dtsch. Landwirtschaftl. Presse 78, 89–90 (1955). — BOGUSLAWSKI, E. v., A. VÖMEL und B. BRETSCHNEIDER-HERRMANN: Über die Wirkung von Schafpferch. Z. Acker- u. Pflanzenbau 101, 53–78 (1956). — BOGUSLAWSKI, E. v., und K. VON GIERKE: Neue Untersuchungen über den Nährstoffentzug verschiedener Kulturpflanzen. Z. Acker- u. Pflanzenbau 112, 226–252 (1961). — BOGUSLAWSKI, E. v., und H. EICHNER: Ermittlung der optimalen Düngung zu Kartoffeln unter Berücksichtigung des Nährstoffverhältnisses. Kartoffelbau 12, H. 8 (1961). — BRADE, K.: Der Einfluß der Strohdüngung auf den Pflanzenertrag unter besonderer Berücksichtigung der Stickstoff-Düngung. Diss. Gießen (1961). — BRINKMANN, TH.: Das Fruchtfolgebild des deutschen Ackerbaues. Bonn: Scheur. 1950.

DÉHÉRAIN, P.-P.: Recherches sur l'equisement des terres arables par la culture sans engrais. Ann. Agr. 1889, 481–505. — DROVER, D. P.: Der Einfluß verschiedener Rotationen auf grobkörnigen Böden bei den Versuchsstationen der Chapman- und Wanganhöhen in Westaustralien. J. Soil Sci. 7, 219–225 (1956). — DUBETZ, S., G. C. RUSSELL und K. W. HILL: Untersuchungen über Fruchtfolgen auf bewässertem Boden in Süd-Alberta. Canad. J. Agric. Sci. 35, 564–67 (1955).

GIERKE, K. VON: Nährstoffentzug und Nährstoffverhältnis bei verschiedenen Kulturpflanzen. Diss. Gießen (1957). — GÖRBING, J.: Die Grundlagen der Gare im praktischen Ackerbau. Hannover: Landbuch-Verlag. 1947.

HAESE, G. F.: Mein Glaubensbekenntnis über Ackerbau-Systeme und über den Herrn Staats-Rath Thaer. Berlin, 1812. — HELLER, L.: Stoppeldüngung — Vorratsdüngung. DLG 76, 1041–43 (1961). — HENRICHS, A.: Feldorganisation und Fruchtfolge. Hannover: Landbuch-Verlag. 1949.

JANSSON, S.: Vaxt-Nährings-Nytt. Kalkspezialnummer, V, 6 (1949). *Kalkdienst*: Düngekalk-Leitfaden für Wirtschaftsberater, 1951. — KHOSSUSSI, M.: Die Wirkung der Nährstoffmenge und des Nährstoffverhältnisses in der Düngung auf den Ertrag und die Nährstoffaufnahme von Sommergerste. Diss. Gießen (1962). — KOPPE, J. G.: Ökonomie. Leipzig, 1831. — KÖHNLEIN, J.: Ertragssteigerung, Nährstoffbilanz und Bodenuntersuchungsergebnis in statischen Feldversuchen mit steigenden P_2O_5- und K_2O-Gaben. Z. Acker- u. Pflanzenbau 104, 229–256 (1957). — KÖHNLEIN, J., und N. KNAUER: Die Entzugszahl als Hilfsmittel zur richtigen Bemessung der P_2O_5- und K_2O-Gabe. Z. Acker- u. Pflanzenbau 104, 329–370 (1957). — KÖNEKAMP, A. H.: Der Zwischenfruchtfutterbau. Ludwigsburg: Ulmer. 1945. — KREYSSIG: Die Fruchtfolge in Feld- und Gartenbau und ihr Einfluß auf den Boden. Möglinsche Ann. Landwirtsch. 1823.

LEMMERMANN, O.: Über die Bedeutung des Stalldüngers und Gründüngers für die Kohlensäureernährung der Pflanzen. Z. Pflanzenernähr., Düng., Bodenkde. 37, 200–205 (1935). — LIEBIG, J. VON: Die organische Chemie in ihrer Anwendung auf Agricultur und Physiologie. Braunschweig, 1841.

MITSCHERLICH, E. A.: Düngerberatung S. 22–23. Halle (Saale): Niemeyer. 1948. — Bodenkunde für Landwirte, Forstwirte und Gärtner, 6. Aufl., 1950. — MITSCHERLICH, E. A., und N. ATANASIU: Zur Wirkung der Gründüngung. Z. Acker- u. Pflanzenbau 94, 326–344 (1952). — MOKTHARE, F.: Nährstoffaufnahme und Nährstoffverhältnis im Laufe der Vegetation bei Weizen. Diss. Gießen (1960).

PRJANISCHNIKOW, D. N.: Spezieller Pflanzenbau. Berlin: Springer. 1930. RÖMER-SCHEFFER: Lehrbuch des Ackerbaues. Berlin und Hamburg: Parey. 1953. — ROTMISTROFF, W. G.: Das Wesen der Dürre. Dresden: Steinkopf. 1926. — RÜMKER, K. VON: Tagesfragen aus dem modernen Ackerbau, 5. Aufl. Berlin, 1920.

SAUERLANDT, W.: Fragen der Humuswirtschaft. Sonderdruck aus der Vortragsreihe der 6. Hochschultagung der Landwirtschaftlichen Fakultät Bonn Poppelsdorf, 1952. — SAUERLANDT, W., M. MARZUSCH-TRAPPMANN und C. TIETJEN: Der Einfluß der Häufigkeit der organischen Düngung auf den Gehalt des Bodens an organisch gebundenem Kohlenstoff unter besonderer Berücksichtigung der Keimdichte und der Enchytraeiden. Z. Pflanzenernähr., Düng., Bodenkde. 92 (137), 134–147 (1961). — SCHNEIDEWIND, W.: Die Ernährung der landwirtschaftlichen Kulturpflanzen, 6. **Aufl.** Berlin: Parey. 1928. — SCHUBARTH, H. (EDLER V. KLEEFELD): Anbau der Feldgewächse. Leipzig, 1831. — SCHUSTER, W.: Ergebnisse von mehrjährigen Landessortenversuchen mit Zwischenfrüchten in Hessen 1951–1954. Herausgegeben vom Hessischen Ministerium für Landwirtschaft und Forsten, 1956. — SCHULTZ-LUPITZ, A.: Zwischenfruchtbau auf leichtem Boden. Arb. DLG, Berlin 7 (1895). — SCHULZE, E.: 36jährige Düngerwirkungen auf den Ertrag im Dauerdüngungsversuch Dikopshof (1906–1942). Z. Acker- u. Pflanzenbau 93, 95–139 (1950). — SCHWERDT, K., und W. JESSEN: Die Höhe des Ertragszuwachses bei P-Steigerungsversuchen in Abhängigkeit vom Lactat-Wert und der Stellung in der Fruchtfolge bei Getreide. Düngungserfolg durch Kali auf hessischen Lößlehmböden. Landwirtsch. Forsch. 14, 148–168 (1961). — SCHWERZ, J. N. VON: erwähnt bei KOPPE. — SEILER, W.: Untersuchungen über Fruchtfolgen in der Bundesrepublik unter Berücksichtigung von Klima, Boden und Ertrag. Diss. Gießen (1959). — SIMON, W.: Sandige Ackerböden. Berlin: VEB Deutscher Landwirtschaftsverlag. 1960. — SPRENGEL, C.: Chemie für Landwirte, Forstmänner und Cameralisten. Göttingen, 1831.

THAER, A. D.: Grundsätze der rationellen Landwirtschaft. Berlin: Wiegandt, Hempel und Parey. 1880.

WAGNER, P.: Anwendung künstlicher Düngemittel. Berlin: Parey. 1920. — WILLIAMS, W. R.: Das Trawapolnaja-System der Landwirtschaft. Berlin: VEB Deutscher Verlag der Wissenschaften. 1958.

ZAMANI, R.: Nährstoffaufnahme und Nährstoffverhältnis im Laufe der Vegetation bei Zuckerrüben. Diss. Gießen (1960).

XXI. Der derzeitige Stand und die potentielle Kapazität der Düngemittelverwendung in den verschiedenen Ländern der Erde

Von

A. Blamauer und R. Steiner

A. Die Weltbevölkerung und die landwirtschaftlich genutzte Fläche

Wie schon im vorhergehenden Abschnitt dieses Bandes ausgeführt wurde, sind zwei der wichtigsten Probleme, die die Menschheit heute beschäftigen, die starke Bevölkerungszunahme in allen Erdteilen und die wachsenden Anforderungen, die dadurch an die Landwirtschaft als Nahrungsmittelproduzenten gestellt werden.

Wie statistische Errechnungen ergaben, nimmt die Weltbevölkerung gegenwärtig täglich um etwa 100 000 Menschen zu, also um eine Zahl, die der Einwohnerzahl einer Mittelstadt gleichkommt. Nahezu um 40 Millionen wächst die Menschheit im Jahr. Um die Zeitwende betrug die Weltbevölkerung 200 Millionen Menschen, etwa 1600 n. Chr. gab es 500 Millionen Menschen und im Jahre 1825 eine Milliarde. Dies bedeutet, daß innerhalb von 200 Jahren eine Verdoppelung eingetreten ist. Die Zunahme der Bevölkerung in den Jahren 1600 bis 1800 betrug 0,4% jährlich, von 1850 bis 1900 0,7%, von 1900 bis 1925 bereits 0,9% und von diesem Jahr an bis 1950 1,1%. Seit 1950 ist die Weltbevölkerung jährlich um etwa 1,3% gewachsen, d. h., daß von der ersten Weltzählung 1950 an mit einer Verdoppelung innerhalb der nächsten 50 Jahre zu rechnen ist.

Parallel zur Zunahme der Bevölkerung ging ein rund dreiprozentiges Anwachsen der landwirtschaftlichen Produktion in den vergangenen Jahren. Diese Produktionszunahme wurde erreicht durch Ausweitung der landwirtschaftlichen Nutzfläche sowie durch umfassende Intensivierungsmaßnahmen.

In der Vergrößerung jener Fläche, die für landwirtschaftliche Kulturen zur Verfügung steht, liegt eine der Möglichkeiten, mehr Nahrungsmittel für die zunehmende Weltbevölkerung zu erzeugen. Pro Erdbewohner entfallen zur Zeit 4,8 ha, die jedoch nur teilweise, und zwar zu 1,6 ha, landwirtschaftlich genutzt werden können, wobei unproduktive Flächen, wie Hochgebirge, Eisflächen u. dgl., diese Reduktion erklären.

Diese 1,6 ha stellen also jene Fläche dar, die landwirtschaftlich genutzt werden *könnte*. Tatsächlich werden dagegen aber nur 0,5 ha pro Mensch von der Landwirtschaft genutzt.

Aus dieser Differenz ergeben sich also noch bedeutende Möglichkeiten, um jene Mengen an Nahrungsmitteln zu erzeugen, die der Zunahme der Menschheit entsprechen. Diese genannten Zahlen geben den Durchschnitt für die Welt wieder, und es lassen sich länder- und kontinentweise bedeutende Schwankungen feststellen.

Während in Brasilien auf einen Einwohner eine Fläche von 12 ha entfällt, die landwirtschaftlich nutzbar wäre, sind effektiv nur 0,4 ha genutzt. In der Erschließung dieser geeigneten Flächen liegt also noch eine große Reserve. Ähnlich ist es in Kanada und in den U.S.A., und selbst Indien kann man noch nicht als überbevölkert bezeichnen. Japan dagegen besitzt eine landwirtschaftlich genutzte Fläche pro Bewohner von nur 0,06 ha; eine Möglichkeit der Vergrößerung dieser Fläche ist in diesem Fall nicht mehr gegeben.

Durch die Erschließung bisher ungenutzter Flächen, durch Urbarmachung und Meliorationen von Böden besitzt die Menschheit eine Möglichkeit, die Nahrungsmittelproduktion zu erhöhen. Daneben ist die Landwirtschaft in der Lage, durch Intensivierung der bereits unter Kultur stehenden Fläche eine höhere Produktivität zu erzielen. Durch die Auswahl ertragreicher Sorten, durch bessere Saatgutpflege, geeignetere Kulturmethoden, durch Mechanisierung von Produktionsvorgängen, durch bessere Ernährung, d. h. Düngung der Pflanzen sowie durch besseres Verstehen der biologischen Zusammenhänge in der Natur konnten die Erträge in den vergangenen Jahrzehnten erhöht werden.

Aus dem harmonischen Zusammenwirken all der genannten Maßnahmen ist das hohe Produktionsniveau in einigen europäischen Ländern zu erklären.

Bis vor 150 Jahren haben die natürlichen Produktionsbedingungen die Landwirtschaft in den verschiedenen Gebieten der Erde bestimmt. Sowohl das landwirtschaftliche Nutzungssystem als auch die Erträge beruhten auf den lokalen Gegebenheiten des Bodens und des Klimas.

Erst im Verlaufe der letzten 150 Jahre nahm die Abhängigkeit der landwirtschaftlichen Produktion von den natürlichen Erzeugungsbedingungen durch die Einführung moderner Produktionsmethoden ab.

Diese neueren Produktionsmethoden, die sich der Zeit und den geänderten Anforderungen anpaßten, leiteten sich aus drei Ereignissen ab, die die Struktur der Weltwirtschaft vor 100 Jahren zu formen begonnen haben. Es waren die Industrialisierung großer Wirtschaftsräume, eine verstärkte Zunahme der Bevölkerung sowie eine damit notwendigerweise verbundene Steigerung der landwirtschaftlichen Produktion.

Wenn es noch vor 200 Jahren genügte, den Boden brach liegen zu lassen, so mußte die Einführung der Dreifelderwirtschaft schon als ein gewaltiger Fortschritt für die damalige Zeit angesehen werden.

Als zweiter großer Schritt in der Entwicklung sind die Überlegungen von A. Thaer anzuerkennen. Bis zu seiner Zeit fehlte der Landwirtschaft das Verständnis für die eigentlichen Zusammenhänge zwischen Düngungsmaßnahmen und Ertrag. A. Thaer hat erreicht, daß die übliche Brache durch ein Bewirtschaftungssystem ersetzt wurde, in dem erstmals bewußt dem Boden durch Unterpflügen von stickstoffsammelnden Pflanzen Stickstoff als Pflanzennährstoff zugeführt wurde.

Wenn A. Thaer die Bedeutung des Humus für den Boden predigte und darin die alleinige Lösung zur Erhaltung und Verbesserung der Bodenfruchtbarkeit sah, so mußte doch ein Justus von Liebig geboren werden, um in seinem Werk „Chemie in ihrer Anwendung auf Agrikulturchemie und Physiologie" die Behauptung aufzustellen, daß die Pflanzen aus chemischen Elementen im Boden und in der Luft ihr Leben aufbauen.

Wenn früher die natürliche Bodenfruchtbarkeit die einzige Quelle der Produktion war, so haben heute bereits die Pflanzennährstoffe, die aus industrieller und bergbaulicher Produktion bereitgestellt werden, einen bedeutenden Einfluß auf die Ertragsgestaltung.

Im Jahre 1875 waren Superphosphat, Chilesalpeter und Guano bereits in Fachkreisen bekannte Begriffe, und Europa verbrauchte zu dieser Zeit bereits etwa 40 000 to Stickstoff und 60 000 to Phosphorsäure, intensiv bewirtschaftete Gebiete, vor allem an der Ostküste Nordamerikas, 30 000 to Stickstoff und 30 000 to Phosphorsäure (vgl. BAADE 1956). Für die Kalidüngemittel war dieses Jahr der Beginn eines stetig steigenden Verbrauches.

25 Jahre später, also um die Jahrhundertwende, konnte man noch nicht von einer weltweiten Verwendung der Handelsdünger sprechen. Nordwesteuropa und ein schmaler Streifen an der Ostküste der U.S.A. bildeten sich immer stärker zu den Pionieren fortschrittlicher Betriebsführung auch in der Landwirtschaft heraus, und der Handelsdüngemittelverbrauch war noch auf diese Gebiete beschränkt. Wiewohl zu dieser Zeit bereits 300 000 to Stickstoff, 900 000 to Phosphorsäure und 250 000 to Kali als Düngemittel zur Verwendung kamen, konnte man noch nicht von einer erwähnenswerten Beeinflussung der Welternährungswirtschaft durch die Düngung sprechen.

Seit 1900 stieg die Düngerverbrauchskurve steil an, und man verzeichnete nur während der beiden Weltkriege und der Weltwirtschaftskrise Unterbrechungen dieser Entwicklung.

B. Die der Welt zur Verfügung stehenden Mengen an den wichtigsten Pflanzennährstoffen (P, K, N)

a) Die Phosphatvorkommen der Welt

Während die für die Pflanzenernährung in erster Linie erforderlichen Elemente Kohlenstoff, Wasserstoff, Sauerstoff, Stickstoff, Kalium, Magnesium und Calcium und die als Mikroelemente bekannten Nährstoffe in der Natur reichlich vorhanden sind, bzw. in einem Kreislauf der Verteilung immer wieder neu zur Verfügung stehen, nimmt der Pflanzennährstoff Phosphor dabei eine Sonderstellung ein, weil er bestimmten Lagerstätten entnommen, über die pflanzliche Nahrungsmittelproduktion, den städtischen Verbrauch und die Kanalisationsanlagen in großen Mengen in die Flüsse und in das Meer gelangt, aus diesem aber bisher nicht in wünschenswert großen Mengen mit genügender Rentabilität wiedergewonnen werden kann. Phosphor, der sowohl für den Ertragsausbau als auch für die Bildung der Inhaltsstoffe von besonderer Bedeutung ist, im Boden von der Pflanze jedoch nur 15 bis 30%ig ausgenutzt werden kann, könnte in der Zukunft einen Engpaß für die Pflanzenernährung bilden und zu einer Ernährungskrise der Menschheit Anlaß geben.

Man betrachtet heute nur jene Phosphatfunde als interessant, deren Minerale mindestens 14% P_2O_5 enthalten, wenngleich der Begriff Phosphat für alle jene Phosphatvorkommen gilt, deren P_2O_5-Gehalt mindestens 5% beträgt.

Die heute bekannten wichtigen Phosphatvorkommen der Welt werden mengenmäßig als Schätzungen verschiedener Autoren in Tab. 760 wiedergegeben. Aus Tab. 760 geht hervor, daß sich die umfangreichsten Phosphatreserven in den U.S.A. (Florida, Tennessee, North Carolina), der U.d.S.S.R. (Kola, Kara Tau, Bessarabien, Zentralrußland) und in Nordafrika (Algerien, Tunis, Marokko, Ägypten) befinden. Es ist jedoch interessant, daß die Höhe dieser Vorkommen von den einzelnen Autoren mit beträchtlichen Unterschieden angegeben wird.

Tabelle 760. *Schätzungen der Weltvorräte an Phosphaten in Millionen Tonnen*
(nach JÜRGENS-GSCHWIND 1957)

Land	GRAY 1943	COLLINGS 1947	JACOB 1949	PETRASCHECK 1950	KIRK und OTHMER 1951	SAUCHELLI 1951	McKELVEY und JAMES 1952	FRIEDENSBURG 1956
U.S.A.	13291	6431	13504	6645	13503,5	13535	4000	13500
Tunis	1500	1000	1500		1500	2000		
Algerien	1016	1452	1016	451000[2]	1016,5	1000	23500[3]	>1000
Franz. Marokko	1000	1400	1000		1000	21000		>1300
Rußland	5568[1]	6235	7568	15839	7568	7568	5500	>1000
Brasilien	1		572		573	572		
Gilbert-Inseln					282,2			
Gesellschafts-Inseln und Karolinen	191,7	156	182	202	10	182		>105
Weihnachtsinseln					50			klein
Japan und Mikronesische Inseln					29			
Ägypten	179	179	179		179	179		
Mexiko	214,5				214,5			
Israel	4,0	4			4			
Kanada					0,2			
China					2,4			
Indochina	1,0				0,7			100
Britisch West-Indien	8,1			25				
Indien					10,1			
Indonesien			670		1,0	670		
Polen	370,8							
Spanien	25,4	10		263				
Frankreich	6,9			145				
Estland	13,6			518	435,1			
Ungarn								
Österreich	1,1							
Übrige Vorkommen					2,5			1000
Welt — Sichtbare Vorräte	23392	16867	26191	27258[4]	26381	46700	34000	
Welt — Wahrscheinliche und mögliche Vorräte	468000	—	470000	450000	—	—	—	—

[1] Nur Weißrußland.
[2] Vorwiegend „wahrscheinliche" P-Vorkommen.
[3] Einschließlich Ägypten.
[4] Für Afrika nur 3,5 Mrd. „sichtbare" Phosphate berechnet.

Nach Schätzungen verschiedener Autoren sind die Phosphatvorkommen der U.S.A. mit 13,5 Mrd. to sichtbarem Rohphosphat die bedeutendsten der Welt. Es folgt die U.d.S.S.R. mit 6 bis 7,5 Mrd. to und Nordafrika mit 3,5 Mrd. to. Die Phosphatvorkommen Brasiliens, Mexikos, Ägyptens, der Inseln des Pazifischen und Atlantischen Ozeans sowie die anderer Länder erreichen in ihrem Umfang nicht diese Bedeutung.

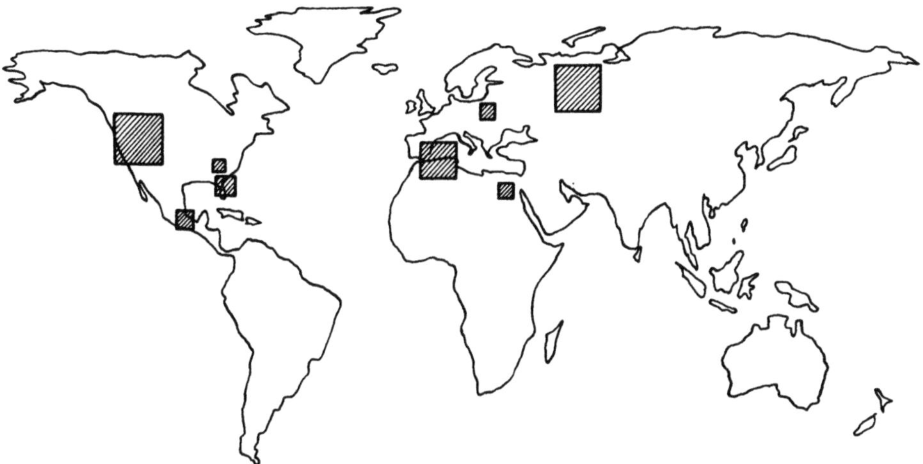

Abb. 354. Die bedeutendsten Phosphatlager der Welt

Bei der Ermittlung und Schätzung der Phosphatvorkommen in den einzelnen Gebieten der Welt ergeben sich große Schwierigkeiten, die sich in den unterschiedlichen Angaben äußern.

In diesem Zusammenhang wurden die Begriffe „sichtbare", „wahrscheinliche" und „mögliche" Phosphatvorkommen der Welt geprägt, wobei man unter den sichtbaren Phosphaten solche versteht, die heute bereits ausreichend bekannt sind und wirklich nutzbar gemacht werden können. Wahrscheinliche Phosphatlager sind Vorkommen, deren Umfang nur abschätzbar ist und die vorläufig noch nicht nutzbar sind. Mögliche Phosphatlager sind jene, deren Existenz nur vermutet wird.

Alle hier gemachten Angaben beziehen sich nur auf die sichtbaren Phosphatvorkommen, wobei man selbst bei ihnen oft auf Schätzungen angewiesen ist und auf Grund des stark schwankenden Phosphorsäuregehaltes der Ablagerungen einen Durchschnittsgehalt nur schwer ermitteln kann.

Tabellen über „Beziehungen zwischen Vorräten an Rohphosphat und ihrem Phosphorsäuregehalt" (nach McKelvey und James) zeigen, daß die Phosphatvorkommen mit einem Phosphorsäuregehalt von über 20% relativ gering sind.

Wenn man 26 Mrd. to abbaufähige Phosphatreserven annimmt, die 6 bis 7 Mrd. to Phosphorsäure entsprechen, dann ergibt sich folgende länderweise Aufteilung der Weltvorräte (Tab. 761).

Tab. 761 zeigt, daß sich in den U.S.A. und in der U.d.S.S.R. etwa 80% der gesamten Phosphorvorräte der Welt befinden, während sich die restlichen 20% auf zahlreiche Länder verteilen.

Die Tab. 760 über die Phosphorvorräte der Welt zeigt hinsichtlich der Angaben

Tabelle 761. *Aufteilung der Phosphat-Weltvorräte*
(nach Jürgens-Gschwind 1957)

Länder	Phosphatreserven	
	Millionen to	% Anteil
U.S.A.	13 504	51,5
U.d.S.S.R.	7 568	28,9
Tunis	1 500	5,7
Algerien....................	1 016	3,9
Französisch-Nordafrika.......	1 000	3,8
Brasilien	572	2,2
Inseln des Pazifischen Ozeans		
Inseln des Indischen Ozeans .	182	0,7
Ägypten.....................	179	0,7
23 übrige Länder	670	2,6
	26 191	100

verschiedener Autoren beträchtliche Differenzen. Während Jacob feststellt, daß sich rund 80% der Vorkommen in den U.S.A. und in der U.d.S.S.R. finden, sollen nach Untersuchungen von McKelvey, James und Sauchelli 70% der Phosphatvorräte im nordafrikanischen Raume gelegen sein.

Diese Differenzen, die zwischen 17 und 47 Mrd. to abbauwürdiger Phosphatlager schwanken, können an der Tatsache nichts ändern, daß früher oder später der Phosphorsäureversorgung der Menschheit Grenzen gesetzt sind.

Wie Abb. 355 veranschaulicht, ist die Phosphatförderung der Welt heute 16mal größer als die des Jahres 1893 und die Kurve zeigt, daß unter Berücksichtigung des Bevölkerungswachstums, der Nahrungsmittelerzeugung und der Düngung weiterhin mit einem steilen Anstieg der Verbrauchskurve zu rechnen ist. Schon unter Zugrundelegung nur des heutigen Verbrauches von etwa 30 Mio to Rohphosphat und der Gesamtphosphatreserve von 26 Mrd. to, zu denen noch geschätzte 120 Mio to Phosphorsäure aus Thomasphosphaten kommen, würden die heute bekannten Lagerstätten bei gleichbleibenden Entnahmen in etwa

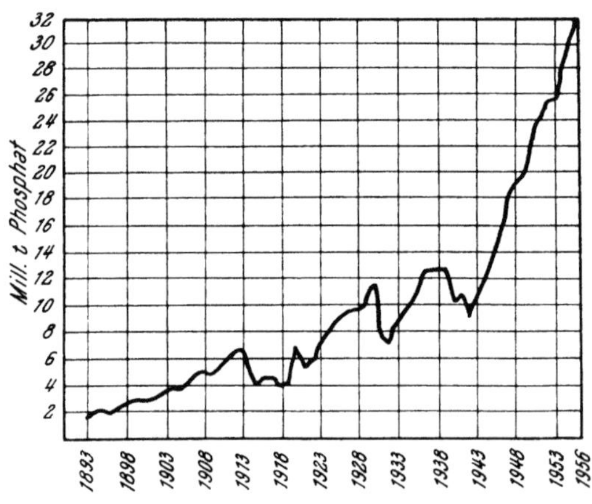

Abb. 355. Phosphatförderung der Welt (nach Jürgens-Gschwind 1957)

1000 Jahren abgebaut sein. Wenn man in Betracht zieht, daß man mit künftigen Entnahmen von 60 bis 90 Mio to im Jahr rechnet, dann dürfte die Erschöpfung der Vorräte noch früher eintreten. Selbst die Annahme, daß noch unbekannte P-Quellen nutzbar gemacht werden, bringt noch keinen Ausweg aus dem Engpaß der Phosphatversorgung, er wird zeitlich nur verschoben.

Vielleicht wird die Menschheit nach neuen Wegen suchen müssen, um die Phosphorsäure in den Kreislauf der Pflanzenernährung zurückzuführen.

b) Die Kalivorräte und die Kalierzeugung der Welt

Vor der Erschließung des Kalibergbaues wurden die hauptsächlich als Holzasche zur Verfügung stehenden Kalivorräte sowohl in der gewerblichen Industrie als auch in der Landwirtschaft verwendet.

Trotzdem blieb die landwirtschaftliche Verwendung des Kali auf engen Raum begrenzt, bis JUSTUS VON LIEBIG die Bedeutung der Pflanzenernährung klar betonte und wie in einem glücklichen Zufall die industrielle Erschließung der gewaltigen deutschen Kalilager fast gleichzeitig begann.

Die von Geologen in jüngerer Zeit geschätzten Kalilagerstätten ergeben einen registrierten Vorrat von etwa 37 Milliarden to K_2O. Diese 37 Milliarden verteilen sich auf folgende Länder und Gebiete (ohne die neuentdeckten Kalilager in Kanada):

Deutschland	20 000 000 000 to K_2O
Rußland	15 000 000 000 to K_2O
Frankreich	400 000 000 to K_2O
Polen	20 000 000 to K_2O
Spanien	500 000 000 to K_2O
U.S.A. und Kanada	100 000 000 to K_2O
Totes Meer	1 260 000 000 to K_2O

Von der Weltproduktion des Jahres 1958/59 an Kalidüngemitteln entfallen folgende Anteile auf die wichtigsten Erzeugungszentren:

Europa	69,4%
Nord- und Zentralamerika	29,4%
Südamerika	0,2%
Asien	1,0%
	100,0%

Im einzelnen betrug die Kaliproduktion im Jahre 1959 (1000 to K_2O):

U.S.A.	2107	Spanien	245
Bundesrepublik Deutschland	1708	Israel	71
Ostdeutschland (D.D.R.)	1566	Chile	13
Frankreich	1499	Italien	3
U.d.S.S.R.	1100		

Abb. 356. Die bedeutendsten Kalivorkommen der Welt

Bedeutende Anstrengungen werden von der U.d.S.S.R. gemacht, die 1957/58 als Exporteur an sechster Stelle stand und in der geplant wurde, im Jahre 1960 die Produktion auf 1580000 to K_2O zu erhöhen.

Bis zum Ersten Weltkrieg wurde Kali fast ausschließlich in Deutschland gefördert.

Zwischen den beiden Weltkriegen trat Frankreich durch Nutzung der elsässischen Lager als Kalierzeuger neben Deutschland, und gleichzeitig nahmen die U.S.A. die Kaliproduktion in größerem Umfang auf. Durch die Trennung Deutschlands nach dem Zweiten Weltkrieg kam es auch zu einer Teilung der deutschen Kaliindustrie, wodurch 61% der friedensmäßigen Förderung an die Ostzone und 39% an Westdeutschland fielen.

Die Kalierzeugung im Jahre 1958/59 zeigt, daß die beiden deutschen Staaten zusammen 45%, die U.S.A. 29% und Frankreich 20% erzeugten. Auf diese vier Staaten entfielen also 98%.

Die restlichen 2% stammen hauptsächlich aus Spanien, Israel, Polen, wo Kali bergbaulich oder aus Salzseen gewonnen wird.

c) Die Stickstofferzeugung der Welt

Mit 9555000 to hat die Stickstofferzeugung der Welt im Jahre 1958/59 den bis dahin höchsten Stand erreicht.

Tabelle 762. *Die Stickstoffproduktion der Welt in 1000 to*

Kontinent	1956	1957	1958	%
Europa	3404	3705	4172	52,00
Nord- und Mittelamerika	2193	2264	2358	30,00
Südamerika	227	307	291	4,00
Asien......................	813	899	1013	12,80
Afrika.....................	36	46	49	0,80
Ozeanien	18	25	27	0,40
	6690	7246	7910	100,00

Abb. 357. Die Weltstickstofferzeugung in Prozenten. Weltproduktion = 100

Die Erzeugung von Stickstoff ist konzentriert auf Europa, Nordamerika und Ostasien. Diese drei Erzeugungsgebiete stellen zusammen nahezu 95% der Welt-Stickstoffdünger-Produktion; auf Europa allein entfallen 52%.

Während bis vor kurzem Europa, Nordamerika und Ostasien die traditionellen Düngererzeuger waren, entstehen nun bereits in zahlreichen Entwicklungsländern Produktionseinheiten, die den Import von Stickstoffdüngemitteln zumindest teilweise erübrigen werden.

Die Erzeugung des in Chile gewonnenen Natronsalpeters betrug im Jahre 1958/59 201 600 to Stickstoff. Das bedeutet einen Rückgang gegenüber dem Vorjahr, der durch Produktionsumstellung kleiner, unrentabel gewordener Erzeugungsstätten bedingt ist.

Nachstehend sind die wichtigsten Verbraucher von Chilesalpeter und die von ihnen verwendeten Reinstickstoffmengen im Jahre 1958/59 wiedergegeben (Weltwirtschaft 1959):

U.S.A.	77 400	Brasilien	7 680
Spanien	27 200	Argentinien	5 440
Frankreich	13 120	Schweden	5 280
Ägypten	8 000	Portugal	4 800

90% der Gesamtproduktion von Chilesalpeter werden exportiert. Bei den Exporten entstehen für Natronsalpeter immer größer werdende Schwierigkeiten, da die Erzeugung von synthetischen Stickstoffdüngemitteln immer mehr zunimmt und die hohen Transportkosten die Konkurrenzfähigkeit herabsetzen.

C. Faktoren, die den Handelsdüngerverbrauch beeinflussen

In weiten Teilen der Welt wird die Landwirtschaft mit dem Ziel betrieben, den in ihr tätigen Menschen ein möglichst hohes Einkommen zu verschaffen. Die Produktion des Einzelbetriebes wird daher von den Preisen und Kosten bestimmt. Das Maximum an Betriebseinkommen ist abhängig von der zweckmäßigen Höhe und Zusammensetzung des Aufwands und von der zweckmäßigen Erzeugungsrichtung. Die zweckmäßigste Höhe des Aufwands wird vom Preisverhältnis zwischen Erzeugnissen und Betriebsmitteln bestimmt, wie z. B. den Preisrelationen zwischen Bodenerzeugnissen und Düngemitteln.

Der Einsatz der Produktionsmittel erfolgt nach dem Mineralkostengesetz, d. h. daß ein Betriebsmittel nur so lange gerechtfertigt ist, wie ein anderes konkurrierendes Produktionsmittel die gleiche Leistung nicht billiger vollbringt.

Der Einsatz gleicher zusätzlicher Düngermengen bewirkt zusätzliche Erträge, die mit steigendem Düngeraufwand abnehmen. (Vgl. hierzu die eingehenden Darstellungen im ersten Band.) Während der Gesamtertrag in einem Diagramm, das die Beziehung zwischen Ertrag und Düngemittelaufwand zeigt, in einer Kurve dargestellt wird, die zuerst steil ansteigt und sich später verflacht, sinkt die Kurve der Grenzerträge (vgl. S. 1578) zuerst stark ab, um sich dann ebenfalls langsam zu verflachen. Ertrags- und Grenzertragskurve sind Spiegelbilder (Abb. 358 und 359). Die Höhe des optimalen Düngeraufwandes wird von drei Faktoren bestimmt: dem Verlauf der Grenzertragskurve, den Produktpreisen und den Düngemittelpreisen.

Die Grenzertragskurve selbst wird wiederum durch zahlreiche Faktoren beeinflußt, wie natürliche Produktionsbedingungen, Art der Nutzung und Kulturart, organische Düngung, Bildungsniveau usw.

So liegen die optimal erreichbaren Weizenerträge im ariden zentralanatolischen Hochland unter denjenigen des ozeanisch beeinflußten Westeuropas; und es ergeben sich daraus zwei voneinander verschiedene Grenzertragskurven. Die Nutzungsart, die u. a. auch vom Boden und Klima abhängt, hat einen besonderen Einfluß auf den Verlauf der Grenzertragskurve, die bei Intensivkulturen viel langsamer sinkt als bei Extensivkulturen. So fällt sie bei Getreide schneller als bei Kartoffeln und hier wieder schneller als bei Zuckerrübe.

Wirtschaftsdünger beeinflussen dann den Verlauf der Grenzertragskurve, wenn die Stallmistgaben so hoch werden, daß die Nährstoffwirkung Zweck der Düngung wird. In diesem Fall ist der Wirtschaftsdünger ein Konkurrent der Mineraldünger und hemmt deren Verbrauch.

Wenn es sich bei der Organisation der Düngewirtschaft lediglich darum handelt, Pflanzennährstoffe zu beschaffen und einzusetzen, dann sind unter

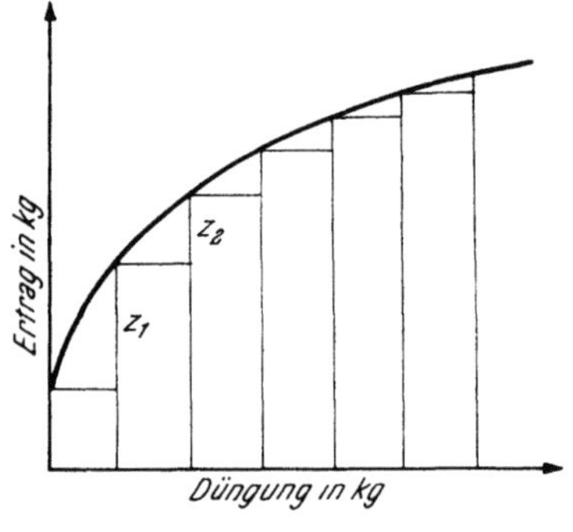

Abb. 358. Ertragskurve

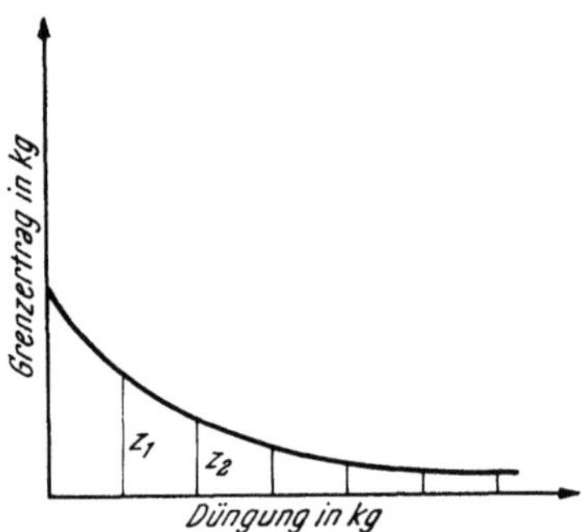

Abb. 359. Grenzertragskurve

unseren Verhältnissen die Mineraldünger den Wirtschaftsdüngern überlegen, weil sie die Nährstoffe weitaus am billigsten zur Verfügung stellen. Aber die Erhaltung der Bodenfruchtbarkeit erfordert den Einsatz organischer Stoffe, bei deren Beschaffung die Arbeitskosten zunehmende Bedeutung erlangen. Wenn selbst bei guter Organisation der Stalldüngerwirtschaft ein Doppelzentner Stallmist

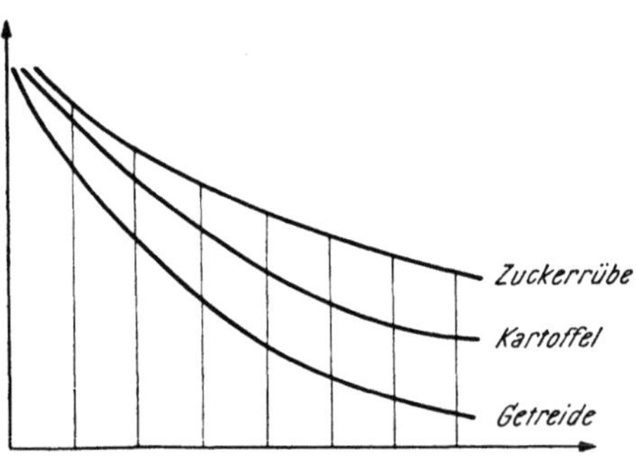

Abb. 360. Grenzertragskurven

mit einem bestimmten Aufwand belastet wird, ist es selbstverständlich, wenn viele Landwirte die Strohmengen, die für eine ordnungsgemäße Viehhaltung und Gewinnung guten Stallmists nicht erforderlich sind, aus dem inneren Kreislauf herausnehmen und gleich auf dem Acker lassen. Ob im Hinblick auf die Ertragskraft der Böden ein Wirtschaften ohne Vieh und Stallmist vertretbar ist, wird vor allem von der Bodenart, der Sicherheit des Zwischenfruchtbaues und dem Anteil humuszehrender und humusmehrender Früchte abhängig sein.

In den alten Düngerverbrauchsgebieten der Welt, nämlich Europa und dem Ostteil Nordamerikas, ist die Zahl der gedüngten Kulturen groß, und es sind innerhalb dieser Vielzahl klare Abstufungen des Düngerverbrauches zu erkennen.

Im Gegensatz hierzu stehen die, wie wir sie nennen wollen, jüngeren Düngungsgebiete der Welt, in denen eine kleine beschränkte Anzahl von wichtigen Kulturpflanzen, die für den Export oder zumindestens für den Markt bestimmt sind, die bereitgestellten Düngermengen verbrauchen und eine betriebswirtschaftliche Differenzierung des Düngerverbrauches kaum möglich ist.

Betriebsorganisation und Anbauintensität der landwirtschaftlichen Betriebe beeinflussen entscheidend die absolute Höhe der Handelsdüngerausgaben je Flächeneinheit. Sie sind aber auf die Ausgabenstruktur, insbesondere auf die anteilsmäßige Höhe der Handelsdüngerausgaben im Rahmen der Gesamtausgaben, von keiner oder nur geringer Bedeutung. Im Laufe der Jahre kann mit veränderten Preis- und Intensitätsverhältnissen die absolute Höhe des Geldaufwandes für Handelsdünger schwanken, aber die Schwankung bewegt sich in normalen Jahren im gleichen Rahmen wie die übrigen Gesamtbetriebsausgaben. In Europa kann man beispielsweise die Landwirte in bezug auf Düngemittelverwendung in drei Gruppen teilen, von denen die eine jährlich einen gleichbleibenden Betrag für Düngemittel ausgibt und dabei Schwankungen der Ernten unberücksichtigt läßt. Das bedeutet, daß bei steigenden Düngemittelpreisen die gleiche Geldsumme ausgegeben wird, womit jedoch nur eine kleinere Düngermenge gekauft werden kann.

Die zweite Gruppe der Landwirte — und zu ihr gehört der überwiegende Teil — richten ihre Düngemittelausgaben nach dem letztjährigen Ertrag; d. h. daß die Ertrags- und Gewinnverhältnisse den Düngemittelaufwand des nächsten Jahres bestimmen.

Die dritte und fortschrittlichste Gruppe von Landwirten bemißt die Düngerausgaben nach den jeweiligen betriebswirtschaftlichen Verhältnissen, wobei schlechte Ernteergebnisse oft der Ansporn sind, durch einen höheren Düngemittelaufwand einen höheren Ertrag im nächsten Jahr zu erzielen.

Je nach dem Grad der Bodennutzungsintensität ist der Handelsdüngerverbrauch zu Getreide, Hackfrüchten und auf dem Dauergrünland verschieden hoch. Während sich diese Differenzen in der Düngerversorgung des Getreides noch in engen Grenzen halten, zeigen sich bemerkenswerte Unterschiede in der Düngung von Hackfrüchten und sehr große auf dem Dauergrünland. Dabei ist der Stickstoffverbrauch wesentlich abhängiger von der Intensität der Bodennutzung als der Phosphat- und Kaliverbrauch. Mit zunehmender Intensität der Bodennutzung nähern sich Düngerverbrauch und Nährstoffverhältnis auf dem Dauergrünland den entsprechenden Werten auf dem Ackerland. Die größten Möglichkeiten zur Steigerung des Düngerverbrauches bestehen daher vor allem in Gebieten mit geringer Nutzungsintensität. In diesen Gegenden werden alle Kulturarten verhältnismäßig schwach gedüngt. Besonders in der Düngerverversorgung des Dauergrünlandes und der Hackfrüchte ergibt sich noch ein weiter Abstand zu den Betrieben mit intensiver Bodennutzung.

Das starre Verhältnis zwischen Handelsdüngerausgaben und Gesamtbetriebsausgaben ist in verschiedenen Betriebsgrößenklassen festzustellen. Die absolute Höhe der Handelsdüngerausgaben je Flächeneinheit ist in starkem Maße abhängig von der Anbauintensität. Je stärker der Hackfruchtanteil, um so höher sind die Handelsdüngerausgaben, die in der Regel mit einer allgemeinen Intensivierung der Betriebe verbunden sind, eine Steigerung der Acker- und Grünlanderträge und dementsprechend auch der Einnahmen aus Boden- und Vieherzeugnissen zur Folge haben. Im allgemeinen ist dabei die Steigerung der Erträge von den Betrieben mit schwachem zu den Betrieben mit mittlerem Handelsdüngeraufwand größer als zwischen den Betrieben mit mittlerem und solchen mit hohem Düngeraufwand.

D. h. daß in extensiven Betriebsformen die Erhöhung der Einnahmen mit steigendem Handelsdüngeraufwand relativ höher ist als in den intensiven Betriebsformen. Es zeigt sich jedoch, daß in absoluten Zahlen gemessen — als Geldwert je ha landwirtschaftliche Nutzfläche — die Steigerung der Einnahmen bei höherem Düngeraufwand in den Zuckerrübenwirtschaften am höchsten, in den Grünlandwirtschaften am geringsten ist.

Die Leistungs- und Reinertragssteigerung ist ebenso wie bei den Bodenerträgen von den Gruppen mit schwächerer zu den Gruppen mit mittlerer Düngung stärker als von Gruppen mit mittlerem zu denen mit höherem Düngeraufwand. Die gesteigerte Anwendung von Handelsdüngern und sonstigen ertragssteigernden Produktionsmitteln hat in den Betrieben mit extensiver Grundlage eine relativ höhere Leistungssteigerung zur Folge als in den Betrieben mit intensiver Bewirtschaftung.

Eine Untersuchung in nordwestdeutschen Betrieben zwischen 20 und 30 ha landwirtschaftliche Nutzfläche zeigt folgenden Einfluß des Handelsdüngeraufwands auf den Reinertrag (Tab. 763):

Tabelle 763. *Handelsdüngeraufwand und Reinertrag (DM/ha)*

Zuckerrübenbautriebe		Getreidebaubetriebe		Grünlandbaubetriebe	
HD-Aufwand	Reinertrag	HD-Aufwand	Reinertrag	HD-Aufwand	Reinertrag
111	240	79	153	28	67
148	324	135	205	47	80
208	377	158	248	59	89

Die Übersicht läßt erkennen, daß der Reinertrag auch bei größter Steigerung des Düngeraufwandes noch deutlich zunimmt, daß also die Handelsdüngeranwendung den Grenzertrag noch nicht erreicht hat.

Betrachtet man die unterschiedliche Handelsdüngeranwendung in Westdeutschland, dann erkennt man die Unterschiede in der Düngungsintensität der einzelnen Kulturen (Tab. 764).

Tabelle 764. *Düngerverbrauch verschiedener Kulturen 1952/53 (kg/ha)*

Kultur	N	P_2O_5	K_2O
Getreide	43,4	43,3	74,5
Hackfrüchte	82,0	60,4	129,1
Dauergrünland	21,3	42,5	54,5
Landwirtschaftliche Nutzfläche ..	39,6	44,6	73,5

Demnach ist bei Getreide bereits die heute vielfach als Optimum angesehene Höhe der Düngung erreicht, was sich von den Hackfrüchten, geschweige denn dem Grünland, nicht sagen läßt. Die mit hohen Aufwendungen, vor allem an Arbeit, belasteten Hackfrüchte sind nur dann wirtschaftlich, wenn es gelingt, Erträge von über 300 dz/ha Zuckerrüben und mindestens 220 dz/ha Kartoffeln mit entsprechender Mineraldüngung zu erreichen.

In den jüngeren Düngungsgebieten der Welt haben jene Faktoren, die in der europäischen Landwirtschaft den Düngungsverbrauch beeinflussen, nicht die gleiche Bedeutung, da ein betriebswirtschaftliches Denken und das Wissen über betriebswirtschaftliche Zusammenhänge nicht vorhanden sind.

Von besonderer Bedeutung für den Düngerverbrauch eines Landes ist dessen Agrarstruktur. Großbesitz und ein damit verbundenes Pachtsystem, wie es beispielsweise in Südamerika der Fall ist, wirken sich nachteilig aus. Durch die gewöhnlich kurze Pachtdauer bedingt, ist der Pächter kaum interessiert, größere Aufwandmengen zu tätigen oder sorgfältiger zu bewirtschaften. Das selbständige Bewirtschaften, ganz gleich ob in Form von Großbetrieben oder bäuerlichen Betrieben, ist eine Voraussetzung für eine stärkere Verwendung von Düngemitteln.

Wirtschaftliche Gesichtspunkte werden bei der Verwendung von Handelsdüngern nur von Plantagenmanagern und Großbauern berücksichtigt.

Handelsdünger finden in erster Linie bei den cash crops Verwendung. Für den geringen Handelsdüngerverbrauch in den Entwicklungsländern sind folgende Gründe verantwortlich: mangelnder Förderungsdienst, Fehlen gesicherter Landbesitzverhältnisse, fehlende oder unzureichende Kreditmöglichkeit, eine unzureichende Verteilerorganisation, unsicheres und ungenügendes Verhältnis zwischen Handelsdüngerpreisen und Preisen landwirtschaftlicher Produkte.

In außerordentlich starkem Maße greifen Faktoren der Gesamtwirtschaft in das Geschehen der Landwirtschaft ein, die ja selbst als Teil einer National- oder Weltwirtschaft deren Konjunkturschwankungen ausgeliefert ist.

Das Wissen von dem richtigen Einsatz von Produktionsmitteln hängt im besonderen Maße vom Bildungsstand der Landwirte selbst ab. Jene Gebiete der Welt, die heute an führender Stelle im Handelsdüngerverbrauch stehen, verdanken diese Position dem hohen allgemeinen Bildungsniveau der Bauern. Diese Allgemeinbildung ermöglicht es, ein profundes Fachwissen aufzubauen. Wie Bildung und landwirtschaftliche Produktion im Zusammenhang stehen, zeigt Tab. 765, die für eine Anzahl bäuerlicher Betriebe in Süddeutschland die Ertragssteigerung zeigt, die durch den Besuch einer landwirtschaftlichen Schule verursacht wurde.

Tabelle 765. *Erträge süddeutscher Betriebe (in dz/ha), deren Angehörige landwirtschaftliche Schulen besuchten*
(nach BAADE 1956)

Frucht	vor	nach
	dem Besuch der landwirtschaftlichen Schule	
Weizen	19,9	28,2
Roggen ...	18,0	25,2
Hafer	19,5	28,0
Gerste	18,7	26,4
Kartoffel...	160,0	238,4

Der Entwicklungsstand der Landwirtschaft hängt also direkt vom Bildungsniveau, d. h. dem Prozentsatz an Analphabeten ab, und ist neben den natürlichen Voraussetzungen für einen Handelsdüngerverbrauch der entscheidendste Faktor.

Ein weiterer Faktor, der den Düngerverbrauch beeinflußt, ist die relative Kaufkraft der Produkte für Handelsdünger. Die Überlegung des Landwirtes ist, welchen zusätzlichen Ertrag er durch die Aufwendung von einem kg Reinnährstoff erwarten kann bzw. wieviel kg eines beliebigen Erntegutes er aufwenden muß, um eine Nährstoffeinheit zu kaufen. Die Agrarpreisentwicklung wirkt sich also auf die Düngerindustrie aus, da, wie eben geschildert, der Umfang des Düngerabsatzes von der Preisrelation zwischen landwirtschaftlichen Produkten und Handelsdüngemitteln abhängt. Würde sich diese Relation verschlechtern, müßte mit geringeren Ersparnisraten, eventuell auch mit einer Stagnation des Düngereinsatzes, gerechnet werden. Daß eine Preisbewegung auf dem Düngemittelsektor den Verbrauch an Handelsdüngern beeinflußt, ist leicht verständlich.

D. Düngemittelverbrauch der Welt

Über die Düngemittelwirtschaft der Welt wurde 1957 eine umfassende Übersicht von Lamer veröffentlicht, welche sich auf reiches statistisches Material und zahlreiche Literaturstellen stützt. Es wird hier daher vorwiegend auf neuere Zahlen bezug genommen.

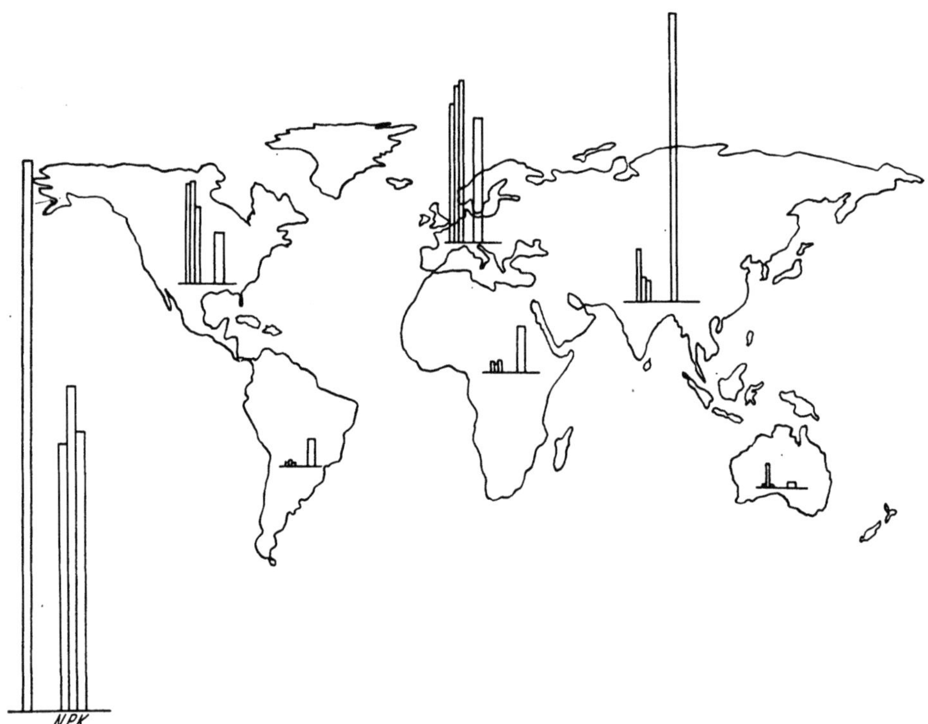

Abb. 361. Weltverbrauch an N, P₂O₅, K₂O und Weltbevölkerung. 1 mm = 100 000 t bzw. 10 Millionen Einwohner

Der Handelsdüngemittelverbrauch der gesamten Welt einschließlich der U.d.S.S.R. und der Volksrepublik China hat im Jahre 1958/59 nach einer steten Aufwärtsentwicklung in den vergangenen Jahren den bisherigen Höchststand mit über 9 100 000 t Stickstoff, 9 000 000 t Phosphorsäure und 8 384 000 t Kali erreicht.

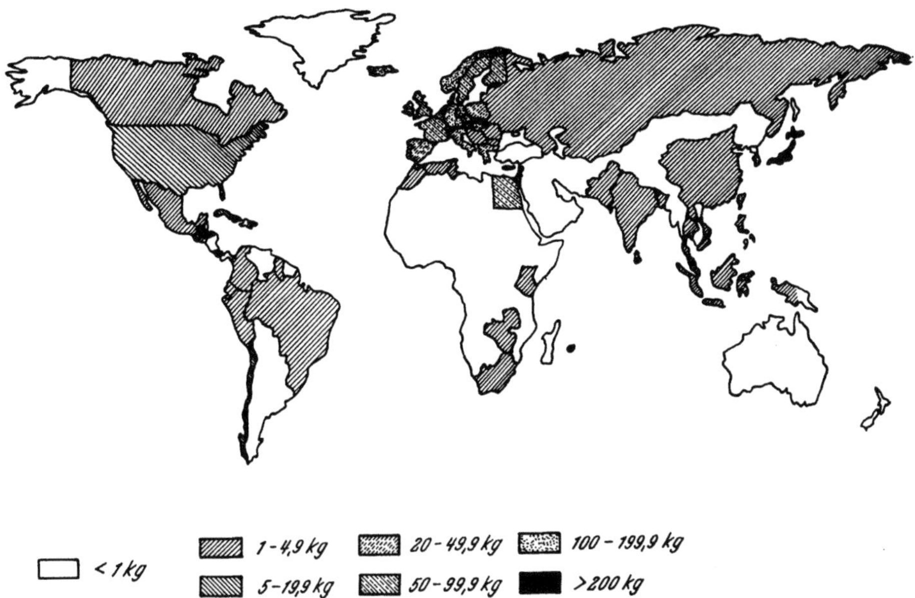

Abb. 362. Düngemittelverbrauch in kg Reinnährstoff pro ha

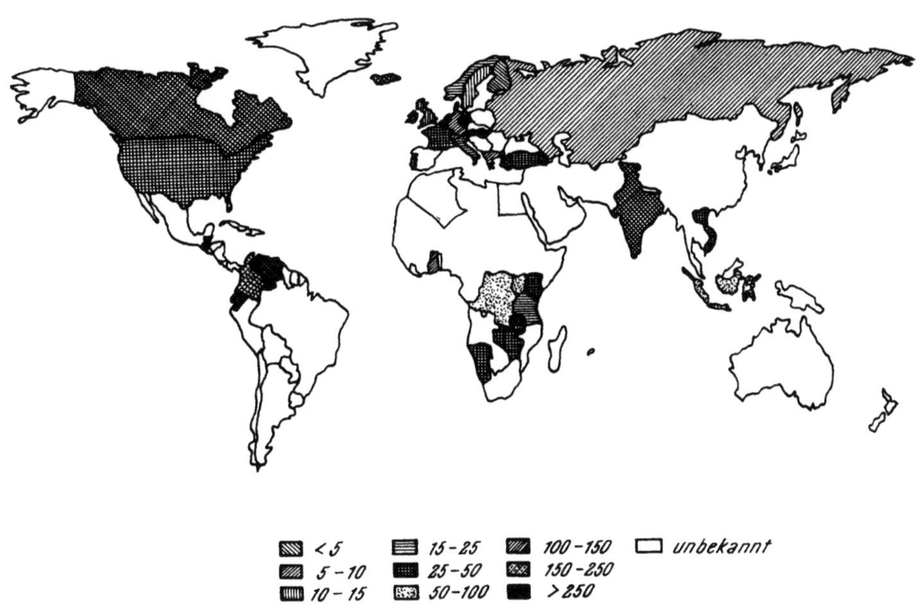

Abb. 363. Landwirtschaftliches Beratungswesen. Auf einen Berater entfallen 1000 ha
landwirtschaftliche Nutzfläche

Sieht man vom Verbrauch in der U.d.S.S.R. und der Volksrepublik China ab, dann ergibt sich folgende prozentuelle Verteilung des Weltverbrauches an Reinnährstoffen (Tab. 766):

Tabelle 766. *Handelsdüngerverbrauch der einzelnen Kontinente in Prozent vom Weltverbrauch im Jahre 1958/59*

Kontinent	N	P_2O_5		K_2O
		Verarbeitete Phosphate	Rohphosphate	
Europa	44,5	49,0	33,5	60,0
Nord- und Zentralamerika....	32,5	30,2	48,1	28,7
Asien.....................	17,2	7,4	7,3	7,7
Afrika....................	3,5	3,3	7,5	1,2
Ozeanien	0,8	8,3	—	1,1
Südamerika	1,5	1,8	3,6	1,3
Welt	100,0	100,0	100,0	100,0

Im Laufe der letztjährigen Entwicklung zeigte der Stickstoffverbrauch die stärkste Zunahme.

Während die prozentuelle Zunahme des Gesamtnährstoffverbrauches auf der Welt zwischen 4% und 7% schwankte, entfiel auf Stickstoff die größte prozentuelle und absolute Steigerung. Der Phosphorsäureverbrauch verzeichnete im fünfjährigen Durchschnitt die kleinste Zunahme.

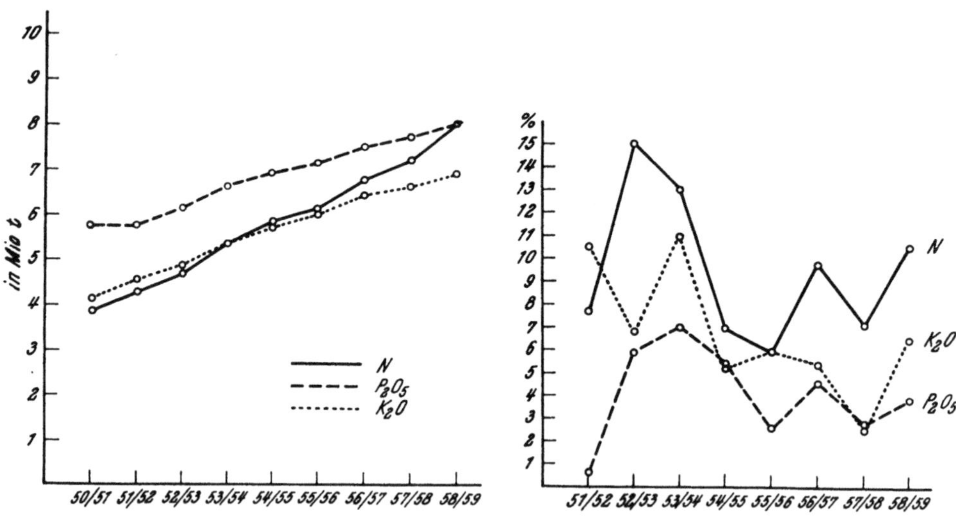

Abb. 364. Weltverbrauch an Stickstoff, Phosphorsäure ausschließlich U.d.S.S.R. und Volksrepublik China

Abb. 365. Prozentuelle Steigerung des Reinnährstoffverbrauches

a) Europa

Europa ist nicht nur der größte Düngemittelerzeuger der Welt, sondern steht auch im Verbrauch an erster Stelle.

1958/59 waren die europäischen Länder mit 44,5% am Stickstoffverbrauch, mit 48% am Phosphorsäureverbrauch und mit 60,0% am Kaliverbrauch der Welt beteiligt.

Für die einzelnen europäischen Länder ergibt sich folgender Reinnährstoffverbrauch für 1958/59 (Tab. 767):

Tabelle 767. *Reinnährstoffverbrauch europäischer Länder 1958/59 in to*

Land	N	P$_2$O$_5$	K$_2$O	N : P : K
Belgien	96 872	93 852	152 576	1:1 :1,6
Dänemark	105 050	109 850	168 200	1:1,0:1,6
Deutsche Bundesrepublik	574 700	633 800	1 003 900	1:1,1:1,7
Finnland	43 049	80 307	48 356	1:1,9:1,1
Frankreich	480 800	869 530	705 400	1:1,8:1,5
Griechenland	70 800	54 600	8 515	1:0,8:0,1
Island	7 700	3 953	2 300	1:0,5:0,3
Irland	20 841	75 885	52 650	1:3,6:2,5
Italien	293 800	387 200	80 900	1:1,3:0,3
Luxemburg	3 899	5 392	5 973	1:1,4:1,5
Niederlande	209 100	111 900	146 200	1:0,5:0,7
Norwegen	45 400	45 900	43 600	1:1 :1
Österreich	42 695	82 991	81 531	1:1,9:1,9
Portugal	66 447	73 773	8 043	1:1,1:0,1
Schweden	88 817	97 938	79 018	1:1,1:0,9
Schweiz	14 000	43 500	29 000	1:3,1:2,1
Spanien	283 119	314 445	95 000	1:1,1:0,3
Vereinigtes Königreich..	343 964	374 400	375 900	1:1,1:1,1
Jersey	831	896	775	1:1,0:0,9
Man	670	1 832	2 630	1:2,7:3,9
Jugoslawien	76 219	76 392	66 824	1:1 :0,9

Der Mineraldüngerverbrauch nimmt mit der Ungunst der landwirtschaftlichen Verhältnisse ab. Für Westdeutschland ist dabei ein deutliches Nord-Südgefälle festzustellen. Die Gründe hierfür liegen in den unterschiedlichen Umweltbedingungen und wirtschaftlichen Einflüssen. Die Klimaverhältnisse in den Zonen hoher Düngungsintensität, wie sie in Norddeutschland, den Niederlanden und Nord-Ostfrankreich festzustellen sind, sind ausgeglichen; Temperaturextreme fehlen, die reichlichen Niederschläge sind gleichmäßig verteilt.

Da die Wirkung einer verbesserten Düngung in Höhenlagen und klimatisch benachteiligten Gebieten durch natürliche Faktoren begrenzt ist, ist hier die Steigerung der Erträge nur bis zu einer gewissen Höhe möglich.

Das kommt auch in nachstehender Übersicht über den Hektarverbrauch an Reinnährstoffen in den europäischen Ländern zum Ausdruck. Die Niederlande, Belgien, die Deutsche Bundesrepublik und Dänemark als klimatisch besonders begünstigte Länder weisen die höchsten Verbrauchszahlen auf. Die Gebirgsländer Schweiz, Österreich und teilweise Italien bilden das Gegenstück hierzu. Während in jenen Ländern, in denen die Grünlandwirtschaft eine besondere Rolle spielt, ein weites Nährstoffverhältnis zugunsten der Phosphorsäure und dem Kali festzustellen ist, ist das Nährstoffverhältnis in den ackerbaustarken Ländern ausgeglichener.

Bei den Mittelmeerländern Portugal, Spanien, Italien und Griechenland ist der geringe Kaliverbrauch auffallend. Diese Tatsache erklärt sich hauptsächlich aus dem Kalireichtum der dortigen Böden. Der höchste Kaliverbrauch Europas in der Deutschen Bundesrepublik hat ebenso wie der hohe Phosphatverbrauch in Frankreich eine große eigenständige Düngerindustrie zur Ursache.

Die Niederlande, zwischen Belgien und Dänemark gelegen, weisen gegenüber den Nachbarländern ein vollkommen verschiedenes Nährstoffverhältnis auf. Die

Niederlande mit einem Reinnährstoffverhältnis von 1:0,5:0,7 legen besonderes Gewicht auf die Stickstoffdüngung. Dänemark hat durch intensive Verwendung von Phosphatdüngemitteln eine ausgedehnte Kleewirtschaft eingerichtet, so daß bei gleicher Flächenproduktivität wie in Holland nur 32 kg N pro Hektar verwendet werden.

Im Jahre 1958 betrug der Anteil der Ostblockstaaten an der Weltproduktion von Stickstoffdüngemitteln 20%, von Phosphatdüngemitteln 18% und von Kalidüngemitteln 33%.

Innerhalb des Ostblockes ist die U.d.S.S.R. der größte Düngemittelerzeuger. Auf die Sowjetunion entfielen 1958 46% der Stickstoffdüngererzeugung, 65% der Phosphatdüngererzeugung und 40% der Kaliförderung.

Tabelle 768. *Düngemittelverbrauch in kg Reinnährstoff je ha landwirtschaftliche Nutzfläche*

Land	N 1957/58	P_2O_5 1957/58	K_2O 1957/58	Total 1957/58
Belgien	46,0	56,7	85,2	187,9
Deutsche Bundesrepublik	39,7	41,7	69,2	150,6
Dänemark	31,9	33,2	51,4	116,5
Frankreich	16,8	30,2	23,6	70,6
Finnland	15,0	27,9	16,8	59,7
Griechenland	19,3	13,8	2,5	35,6
Großbritannien	24,7	29,9	27,5	82,1
Irland	3,7	12,5	10,6	26,8
Island	98,5	56,1	33,3	187,9
Italien	16,0	22,5	2,9	42,4
Luxemburg	26,4	43,6	40,0	110,0
Niederlande	90,3	48,1	65,0	204,0
Norwegen	45,6	44,6	43,3	133,5
Österreich	14,4	25,3	25,0	64,7
Portugal	15,0	17,2	1,9	32,1
Schweden	22,6	26,2	23,0	71,8
Schweiz	10,1	34,5	19,3	63,9
Spanien	12,9	14,4	4,3	31,6
Jugoslawien	5,1	5,1	4,5	14,7

Tabelle 769. *Düngemittelverbrauch in Osteuropa 1958/59, Reinnährstoffe in to*

Land	N	P_2O_5	K_2O
Bulgarien	89 767	49 925	4 306
ČSSR	129 263	131 510	253 313
Ostdeutschland	240 000	190 000	500 000
Ungarn	230 000	140 000	51 938
Polen	200 000	159 980	250 000
U.d.S.S.R.	614 700	833 900	839 100

Ostdeutschland steht in der Kalierzeugung nach den U.S.A. und Westdeutschland an dritter Stelle, während es daneben mit 1 Mio to K_2O der größte Kaliexporteur ist.

Auf Grund einer eigenständigen Stickstoff- und Kaliindustrie und einer verstärkten Versorgung mit Phosphatdüngern stieg der Reinnährstoffverbrauch 1957/58 auf 34,7 kg N, 28,6 kg P_2O_5 und 76,4 kg K_2O je Hektar landwirtschaftliche Nutzfläche. Das bedeutet einen gesamten Reinnährstoffverbrauch von 139,7 kg pro Hektar landwirtschaftliche Nutzfläche.

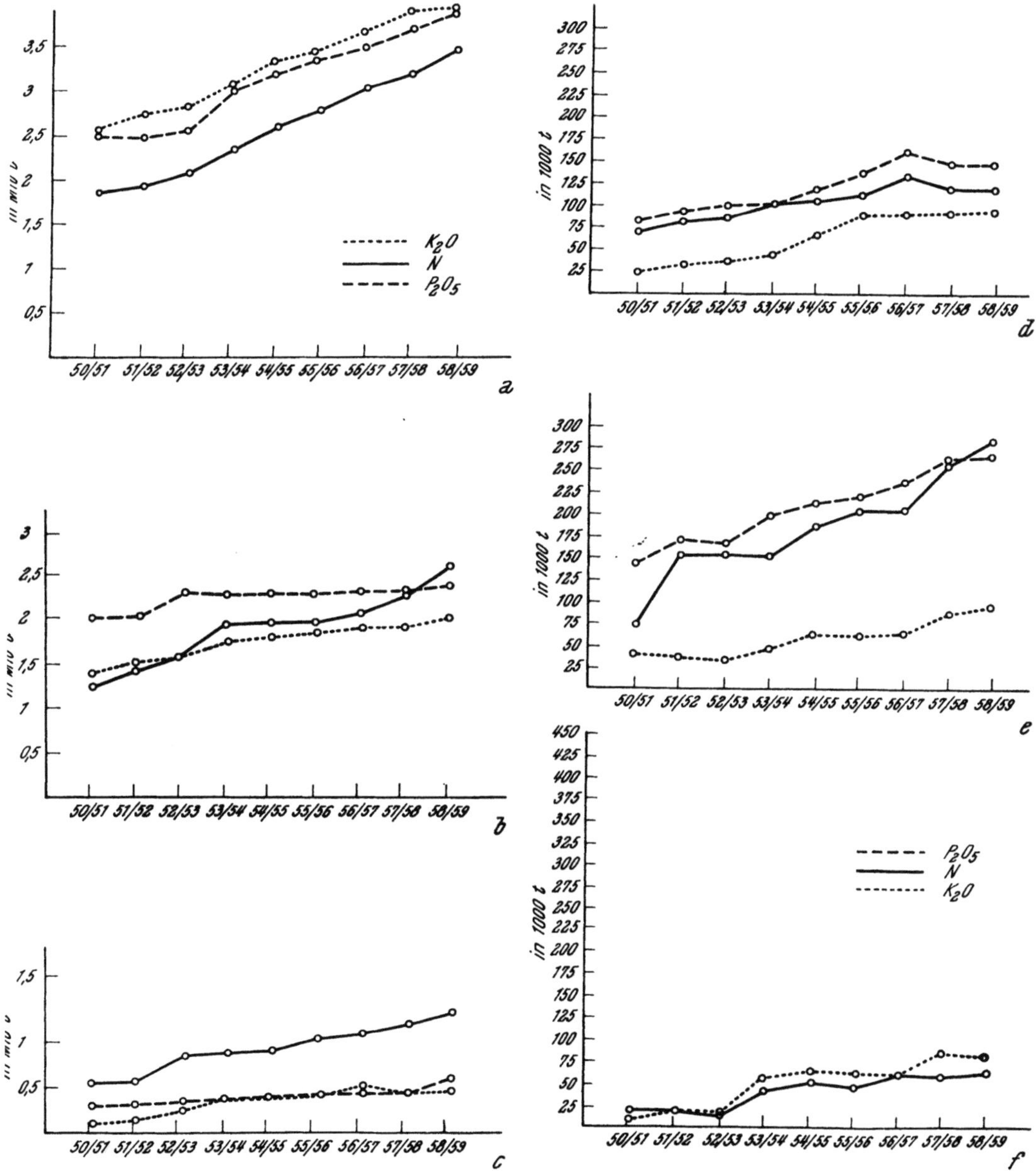

Abb. 366 a—f. Verbrauch an N, P_2O_5 und K_2O in a) Europa, b) Nord- und Zentralamerika, c) Asien, d) Südamerika, e) Afrika, f) Australien

100*

Tabelle 770. *Reinnährstoffverbrauch pro Hektar landwirtschaftliche Nutzfläche*
(nach Unger 1960)

Land	Jahr	N	P_2O_5	K_2O	Total
Ostdeutschland ...	1957/58	34,7	28,6	76,4	139,7
Polen	1958	11,8	9,2	14,4	35,4
ČSSR	1958	13,0	15,8	30,4	59,2
Ungarn	1958	11,0	9,5	2,9	23,4
Bulgarien........	1958	8,7	1,0	—	9,7
Rumänien	1957	4,7	9,5	—	14,2
U.d.S.S.R.		1,0	1,4	1,4	3,8

b) Asien

Im komplexen Prozeß der wirtschaftlichen Entwicklung Asiens, den wir gegenwärtig erleben, muß in erster Linie in den einzelnen Wirtschaftszweigen ein möglichst hoher Ertrag geschaffen werden, der zum Großteil für Investitionen und nicht für den direkten Konsum verwendet werden darf. Erst wenn in ausreichendem Maße Produktionsmittel geschaffen sind, kann der eigentliche Konsum in Form des Pro-Kopf-Verbrauches erhöht werden.

Der Landwirtschaft kommt in den asiatischen Ländern deswegen eine besondere Bedeutung zu, weil mehr als 70% der Bevölkerung in ihr tätig sind. In diesem Entwicklungsprozeß hat sie die Aufgabe, die Produktion zu steigern, eine Erhöhung der Arbeitsproduktivität herbeizuführen und durch Ersparnisse der Landbevölkerung jene Kapitalakkumulation zu bilden, die Voraussetzung für die neuerliche Anschaffung von Produktionsmitteln ist.

Zu den Maßnahmen der Produktionssteigerung gehören solche der Neulandgewinnung, der Bewässerung, der Düngung, des Saatgutes, der Bodenbearbeitung und Pflegemaßnahmen. Der Einsatz von Maschinen und Geräten in der menschenreichen Landwirtschaft Asiens ist nur dann sinnvoll, wenn dadurch eine direkte Ertragssteigerung herbeigeführt wird. Arbeitssparende Maschinen zu verwenden, würde nur bedeuten, die ländliche Unterbeschäftigung, die einer Arbeitslosigkeit gleichkommt, zu vermehren.

Die erfolgreiche Einführung ertragsteigernder Produktionstechniken spiegelt sich in den Reiserträgen (Tab. 771) nur einiger weniger asiatischer Länder wider:

Tabelle 771. *Reinerträge in dz/ha in einigen asiatischen Ländern*
(nach Ruthenberg 1959)

Land	1909/1913	1934/1938	1955/1956
Burma	15,6	14,1	16,0
Ceylon	12,8	9,9	13,2
Indien	16,6	13,6	13,4
Indonesien ...	16,9	15,8	17,0
Pakistan		14,8	15,1
Thailand	15,8	12,9	14,4
Formosa......	17,0	24,6	28,4
Japan........	30,7	36,3	38,9

Der Übersicht wegen sei der asiatische Raum nachfolgend in drei Gruppen behandelt:

Naher Osten
Mittel- und Südostasien
Ostasien

Wirtschaftliche Gesichtspunkte werden in Asien bei der Verwendung von Handelsdüngern nur von Plantagenmanagern und Großbauern berücksichtigt.

Handelsdünger finden in erster Linie Verwendung bei den cash-crops. Folgende Gründe können für die geringe Verwendung von Handelsdüngern angeführt werden:

1. Mangelnder Förderungsdienst in der Landwirtschaft
2. Fehlen gesicherter Landbesitzverhältnisse
3. Fehlende oder unzureichende Kreditmöglichkeit
4. Unzureichende Verteilerorganisation
5. Unsicheres und ungenügendes Verhältnis zwischen Handelsdüngerpreisen und Preisen der landwirtschaftlichen Produkte
6. Bildungsniveau.

1. Naher Osten

Die Landwirtschaft der Länder des Nahen Ostens ist durch das aride Klima mit kurzer Regenzeit charakterisiert.

Die landwirtschaftliche Entwicklung hängt wie kaum in einem anderen Gebiet der Welt von der Ausweitung der bewässerten Fläche ab. Während besonders Syrien, die Türkei und Teile des Iraks noch Möglichkeiten der Ausdehnung des dry-farmings bieten, kann die landwirtschaftliche Nutzfläche in allen anderen Ländern nur durch neue Bewässerungsprojekte vergrößert werden.

Der Verwendung von Handelsdüngermitteln sind in weiten Gebieten durch die geringen Niederschläge, die den Ertrag am stärksten beeinflussen, natürliche Grenzen gesetzt. Der Düngemittelverbrauch ist daher auch in fast allen nahöstlichen Ländern besonders niedrig. Selbst jene Nährstoffmengen, die die Ernten alljährlich dem Boden entziehen, werden durch Düngungsmaßnahmen nur zu einem kleinen Teil ersetzt.

Tabelle 772. *Düngemittelverbrauch (to Reinnährstoff) im Jahre 1958/59*
(nach Annual Review 1959)

Land	N	P_2O_5	K_2O
Türkei	14012	13332	854
Syrien..........................	3322	287	231
Libanon	6000	7000	2489
Israel	15400	15529	3000
Iran	1800	2700	500
Zypern	6798	5933	287
	47332	44781	7361

Der Hektarverbrauch an Düngemitteln liegt daher weit unter dem Niveau europäischer Länder.

Tabelle 773. *Reinnährstoffverbrauch (kg/ha)*
(nach Annual Review 1959)

Land	N	P_2O_5	K_2O	Total
Türkei	0,3	0,3	—	0,6
Syrien	0,3	—	—	0,3
Libanon	21,6	25,2	9,0	55,8
Israel	12,9	13,0	2,5	28,4
Iran	0,07	0,1	—	0,17
Zypern	12,9	11,3	0,5	24,7

Wenn man den Düngerverbrauch in den Ländern des Nahen Ostens zusammenfaßt, dann erkennt man, daß die Betonung auf der Stickstoffdüngung liegt, die Verwendung von Phosphatdüngern schwächer ist und der Kaliverbrauch nur einen Bruchteil der Stickstoff- und Phosphorsäuredüngung ausmacht.

Während Stickstoffdünger bei ausreichenden Niederschlägen bzw. bei Bewässerungsmöglichkeiten einen deutlichen Ertragseffekt erzielen, kommt der Phosphatdüngung darüber hinaus auch noch unter den Bedingungen des dryfarmings besondere Bedeutung zu. Da die Böden des Nahen Ostens weitgehend reich an Kali sind und in Versuchen mit Kali nur schwache Ertragserhöhungen festgestellt wurden, ist der Kaliverbrauch gering.

Nur in Ländern, die eine intensivere Bewirtschaftung aufweisen, wie Libanon und Israel, steigt auch der Kaliverbrauch.

Stickstoffdüngemittel finden vorwiegend zu intensiven Marktfrüchten, wie Agrumen, Gemüse, Zuckerrübe, Tabak, Baumwolle und Tee (Türkei) Verwendung; Phosphatdünger auch bei Getreide.

2. Mittel- und Südostasien

Die Länder Mittel- und Südostasiens, als sogenannte Entwicklungsländer bezeichnet, sind durch ein äußerst niedriges Einkommen gekennzeichnet, das zu 60 bis 70% aus der Landwirtschaft stammt. Wie Ausfuhrstatistiken zeigen, bestehen 80 bis 90% des Gesamtexportes aus landwirtschaftlichen Produkten, wie Jute, Baumwolle, Reis usw. Die unentwickelte Wirtschaftsstruktur bedingt, daß von vielen Bauern die Landwirtschaft nur zur Selbstversorgung und nicht als Möglichkeit über eine Marktbelieferung ein Reineinkommen zu erzielen, betrieben wird.

Die in den letzten Jahrzehnten rasch wachsende Bevölkerung mußte in der Landwirtschaft verbleiben, da die übrige Wirtschaft sich nur langsam entwickelte und eine größere Aufnahme von Arbeitskräften nicht möglich war. Das Ergebnis war ein verstärkter Landdruck, eine Verkleinerung der Betriebsgröße und eine permanente Unterbeschäftigung.

Daraus ergibt sich, daß die Selbstversorgung mit Reis, Getreide und Hülsenfrüchten in den meisten Ländern die wichtigste Aufgabe ist und daß das Nahrungsmitteldefizit aus umfangreichen Importen gedeckt werden muß.

Nur Länder, wie Ceylon, die durch eine mannigfaltige Landwirtschaft exportfähige Erzeugnisse liefern, durch deren Erlös notwendige Nahrungsmittelimporte getätigt werden können, weisen trotz Bevölkerungszuwachs eine ausgeglichene Wirtschaftslage auf.

In einem Großteil der Länder sind die Unterbeschäftigung und der Mangel an neuem Ackerland an der *niedrigen Kaufkraft* schuld. Eine Lösung dieses Problems ist nur durch Erhöhung der Flächenproduktivität möglich.

Der Handelsdüngerverbrauch steht in Mittel- und Südostasien am Beginn seiner Entwicklung; während bereits vor dem Zweiten Weltkrieg Handelsdünger zu cash-crops auf Plantagenwirtschaften verwendet wurde, setzte in den letzten Jahren auch die Verwendung zu Nahrungsfrüchten ein.

Die Entwicklungspläne fast aller hier zusammengefaßten Staaten haben eine Erhöhung der Nahrungsmittelproduktion zum Ziel. Die Verwendung von Handelsdüngemitteln in großem Maßstab hilft dieses Ziel zu erreichen. Versuche, die sowohl auf Versuchsstationen als auch unter einfachen bäuerlichen Verhältnissen durchgeführt wurden, haben den Beweis erbracht, daß eine deutliche Ertragserhöhung auch bei relativ geringer Düngeranwendung zu erwarten ist. Der wesentlichste Faktor, der heute das Niveau der Handelsdüngerverwendung begrenzt, ist die Wirtschaftlichkeit.

Da die meisten Länder in besonderem Maße auf den Export landwirtschaftlicher Produkte angewiesen sind, ist es verständlich, wenn die Erhöhung der Exportmenge durch einen verstärkten Handelsdüngerverbrauch erzielt wird. Wenngleich auf Plantagenwirtschaften bereits beträchtliche Düngermengen nach wissenschaftlichen Grundsätzen verwendet werden, ist vor allem auf jenen Kleinbetrieben mit einem verstärkten Handelsdüngerverbrauch zu rechnen, die Exportfrüchte erzeugen.

Tabelle 774. *Handelsdüngerverbrauch 1958/59 (to Reinnährstoff)*
in Mittel- und Südostasien
(nach Annual Review 1959)

Land	N	P_2O_5	K_2O
Burma	1 320	915	—
Ceylon	36 834	2 592	23 209
Föderation von Malaya	17 000	18 500	7 000
Hongkong	1 000	33	
Indien	257 000	39 000	15 000
Indonesien	27 749	13 000	4 858
Vietnam	15 600	13 200	1 900
Pakistan	16 455	1 140	102

Die Reinstickstoffmengen überschreiten weit jene von Phosphorsäure und Kali, wie auch die prozentuelle Verbrauchszunahme der Stickstoffdünger die größte ist. Der Hauptgrund ist, daß Stickstoff den visuell größten Ertragszuwachs erbringt. Demgegenüber ist die Reaktion auf Phosphorsäure und Kali nicht so spektakulär. Ein engeres Nährstoffverhältnis erklärt sich oft aus der stärkeren Verwendung von Mischdüngern oder aus den besonderen Ansprüchen spezieller Kulturen, wie in Ceylon, wo Tee und Kokosnüsse dem Kali eine besondere Rolle zuordnen.

Die meisten Länder Mittel- und Südostasiens weisen ein unausgeglichenes Nährstoffverhältnis auf. Besonders eklatant ist dies bei Indien, das sechsmal so viel Stickstoffdünger verwendet wie Phosphatdüngemittel. Auch Ceylon als zweitstärkster Düngemittelverbraucher hat nur ein ausgeglichenes Verhältnis zwischen Stickstoff und Kali, während Phosphorsäure weit im Minimum ist.

Da in den Ländern Mittel- und Südostasiens bisher keinerlei Phosphat- und Kalilager bekannt sind und beide Düngersorten weiterhin vom Ausland gekauft werden müssen, ist wahrscheinlich mit einer Erweiterung des Nährstoffverhältnisses in den nächsten Jahren zu rechnen.

Trotzdem ist zu hoffen, daß mit stärkerer Verwendung von Stickstoff der Wert einer ausgeglichenen Düngung immer mehr erkannt werden wird, analog den Verhältnissen in Europa und Nordamerika, wo sich das N:P:K-Verhältnis immer mehr dem Bild 1:1:1 nähert.

Tabelle 775. *Reinnährstoffverbrauch in kg pro Hektar 1957/58*

Land	N	P_2O_5	K_2O	Total
Burma	0,2	—	—	0,2
Ceylon	17,1	7,4	26,5	51,0
Indien	1,5	0,2	0,1	1,8
Indonesien	1,4	0,5	0,2	2,1
Malaya und Singapur	6,1	8,7	2,0	16,8
Pakistan	1,7	0,1	—	1,8
Philippinen	2,1	0,8	0,4	3,3
Thailand.................	0,8	0,4	0,2	1,4
Vietnam	1,3	3,0	0,3	4,6

Sowohl als Produktions- als auch als Verbrauchsland steht Indien an der Spitze der Staaten Mittel- und Südostasiens. Der eigenen Erzeugung von

$$82\,000 \text{ to N } (1962/63:\ 200\,000 \text{ to})$$
$$38\,000 \text{ to } P_2O_5$$
$$1\,200 \text{ to } K_2O$$

stand ein Eigenverbrauch von 257 000 to N (1962/63: 525 000 to)

$$39\,000 \text{ to } P_2O_5$$
$$13\,200 \text{ to } K_2O$$

gegenüber (Annual Review 1959). Das bedeutet, daß 65% des gesamten Stickstoff-, 35% des Phosphorsäure- und 19% des Kaliverbrauches Mittel- und Südostasiens auf Indien entfallen.

Das düngungsintensivste Land im mittel- und südostasiatischen Bereich ist Ceylon. Dort werden auf fortschrittlich geführten kapitalkräftigen Plantagen der ausländischen Gesellschaften schon lange Handelsdüngemittel verwendet. Die Kleinbetriebe, die sich in den Händen der einheimischen Bevölkerung befinden, sind auf Grund des Geldmangels, der fachlichen Unkenntnisse, der Zersplitterung in kleinste Anbauflächen und der Besitzverhältnisse nicht in der Lage, Handelsdünger zu verwenden.

Auf Tee entfällt der weitaus größte Anteil des Düngerverbrauches. 60% der Stickstoffdüngemittel werden allein zu Tee verbraucht. Eine finanzielle Förderung der Teekultur wird nur den small holdings bis zu 20 acres Anbaufläche zuteil. Die großen Teepflanzungen verwenden regelmäßig 10% des Gesamtaufwandes des marktfertigen Teeblattes für Handelsdünger.

Im Rahmen der Bestrebungen, die Ernährungssituation zu verbessern, werden von den verantwortlichen Behörden alle zur Verfügung stehenden Möglichkeiten ergriffen. Der kurzfristigen praktischen Einführung moderner Reisanbaumethoden unter den sehr konservativen Reisbauern stehen unüberwindliche Schwierigkeiten entgegen, so daß ein Erfolg erst nach zeitraubender Aufklärungsarbeit zu erwarten ist. Um schnellere Ergebnisse zu erzielen, wird daher zunächst unter Vernachlässigung anderer Ertragsfaktoren, wie Züchtung hochwertigen Saatgutes, Einführung verbesserter Anbaumethoden, gründlichere Bodenbearbeitung, regelmäßige Schädlings- und Unkrautbekämpfung und geeigneter Bewässerungsmethoden, dem Ertragsfaktor Düngung erhöhte Aufmerksamkeit geschenkt. Um den Reisbauern einen Anreiz zur verstärkten Verwendung von Handelsdüngemitteln zu geben, wird ihnen ein fester Preis für ihr Produkt garantiert, eine Subvention auf den Düngerpreis gewährt und kurzfristige Kredite zum Düngerankauf eingeräumt. Trotz dieser Maßnahmen haben erst 10% der Reisfläche eine Düngung erhalten.

Neben Tee sind es in erster Linie Kokosnuß und die Kautschukkultur, die für den Export von Bedeutung sind. Während es auf Grund von Subventionen gelang, 15% der Anbaufläche von Kleinpflanzungen bis zu 20 Acres, d. s. etwa 680000 Acres mit Düngemitteln zu versorgen, schreitet die Handelsdüngerverwendung auf Kautschukpflanzungen Ceylons nur langsam fort.

Die hauptsächlich verwendeten Stickstoffdünger sind Ammoniumsulfat, Chilesalpeter, Kalkstickstoff. Der wichtigste unter ihnen ist Ammoniumsulfat.

Die verwendeten Phosphatdünger sind Rohphosphate (Saphos-Phosphat), die direkt verwendet werden können und Superphosphat. 95% der importierten Kalidünger sind Kaliumchlorid. Daneben nimmt Kaliumsulfat eine sekundäre Stellung ein.

Als nennenswerte Handelsdüngerverbraucher sind noch Indonesien, die Philippinen und Malaya zu nennen.

Der Anteil Mittel- und Südostasiens am Stickstoffverbrauch Asiens betrug 1958/59 26%, am P_2O_5-Verbrauch 12% und am K_2O-Verbrauch gleichfalls 12%.

Am Rohphosphatverbrauch, der in der obigen Zahl nicht inbegriffen ist, war Mittel- und Südostasien mit 80% beteiligt.

3. Ostasien

Der Ferne Osten stellt heute bereits einen Schwerpunkt in der Handelsdüngererzeugung sowie im -verbrauch der Welt dar. Allein die Länder Japan, Südkorea und Formosa sind zusammen am Stickstoffverbrauch Asiens mit 72%, am Phosphatverbrauch mit 82% und am Kaliverbrauch mit 84% beteiligt.

Tabelle 776. *Düngemittelverbrauch in to Reinnährstoff 1958/59*
(nach Annual Review 1959)

Land	N	P_2O_5	K_2O
Japan	683333	299709	435000
Südkorea	150840	134815	4320
Formosa	97514	37312	28608
Philippinen	20175	7090	9204

Tabelle 777. *Düngemittelverbrauch (kg/ha) in Reinnährstoffen*
(nach Annual Review 1959)

Land	N	P_2O_5	K_2O	Total
Japan	103,2	53,2	61,2	217,6
Südkorea	73,0	51,7	3,2	127,9
Formosa	126,5	37,8	30,5	194,8

Japan ist nach den U.S.A. und Westdeutschland der größte Stickstoffproduzent der Welt. Seine Harnstoffproduktion ist die größte der Welt, genauso wie der Hektarverbrauch von 217 kg Reinnährstoffen den aller anderen Staaten der Welt übertrifft. Während früher der Hauptteil der japanischen Düngemittelausfuhren in die Nachbarländer Formosa, Korea und in die Volksrepublik China ging, diese Exporte machten zusammen 90% der Ausfuhren aus, fiel die Volksrepublik China aus politischen Gründen aus und Korea sowie Formosa genügten als Absatzmärkte nicht. Letztere sind außerdem bemüht, ihre eigene Inlandsproduktion zu erweitern. Japan ist deshalb gezwungen, neue Absatzmärkte in Indien, Südostasien und Südamerika zu suchen, wo es sich aber schärfstem Wettbewerb westlicher Länder gegenübersieht.

Die Volksrepublik China verfügt, gemessen an der großen Bevölkerung, die jährlich um 13 Mio zunimmt, nur über eine relativ kleine landwirtschaftlich genutzte Fläche. Auf einen Bewohner entfällt nur ein fünftel Hektar. Im Hinblick auf die wirtschaftliche Entwicklung, ist es von lebenswichtiger Bedeutung, die landwirtschaftliche Produktion zu erhöhen. Während die Kulturnahme bisher ungenützter Flächen eine Möglichkeit bietet, liefert bei der Investition des gleichen Betrages der Düngersektor einen sechsfach höheren Effekt unter den vorherrschenden Bedingungen.

Diese Überlegungen waren die Ursache für eine Revision des Agrarprogrammes. Der zweite Fünfjahresplan, der 1958 in Kraft trat, mißt der Düngerindustrie besondere Bedeutung bei. Die bereits bestehenden Produktionseinheiten werden vergrößert, neue Werke werden gebaut und die Provinzen werden ermutigt, eine möglichst große Anzahl kleiner und mittlerer Fabriken zu errichten.

Für China, das durch seine jahrhundertealte Verwendung organischer Dünger bereits das Wissen und den Wert der Düngung in der Landwirtschaft weit verbreitet hat, ist der Schritt zur intensiven Mineraldüngung nun einfach.

Mineralische Düngemittel werden in der Volksrepublik China ausschließlich zu Ackerlandkulturen verwendet. Das in extensiver Weise genutzte Grünland erhält fast keine mineralische oder organische Düngung.

Der Reinnährstoffverbrauch pro Hektar Ackerland betrug 1958 3,6 kg N, während der Phosphorsäure- und Kaliverbrauch unter 1 kg lagen. Wirtschaftseigene Düngemittel, wie Fäkalien, Kompost, Gründüngungen u. dgl. machen in bezug auf zugeführte Reinnährstoffe ein Vielfaches der mineralischen Düngung aus.

Die Volksrepublik China konnte bisher nur 30 bis 40% des Stickstoffdüngerverbrauches aus der eigenen Erzeugung decken.

Formosa hat mit einem Hektarverbrauch von 194,8 kg Reinnährstoffen das Niveau der Intensivgebiete Europas erreicht. Schwergewicht der Düngemittelversorgung liegt auf Stickstoff, von dem 126,5 kg pro Hektar verwendet werden.

Südkorea verzeichnet gleichfalls ein hohes Niveau im Düngemittelverbrauch. Mit 73,0 kg pro Hektar Stickstoff, 51,7 kg pro Hektar P_2O_5 und 3,2 kg pro Hektar K_2O hatte das Land einen Gesamtnährstoffverbrauch pro Hektar von 127,9 kg. Wie sehr Düngemittelverbrauch und landwirtschaftliche Produktion zusammenhängen, zeigt Abb. 367.

Von Interesse ist die Verteilung des Handelsdüngerverbrauches auf die einzelnen Kulturen. Während 87% der gesamten Stickstoffdünger zu Getreide verwendet wurden (49% zu Reis, 33% zu Gerste), entfielen auf Gemüse nur 3%.

Von den Phosphatdüngern wurden gleichfalls 87% zu Getreide, davon 41% zu Reis und 43% zu Gerste verwendet, zu Gemüse dagegen nur 2%.

Der Kaliverbrauch konzentriert sich mit 31% auf Gerste, Reis 24%, Baumwolle 22% und Kartoffeln 14% folgen. Auf Tabak kommen 4%.

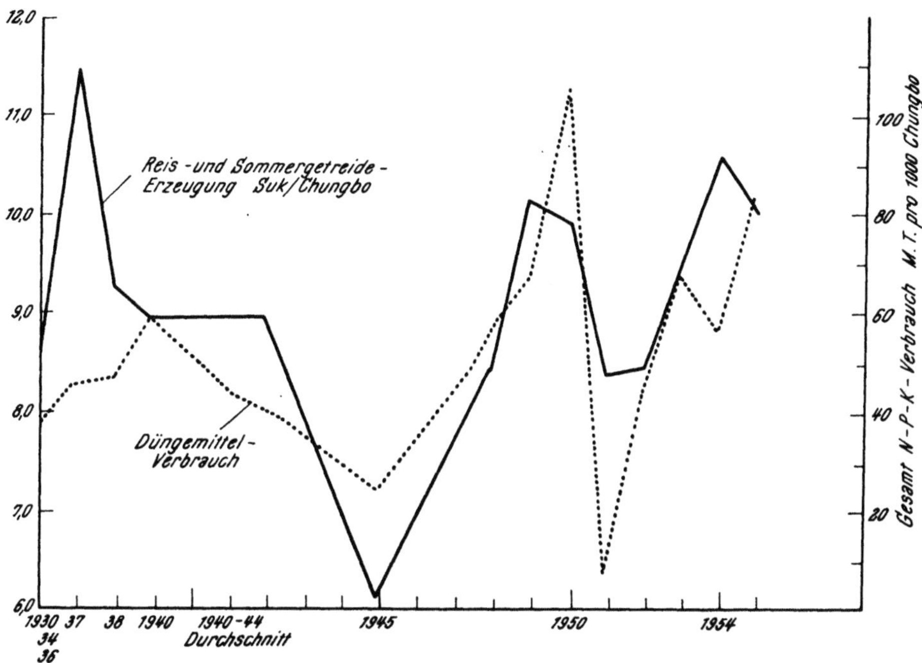

Abb. 367. Getreideerzeugung und Handelsdüngerverbrauch (nach Fertilizer Consultant Team 1956)

Besonders aufschlußreich ist die Tatsache, daß 1% der Stickstoffdünger und 2% der Phosphatdünger für Gründüngungspflanzen verwendet wurden. Alle diese Zahlen beziehen sich auf die Verhältnisse des Jahres 1956.

c) Afrika

Da sich die Gebiete südlich und nördlich der Sahara grundlegend unterscheiden, soll diese Tatsache auch in der Behandlung des Schwarzen Erdteiles berücksichtigt werden.

Der Gesamtdüngerverbrauch Afrikas an Reinnährstoffen verteilt sich genau zur Hälfte auf den nördlich bzw. südlich der Sahara gelegenen Teil (Tab. 778).

Tabelle 778. *Verbrauch an Reinnährstoffen in Afrika*

Dünger	Afrika nördlich der Sahara	Afrika südlich der Sahara	Afrika total
Stickstoff	187 900 72%	74 400 28%	262 300
Phosphorsäure...............	126 700 39%	195 750 61%	322 450
als Rohphosphat	13 400 39%	20 300 61%	33 700
Kali........................	20 800 25%	61 500 75%	82 300
	348 800 49%	351 950 51%	700 750

Tabelle 779. *Düngemittelverbrauch in to Reinnährstoffen 1958/59*
(nach Annual Review 1959)

Land	N	P_2O_5	K_2O
Algerien	13 572	24 200	22 433
Angola	500	100	
Bechuanaland	659	160	
Kongo	1 218	1 150	652
Kamerun	1 500	740	1 350
Ghana	136	38	2
Kenia	1 100	3 400	400
Libyen	1 000	1 500	400
Malgache	700	860	240
Mauritius	6 457	3 400	784
Marokko	4 421	27 065	4 317
Nigeria	1 708	1 217	1 728
Reunion	3 476	1 800	2 500
Zentralafrikanische Föderation	11 790	36 452	10 750
Spanisch-Guinea	291	259	277
Sudan	16 721	100	
Swaziland	819	776	202
Tanganjika	500	300	507
Tunesien	1 000	8 900	1 274
Uganda	500		145
Südafrikanische Union	34 000	167 000	29 000
Vereinigte Arabische Republik, Ägypten	117 074	27 676	2 264

Tabelle 780. *Reinnährstoffverbrauch (kg/ha) 1957/58*

Land	N	P_2O_5	K_2O	Total
Algerien	0,2	0,6	0,3	1,1
Kongo	0,03	0,02	0,02	0,07
Kenia	0,8	1,9		2,7
Mauritius	57,0	22,7	35,1	114,8
Nigeria	0,1	0,09	0,1	0,3
Zentralafrikanische Föderation	1,4	0,8	0,4	1,6
Ägypten	60,3	27,2	0,6	88,1
Reunion	40,0	17,5	24,0	81,5
Westafrika	0,08	0,05	0,1	0,23
Libyen	0,1	0,1	—	0,2
Sudan	0,5	—	—	0,5
Südafrikanische Union	0,3	1,7	0,3	2,3
Marokko	—	1,7	0,3	2,0
Tunesien	—	1,8	0,3	2,1

1. Afrika nördlich der Sahara

Die Landwirtschaft Afrikas nördlich der Sahara wird zum überwiegenden Teil durch den mediterranen Klimaeinfluß, die traditionelle Betriebsweise der Mohammedaner, dem Bewirtschaftungssystem der französischen Siedler in Algerien und durch die Nillandwirtschaft in Ägypten bestimmt.

Das düngungsintensivste Gebiet Afrikas, die ägyptische Provinz der Vereinigten Arabischen Republik, verdankt seinen hohen Entwicklungsstand der jahrtausendelang betriebenen Landwirtschaft im Niltal und der damit verbundenen Möglichkeit zur Bewässerung. Der Reinnährstoffverbrauch pro Hektar von 88 kg stellt bereits ein hohes Niveau dar und kann mit dem europäischer Länder verglichen werden.

Während sich der hohe Hektarverbrauch in Ägypten aus der starken Verwendung von Stickstoffdüngern ergibt, verdankt die Südafrikanische Union ihren gleichstarken Düngerverbrauch dem hohen Verbrauch an Phosphatdüngemitteln.

Wie sehr der Faktor Wasser die Düngemittelanwendung begrenzt, zeigt sich beim Vergleich von Ägypten und Libyen, wo Düngemittel auf kleine bewässerte Flächen nahe der Küste beschränkt sind.

Die besondere Rolle als Rohphosphatlieferung kommt in Marokko und Algerien zum Ausdruck, wo sich der Düngemittelverbrauch auf den starken Einsatz von Phosphaten stützt. Der Stickstoffdüngemittelverbrauch in Marokko und Tunis ist unbedeutend, so daß sich ein sehr weites Nährstoffverhältnis zwischen Stickstoff und Phosphorsäure ergibt. Marokko ist nach der Südafrikanischen Union der stärkste Verbraucher an Rohphosphaten.

2. Afrika südlich der Sahara

Das landwirtschaftlich genutzte Gebiet des afrikanischen Kontinents südlich der Sahara umfaßt etwa 15% der gesamten Landwirtschaftsfläche der Erde, 17% des Wald- und 18% des Weidelandes. Trotz verschiedentlich starken Wachstums der Städte ist der Ackerbau die Haupttätigkeit von 75% der Bevölkerung, d. i. ein größerer Prozentsatz als in irgend einem anderen Teil der Welt. Dem steht jedoch die Tatsache gegenüber, daß dieses Gebiet nur 4% der landwirtschaftlichen Gesamterträge der Erde produziert. Im Welthandel mit Agrarerzeugnissen steht Afrika etwas besser, weil es hierbei auf annähernd 10% des Gesamtwertes kommt.

Charakteristisch für die Agrarproduktion Afrikas südlich der Sahara sind die primitiven Bodenbearbeitungsmethoden. Bis jetzt konzentrierten sich die Bemühungen um eine technische Verbesserung der Produktion in der Hauptsache darauf, die Ausfuhr zu fördern und die Erzeugung von exportfertigen Ernteprodukten zu steigern. Ein besonderes Kennzeichen dieses Gebietes ist die geringe Bevölkerungsdichte. Im Jahre 1956 schätzte man, daß auf den Quadratkilometer nur 7 Personen entfielen. Die höchste Bevölkerungsdichte wurde in Nigeria und Ruanda Urundi mit etwa 100 Einwohnern pro km² festgestellt. Die europäische Bevölkerung, die nur 2% der Gesamtbevölkerung ausmacht, spielt in einigen Teilen des Landes eine wichtige Rolle in der Landwirtschaft.

In der Südafrikanischen Union besitzen beispielsweise Europäer 89% der landwirtschaftlichen Nutzfläche und erzeugen einen Großteil der landwirtschaftlichen Produktion.

Die landwirtschaftlich nutzbaren Flächen südlich der Sahara schätzt man auf 200 Mio ha Ackerland und Obstbau sowie 450 Mio ha Weide. Dieses große Potential wird aber nur teilweise genützt, nicht nur weil Klimaverhältnisse eine vollständige Nutzung erschweren, sondern weil die Möglichkeiten auch durch die gegenwärtigen primitiven Produktionsmethoden, beispielsweise die verschiedenen Formen der shifting cultivation, beschränkt sind.

Die zum Teil noch vorhandenen Besitzverhältnisse innerhalb eines Stammes, das Fehlen richtiger Marktorganisationen, die Transportschwierigkeiten tragen alle dazu bei, daß Afrika südlich der Sahara nur zu 4% an der gesamten landwirtschaftlichen Produktion der Welt beteiligt ist, dagegen aber 15% der landwirtschaftlich genutzten Fläche der Welt einnimmt. Nur in einigen Kulturen dominiert das südlich der Sahara gelegene Gebiet. So beträgt der Anteil am Weltexport von Palmkernen 90%, von Erdnüssen 70%, von Kakao 65%, von Sisal 60%.

Die meisten Gebiete hängen vom Export landwirtschaftlicher Produkte ab und die Lage der Wirtschaft wird daher stark von Änderungen der Weltmarktpreise bestimmt.

Ein wesentliches Merkmal der Landwirtschaft ist der hohe Anteil der Produktion, der der Eigenversorgung dient. Der Marktanteil ist gering.

In nahezu allen Ländern stammt der von Eingeborenen produzierte Anteil für die Selbstversorgung von 60 oder mehr Prozent der kultivierten Fläche. Nur in Ghana sinkt diese Zahl auf 20 bis 30%. Fast 60% der männlichen Bevölkerung in diesen Gebieten sind in der Produktion für die Selbstversorgung beschäftigt. Die Exportprodukte erzeugende und von Eingeborenen bewirtschaftete Fläche nimmt nur 15% der gesamten Kulturfläche ein.

Diese Faktoren verbunden mit einem Mangel an Wissen sowie landwirtschaftlicher Schulungs- und Beratungsstätten sind die Ursachen für den niedrigen Handelsdüngemittelverbrauch in den Gebieten südlich der Sahara.

Handelsdüngemittel werden fast zur Gänze nur auf europäischen Niederlassungen verwendet. Die geringe Bevölkerungsdichte, der hohe Produktionsanteil der einheimischen Bevölkerung für die Selbstversorgung, die hohen Düngerkosten in Verbindung mit den Preisen für landwirtschaftliche Produkte standen bisher einer starken Ausweitung des Düngemittelverbrauches hinderlich gegenüber.

Obwohl man eine allmähliche Zunahme im Handelsdüngemittelverbrauch erkennen kann, konzentriert sich die Düngemittelverwendung jetzt noch auf die Südafrikanische Union, die Föderation von Rhodesien, Nyassaland und Kenia.

Den Phosphatvorkommen kommt keine übergroße Bedeutung zu. Nennenswert sind Lagerstätten im nördlichen Transvaal, Französisch-Togoland, in der Mali-Föderation und Südrhodesien.

Obwohl gegenwärtig keine Kalilager abgebaut werden, wurden in Pointe-Noire in Französisch-Äquatorialafrika bedeutende Lagerstätten entdeckt.

Der einzige Stickstoffproduzent im Raume südlich der Sahara ist die Südafrikanische Union, die mit einer Jahresproduktion von 22 000 to Stickstoff im Jahre 1958/59 noch nicht die eigene Nachfrage decken konnte.

Vom Standpunkt des derzeitigen Handelsdüngerverbrauches könnte man das Gebiet südlich der Sahara in drei Räume teilen:

1. die Südafrikanische Union;

2. Nord- und Südrhodesien, die ostafrikanische Föderation, Malgache, Mauritius und Reunion;

3. Die Länder Zentralafrikas, Westafrikas sowie Portugiesisch-Ostafrika.

Mit etwa 34 000 to Stickstoff, 152 000 to Phosphorsäure und 29 000 to Kali steht die Südafrikanische Union an der Spitze im Düngerverbrauch. Gleichzeitig stellt sie in Afrika neben Ägypten den zweiten Schwerpunkt in der Verwendung von Handelsdüngern dar. Diese besondere Stellung der Südafrikanischen Union erklärt sich aus dem relativ hohen Prozentsatz europäischer Bevölkerung (21%), der stärkeren Betonung der Marktproduktion durch die Landwirtschaft sowie aus dem Export von Ernteprodukten intensiv bewirtschafteter Kulturen, wie z. B. Citrus.

Im Raume der Ostafrikanischen Föderation werden etwa $^1/_3$ der zur Verfügung stehenden Handelsdünger zu Kaffee, $^1/_3$ zu Tee verwendet. Das restliche Drittel verteilt sich auf übrige Kulturen, wie Ananas und Getreide.

Von den drei Gebieten Kenia, Tanganjika und Uganda steht ersteres an der Spitze des Handelsdüngerversuches. In gleicher Weise hängen jedoch alle drei Länder von ihrer landwirtschaftlichen Produktion ab. Die verwendeten Handelsdünger sind Ammonsulfat und Superphosphat während Kalidüngemittel noch keinen nennenswerten Absatz erreicht haben.

Auch in Nordrhodesien entfällt der überwiegende Teil der Handelsdüngermenge auf die europäischen Farmen. Der Anteil, der auf einheimische Betriebe entfällt, dürfte 3 bis 4% betragen. Die Hauptmenge der zur Verfügung stehenden Handelsdünger wird zu Mais verwendet.

Der Mangel an Wissen, die ungünstigen Transportverhältnisse sowie die Kapitalknappheit machen.es unmöglich, in der Landwirtschaft der Eingeborenen den Handelsdüngerverbrauch zu erhöhen.

Auf den Inseln Mauritius, Reunion und Madagaskar (Malgache) sind gleichfalls die ersten Schritte für die verstärkte Verwendung von Düngern durch Europäer auf den von ihnen geleiteten Betrieben durchgeführt.

Bei einem Vergleich zwischen Anteil der europäischen Bevölkerung an der Gesamtbevölkerung und dem Handelsdüngerverbrauch zeigt sich, daß zwischen beiden eine positive Relation besteht.

So beträgt der Anteil in der Südafrikanischen Union, die den größten Düngerverbrauch im südlich der Sahara gelegenen Afrika aufweist, 21%, in Südrhodesien 7%, während die Länder West- und Zentralafrikas mit kleinsten Düngerverbrauch auch den niedrigsten Anteil an Europäern, und zwar 1%, aufweisen.

Wie die Karte über den Düngerverbrauch Afrikas zeigt, weist der zentral- und westafrikanische Raum nur einen minimalen Düngerverbrauch auf. Von einer systematischen Verwendung von Düngemitteln kann noch nicht gesprochen werden. Diese Länder beschäftigen sich gerade mit der Beweisführung, daß Düngung notwendig ist. Die eingeführten Dünger werden daher zum Großteil auf Versuchsstationen verwendet. Interessant ist, daß Kakao, der für den wichtigsten Kakaoerzeuger der Welt, Ghana, das erste Exportgut darstellt, noch nicht gedüngt wird. Das hängt mit der Produktionsweise dieses Erzeugnisses zusammen, das von einheimischen Pflanzern sehr kleiner Betriebe und nicht von Großplantagen stammt, wie man sie in anderen Kakaoländern antrifft.

Änderungen in der Anbautechnik, in der Erntemethode usw. müßten unter diesen Verhältnissen Tausenden von ungeschulten einheimischen Pflanzern beigebracht werden, die sich von den überlieferten Arbeitsmethoden nicht trennen wollen.

Es ist interessant, daß beispielsweise in Ghana falsche Kulturmethoden und das wichtige Problem der Schädigungsbekämpfung die Regierung veranlassen, andere produktionsfördernde Maßnahmen vorerst zurückzustellen und in erster Linie die richtige Durchführung der zuerst genannten Arbeiten zu propagieren.

Als nachteilig für die Entwicklung des Düngemittelverbrauches wirkt sich auch das in Westafrika weitverbreitete Pachtsystem aus, bei dem der Pächter den Dünger zur Gänze zu zahlen hat, jedoch nur ein Drittel des dadurch erzielten Mehrertrages erhält.

Auf Kleinbetrieben, die Food crops erzeugen, sind gewöhnlich keine Barmittel vorhanden, um käuflich erwerbbare Produktionsmittel einzusetzen.

d) Südamerika

Südamerika, das klimatisch in Gebiete der Tropen sowie solche der gemäßigten Zone untergliedert werden kann, ist durch seine Hauptprodukte in starkem Maße mit dem Welthandel und der Weltwirtschaft verbunden.

Zuckerrohr, Kaffee, Kakao, Baumwolle und Tabak auf der einen Seite sowie Weizen auf der anderen Seite ändern ihre Bedeutung mit wechselnder Nachfrage auf dem Weltmarkt.

Die Einfuhrkapazität von Investitions- und Konsumgütern wird zum großen Teil durch die dem Export zur Verfügung stehenden Mengen landwirtschaftlicher Erzeugnisse und ihrem Exportwert bestimmt.

Während in Brasilien und Kolumbien der Exportwert hauptsächlich von den Kaffeeernten abhängt, ist die Zahl der exportfähigen Produkte in der gemäßigten Zone Südamerikas größer.

Trotz dieser teilweise stark exportorientierten landwirtschaftlichen Produktion kann von keinem intensiven Gebrauch von Handelsdüngemitteln gesprochen werden.

Der geringe und unausgeglichene Verbrauch von Handelsdüngern in Südamerika erklärt sich aus einigen Tatsachen dieses Kontinents:

Die Landwirtschaft ist durch den Großgrundbesitz gekennzeichnet, der mit einem Pachtsystem verbunden ist, das als wesentliches Merkmal kurzfristige Pachtverträge aufweist. Ein selbständiger Bauernstand mit ausreichenden Besitzverhältnissen ist kaum vorhanden. Diese Tatsache bringt es mit sich, daß der Pächter seinen Betrieb als ein ihm nur für kurze Zeit zur Verfügung gestelltes Produktionsmittel betrachtet und Investitionen nicht in seine betriebswirtschaftlichen Überlegungen mit einbezieht.

Die vorhandenen Exporte dürfen nicht darüber hinwegtäuschen, daß ein Teil der Landwirtschaft noch für die Selbstversorgung erzeugt oder Produkte liefert, die nur im geringen Ausmaße marktfähig sind. Obgleich fast die gesamte Düngemittelmenge zu Zuckerrohr, Kaffee, Baumwolle, Kakao, Kartoffeln, Gemüse und Obst verwendet wird, bleiben große Flächen dieser Kulturen selbst ungedüngt.

Tabelle 781. *Düngemittelverbrauch in Südamerika in to Reinnährstoffen 1958/59*
(nach Annual Review 1959)

Land	N	P_2O_5	K_2O
Argentinien	6 000	4 673	3 392
Bolivien	150	212	48
Brasilien	33 000	76 000	59 000
Britisch-Guayana	4 234	1 717	1 349
Chile	30 000	39 000	9 190
Kolumbien	7 000	17 850	5 022
Ekuador	4 845	2 315	1 757
Peru	29 460	10 820	3 548
Surinam	315	56	46
Uruguay	2 418	4 784	2 500
Venezuela	5 500	6 790	4 010

Bisher liegt das Schwergewicht des Handelsdüngemittelverbrauches auf Zuckerrohr, Kaffee, Baumwolle, Tabak. Überall dort, wo die Landwirtschaft nur Nahrungsmittel zur Deckung des eigenen Bedarfes liefert und Einnahmen aus dem Verkauf marktgängiger Produkte nicht vorhanden sind, haben Handelsdünger noch keinen Eingang gefunden.

Die Hauptverbrauchergebiete für Handelsdüngemittel sind gegenwärtig:

1. Brasilien

a) Sao Paulo mit Zuckerrohr, Baumwolle, Gemüse und Obst,

b) der Staat Pernambuco, wo Handelsdünger vorwiegend für Zuckerrohr verwendet werden,

c) Rio Grande do Sul, das Weizen- und Maisanbaugebiet des Landes.

2. Argentinien

a) Das Gebiet entlang der Ostseite der Cordilleras de los Andes, welches hauptsächlich für den Anbau von Obst, Wein und Zuckerrohr in Frage kommt.

b) Das Gebiet von Buenos Aires — Rosario für Obst und Gemüse.

3. Uruguay. Cundinanarca, die Sabanna von Bogota mit Kartoffeln und Weizen.

4. Chile. Etwa 70% des gesamten Chilesalpeterverbrauches entfallen auf den Weizenbau. Die bedeutenden Salpetervorkommen haben schon früh zu einem verstärkten Einsatz dieses Produktionsmittels geführt. Durch die Begrenztheit der landwirtschaftlich nutzbaren Fläche wurde der Düngemitteleinsatz intensiviert.

5. Venezuela. Handelsdünger werden nur in den gebirgigen Gegenden im Hinterland von Caracas für Gemüse, Getreide und Kartoffeln verwendet.

Die zur Verfügung stehenden Handelsdünger in Ekuador werden nur für einige Spezialkulturen bzw. unter besonderen Verhältnissen auch zu anderen Marktfrüchten verwendet.

In Peru wird hauptsächlich Guano für Düngungszwecke verwendet. Handelsdünger stehen nur in geringeren Mengen zur Verfügung.

Tabelle 782. *Reinnährstoffverbrauch in Kilogramm pro Hektar 1957/58*

Land	N	P_2O_5	K_2O	Total
Argentinien	0,04	0,03	0,02	0,09
Brasilien	0,3	0,6	0,5	1,4
Britisch-Guayana	3,2	1,3	1,2	4,7
Chile	6,0	6,5	9,5	14,0
Kolumbien	0,4	1,0	0,3	1,7
Ekuador	0,7	0,5	0,5	1,7
Peru	2,6	1,0	0,3	2,9
Uruguay	0,1	0,6	0,2	0,9
Venezuela	0,3	0,4	0,2	0,9

e) Nord- und Zentralamerika

Die Düngersituation Nord- und Zentralamerikas ist durch zwei Tatsachen gekennzeichnet:

1. Die U.S.A. dominieren sowohl in der Erzeugung als auch im Verbrauch von Handelsdüngemitteln. 88% des gesamten Düngerkonsums dieses Bereiches entfallen auf sie, während der Produktionsanteil 90% überschritten hat.

2. Trotz des beträchtlichen Düngerkonsums haben die U.S.A., Kanada und zahlreiche mittelamerikanische Staaten noch nicht die Düngungsintensität europäischer Länder erreicht. Nur auf den Inseln im karibischen Raum ist ein hoher Düngerverbrauch pro Hektar zu konstatieren.

Tabelle 783. *Düngemittelverbrauch (to Reinnährstoff)*
in Nord- und Zentralamerika 1958/59
(nach Annual Review 1959)

Land	N	P_2O_5	K_2O
Britisch Honduras	168	80	12
Kanada	56937	126934	76730
Costa Rica	3237	954	855
Kuba	12302	29373	12301
Dominikanische Republik	8902	2153	2382
El Salvador	6179		4034
Guadeloupe	2074	1391	7764
Guatemala	5382	2418	2370
Honduras.....................	6041	320	82
Martinique...................	2096	657	6806
Mexiko.......................	140000	28000	4314
Puerto Rico	29961	10551	17054
U.S.A........................	2346000	2973223	1892000
Barbados	2800	2809	3000
Jamaica	5761	1760	3200
Trinidad und Tobago...........	3917	812	1945

Der hohe Anteil am Gesamtdüngerkonsum Nord- und Zentralmerikas bewirkt, daß nennenswerte Änderungen in diesem Raum sich meist aus einer Änderung der Situation in den U.S.A. ergeben. Es sei daher auf die Lage des Düngemittelverbrauches in den U.S.A. etwas näher eingegangen.

Trotz der großen Bedeutung der amerikanischen Landwirtschaft als Exportfaktor und dem damit verbundenen Trend zur stärkeren Nährstoffversorgung landwirtschaftlich genutzter Flächen werden nur rund 30% davon mit Handelsdüngern versorgt. Dabei ist der Anteil des Düngereinsatzes bei solchen Kulturen am höchsten, die am düngerdankbarsten sind bzw. den Düngeraufwand am stärksten bezahlt machen. Der Anteil der gedüngten Flächen an der gesamten Anbaufläche von Tabak beträgt beispielsweise 97%, bei Zuckerrohr und Zuckerrübe 91% im Gegensatz zu Wiesen und Weiden, wo nur 10% erreicht werden.

Tabelle 784. *Nährstoffverbrauch 1954 in Form von Mineraldünger zur Düngung der*
Hauptkulturen in den U.S.A.
(nach Annual Review 1959)

Kulturart	% Anteil der gedüngten Flächen an der gesamten Anbaufläche	Mittlerer Düngerverbrauch auf gedüngten Flächen in kg/ha			
		N	P_2O_5	K_2O	$N + P_2O_5 + K_2O$
Mais	60	30,2	31,4	28,0	89,6
Weizen	28	20,2	30,2	21,3	71,7
Hafer und Gerste	30	19,0	31,4	22,4	72,8
Baumwolle	58	54,9	34,7	28,0	117,6
Tabak...................	97	67,2	135,5	131,0	333,7·
Zuckerkulturen	91	65,0	51,5	15,7	132,2
Großsamige Leguminosen .	23	7,8	37,0	35,8	89,6
Obst	58	87,4	37,0	44,8	169,2
Kartoffeln, Süßkartoffeln ..	78	79,5	121,0	109,8	310.3
Gemüse..................	63	66,1	94,1	73,9	234,1
Wiesen und Weiden	10	13,4	44,8	32,5	90,7

Seit 1947 ist im Getreide- und Baumwollanbau eine Intensivierung in der Düngeranwendung festzustellen. Von besonderem Interesse ist, daß der Phosphatverbrauch wesentlich höher ist als der von Stickstoff und Kali, was sich zum Teil aus dem hohen Anteil der Körnerfrüchte erklärt.

Tab. 785 zeigt den Handelsdüngerverbrauch in den U.S.A. sowie die prozentuellen Anteile, die auf die einzelnen Kulturen entfallen.

Tabelle 785. *Handelsdüngerverbrauch in den U.S.A.*
(nach Jürgens-Gschwind 1959)

Kulturart	Verbrauch in 1000 to[1] Hauptnährstoffe				Anteil am Gesamtverbrauch in %			
	1938	1947	1951/52	1954/55	1938	1947	1951/52	1954
Mais....................	298	783	1246	2007	21,6	25,8	27,1	32,8
Weizen	197	253	431	477	14,3	8,3	9,4	7,8
Hafer und Gerste		244	434	514		8,0	9,5	8,4
Baumwolle	266	305	564	606	19,3	10,0	12,3	9,9
Tabak	92	191	170	239	6,7	6,3	3,7	3,9
Kartoffeln, Süßkartoffeln ..	127	237	157	171	9,2	7,8	3,4	2,8
Gemüse..................	59	339	309	404	4,3	11,2	6,7	6,6
Obst, Nüsse..............	62	166	207	196	4,5	5,5	4,5	3,2
Andere Früchte[2].........	250	361	652	954	18,0	11,9	14,2	15,6
Ackerfrüchte insgesamt ...	1351	2879	4170	5568	97,9	94,8	90,8	91,0
Weide	29	159	422	551	2,1	5,2	9,2	9,0
Insgesamt	1380	3038	4592	6119	100,0	100,0	100,0	100,0

[1] 1 to = 1,016 to.
[2] Sojabohnen, Erdnüsse, Flachs, Roggen, Reis, Bohnen und Erbsen, Zuckerrohr und -rüben, Heu, Hirse, Deckfrüchte, Verschiedenes.

Neben der Steigerung des Verbrauches aller drei Hauptnährstoffe konnte in den letzten Jahren eine Verschiebung im Anteil des Nährstoffverbrauches der einzelnen Kulturen festgestellt werden. So stieg der Anteil des Maises am Gesamtdüngerverbrauch von einem Fünftel auf ein Drittel, während die Anteile für Baumwolle und Kartoffel absanken.

Die Verengung des N:P:K-Verhältnisses von 1:4:1,4 im Jahre 1900 auf 1:1,1:1 im Jahre 1955/56 läßt sich gleichfalls durch den erhöhten Anteil an Getreide erklären.

Trotz der starken Verbrauchszunahme an Handelsdüngern in den U.S.A. hält der durchschnittliche Hektaraufwand einen Vergleich mit europäischen Zahlen nicht aus. Der Hektarverbrauch an Reinnährstoffen bezogen auf die landwirtschaftlich genutzte Fläche beträgt nur 4,9 kg Stickstoff, 5,3 kg Phosphorsäure und 4,1 kg Kali. Es darf hierbei jedoch nicht übersehen werden, daß große extensiv genutzte Gebiete der U.S.A., die nur einen geringen Handelsdüngerverbrauch aufweisen, den Durchschnitt sehr drücken.

Beachtlich ist der Hektardüngerverbrauch auf den Kleinen Antillen, verursacht durch die intensive exportgerichtete Landwirtschaft. So weisen Guadeloupe und Martinique einen Nährstoffverbrauch pro Hektar von 99 kg, Puerto Rico von 116 kg und Barbados von 161 kg auf. Es ist natürlich nicht möglich, die Hektarverbrauchszahlen einzelner Länder in einen Vergleich zu setzen.

Ein Vergleich ist nur möglich, wenn man beispielsweise den Düngerhektarverbrauch jener Gebiete der einzelnen Länder in Relation setzt, die die gleichen landwirtschaftlichen Kulturen unter zumindest ähnlichen Boden- und Klimaverhältnissen besitzen und dabei flächenmäßig gleichgroße Gebiete berücksichtigt.

Tabelle 786. *Reinnährstoffverbrauch in kg pro Hektar*

Land	N	P_2O_5	K_2O	Total
Kanada	0,6	1,8	1,3	3,7
Costa Rica	5,1	5,3	3,5	13,9
Kuba	3,6	3,4	2,6	9,6
Dominikanische Republik	1,4	—	1,6	3,0
El Salvador	5,6	2,6	3,2	11,4
Guatemala	3,9	1,7	0,6	6,2
Honduras	2,3	—	—	2,3
Mexiko	1,6	0,3	0,5	2,4
U.S.A.	4,9	5,3	4,0	14,2
Puerto Rico	70,2	17,4	28,9	116,5
Barbados	72,7	—	87,9	160,6
Jamaika	14,1	3,4	10,4	27,9
Trinidad	21,3	—	9,2	30,5

f) Ozeanien

Sowohl Australien als auch Neuseeland sind im Hinblick auf die Nahrungsmittelproduktion Überschußgebiete. Nachdem die Hauptexportgüter vorerst tierische Produkte, wie Fleisch, Butter und Wolle waren, setzte in den ersten Jahrzehnten dieses Jahrhunderts der Export von Weizen ein.

Das Hauptproblem der Landwirtschaft Australiens und Neuseelands ist nicht Steigerung der Produktion, sondern die Sorge um den Verkauf der Überschüsse. Eine Lösung dieses Problems dürfte in der Erhöhung der Produktivität liegen. Daneben sind beide Länder bemüht, neue Absatzmärkte aufzufinden und waren gezwungen, nach Wegfall der Getreideexportmöglichkeiten nach Europa, einen gewissen Ersatz durch Lieferungsmöglichkeiten nach Ostasien zu finden.

Während im Düngejahr 1958/59 der Anteil Australiens und Neuseelands am Weltdüngerverbrauch 3% betrug, entfielen von diesen 3% neun Zehntel auf Phosphate. Zur Zeit erzeugt der hier zusammengefaßte Raum Ozeanien nur Stickstoff und Phosphatdüngemittel. Daneben sind Einfuhren von Stickstoff-, Phosphat- und Kalidüngemitteln notwendig.

Das weite Nährstoffverhältnis von 1:16,2:1,2 erklärt sich aus dreierlei Tatsachen:

Der besondere Platz, den die Viehwirtschaft in der Landwirtschaft Australiens und Neuseelands einnimmt, erklärt die intensive Nutzung des Grünlandes und den hohen Verbrauch an Phosphaten. Da die Stickstoffversorgung des Grünlandes durch einen verbreiteten Kleebau gesichert wird (zusätzliche Stickstoffdüngung zeigt keine Ertragserhöhung), ist der Stickstoffdüngerverbrauch niedrig geblieben.

Der Kalireichtum der meisten landwirtschaftlich genutzten Flächen ließ auch den Kaliverbrauch über 78 000 to ansteigen.

Tabelle 787. *Handelsdüngerverbrauch Ozeaniens in 1000 to Reinnährstoff*

	1956/57	1957/58	1958/59
Stickstoff	63	59	62
Phosphorsäure	642	687	663
Kali	60	82	78

Zwei Hauptkennzeichen des australischen Weizenbaues sind die geringe Fruchtbarkeit der meisten Weizenböden und die ariden Produktionsbedingungen.

Am Ende des vergangenen Jahrhunderts kam es zu einem verheerenden Absinken der Weizenerträge in Südaustralien, dem Hauptweizenanbaugebiet zu dieser Zeit. 1885 wurde erstmalig importiertes Superphosphat in Australien verwendet. Schon um das Jahr 1900 wurden auf einem Viertel der Weizenfläche Südaustraliens Phosphatdünger, in erster Linie Superphosphat, verwendet. Es dauerte jedoch zwei Jahrzehnte, bis die Anwendung von Superphosphat eine allgemein angewendete Praxis in ganz Australien wurde.

Stickstoffdünger wurde im australischen Weizenbau nicht verwendet. Die geringen Niederschläge wirken derart ertragsbegrenzend, daß die Feuchtigkeit und nicht der Nährstoff Stickstoff zum begrenzenden Faktor wird.

E. Potentieller Nährstoffverbrauch der Welt

Der für einen Zeitraum von zehn Jahren dargestellte Verlauf des Verbrauches an den drei Hauptnährstoffen weist in jedem einzelnen Fall eine steigende Tendenz auf.

So schwankte die jährliche Zunahme des Stickstoffverbrauches im Zeitraum der letzten fünf Jahre zwischen 5,9% und 10,6%. Beim Phosphorsäureverbrauch variierten die Zahlen zwischen 2,6% und 5,4%. Auch die Kaliverbrauchszunahme lag prozentmäßig unter dem Stickstoffverbrauch, wobei die geringste Zunahme im Jahre 1957/58 gegenüber 1956/57 mit 2,5% errechnet wurde, während im Düngejahr 1958/59 gegenüber 1957/58 6,4% die höchste Steigerung ergab. Für alle drei Nährstoffe ergab sich im Jahre 1958/59 gegenüber 1957/58 eine Verbrauchszunahme von beinahe 7%.

Die durchschnittliche jährliche Verbrauchssteigerung im Zeitraum der letzten fünf Jahre betrug 8,1% bei Reinstickstoff, 3,8% bei Phosphorsäure, 5,1% bei Kali und 5,6% im Mittel der drei Hauptnährstoffe.

Interessant ist, daß sich daraus zwischen allen drei Nährstoffen eine Verbrauchsschere ergibt. Während im Jahre 1950/51 der Phosphatverbrauch dominierte und der Kaliverbrauch den des Stickstoffes gering überstieg, hat sich während der vergangenen zehn Jahre der Stickstoffverbrauch dem Phosphatverbrauch immer mehr genähert und dabei die Kalikurve geschnitten.

Die führende Rolle der Phosphorsäure in der Vergangenheit erklärt sich aus den Anfängen des Düngemittelverbrauches in der zweiten Hälfte des 19. Jahrhunderts, wo es erstmals gelang, für ein Düngemittel eine fabriksmäßige Herstellung einzurichten. Daneben hatte die Phosphatdüngung deshalb diese Bedeutung — und daran hat sich in weiten Gebieten der Welt nichts geändert —, weil ein Großteil der landwirtschaftlich genutzten Böden äußerst arm an pflanzenverfügbarer Phosphorsäure ist und eine Zufuhr dieses Pflanzennährstoffes eine sichere Ertragserhöhung brachte. Dies erklärt sich hauptsächlich aus der Schwerlöslichkeit, der geringen Beweglichkeit und der daraus resultierenden Gefahr, daß dieser Nährstoff rasch ins Minimum kommt und die Ertragshöhe begrenzt. Die Phosphorsäure hat ferner in jenen Ländern eine erstrangige Bedeutung, die über eigene Phosphatlager bzw. über eine eigene Phosphatindustrie verfügen.

Auch die Notwendigkeit der Kalidüngung wurde schon früh erkannt. Noch bevor man es verstand, aus den Staßfurter Abraumsalzen Kali für Düngungszwecke zu gewinnen, hatte man bereits empirisch den Düngungswert des in Asche und verschiedenen organischen Materialien enthaltenen Kali erkannt. Die Kalianwendung erreichte steigende Bedeutung, als sich, um mit THÜNEN zu sprechen, im inneren Ring der Weltlandwirtschaft der Anbau von Intensivfrüchten ausdehnte und sich das Streben nach höheren Erträgen durchsetzte.

Stickstoff dagegen ist der jüngste Pflanzennährstoff im Sinne einer planmäßigen Erzeugung und Bereitstellung als Handelsdünger. Der fast überall vorhandene große Bedarf an Stickstoffdüngemitteln und die Kenntnis, daß Stickstoffdünger den raschesten und optisch sichtbarsten Wachstumseffekt erzielen, sowie die starke Ausweitung der Stickstoffdüngerkapazität auf der Welt sind die Erklärung für die Schere, die die Verbrauchstendenzen für Stickstoff und Kali bildet, und das immer enger werdende Verhältnis zwischen dem Phosphorsäure- und Stickstoffverbrauch.

Die oben erwähnten prozentuellen Zunahmen des Düngemittelverbrauches und die steigenden Linien im vorstehenden Diagramm berechtigen unter Berücksichtigung der raschen Bevölkerungszunahme und der zunehmenden Anforderungen an eine qualitative und quantitative Nahrungsmittelversorgung zur Annahme, daß eine steigende Tendenz auch in den nächsten Jahren auftreten wird. Diese Feststellung gilt jedoch nur bei annähernd gleichbleibenden wirtschaftlichen Verhältnissen. Störungen in der Weltwirtschaft oder in der Wirtschaft eines Kontinentes können die hier angeführte Aufwärtsentwicklung stören.

Wenngleich der Stickstoffverbrauch mengenmäßig den Phosphorsäureverbrauch im Jahre 1958/59 bereits überstiegen hat, so dürfte sich doch in weiter Zukunft das Nährstoffverhältnis wieder zugunsten von Phosphorsäure verschieben. Diese Annahme begründet sich aus zwei Fakten:

Da zur Zeit weite Räume der Welt nur eine extensive Viehhaltung und -nutzung kennen, eine zunehmende Weltbevölkerung immer mehr aber nach eiweißreicher Nahrung tierischen Ursprungs verlangen wird, muß sich eine intensive Grünlandwirtschaft auch in jenen Teilen der Welt entwickeln, wo heute noch nicht die Notwendigkeit einer richtigen menschlichen Ernährung erkannt wird, oder wo religiöse Überlegungen gegen die Nutzung des Rindes sind.

Da eine Grünlandwirtschaft besondere Anforderungen an die Phosphorsäureversorgung stellt, wird also der Beginn einer verstärkten weltweiten Viehwirtschaft auch mit einer verstärkten Zunahme des Phosphorsäureverbrauches zusammenfallen.

Der zweite Grund für eine Erweiterung des $N:P_2O_5$-Verhältnisses zugunsten von Phosphorsäure liegt in den steigenden qualitativen Ansprüchen an die Nahrung. Während eine Phosphorsäureverbrauchssteigerung auf Grund einer erweiterten Grünlandwirtschaft noch ein quantitatives Problem darstellt, ist die Erzeugung von hochwertigen, inhaltsreichen Nahrungsmitteln ein qualitatives Problem, das nur durch eine harmonische Verabreichung von Stickstoff, Phosphorsäure und Kali zu erreichen ist.

Wenn sich bei einer Vorausschau ein Nährstoffverhältnis von 1:1,6:0,8 ergibt und der Kaliverbrauch unter dem Stickstoffverbrauch bleibt, dann nur deshalb, weil weite Gebiete der Welt eine ausreichende Kaliversorgung der Böden aufweisen.

Wenn in dieser Abhandlung versucht wird, eine Prognose für den zukünftigen Düngemittelverbrauch der Welt zu geben, dann mögen alle nun angeführten Zahlen nur unter der Bedingung verstanden werden, daß sich die wirtschaftlichen Verhältnisse der Welt in gleicher Weise günstig weiterentwickeln werden.

Die 3,88 Milliarden ha landwirtschaftliche Nutzfläche der Welt, wovon 1,39 Milliarden ha Ackerland und 2,49 Milliarden ha Wiesen und Weiden sind, bilden die Grundlage der vorausschauenden Berechnung.

Auf dem Stickstoffdüngemittelsektor wäre es durchaus möglich, den jetzigen Verbrauch um das Sechsfache zu steigern, d. h. daß in ferner Zukunft mit einem

Reinstickstoffverbrauch von etwa 55 bis 60 Mio to zu rechnen ist. Dieser Zahl liegt die Berechnung des zukünftigen Stickstoffdüngemittelverbrauches in Europa, der U.d.S.S.R., Nordamerikas, Lateinamerikas, des Nahen und des Fernen Ostens, Afrikas und Ozeaniens zu Grunde. Wenn der Anteil Europas am Weltstickstoffdüngemittelverbrauch im Jahre 1958/59 noch rund 45% betrug (ausgenommen die U.d.S.S.R.), dann ist damit zu rechnen, daß sich dieser Anteil zugunsten Asiens, Afrikas und Südamerikas verringern wird. In der Zahl von 55 bis 60 Mio to Reinstickstoff wurden sowohl die Ackerfläche als auch das Grünland berücksichtigt, wobei mit folgenden Verbrauchszahlen pro ha gerechnet wurde (Tab. 788):

Tabelle 788. *Vergleich des Stickstoffverbrauchs verschiedener Erdteile bei Ackerland und bei Grünland*

Gebiet	kg Reinstickstoff pro ha	
	Ackerland	Grünland
Europa	40	20
U.d.S.S.R.	40	20
Nordamerika	30	15
Lateinamerika ...	20	15
Naher Osten	15	—
Ferner Osten	25	—
Afrika	20	—
Ozeanien.........	15	5

Beim Phosphatverbrauch kann mit einer zehnfachen Steigerung gerechnet werden. Diese ungemein starke Verbrauchszunahme läßt sich mit den oben gemachten Feststellungen untermauern. Auch beim Phosphatverbrauch wird sich der Anteil Europas und Nordamerikas zugunsten des Verbrauches in den anderen angeführten Produktionsräumen verringern. Man kann damit rechnen, daß die U.d.S.S.R. sich in der hier gemachten Einteilung zum stärksten P_2O_5-Düngerverbraucher entwickeln wird und daß Lateinamerika, der Nahe und der Ferne Osten, Afrika und Ozeanien ihren prozentuellen Anteil vergrößern können. Der zukünftig mögliche P_2O_5-Verbrauch kann daher auf 90 bis 100 Mio to pro Jahr geschätzt werden, wobei folgende Hektarverbrauchszahlen angenommen wurden:

Tabelle 789. *Vergleich des Phosphorsäureverbrauches verschiedener Erdteile bei Ackerland und Grünland*

Gebiet	kg P_2O_5 pro ha	
	Ackerland	Grünland
Europa	40	40
U.d.S.S.R.	40	40
Nordamerika	30	40
Lateinamerika ...	20	20
Naher Osten	20	10
Ferner Osten	25	10
Afrika	20	—
Ozeanien	15	30

Kali wird in Zukunft wie die anderen Hauptnährstoffe eine immer größere Bedeutung erlangen. Absolut genommen, dürfte der Kaliverbrauch hinter dem Stickstoff- und dem P_2O_5-Verbrauch bleiben. Gerade beim Kali ist es jedoch sehr schwierig, selbst nur eine Änderung der prozentuellen Weltverbrauchszahl vorauszusehen. Europa und Nordamerika dürften weiterhin die Schwerpunkte des Kaliverbrauches bleiben. Gegenüber dem Düngemittelverbrauch 1958/59 kann mit einer fünffachen Zunahme gerechnet werden, so daß der mögliche Kaliverbrauch der Welt 40 bis 50 Mio to betragen könnte. Dieser Zahl liegen folgende Hektarverbrauchszahlen zugrunde:

Tabelle 790. *Vergleich des Kaliverbrauches verschiedener Erdteile bei Ackerland und Grünland*

Gebiet	kg K_2O pro ha	
	Ackerland	Grünland
Europa	60	40
U.d.S.S.R.	40	20
Nordamerika	25	10
Lateinamerika ...	10	—
Naher Osten	5	—
Ferner Osten	10	—
Afrika	5	—
Ozeanien	20	10

Während bei den hier gemachten Zahlenangaben das Grünland des Nahen und Fernen Ostens sowie Afrikas als Stickstoffdüngemittelverbraucher nicht in Rechnung gesetzt wurde, kann angenommen werden, daß die entsprechenden Grünlandflächen des Nahen und Fernen Ostens sich zu Phosphatverbrauchern entwickeln werden.

Dieser mögliche Düngemittelverbrauch von 60 Mio to Stickstoff, 90 Mio to P_2O_5 und 45 Mio to K_2O gilt unter der Voraussetzung, daß man eine den heutigen Kenntnissen der landwirtschaftlichen Technik entsprechend angemessene Düngung einführen will; sie gelten unter der Voraussetzung, daß die Entwicklung der Landwirtschaft in den Entwicklungsgebieten der Welt weiter anhalten wird, um sich schließlich dem Niveau der heutigen Intensivgebiete zu nähern, wobei dem Faktor Düngung die ihm jeweils entsprechende Rolle neben anderen produktionsfördernden Faktoren zugemessen wird.

Tabelle 791. *Potentieller Reinnährstoffverbrauch der Welt Landwirtschaftliche Nutzfläche*

Ackerland: 1 390 000 000 ha
Grünland : 2 494 000 000 ha

3 884 000 000 ha

Gebiet	N	P_2O_5	K_2O	$N:P_2O_5:K_2O$
Europa	7 620 000	9 160 000	12 200 000	1:1,2:1,6
U.d.S.S.R.	15 248 420	23 642 200	16 248 420	1:1,6:1,1
Nordamerika	11 040 000	17 990 000	8 505 000	1:1,6:0,8
Lateinamerika ...	7 675 000	9 420 000	1 020 000	1:1,2:0,1
Naher Osten	1 125 000	3 440 000	375 000	1:3,1:0,3
Ferner Osten ...	9 100 000	11 860 000	3 640 000	1:1,3:0,4
Afrika	4 440 000	4 440 000	1 110 000	1:1 :0,3
Ozeanien	2 255 000	11 655 000	4 260 000	1:5,2:1,9
Welt	58 503 420	91 607 200	47 358 420	1:1,6:0,8

Tabelle 792. *Potentieller Handelsdüngerverbrauch Stickstoff*

Gebiet	Fläche in 1000 ha	Reinstickstoff in kg/ha	Reinstickstoff in to	Reinstickstoff in to	Prozentueller Anteil
Europa					
Ackerland	152000	40	6080000		
Grünland	77000	20	1540000	7620000	13%
U.d.S.S.R.					
Ackerland	221366	40	8854640		
Grünland	396689	20	7393780	15248420	25%
Nordamerika					
Ackerland	229000	30	6870000		
Grünland	278000	15	4170000	11040000	19%
Lateinamerika					
Ackerland	102000	20	2040000		
Grünland	396000	15	5635000	7675000	13%
Naher Osten					
Ackerland	75000	15	1125000	1125000	2%
Grünland	194000	0			
Ferner Osten					
Ackerland	364000	25	9100000	9100000	16%
Grünland	276000	0			
Afrika					
Ackerland	222000	20	4440000	4440000	8%
Grünland	534000	0			
Ozeanien					
Ackerland	25000	15	375000		
Grünland	376000	5	1880000	2255000	4%
				58303420	100%

Tabelle 793. *Potentieller Handelsdüngerverbrauch Phosphorsäure*

Gebiet	Rein-P_2O_5 kg/ha	Rein-P_2O_5 to	Rein-P_2O_5 to	Prozentueller Anteil
Europa				
Ackerland..............	40	6080000	9160000	10%
Grünland	40	3080000		
U.d.S.S.R.				
Ackerland	40	8854640	23642200	26%
Grünland	40	14787560		
Nordamerika				
Ackerland	30	6870000	17990000	20%
Grünland	40	11120000		
Lateinamerika				
Ackerland	20	2040000	9420000	10%
Grünland	20	7380000		
Naher Osten				
Ackerland	20	1500000	3440000	4%
Grünland	10	1940000		
Ferner Osten				
Ackerland	25	9100000	11860000	13%
Grünland	10	2760000		
Afrika				
Ackerland	20	4440000	4440000	5%
Grünland	0			
Ozeanien				
Ackerland	15	375000	11655000	12%
Grünland	30	11280000		
			91607200	100%

Tabelle 794. *Potentieller Handelsdüngerverbrauch Kali*

Gebiet	Rein-K_2O kg/ha	Rein-K_2O to	Rein-K_2O to	Prozentueller Anteil
Europa				
Ackerland	60	9 120 000	12 200 000	26%
Grünland	40	3 080 000		
U.d.S.S.R.				
Ackerland	40	8 854 640	16 248 420	34%
Grünland	20	7 393 780		
Nordamerika				
Ackerland	25	6 725 000	8 505 000	18%
Grünland	10	2 780 000		
Lateinamerika				
Ackerland	10	1 020 000	1 020 000	2%
Grünland	0			
Naher Osten				
Ackerland	5	375 000	375 000	
Grünland	0			
Ferner Osten				
Ackerland	10	3 640 000	3 640 000	8%
Grünland	0			
Afrika				
Ackerland	5	1 110 000	1 110 000	3%
Grünland	0			
Ozeanien				
Ackerland	20	500 000	4 260 000	9%
Grünland	10	3 760 000		
			47 358 420	100%

Literatur

Baade, F.: Welternährungswirtschaft. Hamburg: Rowohlt. 1956.

FAO: An new review of world production and consumption of fertilizers. Food and Agriculture Organization of the United Nations. Prepared by H. J. Page. Agriculture Division, Rom 1958, FAO/58/11/8643, 103 S. — *Fertilizer Consultant Team:* Fertilizer and lime needs in Korea. Administration. November 1956. International Cooperation, „Handelsdüngemittel" in: „Weltwirtschaft" (hrsg. v. F. Baade, als Manuskript gedruckt). Institut für Weltwirtschaft an der Universität Kiel, Dez. 1959, H. 2, 185 S. (S. 112).

Jürgens-Gschwind, S.: Die Phosphatvorräte der Welt. Phosphorsäure **17** (5/6), 387–395 (1957). — Über die Entwicklung der Düngerwirtschaft in den USA. Phosphorsäure **19** (4/5), 235–249 (1959).

Lanner, M.: The world fertilizer economy, 715 S. Stanford: University Press.

Ruthenberg, H.: Die Rolle der Landwirtschaft bei der wirtschaftlichen Entwicklung in Süd- und Ostasien. Agrarwirtschaft Hannover **9** (4), (1959).

Unger, H.: Mineraldünger in den Ostblockländern. Mitt. DLG **1960**, H. 25.

Tabellen über Zusammensetzung, Eigenschaften, Erzeugung und Verbrauch von Düngemitteln

Von

H. Löcker

a) Einleitung

Durch die viele Jahrzehnte zählende Entwicklung wurden die Erzeugungsverfahren der Düngerindustrie derart vervollkommnet, daß die wichtigsten Einzeldünger heute in wirtschaftlich vertretbarer, maximal erreichbarer bzw. gewünschter Reinheit erzeugt werden. Nicht unwesentliche Unterschiede bestehen jedoch vielfach hinsichtlich der physikalischen Eigenschaften, beispielsweise der Körnung, Lagerfähigkeit, Fließbarkeit, Farbe, Hygroskopizität. Die Forschung ist ständig bemüht, die Eigenschaften der Produkte zu verbessern, insbesondere auf dem Gebiet der Mehrnährstoffdünger ist die Entwicklung noch lange nicht abgeschlossen; beispielsweise werden Versuche durchgeführt, Dünger mit langsam fließender Stickstoffkomponente zu erzeugen, oder Verfahren zur Erstellung hochprozentiger Mehrnährstoffdünger unter Verwendung konzentrierter Phosphorsäure ausgearbeitet.

Der gesamte Weltverbrauch an Hauptnährstoffen und parallelgehend die Welterzeugung erreichten im Düngejahr 1961/62 Größenordnungen von 11 Mill. t Stickstoff, 10 Mill. t P_2O_5 und 9 Mill. t K_2O. Im Durchschnitt der letzten 5 Jahre stieg der Verbrauch jährlich für Stickstoff um 8 %, für P_2O_5 um 5 %, für K_2O um 3,7 %. Übersichtstabellen s. Abschnitt b).

Eine [Aufschlüsselung der genannten Zahlen auf die bekanntesten Industrie- und Agrarstaaten der Kontinente wird in Abschnitt e) gegeben. Die Gegenüberstellung der Erzeugungs- und Verbrauchszahlen (sowie der spezifischen Verbrauchszahlen) ermöglicht es, den Stand der Agrarwirtschaft der Länder sowie deren Dünger-Import- bzw. Exportzahlen abzuschätzen.

In Abschnitt c) folgt eine Zusammenstellung der Einzeldünger, unterteilt nach Stickstoff-, Phosphor- und Kalidünger; die Vielzahl der Mehrnährstoffdünger wird durch die Listen deutscher und amerikanischer Düngersorten charakterisiert, Abschnitt d), vereinzelte Angaben finden sich zusätzlich in Abschnitt e). Die Erzeugungskapazität der einzelnen Länder wurde überdies durch die Angabe der Erzeugerfirmen ergänzt.

b) Erzeugungs- und Verbrauchszahlen der Kontinente 1961/62, aufgegliedert nach Ländern

Aus „An annual review of world production, consumption and trade of fertilizers 1962" (FAO).

1. Stickstoffdünger

Europa	Erzeugung	in t N	Verbrauch	
Belgien	262300		103227	
Bulgarien[1]	87727			(100560 — 1960/61)
Dänemark[2]	—		133605	
Deutschland				
Ostdeutschland[1]	330081			(245600 — 1960/61)
Westdeutschland	1113800		621400	
Finnland	51065		59105	
Frankreich[3]	774300		624705	
Griechenland			83348	
Großbritannien	465600		496400	
einschließlich Jersey			696	
und Isle of Man			723	
Irland			28951	
Island	7380		8998	
Italien	688747		346672	
Jugoslawien[1]	12960		82755	
Luxemburg			4670	
Niederlande	435400		242900	
Norwegen	285400		49800	
Polen[1]	281768			(274000 — 1960/61)
Portugal[1]	54945		68393	
Österreich	172380		52300	
Schweden[4]	58200		107500	
Schweiz	20000		16000	
Spanien	137527		327178	
Tschechoslowakei[1]	144124			(146151 — 1960/61)
Ungarn[1]	67657		92354	
Insgesamt (geschätzt)	5451000		4387000	
einschl. Rumänien	29934*		34400	
Gesondert erfaßt:				
Rußland (UdSSR)	940000		859000	

[1] Düngejahr endet in der ersten Hälfte des Kalenderjahres.
[2] Düngejahr August bis Juli.
[3] Düngejahr Mai bis April.
[4] Düngejahr Juni bis Mai.

Nord- und Zentralamerika	Erzeugung	in t N	Verbrauch	
Barbados[1]			1764	
Britisch-Honduras				(140 — 1960/61)
Dominikanische Republik			9971	
El Salvador				(11843 — 1960/61)
Guatemala			9035	
Honduras			5252	
Jamaika[1]			6569	
Kanada		(286056)		(90572 — 1960/61)
Kuba				(26090 — 1959/60)
Mexiko	32000*			(135000*— 1960/61)
Trinidad und Tobago[1]			26123	
USA (einschl. Hawaii				
und Puerto Rico)	2936000		2902976	
Insgesamt (geschätzt)	3294000		3279000	

einschließlich Alaska, Costa Rica, Guadeloupe, Martinique, Puerto Rico, Jungferninseln.

* Schätzzahlen. [1] Inseln der Westindischen Föderation.

Südamerika	Erzeugung	in t N	Verbrauch	
Argentinien				(5409 — 1956/57)[1]
Brasilien	12021		55064[2]	
Britisch-Guayana			4582	
Chile	(192260—1961)		18609	
Ekuador				(5176 — 1960/61)
Kolumbien				(6800 — 1957/58)
Peru	31151		42274	
Uruguay				(9130 — 1959/60)
Venezuela				(2636 — 1960/61)
Insgesamt (geschätzt)	260000		171000	

einschließlich Bolivien, Surinam, Paraguay.

[1] Meist organischer Dünger.
[2] Einschließlich organischer Dünger.

Asien	Erzeugung	in t N	Verbrauch	
Burma				(3808 — 1960/61)
Ceylon			34662	
China				
Formosa (Taiwan)	65005		121785	
Hongkong				(1000*— 1958/59)
Indien	(109932)			(263088 — 1960/61)
Indonesien				(21097 — 1960/61)
Iran				(7612 — 1960/61)
Israel	16122			(18796 — 1960/61)
Japan	1088600		695240	
Korea, Südkorea	34125		213991	
Libanon			7853	
Malaiischer Staatenbund			25296	
Pakistan	24155		62059	
Philippinen	7400		54704	
Riukiuinseln				(6117 — 1960/61)
Syrien				(10806 — 1960/61)
Türkei	1000		24800	
Vietnam			15503	
Zypern			8085	
Insgesamt (geschätzt)	1396000		1678000	

einschließlich Jordanien, Nepal, Nordborneo, Singapur u. a.

Afrika	Erzeugung	in t N	Verbrauch	
Algerien				(16624 — 1960/61)
Betschuanaland			1000	
Belgisch-Kongo				(1218 — 1958/59)
Ghana				(136 — 1958/59)
Kamerun				(1529 — 1960/61)
Kenia				(2628 — 1960/61)
Libyen, Tripolitanien				(2152 — 1958/59)
Marokko, frühere französische Zone			8597	
Mauritius			7996	
Nigerien			711	
Réunion			2354	
Rhodesien und Njassaland			25572	
Spanisch-Guinea				(430 — 1959/60)
Sudan				(18575 — 1960/61)
Südafrikanische Union	59287		70686	
Swasiland			1602	
Tanganjika			1423	
Vereinigte Arabische Republik: Ägypten	106464		191872	
Insgesamt (geschätzt)	166000		370000	

einschließlich Angola, Madagaskar, Tunis, Uganda.

* Schätzzahlen.

Übersee	Erzeugung	in t N	Verbrauch	
Australien	24 410		35 275	
Fidschiinseln				(1 258 — 1960/61)
Neuseeland	3 701		8 388	
Hawaii (s. USA)				(16 254 — 1957/58)

Insgesamt (geschätzt)	28 000		45 000

Düngestickstoff:

Erzeugung bzw. Verbrauch der Welt (1961/62)		
	11 540 000	10 790 000

Zum Vergleich:

Gesamt-Welt-Stickstofferzeugung und -verbrauch einschließlich Stickstoff für technische Zwecke, einschließlich Osteuropa

1958/59	11 340 000	11 119 000
1960/61	13 592 000	12 833 000
1961/62	14 300 000	
1962/63	15 400 000* davon 13 % für technische Zwecke	
1963/64	17 650 000*	

* Schätzzahlen.

2. Phosphatdünger (1961/62)

Europa	Erzeugung	in t P$_2$O$_5$	Verbrauch	
Belgien	331 696		91 870	
Bulgarien[2]	55 764			(50 004 — 1960/61)
Dänemark[1]	89 300		114 550	
Deutschland				
Ostdeutschland[2]	171 856			(225 000 — 1960/61)
Westdeutschland	704 100		624 900	
Finnland	68 163		100 669	
Frankreich[3]	811 687		867 870	
Griechenland	50 860		65 580	
Großbritannien	395 300		447 600	
Jersey			750	
Isle of Man			2 514	
Irland	61 682		92 054	
Island			4 322	
Italien	423 202		392 174	
Jugoslawien[2]	70 127		57 976	
Luxemburg	124 162		5 794	
Niederlande	182 400		100 900	
Norwegen	50 300		44 600	
Österreich	38 560		91 142	
Polen	235 324			(209 200 — 1960/61)
Portugal[2]	81 969		59 409	
Schweden[4]	113 737		105 500	
Schweiz	9 000		44 500	
Spanien	309 010		318 886	
Tschechoslowakei[5]	145 022			(158 961 — 1960/61)
Ungarn[2]	55 871		83 957	

Insgesamt (geschätzt)	4 636 000		4 444 000
einschließlich Rumänien	56 510		56 500
Gesondert erfaßt:			
Rußland (UdSSR)	910 000		843 000

[1] Düngejahr August bis Juli.
[2] Düngejahr endet in der ersten Hälfte des Kalenderjahres.
[3] Düngejahr Mai bis April.
[4] Düngejahr Juni bis Mai.
[5] Einschließlich gemahlenem Rohphosphat.

Nord- und Zentralamerika

	Erzeugung	Verbrauch
	in t P_2O_5	
Britisch-Honduras		(199 — 1960/61)
Dominikanische Republik	2666	
Guadeloupe		(2197 — 1960/61)
Guatemala	3902	
Jamaika[1]	1412	
Kanada	(210327)	(169062 — 1960/61)
Kuba	(7892)	(19562 — 1957/58)
Mexiko	43517*	(42700*— 1960/61)
Trinidad und Tobago[1]	405	
USA (einschließlich Hawaii und Puerto Rico)	2844000	2404027
Insgesamt (geschätzt)	3131000	2702000

einschließlich Costa Rica, Honduras, Martinique.

* Schätzzahlen.
[1] Inseln der Westindischen Föderation.

Südamerika

	Erzeugung	Verbrauch
	in t P_2O_5	
Argentinien		(3473 — 1956/57)
Brasilien	43862	73281
Britisch-Guayana		1906
Chile[1]	10885	54689
Ekuador[1]	(43)	(3210 — 1960/61)
Kolumbien		(17500*— 1958/59)
Peru[1]	21912	21993
Uruguay	(3017)	(12782 — 1959/60)
Venezuela	(1954)	(4879 — 1960/61)
Insgesamt (geschätzt)	90000*	203000

einschließlich Bolivien, Paraguay, Surinam.

* Schätzzahlen.
[1] Hauptsächlich bzw. einschließlich organischer Dünger.

Asien

	Erzeugung	Verbrauch
	in t P_2O_5	
Burma		(800 — 1960/61)
Ceylon	(250*— 1958/59)	1583
China		
Formosa (Taiwan)	24090	26090
Indien	(57851)	(58050 — 1960/61)
Israel	13569	(12143 — 1960/61)
Japan	493460	452490
Korea, Südkorea		82143
Malaiischer Staatenbund		5757
Pakistan	1445	10645
Philippinen	5950	26247
Syrien		(8100 — 1960/61)
Türkei	6166	12166
Vietnam		3185
Zypern		8047
Insgesamt (geschätzt)	608000	743000

einschließlich Hongkong, Indonesien, Iran, Riukiu-Inseln, Jordanien, Nordborneo, Singapur, Thailand u. a.

* Schätzzahlen.

Afrika	Erzeugung	in t P$_2$O$_5$	Verbrauch	
Algerien		(14153)		(24898 — 1960/61)
Kenia		(611)		(6087 — 1960/61)
Libyen, Tripolitanien				(1427 — 1958/59)
Marokko, frühere französische Zone	12799		14568	
Nigerien			2663	
Réunion			803	
Rhodesien und Njassaland	16756		23483	
Spanisch-Guinea				(274 — 1959/60)
Sudan				(315 — 1960/61)
Südafrikanische Union	141887		150396	
Swasiland				(1224 — 1960/61)
Tunis		(62039)		(9179 — 1959/60)
VAR: Ägypten	29664		48407	
Insgesamt (geschätzt)	283000		302000	

einschließlich Angola, Basutoland, Betschuanaland, Belgisch-Kongo, Kamerun, Ghana, Madagaskar, Mauritius, Sierra Leone u. a.

Übersee	Erzeugung	in t P$_2$O$_5$	Verbrauch	
Australien	574067		577505	
Fidschi-Inseln				(101 — 1960)
Neuseeland	203858		210325	
Insgesamt (geschätzt)	778000		788000	

Insgesamt Welt (einschließlich Rußland)
1961/62 10440000 10020000

3. Kalidünger (1961/62)

Europa	Erzeugung	in t K$_2$O	Verbrauch	
Belgien			152734	
Bulgarien				(5900 — 1960/61)
Dänemark[1]			179250	
Deutschland				
Ostdeutschland[4]	1675000			(500700 — 1960/61)
Westdeutschland	2035700		1036100	
Finnland	900		76228	
Frankreich[2]	1635963		830650	
Griechenland			9796	
Großbritannien			441700	
Jersey			727	
Isle of Man[3]			2629	
Irland			79172	
Island			2500	
Italien	87346		127489	
Jugoslawien[4]			61413	
Luxemburg			5772	
Niederlande	2600		126300	
Norwegen			52800	
Österreich			99000	
Polen				(311400 — 1960/61)
Portugal[4]			10371	
Schweden[5]	1763		85500	
Schweiz			44000	
Spanien[2]	257776		94700	
Tschechoslowakei				(190988 — 1960/61)
Ungarn[4]			23219	
Insgesamt (geschätzt)	5697000		4591000	

einschließlich Rumänien 12000

Gesondert ausgewiesen:
Rußland (UdSSR) 1020000 703000

[1] Düngejahr August bis Juli.
[2] Düngejahr Mai bis April.
[3] Düngejahr April bis März.
[4] Düngejahr endet in der ersten Hälfte des Kalenderjahres.
[5] Düngejahr Juni bis Mai.

Nord- und Zentralamerika

	Erzeugung	in t K$_2$O	Verbrauch	
Dominikanische Republik			4244	
Guadeloupe			8547	
Guatemala			2138	
Honduras			76	
Kanada			(99682 — 1960/61)	
Kuba			(22220 — 1959/60)	
Martinique			(6806 — 1957/58)	
Mexiko			(9000*— 1960/61)	
USA (einschließlich Hawaii und Puerto Rico)	2480000		2013940	
Westindische Föderation:				
Barbados			2595	
Jamaika			5535	
Trinidad und Tobago			1875	
Insgesamt (geschätzt)	2480000		2206000	

einschließlich Britisch-Honduras, Costa Rica, El Salvador, Mexiko, Jungfern-Inseln, Grenada; St. Kitts und Nevis, St. Lucia, St. Vincent der Westindischen Föderation u. a.

* Schätzzahlen.

Südamerika

	Erzeugung	in t K$_2$O	Verbrauch	
Argentinien			(3392 — 1956/57)	
Brasilien			70727	
Britisch-Guayana			2153	
Chile	10759		9984	
Ekuador			(3939 — 1960/61)	
Kolumbien			(5022 — 1956/57)	
Peru	4286		5819	
Surinam			33	
Uruguay			(9208 — 1959/60)	
Venezuela			(3713 — 1960/61)	
Insgesamt (einschließlich Bolivien, geschätzt)	15000		121000	

Asien

	Erzeugung	in t K$_2$O	Verbrauch	
Ceylon			30329	
China Formosa (Taiwan)			33360	
Indien		(960)	(28920 — 1960/61)	
Indonesien			(10362 — 1960/61)	
Israel	88969		2252	
Japan			492780	
Korea, Südkorea			17107	
Libanon			3015	
Malaiischer Bund			10019	
Nord-Borneo			183	
Pakistan			6040	
Philippinen			31061	
Syrien			(480 — 1960/61)	
Türkei			96	
Vietnam			4783	
Zypern			744	
Insgesamt (geschätzt)	90000		690000	

einschließlich Burma, Hongkong, Iran, Niederländisch Neuguinea, Riukiu-Inseln, Jordanien, Nepal u. a.

Afrika	Erzeugung	Verbrauch
	in t K_2O	
Algerien		(16179 — 1960/61)
Belgisch-Kongo		(652 — 1958/59)
Ghana		2 — 1958/59)
Kamerun		(1426 — 1960/61)
Kenia		(1131 — 1960/61)
Libyen, Tripolitanien		(307 — 1958/59)
Mauritius	4961	
Marokko	5758	
Madagaskar		(690 — 1960/61)
Nigerien	784	
Réunion	2925	
Rhodesien und Njassaland	14983	
Spanisch-Guinea		(342 — 1959/60)
Swasiland		(1445 — 1960/61)
Südafrikanische Union[1]	38969	
Tanganjika	490	
Vereinigte Arabische Republik: Ägypten		(3250 — 1960/61)
Insgesamt (geschätzt) . —	102000	

einschließlich Sudan, Sierra Leone, Tunis, Uganda.

---

[1] Hauptsächlich bzw. einschließlich organischer Dünger.

Übersee	Erzeugung	Verbrauch
	in t K_2O	
Australien	47355	
Fidschi-Inseln		(12 — 1960/61)
Hawaii		(15270 — 1957/58)
Neuseeland	74034	
Insgesamt —	121000	

Kali-Erzeugung bzw.[1]
-Verbrauch der Welt
(einschließlich Ruß-
land) 1961/62 ...... 9300000 8530000

---

[1] Die Kaligewinnung wird derzeit sehr vorangetrieben (Kanada, UdSSR).

c) Verzeichnis der wichtigsten Einzeldünger der Welt

Übersichtstabellen, Erzeugungszahlen (einschließlich Komplex-Dünger-Erzeugung)

1. Stickstoffdünger

	1958/59	1961/62
	in 1000 t N	
Welterzeugung (ohne Rotchina, Nordkorea)	9390	11540
davon:		
Europa (ohne Rußland)	4466	5451
Nord- und Mittelamerika	2690	3294
Asien	1136	1396
Südamerika	298	260
Nachtrag: Rußland (UdSSR)	715	940

Wichtigste Produkte	Stickstoffgehalt, Eigenschaften	Erzeugungszahlen[1] in 1000 t N	
		1958/59	1961/62
Ammonsulfat (schwefelsaures Ammoniak)	21% N, synthetische Ware, rein weiß, kristallinisch, Verunreinigungsspuren CaO, R_2O_3 (Eisen- und Al-oxyde)	2396	2493
Ammonsulfat-Salpeter[2] (Ammonsulfat-Nitrat)	26% N (davon $^3/_4$ Amm.-N und $^1/_4$ Salp.-N) bestehend aus: $NH_4NO_3 + (NH_4)_2SO_4$ — gelbbraun, mittel- bis feinkörnig		
Ammonnitrat	32,5 bis 35% N ($^1/_2$ Amm.-N und $^1/_2$ Salp.-N), 98 bis 99%ige Ware, Rest = Feuchte, weiß, Schuppen oder Prills	2188	3033
Kalk-Ammon-Salpeter	20,5% N ($^1/_2$ Amm.-N und $^1/_2$ Salp.-N) aus 60% NH_4NO_3 und 40% $CaCO_3$ bestehend, meist Zehntelprozente $MgCO_3$ und R_2O_3 enthaltend		

(Gegenwärtig laufen Bestrebungen, den N-Gehalt des KAS zu erhöhen. In Holland wird ein 23%iges Produkt erzeugt, in den nordischen Ländern ein solches von 25% N-Gehalt; versuchsweise wurden noch höherprozentige Produkte, beispielsweise mit 26,5% N, hergestellt. — Österreich und die Bundesrepublik Deutschland erzeugen derzeit 22%ige Ware.)

---

[1] Die Erzeugungszahlen der einzelnen Produkte wurden durch Summieren der Angaben der Erzeugerländer errechnet (FAO-Bericht 1961/62). Wo Detailangaben fehlen, mußten die Erzeugungszahlen vorhergehender Jahre herangezogen werden.

	1958/59	1960/62
[2] Erzeugung in Belgien und Westdeutschland in summa:	125	153

Wichtigste Produkte	Stickstoffgehalt, Eigenschaften	Erzeugungszahlen in 1000 t N	
		1958/59	1961/62
Chile-Salpeter	15 bis 16% N — Verunreinigungen: NaCl, S, Mg-Salze, Spuren Borate und Jodate, weiß bis grauweiß, kristallinisch	240	176
Natron-Salpeter	16% N, meist über 99,8% Reinheit, weiß, salzartig	3,8	1,6
Kalk-Salpeter	15,5% N, etwa 28% CaO, weiß, grobkörnig	386	420
Kalk-Stickstoff	18 bis 22% N (etwa 60% $CaCN_2$, 22 bis 24% CaO, 13 bis 14% C, 1,5 bis 2% $CaCl_2$)	304	241

Verkaufsformen:

    a) ungeölt — blauschwarz, feinmehlig, staubend
    b) geölt   — blauschwarz, feinmehlig, nicht staubend
    c) geperlt — (mit wenig Salp.-N)
    d) mittelkörnig

Wichtigste Produkte	Stickstoffgehalt, Eigenschaften	Erzeugungszahlen[1] in 1000 t N	
		1958/59	1961/62
Andere Stickstoffdünger einschließlich Guano, organischer Dünger, geringe Mengen NH_3 und NH_3-Lösungen*		1688	2071
Harnstoff	46% N, reine Ware, unter 0,3 bis 0,5 % Biuretgehalt, weiß, salzartig oder geprillt	422	839
Komplexdünger (Ammonphosphate, Nitrophosphate usw.)		743	975
*In den diesbezüglichen Angaben der USA sind enthalten: Flüssigdünger („liquids")		1448	1752

d. s.:

NH_3-Gas bzw. verflüssigt	82% N
NH_3 flüssig (wässerige Lösung) und N-Lösungen	20 bis 25% N
Zahlenangaben, betreffend Ammonphosphate (Mono- und Diammonphosphat).	11 bzw. 18 bis 21% N weiß, kristallinisch
Ammonchlorid	20,6 bis 24,7% N weiß, kristallinisch

s. Länderangaben unter Abschnitt e).

2. Phosphatdünger

	1958/59	1960/62
	in 1000 t P_2O_5	
Welterzeugung (ohne Rotchina, Nordkorea)	9 120	10 440
davon: Europa (ohne Rußland)...................................	4 109	4 636
dazu: UdSSR (geschätzt)	840	910
Nord- und Mittelamerika	2 661	3 131
Südamerika	106	90
Afrika..	258	283
Asien...	501	608
Ozeanien	646	778
ferner: Erzeugung an gemahlenem Rohphosphat	770	1020

Wichtigste Produkte	Phosphorsäuregehalt, Eigenschaften	Erzeugungszahlen[1] in 1000 t P_2O_5	
		1958/59	1961/62
Super einfach (unter 25% P_2O_5)	16 bis 18 bis 20% P_2O_5, mindestens zu 90% wl. — in einer Reihe von Ländern lediglich nach Wasserlöslichkeit gehandelt, etwa 1 bis 3% P_2O_5 als freie H_3PO_4, 0,1% ct.l. P_2O_5, 0,4 bis 1% unlösliches P_2O_5, 6 bis 8% K_2O, Gipsgehalt 55 bis 60%, Zehntelprozente bis Prozente Mg-, Al-, Fe-Sulfate, SiO_2, 1 bis 1,5% F_2 als CaF_2, gelblich grau, mehlartig oder gekörnt, äußerst geringe Mengen an Spurenelementen[2]	4 368	3 570

Wichtigste Produkte	Stickstoffgehalt, Eigenschaften	Erzeugungszahlen[1] in 1000 t N	
		1958/59	1961/62
Doppelsuper (Tripelphosphat)	45 bis 49% Ges.-P_2O_5, meist über 90% pflanzenaufnehmbar, d. s. etwa 35 bis 42% wl., 0,6 bis 5% als freie Säure, Rest ct. l., etwa 18 bis 19% CaO-Gehalt, 3 bis 6% Fe_2O_5 + + Al_2O_3, 1,0 bis 2% F, gelbgrau, mehlig oder gekörnt	1 068	1 332
Basische Schlacke (Thomasmehl)	14 bis 16 bis 20% P_2O_5 cs.l., 45 bis 55% CaO, 6 bis 8% SiO_2, 7 bis 10% FeO, 5 bis 6% Fe_2O_3, 1 bis 2% Al_2O_3, 5 bis 6% MnO, 2 bis 6% MgO, Zehntelprozente V, TiO_2, Cr, S, — gegebenenfalls Hundertstel % Cu, grauschwarz, feinmehlig	1 191	1 330
Andere Phosphatdünger		428	341
u. a. enthaltend: Sinterprodukte — beispielsweise Rhenaniaphosphat	20 bis 25% P_2O_5 ct.l., über 40% CaO mit höhere % an Na_2O, SiO_2, über 1% F, hellgrau, mehlartig		
Schmelzphosphate — wie Röchling-Phosphat, Thermophosphat, Ca-metaphosphat	graue bis gelbgraue Pulver		
Guano aufgeschlossener Peru-Guano .	10 bis 12% P_2O_5, wl., 5 bis 9% N, bis 2% K_2O, graubraun		
Knochenmehle gedämpftes Knochenmehl ...	18 bis 22% P_2O_5, 3 bis 5% N		
Komplex-Dünger[3]		1 022	1 560
(darin enthalten: Mono- und Diammonphosphate	48% bzw. 53 bis 54% P_2O_5 wl., feinkristallinisch		
flüssige Phosphorsäure)		(252)	(451)

Zu S. 1620 und 1621:

[1] Die Erzeugungszahlen der einzelnen Produkte wurden durch Summieren der Angaben der Erzeugerländer errechnet (FAO-Bericht 1962). Wo Detailangaben fehlen, mußten die Erzeugungszahlen vorhergehender Jahre herangezogen werden.

[2] In 100 kg — 4,3—21 g Ti, 6,6—24,3 g Cr, 0,4—4,0 g Cn, 1,0—14,6 g Mn, 0,14— —0,62 g Mo, 0,7—3,2 g Ni, 5,3—18 g V, 7,0—22,5 g Zn, 0,46—1,55 g J.

[3] In den Komplex-Dünger-Angaben der USA sind mit enthalten: Nitrophosphate, Naturphosphate, besonders Schlacke; Naß- und Elektroofenphosphorsäure, organische Mineralien u. dgl.

3. Kalidünger

	in 1000 t K_2O	
	1958/59	1961/62
Welterzeugung (ohne Rotchina, Nordkorea)	8160	9300
davon: Europa (ohne Rußland)	5056	5697
dazu: UdSSR (geschätzt)	910	1020
Nord- und Mittelamerika	2107	2480
Asien	71	90

Aufgliederung der Erzeugung nach Produkten (ohne Rußland):

Wichtigste Produkte	Kaligehalt, Eigenschaften	Erzeugungszahlen in 1000 t K_2O	
		1958/59	1961/62
K-Sulfat	48 bis 52% K_2O, Cl-Gehalt max. 2,5% — weiß—grau, feinkörnig	436	564
K-Magnesia (Patentkali)*	26 bis 30% K_2O, mit etwa 30% Mg-SO_4, weißgrau, feinkörnig		
K-Chlorid	a) über 45% K_2O-Gehalt — weißgrau (einschließlich 50er und 60er Kalisalz)	4129	5142
	b) 20 bis 45% K_2O-Gehalt — weißgrau	837	627
Rohsalz darunter:	20% K_2O und weniger	78	76
Kainit	12 bis 15% K_2O, grauweiß, grobe Kristalle		
Hederich-Kainit	feinst gemahlen		
Andere Kalisalze (darin enthalten u. a. Abfallprodukte, K-Nitrat, Guano)		117	172

* Keine Zahlenangaben vorliegend (Westdeutsche Erzeugung 1963: 72 200 K_2O).

d) Verzeichnis der wichtigsten Mehrnährstoffdünger Deutschlands und der USA, aufgegliedert nach Erzeugerfirmen

Bedingt durch die große Anzahl der Einsatzkomponenten und die Art der Nährstoffverhältnisse gibt es eine Unzahl möglicher Mehrnährstoffdünger. Diese unterscheiden sich beispielsweise in der Art der Löslichkeit der Stickstoff- und Phosphatkomponenten, durch die An- oder Abwesenheit von Sulfationen, Halogenionen, diversen Verunreinigungen oder Zusätzen, die für die Düngungserfolge bei bestimmten Pflanzensorten maßgebend sind. An Hand einer Zusammenstellung der wesentlichsten Mehrnährstoffdünger in den Haupterzeugerländern Deutschland und USA sollen die charakteristischen Merkmale hervorgehoben werden, ferner wird in Abschnitt 3 eine Reihe der bekanntesten europäischen Mehrnährstoffdünger mit höherem Gehalt an Humusstoffen angeführt.

Der Verbrauch der Handelsdünger ist sehr bedeutend; die deutschen Nitrophoska- und Complesalsorten, vereinzelt auch andere Mischdüngersorten, werden in Mengen von zehntausenden Tonnen erzeugt. In den USA erreichen gewisse Mehrnährstoffdünger Verbrauchsziffern in Größenordnungen von 100 000 t bis 1 000 000 t. Auch die Hauptprodukte anderer Erzeugerländer, wie England, Holland, Belgien, Frankreich, Italien, Japan, sind ausgesprochene Großprodukte.

Während sich die westdeutsche Mehrnährstoffdünger-Produktion auf eine Reihe bestimmter Düngersorten beschränkt, überwiegt in den USA die Mannigfaltigkeit der Produkte. Diese werden durch eine große Anzahl kleinerer Werke erstellt, welche sich auch mit der Erzeugung lokal gewünschter Düngesorten durch Mischen von Düngekomponenten befassen.

Für die Mischdüngererzeugung 1961/62 wurden in Europa in Form von Mischdüngern verbraucht: 915 000 t N, 1 570 892 t P_2O_5 und 1 726 692 t K_2O, das sind 27,6 %, 42% bzw. 52,2% des gesamten Nährstoffverbrauches.

1. Deutsche Mehrnährstoffdünger[1]

A. Zweinährstoffdünger

NP-Dünger

Hersteller, Bezeichnung der Düngesorten		Nährstoffanteile	äußere Merkmale
Chemische Fabrik Kalk G.m.b.H. Kamp-Salpeter:	13×13	13% N (Amm.-N und Salp.-N) 13% P_2O_5 (cs.l., davon mindestens 35% wl.)[2]	braun, mittel- bis grobkörnig
Farbwerke Hoechst A.G. Stickstoffphosphat Hoechst:	20×20	20% N (Amm.-N und Salp.-N) 20% P_2O_5 (amm.-ct.l., davon 45% wl.)	graugelb, grob- bis mittelkörnig
Superphosphat-Industrie G.m.b.H. Stickstoffphosphat:	a) 6×16	6% N (mit Salp.-Anteil) 16% P_2O_5 (cs.l., davon 50% wl.)	grau, gekörnt
	b) 9×9	9% N (mit Salp.-Anteil) 9% P_2O_5 (cs.l., davon 50% wl.)	
	c) 11×11	11% N (mit Salp.-Anteil) 11% P_2O_5 (cs.l., davon 50% wl.)	

NK-Dünger

Hersteller, Bezeichnung der Düngesorten		Nährstoffanteile	äußere Merkmale
Ruhr-Stickstoff A.G. (Gewerkschaft Victor) Stickstoff-Kali:	20×20	20% N (1/2 Amm.-N und 1/2 Salp.-N) 20% K_2O (als Kaliumchlorid)	bräunlich, gekörnt
Ruhr-Stickstoff A.G. Stickstoff-Kali:	16×28	16% N 28% K_2O	gelbbraun, gekörnt

PK-Dünger

Hersteller, Bezeichnung der Düngesorten		Nährstoffanteile	äußere Merkmale
Kali-Chemie A.G. Rhe-Ka-Phos:	a) 15×25	15% P_2O_5 (amm.-ct.l.) 25% K_2O	grau, mehlig oder fein gekörnt
	b) 15×18	15% P_2O_5 (amm.-ct.l.) 18% K_2O	
Superphosphat-Industrie G.m.b.H. Phosphatkali:	a) 10×20	10% P_2O_5 (amm.-ct.l., davon 90% wl.), 20% K_2O	grau, gekörnt
	b) 12×18	12% P_2O_5 (amm.-ct.l., davon 90% wl.),— 18% K_2O	

---

[1] Auszugsweise Angaben: Die Düngemittelverordnung 1963 nennt 51 Typen „mineralischer Mehrnährstoffdünger" (davon 30 NPK-Sorten), die von den Erzeugern hergestellt werden können.

[2] wl. = wasserlöslich; ct.l. = citratlöslich; cs.l. = citronensäurelöslich.

Hersteller, Bezeichnung der Düngesorten		Nährstoffanteile	äußere Merkmale
Wintershall A.G., Thomaskali	10×20	10% P_2O_5 (cs.l.), 20% K_2O	grauschwarz, grießig oder fein gekörnt
Deutsche Hyperphosphat-Gesellschaft m.b.H. Hyperphos-Kali:	20×20	20% P_2O_5 (Gesamtphosphat) 20% K_2O	gelbbraun, sehr fein gemahlen
Chemische Fabrik Kalk, Kampka-PK	20×30	20% P_2O_5 (90% wl.)	

B. Volldünger (N-P-K-Dünger)[1]

Einzelangaben:

Badische Anilin- & Soda-Fabrik

		Nährstoffanteile	äußere Merkmale
Nitrophoska:	a) grau $10 \times 8 \times 18$	10% N (1/2 Amm.-N und 1/2 Salp.-N) 8% P_2O_5 (amm.-ct.l.[2], davon 30% wl.[3]) 18% K_2O	grau, grob- bis mittelkörnig
(a—d = KCl-haltig)	b) rot* $13 \times 13 \times 21$	13% N (Amm.-N und Salp.-N) 13% P_2O_5 (amm.-ct.l., davon 35% wl.) 21% K_2O,	rot gefärbt, grob- bis mittelkörnig *(auch mit B-Zusatz)
	c) gelb $15 \times 15 \times 15$	15% N (Amm.-N und Salp.-N) 15% P_2O_5 (amm.-ct.l., davon 35% wl.) 15% K_2O	gelb gefärbt, grob- bis mittelkörnig
	d) Magnesia-Nitro-phoska[6]	10% N (1/2 Amm.-N und 1/2 Salp.-N) 8% P_2O_5 (amm.-ct.l., davon 30% wl.) 16% K_2O 3% MgO	grau, grob- bis mittelkörnig
	e) chlorfrei— blau* $12 \times 12 \times 20$	K_2O und K_2SO_4 enthalten *(auch $12 \times 12 \times 17 \times 2$ (MgO) lieferbar)	blau gefärbt
Hakaphos (als Garten- und Blumendünger verwendet)	a) gelb[5] $15 \times 11 \times 15$	15% N (Harnstoff und Salp.-N) 11% P_2O_5 (amm.-ct.l.) 15% K_2O	weiß, kristallinisch
	b) blau[5] $15 \times 11 \times 15$	mit wl. P_2O_5	weiß, kristallinisch
Farbwerke Hoechst A.G. Complesal, Rotkorn Hoechst	$13 \times 13 \times 21$	13% N (Amm.-N und Salp.-N) 13% P_2O_5 (amm.-ct.l., davon 35% wl.),—21% K_2O	rot gefärbt, grobkörnig

(Complesal blau und gelb analog den Nitrophoskasorten)

---

[1] Allen Düngemitteltypen können bis zu 4% Magnesium (als MgO oder $MgCO_3$) sowie Spurennährstoffe zugesetzt werden.

[2] ct.l. = citratlöslich.

[3] wl. = wasserlöslich.

[4] cs.l. = citronensäurelöslich.

[5] Beimengung gefärbter Körner zum an sich weißen Produkt.

[6] Wird als nicht typengerecht nicht mehr gehandelt, s. auch Fußnote 1.

Hersteller, Bezeichnung der Düngesorten		Nährstoffanteile	äußere Merkmale
Chemische Fabrik Kalk G.m.b.H. Kampka-Sorten:			
	a) grün $6 \times 12 \times 18$	6% N (etwa 1/2 Amm.-N und 1/2 Salp.-N) 12% P_2O_5 (cs.l.[4], davon mindestens 35% wl.), 18% K_2O	grün gefärbt, mittel- bis grobkörnig
	b) $6 \times 10 \times \times 18 \times 2$ (MgO)	mit Zusatz von Spurennährstoffen	
	c) rot $13 \times 13 \times 21$	13% N (etwa 1/2 Amm.-N und 1/2 Salp.-N) 13% P_2O_5 (cs.l., davon mindestens 35% wl.), 21% K_2O	rot gefärbt, mittel- bis grobkörnig
	d) gelb $15 \times 15 \times 15$	15% N (etwa 1/2 Amm.-N und 1/2 Salp.-N) 15% P_2O_5 (cs.l., davon mindestens 35% wl.), 15% K_2O	gelb gefärbt, mittel- bis grobkörnig
	e) Kampka „S" blau, chlorfrei $12 \times 12 \times 20$	K_2O als K_2SO_4 enthalten	
Guano-Werke A.G. Enpeka-Dünger			
	a) $6 \times 12 \times 18$	6% N (Amm.-N und Salp.-N) 12% P_2O_5 (cs.l., davon mindestens 50% wl.), 18% K_2O	grau, einzelne Düngerkörner grün gefärbt, mittelkörnig
	b) $10 \times 15 \times 20$	10% N (Amm.-N und Salp.-N) 15% P_2O_5 (cs.l., davon mindestens 50% wl.), 20% K_2O	grau, einzelne Düngerkörner violett gefärbt,
	c) $15 \times 15 \times 15$	15% N (Amm.-N und Salp.-N) 15% P_2O_5 (cs.l., davon mindestens 50% wl.), 15% K_2O	mittelkörnig grau, mittelkörnig
Phosphatfabrik Hoyermann G.m.b.H. Hoyermanns Mehrnährstoffdünger	$6 \times 12 \times 18$	6% N (Amm.-N und Salp.-N) 12% P_2O_5 (cs.l., davon mindestens 75% wl.), 18% K_2O	grau, mittelkörnig

Hersteller, Bezeichnung der Düngesorten	Nährstoffanteile	äußere Merkmale
Ruhrstickstoff A.G.		
Rustica-Dünger a) $10 \times 8 \times 18$ (der Gewerkschaft Victor)	10% N (Amm.-N und Salp.-N) 8% P_2O_5 (amm.-ct.l.) 18% K_2O	dunkelgrau, mittelkörnig
b) $10 \times 10 \times 15$ (der Bergwerksges. Hibernia A.G.)	10% N (Amm.-N und Salp.-N) 10% P_2O_5 (amm.-ct.l., davon 75% wl.), 15% K_2O	grau, grob- bis mittelkörnig
c) $12 \times 12 \times 21$ (der Gewerkschaft Victor)	12% N (Amm.-N und Salp.-N) 12% P_2O_5 (amm.-ct.l., davon 10% wl.), 21% K_2O	grau, mittelkörnig
d) $13 \times 13 \times 21$ (der Scholven-Chemie)	13% N (Amm.-N und Salp.N-) 13% P_2O_5 (amm.-ct.l., davon 35% wl.), 21% K_2O	rotbraun, körnig
e) gelb $15 \times 15 \times 15$	15% N (etwa 1/2 Amm.-N und 1/2 Salp.-N) 15% P_2O_5 (cs.l., davon mindestens 35% wl.), 15% K_2O	gelb gefärbt, grob- bis mittelkörnig
f) blau (Cl-frei) $12 \times 12 \times 20$	K_2O als K_2SO_4 enthalten	
Superphosphat-Industrie G.m.b.H.		
Am-Sup-Ka a) $3 \times 10 \times 15$	3% N (mit Salp.-Anteil) 10% P_2O_5 (cs.l., davon 50% wl.), 15% K_2O	grau, gekörnt
b) $9 \times 9 \times 9$	9% N (mit Salp.-Anteil) 9% P_2O_5 (cs.l., davon 50% wl.), 9% K_2O	
c) $9 \times 9 \times 15$	9% N (mit Salp.-Anteil) 9% P_2O_5 (cs.l., davon 50% wl.), 15% K_2O	

2. Amerikanische Mehrnährstoffdünger

Nach der im folgenden angeführten Tabelle A beträgt die Zahl der veröffentlichten Formulierungen 1958/1959 über 1960, ungerechnet die Düngesorten ohne nähere Bekanntgabe des Nährstoffgehaltes und die zahllosen unter verschiedenen Namen von verschiedenen Firmen gemischten Dünger gleicher Zusammensetzung.

A. Tabelle des Mehrnährstoffdüngemittel-Verbrauches in den USA, aufgegliedert nach Sorten mit über 10000 t Jahresverbrauch 1958/59

(Düngejahr endend am 30. Juni des laufenden Jahres)
(Farm Chemicals 1960, Nr. 10, 62—70)

Nährstoffgehalt	Verbrauch 1958	Verbrauch 1959	Anteil am Gesamtverbrauch 1959
	t		%
0— 9—27	12853	13689	0,09
0—10—20	76963	90580	0,58
0—10—30	51339	53515	0,33
0—12—12	11431	13640	0,09
0—12—36	13557	13762	0,09
0—14—14	186776	200918	1,27
0—15—30	24228	30256	0,19
0—15—45	8914	12157	0,08
0—16— 8	9207	13073	0,08
0—20—10	8642	10975	0,07
0—20—20	285711	281857	1,79
0—24—24	10764	15438	0,09
0—25—25	30247	37877	0,24
0—30—15	10835	13510	0,09
0—30—30	14440	13488	0,08
2—12—12	302441	302501	1,92
3— 9— 6	48138	37654	0,24
3— 9— 9	500107	466021	2,95
3— 9—12	28229	49747	0,32
3— 9—13	3570	16426	0,10
3— 9—18	63982	84886	0,54
3— 9—27	67528	61732	0,39
3—11—11	7804	12791	0,08
3—12— 6	89117	71452	0,45
3—12—12	708604	626227	3,97
3—18— 9	29246	19550	0,12
3—18—18	14551	18124	0,12
4— 6— 8	28720	29859	0,18
4— 7— 5	114495	91709	0,59
4— 8— 4	14698	12328	0,07
4— 8— 6	82839	62804	0,40
4— 8— 8	137019	96380	0,61
4— 8—10	84934	83634	0,53
4— 8—12	113281	155926	0,99
4— 9— 3	49950	59968	0,38
4—10— 6	86319	120548	0,76
4—10— 7	306541	305838	1,94
4—10—10	21440	22838	0,14
4—11—11	7531	10908	0,07
4—12— 4	41225	33262	0,21
4—12— 8	123724	112909	0,72
4—12—12	1021630	1240135	7,85
4—16— 8	26168	28554	0,18
4—16—16	469477	448563	2,84
5— 6— 8	12472	11048	0,07
5— 7— 5	19751	16466	0,11
5—10— 5	535745	449700	2,85
5—10—10	1479466	1642700	10,40
5—10—15	206112	345094	2,18
5—10—30	10080	15087	0,10
5—12—10	8196	12958	0,08
5—20—10	85592	112603	0,72
5—20—20	818501	983847	6,23
6— 4— 6	17922	24202	0,15
6— 4— 8	54872	64062	0,40
6— 6— 6	92844	89854	0,57

Nährstoffgehalt	Verbrauch 1958	1959	Anteil am Gesamt-verbrauch 1959
		t	%
6— 6— 8	37136	32792	0,21
6— 6—12	21233	30197	0,19
6— 6—18	13443	14210	0,09
6— 8— 6	115721	105287	0,67
6— 8— 8	239274	252026	1,60
6— 8—12	14516	20870	0,13
6— 9—12	21908	11581	0,07
6—10— 4	76780	103127	0,65
6—12— 6	35630	61793	0,40
6—12—12	389039	482902	3,05
6—12—18	9855	10955	0,07
6—18— 6	25361	37889	0,24
6—24—12	144589	224460	1,42
6—24—24	107939	172492	1,10
7— 7— 7	19617	17629	0,11
7—28—14	26933	47309	0,30
8— 0— 8	12017	15459	0,10
8— 0—24	20463	25385	0,16
8— 4— 8	53300	56511	0,35
8— 4—10	6737	11001	0,07
8— 8— 8	205192	217294	1,38
8—12—12	68877	76165	0,48
8—16—16	191186	200023	1,27
8—24— 0	21890	26665	0,17
8—24— 8	45615	56837	0,36
8—24—12	23877	36617	0,23
8—32— 0	52210	61897	0,39
8—32—16	9542	19864	0,13
9— 6— 6	13982	13317	0,08
9— 9— 9	33634	35875	0,23
9—12—12	13870	17278	0,11
9—36— 0	9526	10175	0,06
10— 0—10	17547	17714	0,12
10— 2—10	9319	13353	0,08
10— 5— 5	7615	11502	0,07
10— 6— 4	78079	91320	0,58
10—10— 5	23061	22542	0,14
10—10—10	701970	747746	4,74
10—20— 0	47466	47847	0,30
10—20— 5	11912	15751	0,10
10—20—10	165234	218214	1,39
10—20—20	45248	56902	0,36
12— 0—10	16385	13505	0,09
12— 0—12	11219	15884	0,10
12— 6— 6	23024	29395	0,19
12—12—12	690322	900038	5,70
12—24—12	31862	36595	0,23
13—13—13	47658	51419	0,32
14— 0—14	53046	66071	0,42
14—14—14	43390	50762	0,32
15— 0—15	11492	18622	0,12
15— 5— 5	12786	13480	0,09
15—10—10	12089	41531	0,26
15—15— 0	20709	25339	0,16
15—15—15	29953	36055	0,23
16—8 — 8	10983	39526	0,25
16—48— 0	19571	28824	0,18
17— 7— 0	14541	12583	0,08
20— 0—20	10275	15124	0,10
24—20— 0	8062	12237	0,08
30—10— 0	1259	10620	0,06

Gesamtverbrauch — im Jahre 1959:
118 Sorten mit je über 10000 jato Verbrauch: 14470486 t = 91,64% vom Gesamtverbrauch
(davon 6 Sorten, deren Verbrauch 500000 jato übersteigt)
46 Sorten mit 5000 bis 9999 jato Verbrauch = 350461 t = 2,22% vom Gesamtverbrauch
67 Sorten mit 2500 bis 4999 jato Verbrauch = 242264 t = 1,53% vom Gesamtverbrauch
1380 Sorten unter 2500 jato Verbrauch = 350504 t = 2,22% vom Gesamtverbrauch

Durch Nährstoffgehalt nicht gekennzeichnete
Sorten = 376678 t = 2,39% vom Gesamtverbrauch

Summe = 15,790393 t = 100%

Von den angeführten Sorten waren Zweistoffdünger:
PK-Dünger 814753 t = 5,06% vom Gesamtverbrauch
NP-Dünger 188340 t = 1,18% vom Gesamtverbrauch
NK-Dünger 172640 t = 1,11% vom Gesamtverbrauch
Zusammensetzung der am meisten verwendeten Düngersorten gemäß der vorstehenden
Tabelle:

Von den Volldüngersorten	5—10—10	1642000 jato Verbrauch
	4—12—12	1240000 jato Verbrauch
	5—20—20	983847 jato Verbrauch
	12—12—12	900038 jato Verbrauch
	10—10—10	747746 jato Verbrauch
	3—12—12	626227 jato Verbrauch
Von Zweistoffdüngern: die PK-Dünger		
	0—20—20	281857 jato Verbrauch
	0—14—14	200918 jato Verbrauch

Die einzelnen Düngersorten werden von einer großen Zahl von Erzeugerfirmen unter
den verschiedensten Handelsnamen herausgebracht. Die Zahl der Düngersorten
beträgt somit insgesamt ein Vielfaches der genannten 1611 Formulierungen.

B. Amerikanische Zweinährstoffdünger

PK-Dünger

Zur Charakterisierung der Düngerproduktion in den USA wird aus der Gesamt-
zahl der Mehrnährstoffdünger lediglich ein kleiner Ausschnitt wiedergegeben:
In der folgenden Zusammenstellung der PK-Dünger, welche die wichtigste Ver-
brauchsgruppe der Zweistoffdünger darstellen, wird gezeigt, in wieviel Varianten die
verschiedenen Sorten in den Handel gebracht werden. Die Zusammenstellung erfolgte
an Hand der landwirtschaftlichen Departments des Bundesstaates South Carolina
(Bulletin Nr. 470, Oct. 1959) und des Staates Wisconsin (Bulletin Nr. 345) sowie ge-
sammelter Veröffentlichungen[1]. (Die genannten Veröffentlichungen enthalten des
weiteren Zusammenstellungen der NP- und NK-Zweistoffdünger sowie der verwendeten Volldüngersorten.)

Hersteller Düngesorte	Nährstoffanteile in % $N—P_2O_5—K_2O$
Acme Fertilizer Co., Wilmington, N.C.	
Acme Fertilizer	0—14—14
Acme Fertilizer	0—20—20
American Agricultural Chemical Co., Fulton, Ill.	
AA Fertilizer	0—10—30
AA Fertilizer	0—14—14
Agrico Phosphate and Potash	0—20—20
American Agr. Chem. Co., New York, N.Y.	
A. A. Fertilizer	0—10—20
A. A. Fertilizer	0—14—14
Agrico	0—14—14
A. A. Quality	0—12—12
A. A. Quality	0—14— 7

---

[1] Ohne Anspruch auf Vollständigkeit der USA-Firmen und Düngersorten.

Hersteller Düngesorte	Nährstoffanteile in % N—P_2O_5—K_2O
Anderson Fert. Co., Anderson, S. C.	
Anderson	0—14—14
Armour Fertilizer Works, Chicago Heights, Ill.	
Big Crop	0—10—30
Big Crop	0—12—36
Big Crop	0—20—20
Big Crop	0—25—25
Big Crop	0—30—15
Armour Fert. Works, Columbia, S. C.	
Armour's Big Crop	0—14—14
Armour's Big Crop	0—10—20
Armour Fert. Works, Wilmington, N. C.	
Armour's Big Crop	0—10—20
Armour's Big Crop	0—14—14
Brown Fertilizer Co., Blackville, S. C.	
Special Mixture	0—12—12
Banks Fertilizer Co., St. Matthews, S. C.	
Super-Potash Mix	0—10—20
Burr Quin & Fertilizer Co., Cheran, S. C.	
Burr's	0—12—12
Carolina Mixing Co., Fairfax, S. C.	
Carolina	0—12—12
Catawba Fertilizer Co., Lancaster, S. C.	
Catawba Big Chief	0—14—14
Cooperative Fert. Serv., Inc., Lumberton, N. C.	
Open Formula	0—14—14
Cooper (W. b.) & Co., St. Matthews, S. C.	
Special Mixture	0—12—12
Culler (I. E.) Fert. Co., North, S. C.	
Culler's Pride	0—10—20
Dairyland Fertilizer, Inc., Marshall, Wisc.	
Big D with Borax	0—10—40
Big D	0—14—42
Big D	0—25—25
Big D	0—30—15
Darling and Company, Chicago, Ill.	
Darling's Zero Ten Thirty	0—10—30
Darling's Zero Twenty-Twenty	0—20—20
Darling's	0—12—12
Darling's	0—20—20
Darling's	0—20—10
Darling's	0— 9—27
Davison Chemical Co., Charleston, S. C.	
Division of W. R. Grace and Co.	
Naco Phosphate & Potash	0—10—20
Naco Phosphate & Potash	0—14—14
Merco Special	0—14—14
Davison Chemical Co., Savannah, Ga.	
Div. of W. R. Grace and Co.	
Davco	0—10—20
Davco-over-Read	0—12—12
Dixie Guano Co., Laurinburg, N. C.	
Dixie	0—14—14
Eaton-Mann Phosphate Co., Joliet, Ill.	
Golden-Glo Powdered Rock Phosphate	0— 3— 3
Eastover Fertilizer Co., Sr. Matthews, S. C.	
Smokes High Grade	0—12—12
Epting Distributing., Lesville, S. C.	
Double Duty	0—12—12
Farmers Fertilizer Co., Sunter, S. C.	
High Grade	0—12—12
Federal Chemical Co., Inc., Danville, Ill.	
Federal	0—20—20

Hersteller Düngesorte	Nährstoffanteile in % N—P₂O₅—K₂O

Hersteller / Düngesorte	N—P_2O_5—K_2O
H. H. van Gordon and Sons, Neillville, Wisc.	
New Super Growth Plant Food	0—10—30
New Super Growth Plant Food	0—20—20
Van's Super Growth	0—20—20
Van's Super Growth	0—20—10
Van's Super Growth	0—14—14
Van's Super Growth	0—12—36
Van's Super Growth	0— 9—27
Gramling Fertilizer Co., Gramling, S. C.	
Gramco	0—14—14
Green Bay Fertilizer Co., Green Bay, Wisc.	
Bay Brand	0—20—10
Bay Brand	0—10—30
Bay Brand	0—12—12
Bay Brand	0—20—20
Bay Brand	0— 9—27
Holly Hill Fertilizer Co., Holly Hill, S. C.	
Holly Hill	0—14—14
Home Guano Company, Mullins, S. C.	
Customers Mixture	0—10—20
Howe Incorporated, Minneapolis, Minn.	
Howe Fertilizer	0—12—36
Howe Fertilizer	0—20—20
International Minerals & Chemical Corp., Chicago Heights, Ill.; Augusta, Ga.; Hartsville, S. C.; Spartanburg, S. C.; Wilmington, N. C.	
International	0— 9—27
International	0—12—12
International	0—12—36
International	0—14—14
International	0—20—10
International	0—20—20
International	0—25—25
International with Borax	0—10—30
Kershaw Oil Hill, Kershaw, S. C.	
Kershaw High Quality	0—12—12
Kickapoo Fertilizers, Madison, Wisc.	
Kickapoo-Midwestern with Borax	0— 9—27
Kickapoo-Midwestern	0—10—30
Kickapoo-Midwestern	0—15—45
Kickapoo-Midwestern	0—20—20
King Midas Feed Mills, Minneapolis, Minn.	
Peavy Matchless	0—20—20
N. S. Koos and Son Company, Kenosha, Wisc.	
Badger Brand with Borax	0— 9—27
Badger Brand	0—10—30
Badger Brand	0—15—45
Badger Brand	0—14—14
Badger Brand	0—20—10
Badger Brand	0—20—20
Badger Brand	0—30—30
Land O'Lakes Creameries, Inc., Minneapolis, Minn.	
Land O'Lakes Aqua-Sol	0—10—30
Land O'Lakes Aqua-Sol	0—12—36
Land O'Lakes Aqua-Sol	0—20—20
Land O'Lakes Aqua-Sol	0—25—25
Land O'Lakes Aqua-Sol	0—30—15
Lange Brothers Inc., St. Louis, Mo.	
Lange Brothers	0—20—20

Hersteller Düngesorte	Nährstoffanteile in % N—P$_2$O$_5$—K$_2$O
Logan-Robinson Fert. Co., Charleston, S. C.	
"L-R" Giant	0—10—20
"L-R" Giant	0—14—14
"L-R" Giant-Acid	0—12—12
Maybank Fertilizer Co., Charleston, S. C.	
Potash Acid Phosphate	0—10—20
Potash Acid Phosphate	0—14—14
Midland Cooperatives, Inc., Minneapolis, Minn.	
Harvest Champion	0—10—30
Harvest Champion	0—20—20
Miller Fertilizer Co., Jefferson, S. C.	
Miller All Crop	0—14—14
Minnesota Farm Bureau Service Co., St. Paul, Minn.	
Farm Bureau	0—12—36
Farm Bureau	0—20—20
Molony Fertilizer Co., Charleston, S. C.	
Field Crop	0—10—20
Field Crop	0—14—14
Top Dresser	0—14—14
Special-Mixture	0—12—12
Mutual Fertilizer Co., Savannah, Ga.	
Mutual	0—14—14
Mutual	0—10—20
Mutual Plant Food	0—12—12
Nace Fertilizer Co., Charleston, S. C.; Spartanburg, S. C.; Wilmington, N. C.	
Puris Phosphate	0—12—12
Puris Phosphate	0—14—14
Northwest Coop Mill, Inc., St. Paul, Minn.	
Coop	0—10—30
Coop	0—12—36
Coop	0—15—45
Coop	0—20—20
Coop	0—20—10
Coop	0—30—30
Coop with Boron	0— 9—27
Pendleton Oil Mill, Pendleton, S. C.	
Pendleton	0—14—14
Pendleton	0—14— 7
Planters Fert. & Phos. Co., Charleston, S. C.	
Acid & Potash	0—14—14
Pringle (A. F.) & Co., Charleston, S. C.	
Merco Special	0—12—12
Merco Special	0—14—14
E. Rauh and Sons Fertilizer Co., Indianapolis, Ind.	
Rauh's Red Star Signature	0—10—30
Rauh's Red Star Signature	0—20—20
Reliance Fertilizer Co., Savannah, Ga.	
Reliance	0—10—20
Fall Conditioner	0—14—14
Ridge Guano Co., Johnston, S. C.	
Ridge's Quality	0—10—20
Ridge's Quality	0—14—14
Ridge's Quality	0—15—15
Ridge Fertilizer Co., Johnston, S. C.	
Pride of the Ridge	0—12—12
F. S. Royster Guano Co., Madison, Wisc.; Norfolk, Va.	
Royster	0— 9—27
Royster Alfalfa Top Dresser with Boron	0— 9—27
Royster	0—10—30
Phosphate & Potash	0—12—12
Royster Arrow	0—14—14

Hersteller Düngesorte	Nährstoffanteile in % N—P$_2$O$_5$—K$_2$O
Royster	0—20—10
Royster	0—20—20
Sanders (Keys) Fertilizer Co., Gaffney, S. C.	
Sanders Special	0—14—14
Shur-Gro Products, Inc., St. Paul, Minn.	
Shur-Gro Non-Acid Fertilizer	0—20—20
Smith Agricultural Chemical Co., Indianapolis, Ind.	
Sacco	0—20—20
Sacco	0—12—12
Sacco	0—10—10
Sacco	0— 9—27
Smith-Douglass Co., Norfolk, Va.; Wilmington, S. C.	
S-D with Borax	0— 9—27
S-D	0—10—30
S-D	0—20—20
Southern Cotton Oil Div., — Werke: Allendale, S. C.; Augusta, Ga.; Charleston S. C.; Chester, S. C.; Florence, S. C.; Gibson, N. C.; Greenville, S. C.; Laurens, S. C.; Shelby, N. C.; Spartanburg, S. C.; Wedesboro, N. C.	
SCO-CO	0—12—12
SCO-CO High Quality	0—10—20
SCO-CO High Quality	0—14—14
So. States Phos. & Fert. Co., Savannah, Ga.	
Southern States	0—14—14
Swift & Co., Agr. Chem. Div., Columbia, S. C.	
Swift's Red Steer	0—14—14
Swift and Company, Madison, Wisc.	
Red Steer	0—10—30
Red Steer Alfalfa Special	0—10—30
Red Steer	0—20—10
Red Steer	0—20—20
Swift & Co., Agr. Chem. Div., Savannah, Ga.; Wilmington, S. C.	
Swift's Red Steer	0—10—20
Swift's Red Steer	0—14—14
Swift & Co., Plant Food Div., Columbia, S. C.	
Swift's Red Steer	0—12—12
Swift's Red Steer	0—14—14
Swift's Red Steer	0—20—20
Swift's Red Steer	0—20—10
Swift's Red Steer	0—10—30
Swift's Red Steer	0—10—20
Swift's Red Steer Alfalfa	0— 9—27
Victor Fertilizer Co., Chester, S. C.	
Victor	0—12—12
Victor	0—14—14
Victor	0—10—20
Va.-Carolina Chem. Corp., Richmond, Va.; Dubuque, Iowa	
V-C Fertilizer	0— 9—27
V-C Fertilizer	0—10—20
V-C Fertilizer	0—12—12
V-C Semi-Granular	0—10—30
V-C Super with Potash	0—14—14
V-C Semi-Granular	0—20—20
Wisconsin Farmco Service Coop., Madison, Wisc.	
Farmco with Borax	0— 9—27
Farmco with Borax	0—12—12
Farmco	0—10—30
Farmco with Borax	0—12—36
Farmco	0—15—45
Farmco	0—20—20
Farmco	0—30—30
Farmco	0—40—20

Hdb. d. Pflanzenernährung III

	Hersteller Düngesorte	Nährstoffanteile in % N—P₂O₅—K₂O

Wisconsin Plant Food, Inc., Watertown, Wisc.

Plant Life Fert.	0— 9—12
Plant Life Fert.	0—20—20
Plant Life Fert.	0—10—20

Wray (Chas. P.) & Co., Ridgeway, S. C.

Wrayco	0—10—20

Wyocena Farmers Cooperative, Wyocena, Wisc.

Wyocena Fertilizer	0—10—30
Wyocena Fertilizer	0—20—20
Wyocena	0—20—20
Wyocena	0—20—10
Wyocena	0—12—12
Wyocena	0—10—20
Wyocena	0— 9—27

3. Mehrnährstoffdünger mit hohen Prozentsätzen an organischen Stoffen

Im folgenden werden die bekanntesten Düngesorten zusammengestellt, deren wichtigster Bestandteil, die humusbildende Substanz, in Prozentsätzen von 25% und mehr vorliegt. Da laufend neue Düngesorten durch Vermischen organischer Stoffe, insbesondere der von Torf oder Abfallprodukten, mit anorganischen Düngern erzeugt werden, vielfach Sorten, die meist nur kurze Zeit am Markt bleiben, wird eine Vollständigkeit der Zusammenstellung nicht angestrebt.

Übersichtstabelle

Hersteller — Düngesorte	Zusammensetzung	

Bundesrepublik Deutschland:

Biohum-Werke

Biohum	alkalischer Klärschlamm mit Torfmull vermischt, keine Gehaltsgarantie	braunschwarz, feinkrümelig

Franz Haniel & Co.

Huminal: Type A	50% organische Substanzen (Torf) 2% (¹/₂ Amm.-N + ¹/₂ Salp.-N) maximal 35% Wassergehalt (Der Torf ist mit NH₄HCO₃ entsäuert)	schwarzbraun, faserig
Type B	50% organische Substanzen 2% N (davon ³/₄ Amm.-N + + ¹/₄ Salp.-N) 1% P₂O₅ (davon 35% wl., Rest cs.l.) 1,5% K₂O, Spurenelemente maximal 35% Wassergehalt	

Süd-Chemie A.G.

Nettolin	35% organische Substanzen — Nährstoffgehalt 3% N:2% P₂O₅:4% K₂O 15% CaO-Gehalt, maximal 30% H₂O (Torfmischung mit CaCO₃ und Nährstoffzusätzen)	dunkelbraun bis erdfarben

Torf-Streuverband G.m.b.H.

Super-Manural	50% organische Substanzen 1% P₂O₅ (cs.l.), 1% N (mineralisch) 1,5% K₂O maximal 40% H₂O 0,02% Mn, 0,02% Cu	

Herstellung — Düngesorte	Zusammensetzung	
Torf-Chemie Dr. Spengler		
Wichtel-Dünger	35% organische Substanzen (meist Torf) maximal 15% Feuchte mit Zusätzen von Hauptnährstoffen in der Größenordnung 6:6:12 bzw. 7:7:9 oder 8:5:13 unter Zusatz von Spurenelementen (0,01% Mn, 0,01% B, 0,01% Cu), der Kaligehalt kann als Chlorid oder Sulfat vorliegen	dunkelbraun, feinkörnig
Frankreich:		
Comp. Française des Fumiers Natural Thorigny		
Cofuna	über 50% organische Substanzen etwa 35% H_2O Nährstoffgehalt etwa 1,2% N:0,35% P_2O_5:0,5% K_2O 1 g Cofuna = 1,7 Mrd. Bakterien (auf Basis getrockneten Kuh- und Pferdemistes, vermahlen und fermentiert, anschließend mit Bakterien versetzt)	
Irland:		
P. Donelly & Sons Ltd.		
Donella's Humone	Torf mit Nährstoffzusatz: etwa 2 bis 3% N, 0,5% P_2O_5, 1% K_2O	
Österreich:		
Öst. Stickstoffwerke A.G.		
Humon	bestehend aus mit NH_3 aufgeschlossenem getrocknetem Torf 3% N maximal 35% H_2O	
Vollhumon	entsprechend Humon mit Zusatz von Nährstoffen Nährstoffzusatz 3% N:2% P_2O_5:4% K_2O, ferner Zugabe von Spurenelementen. — (Die Phosphorsäure ist wasser- und cs.l.)	
Niederlande (1958 und Folgejahre):		
Fasting 5 Co., N.V., Den Haag		
Terravit	Torf mit Mineralzusätzen, etwa 2:2:2% — Hauptnährstoffe; etwa 33% organische verwendbare Stoffe, Spurenelemente	
Centraalbureau Rotterdam .	Mischung von Tiefmoor (meist 70%) und Kompost bzw. vergorenem städtischem Müllabfall gesiebt, ohne Gehaltsgarantie	
Nederlands Verkoopkantor von organ. Meststoffen en Dierlijke Produkten		
Viano	Kompost mit Zusätzen von 8% N, 7% P_2O_5, CaO-Gehalt 8 bis 12%	

Hersteller — Düngesorte	Zusammensetzung

Schweiz (1958 und Folgejahre):
Fa. Humosan, St. Gallen

Humosan .... 1,5 bis 2% N
1 bis 1,5% P_2O_5
2 bis 2,5% K_2O
4 bis 7% CaO
etwa 35% organische Substanzen

Humag .... analog Humosan, jedoch mit
höheren Nährstoffzusätzen und
1% Boraxzugabe

Tervital Bourcoud Cie.,
Lausanne
verschiedene Tervitalsorten . Humus (50% organische
Substanzen) + Nährstoffzusatz
2:1,5:2 bis zu 12:18:24

e) Düngererzeugungs- und -verbrauchszahlen der bekanntesten Agrarländer

Es wird versucht, einen Überblick über die Größe der landwirtschaftlich bebauten Flächen der Argrarländer, deren Düngererzeugung und -verbrauch sowie der spezifischen Verbrauchszahlen zu geben.

Als Unterlagen dienten, soweit nicht besonders vermerkt, die offiziellen Zahlen, die in den Veröffentlichungen der FAO, dem „Production Yearbook 1962" und dem Heft „An annual review of world production, consumption and trade of fertilizers 1962" sowie im OECD-Bericht, 1960—1963 „Fertilizers — Production, Consumption, Prices and Trade" —, enthalten sind.

*Mit Sternchen * versehene Zahlen bezeichnen Schätzzahlen.*

Es soll ferner versucht werden, einen Überblick über die Erzeugerfirmen der Stickstoff-, Superphosphat- und Kaliindustrie zu geben[1]; die Stickstoff- und Superphosphatfirmen sind in Europa zumeist auch die Erzeuger von Mehrstoffdünger. Die Angaben sind aus den verschiedensten Veröffentlichungen zusammengetragen, u. a. auch aus den Veröffentlichungen der ISMA (International Superphosphate Manufacturer's Association).

Die Zahlenwerte betreffend die Volksdemokratien und die wichtigsten Länder in Übersee wurden übersichtsmäßig zusammengefaßt. Eine genauere Aufschlüsselung der Verbrauchszahlen in den USA wird angeführt.

Es sei darauf hingewiesen, daß die Düngemittelindustrie, insbesondere in den unterentwickelten Ländern, in weiterem stetigem Ausbau begriffen ist.

Zur Vereinfachung der Schreibweise werden für Stickstoffdünger Abkürzungen gewählt, die im folgenden wiederholt werden.

Es bedeuten:

N-D	= Stickstoffdünger
Komplex-D	= Komplexdünger
A	= Ammoniak (NH_3)
ACl	= A-Chlorid = Ammonchlorid
AN	= A-Nitrat = Ammonnitrat (in den Zahlen wird unter AN auch der Wert für Kalkammonsalpeter [KAS] ausgewiesen)
ASU	= A-Sulfat = Ammonsulfat
ASS	= Ammonsulfatsalpeter
APh	= Ammonphosphat
H	= Harnstoff
KS	= Kalksalpeter
KSt	= Kalkstickstoff =
= CaCy	= $CaCN_2$ = Kalziumcyanamid

---

[1] Ohne Gewähr für Vollständigkeit; Stand 1962 bzw. der Folgejahre.

1. Europäische Länder

A. Belgien

Gesamte Fläche (1961, FAO) .... 3 051 000 ha[1]
Landwirtschaftliche Nutzfläche: Ackerland .... 935 000 ha
Permanentes Grasland
(Wiesen und Weiden) .... 770 000 ha
Waldfläche .... 601 000 ha

Stickstoffdünger

	Erzeugung		Verbrauch	
		in t N		
	1958/59	1961/62	1958/59	1961/62
Gesamt	295 094	262 300	97 457	103 227
davon:				
ASU	162 266	89 795	11 322	9 870
A-Nitrat (einschließlich				
Ammonsulfat-Nitrat)	111 545	116 234	67 865	70 025
Na-Nitrat	—	—	3 661	4 650
Ca-Nitrat	—	—	967	1 200
Ca-Cyanamid...................	6 417	6 688	5 761	5 700
Andere Stickstoffdünger	18	10	20	10
Harnstoff	—	22 395	—	600
Komplexdünger	14 848	27 178	7 861	11 172
(einschließlich Ammon-				
phosphate)	(7 752)	(17 109)	(1 057)	(1 350)

Verbrauch kg N:
je ha landwirtschaftlich genutzter Fläche[2] 60,6
je ha Ackerland 110,4

Erzeugerfirmen:
Société Belge de l'Azote et des Produits Chimiques du Marly,
Brüssel .... An KS ASU
Société Carbochimique S.A., Brüssel .... AN ASS H
Union Chimique Belge S.A., Brüssel .... AN
Ammoniaque Synthétique et Dérivés S.A., Brüssel .... AN KS ASU

---

[1] Zahlenangaben nach FAO-Jahrbuch 1962.
[2] Die landwirtschaftlich genutzte Fläche umfaßt Ackerland und permanentes Grasland sowie Flächen mit Futterpflanzen, die nicht angebaut wurden.

Phosphatdünger

	Erzeugung		Verbrauch	
		in t P_2O_5		
	1958/59	1961/62	1958/59	1961/62
Gesamt	327 789	331 696	91 667	91 870
davon:				
Super unter 25%	29 628	44 080	13 965	17 997
Super über 25%	25 925	35 735	4 993	5 833
Basische Schlacke	180 000	196 757	56 700	54 402
Andere Produkte:				
Andere Phosphatdünger	67 000	—	7 000	—
Komplexdünger	25 236	55 124	9 009	13 638
(einschließlich Ammonium-				
phosphat)	(18 604)	(45 624)	(2 068)	(3 600)

Verbrauch kg P_2O_5:
je ha landwirtschaftlich genutzter Fläche 54
je ha Ackerland 98,2

Superphosphat-Erzeugerfirmen:
  Etablissements Kuhlmann, Brüssel
  Union Chimique Belge, Brüssel
  S.A. de Pont-Brulé, Division „Chimica", Vilvorde
  S.A. Pour Favoriser l'Industrie Agricole, S.A.P.F.I.A., St. Amands a/Schelde —
      Antwerpen
  Etablissements Battaille Frères, Basècles
  S.A. Engrais de Louvain, Wilsele-lez-Louvain
  S.A. de Schelde, Schoonaarde-lez-Termonde
  S.A. Métallurgique de Prayon, Trooz
  G. & V. Moreels et Belgo Peruvienne-Guano S.A., Ghent
  S.A. Superphosphate Rosier, Moustier-Hainaut
  S.A. Standaert, Balgerhoeke
  Acides et Superphosphates Standaert, S.A., Balgerhoeke

Kalidünger

	Verbrauch in t K_2O	
	1958/59	1961/62
Gesamt	152278	152734
davon:		
Kali-Sulfat	6222	7035
KCl über 45% K_2O	23412	29450
KCl 20—45%	86316	73459
Roh-Kali-Salz 20% und weniger	20759	20313
Andere Kali-Salze	3425	4359
Komplex-Dünger	12144	18118

Verbrauch kg K_2O:
    je ha landwirtschaftlich genutzter Fläche 89
    je ha Ackerland 163

Mehrnährstoffdünger

Gesamtverbrauch in t	N	P_2O_5	K_2O
1961/62	103227	91870	152734
davon Mehrnährstoffdünger (OECD)	34943	59078	35842
einschließlich Komplexdünger[1]	11172	13638	18118

[1] Einschließlich 1350 t Ammonphosphat.

Bevorzugte Nährstoffgehalte der Komplexdünger:

9:9:12	*Erzeugt durch:*
9:9:15	Société Belge de l'Azote et des Produits Chimiques du Marly in Renory-
9:9:18	Ongrée bei Lüttich

  ferner

13:6: 7	*Erzeugt durch:*
10:7:17	Tertre-Auby in Neder-over-Heembuch (Marly) bei Brüssel
6:8:15	
5:8:18	

Nährstoffverhältnis der Komplexdünger (1962) 1:1,2:1,6.

Nährstoffverhältnis im Querschnitt aller Dünger (einschließlich der Einzeldünger): 1:0,9:1,5.

Als Mischdünger gilt neben den üblichen Mischungen auch Phosphate d'Ammoniaque (16,5% N, 20% P_2O_5), bestehend aus Ammonsulfat und Ammonphosphat. Für PK-Mischungen werden Thomasphosphat und Kalisalz verwendet.

B. Dänemark

Gesamte Fläche (1961) .... 4 304 000 ha
Landwirtschaftliche Nutzfläche:
    Ackerland.. 2 817 000 ha
      Permanentes Grasland und Weiden......................... 343 000 ha
      davon extensive Weiden (1957) .... (82 000 ha)
Waldfläche (1950) .... 438 000 ha

Stickstoffdünger

	Verbrauch in t N	
	1958/59	1961/62
Gesamt	104 200	133 605
davon:		
ASU	2 081	1 400
A-Nitrat	2 605	2 950
(einschließlich Ammonsulfatnitrat)	(1 036)	(650)
Na-Nitrat	2 851	2 050
Ca-Nitrat	93 858	112 500
Andere Stickstoffdünger (einschließlich Flüssigdünger)	2 083	13 455
Komplexdünger	722	1 250

Verbrauch kg N:
      je ha landwirtschaftlich genutzter Fläche 42,2
      je ha Ackerland 47,5

Erzeugerfirmen:
Dansk-Norsk Kvaelstoffabrik A/S, Grenaa   A, AN

Phosphatdünger

	Erzeugung		Verbrauch	
	in t P_2O_5			
	1958/59	1961/62	1958/59	1961/62
Gesamt	88 250	89 300	109 115	114 550
davon:				
Superphosphat	88 250	88 500	107 310	111 350
(einschließlich Misch- dünger — Kali — Super- phosphat)	—	—	(48 182)	(79 350)
Basische Schlacke	—	—	1 083	1 250
Komplexdünger	—	—	722	1 150

Verbrauch kg P_2O_5:
      je ha landwirtschaftlich genutzter Fläche 36,2
      je ha Ackerland.. 40,7

Erzeugerfirma:
A/S Dansk Svovlsyre- og Superphosphat-Fabrik, Kopenhagen

Kalidünger

	Verbrauch in t K_2O	
	1958/59	1961/62
Gesamt	167 777	179 250
davon:		
Kali-Sulfat	883	900
Kaliumchlorid	165 751	176 500
(einschließlich K_2O in Kali-Superphosphat)	(66 932)	(119 500)
Komplexdünger	1 143	1 850

Verbrauch kg K_2O:
      je ha landwirtschaftlich genutzter Fläche 56,7
      je ha Ackerland.. 63,6

C. Bundesrepublik Deutschland (Westdeutschland)

Gesamte Fläche (1961, FAO) .... 24 681 000 ha
Landwirtschaftliche Nutzfläche
    Ackerland.. 8 503 000 ha
      Permanentes Grasland .... 5 705 000 ha
Waldfläche .... 7 106 000 ha

Stickstoffdünger

	Erzeugung		Verbrauch	
	1958/59	1961/62	1958/59	1961/62
Gesamt	1 050 700	1 113 800	574 800	621 400
davon:				
ASU	233 600	263 800	50 700	44 100
A-Nitrat	327 000	338 700	247 100	293 500
Ammonsulfatnitrat	121 300	139 600	23 300	......
$NaNO_3$	—	—	—	—
Ca-Nitrat	53 000	46 600	26 400	25 800
$CaCN_2$	101 200	89 100	97 600	85 300
Andere Dünger:				
Harnstoff, NH_3, NH_4Cl,				
A-Phosphat, usw.	55 700	44 100	2 200	4 200
		(1959/60)		(1959/60)
Komplexdünger	158 900	236 300	127 500	172 700

Verbrauch kg N:
    je ha landwirtschaftlich genutzter Fläche 47.3
    je ha Ackerland 73

Erzeugerfirmen:
Badische Anilin- und Sodafabrik A.G., Ludwigshafen/Rhein .... KAS ASS KS NS H
Farbwerke Hoechst A.G. vormals Meister Lucius & Brüning,
    Frankfurt/Main .... KAS KS NS
Ruhrstickstoff A.G., Bochum; diese ist Verkaufsgesellschaft für folgende Werke:
    I. Bergwerksgesellschaft Hibernia A.G. mit der
      a) Krupp-Kohlechemie Ges. m. b. H., Stickstoffwerk Wanne-Eickel (NH_3-Synthese)
      b) Scholven-Chemie A.G., Gelsenkirchen-Buer .... KAS
    II. Gewerkschaft Victor, Chemische Werke, Castrop-Rauxel, Westfalen (NH_3-Synthese) — (Komplexdünger)
    III. Hüttenwerk Salzgitter A.G., Drütte/Salzgitter (NH_3-flüssig)
    IV. Ruhrchemie A.G., Oberhausen-Holten (NH_3-Synthese)
    V. Ruhröl, Chemiewerk der Steinkohlenbergwerke M. Stinnes A. G., Bottrop
Union Rheinische Braunkohlen Kraftwerk A.G. Wesseling, Bezirk Köln (NH_3)
Chemische Fabrik Kalk, Köln-Kalk.

Phosphatdünger

	Erzeugung		Verbrauch	
		in t P_2O_5		
	1958/59	1961/62	1958/59	1961/62
Gesamt	641 600	704 100	607 900	624 900
ferner zusätzlich				
gemahlenes Rohphosphat	—	—	26 300	9 100
davon:				
Superphosphat unter 25% P_2O_5	87 100	47 700	77 300	56 100
Basische Schlacke	345 600	364 800	353 300	346 800
Andere Produkte	44 900	44 900	46 800	42 400
Komplexdünger	164 000	246 700	130 500	179 600

Verbrauch kg P_2O_5:
    je ha landwirtschaftlich genutzter Fläche 44
    je ha Ackerland 76,5

Superphosphat-Erzeugerfirmen:
Chemische Düngerfabrik Rendsburg, Rendsburg
Chemische Fabrik Kalk G. m. b. H., Abt. Scheibler, Köln-Kalk
Chemische Werke Albert, Wiesbaden-Biebrich
Chemische Werke Rombach G. m. b. H., Oberhausen/Rhld.
Gebrüder Giulini G. m. b. H., Chemische Fabrik, Ludwigshafen/Rhein
Guano-Werke Aktiengesellschaft (vormals Ohlendorff'sche und Merck'sche Werke),
    Hamburg
Kali-Chemie Aktiengesellschaft, Hannover
Kommanditgesellschaft Wilhelm Stodiek & Co., Bielefeld
Phosphatfabrik Hoyermann G. m. b. H., Hannover
Reese Gebrüder Superphosphat-Fabrik, Bodenwerder a. d. Weser
F. B. Silbermann Chemische Fabriken, Augsburg
Süd Chemie Aktiengesellschaft, München
Superphosphatfabrik Unbefunde K. G., Melle in Hannover

Kalidünger

	Erzeugung		Verbrauch	
		in t K_2O		
	1958/59	1961/62	1958/59	1961/62
Gesamt	1 707 800	2 035 700	1 003 800	1 036 100
davon:				
K_2SO_4	134 800	187 500	5 400	4 200
KCl über 45% K_2O-Gehalt	848 900	1 215 200	250 800	327 800
KCl 20—45% K_2O-Gehalt	592 100	460 600	460 200	359 400
Rohe K-Salze, 20% K_2O u. w.	54 700	40 500	34 200	22 800
Rohe K-Salze, 20% K_2O u. w.				
Andere Salze	77 300	131 900	44 900	37 200
Komplexdünger	—	—	208 300	284 700

Verbrauch kg K_2O:
    je ha landwirtschaftlich genutzter Fläche 72,8
    je ha Ackerland 121,9

Erzeugerfirmen:
Burbach A. G., Kassel-Celle (Organgesellschaft der Wintershall A. G.)
Gewerkschaft Baden (Interessenmitglied der Preußag)
Kali Chemie A. G., Hannover
Salzdetfurth A. G., Salzdetfurth bei Hildesheim
Wintershall A. G., Kassel-Celle
Vertrieb: Verkaufsgemeinschaft Deutscher Kaliwerke, G.m.b.H., Hannover.

Mehrnährstoffdünger-Verbrauch

	N	P_2O_5	K_2O
1961/62 in t	179 000	264 000	414 000
= Nährstoffverhältnis	1 :	1,5 :	2,3

Dagegen betrug das Nährstoffverhältnis, bezogen auf Einzel- und Mehrnährstoffdünger
    in summa 1:1,1:1,7 — Komplexdüngeranteil am Mehrnährstoffdüngerabsatz 1961/62
    96,5% des N, 68% des P_2O_5, 69% des K_2O.
Rückgang der durch bloßes Mischen erzeugten niederprozentigen Dünger.

D. England

United Kingdom — englisches Mutterland plus Nordirland, 1961 ...... 24 402 000 ha

Landwirtschaftliche Nutzfläche:
    Ackerland .... 7 266 000 ha
    Permanentes Grasland (Wiesen und Weiden) .... 12 495 000 ha
    (darin extensive Weiden, 1957) .... (7 362 000 ha)
Waldfläche .... 1 723 000 ha

Stickstoffdünger

	Erzeugung		Verbrauch	
		in t N		
	1958/59	1961/62	1958/59	1961/62
Gesamt	355 700	465 600	345 700	496 400
davon:				
ASU	227 400	235 800	178 100	175 900
A-Nitrat	61 400	133 700	62 500	147 800
$NaNO_3$	—	—	1 200	1 300
$CaCN_2$	—	—	—	—
Komplexdünger (einschließlich anderer N-Dünger)	66 900	96 100	103 900	171 400

Verbrauch kg N:

je ha Ackerland und permanentes Grasland 25,1
je ha Ackerland 68,3

Erzeugerfirmen:

Imperial Chemical Industries (ICI) — London .... AN H ASU
Fisons Ltd., London — Shell Chemical Co., London .... AN ASU
Shell-Chemical Co. Ltd., London.................................... A

Phosphatdünger

	Erzeugung		Verbrauch	
		in t P_2O_5		
	1958/59	1961/62	1958/59	1961/62
Gesamt	359 600	395 300	372 000	447 600
davon:				
Super unter 25%	153 600	129 000	146 200	131 900
Super über 25%	64 900	70 600	65 500	75 400
Basische Schlacke	83 600	121 900	99 600	134 700
Komplexdünger (einschließlich anderen Phosphatdüngern)	57 500	73 800	60 700	105 600
ferner:				
Gemahlenes Rohphosphat, direkt verwendet	—	—	16 600	10 900

Verbrauch kg P_2O_5:

je ha Ackerland und permanentes Grasland 22,6
je ha Ackerland 61,6

Superphosphat-Erzeugerfirmen:

Anderton-Richardson Fertilisers Ltd., Skeldergate Bridge Works, York
Eaglescliffe Chemical Co., Urlay Nook, Eaglescliffe, Durham
Fisons Fertilizers Ltd., Harvest House, Felixstowe, Suffolk, derzeit 14 Werke
Garroway, R. & J. Ltd., Glasgow, E. 1
Lawes Chemical Co. Ltd., Creeksmouth, Barking, Essex
Lindsey & Kesteven Chemical Manure Co. Ltd., Saxilby, Nr. Lincoln
Middleton, Chas. & Sons (Worksop), Ltd., Claylands Works, Gateford Road, Worksop
Richardsons Chemical Manure Co. Ltd., Belfast
Scottish Agricultural Industries, Ltd., Edinburgh 12
Sheppy Glue & Chemical Works, Ltd., Horley, Surrey
Ulster Manure Co. Ltd., Lisahally, Coolkeeragh, S. O., Londonderry
Webb, Edward & Sons (Stourbridge), Ltd., Wordsley, Stourbridge, Worcs.
West Norfolks Farmers' Manure & Chemical Co-op. Co. Ltd., King's Lynn, Norfolk

Kalidünger

	Verbrauch in t K$_2$O	
	1958/59	1961/62
Gesamt	381700	441700
davon:		
K-Sulfat	10000	12000
KCl über 40 bis 45%	365700	402100
Rohkalisalze 20% und weniger	5500	8000
Andere Kalisalze (einschließlich Komplexdünger)	500	19600

Verbrauch kg K$_2$O:
    je ha Ackerland und permanentes Grasland 22,3
    je ha Ackerland... 60,7

Mehrnährstoffdünger

Von den Gesamtnährstoffen entfallen auf *Volldünger* rund	N	P$_2$O$_5$	K$_2$O
	57,4%	69,8%	86,9%
daraus deren errechnetes Nährstoffverhältnis	1	: 1,12	: 1,32

Von den *Volldüngern* nehmen die Dreinährstoffdünger, d. s. 80% der Mischdünger, den wichtigsten Platz ein, 15% sind PK-Dünger wegen der großen Bedeutung des Grünlandes. Im Westen Englands werden etwa 5% als NK-Dünger (mit Thomasmehl) verwendet (1959 und folgend).

Von den Volldüngern sind etwa 25% Komplexdünger mit Ammonphosphat, 75% sind durch einfaches Mischen erzeugte Dünger. Ungefähr 90% der Volldünger sind granuliert.

Beim Mischen zu Mischdüngern wird als Stickstoffkomponente 80% in Form von Ammonsulfat verwendet (1959).

Wichtigste Volldüngererzeuger:

I.C.I. — Fisons Fert. Ltd. — Shell Chemicals, London
Scottish Agricultural Industries Ltd.
West Norfolk Farmers' Co. Ltd.

Die Volldüngerproduzenten sind in der Fertilizer Manufacturers Association (F.M.A.) vereinigt.

N-P-K-Dünger
Absatzmäßig sind die nachgenannten Volldüngersorten wichtig:
        12:12:18 (Komplexdünger der I.C.I.)
        10:10:18 Mischdünger (Tripelsuperphosphat) (Fisons)
         9: 9:15

Weitere bekannte Mehrnährstoffdünger:

NPK	5:12,5:12,5	22:12:11	NK	16: 0:16
	6:15 :15	10:20:20	NP	9:18: 0
	7: 7 :10,5	21:14:14	PK	0:14:28
	8:12 : 8	15:15:15		0:13:13
	12:12 :18	15:15:21		

E. Finnland

Gesamte Fläche (1961) .... 33701000 ha
Landwirtschaftliche Nutzfläche (1950)[1]:
    Ackerland .... 2683000 ha
    Permanentes Grasland .... 127000 ha
Waldfläche .... 21761000 ha

Stickstoffdünger

	Erzeugung		Verbrauch	
	in t N			
	1958/59	1961/62	1958/59	1961/62
Gesamt	28 327	51 065	49 700	59 105
davon:				
ASU	—	—	200*	165*
A-Nitrat	27 842	13 999	32 000*	12 116*
Ammonsulfat-Nitrat	—	—	12 300*	7 435*
Ca-Nitrat	—	—	4 500*	8 121*
Andere Stickstoffdünger	—	30 940	—	26 096*
Komplexdünger	—	6 126	—	5 166

Verbrauch kg N:
je ha landwirtschaftlich genutzter Fläche ... 21
je ha Ackerland ... 22

Erzeugerfirma:
Typpi Oy in Oulu ... KAS

Phosphatdünger

	Erzeugung		Verbrauch	
	in t P_2O_5			
	1958/59	1961/62	1958/59	1961/62
Gesamt	73 197	68 163	91 000	100 669
davon:				
Super unter 25%	39 899	38 881	48 594*	65 888*
Basische Schlacke	—	—	1 820*	2 426*
Andere Phosphate[1]	33 298	29 282	40 586*	32 204*
ferner verbraucht:				
Gemahlenes Rohphosphat	—	—	8 942	5 607

Verbrauch kg P_2O_5:
je ha landwirtschaftlich genutzter Fläche ... 35,8
je ha Ackerland ... 37,5

[1] Kotka-Phosphate.

Erzeugerfirma:
Rikkihappo-ja Superfosfaattitehtaat Oy, Helsinki

Kalidünger

	Verbrauch in t K_2O	
	1958/59	1961/62
Gesamt	60 100	76 228
davon:		
K_2SO_4	4 900*	2 897*
KCl über 45%	55 200*	72 493*

Verbrauch kg K_2O:
je ha landwirtschaftlich genutzter Fläche ... 27,2
je ha Ackerland ... 28,4

Mehrnährstoffdünger

Gesamtnährstoffverbrauch in t	N	P_2O_5	K_2O
1958/59	49 700	91 009	60 130

Nährstoffverhältnis	N		P_2O_5		K_2O
1958/59	1	:	1,8	:	1,2
1961/62	1	:	1,7		1,3

Düngerverbrauch in t Ware: 1958/59
  PK-Dünger (granulierte Ware) 62 442
  NPK-Dünger
    a) durch Mischen erzeugt 233 026
    b) Komplexdünger (etwa 10% geschätzt) .... (etwa 23 400)

Summe .... (etwa 318 800)

Bevorzugte Formulierungen (1958/59 und folgend):

PK-Dünger (Kotka-Phosphat + Kalisalz) ..	0:16,5:16,5	(überwiegend nicht granuliert)
NPK-Dünger	8:12: 9	= 80 bis 85% des Mischdüngerverbrauchs
	5:11:14	= etwa 9% des Mischdüngerverbrauchs
	9:14: 4	= 6% des Mischdüngerverbrauchs
	5:13:12 + Bor	= 3% des Mischdüngerverbrauchs
Komplexdünger (Erzeugung der Fa. Tippi Oy in Oulu)	12: 9:17 14:11:12	

Das P_2O_5 liegt als citratlösliche Phosphorsäure, das K_2O als Kalichlorid vor.

F. Frankreich

Gesamte Fläche (1961).. 55 121 000 ha
Landwirtschaftliche Nutzfläche:
  Ackerland...................................... 21 405 000 ha
  Permanentes Grasland und extensive Weiden .... 13 134 000 ha
  davon extensive Weiden (1957) .... (10 200 000 ha)
Waldfläche (1961) .... 11 614 000 ha

Stickstoffdünger

	Erzeugung		Verbrauch	
		in t N		
	1958/59	1961/62	1958/59	1961/62
Gesamt	538 500	774 300	480 800	624 705
davon:				
ASU	75 500	81 000	50 600	47 450
A-Nitrat	297 500	458 700	261 400	376 825
$NaNO_3$	1 400	—	13 700	8 950
Ca-Nitrat....................	39 400	39 800	35 000	30 370
Ca-Cyanamid	1 800	2 600	4 200	2 900
Andere Stickstoffdünger	6 600	4 000	7 900	140
Harnstoff	11 100	44 200	4 200	17 930
Komplexdünger	105 200	144 000	103 380	140 140
(einschließlich Ammon- phosphate)	(1 009)	—	(800)	—

Verbrauch kg N:
  je ha landwirtschaftlich genutzter Fläche 18,1
  je ha Ackerland... 29,2

Erzeugerfirmen:
ONIA, Office National Industriel de l'Azote, Toulouse — Paris .... KAS AN H
Etablissements Kuhlmann, Paris .... AN H
Société de Produits Chimiques et Engrais d'Auby, Paris .... AN
Société Ammonia, Paris .... AN
Société Chimique de la Grande Paroisse, Paris .... AN KAS
Houillères du Bassin d'Aquitaine, Saint-Benoit de Carmaux .... KAS

Houillères du Bassin de Lorraine, Saint-Avold ....AN KAS
Houillères du Bassin du Nord et du Pas-de-Calais, Paris ....AN KAS ASU
Société Industrielle et Financière de Lens, Finalens, La Bassée ......AN H
Société Generale d'Engrais et de Produits Chimiques „Pierrefitte", Paris.KAS H
Potasse et Engrais Chimiques (P.E.C.), Paris ....AN ASU
Société des Produits Azotés, Paris ....AN KS
Société Produits Chimiques St. Gobain-Péchiney, Paris..............A KAS H
Société des Phosphates Tunisiens, Toulouse ....AN

Phosphatdünger

	Erzeugung		Verbrauch	
		in t P_2O_5		
	1958/59	1961/62	1958/59	1961/62
Gesamt	769 200	811 687	764 400	867 870
davon:				
Super unter 25%	210 500	258 098	198 300	276 100
Super über 25%	22 800	25 614	84 500	144 960
Basische Schlacke	400 000	380 800	387 000	446 810
Andere Phosphate	40 966	44 013	—	—
Komplexdünger	94 934	103 162	94 600	(92 000
ferner zusätzlich				1960/61)
Gemahlene Rohphosphate	—	—	105 900	189 875

Verbrauch kg P_2O_5:

je ha landwirtschaftlich genutzter Fläche 25,1
je ha Ackerland.. 40,5

Superphosphat-Erzeugerfirmen:

Etablissements Kuhlmann, Paris*
Compagnie Bordelaise des Produits Chimiques, Bordeaux (Gironde) — Paris*
Compagnie du Phospho-Guano, Paris
Société des Fertilisants de l'Ouest (S.O.F.O.), Paris*
Société des Etablissements Linet, Paris
Société des Produits Chimiques d'Auby, Neuilly-sur-Seine*
Salmon, Ibled et Cie. — Manufacture des Engrais Novo, Lomme-lez-Lille (Nord)*
Société des Engrais de Roubaix, Paris
Union Francaise d'Engrais et de Produits Chimiques, Paris*
R. Delafoy u. Cie., Nantes
Etablissements Delplace, Paris
S. A. des Produits Chimiques de l'Ouest, Paris
J. Boucheny & Cie., Pithiviers (Loiret)
Etablissements Hurel, Aunay-sous-Crécy (Eure-et-Loire)
Société Mériodionale de Produits Chimiques Agricoles „Agricola", Marseille (Bouches-
du-Rhône)
Usines Schloesing Frères, Marseille (Bouches-du-Rhône)
Emile Duclos et Cie., Marseille (Bouches-du-Rhône)
Société des Engrais de Rasseun, Marseilles
Société Asturonia, Paris
Société Produits Chimiques St. Gobain-Péchiney, Paris*
Etablissements Duprè et Cie., Usine Saint Ange, Montfavet (Vaucluse)
Produits Chimiques Agricoles M. Manon, Avignon (Vaucluse)
Société Nouvelle Engrais Manon, Avignon (Vaucluse)
Société des Fertilisants du Centre, Neuilly-sur-Seine
Etablissements Plantin et Cie., Usine de la Rolande, Courthezon (Vaucluse)

---

* 2 und mehr Werke.

Kalidünger

	Erzeugung	in t K_2O	Verbrauch	
	1958/59	1961/62	1958/59	1961/62
Gesamt	1449000	1635963	705400	830650
davon:				
K-Sulfat	175700	152427	47300	61225
K-Chlorid über 45% K_2O-Gehalt	1023900	1299947	528500	647915
K-Chlorid, 20 bis 45% K_2O	222400	148182	118400	101130
Roh-Kalisalze unter 20% K_2O	23100	35407	11200	19080
Andere Kalidünger	3900	—	—	1300

Verbrauch kg K_2O:

je ha landwirtschaftlich genutzter Fläche 24,1

je ha Ackerland.. 38,3

Erzeugerfirma:
Mines Domaniales de Potasse d'Alsace, Paris-Mülhausen
Vertrieb:
Société Commerciale des Potasses d'Alsace, Paris

Mehrnährstoffdünger

	N	P_2O_5	K_2O
Gesamtverbrauch 1961/62 in t (OEEC-Angabe)	216260	489890	504620
Nährstoffverhältnis von in den Mehrnährstoffdüngern	1 : 2,2 : 2,3		
= % vom Gesamtverbrauch:	34,6	46,3	60,8

Unter den Mehrnährstoffdüngern steigt der Verbrauch an Komplexdüngern stetig an, besonders stark in düngungsintensiven Gebieten.

Angabe der wichtigsten Komplexdünger (1959 und folgend):

	Erzeugt von:
10:10:10	CARLING = Houillères du Bassin de Lorraine (staatlich)
	O.N.I.A. (Office national de l'industrie de l'azote)
	St. GOBAIN, Toulouse
	KUHLMANN
12:12:12	P.E.C. (Potasse engrais chimiques — Carling)
8:16:16	P.E.C. — Gobain
12:12:20	O.N.I.A.
14:12:16	KUHLMANN
10:10:14	AUBY
16:16:10	AUBY (ferner 1959 — 16:8:10 — 10:10:15)
12:15:18	St. GOBAIN (1959 — 15:6:8)
12:12:16	MAZINGARBE = Houillères du Bassin du Nord et du Pas de Calais (staatlich)
10:10:20	P.E.C.
20:20: 0	MAZINGARBE

Ferner in Mengen von über 10000 t erzeugt (Komplexdünger, 1958/59):

3: 6: 9

3: 9: 6   Wichtigste P-K-Mischdünger:

3:10: 6   0:12:12   Aus Thomasmehl + Kalisalz

3:16:16   0:14:14

4: 7: 7

4: 8: 8   0:12:12   Aus Super + Kalisalz

4: 8:12   0:20:20

4:10:10   0:18:18

4:12: 8   Neue Formulierungen:

4:15: 0   6:12:6

4:20:20   12:12:20

5:10:10   15:15:15

5:10:12

5:15: 8

6:10:10

8:10:10

8:16:16

G. Griechenland

Gesamte Fläche (1960)..................................... 13 092 000 ha
Landwirtschaftliche Nutzfläche:
  Ackerland, gesamt .... 3 701 000 ha
  Permanentes Grasland und Weiden...................... 5 210 000 ha
  darin extensive Weiden (1957) .... (5 178 000 ha)
Waldfläche .... 2 479 000 ha

Stickstoffdünger

	Verbrauch in t N	
	1958/59	1961/62
Gesamt	70 796	83 348
davon:		
ASU	25 792	21 055
A-Nitrat	11 450	25 544
Ammonsulfat-Nitrat	6 136	10 394
Na-Nitrat	2 038	404
Ca-Nitrat	676	1 318
Andere N-Dünger	—	2 968
Komplexdünger	13 252	21 591
(einschließlich Ammonphosphat)	(11 069)	(21 528)

Verbrauch kg N:
  je ha landwirtschaftlich genutzter Fläche 9,4
  je ha Ackerland.. 22,5

Erzeugung:
Hellenic Chem. & Fert. Co., Werk Ptolemais, Athen

Phosphatdünger

	Erzeugung		Verbrauch	
		in t P$_2$O$_5$		
	1958/59	1961/62	1958/59	1961/62
Gesamt	52 850	50 860	54 605	65 580
davon:				
Super unter 25%	35 000	26 460	26 567	33 835
Super über 25%	—	—	11 207	475
Komplexdünger	15 550	19 802	16 831	27 008
(einschließlich Ammon-phosphat)	—	—	(13 837)	(26 910)

Verbrauch kg P$_2$O$_5$:
  je ha landwirtschaftlich genutzter Fläche 7,4
  je ha Ackerland.. 17,7

Superphosphat-Erzeugerfirma:
  Société Anonyme Hellénique de Produits et Engrais Chimiques, Athen

Kalidünger

	Verbrauch in t K$_2$O	
	1958/59	1961/62
Gesamt	8 515	9 796
davon:		
Komplexdünger	—	80
Kali-Chlorid	1	1
Kali-Sulfat	5 472	5 203
Andere Kalidünger	3 042	4 512

Verbrauch kg K$_2$O:
  je ha landwirtschaftlich genutzter Fläche 1,1
  je ha Ackerland.. 2,6

H. Irland

Gesamte Fläche (1961)... 7 028 000 ha
Landwirtschaftliche Nutzfläche:
  Ackerland, gesamt .... 1 362 000 ha
  Permanentes Grasland und extensive Weiden .... 3 198 000 ha
  darin extensive Weiden (1957) .... 1 200 000 ha
Waldfläche .... 181 000 ha

Stickstoffdünger

	Verbrauch in t N	
	1958/59	1961/62
Gesamt	20 600	28 951
davon:		
ASU	15 600	21 460
A-Nitrat	3 800	6 270
Na-Nitrat	1 000	696
Ammonphosphat	—	525

Verbrauch kg N:
  je ha landwirtschaftlich genutzter Fläche 6,3
  je ha Ackerland.. 21,3

Erzeugung:
Nitrogen Eirean Teoranta, Arklow

Phosphatdünger

	Erzeugung		Verbrauch	
		in t P_2O_5		
	1958/59	1961/62	1958/59	1961/62
Gesamt	36 072	61 682	73 363	92 054
davon:				
Super unter 25%	34 454	51 600	46 635	51 405
Super über 25%	—	9 164	8 132	11 764
Basische Schlacke	—	—	11 658	19 426
Andere Phosphatdünger	1 618	918	6 418	7 753
Komplexdünger (=Diammonphosphat)	—	—	520	1 706
ferner				
Gemahlenes Rohphosphat	—	—	2 599	1 947

Verbrauch kg P_2O_5:
  je ha landwirtschaftlich genutzter Fläche 20,2
  je ha Ackerland.. 67,6

Superphosphat-Erzeugerfirmen:

W. & H. M. Goulding Ltd., Dublin
Thos. McDonogh & Sons Ltd., Galway
Albatros — Windmill Fertil. Co., New Ross
Shamrock Fertilizers Ltd., Woodstock, Wicklow

Kalidünger

	Verbrauch in t K_2O	
	1958/59	1961/62
Gesamt	52 583	79 172
davon:		
K_2SO_4	500	2 000
KCl über 45% Gehalt	52 083	77 172

Verbrauch kg K_2O:
  je ha landwirtschaftlich genutzter Fläche 17,4
  je ha Ackerland.. 58,1

I. Island

Gesamte Fläche (1961).. 10 300 000 ha
Landwirtschaftliche Nutzfläche:
    Ackerland.. 1 000 ha
    Permanentes Grasland .... 2 280 000 ha
    davon kultivierte Weiden .... 98 000 ha
Waldfläche .... 100 000 ha

Stickstoffdünger

	Erzeugung		Verbrauch	
		in t N		
	1958/59	1961/62	1958/59	1961/62
Gesamt	5 360	7 380	7 255	8 998
davon:				
A-Nitrat	5 360	7 380	5 494	7 380
einschließlich Ammon-				
sulfat-Nitrat)	—	—	1 560	1 300
$CaCN_2$	—	—	16	25
Komplexdünger	—	—	160	262

je ha Ackerland und kultivierte Weiden, kg N 91

Erzeugung:
Aburdur og Aburdarnotkun, Gufunes .... AN

Phosphatdünger

	Verbrauch in t P_2O_5	
	1958/59	1961/62
Gesamt	4 003	4 322
davon:		
konzentriertes Super über 25% P_2O_5	3 825	4 010
Komplexdünger	178	312

Verbrauch kg P_2O_5:
  je ha Ackerland und kultivierte Weiden................................ 43,6

Kalidünger

	Verbrauch in t K_2O	
	1958/59	1961/62
Gesamt	2 275	2 500
überwiegend KCl mit über 45%.........................	1 950	2 000

Verbrauch kg K_2O:
  je ha Ackerland und kultivierte Weiden................................ 25,5

K. Italien

Gesamte Fläche (1961)... 30 123 000 ha
Landwirtschaftliche Nutzfläche:
    Ackerland, gesamt .... 15 608 000 ha
    Permanentes Grasland .... 5 075 000 ha
    Extensive Weiden (1957) .... 3 926 000 ha
Waldfläche .... 5 847 000 ha

Stickstoffdünger

	Erzeugung	in t N	Verbrauch	
	1958/59	1961/62	1958/59	1961/62
Gesamt	530871	688747	298327	346672
davon:				
ASU	222006	273763	113576	103356
A-Nitrat	137907	173432	56451	65981
$NaNO_3$	—	—	5538	3789
CaN	49032	54075	47425	49637
$CaCN_2$	28281	14598	23273	20365
Harnstoff	31424	61344	4043	12258
Andere N-Dünger	448	375	576	433
Komplexdünger	61773	111160	47445	90853

Verbrauch kg N:

je ha landwirtschaftlich genutzter Fläche 16,8
je ha Ackerland.. 22,2

Erzeugerfirmen (auszugsweise Angaben):

Azienda Nazionale Idrogenazione Combustibili (ANIC), Milano .... KAS
Montecatini, Milano .... KAS KS
Società Edison, Milano .... A
Sincat, Milano — Vetrocoke, Porto Marghera (Venezia) u. a.

Phosphatdünger

	Erzeugung	in t P_2O_5	Verbrauch	
	1958/59	1961/62	1958/59	1961/62
Gesamt	406813	432202	380894	392174
davon:				
Super unter 25%	260790	199567	247240	188050
Super über 25%	14529	16470	7782	16084
Basische Schlacke..............	15240	22774	27936	24882
Andere Phosphatdünger	4130	2764	5804	3242
Komplexdünger	112124	181627	92132	159916
(einschließlich Ammonphosphat)				
ferner zusätzlich				
gemahlenes Rohphosphat	—	—	1200	163

Verbrauch kg P_2O_5:
je ha landwirtschaftlich genutzter Fläche 19
je ha Ackerland 25,1

Superphosphat-Erzeuger (auszugsweise Angaben):

Akragas S.p.A. (Porto Empedoclel), Palermo

Bombrini Pavodi-Delfino, Rom

C.E.D.A. Industria Chimica Bolzano, Mailand

S.A.S. Figli di Carlo Marchi, Florenz

Federazione Italiana dei Consorzi Agrari, Rom (13 Mitgliedsfirmen)

Industrie Chimiche Campolni s.n.l., Florenz

Montecatini, Società per l'Industria Mineraria e Chimica, Mailand (zahlreiche Werke)

Parri & Montepagani, Empoli

Soc. Sali di Bario, Calolziocorte, Bergamo

S.p.A. Rumianca, Turin

Kalidünger

	Erzeugung	in t K_2O	Verbrauch	
	1958/59	1961/62	1958/59	1961/62
Gesamt	2616	87346	79165	127489
davon:				
K_2SO_4...........................	—	59856	9131	20365
KCl über 45% K_2O	—	—	4648	4530
KCl, 20 bis 45% K_2O	—	—	26875	25219
Rohsalze, unter 20% K_2O........	42	—	42	—
Andere K-Salze	2574	3975	2574	1319
Komplexdünger	—	23515	35895	76056

Verbrauch kg K_2O:

    je ha landwirtschaftlich genutzter Fläche................................. 6,2

    je ha Ackerland 8,1

Erzeugung in Sizilien (1964), Bergwerke: San Cataldo der Fa. Montecatini; Santa Caterina der Sincat, Pasquasia der Trinacria (Tochtergesellschaften der Soc. Edison)

Mehrnährstoffdünger

Von den 600728 t Mehrnährstoffdüngern 1958/59, enthaltend 16% des gesamten N, 24% des gesamten P_2O_5, 45% des gesamten K_2O, sind 80% Komplexdünger und 20% granulierte Mischdünger.

1961/62 erreichte der Mehrnährstoffdüngerverbrauch (nach OECD-Angaben):

        26,2% des gesamten Verbrauchs an N
        40,8% des gesamten Verbrauchs an P_2O_5
        59,7% des gesamten Verbrauchs an K_2O

Bekannte Formulierungen:

Montecatini:	3:12:18
	6:12: 9
	11:22:16
Edison-Sincat:	14:14:14
	12:24: 8
	8:12: 9
	10:10:12
Vego-Caffaro-Rumianca:	8:16: 8 (Vego)
	10:10:10 (Vego, Caffaro)
	4:10: 9 (Rumianca)
	7:10: 9 (Rumianca)
Zweinährstoffdünger:	0:14:14
	7:11: 0
	20: 0:20
	20:20: 0
	25:10: 0

L. Luxemburg

Gesamte Fläche (1961) .... 259000 ha

Landwirtschaftliche Nutzfläche (1957):

    Ackerland .... 75000 ha

    Permanentes Grasland .... 64000 ha

Waldfläche .... 86000 ha

Stickstoffdünger

	Verbrauch in t N	
	1958/59	1961/62
Gesamt	3 899	4 670
davon:		
ASU	320	261
A-Nitrate	2 797	3 645
Ca-Cyanamid	442	419
Verbrauch kg N:		
je ha landwirtschaftlich genutzter Fläche		33,6
je ha Ackerland		62,3

Phosphatdünger

	Erzeugung	in t P_2O_5	Verbrauch	
	1958/59	1961/62	1958/59	1961/62
Gesamt	109 778	124 162	5 392	5 794
davon:				
Basische Schlacke................	109 778	124 162	5 392	5 700
Komplexdünger	—	—	40	94
Verbrauch kg P_2O_5:				
je ha landwirtschaftlich genutzter Fläche				41,7
je ha Ackerland...				77,2

Kalidünger

	Verbrauch in t K_2O	
	1958/59	1961/62
Gesamt	5 973	5 772

fast zur Gänze in Form von KCl, 20- bis 45%ig, angewendet.

Verbrauch kg K_2O:
je ha landwirtschaftlich genutzter Fläche 41,5
je ha Ackerland 77,0

M. Niederlande

Gesamte Fläche (1961)	3 361 000 ha
Landwirtschaftliche Nutzfläche:	
Ackerland, gesamt	1 027 000 ha
Permanentes Grasland	1 287 000 ha
Waldfläche	269 000 ha

Stickstoffdünger

	Erzeugung	in t N	Verbrauch	
	1958/59	1961/62	1958/59	1961/62
Gesamt	393 700[1]	435 400	209 100	242 900
davon:				
ASU	76 200	81 100	2 800	2 700
A-Nitrat (einschließlich ASU-AN) .	237 100	217 400	155 300	174 200
Harnstoff (rat.)	—[1]	62 800	—	100
$NaNO_3$	—	—	4 400	3 900
Ca-Nitrat	22 700	20 800	15 300	16 000
$CaCN_2$	—	—	800	600
Andere N-Dünger	—	18 000	700	600
Komplexdünger	57 700	35 500	29 600	44 800
(davon Ammonphosphat-Nitrat) ..	(23 200)	(11 800)	(20 100)	(17 700)
Verbrauch kg N:				
je ha landwirtschaftlich genutzter Fläche				105
je ha Ackerland				235

---

[1] Siehe S. 1654 oben.

[1]Die Harnstofferzeugung erreichte nach Angaben der Z. Chem. Ind., März 1960,
Düngejahr 1957/58 24000 t N
    1958/59 34000 t N,
welche Zahlen in den obigen mit enthalten sind.

Erzeugerfirmen:
Stikstofbindingsbedrijf van de Staatsmijnen in Limburg, Geleen .... KAS H
Compagnie Néerlandaise de l'Azote (C.N.A.), Sluiskil .... KAS H
N. V. Mekog (Maatschappij tot Exploitatie van Kovksovengassen), Ymuiden KAS KS
Centrale Ammoniakfabrik N.V., Winschoten

Phosphatdünger

	Erzeugung		Verbrauch	
		in t P_2O_5		
	1958/59	1961/62	1958/59	1961/62
Gesamt	173800	182400	111500	100900
davon:				
Super unter 25%	78200	81200	32800	29300
Super über 25%	43600	49900	—	100
Basische Schlacke..............	—	—	48000	21700
Andere Phosphate	—	1400	1400	2300
Komplexdünger	52000	49900	29300	47500
(einschließlich Ammonphosphat-				
Nitrat)	(17100)	(11800)	(20100)	(17700)
ferner:				
gemahlenes Rohphosphat	—	—	400	—
Verbrauch kg P_2O_5:				
je ha landwirtschaftlich genutzter Fläche...............................				43,6
je ha Ackerland				97,4

Superphosphat-Erzeuger:
Albatros Superfosfaatfabrieken, N. V., Utrecht
Chemische Fabriek Coenen & Schoenmakers, Veghel
Erste Nederlandsche Cooperative Kunstmestfabrik (Windmill Fert. Works, Vlaar-
dingen)
N.V. Zuidchemie, Sas-van-Gent

Kalidünger

	Erzeugung		Verbrauch	
		in t K_2O		
	1958/59	1961/62	1958/59	1961/62
Gesamt	800	2600	146200	126300
davon:				
K_2SO_4...........................	200	200	1200	2800
KCl über 45%..................	600	400	8700	7700
KCl, 20 bis 45%	—	—	101500	63300
Kalisalze 20% u. w.	—	—	8400	4000
Andere Kalisalze	—	700	13300	12500
Komplexdünger	—	1300	13100	36000
Verbrauch kg K_2O:				
je ha landwirtschaftlich genutzter Fläche...............................				54,6
je ha Ackerland				123

Mehrnährstoffdünger

Erzeugung in t Ware: Für das Inland 100 bis 120000 t,
        Für das Ausland 100000 t (1958/59), stark steigende Produktion.

Wichtige Mehrnährstoffdünger und deren Produzenten:
    20:20: 0   Staatsmijnen — Phosphat-Ammonsalpeter
    12:10:18   Albatros[1] und ENCK[2] — besonders für Rüben
    12:10:15   ENCK (liiert mit der Deltachemie, Vlaardingen)
    6:18:28   Albatros, besonders für Blumenzwiebel[3]

[1] Albatros (alter Name ASF = Amsterdamsche Superfosfaat).
[2] ENCK (Erste Nederlandsche Cooperative Fabriken).
[3] Derzeit: Verenigte Kunstmestfabrieken Mekog-Albatros N.V. (VKF).

9:10:23	Albatros, für kaliliebende Pflanzen (Erdbeeren)
12: 5:20	Albatros
12: 8:16	ENCK
12: 9: 6	ENCK
11: 8: 6 + 3 MgO	Albatros, für Grünland
10:10:10	ENCK und Albatros
12:10:18 } 14:14:14 }	N. V. Zuid Chemie, Sas-van-Gent

Es kommen noch zahlreiche Mehrnährstoffdünger anderer Formulierungen in den Handel, welche meist bei den Verkaufsstellen der Genossenschaften durch Mischen erzeugt werden.

Von den in Holland verkauften Voll- und Mischdüngern werden 70 bis 80% im Gartenbau verwendet. Die Fa. Albatros ist mehr auf Gartenbau spezialisiert, die Fa. ENCK auf Landwirtschaft (1958/59 und folgend).

Exportgebiete für ballastarme Volldünger sind Süd- und Mittelamerika und der Orient.

N. Norwegen

Gesamte Fläche (1961) .... 32 392 000 ha
Landwirtschaftliche Nutzfläche:
    Ackerland, gesamt .... 854 000 ha
    Permanentes Grasland .... 177 000 ha
    davon extensive Weiden (1957)................................... 18 000 ha
Waldfläche .... 7 026 000 ha

Stickstoffdünger

	Erzeugung		Verbrauch	
	in t N			
	1958/59	1961/62	1958/59	1961/62
Gesamt	227 900	285 400	45 400	49 800
davon:				
A-Nitrat	8 300	11 600	7 900	8 200
CaN	168 300	191 600	11 600	11 300
$CaCN_2$	2 500	800	600	400
Harnstoff	19 100	35 800	—	—
Andere N-Dünger	2 600	14 000	—	—
Komplexdünger	27 100	31 600	25 300	29 900

Verbrauch kg N:
    je ha landwirtschaftlich genutzter Fläche................................. 48,6
    je ha Ackerland 58,3

Erzeugerfirma:
Norsk Hydro-Elektrisk Kvoelstofaktieselskab. Glomfjord, Notodden, Rjukan, Mo-J-Rana (früher Norsk-Kokswerk A/S),—Oslo.

Phosphatdünger

	Erzeugung		Verbrauch	
	in t P_2O_5			
	1958/59	1961/62	1958/59	1961/62
Gesamt	50 400	50 300	46 500	44 600
davon:				
Super unter 25%	17 700	18 700	15 900	12 900
Super über 25%	5 200	—	3 800	—
Basische Schlacke	—	—	1 100	1 400
Komplexdünger	27 500	31 600	25 700	30 300

Verbrauch kg P_2O_5:
    je ha landwirtschaftlich genutzter Fläche................................. 43,3
    je ha Ackerland 52,2

Superphosphat-Erzeuger:
Lysaker Kemiske Fabrik, A/S, Lysaker
Det Norske Zinkkompani A/S, Eitrheim bei Odda (Hardanger)
Düngemittel: Odda Smeltwerke A/S

Kalidünger

	Verbrauch in t K$_2$O	
	1958/59	1961/62
Gesamt	44 200	52 800
davon:		
K$_2$SO$_4$	700	—
KCl über 45% K$_2$O	5 500	14 000
KCl, 20 bis 45% K$_2$O	3 200	—
Komplexdünger	34 600	38 800
Andere Kalidünger	200	—
Verbrauch kg K$_2$O:		
je ha landwirtschaftlich genutzter Fläche		51,2
je ha Ackerland		61,8

0. Österreich

Gesamte Fläche (1961)	8 385 000 ha
Landwirtschaftliche Nutzfläche:	
Ackerland, gesamt	1 754 000 ha
Permanentes Grasland	2 296 000 ha
davon extensive Weiden (1957)	1 221 000 ha
Waldfläche	3 142 000 ha

Stickstoffdünger

	Erzeugung		Verbrauch	
	in t N			
	1958/59	1961/62	1958/59	1961/62
Gesamt	154 200	172 380	42 695	52 300
davon:				
ASU	34 300	35 770	2 345	2 493
A-Nitrat	113 500	130 460	38 041	44 789
Ca-Nitrat	—	—	176	88
CaCN$_2$	—	—	384	623
Harnstoff	4 200	2 860	19	90
Komplexdünger	2 200	3 290	1 730	4 271
Verbrauch kg N:				
je ha landwirtschaftlich genutzter Fläche				12,9
je ha Ackerland				29,6

Erzeugerfirma:
Österreichische Stickstoffwerke A. G., Linz

Phosphatdünger

	Erzeugung		Verbrauch	
	in t P$_2$O$_5$			
	1958/59	1961/62	1958/59	1961/62
Gesamt	27 800	38 560	79 483	91 142
davon:				
Einfach-Super	26 300	35 270	38 013	40 145
Basische Schlacke	—	—	39 652	46 738
Andere Phosphatdünger	100	—	100	—
Komplexdünger	1 400	3 290	1 718	4 259
ferner:				
Gemahlenes Rohphosphat	—	—	3 508	9 065
Verbrauch kg P$_2$O$_5$:				
je ha landwirtschaftlich genutzter Fläche				22,5
je ha Ackerland				51,9

Superphosphaterzeuger:
Österreichische Stickstoffwerke A. G., Linz
Bleiberger Bergwerksunion, Werk Arnoldstein

Kalidünger

	Verbrauch in t K_2O	
	1958/59	1961/62
Gesamt	81 352	99 000
davon:		
K_2SO_4	7 956	11 536
KCl 20 bis 45%	70 783	74 510
Rohkalisalz unter 20%	19	18
KCl über 45% K_2O	—	6 406
Komplexdünger	2 611	6 530

Verbrauch kg K_2O:
  je ha landwirtschaftlich genutzter Fläche ... 24,4
  je ha Ackerland ... 56,4

Mehrnährstoffdünger

Gesamtverbrauch 1961/62   39 200 t Ware
(d. s. 7,5% des Verbrauchs an Ges. N, 4,3% des gesamten P_2O_5,
2% des gesamten K_2O-Verbrauches.)
Gesamtverbrauch 1963/64   74 900 t
Derzeit vorwiegend verwendete Düngersorten: Vollkorn-Linz 10:10:15
Grundkorn-Linz   5:15:20

Erzeugerfirmen:
Österreichische Stickstoffwerke AG, Linz.
Im Anlaufen: Werke der Österreichischen Donau-Chemie AG, Wien, und Donau Hyperphosphat-Gesellschaft, Wien.

P. Portugal

Gesamte Fläche (1961) ... 8 886 000 ha
Landwirtschaftliche Nutzfläche:
  Ackerland, landwirtschaftliche Nutzfläche ... 4 130 000 ha
  davon permanentes Grasland (1957) ... 270 000 ha
  Extensive Weiden (1957) ... 540 000 ha
Waldfläche ... 2 500 000 ha

Stickstoffdünger

	Erzeugung		Verbrauch	
	in t N			
	1958	1961	1958	1961
Gesamt	30 323	54 945	66 447	68 393
davon:				
Ammonsulfat-Nitrate	—	—	—	6 697
ASU	28 078	37 920	43 802	30 637
A-Nitrat	—	13 065	14 558	23 315
Na-Nitrat	—	—	2 537	1 252
Ca-Nitrat	—	862	2 344	1 728
Ca-Cyanamid	2 245	3 098	2 331	3 075
Komplexdünger	—	—	875	1 566

Verbrauch kg N:
  je ha landwirtschaftlich genutzter Fläche (Ackerland) ... 16,8

Erzeugerfirmen:

Compania Uniao Fabril do Azoto (UFA), Lissabon	A ASU KAS H
Ammoniaco Portugués (Werk: Estarreja), Lissabon	ASU
Sociedade Portuguesa de Petroquimica, Lissabon	A
Sociedad de Nitratos de Portugal, Lissabon	KAS, KS, ASU
Cia de Fornos Electricos, Canas de Santoria	KSt

Phosphatdünger

	Erzeugung		Verbrauch	
		in t P_2O_5		
	1958	1961	1958	1961
Gesamt	70386	81969	73773	59409
davon:				
Super unter 25%	58026	54027	56304	47110
Super über 25%	12360	27942	12562	8666
Basische Schlacke	—	—	4032	2067
Komplexdünger	—	—	875	1566

Verbrauch kg P_2O_5:
    je ha landwirtschaftlich genutzter Fläche (Ackerland) 14,4

Superphosphat-Erzeuger:

Companhia Industrial Portuguesa, Lissabon
Companhia Uniao Fabril, Lissabon
S.A.P.E.C. Produits & Engrais Chimiques du Portugal, Lissabon

Kalidünger

	Verbrauch in t K_2O	
	1958	1961
Gesamt	8043	10371
davon:		
K_2SO_4	588	772
KCl über 45%	6109	7190
Komplexdünger	1346	2409

Verbrauch kg K_2O:
    je ha landwirtschaftlich genutzter Fläche (Ackerland) 2,5

Mehrnährstoffdünger

Da die Böden Portugals reich an K_2O sind, werden kaliarme Formulierungen bevorzugt.

Gesamtverbrauch an durch Mischen erzeugten Düngern: 30000 bis 40000 t Ware (1959).

Als Stickstoffkomponente für Mischdünger wird meist Ammonsulfat und Kalkammonsalpeter verwendet.

Formulierungen der verbrauchten Komplexdünger:

       13:13:20 Nitrophoska (der BASF)
       13:13:20 Komplesal (der Farbwerke Hoechst)
       14:14:14 Ternape; u. a.

Q. Schweden

Gesamte Fläche (1961) .... 44975000 ha
Landwirtschaftliche Nutzfläche:
    Ackerland, gesamt .... 3598000 ha
    Permanentes Grasland .... 684000 ha
    einschließlich extensive Weiden (1957)................... 500000 ha
Waldfläche .... 22505000 ha

Stickstoffdünger

| | Erzeugung | | Verbrauch | |
| | in t N | | | |
	1958/59	1961/62	1958/59	1961/62
Gesamt	33709	58200	88817	107500
davon:				
ASU	1345	1941	2633	4700
A-Nitrat	25426	43591	22277	36000
NaNO$_3$	—	—	5260	4900
Ca-Nitrat	—	—	50852	50000
Ca-Cyanamid	3945	4252	4093	3400
Andere N-Dünger	1256	—	940	(100)*
Komplexdünger	1737	8416	2762	8400

Verbrauch kg N:
je ha landwirtschaftlich genutzter Fläche 25,1
je ha Ackerland 29,9
* = Harnstoff

Erzeugerfirmen:
Stockholm Superfosfat Fabriks A.B., Stockholm .... ASU AN KSt H KAS
A.B. Svenska Salpeterverken, Köping .... KAS

Phosphatdünger

| | Erzeugung | | Verbrauch | |
| | in t P$_2$O$_5$ | | | |
	1958/59	1961/62	1958/59	1961/62
Gesamt	102707	113737	97938	105500
davon:				
Super unter 25%	91662	94849	50528	94000
Super über 25%	1094	6051	—	—
Basische Schlacke	8492	5763	4689	4500
Andere Phosphatdünger	—	—	40409	—
Komplexdünger	1459	7074	2312	7000

Verbrauch kg P$_2$O$_5$:
je ha landwirtschaftlich genutzter Fläche 24,6
je ha Ackerland 29,3

Superphosphat-Erzeuger:
A.B. Förenade Superfosfatfabriker, Hälsingborg

Kalidünger

| | Erzeugung | | Verbrauch | |
| | in t K$_2$O | | | |
	1958/59	1961/62	1958/59	1961/62
Gesamt	831	1763	79018	85500
davon:				
K$_2$SO$_4$	—	—	4107	6500
KCl über 45%	—	—	35990	71000
Andere Kalisalze	831*	1763*	36283	1500
Komplexdünger	—	—	2638	6500

Verbrauch kg K$_2$O:
je ha landwirtschaftlich genutzter Fläche 19,9
je ha Ackerland 23,8
* = Zementstaub

R. Schweiz

Gesamte Fläche (1961) .... 4129000 ha
Landwirtschaftliche Nutzfläche (1961):
Ackerland, gesamt .... 422000 ha
Permanentes Grasland .... 1743000 ha
einschließlich extensive Weiden (1957) .... 983000 ha
Waldfläche .... 981000 ha

Stickstoffdünger

	Erzeugung	in t N	Verbrauch	
	1958/59	1961/62	1958/59	1961/62
Gesamt	14000	20000	14000	16000
davon:				
ASU	2500	4200	2500	2200
A-Nitrat	5200	5800	5200	5800
Ca-Nitrat	3000	3000	3000	3000
Ca-Cyanamid	1800	2100	1800	2100
Harnstoff	500	2800	500	800
Komplexdünger	1000	2100	1000	2100

Verbrauch kg N:

    je ha Ackerland und permanentes Grasland 7,4

    je ha Ackerland 37,9

Erzeugerfirmen:

LONZA, Elektrizitätswerk und chemische Fabriken A. G., Basel ...... AN H ASU

Emser Werke, Zürich (früher Holzverzuckerungs-AG., Donat/Ems) .... H

Phosphatdünger

	Erzeugung	in t P_2O_5	Verbrauch	
	1958/59	1961/62	1958/59	1961/62
Gesamt	9000	9000	42500	44500
davon:				
Einfach-Super	5500	5500	7500	7500
Basische Schlacke	—	—	31000	33000
Andere Phosphatdünger (Knochenmehle, organische Stoffe)	3500	3500	4000	4000
ferner:				
Gemahlenes Rohphosphat	—	—	500	500

Verbrauch kg P_2O_5:

    je ha Ackerland und permanentes Grasland 20,5

    je ha Ackerland 105,5

Superphosphat-Erzeuger:

Chemische Fabrik Schweizerhall A. G., Basel

Chemische Fabrik Uetikon vormals Gebrüder Schnorf, Uetikon/See

Ed. Geistlich Söhne A. G. für Chemische Industrie, Schlieren und Wolhusen

Leim- & Düngerfabrik Märstetten, Märstetten

Société des Produits Azotés S. A., Martigny

Kalidünger

	Verbrauch in t K_2O	
	1958/59	1961/62
Gesamt in Form von Kalichlorid 30 bis 45% K_2O	40000	44000

Verbrauch kg K_2O:

    je ha Ackerland und permanentes Grasland 20,6

    je ha Ackerland 104,5

Mehrnährstoffdünger

In der Schweiz steht die Düngung mit Einzelnährstoffdüngern im Vordergrund.
Es werden maximal 20% der Nährstoffanteile als Mehrnährstoffdünger gegeben, davon
etwa $^2/_3$ als Komplexdünger und $^1/_3$ als Mischdünger (1958 und folgende).
Komplexdünger der Fa. LONZA (N ist in Nitratform vorhanden):
6:13:11 Nitrophosphat-Kali   (letzte Formulierungen)
12:12:18 Spezial-Volldünger
6:10:12 Rebendünger LONZA (mit wasserlöslicher Phosphorsäure und chlorfreiem
        Kali)
Ferner durch Mischen erzeugte Dünger der Firmen:
Chemische Fabrik Uetikon
Chemische Fabrik Schweizerhall
Leim- und Düngerfabrik Märstetten (Ostschweiz)
Fa. Geistlich Söhne A. G. Schlieren und Wolhusen

S. Spanien

Gesamte Fläche (1961) (einschließlich Balearen und Kanarische Inseln) 50 349 000 ha
Landwirtschaftliche Nutzfläche:
  Ackerland, gesamt .... 20 730 000 ha
  Permanentes Grasland .... 1 315 000 ha
  bewaldet .... 24 342 000 ha
  (davon für Weidezwecke geeignet) .... 20 183 000 ha

Stickstoffdünger

	Erzeugung		Verbrauch	
		in t N		
	1958/59	1961/62	1958/59	1961/62
Gesamt	59 600	137 527	273 800	327 178
davon:				
ASU	42 400	86 319	189 100	196 170
A-Nitrat	16 500	50 202	21 268	65 421
A-Sulfat-Nitrat	—	—	18 432	27 726
Harnstoff	—	—	—	415
NaNO$_3$	—	—	25 000	17 869
Ca-Nitrat	—	—	19 300	19 129
Ca-Cyanamid.................	700	1006	700	907

Verbrauch kg N:
  je ha landwirtschaftlich genutzter Fläche 14,8
  je ha Ackerland 15,8

Erzeugerfirmen (auszugsweise Angaben):
Sociedad Espanola de Fabricaciones Nitrogenados „SEFANITRO" in
  Bilbao .... ASU
Nitratos de Castilla S. A. „NICASA", Cabezon bei Valladolid, Bilbao ..... KAS
Sociedad Ibérica del Nitrogeno, Madrid .... AN ASU
                                                                      KAS
ferner: Abonos Sevilla, Empresa Nacional Siderurgica,
Empresa Nacional Calvo Sotello, Repesa u. a.

Phosphatdünger

	Erzeugung		Verbrauch	
		in t P$_2$O$_5$		
	1958/59	1961/62	1958/59	1961/62
Gesamt	302 800	309 010	316 000	318 886
davon:				
Einfach-Super	302 800	305 594	302 600	309 561
Basische Schlacke.............	—	—	4 689	4 500

Verbrauch kg P$_2$O$_5$:
  je ha landwirtschaftlich genutzter Fläche 14,4
  je ha Ackerland 15,4

Superphosphat-Erzeuger:
Barrau S. A., Barcelona
Compania Navarra Abonos Quimicos, Pamplona
Establecimientos Gaillard S. A., Barcelona
Fabricas Quimicas S. A., Valencia
Industria Quimicas S. A., Valencia
Industria Quimicas Canarias S. A., Madrid
La Fertilizadora S. A., Palma de Mallorca
La Industrial Quimica de Zaragoza, Zaragoza
Productos Quimicos Ibéricos S. A., Villanueva, 24, Madrid
Real Compania Asturiana de Minas, Avilés (Asturias)
Sociedad Ànonima Carrillo, Granada
Sociedad Anonima Cros, Barcelona
Sociedad Anonima Mirat, Salamanca
Productos Agro-Industriales Pagra S. A., Madrid
Sociedad Navarra de Industrias, Consejo, 1-Pamplona
Union Espanola de Explosivos S. A., Madrid

Kalidünger

	Erzeugung		Verbrauch	
	in t K_2O			
	1958/59	1961/62	1958/59	1961/62
Gesamt	245000	257776	89700	94700
davon:				
K_2SO_4........................	10000	21452	10000	18452
KCl über 45% K_2O	212000	217916	79700	76248
KCl, 20 bis 45% K_2O	23000	18408	—	—

Verbrauch kg K_2O:
  je ha landwirtschaftlich genutzter Fläche................................. 4,3
  je ha Ackerland 4,6

Erzeugerfirmen:
Mines de Potasa de Suria, S. A., Barcelona
Unión Espanola de Explosivos, Pasco de Castellana — Madrid (Mine in Cardona)[1]
Potases Ibericas, Sallent (Barcelona)
Explotariones Potasicas, Balsareny-Madrid
Potasas de Navarra S.A.

---

[1] Vertriebsgesellschaft: Potasas Espanolas S. A., Paseo de Castellana, Madrid.

Mehrnährstoffdünger

Durch Mischen werden zahlreiche Formulierungen, die auf die Bodenverhältnisse und die Nährstoffansprüche der wichtigsten Kulturen Rücksicht nehmen, erzeugt.

Gemäß gesetzlichen Bestimmungen dürfen zur Mischung nur Ammonsulfat, Kalkstickstoff mit mindestens 20% N, Superphosphat mit mindestens 16% P_2O_5, Thomasphosphat mit mindestens 18% P_2O_5, Chlorkali 50% K_2O verwendet werden (1959).

NP-Dünger sind stark gefragt.

Keinerlei Komplexdünger.

T. Europäische Volksdemokratien

Flächenangaben: 1961

	Gesamte Fläche	davon: landwirtschaftlich genutzt		
	in 1000 ha	Ackerland	permanentes Grasland und Prärien	bewaldet
Bulgarien	11093	4619	1054	3672
Jugoslawien	25580	8382	6570	8831
Ostdeutschland	10829	5090	1388	2957
Polen...........................	31173	16176	4146	7750
Rumänien	23750	10393	4208	6413
Tschechoslowakei (1962)	12787	5418	1859	4400
Ungarn	9303	5624	1459	1334
UdSSR (1956)	2240030	228600	369689	880317

Erzeugungszahlen 1961/62 in t Reinnährstoff[1]

	N	P_2O_5	K_2O
Bulgarien	87727	55764	—
Jugoslawien	12960	70127	—
Ostdeutschland	330081	171865	1675000
Polen	281768	235324	
Rumänien	29934	56510	
Tschechoslowakei	144124	145022	
UdSSR	940000	910000	1020000
Ungarn	67657	55871	

Verbrauchszahlen 1961/62[1] in t Nährstoffen (FAO-Angaben)
(Eingeklammerte Werte = 1960/61)

	N	P_2O_5	K_2O
Bulgarien	(100560)	(50004)	(5900)
Jugoslawien	82755	57976	61413
Ostdeutschland	(245600)	(225000)	(500700)
Polen	(274000)	(209300)	(311400)
Rumänien	34400	(158961)	12000
Tschechoslowakei	(146151)	56500	(190988)
UdSSR	859000	843000	703000
Ungarn	92354	83957	23219

Spezifische Düngemittelverbrauche, kg/ha landwirtschaftlich genutzter Fläche

Bulgarien	17,7	8,8	1,0
Ostdeutschland	37,9	34,8	77,2
Polen	13,4	10,3	15,3
Tschechoslowakei	20,0	21,8	26,2
UdSSR	1,4	1,4	1,2
Jugoslawien	5,5	3,9	4,1
Rumänien	2,4	10,9	0,8
Ungarn	13,3	11,8	3,3

[1] In den verschiedenen Staaten uneinheitlicher Beginn des Düngejahres.

2. Nordamerika und Mittelamerika

Übersicht

Wichtigste Dünger-Erzeuger- und Verbraucherländer

Landnutzung: in 1000 ha

	Gesamte Fläche	Landwirtschaftlich genutzte Fläche		
		Ackerland	perm. Grasl.	bewaldet
Kanada (1961)	997618	41845	21003	443380
Mexiko (1950)	196927	19928	75156	38836
USA (1961)	782784	184940	255001	258786
Puerto Rico (1960)	890	313	303	125
Hawaii (Ozeanien, 1961)	1664	202	261	809

Erzeugungs- und Verbrauchszahlen in t Reinnährstoff (Erzeugungszahlen weiterer Länder des amerikanischen Kontinents s. Abschnitt b)

	Erzeugung			Verbrauch		
	in t Nährstoffen					
	N	P_2O_5	K_2O	N	P_2O_5	K_2O
Kanada (1960/61)	(286056)	(210327)	—[1]	(90572)	(169062)	(99628)
Mexiko (geschätzt)	32000	43517	—	(135000)	(42700)	(9000)
1961/62 u. (1960/61)						
USA (1961/62) einschließlich Hawaii und Puerto Rico	2936000	3131000	2480000	2902976	2404027	2013940

[1] Erzeugung anlaufend.

Spezifischer Düngemittelverbrauch; kg Reinnährstoffe

	je ha landwirtschaftlich genutzter Fläche			je ha Ackerland		
	N	P_2O_5	K_2O	N	P_2O_5	K_2O
Kanada................	1,4	2,7	1,6	2,1	4,0	2,4
Mexiko	1,4	0,45	0,1	6,8	2,14	0,45
USA (einschließlich Hawaii und Puerto Rico)	6,6	5,5	4,6	15,7	12,9	10,9

Die Verbrauchszahlen beziehen sich auf die Flächenangaben — Kanada 1961, Mexiko 1950.

A. Kanada

Übersichtszahlen s. S. 1663.

Einzelangaben:

Erzeugung in Düngesorten 1958 (gemäß FAO-Bericht 1958. Neuere Zahlen liegen derzeit nicht vor).

N		P_2O_5	
ASU	50000*	Super unter 25%	15000*
AN	80000*	Super über 25%	15000*
Ca-Cyanamid	30000*	Andere P-Dünger	100000*
Andere N-Dünger	30000*	(einschließlich Ammonphosphat)	

Stickstoffdünger-Erzeugerfirmen

Brockville Chemicals Ltd, ...	NH_3
Canadian Industries Ltd. Millhaven, Ontario	NH_3
Consolidated Mining & Smeltin Corp. (COMINCO), ...	AN H APH ASU
Dominion Tar & Chemicals, Montreal, Quebec	NH_3
Dow Chemical Co. of Canada, Sarnia, Ontario	NH_3-fl.
North American Cyanamid Co., Hamilton, Ontario	H
Northwest Nitro Chemicals Ltd., Medicine Hat, Alberta	AN APH
Nichols Chem. Co., Ltd., Sulphide, Ontario	NH_3
Sherrit Gordon Mines Inc., Fort Saskatchewan, Alberta	ASU
Cyanamid of Canada, Ltd., Hamilton, Niagara Falls, Ontario	NH_3 H AN

Superphosphat-Erzeuger

Canadian Industries Ltd., Montreal
Dominion Fertilizers, Ltd., Ontario
Green Valley Fertilizer & Chemical Co. Ltd., North Surrey, B.C.

Kali-Erzeugungsfirmen

Potash Company of America, Patience Lake, Sask.
International Minerals and Chemical Company, Esterhazy, Sask.
Kalium Chemicals, Stone Beach, Sask.
Alwinsal Potash of Canada, Ltd., Regina-Sask.

B. Mexiko

Übersichtszahlen s. S. 1663.

Erzeugungszahlen in t Nährstoffen. 1960/61 (geschätzte Werte der FAO)
32000 t N   43500 t P_2O_5
Verbrauch: Überwiegend ASU, AN, H, Super einfach und konzentriert.

Stickstoff- und Phosphatdünger-Erzeuger:

Guanos y Fertilizantes de Mexico S.A., Cuautitlan	ASU
Fertilizantes de Monclova S. A. (Kokereien)	ASU AN
Petroleos Mexicanos (Pemex) — (Weitere Werke in Planung)	

C. Vereinigte Staaten von Amerika (USA)

(Einschließlich Hawaii und Puerto Rico). (Übersichtszahlen 1961/62 s. Abschnitt 2, S. 1663).

Einzelangaben:

Erzeugungszahlen 1958/59 in t Nährstoffen[1]:

	N		P_2O_5		K_2O
Gesamt	2427000		2554000		2112000
davon:					
ASU	331000	Einfaches Super	1270000	K-Sulfat	111000
A-Nitrat	359000	Konzentriertes		KCl, über	
		Super	816000	45% K_2O	1983000
Komplex-Dünger	1737000	Basische		Andere	
(einschließlich		Schlacke	14000	K-Dünger	18000

[1] FAO-Angaben 1959.

Flüssigdünger		Komplex-		(KNO_3, Mischdünger,
(NH_3, N-Lösung)	1425000	dünger	454000	Abfall-
Andre Feststoffe	312000	(einschließlich		produkte)
(Ha, A-Phosphat,		Ammon-		
AN-Kalkmischungen,		phosphat	168000	
$NaNO_3$, Nitro-		u. Ammon-		
phosphat,		phosphat-		
organische		mischungen		
Materialien)		Nitrophosphat,		
		Na-, Ca-Meta-		
		phosphat,		
		organische		
		Stoffe,		
		Phosphorsäure)		

Verbrauchszahlen:

Gesamt-t-Verbrauch an:	Mehrnährstoff-düngern	Einzel-düngern[1]	zusammen t [2]
1956/57	14702807	8006204	22709011
1957/58	14353023	8162740	22515763
1958/59	16069027	9243645	25312672

a) *Direktverbrauch 1958/59 nach Einzeldüngern und Nährstoffen[2]:*

	Insgesamt t Ware	t Nährstoffe
N-haltige Materialien	4493804 }	1672369 N
Organische N-haltige Materialien	517948 }	
Phosphatdünger	2513757	536972 P_2O_5
		(available)
Kalidünger	494932	277789 K_2O
Zusatzstoffe (...)	1223204	—
	9243645	2487130

b) *Mehrnährstoffdünger-Verbrauch[2]:*

	t Ware	Verbrauch t Reinnährstoffe		
		N	P_2O_5	K_2O
N-P-K	14483274	909512	1766198	1689271
NP	418130	54736	99991	—
PK	888322	—	148126	183041
NK	279301	35715	—	41993
Sa	16069027	999963	2014315	1914305
= % des Gesamtverbrauches*		(= 37,4%)	(= 79%)	(= 73,5%)
zum Vergleich:				
in Direktdüngern	9243645	1672369	536972	277789
verwendet —				
Gesamtnährstoffverbrauch ...		2672332	2551287	2192094
Summe aller Nährstoffe			7415713	

* Vergleichsweise: Anteil der Mehrnährstoffdünger am Gesamtverbrauch 1960/61 34,3% des N, 77% des P_2O_5, 85,6% des K_2O.

[1, 2] Siehe S. 1666.

Aufgliederung des Direktverbrauches 1958/59
nach Produkten in t Ware[2]

Art	Vereinigte Staaten	
N-Materialien:	t Ware	t N
Ammoniak, wasserfrei	681073	599178
Ammoniak, wässerig	482818	96940
Ammoniumnitrat	1272797	429419
Ammoniumnitrat-Kalkstein	306351	69495
Ammoniumsulfat	549945	109457
Kalziumcyanamid	40838	8617
Kalziumnitrat	52426	8074
Stickstofflösungen	504440	159024
Natriumnitrat	479374	77475
Harnstoff	110176	50197
Andere N-Materialien		3232
Knochenmehl roh oder gedämpft		355
Organische Stoffe	13566	14467*
Phosphathaltige Stoffe		83424
Kaliumhaltige Stoffe		3015
Insgesamt	4493804	1672369

[1] Einzeldünger und Spurennährstoffe.
[2] Aus Consumption of Commercial Fertilizers and Primary Plant Nutrients in the United States, year ended June 30th, 1959. — Scholl, W., M. M. Davis und C. A. Wilker: Farm Chemicals **123** (Nr. 10), 62 (1960) — Gegenüberstellung der Tabellen 1 und 13.

Direktverbrauch (Fortsetzung)	t Ware	t N
Natürliche organische Stoffe	517948	(14467)*
davon:		
Kompost (von den Düngemittelerzeugern verteilt)	19805	
Mist, getrocknet	321851	
Abschlamm, aktiviert	96329	
Abschlamm	33869	

Phosphatdüngemittel:	t Ware	t P$_2$O$_5$ (available)
Ammoniumphosphat: 11—48	103518	49878
Ammoniumphosphat: 13—39	52010	20442
Ammoniumphosphat-Sulfat: 16—20	336759	69918
Ammoniumphosphat-Nitrat: 27—14	20334	2324
Basische Schlacke	139368	12304
Knochenmehl: roh und gedämpft	11893	2881
Kalziummetaphosphat	44814	28002
Diammonphosphat: 21—53	26980	14574
Natürliche organische Stoffe		11637
Rohphosphat	819681	24938
Kolloidal-Phosphat	17987	
Phosphorsäure	23205	12302
Kaliumprodukte		20
Superphosphat: 18%	80248	102273
Superphosphat: 19%	131665	
Superphosphat: 20 bis 22%	297359	
Superphosphat: 23 bis 41%	6146	184752
Superphosphat: 42 bis 44%	43974	
Superphosphat: 45%	151508	
Superphosphat: 46%	186545	
Superphosphat: 47 bis 48%	14503	
Superphosphat: 49 bis 54%	890	
Andere Phosphatdüngemittel	4370	727
Insgesamt	2513757	536972

Kalidünger-Salze:	t Ware	t N
Baumwollkapseln-Asche	488	
Kalk-Kalisalzmischungen	29147	1764
Düngersalze	443	113
Kaliumchlorid: 50%	4326 ⎱	
Kaliumchlorid: 60%	401255 ⎰	246840
Kalium-Magnesiumsulfat	11759	2573
Kalium-Nitrat	231	106
Kalium-Natriumnitrat	19915	2854
Kalium-Sulfat	25640	13096
Andere Kaliprodukte	1728	427
Natürliche organische Stoffe		10016
Insgesamt	494932	277789

Summe der Düngemengen 24089468

Zusätze (wie Spurenelementverbindungen,
Gips usw.) 1223204

Summe der Düngemittel + Zusätze........25312672   7415713 Summe der
Haupt-
nährstoffe

Erzeugerfirmen

Stickstoff-Erzeuger (auszugsweise Angaben)

(Firmen, Werksanlagen, Standort)

Allied Chemical Corp., Hopewell, Virginia; South Omaha, Nebraska; Ironton, Ohio
American Cyanamid Co., Avondale, Louisiana
Apache Powder Co., Benson, Arizona
Atlantic Refining Co. of Philadelphia, Point Breeze, Pennsylvania
California Chemical Co., Richmond, California; Ford Madison, Iowa
Calumet Nitrogen Products, Hammond, Indiana
Armour Agricultural, Cherokee, Alabama; Crystal City, Missouri
Collier Carbon & Chemical Corp., Wilmington Brea, California
Central Nitrogen Inc., Terre Haute, Indiana
Commercial Solvents Corp., Sterlington, Louisiana
Consumers Cooperative Association (Cooperative Farm Chemicals), Hastings, Nebraska
John Deere & Co. (Grand River Chemical), Pryor, Oklahoma
Dow Chemical Co., Freeport, Texas; Pittsburgh, California; Midland, Michigan[1]
E. I. du Pont de Nemours & Co., Belle, West Virginia; Niagara Falls, New York[1]
Escambia Chemical Corp., Pensacola, Florida
Food Machinery & Chemical Corp. (Westvaco Chlor-Alcali Division), South Charleston,
    West Virginia
Best Fertilizers, Plainview, Texas
W. R. Grace Chemical Co., Big Spring, Texas; Woostock, Tennessee
Hercules Powder Co., Louisiana, Missouri; Hercules-Pinlohe, California
Hooker Chemical Co., Tacoma, Washington   .
Ketona Chemical Co., Alabama
Monsanto Chemical Co., Eldorado, Arkansas; Luling, Louisiana; Muscatin, Iowa
Mississippi Chemical Corp., Yazoo City, Mississippi; Pascagoula, Mississippi
Mississippi River Chemical Corp., Crystal City, Selma, Missouri
Northern Chemical Industries Inc., Searsport, Massachusetts
Olin Mathieson Chemical Corp., Lake Charles, Louisiana
Pennsylvania Salt Manufacturing Co. of Washington, Portland, Oregon; Wyandotte,
    Michigan
Petroleum Chemicals Inc. (Cities Service Oil Co.; Continental Oil Co.), Lake Charles,
    Louisiana
Phillips Chemical Co., Dumas, Texas; Pasadena-Houston, Texas
Rohm & Haas, Deer Park, Texas[1]
Smith Douglas Fert. Co., Houston, Texas
Shell Chemical Co., Pittsburgh, California, Dominguez-Ventura, California
Standard Oil Co. of Cleveland (Sohio Chemical Co.), Lima-Toledo, Ohio
Southern Nitrogen Co., Savannah, Georgia

---

[1] Weitere Werke.

Spencer Chemical Co., Henderson, Kentucky; Pittsburg, Kansas; Vicksburg, Mississippi
Solar Nitrogen, Joplin, Missouri; Lima, Ohio
St. Paul Ammonia Products, Saint Paul (Pine Bend), Minnesota
Sun Oil Co., Marcus Hook, Pennsylvania
Tennessee Valley Authority, Muscle Shoals, Alabama
The Texas Co., Lockport, Illinois
U.S. Industrial Chemical Co. (National Distillers & Chemicals Corp.), Tuscola, Illinois
U.S. Steel Corp., Geneva, Utah

Superphosphat-Erzeuger (auszugsweise Angaben)

Alabama Warehouse Inc., Troy, Alabama
Acme Fertilizer Co.; Acme, North Carolina
American Cynamid Company, New York
The American Agricultural Chemical Co., New York[1]
Anderson Fert. Co. Inc., Anderson, South Carolina
Armour Agricultural Chemical Co., Atlanta, Georgia[1]
Ashkum Fertilizer Co., Ashkum, Illinois
Baugh Chemicals Co., Philadelphia, Pennsylvania
Capital Fertilizer Co. (Subsidiary of Tennessee Corp., New York), Montgomery,
    Alabama
The Best Fert. Co., Lathrop, California
Central Farmers Co-op., Selma, Alabama
Central Texas Fert., Comanche, Texas
Caprock Fert. Co., Littlefield, Texas
Cardledge Fert. Co., Cottondale, Florida
Coastal Chemical Corporation, Pascagoula, Mississippi
Commonwealth Fert. Co. Inc., Russellville, Kentucky
Consumers Coop. Assn., St. Joseph, Missouri
Chemurgie Agric. Chem. Co., Turlock, California
Coop. Fert. Service of Richmond Inc., Richmond, Virginia
Cotton States Fert. Co., Macon, Georgia
The Cotton Producers Association, Atlanta, Georgia
Darling & Co., Chicago, Illinois
Davison Chemical Co. (Div. of W. R. Grace & Co.), Baltimore, Maryland[1]
Dixie Guano Co., Laurinburg, North Carolina
John Deere Chem. Co., West Tulsa, Oklahoma
Etheredge Guano Co. Inc., Augusta, Georgia
Farm Belt Fert. & Chem. Co., Kansas City, Missouri
Farm Bureau Services Inc., Lansing, Michigan
The Farmers Fertilizer Co., Columbus, Ohio
Farmers Cotton Oil Cy., Wilson, North Carolina
Federal Chem. Co., Louisville, Kentucky
Farmers Fert. Co., Oklahoma
Fert. Mfg. Coop. Inc., Baltimore, Maryland
Green & Reedy, Franklinton, Louisiana
Georgia Fert., Co., Valdosta, Georgia
Gilchrist Plant Food Co., Morris, Illinois
Illinois Farm Supply Co., East St. Louis, Illinois
Home Guano Co., Dothan, Alabama
Ind. Farm Bureau Co-op. Ass., Briggs, Indiana
International Minerals & Chemical Corp., Skokie, Illinois
Lange Brothers, St. Louis, Missouri
Kelly, Weber & Co., Inc., Lake Charles, Louisiana
Kingsbury & Co., Inc., Indianapolis, Illinois
Lone Star Phosphate Co., Nacoydoches, Texas
Louisiana Agr. Supply Co. Inc., Baton Rouge, Louisiana
Lowell Rendering Co., Lowell, Massachusetts
Mineral Fert. Co., Midvale, Utah
North American Phosphate Co., Louisville, Kentucky
Mississippi Federated Coops. (AAL), Jackson, Mississippi
Mo. Farmers Assn. Inc., Plant Foods Div., Columbia, Missouri

---

[1] Weitere Werke in Betrieb und Aufbau.

Mutual Fert. Co., Savannah, Georgia
Ochoa Fert. Corp., Hato Rey, Puerto Rico
Northern Chemical Industries Inc., Baltimore, Maryland
Nothwest Coop. Millas, St. Paul, Minnesota
Olin Mathieson Chem. Corp., Little Rock, Arkansas
Pelham Phosphate Co., Pelham, Georgia
Phillips Chemical Co., Bartlesville, Oklahoma
Planters Fert. & Phosphate Co., Charleston, South Carolina
E. Rauh & Sons Fert. Co., Indianapolis, Illinois
Red Star Fert. Div., Sulphur Springs, Texas
Richmond Guano Co., Richmond, Virginia
Riverside Fert. Factory, Marks, Mississippi
Roanoke Guano Co., Roanoke, Virginia
F. S. Royster Guano Co., Norfolk, Virginia[1]
Robertson Chem. Corp., Norfolk, Virginia
J. R. Simplot Co., Pocatello, Idaho
Southern States Phosphate & Fert. Co., Savannah, Georgia
Smith-Douglas Co. Inc., Norfolk, Virginia[1]
C. O. Smith, Guano Co., Moultrie, Georgia
Southern Agr. Fert. Co., Clarksdale, Mississippi
Southern Fertilizer & Chem. Co., Savannah, Georgia
Southwest Fert. & Chem. Co., El Paso, Texas
Stauffer Chemical Co., New York
Tennessee Farmers Cooperative, La Vergne, Tennessee
Swift & Co., Plant Food Division, Chicago, Illinois[1]
Tennessee Corp., Broadway, New York
Texas Farm Products Co., Nacodoches, Texas
Western States Chem. Corp., Nichols, California
Virginia-Carolina Chemical Corporation, Richmond, Virginia[1]
Weaver Fert. Co., Inc., Winston-Salem, North Carolina
Western Carolina Phosphate Co., Waynesville, North Carolina
Western Phosphates Inc., Salt Lake City, Utah
Wisconsin Farmco Service Coop., Madison Wisconsin

---

[1] Zahlreiche Werke.

Kaliindustrie

American Potash & Chemical Corp., Trona, California, New York
Bonneville Ltd., Salt Lake City, Utah
Duval Sulphur & Potash Corp., Houston, Texas
International Minerals & Chemical Corp., Skokie, Illinois
National Potash Company, Carlsbad, New Mexico, New York
Potash Company of America, Washington D.C., Denver, Colorado
Southwest Potash Company, New York
U.S. Borax & Chemical Corp., Los Angeles, California, New York
Kermac Potash Co., Carlsbad, New Mexico
Texas Gulf Sulphur Co., Moab, Utah

3. Südamerika

A. Übersicht

Wichtigste Dünger-Erzeuger- und Verbraucherländer

	Gesamte Fläche in 1000 ha	davon: landwirtschaftlich genutzt		bewaldet
		Ackerland und Baumkulturen	permanentes Grasland und Prärien	
Argentinien (1957) ..	277 841	30 000	113 151	99 400
Brasilien (1957)	851 384	19 095	107 633	517 936
Chile (1956)	74 177	5 514	454	16 361
Peru (1961)	128 522	1 956	12 000	70 000
Uruguay (1957)	18 693	2 552	12 038	434

Erzeugungs- und Verbrauchszahlen in t Reinnährstoff, 1961/62
(Zahlenangaben der Länder des Kontinents s. Abschnitt b, S. 1613)

| | Erzeugung | | | Verbrauch | | |
	N	P_2O_5	K_2O	N	P_2O_5	K_2O
Argentinien	—	1600	—	5409	3473	—
Brasilien[1]	12021	43862	—	55064	73281	70727
Chile[1]	192260	10885	10759[3]	18609	55689	9984
Peru....................	31151	21912	4286	42274	21993	5819
Uruguay[2]	—	3017	—	9130	12782	9208

[1] = 1961   [2] = 1959/60   [3] = Guano

Spezifische Düngemittelverbräuche 1957/58; kg Reinnährstoffe

| | je ha landwirtschaftlich genutzter Fläche | | | je ha Ackerland | | |
	N	P_2O_5	K_2O	N	P_2O_5	K_2O
Brasilien	0,4	0,58	0,56	2,9	3,8	3,7
Chile	3,1	9,3	1,7	3,4	10,1	1,8
Peru...................	3,0	1,6	0,4	21,6	11,2	3,0

Anmerkungen: Für Brasilien liegen die Landangaben 1950 zugrunde, in der landwirtschaftlich genützten Fläche Perus sind zum Teil extensive Weiden eingerechnet.

B. Einzelangaben

Argentinien

ASU-Erzeugung der Sociedad Mixta Siderurgica Argentina, keine Superphosphaterzeugung.

Brasilien

Stickstoffdünger-Erzeugung:
Cia Siderurgica National .... ASU
„Fertisa" Fertilizantes Minais Gerais S. A. .... ASU
Nitrogenio S.A., Industrie Brasileira de Productos
    Quimicos et Fertilicantes .... A, AN, H, KS
Petrobras, Cubatao .... A

Superphosphat-Erzeugung:
Cia de Superfosfatos e Productos Quimicos, Rio de Janeiro
Icisa S.A. — Rio Grande do Sul
Fosforita Olinda — Recife — Pernambuco
Profertil, Empresa de Productos Quimicos e Fertilizantes
    Ltda. — Recife — Pernambuco
Quimbrasil, Quimica Industrial Brasileira S.A., Sao Paulo

Chile

Aufgliederung der Erzeugungszahlen der Düngersorten — FAO-Angaben für 1961

N	P_2O_5	K_2O
Na-Salpeter 176122		
Andere	Guano und org.	Verschiedene
Stickstoffdünger 16138	Phosphate 10885	K-Dünger 10759

Die Chilesalpetererzeugung erfolgt durch Verarbeiten des bergmännisch gewonnenen salpeterhaltigen Gesteins.
Bergmännische Gewinnung des Guanos.

Peru

Düngererzeugung und Verbrauch:
überwiegend Guano, in geringerem Ausmaß A-Nitrat, ASU und Einfach-Super.

Stickstoffdünger-Erzeuger:
„Fertisa", Fertilizantes Sinteticos, Callao .... AN ASU
Corporacion de Reconstruccion y Fomento de Cuzco, Cuzco

Superphosphat-Erzeugung:
Rayon Peruana S. A., Lima

Uruguay

Superphosphat-Erzeuger:
Hiperfosfato S.A. (Hipsa), Plenarol
Industria Sulfurica S. A., Montevideo (Fertilizantes ISUSA)
Quimur S. A., Montevideo (Compania Quimica Uruguaya)
Instituto de Quimica Industrial (I.Q.I.), Montevideo

4. Asien

A. Übersicht

Wichtigste Erzeuger- bzw. Verbraucherländer

	Gesamte Fläche in 1000 ha	davon: landwirtschaftlich genutzt		bewaldet
		Ackerland und Baumkulturen	permanentes Grasland und Prärien	
Ceylon (1961)	6561	1538	185	3546
China: Rotchina (1954)	976101	109354	177996	76600
Formosa (1960)	3596	869	11	1970
Indien (1957)	328888	160006	12206	52652
Israel (1961).........	2070	339	705	89
Japan (1960)	36966	6072	948	25402
Korea, Süd (1961)....	9850	2095	—	4250
Pakistan (1958)	94626	29453	—	3614
Philippinen (1961) ...	29968	6780	1174	13171
Türkei (1961)	77698	25167	28815	10584
Syrien (1961)	18448	6381	6463	402

Gegenüberstellung der Düngererzeugungs- und Verbrauchszahlen in t Reinnährstoff
(Zahlenangaben der Länder des Kontinentes s. Abschnitt b) 1961/62 bzw. 1960/61
(in Klammern)

	Erzeugung			Verbrauch		
	N	P_2O_5	K_2O	N	P_2O_5	K_2O
Ceylon[1]	—	—	—	34662	1583	30329
Formosa	65005	24090	—	121785	26090	33360
Indien	(109932)	57851	960	(283088)	(58050)	(28920)
Israel.................	16122	13569	88969	(18796)	(12143)	2252
Japan	1088600	493460	—	695240	452490	492780
Korea, Süd[2]	34125	—	—	213991	82143	17107
Pakistan	24155	1445	—	62059	10645	6040
Philippinen	7400	5950	—	54704	26247	31061
Türkei	1000	6166	—	(28400)	12166	96
Syrien	—	—	—	(10806)	(8100)	(480)
Nordkorea[3]	80000	—	—	—	—	—
Volksrepublik China[3]	300000	135000	—	—	—	—

[1] Überwiegend Importe von ASU, Super bzw. organischen Phosphatdüngern und hochprozentigem KCl.

[2] Importe von ASU, KAS, AN, H, Komplexdüngern, Einfach-Super, Doppel-Super und hochprozentigem KCl.

[3] Chem.-Ztg. 1961, 892. — Schätzzahlen 1959.

Spezifische Düngemittelverbräuche 1961/62; kg Reinnährstoffe*

	je ha landwirtschaftlich genutzter Fläche			je ha Ackerland		
	N	P_2O_5	K_2O	N	P_2O_5	K_2O
Ceylon	20,1	0,9	17,6	22,6	1,0	19,6
China:						
Rotchina	—	—	—	—	—	—
Formosa (Taiwan)	138	29,6	37,9	140	30	38,4
Indien[1]	(1,6)	(0,34)	(0,16)	(1,8)	(0,36)	(0,18)
Israel[2]	18	11,6	2,0	(55,4)	(35,7)	(6,64)
Japan	99	64,4	70,1	114,6	74,5	81,2
Korea, Süd	—	—	—	102,1	39,2	8,26
Philippinen	6,9	3,3	3,9	8,1	3,9	4,6
Türkei	0,46	0,22	0,002	0,99	0,48	0,004
Syrien	0,84	0,63	0,037	1,7	1,27	0,075

[1] Die Permanentweiden und -wiesen gelten als unkultiviertes permanentes Grasland.
[2] Permanente Wiesen und Weiden zählen als natürliches Weideland (extensive Weiden). — * Eingeklammerte Werte beziehen sich auf das Jahr 1960/61.

B. Einzelangaben
N-Düngererzeugung 1958/59

Aufgliederung nach Sorten, t N als:

	ASU	AN	Ca-Cyan-amid	H	Andere N-Dünger	Komplex-dünger
Formosa (Taiwan)	9345	11700	15160	27600	—	1200
Indien	82670	20918[1]	—	5294	—	1050
Israel	12932	369	—	—	2679	142
Japan	542010	7350	43890	318780	89750	86820
Pakistan	10500	3075	—	10580	—	—
Philippinen	7400	—	—	—	—	—
Türkei	1000	—	—	—	—	—
Syrien (keine Erzeugung)						

[1] Etwa hälftig AN und A-Sulfat-Nitrat.

Stickstoffdünger-Erzeuger (auszugsweise Angaben)
(Titel, Werke bzw. Firmensitz)

Formosa: Taiwan Fert. Co., Werke: Nankong, Keelung .... ASU H KSt
                                     Hsin-Chu .... Nitrophosphate
         Kaohsiung Ammonium Sulphate Corp. .... ASU N-Lösung
         Hualien Nitrogen Fert. Corp. .... KAS
         Mobil-China Allied Chem. Ind. Ltd. — Miaoli — Tapei

Indien: Fertilizer Corporation: Alwaye, Nangal, Rourkela,
            Sindri — Weitere Werke geplant bzw. in Bau
         Sahu Chemicals Varanasi
         ASU ferner als Nebenprodukt von Eisenwerken und
         Kokereien.

Israel: Fertilizers and Chemicals Ltd., Haifa .... ASU

Japan: Asahi Chemical Industry Co., Ltd., Osaka .... ASU
         Asahi Garasu, K.K. — Tokyo .... A
         Denki Kagaku Kogyo Kabushiki Kaisha, Tokyo ...... CaCy ASU
         Ibigawa Electric Industry Co., Ltd., Gifu Pref. .... CaCy
         Japan Gas-Chemical Company, Inc., Niigata—Tokyo .. ASU H
         Kyowa Hakko Kogyo Co., Ltd., Tokyo .... ASU H
         Mitsubishi Chemical Industries, Ltd., Kurosaki—Tokyo ASU H AN
         Nihon Suiso Kogyo Co., Ltd., Onahama — Tokyo .... ASU
         Nippon Carbide Industries Co., Ltd., Tokyo .... CaCy
         Nissan Chemical Industries Co., Ltd., Tokyo .... ASU H APh
         Nitto Chemical Industry Co., Ltd., Hachinohe,
         Toyama — Tokyo .... ASU H

Shin-Etsu Chemical Industry Co., Ltd., Tokyo .... CaCy
Shin Nippon Chisso Hiryo K.K., Minamata — Tokyo . ASU APh
Showa Denko K.K., Kawasaki — Tokyo .... ASU H CaCy
Sumitomo Chemical Co., Ltd., Niihama, Osaka .... ASU H AN APh
Tekkosha Co., Ltd., Tokyo .... CaCy
Tohoku Denki Seitetsu Co., Ltd., Tokyo .... CaCy
Tohoku Hiryo K.K., Akita — Tokyo .... ASU APh
Toa Gosei Kagaku K.K. — Nagoya, Tokyo .... A, H
Tokai Ryan Kogyo K.K. — Tokyo .... A, H
Toyo Gas Chemical Industry, Ltd., Niigata — Tokyo .. ASU H
Toyo Koatsu Ind. Inc., Hokkaido, Hukojima, Omuta,
   Chiba — Tokyo .... ASU H AN
Ube Industries, Ltd., Yamaguchi Pref. .... ASU H AN
weitere Werke in Betrieb und Ausbau

Pakistan: Pakistan American Fertilizers, Daudkehl .... ASU
Pakistan Ind. Development Corp.,
   Fenchuganj und Multan .... H AN
Türkei: Azot Sanayi T. A. S., Kutahya .... ASU KAS AN

Phosphatdünger-Erzeugung 1958/59

aufgegliedert nach Sorten: t P_2O_5

	Einfach Super	Super konzentriert	Andere P-Dünger	Komplex-dünger
Formosa	23040	—	—	1050
Indien	(50851)	—	—	(7000)
Israel........................	13236	—	110	223
Japan	313995	3850	92110	83505
Philippinen	5950	—	—	—
Pakistan	1145	—	—	—
Türkei	6166	—	—	—

Superphosphat-Erzeuger (auszugsweise Angaben)

Formosa: Taiwan Fertilizer Co., Nankong, Taipei, Taiwan
(auch Nitro-, Sinter- und Schmelzphosphate)
Indien: The Phosphate Co., Ltd., Calcutta
Mysore Chemicals & Fertilisers Ltd., Mysore
Eastern Chemical Co. (India), Bombay
The Anil Starch Products Ltd., Ahmedabad
Western Chemical Industries, Bombay
Bihar State Superphosphate Factory, Dhanbad
West India Chemicals Ltd., Bombay
Alembic Chemical Works Co., Ltd., Baroda
D.C.M. Chemical Works, Delhi
Dharamsi Morarji Chemical Co., Ltd., Bombay
Fertilisers & Chemicals Travancore, Ltd., Kerala
Hyderabad Chemicals & Fertilisers, Ltd., Hyderabad
Parry & Co., Ltd., Madras
Ralli Chemicals Private Ltd., Bombay
Andra Fertilizers Private Ltd., Tadepalli, Andhra
Shaw, Wallace & Co., Ltd., Madras
Sonawala Industries, Bombay
Israel: Fertilizers and Chemicals Ltd., Haifa
Japan: Asahi Kagaku Hiryo K.K., Tokyo
   (Asahi Chemical Fertilizer Co., Ltd.)
Chitsurinka Hiryo K.K., Kyoto
Ishihara Sangyo Kaisha, Ltd., Osaka
Konoshima Chemical Industrial Co., Ltd., Osaka
Kureha Chemical Industry Co., Ltd., Tokyo
Mitsubishi Chemical Industries Ltd., Tokyo
Nihon Suiso Kogyo Co., Ltd. (Japan Hydrogen Industrial Co., Ltd.), Tokyo

Nihon Kagaku Kogyo K.K., Tokyo
  (The Nippon Chemical Industrial Co., Ltd.)
Niigata Ryusam Kabushiki Kaisha, Niigata
  (Niigata Sulphuric Acid Co., Ltd.)
Nippon Kokan Kabushiki Kaisha, Tokyo
  (Japan Steel Tube Corp.)
Nissan Chemical Industries Ltd., Tokyo
Nitto Chemical Industry Co., Ltd., Tokyo
Nitto Hiryo Kagaku Kogyo K.K., Nagoya
Nitto Ryuso Co., Ltd., Tokyo
Rasa Industries Ltd., Tokyo
Sumitomo Chemical Co., Ltd., Osaka
Taki Fertilizer Manufacturing Co., Ltd., Kakogawa, Hyogo Prefecture
Taiyo Hiryo K.K., Tokyo
Teikoku Kako K.K., Osaka
  (Teikoku Chemical Industry Co., Ltd.)
Tohoku Hiryo K.K., Tokyo
Toyo Koatsu Industries Incorporated, Tokyo
  — und andere Firmen

Magnesium-
Schmelzphosphate

Asahi Kagaku Hiryo K.K., Tokyo
Hinode Kagaku Kogyo K.K., Tokyo
Ibigawa Denki Kogyo K.K.
Kansai Denkiseitetsu K.K., Hyogo Pref.
Kanto Denka K.K., Tokyo
Minami-Kyushu Kagaku Kogyo K.K., Miyazaki Pref.
Niigata Ryusan K.K.
Nihon Kagaku Kogyo K.K.
Shimura Kako K.K., Tokyo
Shin-Etsu Chemical Industry Co., Ltd.
Tekkosha Co., Ltd.

Pakistan: Pakistan Industrial Development Corp., Lyallpur, West Pakistan
Türkei: Gübre Fabrikalari T.A.O., Istanbul
  Türkiye Demir ve Celik Isletmeleri, Karabük

Kalidünger-Erzeugung

Aufgliederung nach Sorten: t K_2O

	K-Sulfat	K-Chlorid über 45% K_2O
Indien (1960/61)......................	960	—
Israel (1961/62)	3 895	85 074

Israelische Erzeugung:
Dead Sea Potash Works — Sodom.

5. Afrika

A. Übersicht

Wichtigste Dünger-Erzeuger- und Verbraucherländer

	Gesamte Fläche in 1000 ha	davon: landwirtschaftlich genutzt Ackerland	permanentes Grasland und Prärien	bewaldet
Algerien (1961)	238 174	7 076	38 406	3 050
Föderation von Rhodesien (Nord und Süd) und Njassaland, in summa[1]	125 493	35 064	5 452	61 487
Südafrikanische Union (1961)	122 341	10 279	90 891	1 376
Vereinigte Arabische Republik: Ägypten (1961)	100 000	2 481	88	—

---

[1] Addiert aus den FAO-Angaben 1956, 1959 bzw. 1960.

Erzeugungs- und Verbrauchszahlen in t Reinnährstoff 1961/62

(Zahlenangaben der Länder des Kontinents s. Abschnitt b, S. 1613f.)
(Eingeklammerte Werte beziehen sich auf das Düngejahr 1960/61)

	Erzeugung			Verbrauch		
	N	P_2O_5	K_2O	N	P_2O_5	K_2O
Algerien	—	(14153)	—	(16624)	(24898)	(16197)
Föderation Rhodesien und Njassaland	—	16756	—	25572	23483	14983
Südafrikanische Union	59287	141887	—	70686	150396	38969
Vereinigte Arabische Republik: Ägypten	106464	29664	—	198872	48407	(3250)

Afrikanische Rohphosphaterzeugung 1961/62

in t P_2O_5

Algerien	425000	Marokko	7950000
Senegal	546349	Tunis	1981000
(früher Französisch-Westafrika)		VAR	626530

Spezifische Düngemittelverbräuche 1961/62; kg Reinnährstoffe

	je ha landwirtschaftlich genutzter Fläche			je ha Ackerland		
	N	P_2O_5	K_2O	N	P_2O_5	K_2O
Algerien	(0,37)[1]	(0,53)[1]	(0,36)[1]	2,4	3,4	2,3
Südafrikanische Union ...	0,7	1,5	0,38	6,9	14,6	3,8
Vereinigte Arabische Republik: Ägypten	77,4	18,8	(1,26)	80,1	19,4	(1,3)

[1] Die Angaben für Permanentweiden und -wiesen umfassen auch die extensiven Weiden.

B. Einzelangaben

N-Dünger-Erzeugung 1958/59

aufgegliedert nach Sorten, in t N

	ASU	AN	CaN	H	Andere N-Dünger
Südafrikanische Union	22132	11695	—	23000	2460
Vereinigte Arabische Republik: Ägypten..............	—	64780*	41676	—	8

* KAS.

Stickstoff-Erzeuger

Südafrikanische Union: South African Coal, Oil & Gas Corp., Ltd. .... ASU
South African Explosives and Chemical Ltd., Modderfontein .... AN H
South African Iron and Steel Corp., „Iscor", Pretoria
Ägypten: Société Egyptienne d'Engrais et de Produits Chimiques
Alexandria (Werk Ataka — Suez) .... KS
S. A. Egyptienne pour les Industries Chimiques, Kima, Kairo — Assuan KAS

Phosphatdünger-Erzeugung 1961/62

aufgegliedert nach Sorten, in t P_2O_5

	Einfaches Super	Konzentriertes Super	Ammonisierte Super
Algerien (1960)	(14153)	—	—
Föderation Rhodesien und Njassaland	5388	11368	—
Marokko (französische Zone)	12712	—	87
Tunis (1959/60)	(4080)	(57959)	—
Südafrikanische Union	141887	—	—
Vereinigte Arabische Republik: Ägypten	26688	—	—

Superphosphat-Erzeuger

Algerien und Marokko:
Société Chérifienne d'Engrais et de Produits chimiques, Casablanca
Société Algérienne de Produits Chimiques et d'Engrais, Paris

Ägypten:
Abu Zaabal and Kafr-el-Zayat Fertilizer & Chemical Co., Cairo
Société Financiére & Industrielle d'Egypte, Alexandria

Südafrikanische Union:
African Explosives and Chemical Industries Ltd., Johannesburg bzw. London
Fisons (Pty.) Ltd., Johannesburg
Transvaal Gold Mining Estates (Rand Mines Ltd. Group), Pilgrims Rest, Eastern
Transvaal—Johannesburg

6. Ozeanien

A. Übersicht

Wichtigste Dünger-Erzeuger- und Verbraucherländer

	Gesamte Fläche in 1000 ha	davon: landwirtschaftlich genutzt		bewaldet
		Ackerland	permanentes Grasland und Prärien	
Australien (1960)	770416	29728	438407	39816
Neuseeland (1960).......	26867	643	12698	10760
Hawaii s. USA				

Erzeugungs- und Verbrauchszahlen in t Reinnährstoff 1961/62
(s. auch Abschnitt b, S. 1614f.)

	Erzeugung			Verbrauch		
	N	P_2O_5	K_2O	N	P_2O_5	K_2O
Australien	24410 (A-Sulfat)	574067 (Einfaches Super)	—	35275[1]	577505	47355[2]
Neuseeland	3000*	203858 (Super)*		8388[1]	210325	74034[2]
* ferner organische Blut- und Knochendünger		5375				

---

[1] Importe, vorwiegend ASU, Na-Salpeter, andere N-Dünger (Harnstoff); Neuseeland überdies AN importierend.
[2] Zu etwa 90% als K-Chlorid (über 45% K_2O-Gehalt) eingeführt, Rest überwiegend als K-Sulfat.

Spezifische Düngemittelverbräuche 1961/62; kg Reinnährstoffe

	je ha landwirtschaftlich genutzter Fläche			je ha Ackerland		
	N	P_2O_5	K_2O	N	P_2O_5	K_2O
Neuseeland[1]	0,63	15,8	5,55	13,0	314	115

[1] Ackerland und landwirtschaftlich genutzte Fläche beziehen sich auf landwirtschaftliche Grundstücke, größer als 1 acre (0,4 ha) und außerhalb von Ortschaften gelegen.

B. Einzelangaben

N-Dünger-Erzeugung

Australien: ASU als Nebenprodukt der Stahlwerks- und Gasindustrie.
ICIANZ (ICI of Australia and New Zealand), Werke in Bau.

Superphosphat-Erzeuger

Australien: A.C.F. and Shirleys Fertilizers Ltd., Brisbane, Queensland
A.C.F. and Shirleys (North Q'ld) Ltd., Cairns
Albany Superphosphate Company Proprietary Ltd., Perth
Adelaide Chemical & Fertilizer Co., Ltd., Adelaide
Australian Fertilizers, Ltd., Sydney
Commonwealth Fertilizers & Chemicals Ltd., Melbourne
Cresco Fertilizers Ltd., Adelaide
Cresco Fertilizers Ltd., Perth
Cuming Smith & Mount Lyell Farmers Fertilizers, Perth
Electrolytic Zinc Company of Australasia, Melbourne
Sulphide Corporation Pty., Ltd., Boolaroo, N.S.W.
The Phosphate Co-operative Company of Australia Ltd., Melbourne
Wallaroo-Mount Lyell Fertilisers Ltd., Adelaide

Neuseeland: Bay of Plenty Fertiliser Co., Maunganui
Challenge Phosphate Co., Ltd., Auckland
Dominion Fertiliser Co., Ltd., Ravensbourne, Dunedin
Kempthorne Prosser & Co.'s New Zealand Drug Co., Ltd., Auckland
Kiwi Fertiliser Co., Morrinsville
New Zealand Farmers' Fertilizer Co., Ltd., Auckland
Southland Cooperative Phosphate Co., Invercargill
East Coast Farmers' Fertiliser Co., Ltd., Napier

Namenverzeichnis — Author Index

Billaz, R., u. R. Ochs 728, 731, 739
Billingsley, H. D. s. Rogers, B. L. 860, 861
Bing, A. 975
Birk, H., u. H. Zakosek 894, 915
Birker, J. W. van 1421, 1442
Bishop, L. R. s. Russell, E. J. 271, 274, 275, 276, 277, 278, 280, 281, 282
Bitkow, P. J. 74, 95
Bittera, M., u. A. Stählin 338, 351
Bittermann, E. 1376
Bjarsch, H. J. s. Siegel, O. 841
Björklund, C. M. u. A. Wahlgren 684, 686, 704
Björkman, E. 1000, 1002, 1018
Björling, K. 404
Bjorkum, O. s. Ødelien, M. 227, 235, 451, 455
Black, C. A. s. Thompson, L. M. 1460, 1516
Black, M. W. 846, 849
Blackett, G. A. 202, 203, 230
Blackmore, I. s. Baum, E. L. 1442
Blake, J., u. G. P. Harris 940, 975
Blake, M. A. s. Davidson, O. W. 864, 866, 871, 874
Blanchet, R. 866, 873
Blanck, E., u. W. Heukeshoven 419, 438
Blandy, R. V. s. Evans, H. R. 1249
Blasberg, C. H. 129, 151, 882, 883, 884
Blasse s. Fröhlich 833, 838
Blattmann, W. 336, 351
Blattny, C. 1118, 1130
Bledsoe, R. O., u. H. C. Harris 737, 739
Blick, T. J. s. Askew H. O. 1075, 1077, 1094
Blin, H. 190, 230
Block, C. A. 910
Blodgett, E. C. 883, 884
Bloess, van den 816, 817, 822, 824, 838
Blohm, G. 1442
Blommendaal, H. N. 633, 644
Bloom, J. R., u. H. B. Couch 956, 975
Blue, W. s. Sheldon, S. 1323, 1354
Blue, W. G., u. C. F. Eno 106, 107, 114
Blücher, N. von 1191, 1196, 1199, 1200, 1217
Blume, B. s. Michael, G. 1274, 1352

Blume, H. W. 1537
Boawn, L., F. G. Viets, C. L. Crawford u. J. L. Nelson 404
Bock, H. D. s. Nehring, K. 1271, 1352
Bockelée, A. Morvan 740
Bode, C. E. s. Pool, M. 195, 236
Bode, H. R. 1050, 1051, 1060
Bode, O. s. Hauschild, J. 433, 441
Bodo, G. 219, 230, 1365, 1376
Böhmig, F. 931, 975
Boek, N. 858
Boeker, P. 770, 783, 791
— s. Klapp, E. 793
Boekholt, K. 220, 230
Böning, K. 433, 438, 1130
Boerner, F. 353, 380
Börner, H. 849
Boerstra, J. van 1421, 1442
Böttger, St. s. Spenger, O. 403, 409
Bogdassaraschwili, S. G. 910, 915
Bogner, J. s. Pammer, F. 276, 282
Boguslawski, E. von 245, 246, 266, 288, 290, 295, 312, 566, 567, 573, 574, 575, 579, 581, 584, 585, 586, 595, 678, 680, 682, 691, 704, 710, 715, 790, 791, 1540, 1546, 1547, 1549, 1553, 1554, 1555, 1557, 1558, 1564, 1567
— N. Atanasiu u. R. Zamani 404
— u. B. Bretschneider-Herrmann 225, 230, 401, 404, 445, 453, 1546, 1567
— u. H. Eichner 1558, 1567
— u. K. von Gierke 1558, 1564, 1567
— u. E. Imhof 445, 453
— u. F. Jung 265, 266, 310, 312, 401, 404, 413, 414,
— — u. G. Reichelt 380, 1564, 1567
— u. A. Vömel 129, 131, 132, 145, 151, 311, 312
Boguszewski, W. 205, 206, 224, 225, 228, 230
— s. Bierecka, H. 310, 312
Bohne, J. s. Köhnlein, J. 1515
Boinot, F. 762
Boischot, P. 199, 230
— s. Barbier, G. 404
Bokma, F. T. s. Maas, J. G. J. A. 599, 605, 624
Boldingh, I. 653, 664
Boldyrew, N. K. 220, 230

Boleloucky, J. 1323, 1350
Bolhuis, G. G. 755, 756
— u. J. W. van Dijk 316, 317, 318, 320, 322, 323, 330, 331, 334
— u. Stubbs 737, 740
Bollard, E. G. 861, 865, 872, 878, 879
— s. Atkinson, J. D. 867, 874
— s. Tiller, L. W. 887, 889, 893
Bolle-Jones, E. W. 619, 622, 624
— s. Hewitt, E. J. 1388
Bombówna, M. 1524, 1537
Bommer, D. 791, 1374, 1376
Bondoux, G. s. Gros, L. 187, 232
Bonnefond, L. 937, 975
Bonnet, J. 1101, 1107, 1130
— u. P. Bonnet 672, 674, 677
— u. R. Coppens 1101, 1102, 1103, 1107, 1108, 1130
Bonnet, P. s. Bonnet, J. 672, 674, 677
Bonsdorf, K. A. 1442
Bonus, M. 405
Boon, J. van der, u. A. Pouwer 864, 870
Boorsma, W. G. 648, 664
Boratynski, K., E. Malysowa u. Z. B. Turyna 310, 312
Borbollayalcala, J. M. R. de la s. Alcaraz, Mira, E. 1079, 1094
Borchmann, W. s. Nehring, K. 302, 314, 1291, 1324, 1343, 1353
Bordas, M. J., u. F. Huguet 327, 334
Borgman, H. H. 845, 849, 866, 873
Borja, V., u. J. P. Torres 333, 334
Borkovskij, V. E. s. Minkevic, I. A. 680, 690, 706
Borkowski, B. 1047, 1051, 1060
Borkowski, R., u. G. Kozera 308, 312
Bornemiza, E. s. Perez, V. M. 1164
Borth, M. 915
Borthwick, s. Piringer, A. H. 1136, 1164
Bortner, C. E. s. Atkinson, W. O. 1079, 1094
Bosch, S. 791
Bosse, G. 941, 975
Boswell, V. R. 756
Bouat, A. 667, 674, 677

Sachverzeichnis

Deutsch — Englisch

Bei gleicher Schreibweise in beiden Sprachen sind die Stichworte jeweils einfach angeführt.

Die einzelnen Pflanzenarten erscheinen in der Regel zweimal im Register, und zwar einmal als Hauptstichwort und einmal als Unterstichwort. Der botanische Name ist jedoch mit einigen Ausnahmen nur neben dem Hauptstichwort angegeben.

Erscheinen die einzelnen Nährstoffe als Unterstichworte, so erfolgte die alphabetische Einordnung nach dem chemischen Symbol, erscheinen sie als Hauptstichworte, so wurde der alphabetischen Einordnung der Trivialname zugrunde gelegt.

Subject Index

English — German

Words in the index with similar spelling in both languages are printed only once.
Plant species usually appear twice in the index, i.e. as a principle index word and
as a sub-index word. The botanical name is usually printed with the principle index
word only (with some exceptions).

Nutrients as sub-index words are arranged alphabetically according to their chemical symbols, and nutrients as principle index words are arranged alphabetically according to their common names.

Abies, ornamental plant, *als Zierpflanze* 953

Acer, ornamental plant, *als Zierpflanze* 953

acetylene to pineapple, *Azetylen zu Ananas* 1248

α-acids, content in hops, *α-Säuren, Gehalt in Hopfen* 1129

acid, agglutination capacity of, ponds, *Säurebindungsvermögen, Teiche* 1533

acid content, *Säuregehalt*
— —, citric acid content in citrus, *Zitronensäuregehalt bei Citrus* 1220, 1226
— —, citrus 1221, 1222
— —, pineapple, *Ananas* 1241, 1242

Actynomycetae, influence of dressing with liquid ammonia on, *Einfluß der Düngung mit flüssigem NH₃ auf* 107

acutifolia-peat, *Acutifolia-Torf* 1478

Adiantum 923
—, pH-requirements, *pH-Ansprüche* 957

Aechmea fasc. 961
—, K-deficiency, *K-Mangel* 961
—, K-excess, *K-Überdüngung* 966
—, limiting value of nutrient content, *Nährstoffgehaltsgrenzwert* 970

airplane fertilization, see fertilization by airplane

Aesculus hipp. 953

Ageratum honst.
—, nutrient requirements, *Nährstoffansprüche* 950
—, pH-requirements, *pH-Ansprüche* 957

agricultural area, *landwirtschaftliche Nutzfläche*
— — in Germany, *in Deutschland* 1356
— — per capita of the population, *pro Kopf der Bevölkerung* 1569

agricultural production output, *landwirtschaftliche Produktionsleistung* 1359

alanine, *Alanin*

alanine, content in barley-protein, *Gehalt in Gersteneiweiß* 1273
—, — — hordein 1273

Albizzia 1194, 1198, 1216

albumin, content in spring barley, *Gehalt in Sommergerste* 1272

alder *(Alnus spp.)*, K-deficiency, *Erle, K-Mangel* 957

alfalfa *(Medicago sativa)*, *Luzerne* 17, 1552
—, ash, *Asche* 1348
—, average yield, *Durchschnittsertrag* 1355
—, B-content, *B-Gehalt* 484
—, B-fertilization, *B-Düngung* 480, 484, 485, 487
—, Ca-content, *Ca-Gehalt* 480, 481
—, calcium interrelationship, *Kalkhaushalt* 484, 486, 487
—, carbohydrates, content in root, *Kohlehydratgehalt der Wurzel* 477, 478
—, Co-content, *Co-Gehalt* 481
—, Cu-content, *Cu-Gehalt* 481, 1348
—, cystine content, *Cystingehalt* 486
—, cutting frequency, *Schnittzahl* 476, 477
—, — time, *Schnittzeit* 476
—, endurance, *Ausdauer (Langlebigkeit)* 476
—, essential amino acids and Mo-dressing, *essentielle Aminosäuren und Mo-Düngung* 1349
—, Fe-content, *Fe-Gehalt* 481, 1348
—, fertilizer recommendation, *Düngungsempfehlung* 487
—, irrigation, *Bewässerung* 479, 483
—, K-content, *K-Gehalt* 480, 481
—, K-fertilization, *K-Düngung* 487
—, K-uptake, *K-Aufnahme* 478
—, methionine content, *Methioningehalt* 486
—, Mg-content, *Mg-Gehalt* 480, 481
—, Mg-deficiency, *Mg-Mangel* 487

Handbuch der Pflanzenernährung und Düngung

Inhaltsübersicht der Bände I und II

Band I

Pflanzenernährung

Band II

Boden und Düngemittel